Creo Parametric 2.0
三维造型及应用

陈　功　孙海波　编著

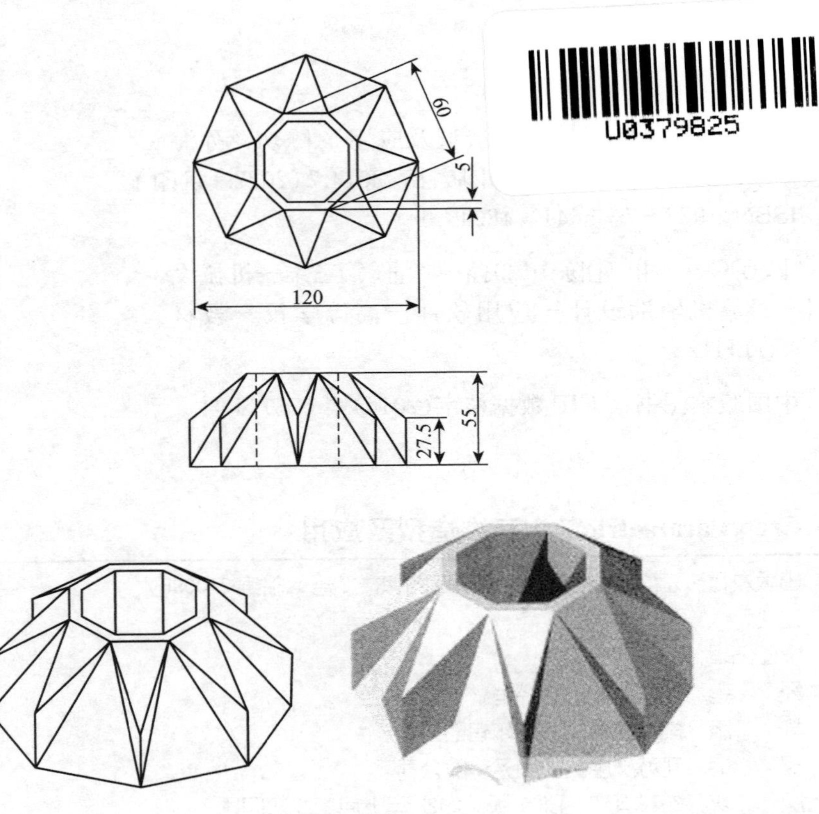

东南大学出版社
·南京·

内 容 提 要

本书是一本讲述如何使用 Creo Parametric 2.0 进行三维造型和应用的教材，主要内容包括参数化草图的绘制、三维模型的建立、基准特征的建立与应用、曲面模型的建立与应用、零件装配的建立、工程图的创建等。全书深入浅出地介绍了使用 Creo Parametric 2.0 进行三维造型应用的步骤方法和操作技能。其特点是：既内容全面，又重点突出；条理清晰，通俗易懂，实用性强。对于读者不易理解的内容，均给出了一个或多个具有代表性的示例，并介绍了编著者在使用过程中积累的一些经验和处理问题的思路，有助于学习者掌握相关内容的基本方法和思路。

本书在编写有关章节内容的同时注意结合我国工程制图国家标准的要求，是一本实用性很强的教科书，可以作为研究生、大学生的教学用书，也可用作专业工程技术人员的参考资料和培训班的教材。

图书在版编目(CIP)数据

Creo Parametric 2.0 三维造型及应用 / 陈功，孙海波编著. —南京：东南大学出版社，2014.7（2022.1重印）

ISBN 978-7-5641-4804-1

Ⅰ.①C… Ⅱ.①陈… ②孙… Ⅲ.①三维—机械设计—计算机辅助设计—应用软件—高等学校—教材 Ⅳ.①TH122

中国版本图书馆 CIP 数据核字(2014)第 055711 号

Creo Parametric 2.0 三维造型及应用

出版发行 东南大学出版社(南京市四牌楼 2 号 邮编 210096)
出 版 人 江建中
责任编辑 张 煦
经 销 全国新华书店经销
排 版 南京凯建图文制作有限公司
印 刷 江苏凤凰数码印务有限公司
版 次 2014 年 7 月第 1 版 2022 年 1 月第 2 次印刷
开 本 787mm×1092mm 1/16
印 张 30.25
字 数 755 千字
印 数 3001～3600 册
书 号 ISBN 978-7-5641-4804-1
定 价 59.80 元

(凡因印装质量问题，请直接向东大出版社营销部调换，电话：025-83791830)

序 言

Creo Parametric 的前身 Pro/ENGINEER，是号称"震撼业界的机械设计软件和世纪最强大的模具设计软件"，是 1988 年由美国 PTC(Parametric Technology Corporation，参数技术公司)推出的集成了 CAD/CAM/CAE 于一体的全方位的 3D 产品开发软件，在世界 CAD/CAM 领域具有领先地位并取得了相当的成功。其特点为：①全参数化设计；②全相关：即不论在 3D 实体还是 2D 工程图上作尺寸修正，其相关的 2D 图形或 3D 实体均自动修改，同时装配、制造、模具等相关设计也会自动修改；③基于特征的实体建模。它改变了设计工程师的传统工作方法，提高了企业的工作效率，因此，受到了很多用户的欢迎。

Pro/ENGINEER 软件于 1993 年开始进入中国，但由于对硬件的要求比较高，同时学习起来上手比较困难，而且在 2001 年之前没有汉化的版本，这些因素都大大制约了它在我国的推广和应用。但是进入 21 世纪以后，随着三维 CAD 应用技术的突飞猛进，三维 CAD 取代二维已是必然的趋势，Pro/ENGINEER 在中国的用户群也日益扩大。使更多的学生掌握 Pro/ENGINEER 这一代表当今 CAD/CAM 软件最先进技术特点的三维 CAD 主流软件进行产品设计和造型的技能，有利于学生和工程师创新设计能力的培养和综合素质的提高。

Pro/ENGINEER 自推出以后，软件不断更新。在经历了 19 版、20 版、2000i 版、$2000i^2$ 版、2001 版以后，于 2003 年推出了 Pro/ENGINEER WildFire 版，即野火版。2010 年 10 月，PTC 公司在整合了 Pro/ENGINEER 的参数化技术、CoCreate 的直接建模技术和 ProductView 的三维可视化技术的基础上，推出了新型 CAD 设计软件包——Creo Parametric。Creo Parametric 在界面和操作风格方面的变化十分巨大，这也许就是 PTC 公司不再以 Pro/ENGINEER 而是采用全新名称命名软件的原因。Creo Parametric 在 Windows 风格化和逻辑化方面进一步改进了许多，操作过程大量使用图形化界面的命令操控面板形式，更加直观灵活，带来了全新的用户体验，并且可以极大提高设计效率。如今，Creo Parametric 已被越来越多的用户所接受和推崇，广泛应用于电子、机械、模具、工业设计、汽车制造、航空航天、家电等各个行业，是目前世界上最为流行的三维 CAD/CAM/CAE 软件。

本书主要针对 Creo Parametric 2.0 三维造型及应用模块编写。全书共分九章，全面系统地讲解了 Creo Parametric 2.0 软件在机械零件设计、零件装配、工程图等方面的具体应用、使用方法、操作技巧和相应的文件管理。主要内容包括：①Creo Parametric 2.0 概述及基本知识；②参数化草图的创建及标注；③零件建模的基础特征；④零件建模的工程特征；⑤基准特征的创建；⑥曲面特征的创建及其应用；⑦特征的操作；⑧零组件的装配；⑨工程图的创建。

本书作者从事 CAD/CG(计算机辅助设计/计算机图形学)方面的教学和研究工作多

年，在内容的编排上，与许多传统的讲解 CAD 软件的书籍不同之处在于：不是集中介绍软件的菜单选项和相应命令，而是采用基于任务的方式着重讲解完成某一特定任务所要遵循的过程和步骤，从而使读者在学习过程中不仅学会了如何使用软件的菜单选项和软件命令，更重要的是掌握零件建模、装配、工程图创建等设计工作的基本方法和思路。

本书由中国矿业大学陈功和孙海波编著，刘淼等参与了本书的编写工作。第 1 章、第 3 章、第 4 章和第 6 章由孙海波编写，第 2 章、第 5 章及部分附录由华东理工大学的刘淼编写，第 7 章、第 8 章及部分附录由陈功编写，第 9 章由陈功、贺孝梅编写。

本书编著过程中参考了一些教材、著作和文献，在此谨向这些教材、著作、文献的作者表示感谢！

因作者水平有限，书中难免会有错误和疏漏之处，欢迎广大读者批评指正。

编著者

2014 年 3 月

光盘使用说明

为了便于读者的学习，我们精心制作了内容多达 1.1 G 容量的随书光盘。

一、光盘中包含以下三部分内容

(1)《Creo Parametric 2.0 三维造型及应用》中所有插图的源文件。

(2)《Creo Parametric 2.0 三维造型及应用》电子教案及其附图。

(3)《Creo Parametric 2.0 三维造型及应用实验指导》中所有插图的源文件。

二、电子教案的使用方法

(1) 本电子教案覆盖了本教程所有的教学内容，包括有动画播放的幻灯片近 500 页。

(2) 建议将电子教案的全部文件复制到电脑硬盘中。

(3) 电子教案的播放直接使用 IE 浏览器即可。在使用过程中，使用键盘上的 PgUp、PgDn 键分别向前和往后翻页，单击鼠标的左键，控制动画顺序播放。也可以使用链接按钮返回上一页，转到下一页，返回到本节或本章的首页。屏幕分辨率设置为 1024×768 及以上为宜。

(4) 电子教案的文件夹命名为“CreoCourseChapx”，x 为与教程相对应的章节号，如“CreoCourseChap1”文件夹对应书中第一章的内容。

(5) 各文件夹中包含有电子教案和教案中所用图例的源文件，文件的命名和电子教案中的图号也是相对应的。例如“CreoCourseChap3”中文件“J3－eg1.prt”直接对应于电子教案第三章中标记为“J3－eg1”的图例。

(6) 电子教案中增补了特征自定义、族表、参数、关系、Top－Down 设计等内容，以进一步满足设计工作及企业典型应用的需求。

三、教程和实验指导书配书光盘的使用方法

(1) 建议将光盘中的全部文件复制到电脑硬盘中。

(2) 配书光盘的文件夹命名为“CreoChapx”(实验指导文件夹命名为“Creo-ExChapx”),x 为与教程相对应的章节号,如“CreoChap1”文件夹对应书中第一章的内容。读者在使用时直接将该目录设置为 Creo Parametric 2.0 的工作目录即可方便地使用。

(3) 光盘中的文件命名和书中的图号也是相对应的。例如“CreoChap3”文件夹中文件“3—12.prt”直接对应于书中图 3 - 12 所示的模型(实验指导文件命名为“ep3—12.prt”等)。

(4) 光盘中随书插图文件,是在 Creo Parametric 2.0 中完成的,可以在 Creo Parametric 2.0 或更高版本中直接打开并进行编辑修改。

(5) 在学习的过程中,读者可以按照书中所讲的步骤自行完成这些实例模型的创建;也可以在 Creo Parametric 2.0 环境中将这些文件打开,点击【工具】选项卡→【调查】组→【模型播放器】按钮,打开如下图所示的软件自带的“模型播放器”,将可再现模型从开始至结束的创建过程。在此过程中可以显示当前特征的尺寸、父项、子项等相关信息,从而达到自主学习的目的。详见 1.7.3 使用“模型播放器”再现建模过程。

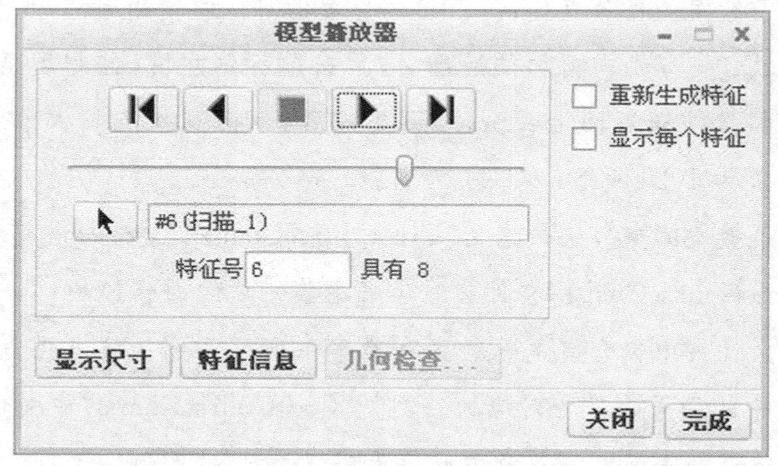

目　录

第1章　Creo Parametric 2.0 概述及基本知识 …… (1)
1.1　Creo Parametric 2.0 概述 …… (1)
1.1.1　特点 …… (1)
1.1.2　Creo Parametric 的建模原理 …… (2)
1.2　Creo Parametric 2.0 工作界面 …… (3)
1.2.1　主窗口标题栏 …… (3)
1.2.2　快速访问工具栏 …… (3)
1.2.3　文件菜单 …… (4)
1.2.4　功能区 …… (5)
1.2.5　导航区 …… (9)
1.2.6　图形窗口和图形工具栏 …… (13)
1.2.7　浏览器窗口 …… (15)
1.2.8　状态栏 …… (15)
1.2.9　对话框 …… (16)
1.2.10　命令操控板 …… (16)
1.3　文件和窗口操作 …… (18)
1.3.1　文件操作 …… (18)
1.3.2　窗口操作的基本规则 …… (21)
1.4　系统选项和配置 …… (22)
1.4.1　环境设置 …… (23)
1.4.2　系统颜色 …… (23)
1.4.3　模型显示 …… (23)
1.4.4　图元显示 …… (24)
1.4.5　草绘器设置 …… (28)
1.4.6　自定义功能区 …… (28)
1.4.7　自定义快速访问工具栏 …… (31)
1.4.8　窗口设置 …… (32)
1.4.9　配置编辑器 …… (32)
1.4.10　用户自定义界面设置的导入、导出和默认设置的恢复 …… (37)
1.5　模型设置和对象的选择方法 …… (38)
1.5.1　模型属性设置 …… (38)
1.5.2　模板的使用设置 …… (43)

1.5.3 对象的选择方法 …… (45)
1.6 显示控制和设置 …… (49)
1.6.1 鼠标的基本操作 …… (49)
1.6.2 设定模型的视角方向 …… (50)
1.6.3 曲面的网格化显示 …… (52)
1.6.4 模型外观和颜色的设置 …… (53)
1.6.5 层的使用 …… (55)
1.7 使用帮助 …… (60)
1.7.1 使用PTC网上资源中心 …… (60)
1.7.2 使用Creo Help 2.0帮助文件 …… (60)
1.7.3 使用“模型播放器”再现建模过程 …… (60)
第2章 参数化草图的创建及标注 …… (64)
2.1 参数化草图创建的基本知识 …… (64)
2.1.1 参数化草图的作用 …… (64)
2.1.2 参数化草图的概念 …… (64)
2.1.3 进入草绘模式的方法 …… (64)
2.1.4 草绘模式的工作界面 …… (65)
2.1.5 草绘器中的常用术语 …… (66)
2.1.6 草绘工作环境的设置 …… (67)
2.2 二维草绘的创建 …… (69)
2.2.1 基准的创建 …… (69)
2.2.2 构造模式切换 …… (70)
2.2.3 直线的创建 …… (70)
2.2.4 矩形的创建 …… (71)
2.2.5 圆的创建 …… (71)
2.2.6 圆弧的创建 …… (72)
2.2.7 椭圆的创建 …… (74)
2.2.8 样条曲线的创建 …… (74)
2.2.9 圆角的创建 …… (74)
2.2.10 倒角的创建 …… (75)
2.2.11 文本的创建 …… (75)
2.2.12 偏移草绘 …… (76)
2.2.13 加厚草绘 …… (77)
2.2.14 将外部数据加入到活动对象(当前的草绘截面) …… (78)
2.2.15 构造中心线、构造点和构造坐标系 …… (79)
2.3 参数化草图的尺寸标注 …… (79)

2.3.1　直线的尺寸标注 …………………………………………………… (80)
2.3.2　圆和弧的尺寸标注 ………………………………………………… (80)
2.3.3　角度的尺寸标注 …………………………………………………… (81)
2.3.4　尺寸标注的编辑修改 ……………………………………………… (81)
2.3.5　其他需要注意的问题 ……………………………………………… (82)
2.4　截面几何图元的编辑修改 ……………………………………………… (84)
2.4.1　选择及操作 ………………………………………………………… (84)
2.4.2　修改 ………………………………………………………………… (84)
2.4.3　删除段 ……………………………………………………………… (85)
2.4.4　镜像 ………………………………………………………………… (85)
2.4.5　拐角 ………………………………………………………………… (85)
2.4.6　分割 ………………………………………………………………… (86)
2.4.7　旋转调整大小 ……………………………………………………… (86)
2.4.8　复制 ………………………………………………………………… (86)
2.5　几何约束条件的使用 …………………………………………………… (87)
2.6　草绘器分析和诊断工具 ………………………………………………… (87)
2.6.1　测量工具 …………………………………………………………… (88)
2.6.2　诊断工具 …………………………………………………………… (88)
第3章　零件建模的基础特征 …………………………………………………… (89)
3.1　概述 ……………………………………………………………………… (89)
3.1.1　概念 ………………………………………………………………… (89)
3.1.2　零件设计步骤 ……………………………………………………… (89)
3.1.3　有关零件设计的预备知识 ………………………………………… (89)
3.1.4　命令的访问方法 …………………………………………………… (90)
3.2　拉伸特征 ………………………………………………………………… (91)
3.2.1　功能 ………………………………………………………………… (91)
3.2.2　操作步骤 …………………………………………………………… (91)
3.2.3　举例 ………………………………………………………………… (93)
3.2.4　说明 ………………………………………………………………… (93)
3.2.5　有关 Creo Parametric 中直接建模的操作方法说明 ……………… (95)
3.3　旋转特征 ………………………………………………………………… (96)
3.3.1　功能 ………………………………………………………………… (96)
3.3.2　操作步骤 …………………………………………………………… (96)
3.3.3　举例 ………………………………………………………………… (97)
3.3.4　说明 ………………………………………………………………… (97)
3.4　恒定截面扫描 …………………………………………………………… (99)
3.4.1　功能 ………………………………………………………………… (99)

3.4.2 操作步骤 …… (99)
3.4.3 举例 …… (100)
3.4.4 说明 …… (101)
3.5 可变截面扫描 …… (103)
3.5.1 功能 …… (103)
3.5.2 操作步骤 …… (103)
3.5.3 举例 …… (104)
3.5.4 说明 …… (105)
3.6 螺旋扫描特征 …… (111)
3.6.1 功能 …… (111)
3.6.2 操作步骤 …… (111)
3.6.3 举例 …… (112)
3.6.4 说明 …… (114)
3.7 平行混合特征 …… (115)
3.7.1 功能 …… (115)
3.7.2 操作步骤 …… (115)
3.7.3 举例 …… (117)
3.7.4 说明 …… (119)
3.8 旋转混合特征 …… (121)
3.8.1 功能 …… (121)
3.8.2 操作步骤 …… (121)
3.8.3 举例 …… (123)
3.8.4 说明 …… (124)
3.9 扫描混合特征 …… (125)
3.9.1 功能 …… (125)
3.9.2 操作步骤 …… (125)
3.9.3 举例 …… (126)
3.9.4 说明 …… (128)
3.10 草绘的薄板特征 …… (129)
3.10.1 功能 …… (129)
3.10.2 操作步骤 …… (129)
3.11 特征的“加材料”和“切除材料”方式的比较 …… (131)
3.11.1 功能 …… (131)
3.11.2 操作步骤 …… (131)
3.11.3 说明 …… (131)
3.12 关于基础特征的共同说明 …… (132)
3.12.1 关于使用英制模板和公制模板 …… (132)

3.12.2　将草绘用作特征截面举例 …… (133)
3.12.3　草绘器中草绘平面定向与屏幕面平行 …… (135)
3.12.4　特征工具操控板中的【属性】面板 …… (135)
第4章　零件建模的工程特征 …… (136)
4.1　选择集的构建及工程特征概述 …… (136)
4.1.1　链选择集的构建 …… (136)
4.1.2　曲面集的构建 …… (140)
4.1.3　工程特征的概念 …… (143)
4.1.4　工程特征的分类 …… (144)
4.2　打孔特征 …… (144)
4.2.1　功能及分类 …… (144)
4.2.2　操作步骤 …… (144)
4.2.3　说明 …… (147)
4.3　倒圆角特征 …… (151)
4.3.1　功能及分类 …… (151)
4.3.2　操作步骤 …… (151)
4.3.3　说明 …… (152)
4.3.4　举例 …… (155)
4.3.5　有关倒圆角特征中直接建模的操作说明 …… (157)
4.3.6　圆角的空间表现形态及设定 …… (157)
4.3.7　过渡区域的设定方法 …… (159)
4.3.8　自动倒圆角 …… (160)
4.4　倒角特征 …… (162)
4.4.1　功能及分类 …… (162)
4.4.2　边线倒角的操作步骤 …… (163)
4.4.3　有关边倒角的说明 …… (164)
4.4.4　边线倒角举例 …… (165)
4.4.5　拐角倒角 …… (166)
4.5　筋特征 …… (167)
4.5.1　功能及分类 …… (167)
4.5.2　操作步骤 …… (168)
4.5.3　说明 …… (168)
4.5.4　轨迹筋 …… (169)
4.6　抽壳特征 …… (173)
4.6.1　功能及分类 …… (173)
4.6.2　操作步骤 …… (173)
4.6.3　说明 …… (174)

4.6.4 举例 …………………………………………………………… (174)
4.7 拔模特征 …………………………………………………………… (176)
4.7.1 功能及分类 …………………………………………………… (176)
4.7.2 几个与拔模特征有关的术语 ………………………………… (177)
4.7.3 操作步骤 ……………………………………………………… (177)
4.7.4 说明 …………………………………………………………… (178)
4.7.5 举例 …………………………………………………………… (179)
4.7.6 可变拖拉方向拔模 …………………………………………… (180)
4.8 横截面的创建和编辑 ………………………………………………… (183)
4.8.1 横截面的种类 ………………………………………………… (183)
4.8.2 创建平面横截面(单一剖切面) ……………………………… (184)
4.8.3 创建偏移横截面 ……………………………………………… (186)
4.8.4 创建区域横截面 ……………………………………………… (188)
4.8.5 横截面和剖面线的编辑 ……………………………………… (189)
4.8.6 使用横截面显示修剪的模型 ………………………………… (191)
4.9 机械零件建模实例分析 ……………………………………………… (191)
4.9.1 轴类零件举例 ………………………………………………… (192)
4.9.2 叉架类零件举例 ……………………………………………… (192)
4.9.3 盖类零件举例 ………………………………………………… (193)
4.9.4 球阀阀体零件建模举例 ……………………………………… (194)
第 5 章 基准特征的创建 …………………………………………………… (196)
5.1 基准的基本知识 ……………………………………………………… (196)
5.1.1 基准的概念和作用 …………………………………………… (196)
5.1.2 基准的种类 …………………………………………………… (196)
5.1.3 基准的显示控制方法 ………………………………………… (196)
5.1.4 基准的命名 …………………………………………………… (197)
5.1.5 基准特征的创建步骤 ………………………………………… (197)
5.2 基准平面 ……………………………………………………………… (198)
5.2.1 基准平面的用途 ……………………………………………… (198)
5.2.2 基准平面的方向 ……………………………………………… (198)
5.2.3 创建基准平面的步骤 ………………………………………… (198)
5.2.4 创建基准平面的约束条件 …………………………………… (199)
5.2.5 举例 …………………………………………………………… (199)
5.3 基准轴线 ……………………………………………………………… (201)
5.3.1 基准轴线的用途 ……………………………………………… (201)
5.3.2 创建基准轴线的步骤 ………………………………………… (201)
5.3.3 创建基准轴的约束条件 ……………………………………… (201)

5.3.4　举例 ………………………………………………………… (202)
5.4　基准点 ………………………………………………………… (204)
5.4.1　基准点的用途 ………………………………………………… (204)
5.4.2　基准点的分类 ………………………………………………… (204)
5.4.3　创建基准点的步骤 ……………………………………………… (204)
5.4.4　创建一般基准点的约束条件 ………………………………………… (204)
5.4.5　举例 ………………………………………………………… (205)
5.5　基准曲线 ……………………………………………………… (207)
5.5.1　基准曲线的用途 ……………………………………………… (207)
5.5.2　基准曲线的分类 ……………………………………………… (207)
5.5.3　创建草绘的基准曲线的方法 ………………………………………… (207)
5.5.4　创建基准曲线的一般方法 …………………………………………… (207)
5.5.5　创建基准曲线的一般方法说明 ……………………………………… (208)
5.5.6　创建基准曲线的一般方法举例 ……………………………………… (210)
5.5.7　其他的创建基准曲线的方法 * ……………………………………… (214)
5.5.8　曲线的编辑修改操作 …………………………………………… (221)
5.6　基准坐标系 …………………………………………………… (221)
5.6.1　坐标系的用途 ………………………………………………… (221)
5.6.2　坐标系的分类 ………………………………………………… (222)
5.6.3　创建坐标系的步骤 ……………………………………………… (222)
5.6.4　创建坐标系的约束条件 …………………………………………… (222)
5.6.5　说明 ………………………………………………………… (222)
5.6.6　举例 ………………………………………………………… (223)
5.7　基准图形 ……………………………………………………… (225)
5.7.1　基准图形的用途 ……………………………………………… (225)
5.7.2　创建基准图形的步骤 …………………………………………… (225)
5.7.3　说明 ………………………………………………………… (226)
5.8　嵌入的基准特征 ………………………………………………… (226)
5.8.1　独立基准和嵌入基准的比较 ………………………………………… (226)
5.8.2　将嵌入基准转换为独立基准 ………………………………………… (228)
5.8.3　将独立基准转换为嵌入基准 ………………………………………… (228)
第 6 章　曲面特征的创建及其应用 ……………………………………… (229)
6.1　曲面特征的基本概念 …………………………………………… (229)
6.1.1　曲面的颜色 ………………………………………………… (229)
6.1.2　曲面的显示模式 ……………………………………………… (230)
6.1.3　给面组分配颜色 ……………………………………………… (230)
6.1.4　面组的隐藏 ………………………………………………… (230)

6.2 基本曲面特征的创建 …………………………………………………… (231)

6.2.1 创建拉伸曲面 …………………………………………………… (231)

6.2.2 创建旋转曲面 …………………………………………………… (232)

6.2.3 创建恒定截面的扫描曲面 …………………………………… (234)

6.2.4 创建可变截面的扫描曲面 …………………………………… (235)

6.2.5 创建螺旋扫描曲面 ………………………………………… (236)

6.2.6 创建平行混合曲面 ………………………………………… (237)

6.2.7 创建旋转混合曲面 ………………………………………… (238)

6.2.8 创建扫描混合曲面 ………………………………………… (239)

6.2.9 创建平面式曲面——填充特征 ………………………………… (240)

6.3 曲面特征的编辑修改操作 ………………………………………… (241)

6.3.1 复制曲面(Copy) ………………………………………… (241)

6.3.2 创建偏移曲面(Offset) ……………………………………… (244)

6.3.3 曲面的合并(Merge) ………………………………………… (249)

6.3.4 曲面的修剪(Trim) ………………………………………… (252)

6.3.5 曲面的延伸(Extend) ………………………………………… (259)

6.3.6 曲面的移动(【移动几何】Move) ……………………………… (263)

6.3.7 曲面的镜像操作(Mirror) …………………………………… (265)

6.3.8 曲面的拔模(Draft) ………………………………………… (266)

6.4 将曲面实体化 …………………………………………………… (267)

6.4.1 将独立封闭的曲面转换成实体 ……………………………… (267)

6.4.2 将曲面加厚为薄板实体 …………………………………… (267)

6.4.3 利用曲面切割实体 ………………………………………… (269)

6.4.4 利用曲面替代实体的表面 …………………………………… (270)

第7章 特征的操作 …………………………………………………… (272)

7.1 特征的阵列 …………………………………………………… (272)

7.1.1 概述 ………………………………………………………… (272)

7.1.2 尺寸阵列 …………………………………………………… (274)

7.1.3 方向阵列 …………………………………………………… (281)

7.1.4 轴阵列 ……………………………………………………… (282)

7.1.5 填充阵列 …………………………………………………… (284)

7.1.6 表阵列 ……………………………………………………… (286)

7.1.7 参考阵列 …………………………………………………… (287)

7.1.8 曲线阵列 …………………………………………………… (288)

7.1.9 点阵列 ……………………………………………………… (289)

7.1.10 关于特征阵列的几点补充说明 ……………………………… (290)

7.2 特征的复制 …………………………………………………… (291)

7.2.1　利用“特征操作”菜单实现特征的复制 ……………………………… (291)
7.2.2　直接利用复制/粘贴的方式完成特征的复制 ……………………… (293)
7.2.3　特征的镜像 ……………………………………………………………… (294)
7.2.4　特征的成组 ……………………………………………………………… (296)
7.3　特征的父子关系 ……………………………………………………………… (297)
7.3.1　父子关系的定义 ……………………………………………………… (297)
7.3.2　特征信息的查看 ……………………………………………………… (297)
7.3.3　父子关系产生的原因 ………………………………………………… (299)
7.4　特征的修改 …………………………………………………………………… (300)
7.4.1　修改特征 ………………………………………………………………… (300)
7.4.2　重定参考 ………………………………………………………………… (301)
7.4.3　重定义 …………………………………………………………………… (305)
7.5　特征的插入 …………………………………………………………………… (307)
7.5.1　特征插入操作步骤 …………………………………………………… (307)
7.5.2　特征插入说明 ………………………………………………………… (307)
7.5.3　特征插入操作实例 …………………………………………………… (307)
7.6　特征的重新排序 ……………………………………………………………… (308)
7.6.1　特征重新排序操作步骤 ……………………………………………… (308)
7.6.2　特征重新排序操作实例 ……………………………………………… (309)
7.6.3　特征重新排序说明 …………………………………………………… (310)
7.7　特征的隐含、删除和隐藏 …………………………………………………… (310)
7.7.1　特征的隐含与恢复 …………………………………………………… (311)
7.7.2　特征的隐藏与取消隐藏 ……………………………………………… (313)
7.7.3　关于特征的隐含与隐藏的说明 ……………………………………… (314)
7.8　零件的简化表示 ……………………………………………………………… (314)
7.9　特征重新生成失败的解决方法 ……………………………………………… (316)
第 8 章　零组件的装配 ………………………………………………………… (318)
8.1　零组件的装配步骤及装配约束类型 ………………………………………… (318)
8.1.1　零组件装配的基本概念 ……………………………………………… (318)
8.1.2　零组件装配的步骤 …………………………………………………… (319)
8.1.3　装配约束的类型 ……………………………………………………… (327)
8.1.4　装配约束的添加、删除、禁用及启用 ……………………………… (334)
8.1.5　元件的显示 …………………………………………………………… (336)
8.2　零组件装配的编辑及相关操作 ……………………………………………… (337)
8.2.1　重定义零组件的装配约束关系 ……………………………………… (337)
8.2.2　元件的隐含、恢复、隐藏、删除及修改 …………………………… (338)
8.2.3　零组件装配的重新排序 ……………………………………………… (340)

8.2.4 装配元件的复制与阵列 …… (340)
8.2.5 装配的简化表示 …… (344)
8.2.6 装配元件的封装 …… (352)
8.2.7 零件间的布尔运算 …… (355)
8.2.8 装配的干涉检查 …… (358)
8.2.9 装配基本环境的设置 …… (359)
8.3 挠性元件的装配 …… (360)
8.4 装配元件的替换 …… (364)
8.4.1 装配元件替换的方法 …… (364)
8.4.2 通过族表自动替换元件 …… (365)
8.4.3 通过互换自动替换元件 …… (366)
8.4.4 通过记事本自动替换元件 …… (368)
8.5 球阀装配实例 …… (371)
第9章 工程图的创建 …… (380)
9.1 工程图模块概述 …… (380)
9.1.1 工程图的基本知识 …… (380)
9.1.2 工程图设计的一般流程 …… (384)
9.1.3 工程图界面介绍 …… (384)
9.1.4 视图的基本类型 …… (394)
9.2 视图的创建 …… (394)
9.2.1 创建全视图 …… (395)
9.2.2 创建半视图 …… (395)
9.2.3 创建破断视图(断裂视图) …… (397)
9.2.4 创建辅助视图(斜视图) …… (399)
9.2.5 创建局部视图 …… (400)
9.2.6 创建详细视图(局部放大图) …… (401)
9.3 剖视图的创建 …… (402)
9.3.1 全剖、半剖与局部剖视图 …… (403)
9.3.2 创建旋转视图(斜剖视或移出断面) …… (407)
9.3.3 旋转剖、阶梯剖和剖面展开图 …… (409)
9.3.4 筋板纵向剖切的剖视图 …… (411)
9.4 视图的编辑 …… (414)
9.4.1 移动视图 …… (414)
9.4.2 修改视图 …… (415)
9.4.3 拭除与恢复视图 …… (418)
9.4.4 删除视图 …… (419)
9.4.5 修改横截面上的剖面线 …… (419)

9.5　工程图的尺寸与注释 …… (421)
9.5.1　标注尺寸 …… (421)
9.5.2　尺寸公差和几何公差 …… (425)
9.5.3　添加注释 …… (427)
9.5.4　标注表面粗糙度 …… (429)
9.6　工程图的表格与二维草绘 …… (431)
9.6.1　工程图中表格的绘制与编辑 …… (431)
9.6.2　装配图中零件明细表的自动生成 …… (434)
9.6.3　工程图中的二维草绘 …… (446)
9.7　绘图模板的应用 …… (448)
9.7.1　创建工程图模板 …… (449)
9.7.2　使用工程图模板 …… (451)
9.8　工程图的打印输出 …… (452)
9.8.1　Creo Parametric 2.0 打印出图的注意事项 …… (453)
9.8.2　Creo Parametric 2.0 工程图打印输出步骤 …… (453)
9.9　工程图绘图环境的设置 …… (456)
9.9.1　绘图环境设置的方法 …… (456)
9.9.2　配置绘图环境的主要选项 …… (457)
附　录 …… (459)
附录 1　绘图环境设置 config.pro …… (459)
附录 2　工程图常用配置 …… (459)
附录 3　打印机配置文件 *.pcf …… (462)
附录 4　打印笔配置文件 *.pnt …… (463)
参考文献 …… (464)

第 1 章　Creo Parametric 2.0 概述及基本知识

1.1　Creo Parametric 2.0 概述

Creo Parametric 的前身 Pro/ENGINEER 是号称"震撼业界的机械设计软件和世纪最强大的模具设计软件"，也是 1988 年由美国 PTC(Parametric Technology Corporation，参数技术公司)推出的集成了 CAD/CAM/CAE 于一体的全方位的 3D 产品开发软件，在世界 CAD/CAM 领域具有领先技术并取得了相当的成功。自从 1988 年面世以来，就以其先进的参数化设计、基于特征设计的实体造型而成为业界的领头羊。到了 2010 年 10 月，PTC 公司又整合了 PTC 公司的三个软件技术，即 Pro/Engineer 的参数化技术、CoCreate 的直接建模技术和 ProductView 的三维可视化技术，推出了新型 CAD 设计软件包——Creo Parametric。如今，Creo Parametric 已被越来越多的用户所接受和推崇，广泛应用于电子、机械、模具、工业设计、汽车制造、航空航天、家电等各个行业，是目前世界上最为流行的三维 CAD/CAM/CAE 软件。

Creo Parametric 提供了一套完整的机械产品解决方案，包括零件设计、产品装配、模具开发、加工制造、钣金设计、逆向工程、机构分析、有限元分析和产品数据库管理，甚至包括产品生命周期的管理。它为业界专业人士提供了一个理想的设计环境，使得产品的设计周期大为缩短，有力地推动了企业的技术进步。

1.1.1　特点

Creo Parametric 三维造型的特点主要体现在以下几个方面：

1) 三维实体造型

三维实体模型可以将设计者的设计思想以最真实的模型在计算机上体现出来，并且可以随时计算出产品的体积、表面积、重量、重心、惯性张量、惯性矩等，以了解产品的真实性。

2) 采用全相关的单一数据库

Creo Parametric 虽然包含众多的模块，但是所有模块使用的尺寸参数都是建立在单一的数据库之上，使得零件设计、模具设计、装配及加工制造等任何一个环节对于数据的修改都可以自动地反映到其他相关的各个环节。例如，不管在三维的造型模块还是二维的工程图模块作了尺寸修改，其相关的二维工程图或三维实体模型都会自动地加以修改；同时装配、制造等模块中的相关尺寸也会自动地加以更新。这样就可确保所有 CAD 资料的一致性和准确性。由于采用单一的数据库，提供了所谓的"双向关联"的功能，符合现代设计中同步工程和并行设计的思想。

3) 全参数化设计

全参数化设计是指用尺寸参数来描述和驱动零件的结构和外形，是 PTC 公司在世界上首次提出并进行应用的。全参数化的设计使得零件的设计、修改方便易行。例如，要在零件上打一个孔时，只要指定孔的中心线的位置、孔的大小和深度就可以了。不仅如此，在Creo Parametric 中还可以利用强大的数学运算方式建立各尺寸间的关系式，减少了尺寸逐一修改的繁琐费时和不必要的错误。

4）基于特征的实体建模

系统采用基于特征的具有智能特性的功能去生成模型，零件由许多特征经过叠加、相交、切除等操作构成，使得设计工作简单易行。在造型过程中，可以方便地对特征进行编辑修改等操作，例如特征的复制、镜像、阵列、重新定义、重新排序、重定参考等。

另外，从 Creo Parametric 开始引入“行为建模技术”，该技术被业界称为第五代 CAD 技术。它把导出值包含到参数特征中，再反过来使用它们生成和控制其他模型的几何图形。使用行为建模技术，首先要定义一个工程分析模型，其中包括名称、类型和定义。然后，要建立分析模型中的新特征，为分析模型设置约束条件，包括目标值、一个参数的最小和最大值。这时，系统会出现解决方案的图表，协助用户为设计选择最优方案。采用行为建模技术的自动求解，能在最短的时间内找到满足工程标准的最佳设计。

本书基于 Creo Parametric 的最新版本 2.0，介绍使用该软件平台进行造型设计、装配设计和工程图创建的过程。

1.1.2 Creo Parametric 的建模原理

1）基本概念

（1）特征的概念：指可以用参数驱动的实体模型。

（2）特征分类：

基础特征（草绘特征）：基础特征是指由二维截面草图经过拉伸、旋转、扫描和混合等方式形成的一类实体特征。因为截面是以草图的方式绘制，故又称为草绘特征。首先要选择一个草绘平面和一个定向参考平面，二者互相垂直。草绘平面用于绘制特征的二维截面，参考平面用于确定草绘平面的放置方向。

工程特征（放置特征）：系统内部定义的一些参数化特征。在建立这类特征时，用户只要给出特征的放置平面、定位尺寸和定形尺寸即可。

（3）参数化：指以尺寸参数来描述和驱动零件或装配体等模型实体，而不是直接指定模型尺寸的固定数值。这样，任何一个模型参数的改变都将导致其相关特征的自动更新；而且还可以运用数学运算方式建立各尺寸间的关系式，从而减少了尺寸逐一修改的繁琐费时和不必要的错误。

2）设计准则及方法

（1）分析零件，确定基本特征及特征顺序，例如需要建立哪些特征，按照什么样的顺序建立，等等；

（2）简化特征类型；

（3）建立特征的父子关系；

（4）适当采用特征的复制操作。

3）建模过程

（1）分析零件特征，确定特征的创建顺序；

(2) 启动零件设计方式；

(3) 创建基体特征，它是其他特征的父特征；

(4) 建立其他特征；

(5) 编辑和修改；

(6) 保存文件。

1.2 Creo Parametric 2.0 工作界面

启动应用程序后，显示的是 Creo Parametric 2.0 的浏览器界面，如图 1 - 1 所示。

图 1 - 1 Creo Parametric 2.0 启动时的浏览器界面

当新建或者打开一个已有的文件时，Creo Parametric 2.0 的工作界面主窗口如图 1 - 2 所示。

1.2.1 主窗口标题栏

列有当前的软件版本、工作模块和正在处理的文件名称。如果有多个窗口同时打开，则有“活动的”标记，标明当前的活动窗口。

1.2.2 快速访问工具栏

【快速访问】工具栏位于 Creo Parametric 窗口的顶部。它提供了对常用按钮的快速访问，比如用于打开和保存文件、撤消、重做、重新生成、关闭窗口、切换窗口等按钮。此外，可以自定义【快速访问】工具栏来包含其他常用按钮和功能区的层叠列表。

图 1-2　Creo Parametric 2.0 工作界面

1.2.3　文件菜单

包含用于管理文件、准备要分布的模型、管理会话和设置 Creo Parametric 环境和配置选项等命令，如图 1-3 所示。

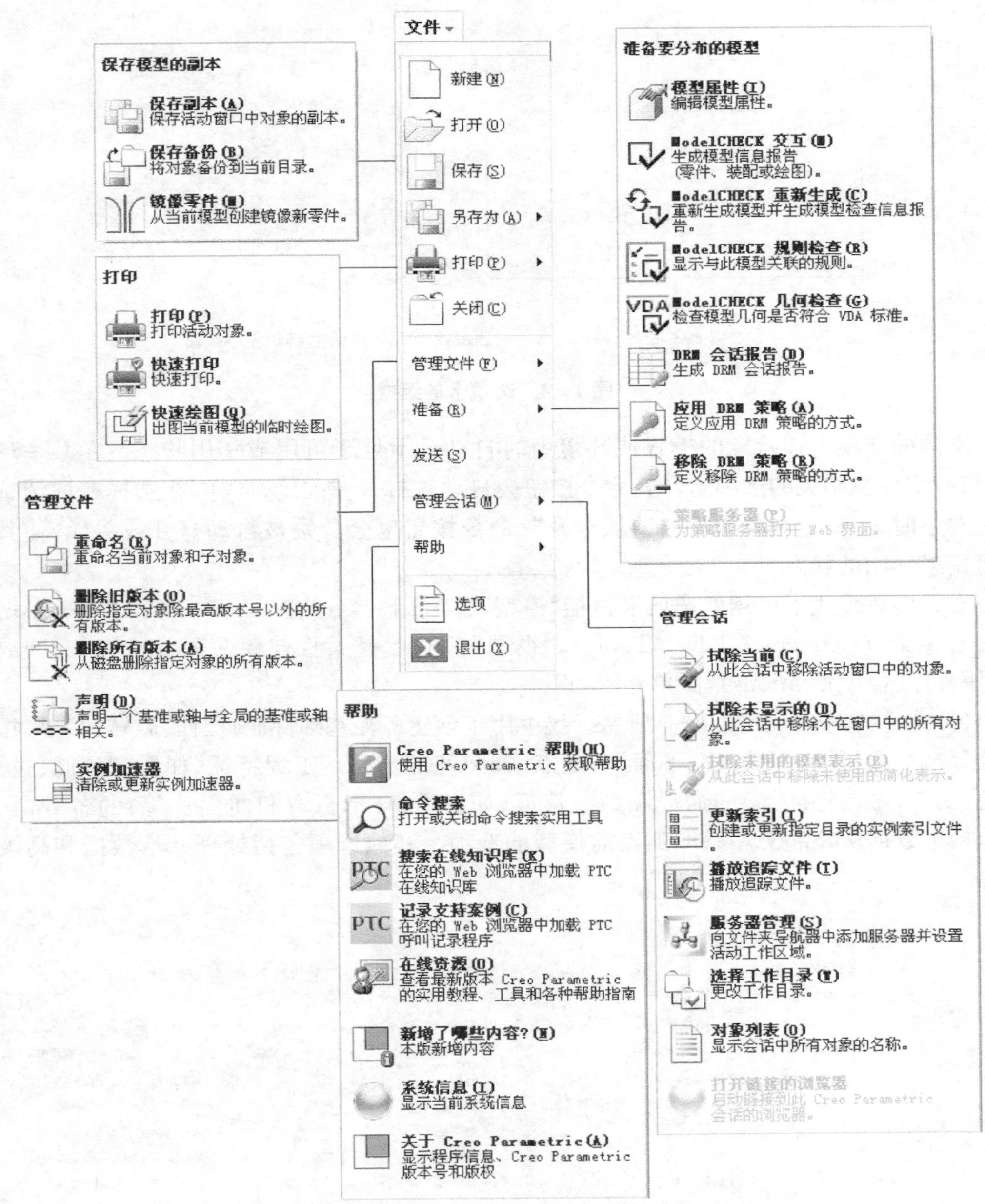

图 1-3　Creo Parametric 2.0【文件】菜单

1.2.4　功能区

功能区包含组织成一组选项卡的命令按钮。选项卡包括选项卡名称、命令组、命令图标按钮、组溢出按钮和对话框启动程序按钮，如图 1-4 所示为启动 Creo Parametric 时【主页】选项卡的组成。在每个选项卡上，相关按钮分组在一起。可以单击功能区右上方的^按钮折叠功能区使其最小化以获得更大的图形空间。用户还可以通过添加、移除或移动按钮来自定义功能区。

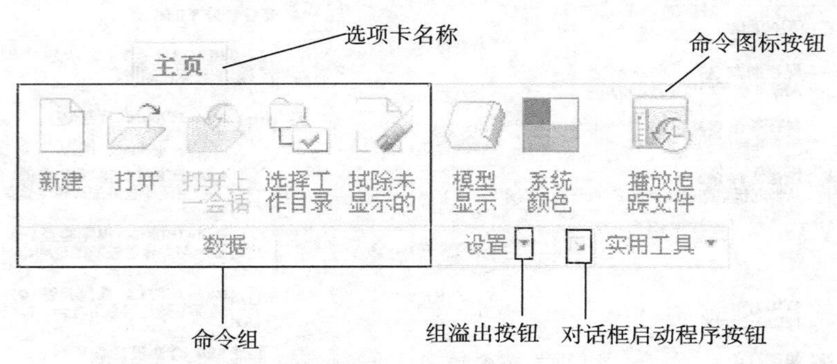

图 1-4　选项卡的组成

不同的选项卡在特定的模式或环境中时自动显示处于可用或禁用状态。在某一环境下，与特定环境相关的选项卡及其命令按钮会自动被打开或关闭；同样，在选择或取消选择相关对象时，与特定对象相关的选项卡及其命令按钮也会分别被自动打开或关闭，使其处于可用或禁用的状态。

在大多数模式下可用的选项卡包括“模型”(Model)、“分析”(Analysis)、“注释”(Annotate)、“渲染”(Render)、“工具”(Tools)、“视图”(View)、“柔性建模”(Flexible Modeling)、“应用程序”(Applications)，简单介绍如下：

(1) 模型选项卡：如图 1-5 所示。提供用于创建各种基础特征(拉伸、旋转、扫描、扫描混合等)、基准特征(例如基准平面、基准点、轴和基准平面)、工程特征(如孔、壳、筋、拔模、倒角、切口、修饰特征等)的命令和高级特征(如管道、环形折弯和曲面片等)的各种命令。还包括将数据从外部文件添加到当前模型的选项。其他选项包括处理共享数据和高级混合等。

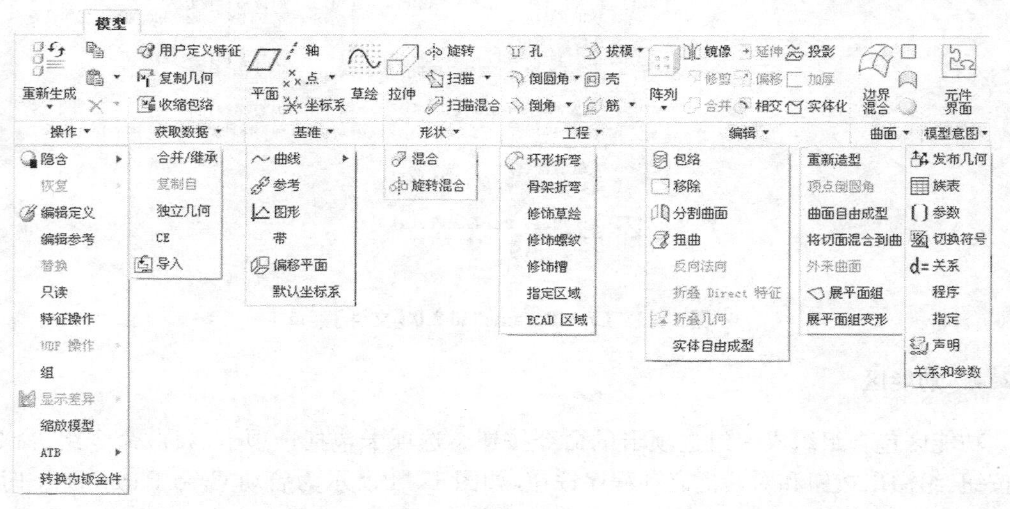

图 1-5　【模型】选项卡

(2) 分析选项卡：如图 1-6 所示。显示有关模型的消息并修改分析模型参数的选项。

包括对模型进行分析的各项命令，如分析模型属性、测量模型的几何数据（如长度、角度、区域等）、分析曲面属性和曲线等；比较两个零件间特征或几何的差异；执行模型、曲面、曲线、Creo Simulate、Excel 或用户定义的分析；执行敏感度分析；可行性或优化研究或创建多目标设计研究；将页面与现有图片进行比较并在"绘图"模式下显示结果。

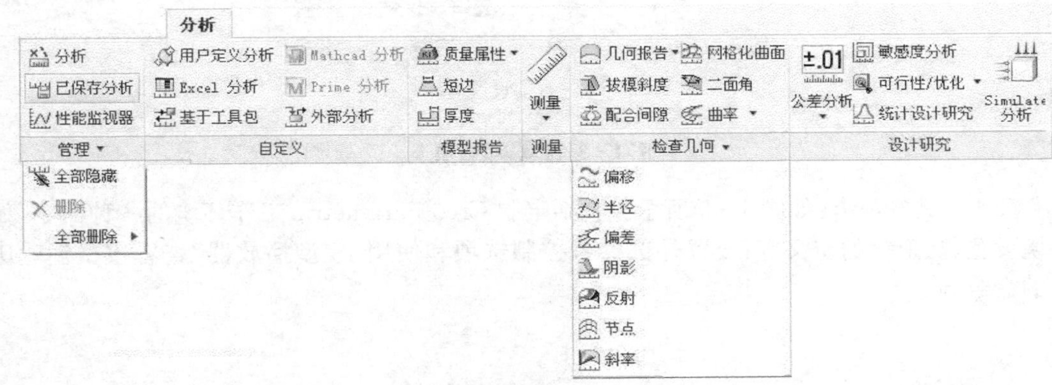

图 1-6　【分析】选项卡

(3) 注释选项卡：如图 1-7 所示。用于创建、编辑和管理模型注释并将模型消息传播到其他模型或制造工艺中。

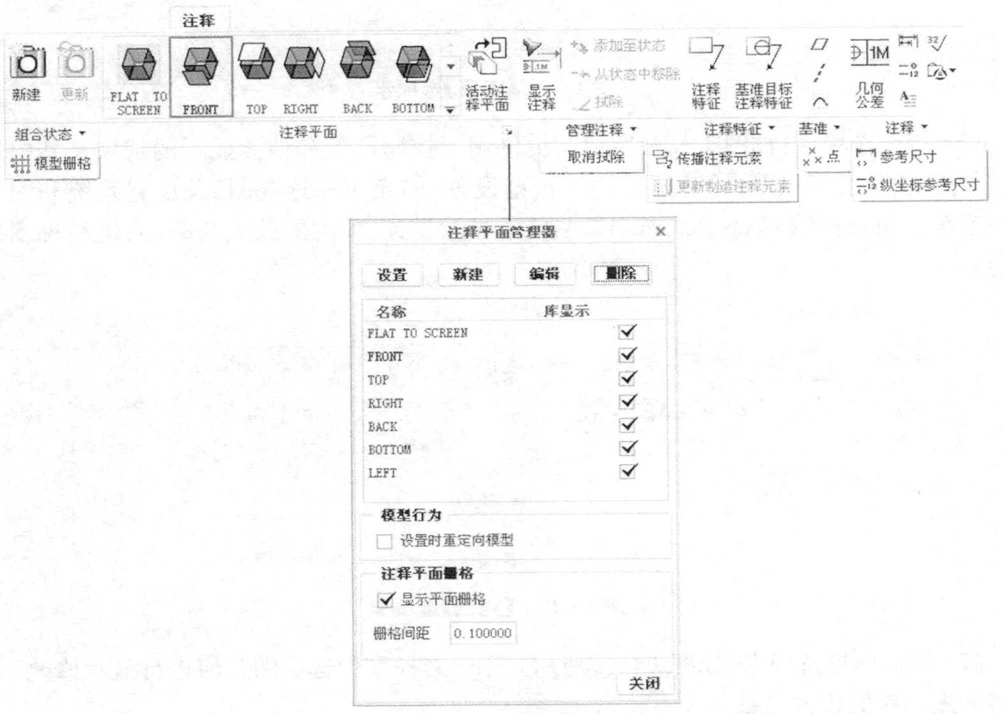

图 1-7　【注释】选项卡

(4) 渲染选项卡：如图 1-8 所示。用于对渲染场景、环境进行设置并渲染模型。

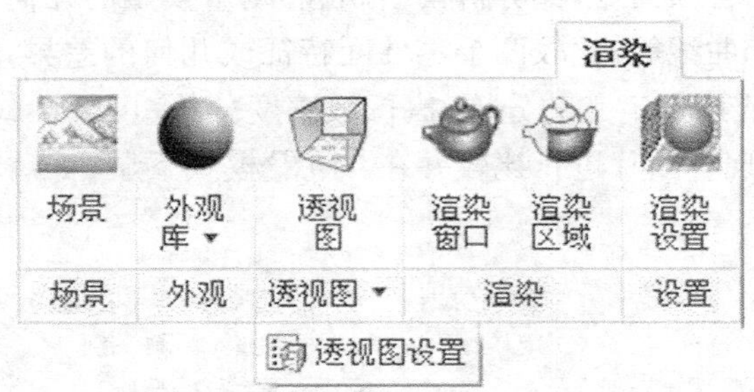

图 1-8 【渲染】选项卡

(5) 工具选项卡：如图 1-9 所示。包括定制 Creo Parametric 工作环境的各种命令，如环境设置、映射键的定义等；设置外部参考控制选项和使用“模型播放器”查看模型创建历史的命令等。

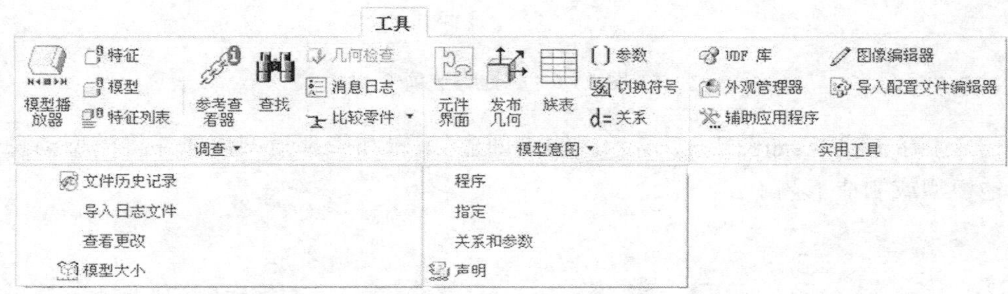

图 1-9 【工具】选项卡

(6) 视图选项卡：如图 1-10 所示。提供用于控制模型和性能显示的选项。其中包括设置模型方向、使用“视图管理器”、进行模型设置(如光照和透视图)及设置系统和图元颜色的选项。可以控制 Creo Parametric 当前的显示设置、模型的放大与缩小、模型视图的显示等。

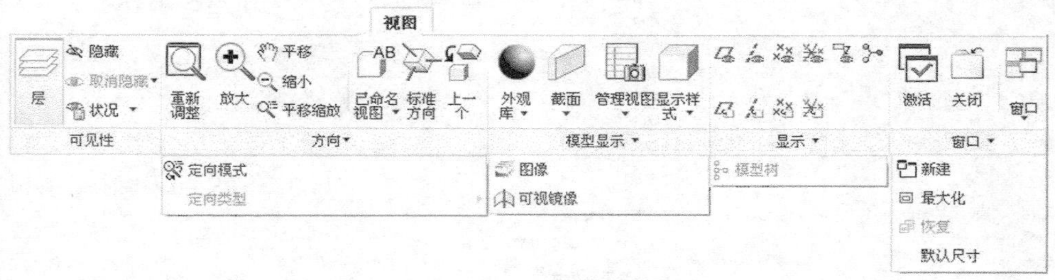

图 1-10 【视图】选项卡

(7) 柔性建模选项卡：如图 1-11 所示。用于对模型中选定的几何进行显示修改，并可忽略预先存在的各种关系。

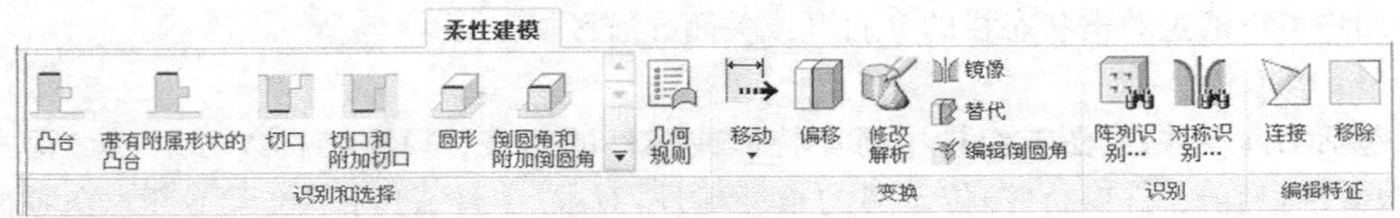

图 1－11　【柔性建模】选项卡

(8) 应用程序选项卡：如图 1－12 所示。包括利用各种不同的 Creo Parametric 的模块的命令。可以在 Creo Parametric 造型中的各个模块之间进行切换。

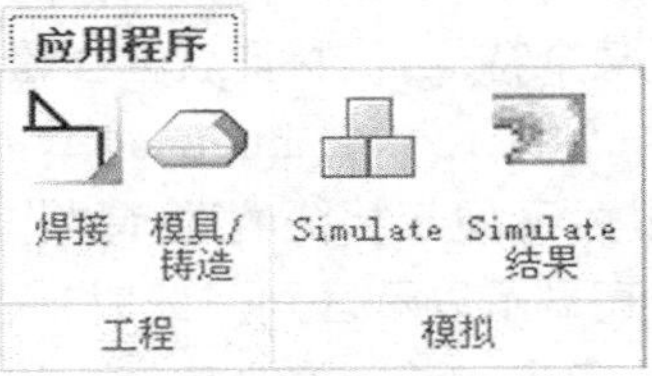

图 1－12　【应用程序】选项卡

1.2.5　导航区

Creo Parametric 2.0 在导航器中集成了系统内部的 IE 浏览器，实现类似 Windows 中资源管理器的功能。导航器中包括模型树、文件夹导航器、个人收藏夹和层树，通过它们来显示所有零部件的特征模块名称、组织架构、组合顺序，以方便用户在编辑时的选择和辨识，如图 1－13 所示。

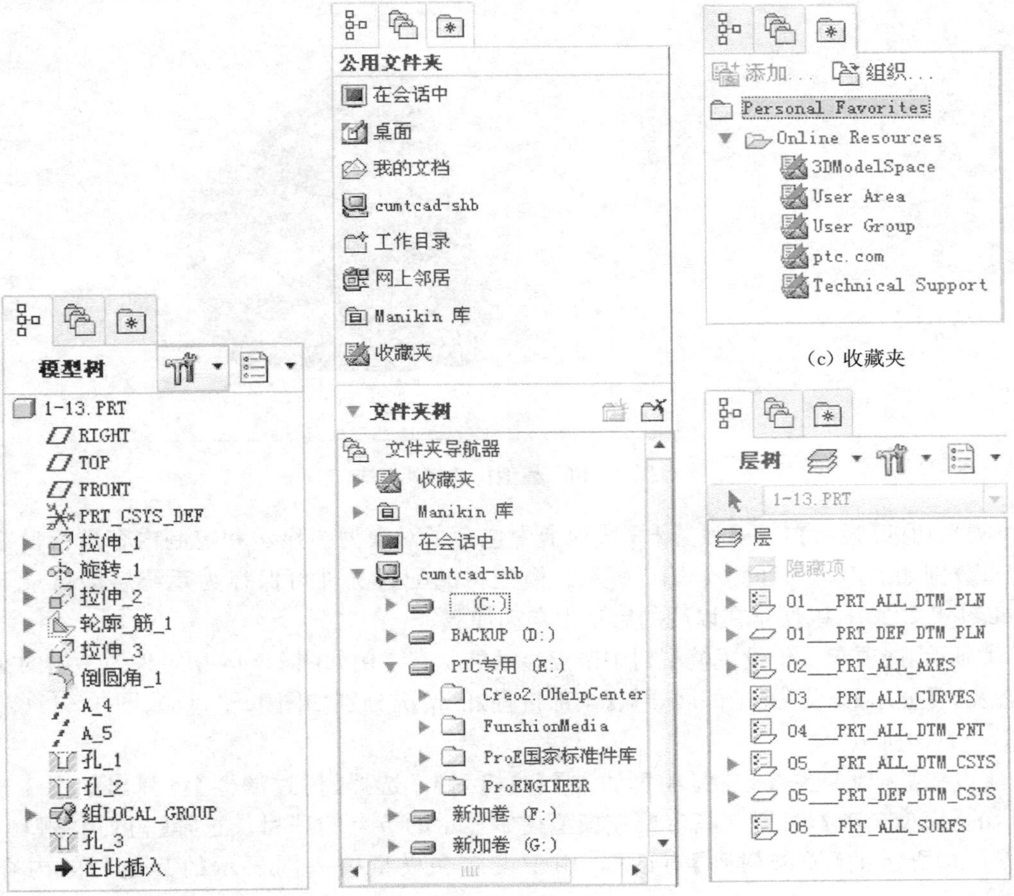

(a) 模型树

(b) 文件夹和文件夹树

(c) 收藏夹

(d) 层树

图 1－13　Creo Parametric 2.0 的导航区

用户可以通过单击状态栏的打开或关闭导航区。

(1) 模型树

包括当前零件、绘图或组件中每个特征或零件的列表。模型结构以分层(树)形式显示,根对象(当前零件或组件)位于树的顶部,附属对象(零件或特征)位于下部。在零件造型模块中的模型树是 Creo Parametric 按照用户建立特征的顺序,将它们以树状列出的结构。在模型树上的每个特征旁边的图标都表示了特征的类型和它的当前状态。如果选中了某个特征,该特征就会在绘图区的模型上直接以加亮的形式显示出来。

在 Creo Parametric 中,能够正确地使用模型树是非常重要的。它既反映了特征的建立顺序,又便于特征的选择操作。在模型树中单击某个对象,这个对象就被选中,并在图形区加亮显示以示区别。此时单击鼠标右键,在弹出的快捷菜单中可以实现对所选特征的删除、隐含、编辑(修改数值)、编辑定义、阵列等各种操作。零件造型模块中模型树的初始状态如图 1-14 所示。

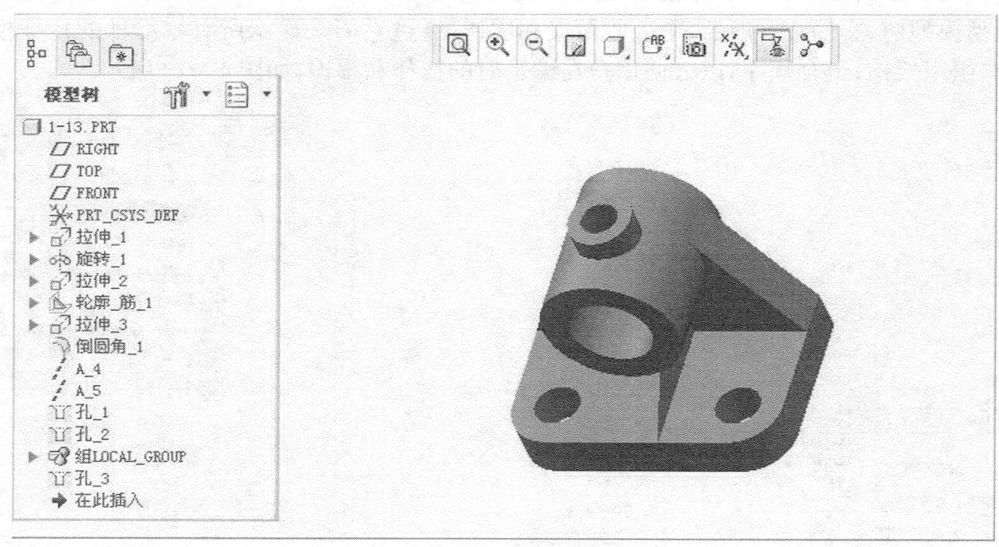

图 1-14　模型树的初始状态

模型树的【显示】和【设置】选项卡中包含了对模型树显示和定制内容进行设置的命令,分别如图 1-15 和图 1-16 所示。模型树的配置文件可保存为系统启动目录下的"tree.cfg"文件中,以便于在以后的启动中自动加载。

【显示】选项卡用于设置模型树中节点显示的状态。例如图 1-14 中零件模型树的初始状态及当【显示】设置为【全部展开】、【全部折叠】的情况分别如图 1-17(a)、图 1-17(b)和图 1-17(c)所示。

【设置】选项卡主要包括【树过滤器】和【树列】。选择【树过滤器】将弹出如图 1-18 所示的【模型树项】对话框,指定要在模型树中显示的节点的项目。选择【树列】将弹出如图 1-19 所示的【模型树列】对话框,用于设定和模型树一同显示的其他列的内容和宽度。

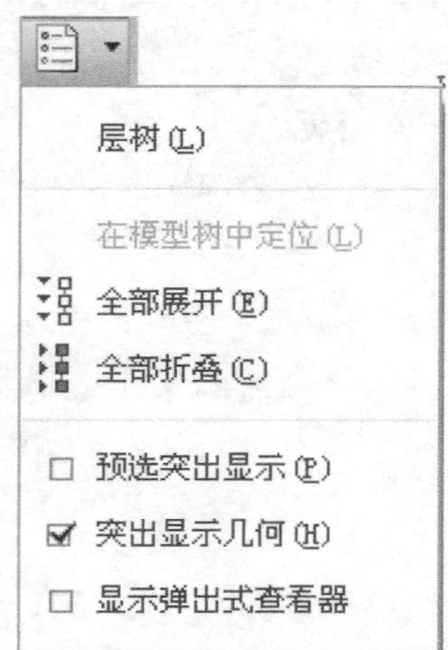

图 1-15 模型树的【显示】选项卡

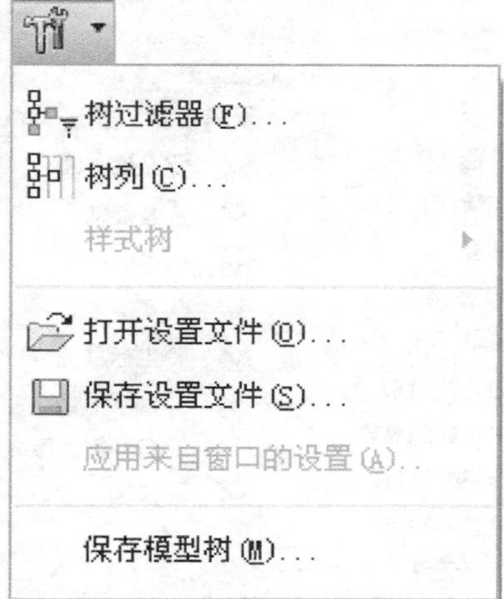

图 1-16 模型树的【设置】选项卡

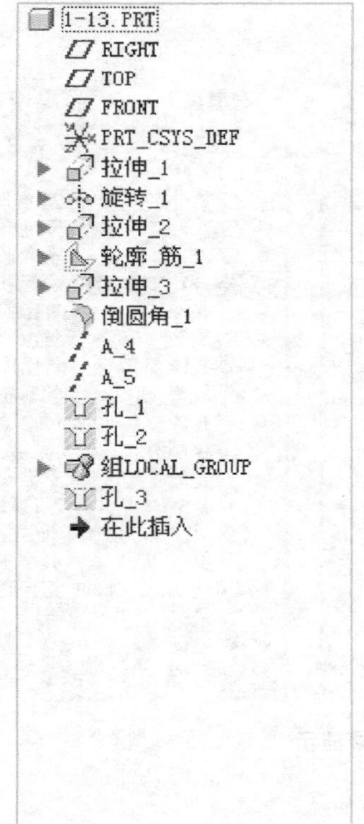

(a) 初始状态

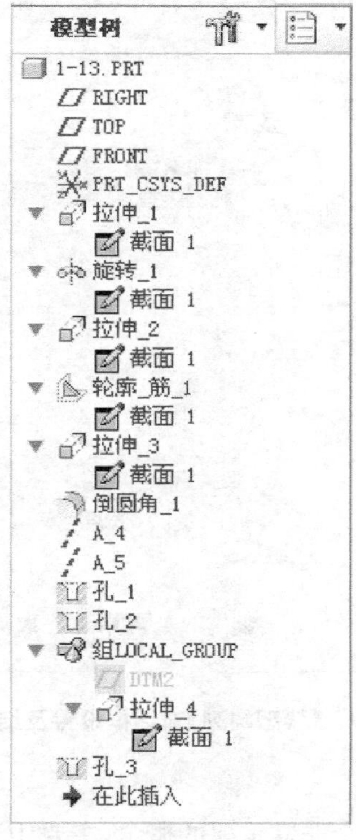

(b) 全部展开

模型树

1-13.PRT

(c) 全部折叠

图 1-17 模型树的显示状态

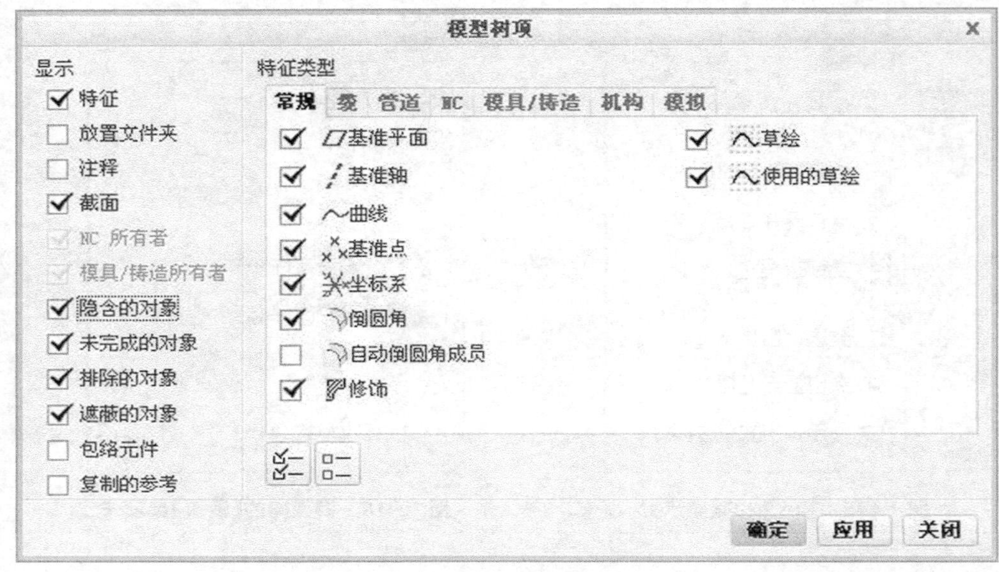

图 1-18 【模型树项】对话框

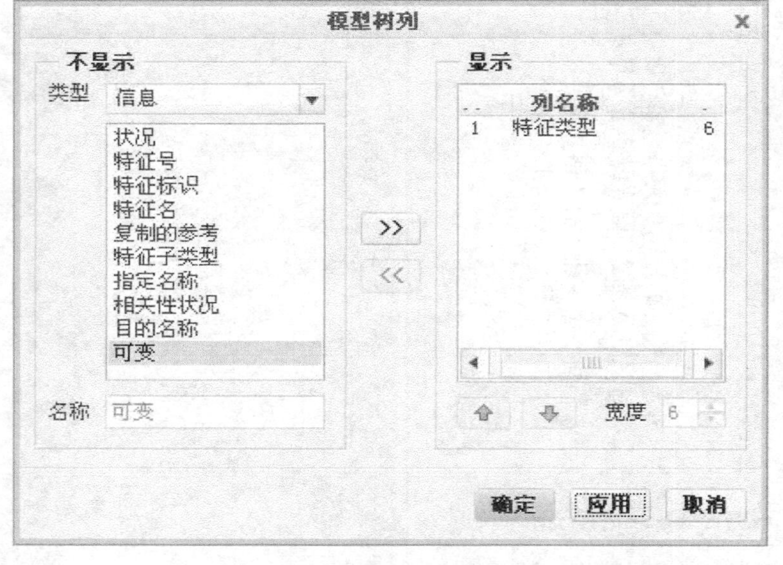

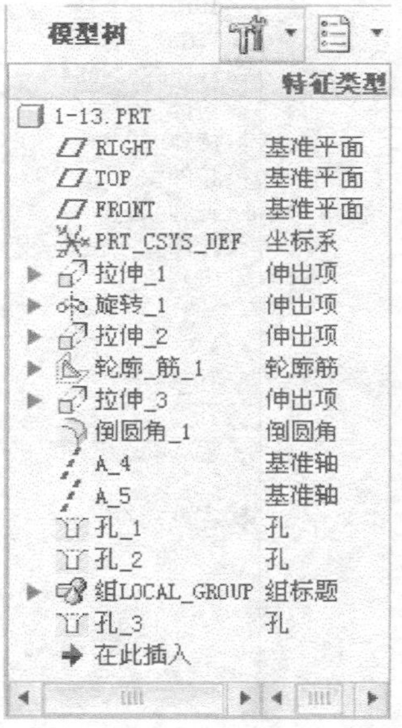

图 1-19 【模型树列】对话框设置及结果显示

(2) 层树

层是 Creo Parametric 中的一个非常重要的概念，主要用于对模型对象的分类管理。用户可将相同性质的对象或特征放在同一个图层上，这样可以方便地将该层中所有的对象作为一个整体进行操作，例如隐藏了某个图层，那么该层上所有的对象将不显示在屏幕上。选择图 1-15所示模型树【显示】选项卡中的【层树】，或者选择【视图】选项卡→【可见性】组→【层】命令，导航器显示的内容将会从“模型树”切换到“层树”，如图 1-20 所示。

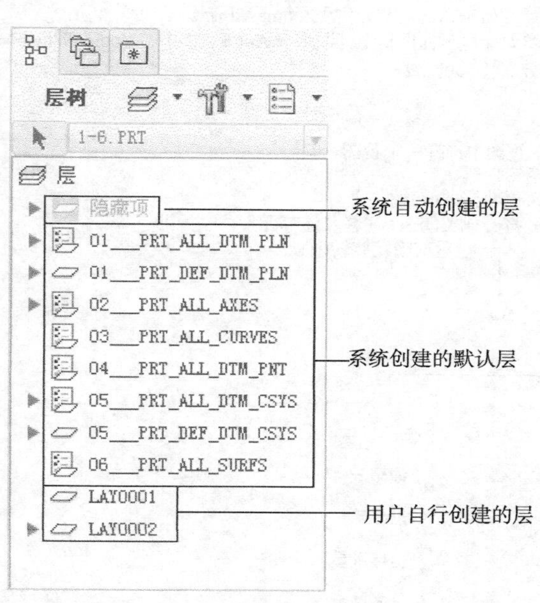

图 1-20　导航器中“层树”

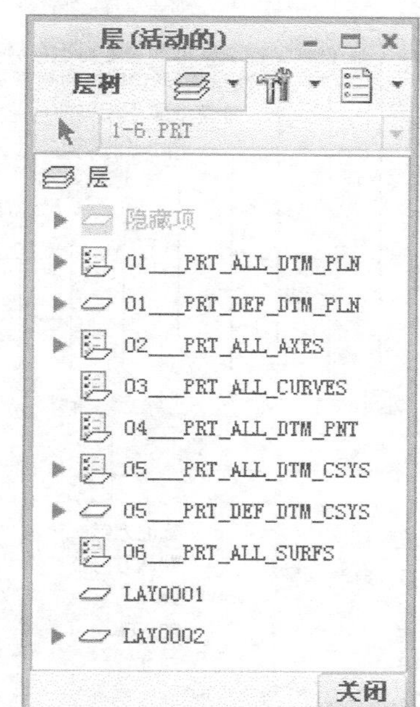

图 1-21　【层】对话框

系统默认情况下，floating_layer_tree 配置选项的设置为“no”时“层树”可以使用。如果 floating_layer_tree 配置选项设置为“yes”，导航器的“层树”将不可用，用户可以通过选择【视图】选项卡→【可见性】组→【层】命令弹出【层】对话框完成和导航器中“层树”相同的操作，如图 1-21 所示。

鉴于层的重要性，本书在内容安排上，将其作为单独的一节列出，请读者参见 1.6.5 节“层的使用”内容。

(3) 文件夹导航器：类似于 Windows 的资源浏览器，列出了所有的文件夹和文件，可以方便地打开、查看某个文件或者文件夹。

(4) 个人收藏夹：类似于 IE 浏览器的收藏夹功能，可以收藏常用的文件或者网址。

1.2.6　图形窗口和图形工具栏

导航器右边的窗口是图形窗口。在模型的建构和编辑修改过程中，在图形窗口中实时地显示所建立的模型及特征的形状。

Creo Parametric 将常用的命令做成图形化的按钮，放在图形窗口上方或右方。单击某个按钮，就会快速启动相应的功能，这样可以省去用户查找菜单的麻烦，提高建模的效率。【图形】工具栏位于图形窗口的上方，如图 1-22 所示。

关于【图形】工具栏的说明如下：

(1) ——显示/隐藏旋转中心。当旋转中心处于隐藏的状态下，模型的旋转操作是围绕着鼠标的当前位置进行的。如果鼠标指针的位置不合适，模型在旋转的过程中就可能偏离屏幕上显示的图形区域。因此可以单击该按钮打开旋转中心，相同的标记出现在图形区域的模型中央，其中的红、绿、蓝轴分别对应于空间缺省坐标系的 X、Y 和 Z 轴。此时对模型的旋转操作只能围绕旋转中心进行。

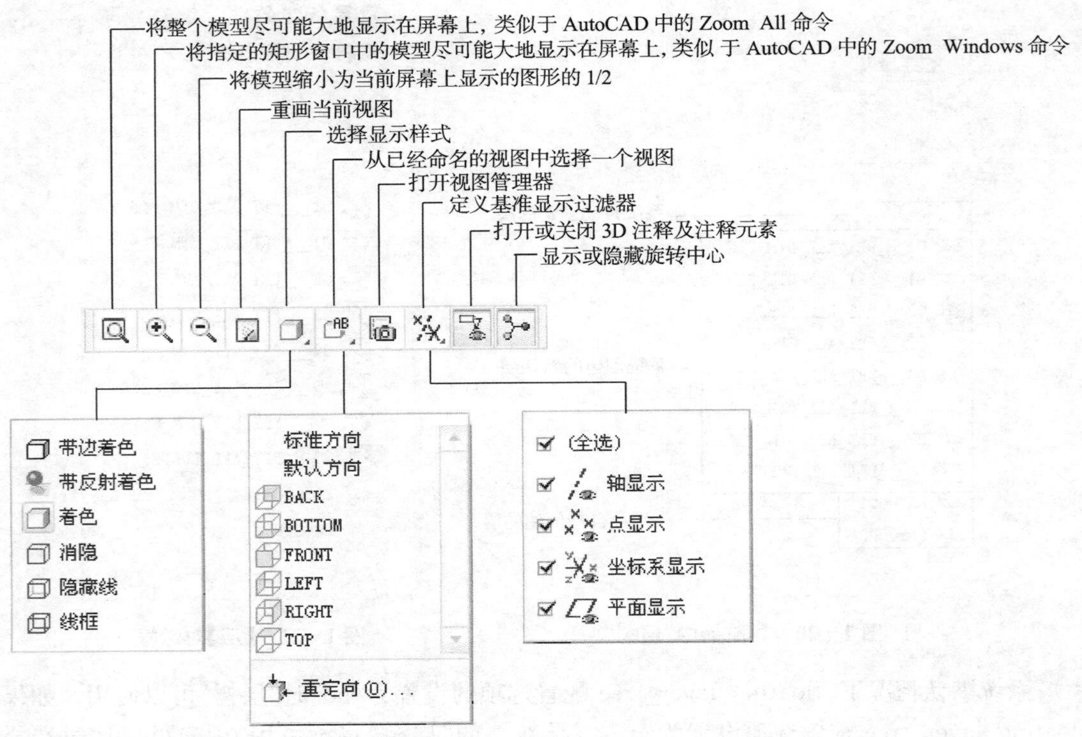

图 1－22 【图形】工具栏

(2) ——打开或关闭 3D 注释及注释元素。

(3) ——控制各种基准是否显示出来。

(4) ——将启动【视图管理器】对话框，用于创建横截面、简化表示等。常用于横截面的创建、修改等操作，详见 4.8 节"横截面的创建和编辑"。

(5) ——从已保存的视图列表中选择一个视图，将其设置为当前要显示的视图。如果使用 Creo Parametric 缺省的零件造型模板，那么【标准方向】和【默认方向】的视角方向都为斜轴测图；而且标准的六个基本视图已经保存在视图列表中，用户可以直接选择并让它以定义时的视角方向显示在屏幕上。图 1－23 为按我国《机械制图国家标准》第一角投影配置的六个标准视图示例。

(6) ——选择模型的显示样式为线框模式、隐藏线模式、无隐藏线模式(消隐)、着色、带反射着色和带边着色模式中的一种，详见 1.4.4"图元显示"。

(7) ——将当前窗口的模型重画，具有清除所有临时显示信息的作用，类似于 AutoCAD 中的 Redraw 命令。重新刷新屏幕，但不重新生成模型。如果修改了模型中的数据，需要使用【快速访问】工具栏→【重新生成】命令。

(8) ——将模型缩小为当前屏幕上显示的图形的 1/2。

(9) ——Creo Parametric 在消息区给出"指示两位置来定义缩放区域的框"的提示，要求用户指定一个矩形窗口的对角顶点，然后将指定的矩形窗口中的模型尽可能大地显示在整个屏幕上，类似于 AutoCAD 中的 Zoom Windows 命令。

(10) ——将整个模型尽可能大地显示在屏幕上，类似于 AutoCAD 中的 Zoom All 命令。

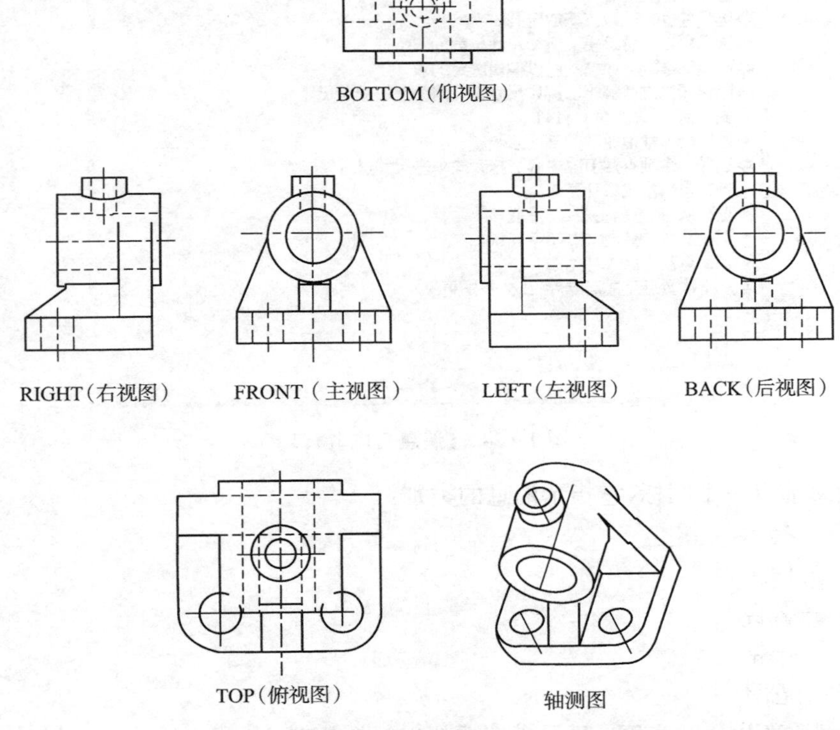

图 1-23　按我国《机械制图国家标准》第一角投影配置的六个标准视图

1.2.7　浏览器窗口

Creo Parametric 浏览器提供对内部和外部网站的访问功能，其界面如图 1-1 所示。状态栏上的图标控制浏览器的显示。

1.2.8　状态栏

状态栏位于 Creo Parametric 图形窗口的底部，用以显示以下控制和消息区：

(1) :用以控制导航器的是否显示。

(2) :用以控制浏览器的是否显示。

(3) 消息区：显示与窗口中工作相关的单行消息。在模型的创建和编辑过程中，系统会在消息提示区给出用户下一步操作的状态消息、警告或状态提示、要求输入的必要的参数等。在状态栏的空白处使用鼠标右击，从弹出的快捷菜单中选择“消息日志”可以查看最近的消息提示，如图 1-24 所示。

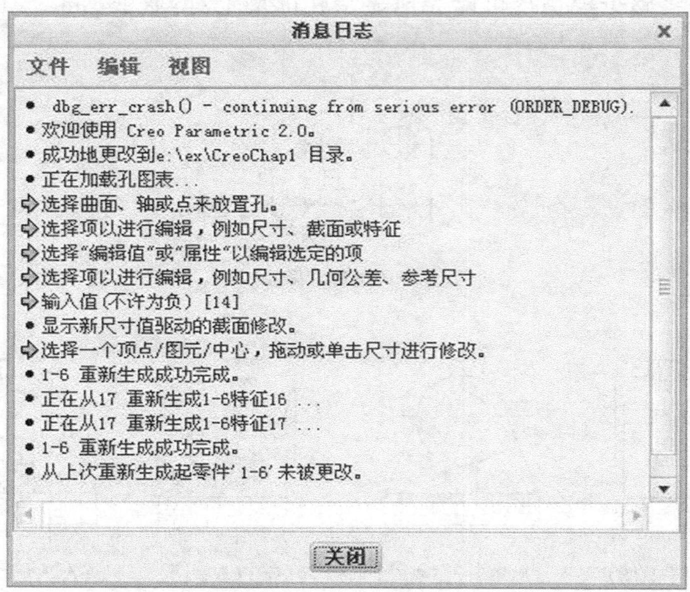

图 1－24 【消息日志】窗口

每个消息前有一个图标，它指示消息的类别：

①——提示

②——信息

③——警告

④——出错

⑤——危险

(4) 模型重新生成状态区：显示模型重新生成的状态。

①——重新生成完成。

②——要求重新生成。

③——重新生成失败。

(5) ——打开"搜索工具"对话框。

(6) ——激活"3D 选择"工具。

(7) 选择缓冲器区——显示当前模型中选定项的数量。

(8) 选择过滤器区——显示可用的选择过滤器。当图中有许多对象重叠时的选择过滤，通过过滤操作，可以让用户只选中想要的对象类型，以达到快速选择的目的。

1.2.9 对话框

运行某些命令时，就会出现该命令的对话框，包含按钮和各种选项，通过它们可以完成特定命令或操作。

1.2.10 命令操控板

命令操控板是 Creo Parametric 中命令执行的载体，Creo Parametric 中有许多复杂的命令，涉及多个操作对象的选择、多个参数以及控制选项的设定。这些设定工作都在命令工具操控板上进行，如图 1－25 所示为【拉伸】工具操控板。详细操作请见后面章节中的相应命令。

命令操控板一般由对话栏、面板、控制区域和消息区域组成。其中对话栏中显示了命令常用的选项和收集器。面板用于执行高级建模操作或检索综合特征信息，常见的项目包括放置、选项、属性等，它们以选项卡的形式出现。系统会根据当前建模环境的变化而显示不同的选项卡和面板元素。在某些情况下将提供默认值。要打开一面板，单击其选项卡。要关闭面板，单击其选项卡，面板将滑回操控板。

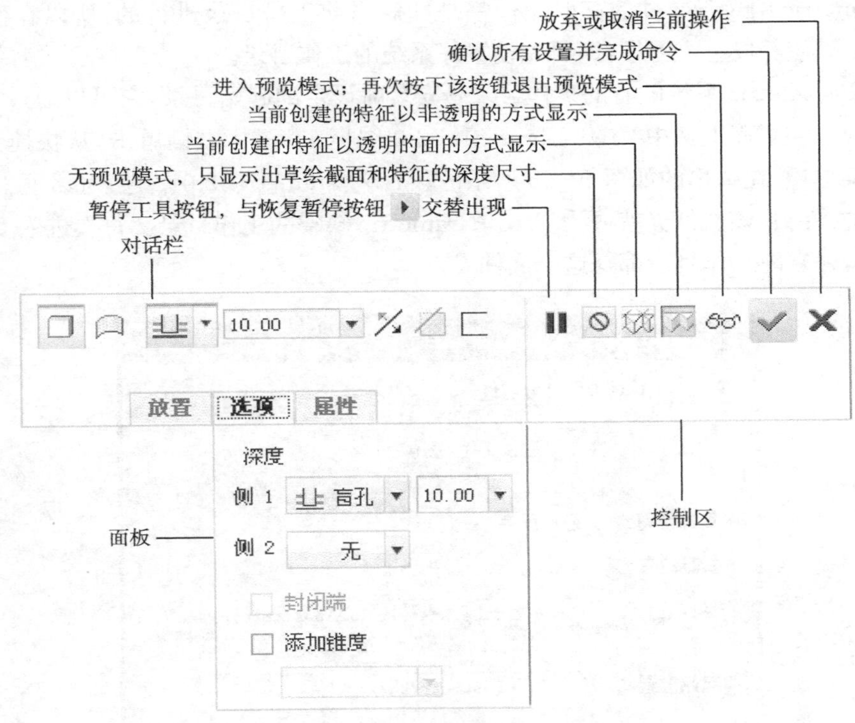

图 1－25　【拉伸】工具操控板

消息区域位于图形窗口底部的状态栏中。处理模型时，Creo Parametric 通过对话栏下的消息区中的文本消息来确认用户的操作并指导用户完成建模操作。消息区域包含当前建模会话的所有消息。

控制区域位于命令操控板的右侧，在命令的执行过程中，用户可以暂时中断当前命令的运行，而去临时执行其他的命令，此时命令操控板的【暂停】按钮 启动，整个命令操控板灰显，在【暂停】按钮位置出现【恢复】按钮；当其他的操作完成后，单击【恢复】按钮 就可以重新激活刚才中断的命令操控板。【预览】图标 用来预先观察命令操作的结果状况。单击【确认】 按钮完成命令的操作，单击【取消】 按钮则退出当前的命令。

1.3 文件和窗口操作

1.3.1 文件操作

1）设置工作目录

工作目录为 Creo Parametric 中用于文件检索和存储的指定区域。在开始建模之前必须先指定工作目录。通常，默认工作目录是其启动目录，也可选择不同的工作目录。由于 Creo Parametric 中对于文件的存取操作都是针对当前工作目录进行的，所以在使用 Creo Parametric 时应养成一个习惯，即要先设置好系统的工作目录。

Creo Parametric 系统缺省的工作目录是安装时设定的起始目录，它可以通过下面的方法加以修改。在桌面上选中 Creo Parametric 2.0 图标，鼠标右键单击，从快捷菜单中选择【属性】菜单项，在弹出的如图 1－26 所示的【Creo Parametric 2.0 属性】对话框中修改【起始位置】的文件夹，该文件夹就成为 Creo Parametric 缺省的工作目录。每次进入 Creo Parametric 后，缺省的工作目录都是这个文件夹。

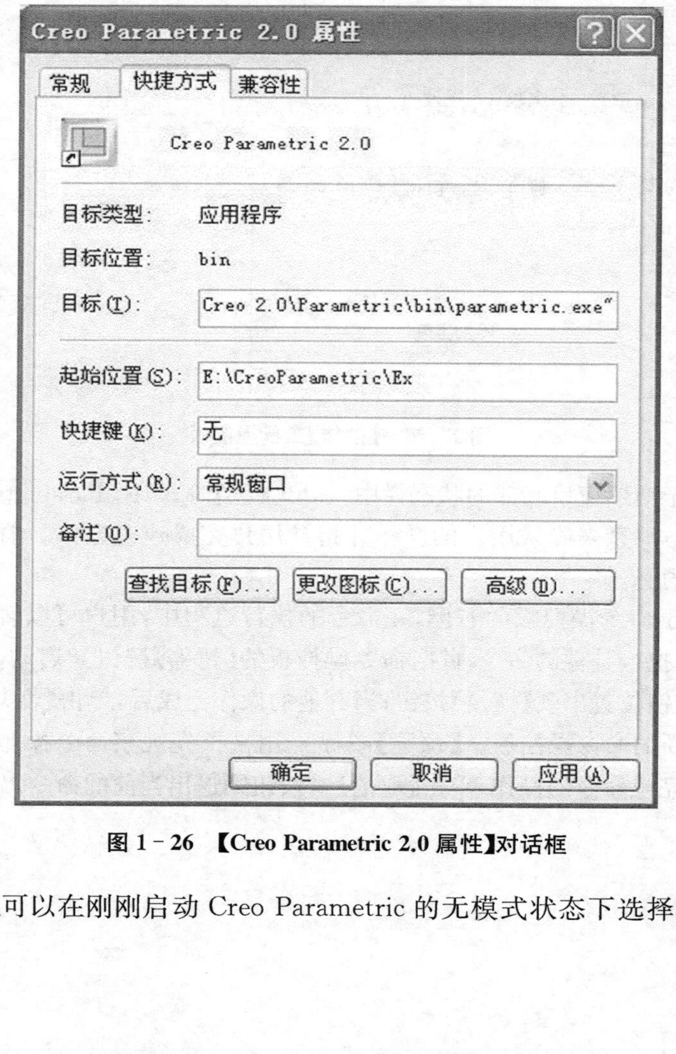

图 1－26 【Creo Parametric 2.0 属性】对话框

另外，用户也可以在刚刚启动 Creo Parametric 的无模式状态下选择【主页】选项卡→

【数据】组→【选择工作目录】命令；或者在 Creo Parametric 某一工作模块下选择【文件】菜单→【管理会话(M)】→【选择工作目录(W)】，系统都将打开一个名为【选择工作目录】的对话框，选择文件夹作为临时的工作目录。临时工作目录的设置在本次退出 Creo Parametric 应用程序之前一直保持有效。

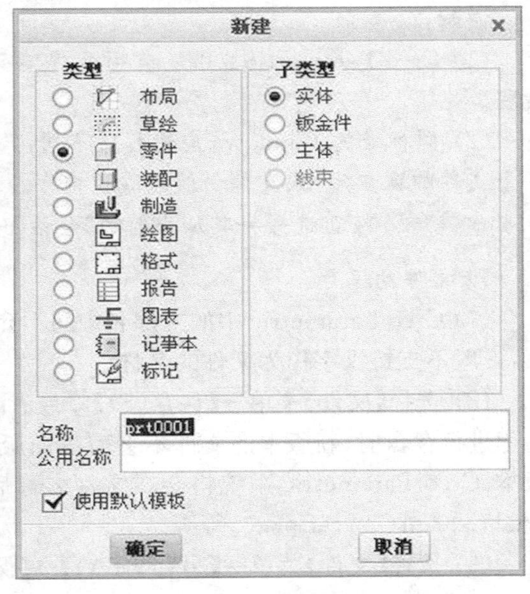

图 1 - 27　【新建】对话框

2) 新建一个文件

选择【文件】菜单→【新建(N)】或者【快速访问】工具栏中的图标，系统将弹出如图 1 - 27 所示的【新建】对话框，在此对话框中指定新文件的名称和要创建的文件类型。缺省的零件造型文件的名称为 prt0001，prt0002，……，依此类推。

3) 打开已有的文件

选择【文件】菜单→【打开(O)】或者【快速访问】工具栏中的图标，系统将弹出如图 1 - 28 所示的【文件打开】对话框，在此对话框中指定要打开的文件的名称即可。本书中用到的文件类型如表 1 - 1 所示。

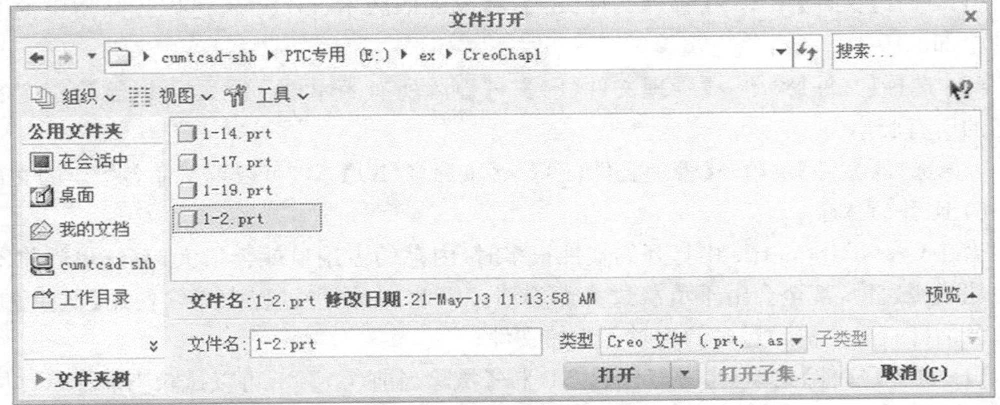

图 1 - 28　【文件打开】对话框

表 1 - 1　本书中有关文件类型的说明

文件类型	扩展名	说明
草绘(Sketch)	.sec	二维截面草图
零件(Part)	.prt	三维零件模型
组件(Assembly)	.asm	三维装配模型
绘图(Drawing)	.drw	二维工程图纸
格式(Format)	.frm	二维工程图的图框

说明：

(1) Creo Parametric 2.0 从应用程序启动到关闭前，称为一个会话区间(Session)或进程。

(2) 同标准的 Windows 应用程序不同，只要不退出 Creo Parametric 应用程序，在关闭一个文件的窗口后，该文件仍然将驻留内存。这样，当用户需要再次使用这个文件时，可以单击 在会话中 按钮选择将其从当前的"会话"中打开。

4) 文件的保存

(1) Creo Parametric 中的文件名中间不允许有空格，只能是用字母、数字和下划线来命名，一般不支持汉字作为文件的名称。

(2) 选择【文件】菜单→【保存(S)】或者【快速访问】工具栏中的图标将文件以当前名称进行存盘时，新版本的文件不会覆盖旧版本的文件，而是自动生成相同文件名的最新版本，Creo Parametric 系统将会在文件名称后面，以递增数字区别其不同的版本，如 car.prt.1，car.prt.2，car.prt.3，等等。

(3) 选择【文件】菜单→【另存为(A)】→【保存副本】可以将文件以副本的形式保存为其他格式的文件，以便同其他的绘图软件之间进行数据交换。Creo Parametric 系统所能接受和输出的数据格式很多，例如 IGES，SET，VDA，STEP，JPEG 和 STL 等。

(4) 选择【文件】菜单→【另存为(A)】→【保存备份】可以同一文件名将文件备份在不同的磁盘或目录中。

5) 文件的删除和重新命名

(1) 选择【文件】菜单→【管理文件(F)】→【删除旧版本(O)】，可以删除指定的文件名的全部旧版本。

(2) 选择【文件】菜单→【管理文件(F)】→【删除所有版本(A)】，可以删除指定的文件名的所有版本。

(3) 选择【文件】菜单→【管理文件(F)】→【重命名(R)】，可以重新命名指定的文件。

6) 文件的拭除

当在 Creo Parametric 中打开的文件很多时，内存的占用量就会增大，系统也就将不可避免地减慢速度，甚至会由于负载过大而崩溃。因此，在使用过程中必须使用【拭除】的方法从会话(内存)中清除过多的暂时无用的文件。

(1) 选择【文件】菜单→【管理会话(M)】→【拭除当前(C)】，可以拭除当前显示在屏幕上的文件。

(2) 选择【文件】菜单→【管理会话(M)】→【拭除未显示的(D)】，可以拭除当前已被关闭但仍然驻留在会话(内存)中的文件。

7) 关于文件操作的注意问题

(1) 如果是从非工作目录中打开的文件，编辑后进行保存或者重新命名，则该文件仍然会保存在其打开的原始目录处，而不是保存在当前工作目录中。要将打开的非工作目录的文件保存在当前工作目录中，如果名称相同可以进行【保存备份】，名称不同可以进行【保存副本】操作。

(2) 在文件的【保存副本】和【重命名】操作中，即使要将文件保存到不同的文件目录中，也不得使用其原来的文件名称，否则系统会提示出错消息。

(3) 在文件相关操作的对话框中，可通过单击 工作目录 按钮直接访问工作目录。

(4) 当已经建立起包含某个零件的装配或者工程图文件时，一般不得对原有的零件进行删除或者重新命名的操作，否则当再次打开装配或者工程图时(对于 Creo Parametric 2.0 中其他类似的关联模块也是如此)，系统自动根据创建装配或者工程图时的文件名称进行检索将出现错误。

1.3.2　窗口操作的基本规则

通过如图 1-29 所示的【视图】选项卡→【窗口】组中的按钮可激活窗口、关闭窗口、切换窗口、打开新窗口和调整窗口大小。

(1) 在 Creo Parametric 中可以同时打开多个窗口，并且各个窗口可以在不同的模块下工作。

(2) 窗口之间的切换可以通过单击 Creo Parametric 应用程序下方任务栏中显示的文件名称进行。但是被选中的文件不一定是活动窗口，可以选择【视图】选项卡→【窗口】组→【激活】将其激活变为活动窗口。用户也可以通过单击【快速访问】工具栏中的图标或者【视图】选项卡→【窗口】组→【窗口】图标，从列出的当前打开的文件名称列表中直接选择一个要被激活的文件窗口。

(3) 文件窗口的关闭可以选择【快速访问】工具栏中的图标，或者【视图】选项卡→【窗口】组→【关闭】，或者【文件】菜单→【关闭(C)】命令。

(4) 对于文件窗口的关闭、最大化、最小化、还原等操作还可以通过单击应用程序窗口左上方的应用程序图标，从弹出的如图 1-30 所示的菜单中进行；或者单击应用程序右上角的、、和图标按钮完成。

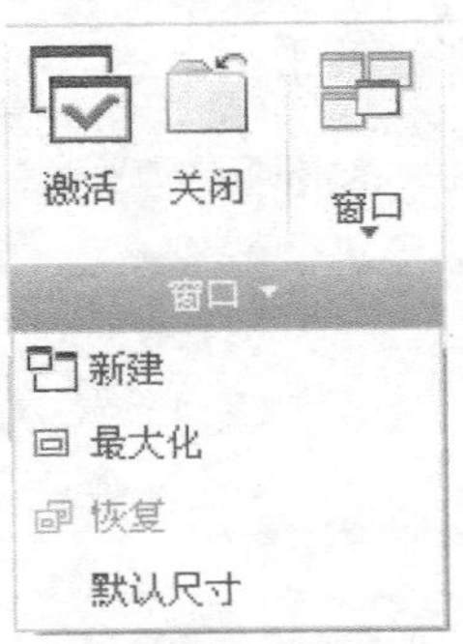

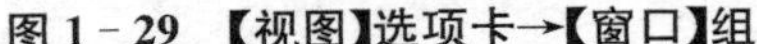

图 1-29　【视图】选项卡→【窗口】组

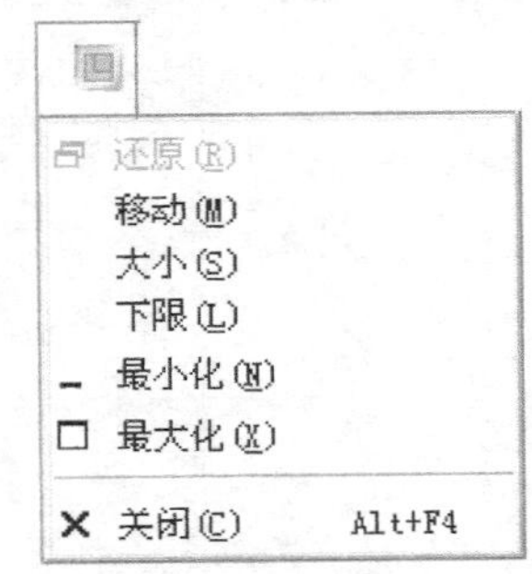

图 1-30　窗口的操作菜单

(5)【关闭】文件窗口时需要注意下列问题：

① 关闭一个文件的窗口时，文件不会自动存盘，系统也不会给出提示信息。如果需要存盘，必须使用文件保存命令。

② 一个文件的窗口被关闭，文件仍然驻留在会话(内存)中，需要时可以在如图 1-28 所示的【文件打开】对话框中单击 在会话中 按钮，从当前会话的文件列表中选择要打开的文件即可。

1.4 系统选项和配置

选择【文件】菜单→【选项】将打开如图 1-31 所示的【Creo Parametric 选项】对话框，允许用户通过下列操作来配置和自定义 Creo Parametric 的用户界面。

- 查看和管理收藏夹选项。
- 更改环境选项。
- 更改系统颜色。
- 更改模型的显示方式。
- 更改图元的显示方式。
- 更改窗口布局。
- 设置选择选项。
- 设置对象显示、栅格、样式和约束的选项。
- 设置元件参考、元件操作和机构的选项。
- 设置数据交换的选项。
- 设置钣金件选项。
- 为某一模式自定义功能区。
- 为某一模式自定义“快速访问”工具栏。
- 查看和管理许可选项。
- 查看和管理配置选项。
- 将设置导出到文件。

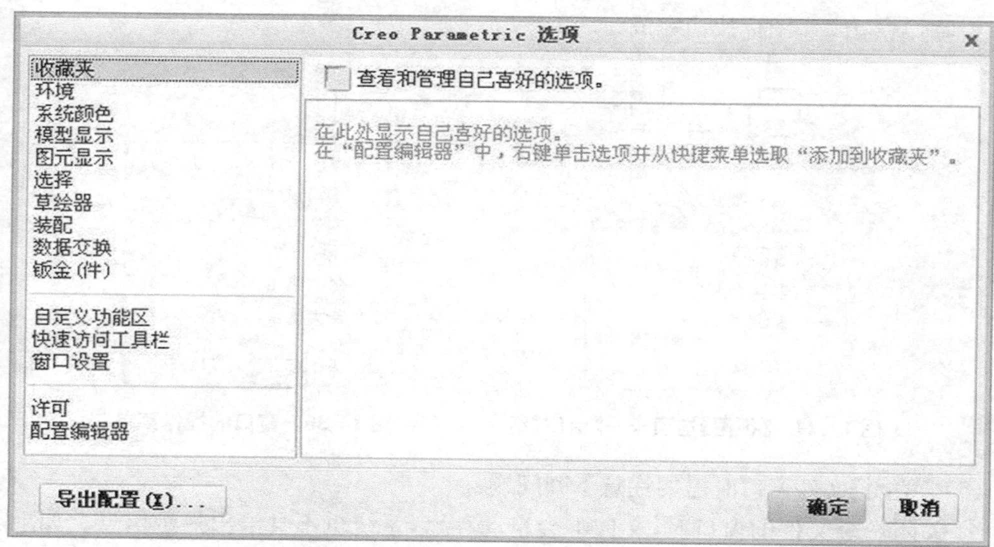

图 1-31 【Creo Parametric 选项】对话框

这里我们主要针对本书要用到的内容进行介绍。

1.4.1　环境设置

选择【Creo Parametric 选项】对话框→【环境】选项卡，可以对 Creo Parametric 中的工作环境进行设置，如图 1－32 所示。

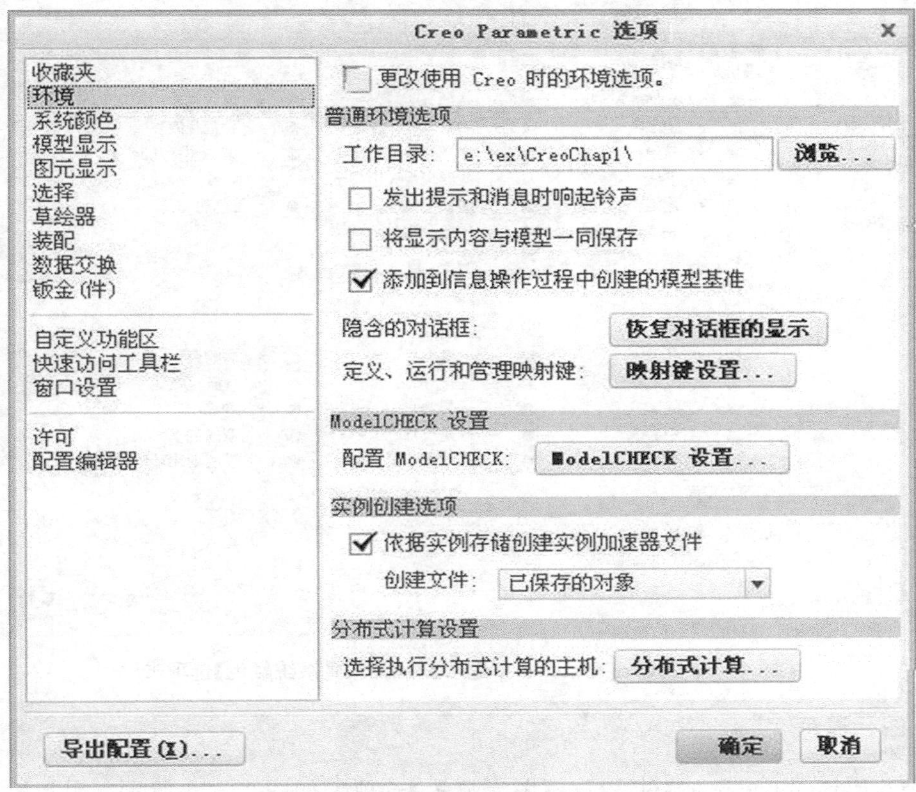

图 1－32　【Creo Parametric 选项】对话框的【环境】选项卡

1.4.2　系统颜色

不同的系统颜色有助于方便地识别模型几何、基准和其他重要的显示元素，【Creo Parametric 选项】对话框的【系统颜色】选项卡中提供的系统颜色配置包括“默认”、“深色背景”和“白底黑色”三种，如图 1－33 所示。用户也可以选择“自定义”来自行定义改变“图形”“基准”、“几何”、“草绘器”和“简单搜索”各节点中元素的系统颜色，但要注意在设置的时候应该避免前景色和背景色一致。

1.4.3　模型显示

【Creo Parametric 选项】对话框→【模型显示】选项卡用于控制曲面显示细节的级别和着色品质，包括默认模型的轴测图方向及模型显示设置的相关内容，如是否显示方向中心、是否显示基准等，如图 1－34 所示。

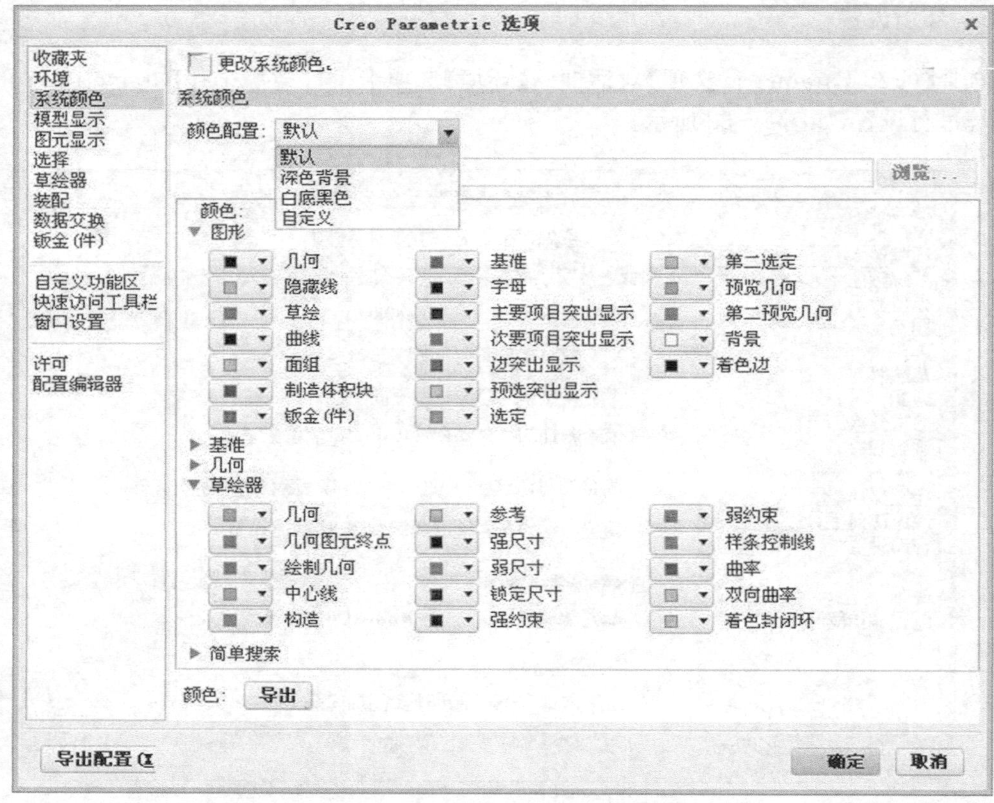

图 1-33 【Creo Parametric 选项】对话框的【系统颜色】选项卡

1.4.4 图元显示

【Creo Parametric 选项】对话框→【图元显示】选项卡如图 1-35 所示。用于控制模型几何、基准、尺寸和注释、装配等的显示设置。

1) 模型几何显示的默认设置

Creo Parametric 中模型的显示方式有六种，分别是线框模式、隐藏线模式、无隐藏线模式(消隐)、着色、带反射着色和带边着色模式，可以在如图 1-36 所示的【Creo Parametric 选项】对话框的【图元显示】选项卡中【几何显示设置】区域，或者如图 1-37 所示的【图形】工具栏【显示样式】列表中进行设置。不同的模型显示的效果如图 1-38 所示。

2) 边质量显示

模型边线的显示质量分为中、低、高、很高四种模式。

3) 相切边的显示方式

在 Creo Parametric 的缺省设置中，相切边是以实线的方式显示的。也可以将其设置为不显示、虚线、中心线或灰色线显示，如图 1-39 所示。但是当模型的相切边以实线方式显示时，以线框方式显示的模型看起来更加自然，如图 1-40(a)所示。按照我国机械制图国家标准的规定，在工程图中，应将相切边设置为不显示才能得到正确的投影图。

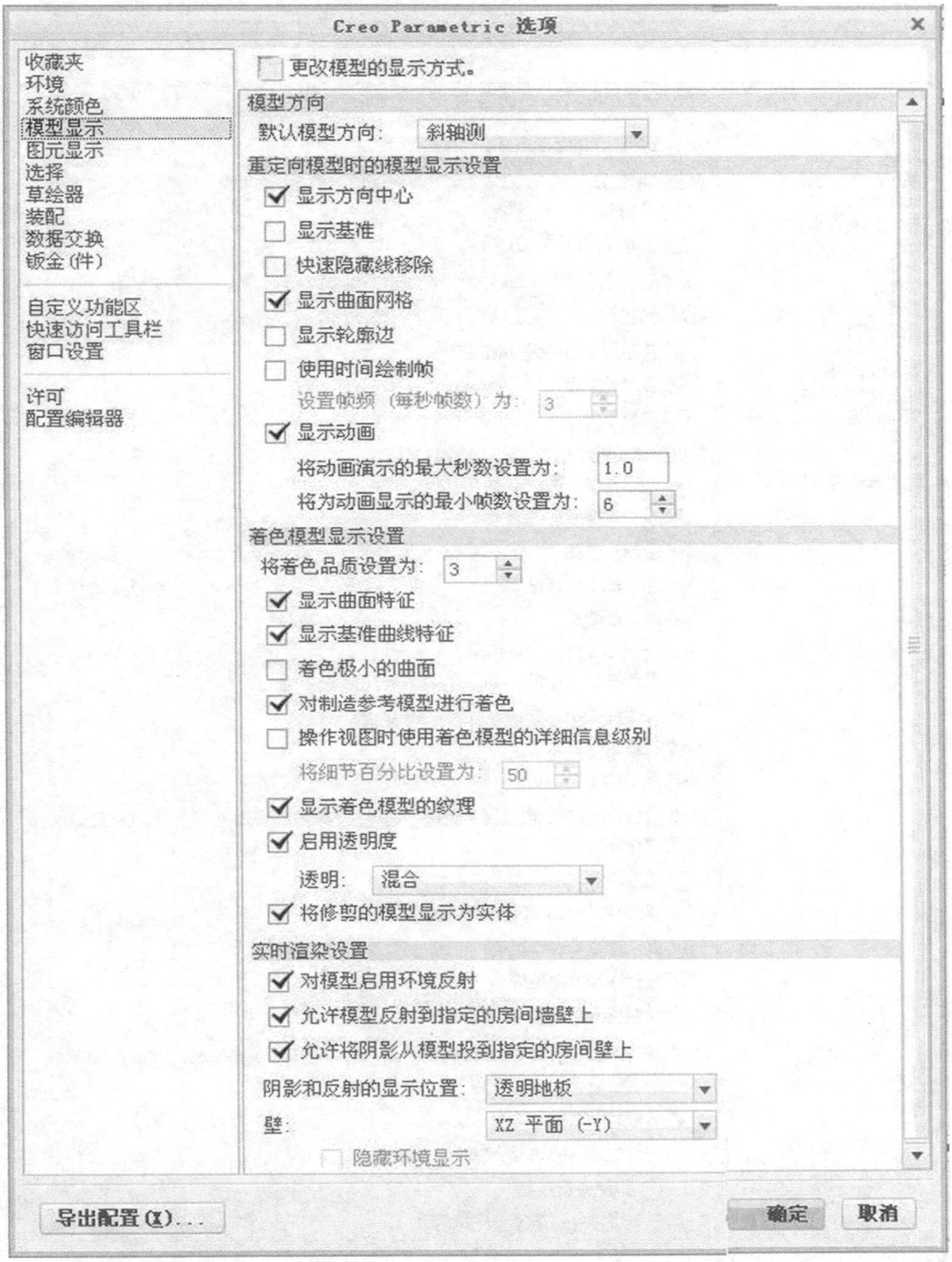

图 1-34 【Creo Parametric 选项】对话框的【模型显示】选项卡

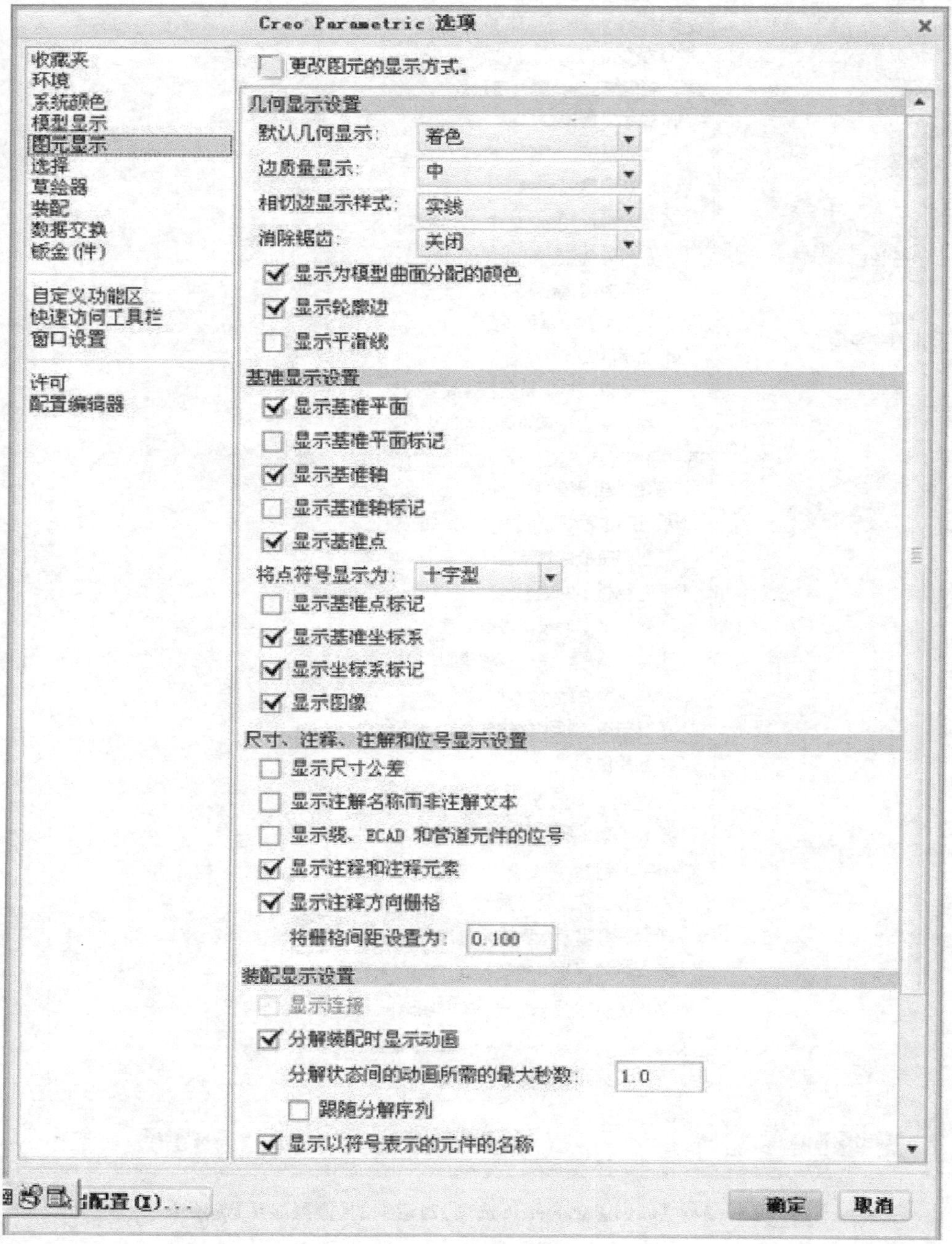

图 1-35 【Creo Parametric 选项】对话框【图元显示】选项卡

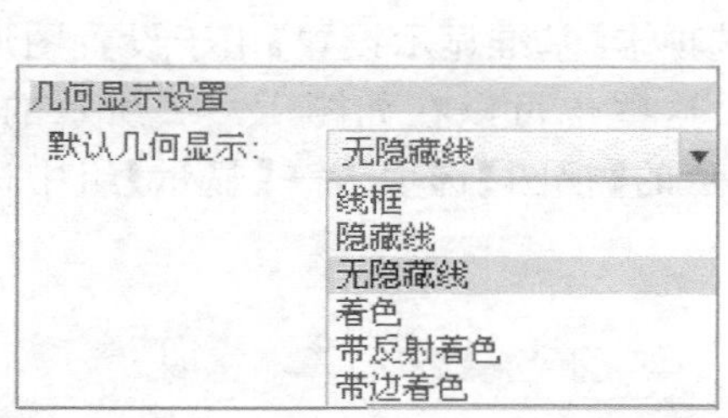

图 1－36　【Creo Parametric 选项】对话框的【图元显示】选项卡【几何显示设置】区域

图 1－37　【图形】工具栏【显示样式】列表

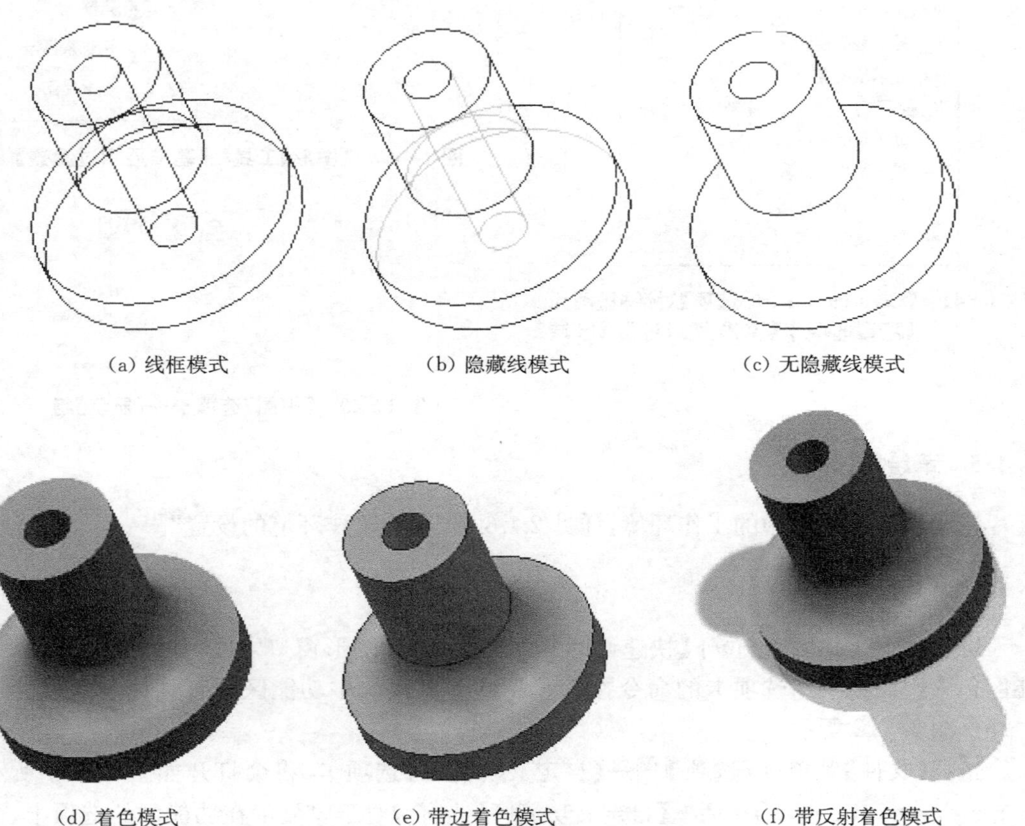

(a) 线框模式　(b) 隐藏线模式　(c) 无隐藏线模式

(d) 着色模式　(e) 带边着色模式　(f) 带反射着色模式

图 1－38　不同模型显示的效果

相切边显示样式:　实线
实线
不显示
虚线
中心线
灰色

图 1－39　相切边的显示方式

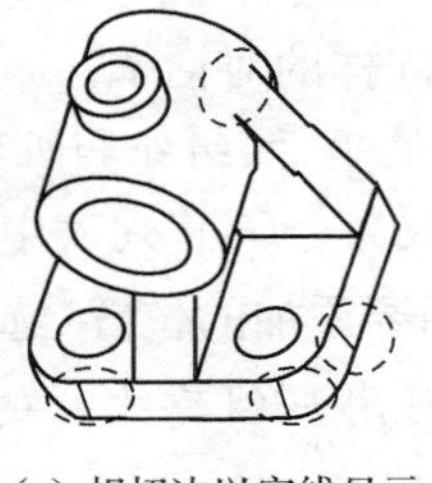

(a) 相切边以实线显示

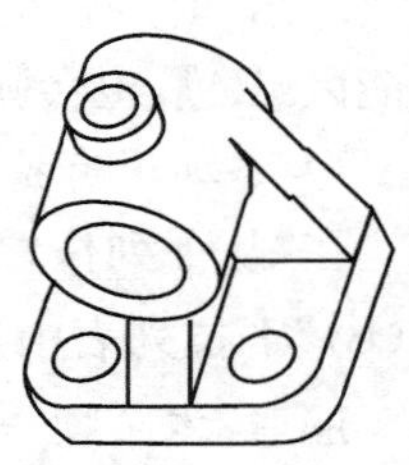

(b) 相切边不显示

图 1－40　相切边的显示比较

4）基准显示设置

【Creo Parametric 选项】对话框→【图元显示】选项卡【基准显示设置】用于设置图形中的基准及基准的标记是否显示，如图 1－41 所示。这些也可以在如图 1－42 所示的【图形】工具栏【基准显示过滤器】，或者如图 1－43 所示的【视图】选项卡→【显示】组中进行设置。

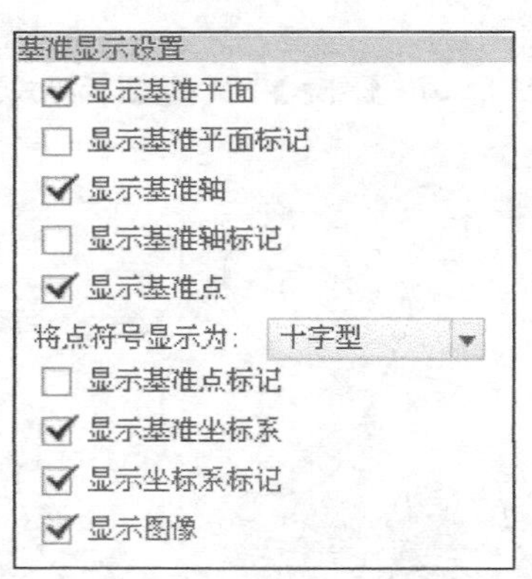

图 1－41 【Creo Parametric 选项】对话框【图元显示】选项卡【基准显示设置】区域

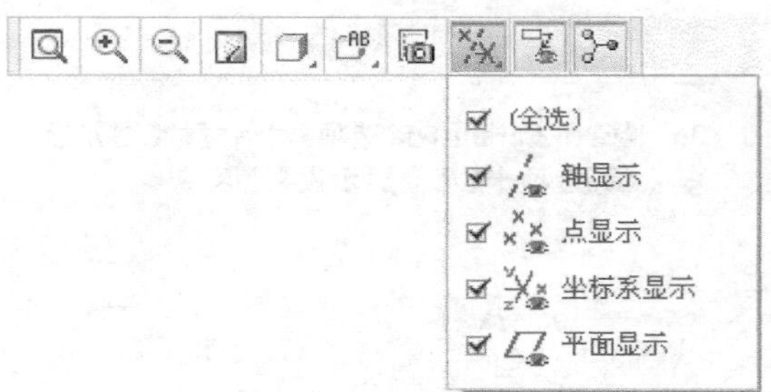

图 1－42 【图形】工具栏【基准显示过滤器】

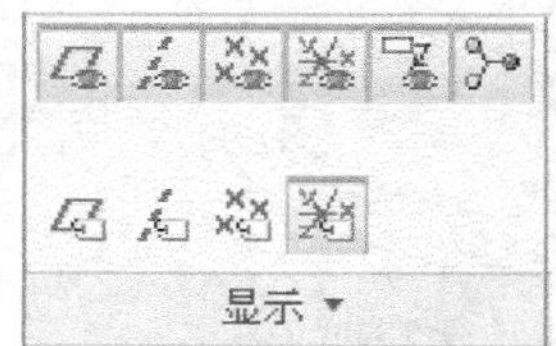

图 1－43 【视图】选项卡→【显示】组

1.4.5 草绘器设置

用于设置草绘器中的工作环境，详见 2.1.6 节“草绘工作环境的设置”。

1.4.6 自定义功能区

默认情况下，功能区位于【快速访问】工具栏下方和图形窗口之间，如图 1－2 所示。功能区包含组织成一组选项卡的命令按钮。零件造型模块中功能区中各选项卡的设置如图 1－5～图 1－12 所示。

选择【文件】菜单→【选项】→【自定义功能区】选项卡，将会打开如图 1－44 所示的【Creo Parametric 选项】对话框【自定义功能区】选项卡对于要显示在功能区的选项卡、命令组和命令进行定制。用鼠标右击功能区，从弹出的如图 1－45 所示的快捷菜单中（选择“按钮”和“组”时的快捷菜单会略有不同，分别如图 1－45(a)和图 1－45(b)所示），选择【自定义功能区(R)】，也会弹出同样的对话框。

1）添加现有按钮、选项卡、组钮和级联

在“从下列位置选取命令(C)”列表中选择要添加到功能区的命令按钮，在“自定义功能区(B)”下拉列表中选择要添加的位置（选项卡或组），然后单击 添加(A) >> 进行添加。

注意：本项操作仅对用户创建的新的选项卡、组和级联有效，对于系统中定义的选项卡、组或级联无效。

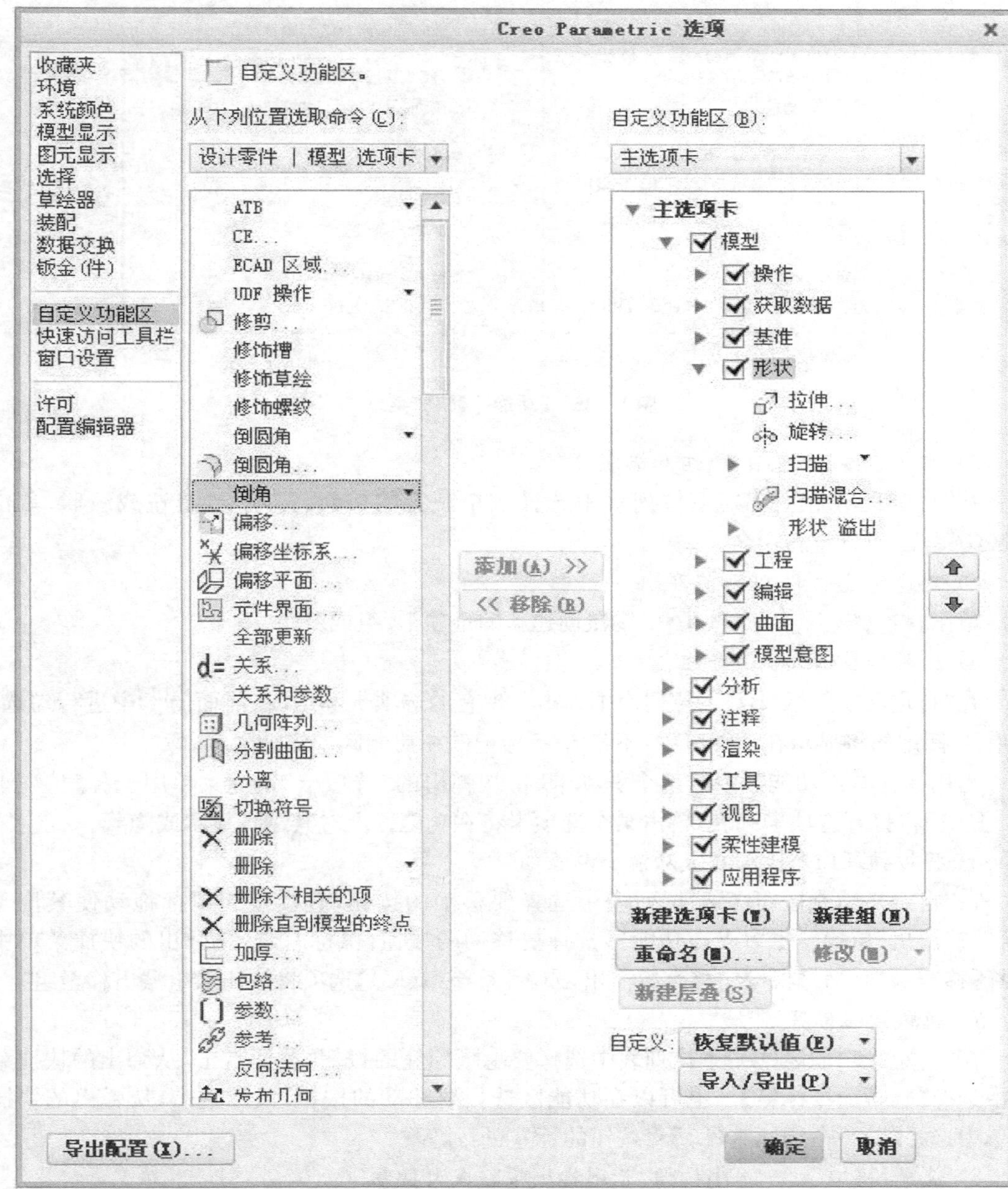

图 1－44　【Creo Parametric 选项】对话框【自定义功能区】选项卡

2）移除现有按钮、选项卡、组和级联

在"自定义功能区(B)"下拉列表中选择要从功能区移除的命令按钮，然后单击 << 移除(R) 进行移除。

注意：本项操作仅对用户创建的新的选项卡、组和级联有效，对于系统中定义的选项卡、组或级联无效。

添加到快速访问工具栏(A)
移至溢出(M)
自定义快速访问工具栏(C)
在功能区下方显示快速访问工具栏(S)
□ 隐藏命令标签(L)
自定义功能区(R)
□ 最小化功能区(N)　Ctrl+F1

(a)"按钮"快捷菜单

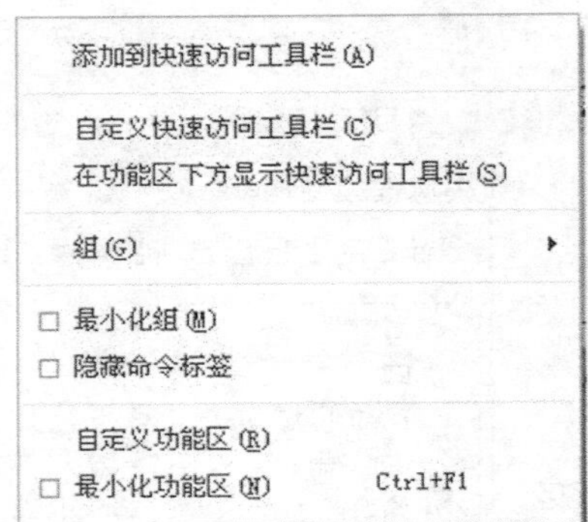

(b)"组"快捷菜单

图 1－45 【功能区】快捷菜单

3) 重命名按钮、选项卡、组和级联

在"自定义功能区(B)"下拉列表中选择一个现有的按钮、选项卡、组钮或级联,单击 重命名(M)... 进行重新命名。

4) 创建新选项卡、组和级联

单击 新建选项卡(T) 或 新建组(N) 按钮创建新的选项卡、组或级联。

5) 隐藏和显示选项卡与组

在"自定义功能区(B)"下拉列表中列出了现有的选项卡和组,在前面的□中进行勾选,带有☑标记的将显示在功能区中;不带有☑标记的在功能区中将被隐藏。

当用鼠标右击功能区中的某个选项卡时,从弹出的"选项卡"快捷菜单中选择【选项卡(T)】选项将打开选项卡列表,单击某个选项卡将在功能区上对其进行显示或隐藏。

6) 将按钮从组移至溢出或从溢出移至组

在"自定义功能区(B)"下拉列表中选择要移动的按钮,直接使用鼠标拖动使其位于"组"或"溢出"位置。也可以在功能区选择要移动的按钮,鼠标右击,从弹出的快捷菜单中选择【移至溢出(M)】将按钮移至组溢出,或者【移至组(M)】选项将按钮从组溢出移至组。

7) 隐藏按钮标签

在"自定义功能区(B)"下拉列表中选择要隐藏标签的按钮,鼠标右击,从弹出的快捷菜单中选择【隐藏命令标签】。也可以在功能区选择要移动的按钮,鼠标右击,从弹出的快捷菜单中选择【隐藏命令标签(L)】将按钮的标签进行隐藏。

8) 选择按钮尺寸——小按钮、无图标小按钮或大按钮

在"自定义功能区(B)"下拉列表中选择一个按钮,然后单击 修改(M) 选择按钮尺寸。

9) 更改功能区上按钮和组的顺序

在"自定义功能区(B)"下拉列表中选择要更改排列顺序的按钮,根据需要单击 ⇧ 或者 ⇩ 按钮。

10) 在功能区下方显示【快速访问】工具栏

要想使【快速访问】工具栏显示在功能区的下方,在图 1－45 所示的功能区快捷菜单中

选择“在功能区下方显示快速访问工具栏(S)”选项即可。

11) 最小化组

在图 1 - 45(b)所示的“组”快捷菜单中选择【最小化组(M)】,则选中的组会被折叠为最小化显示。

1.4.7　自定义快速访问工具栏

【快速访问】工具栏位于 Creo Parametric 窗口的顶部,如图 1 - 46 所示为【快速访问】工具栏的默认设置,它提供了对常用按钮的快速访问方法。可以将常用的命令按钮添加到【快速访问】工具栏,也可以从【快速访问】工具栏中移除不太常用的命令按钮。

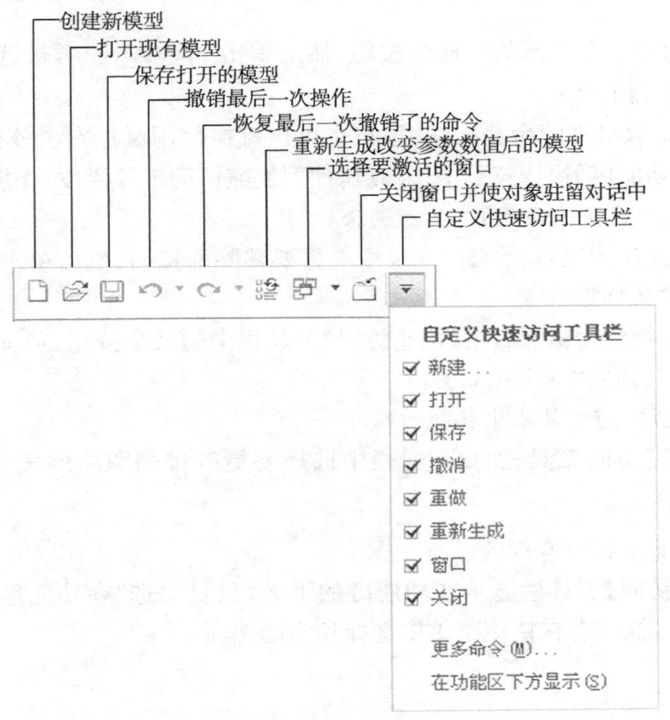

图 1 - 46　【快速访问】工具栏的默认设置

选择【文件】菜单→【选项】→【快速访问工具栏】选项卡;或者鼠标右击【快速访问】工具栏从弹出的如图 1 - 47 所示的快捷菜单中选择【自定义快速访问工具栏(C)】;或者鼠标右击【功能区】任意位置从弹出的如图 1 - 48 所示的快捷菜单中选择【自定义快速访问工具栏(C)】;或者从【快速访问】工具栏中单击选择【更多命令(M)……】,都将打开如图 1 - 49 所示的【Creo Parametric 选项】对话框的【快速访问工具栏】选项卡进行快速访问工具栏的定制操作。

1) 将命令按钮添加到【快速访问】工具栏

(1) 在“从下列位置选取命令(C)”列表中选择选项卡或命令的类别,系统会根据选择显示相应的命令按钮列表。例如,选择“所有命令”来显示所有命令,选择“不在功能区中的命令”来显示不包括在功能区中的命令列表。

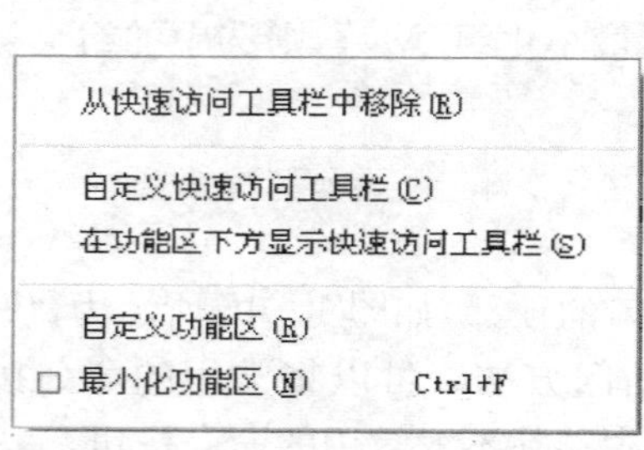

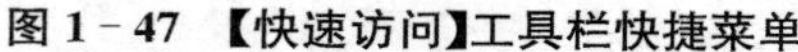
图 1-47 【快速访问】工具栏快捷菜单

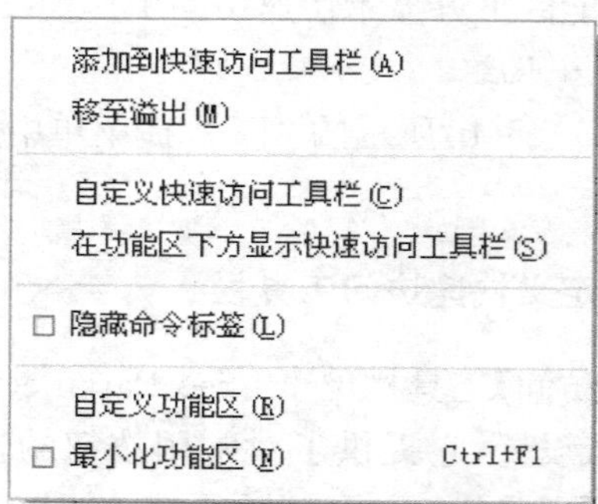

图 1-48 【功能区】快捷菜单

(2) 从显示的列表中选择某一命令按钮，然后单击 添加(A) >>，被选中的命令按钮即被添加到【快速访问】工具栏。

对于功能区显示出来的命令按钮，用户也可以直接使用鼠标右击该按钮，从弹出的如图 1-48 所示的【功能区】快捷菜单中选择【添加到快速访问工具栏(A)】进行添加。

2) 将命令按钮从【快速访问】工具栏删除

在“自定义快速访问工具栏(Q)”列表中选择要移除的按钮，然后单击 << 移除(R)，被选中的命令按钮将被从移除。

用于也可以直接使用鼠标右击【快速访问】工具栏中的某个按钮，从弹出的快捷菜单中选择【从快速访问工具栏中移除(R)】。

3) 更改【快速访问】工具栏中按钮的顺序

在“自定义快速访问工具栏(Q)”列表中选择要更改排列顺序的按钮，根据需要单击 ⇧ 或者 ⇩ 按钮。

4) 在功能区下方显示工具栏

要想使【快速访问】工具栏显示在功能区的下方，只要勾选“在功能区下方显示快速访问工具栏(H)”复选框或者在快捷菜单中选择相应的选项。

1.4.8 窗口设置

【Creo Parametric 选项】对话框的【窗口设置】选项卡可用来更改自定义窗口的布局显示，如改变导航窗口的位置和大小、模型树的放置位置、进行 Creo Parametric 浏览器设置、确定辅助窗口的大小和【图形】工具栏的显示位置，如图 1-50 所示。

1.4.9 配置编辑器

系统配置文件 config.pro 是 Creo Parametric 能够正常运行的重要组成部分，通过在配置文件中设置选项来定义 Creo Parametric 的外观和运行方式。config.pro 是一个文本文件，用于存储定义 Creo Parametric 处理操作的方式的所有设置。配置文件中的每个设置称为“配置选项”。Creo Parametric 默认配置文件中提供了每个选项的默认值，用户也可以根据自己的需要进行设置或更改。

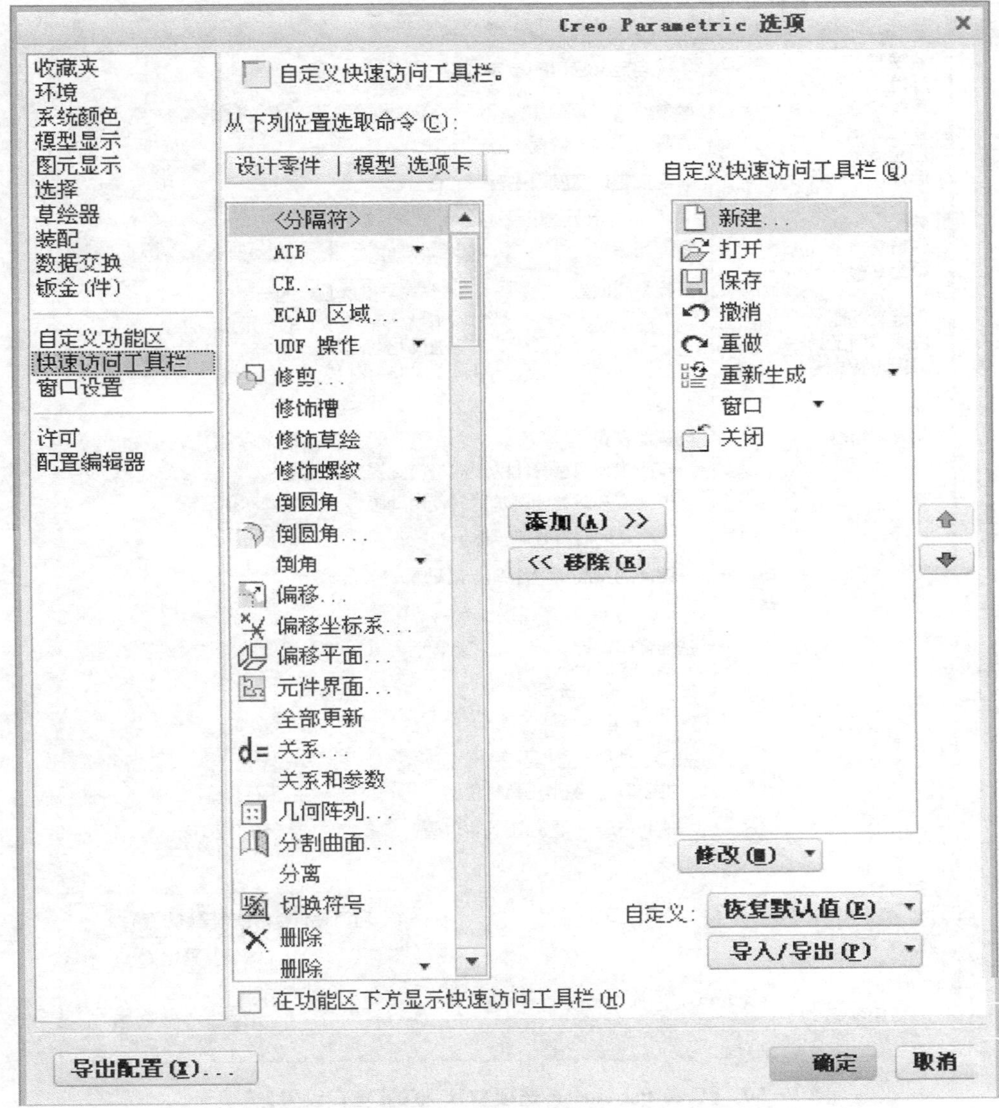

图 1-49　【Creo Parametric 选项】对话框的【快速访问工具栏】选项卡

1) 设置配置选项并保存

(1) 选择【文件】菜单→【选项】→【配置编辑器】选项卡，将打开【Creo Parametric 选项】对话框【配置编辑器】选项卡。选项的排序方式有“按字母顺序”、“按类别”和“按设置”三种，如图 1-51 所示。

(2) 在配置选项“名称”列表中选择想要更改设置的选项后，其右方的“值”处于可编辑状态，直接输入该配置选项的值或者从已有值的下拉列表中直接选择一个值。

(3) 单击【Creo Parametric 选项】对话框中的 确定 按钮，系统将出现如图 1-52 所示的提示信息对话框。提示配置选项的更改只能被应用于当前的会话中(意味着当下次启动 Creo Parametric 时现有的配置更改将不再起作用)。

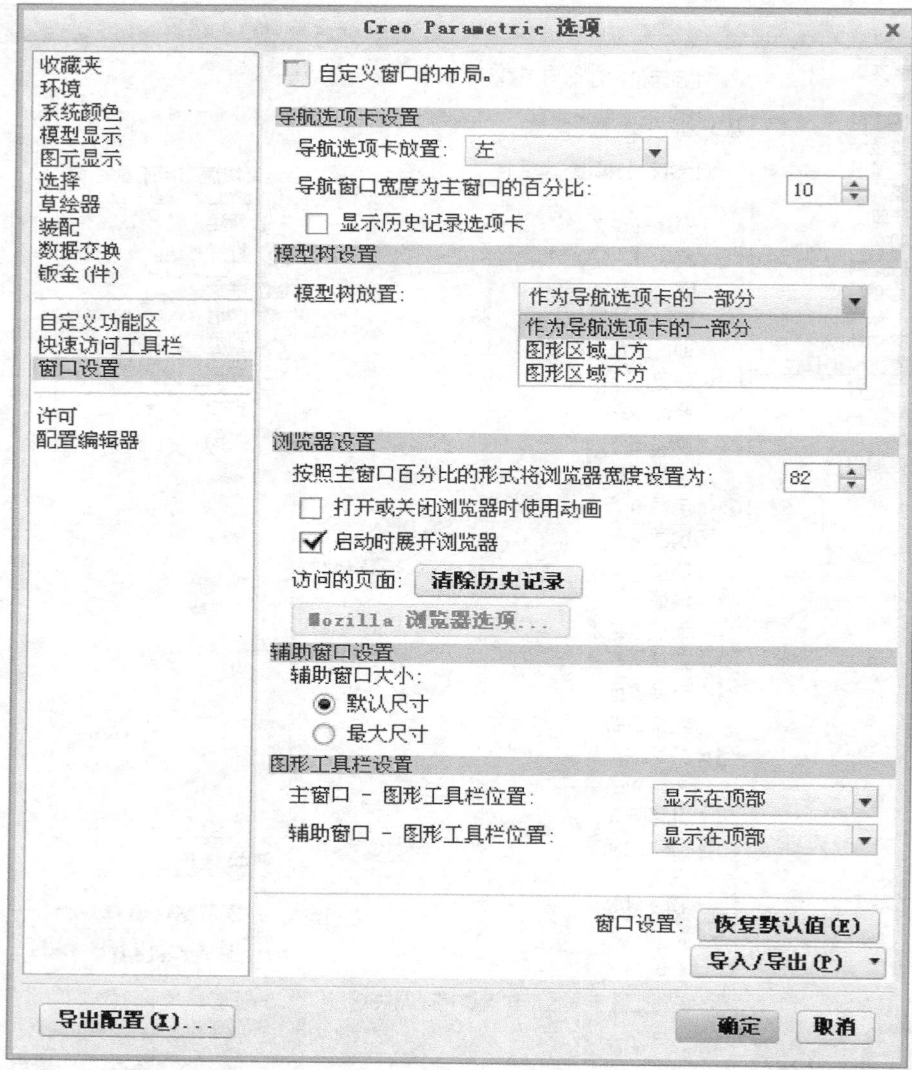

图 1－50 【Creo Parametric 选项】对话框的【窗口设置】选项卡

(4) 如果单击信息提示对话框中的 是(Y) 按钮选择保存配置文件,会出现如图 1－53 所示的【配置文件另存为】对话框,默认情况下系统将当前的配置文件自动保存为启动目录中的配置文件 config.pro,这样当下次启动 Creo Parametric 时系统会自动读取并加载。

说明:

用户也可以在【配置文件另存为】对话框中指定其他的文件目录和配置文件名称,但其扩展名必须为.pro;或者在(2)中更改了配置选项后,单击【配置编辑器】选项卡中的 导入/导出 按钮或者是【Creo Parametric 选项】对话框中的 导出配置(X)... 按钮直接将修改后的配置文件命名保存。

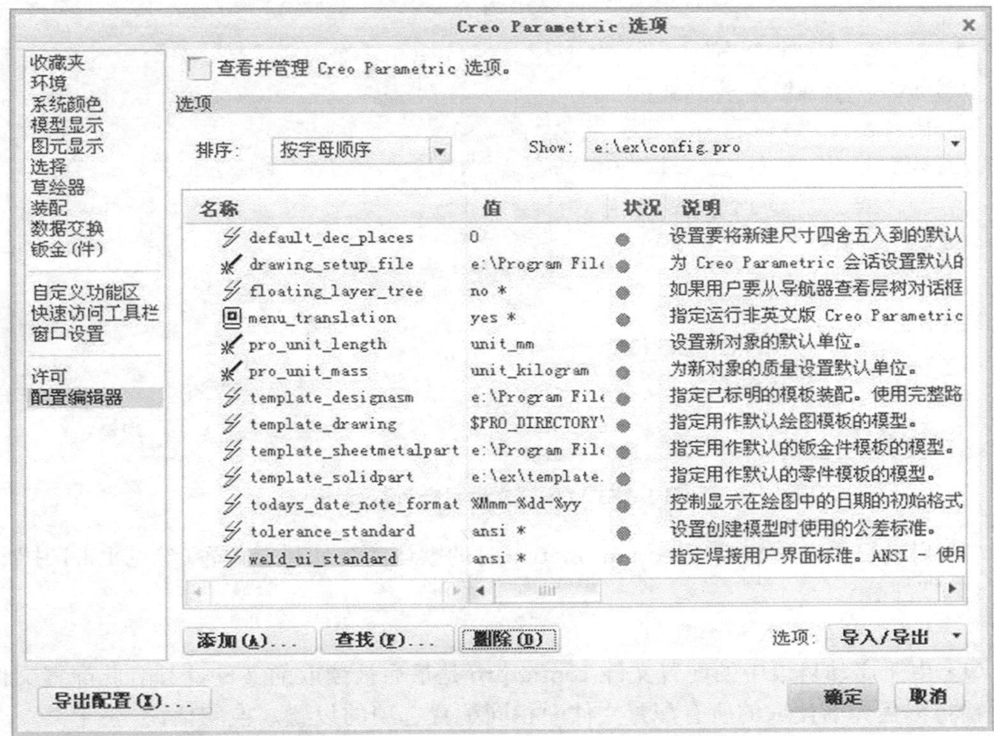

图 1 - 51 【Creo Parametric 选项】对话框的【配置编辑器】选项卡

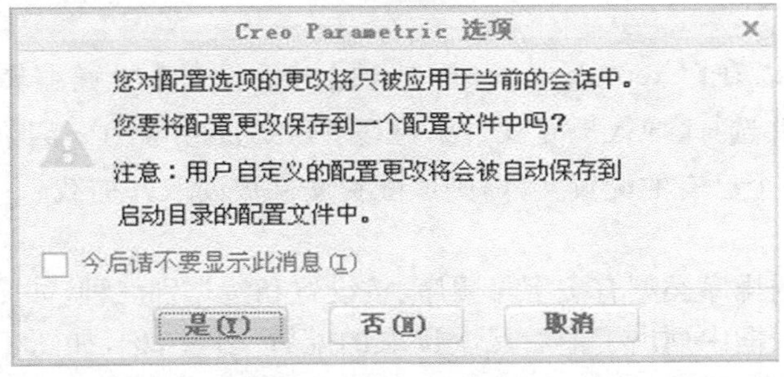

图 1 - 52 更改配置选项后出现的提示信息对话框

2) *Creo Parametric 启动时读取配置文件的顺序*

Creo Parametric 2.0 应用程序启动时系统自动从多个地方读取配置文件并加载。如果某个特定选项出现在多个配置文件中,Creo Parametric 将使用最后的设置。

(1) “<加载点/text>” 目录,就是“Creo Parametric 2.0 安装位置的加载点\text ”位置,例如“E:\Programs Files\Creo2.0\Common Files\M030\Text ”,其中 M030 为软件安装时自动生成的版本码,不同版本软件的版本码是不相同的。

(2) 登录目录 (Login directory) ——它是登录 ID 的主目录。将配置文件放置在此处,这样不必在每一个目录中都有文件备份就能从任一目录中启动 Creo Parametric。适用于服务器管理,如果是单机安装的 Creo Parametric 2.0 应用程序,则忽略此项。

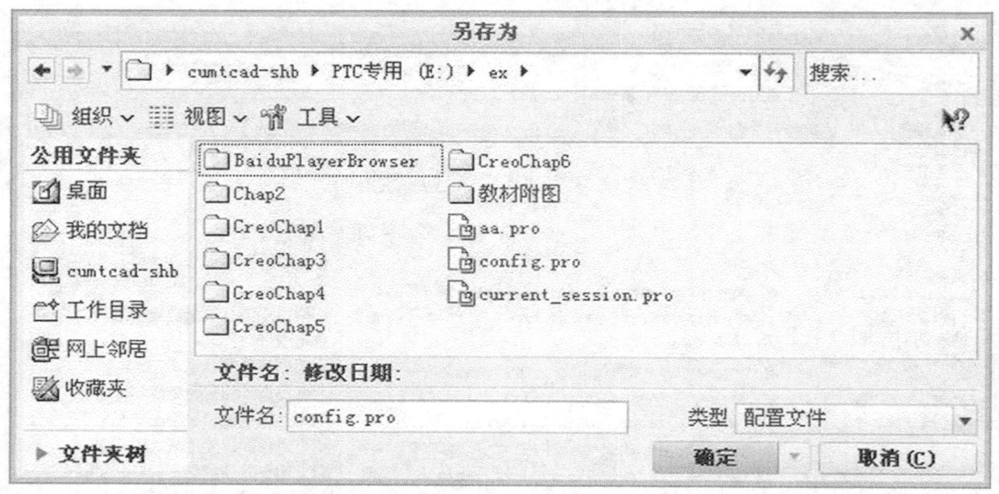

图 1-53 【配置文件另存为】对话框

(3) 启动目录——启动 Creo Parametric 时的默认的工作目录位置(参见 1.3.1 中"设置工作目录"部分)。

3) 配置文件的导入和加载

(1) 由于启动目录中的配置文件 config.pro 是最后被读取的文件,因此,此配置文件中的设置将覆盖先前读取的所有配置文件中相同配置选项的设置。换句话说,关于某一个配置选项,如果启动目录中的配置文件中没有进行相应的设置,以前面读取的配置文件中的设置为准;但如果启动目录中有同名的配置选项的设置,则以最后读取的启动目录中配置文件的设置为准。

(2) 用户也可以在【Creo Parametric 选项】对话框的【配置编辑器】选项卡中单击 导入/导出 按钮并选择【导入配置文件】,在随即出现的如图 1-54 所示的【配置文件打开】对话框中选择一个已有的配置文件,则该配置文件被读取并加载。

4) 说明

(1) 配置选项的排序类型有按字母顺序、按设置和按类别三种,如图 1-51 所示。

(2) "显示"列表框中列出了最后几次读取的配置文件名称,如图 1-55 所示。如果选中某一个配置文件,其配置选项会在左侧的"名称"列表中显示出来。其中"Only changed"仅显示被修改了的配置选项;"All Options"将显示所有的配置选项。

(3) 每个选项左侧的图标将表明所作更改是立即应用,还是在下次启动时应用。

① ——所作更改将应用于创建的下一个对象。

② ——所作更改将应用于下一个会话。

③ ——立即应用。

(4) 使用 查找(F)... 按钮将打开【查找选项】对话框,可以使用文本字符串和通配符搜索配置选项;并可在该对话框中更改选定配置选项的值。

5) Creo Parametric 2.0 中常用配置选项及其说明

Creo Parametric 2.0 中系统配置选项有 1000 余项,对于初学者,应该了解下列基本的系统配置选项:

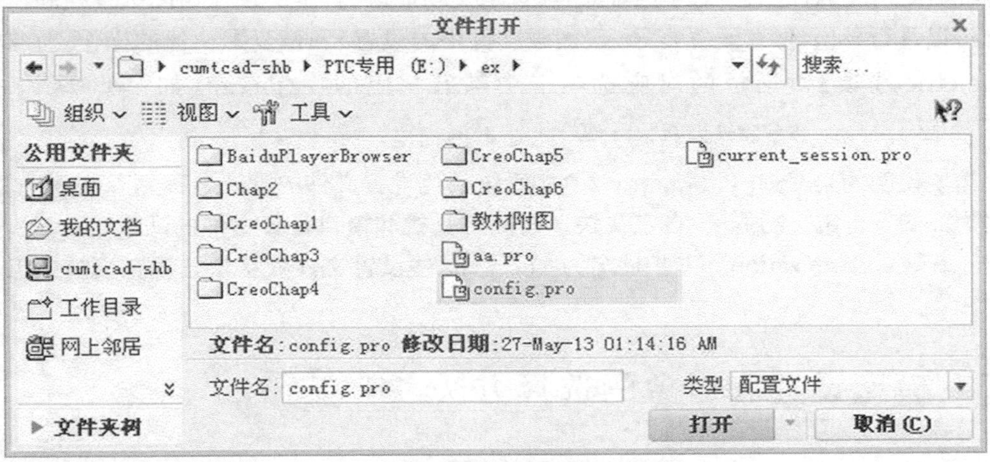

图 1－54　【配置文件打开】对话框

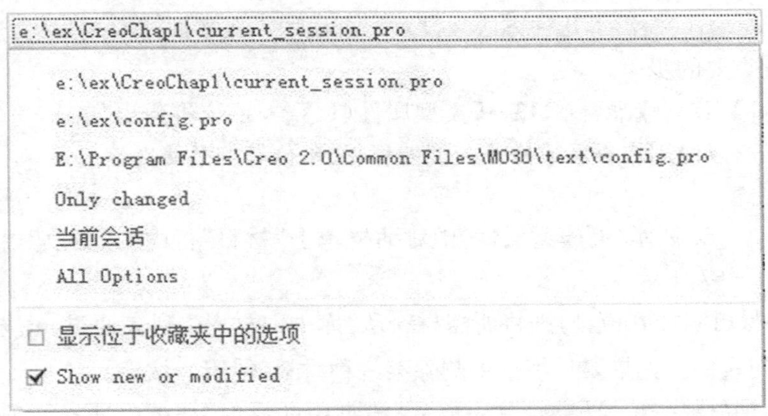

图 1－55　最后几次读取的配置文件名称列表举例

(1) Drawing_setup_file：指定绘图配置文件(＊.dtl)，最好使用绝对路径。

(2) Trail_dir：指定 trail 文件的存放路径，默认设置是在启动目录中。

Trail(追踪)文件是可编辑的文本 (.txt) 文件，是对于某个特定会话的记录，内容包括所有菜单选择、对话框选择、选择和键盘输入等操作。追踪文件允许查看活动记录，以便重建先前的工作会话或者从突然终止的会话中恢复。每次启动 Creo Parametric 都会自动创建新的名为“trail.txt”的文件。对于不用的 trail 文件应该定时清理。

(3) Pro_unit_length：指定长度的单位系统。

(4) Pro_unit_mass：指定质量的单位系统。

1.4.10　用户自定义界面设置的导入、导出和默认设置的恢复

从本节前面的介绍可知，【Creo Parametric 选项】对话框中对于 Creo Parametric 2.0 界面的设置比较复杂，包括环境设置、系统颜色、模型显示、配置文件、快速访问工具栏、功能区、窗口设置等，用户可以根据自己的需要或喜好进行定制。除了配置文件以外，在【Creo

Parametric 选项】对话框中对于系统颜色、自定义功能区、自定义快速访问工具栏和窗口设置都可以进行导出(保存设置)、导入(加载文件中的设置)和恢复默认值的操作。在【Creo Parametric 选项】对话框的对应选项卡中都有相应的操作按钮，如 导出配置(X)... 、导入/导出(P) 和 恢复默认值(E) 等，此处不再细述。

需要说明的是 Creo Parametric 2.0 中系统颜色设置文件的默认名称是“syscol.scl”，扩展名为“.scl”；自定义功能区、自定义快速访问工具栏和窗口设置文件的默认名称是“creo_parametric_customization.ui”，扩展名为“.ui” 。这些设置文件默认位置都在当前的工作目录中。

1.5 模型设置和对象的选择方法

1.5.1 模型属性设置

Creo Parametric 提供了几种方法来设置一个模型。在零件建模过程中，建立适当的对象参数是十分重要的步骤。

选择【文件】菜单→【准备(R)】→【模型属性(I)】，系统将弹出如图 1-56 所示的【模型属性】对话框，以便用户查看或修改模型的材料、单位等相关属性信息。

1) 材料设置

(1) 在图 1-56 所示的【模型属性】中对话框单击“材料”行中的“更改”，将打开【材料】对话框，如图 1-57 所示。

(2) 要将材料添加到模型，则将所需材料从“库中的材料” 列表通过按钮移动到“模型中的材料”列表中。如果要从模型中删除某一种材料，使用×按钮。

要将某一种材料分配给模型，首先要从“模型中的材料”列表中选择一种材料，然后单击按钮。

说明:

(1) 一次只能为模型分配一种材料。

(2) 要从模型中移除分配的材料，首先从“模型中的材料”列表中选择已经分配给模型的材料，然后选择【文件】→【取消分配】。

(3) 要编辑选定材料的属性，首先从“模型中的材料”列表中选择某种材料，然后单击按钮，在系统弹出的【材料定义】对话框中对于材料的各项属性参数进行定义，如图 1-58 所示。

2) 单位设置

Creo Parametric 预先定义的单位制共有七种，如图 1-59 的【单位管理器】对话框中所示，“英寸磅秒”是缺省的单位制。

(1) 在图 1-56 所示的【模型属性】中对话框单击“单位”行中的“更改”，将打开【单位管理器】对话框【单位制】选项卡，如图 1-59 所示，其中列出了当前模型中所有已经定义的单位制。

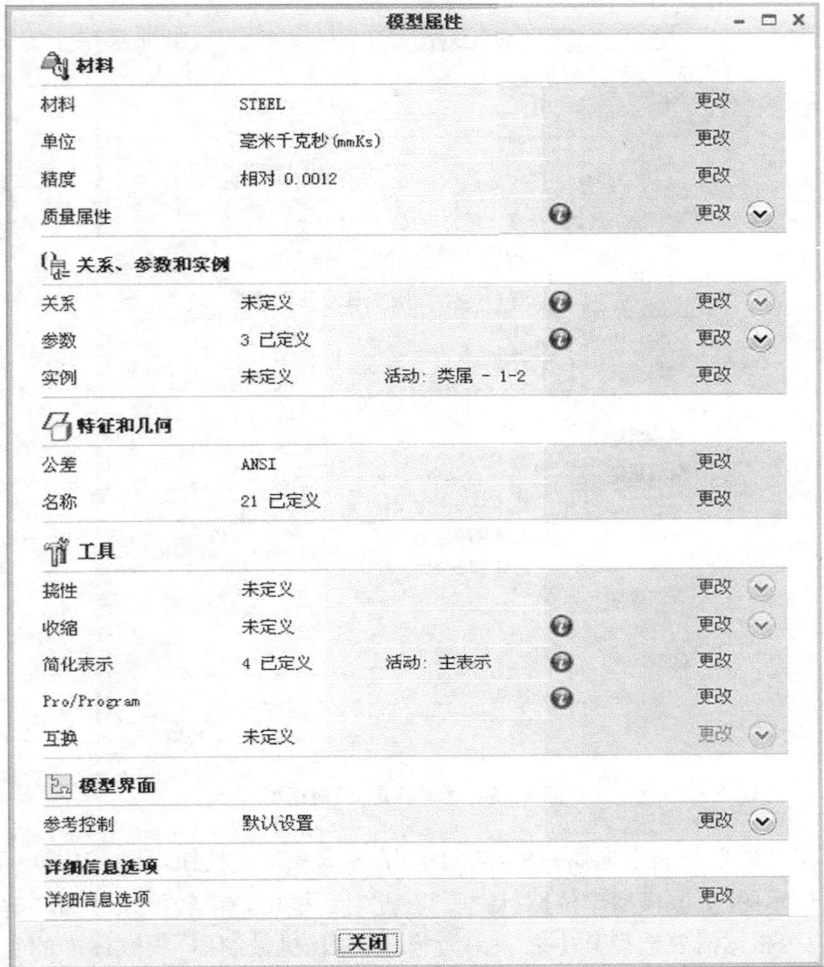

图 1－56　【模型属性】对话框

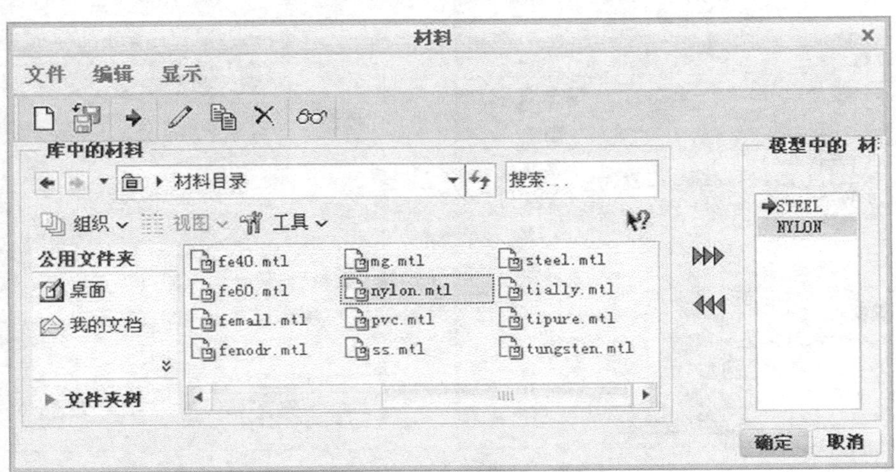

图 1－57　【材料】对话框

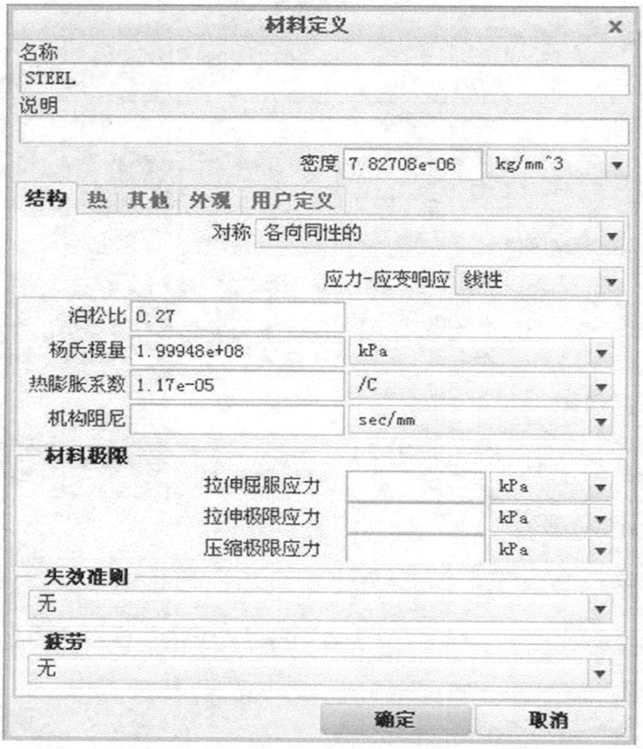

图 1－58 【材料定义】对话框

从已有定义的单位制中选择一种，然后单击 ➔设置... 按钮，Creo Parametric 将弹出如图 1－60 所示的【更改模型单位】对话框。在此对话框中，有“转换尺寸”和“解释尺寸”两种方式，用户可根据需要选择其中之一。为符合我国《机械制图》国家标准的要求，一般选择“毫米千克秒”或者“毫米牛顿秒”的公制单位。

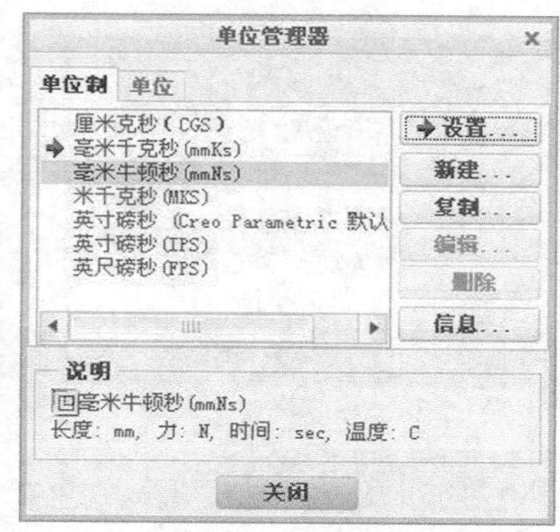

图 1－59 【单位管理器】对话框【单位制】选项卡

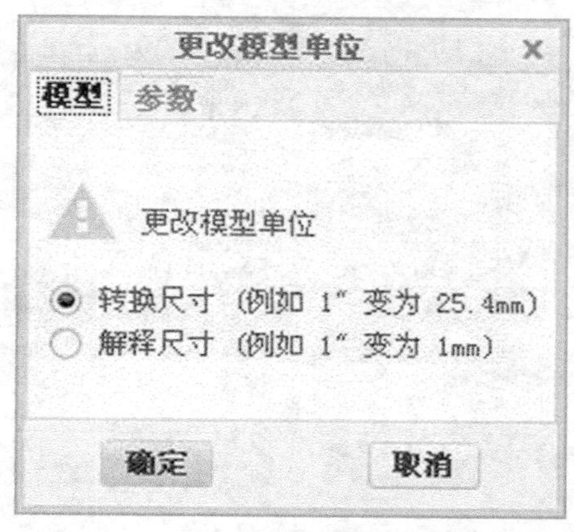

图 1－60 【更改模型单位】对话框

(2) 如果要建立一种新的单位制，单击【单位管理器】对话框中的 新建... 按钮，Creo Parametric 将弹出如图 1-61 所示的【单位制定义】对话框，在此定义该单位制的四种主要单位类别：长度、质量(或力)、时间和温度。其他的单位将会由此衍生出来，而不需要另行指定。

图 1-61　【单位制定义】对话框

3) 精度设置

模型的精度设置控制着几何计算的精确程度。模型精度的有效范围是 0.01 到0.000 1，默认值为 0.001 2。精度的数值越小，重新生成的时间就越长。

(1) 精度分类

① 相对精度——其值应小于模型上最短边长与模型边界框(即包容长方体)最长对角线长比率的一半。如果不需要从其他零件或模型复制或导入几何，则使用相对精度。相对精度是系统默认的精度设置，数值为 0.012。

② 绝对精度——将值设置为最小识别的线性尺寸（测量单位为当前单位）。当导入使用另一个系统创建的零件或将几何从一个模型复制到另一个模型时，使用绝对精度。必须设置统一的绝对精度或选择最小绝对精度值作为通用精度值，以使零件兼容。

(2) 更改模型精度

在图 1-56 所示的【模型属性】中对话框单击“质量属性”行中的“更改”，将打开【精度】对话框，如图 1-62 所示。

(3) 要启用绝对精度，需将配置选项 enable_absolute_accuracy 的值设置为 yes。

4) 质量属性

Creo Parametric 可根据对象的实际几何或用户分配的参数值计算零件或装配的质量属性。在图 1-56 所示的【模型属性】中对话框单击“质量属性”行中的“更改”，将打开【质量属性】对话框，如图 1-63 所示，在其中列出了当前模型的体积、质量、重心的坐标位置等内容。在图 1-56 所示的【模型属性】中对话框单击“质量属性”行中的，还会生成【质量属性报告】用于打印或保存。

模型的质量属性也可以通过【分析】选项卡→【模型报告】组→【质量属性】得到。

5) 详细信息选项设置

所谓的“详细信息选项”(Detail Options)，就是 Creo Parametric 中工程图模块的配置文件。其扩展名是“.dtl”，用于工程图模块的附加控制，如尺寸和注解文本的高度、文本方向、几何公差标准、字体属性、绘制标准、箭头长度和宽度等。在图 1-56 所示的【模型属性】中对话框单击“详细信息选项”行中的“更改”，将打开【详细信息选项】设置对话框，如图 1-64所示。请读者注意该对话框和图 1-51【Creo Parametric 选项】对话框的【配置编辑器】选项卡的区别，它们都是配置文件，但后者是系统的配置文件(扩展名是“.pro”)，用于控制零件和装配的整个设计环境。

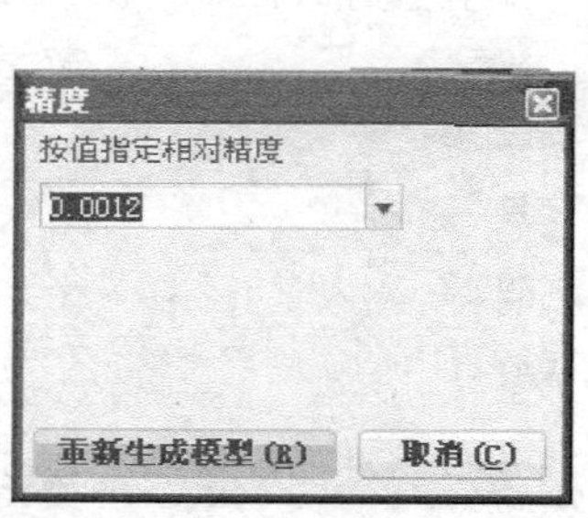

图 1-62 【精度】对话框

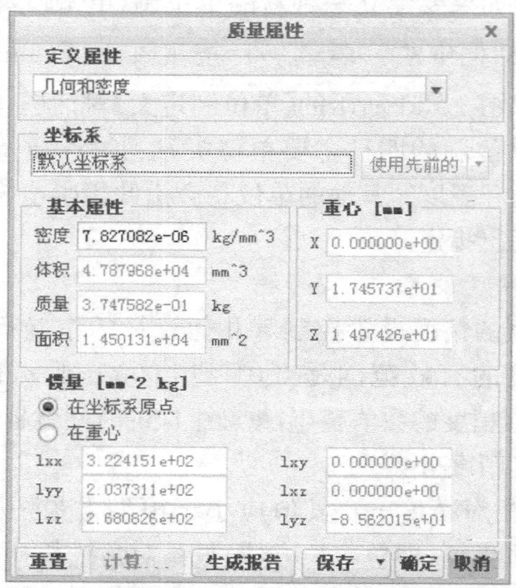

图 1-63 【质量属性】对话框

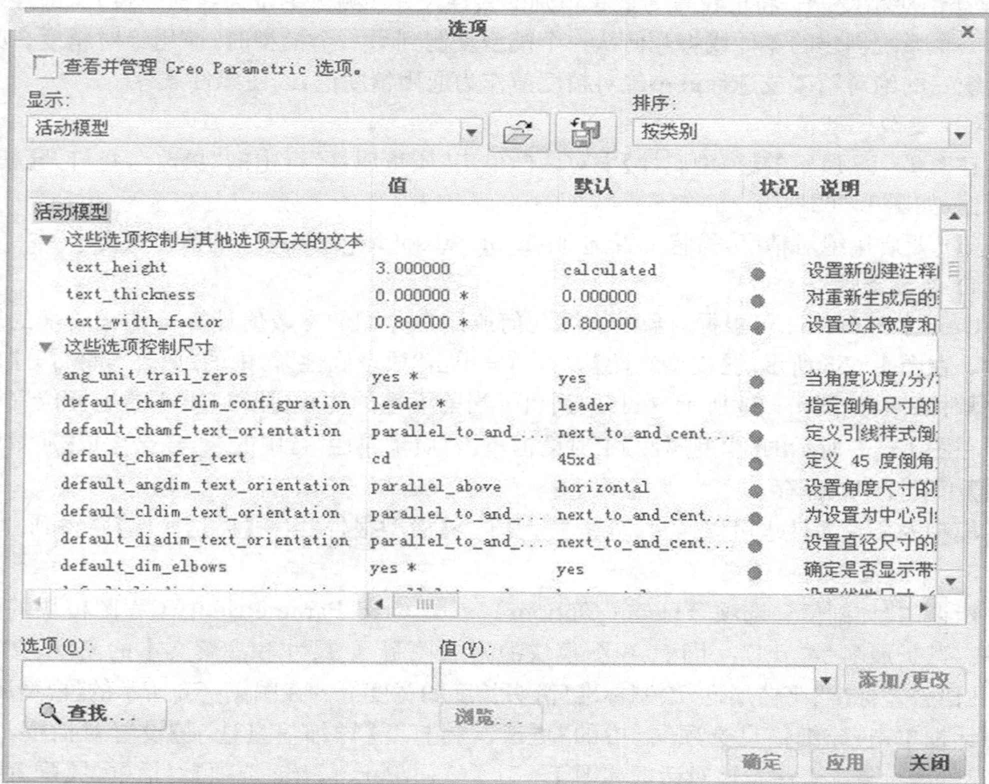

图 1-64 【详细信息选项】设置对话框

(1) 系统配置文件 config.pro 中选项 drawing_setup_file 指定的是在 Creo Parametric 会话中创建的所有工程图默认的配置文件。若不设置此选项,Creo Parametric 将使用默认工程图配置文件。为符合我国《机械制图》国家标准的要求，选择“＜加载点/text＞”目录中的 cns_cn.dtl 配置文件。几种.dtl 配置文件的说明如下：

- cns_cn.dtl——中国大陆标准的配置文件。请读者确认该文件中 projection_type 选项的值为我国国家标准要求的第一角投影 first_angle（欧美国家默认设置为第三角投影 third_angle）并保存。
- cns_tw.dtl——中国台湾标准的配置文件。
- Din_dtl——德国标准的配置文件。
- jis.dtl——日本标准的配置文件。
- iso.dtl——国际标准的配置文件。

（2）系统配置文件 config.pro 中选项 pro_dtl_setup_dir 指定的是工程图配置文件的位置目录。若不设置此选项，Creo Parametric 将使用系统默认的设置目录，即＜加载点/文本＞目录。

用户也可以先设置好.dtl 配置文件，并将其放在启动目录中。在 config.pro 配置文件中指定选项 pro_dtl_setup_dir 的值为启动目录即可。

（3）读者尤其是初学者应该注意非常重要的一点，就是在工程图的创建过程中，只有在不使用任何绘图模板的情况下，上面自己设置的绘图配置文件才会有效。一旦使用了系统缺省的绘图模板或者自己定制的模板，那么自动加载的是绘图模板中的绘图配置文件。也就是说，Creo Parametric 在使用模板时自动使用模板的绘图设置，不使用任何绘图模板时才载入绘图配置文件的设置。绘图模板的创建请参见 9.7 小节。

1.5.2　模板的使用设置

所谓模板，类似于 AutoCAD 软件中的样板图，是在 Creo Parametric 中各个模块中如零件造型、装配、建立工程图纸等进行工作的起点，文件类型和相应模块其他文件的类型相同。用户可以将某一个模块中所需要的共同的内容组织在模板中，供建立新的文件时使用。

例如在零件造型模块的模板中可以包括零件模型使用的单位制、三个缺省的基准平面（FRONT、TOP 和 RIGHT）和基准坐标系、六个基本方向视图的定义、零件设置的材料、精度等内容。Creo Parametric 中缺省的零件造型模板是英制单位，名称为 inlbs_part_solid。

我们可以通过下列两种方法应用公制单位的零件造型模板。

1）临时性设置

（1）在【新建】对话框中（如图 1－65 所示），不勾选复选框【使用默认模板】。

（2）在系统弹出的【新文件选项】对话框中选择公制模板，其名称为 mmns_part_solid，单位为“毫米牛顿秒（mmns）”，如图 1－66 所示。当然，用户也可以单击 浏览... 按钮选择自己已建立的其他目录中的模板。

（3）单击 确定 按钮，就可以将指定的模板应用于新的零件造型文件。

上述的模板指定方式在每建立一个新的文件时，都要重复进行相同的操作，比较麻烦，是一种临时性的设置。

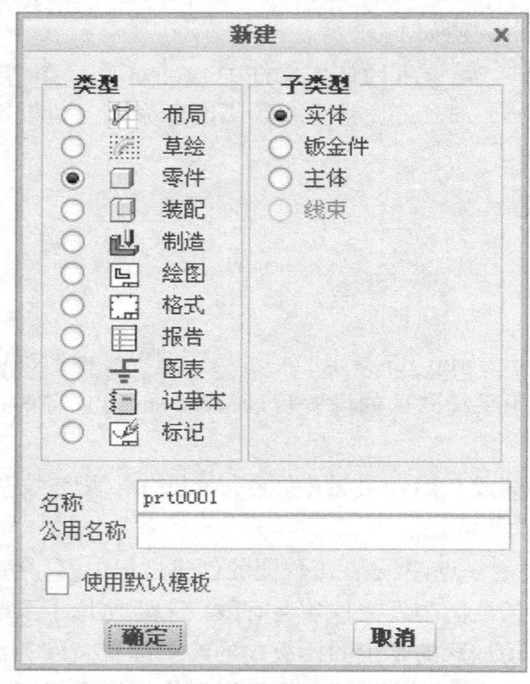

图 1－65 【新建】对话框

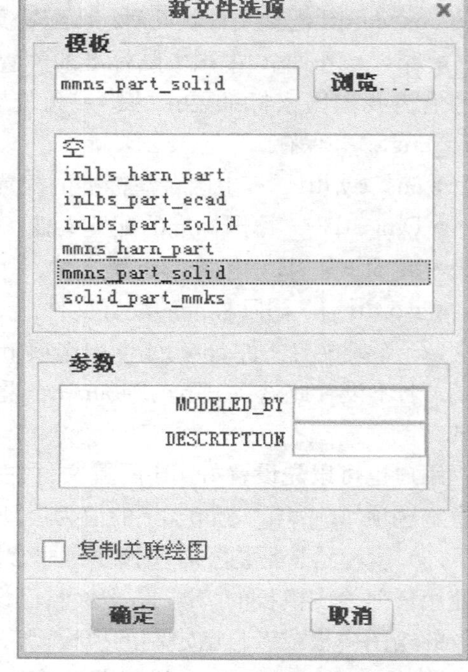

图 1－66 【新文件选项】对话框

2）永久性设置

如果用户希望每次新建文件时都能够使用相同的公制模板时，则可以通过下列步骤实现。

（1）选择【文件】菜单→【选项】→【配置编辑器】选项卡，打开【Creo Parametric 选项】对话框【配置编辑器】选项卡。

（2）在对话框中，单击 查找(F)... 按钮，在弹出的【查找选项】对话框的"输入关键字"栏输入"template"，并单击 立即查找 按钮，如图 1－67 所示。

（3）在查找结果中选择"template_solidpart"选项，并在"设置值"一栏中单击 浏览... 按钮，打开【选择文件】对话框，选择"＜加载点/templates＞"目录中的 mmns_part_solid.prt 作为零件模板，如图 1－68 所示。也可以选择用户自己建立的模板进作为零件模板。

（4）单击【查找选项】对话框的 添加/更改 按钮，然后单击 关闭 按钮关闭该对话框，返回到【选项】对话框。

（5）单击 导出配置(X)... 按钮，在随后弹出的【另存为】对话框中将更改零件造型模板后的配置文件命名为 config.pro 并保存在 Creo Parametric 系统安装目录下的 text 文件夹中或者启动目录中，单击 确定 按钮返回到【选项】对话框。

（6）在【选项】对话框中单击 确定 按钮，完成模板的永久性设置。

需要说明的是，不同的模块例如工程图、装配等都可以有不同的模板，它们的设置方法都是相类似的。

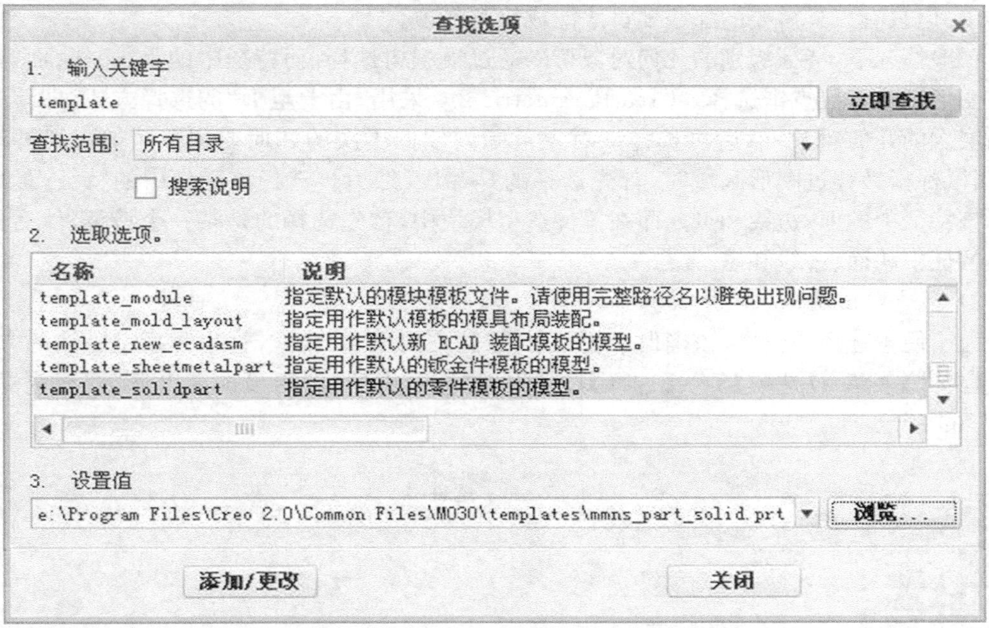

图 1－67　【查找选项】对话框

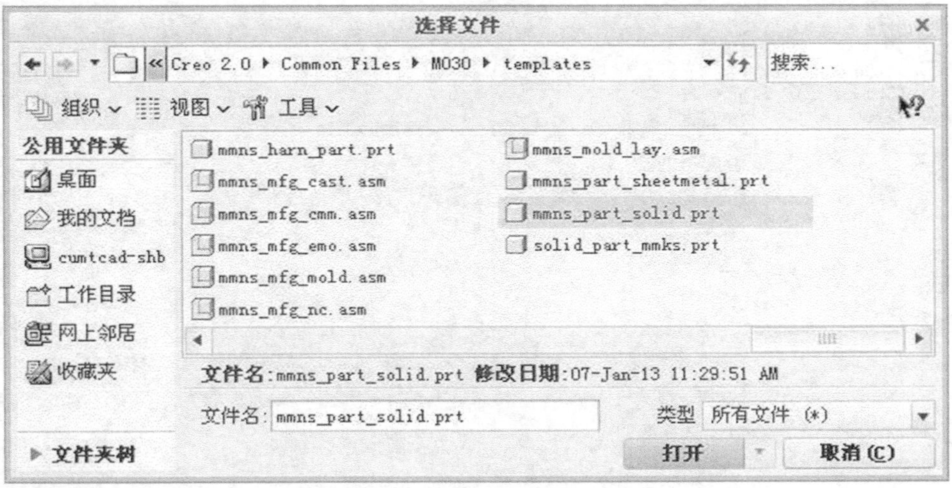

图 1－68　【选择文件】对话框选择零件模板

1.5.3　对象的选择方法

1）概念

在 Creo Parametric 2.0 中，命令的执行方式有两种："操作—对象"和"对象—操作"。前者指先激活操作命令，然后再选择对象，例如拉伸特征和旋转特征的创建等；后者指只有在选中合适的操作对象后，相应的命令才能被激活，例如曲面的合并、镜像操作等。不管是哪种方式，选择对象的过程都是必不可少的。而且，在 Creo Parametric 2.0 许多命令的执行过程中也需要不断地进行对象的选择。调用某个特征工具时，选择的项目存储在该工具的收集器中，但只有工具需要的那些项目才能成为可选项。

一般情况下，特征级别的几何对象可以通过模型树选择，而特征中的点、边线、面，则需要在图形区中直接点击选择。Creo Parametric 2.0 采用“由上至下”的选择方式，即首先选择高层次的几何对象，然后再选择该对象范围内较低层次的几何要素。例如在组件环境下，当鼠标指针移过图形区域时，首先选择的是零件，然后再选择该零件中的特征，最后再选择该特征中的面、边线和点。而在零件造型模块中，首先选择的是某一个特征，然后再选择该特征中的面、边线和点。

2）预选突出显示

为了便于选择操作，应该确保系统处于“预选突出显示”模式，这也是系统默认的方式。选择【文件】菜单→【选项】→【选择】选项卡，勾选其中的“启用预选突出显示”复选框，如图 1－69 所示。

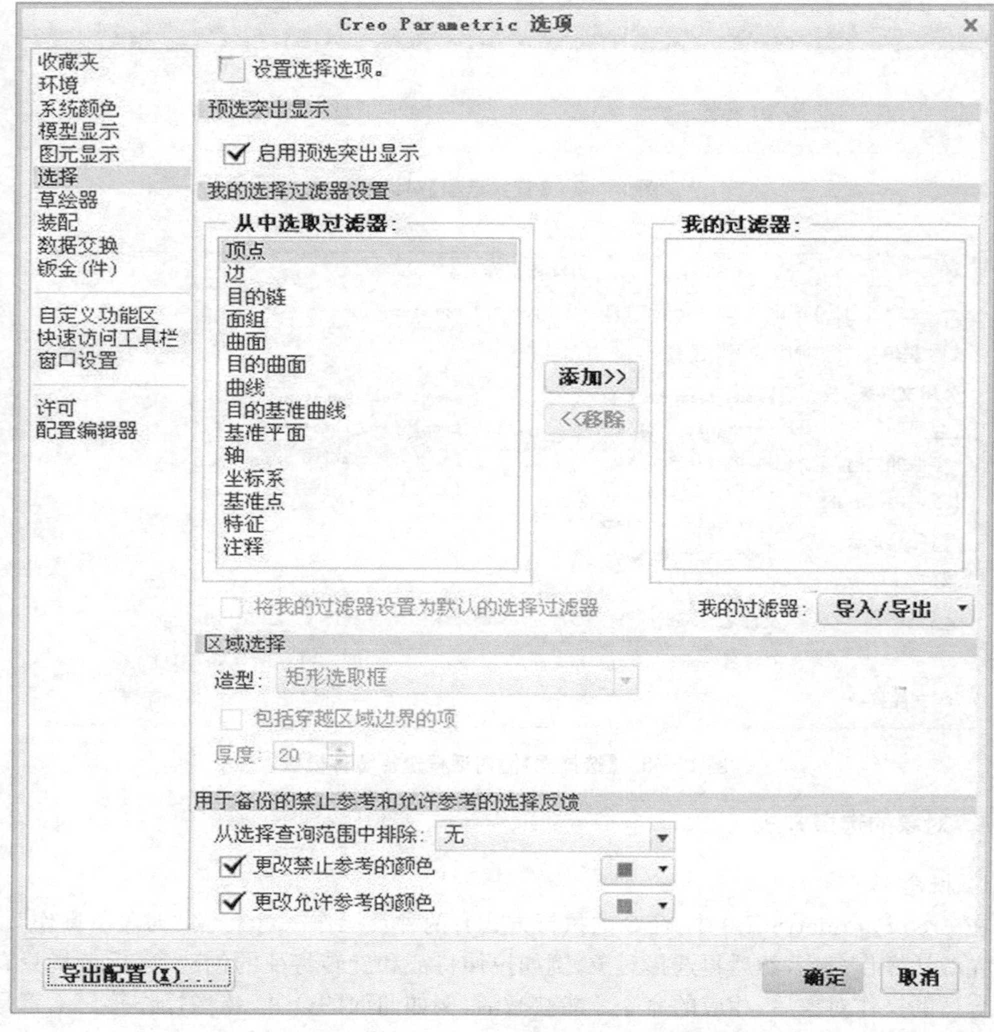

图 1－69 【Creo Parametric 选项】对话框的【选择】选项卡

3）操作步骤

选择操作分为两个步骤：一是预选突出显示，二是单击选择。预选突出显示指的是当鼠标指针位于图形区域中的每个可选项目时，预选突出显示模式都会将其加亮显示；同时，模型上的“工具提示”和“状态栏”都会显示被加亮显示的项目的名称。当选中合适的对象后，单击鼠标左键完成选择操作。

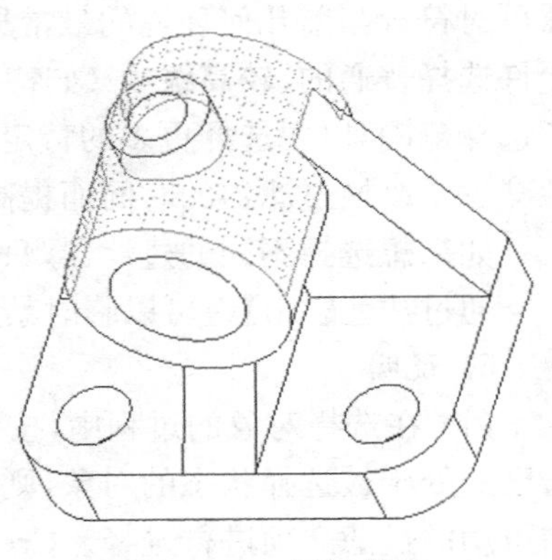

图 1－70　零件模型

例如，要选择图 1－70 所示零件模型中外圆柱筒的上表面（以网格显示的部分）。首先将鼠标指针移到模型之上，当旋转特征被预选突出显示后，单击鼠标左键选择该特征。然后移动鼠标指针，此时只有属于该特征之中的几何要素（点、线、面）才能被再次预选突出显示。当所想要选择的外圆柱上表面再次被预选突出显示后，单击鼠标左键完成该曲面的选择。

4）选择过滤器

Creo Parametric 2.0 提供了各种过滤器来辅助选择项。这些过滤器位于图形窗口下部“状况栏”右边的“过滤器”框中。利用选择过滤器可以缩小可选项类型的范围，从而提高选择的效率。

所有的过滤器都是与环境相关的，因此只有那些符合几何环境或满足特征工具需求的过滤器才处于可用状态。在“过滤器”框中可用的过滤器列表由活动的模式和选项卡确定。Creo Parametric 2.0 还会根据环境自动选择最合适的过滤器，用户也可以通过从“过滤器”框中直接选择另一过滤器的方式更改过滤器。图 1－71 所示为 3 种不同环境下的过滤器。

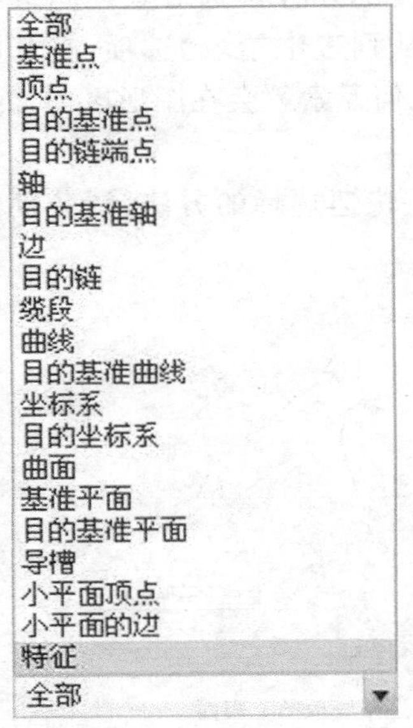

智能
特征
几何
基准
面组
注释
智能

图 1－71　不同环境下的过滤器

在环境可用的情形下，Creo Parametric 2.0 自动选择“智能”过滤器。利用“智能”过滤器可对符合当前几何环境的最常见类型项进行选择。当选择过程刚开始时，“智能”过滤器允许选择普通的、较高级项（如特征或元件）；选择较高级项后，“智能”过滤器立刻自动缩小了选择范围，以便选择更多的特定项（如边或面）。整个过程都是自动进行的，这样就明显地减少了改换过滤器的时间而提高了选择的效率。

如果想选择不同的过滤器，只要在“过滤器”框中选择不同的过滤器名称就可以了。

通过按住【Alt】键可以临时禁用选择过滤器列表，此时可以选择任何项。

5）说明

（1）在选择对象的过程中，按住【Ctrl】键可以选择多个几何对象。如果按住【Ctrl】键单击已经处于被选择状态的对象，则该对象被从选择集中移除。用户还可以借助于“状态栏”中可用的过滤选项进行选择。Creo Parametric 会自动选择一个基本过滤模式，用户也可以单击“过滤器”并选择其他可选项来更改此模式。

（2）选择时，所选项目的个数列举在图形窗口下面“过滤器”旁的状态栏“选定项”区域中。例如，如果选择了两个项目，就显示“选择了 2 项”。从查看的选项中，双击此数字来打开【选定项】对话框。用户可以移除此列表中任何不想要的选项。如果要取消本次所有的选择，直接在图形区的空白处单击鼠标左键即可。

（3）由于模型中包含很多不同种类并且交织在一起的几何元素，鼠标指针所在位置可能有多个不同的几何元素，因此预选突出显示阶段提供了更改选择对象的方法。如图 1－72 所示，当鼠标指针处于图中模型底板的上表面位置时，可能有图示两种不同的选择结果。在这种情况下，有两种操作方法：方法一是当预选突出显示一个表面时，快速单击鼠标右键在可能的几种预选对象之间进行循环切换，此时消息提示区也会给出所选对象的相应提示；当选中合适的对象时，单击鼠标左键完成选择操作。或者是按住鼠标右键，从弹出的快捷菜单中通过选择【下一个】和【上一个】在可能的几种预选对象之间进行循环切换，如图 1－73 所示。方法二是从快捷菜单中选择【从列表中拾取】选项，打开同名的对话框，如图 1－74 所示。单击某一个列表项，相应的几何元素就会在图形区中加亮显示，单击【确定】按钮完成选择操作。

（4）针对于三维建模过程中具体的边和曲面还有一些快速选择的方法，请分别参阅“4.3—倒圆角特征”和“4.7—拔模特征”的说明部分。

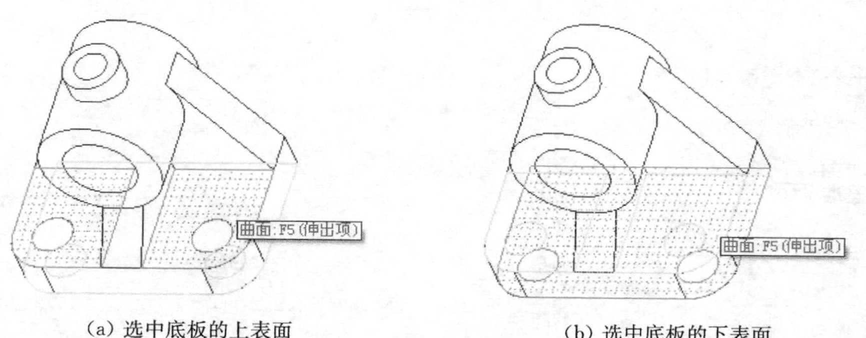

(a) 选中底板的上表面　　(b) 选中底板的下表面

图 1－72　上下底板两种不同的选择

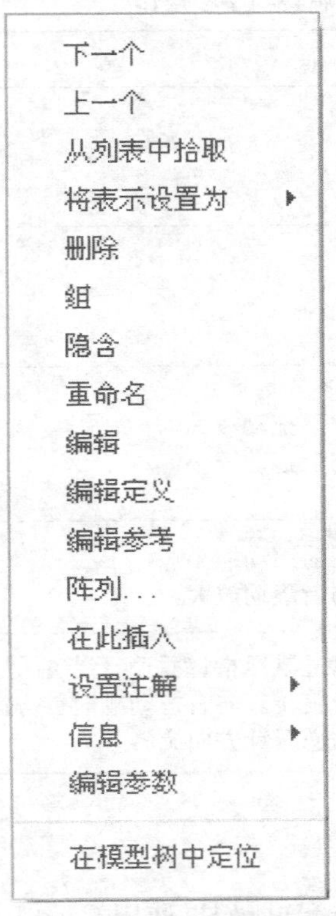

图 1－73　选择对象时的快捷菜单

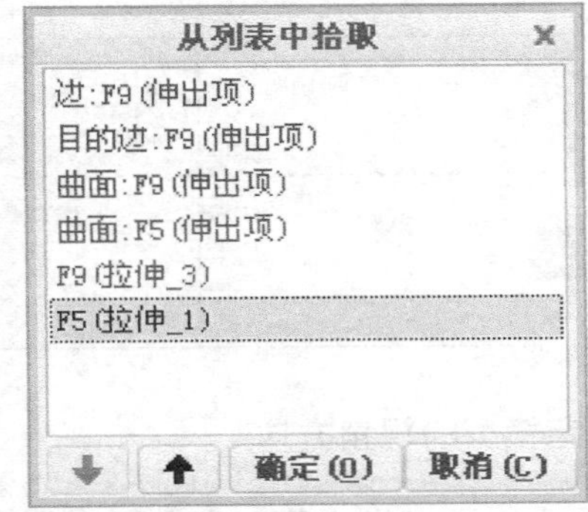

图 1－74　【从列表中拾取】对话框

1.6　显示控制和设置

1.6.1　鼠标的基本操作

最常用的视角控制方法是改变图形区域中模型的显示方向和大小，例如缩放、平移和旋转等。虽然视图工具栏中提供了相应的命令按钮，但在实际操作中，使用鼠标和键盘相结合的方法更为快捷。表 1－2 中标明不同鼠标标记的作用，表 1－3 中显示了如何使用鼠标实现模型的缩放、旋转和平移操作的方法，这些操作方法应该牢牢记住。

表 1－2　不同鼠标标记的作用

按住中键上下左右拖动	按住中键上下拖动	按住中键左右拖动	前后滚动中间滚轮

表 1-3　利用鼠标实现模型的缩放、旋转和平移操作

操作	3D 模式	2D 模式	说　明
旋转			
平移	SHIFT +		
缩放	CTRL +	CTRL +	向下拖动放大 向上拖动缩小
			向前滚动缩小 向后滚动放大
翻转	CTRL +		以过鼠标指针垂直于当前屏幕的直线为轴线旋转。向右拖动顺时针方向旋转，向左拖动逆时针方向旋转

1.6.2　设定模型的视角方向

在前面 1.2.6 节"图形窗口和图形工具栏"中我们介绍过，如果使用 Creo Parametric 2.0 缺省的零件造型模板，那么【标准方向】和【默认方向】的视角方向都为斜轴测图；而且标准的六个视图已经保存在已有的视图列表中，用户可以单击【图形】工具栏的从已保存的视图列表中选择一个视图，将其设置为当前要显示的视图。除此以外，我们还可以选择【图形】工具栏→【重定向】或者【视图】选项卡→【方向】组→【重定向】，在系统弹出的【方向】对话框中重新设定模型的视角方向或者更改已有视图的视角方向。

【方向】对话框中的方向定向类型有以下三种：

(1) 动态定向

如图 1-75 所示，通过使用鼠标平移、缩放和旋转模型，动态地定向视图并可将其命名保存。

(2) 按参考定向

如图 1-76 所示，通过指定互相垂直的两个平面的法线方向来确定模型的视角方向。

例如，对于图 1-72 所示的模型使用【按参考定向】类型重新定向，指定【参考 1】法线方向向前的表面为轴承座底板的前表面，【参考 2】法线方向向上的表面为轴承座底板的上表面，同样可以得到该零件的主视图方向，如图 1-77 所示(图元显示设置中，将【默认几何显示】设置为【隐藏线】模式，【相切边显样式】设置为【不显示】；同时显示出模型的基准轴线)。

(3) 首选项

默认情况下，图形窗口中模型的旋转中心位于整个模型的中心位置处，轴测图的默认方向是斜视图。但在【方向】对话框【按参考定向】类型下，用户可以更改旋转中心的位置和轴测图的默认方向为斜轴测、等轴测或者用户自定义三者之一，如图 1-78 所示。

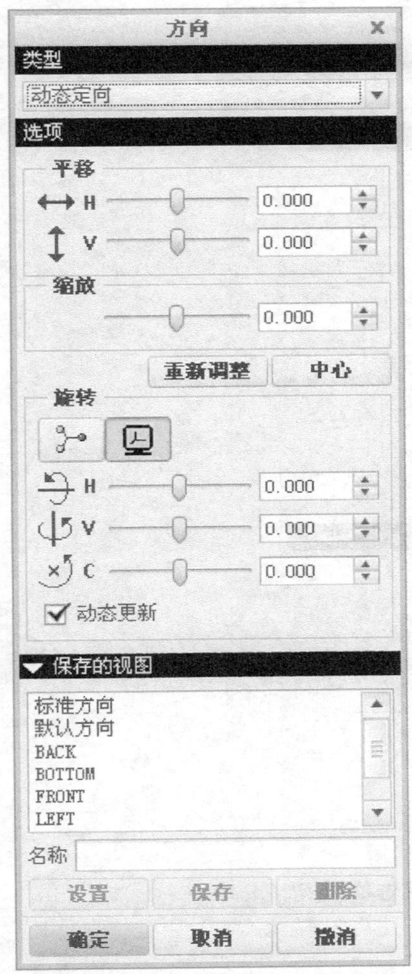

图 1－75　【方向】对话框【动态定向】类型

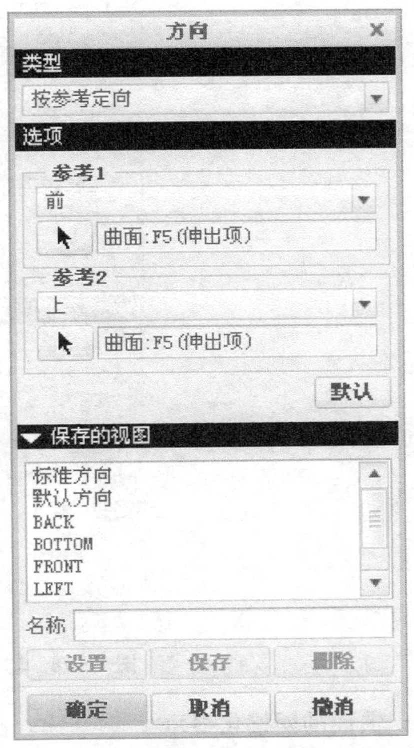

图 1－76　【方向】对话框【按参考定向】类型

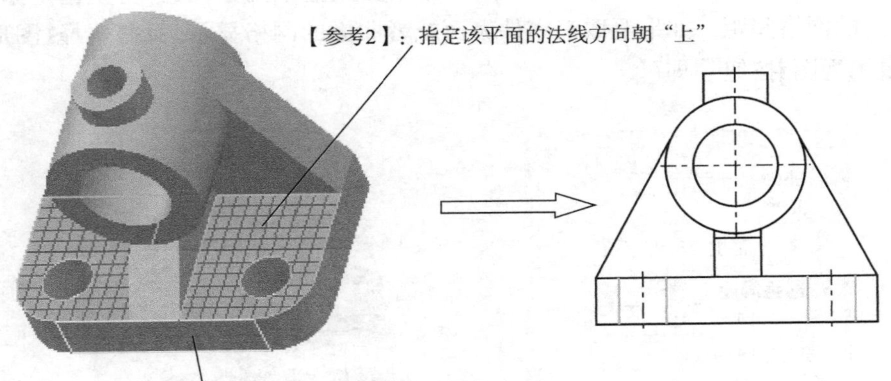

图 1－77　【按参考定向】得到零件的主视图方向

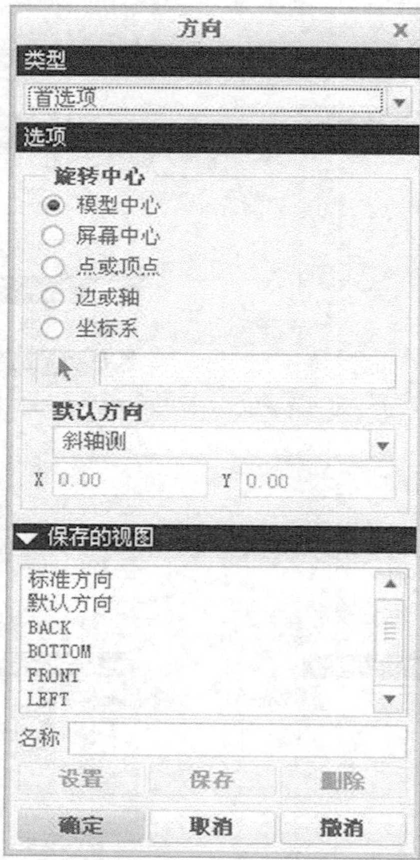

图 1－78 【方向】对话框【首选项】类型

1.6.3 曲面的网格化显示

选择【分析】选项卡→【检查几何】组→【网格化曲面】，Creo Parametric 将弹出如图 1－79所示的【网格】对话框，要求用户选择要以网格方式显示的曲面，并分别指定第一方向和第二方向的网格间距。如果要取消零件表面或者曲面的网格显示，只需选择【图形】工具栏中的【重画视图】按钮即可。

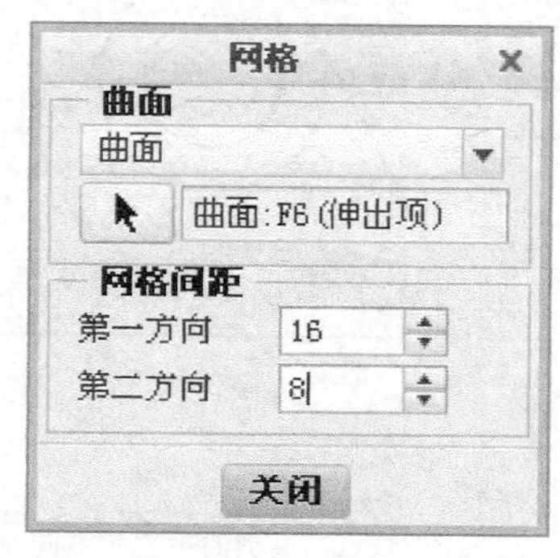

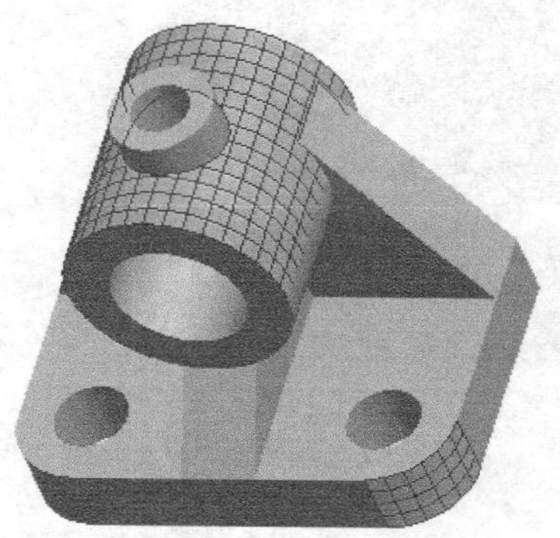

图 1－79 设置曲面的网格显示

1.6.4　模型外观和颜色的设置

模型外观和颜色的设置是通过【外观库】对话框实现的。【外观库】对话框可用于查看和搜索可用外观、将可用外观分配给模型;可以为整个零件、单个曲面或面组分配或设置外观。在装配模式下,【外观库】对话框可以为整个装配、装配中的单个活动元件或零件分配外观。

(1)【渲染】选项卡上的● 图标显示活动外观的缩略图。单击该图标可将活动外观分配给选定对象。如果要将活动外观分配给整个零件,可以选择“零件”过滤器进行操作。

(2)选择【渲染】选项卡→【外观库】●图标旁的箭头,Creo Parametric 将弹出【外观库】对话框,如图 1-80 所示。在此对话框中可以为实体零件或曲面设置新的、不同的颜色和外观。

(3)【外观库】对话框包括下列组成部分:

① 外观过滤器:用于在“我的外观”、“模型”和“库”调色板中查找外观。

② 清除外观:可移除应用到选定对象的外观。

③ 视图选项:用以设置外观缩略图的显示,如图 1-81 所示。

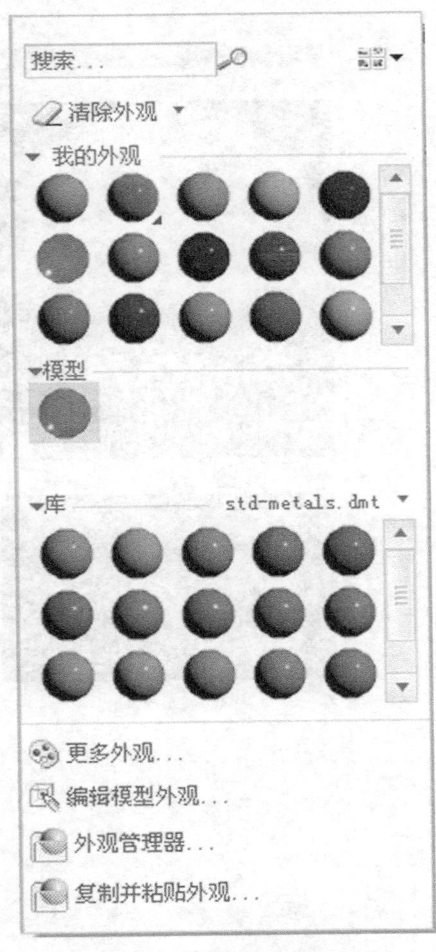

图 1-80　【外观库】对话框

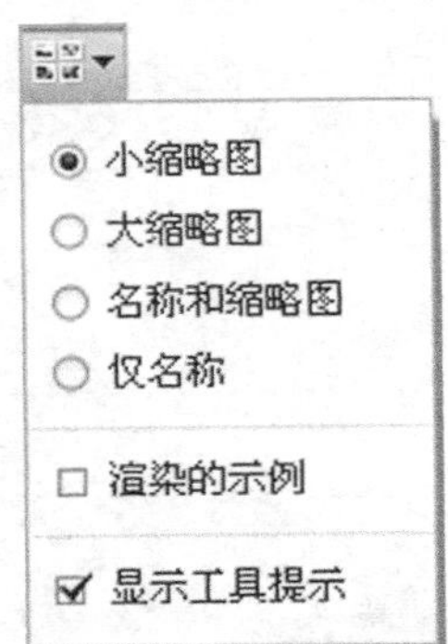

图 1-81　【外观库】对话框【视图选项】

④ 我的外观调色板：显示用户创建并存储在启动目录或指定路径中的外观。该调色板显示缩略图颜色样本以及外观名称。

⑤ 模型调色板：显示在活动模型中存储和使用的外观。如果活动模型没有任何外观，则模型调色板显示默认外观。

⑥ 库调色板：将 Photolux 库和系统库中的预定义外观显示为缩略图颜色样本。

⑦ 访问"更多外观"、"编辑模型外观"、"外观管理器""外观编辑器"和"复制并粘贴外观"。

a. 更多外观——用于创建外观。将打开如图 1－82 所示的【外观编辑器】对话框，创建并修改外观属性包括颜色、环境、光亮度、强度、反射、透明等以及外观的材料属性。还可以打开如图 1－83 所示的【颜色编辑器】，修改默认外观的属性以创建新外观。

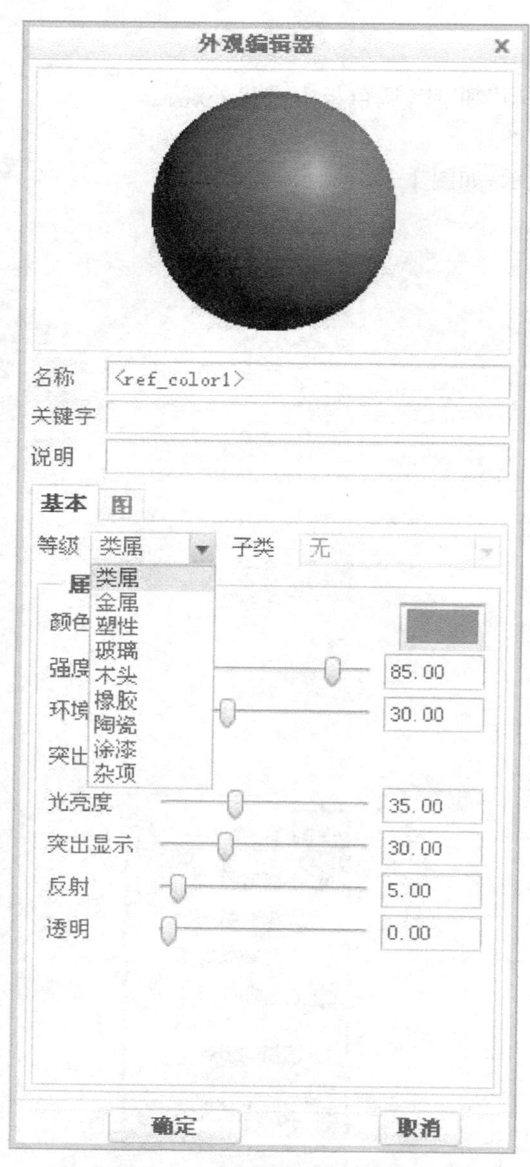

图 1－82 【外观编辑器】对话框

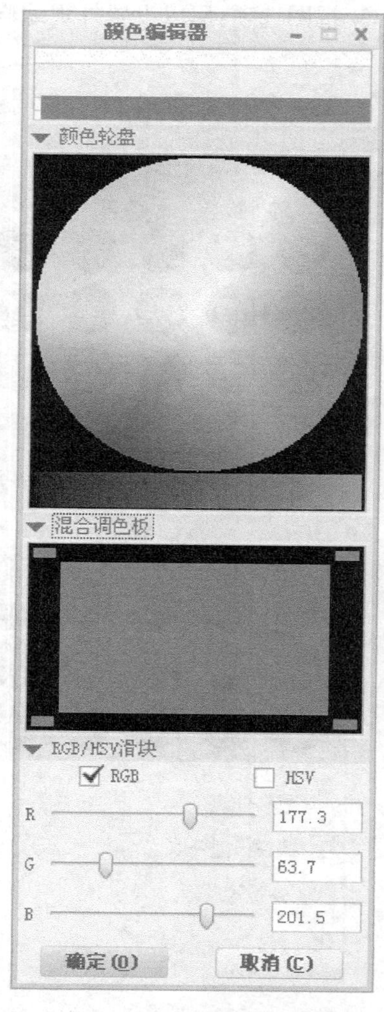

图 1－83 【颜色编辑器】对话框

b. 编辑模型外观——用于编辑或修改活动模型中外观的属性。将打开和图 1－82 所示的【外观编辑器】对话框相类似的【模型外观编辑器】对话框。例如，要设置材料为透明材质，只需将“透明”数值调整为 50 即可。如果活动模型中只应用了默认外观，此选项不可用。

c. 外观管理器——将打开【外观管理器】对话框，用于创建、修改、删除和组织【我的外观】调色板中的外观，如图 1－84 所示。

d. 复制并粘贴外观——可用于使用颜色拾取器来复制应用于模型的现有外观，并将所复制的外观粘贴至模型的某个曲面上。

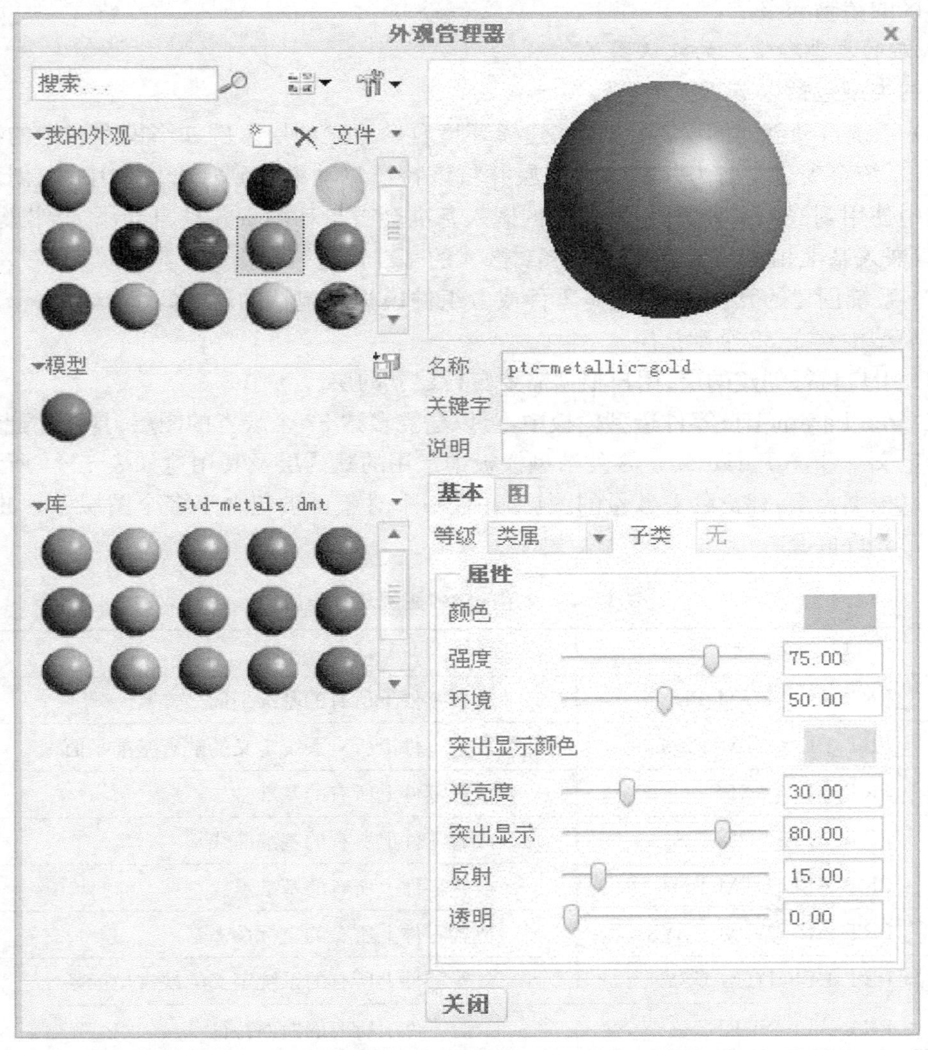

图 1－84　【外观管理器】对话框

1.6.5　层的使用

1）层的概念和用途

层(也称图层)是 Creo Parametric 中一个非常重要的内容。层是使用户能够用来组织特征、组件中的零件甚至其他层的容器对象。用户可以将不同的对象(诸如特征、基准平面、组件中的元件甚至是其他的图层)放到一个单独的图层里面来,从而可以对这些项目进行整体操作,如:同时选中这些项目、隐藏层中的项目,简化几何选择等。可以根据需要创建任意数量的层,并且可将多个项目与层相关联。

层以用数字或字母及数字的形式命名的,最多不能超过 31 个字符。

层最常见的用途是从模型管理的角度来考虑的,可以对层中的项目执行整体操作。例如隐藏设计中暂时不用的基准特征、曲面特征等所在的图层使其在图形区域中不显示以保持图形区的清晰和整洁。

2) *层的类型和常用的默认图层*

层的类型包括以下三类:

(1) 系统自动创建的层:系统根据建模环境自动建立的层。例如当模型树中的特征被隐藏时,系统自动建立名为"隐藏项"的层并将该特征自动添加到这个图层中;在创建特征的过程中使用到嵌入基准时,模型树中的嵌入基准会被自动隐藏并且自动添加到"隐藏项"层中。(嵌入基准相关内容请参见 5.8 节"嵌入的基准特征")

(2) 系统创建的默认层:通常是零件或者组件模板中包括的层。Creo Parametric 最多允许在模型中建立 32 个默认层。

(3) 用户自行创建的层:用户根据需要自行建立的层。

在 Creo Parametric 零件造型模板中,可以建立多达 32 个缺省的图层,具体在配置文件中进行定义。Creo Parametric 零件造型模板中常用的默认层及其用途如表 1 - 4 所示。用户还可以根据需要,建立任意数量的图层,并且一个对象可被包含于多个图层中。此外,层的使用还允许嵌套。

表 1 - 4 常用的缺省图层及其作用

层的名称	说 明
01___PRT_ALL_DTM_PLN	放置零件上所有的基准平面
01___PRT_DEF_DTM_PLN	放置零件上所有系统定义的缺省基准平面
02___PRT_ALL_AXES	放置零件上所有的基准轴
03___PRT_ALL_CURVES	放置零件上所有的基准曲线
04___PRT_ALL_DTM_PNT	放置零件上所有的基准点
05___PRT_ALL_DTM_CSYS	放置零件上所有的坐标系
05___PRT_DEF_DTM_CSYS	放置零件上所有的系统定义的缺省坐标系
06___PRT_ALL_SURFS	放置零件上所有的曲面特征

在创建默认图层时,需要首先将配置文件选项 create_numbered_layers 设置为"yes";然后,通过设置配置文件 def_layer ＜type－option layername＞(其中 type－option 为项类型,layername 为分配给层的名称),在创建项时自动将这些项添加到层。以后在建模的过程中,Creo Parametric 会自动将模型中的不同特征与特定的默认图层相关联,将其添加到指定的默认层中。

3) 层的操作

层的相关操作主要是通过如图 1-85 所示的“层树”中【层】选项卡，或者在层树中右击鼠标，从弹出的如图 1-86 所示的快捷菜单进行的。

层的操作包括新建层、层的重命名和删除、层的隐藏和取消隐藏、层的激活与取消激活、层的属性操作等，简单介绍如下：

(1)【隐藏】:隐藏选定图层，重画视图后其上放置的项目将不可见。

隐藏层是最常用的功能，在层树中指定要为其增加或删除对象的层，从【层】菜单或者快捷菜单中选择【隐藏】选项即可使相应层中的对象不显示在图形区中。在层树中，被隐藏的层以灰色显示。层被隐藏后需要单击工具栏中的【重画】按钮，更新绘制模型，更改后的层设置才会起作用。如果要使被隐藏的层正常显示，只要从快捷菜单中选择【取消隐藏】命令即可。

(2)【取消隐藏】:对已经隐藏了的图层取消隐藏。

(3)【激活】:将选中的图层设为活动层，图层设为活动层后，接下来创建的所有特征都会自动放置在该图层上。注意:包含规则的图层不能设为活动层。

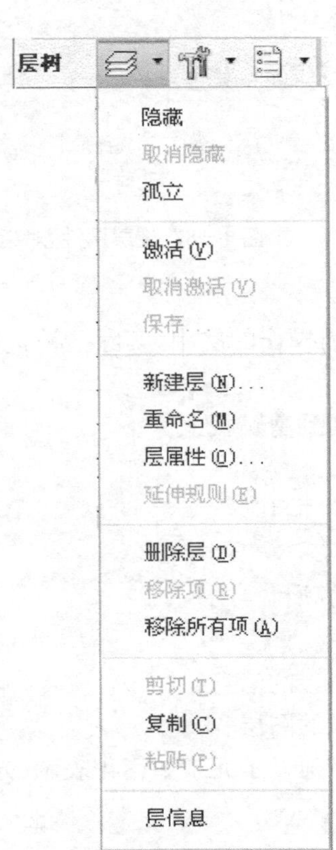

图 1-85　“层树”中【层】选项卡

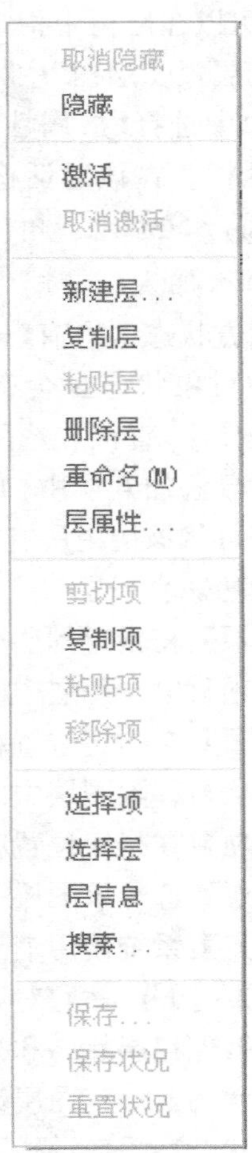

图 1-86　“层”快捷菜单

(4)【取消激活】:取消激活了的层。

(5)【新建层】:用户新建图层。用户可以使用系统缺省的层名,也可以指定一个新的层名。

(6)【复制层】:将选定的图层复制到剪贴板上。

(7)【粘贴层】:粘贴剪贴板上复制的图层。

(8)【删除层】:删除指定的图层。

(9)【重命名】:重命名选定的图层。

(10)【层属性】:系统弹出如图 1－87 所示的【层属性】对话框,用于向指定的图层中添加或删除项目。通过对话框中的 包括... 和 排除... 按钮完成。

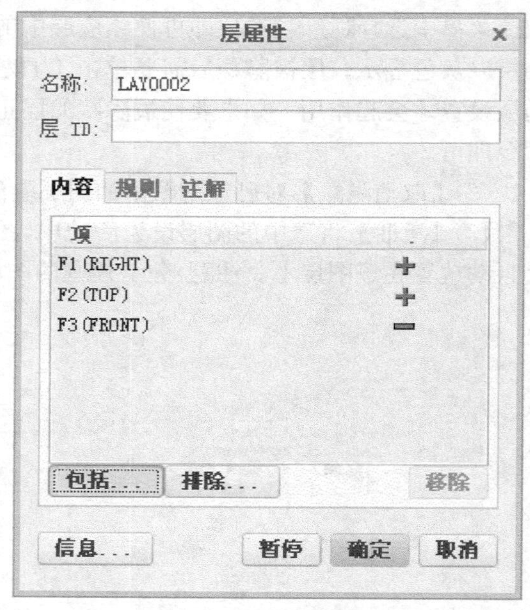

图 1－87 【层属性】对话框

层建立之后,应该向其中增加对象,否则是一个空层;已有对象的层,也可根据需要,继续添加新的对象或者删除已有的对象。对于后者,可以在层树中指定要为其增加或删除对象的层,从“层树”中【层】选项卡或者快捷菜单中选择【层属性】选项即可弹出相应的对话框。在该对话框的【内容】选项卡中可以通过 包括... 和 排除... 按钮来设置对象是否加入到该层中。【包括】在层里的对象后方状态区会有【＋】的标记;【排除】在层外的对象状态区会有【－】的标记。在【包括】操作中,直接点选图形区中的对象就可将该对象添加到层中,如果选择层树中的层对象即可将该层中所有的对象添加到当前操作的层中,实际上被选中的层就成为了当前操作层中的嵌套子层。

(11)【剪切项】:将指定图层中的指定项目剪切到剪贴板上。

(12)【复制项】:复制图层中的所有项目。

(13)【粘贴项】:在指定位置粘贴复制或剪切的项目。

(14)【移除项】:移除图层中的指定项目。

(15)【选择项】:在指定位置粘贴复制或剪切的项目。

(16)【选择层】:选择该图层。

(17)【层消息】:系统使用消息窗口显示选定图层的消息。

(18)【搜索】:打开【搜索】对话框搜索符合要求的图层。

(19)【保存】:保存层状态和视图管理器中的其他显示元素如简化表示、方向等。

(20)【保存状态】:保存图层设置状态。

(21)【重置状态】:重新设置图层状态。

4）层树的显示和设置

与模型树类似，层树中的【显示】和【设置】选项卡中包含了对层树显示和定制内容进行设置的命令，分别如图 1－88 和图 1－89 所示。

5）图层的状态保存和重置

只要在层树中执行了隐藏图层或取消隐藏的操作，就是修改了该模型中的图层状态。即使模型被存盘，图层的状态也是不会被自动保存的。如果希望下次打开模型时能够直接使用当前的图层状态，必须对于图层的状态进行保存，方法是从图 1－86 的“层”快捷菜单中选择【保存状况】，或者选择【视图】选项卡→【可见性】组→【状况】下拉列表→【保存状况】命令。

如果要将模型中的层状态设置为上次保存的状态，可以从图 1－86 的层快捷菜单中选择【重置状况】，或者选择【视图】选项卡→【可见性】组→【状况】下拉列表→【重置状况】命令。

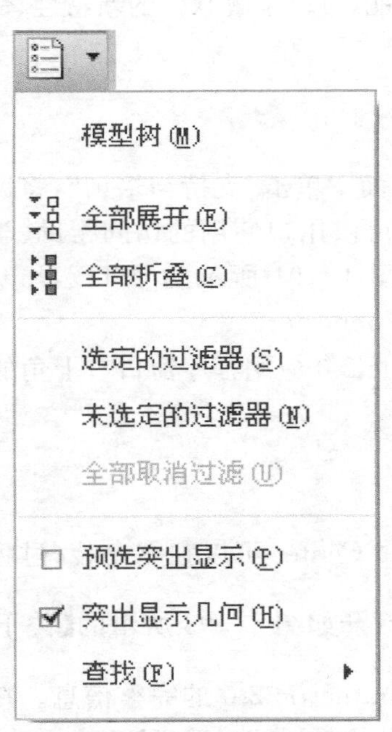

图 1－88　层树的【显示】选项卡

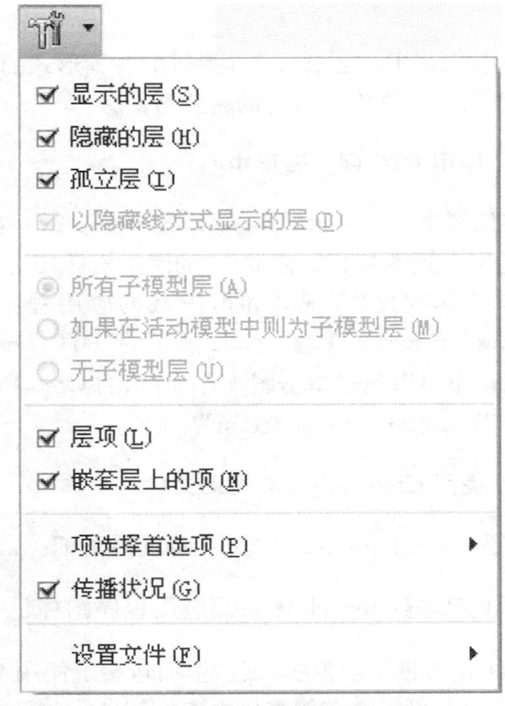

图 1－89　层树的【设置】选项卡

6）说明

（1）用户将层中的对象作为一个整体进行相应的操作，如显示或隐藏等，而不必对层中的单个对象分别进行操作。

（2）一个项目可以位于多个图层上，但只有当这多个图层都没有被隐藏的情况下该项目才会被正常显示；否则，只要其中的一个图层被隐藏，该项目就会被隐藏。

（3）在零件的建模过程中，用户可以将许多辅助特征如基准、文字注释、曲面等分类添加到相应的层中；在具体操作时，可以通过【过滤器菜单】进行设定。如果暂时不需要某些辅助特征，可将相应的层进行隐藏，那么这些层中的内容在屏幕上就不会被显示出来。

(4) 在零件模块中,可以向指定的图层添加任意特征,但是图层的隐藏只对该层上的非实体特征例如基准特征或曲面特征等起作用,使其不在图形区域中显示出来,而实体特征仍会正常显示。即可以被隐藏的层中的项目类型有四大类:①基准特征,如基准平面、轴线、曲线、点、坐标系等;②特征本身产生的轴线,如旋转特征的轴线等;③装饰特征;④面组。例如在某个图层添加了孔特征并隐藏该图层,则孔在图形窗口中仍会正常显示,而孔的轴线会被隐藏起来不显示。实体特征不能够通过隐藏其所在的层的方式而只能通过特征的【隐含】使其在屏幕上不显示(具体参见 7.7 节特征的隐含、删除和隐藏),只有非实体元素才能通过层的隐藏而不在屏幕上显示。

(5) 在组件模块中,可以向指定的图层添加任意组件的组成元件,图层的隐藏对于该层上的实体零件是起作用的,被隐藏的图层上的零件在图形窗口中不会被显示出来。

1.7 使用帮助

使用 Creo Parametric 2.0 提供的各种形式的帮助功能,可以了解软件的新特性、命令功能、获得与当前操作相对应的在线帮助。

1.7.1 使用 PTC 网上资源中心

在如图 1-90 所示的 Creo Parametric 2.0 浏览器界面中单击"支持与培训",将链接到 PTC 的网上资源中心。在 PTC 的网上资源中心提供了可供用户使用的访问帮助、学习辅助工具、提示和技巧、视频和可下载的应用程序等,如图 1-91 所示的"PTC University Learning Exchange"和图 1-92 所示的"PTC Learning Connector"。

用户也可以通过单击图 1-1 所示的 Creo Parametric 2.0 应用程序窗口右上角的连接到"PTC Learning Connector"。

1.7.2 使用 Creo Help 2.0 帮助文件

作为 Creo Parametric 2.0 帮助文件的 Creo 2.0 Help Center 可以独立安装(过程略)。在桌面上双击【Creo Help 2.0】应用程序图标 Creo Help 2.0,将打开如图 1-93 所示的【关于 Creo Parametric 帮助中心】主页面。里面包括了使用 Creo Parametric 2.0 的完整信息。在帮助文件窗口中,可以在左侧窗格中查找信息。左侧窗格提供了"目录"、"搜索"、"索引数语"三种方式查看所需帮助内容的方法。

用户也可以通过单击图 1-1 所示的 Creo Parametric 2.0 应用程序窗口右上角的打开【Creo Parametric 帮助】窗口。

1.7.3 使用"模型播放器"再现建模过程

单击【工具】选项卡→【调查】组→【模型播放器】,系统将弹出如图 1-94 所示的【模型播放器】窗口用以再现模型的创建过程及相关尺寸等信息,让用户观察到零件的构建过程。

主要说明如下:

[|◀]——立即移动到模型的开始处（隐含所有特征）。

[▶|]——立即移动到模型的结束处（恢复所有特征）。

[◀]——在模型中每次向前移动一个特征，并在模型中重新生成上一个特征。

[▶]——在模型中每次向后移动一个特征，并在模型中重新生成下一个特征。

[↖]——用于从模型树或者图形窗口中选择特征。

显示尺寸——显示当前特征的尺寸。

特征信息——在信息窗口中显示有关当前特征的常规特征信息，如当前特征的编号、名称、父特征和自特征等。

关闭——关闭“模型播放器”，并在当前特征（最后重新生成的特征）处进入“插入”模式。参见 7.5 节“特征的插入”。

完成——关闭“模型播放器”并返回模型的最后一个特征。Creo Parametric 恢复所有特征。

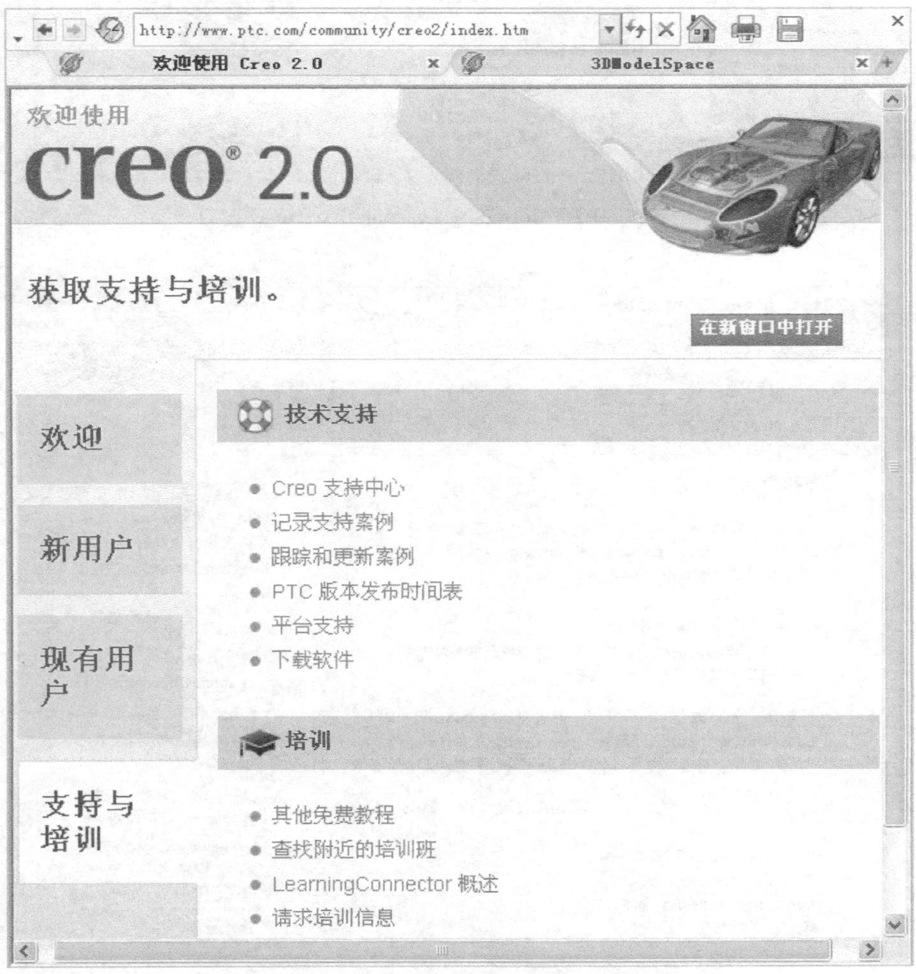

图 1-90　Creo Parametric 2.0 浏览器界面

图 1－91 “PTC University Learning Exchange”窗口

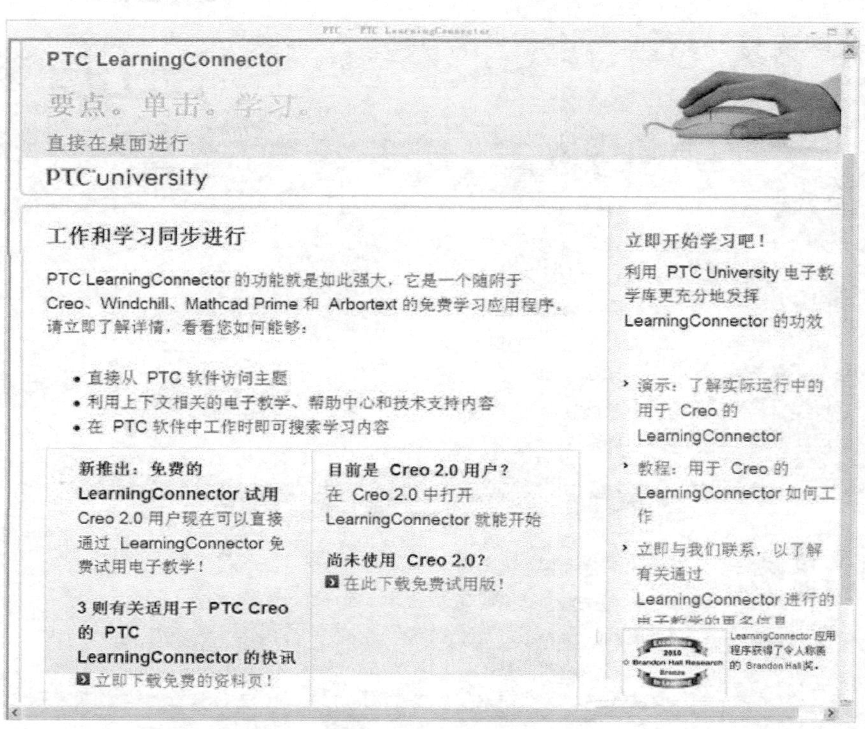

图 1－92 “PTC Learning Connector”窗口

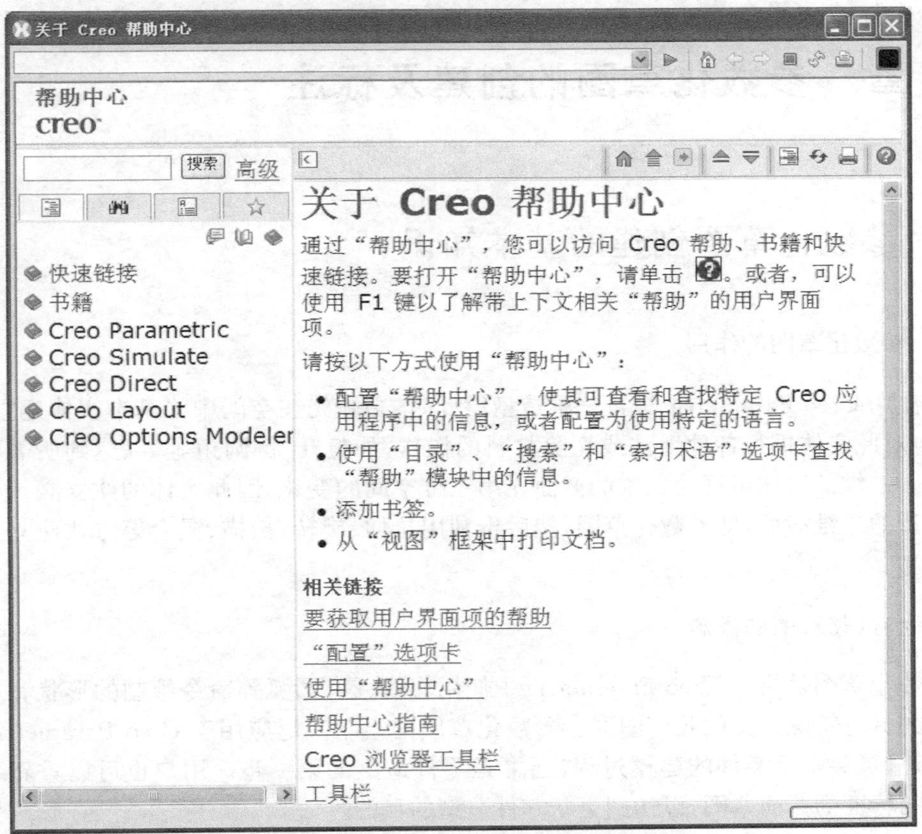

图 1－93　Creo Parametric 2.0 帮助窗口

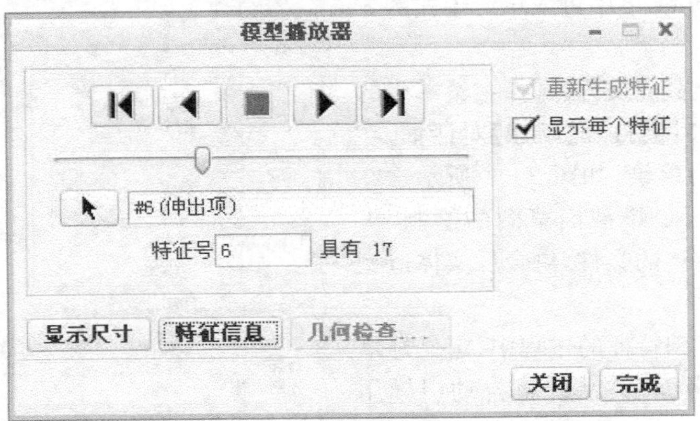

图 1－94　【模型播放器】窗口

第 2 章　参数化草图的创建及标注

2.1　参数化草图创建的基本知识

2.1.1　参数化草图的作用

在使用 Creo Parametric 进行三维造型设计时，必须先在空间中将基本实体建立出来；之后，再对此实体进行各种增加或切除材料的操作，如打孔、倒圆角等，以达到所需要的实体外形。三维的实体可视为二维的截面在第三维空间的变化，因此实体的建立必须先画出实体模型的二维截面，即参数化草图，然后再利用拉伸、旋转、扫描、混合等方式建立三维的实体模型。

2.1.2　参数化草图的概念

参数化草图是指在 Creo Parametric 中使用直线、圆、圆弧等命令绘制的形状和尺寸大致精确的具有特殊意义的几何图形。参数化草图的绘制广泛应用于 Creo Parametric 中特征的创建，贯穿整个零件的建模过程，通常是零件造型的第一步。用户也可以重新编辑已经生成的特征的截面草图，以达到更新零件造型的目的。

2.1.3　进入草绘模式的方法

在 Creo Parametric 中进入草绘模式的方法有两种：

(1) 建立草绘截面文件：选择主菜单中的【新建】菜单项，此时会打开【新建】对话框，在类型选项组指定为草绘，如图 2-1 所示。在此模式下只能进行二维截面草图的绘制，可保存成扩展名为.sec 的文件，供今后实体造型时调用。

(2) 在创建基础特征的过程中，定义好草绘平面和定向参考面后，系统将自动引导用户进入草绘模式。此时建立的草绘截面属于该特征，也可以将其保存成扩展名为.sec 的文件供其他特征直接调用。

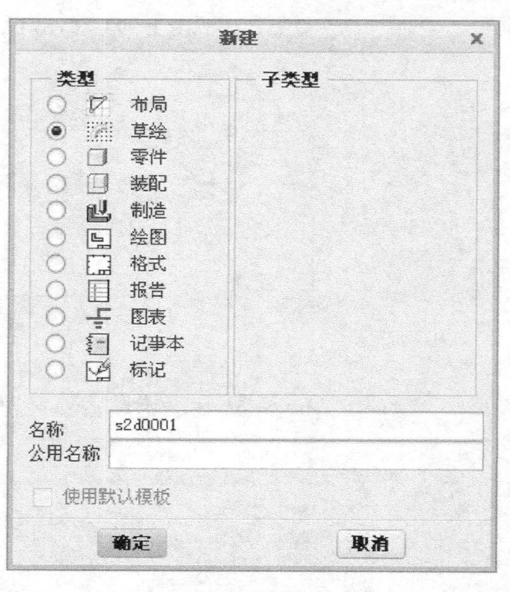

图 2-1　直接建立草绘文件

2.1.4　草绘模式的工作界面

1）草绘模式下的工作界面

草绘模式的工作界面如图 2－2 所示，由快速访问工具栏、文件菜单、选项卡(包括草绘、分析、工具、视图等)和命令组、导航选项卡、命令搜索工具栏及图形区域组成。无论使用何种方法进入草绘模式，单击功能区【草绘】选项卡，都会显示相应的【草绘】命令组，如图 2－3 所示。各选项卡下的命令组分别如图 2－4、图 2－5、图 2－6 所示。

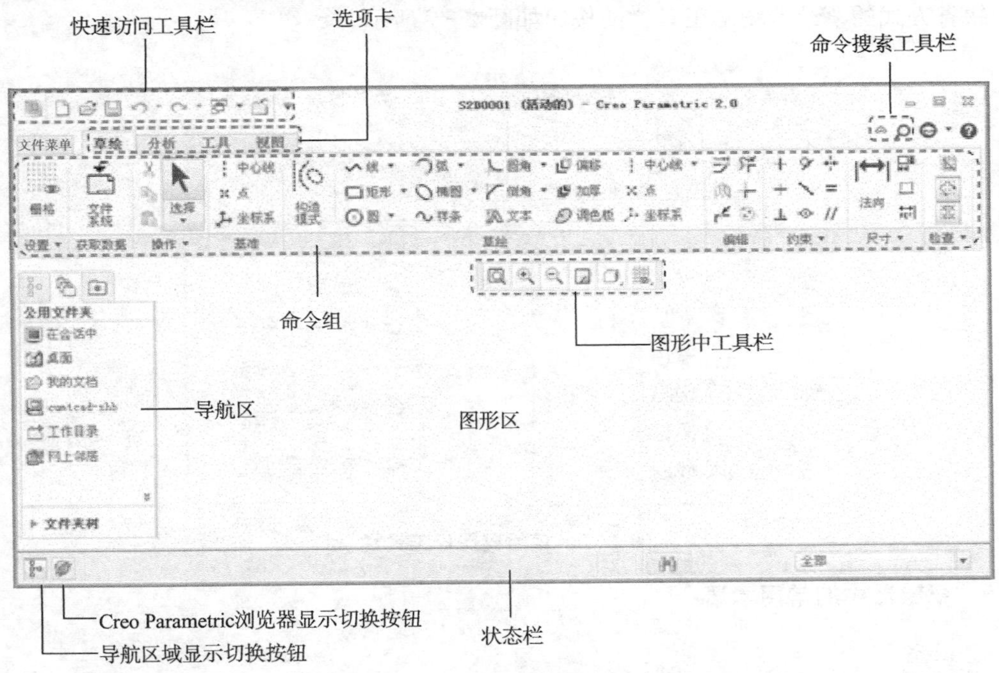

图 2－2　草绘工作界面

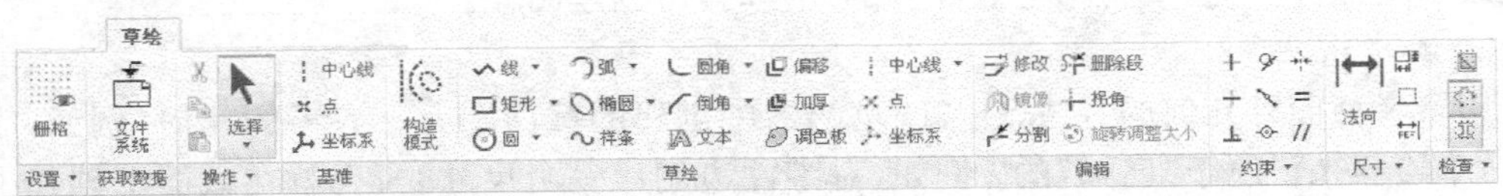

图 2－3　【草绘】选项卡及命令组

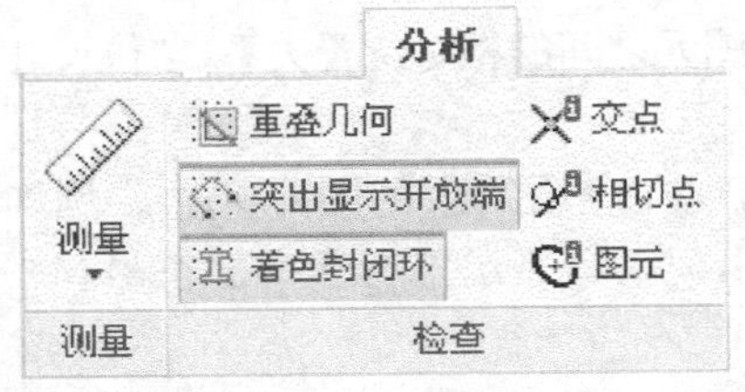

图 2－4　【分析】选项卡及命令组

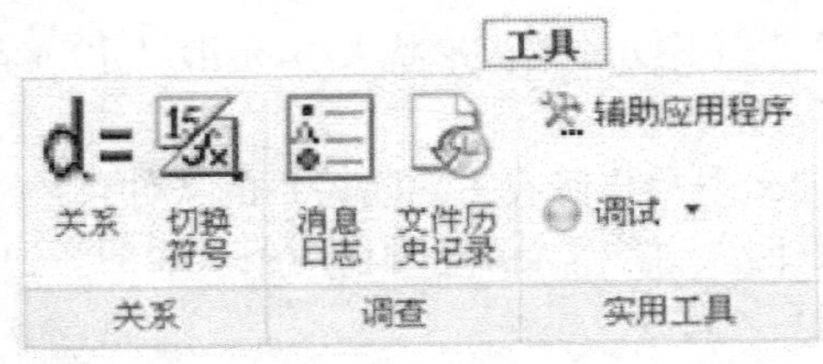

图 2－5　【工具】选项卡及命令组

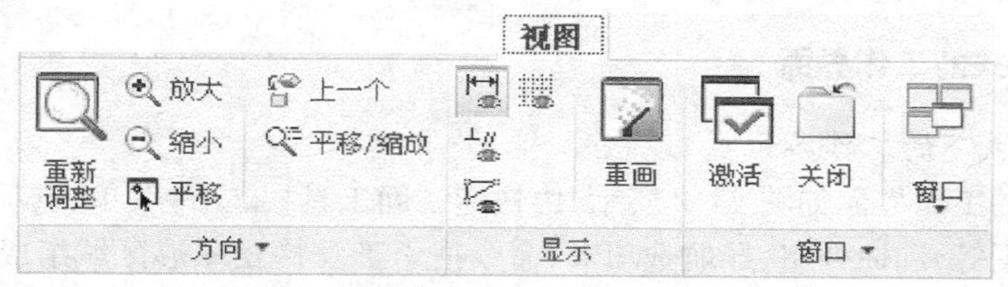

图 2-6 【视图】选项卡及命令组

2）草绘器中常用图形工具栏按钮

缺省方式的草绘器图形工具栏的按钮如图 2-7 所示。

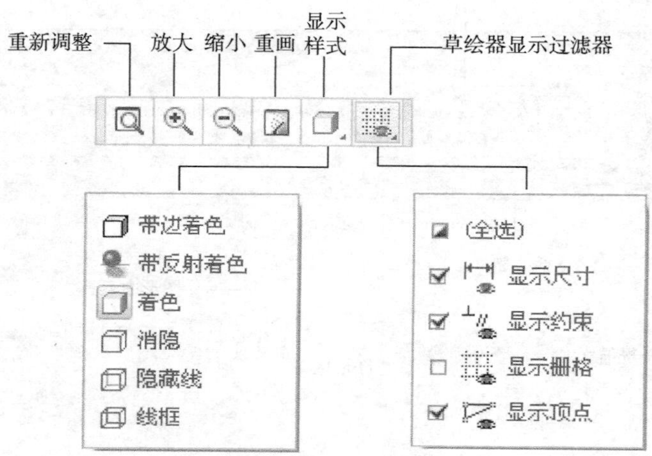

图 2-7 草绘器图形工具栏

2.1.5 草绘器中的常用术语

1）图元

截面几何的任何元素（如直线、圆弧、圆、样条、圆锥、曲线、点或坐标系）。当进行草绘、分割或求交截面几何，或者参考截面外的几何时，可创建图元。

2）参考图元

用参考截面外几何的方法，在 3D 草绘器中创建的截面图元。参考的几何（例如，零件边）对草绘器来说属于“已知”的。例如，对零件边创建一个尺寸时，也就在截面中创建了一个参考图元，该截面是这条零件边在草绘平面上的投影。

3）尺寸

反映了图元本身的形状大小（定形尺寸）或者图元和图元之间的相对位置关系（定位尺寸）。

4）约束

定义图元几何或图元间关系的条件。约束符号出现在应用约束的图元旁边。例如，可以约束两条直线平行，这时在两条直线的旁边会分别出现一个表示平行约束的符号。

5）参数

草绘器中的一个辅助数值。

6）关系

关联尺寸和/或参数的等式。例如，可使用一个关系式将一条直线的长度设置为另一条直线长度的一半。

7）弱尺寸或约束

在没有用户确认的情况下，草绘器可以移除的尺寸或约束就被称为弱尺寸或弱约束。由草绘器创建的尺寸是弱尺寸。添加尺寸时，草绘器可以在没有任何确认的情况下移除多余的弱尺寸或约束。

8）强尺寸或约束

草绘器不能自动删除的尺寸或约束被称为强尺寸或强约束。由用户创建的尺寸和约束总是强尺寸和强约束。如果几个强尺寸或约束发生冲突，则草绘器要求移除其中一个。强尺寸或约束和弱尺寸或约束的显示颜色是不相同的。

9）冲突

当两个强尺寸或约束发生矛盾时，例如圆的直径和半径尺寸同时存在，在这种情况下，必须通过移除一个不需要的约束或尺寸来解决已有的冲突问题。

2.1.6　草绘工作环境的设置

1）草绘器环境设置

在 Creo Parametric 2.0 草绘环境下用鼠标右键单击功能区命令组的任意位置，从弹出的如图 2－8 所示的快捷菜单中选择【自定义功能区】选项，将打开【Creo Parametric 选项】对话框，选择其中的【草绘器】选项卡，可以对草绘器中的环境进行设置，如图 2－9 所示。

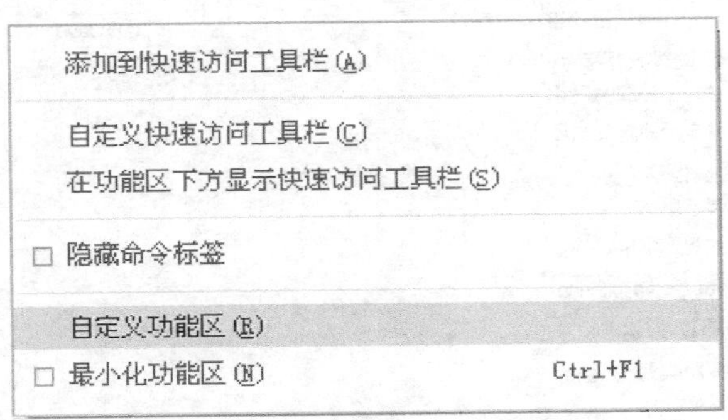

图 2－8　快捷菜单

(1) 对象显示设置区域

① 显示顶点：控制草绘实体端点的显示与否。

② 显示约束：控制几何约束的显示与否。

③ 显示尺寸：控制尺寸的显示与否。

④ 显示弱尺寸：控制弱尺寸的显示与否。

⑤ 显示帮助文本上的图元 ID 号：显示帮助图元文件上的图元 ID。

(2) 草绘器约束假设

用户可以在此指定是否启用系统假设的一些约束。用户在绘图的时候，应该充分利用草绘模式的特点。在草绘模式下，用户并不需要像在 AutoCAD 中作图那样要精确，而仅仅需要绘制出大致精确的形状。Creo Parametric 会根据你所绘制的图元，自动假设一些约束条件来帮助绘图，从而大大简化了绘图过程。此外，Creo Parametric 能不断捕捉用户的设计意图，并时时刻刻保证所绘制的草图是一个完整定义的图形，既不过度约束，又不欠约束。

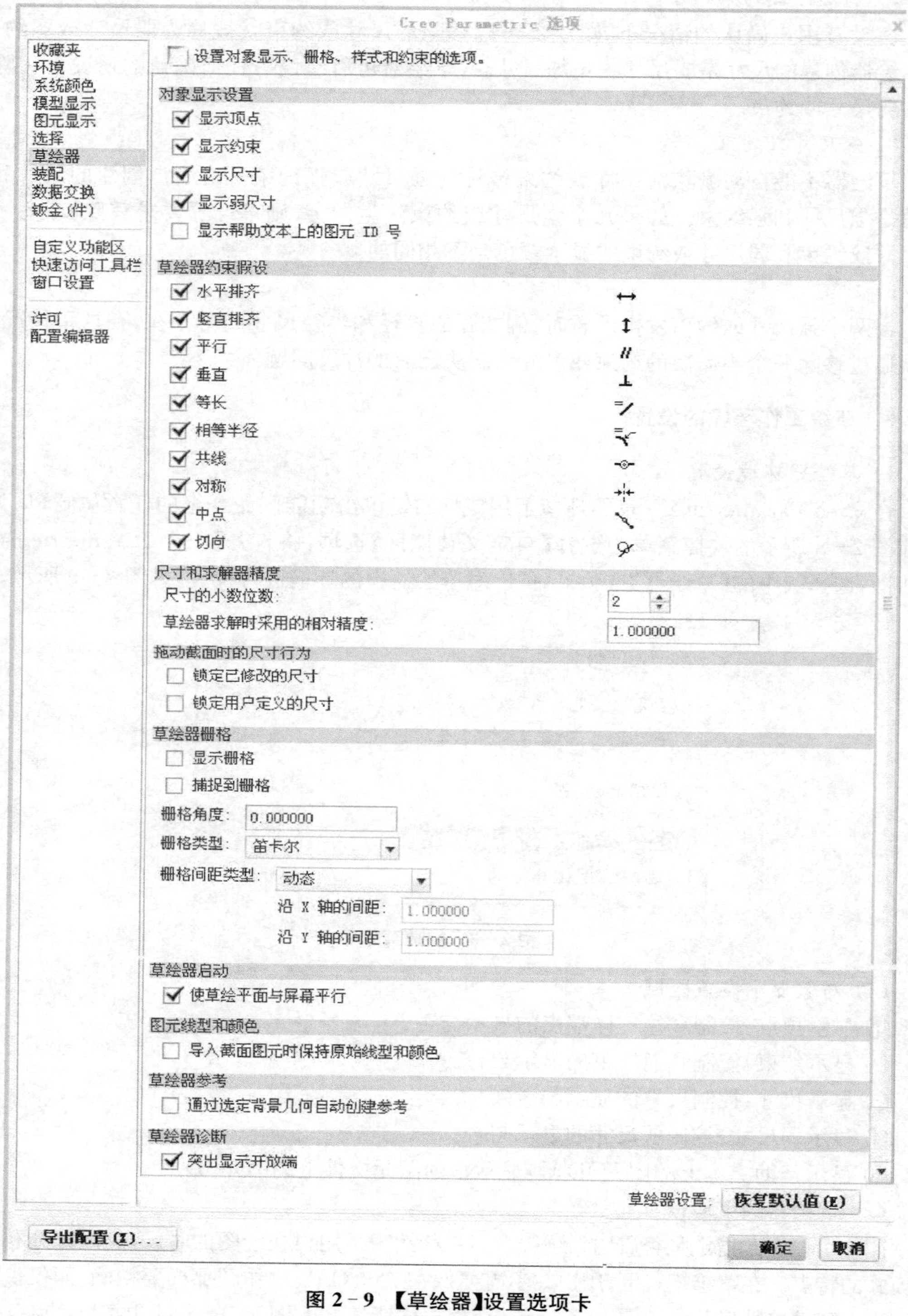

Creo Parametric 选项

收藏夹
环境
系统颜色
模型显示
图元显示
选择
草绘器
装配
数据交换
钣金(件)
自定义功能区
快速访问工具栏
窗口设置
许可
配置编辑器

设置对象显示、栅格、样式和约束的选项。

对象显示设置
显示顶点
显示约束
显示尺寸
显示弱尺寸
显示帮助文本上的图元 ID 号

草绘器约束假设
水平排齐
竖直排齐
平行
垂直
等长
相等半径
共线
对称
中点
切向

尺寸和求解器精度
尺寸的小数位数: 2
草绘器求解时采用的相对精度: 1.000000

拖动截面时的尺寸行为
锁定已修改的尺寸
锁定用户定义的尺寸

草绘器栅格
显示栅格
捕捉到栅格
栅格角度: 0.000000
栅格类型: 笛卡尔
栅格间距类型: 动态
沿 X 轴的间距: 1.000000
沿 Y 轴的间距: 1.000000

草绘器启动
使草绘平面与屏幕平行

图元线型和颜色
导入截面图元时保持原始线型和颜色

草绘器参考
通过选定背景几何自动创建参考

草绘器诊断
突出显示开放端

草绘器设置: 恢复默认值(E)
导出配置(X)...
确定 取消

图 2-9 【草绘器】设置选项卡

(3) 尺寸和求解器精度

可以指定草绘器中所绘制的图元尺寸标注的小数位数和草绘器求解时采用的相对精度。

(4) 拖动截面时的尺寸行为

① 锁定已修改的尺寸:控制是否锁定已经修改的尺寸,以便于移动尺寸。

② 锁定用户定义的尺寸:控制是否锁定用户已经定义的强尺寸,以便于移动尺寸。

(5) 草绘器栅格

① 显示栅格:用于控制是否显示草绘器中的栅格。

② 捕捉到栅格:控制是否仅仅允许在栅格的交点上绘制几何图元的顶点。

③ 栅格角度:指定栅格的旋转角度。

④ 栅格类型:指定栅格的坐标系类型为笛卡尔坐标还是极坐标。

⑤ 栅格间距:用以指定栅格间距的大小。

(6) 草绘器启动

用于控制是否在进入草绘模式的时候自动定向模型,以使得绘图平面与屏幕平行。

(7) 图元线型和颜色

用于控制是否在复制/粘贴时保留原始的图元线型和颜色,并从文件系统或草绘调色板中导入.sec 文件。

(8) 草绘器参考

用于确定是否通过选定背景自动创建参考。

(9) 草绘器诊断

用于控制在草绘器诊断时是否突出显示开放端和着色封闭环。

2) 栅格设置

栅格是一系列显示的纵横网格,用于帮助绘图定位。单击功能区【草绘】选项卡中【设置】组的栅格设置命令图标 ,将打开如图 2-10 所示的【栅格设置】对话框进行栅格设置。

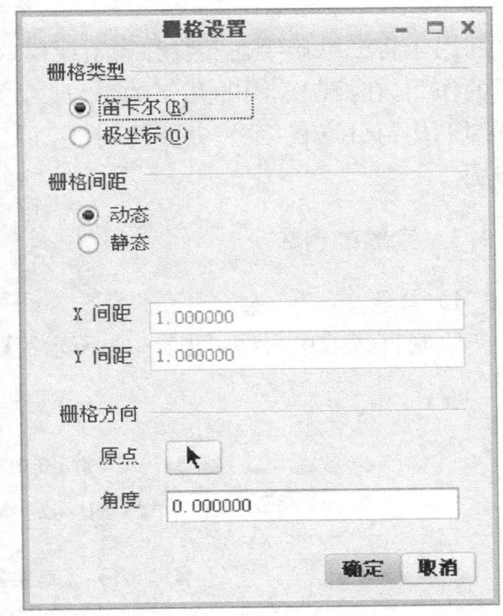

图 2-10　【栅格设置】对话框

2.2　二维草绘的创建

Creo Parametric 中集成了许多智能化的假设,使得绘制二维几何图形的操作更加简单。访问命令的方法是从功能区【草绘】选项卡的【基准】和【草绘】组中选择相应的图标按钮命令。

2.2.1　基准的创建

基准的创建使用功能区【草绘】选项卡的【基准】组的相关命令,如图 2-11 所示,包括几何中心线、几何点和几何坐标系三个命令图标。【基准】组命令创建的几何点、几何轴和几何坐标系在零件造型模块下都可用作基准,也可应用到后续特征中作为参考。

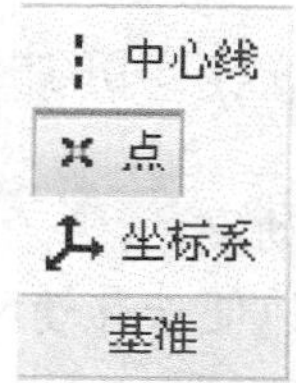

图 2-11 【草绘】选项卡的【基准】组

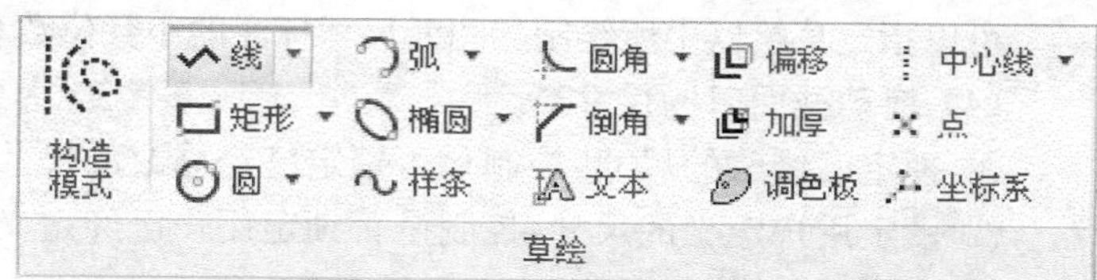

图 2-12 【草绘】选项卡的【草绘】组

其余二维草绘的创建主要是通过功能区【草绘】选项卡的【草绘】组的相关命令完成的,如图 2-12 所示。一些命令具有自己的下拉列表,我们在具体使用时再作介绍。

2.2.2 构造模式切换

用于将二维草绘在实线和构造线模式之间的切换。所谓构造线,实际上是起到了辅助线的作用,在控制草图的几何关系、尺寸关系方面有着重要作用。例如需要绘制在同一个圆周上均匀分布的若干个圆的时候,可以先以构造线的方式绘制出各圆圆心所在的分布圆。

2.2.3 直线的创建

1) 功能

绘制直线或中心线,图 2-13 所示为【草绘】组的【线】组。

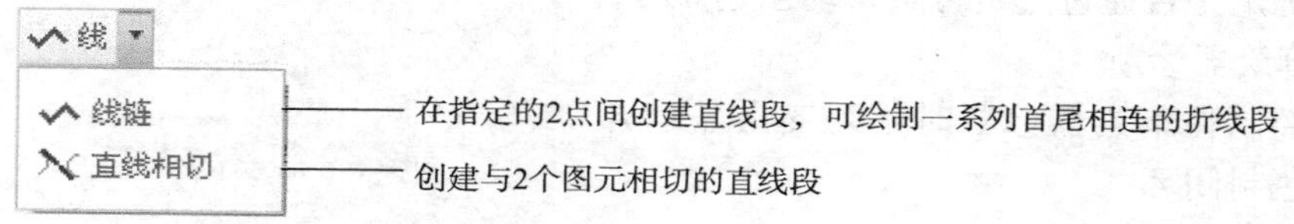

图 2-13 【草绘】组的【线】命令及下拉列表

2) 方法

(1) 从【草绘】组中选择图标按钮,激活命令。

(2) 用鼠标左键指定一点,该点即为直线的第一个端点;随即一条"橡皮筋"线附着在光标上。

(3) 单击鼠标指定直线的终点,则 Creo Parametric 在指定的两点间绘制一条直线,并开始另一条橡皮筋线。

(4) 重复(3)的步骤,绘制其他直线。

(5) 单击鼠标中键,结束直线命令的绘制。

3) 说明

还可以绘制和已有的直线平行或垂直的直线、圆或弧的切线和公切线。

(1) 和已知直线平行的直线:首先用鼠标指定直线的起点,然后移动鼠标拖动附着在其上的橡皮筋线,当所绘制的直线接近于已知直线平行的位置时单击鼠标左键,由于 Creo Parametric 具有的自动假设的功能,就可以绘制出一条与已知直线平行的直线,同时分别在两条直线上出现平行的约束符号标记。

(2) 和已知直线垂直的直线：首先用鼠标指定直线的起点，然后移动鼠标拖动附着在其上的橡皮筋线，当所绘制的直线接近于已知直线垂直的位置时单击鼠标左键，由于 Creo Parametric 具有的自动假设的功能，就可以绘制出一条与已知直线垂直的直线，同时在相应的两条直线上出现垂直的约束符号标记。

(3) 创建与两个图元相切的线：激活相应命令后，用鼠标指定直线要与之相切的两个圆或者圆弧，就可以绘制出这两个圆或弧的公切线。有时候由于位置不够准确，所绘制的直线不能同时和指定的两个图元相切，这时可以使用 2.5 节中所介绍的手动添加约束的方法使它们相切。

2.2.4　矩形的创建

1) 功能

绘制矩形。图 2 - 14 所示为绘制不同类型矩形的命令图标。

2) 方法

(1) 拐角矩形

直接指定矩形的两个对角顶点即可。

(2) 斜矩形

首先指定矩形的第一条边以确定斜矩形的倾斜方向和长度方向的尺寸，然后沿着与第一条垂直的方向确定矩形的宽度方向的尺寸。

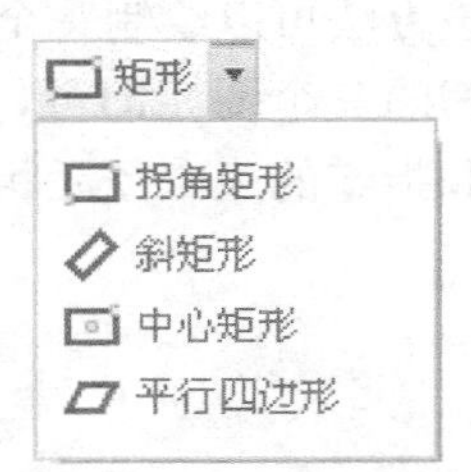

图 2 - 14　【草绘】组的【矩形】命令及下拉列表

(3) 中心矩形

首先指定矩形的中心点，然后指定矩形的一个角点。

(4) 平行四边形

与创建斜矩形的方法类似，首先指定平行四边形的一条边的两个顶点，然后指定第三个顶点以确定平行四边形的方向及尺寸。

3) 说明

所绘制的矩形的四条边是独立的直线段，可以进行单独的编辑和修改。

2.2.5　圆的创建

1) 功能

绘制圆。【草绘】组的【圆】命令及下拉列表如图 2 - 15 所示。

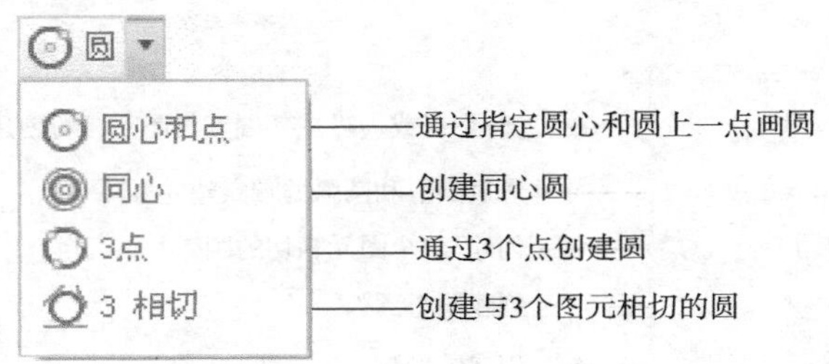

图 2 - 15　【草绘】组的【圆】命令及下拉列表

2）方法

（1）圆心和点

通过圆心和圆上任意一点画圆。单击左键确定圆心的位置，然后移动鼠标到适当位置并单击左键，Creo Parametric 将以指定的圆心位置为圆心，并通过指定点绘制一个圆。

（2）同心

此命令用于绘制现有圆或圆弧的同心圆。首先用左键指定一个欲与之同心的圆或圆弧，然后移动鼠标到适当的位置并单击左键，则可绘制出一系列与指定的圆或圆弧同心的圆。按鼠标中键结束命令。

（3）3 点

Creo Parametric 要求指定不在同一条直线上的三个点，然后通过这三个点绘制一个圆，如图 2－16(a)所示。

（4）3 相切

该方法可以绘制一个与已有的三个对象相切的圆。发出命令后，只要求用鼠标左键指定相切的三个图元即可，如图 2－16(b)所示。有时候由于位置不够准确，所绘制的圆不能同时和指定的三个图元相切，这时可以使用 2.5 节中所介绍的手动添加约束的方法使它们相切。

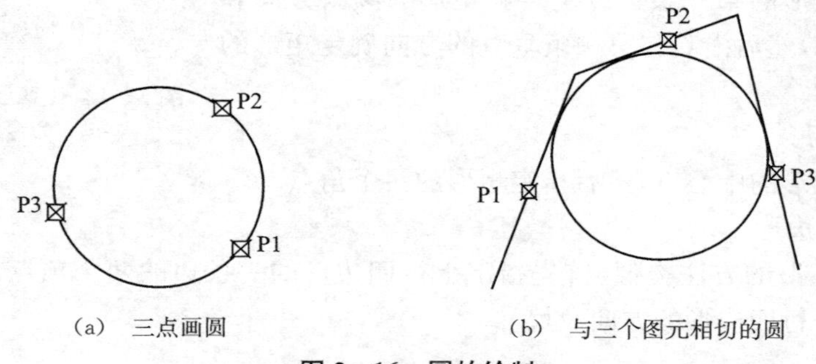

(a) 三点画圆　　(b) 与三个图元相切的圆

图 2－16　圆的绘制

2.2.6　圆弧的创建

1）功能

Creo Parametric 提供了多种绘制圆弧的方式，【草绘】组的【圆弧】命令及下拉列表如图 2－17 所示。

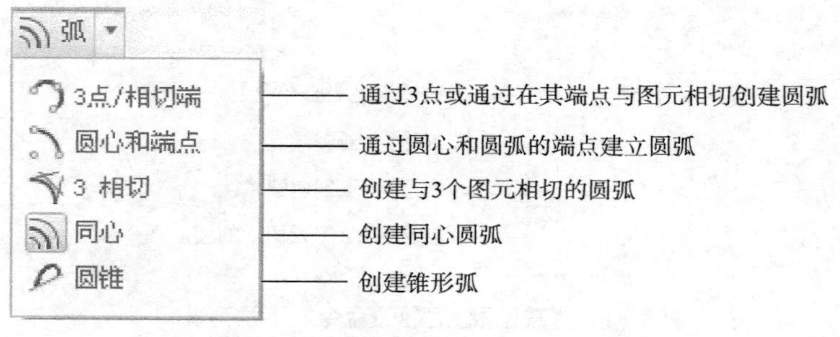

图 2－17　【草绘】组的【圆弧】命令及下拉列表

2）方法

（1）3 点/相切端

通过 3 点或通过在其端点与图元相切创建圆弧。该方法建立圆弧支持两种方式：一种是三点弧，即过不共线的三点产生圆弧，其中前两点分别是圆弧的起点和终点，第三点为圆弧上任意一点。另一种是相切圆弧，即以所选直线或圆弧的端点为起点和起始方向绘制的与其相切的圆弧。

当在已有端点上创建【3 点/相切端】圆弧时，草绘器显示依附于该端点的目标符号。要创建 3 点圆弧，将光标从垂直于图元端点的象限中拖出，如图 2－18 中 3 所示的部分。要创建相切端圆弧，将光标从相切于图元端点的象限中拖出，如图 2－18 中 2 所示的部分。

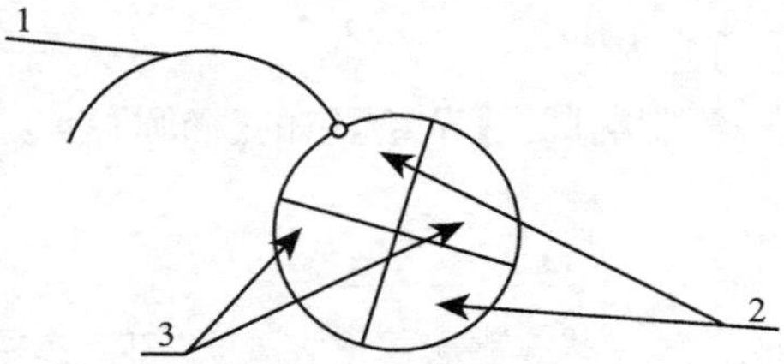

图 2－18　绘制圆弧的菜单和工具栏

图中，1—现有几何图元；2—创建相切圆弧的象限；3—创建 3 点圆弧的象限

（2）同心

绘制与已有的圆或圆弧同心的圆弧。用左键选择已有的圆或圆弧，然后单击左键以确定圆弧的起点，移动鼠标到适当位置，再单击左键确定圆弧的终点即可。

（3）圆心和端点

通过圆心和端点建立圆弧。单击鼠标左键，确定圆弧的圆心，然后用鼠标左键确定圆弧的起点和终点。

（4）3 相切

创建与 3 个图元相切的圆弧。用左键依次选择 3 个要相切的图元，将绘制出与指定的 3 个图元相切的圆弧。需要注意的是：圆弧的起点、终点分别在所指定的第一个和第二个图元上，如图 2－19 所示。有时候由于位置不够准确，所绘制的圆弧不能同时和指定的三个图元相切，这时可以使用 2.5 节中所介绍的手动添加约束的方法使它们相切。

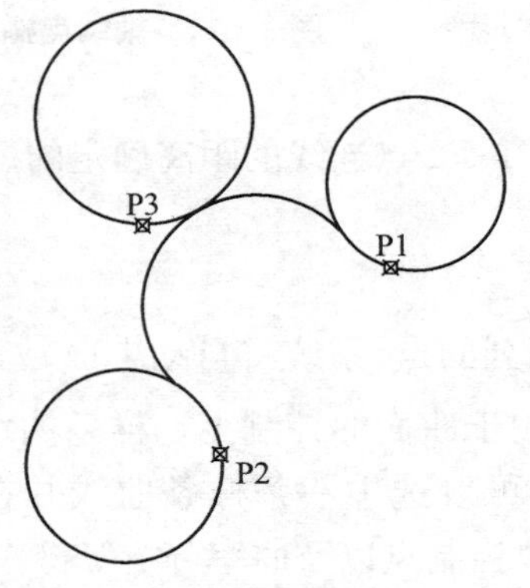

图 2－19　和 3 个图元相切的圆弧

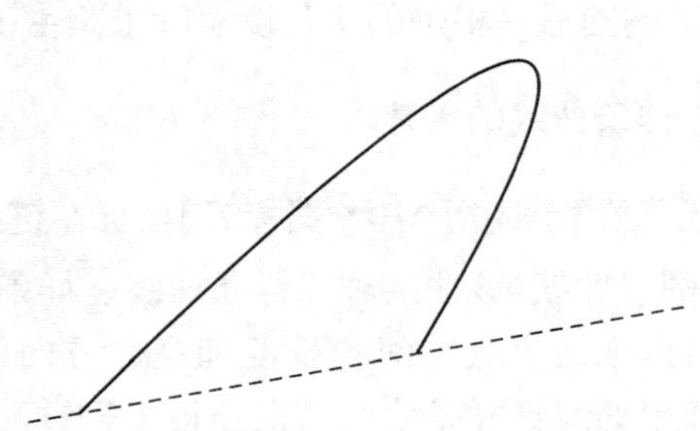

图 2－20　圆锥曲线

（5）圆锥

创建圆锥曲线。用左键确定圆锥曲线的起点、终点，然后移动鼠标到适当的位置，再次单击左键，就可以绘制出一条圆锥曲线，如图 2－20 所示。圆锥曲线的弯曲程度可以使用

Rho 来衡量，Rho 是圆锥曲线的高度和其起始点切线交点的高度的比值，其取值范围在 0.05～0.95 之间。Rho 值越小，曲线就越平坦；Rho 值越大，曲线就越饱满。

Rho 大于 0.05 小于 0.5 时，锥形弧为椭圆形状；

Rho 等于 0.5，锥形弧为抛物线形状；

Rho 大于 0.5 小于 0.95 时，锥形弧为双曲线形状。

2.2.7 椭圆的创建

1）功能

绘制椭圆。【草绘】组的【椭圆】命令及下拉列表如图 2－21 所示。

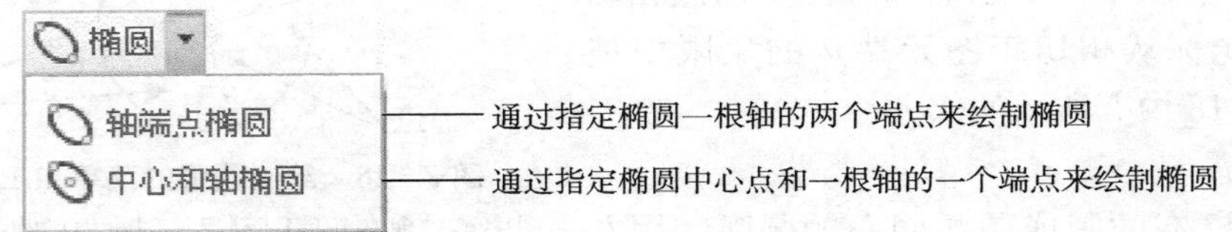

图 2－21 【草绘】组的【椭圆】命令及下拉列表

2）方法

（1）轴端点椭圆

通过指定椭圆一根轴的两个端点来绘制椭圆。首先分别指定椭圆一根轴的两个端点 P1 和 P2，然后将椭圆拉至所需形状 P3 点处，单击鼠标左键即可完成椭圆的绘制，如图 2－22 所示。

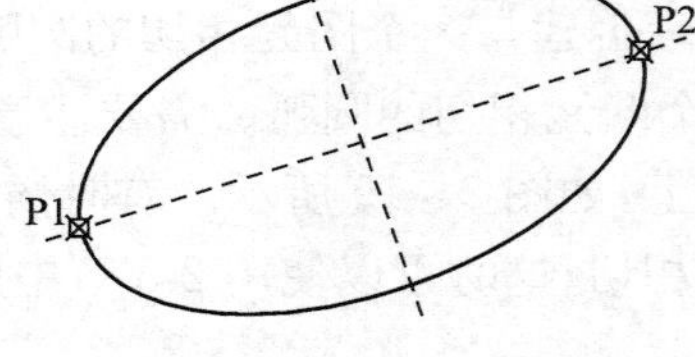

图 2－22 轴端点椭圆

（2）中心和轴椭圆

通过指定椭圆的中心点和一根轴的一个端点来代替前面指定一根轴的两个端点方式来绘制椭圆。

3）说明

（1）椭圆的中心点相当于圆心，可以作为尺寸和约束的参考。

（2）椭圆另一根轴的半长度实际上是由 P3 点到 P1、P2 点连线的距离确定的。

2.2.8 样条曲线的创建

从【草绘】中选择“样条”图标，用鼠标左键指定一系列的点，系统将自动生成一条通过这些点的圆滑曲线，该曲线称为样条曲线。样条曲线常用于曲面的控制上。样条曲线默认的标注为首、末两个点之间的长度和高度方向的距离。可以选中一条样条曲线并在其上双击，在弹出的编辑样条曲线的操控板中，进行插值、修改控制点以及曲率分析等操作。

2.2.9 圆角的创建

1）功能

Creo Parametric 提供四种圆角方式：圆形、圆形修剪、椭圆形和椭圆形修剪。【草绘】选项卡的【圆角】组如图 2－23 所示。

2）方法

（1）圆形

使用左键选择要产生圆角的两个图元（直线、圆、圆弧、不规则曲线），圆角的大小和位置取决于拾取点的位置。系统将构建一个圆角并自动对圆角的边沿部分进行修剪并使其以构造线的形式显示。

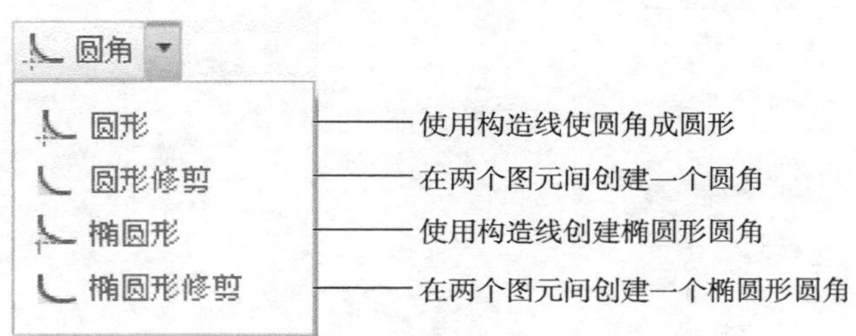

图 2-23　【草绘】组的【圆角】命令及下拉列表

（2）圆形修剪

与建立圆形圆角的使用方法类似，但对圆角的边沿部分进行修剪使其不显示。

（3）椭圆形

与建立圆形圆角的使用方法类似，只不过是用椭圆来制作圆角。

（4）椭圆形修剪

与建立圆形修剪的使用方法类似，只不过是用椭圆来制作圆角，但对圆角的边沿部分使其不显示。

3）说明

样条曲线或者两条平行的直线之间不能创建圆角。

2.2.10　倒角的创建

用直线段对于两图元进行倒角操作，【草绘】组的【倒角】命令及下拉列表如图 2-24 所示。使用方法与创建圆角类似，此处不再叙述。

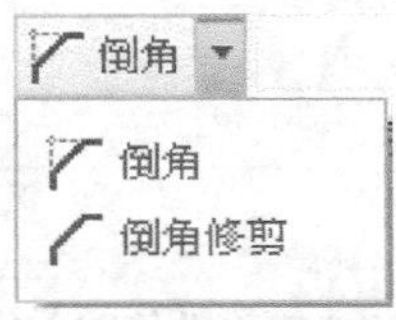

图 2-24　【草绘】组的【倒角】命令及下拉列表

2.2.11　文本的创建

从【草绘】组中选择 文本 图标激活命令后，系统提示用户在屏幕上指定两点，这两点连线的距离和方向决定了所生成的文本的高度和文本行的倾斜方向。然后将弹出如图 2-25 所示的【文本】对话框。在该对话框中用户可输入文本的具体内容、选择字体文件、设定文本行的对齐方式、设置文字的长宽比和倾斜角度以及决定是否要将文本沿着一条指定的曲线放置，如图 2-26 所示为指定文本沿着一条样条曲线放置的情形。

图 2 - 25 【文本】对话框

图 2 - 26 沿曲线放置的文本

2.2.12 偏移草绘

1）功能

通过偏移一条已有特征的边线或者草绘的图元来创建新的图元。

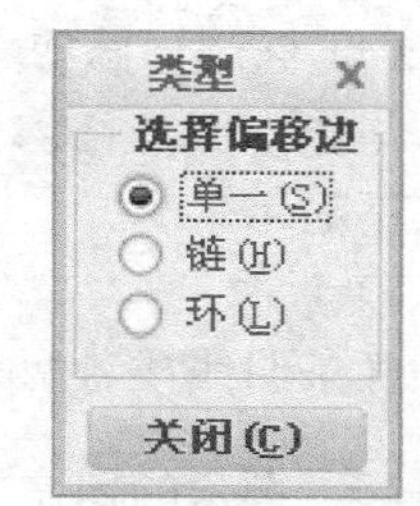

图 2 - 27 偏移【类型】对话框

2）方法

(1) 选择【草绘】组的 偏移 图标激活命令后，系统随即弹出如图 2 - 27 所示的偏移【类型】对话框要求用户选择偏移边的类型为单一、链或者环的方式。

(2) 系统提示在如图 2 - 28 所示的图形区上方编辑框中输入按箭头方向的偏移数值。如果新建图元产生偏移的方向与箭头方向一致，偏移数值为正；否则，偏移数值为负。

图 2 - 28 偏移数值输入操控板

3）说明

(1) 单一：要选择的偏移边是一个独立的图元。

(2) 链：要选择的偏移边是一个边链，需要在这个边链起始和结束位置分别指定两个图元，则这两个图元之间所有的首尾相连的图元都将被偏移。

(3) 环：选择一个图元，则与此图元首尾相连的所有图元都将被偏移。

不同偏移边类型得到的结果如图 2 - 29 所示。

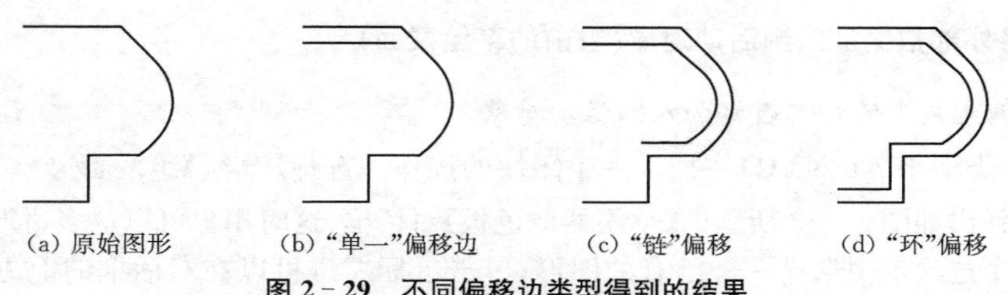

(a) 原始图形　(b)“单一”偏移边　(c)“链”偏移　(d)“环”偏移

图 2-29　不同偏移边类型得到的结果

2.2.13　加厚草绘

1）功能

通过在两侧偏移一条已有的特征的边线或者草绘的图元来创建新的图元。

2）方法

(1) 选择【草绘】组的图标 加厚 激活命令后，系统随即弹出如图 2-30 所示的加厚【类型】对话框要求用户【选择加厚边】的类型为单一、链或者环的方式。

(2) 选择端口的封闭形式为开放、平整或者圆形的方式。

(3) 系统提示在如图 2-31 所示的图形区上方编辑框中输入加厚的厚度数值。

(4) 系统提示在如图 2-28 所示的图形区上方编辑框中输入按箭头方向的偏移数值。如果新建图元产生偏移的方向与箭头方向一致，偏移数值为正；否则，偏移数值为负。

图 2-30　加厚【类型】对话框

图 2-31　加厚厚度数值输入操控板

3）说明

【选择端封闭】实质为定义加厚边起点和终点端头的形式。

(1) 开放：端头处开放，不作处理。

(2) 平整：在端头处使用直线段将其封闭。

(3) 圆形：在端头处使用圆弧将其封闭。

图 2-32 所示为加厚边为“链”形式的不同端口封闭类型得到的结果。

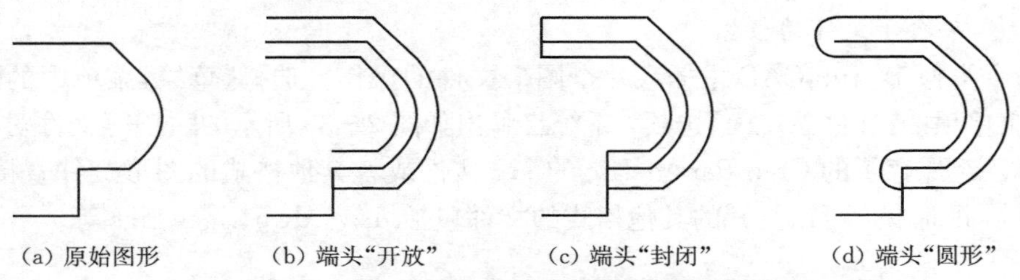

(a) 原始图形　(b) 端头“开放”　(c) 端头“封闭”　(d) 端头“圆形”

图 2-32　加厚边为“链”形式的不同端口封闭类型结果

2.2.14 将外部数据加入到活动对象(当前的草绘截面)

1) 将调色板中的外部数据加入到活动对象

该命令类似于 AutoCAD 中插入一个图块的操作。选择【草绘】组的 调色板 命令激活后,系统将弹出如图 2-33 所示的【草绘器调色板】对话框,这时用户可以从多边形、轮廓、形状、星形四个选项卡中选择一个已有的图形;单击鼠标左键可以在对话框的上方窗口中进行预览,双击左键或者使用鼠标左键单击并拖动则选取该图形。此时信息提示区会给出"在草绘窗口中单击并释放鼠标左键,可以使用缺省大小放置;在草绘窗口中单击并拖动鼠标左键,可以使用定制大小放置"的提示,同时在图形区域的上方的功能区会出现如图 2-34 所示的【旋转调整大小】选项卡。用户可以直接拖动屏幕上显示的图形的缩放、旋转、平移图柄以改变图形的缩放比例、旋转角度和插入的位置;也可以在选项卡的操控板中直接输入图形缩放的比例因子和旋转角度。

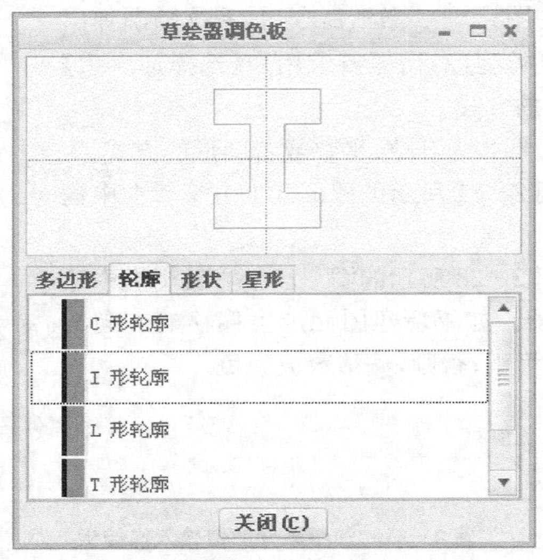

图 2-33 【草绘器调色板】对话框

图 2-34 【旋转调整大小】选项卡

2) 插入来自于文件的数据

该命令类似于 AutoCAD 中插入一个图形文件的操作。选择【草绘】菜单中的【数据来自文件】菜单项的【文件系统…】选项,系统将弹出如图 2-35 所示的【打开】文件对话框,可从中选择已经保存了的 Creo Parametric 的.sec 文件或者其他格式的图形文件直接插入到当前的草绘截面中。可以打开的其他格式的文件包括.drw、.dwg、.iges、.igs 等。

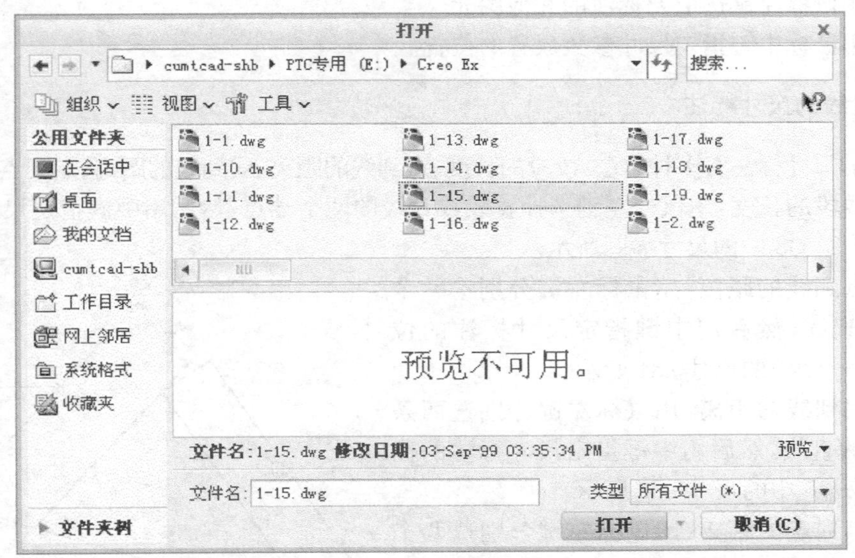

图 2－35　【打开】文件对话框

2.2.15　构造中心线、构造点和构造坐标系

【草绘】组中的构造中心线、构造点和构造坐标系(如图 2－36 所示)大多用作辅助线,如用于定义一个旋转特征的旋转轴,或在一个剖面内的对称线等。点可用来标明切点的位置,或者在非水平和非垂直直线之间创建圆角时,在它们的交点处创建一个点以便标注理论尖点的位置。参考坐标系在创建诸如一般和旋转的混合特征时需要用到。

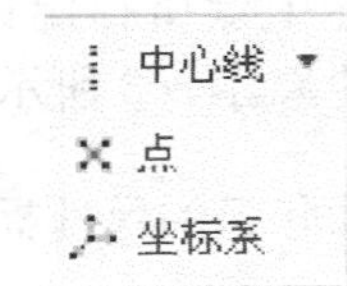

图 2－36　【草绘】组中的构造中心线、构造点和构造坐标系命令

2.3　参数化草图的尺寸标注

由于 Creo Parametric 的草绘器具有草图意向管理和假设功能,使得系统能够自动地为几何图形标注尺寸并显示可利用的约束条件,即在任何时候都能够保证所绘制的草图都是完整定义的图形。当绘制某个截面时,系统会自动标注尺寸。这些尺寸被称为“弱”尺寸,因为系统在创建和删除它们时并不给予警告。弱尺寸在默认的系统颜色下显示为浅蓝色。也可以添加自己的尺寸来创建所需的标注形式。用户自己添加的尺寸被系统认为是“强”尺寸,强尺寸在默认的系统颜色下显示为深蓝色。当用户手动添加一个强尺寸时,系统会自动删除不必要的弱尺寸或者约束。

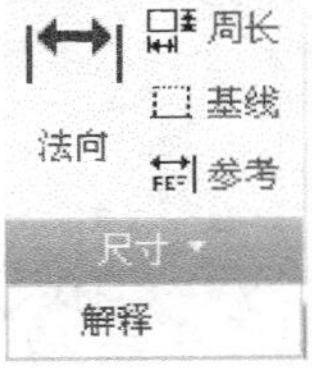

当系统提供的尺寸与用户设计意图不相符合时,此时用户必须自己进行尺寸标注(强尺寸)。激活尺寸标注命令的方法是选择如图 2－37 所示【草绘】选项卡的【尺寸】组的 命令。

图 2－37　【草绘】选项卡的【尺寸】组

尺寸标注的基本步骤是:

(1) 用鼠标左键选取要标注的几何图元。

(2) 用鼠标中键指定尺寸参数放置的位置。

2.3.1 直线的尺寸标注

直线的尺寸标注有多种方法:线段的长度、点到线的距离、线到线的距离、点到点的距离。

(1) 线段的长度:用鼠标左键选择直线或直线的两个端点,然后用中键指定尺寸标注的位置,如图 2-38 中的尺寸 sd0 所示。

(2) 点到线的距离:用鼠标左键分别选一个点和一条直线,然后用中键指定尺寸标注的位置,如图 2-38 中的尺寸 sd1 所示。

(3) 线到线的距离:用鼠标左键分别选两条互相平行的直线,然后用中键指定尺寸标注的位置,如图 2-38 中的尺寸 sd2 所示。

(4) 点到点的距离:用鼠标左键分别选两个点,然后用中键指定尺寸的摆放位置。注意使用该方法可以标注两点之间的水平、垂直或倾斜距离,与鼠标中键所指定的点的位置有关系,如图 2-38中的尺寸 sd3 所示。

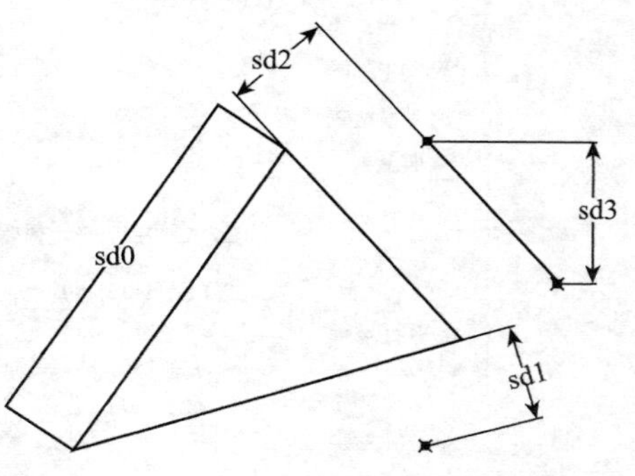

图 2-38 直线的尺寸标注

2.3.2 圆和弧的尺寸标注

(1) 半径的标注:在圆或圆弧上单击鼠标左键,然后用鼠标中键指定尺寸标注的位置,如图 2-39 中的尺寸 sd4 所示。

(2) 直径的标注:在圆或圆弧上双击鼠标左键,然后用鼠标中键指定尺寸标注的位置,如图 2-39 中的尺寸 sd5 所示。

(3) 回转直径的标注:先用鼠标左键选择中心线,再用左键选一个点或平行于轴线的边,然后第三次用鼠标左键再次选择中心线,最后用中键指定尺寸标注的位置,如图 2-39 中的尺寸 sd6 所示。

(4) 圆心到圆心的标注:用鼠标左键分别选两个圆或圆弧的中心点,然后用中键指定尺寸标注的位置。注意使用该方法可以标注两点之间的水平、垂直或倾斜距离,与鼠标中键所指定的点的位置有关系,如图 2-39 中的尺寸 sd7 所示。

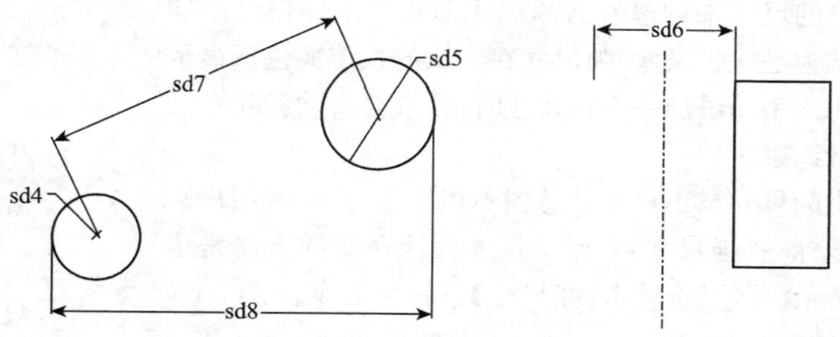

图 2-39 圆和弧的尺寸标注

(5) 圆周到圆周的标注:用鼠标左键分别选两个圆或圆弧的圆周,然后用中键指定尺寸标注的位置,如图 2－39 中的尺寸 sd8 所示。使用该方法可以标注两圆周之间的水平或垂直距离,与鼠标中键所选择对象的点的位置有关系。

(6) 圆弧的弧长标注:首先用左键分别选圆弧两个端点,再用左键选圆弧上的任意一点,中键指定尺寸标注的位置。如图 2－40 中的尺寸 sd11 所示。

2.3.3　角度的尺寸标注

(1) 两线段的夹角:左键分别选两条线段,中键指定尺寸标注的位置。如图 2－40 中的尺寸 sd9 所示。

(2) 圆弧的角度:首先用左键分别选圆弧的一个端点,其次用左键选圆弧的圆心点,再次用左键选择圆弧的另一个端点,最后用中键指定尺寸标注的位置。如图 2－40 中的尺寸 sd10 所示。

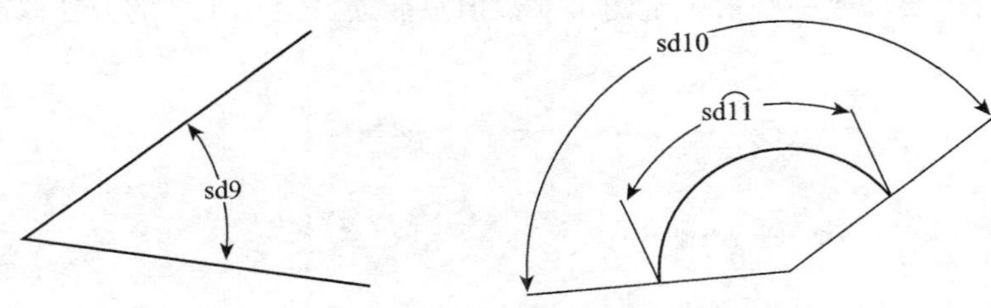

图 2－40　线段和圆弧的角度标注

2.3.4　尺寸标注的编辑修改

在草绘环境下,我们可以通过用鼠标左键拖动几何图元来动态地修改图元的位置和尺寸大小,在操作的过程中所标注尺寸的数值会动态地显示其变化。如果要定量地改变尺寸为具体的设计数值,可以采用以下的方法对选中的尺寸标注的数值进行单个或整体性的修改。

1) 尺寸标注数值的单独修改

用鼠标双击要修改的尺寸数值,随即会在其旁边弹出一个输入框,用户直接输入修改后的尺寸数值即可。

2) 尺寸标注数值的整体修改

首先单击选择要进行修改的尺寸标注,可以用矩形窗口一次选择多个尺寸标注,也可以按住键盘的 Ctrl 键一个一个地选取。然后单击【编辑】命令组中"修改"图标,系统将弹出如图 2－41 所示的【修改尺寸】对话框。

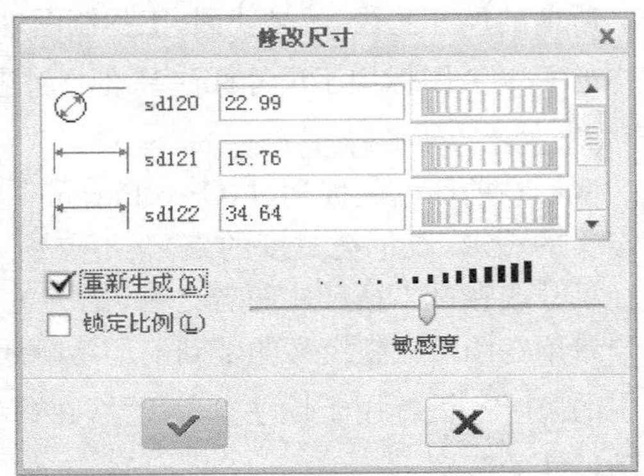

图 2－41　【修改尺寸】对话框

在该对话框中,有两个复选框:

(1) 重新生成:表示是否在修改某一尺寸数值后,直接重新生成该数值的尺寸。一般去掉该选项以避免在修改尺寸的过程中引起整个图形的失真。

(2) 锁定比例:若此项被选中,则修改某一个具体的尺寸标注数值时,其他所有被选中的尺寸标注数值也以相同的比例进行修改。

如果在建立尺寸标注和约束的过程中因为增加了一个尺寸或约束而导致冲突或重复,系统会弹出如图 2-42 所示的【解决草绘】对话框,在其中列出了相冲突的尺寸标注或约束,并在绘图区域加亮显示,要求用户删除一个尺寸或去掉一个约束以解决冲突。

3) 尺寸标注的其他编辑操作

用户可以通过单击鼠标右键,从弹出的如图 2-43 所示的快捷菜单对所选中的尺寸标注进行尺寸数值的修改、加强、锁定等编辑操作。在此需要说明的是如果一个尺寸被锁定,那么该尺寸的数值不得通过用鼠标左键拖动来进行修改。例如绘制的一条直线,我们可以通过直接用鼠标左键拖动其中的一个端点改变该尺寸的数值。但是如果一个尺寸被锁定了,不管在草绘环境中如何用鼠标左键拖动该直线,其尺寸的数值不会被修改,即被锁定。我们在设计中可以要修改一些被锁定的尺寸数值只能通过上述 1、2 的方法修改。

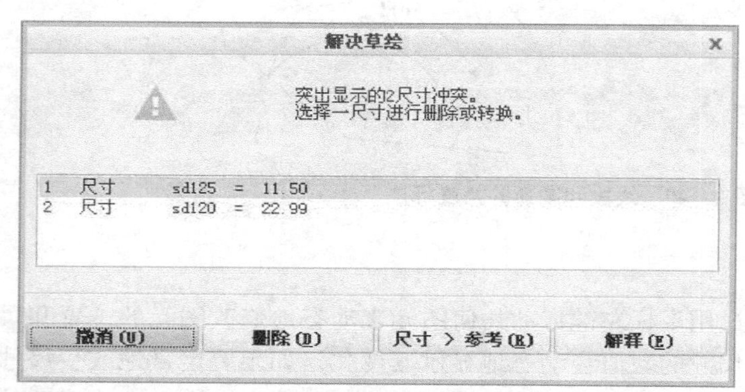

图 2-42 【解决草绘】对话框

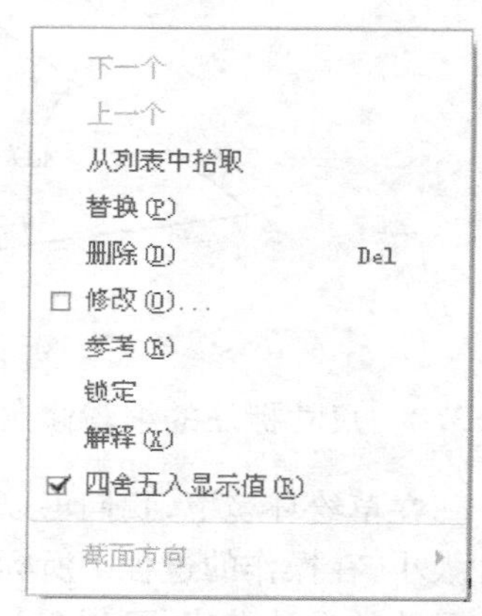

图 2-43 选择一个尺寸时的快捷菜单

2.3.5 其他需要注意的问题

1) 创建尺寸基线

所谓的尺寸基线,就是我国《工程制图》国家标准中的尺寸标注基准。可以使用【尺寸】组中的 基线 图标用于尺寸标注基准的创建。

2) 参考尺寸的标注

我们在前面已经提到过,Creo Parametric 在任何时候都能够保证所绘制的草图都是完整定义的图形,既不会过度约束,又不欠约束。例如,同一个圆的定形尺寸标注,只可能是直径尺寸或者是半径尺寸两者之一,因为这两个尺寸互相冲突,不能够同时存在。但有时用户希望在图形完整定义的基础上还希望标注一些尺寸作为参考,这时候可以使用【尺寸】组中的 参考 图标用于标注参考尺寸,在参考尺寸文字的后面会有"参考"提示以示和其他驱动尺寸的区别。

也可以把现有的强尺寸转换为参考尺寸。方法是选中一个已有的强尺寸,然后单击鼠标右键，从弹出的快捷菜单中选择【参考】选项。为了保证图形的完整定义，系统会自动添加上一个新的尺寸作为补充。

3）加强弱尺寸

（1）选择一个要加强的弱尺寸。

（2）单击鼠标右键，从弹出的快捷菜单中选择【强】选项，则被选中的尺寸由弱尺寸（浅蓝色）变为强尺寸（深蓝色）。

（3）也可以先选择一个弱尺寸，然后同时按下键盘的【Ctrl】和【t】键将弱尺寸转换为强尺寸。

4）创建周长驱动的尺寸

该命令的主要功能是用于通过控制的图元链的总长度来驱动该图元链中一个变量的尺寸。简言之，在图形所有其他尺寸不变的情况下，通过改变图形的周长来驱动那个变量的尺寸发生相应的改变。我们通过下面的实例步骤来说明。在图元链中，创建周长尺寸的方法如下："尺寸选项—周长"，按住【Ctrl】键选取要标注的项目，在选项里点击"确定"，系统会提示选择一个现有尺寸作为可变尺寸，从而创建一个周长尺寸。如果删除了可变尺寸，那么周长尺寸也会被删除。

（1）绘制由三条直线和一个半圆组成的封闭的图元链，系统自动标注半圆的半径和水平直线的长度方向尺寸。将尺寸数值进行修改并移动到合适的位置，如图 2－44 所示。

（2）选择【尺寸】组中的 周长 图标激活命令。

（3）在系统提示："选择由周长尺寸控制总尺寸的几何"下选择组成封闭图元链的四条边。注意选择完一条边后，其他边再选择的同时需要按下【Ctrl】键。

（4）选择结束后，用鼠标中键单击图形区域的空白处表示选择集结束。

（5）在系统提示："选择由周长尺寸驱动的尺寸"下选择图中的圆弧的半径尺寸作为变量尺寸。

（6）随即在半径的尺寸标注后面出现"变量"的标记，Creo Parametric 自动计算出图元链的周长数值并以编辑框的形式进行显示，如图 2－45 所示。

（7）用户可以输入不同的周长数值，则图元链中周长变为输入的数值，水平直线段长度方向的尺寸没有变化，而圆的半径尺寸根据周长的变化自动计算得到相应的数值，如图 2－46 所示。

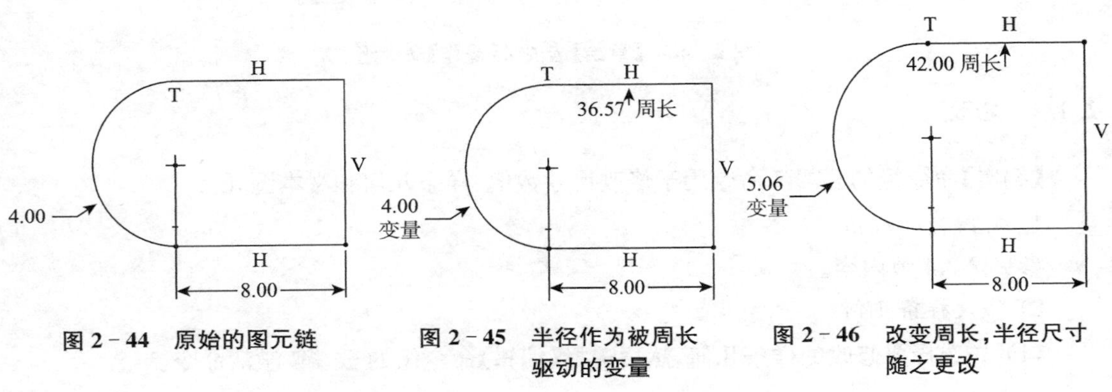

图 2－44 原始的图元链 **图 2－45 半径作为被周长驱动的变量** **图 2－46 改变周长，半径尺寸随之更改**

在此需要说明的是:原来我们可以直接修改半圆的半径和水平线的长度数值,现在我们只可以直接对于图元链的周长或水平线的长度数值进行编辑,但是半径数值不能直接修改,它是由其他的两个尺寸数值来驱动或者说是约束着的。

2.4 截面几何图元的编辑修改

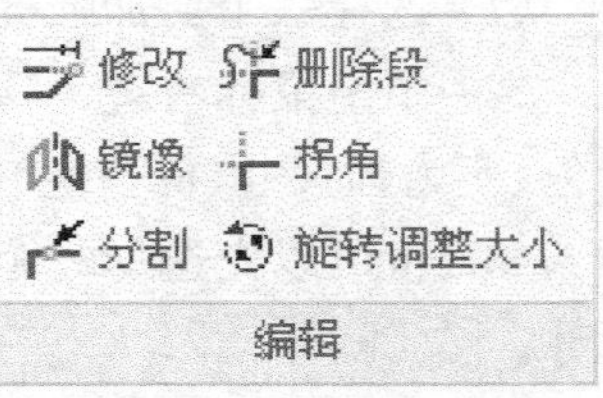

图 2-47 【草绘】选项卡【编辑】命令组

草绘器中对于截面几何图元的修改主要是通过功能区【草绘】选项卡中如图 2-48 所示的【操作】命令组和如图 2-47 所示的【编辑】命令组进行的。此外,需要说明的是对于图元的编辑修改都是按照“先选择对象,后激活命令”的方式进行的。

2.4.1 选择及操作

草绘器中选择对象、剪切、复制、粘贴等简单操作可以通过功能区【草绘】选项卡的【操作】命令组来完成,【选择】命令和【操作】组都有各自的下拉列表,如图 2-48 所示。

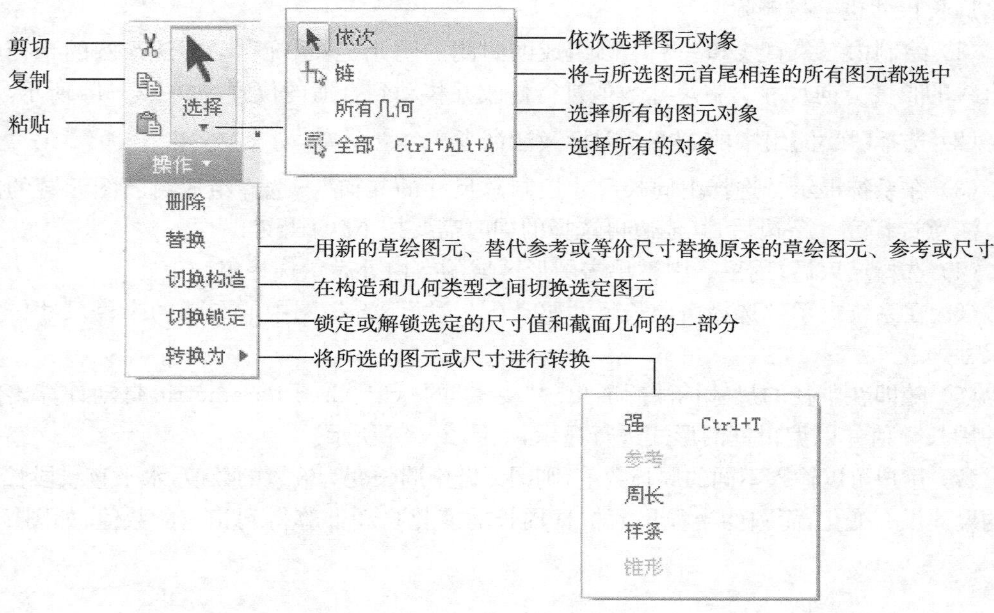

图 2-48 【草绘】选项卡【操作】命令组

2.4.2 修改

【编辑】命令组的 修改 命令用于修改尺寸数值、样条几何和文本图元。

1) 修改尺寸数值

参见 2.3.4 节内容。

2) 修改样条几何

(1) 先选择要修改的样条几何,然后选择【编辑】命令组的 修改 激活命令。

（2）系统会在功能区弹出如图 2－49 所示的【样条】选项卡。

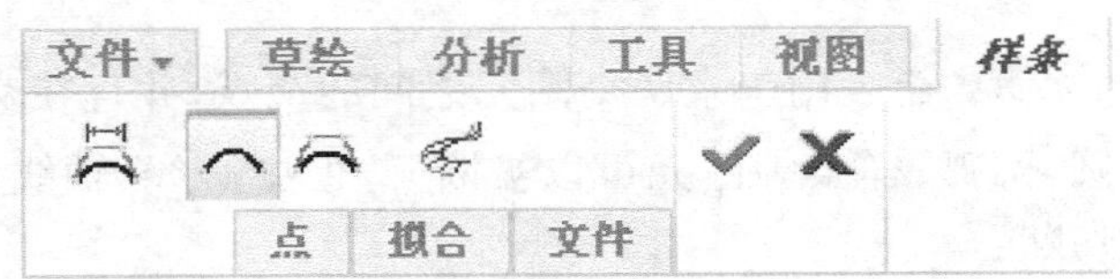

图 2－49　【样条】选项卡

（3）用户可以对样条进行移动内插点、添加或删除点或顶点、使用控制点操纵、创建或删除控制多边形、稀疏或平滑处理、修改样条点的坐标、将样条坐标读入文件等操作。

3）修改文本图元

系统会弹出如图 2－25 创建文本时的【文本】对话框，在该对话框中用户可编辑修改所输入文本的具体内容，改变字体文件、文本行的对齐方式、文本的长宽比和倾斜角度以及决定是否要将文本沿着一条指定的曲线放置等。

2.4.3　删除段

【编辑】命令组的 删除段 命令用于将所选中的图元从截面中删除。

2.4.4　镜像

【编辑】命令组的 镜像 命令用于对所选中的图元进行镜像操作，Creo Parametric 要求指定一条中心线作为镜像操作的对称线。

2.4.5　拐角

【编辑】命令组的 拐角 命令用于根据所选中的两个图元当前所处的状态不同而执行剪切或延伸的操作。

（1）如果所选中的两个图元已经相交，则互相以对方为边界执行剪切的操作，注意选择点所在的那一端的图元被保留，如图 2－50(a)所示。

（2）如果所选中的两个图元尚未相交，则互相以对方为边界执行延伸的操作，如图 2－50(b)所示。

（3）如果所选中的两个图元之一尚未相交，而另一个已和对方的延伸线相交，则互相以对方为边界分别执行剪切和延伸的操作，如图 2－50(c)所示。

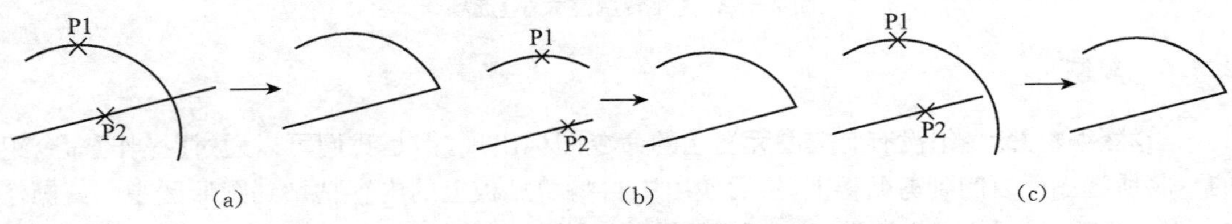

图 2－50　剪切和延伸的操作

2.4.6 分割

【编辑】命令组的[分割]命令用于求两个图元之间的交点，并且在交点处将图元断开，即一分为二。直线、圆、圆弧、样条等图元可以被断开，但中心线、轴线可以作为相交的图元，但是它们不能被切断。

2.4.7 旋转调整大小

【编辑】命令组的[旋转调整大小]命令用于对所选的图元进行平移、缩放和旋转的操作。系统将在所选中的图元上显示缩放、旋转和平移的图柄，如图 2－51 所示；同时系统会在功能区弹出如图 2－52 所示【旋转调整大小】选项卡。用鼠标左键选取并拖动不同的操作手柄，可以进行相应的移动、缩放和旋转的操作；用户也可以在【旋转调整大小】选项卡的文本框内设置相应的缩放比例和旋转角度。图元操作图中的操作手柄标记说明如下：

(1)【缩放】图柄↘：可修改截面图形的比例。

(2)【旋转】图柄↻：可旋转截面图形。

(3)【平移】图柄⊗：可移动截面图形或使所选内容居中。

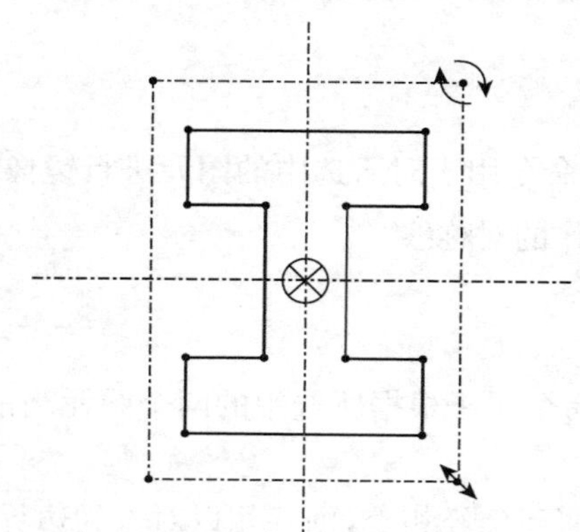

图 2－51 缩放/旋转操作的图柄

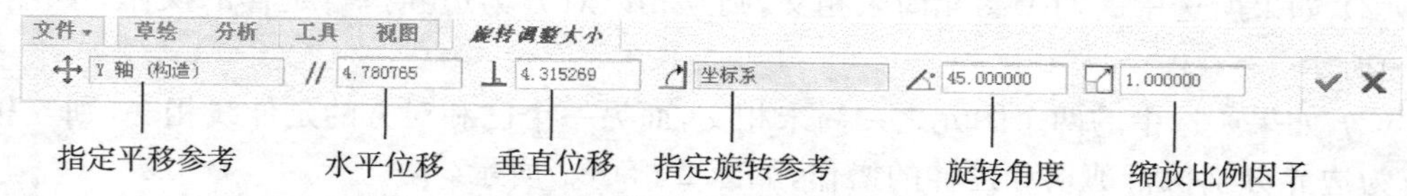

图 2－52 【旋转调整大小】选项卡

2.4.8 复制

虽然【编辑】命令组没有有关图元复制的命令图标出现，但是我们可以通过【操作】命令组的[复制]将所选图元复制到剪贴板上，然后使用[粘贴]再将剪贴板上的内容粘贴到图形区中。其操作与【旋转调整大小】的操作相类似，选中图元并激活命令后，在功能区也会弹出如图 2－52 所示【旋转调整大小】选项卡，不同之处在于操作后保留原始图元。

说明：对于图元的镜像、拐角、旋转调整大小、复制操作必须先选中要进行编辑的图元之后，相应的命令才可使用。

2.5　几何约束条件的使用

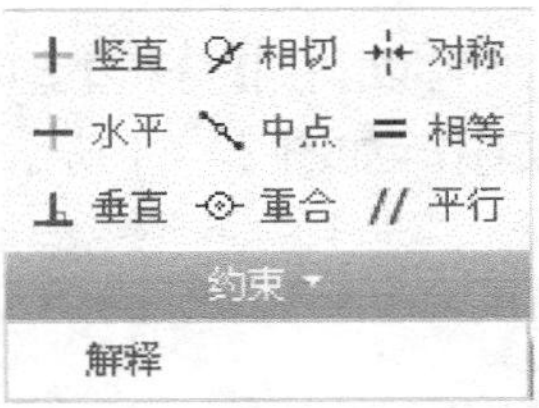

当用户进行二维草绘截面的绘制时，由于 Creo Parametric 的草图意向管理功能，使得当鼠标出现在某约束的公差范围内时，系统自动对齐该约束并在图元旁边显示出该约束的图形符号。如果系统自动添加的约束条件与实际设计意图不相吻合，还可以手动添加适当的约束条件。在如图 2－53 所示的功能区【草绘】选项卡的【约束】组中选择相应的命令图标即可。各种约束命令的用途如表 2－1 所示。

图 2－53　【草绘】选项卡的【约束】组

表 2－1　约束命令一览表

按钮	约　束
竖直	使直线或两顶点连线成垂直，系统要求指定一条直线或两个顶点
水平	使直线或两顶点。连线成水平，系统要求选择一条直线或两个顶点
垂直	使两图元相互垂直，系统要求选择两条直线
相切	使两图元相切，系统要求选择两个相切的图元：直线、圆、圆弧或椭圆等
中点	将点放在指定的线或弧的中间，然后创建中点约束
重合	使两个点共点或使一个点位于某个图元上或者创建共线约束，系统要求指定两个点或一个点和另一个图元
对称	使两个点或顶点关于指定的中心线对称，系统要求指定一条中心线和两个顶点
相等	使两条线段等长度、两个圆或圆弧等半径，系统要求指定两条直线、圆或圆弧
平行	使两线平行，系统要求指定两条直线

2.6　草绘器分析和诊断工具

草绘器中的分析和诊断工具可以利用【草绘】选项卡的【检查】命令组和【分析】选项卡来完成。

2.6.1 测量工具

可以利用【分析】选项卡的【测量】组命令完成图元的距离、长度、角度、面积、半径、曲率等工作，如图 2－54 所示。

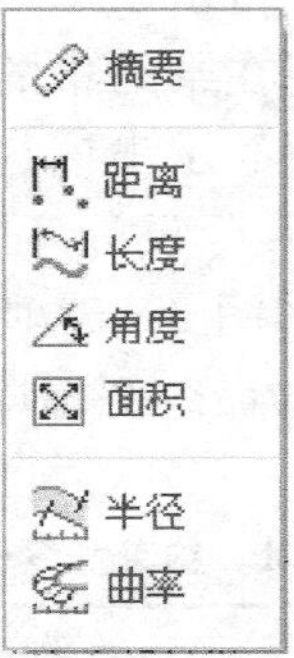

图 2－54 【分析】选项卡的【测量】组命令

2.6.2 诊断工具

在【草绘】选项卡和【分析】选项卡中都设有【检查】命令组，分别如图 2－55 和图 2－56 所示。

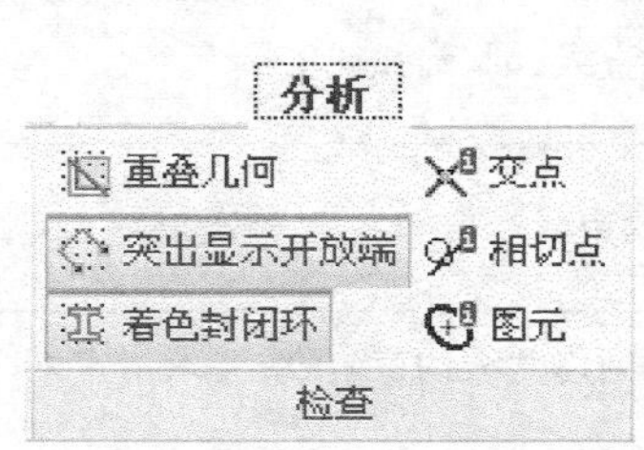

图 2－55 【分析】选项卡的【检查】命令组

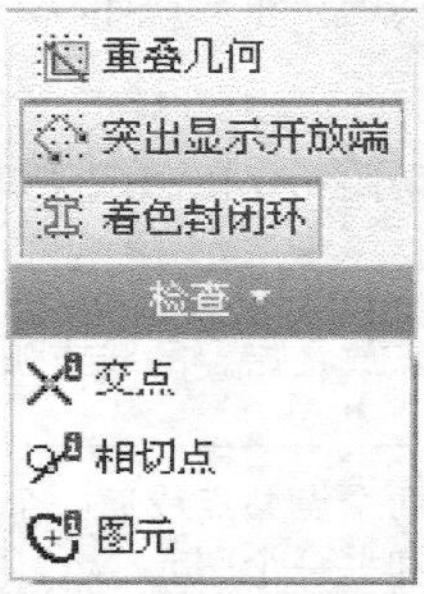

图 2－56 【草绘】选项卡的【检查】命令组

重叠几何：突出显示与其他几何重合的几何。

突出显示开放端：突出显示不与其他端点或图元重合的端点。

着色封闭环：用预定义颜色填充封闭环。

交点：打开显示两个选定图元交点信息的窗口。

相切点：打开显示两个选定图元相切点信息的窗口。

图元：打开显示某个选定图元信息的窗口。

：特征要求命令，用以分析草绘是否适用于当前所定义的特征的要求。该命令在创建特征时的草绘器中可用，而在单独的草绘文件中没有此选项。

第 3 章　零件建模的基础特征

3.1　概述

3.1.1　概念

基础特征是指由二维截面草图经过拉伸、旋转、扫描和混合等方式形成的一类实体特征。因为截面是以草图的方式绘制，故也称为草绘特征。基础特征是 Creo Parametric 在零件建模过程中最主要的特征，按基础特征形成的方法分类，可大致分为拉伸、旋转、扫描、螺旋扫描、混合和扫描混合特征六大类。在零件建模的过程中，可以使用“伸出项”（即加材料）或者“切口”（即切除材料）的方法建立基础特征。

基础特征的建立主要是通过【造型】选项卡→【形状】组命令完成的，其结构如图 3－1 所示。

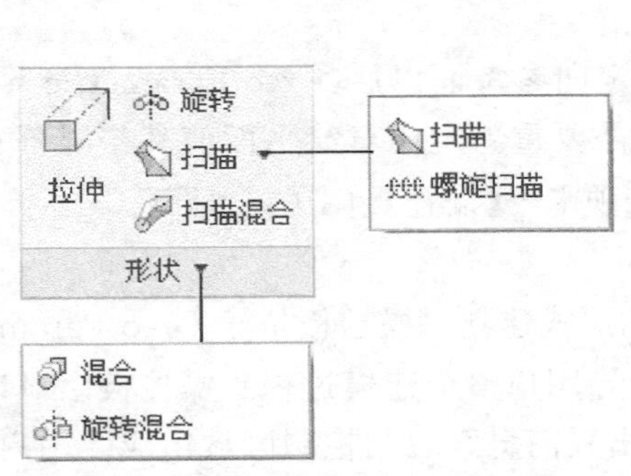

图 3－1　【造型】选项卡→【形状】组命令

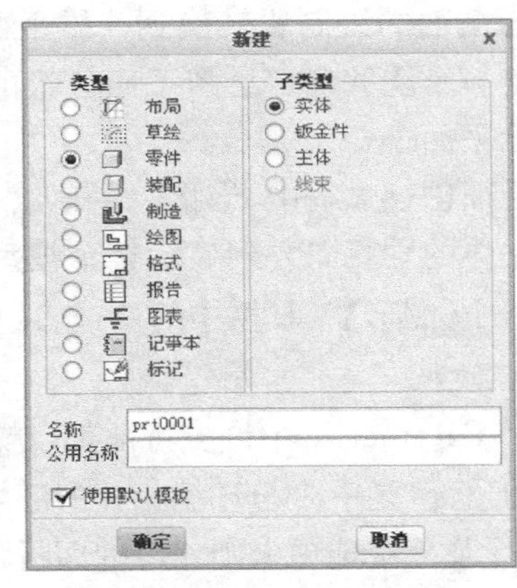

图 3－2　建立新的零件

3.1.2　零件设计步骤

(1) 启动 Creo Parametric，进入零件设计(Part)模式，如图 3－2 所示。

(2) 生成第一个基础特征，即基体特征。

(3) 添加或修改特征，完善设计。

(4) 满意后存盘退出，否则返回上一步继续操作。

3.1.3　有关零件设计的预备知识

1) 基准平面

(1) 基准平面是作为其他特征加入基准的平面，即使用基准平面作为加入特征的参考。

基准平面无限大，没有质量和体积。

(2) 进入零件设计模块时，如果勾选【使用默认模板】选项，进入 Creo Parametric 界面后，系统将显示三个缺省的基准平面，它们以各自的正法线方向命名，分别为 FRONT、TOP 和 RIGHT；此外还有一个名称为“PRT_CSYS_DEF”的缺省的坐标系，其坐标原点位于三个缺省的基准平面的交点，X 轴方向水平向右(红色显示)，Y 轴垂直向上(绿色显示)，Z 轴方向垂直于屏幕从屏幕的内部指向屏幕的外部(天蓝色显示)，如图 3－3 所示。

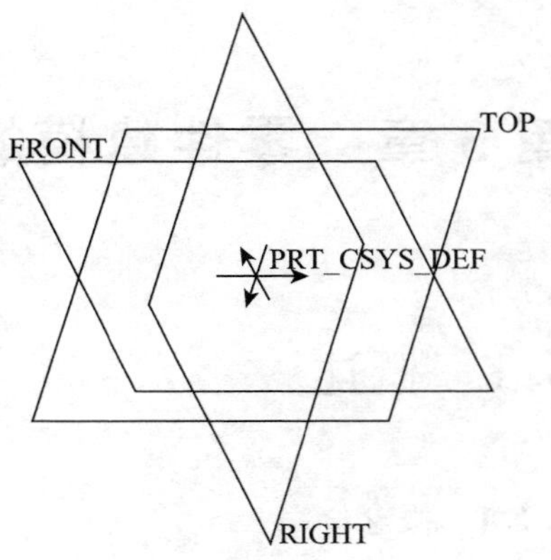

图 3－3 三个缺省的基准平面

(3) 基准平面的选择方法

① 从模型树中选择基准平面的名称；

② 直接在图形区域中选择基准平面的边框或者名称。

2) 草绘平面

草绘平面是用于绘制特征截面的平面，它可以是基准平面或是模型中已经生成的零件表面。在绘制截面草图时，草绘平面和屏幕是平行的。

3) 定向参考平面

因为截面的绘制要转换到二维平面上进行，为了使草绘平面与屏幕平行且方位确定，必须指定一个能够确定绘图平面位置的平面作为定向参考面。定向参考面必须垂直于已有的草绘平面。

在特征创建过程中，当指定了草绘平面和定向参考面以后，Creo Parametric 界面中仍然是以立体的轴测图方式显示整个模型，如果需要重新定向草绘平面使其与屏幕平行，按下草绘器中【图形】工具栏中的或者【草绘】选项卡→【设置】组中的即可。

4) 操控板

Creo Parametric 中许多特征都以操控板的形式建立。操控板位于 Creo Parametric 图形窗口的顶部，是一个与环境相关的区域，可指导用户整个建模过程。操控板由对话栏、选项卡(选择某一个选项卡则相应的面板将会滑出)、消息区域和控制区域组成。用户只需在相应的操控板上就可以指定所建立特征的所有参数。操控板下面一排经常包含放置、选项和属性 3 个选项卡，单击这三个选项卡之后，会滑出相应的面板，可以定义相应的特征参数；上面的一排用于快速定义特征参数。

在操控板的右部都有如图 3－4 所示的几个按钮组成的控制区域。

在操控板的最右端有如图 3－5 所示的【基准】组命令，用于在特征的创建过程中建立临时的基准。

3.1.4 命令的访问方法

Creo Parametric 基础特征命令工具的访问方法有以下三种：

(1)【模型】选项卡→【形状】命令组→【对应的命令图标】，此种方法先激活命令，然后选择或定义草绘，称作“操作一对象”的方法。

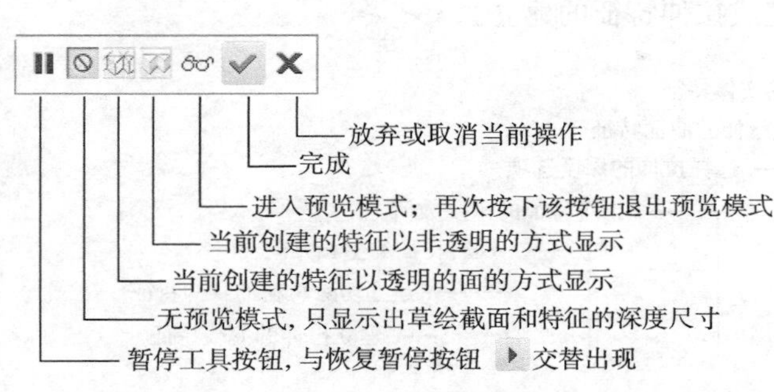

图 3－4　操控板右侧的控制区域

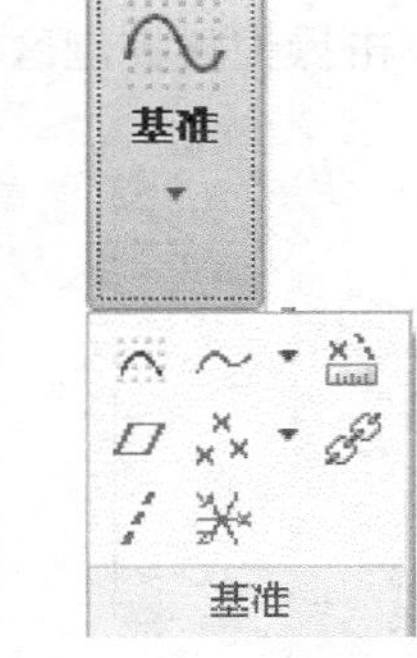

图 3－5　操控板最右端的【基准】组

(2) 先选择现有草绘→【模型】选项卡→【形状】命令组→【对应的命令图标】，此种方法先选择已有的草绘，后激活命令，称作“对象－操作”的方法。

3.2　拉伸特征

3.2.1　功能

由截面轮廓草图经过拉伸而成，适合于构造等截面的实体特征。位于【模型】选项卡→【形状】命令组→【拉伸】。

3.2.2　操作步骤

(1) 激活命令后，系统会在功能区弹出如图 3－6 所示的【拉伸】选项卡及其相应的【拉伸】工具操控板。

(2) 打开【放置】面板，选择已有的截面作为拉伸特征的截面或者单击其中的 定义... 按钮创建将要拉伸的二维截面。

(3) 在弹出的如图 3－7 所示的【草绘】对话框中选取一个草绘平面和定向参考面，指定草绘视图的方向后，单击 草绘 按钮，进入草绘环境。

(4) 在草绘环境中，一般情况下至少需要长度和宽度两个方向的参考，分别作为长度和宽度方向的尺寸标注基准。如果当前的造型环境比较简单，Creo Parametric 能够根据所选草绘平面和定向参考面自动确定长度和宽度两个方向的标注和约束参考。如果系统不能根据当前环境自动选定尺寸标注和约束的参考时，会出现相应的提示信息；用户在草绘的过程中需要指定其他的参考或者删除已经存在的参考时，可以选择【草绘】选项卡→【设置】命令组→【参考】按钮来指定草绘截面的标注和约束参考，系统弹出如图 3－8 所示的【参考】对话框，从中选择或者删除参考。

(5) 草绘一个二维截面，并进行适当的尺寸标注。单击【草绘】面板中的图标完成二维截面的绘制并退出草绘器。

(6) 如果要创建切除材料的特征，按下并指定材料的去除区域。

(7) 如果要创建薄板特征，按下并指定薄板的产生方向和厚度。

(8) 指定拉伸的深度。

(9) 单击操控板控制区域的✓,完成拉伸特征的建立。

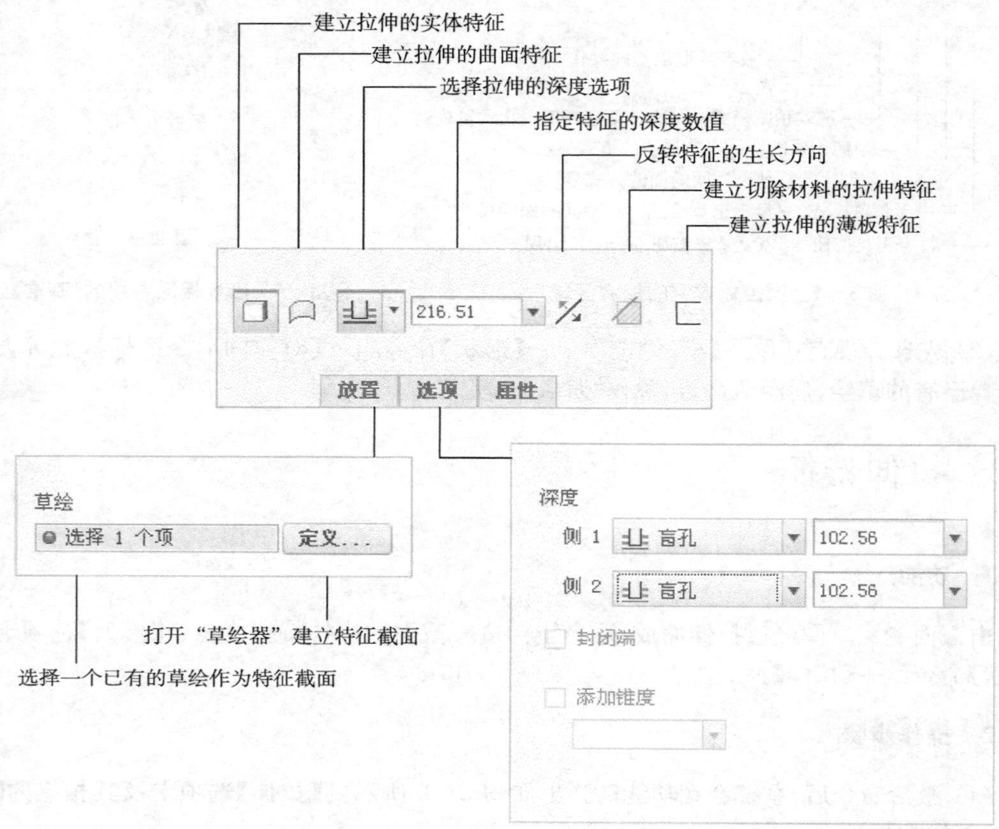

图 3-6 【拉伸】工具操控板

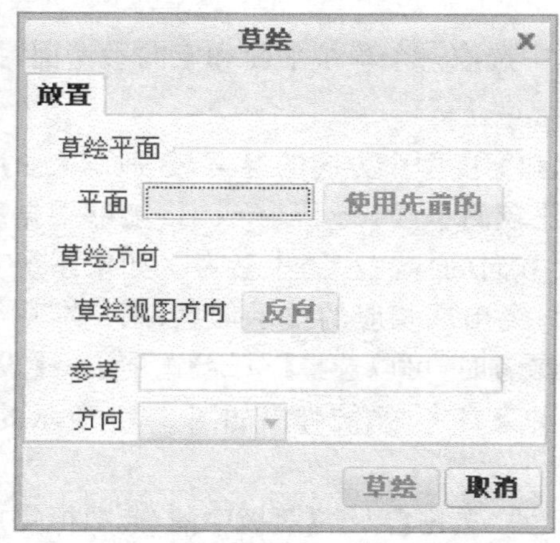

图 3-7 【草绘】对话框

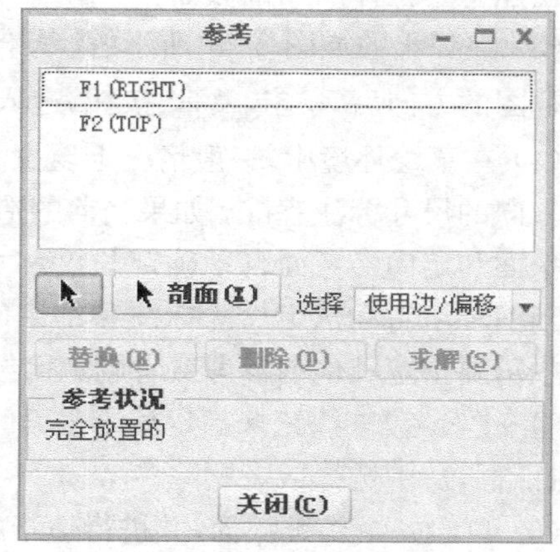

图 3-8 【参考】对话框

3.2.3　举例

通过如图 3-9 所示的草绘截面建立如图 3-10 所示的立体。

(1) 选择【模型】选项卡→【形状】命令组→【拉伸】。系统会在功能区弹出如图 3-6 所示的【拉伸】选项卡及其相应的【拉伸】工具操控板。

(2) 选择 FRONT 面为草绘平面,接受缺省的草绘视图方向,指定 RIGHT 面为定向参考平面,法线方向向右。

(3) 绘制如图 3-7 所示的截面草图。

(4) 指定拉伸深度为 1。

(5) 单击操控板的,完成拉伸特征的建立。

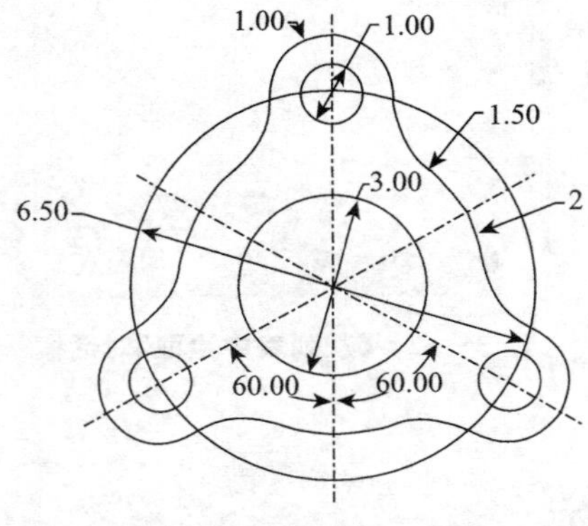

图 3-9　二维截面草图

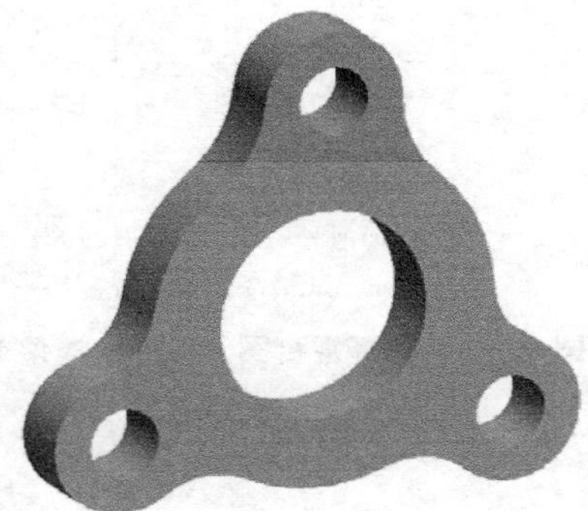

图 3-10　拉伸所得的立体

3.2.4　说明

(1) 使用【拉伸】工具可以建立拉伸的薄板特征、曲面特征和切除材料的拉伸特征。

(2) 在草绘环境中,参考起到了尺寸基准的作用。如果需要修改或者删除、补充参考,可以选择【草绘】选项卡→【设置】命令组→【参考】按钮,Creo Parametric 会弹出【参考】对话框,让用户重新添加新的参考或者删除已有的参考。需要指出的是,在指定参考时,有一些处于重合位置或者被遮挡状态的图元难以被选中,此时可以将鼠标移到要想作为参考的图元处,按住鼠标右键(时间略长一些),从弹出的如图 3-11 所示的快捷菜单中选择【下一个】或者【前一个】在所有可能的图元中进行查询选取;或者选择【从列表中拾取】选项,从而弹出如图 3-12 所示的【从列表中拾取】对话框,该对话框中列出了所有可能的图元,用户可以通过上、下箭头在其中进行遍历选择。

(3) 拉伸的属性分为从草绘平面单侧生长还是双侧生长,图 3-13 所示拉伸圆柱的草绘平面为 TOP 面,(a)为特征单方向生长的情况,(b)为特征双方向对称生长的情况,(c)为特征双方向不对称生长的情况。

(4)【选项】面板中拉伸的深度选项包括:盲孔(即指定深度)、对称、到下一个、穿透、穿至、到选定项,其含义如下:

① 盲孔:即指定深度,从草绘平面以指定的深度值拉伸。

② 对称:从草绘平面双方向对称生长,各侧深度为指定深度值的一半。

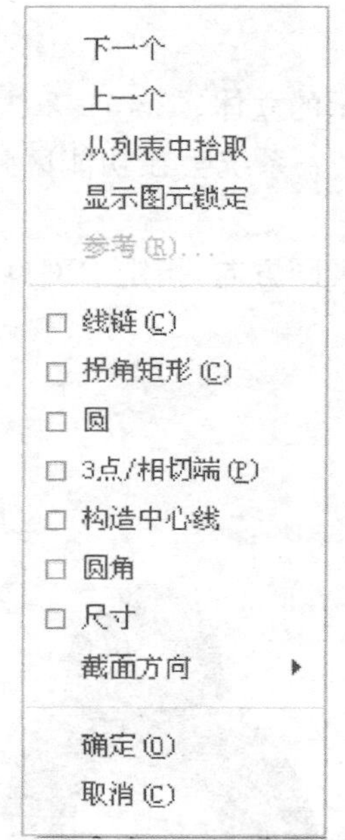

图 3-11　选择重合图元时的快捷菜单

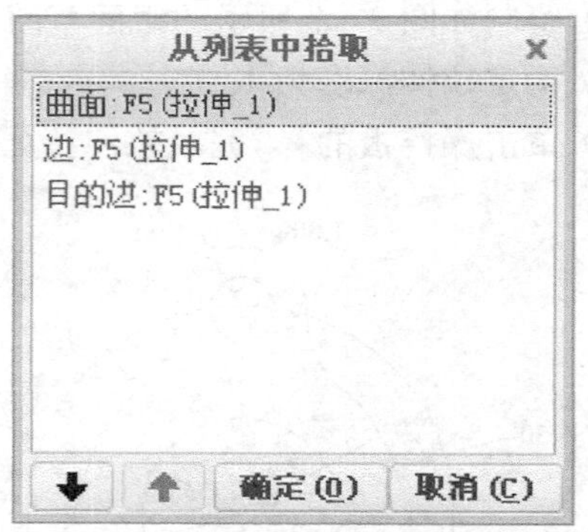

图 3-12　【从列表中拾取】对话框

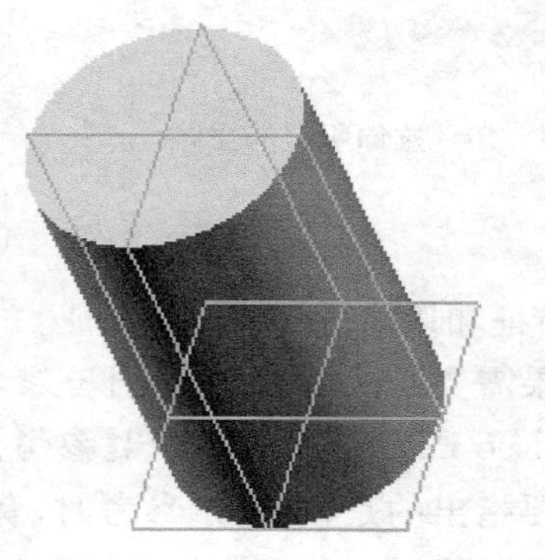

(a) 单方向生长

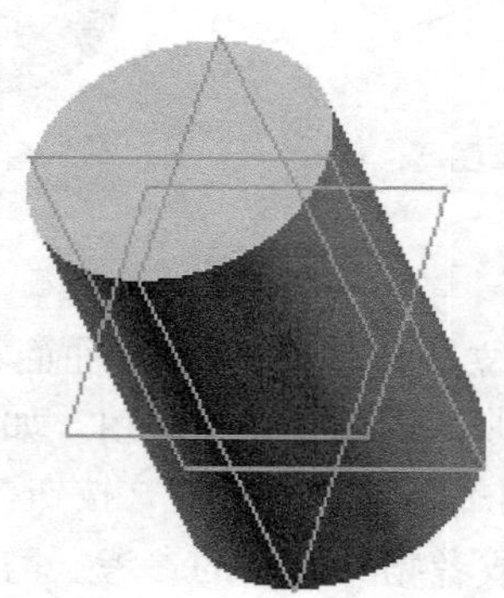

(b) 双方向对称生长

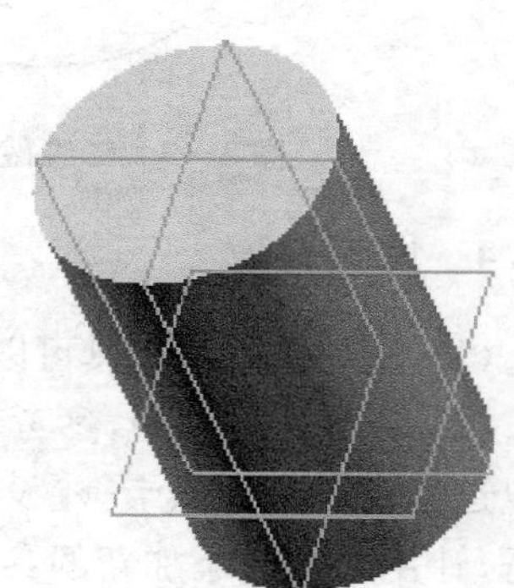

(c) 双方向不对称生长

图 3-13　拉伸特征的生长属性

③ 两侧盲孔:即双方向不对称生长,需要分别指定两侧的拉伸深度。

④ 到下一个:沿拉伸方向拉伸到零件的下一个实体表面,截面必须完全穿越下一个表面。参考必须为实体表面,基准平面不能作为终止曲面,在装配模式下此项不可用。

⑤ 穿透:沿拉伸方向拉伸到和所有曲面相交或穿越所有特征,特征到达最后一个曲面时终止。

⑥ 穿至:将截面拉伸,使其与选定的实体曲面相交。参考必须为实体表面,但不一定是平面。

⑦ 到选定项:沿拉伸方向延伸到一个选定的曲线、曲面、轴线或顶点,可以选择实体或者非实体的参考。在装配模式下此项不可用。

(5) 草绘截面可以是封闭或开口的，若为开口截面，开口处端点必须对齐于零件模型的已有边线。

(6) 草绘截面可由多个封闭环组成，这些封闭的环不可自相交但可以嵌套，嵌套的深度层次没有限制。Creo Parametric 自动认为内环类似于孔特征，如图 3 - 14 所示。

图 3 - 14　内环作为孔特征处理

3.2.5　有关 Creo Parametric 中直接建模的操作方法说明

直接建模是 Creo Parametric 的重要内容。所谓直接建模就是在图形区的模型上通过鼠标键完成各种操作，不但直观而且快捷。在直接建模过程中，经常需要用到鼠标的右键。

以图 3 - 15(a)所示的圆柱拉伸特征的建立过程为例。在特征的建立过程中，拖动方形控制柄可以动态地改变拉伸特征的深度值，方形控制柄的旁边显示了当前特征的高度。双击该数值，就会出现一个尺寸编辑框，用户可以直接输入拉伸的深度数值；或者单击该尺寸编辑框旁边的下拉箭头，将会出现一个列出了最近几次使用过的拉伸深度值的下拉式列表框，从中选择一个数值，如图 3 - 15(b)所示。

如果按住 Shift 键拖动方形控制柄，此时拉伸深度选项自动切换到【到选定的】工作方式，表明拉伸的深度值将沿拉伸方向延伸至指定的曲线、曲面、轴线或顶点，此时就可以捕捉已有模型上的几何对象，从而使拉伸特征与这些对象对齐。如图 3 - 16 所示，若需要将底板上面左端拉伸形成的圆柱高度和右端的长方体上表面对齐，则按住 Shift 键拖动方形控制柄，捕捉长方体的上表面，松开鼠标后，圆柱特征的上表面与长方体的上表面就对齐了。需要注意的是，当捕捉到位后，控制柄就不能再被拖动了。如果需要重新改变拉伸高度，必须再次按住 Shift 键后单击控制柄，然后松开 Shift 键将其脱离原有的捕捉对象。

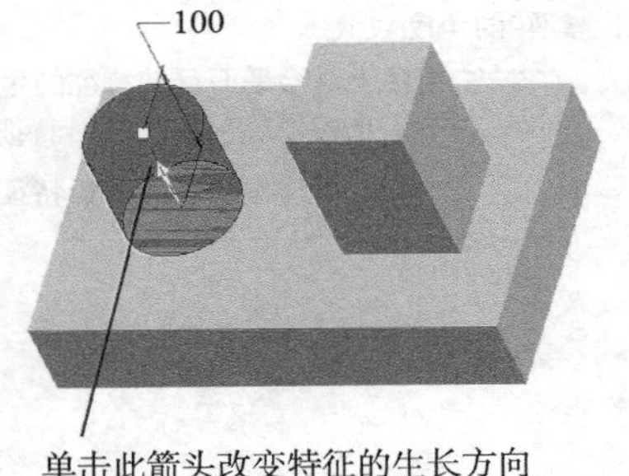

(a) 特征的建立过程

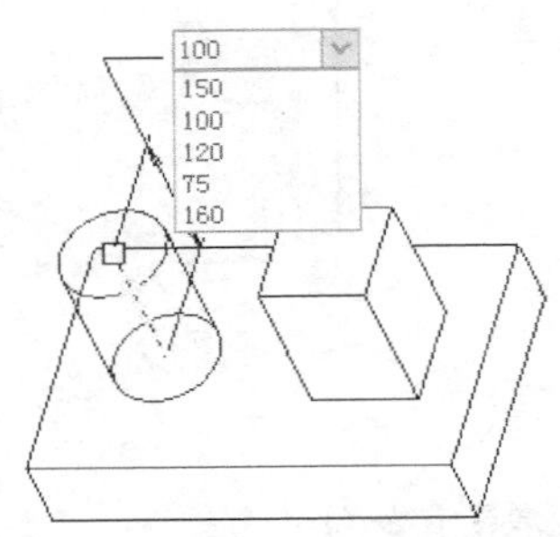

(b) 单击下拉箭头选择拉伸的深度数值

图 3 - 15　圆柱拉伸特征的创建

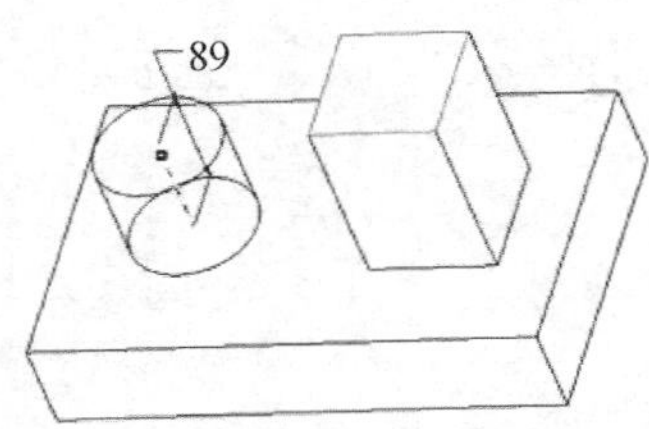

(a) 按住 Shift 键拖动鼠标左键捕捉到长方体上表面

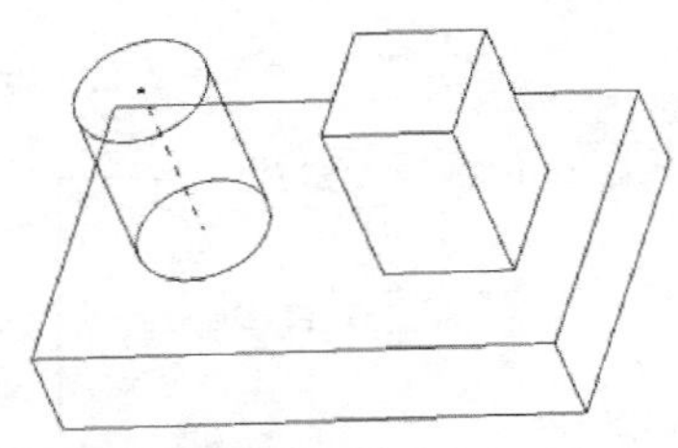

(b) 松开鼠标后的状态

图 3 - 16　圆柱拉伸特征与长方体的上表面对齐

拉伸、旋转等特征的建立都需要确定特征的生长方向,在图形区域中用一个黄色的箭头表示特征的生长方向,如图 3-15(a)中所示,单击该箭头,就可以切换箭头的朝向,从而改变特征的生长方向。

3.3 旋转特征

3.3.1 功能

由特征截面绕中心轴线旋转而成的一类特征,适合构造回转体。位于【模型】选项卡→【形状】命令组→【旋转】。

3.3.2 操作步骤

(1) 激活命令后,系统会在功能区弹出如图 3-17 所示的【旋转】选项卡及其相应的【旋转】工具操控板。

(2) 单击【放置】面板中的 定义... 按钮创建旋转特征的二维截面。

(3) 在弹出的如图 3-7 所示的【草绘】对话框中选取一个草绘平面和定向参考面,指定草绘视图的方向后,单击 草绘 按钮,进入“草绘器”。

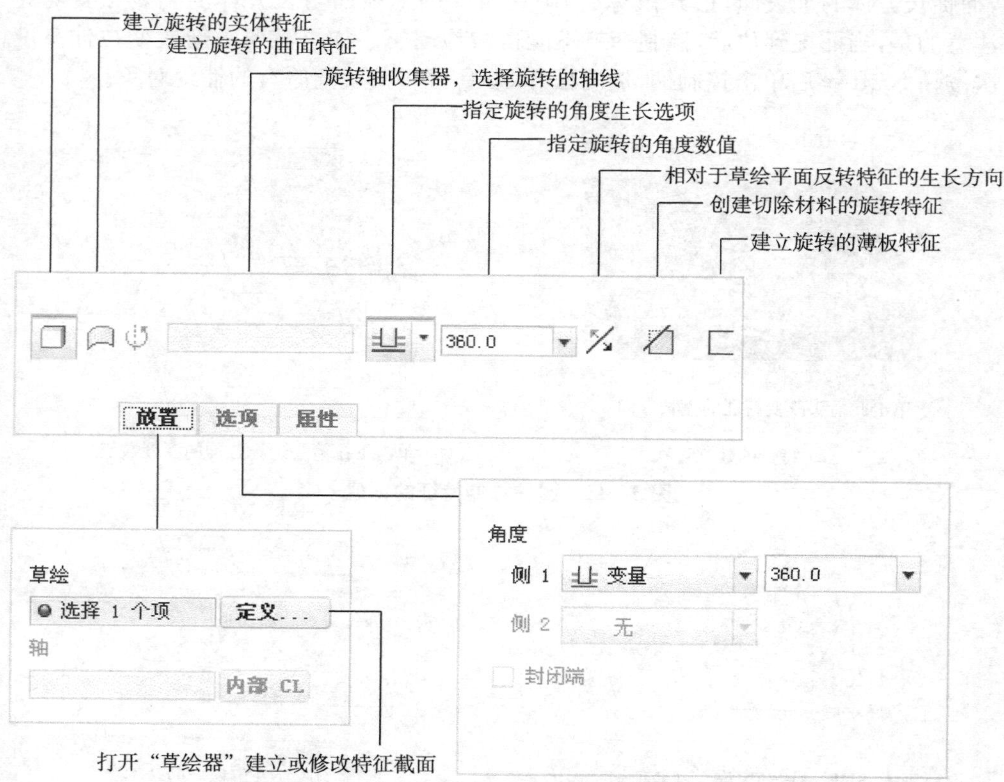

图 3-17 【旋转】工具操控板

(4) 在草绘环境中，一般情况下至少需要长度和宽度两个方向的参考，分别作为长度和宽度方向的尺寸标注基准。如果当前的造型环境比较简单，Creo Parametric 能够根据所选草绘平面和定向参考面自动确定长度和宽度两个方向的标注和约束参考。如果系统不能根据当前环境自动选定尺寸标注和约束的参考时，会出现相应的提示信息；用户在草绘的过程中需要指定其他的参考或者删除已经存在的参考时，可以选择【草绘】选项卡→【设置】命令组→【参考】按钮来指定草绘截面的标注和约束参考，系统弹出如图 3－8 所示的【参考】对话框，从中选择或者删除参考。

(5) 草绘一个二维截面，并进行适当的尺寸标注。单击退出“草绘器”。

(6) 如果要创建切除材料的特征，按下并指定材料的去除区域。

(7) 如果要创建薄板特征，按下并指定薄板的产生方向和厚度。

(8) 单击操控板控制区域的，完成旋转特征的建立。

3.3.3　举例

通过如图 3－18(a)所示的截面建立如图 3－18(b)所示的立体。

(1)【模型】选项卡→【形状】命令组→【旋转】，Creo Parametric 将弹出【旋转】工具操控板。

(2) 单击【放置】面板中的 定义... 按钮创建将要建立的旋转特征的二维截面。

(3) 选择 FRONT 面为草绘平面，接受缺省的草绘视图方向，指定 RIGHT 面为定向参考平面，法线方向向右。

(4) 绘制如图 3－18(a)所示的截面草图。

(5) 指定旋转的角度为 360°。

(6) 单击操控板控制区域的，完成旋转特征的建立，如图 3－18(b)所示。

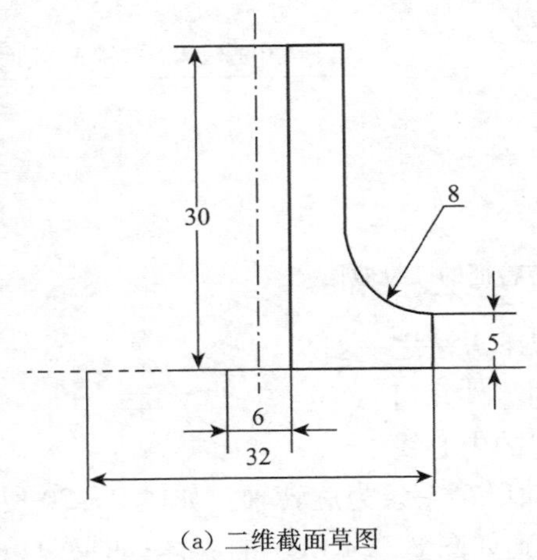

(a) 二维截面草图

(b) 旋转所得的立体

图 3－18　创建特征举例

3.3.4　说明

(1) 使用该命令同时可以建立旋转的薄板特征、曲面特征和切除材料的旋转特征。

(2)【选项】面板中旋转的角度选项包括：变量、对称、到选定的，其含义如下：

① 变量:从草绘平面以指定的角度值旋转。可以设置所需要的角度数值;如图 3-19(a)、图 3-19(b)所示为旋转的角度数值分别为 225°和 270°的情况。

② 对称:旋转特征沿草绘平面的两个方向对称生成。

③ 到选定的:旋转到指定的点、平面或曲面。

(3) 必须有中心线表示的旋转轴线,并且截面中必须标注相对于中心轴线的参数(距离或角度)。草绘器中的轴线创建使用的是【几何中心线】而不是【构造中心线】命令。

(a) 旋转角度为 225°

(b) 旋转角度为 270°

图 3-19 旋转特征

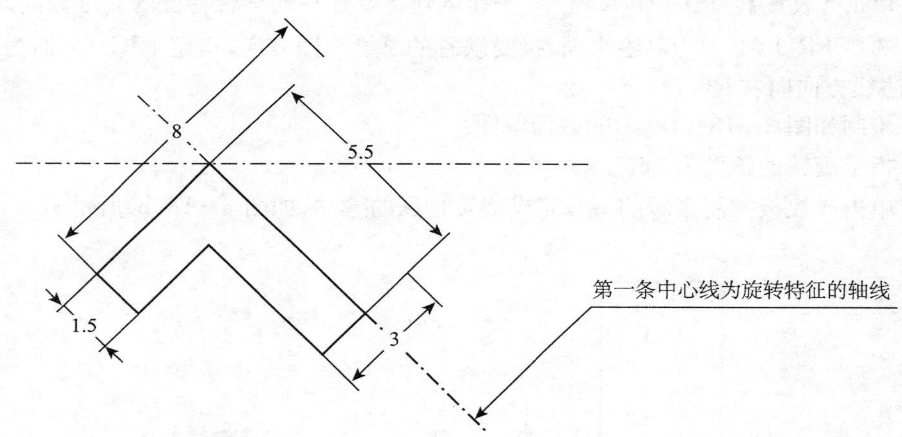

图 3-20 旋转特征的二维截面

(4) 要定义旋转特征的旋转轴,可使用以下方法之一:

① 外部参考——使用现有的有效类型的零件几何。

② 内部中心线——使用"草绘器"中创建的中心线。

(5) 若有两条以上的中心线,则系统自动以第一条为旋转轴。如图 3-20 所示的二维旋转截面中,如果先画倾斜的那条中心线,得到如图 3-21 所示的立体;如果两条中心线绘制的先后顺序颠倒,则得到的立体如图 3-22 所示。

(6) 截面必须封闭,并且截面的所有元素必须在旋转轴线的同一侧。

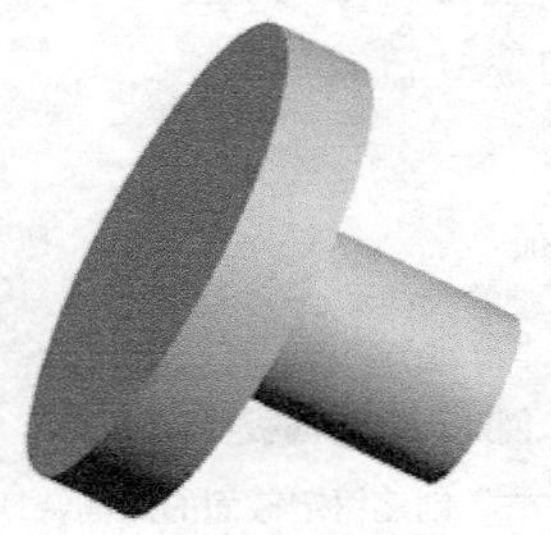

图 3 - 21　先画倾斜中心线得到的立体

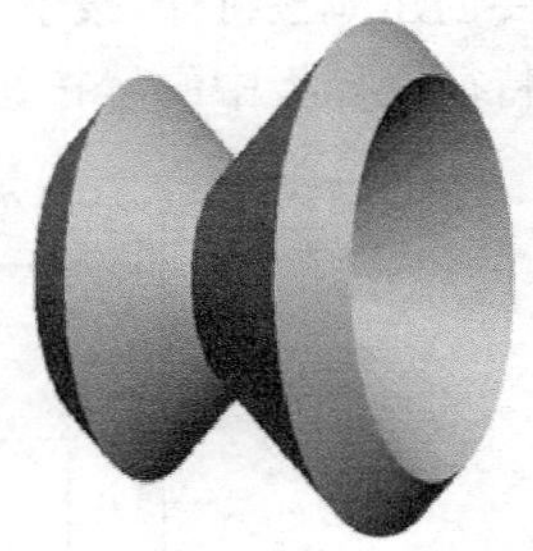

图 3 - 22　先画水平中心线得到的立体

3.4　恒定截面扫描

扫描特征是指由二维草绘特征截面沿着一条平面或空间的轨迹线扫描而成的特征，按照扫描截面的形状、大小是否可以变化又分为恒定截面扫描和可变截面扫描。在 Creo Parametric 以前的 Pro/ENGINEER 版本中，可变截面扫描和恒定截面扫描是作为不同的两个命令工具出现的。在 Creo Parametric 中，这两个命令工具被集成到了一起，但由于可变截面扫描工具的使用比较复杂，故在本书编排中仍然将这两种工具分别作为单独的一节。

3.4.1　功能

由二维草绘特征截面沿着一条平面或空间的轨迹线扫描而成的特征，在扫描的过程中，扫描截面的形状、大小和方向保持不变。恒定截面扫描命令位于【模型】选项卡→【形状】命令组→【扫描】。

3.4.2　操作步骤

(1) 激活命令后，系统会在功能区弹出如图 3 - 23 所示的【扫描】选项卡及其相应的【扫描】工具操控板，单击进行恒定截面扫描。

(2) 如果当前模型中已存在扫描特征的轨迹线，可直接选取要作为所创建的扫描特征的轨迹线；否则选择【扫描】工具操控板右端的下拉列表中的【草绘基准曲线】命令指定草绘平面和定向参考面绘制扫描的轨迹线。在扫描轨迹线的起始位置会出现一个紫色的箭头表明轨迹线的起始点位置和方向，可以单击此箭头来改变轨迹线起始点的位置和方向。

(3) 选择操控板中的创建或编辑扫描的截面。系统自动切换到一个平面位置进行二维截面的绘制，此时截面草绘平面的中心位于扫描轨迹线的起始点并且垂直于轨迹线在起始点的起始方向。图形区会显示出一个十字叉丝，其交点就是扫描轨迹线的起点位置。在该平面上绘制扫描的特征截面，并进行适当的尺寸标注。单击完成二维截面的绘制，退出“草绘器”。

(4) 打开【参考】、【选项】、【相切】面板进行相应的设置。

(5) 如果要创建切除材料的特征，按下并指定材料的去除区域。

(6) 如果要创建薄板特征，按下[icon]并指定薄板的产生方向和厚度。

(7) 单击特征操控板中的[icon]按钮，完成扫描特征的建立。

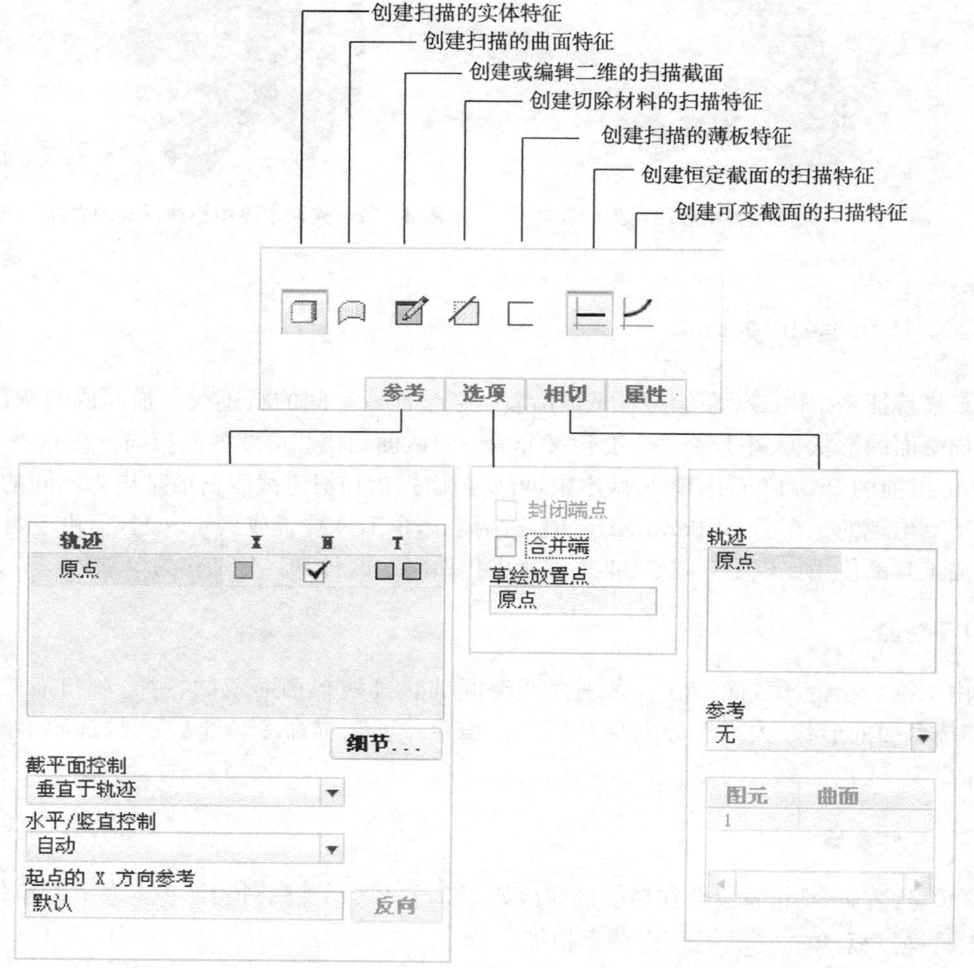

图 3-23 【扫描】工具操控板

3.4.3 举例

建立如图 3-24(b)所示的立体。

(1) 选择【模型】选项卡→【形状】命令组→【扫描】[icon]，激活扫描命令。系统会在功能区弹出如图 3-23 所示的【扫描】选项卡及其相应的【扫描】工具操控板，单击[icon]进行恒定截面扫描。

(2) 选择【扫描】工具操控板右端的[icon]下拉列表中的[icon]绘制扫描轨迹线。指定 FRONT 面为草绘平面，接受缺省的查看草绘平面的方向(由屏幕外部指向内部)，指定 RIGHT 面为定向参考平面，法线方向向右。

(3) 以缺省的 PRT_CSYS_DEF 坐标系原点作为起始点，绘制如图 3-24(a)所示的扫描轨迹线。

(4) 选择操控板中的创建扫描的截面。系统自动切换到草绘器中，在屏幕上会出现两条互相垂直的黄色的中心线，其交点就是刚才绘制的轨迹线的起点位置。以起点为圆心，绘制一个直径为 0.3 的圆作为扫描特征的草绘截面。单击完成二维截面的绘制，退出“草绘器”。

(5) 单击【扫描】工具操控板的按钮，完成扫描特征的建立。

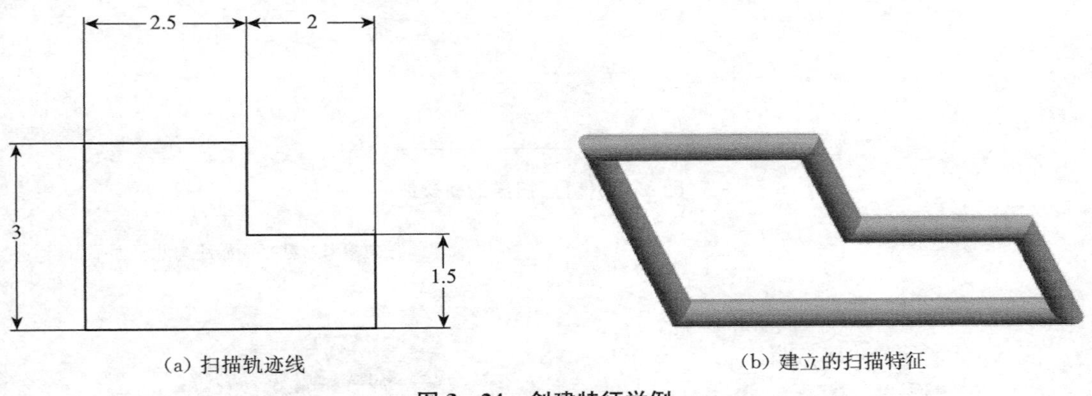

(a) 扫描轨迹线　　(b) 建立的扫描特征

图 3-24　创建特征举例

3.4.4　说明

(1) 扫描轨迹线选择或者绘制完成后，选择操控板中的创建扫描的截面。绘制二维截面的草绘平面是由系统自动切换的，此时截面的草绘平面原点位于扫描轨迹线的起始点，且垂直于轨迹线在起始点处的切线方向。

(2)【参考】面板中【截平面控制】区域中有三个选项，如图 3-25 所示。其含义如下：

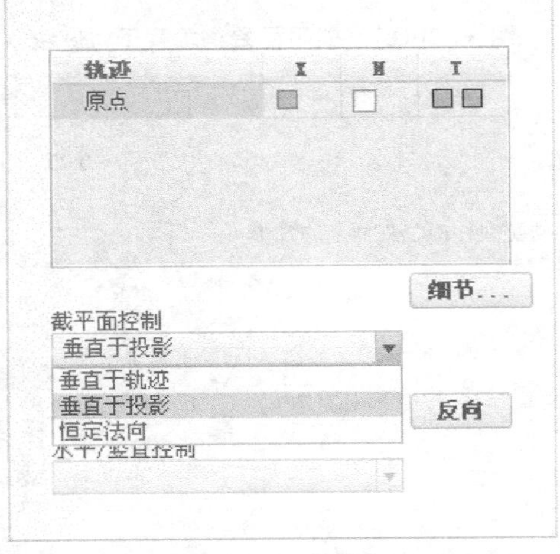

图 3-25　【扫描】工具操控板【参考】面板

① 垂直于轨迹——截平面始终垂直于指定的轨迹线。以图 3-26 所示的扫描特征为例，扫描的轨迹线是一个圆弧，起始点在前面，截平面为一椭圆，如图 3-26(a)所示。图 3-26(b)所示为截面始终垂直于轨迹线所创建的扫描特征。

② 恒定法向——截平面保持与指定的方向参考平行。图 3-26(c)所示为椭圆截面始终平行于方向参考平面而创建的扫描特征。

③ 垂直于投影——截平面垂直于轨迹线在指定方向的投影。如图 3-27(a)所示，轨迹线为一条 TOP 基准面上的样条曲线，截面是一个圆。选择截平面控制为【垂直于投影】方式，指定方向参考为 RIGHT 基准面，轨迹线沿 RIGHT 基准面方向的投影为一条直线段，所建立的扫描特征如图 3-27(b)所示。

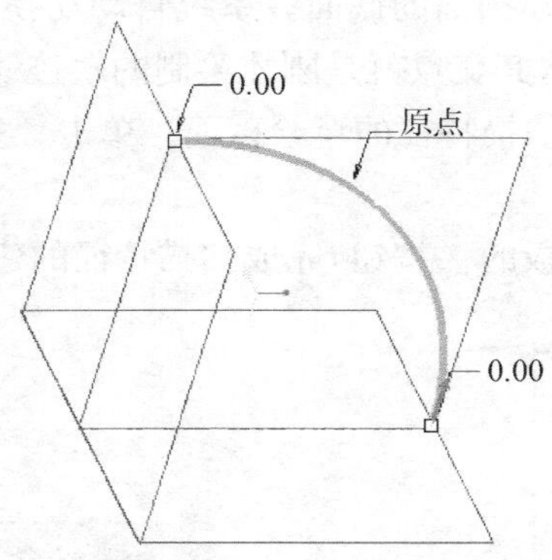

图 3-26(a)　扫描的轨迹线

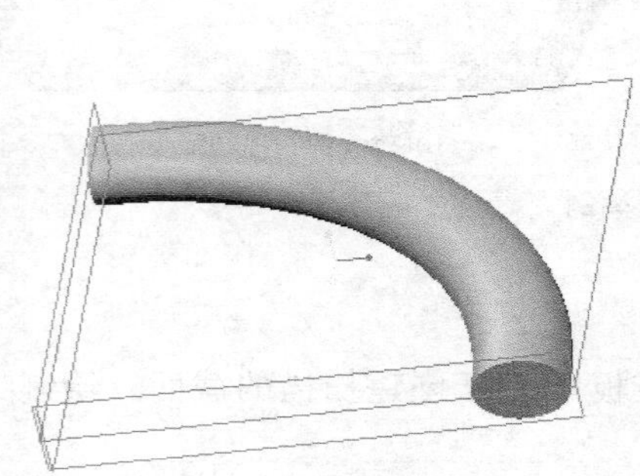

图 3-26(b)　截平面始终垂直于轨迹线

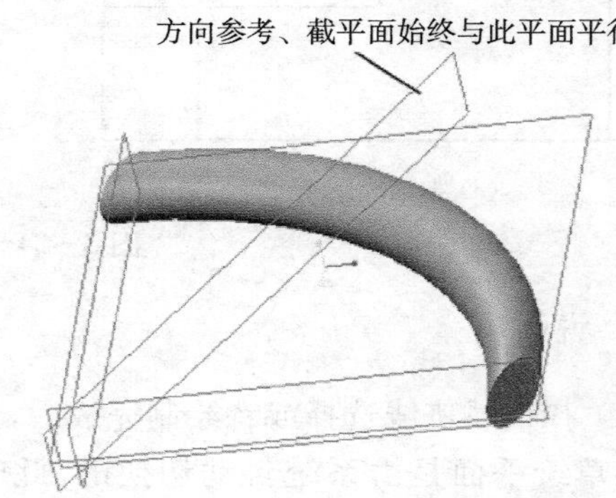

图 3-26(c)　截平面保持与指定的方向参考平行

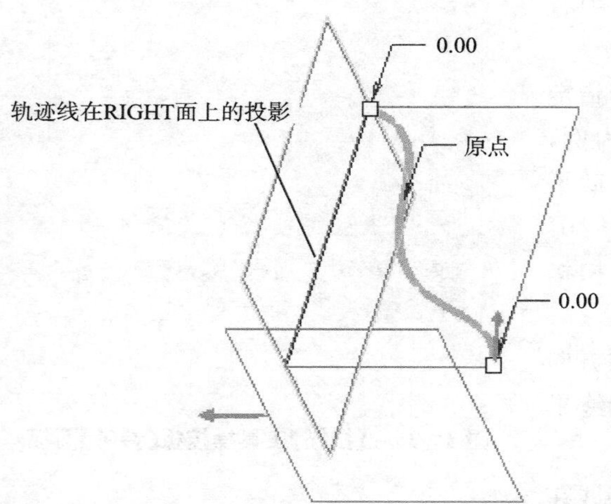

图 3-27(a)　轨迹线及其在 RIGHT 基准面上的投影

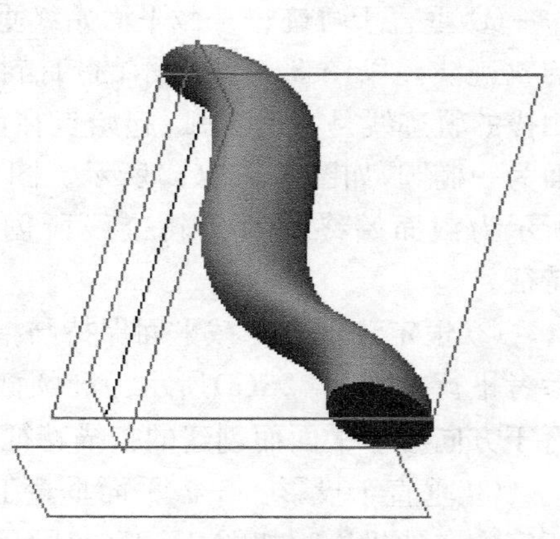

图 3-27(b)　截平面垂直于轨迹线的投影

(3) 当模型中已存在有实体特征，同时扫描的轨迹线是开放的，并且一个端点位于该实体特征上时，在如图 3-28 所示的操控板【选项】面板中是否勾选【合并端】的区别分别如图 3-29 和图 3-30 所示。

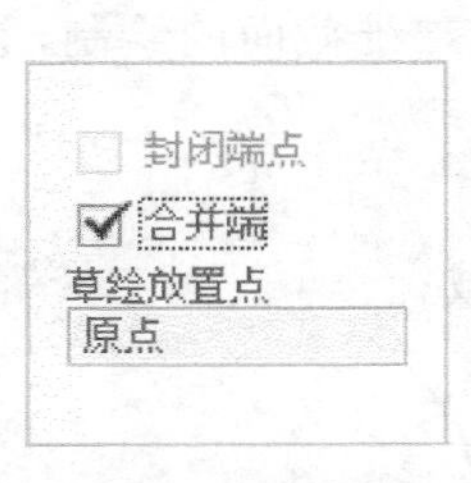

图 3-28 【选项】属性

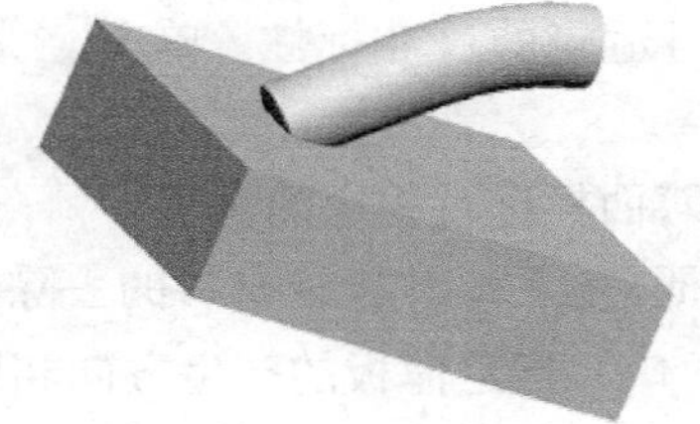

图 3-29 自由端

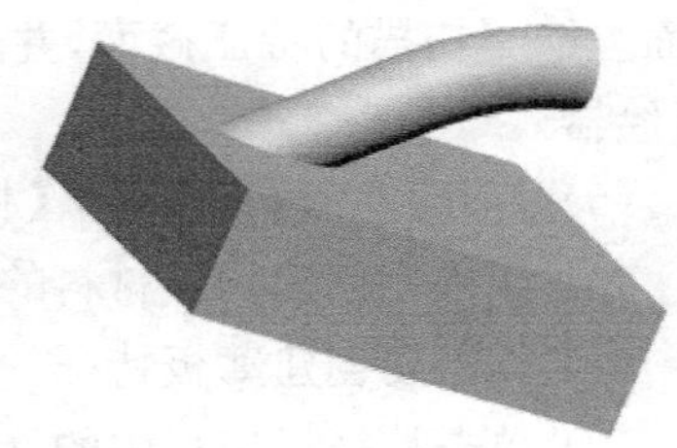

图 3-30 合并端

（4）在如图 3-28 所示的操控板【选项】面板中的【封闭端点】属性用于建立截面封闭并且轨迹开放的扫描曲面时控制是否在端点处封闭曲面，其区别分别如图 3-31 和 3-32 所示。扫描曲面的创建参见 6.2.3 节“创建恒定截面的扫描曲面”。

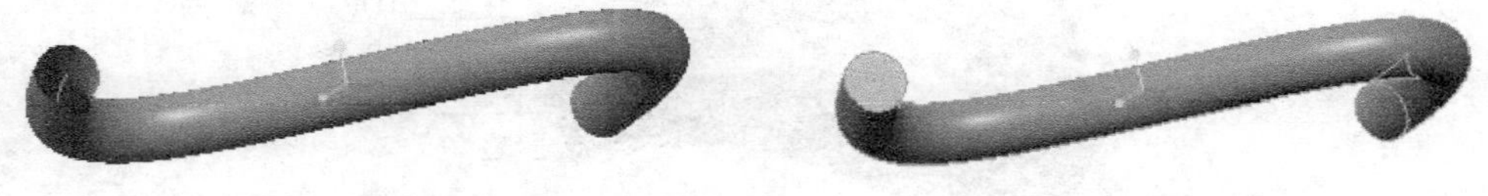

图 3-31 开放端点　　　　图 3-32 封闭端点

（5）扫描特征建立失败的原因常常是因为轨迹线或特征截面绘制有问题，例如轨迹线相对于截面圆弧或者样条的尺寸过小，或者轨迹线本身出现自相交的情况。

3.5　可变截面扫描

3.5.1　功能

与前面基本扫描特征中截面的形状、大小和方向是固定不变的不同，可变截面扫描是通过一个可以变化的截面沿着轨迹线和辅助轨迹线进行扫描而形成。在可变截面扫描特征的创建过程中，截面的形状、大小和方向都可能随着轨迹线发生相应的变化。

3.5.2　操作步骤

（1）选择【模型】选项卡→【形状】命令组→【扫描】，在系统弹出的如图 3-23 所示的【扫描】工具操控板中选择创建可变截面扫描特征。

（2）如果当前模型中已存在可变截面扫描特征的原点轨迹线，可直接选取；否则选择【扫描】工具操控板右端的下拉列表中的【草绘基准曲线】命令指定草绘平面和定向参考面绘制原点轨迹线。在扫描轨迹线的起始位置会出现一个紫色的箭头表明轨迹线的起始点位置和方向，可以单击此箭头来改变轨迹线起始点的位置和方向。

（3）根据需要草绘或者选择已有的曲线作为辅助的轨迹线。辅助轨迹线可以有一条或者多条。

（4）选择操控板中的创建或编辑扫描截面。系统自动切换到一个平面位置进行二维截面的绘制，此时草绘平面的中心位于原点轨迹线的起始点并且垂直于原点轨迹线在起始点的起始方向。图形区会显示出一个十字叉丝，其交点就是原点轨迹线的起点位置。在该平面上绘制扫描的特征截面，并进行适当的尺寸标注。单击✔完成二维截面的绘制，退出“草绘器”。

(5) 打开【参考】、【选项】、【相切】面板进行相应的设置。

(6) 如果要创建切除材料的特征，按下◿并指定材料的去除区域。

(7) 如果要创建薄板特征，按下□并指定薄板的产生方向和厚度。

(8) 单击特征操控板中的✔按钮，完成可变截面扫描特征的建立。

3.5.3 举例

【例 1】 建立如图 3-33 所示的立体模型。

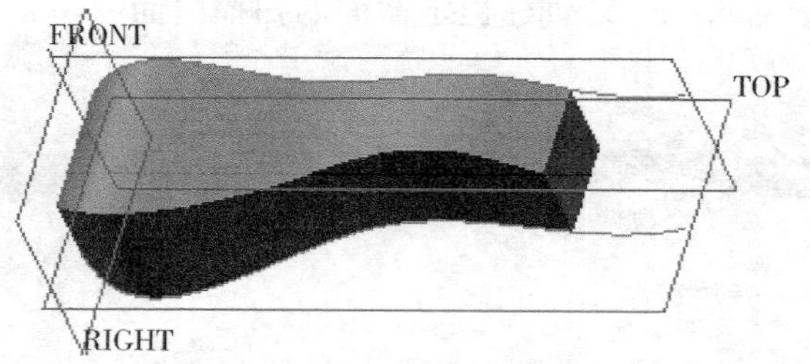

图 3-33 可变截面扫描实例

(1) 打开如图 3-34(a)所示的文件，其中有三条草绘的基准曲线(基准曲线的创建请参见 5.5“基准曲线”一节)。

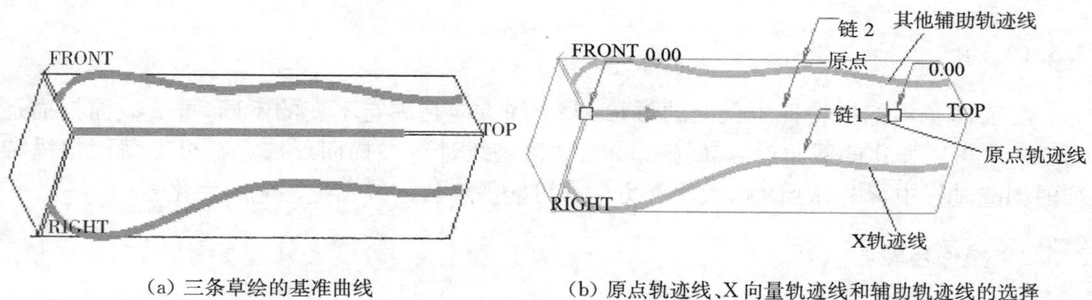

(a) 三条草绘的基准曲线 (b) 原点轨迹线、X 向量轨迹线和辅助轨迹线的选择

图 3-34 可变截面扫描的轨迹线

(2) 选择【模型】选项卡→【形状】命令组→【扫描】，在系统弹出的【扫描】工具操控板中选择◸创建可变截面扫描特征。

(3) 单击 参考 打开面板，首先选择三条曲线中的直线段作为原点轨迹线。

(4) 按下【Ctrl】键的同时选择链 1、链 2 作为辅助轨迹线，如图 3-34(b)所示；并在【参考】面板中将链 1 设置为 X 向量轨迹线，原点轨迹线同时作为法向轨迹线使用(截面在扫描的过程中始终垂直于法向轨迹线)，如图 3-35 所示。

(5) 选择操控板中的☑创建扫描截面。系统自动切换进行二维截面的绘制，在原点轨迹线的起点位置处会显示一个十字叉丝。绘制一个矩形的截面，矩形的一个角点对齐原点轨迹线的起点，另外两个顶点分别对齐 X 向量轨迹线和另一条辅助轨迹线的起点，如图 3－36 所示。单击✓完成二维截面的绘制，退出"草绘器"。

（6）单击特征操控板中的✓按钮，完成可变截面扫描特征的建立。

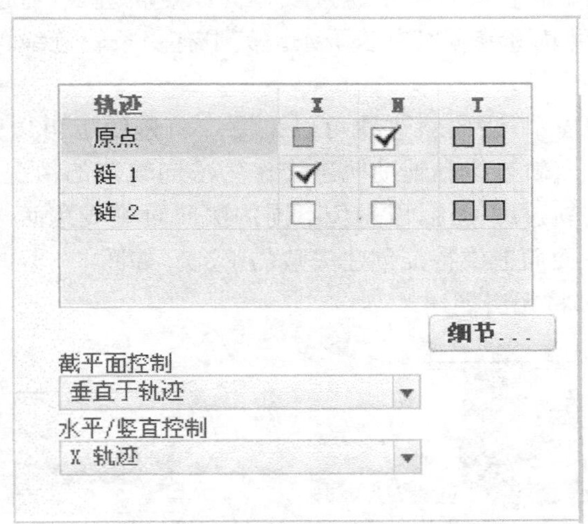

图 3－35　【参考】面板中指定法向轨迹线和 X 向量轨迹线

从图 3－37 所示中我们可以看出可变截面扫描过程中截面的变化情况。在扫描的过程中，矩形截面的左后下角点始终沿着原点轨迹线行走，而截面的宽度和高度则是分别由 X 向量轨迹线和另一条辅助的轨迹线控制，表现为 PNT0 和 PNT1 点分别沿着图中的链 1 和链 2 行走。同时，由于图中的轨迹线长度不相同，所创建的特征与最短的轨迹线长度相一致。

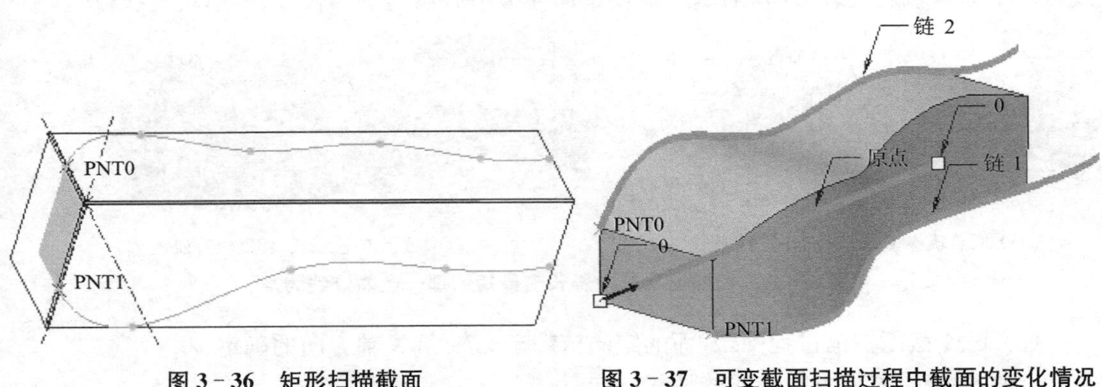

图 3－36　矩形扫描截面　　　　**图 3－37　可变截面扫描过程中截面的变化情况**

3.5.4　说明

（1）可变截面扫描的轨迹线类型分为：

原点轨迹线：扫描过程中截面的原点始终落在此轨迹线上。原点轨迹线可由多段线构成，但是必须相切。其他辅助轨迹线无此要求。

法向轨迹线：在截面的扫描过程中，截面始终保持与该轨迹线垂直。

X 向量轨迹线：控制截面 X 轴的方向。扫描过程中某一点的 X 向量为原点和 X 向量轨迹线上对应点的连线。

相切轨迹线：通过相切轨迹线实现扫描特征和已有表面的相切连接。

(2) 可变截面扫描中有且只有一条轨迹线作为原点轨迹线，可以有一条轨迹线作为 X 向量轨迹线，其他的辅助轨迹线可以有若干条。其中有一条轨迹线可以同时作为法向轨迹线使用。

(3) 在可变截面扫描中，法向轨迹线可以是原点轨迹线也可以是其他的轨迹线，如图 3－38(a)、(b)分别是原点轨迹线和辅助轨迹线作为法向轨迹的情况。一般来说，经常将原点轨迹线同时作为法向轨迹线使用，以避免不同的法向轨迹线几何与沿原点轨迹的扫描帧流冲突而不能定向截平面而造成特征创建失败的情况。如图 3－37 中如果改变法向轨迹线为链 1 或者链 2，特征都将无法创建。

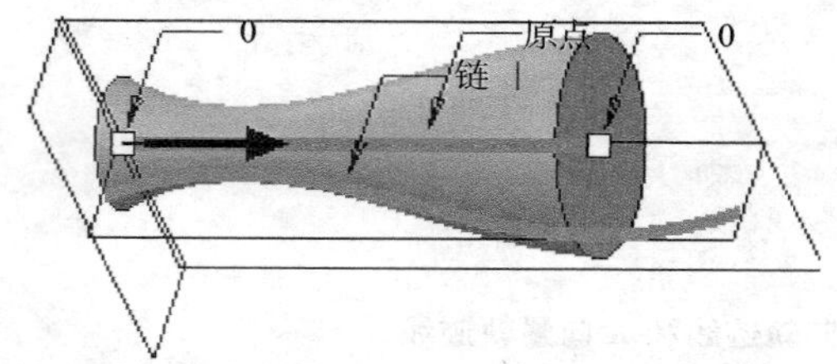

(a) 原点轨迹线作为法向轨迹线截面垂直于原点轨迹线

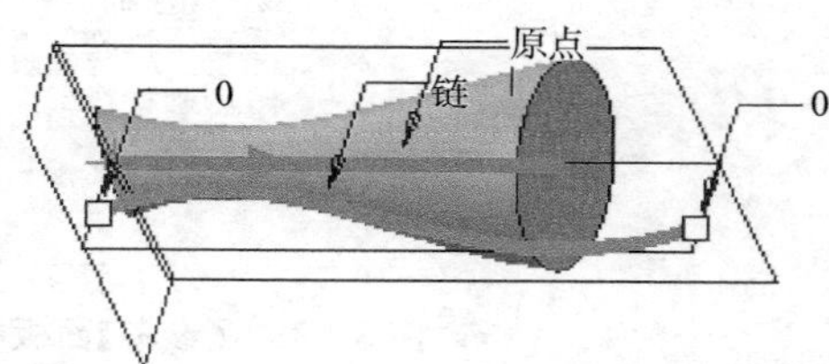

(b) 辅助轨迹线作为法向轨迹线截面垂直于辅助轨迹线

图 3－38　不同的法向轨迹线

(4) 在扫描过程中如果原点轨迹线和其他的辅助轨迹线的投影长度不相等时，扫描结果以投影长度最短的那一条轨迹线为准。如图 3－39 所示，原点轨迹线同时作为法向轨迹线，(a)中原点轨迹线较短、辅助轨迹线较长；而(b)中原点轨迹线较长、辅助轨迹线较短。

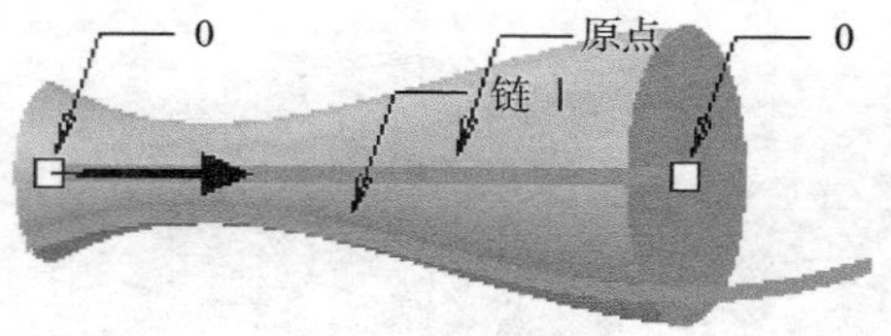

(a) 原点轨迹线短、辅助轨迹线长

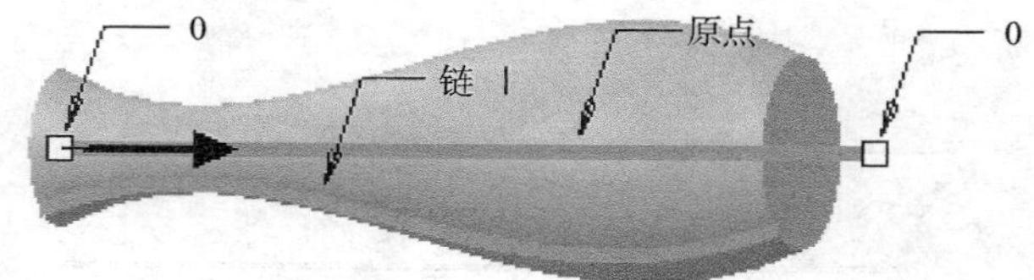

(b) 原点轨迹线长、辅助轨迹线短

图 3－39　扫描结果以投影长度最短的那一条轨迹线为准

(5) 可变截面扫描过程中，截面的定向依赖于 Z 轴和 X 轴方向的确定。

Z 轴：始终沿着原点轨迹线的切线方向。

X 轴：即 X 向量的方向。X 向量为原点轨迹线和 X 向量轨迹线对应点间的连线，并且从原点轨迹线上的点指向 X 向量轨迹线上的对应点。

Y 轴：按照空间直角坐标系的右手定则确定。即大拇指指向 Z 轴的正方向，其余四指环绕的方向为 X 轴正方向到 Y 轴的正方向。

如图 3－40 所示的模型中，原点轨迹线是一条直线，而 X 向量轨迹线是一条空间的 3D 曲线。由于扫描过程中任意点的 X 向量起点始终在直线上，而终点在 3D 曲线上，所以造成截面的 X 轴在扫描过程中不断地旋转,生成扭转了的实体特征。

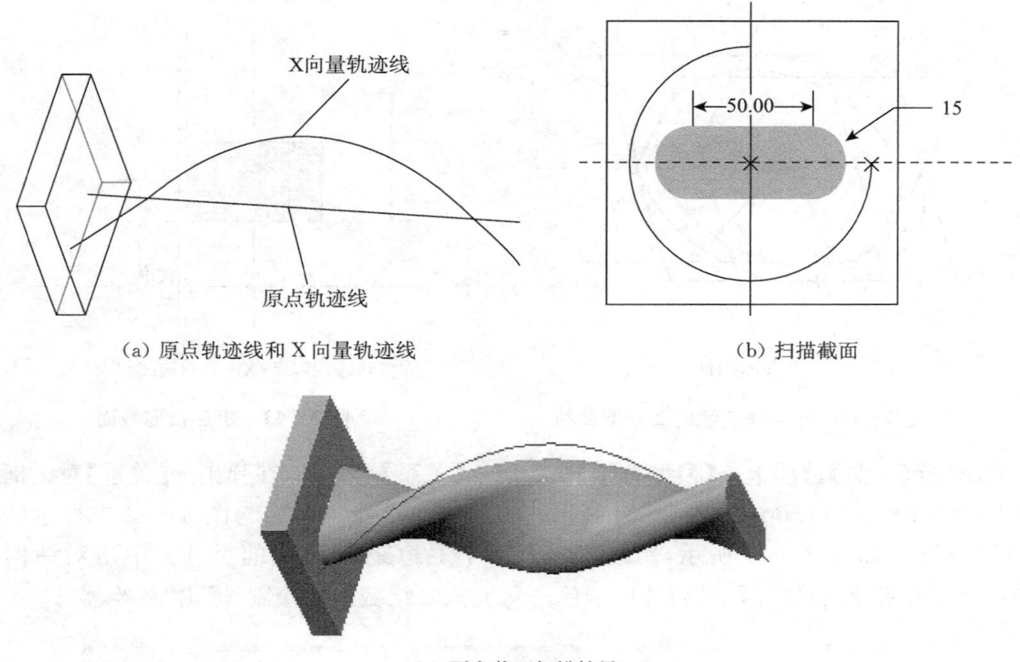

(a) 原点轨迹线和 X 向量轨迹线　　(b) 扫描截面

(c) 可变截面扫描结果

图 3-40　产生扭转的可变截面扫描

(6) 利用关系式使用 trajpar 参数控制截面的尺寸参数变化。

Trajpar 是 Creo Parametric 系统默认的一个变量,称作轨迹路径参数,其值从 0 到 1 线性地变化,0 表示轨迹线的起点,1 表示轨迹线的终点。

【例 2】 建立如图 3-41 所示的立体模型。

① 使用【模型】选项卡→【基准】命令组→【草绘】在 TOP 基准平面上绘制两条直径分别为∅100 和∅120的圆曲线,如图 3-42 所示。

②选择【模型】选项卡→【形状】命令组→【扫描】,在系统弹出的【扫描】工具操控板中选择创建可变截面扫描特征。

③ 单击 参考 打开相应面板,选择∅100 的圆曲线同时作为原点轨迹线和法向轨迹线,选择∅120 的圆曲线作为 X 向量轨迹线。

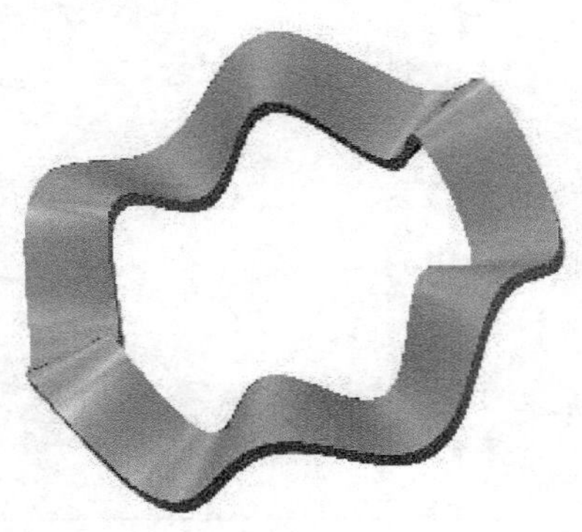

图 3-41　使用 trajpar 参数控制截面尺寸参数的可变截面扫描实例

④ 选择操控板中的创建扫描截面。先画一条构造中心线通过 X 向量轨迹线以便于后面绘制的矩形截面左右对称,绘制如图 3-43 所示的矩形扫描截面。其中有两个尺寸:矩形的高度尺寸修改为 4,矩形下底边距离 X 轴的尺寸不需要修改,后面将由关系式来控制。

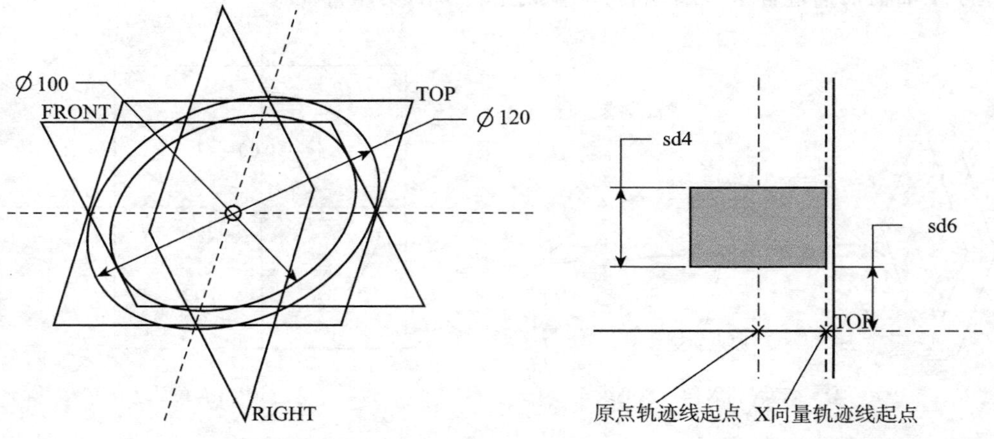

图 3-42 作为轨迹线的 2 条圆曲线　　图 3-43 矩形扫描截面

⑤ 选择【工具】选项卡→【模型意图】命令组→【关系】d= 命令，在弹出的【关系】对话框中输入“sd6＝10 ∗ sin(trajpar ∗ 360 ∗ 6)”(此处的尺寸编号为 sd6，应与图 3-43 中显示的尺寸编号一致)，如图 3-44 所示，用以控制矩形下底边距离 X 轴的尺寸。单击对话框的 确定 按钮，然后选择【草绘】选项卡单击 ✓ 完成二维截面的绘制，退出“草绘器”。

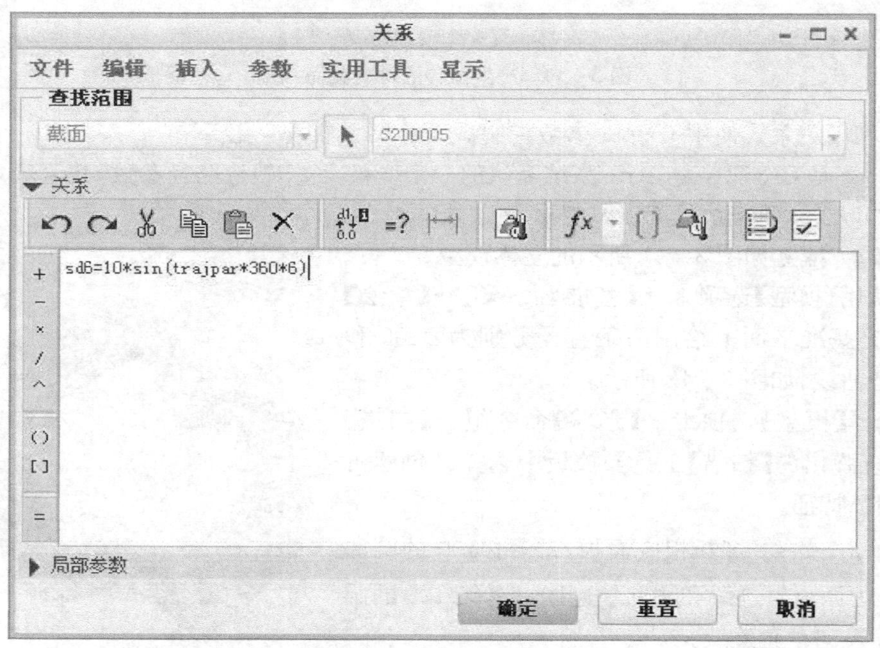

图 3-44 【关系】对话框

关系式右侧 sin(trajpar ∗ 360 ∗ 6)的几何意义表示为 6 个周期的正弦函数曲线。当 trajpar 为 0 时，其值为 0；当 trajpar 的值为 1/6 时，其值为 sin(360°)，表示第二个周期的正弦函数曲线开始，依次类推。

⑥ 单击特征操控板中的 ✓ 按钮，完成可变截面扫描特征的创建。

⑦ 将作为轨迹线的两条圆曲线隐藏，使其不显示在图形中，结果如图 3 - 41 所示。

在如图 3 - 45(a)所示的立体模型中，只有一条直线作为原点轨迹线而没有其他轨迹线，截面是一个圆。由于截面的形状和尺寸无法依赖于辅助轨迹线产生变化，可将其半径用轨迹路径参数表示为“sd3＝50＋30 * sin(trajpar * 720)”而得到。

当修改图 3 - 45(a)中的轨迹线为一样条曲线时，得到的结果如图 3 - 45(b)所示。

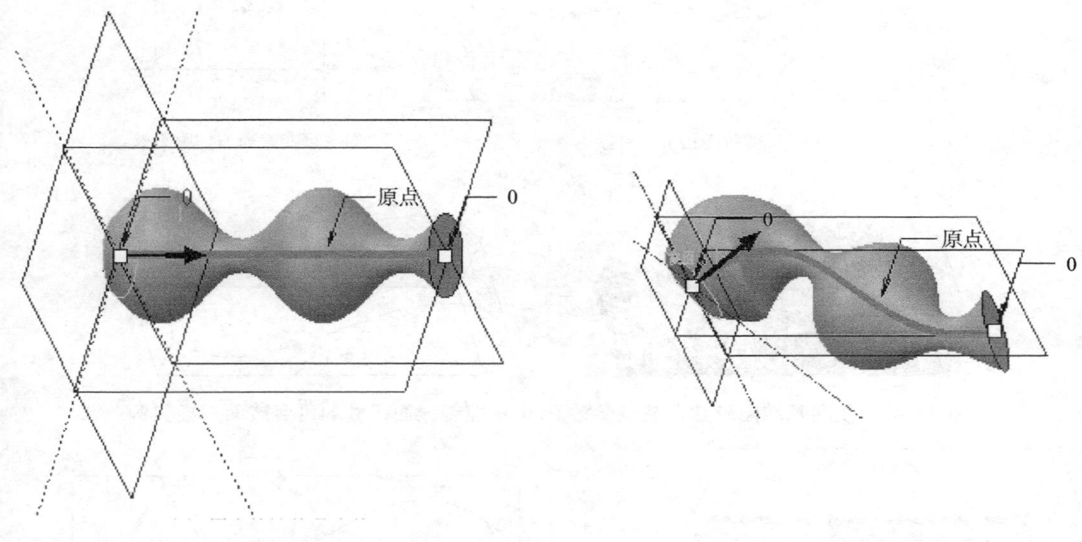

(a) 原点轨迹线是直线　　(b) 原点轨迹线是样条曲线

图 3 - 45　只有一条原点轨迹线的 trajpar 参数控制的可变截面扫描

(7) 利用关系式使用基准图形(Datum graph)结合轨迹参数 trajpar、计算函数 evalgraph 来控制截面的尺寸参数变化。

Evalgraph 是 Creo Parametric 提供的一个用于计算基准图形(Datum graph)中的横坐标所对应的纵坐标值的一个函数。在可变截面扫描中，我们可以先创建一个 2D 的基准图形，然后利用基准图形来控制造型的变化。利用关系式控制截面参数的格式如下：

sd＃＝evalgraph(“graph_name”, x_value)

上式中，sd＃表示欲发生变化的参数，graph_name 为基准图形的名称，x_value 表示基准图形的横坐标。上式的意义是由基准图形取得对应于 x_value 处的纵坐标值(y 值)，然后将此值指定给 sd＃参数。此外，需要注意的是，可变截面扫描过程中利用的有效基准图形中一个 X 坐标只能对应于一个唯一的 Y 坐标值，不得出现一个 X 坐标值对应于两个或者两个以上 Y 坐标值的情况，如图 3 - 46 所示。

【例 3】　建立如图 3 - 47 所示的立体模型。

① 打开如图 3 - 48(a)所示的文件，其中有 2 条草绘的基准曲线(基准曲线的创建请参见 5.5“基准曲线”一节)。

② 选择【模型】选项卡→【基准】命令组→【图形】命令，输入图形的名称为“Height”，创建如图 3 - 48(b)所示的基准图形(基准图形的创建请参见 5.7“基准图形”一节)。

③ 选择【模型】选项卡→【形状】命令组→【扫描】，在系统弹出的【扫描】工具操控板中选择创建可变截面扫描特征。

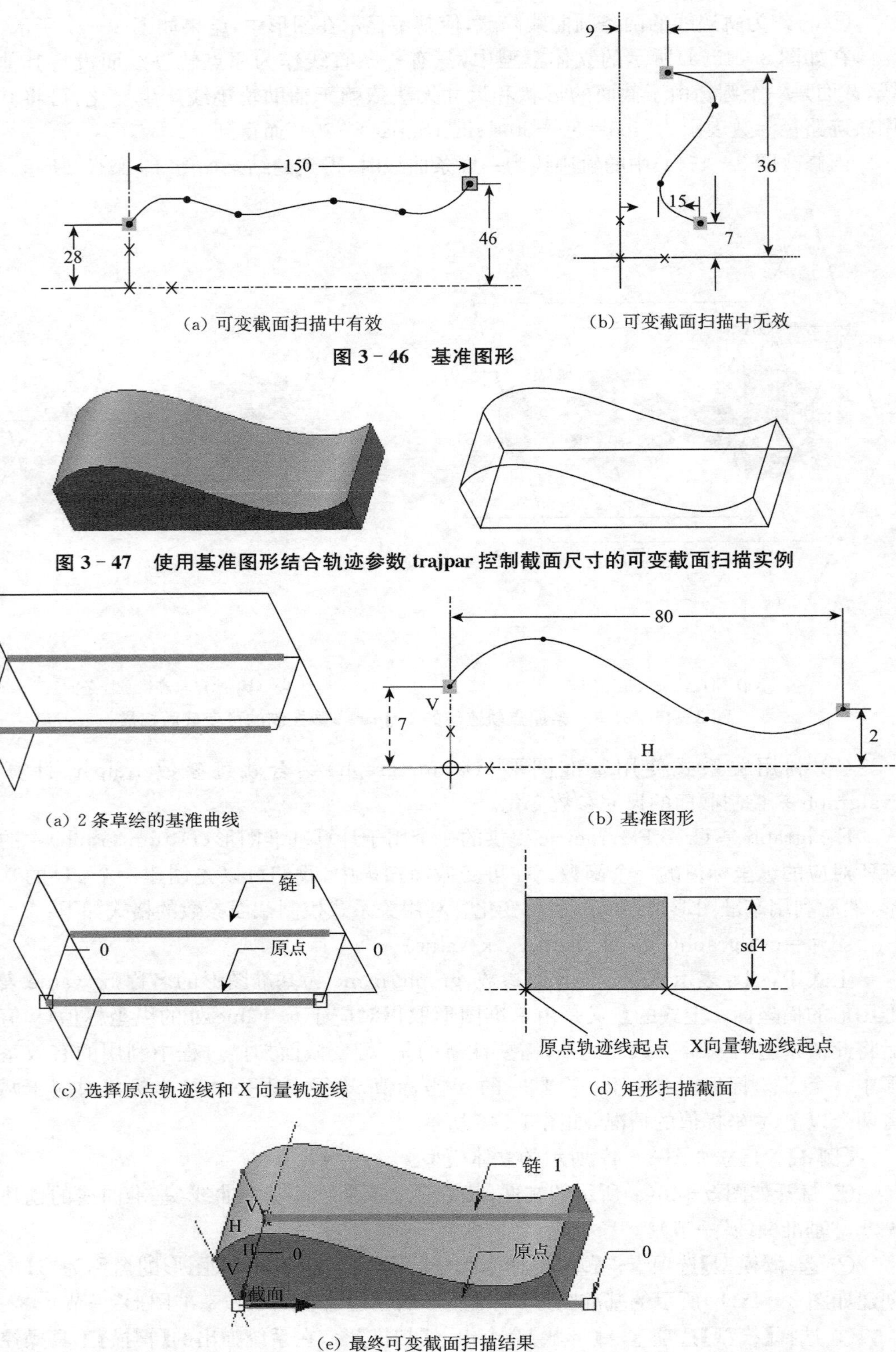

(a) 可变截面扫描中有效

(b) 可变截面扫描中无效

图 3-46　基准图形

图 3-47　使用基准图形结合轨迹参数 trajpar 控制截面尺寸的可变截面扫描实例

(a) 2 条草绘的基准曲线

(b) 基准图形

(c) 选择原点轨迹线和 X 向量轨迹线

(d) 矩形扫描截面

(e) 最终可变截面扫描结果

图 3-48　使用基准图形结合轨迹参数 trajpar 控制截面尺寸的过程

④ 单击 参考 打开面板，选择前面的那条直线同时作为原点轨迹线和法向轨迹线，选择后面的直线链 1 作为 X 向量轨迹线，如图 3－48(c)所示。

⑤ 选择操控板中的创建扫描截面。绘制如图 3－48(d)所示的矩形扫描截面。矩形长度的两个顶点分别对齐于原点轨迹线和 X 向量轨迹线，高度尺寸将由下一步的关系式来控制。

⑥ 选择【工具】选项卡→【模型意图】命令组→【关系】d= 命令，在弹出的【关系】对话框中输入“sd4＝evalgraph("height",80 * trajpar)”(此处的尺寸编号为 sd4，应与图 3－48(d)中显示的尺寸编号一致)，用以控制矩形的高度尺寸。单击对话框的 确定 按钮，然后选择【草绘】选项卡单击完成二维截面的绘制，退出“草绘器”。

⑦ 单击特征操控板中的按钮，完成可变截面扫描特征的创建。

⑧ 将作为轨迹线的两条基准曲线隐藏，使其不显示在图形中，结果如图 3－48(e)所示。

(8)【参考】面板中【截平面控制】的规定与恒定截面的扫描特征相同，此处不再重复。

(9) 可变截面扫描过程中截面变化的方式有以下三种：

① 截面缩放：在可变截面扫描过程中，截面的某个点对齐于轨迹线之上，截面的尺寸会随着轨迹线的变化而变化，如图 3－33、图 3－38 所示。

② 截面旋转：在可变截面扫描过程中，截面的 X 轴方向由 X 向量轨迹线控制，造成扭转，如图 3－40 所示。

③ 截面参数变化：在可变截面扫描过程中，截面的尺寸参数可以通过关系式中使用 trajpar 参数或基准图形(Datum graph)结合 trajpar 参数来控制，如图 3－45、图 3－47 所示。

3.6　螺旋扫描特征

3.6.1　功能

使二维草绘截面沿着一条螺旋轨迹线扫描而成的特征。位于【模型】选项卡→【形状】命令组→【扫描】组溢出按钮→【螺旋扫描】。

3.6.2　操作步骤

(1) 激活命令后，系统会在功能区弹出如图 3－49 所示的【螺旋扫描】选项卡及其相应的【螺旋扫描】工具操控板。

(2) 选择或者绘制旋转的轴线和螺旋扫描轮廓线。在螺旋扫描轮廓线的起始位置会出现一个黄色的箭头表明起始位置和方向，单击此箭头则螺旋扫描轮廓线起始位置将切换为另一个端点处，方向相反。

(3) 选择操控板中的创建或编辑螺旋扫描的截面。系统自动切换进行截面的绘制，此时截面草绘平面的中心位于扫螺旋扫描轮廓线起始点并且垂直于螺旋线的起始方向。图形区域中在轨迹的起点会显示十字叉丝，其交点就是扫描轨迹线的起点位置。在该平面上绘制扫描的特征截面，并进行适当的尺寸标注。单击完成二维截面的绘制，退出“草绘器”。

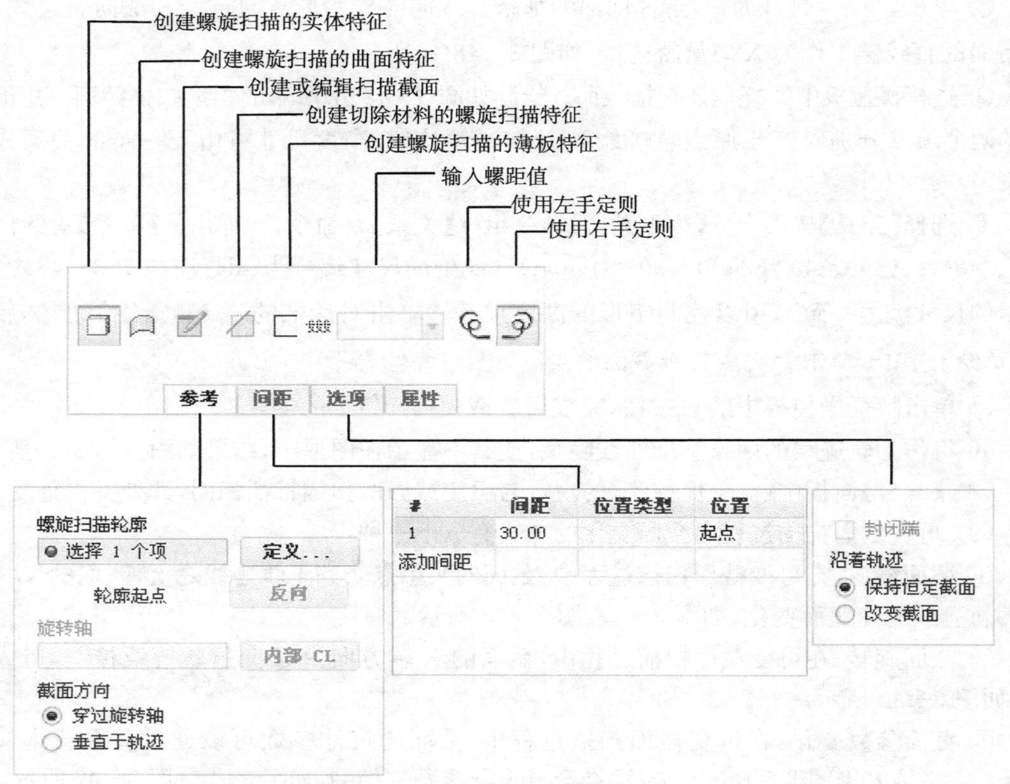

图 3-49 【螺旋扫描】工具操控板

(4) 输入螺距数值。

(5) 选择使用右手定则或者选择使用左手定则。

(6) 打开【参考】、【选项】面板进行相应的设置。

(7) 如果要创建可变螺距的螺旋扫描特征，选择 间距 打开【间距】面板设置可变螺距。

(8) 如果要创建切除材料的特征，按下并指定材料的去除区域。

(9) 如果要创建薄板特征，按下并指定薄板的产生方向和厚度。

(10) 单击特征操控板中的按钮，完成螺旋扫描特征的建立。

3.6.3 举例

创建如图 3-50(a)所示的可变螺距弹簧。弹簧中径 D=50，簧丝直径 10，螺距 30，高度 190。其螺旋扫描轮廓线如图 3-50(b)所示。

(1) 选择【模型】选项卡→【形状】命令组→【扫描】组溢出按钮→【螺旋扫描】，激活命令后，系统会在功能区弹出如图 3-49 所示的【螺旋扫描】选项卡及其相应的【螺旋扫描】工具操控板。

(2) 选择 参考 打开如图 3-51 所示的【参考】面板，选择 定义... 绘制旋转的轴线和螺旋扫描轮廓线。选择 FRONT 面为草绘平面，接受缺省的草绘视图方向，指定 RIGHT 面为定向参考平面，法线方向向右。绘制如图 3-50(b)所示的螺旋扫描轮廓线。在螺旋扫描轮廓线的起始位置会出现一个黄色的箭头表明起始位置和方向，单击此箭头则螺旋扫描的轮廓线起始位置将切换为另一个端点处，方向相反。此时的【参考】面板如图 3-52 所示。

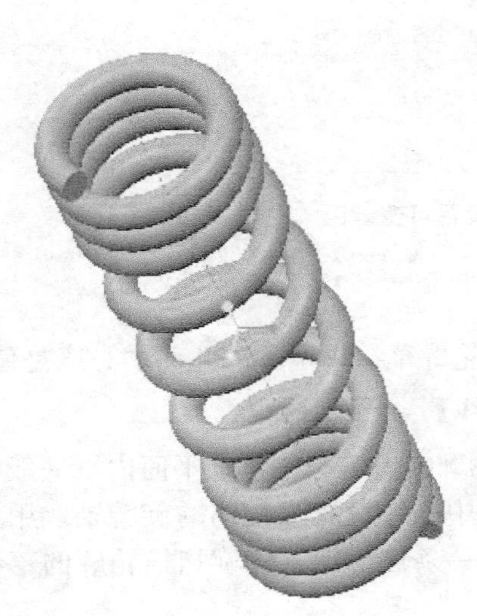

(a) 可变螺距弹簧

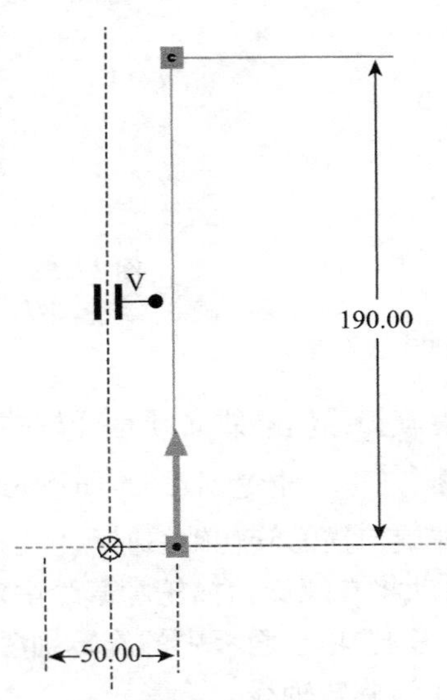

(b) 螺旋扫描轮廓线和旋转轴线

图 3-50　螺旋扫描创建可变螺距弹簧

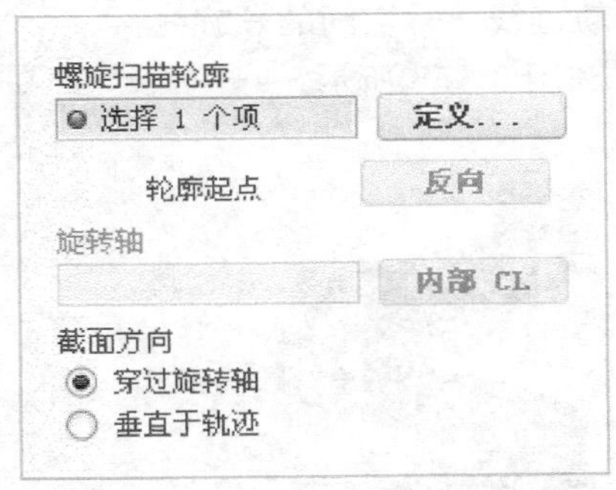

图 3-51　初始的【参考】面板

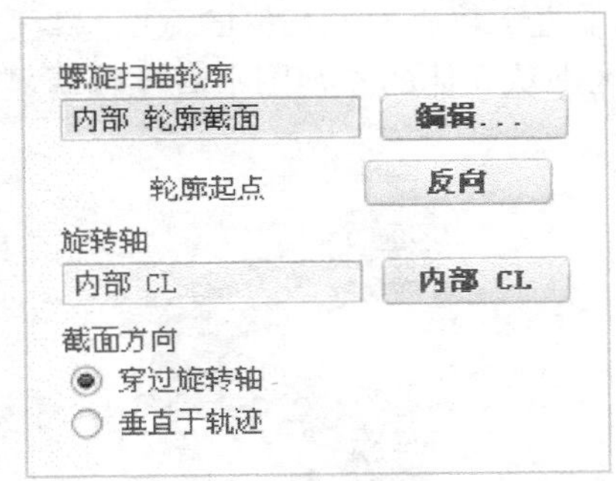

图 3-52　定义螺旋扫描轮廓线后的【参考】面板

(3) 选择操控板中的创建螺旋扫描的截面。系统自动切换进行截面的绘制，此时截面草绘平面的中心位于螺旋扫描轮廓线起始点并且垂直于螺旋线的起始方向。图形区域中在轨迹的起点会显示十字叉丝，其交点就是扫描轨迹线的起点位置。绘制一个直径为 10 的圆并进行尺寸标注。单击完成二维截面的绘制，退出“草绘器”。

(4) 输入螺距数值 10。

(5) 选择使用右手定则。

(6) 选择 **间距** 打开【间距】面板进行可变螺距设置，如图 3-53 所示。

(7) 单击特征操控板中的✓按钮,完成螺旋扫描特征的建立。

#	间距	位置类型	位置
1	10.00		起点
2	10.00		终点
3	30.00	按值	50.00
4	30.00	按值	145.00
5	10.00	按值	30.00
6	10.00	按值	165.00
添加间距		按值 按参考 按比率	

图 3-53 【间距】面板设置可变螺距

3.6.4 说明

(1) 螺旋扫描轮廓线必须是开放的,螺旋扫描轮廓草绘中定义的几何中心线是使用【几何中心线】中心线命令创建的,而不是【构造中心线】中心线命令。

(2) 螺旋扫描的旋转轴线必须位于螺旋扫描轮廓线所定义的草绘平面内。一般的情况下,系统自动将在螺旋扫描轮廓草绘中定义的几何中心线设置为扫描的旋转轴。用户也可以激活【参考】选项卡面板中的旋转轴激活器,选择一条位于定义螺旋扫描轮廓的草绘平面内的轴线作为旋转轴线。

(3)【参考】选项卡面板中【截面方向】属性可以设置如下:

① 穿过旋转轴——扫描的截面始终与旋转轴共面。

② 垂直于轨迹——扫描的截面垂直于螺旋扫描的轨迹线——空间的螺旋线。

其区别从立体的左视图上看比较明显,如图 3-54 和图 3-55 所示。

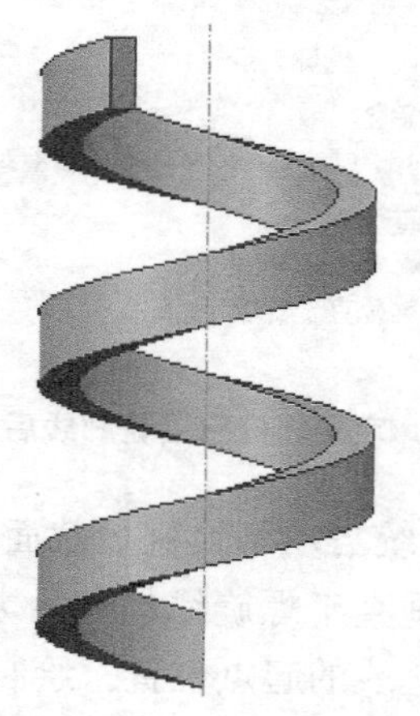

图 3-54 【穿过旋转轴】

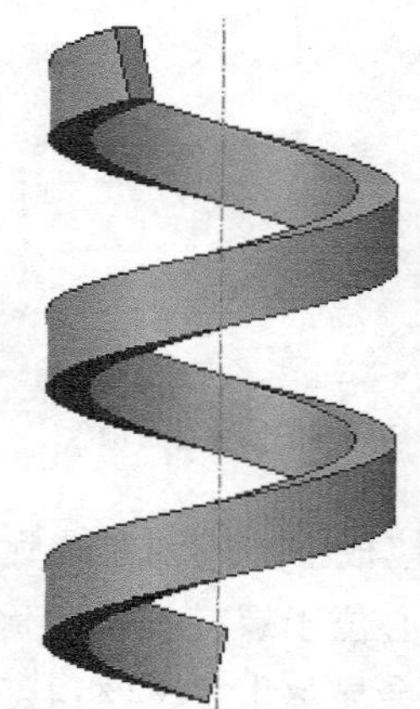

图 3-55 【垂直于轨迹】

(4) 在【间距】面板设置可变螺距时,起点是从螺旋扫描轮廓的起点投影到旋转轴上的位置,终点是从螺旋扫描轮廓的另一个端点投影到旋转轴上的位置。可变间距点的位置有以下如图 3-53 所示的三种方法进行设置。

① 按值——使用距起点的距离值设置点的位置。

② 按参考——根据距离参考的长度距离来设置点的位置。

③ 按比率——使用距起点的沿旋转轴的轮廓高度的比率来设置点的位置。

(5) 在如图 3-49 所示的操控板【选项】面板中的【封闭端】属性用于创建具有封闭截面的螺旋扫描曲面时控制是否在端点处封闭曲面。其区别分别如图 3-56 和 3-57 所示。

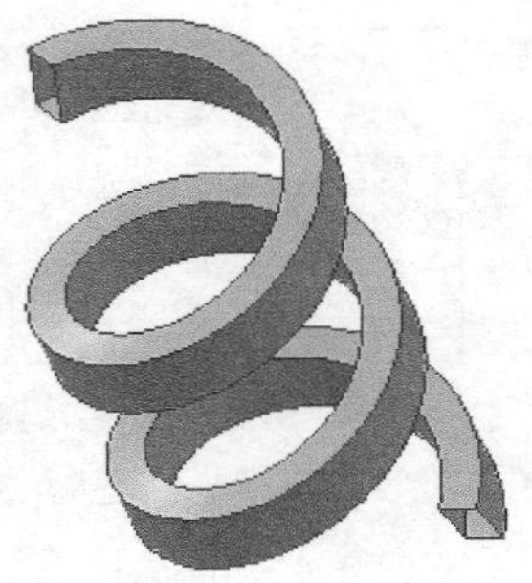

图 3-56　开放端

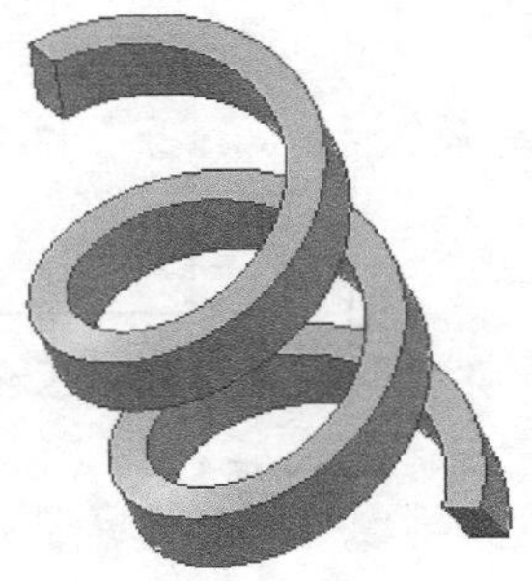

图 3-57　封闭端

(6)【选项】面板中【沿着轨迹】属性可以设置如下：

① 保持恒定截面——沿轨迹扫描时保持恒定截面。

② 改变截面——用于可变截面创建扫描。使用带 trajpar 参数的截面关系，使草绘可变。草绘沿着原点轨迹在各个点处重新生成，并相应更新其形状。变截面扫描的情况比较复杂，本书不予介绍。

3.7　平行混合特征

所谓混合特征，是指由两个或多个截面通过一定的方式连在一起，这些截面在其顶点处用过渡曲面连接形成一个连续的特征。又分为平行混合特征(Parallel)、旋转混合特征(Rotational)和常规混合特征(General)。

3.7.1　功能

平行混合特征的所有的截面都位于互相平行的平面上。位于【模型】选项卡→【形状】组溢出按钮→【混合】。

3.7.2　操作步骤

(1) 激活命令后，系统会在功能区弹出【混合】选项卡及如图 3-58 所示相应的【混合】工具操控板。

(2) 如果当前模型中已存在要创建的混合特征的截面，可选择直接选取要作为所创建的特征的第一个混合截面；否则选择并打开【截面】面板或者选择【混合】工具操控板右端的下拉列表中的【草绘基准曲线】命令指定草绘平面和定向参考面绘制第一个混合截面并指定截面的起始点和起始方向。

(3) 选择 截面 选项卡打开【截面】面板增加新的混合截面，在面板中可以插入新的截

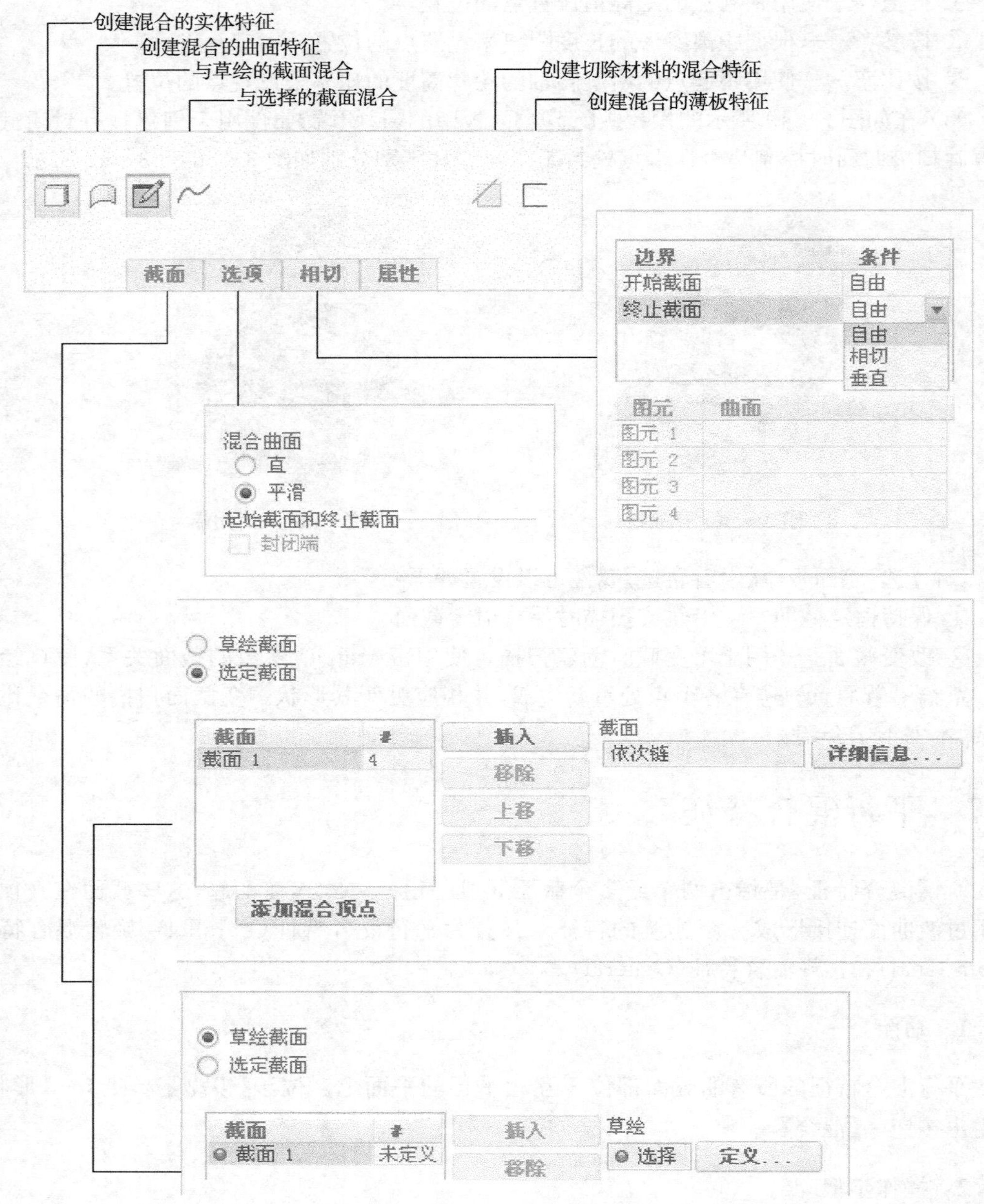

图 3-58 【混合】工具操控板

面、删除已有的截面并对截面进行重新排序。如果以草绘截面的方式创建特征，则打开的面板如图 3-59 所示，需要指定截面之间的偏移距离，然后选择 草绘... 进入草绘器绘制截面；如果以选定截面的方式建立特征，则打开的面板如图 3-60 所示，直接激活截面收集器选定截面即可。

(4) 选择 选项 打开【选项】面板指定混合特征的截面之间的连接属性。

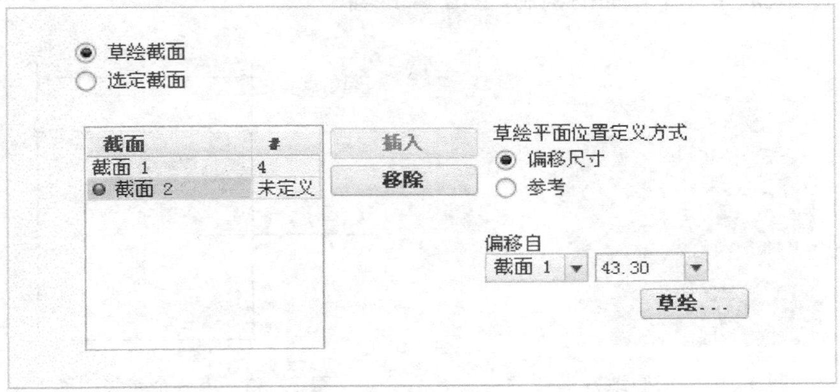

图 3-59　【草绘截面】时的【截面】面板

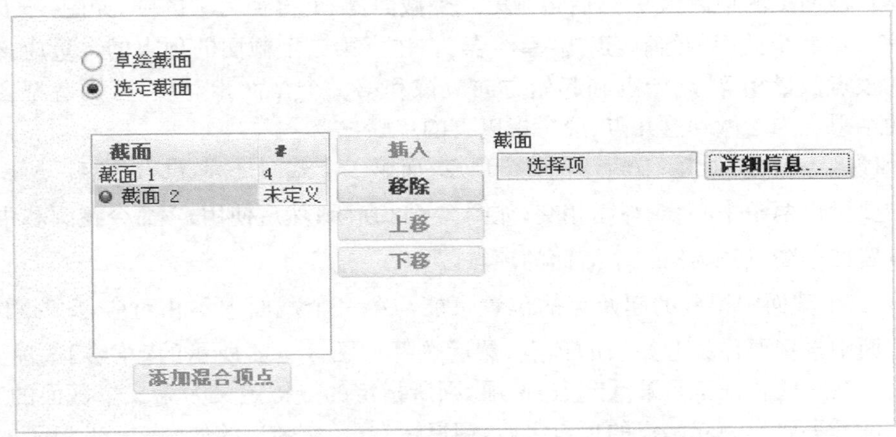

图 3-60　【选定截面】时的【截面】面板

(5) 选择 相切 打开【相切】面板设置开始截面和终止截面的边界条件。

(6) 如果要创建切除材料的特征，按下 并指定材料的去除区域。

(7) 如果要创建薄板特征，按下 并指定薄板的产生方向和厚度。

(8) 单击特征操控板中的 按钮，完成混合特征的创建。

3.7.3　举例

建立如图 3-61 所示的“天圆地方”的立体。

(1) 选择【模型】选项卡→【形状】组溢出按钮→【混合】。系统会在功能区弹出如图 3-58所示的【混合】选项卡及其相应的【混合】工具操控板。

(2) 选择 并打开【截面】面板，选择 定义... 进入内部草绘。

(3) 指定 TOP 面为草绘平面，接受缺省的特征创建方向(向上)，指定 RIGHT 面为定向参考平面，法线方向向右。

(4) 系统自动进入二维草绘模式。绘制第一个截面，边长为 10 的正方形，如图 3-62

所示。单击✓完成第一个截面的绘制，退出“草绘器”。

图 3-61　天圆地方

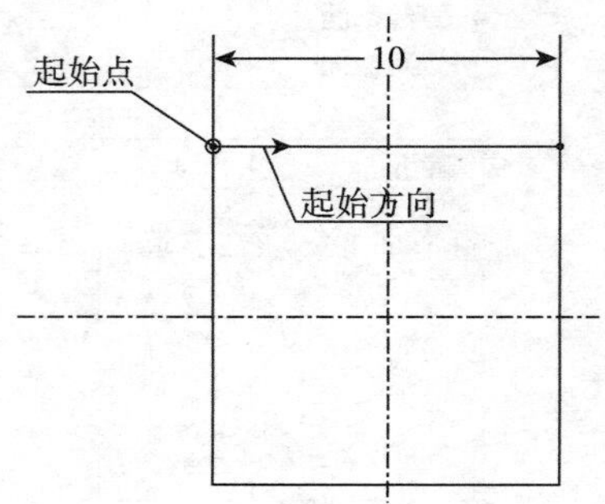

图 3-62　第一个特征截面

(5) 在【混合】工具操控板中选择 截面 打开【截面】面板以增加新的混合截面。指定截面 2 偏移自截面 1 的距离为 9，然后绘制第二个截面：一个直径为 7 的圆，如图 3-63 所示。单击✓完成第二个截面的绘制，退出“草绘器”。注意第二个截面的顶点的数量应该和第一个截面的顶点数量相等，起始点和起始方向应该和第一个截面相对应，否则造型会出现意想不到的结果。为了做到这几点，应考虑以下的步骤：

① 因为第一个截面为正方形，有四个顶点；而第二个截面是圆，没有顶点。所以在第二个截面中要画出两条中心线，与圆相交，如图 3-63 所示；然后使用 命令在圆和中心线的交点处设置四个断点作为第二个截面的顶点。

② 第二个截面中得到的起始点的位置可能与第一个截面中不相对应，此时可用 在第二个截面中选择要作为起始点的顶点，然后选择如图 3-64 所示的【草绘】选项卡→【设置】组溢出按钮→【特征工具】→【起点】选项，则所指定的点被定义为第二个截面的起始点。也可以在选择了要作为起始点的顶点之后，用鼠标右击，从弹出的如图 3-65 所示的快捷菜单中选择【起点】选项将其定义为起点。

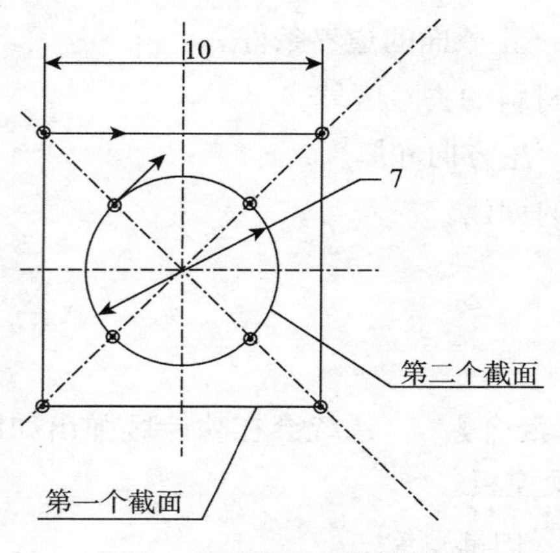

图 3-63　第二个特征截面

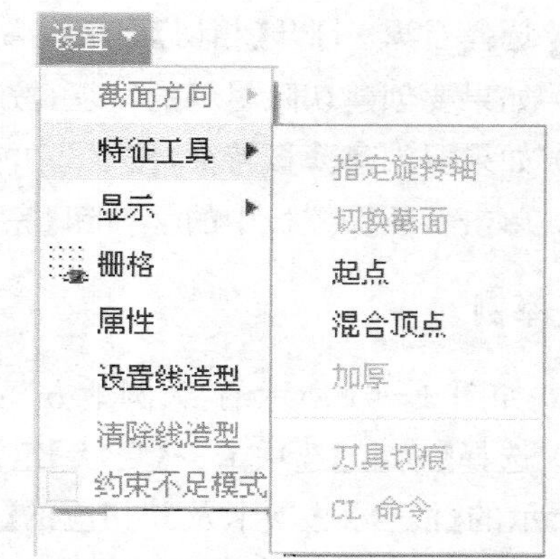

图 3-64　【设置】组溢出按钮【特征工具】子菜单

③ 如果第二个截面中的起始点的起始方向和第一个截面中起始方向不一致，可用 在第二个截面中再次选择该起始点，然后选择【草绘】选项卡→【设置】组溢出按钮→【特征

工具】→【起点】选项，则该起始点的起始方向被反转。

(6) 在【选项】面板中指定混合特征的截面之间的连接属性为【直】(表示所有截面的各对应顶点之间以直线的方式连接)。

(7) 如果还要继续建立第三个截面，继续打开【截面】面板草绘新的混合截面并指定和前一个截面的偏移距离。依此类推可以创建第四个截面、第五个截面……

(8) 如果所有需要的截面都已经创建结束，单击特征操控板中的✓按钮，完成混合特征的创建。

下一个
上一个
从列表中拾取
替换(P)
删除(D)　　Del
复制(C)
剪切(T)
属性...
锁定
起点(S)
混合顶点(B)
□ 旋转调整大小(O)
截面方向
确定(O)
取消(C)

图 3-65　快捷菜单

3.7.4　说明

(1) 如果第一个截面是使用草绘创建的，那么旋转混合特征中的其余截面也必须使用草绘来创建；如果第一个截面是通过选择已有的链来定义的，那么也必须通过选择已有的链的方式来定义旋转混合特征中的其余截面。

(2)【选项】面板中混合特征的截面之间的连接属性【直】和【平滑】的区别如图 3－66 和图 3－67 所示。

① 直——各截面之间对应的顶点之间以直线的方式连接。

② 平滑——各截面之间对应的顶点之间以平滑的曲线方式连接。

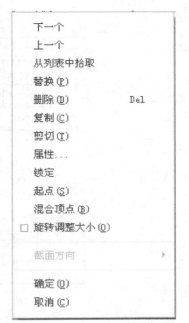

图 3－66　【直】属性

图 3－67　【平滑】属性

(3) 对于特征截面的要求如下：

① 明确定义截面与截面之间的相对位置，或相对于同一个坐标系的位置。

② 每个截面的线段数量要相等，即应有相同的顶点数量。

③ 每一个截面的起始点要同与它相连接的截面的起始点相一致，其区别如图 3－68 和图 3－69 所示。

④ 各个截面起始点的起始方向也应该一致。如图 3－61 所示的“天圆地方”，如果起始点和起始方向不一致，将分别得到如图 3－70 和图 3－71 所示的立体。从图上我们可以看出，立体发生了强烈的扭转。

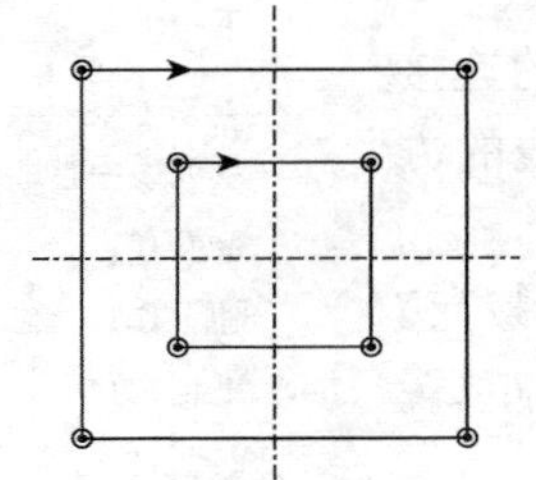

图 3-68　各截面起始点相对应

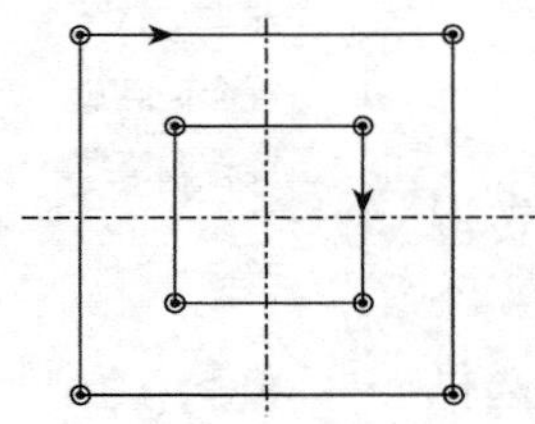

图 3-69　两截面起始点不一致(例一)

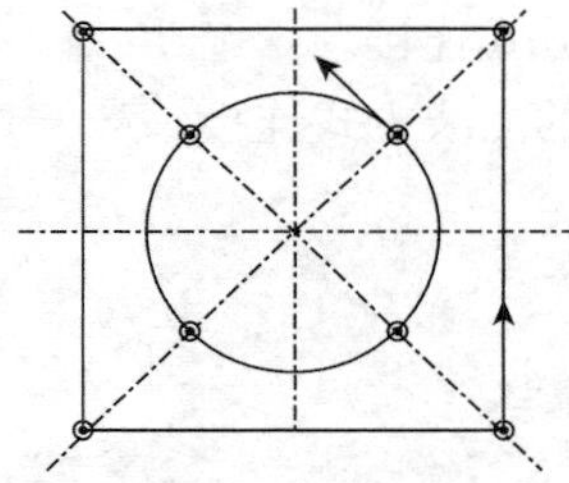
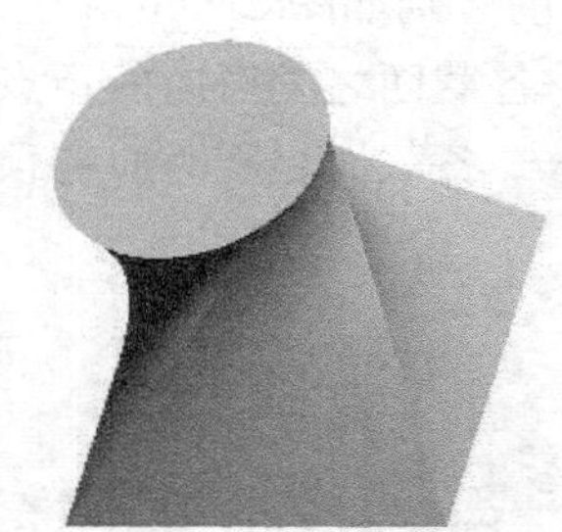

图 3-70　两截面起始点不一致(例二)

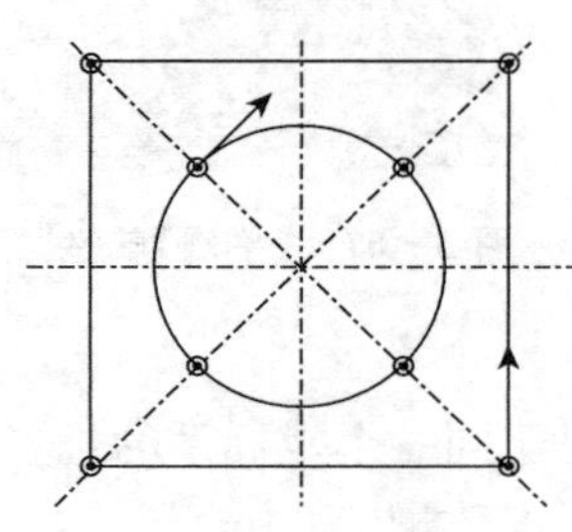

图 3-71　两截面起始点和起始方向都不一致(例三)

(4) 关于双重混合顶点的问题

在某些情况下，各特征截面之间的线段数量不相等，而必须在此条件下建立混合特征，这时可以通过【混合顶点】的方法来解决这个问题。

① 如果其中的一个特征截面只有一个顶点，则这个顶点可被看成是任意一个混合顶点，即这样的截面可以和具有任意一个混合顶点的截面建立混合特征，如图 3-72 所示。

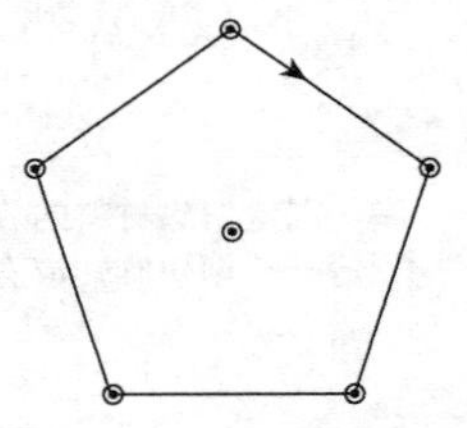
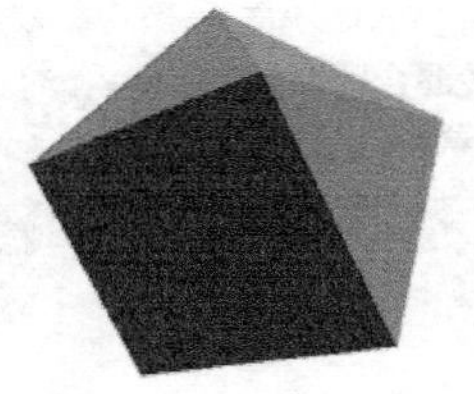

图3-72　特征截面为一个顶点

② 如果两个截面的混合顶点数量不等，并且不存在只有一个顶点的截面，此时可以建立双重的混合顶点。首先选中欲成为双重顶点的那个点，然后选择【草绘】选项卡→【设置】组溢出按钮→【特征工具】→【混合顶点】菜单项，则被选中的点成为双重混合顶点，如图3-73所示。也可以在选择了要作为起始点的顶点之后，用鼠标右击，从弹出的如图3-65所示的快捷菜单中选择【混合顶点】选项将其定义为混合顶点。

③ 特征截面的起始点不能作为双重混合顶点。

(5) 如果混合中的第一个截面是通过草绘创建的，那么混合特征的其余截面也必须通过草绘创建；如果第一个截面是通过选择已有的链来定义的，那么也必须通过选择已有的链的方式来定义混合特征中的其余截面。

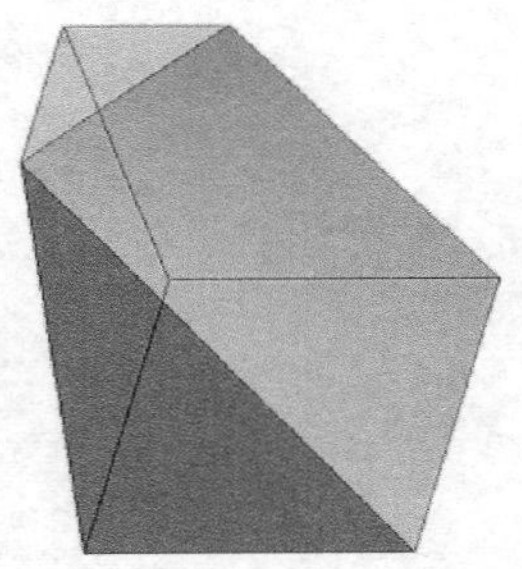
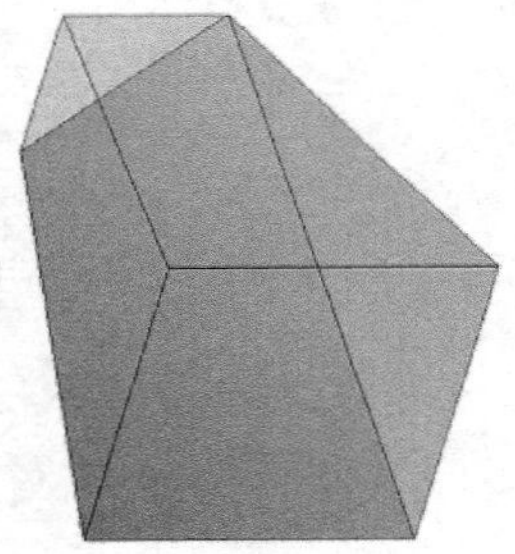

图3-73　双重混合顶点的实例

3.8　旋转混合特征

3.8.1　功能

旋转混合特征的所有截面延伸相交于同一条交线，此交线即为旋转混合特征的旋转轴；各个截面可以围绕该旋转轴旋转的角度范围为－120°～120°。位于【模型】选项卡→【形状】组溢出按钮→【旋转混合】。

3.8.2　操作步骤

(1) 选择【模型】选项卡→【形状】组溢出按钮→【旋转混合】。激活命令后，系统会在功能区弹出【旋转混合】选项卡及如图3-74所示的相应的【旋转混合】工具操控板。

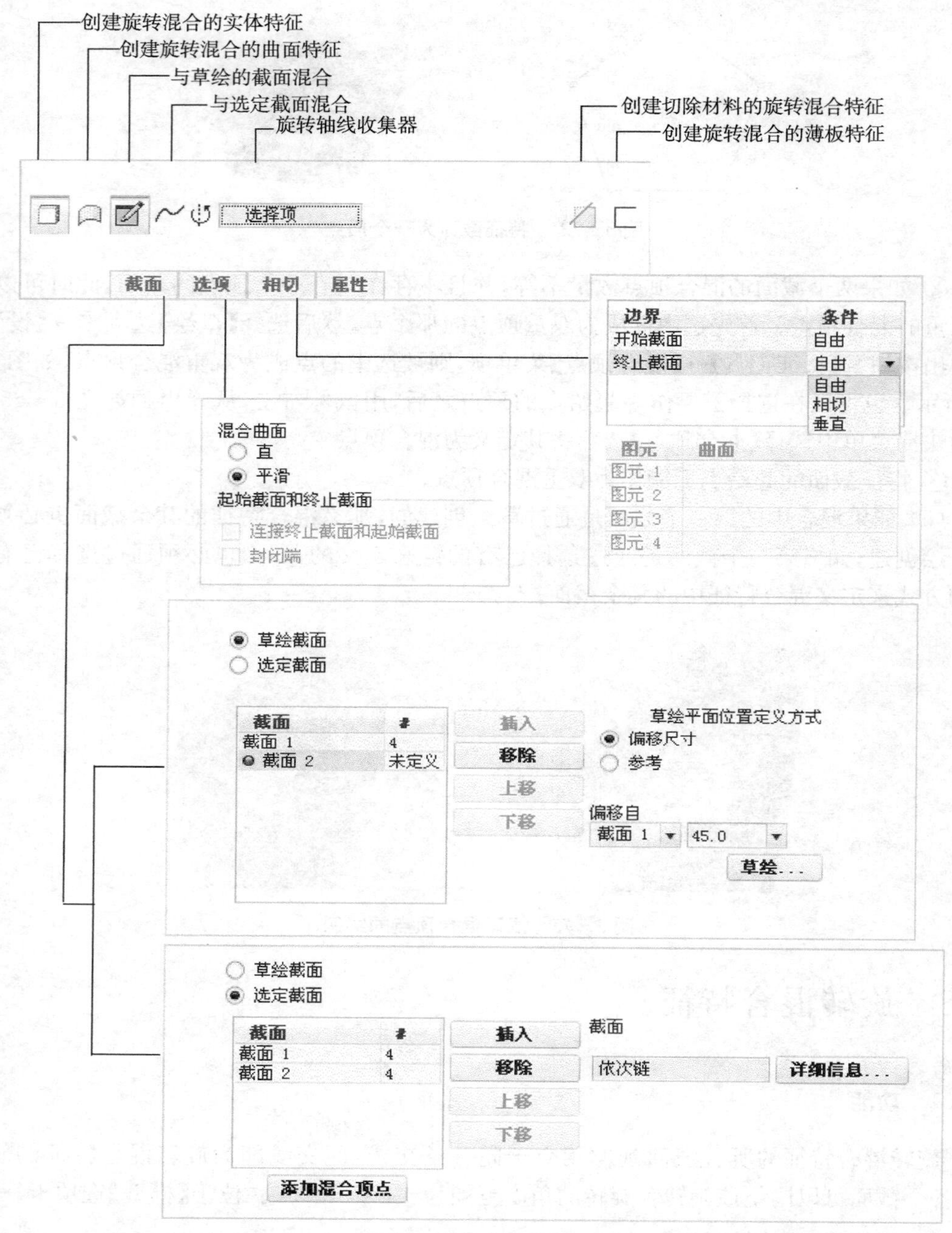

图 3-74 【旋转混合】工具操控板

(2) 如果当前模型中已存在要创建的混合特征的截面，可选择～直接选取要作为所创建的特征的第一个混合截面；否则选择☑并打开【截面】面板或者选择【旋转混合】工具操控板右端的下拉列表中的【草绘基准曲线】命令指定草绘平面和定向参考面绘制第一个混合截面并指定截面的起始点和起始方向。

(3) 此时，操控板中的旋转轴线收集器被自动激活，选择第一个草绘截面中一条已有的轴线作为旋转轴；或者选择【旋转混合】工具操控板右端的下拉列表中的【轴】命令创建一条基准轴线，该轴线自动被选中成为旋转混合特征的旋转轴。

(4) 选择 截面 打开【截面】面板增加新的混合截面，在面板中可以插入新的截面、删除已有的截面并对截面进行重新排序。如果以【草绘截面】的方式创建特征，则需要指定当前截面相对于前一个截面之间的旋转角度，然后选择 草绘... 进入草绘器绘制截面；如果以【选定截面】的方式建立特征，则直接激活截面收集器选定截面即可。

(5) 选择 选项 打开【选项】面板指定混合特征的截面之间的连接属性。

(6) 选择 相切 打开【相切】面板设置开始截面和终止截面的边界条件。

(7) 如果要创建切除材料的特征，按下并指定材料的去除区域。

(8) 如果要创建薄板特征，按下并指定薄板的产生方向和厚度。

(9) 单击特征操控板中的按钮，完成旋转混合特征的创建。

3.8.3　举例

建立如图 3－76 所示的旋转混合的立体。

(1) 选择【模型】选项卡→【形状】组溢出按钮→【旋转混合】。激活命令后，系统会在功能区弹出【旋转混合】选项卡及如图 3－74 所示的相应的【旋转混合】工具操控板。

(2) 选择并打开【截面】面板，以【草绘截面】的方式创建特征。选择 定义... 进入内部草绘。选择 FRONT 面为草绘平面，接受缺省的查看草绘平面的方向(由屏幕外部指向内部)，指定 RIGHT 面为定向参考平面，法线方向向右。

(3) 系统自动进入二维草绘模式，使用 坐标系 命令创建一个构造坐标系与 TOP 面和 RIGHT 面对齐(即对齐于缺省的 PRT_CSYS_DEF 坐标系原点)，并绘制一个矩形作为第一个截面，矩形相对于参考坐标系的尺寸如图 3－75(a)所示。单击完成第一个截面的绘制，退出“草绘器”。

(4) 此时，操控板中的旋转轴线收集器被自动激活，选择【旋转混合】工具操控板右端的下拉列表中的【轴】命令创建一个基准轴线为 FRONT 基准面和 RIGHT 基准面的交线。该轴线自动被选中成为旋转混合特征的旋转轴。

(5) 在【旋转混合】工具操控板中选择 截面 打开【截面】面板以【草绘截面】的方式插入第二个混合截面。指定截面 2 偏移自截面 1 为 45，表示第二个截面要围绕旋转轴旋转 45°，然后绘制第二个截面：此时仍然要先创建一个构造坐标系，然后绘制一个矩形，该矩形相对于参考坐标系的尺寸如图 3－75(b)所示。单击完成第二个截面的绘制，退出“草绘器”。

(6) 在【旋转混合】工具操控板中再次选择 截面 打开【截面】面板以【草绘截面】的方式插入第三个混合截面。指定截面 3 偏移自截面 2 为 60，表示第三个截面要围绕旋转轴旋转 60°，然后绘制第三个截面：此时仍然要先创建一个构造坐标系，然后绘制一个矩形，该矩形相对于参考坐标系的尺寸如图 3－75(c)所示。单击完成第三个截面的绘制，退出“草绘器”。

(7) 在【选项】面板中指定旋转混合特征的截面之间的连接属性为【直】(表示所有截面的各对应顶点之间以直线的方式连接)。

(8) 单击特征操控板中的✓按钮,完成旋转混合特征的创建,如图 3-76(a)所示。

(9) 重新在【选项】面板中指定旋转混合特征的截面之间的连接属性分别为【平滑】、不勾选【连接终止截面和起始截面】,【平滑】、勾选【连接终止截面和起始截面】,得到的立体分别如图 3-76(b)和 3—76(c)所示。

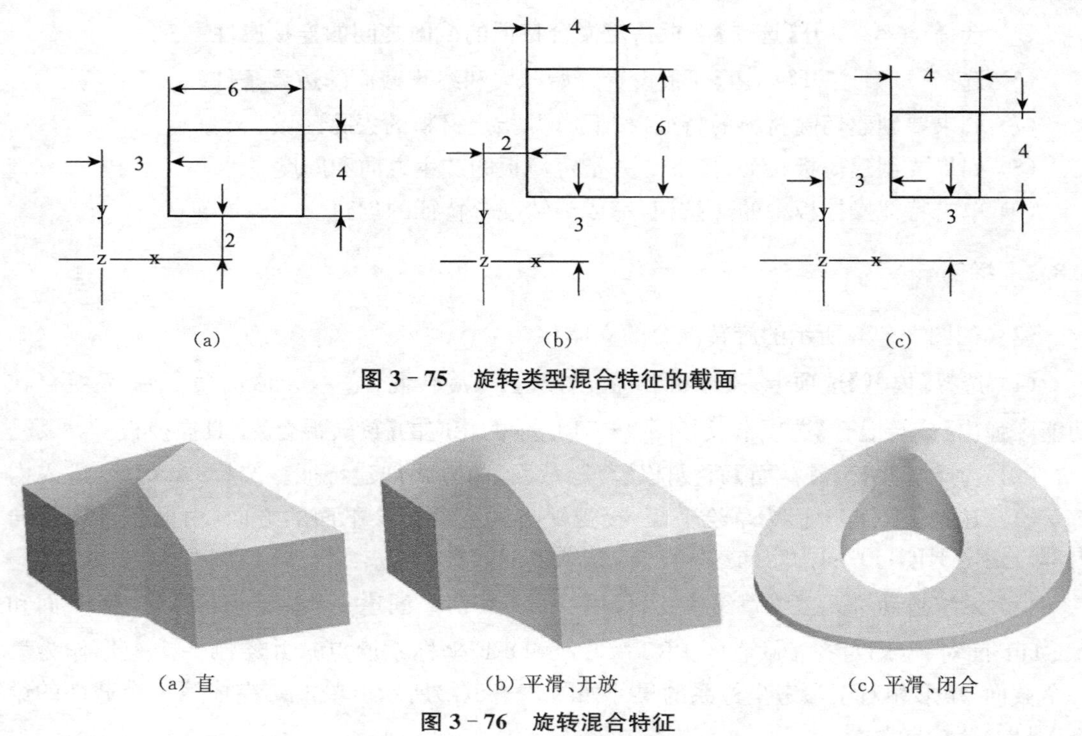

(a) (b) (c)

图 3-75 旋转类型混合特征的截面

(a) 直 (b) 平滑、开放 (c) 平滑、闭合

图 3-76 旋转混合特征

3.8.4 说明

(1) 如果第一个截面是使用草绘创建的,那么旋转混合特征中的其余截面也必须使用草绘来创建;如果第一个截面是通过选择已有的链来定义的,那么也必须通过选择已有的链的方式来定义旋转混合特征中的其余截面。

(2) 所有截面必须位于相交于同一轴的平面中,即所有的截面所在的平面延伸都将相交于同一条轴线。

(3) 除了平行的混合特征和旋转的混合特征以外,常规混合特征创建时的所有截面需要通过草绘创建并通过截面中的构造坐标系对齐,截面可以绕 X 轴、Y 轴和 Z 轴旋转,并可以沿着这三个轴平移。要创建常规混合特征,需要先选择【文件】菜单→【选项】,在打开的【Creo Parametric 选项】对话框→【配置编辑器】中将“enable_obsoleted_features”配置选项设置为“Yes”,使得【常规混合】命令在【不在功能区中的命令】列表中可用;然后在【Creo Parametric 选项】对话框的【自定义功能区】选项卡中选择【从下列位置选取命令】框中的【不在功能区中的命令】列表中选择【常规混合】,将其添加到功能区中所需的用户定义组中去。

由于不常使用,本教程中不再作详细介绍。

3.9　扫描混合特征

3.9.1　功能

扫描混合特征是扫描特征和混合特征两者的组合,由两个或多个草绘截面沿着一条平面或空间的轨迹线扫描而成的特征。位于【模型】选项卡→【形状】组→【扫描混合】。

3.9.2　操作步骤

(1) 激活命令后,系统会在功能区弹出如图 3－77 所示的【扫描混合】选项卡及其相应的【扫描混合】工具操控板。

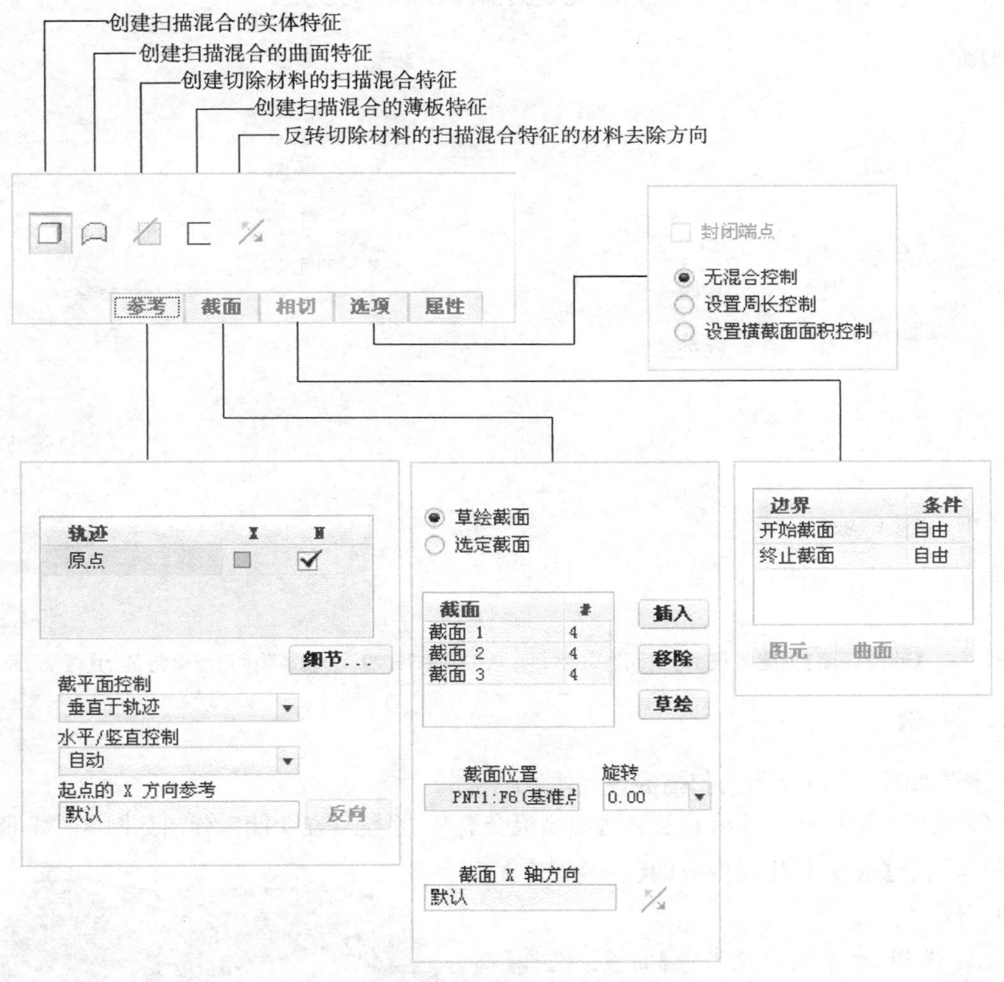

图 3－77　【扫描混合】工具操控板

(2) 如果当前模型中已存在扫描混合特征的轨迹线,可直接选取要作为所创建的扫描混合特征的轨迹线；否则选择【扫描混合】工具操控板右端的下拉列表中的【草绘基准曲线】命令指定草绘平面和定向参考面绘制扫描混合的轨迹线。

(3) 选择 参考 打开【参考】面板设置轨迹类型和截平面控制模式。

(4) 选择 截面 打开【截面】面板创建扫描混合截面，在面板中可以插入新的截面、删除已有的截面。如果以草绘截面的方式创建特征，则打开的面板如图 3－78 所示，需要指定截面之间的偏移距离，然后选择 草绘... 进入草绘器绘制截面；如果以选定截面的方式增加截面，则打开的面板如图 3－79 所示，直接激活截面收集器选定截面即可。

(5) 在【相切】面板中设置开始截面和终止截面的边界条件。

(6) 在【选项】面板中控制截面间扫描混合形状。

(7) 如果要创建切除材料的特征，按下并指定材料的去除区域。

(8) 如果要创建薄板特征，按下并指定薄板的产生方向和厚度。

(9) 单击特征操控板中的按钮，完成扫描混合特征的创建。

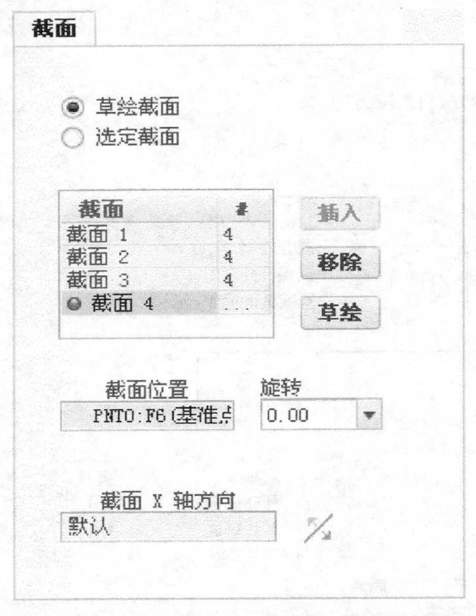

图 3－78 【草绘截面】创建特征的【截面】面板

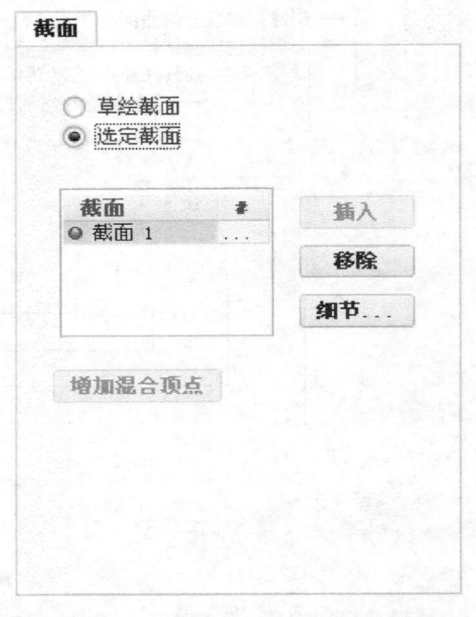

图 3－79 【选定截面】创建特征的【截面】面板

3.9.3 举例

建立如图 3－80 所示的扫描混合立体。

(1)【模型】选项卡→【形状】组→【扫描混合】。系统会在功能区弹出如图 3－77 所示的【扫描混合】选项卡及其相应的【扫描混合】工具操控板。

(2) 选择 参考 打开【参考】面板。选择【扫描混合】工具操控板右端的下拉列表中的【草绘基准曲线】命令指定 FRONT 基准面为草绘

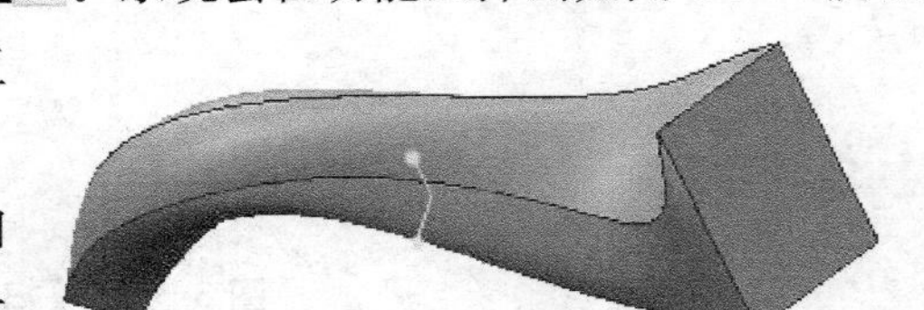

图 3－80 扫描混合立体

平面绘制如图 3-81 所示的四点样条曲线，单击✓完成创建。退出“草绘器”后该曲线自动被选为扫描混合的轨迹线。

(3) 选择【扫描混合】工具操控板右端的下拉列表中的【创建基准点】命令，打开如图 3-82 所示的【基准点】对话框，在刚创建的基准曲线上距离左侧起点的偏移比率分别为 0.35、0.7 的位置上创建 2 个基准点用于草绘截面时确定截面的位置，如图 3-83 所示。

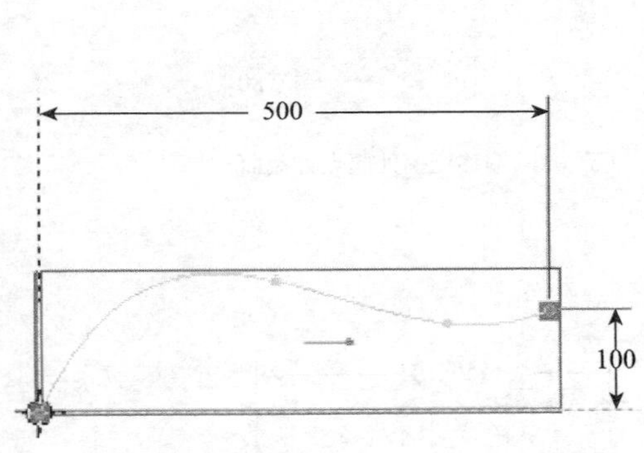

图 3-81　草绘扫描混合轨迹——四点样条

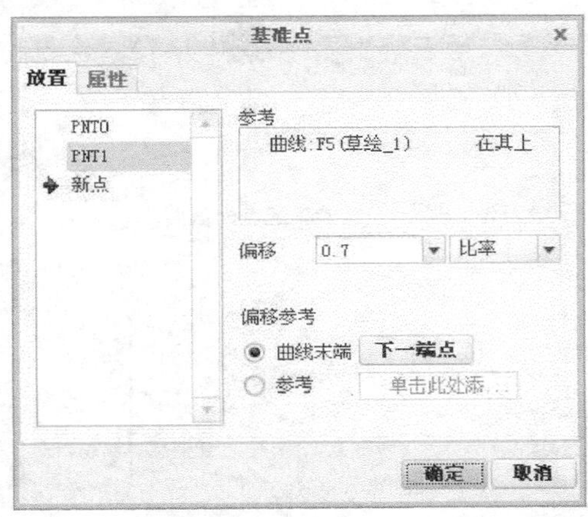

图 3-82　【基准点】对话框

(4)【参考】面板轨迹类型设置和截平面控制模式使用默认值，如图 3-84 所示。

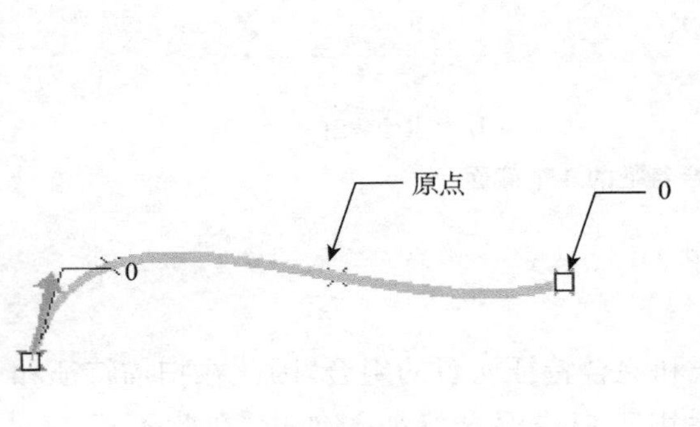

图 3-83　扫描混合轨迹线

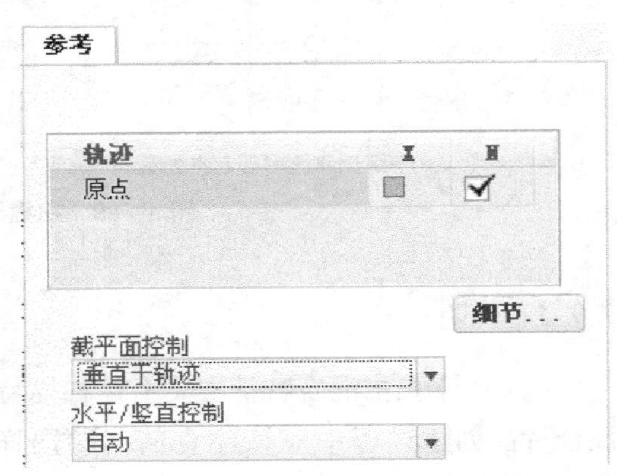

图 3-84　【参考】面板

(5) 选择 截面 打开【截面】面板以“草绘截面”的方法分别在轨迹线的起点、0.35 和 0.7 偏移比率处(直接选择步骤(3)中的基准点位置)、结束位置创建扫描混合的 4 个截面。图形区域中在轨迹线的指定位置处点会显示十字叉丝，其交点就是扫描轨迹线的指定位置。各个截面都是以十字叉丝为中心对称创建。四个截面相对于初始截面 X 轴的旋转角度分别为 0°、30°、60°和 90°，分别如图 3-85(a)、图 3-85(b)、图 3-85(c)和图 3-85(d)所示。

(6) 单击特征操控板中的✓按钮，完成扫描混合特征的创建。

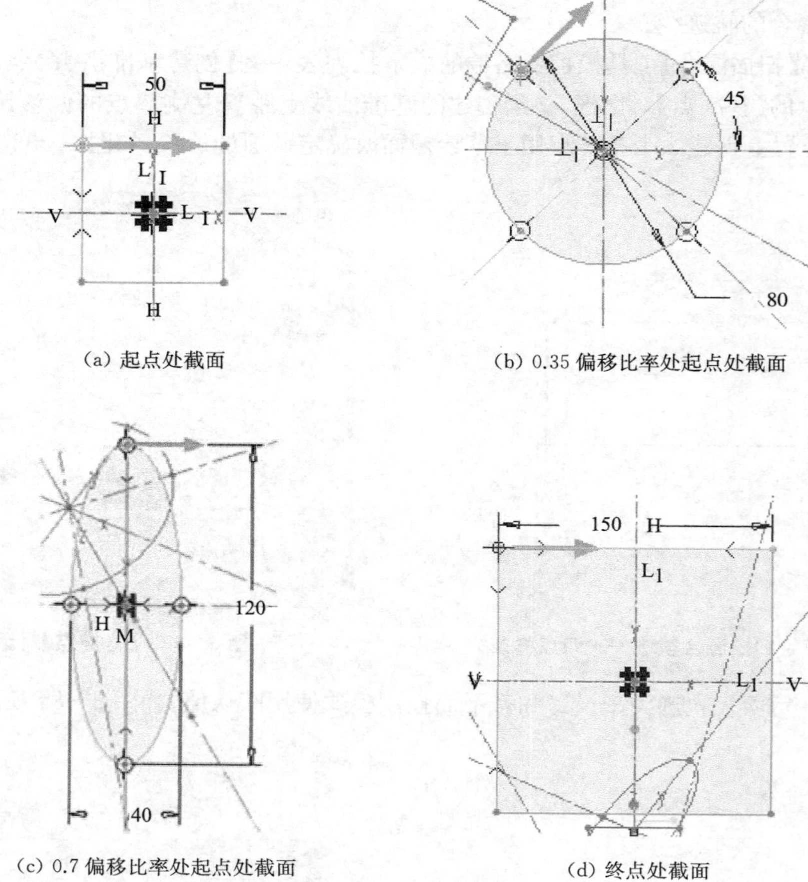

(a) 起点处截面

(b) 0.35 偏移比率处起点处截面

(c) 0.7 偏移比率处起点处截面

(d) 终点处截面

图 3－85　扫描混合特征的 4 个截面

3.9.4　说明

(1) 由于扫描混合特征实质上是扫描特征和混合特征两者的组合，因此在扫描特征和混合特征创建过程中应该注意的问题同样适用于扫描混合特征的创建，在此不再一一重复。

(2)【相切】面板中开始截面和终止截面的边界条件有三个选项，如图 3－86 所示。其含义如下：

① 自由——截面是自由端。

② 相切——截面和指定的曲面相切。

③ 垂直——截面和扫描混合的轨迹线相垂直。

(3)【选项】面板用于设置控制截面间扫描混合形状的选项，如图 3－87 所示。其含义如下：

① 无混合控制——不设置混合控制。

② 设置周长控制——将混合的周长设置为在截面之间线性的变化。打开【通过折弯中

心创建曲线】复选框可将曲线放置在扫描混合的中心。

③ 设置横截面面积控制——在扫描混合的指定位置指定横截面面积。

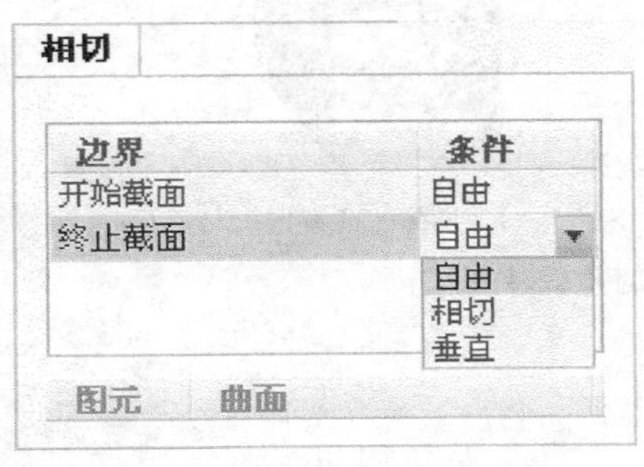

图 3－86　【相切】面板

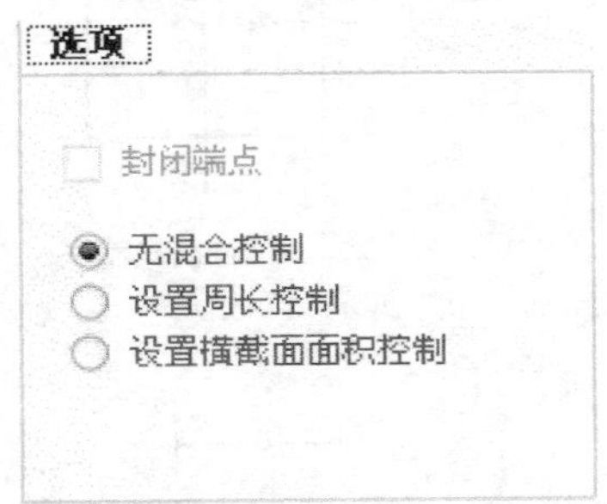

图 3－87　【选项】面板

（4）在如图 3－77 所示的操控板【选项】面板中的【封闭端点】属性用于建立截面封闭并且轨迹开放的扫描混合曲面时控制是否在端点处封闭曲面，其区别分别如图 3－88 和图 3－89 所示。

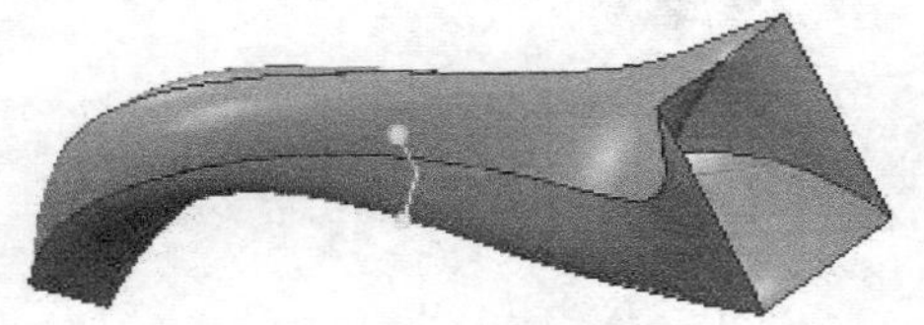

图 3－88　开放端点

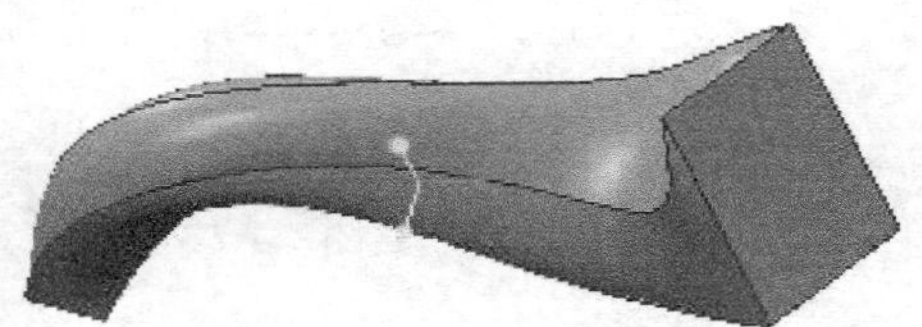

图 3－89　封闭端点

3.10　草绘的薄板特征

3.10.1　功能

所谓草绘的薄板特征，就是通过将草绘的截面加厚而形成的特征形式。

3.10.2　操作步骤

和建立拉伸、旋转、扫描、螺旋扫描、混合、混合扫描等实体特征操作相类似。从各自的命令操控板上选择 ⊏ 图标即可，建立的立体分别如图 3－90～图 3－95 所示。⁄ 按钮用于改变薄板特征厚度产生的方向，即指定要添加厚度的那一侧，可在以下三种模式间切换，在设置的同时模型中会有箭头指明方向。

（1）向“侧 1”添加厚度；

（2）向“侧 2”添加厚度；

（3）向两侧同时添加厚度。

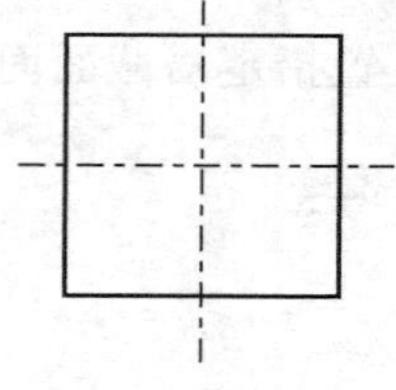

(a) 特征截面

(b) 拉伸的薄板特征

图 3-90　拉伸的薄板特征

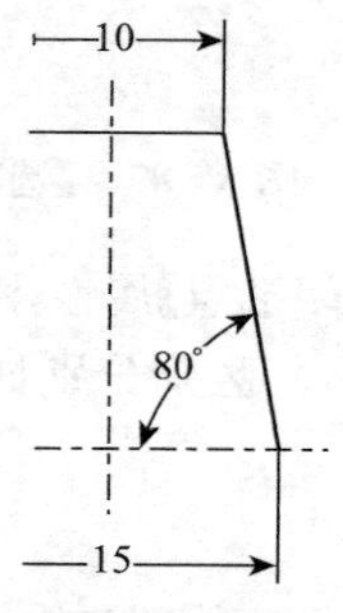

(a) 特征截面

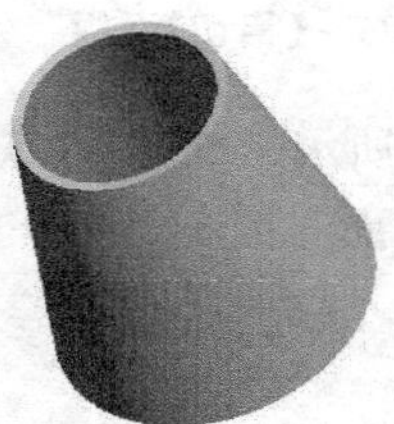

(b) 旋转的薄板特征

图 3-91　旋转的薄板特征

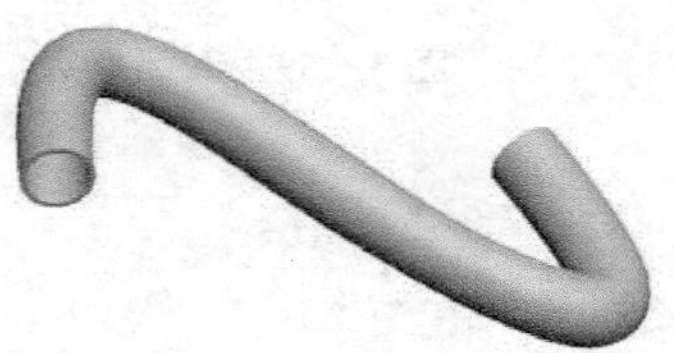

图 3-92　扫描的薄板特征

图 3-93　混合的薄板特征

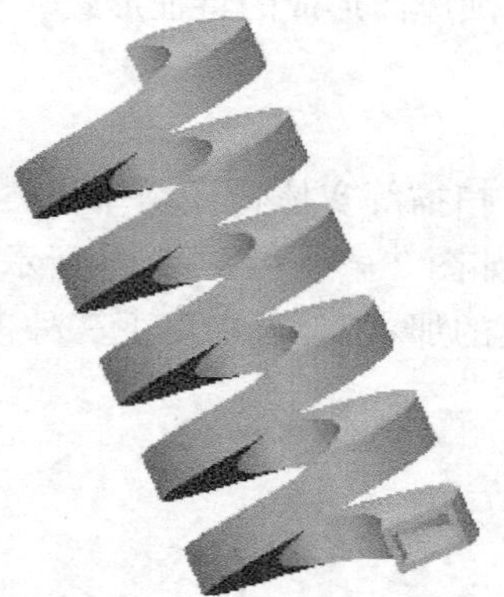

(a) 截面封闭(矩形)

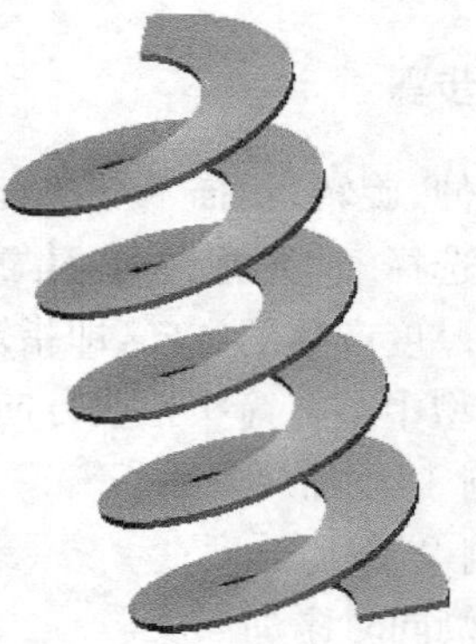

(b) 截面开放(直线段)

图 3-94　螺旋扫描的薄板特征

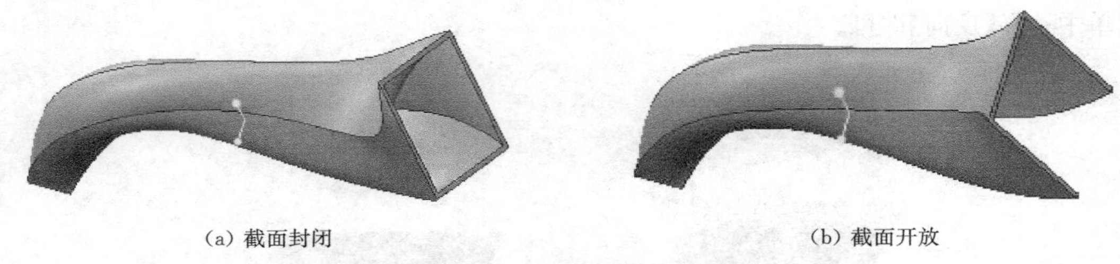

(a) 截面封闭　　(b) 截面开放

图 3-95　扫描混合的薄板特征

3.11　特征的"加材料"和"切除材料"方式的比较

3.11.1　功能

"切除材料"(软件菜单中译作"切口")的操作是从现有零件中挖出体积,而体积的创建也有拉伸、旋转、扫描、混合等方式。其操作步骤和"加材料"(软件菜单中译作"伸出项")相似,唯一不同的是当二维截面完成后,系统要求指定材料的切除区域。

在 Creo Parametric 中,"加材料"与"切除材料"是两个最重要、应用最频繁的特征操作。熟练掌握"加材料"与"切除材料"的操作是进行三维零件造型的必要条件。

3.11.2　操作步骤

"加材料"与"切除材料"操作的命令访问方法相同,只要在相应的操控板上选择◿表示要进行切除材料的操作。

"加材料"与"切除材料"操作的步骤相似,但却产生截然相反的结果。前者是属于增加材料的操作,而后者是属于减少材料的操作。

3.11.3　说明

(1) "加材料"与"切除材料"操作产生相反的效果,如图 3-96 所示。

(a) 基体特征　　(b) "加材料"　　(c) "切除材料"

图 3-96　"加材料"与"去除材料"操作的比较

(2) 在进行"去除材料"的操作时,材料去除区域的方向不同,得到的结果也不相同,如图 3-97 所示。

(3) 特征生长方向和材料去除方向的修改。

在特征的建立过程中,会出现两个箭头分别代表特征的生长方向和材料的去除区域方向,若要改变方向,只需要将鼠标指向要改变方向的箭头,单击鼠标;或者右击鼠标从快捷菜单中选择【反向】即可。

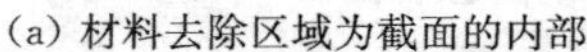

(a) 材料去除区域为截面的内部　　(b) 材料去除区域为截面的外部

图 3－97　材料去除区域的比较

3.12　关于基础特征的共同说明

3.12.1　关于使用英制模板和公制模板

(1) 当建立一个新的零件文件时，在图 3－98 所示的【新建】对话框中如果勾选【使用默认模板】复选框，那么系统使用的模板的默认单位是英制单位的模板“inlbs_part_solid”（英寸磅秒制）。如果用户需要使用公制的造型模板，在【新建】对话框中不要勾选【使用默认模板】复选框，系统就会出现如图 3－99 所示的【新文件选项】对话框，在其中指定公制单位的模板“mmns_part_solid”（毫米・牛顿・秒制）或者“solid_part_mmks”（毫米・千克・秒制）就可以了。

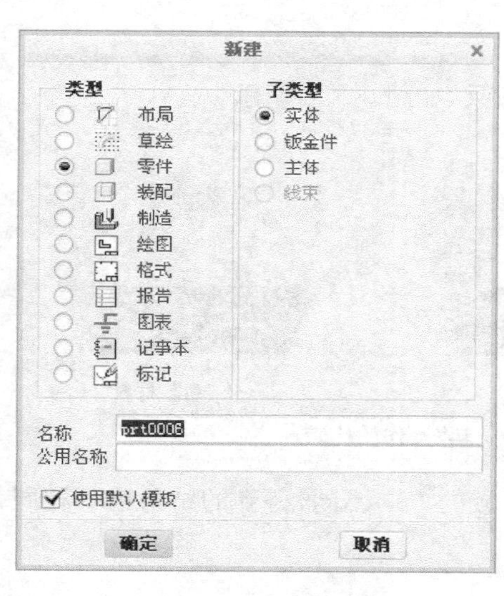

图 3－98　【新建】对话框

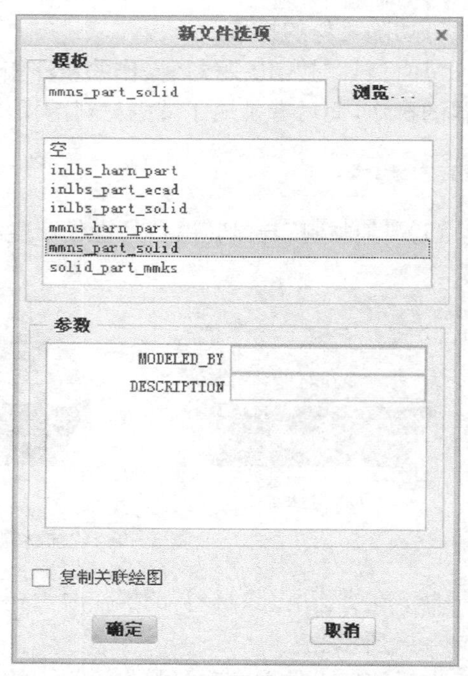

图 3－99　【新文件选项】对话框

(2) 当建立一个新的造型文件时，在图 3－98 所示的【新建】对话框中如果不勾选【使用默认模板】复选框，如图 3－99 所示的【新文件选项】对话框中也不指定模板，则不会出现使用模板时的三个基准平面：TOP、FRONT 和 RIGHT 以及基准坐标系 PRT_CSYS_DEF，此时仍然可以使用拉伸、旋转的方法进行特征的造型时，不需要指定草绘的平面和定向参考平面，Creo Parametric 自动地将屏幕面作为草绘平面，特征的生长方向垂直于屏幕。

3.12.2　将草绘用作特征截面举例

在零件特征的创建过程中，我们可能将特征创建过程中需要的一些草绘以"草绘的基准曲线的方式"（参见 5.5.3 节"建立草绘的基准曲线的方法"）先建立好，以方便后创建的特征直接选用。我们以创建拉伸特征为例来说明。

(1) 选择【模型】选项卡→【基准】命令组→【草绘】。

(2) 选择 FRONT 面为草绘平面，接受缺省的草绘视图方向，指定 RIGHT 面为定向参考平面，法线方向向右，绘制一个尺寸为∅100 的圆，如图 3－100 所示。

(3) 选择【模型】选项卡→【形状】命令组→【拉伸】。系统会在功能区弹出如图 3－6 所示的【拉伸】选项卡及其相应的【拉伸】工具操控板。

(4) 在如图 3－101 所示【拉伸】操控板的【放置】面板中单击【草绘收集器】将其激活，选择刚才绘制的圆曲线。

(5) 系统直接将圆曲线作为拉伸特征的截面使用，直接在操控板中输入特征的生长深度为 50，单击特征操控板中的按钮，完成拉伸特征的创建，得到如图 3－102 所示的圆柱。

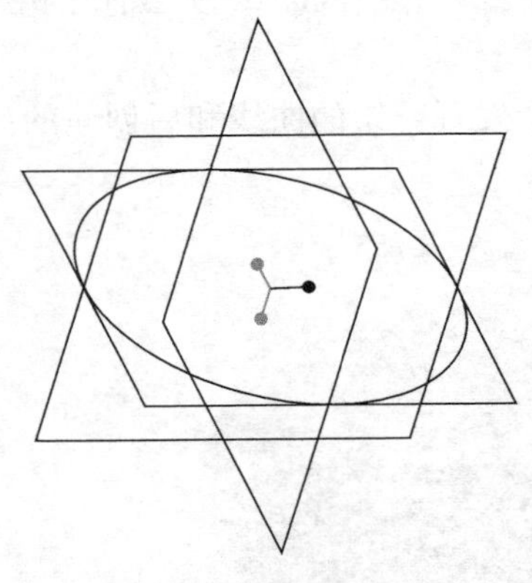

图 3－100　草绘的圆曲线

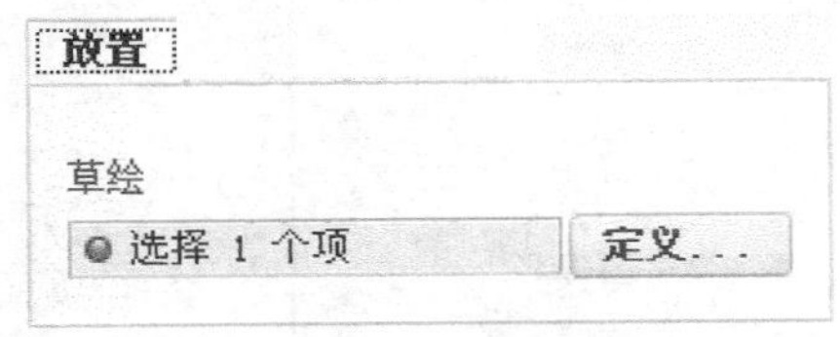

图 3－101　【拉伸】操控板的【放置】面板

(6) 观察一下模型树，原来正常显示的"草绘 1"特征在模型树中被自动隐藏并自动嵌入在"拉伸 1"特征中，在"拉伸 1"特征中包含了一个名为"草绘 1"的子节点，如图 3－103 所示。

我们通过下面的操作来说明前面的草绘与后创建的拉伸特征之间的关联性。

(1) 在模型树中右击"草绘 1"，从弹出的如图 3－104 所示的快捷菜单中选择【编辑】选项，将草绘的圆曲线的直径尺寸改成 60，我们发现后面用拉伸特征创建的圆柱的直径同步的发生了变化。

(2) 再在模型树中右击"拉伸 1"，从弹出的快捷菜单中选择【编辑】选项，将圆柱的直径尺寸改成 120，我们发现前面草绘的圆曲线的直径也随之同步的发生了变化。

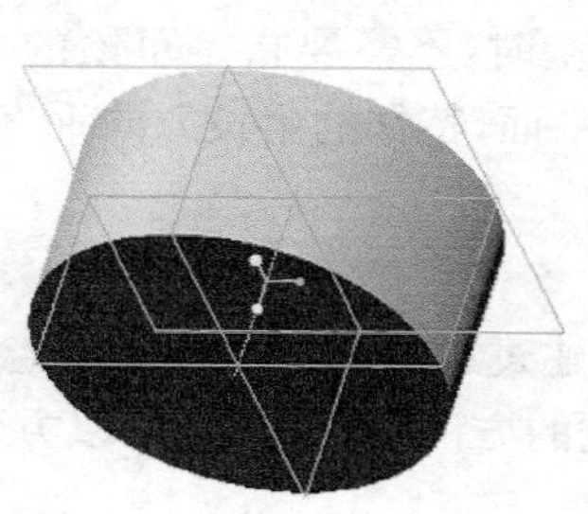

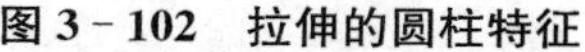
图 3－102　拉伸的圆柱特征

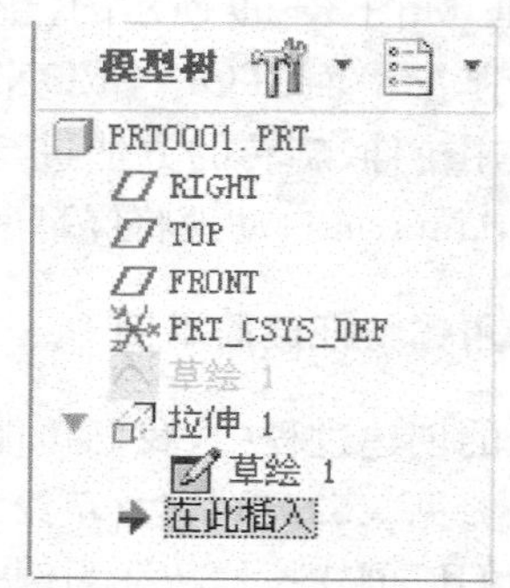

图 3－103　断开链接前的模型树

(3) 在模型树中右击“草绘 1”，从弹出的快捷菜单中选择【编辑定义】选项，将原来草绘的圆直接删除，重新绘制一个长 120、宽 60 的矩形，单击✓完成草绘的更改，退出“草绘器”。我们会发现原先圆柱现在变成了长方体，如图 3－105 所示。

(4) 如果我们要断开草绘和后创建的特征之间如上的关联性，可以在模型树中右击“拉伸 1”，从弹出的快捷菜单中选择【编辑定义】选项，在系统弹出的如图 3－106 所示【拉伸】工具操控板的【放置】面板中选择 断开... 按钮，系统会弹出如图 3－107 所示的【断开链接】对话框，按下 确定 按钮即可断开特征与选定草绘的关联，并复制草绘作为内部草绘。这时再观察模型树，在“拉伸 1”特征中原有的子节点“草绘 1”被“截面 1”所替代，如图 3－108 所示。

(5) 我们再次重复上面(1)、(2)、(3)步的操作，会发现草绘的曲线和后创建的拉伸特征之间不再有任何关联。

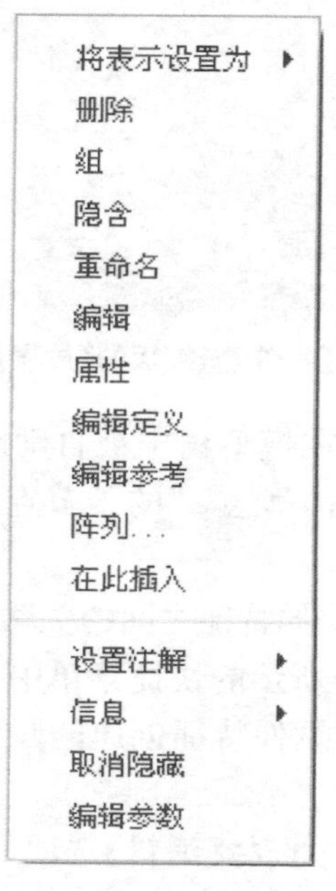

图 3－104　快捷菜单

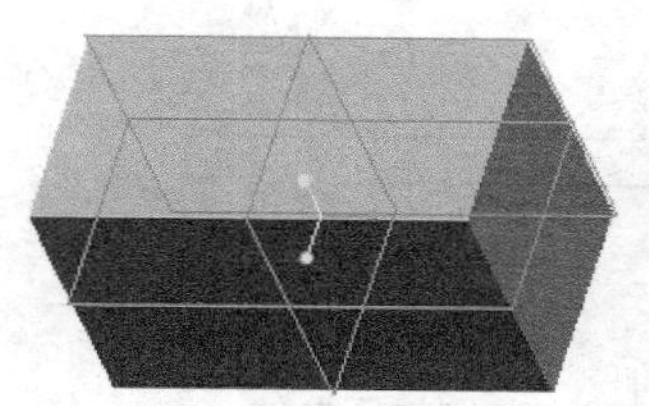

图 3－105　长方体

图 3－106　【拉伸】操控板的【放置】面板

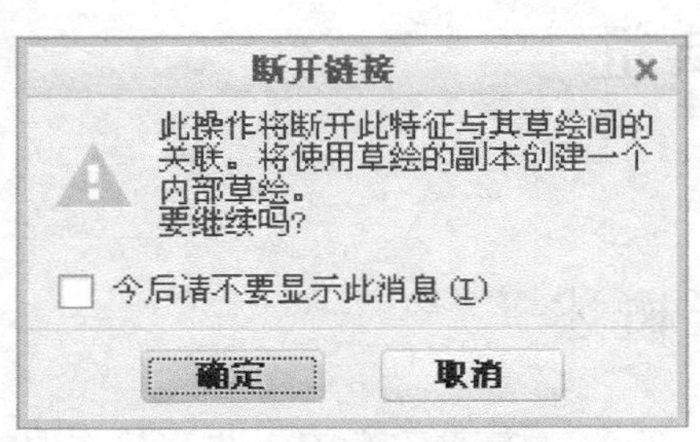

图 3-107　【断开链接】对话框

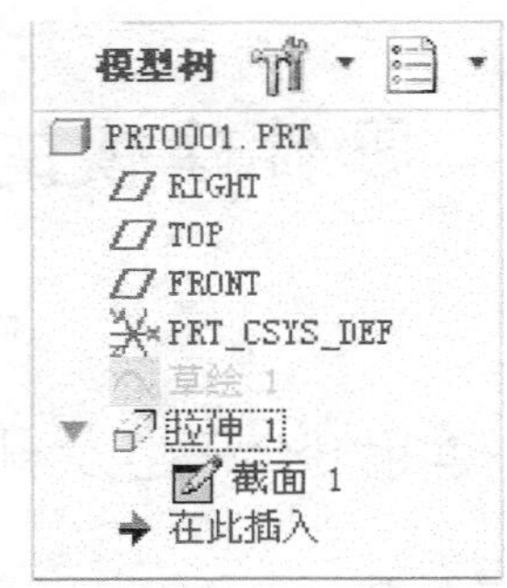

图 3-108　断开链接后的模型树

3.12.3　草绘器中草绘平面定向与屏幕面平行

Creo Parametric 与 Pro/ENGINEER 野火版草绘器一个很大的区别是，在 Creo Parametric 中默认方式下仍然是在三维的轴测图环境中进行草绘，用户可以单击【草绘】选项卡→【设置】组中的重新定向草绘平面，使其与屏幕平行。

3.12.4　特征工具操控板中的【属性】面板

在拉伸、旋转、扫描、螺旋扫描、混合、扫描混合等基础特征包括后面的工程特征的工具操控板中，都有一个【属性】面板，如图 3-109 所示。

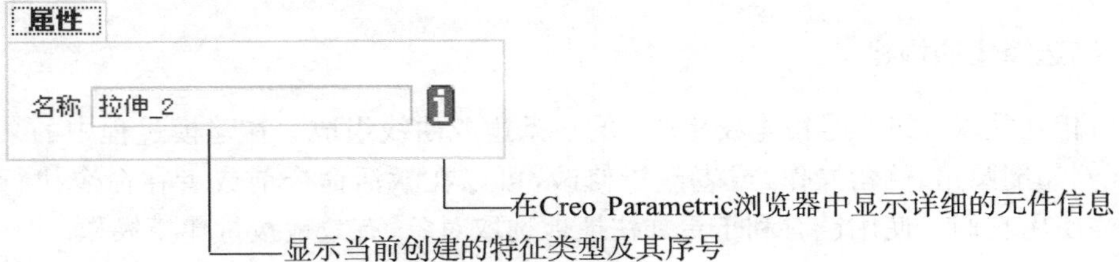

图 3-109　特征工具【属性】面板

(1) 在名称编辑框中可以直接编辑修改特征的名称，模型树中的特征名称也会同步更新。同样，如果在模型树中更改特征的名称，【属性】面板中也会自动更改。

(2) 单击图标在 Creo Parametric 浏览器中显示详细的元件信息，包括特征的内码、所在的零件的名称、父特征列表、特征元素数据和特征的尺寸信息等。

第 4 章　零件建模的工程特征

4.1　选择集的构建及工程特征概述

直接建模是 Creo Parametric 的重要进步。所谓直接建模，就是首先直接选取特征创建的参考，然后再激活命令创建特征，即“对象—操作”的操作方式。在 Creo Parametric 中可以完全采用直接建模的特征包括孔特征、倒角特征、倒圆角特征、抽壳特征、拔模特征等。我们前面第 3 章所讲的拉伸和旋转特征，也可以通过先选择特征创建的草绘平面，然后再激活命令的方式进行。

在 Creo Parametric 中仍然支持传统的先激活命令，然后选择需要创建特征的参考即“操作—对象”的操作方式。虽然直接建模的特征是 Creo Parametric 的发展趋势，但这种操作方式更多的是通过选择集的构建、使用鼠标拖动特征中的控制柄来完成特征的定位和定形，没有固定的模式可循，使用起来非常灵活，对于初学者也更难于上手，需要大量的练习。为了叙述上更具有条理，我们仍然按照传统的操作方式结构讲述，只在必要的地方给出说明。

要对模型进行操作，必须选择相应的设计图元、基准或几何参考，因此，合理、正确地构建选择集对于提高建模的效率至关重要。在激活特征命令前后均可选择图元构建选择集。

4.1.1　链选择集的构建

链由相互关联（如首尾相连或相切）的多条边或曲线组成。在建模过程中的某些特征的创建(例如倒圆角、倒角操作)或者编辑修改，可以在激活命令前或者在命令执行过程中构建链并使用它们。使用链有利于更加快捷地选取对象，有效地执行建模操作。

1) 链的类型

(1) 依次链——选择单独的边、曲线或复合曲线组成链。

(2) 目的链——是由创建它的事件自动定义和保留的链，和当前的造型环境有关。

(3) 相切——和当前选中的边相切的、首尾相连的所有的边都被选中。

(4) 部分环——使用位于指定的起点和终点之间的部分环。

(5) 完整环——包含曲线或边的整个环的链。

其中，依次链和目的链是非基于规则的链，而相切、部分环和完整环是基于规则的链。

2) 链选择集的构建

构建链选择集需要首先在模型上选择一条边或曲线以建立锚点，Creo Parametric 将突出显示选定的边或曲线。

(1) 依次链

① 首先选择一条边线作为锚点。

② 按住【Shift】键，不要放开。

③ 将鼠标移动至所选棱边上，此时鼠标右下方弹出“依次”提示，点击鼠标左键选择此

棱边。

④ 依次选取所需的相邻棱边直到选择结束，放开【Shift】键。

(2) 目的链

① 首先选择链中的一条边线作为锚点。

② 随后略等一小会儿或轻微晃动鼠标，鼠标右下方会弹出“目的边：xxx”的提示。

③ 点击鼠标左键确认，如图 4－1 所示。

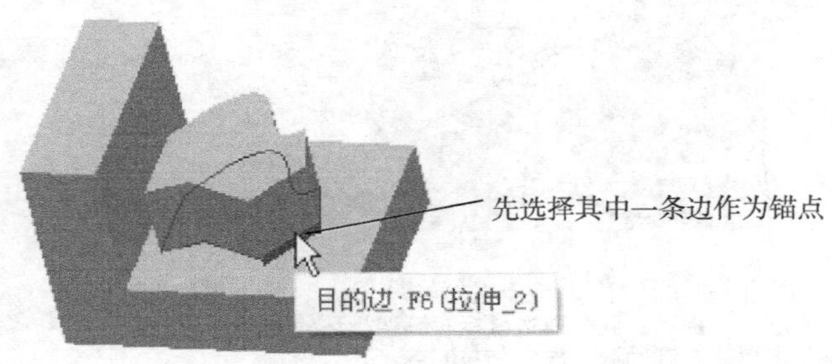

图 4－1　目的链

(3) 相切

① 首先选择一条边线作为锚点。

② 按住【Shift】键，不要放开。

③ 将鼠标移至链中与所选边线相隔（不相邻）的棱边处，此时鼠标右下方弹出“相切”提示。

④ 点击鼠标左键确认，放开【Shift】键，则和当前选中的边相切的、首尾相连的所有的边都被选中，如图 4－2 所示。

在命令的执行过程中，也可以直接先在【链】对话框中选择基于“相切”的规则，此时只要选择其中任意一条边，就可以将整个相切的链选中。

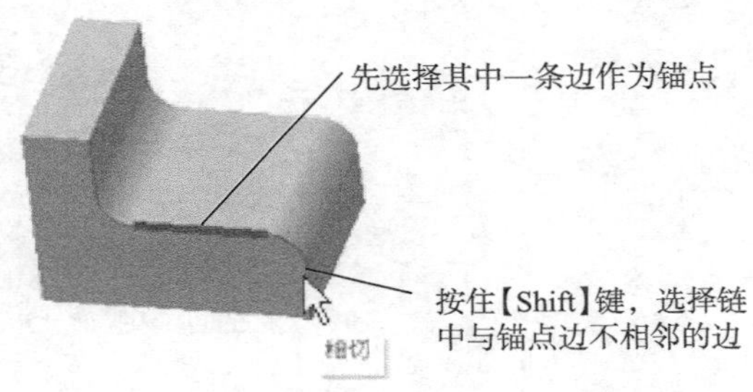

图 4－2　相切链

(4) 部分环

① 首先选择环起始的边线作为锚点。

② 按住【Shift】键，不要放开。

③ 将鼠标移动至环的终止边处，鼠标右下方会出现“曲面环起止”提示。

④ 通过鼠标右键切换曲面环的方向，直至所需要的方向的部分环被选中。

⑤ 点击鼠标左键确认,放开【Shift】键。如图 4-3 所示。

在命令的执行过程中,也可以直接先在如图 4-4(a)所示【链】对话框中选择基于“部分环”的规则,然后激活【锚点】收集器选择链开始的第一条边,再激活【范围参考】收集器选择链的终止边;通过按下 反向 按钮调整所需要的环的方向。

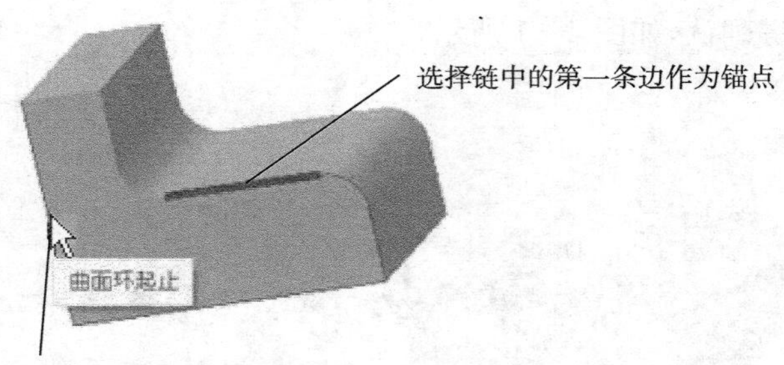

图 4-3　曲面的部分环

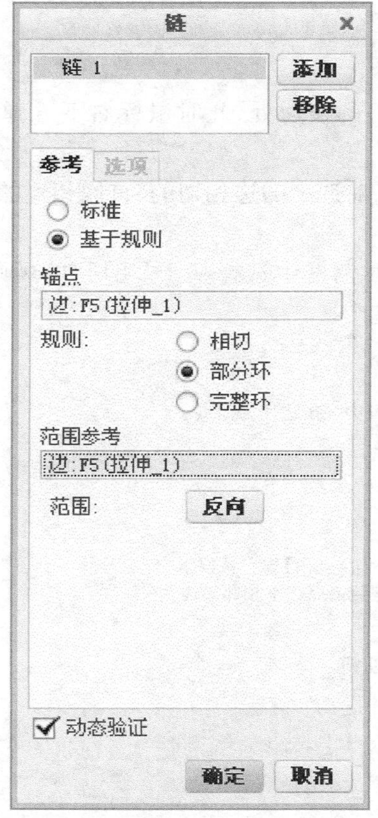

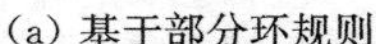

(a) 基于部分环规则

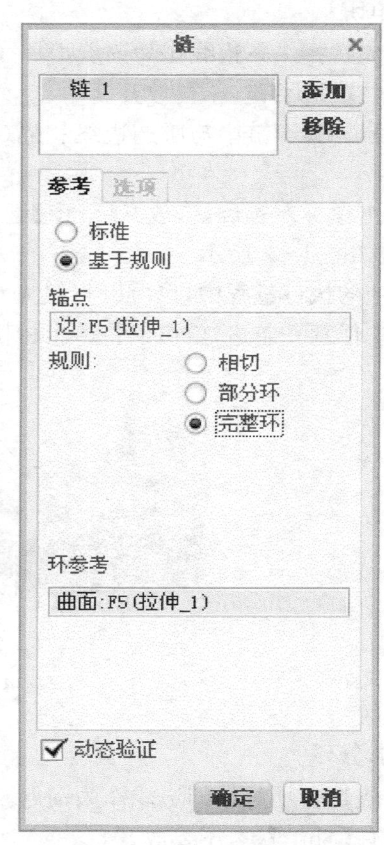

(b) 基于完整环规则

图 4-4　【链】对话框

(5) 完整环

① 首先选择链中的任意一条边线。

② 按住【Shift】键,不要放开。

③ 将鼠标移动至链所在的曲面上,此时鼠标右下方弹出“曲面环”提示。

④ 点击鼠标左键确认,放开【Shift】键,则整个曲面的边线被选中。如图 4－5 所示。

在命令的执行过程中,也可以直接先在如图 4－4(b)所示【链】对话框中选择基于“完整环”的规则,然后激活【锚点】收集器选择链中的任意一条边线,再激活【环参考】收集器选择链所在的曲面即可。

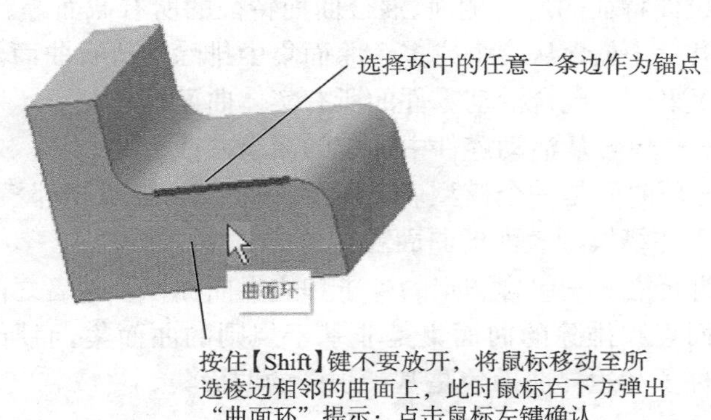
选择环中的任意一条边作为锚点
曲面环
按住【Shift】键不要放开，将鼠标移动至所
选棱边相邻的曲面上，此时鼠标右下方弹出
“曲面环”提示；点击鼠标左键确认

图 4－5　曲面的完整环

3) 说明

(1) 按住【Ctrl】键并单击链即可从选择集中移除整个链。

(2)【Ctrl】键是逐一添加的多选键,所添加的几何之间无直接的关系;而【Shift】键是同一个链中的多选键,添加的几何都是同一个链中的组成部分。

(3) 如果要在同一工作流中构造其他链,需要松开【Shift】键,按住【Ctrl】键并单击模型上的边或曲线,以选择新链的锚点;松开【Ctrl】键后,再次按住【Shift】键,按照上文所介绍的方法构建新链的选择集。

例如,要对图 4－5 中模型前表面中的相切链和左侧面的完整环进行相同半径倒圆角的操作,得到的结果如图 4－6 所示。模型中的相切链和完整环分别是同一个链选择集中的两条链。

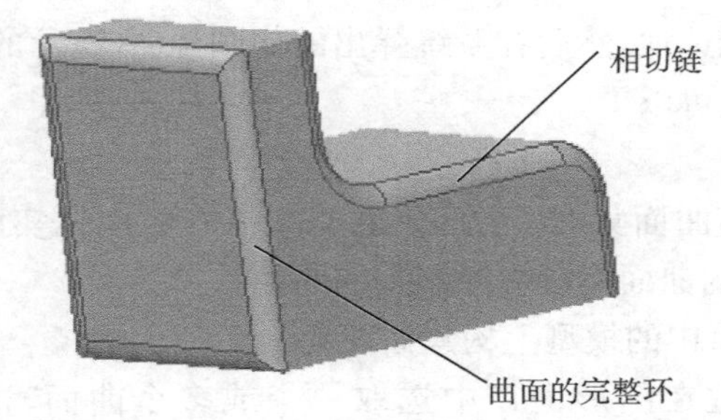
相切链
曲面的完整环

图 4－6　通过【Ctrl】键和【Shift】键构建同一个选择集中的两条链

4.1.2 曲面集的构建

曲面集包括选择并放置到组中的多个曲面。使用曲面集，可在一次性选定的曲面上有效地执行建模操作。

1）曲面集的类型

（1）单曲面集——包含一个或多个实体或面组曲面的选择集。

（2）目的曲面集——目的面就是所谓的“智能面”，是由创建它的事件自动定义和保留的特定曲面的集合，和当前的造型环境有关。目的曲面是基于特征、按照特征的构成由系统自动选择的。例如拉伸特征的所有侧面、混合曲面特征的所有截面等。

（3）排除的曲面集——包含从一个或多个曲面集中排除的所有曲面。

（4）所有实体曲面集——包含活动零件的所有实体曲面。

（5）面组曲面集——包含从活动零件中选定的面组曲面。

（6）环曲面集——环曲面是一个模型表面的封闭边线轮廓所相邻模型表面的集合，这些模型表面集构成一个环绕模型表面的曲面环。

（7）种子和边界曲面集——包含选定的种子和边界曲面以及两者之间的所有曲面。其中，单曲面集、目的曲面集和排除的曲面集是非基于规则的曲面集，而所有实体曲面集、面组曲面集、环曲面集、种子和边界曲面集是基于规则的曲面集。

2）曲面集的构建

在构建曲面集时，必须首先选取参考，然后按住【Shift】键以激活曲面集构建模式。

（1）单曲面集

① 在模型上选择一个曲面，Creo Parametric 会突出显示选定的曲面。

② 如果要将其他曲面添加到选择集中，需要按住【Ctrl】键的同时进行选择。

③ 如果要将已经添加到选择集中的曲面从选择集中移除，只要按住【Ctrl】键的同时再次选择该曲面即可。

（2）目的曲面集

以图 4-7 所示为例，假设我们要选择底板上方拉伸特征的六个侧面。

① 先预选择底板上方的拉伸特征。

② 把光标移动到拉伸特征的前表面。

③ 按鼠标右键对所有进行遍历查询选择，直到六个侧面被选中，同时鼠标右下方会弹出“目的曲面：xxx”的提示。

④ 或者在特征被预选后，将鼠标移动到一个侧面上时按住鼠标右键，从弹出的快捷菜单中选择【从列表中选取】选项，然后在系统弹出的如图 4-8 所示的【从列表中选取】对话框中选择想要的目的曲面就可以了。

（3）排除的曲面集

在选择曲面对象构建曲面集时，可能会出现选中的曲面比实际需要的对象要多的情况，这时就要求构建排除的曲面集以去除多余的曲面。

① 首先在在图形窗口中的模型上构建曲面集。

② 然后按住【Ctrl】键在图形窗口中选取一个或多个曲面，这也就是我们要排除的曲面。

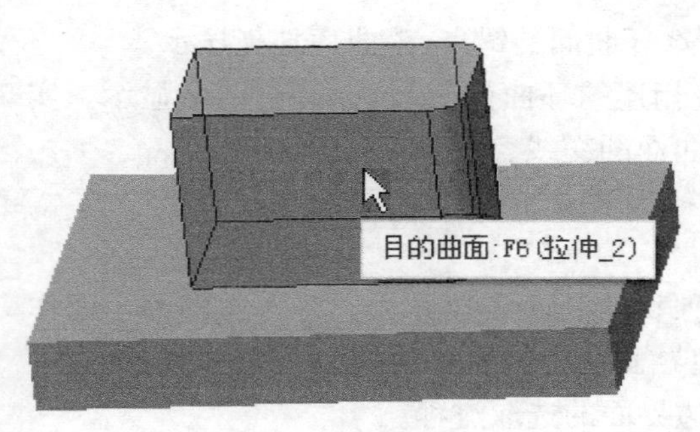

图 4-7　目的曲面选择

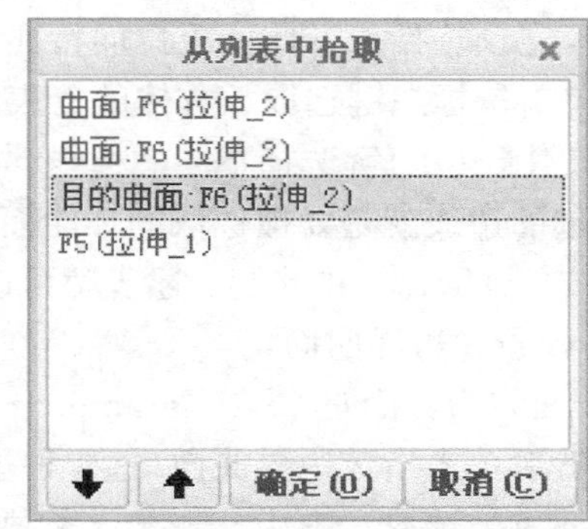

图 4-8　在【从列表中拾取】对话框中选择的目的曲面

③ 在状态栏双击所选项目，打开选定项如图 4-9 所示的【选定项】对话框。在对话框中也可以看到后面的曲面为排除的曲面。

④ 继续其他操作。

(4) 所有实体曲面集

所有实体曲面集的选择比较简单，首先选择一个面，然后按下鼠标右键，从弹出的快捷菜单中选择【实体曲面】，零件中所有实体的表面就都会被选中。

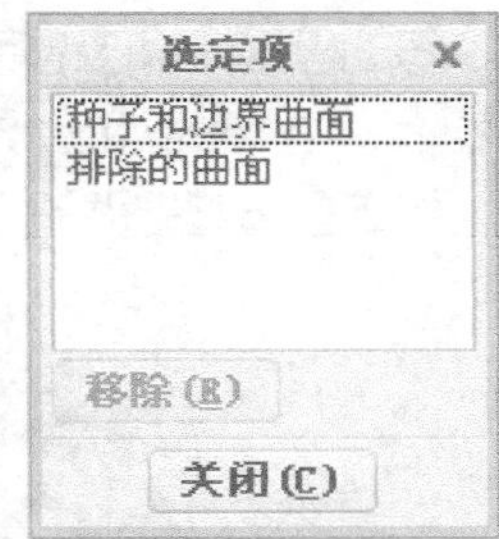

图 4-9　【选定项】对话框

(5) 面组曲面集

所谓面组是指非实体的表面曲面，可由单个的曲面或一组曲面组成。面组曲面集的构建和单曲面集类似，首先选中一个曲面，然后按住【Ctrl】键选择其余的要加入选择集的曲面即可。在选择面组的时候，可以使用状态栏上的面组过滤器进行过滤而使得操作简便。

(6) 环曲面集

环曲面是一个模型表面的封闭边线轮廓所相邻模型表面的集合，这些模型表面集构成一个环绕模型表面的曲面环。在选取环曲面的过程中，环曲面围绕的模型表面为锚点。图 4-10 显示了曲面环的选取过程。

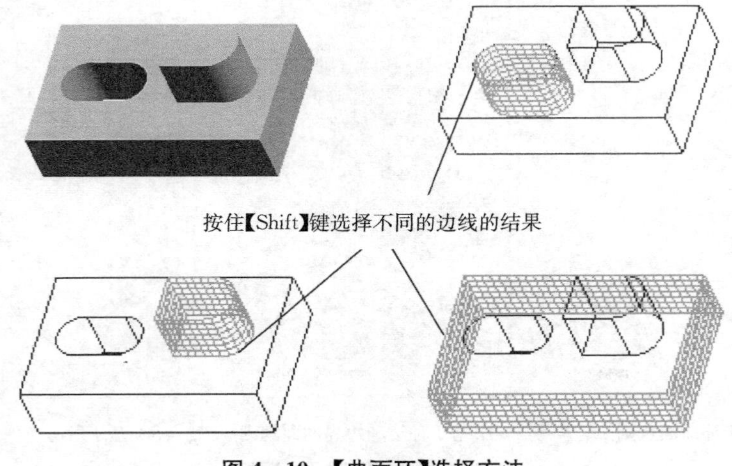

图 4-10　【曲面环】选择方法

① 首先预选择长方体底板拉伸特征。

② 单击鼠标左键选取长方体的上表面，即所选环曲面的锚点，该曲面加亮显示。

③ 按住【Shift】键选择不同的边线，与该边线相连的环曲面就被选取，以网格显示。实际上，所选的边线就是要被选取的环曲面和锚点曲面的交线。

④ 按住【Ctrl】键并重复上述步骤可以构建多个环曲面。

(7) 种子和边界曲面集

种子面和边界面是 Creo Parametric 中一种独特的曲面多选方法。首先选择种子面作为锚点，然后单击指定边界曲面，这样种子面到边界面之间的所有的模型表面(不包括边界面本身)都将被选取。图 4－11 显示了种子面和边界面的选取过程。

① 首先预选择模型中长方体底板上方右端的拉伸特征的上表面作为种子面。

② 按住【Shift】键的同时选择长方体的上表面作为边界面。

③ 松开【Shift】键后，种子面以及种子面和边界面之间所有的表面都被选取。在模型旁会显示一个“种子和边界曲面”的标签。

按下【Ctrl】键并重复上述步骤可以构建多个种子和边界曲面组。

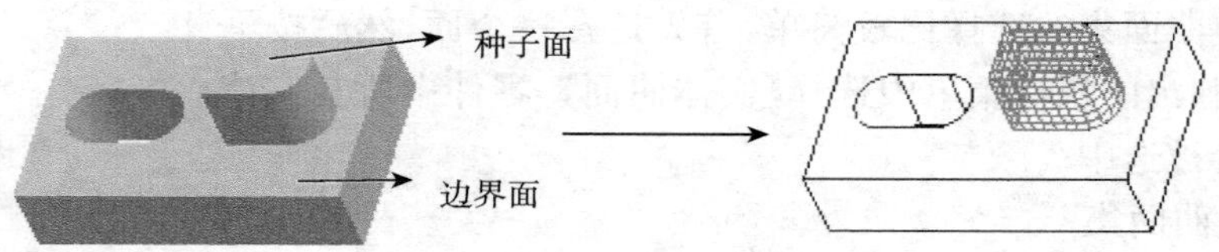

图 4－11　种子面和边界面的选择方法

3) 说明

(1) 所有曲面集也可以在特征命令的内部即命令的执行过程中通过如图 4－12 所示的【曲面集】对话框进行构建。

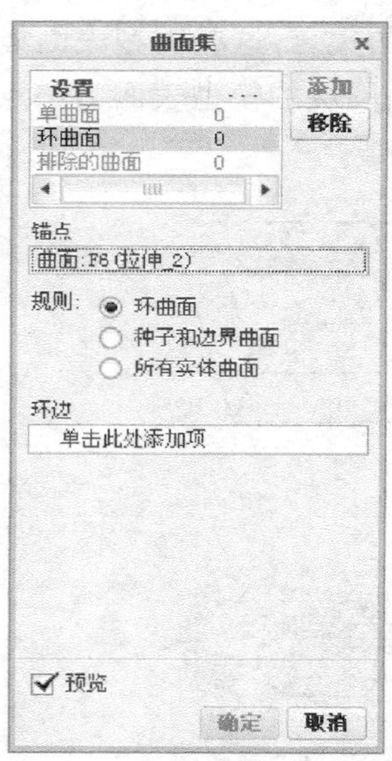

(a) 基于环曲面规则

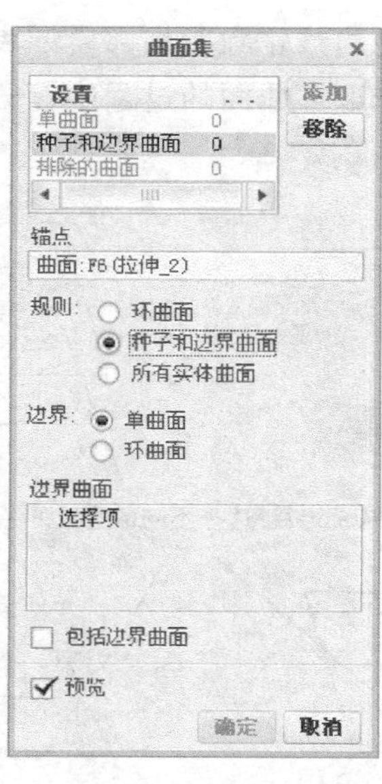

(b) 基于种子和边界曲面规则

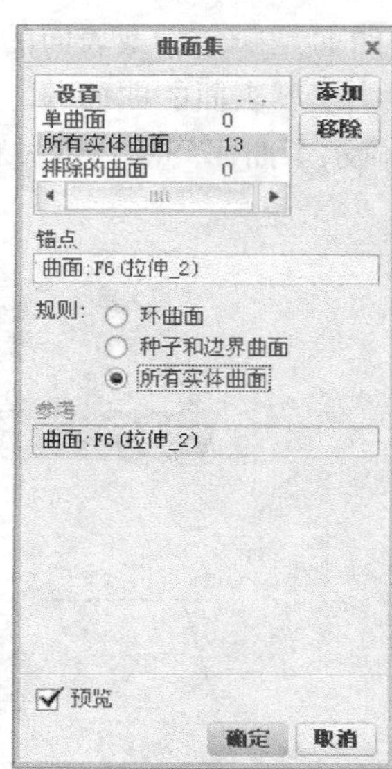

(c) 基于所有实体曲面规则

图 4－12　【曲面集】对话框

(2) 当要从已经构建的曲面集中去除曲面时，可构造排除的曲面集。但是不能将单曲面集中不想要的曲面添加到“排除的”曲面集中。

(3) 使用目的曲面的选择方法进行面组的选择在一些工程特征比如拔模等的处理上对于维持模型的健壮性上具有独特的优势。例如，对图 4－7 中底板上方拉伸特征的六个侧面以底板上表面为枢轴进行 10°的拔模(请参见 4.7 节“拔模特征”)，得到如图 4－13 所示结果。将图 4－7 中拉伸特征的截面重新定义为椭圆，结果如图 4－14 所示。如果是用目的曲面选择的拔模参考面，拔模特征就会自动找到椭圆柱的侧面更新原有的参考面，得到如图 4－15 所示的结果。而用基于几何的选择方法，如单曲面多选、环曲面或种子面和边界面的选择方法就会因为曲面或边界的丢失而导致后面特征重新生成的失败，在拉伸特征截面重新定义过程中会出现如图 4－16、图 4－17 所示的警告提示。

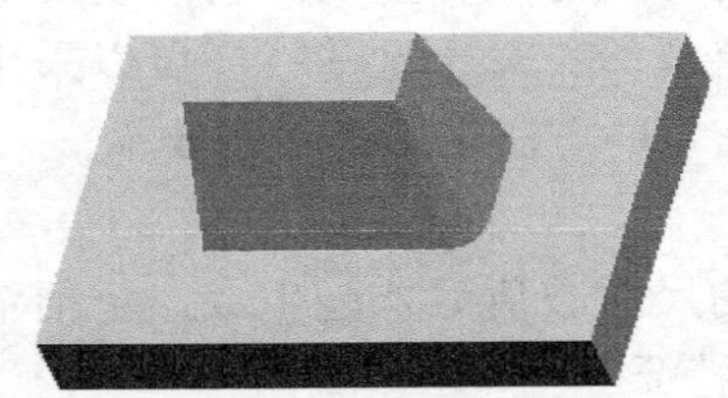

图 4－13　底板上方拉伸特征侧面拔模结果

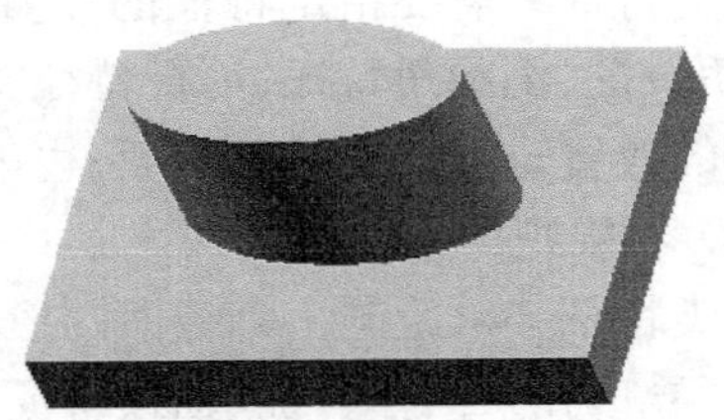

图 4－14　将拉伸特征截面重新定义为椭圆

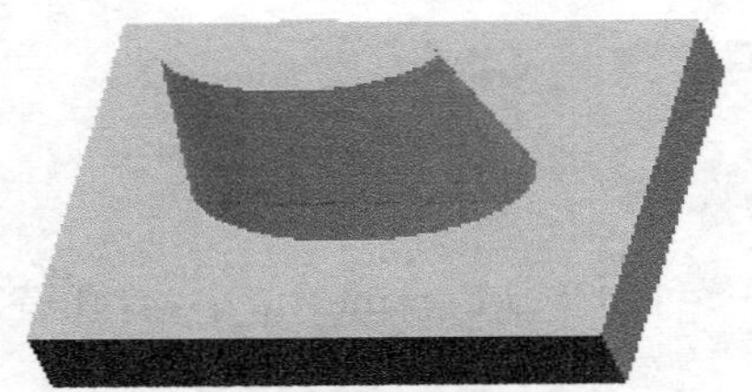

图 4－15　选择目的曲面拔模的特征重新生成成功

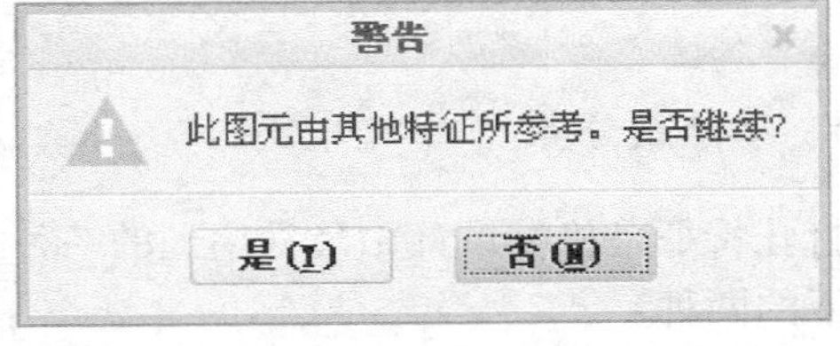

图 4－16　非目的曲面拔模拉伸截面重新定义时警告信息

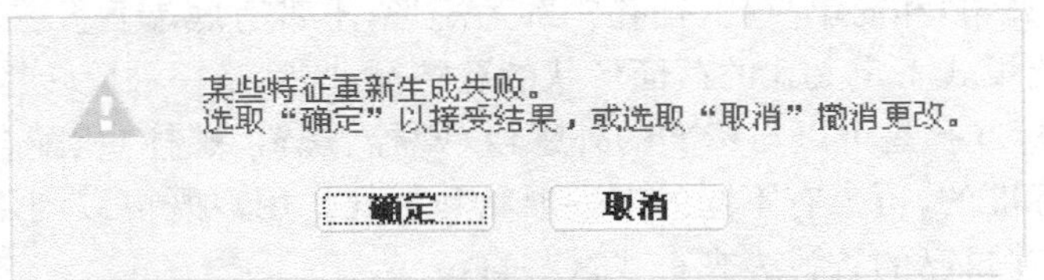

图 4－17　非目的曲面拔模拉伸截面重新定义后特征重新生成失败提示

4.1.3　工程特征的概念

在创建完零件的基本实体特征以后，就可以进行零件的工程特征(也称放置特征)的创建，进一步完善造型设计。

零件建模的工程特征通常是指由系统提供的或者用户自定义的一类模板特征，它的特征几何形状是确定的，用户通过改变其尺寸大小，可以得到大小不同的相似的几何特征。如打孔特征，用户只要指定孔的放置平面、孔的直径、深度、定位方式以及定位尺寸，就可以得到一系列大小不同的孔。

Creo Parametric 提供了许多类型的工程特征，如打孔特征、倒圆角特征、倒角特征、抽壳特征等。在零件建模的过程中使用放置特征，用户一般需要给系统提供以下几个方面的信息：

(1) 工程特征的位置。如打孔特征，用户要首先指定特征的放置平面，即在哪一个平面上打孔，然后需要确定孔的定位方式并提供相应的定位尺寸。

(2) 工程特征的尺寸。如孔特征的直径和深度尺寸，倒圆角特征的半径尺寸、拔模特征的拔模角度尺寸等。

4.1.4 工程特征的分类

(1) 规则的形状特征

此类特征只需要指定特征的放置位置和输入相关的数值即可生成。包括规则的孔特征、倒角特征、倒圆角特征、筋板特征、抽壳特征、拔模特征等。对于这些特征可以采用先选择特征的放置位置(如平面、曲面、边等)，然后再激活命令的方法来提高工作效率。

(2) 不规则的形状特征

此类特征必须绘制出其截面的形状，并输入相关的尺寸数值后才能生成。包括草绘的孔特征(异形孔)、沟槽特征、轴颈特征、法兰特征、管道特征等。

4.2 打孔特征

4.2.1 功能及分类

打孔特征是机械设计中最常用到的一种特征之一。在 Creo Parametric 中，打孔特征分为以下的两种：

(1) 简单孔：包括直孔和草绘孔。直孔是最简单的一类孔特征，只需要指定孔的放置平面、定位方式、定位尺寸、孔径大小和深度就可以了。又分为标准直孔(钻孔轮廓为标准直孔，带有底端盲孔夹角)和简单直孔(钻孔轮廓为矩形，不带有底端盲孔夹角)两种类型。草绘孔是需要在草绘模式下定义孔的截面形状的孔特征，实际是一种旋转特征。

(2) 标准孔：标准孔是可以与标准的外螺纹(螺栓、螺钉、螺柱)相配合的螺纹孔。它是基于相关的工业标准的，可带有不同的末端形状和沉孔。用户既可以利用系统提供的标准查找表，也可以创建自己的查找表来查找这些直径。

无论是简单孔还是标准孔，都可以同时创建诸如直筒型或 90°扩孔等沉孔结构。

4.2.2 操作步骤

(1) 选择【模型】选项卡→【工程】组→【孔】命令，系统将弹出如图 4-18 所示的【孔】工具操控板。

(2) 选择孔的类型为简单孔或者标准孔。

(3) 指定孔放置的主参考(孔的放置平面)、定位类型和定位尺寸。

(4) 选择是否增加沉孔结构。

(5) 指定孔的直径。

(6) 指定孔特征的生成方向。

(7) 指定孔的深度类型和深度值。

(8) 单击操控板右端的✔按钮完成孔特征的创建。

下面我们通过一个创建直孔的实例来比较 Creo Parametric 中传统建模和直接建模的区别。

【例 1】 在一个长、宽、高分别为 260、200、100 的长方体的上表面创建一个直径为 30，深度为 80 的简单直孔。孔的中心距离长方体右侧面和前侧面的定位尺寸分别为 60 和 40。

方法一：传统建模的方法

(1) 选择【模型】选项卡→【工程】组→【孔】命令，系统将弹出如图 4－18 所示的【孔】工具操控板。

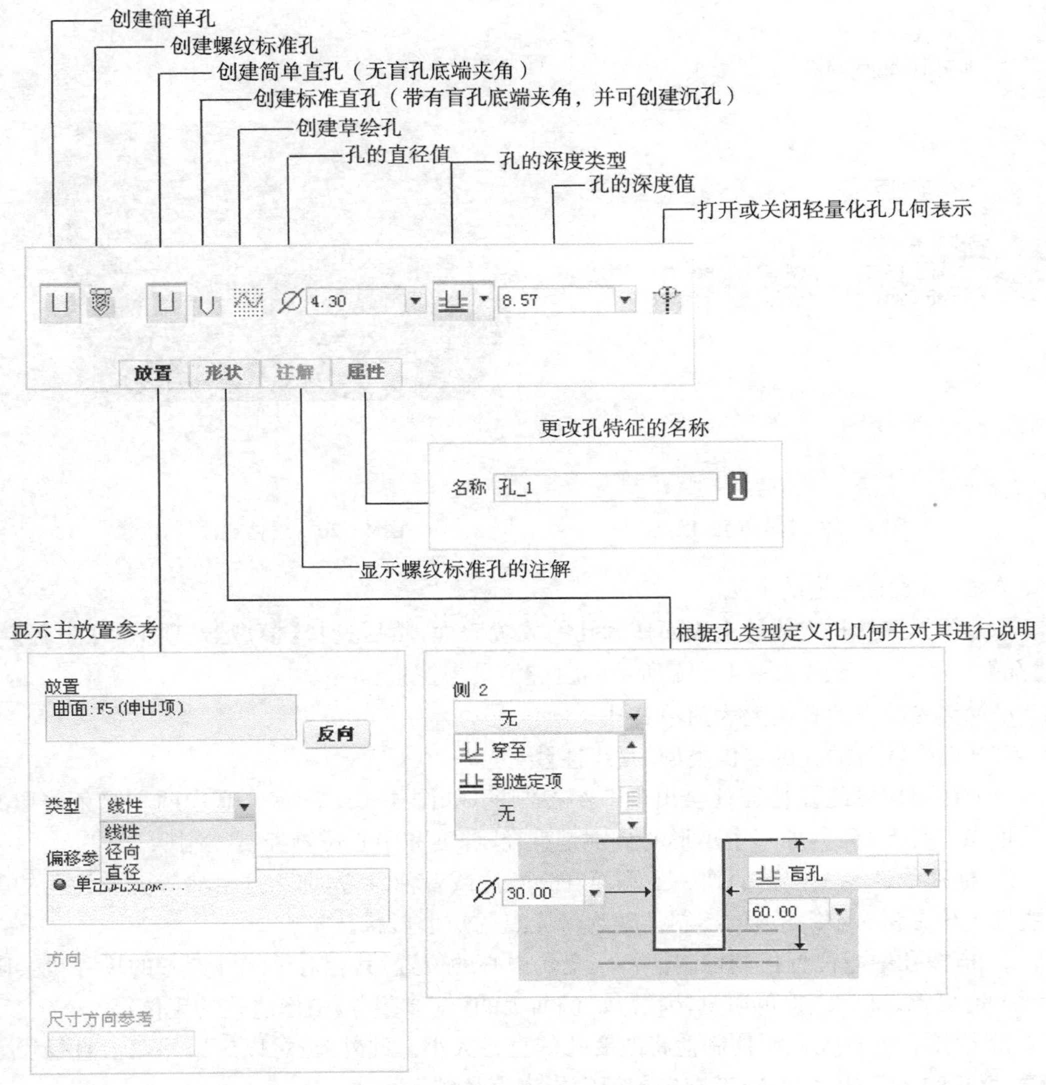

图 4－18 【孔】工具操控板

(2) 选择孔的类型为简单孔。

(3) 在【放置】面板中定义孔的放置参考为长方体的上表面；孔的生长方向从上表面向下。

(4) 指定孔的定位类型为【线性】定位。

(5) 选择定位参考并指定定位尺寸。激活【放置】面板中的【偏移参考】收集器，选择长方体的右侧面为第一个线性参考；选择长方体的前侧面作为第二个线性参考时，注意选择的同时要按住【Ctrl】键；修改定位尺寸分别为 60 和 40。相应的【放置】面板中的设置如图 4－19 所示。

(6) 在操控板上指定孔的直径为 30。

(7) 指定孔的深度类型为盲孔，深度值为 80。

(8) 单击操控板右端的✓按钮完成孔特征的创建，如图 4－20 所示。

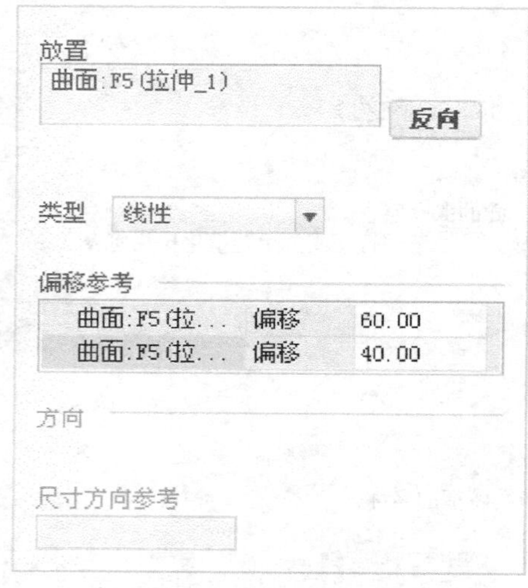

图 4－19 【放置】面板

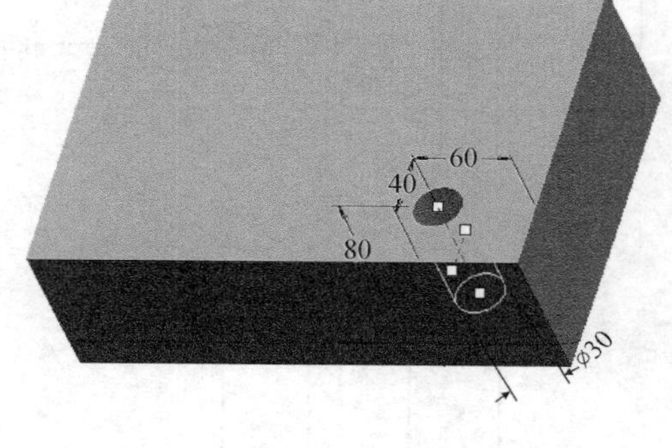

图 4－20 线性定位的孔

方法二：直接建模的方法

(1) 首先选择长方体的上表面作为孔的放置表面，然后选择【模型】选项卡→【工程】组→【孔】命令，将弹出如图 4－18 所示的【孔】工具操控板。

(2) 接受缺省的孔类型为简单直孔。

(3) 接受缺省的孔的定位类型为【线性】定位。

(4) 在图形区的孔特征处会出现 5 个控制柄，如图 4－21 所示。其中两个绿色菱形的是线性参考控制柄；另外三个矩形的分别是直径、深度和中心位置控制控制柄。

① 拖拽线性参考控制柄到一个平面、曲面、边或者轴参考，那么这个参考就成为孔的一个线性定位参考；此刻菱形的控制柄变为带黑点的矩形形状。

② 拖拽孔中心位置控制控制柄将改变孔中心的位置，其相对于线性参考的尺寸也会随之动态地变化。此外，也可以直接在【放置】面板的【偏移参考】中修改孔的定位尺寸。

③ 拖拽孔的直径控制控制柄将改变孔的直径大小。此外，也可以用鼠标双击直径尺寸数值，直接输入新的尺寸；或者在操控板中指定直径的大小。

④ 拖拽孔深度控制控制柄将改变孔的深度方向和数值。

(5) 单击操控板右端的✔按钮完成孔特征的创建,如图 4－21 所示。

从上面孔特征创建的两种不同方法的操作比较我们可以看出,直接建模的方法更加快捷、灵活和方便。但是不同特征的不同创建方式(例如孔特征可以有线性定位和径向定位之分等)下,控制柄的数量和操作方法也不尽相同,所以需要读者大量的练习才能熟练地掌握。

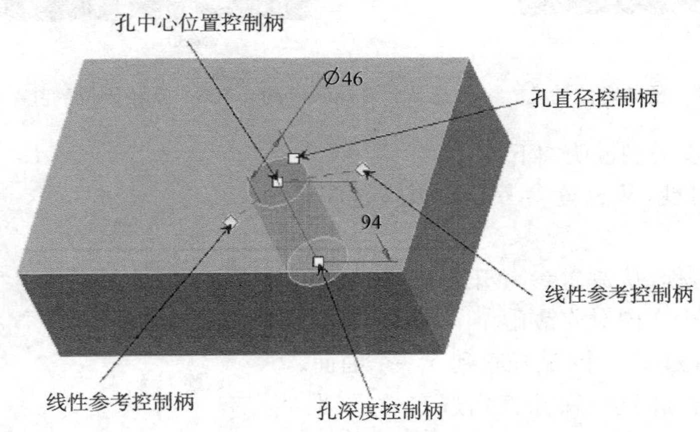

图 4－21　孔的直接建模过程

4.2.3　说明

(1) 孔的定位类型分为线性、径向、直径、同轴四种,其说明如下:

① 线性——通过标注两个不同方向的线性尺寸来决定孔的位置;偏移参考(尺寸参考)可以是零件的棱边、零件已有的表面、基准平面或轴线等。在操作时,指定孔特征的放置平面和生长方向后,激活如图 4－19 所示的【放置】面板中的【偏移参考】收集器,先选择第一个线性参考;选择第二个线性参考时,注意要按住【Ctrl】键。如图 4－20 所示直径为Ø30 的孔。

也可以使用鼠标拖动工作窗口中的菱形控制柄到达相应的参考面或者边来对孔的中心位置和尺寸进行控制。此外,在拖动定义深度尺寸的时候如果按住【Shift】键可以实现捕捉功能。

② 径向——创建与选定参考轴线保持一定距离、并与指定参考平面保持一定角度的孔特征。这种定位方式下,孔的轴线位置实际上是以极坐标的方式来标注的。需要指定一个参考轴和角度的参考平面,然后指定半径尺寸,这个半径实际就是孔所在的分布圆的半径,如图 4－22 所示。

③ 直径——与径向方式类似,不同之处在于指定的是直径尺寸。这个直径实际就是孔所在的分布圆的直径,如图 4－23 所示。

④ 同轴——创建一个与某已有轴线同轴的孔特征。注意在创建同轴的孔特征时,在【放置】面板的【放置】参考中首先要选择一条已有的轴线作为主参考,然后在按住【Ctrl】键的同时选择孔的放置平面,【偏移参考】中无须设置,如图 4－24 所示。

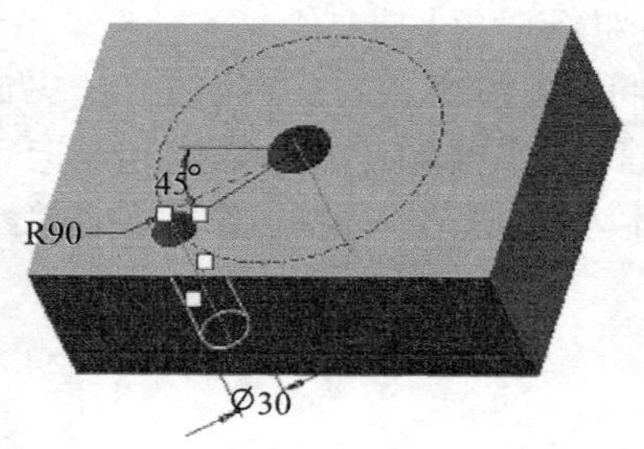

图 4－22　径向定位的孔

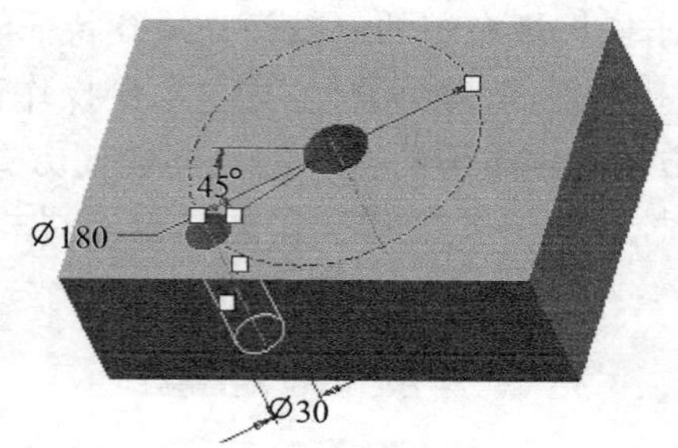

图 4－23　直径定位的孔

(2) 孔的深度类型说明如下：

① ——可变，从放置参考开始以指定深度值的方式钻孔。

② ——对称，从放置参考开始以指定深度值的一半分别从两个方向对称钻孔。

③ ——穿过下一个，钻孔直到下一个曲面。

④ ——到选定项，钻孔直到选定的点、曲线、平面或曲面。

⑤ ——穿透，钻孔直到穿透所有实体。

⑥ ——穿至，钻孔直到与选定曲面或平面相交。

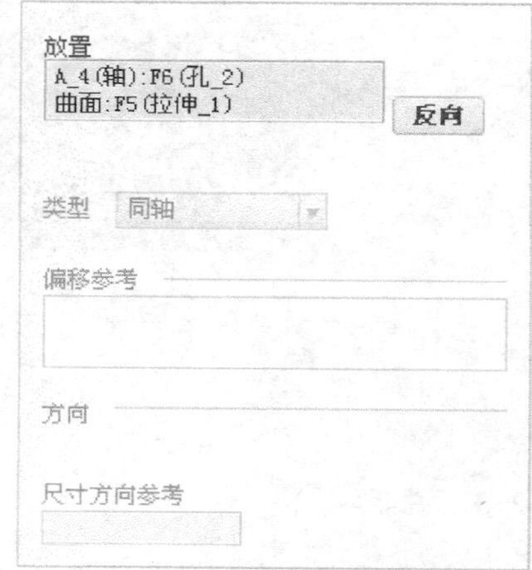

图 4－24　创建同轴孔时的【放置】面板设置

(3) Creo Parametric 支持在曲面或者圆柱面上直接创建孔特征。选择曲面或者圆柱面，激活命令后，将控制柄拖拽到相应的参考进行角度和线性尺寸的标注即可。如图 4－25 所示，创建了一个直径为∅30的通孔，孔的中心线与长方体的底面夹角为 60°，与前侧面的距离为 80。

(4) 还可以通过曲面上的点（基准点或顶点）创建一个孔，孔的轴线通过这个点并且垂直于点所在的曲面。如图 4－26 所示，PNT0 是过驱动曲线创建的圆角曲面上的一个基准点（通过曲线倒圆角请参见 4.3 节，创建基准点请参见 5.4 节），过该基准点创建了一个直径为∅40、深度为 90 的直孔。

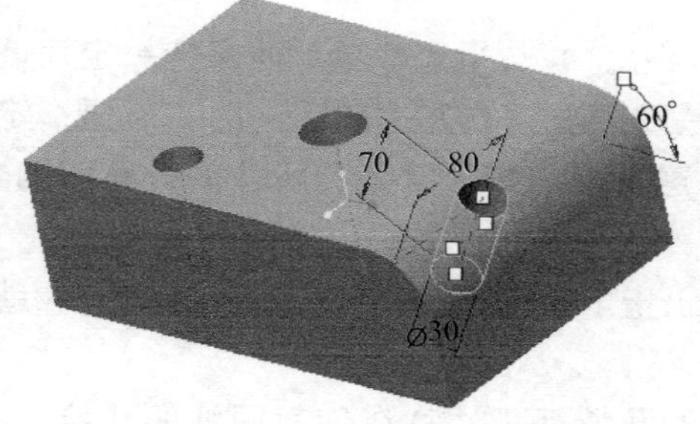

图 4－25　曲面上创建的孔

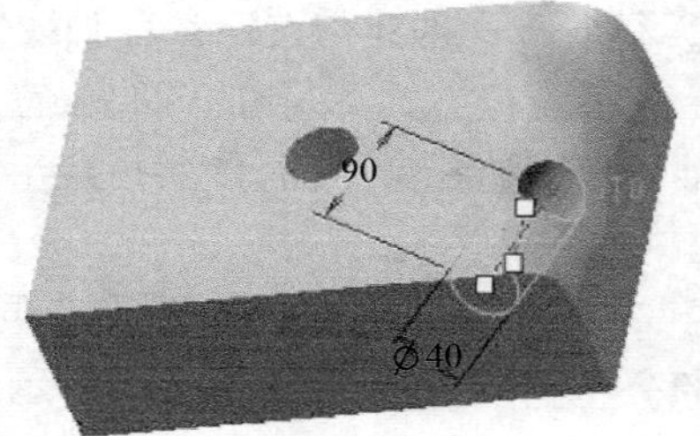

图 4－26　过曲面上的点创建的孔

(5) 在创建草绘孔时，系统会自动转入二维的草绘环境中以便让用户绘制孔的截面。草绘的孔以旋转特征的方式生成，必须符合旋转特征截面的要求，即要有作为旋转轴的几何中心线、截面完全封闭并且位于轴线的同一侧；此外，截面中必须有与轴线相互垂直的直线段，作为对齐放置平面之用。

【例 2】　在【例 1】中长方体的上表面中心创建一个截面如图 4－27(a)所示的草绘孔，由于草绘截面上方没有与轴线垂直的线段用于与放置平面对齐，系统只好使用截面下部的线段用作对齐使用，所以得到的立体中孔的截面如图 4－27(b)所示。

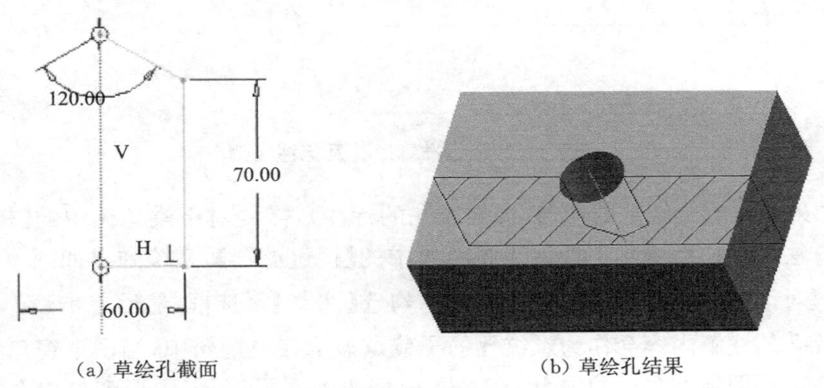

(a) 草绘孔截面　　(b) 草绘孔结果

图 4－27　草绘孔实例

(6) 标准孔和简单孔的定位方法相类似，只是操控板的内容略有不同。如图 4－28 所示为在【例 1】中长方体的上表面中心创建一个公称直径 30，螺距 3.5，螺纹孔深度 60，光孔深度 75 的标准孔时的【孔】工具操控板，其结果如图 4－29 所示。

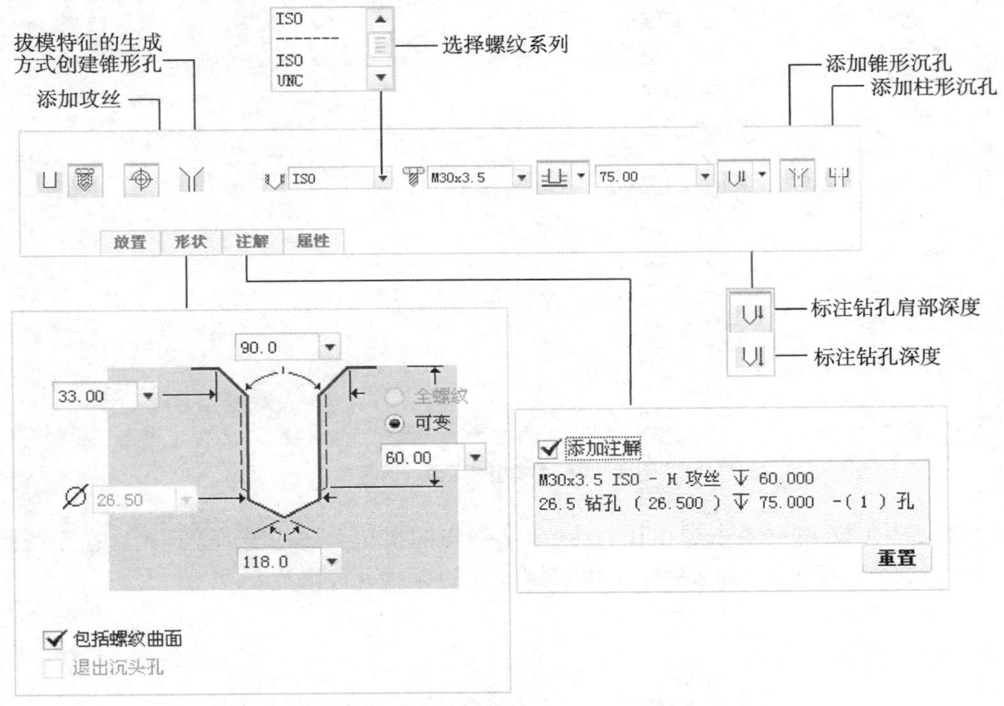

图 4－28　创建标准孔的【孔】工具操控板

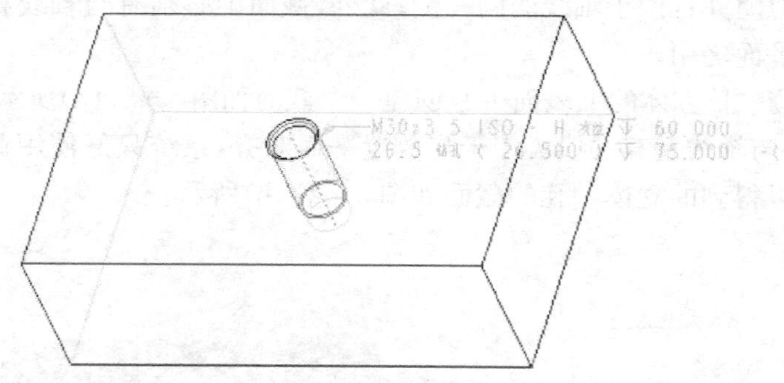

图 4-29　标准螺纹孔及标注实例

(7) 如果要查看螺纹孔的注解(即螺纹孔的标注),需要对于模型树中的【树过滤器】进行设置。方法是在模型树中选择下拉菜单中的【树过滤器】,系统弹出如图 4-30 所示的【模型树项】对话框。在左边的【显示】区域中勾选【注释】复选框,然后单击 确定 即可。设置以后螺纹孔的注解内容会作为螺纹孔的子节点显示在模型树中;当图形窗口上方工具栏中的【注释显示】图标处于打开状态时,在模型树中选择注释,图形窗口中会相应地显示注解文字,如图 4-29 所示。

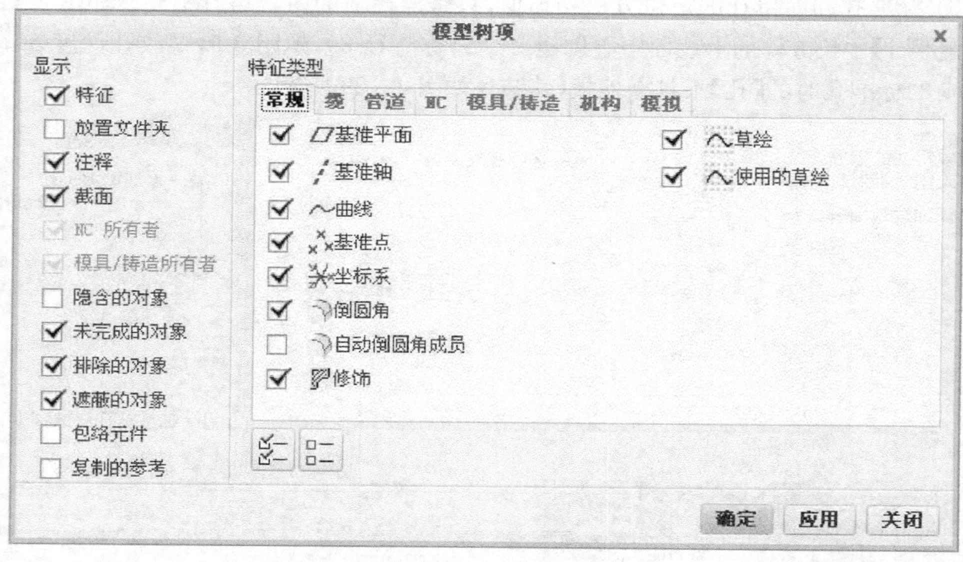

图 4-30　【模型树项】对话框

在模型树中选择并右击螺纹孔的注解,从弹出的快捷菜单中选择【属性】,在系统弹出如图 4-31 所示的【注解】对话框中可以对螺纹孔的标注进行修改。

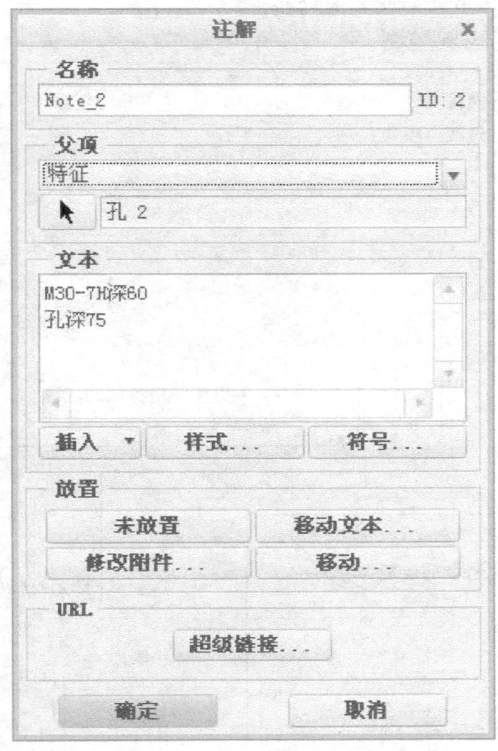

图 4-31　【注解】对话框

4.3　倒圆角特征

4.3.1　功能及分类

倒圆角是工程设计和制造中不可缺少的一个环节，光滑过渡的外观对于产品的机械结构性能非常重要，不仅可以减少尖角造成的应力集中，还有助于造型的美化与美观。在 Creo Parametric 中，倒圆角特征分为以下的两种：

(1) 常规倒圆角：设置较为细致，可创建不同方式的圆角特征，操作较为复杂。

(2) 自动倒圆角：一种快速创建一系列相同半径圆角的方法。

常规倒圆角的创建步骤分为以下的两步：

(1) 圆角设置：选择圆角的放置参考和空间形态，指定圆角的半径等。

(2) 过渡设置：控制多个圆角在相交处即过渡区域的相交状况。

4.3.2　操作步骤

(1) 选择【模型】选项卡→【工程】组→【倒圆角】命令，系统将弹出如图 4-32 所示的【倒圆角】工具操控板。

(2) 选取圆角的放置参考(边链、曲面一曲面、边一曲面)。

(3) 定义圆角的半径(常半径、变半径)。

(4) 设置圆角的过渡区域类型。

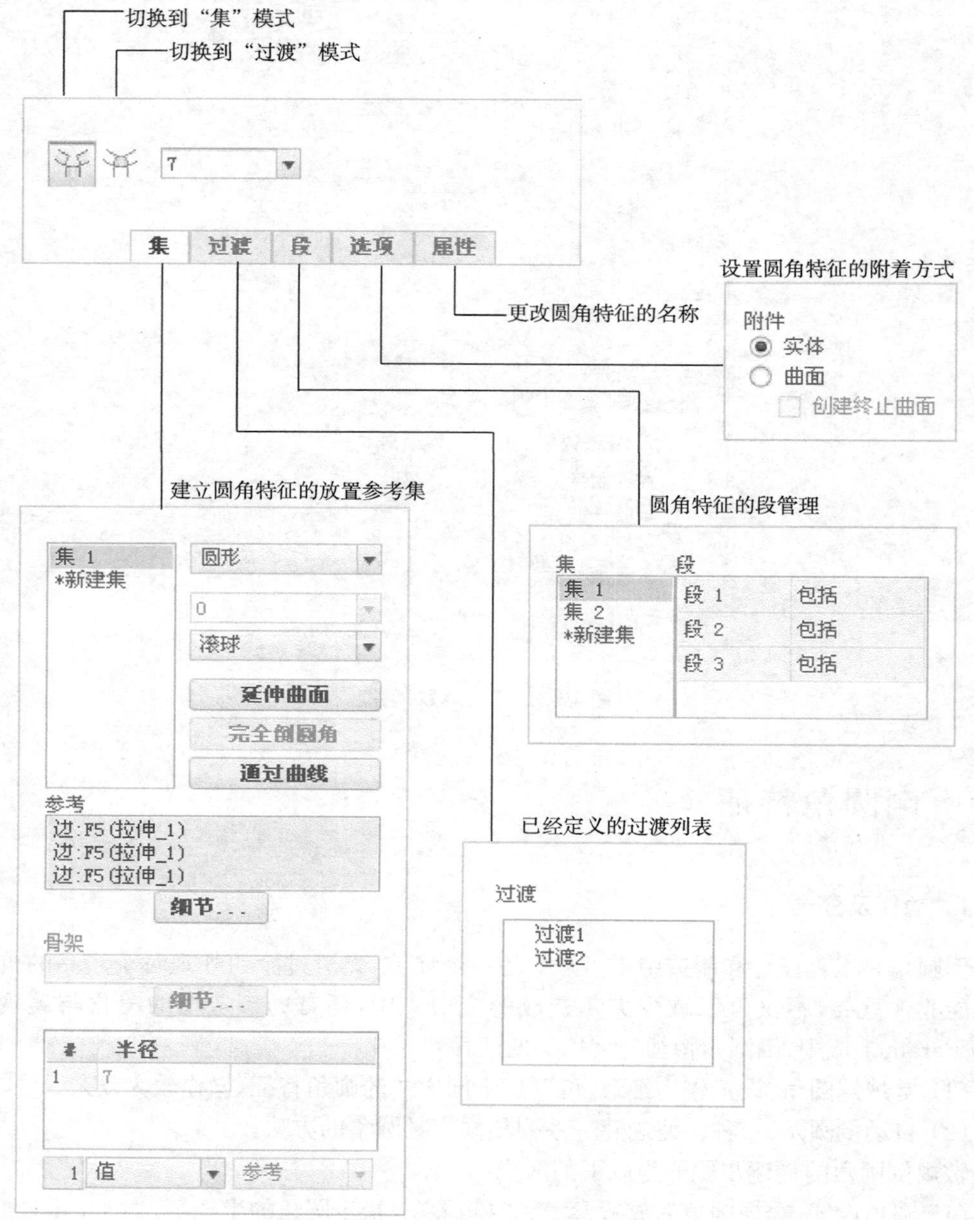

图 4-32 【倒圆角】工具操控板

(5) 单击操控板的✔按钮完成倒圆角特征的创建。

4.3.3 说明

(1) 圆角的放置参考集,可以创建下列不同参考的圆角,请读者注意相应的链的构建方法。

① 边链：选取已有特征的边链以产生圆角特征。可以在激活命令前构建链选择集，也可以激活命令后单击【集】面板中【参考】区域下面的 细节... 按钮，在系统弹出的如图 4－33 所示的【链】对话框中修改选择的规则为【标准】或者【基于规则】。

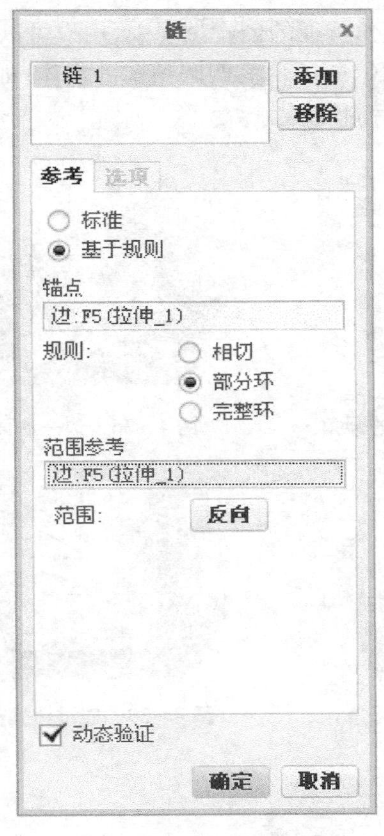

(a) 基于部分环规则

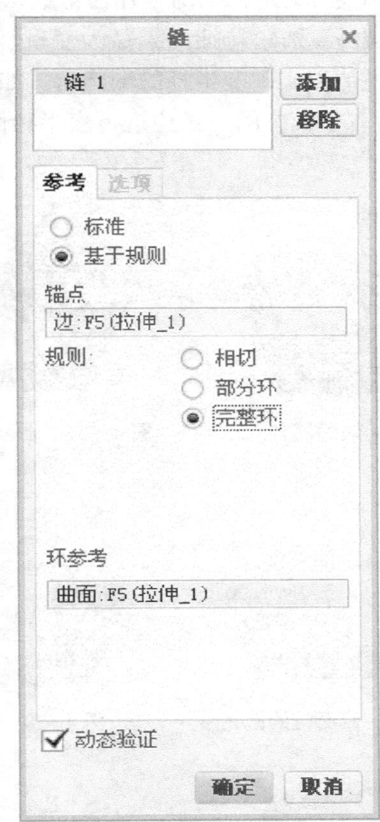

(b) 基于完整环规则

图 4－33　【链】对话框

图 4－34 所示单独选择模型中的两条不相连的边线进行倒圆角的情况。

② 曲面—曲面：选取相邻零件表面生成倒圆角特征，如图 4－35 所示。

③ 边—曲面：选择零件的边线和表面生成倒圆角特征，要求先选择曲面，然后按住【Ctrl】键选择一条边，此时圆角半径应大于所选择的边到曲面的距离，如图 4－36 所示。否则“边—曲面”的倒圆角特征就会变成边所在的曲面和选择的曲面交线的圆角特征了。

④ 曲面链：曲面链是模型已有表面边线构成的封闭轮廓。在选择对象时，首先选择其中的一条边线，此时按住【Shift】键选中该链所在的曲面，则该曲面的该条曲面链被选中，如图 4－37 所示。

⑤ 完全倒圆角：根据选取的零件的边线之间的距离，用户无需指定半径，系统自动生成全圆角，并且该全圆角将通过被选定的零件的边缘，如图 4－38 所示，实际上相当于对边最大倒圆角。

⑥ 通过曲线倒圆角：生成的圆角曲面将通过所选取的曲线，无需指定圆角的半径值，如图 4－39 所示。注意驱动曲线必须草绘在其中的一个面内，其长度不得小于要倒圆角的边的长度。（基准曲线的绘制请参考 5.5 节“基准曲线”）

（2）圆角的半径值可为常半径或变半径，其说明如下：

① 常半径：圆角特征的半径为常数。

② 变半径：圆角特征的半径为变量。在倒圆角特征的创建过程中，用户可以添加不同的圆角半径值以实现变半径的倒圆角。如图 4－40(a)所示为倒圆角前的立体，如图 4－40(b)所示为对于其中的一条边进行变半径倒圆角后的情况。

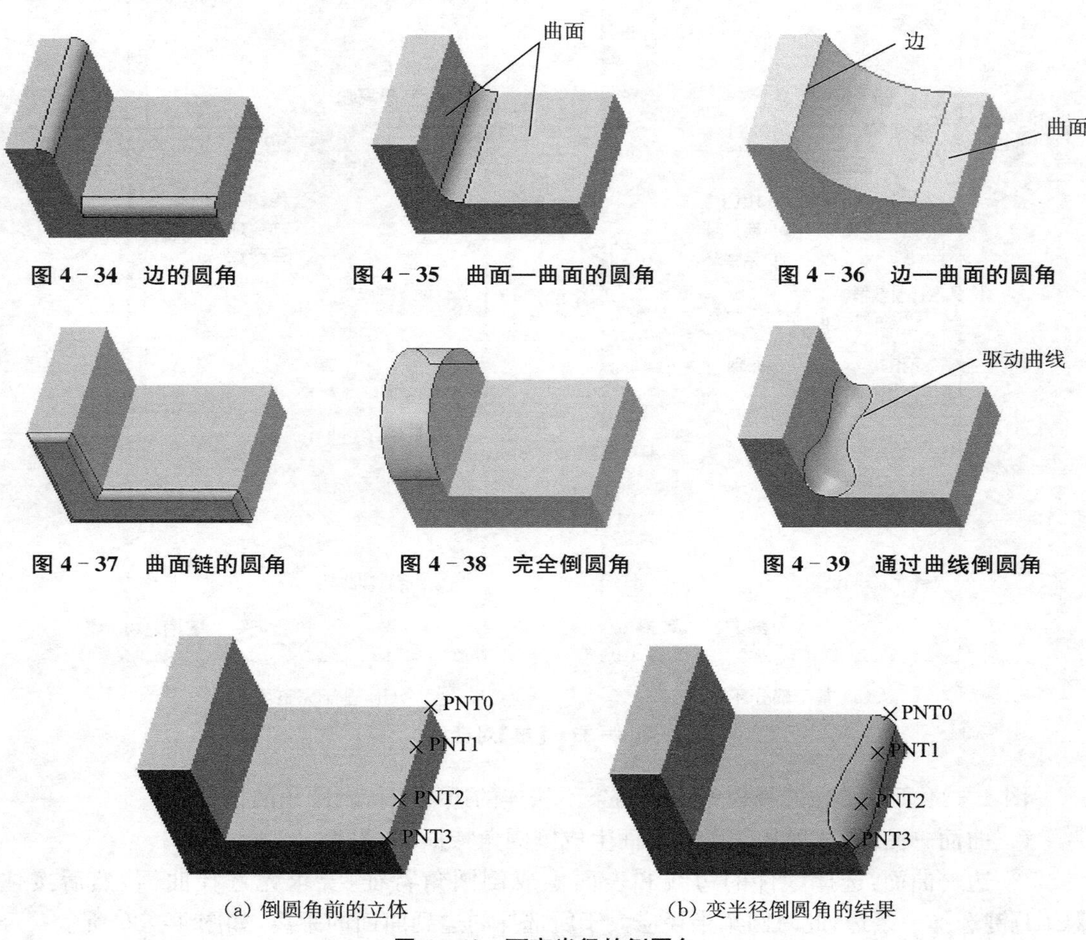

图 4－34　边的圆角　　**图 4－35　曲面—曲面的圆角**　　**图 4－36　边—曲面的圆角**

图 4－37　曲面链的圆角　　**图 4－38　完全倒圆角**　　**图 4－39　通过曲线倒圆角**

(a) 倒圆角前的立体　　(b) 变半径倒圆角的结果

图 4－40　可变半径的倒圆角

（3）圆角的【过渡】模式主要用于控制不同圆角之间的过渡情况，具体参见后面的实例。

（4）通过段管理，可更好地控制倒圆角特征。可使用操控板中【段】面板来执行倒圆角段管理。使用【段】面板可执行以下操作：

① 查看倒圆角特征的全部倒圆角集；

② 查看当前倒圆角集；

③ 查看当前倒圆角集中的全部倒圆角段；

④ 查看倒圆角段的当前状态(包括、排除、或已编辑);

⑤ 从倒圆角集中排除倒圆角段;

⑥ 修剪或延伸倒圆角段;

⑦ 处理放置模糊问题。

(5) 圆角的创建从表面上看较简单,但在复杂的模型上创建圆角时常常会出现各种问题,所以需要注意以下几点:

① 在造型过程的后期创建圆角;

② 在创建较大半径的圆角前,先创建半径较小的圆角;

③ 避免使用圆角特征作为创建特征的参考和尺寸标注的参考,以避免不必要的特征父子关系;

④ 对于需要拔模的表面,应先创建拔模特征,后创建倒圆角特征;

⑤ 先创建加材料的倒圆角特征,后创建减材料的倒圆角特征;

⑥ 对于存在抽壳特征的零件,应该先创建倒圆角特征,后创建壳特征,因为先创建壳特征后倒圆角会使得壳的壁厚度不均匀。

(6) 对于不成功的倒圆角常用的操作技巧如下:

① 尝试键入一个不同的圆角半径值;

② 使用不同的圆角放置参考类型,例如使用"面一面"、"边一边"的倒圆角;

③ 在【倒圆角】工具操控板的【选项】面板中将"圆角的附着形式"改为【曲面】,先将圆角创建为曲面,然后使用曲面的编辑技巧,手工修复有问题的区域;

④ 采用其他类型的特征创建方式(例如扫描特征)来取得相同的效果。

4.3.4　举例

【例 3】　变半径倒圆角

(1) 打开书附光盘中名为 4—40—a.prt 的文件。

(2) 选择【模型】选项卡→【工程】组→【倒圆角】命令,在弹出的【倒圆角】操控板的【集】面板中,选择圆角的放置参考为立体的右上侧棱边。

(3) 在【集】面板的【半径】区域的空白处右击,从弹出的快捷菜单中选择【添加半径】选项,指定在边线的两个端点、比率为 0.3 和 0.7 四个位置处的圆角半径分别为 35、25、45 和 60,如图 4-41、图 4-42 所示。

(4) 单击操控板右端的✔按钮完成特征的创建。

说明:添加半径的方法有多种,可以在图形区选中圆形控制柄,也可以在【集】面板的【半径】区域的空白处单击鼠标右键,从弹出的快捷菜单中选择【添加半径】。如果需要转为常半径圆角,可以在同样的快捷菜单中选择【成为常数】。

【例 4】　曲面到曲面之间的完全倒圆角

(1) 打开如图 4-43(a)所示的相应文件。

(2) 选择【模型】选项卡→【工程】组→【倒圆角】,激活倒圆角命令。

(3) 在弹出的【倒圆角】操控板的【集】面板中,选取圆角的放置参考为零件模型右端的上表面和下表面(注意按住【Ctrl】键)。

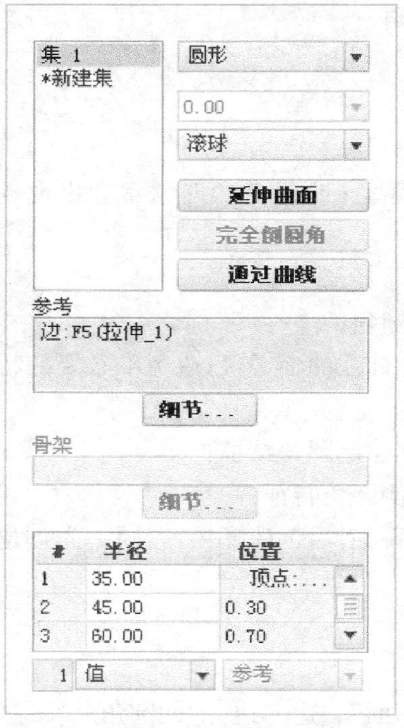

图 4-41　变半径倒圆角的【集】面板

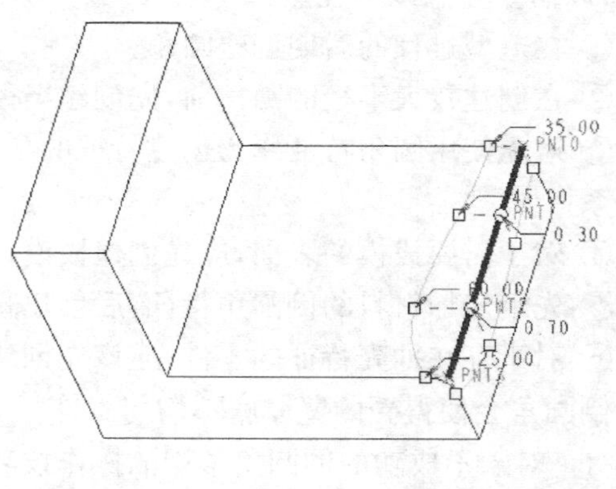

图 4-42　变半径倒圆角实例

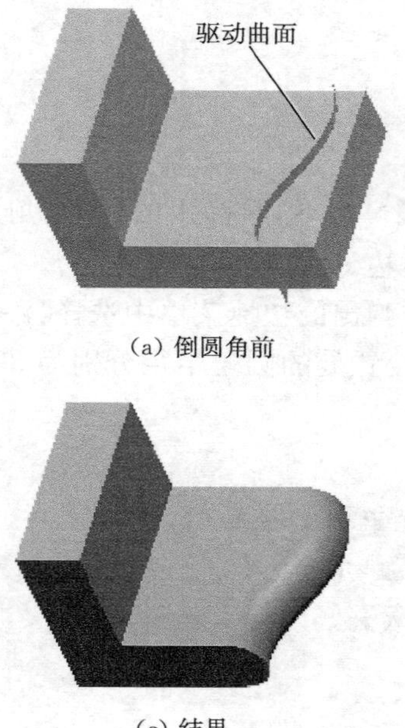

(a) 倒圆角前

(c) 结果

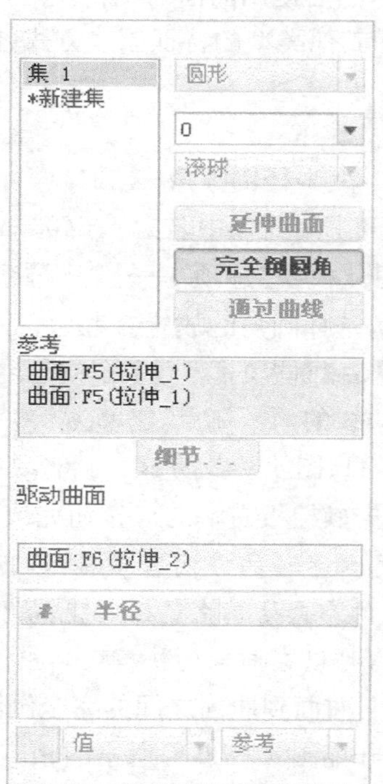

(b) 设置驱动曲面

图 4-43　曲面到曲面之间的【完全倒圆角】

（4）在【集】面板中单击 完全倒圆角 按钮。

（5）Creo Parametric 激活【集】面板中的【驱动曲面】收集器，选择模型中单独的曲面作为驱动曲面，如图 4－43(b)所示。

（6）单击操控板右侧的 ✓ 完成圆角的创建。

（7）在模型树中选择单独创建的驱动曲面并单击鼠标右键，从快捷菜单中选择【隐藏】选项使得该曲面特征在屏幕上不显示，如图 4－43(c)所示。

4.3.5　有关倒圆角特征中直接建模的操作说明

我们在前面一节中已经提到过，所谓直接建模就是在图形区的模型上通过鼠标键完成各种操作，不但直观而且快捷。在倒圆角特征的创建过程中我们也可以通过鼠标进行直接建模，先选择要进行倒圆角的放置参考，然后发出命令；如果选择的放置参考是边，还可以单击鼠标右键从弹出的快捷菜单中选择【倒圆角边】来激活命令。

图 4－44 是倒圆角的操作过程。前面已经介绍过，拖动方形控制柄可以直接动态地改变圆角特征的半径值，方形控制柄的旁边显示了当前半径的数值。双击该数值，就会出现一个尺寸编辑框，用户可以直接输入半径值；或者单击该尺寸编辑框旁边的下拉式箭头，将会出现一个列出了最近几次使用过的圆角半径值的下拉式列表框，用户可以从中选择一个数值；当然，用户也可以直接在【集】面板中直接输入半径值。除了方形控制柄外，还有一个标示倒圆角位置的圆形空心控制柄，拖动该控制柄可以改变圆角测量点在边线上的位置。选中圆形控制柄，单击鼠标右键，在快捷菜单中选择【添加半径】可以增加新的倒圆角测量点，即转换成为变半径倒圆角的方式；在快捷菜单中选择【删除】，可以消除多余的倒圆角测量点。在图形空白区单击鼠标右键，在快捷菜单中选择【成为常数】可以将变半径圆角转化为常半径圆角。

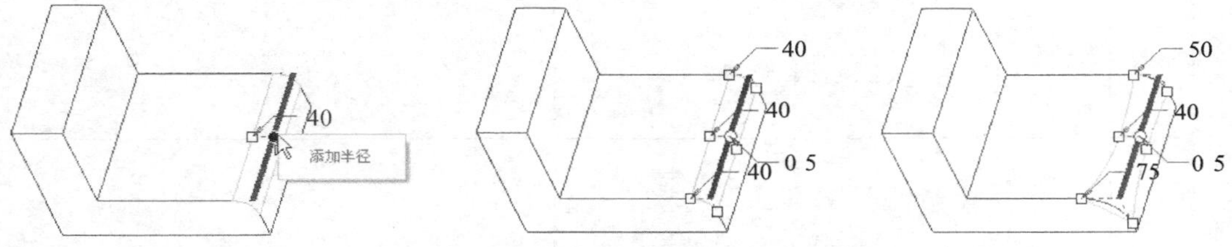

图 4－44　【添加半径】的直接建模过程

4.3.6　圆角的空间表现形态及设定

圆角面的空间表现形式可以是标准的圆弧形式，也可以是圆锥。而圆锥又包括两种情况，一种是生成的圆角边线两侧的圆角面延伸距离相等，此时需要指定控制圆锥形状的锐度参数，适用于【变半径】和【常半径】倒圆角两种情形。锐度参数的取值范围在 0.05～0.95 之间，数值越大，圆角面越向外凸。另外一种称为 D1 × D2 圆锥倒圆角，需要分别指定圆角面在边线两侧的延伸距离，只适用于【常半径】倒圆角。在修改圆锥参数时，既可以将圆锥参数控制柄拖动至合适的值，也可以在【集】面板中的编辑框输入具体数值。表 4－1 列出了对长方体(80×60×100)一条棱边创建圆形圆角和两种形式的圆锥圆角的示例。

表 4－1　圆角的空间表现形态及设定

圆角形态		【集】面板区的设定	图　例
圆形		集 1 *新建集 圆形 0 滚球 延伸曲面 完全倒圆角 通过曲线 参考 边:F5(拉伸_1) 细节... 骨架 细节... # 半径 1 20 1 值 参考	20
圆锥	锐度参数0.2	集 1 *新建集 圆锥 0.2 滚球 延伸曲面 完全倒圆角 通过曲线 参考 边:F5(拉伸_1) 细节... 骨架 细节... # D 1 20 1 值 参考	0.20 20
	锐度参数0.75	集 1 *新建集 圆锥 0.75 滚球 延伸曲面 完全倒圆角 通过曲线 参考 边:F5(拉伸_1) 细节... 骨架 细节... # D 1 20 1 值 参考	0.75 20

续表 4-1

圆角形态	【集】面板区的设定	图　例
D1×D2圆锥	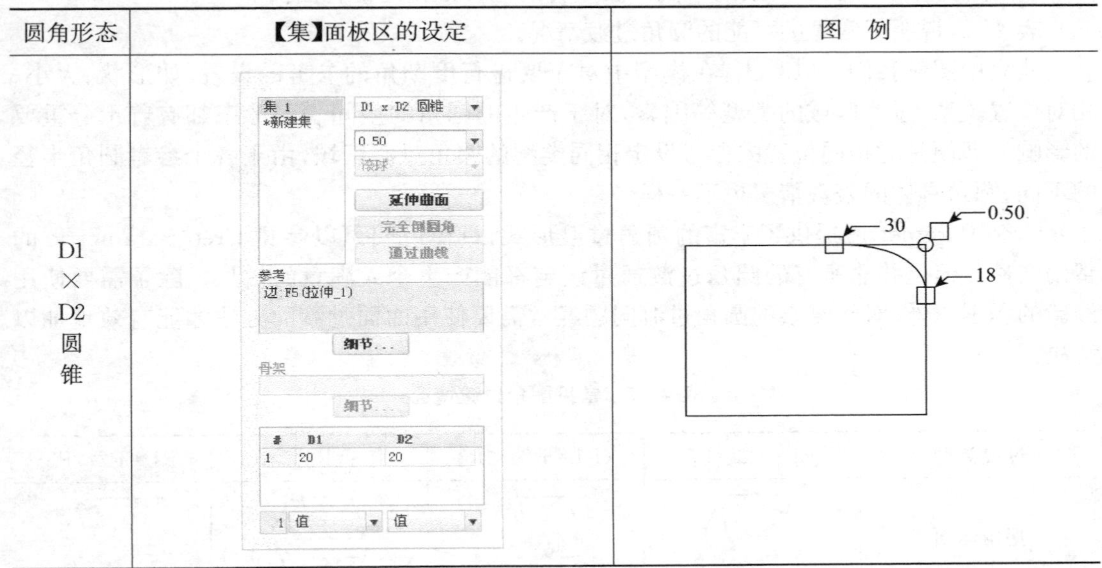	

4.3.7　过渡区域的设定方法

1）概念

如果进行倒圆角的几何对象之间没有对齐，或者有多个圆角交汇于一点，就会出现圆角过渡区域的处理问题。Creo Parametric 允许用户指定处理重叠或不连续倒圆角段的方法。一般情况下，Creo Parametric 使用缺省过渡，这些缺省过渡根据特定的几何环境进行选取。但是，在特定情况下，用户可以修改现有过渡以获得满意的倒圆角效果。

2）方法

在【倒圆角】工具操控板中单击，激活【过渡】模式。

3）过渡区域类型

在操控板的【过渡类型】框中显示了当前过渡的缺省类型，并包含基于当前几何环境下可能有效的过渡类型的列表。需要说明的是，并非所有列出的过渡类型都可用于给定的环境。常见的过渡类型如下：

(1) 缺省——Creo Parametric 确定最适合几何环境的过渡类型。

(2) 混合——使用边参考在倒圆角段间创建圆角曲面。

(3) 连续——将倒角几何延伸到两个倒圆角段中。

(4) 相交——有明显的相交棱线，以向彼此延伸的方式延伸两个或更多个重叠倒圆角段，直至它们会聚形成锐边界。仅当活动的倒圆角集包含两个或多个重叠的倒圆角段时，此选项才为可用。

(5) 拐角扫描——半径小的圆角绕半径大的圆角过渡，利用扫描对由三个重叠倒圆角段所形成的拐角过渡进行倒圆角。扫描会用最大半径来包络倒圆角段。

(6) 仅限倒圆角——使用复合倒圆角几何创建过渡。

(7) 拐角球——球面半径＝最大半径，用球面拐角对由三个重叠倒圆角段所形成的拐角过渡进行倒圆角。

(8) 曲面片——在三个或四个倒角段重叠的位置处创建修补曲面。

表 4-2 说明了常见的可能的圆角过渡情况。

从表中图例我们可以看出，在模型中对于要进行倒圆角的参考的设置，如形状、大小、相对位置关系、过渡区域的类型等因素，对于产生的圆角的空间表现形态都有着十分重要的影响。即便是对相同位置的参考设定相同类型的圆角过渡区域，由于各个参考圆角半径的不同，圆角具体的表现情况也不一样。

Creo Parametric 提供了丰富的圆角过渡形式，具体说明可以参见 Creo Parametric 的帮助文件。但是并非所有的圆角过渡通过设定都能产生令人满意的效果。除了需要使用经验的积累以外，对于复杂的圆角过渡问题经常需要使用曲面过渡的方法才能有效地加以解决。

表 4-2　常见圆角过渡情况

过渡类型	R1＝R2＝R3	(R1＝R2)＜R3	(R1＝R2)＞R3	R1＜R2＜R3
拐角球面	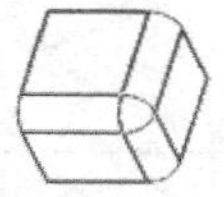	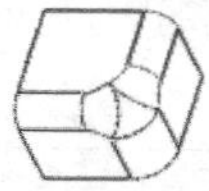	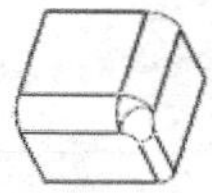	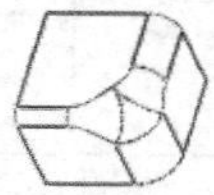
拐角扫描	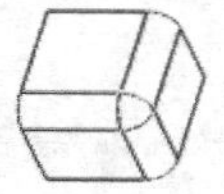	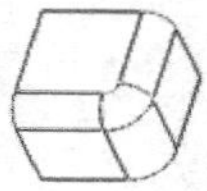	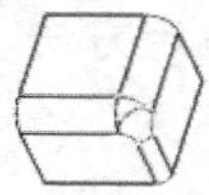	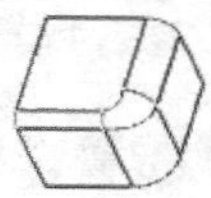
曲面片(没有曲面)	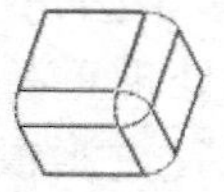	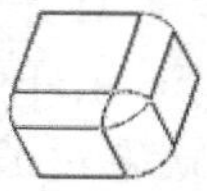	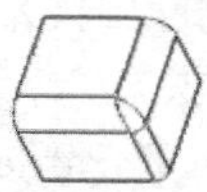	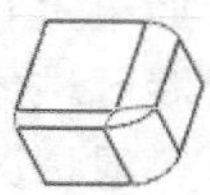
具有曲面 1 的曲面片	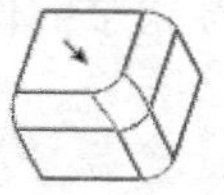	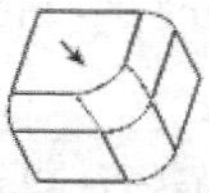	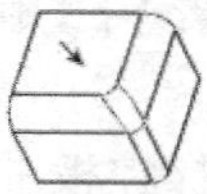	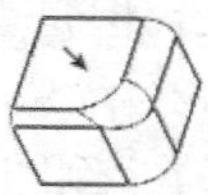
具有曲面 2 的曲面片	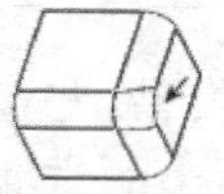	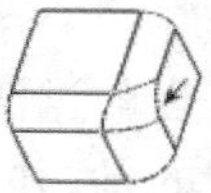	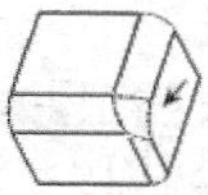	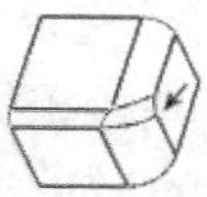
具有曲面 3 的曲面片	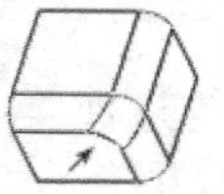	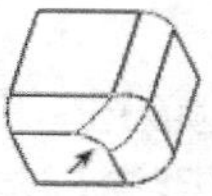	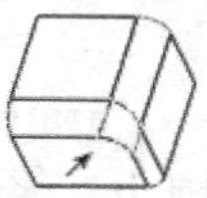	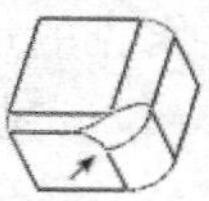
仅倒圆角	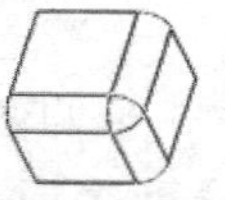	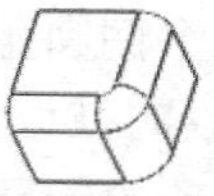	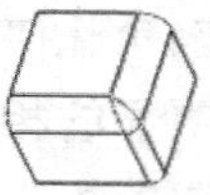	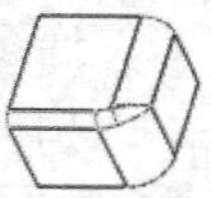

表中：R1、R2 及 R3 是各倒圆角段的半径，箭头指示选取的修补可选曲面。

4.3.8　自动倒圆角

1) 功能

一般倒圆角工具都需要用户一一指定放置圆角的位置参考，对于复杂模型需要花费一定的时间。在 Creo Parametric 2.0 中提供了“自动倒圆角”工具用于快速地创建一系列的圆角。

2）操作步骤

（1）选择【模型】选项卡→【工程】组→【倒圆角】下拉列表→【自动倒圆角】命令，系统将弹出如图 4－45 所示的【自动倒圆角】工具操控板。

（2）选择自动倒圆角特征的范围。

（3）分别指定凸边和凹边的圆角半径。

（4）如果不想对某些边倒圆角，在【排除】面板中选择要从自动倒圆角特征中排除的边。

（5）单击操控板的按钮完成倒圆角特征的创建。

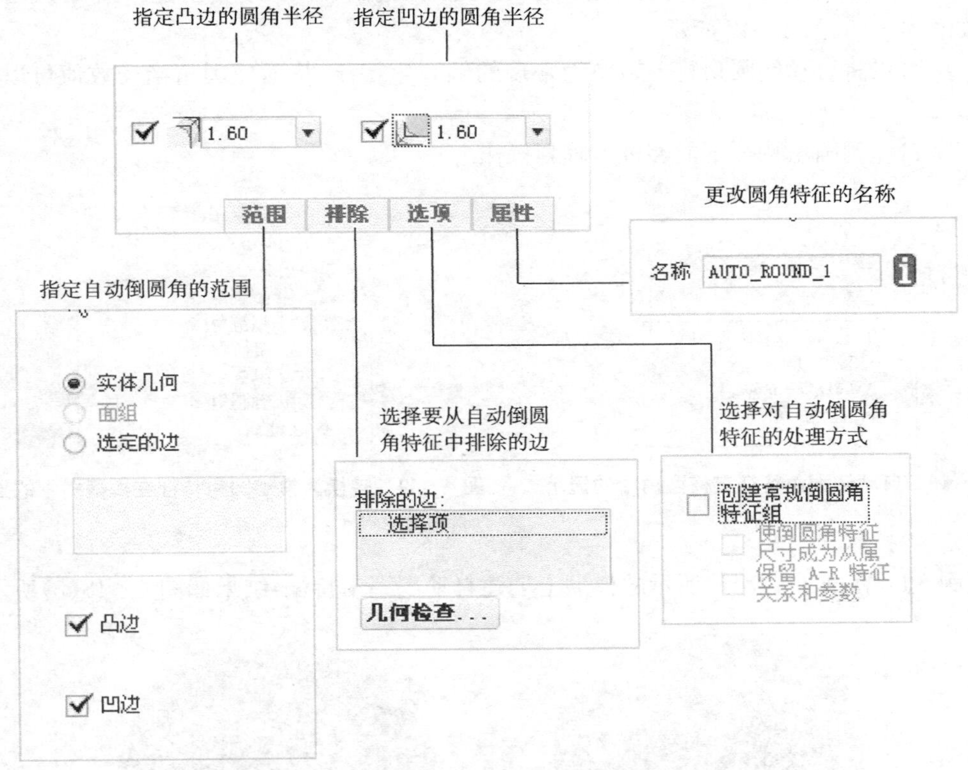

图 4－45　【自动倒圆角】工具操控板

3）说明

（1）在实际的工程中，为了设计和加工上的方便，往往尽可能采用统一的圆角半径。与常规的倒圆角特征相比，采用自动倒圆角特征不仅方便、快捷，而且可以加快零件重新生成的速度。

（2）在【选项】面板中包含以下内容：

① 实体几何：模型中包含实体几何时的默认选项，在模型的实体几何上创建自动倒圆角特征。

② 面组：在模型的单个面组上创建自动倒圆角特征，仅在模型包含一个或多个面组时可用。

③ 选定的边：在选定的边或目的链上创建自动倒圆角特征。

④ 凸边:选择在模型中所有凸边上要建立自动倒圆角特征。

⑤ 凹边:选择在模型中所有凹边上要建立自动倒圆角特征。

(3) 自动倒圆角特征中所有凸边的圆角半径相同,所有凹边的圆角半径也相同;但凸边和凹边的圆角半径可以不相同。

(4) 如果不想对某些边倒圆角,在【排除】面板中选择要从自动倒圆角特征中排除的边。

(5) 默认情况下,自动倒圆角特征在模型树中显示为一个特征,如图 4-46 所示。可以在模型树中,右击自动倒圆角特征,从快捷菜单中选择【转换为组】将自动倒圆角特征转换为常规的倒圆角特征组,或者直接在操控板的【选项】面板中勾选【创建常规倒圆角特征组】,如图 4-45、图 4-47 所示。

(6) 可以将自动倒圆角特征转换为常规的倒圆角特征,从而使圆角半径数值可以独立修改。

(7) 自动倒圆角特征不能够进行阵列操作。

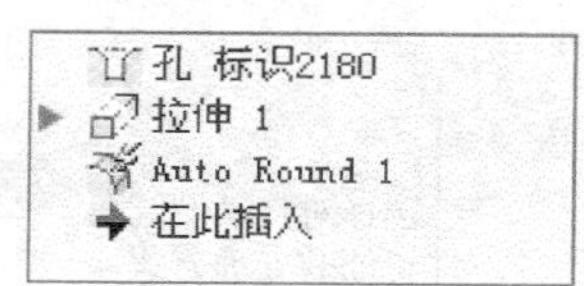

图 4-46 自动倒圆角特征在模型树中的显示

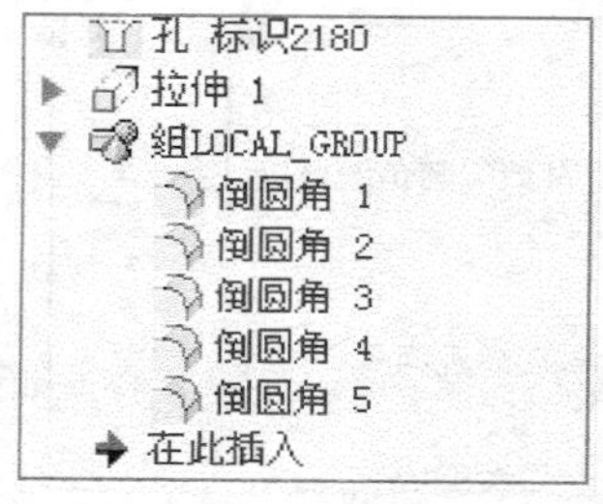

图 4-47 转换为常规圆角特征在模型树中的显示

4) 举例

【例 5】 在图 4-48(a)所示的模型上创建自动倒圆角特征,结果如图 4-48(b)所示。

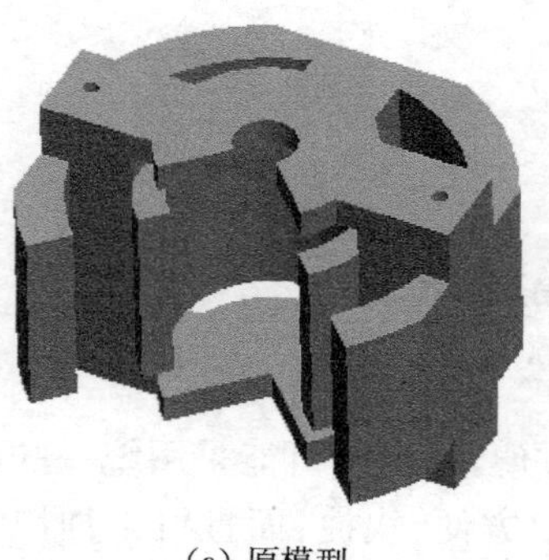

(a) 原模型

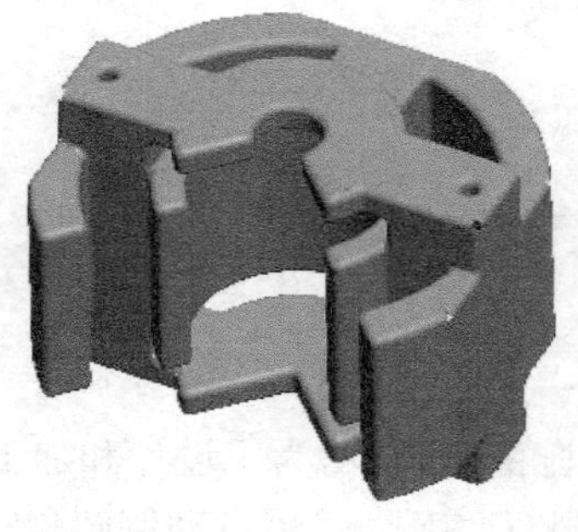

(b) 结果

图 4-48 自动倒圆角特征实例

4.4 倒角特征

4.4.1 功能及分类

和倒圆角类似,倒角特征是在零件的边线或角落上切削材料,在相应位置生成一个斜面，以达到设计要求的一类以去除材料为主的特征。倒角特征分为以下的两种：

（1）边线倒角：指在选定的边线上创建斜面。

（2）拐角倒角：指在三条边线的交点处创建一个斜面。

常规倒角的创建步骤分为以下的两步：

（1）倒角设置：选择倒角的放置参考和空间形态，指定倒角的距离等。

（2）过渡设置：控制多个倒角在相交处即过渡区域的相交状况。

4.4.2　边线倒角的操作步骤

（1）选择【模型】选项卡→【工程】组→【倒角】命令，系统将弹出如图 4 - 49 所示的【倒角】工具操控板。

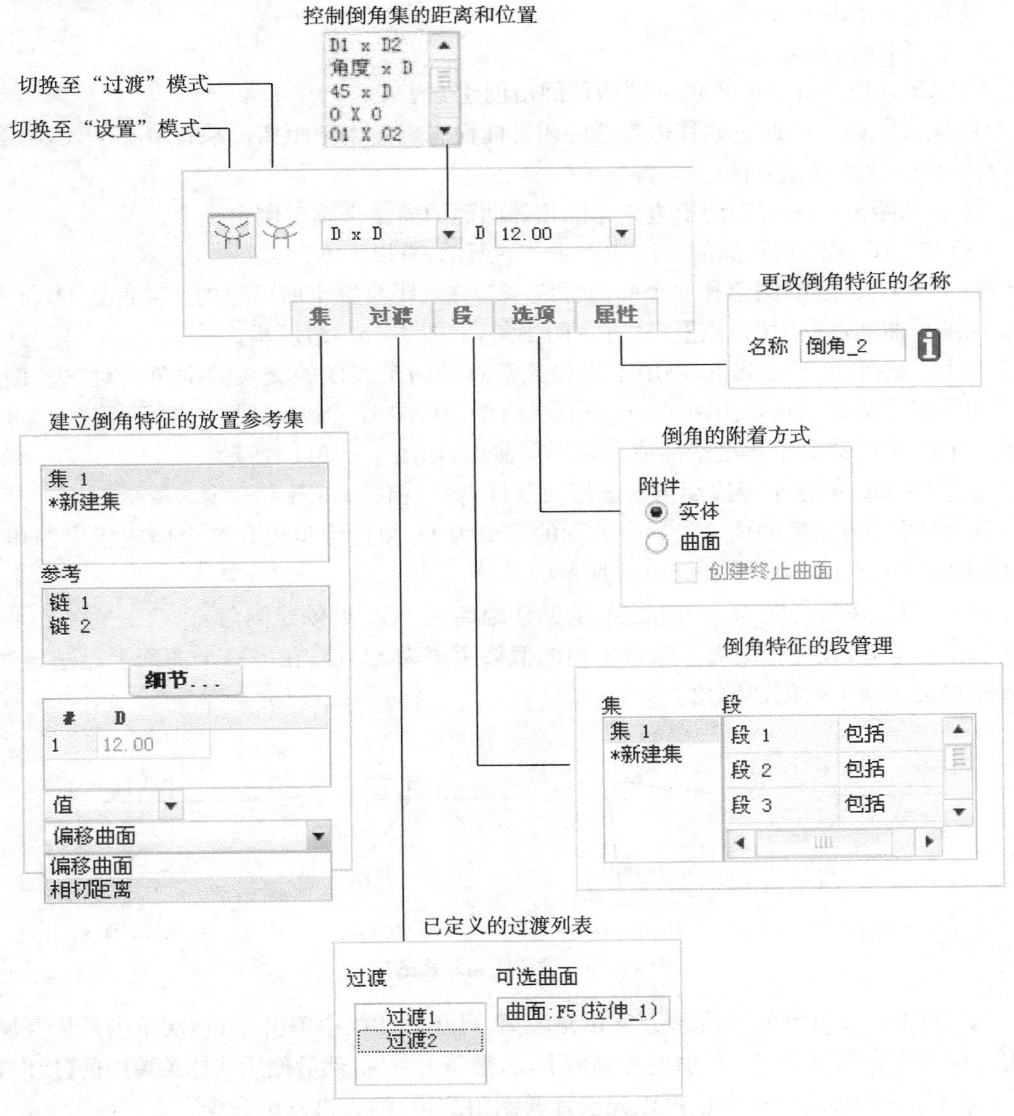

图 4 - 49　【倒角】工具操控板

(2) 选取要倒角的参考边。

(3) 定义倒角的距离。

(4) 如果需要,适当定义倒角的过渡模式。

(5) 单击操控板右端的✓按钮完成特征的创建。

4.4.3 有关边倒角的说明

(1) 倒角的放置参考,可以创建下列不同参考的倒角,请读者注意相应的对象选取方法。

① 边或边链的倒角。

② 曲面到边的倒角:注意这种方式的倒角要先选择曲面,然后按住【Ctrl】键选择边。

③ 曲面到曲面的倒角。

④ 拐角的倒角。

(2) Creo Parametric 提供下列两种倒角创建方法:

① 偏移曲面——通过偏移边参考的相邻曲面来确定倒角距离。缺省情况下,Creo Parametric 会选取此创建方法。

② 相切距离——用相切于边参考的相邻曲面的向量来确定倒角距离。

(3) 常用设置倒角距离的方法如图 4－50 所示,有以下 6 种:

① 45×D:创建的倒角和两个曲面都成 45°,并且距离每个曲面边的距离都是 D,仅适用于使用 90 °曲面和【相切距离】创建方法的倒角,如图 4－50(a)所示。

② D×D:创建等边倒角,可用于不相互垂直的两个表面的交线的倒角。对"边"倒角,边链的所有成员必须正好由两个 90°平面或两个 90 °曲面(例如,圆柱的端面)形成。对"面对面"倒角,必须选取定角度平面或恒定 90 °曲面,如图 4－50(b)所示。

③ D1×D2:创建不等边倒角。适用的条件与(1)相同,如图 4－50(c)所示。

④ 角度×D:创建的倒角沿一个曲面的距离为 D,并且倒角边和这个面成指定的角度。适用的条件与①相同,如图 4－50(d)所示。

⑤ O×O:在与各曲面上的边之间的偏移距离为 (O) 处创建倒角。

⑥ O1×O2:在一个曲面上距选定边的偏移距离为 (O1)、在另一个曲面上距选定边的偏移距离为 (O2) 处创建倒角。

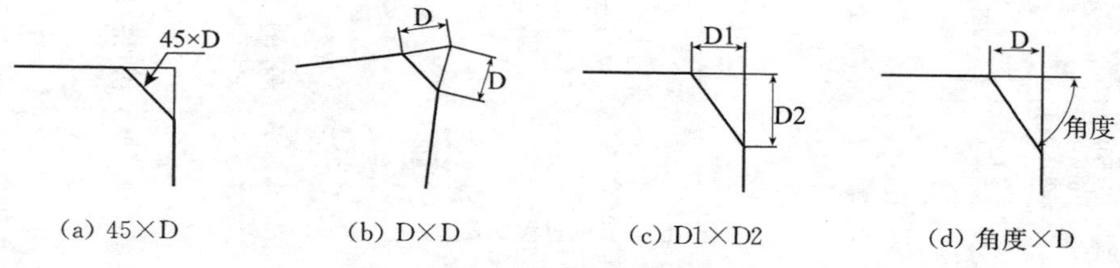

图 4－50 设置倒角距离的方法

(4) 对于不等边倒角,如果要反转倒角距离,可在对话栏中单击⅟;再次单击可恢复原始设置。也可将光标置于倒角数值的控制柄上,右键单击鼠标,然后使用快捷菜单中的【反向】。

(5) Creo Parametric 中也可以先选择要倒角的边,然后再发出命令。

(6) 定义倒角的过渡区域。

如果多个倒角交汇于一点，就会出现倒角的过渡问题，需要对这些重叠或不连续的倒角段进行处理。一般情况下，Creo Parametric 使用默认过渡。这些默认过渡根据特定的几何环境进行选择。在多种情况下，只需使用默认过渡。但是，在某些情况下，用户需要修改现有过渡以获得满意的倒角几何。倒角的过渡类型分为以下几种：

① 默认　Creo Parametric 自行确定最适合当前几何环境下的过渡类型。

② 混合　使用边参考在倒角段间创建圆角曲面。

③ 继续　将倒角几何延续到两个倒角段中。

④ 相交　以向彼此延伸的方式延伸两个或更多个重叠倒角段，直至它们会聚形成锐边界，如图 4－51 所示。

⑤ 拐角平面　对由三个倒角段重叠而形成的拐角过渡以平面进行倒角，如图 4－52 所示。

⑥ 曲面片　在三个或四个倒角段重叠的位置处创建修补曲面，系统要求“选取要其上放置带弧圆角的曲面”并指定圆弧的半径，然后创建曲面片过渡，如图 4－53 所示。

⑦ 终至于参考　在指定的基准点或基准平面处终止倒角几何。

注意：Creo Parametric 根据选定过渡的几何环境确定有效过渡类型。也就是说，对于特定类型的过渡，上面所列出的各种过渡类型并不是都可用的。

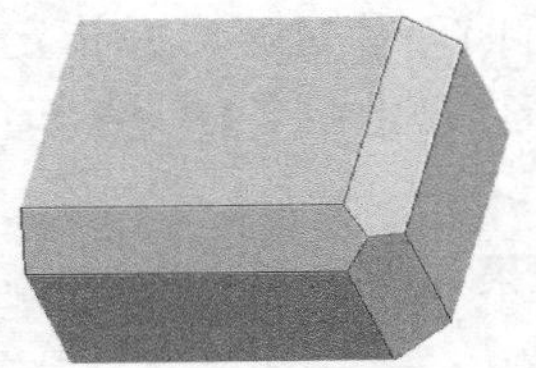

图 4－51　【相交】过渡

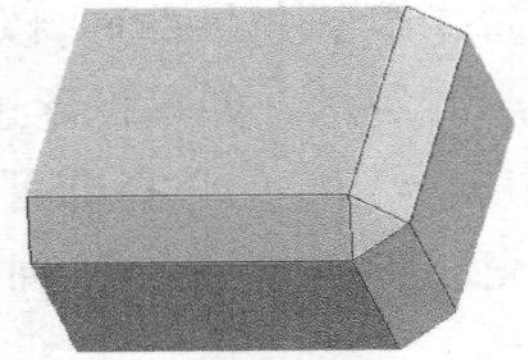

图 4－52　【拐角平面】过渡

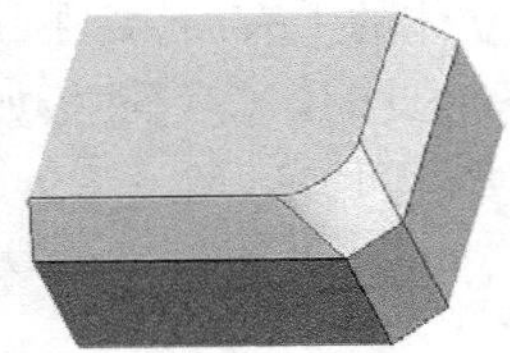

图 4－53　【曲面片】过渡

(7) 选择操控板上的【段】面板，可以进行段管理，以更好地控制倒角特征，其管理内容如下：

① 查看倒角特征的全部倒角集；

② 查看当前倒角集；

③ 查看当前倒角集中的全部倒角段；

④ 查看倒角段的当前状态；

⑤ 从倒角集中排除倒角段；

⑥ 修剪或延伸倒角段；

⑦ 处理放置模糊问题。

图 4－54　曲线边界的倒角

(8) 不仅可以创建直线边界线的倒角，也可以创建曲线边界线的倒角，如图 4－54 所示。

4.4.4　边线倒角举例

创建如图 4－55 所示的三维模型。

(1) 打开如图 4－55(a).prt 所示的文件。

(2) 选择【模型】选项卡→【工程】组→【倒角】命令，系统将弹出如图 4－49 所示的【倒角】工具操控板。

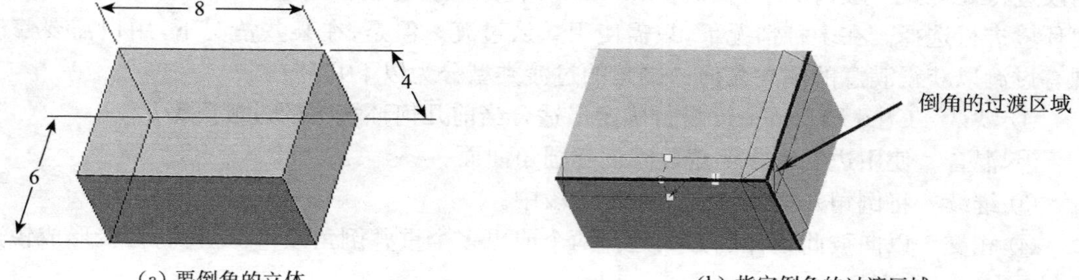

(a) 要倒角的立体　　(b) 指定倒角的过渡区域

图 4-55　边线倒角举例

(3) 在图 4-56 所示的【集】面板中指定如图 4-55 所示的三条边作为倒角参考(先选其中的一条边,然后按住【Ctrl】键加入其他参考),设置倒角的距离方式为 D×D ,大小等于 1。

(4) 单击倒角操控板的【切换至过渡模式】图标,Creo Parametric 出现“从屏幕上或从过渡页的过渡列表中选取过渡”的提示,在屏幕上选择倒角的过渡区域(三个倒角边的交汇之处)。

(5) 在过渡区域类型列表框中指定为“曲面片”过渡,激活放置圆角的【可选曲面】收集器,选择立体的上表面(要在其上放置带弧圆角的曲面,以进行曲面片过渡),并指定圆弧的半径为 1.5,此时【过渡】面板如图 4-57 所示。如果设置过渡形式为【相交】或者【拐角平面】类型,只要在过渡区域类型列表框中进行相应的选择即可。

(6) 单击操控板右端的✓按钮完成特征的创建,得到的结果如图 4-53 所示。

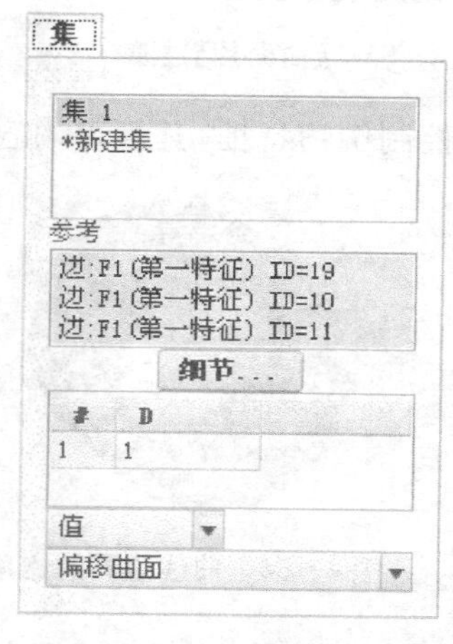

图 4-56　【集】面板

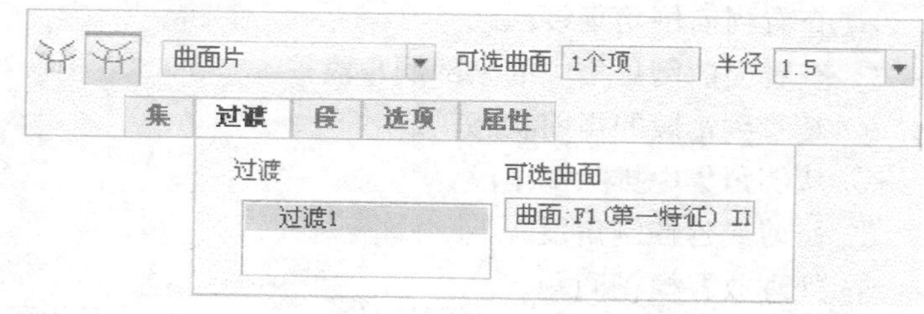

图 4-57　【过渡】面板

4.4.5　拐角倒角

1) 功能

拐角倒角用于在三条边线的交点处创建一个斜面。

我们以在图 4-55(a).prt 文件中创建拐角倒角为例来说明其操作步骤。

2）操作步骤

（1）打开如图 4－55(a).prt 所示的文件。

（2）选择【模型】选项卡→【工程】组→【拐角倒角】命令，系统将弹出如图 4－58 所示的【拐角倒角】工具操控板。

（3）激活【放置】面板的【拐角收集器】选择要进行倒角的顶角为长方体的右前上顶点处。

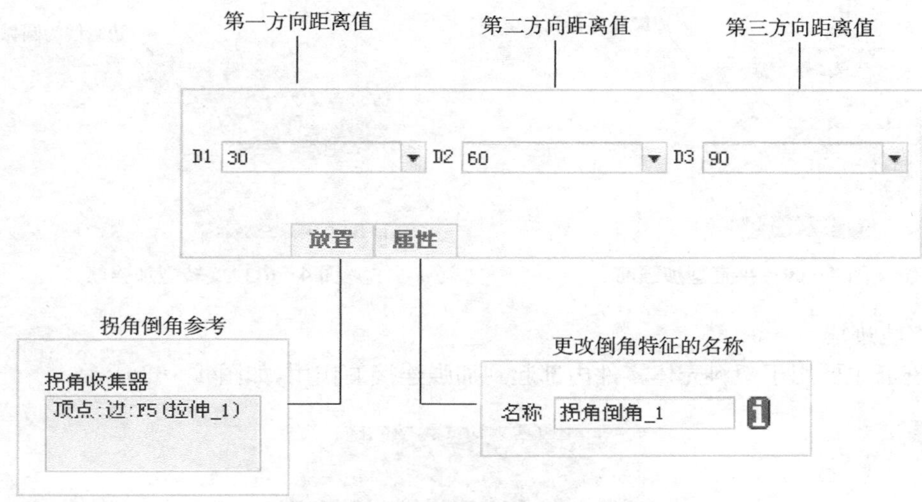

图 4－58　【拐角倒角】工具操控板

（4）指定第一方向、第二方向和第三方向的距离值分别为 30、60 和 90。

（5）单击操控板的，Creo Parametric 创建的拐角倒角特征如图 4－59 所示。

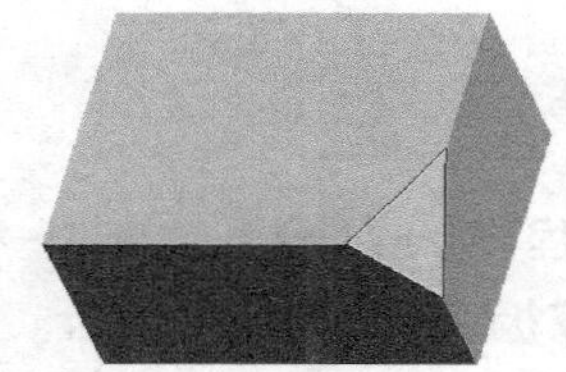

图 4－59　创建拐角倒角特征图

4.5　筋特征

4.5.1　功能及分类

在 Creo Parametric 中，筋特征分为轮廓筋和轨迹筋两种，而轮廓筋又分为平直型加强筋和旋转型加强筋两种。

（1）轮廓筋

轮廓筋特征是零件建模过程中常用的一类特征，它主要通过加强两部分实体之间的连接而达到增加零件强度和刚度的目的。

① 平直型加强筋:连接的两个特征是平直造型,此时产生平直型加强筋,如图 4-60 所示。

② 旋转型加强筋:连接的两个特征中存在旋转特征的造型,此时产生旋转型加强筋,如图 4-61 所示。

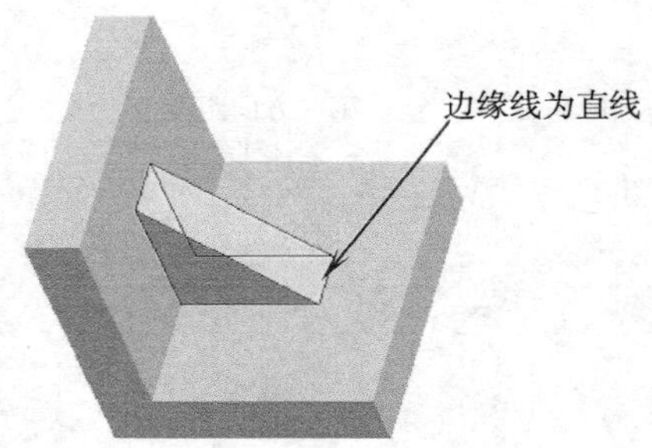

图 4-60 平直型加强筋

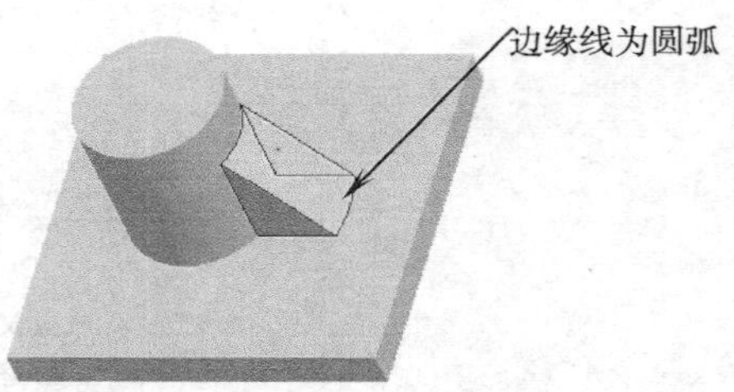

图 4-61 旋转型加强筋

(2) 轨迹筋

轨迹筋主要用于塑料壳体零件内部起到加强连接的作用,如图 4-62 所示。

图 4-62 轨迹筋

4.5.2 操作步骤

(1) 选择【模型】选项卡→【工程】组→【筋】下拉列表→【轮廓筋】命令,系统将弹出如图 4-63 所示的【轮廓筋】工具操控板。

(2) 选择已有的草绘或者创建轮廓筋的草绘。

(3) 指定轮廓筋的生长方向。

(4) 指定轮廓筋的厚度。

(5) 单击操控板右端的按钮完成特征的创建。

4.5.3 说明

(1) 草绘的截面必须是开放的,并且截面的端点必须对齐于已有特征的边线上。

(2) 如果需要产生中空的筋,草绘截面中必须要有一段是开口的,如图 4-64(a)所示的中空加强筋特征的草绘截面如图 4-64(b)所示。

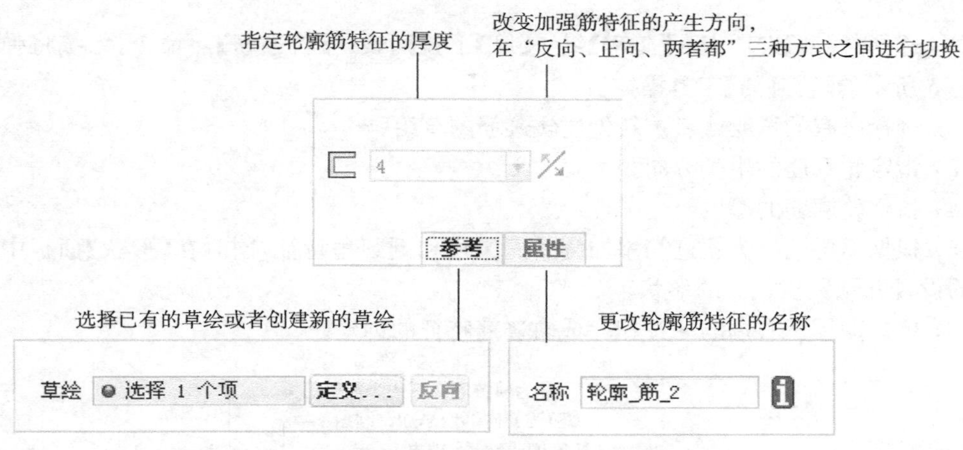

图 4－63　【轮廓筋】工具操控板

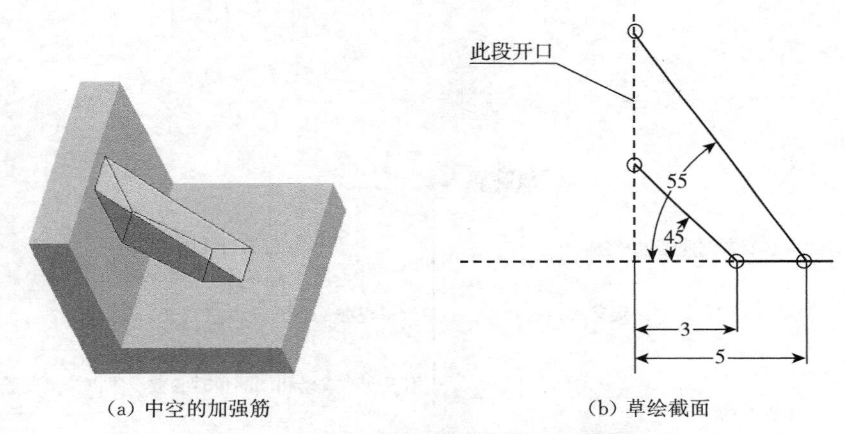

(a) 中空的加强筋　　(b) 草绘截面

图 4－64　中空的加强筋特征和草绘截面

(3) 在一般情况下，轮廓筋特征的生长方向是以草绘平面为基准向两侧对称生长的。单击操控板上的 ⁄ 可以改变加强筋特征的产生方向，在“反向、正向、两者都”三种方式之间进行切换。

(4) 对于旋转型加强筋，草绘平面应该是过其旋转轴线的平面。

4.5.4　轨迹筋

1) 功能

轨迹筋主要在塑料壳体零件内部起到加强连接的作用，这些零件壳体的曲面之间含有基础或其他空心区域。

要创建轨迹筋的零件壳体曲面和基础必须是几何实体。通过在壳体曲面之间草绘筋路径或选择现有的草绘来创建轨迹筋的截面。轨迹筋具有顶部和底部。底部是与零件底部曲面相交的一端；顶部则是筋草绘定义所在的平面。

2）操作步骤

（1）选择【模型】选项卡→【工程】组→【筋】下拉列表→【轨迹筋】命令，系统将弹出如图 4-65 所示的【轨迹筋】工具操控板。

（2）选择已有的草绘或者重新创建轨迹筋的草绘。

（3）指定轮廓筋的生长方向。

（4）指定轮廓筋的厚度。

（5）根据需要选择为轨迹筋添加侧曲面拔模和倒圆角特征，同时在【形状】面板中进行参数的设置并预览横截面的形状。

（6）单击操控板右端的按钮完成轨迹筋特征的创建。

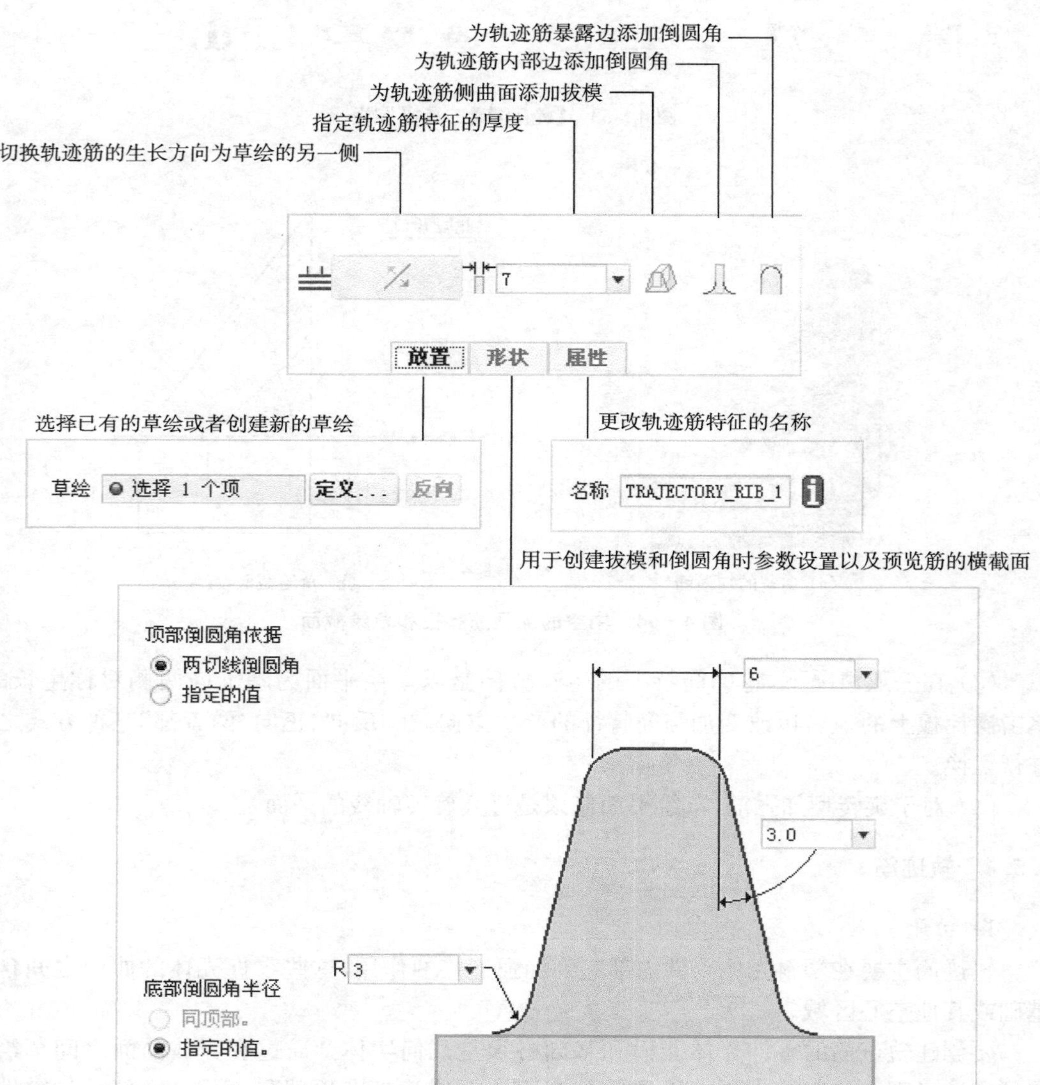

图 4-65 【轨迹筋】工具操控板

3）举例

创建如图4－66所示的三维模型。

（1）打开如图4－66(a).prt所示的文件。

（2）选择【模型】选项卡→【基准】组→【基准平面】命令创建轨迹筋的草绘平面DTM1，在TOP基准面上方，距离80。（基准平面的创建请参考5.2“基准平面”一节内容）

（3）选择【模型】选项卡→【工程】组→【筋】下拉列表→【轨迹筋】命令，系统将弹出如图4－65所示的【轨迹筋】工具操控板。

（4）打开【放置】面板，选择 定义... 创建轨迹筋的草绘。选择DTM1为草绘平面，RIGHT面作为定向参考面，法线方向向右。绘制如图4－67所示的轨迹筋的草绘截面。

（a）原模型

（b）创建轨迹筋后的模型

图4－66　轨迹筋特征创建实例

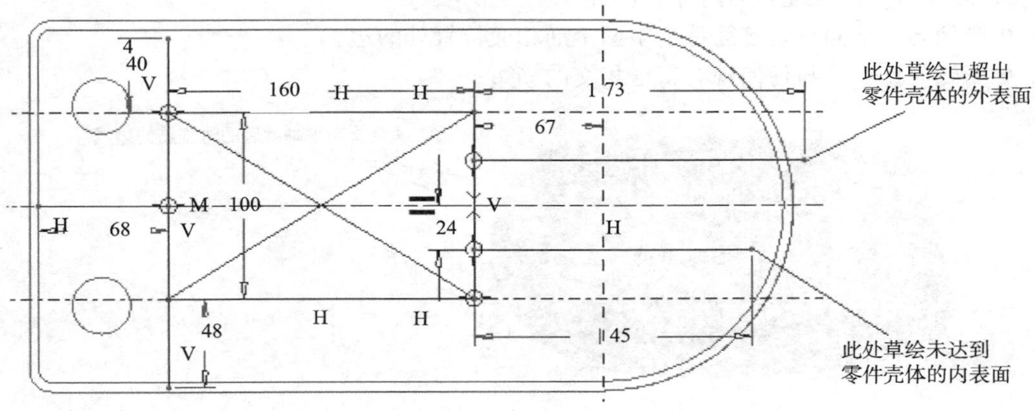

图4－67　轨迹筋的草绘截面

（5）接受轮廓筋的生长方向为从草绘平面到壳体底部的方向。

（6）指定轮廓筋的厚度为6。

（7）为轨迹筋添加侧曲面拔模角度为3°，顶部和底部的圆角半径均为R3，同时在【形状】面板中进行参数的设置并预览横截面的形状。

（8）单击操控板右端的按钮完成轨迹筋特征的创建。

4）轨迹筋创建过程中需要注意的问题

（1）轨迹筋的草绘可以自相交，并且允许有多个开放的环或封闭的环。

（2）在绘制轨迹筋的截面时，不需要将草绘截面与壳体表面对齐。如果草绘没有达到零件壳体的内表面，系统会自动将其延伸至壳体零件的内表面；如果草绘的截面已超出零件壳体的外表面，系统也会自动将其修剪至壳体的内表面，如图 4-67 所示。

(3) 如果轨迹筋创建过程中穿越壳体中的孔或者槽，轨迹筋特征的创建将会失败。例如要在如图 4-68 所示的模型中创建图 4-66(b)中的轨迹筋特征将会失败。

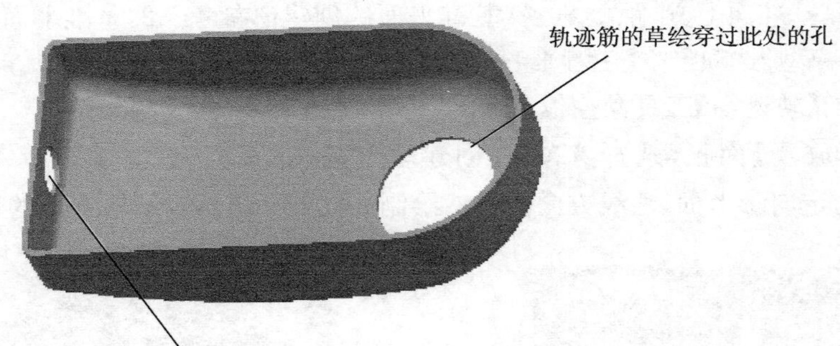
轨迹筋的草绘穿过此处的孔
轨迹筋生长过程中将在此孔位置处与壳体相连

图 4-68　轨迹筋的草绘或生长不得经过壳体中的孔或槽

(4) 在创建轨迹筋的同时可以对轨迹筋进行拔模和倒圆角的操作，如图 4-66(b)所示。

(5) 轨迹筋的倒圆角集类型如图 4-69 所示，包括以下两种：

① 暴露边——草绘平面上的暴露边，即草绘产生厚度后的轨迹筋的边线。

② 内部边——轨迹筋的内部边，又包括以下两项：

- 筋到筋——同一轨迹筋特征中两个筋相交位置处的边。
- 筋到模型——与任何现有特征相交的筋边。

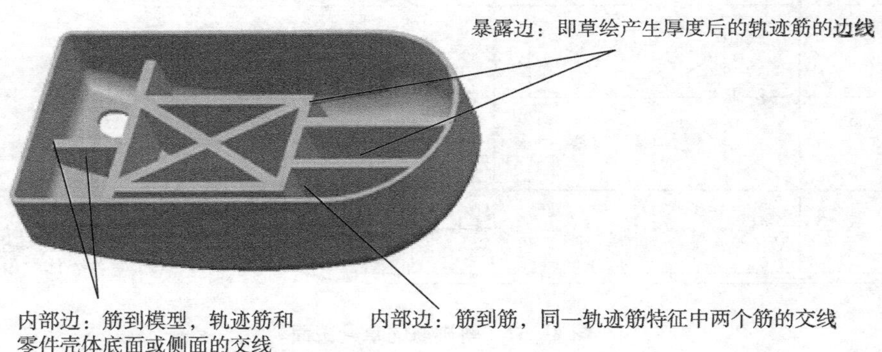
暴露边：即草绘产生厚度后的轨迹筋的边线
内部边：筋到模型，轨迹筋和
零件壳体底面或侧面的交线
内部边：筋到筋，同一轨迹筋特征中两个筋的交线

图 4-69　轨迹筋的倒圆角集的不同类型

(6) 可以将轨迹筋特征中的倒圆角"外部化"，使其成为一个独立的倒圆角特征。方法是在模型树中选择一个或多个包含内部倒圆角的轨迹筋特征，右键单击，从弹出的快捷菜单中选择"外部化倒圆角"菜单项，系统将随即弹出【特征外部化】对话框，单击 确定 按钮将使得轨迹筋中所有的倒圆角外部化而成为各自独立的倒圆角特征。

(7) 轨迹筋的宽度值至少应为圆角值的 2 倍。

(8) 轨迹筋的拔模角度在 0°～30°之间。

4.6　抽壳特征

4.6.1　功能及分类

用于产生壳体或箱体。通过删除实体中的一个或多个曲面，然后移除内部的材料，使立体形成中空形状，形成指定壁厚的壳，属于去除材料的操作。

4.6.2　操作步骤

(1) 选择【模型】选项卡→【工程】组→【壳】命令，系统将弹出如图 4－70 所示的【壳】工具操控板。

(2) 选取要移除的一个或多个曲面。

(3) 指定壳的厚度。

(4) 可以设置壁厚值不等的外壳。

(5) 单击操控板右端的按钮完成特征的创建。

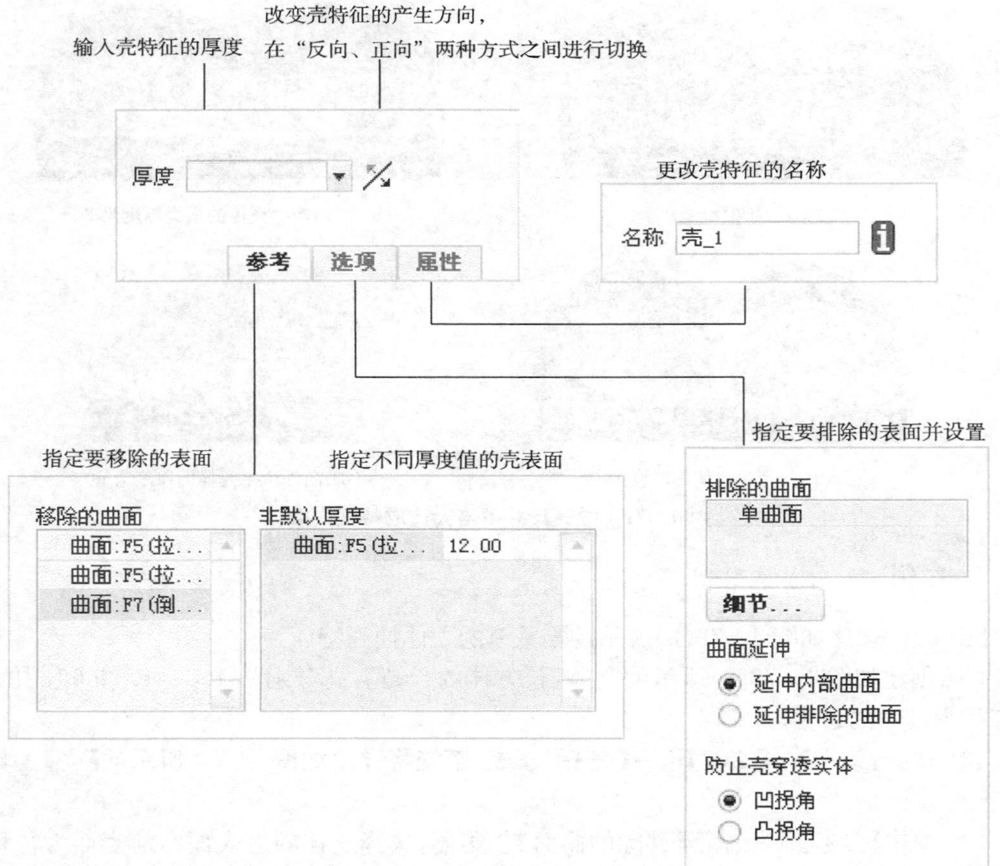

图 4－70　【壳】工具操控板

4.6.3 说明

(1) Creo Parametric 中也可以先选择要移除的表面,然后再发出抽壳命令。

(2) 在指定要移除的表面时,可以按住【Ctrl】键选取多个表面。

(3) 在一个收集器中选定的曲面不能在任何其他收集器中进行选择。例如,如果在【移除的曲面】收集器中选择了某个曲面,则不能在【非默认厚度】收集器或【排除的曲面】收集器中选择同一曲面。

(4) 单击操控板上的 改变壳特征的产生方向,在"反向、正向"两种方式之间进行切换,以指定从内侧或者外侧产生壳体的厚度。

(5) 不能对圆角表面或者与圆角表面相切的平面进行抽壳操作。

(6) 在抽壳的过程中,如果出现单个曲面的曲率过大(曲面半径小于壳的壁厚)、相邻的两个曲面偏移后无法相交、抽壳后出现几何退化或出现特征自相交的情形,都会造成抽壳特征的失败。如对于图 4－71(a)所示的模型的前表面进行抽壳操作,当向内部产生壳体的厚度时数值不得大于 2,如图 4－71(b)所示;而当向外部产生壳体的厚度时,只要不引起几何退化,壳体的厚度不受限制,如图 4－71(c)和图 4－71(d)所示。

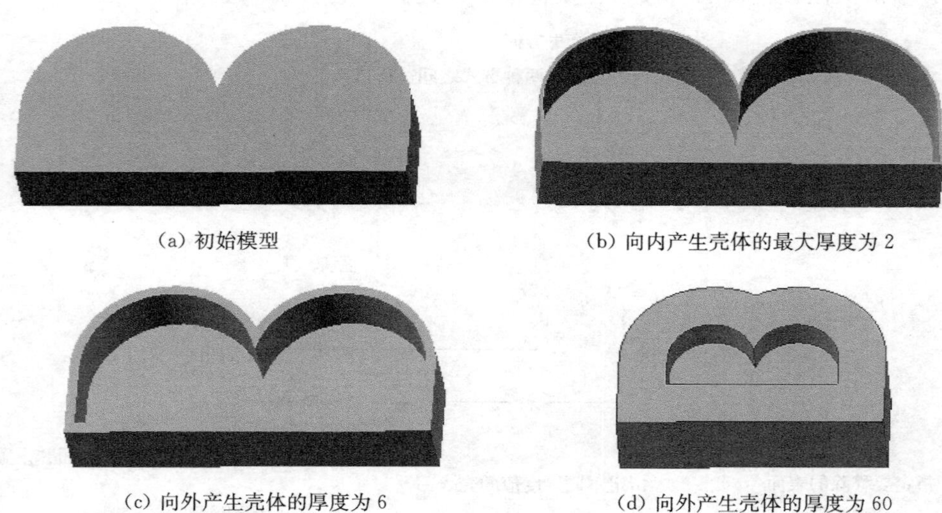

(a) 初始模型　(b) 向内产生壳体的最大厚度为 2

(c) 向外产生壳体的厚度为 6　(d) 向外产生壳体的厚度为 60

图 4－71　抽壳尺寸不当会造成特征失败

4.6.4 举例

【例 6】 创建如图 4－72(b)所示的等壁厚的立体抽壳特征。

(1) 创建如图 4－72(a)所示的立体,长方体的长、宽、高分别是 100、100 和 60,中间是一直径为∅30 的通孔。

(2) 选择【模型】→【工程】组→【壳】命令 ,系统将弹出如图 4－70 所示的【壳】工具操控板。

(3) 单击【参考】面板激活【移除的曲面】收集器,选择立体的上表面和前表面为待移除的表面。

(4) 在操控板的【厚度】编辑框中输入壳的厚度值为 3。

(5) 单击操控板的✓按钮完成壳特征的创建，如图 4－72(b)所示。

【例 7】 创建如图 4－72(c)所示的不相等壁厚的立体抽壳特征。

(1)～(4)同例 1 中步骤(1)～(4)。

(2) 单击【参考】面板激活【非默认厚度】收集器，选择立体的右表面，该表面的厚度为非缺省的厚度值。

(3) 指定右表面抽壳的厚度值为 6。

(4) 单击✓按钮完成壳特征的创建，如图 4－72(c)所示。

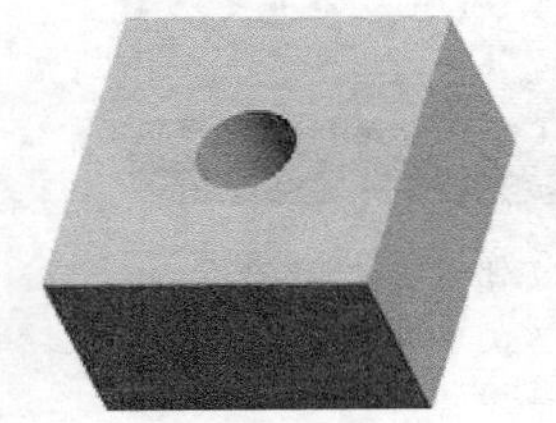

(a) 抽壳特征前的立体

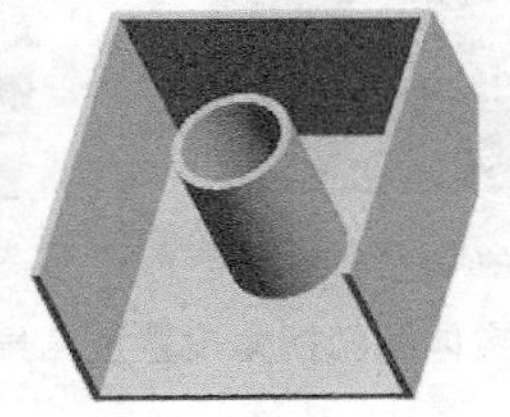

(b) 等壁厚的立体抽壳特征

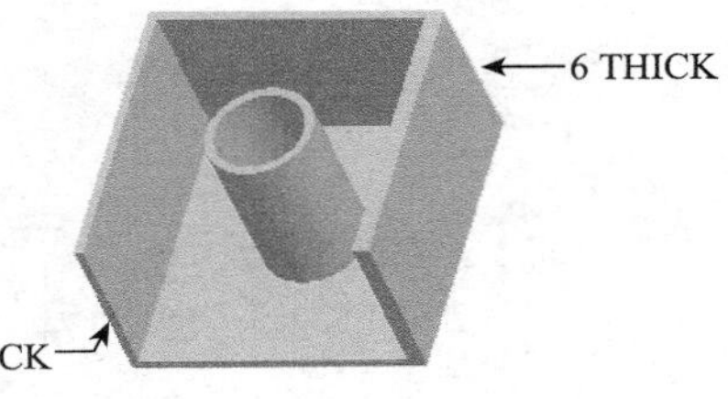

(c) 不等壁厚的立体抽壳特征

图 4－72　抽壳特征举例

【例 8】 创建如图 4－73、图 4－74、图 4－75 所示的立体抽壳特征。

(a) 初始模型

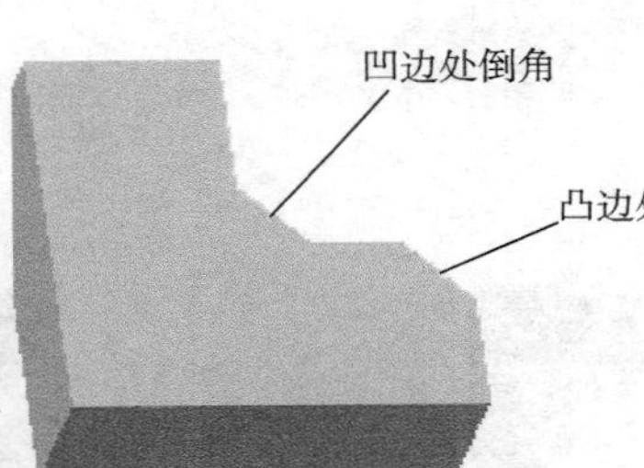

(b) 分别选择一条凸边和凹边进行倒角操作

(c) 不指定【排除的曲面】的抽壳结果

图 4－73　抽壳之前的立体

(1) 打开如图 4－73(a)所示的初始模型。

(2) 分别选择模型中一条凸边和一条凹边进行倒角操作，如图 4－73(b)所示。

(3) 选择【模型】选项卡→【工程】组→【壳】命令，系统将弹出如图 4－70 所示的【壳】工具操控板。

(4) 单击【参考】选项卡从面板中激活【移除的曲面】收集器，选择立体的上表面为待移除的表面。

(5) 如果不指定【排除的曲面】，倒角的结果如图 4－73(c)所示。

(6) 单击【选项】选项卡从面板中激活【排除的曲面】收集器，选择立体的凹边倒角表面为待排除的表面，如图 4－74(a)所示，选择防止壳穿透实体的“凹拐角”，结果如图 4－74(b)所示；如果此处不是选择防止壳穿透实体的“凹拐角”，则结果如图 4－74(c)所示。

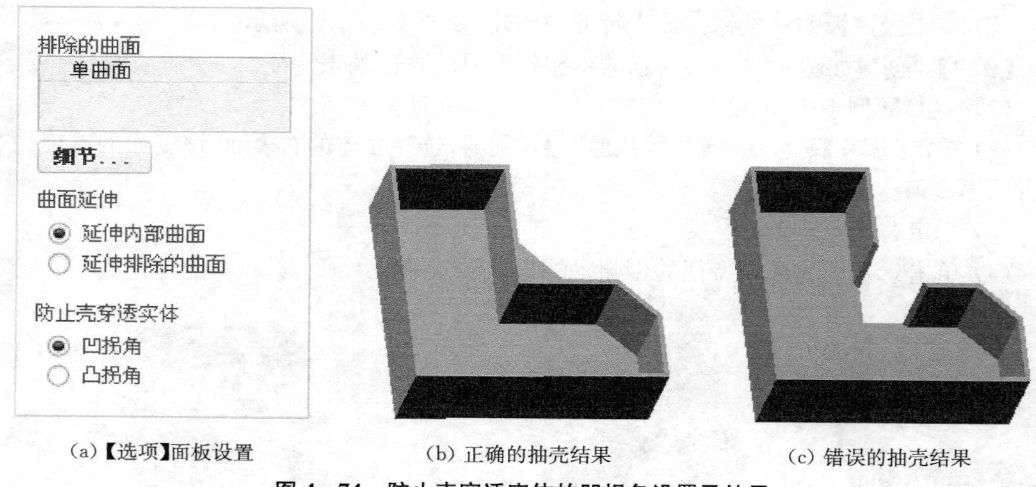

(a)【选项】面板设置　(b) 正确的抽壳结果　(c) 错误的抽壳结果

图 4－74　防止壳穿透实体的凹拐角设置及结果

(7) 单击【选项】选项卡从面板中激活【排除的曲面】收集器，选择立体的凸边倒角表面为待排除的表面，如图 4－75(a)所示，选择防止壳穿透实体的“凸拐角”，结果如图 4－75(b)所示；如果此处不是选择防止壳穿透实体的“凸拐角”，则结果如图 4－75(c)所示。

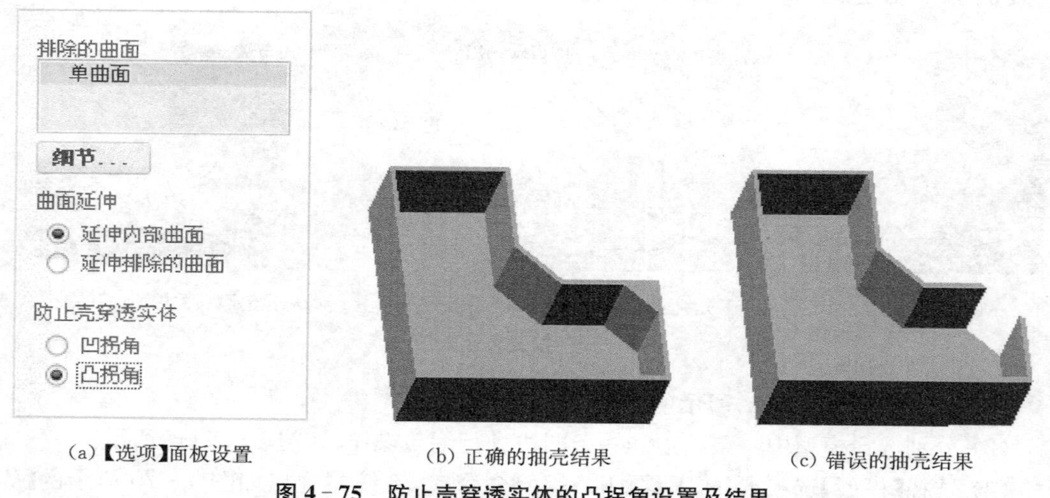

(a)【选项】面板设置　(b) 正确的抽壳结果　(c) 错误的抽壳结果

图 4－75　防止壳穿透实体的凸拐角设置及结果

4.7　拔模特征

4.7.1　功能及分类

注塑件和铸造件往往需要拔模斜面才能顺利脱模。Creo Parametric 提供的拔模分为以下两种：

(1) 常规拔模：拔模特征的角度范围为－30°～30°。

(2) 可变拖拉方向拔模：可以创建同一拔模曲面多角度拔模，即可以在一次拔模中同时设定多个拔模角度。

4.7.2　几个与拔模特征有关的术语

（1）拔模曲面：选取的零件表面，这些面上将生成拔模斜度。

（2）枢轴平面：拔模曲面可以围绕枢轴平面与拔模平面的交线旋转而形成拔模斜面，在拔模特征的创建过程中，该平面的大小保持不变。

（3）拔模方向：也称拖拉方向，用于测量拔模角度的方向，通常为模具开模的方向。通过选择平面（在这种情况下拖动方向垂直于此平面）、直边、基准轴或坐标系的轴进行定义。

（4）拔模角度：指定拔模面的拔模斜度值。

4.7.3　操作步骤

（1）选择【模型】选项卡→【工程】组→【拔模】命令，系统将弹出如图 4－76 所示的【拔模】工具操控板。

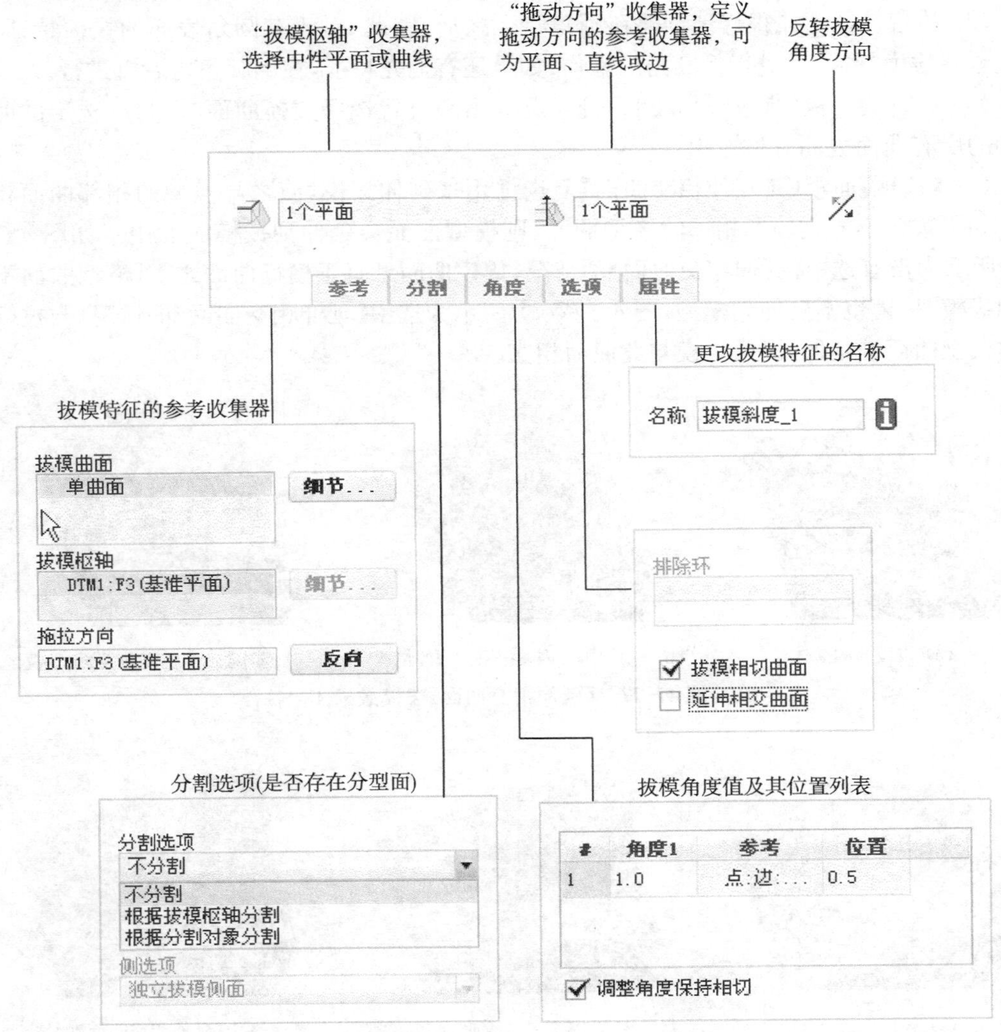

图 4－76　【拔模】工具操控板

（2）选取要进行拔模的曲面，按住【Ctrl】键可以选择多个曲面。

（3）选择拔模枢轴平面或者拔模枢轴曲线。

（4）选择拖动方向的参考，一般情况下，系统默认以枢轴平面或枢轴曲线为定义拔模角的拖动方向。

（5）如果要创建多角度拔模，可右键单击拔模角控制滑块或在【参考】面板上右键单击“角度”框并从弹出的快捷菜单中选择“添加角度”。

（6）如果需要“分割”，即创建分型面，可进行相应的设定。

（7）指定拔模角度的大小和方向。

（8）单击操控板右端的✔按钮完成拔模特征的创建。

4.7.4 说明

（1）Creo Parametric 中也可以先选择要进行拔模操作的曲面，然后再发出命令。

（2）拔模特征不能很好地创建在圆角特征之后，因此，对于有圆角表面的拔模特征，可以先创建拔模特征，后进行倒圆角的操作；如果还有抽壳特征，在倒圆角之后再进行。

（3）【选项】面板中【拔模相切曲面】复选框用来设置选择拔模曲面时，与已选定的曲面相切的所有曲面也同时被选中。

（4）【选项】面板中【延伸相交曲面】复选框用来延伸拔模，使之与模型的相邻曲面相接触。如果拔模不能延伸到相邻的模型曲面，则模型曲面会延伸到拔模曲面中。如图 4－77（b）所示为没有选中【延伸相交曲面】的情况，拔模曲面悬垂于模型曲面之上，模型曲面不延伸到拔模，拔模也不延伸到模型；图 4－77（c）所示为选中【延伸相交曲面】的情况，与拔模重合的模型曲面被延伸，以便拔模与此曲面相交。

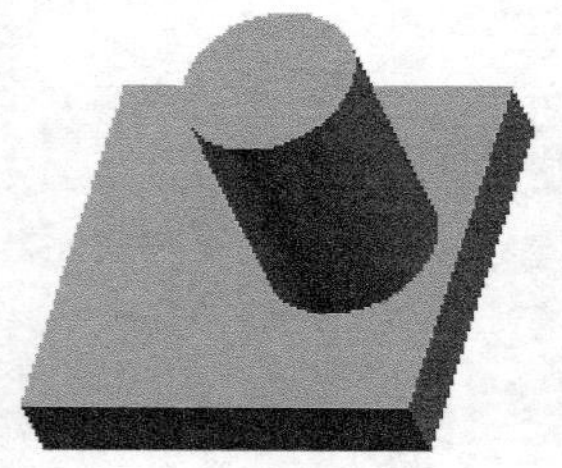

（a）拔模前的立体

（b）未选中【延伸相交曲面】的情况

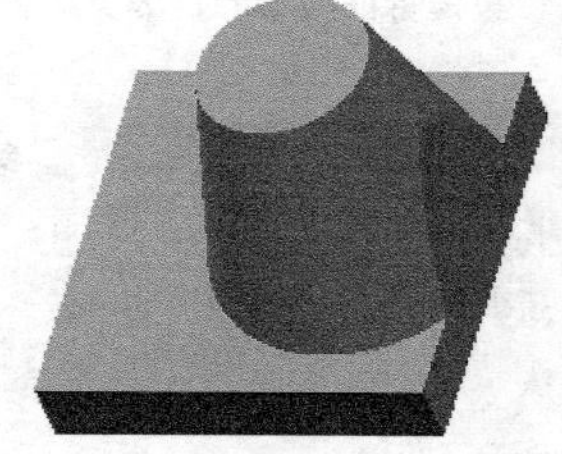

（c）选中【延伸相交曲面】的情况

图 4－77 【延伸相交曲面】拔模效果 1

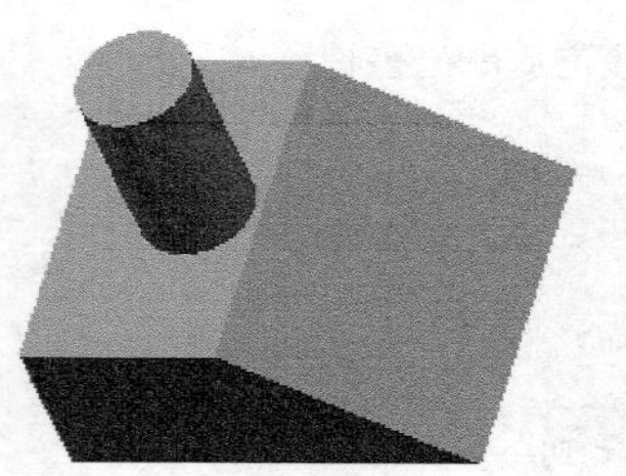

（a）拔模前的立体

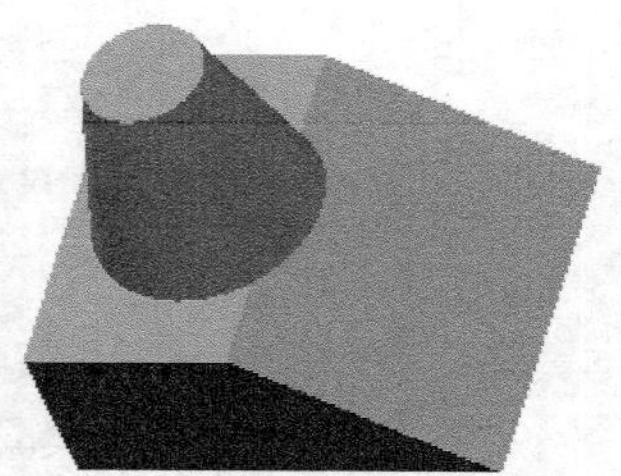

（b）未选中【延伸相交曲面】的情况

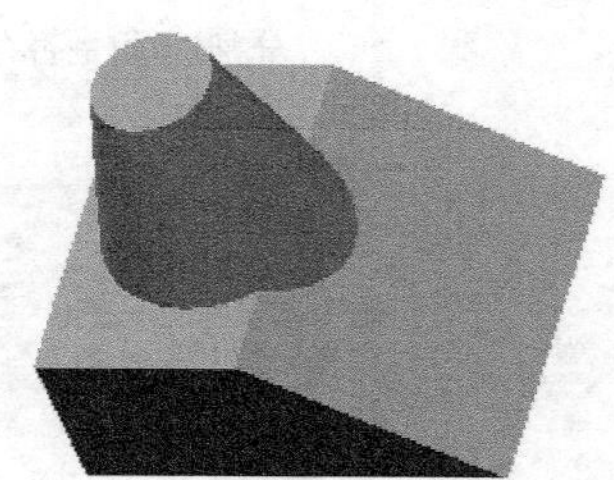

（c）选中【延伸相交曲面】的情况

图 4－78 【延伸相交曲面】拔模效果 2

如图 4－78(b)所示为没有选中【延伸相交曲面】的情况，拔模曲面悬垂于模型曲面之上，模型曲面不延伸到拔模，拔模也不延伸到模型；图 4－78(c)所示为选中【延伸相交曲面】的情况，延伸拔模曲面，以使拔模与模型曲面相交。

(5) 拔模曲面可以不进行分割，如图 4－79(b)所示；也可以对拔模曲面进行分割，并设定不同的拔模角度值，形成分型面，如图 4－80(b)所示。

4.7.5　举例

【例 9】　创建如图 4－79(b)所示的不进行分割的拔模特征。

(1) 打开如图 4－79(a)所示的初始模型。

(2) 选择【模型】选项卡→【工程】组→【拔模】命令，系统将弹出如图 4－76 所示的【拔模】工具操控板。

(3) 选取要进行拔模的曲面为圆柱表面。

(4) 指定圆柱特征的上表面为拔模枢轴平面。

(5) 选择拔模角的参考平面，一般情况下，系统默认以枢轴平面为拔模角的参考平面，此处仍选择圆柱特征的上表面作为拔模角度的参考平面。

(6) 指定拔模角度为 6°。

(7) 单击操控板右端的按钮完成特征的创建，结果如图 4－79(b)所示。

(a) 拔模前的立体

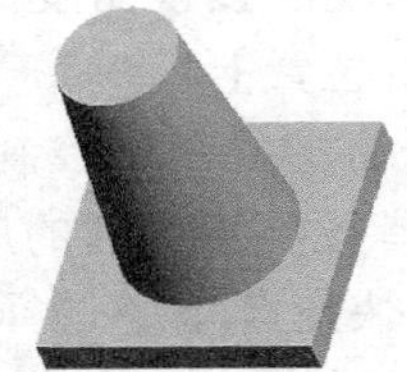

(b) 不进行分割的拔模特征

图 4－79　不进行分割的拔模

【例 10】　创建如图 4－80(b)所示的通过拔模枢轴平面进行分割的拔模特征。

(1) 打开如图 4－80(a)所示的初始模型。

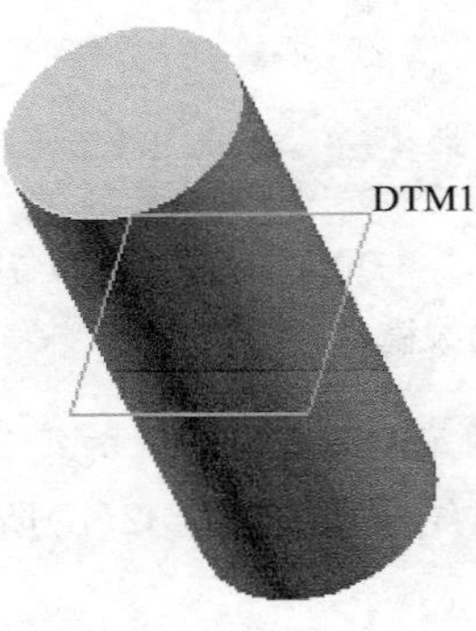

(a) 拔模前的立体

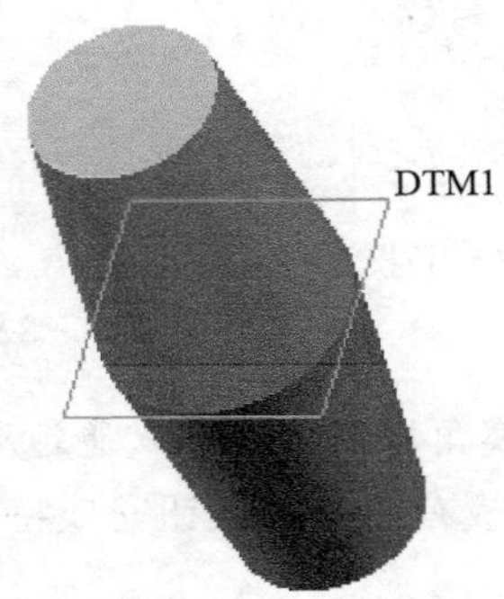

(b)【根据枢轴】分割的拔模特征

图 4－80　通过拔模枢轴平面进行分割的拔模

(2) 选择【模型】选项卡→【工程】组→【拔模】命令，系统将弹出如图 4－76 所示的【拔模】工具操控板。

(3) 选取要进行拔模的曲面为圆柱面。

(4) 选择拔模枢轴平面为刚创建的基准平面 DTM1。

(5) 在【分割】面板的【分割选项】区域中，选择【根据拔模枢轴分割】。

(6) 选择枢轴平面作为拔模角的参考平面。

(7) 指定枢轴平面两端的拔模角度都为 6°。

(8) 单击操控板右端的按钮完成特征的创建，结果如图 4－80(b)所示。

【例 11】 创建如图 4－82(b)所示的多角度的拔模特征。

(1) 打开如图 4－82(a)所示的初始模型。

(2) 选择【模型】选项卡→【工程】组→【拔模】命令，系统将弹出如图 4－76 所示的【拔模】工具操控板。

(3) 选取要进行拔模曲面为长方体的右表面。

(4) 选择拔模枢轴平面为长方体的底面。

(5) 以枢轴平面为拔模角的参考平面。

(6) 指定枢轴平面两端的拔模角度为 2°(默认在长度比率为 0.5 的位置上)。

(7) 在图形区选中长方形的角度控制柄，或者在【角度】面板中选择拔模角度值的序号单击鼠标右键，从弹出的快捷菜单中选择【添加角度】，如图 4－81 所示，在长度比率为 0.25 和 0.75 的位置上，分别设置拔模角度为－25°和 20°。

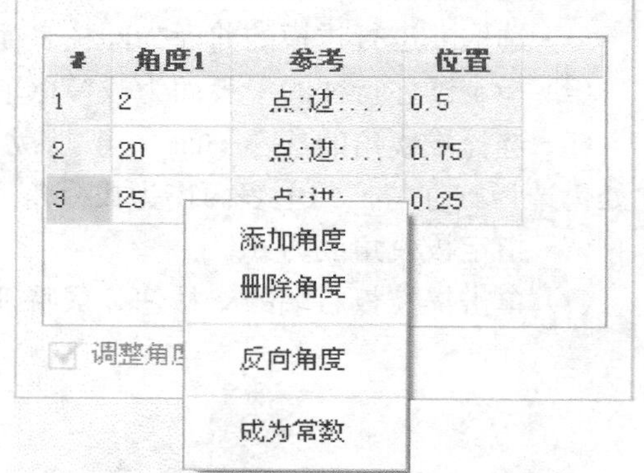

图 4－81 【角度】面板及快捷菜单中设置【多角度】拔模

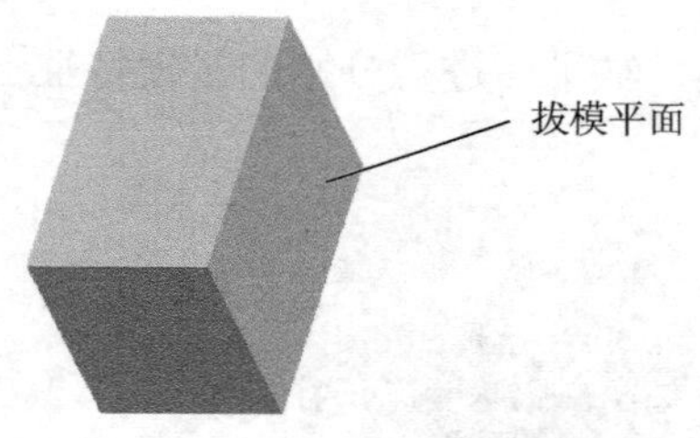

(a) 拔模前的立体

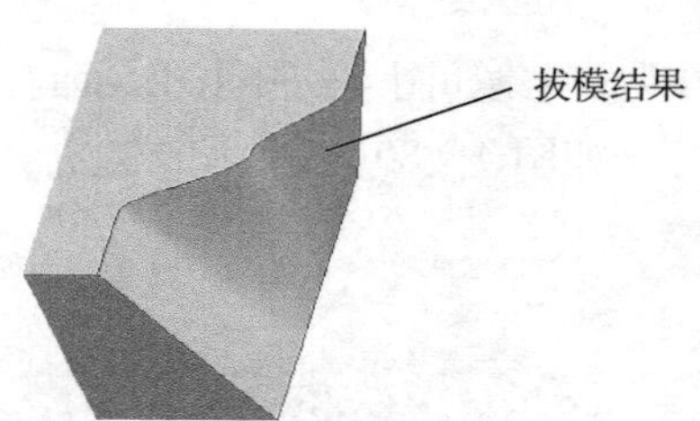

(b)【多角度】的拔模特征

图 4－82 多角度的拔模

注意：设置拔模角度的位置可以通过双击拔模角度位置，在出现的编辑框中进行设定。

(8) 单击操控板右端的按钮完成特征的创建，结果如图 4－82(b)所示。

4.7.6 可变拖拉方向拔模

1) 功能

可以创建同一拔模曲面多角度拔模，即可以在一次拔模中同时设定多个拔模角度。

2）操作步骤

（1）选择【模型】选项卡→【工程】组→【拔模】下拉列表→【可变拖拉方向拔模】命令，系统将弹出如图 4－83 所示的【可变拖拉方向拔模】工具操控板。

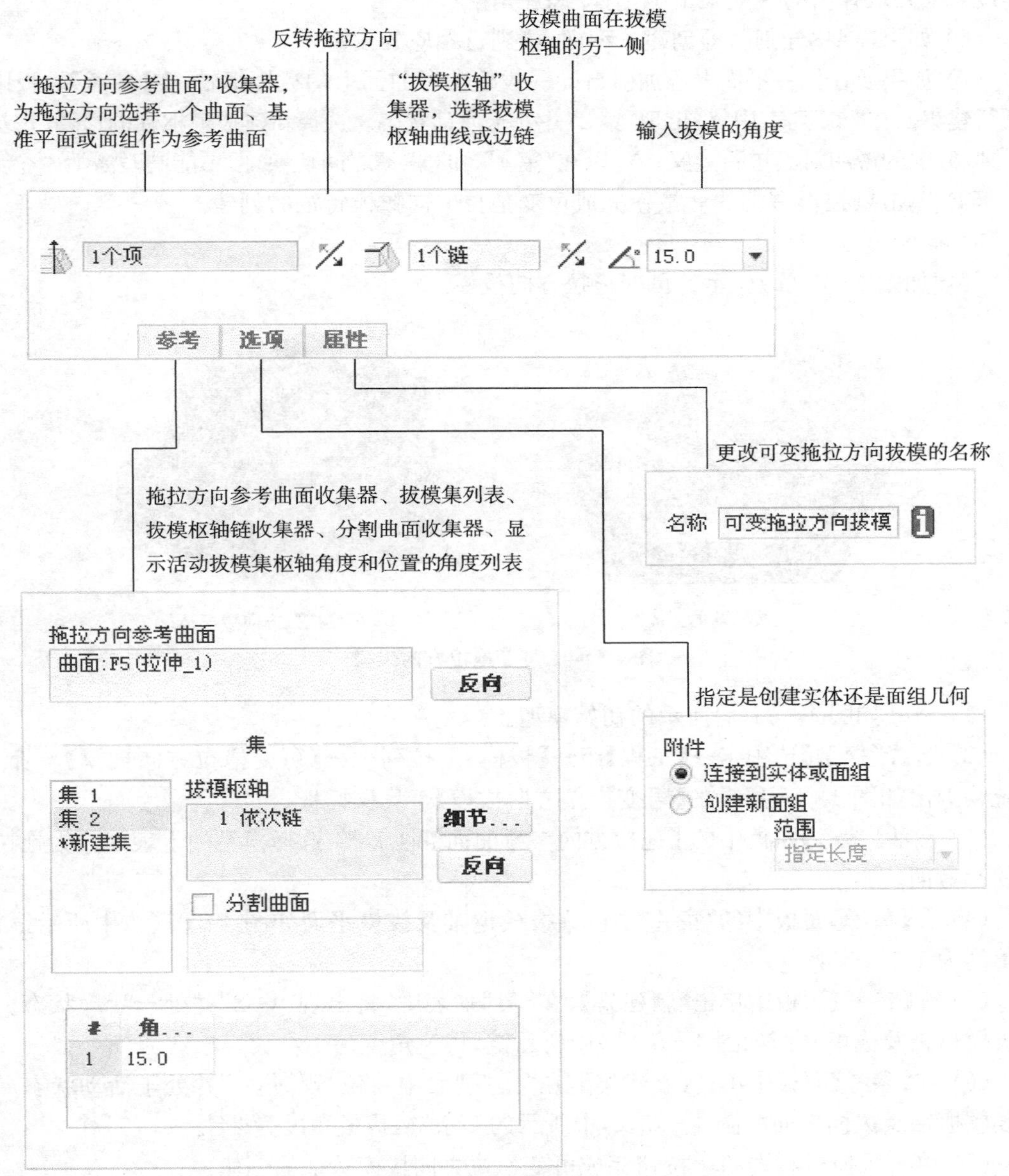

图 4－83　【可变拖拉方向拔模】工具操控板

（2）激活【参考】面板，单击【拖拉方向参考曲面】收集器，选择一个曲面、基准平面或面组作为为拖拉方向的参考曲面，参考曲面会突出显示。

（3）激活【拔模枢轴】收集器，选择作为拔模枢轴的边或曲线。模型中将显示拔模预览（可以单击工具操控板中拔模枢轴收集器 1个链 右侧的 来改变拔模曲面在拔模枢轴的另一侧)。

(4) 指定拔模角度的大小和方向。

(5) 如果要创建多角度拔模,可右键单击拔模角控制滑块或在【参考】面板中右键单击"角度"框并从弹出的快捷菜单中选择"添加角度"。

(6) 如果需要"分割",即创建分型面,可进行相应的设定。

(7) 如果要在另一平面上添加引自同一拔模参考曲面上的拔模枢轴,在【参考】面板中单击【新建集】,在"集"列表中,将出现"集 2"并处于活动状态。选择新建拔模枢轴的边,并按步骤(2)到(6)中的说明对其进行定义。可以在"集 1"和"集 2"之间切换,但不能同时激活两个集。

(8) 单击操控板右端的✔按钮完成可变拖拉方向拔模特征的创建。

3) 举例

创建如图 4-84(b)所示的可变拖拉方向拔模。

(a) 拔模前的立体

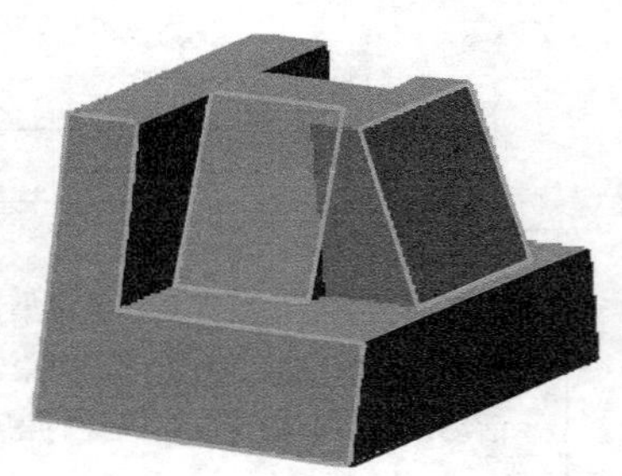

(b) 可变拖拉方向拔模结果

图 4-84 可变拖拉方向拔模

(1) 打开如图 4-84(a)所示的初始模型。

(2) 选择【模型】选项卡→【工程】组→【拔模】下拉列表→【可变拖拉方向拔模】命令,系统将弹出如图 4-83 所示的【可变拖拉方向拔模】工具操控板。

(3) 激活【参考】面板中的【拖拉方向参考曲面】收集器,选择模型的上表面作为拖拉方向的参考面。

(4) 在【参考】面板中的"集 1"中设置拔模枢轴及拔模平面如图 4-85(a)中所示链,拔模角度为 17°。

(5) 在【参考】面板中单击【新建集】,在"集"列表中,将出现"集 2"并处于活动状态。选择拔模枢轴及拔模平面如图 4-85(b)中所示链,拔模角度为 18°。

(6) 在【参考】面板中单击【新建集】,在"集"列表中,将出现"集 3"并处于活动状态。选择拔模枢轴及拔模平面如图 4-85(c)中所示的 2 条链,拔模角度为 24°。

(7) 单击操控板右端的✔按钮完成可变拖拉方向拔模特征的创建。

4) 可变拖拉方向拔模创建过程中需要注意的问题

(1) 可变拖拉方向拔模中拖拉方向的参考曲面不一定为平面式曲面;并且拖拉方向的参考曲面只有一个,所有拔模集的枢轴都引自该参考曲面的不同的边线。

(2) 在可变拖拉方向拔模创建过程中,不需要选择拔模曲面,这些曲面是由选定的拔模枢轴自动定义的。

(3) 可变拖拉方向拔模允许定义大于 30°的拔模角度。

(4) 可变拖拉方向拔模与倒圆角和倒角命令类似，一次可以创建多个拔模集。可以将多个拔模角度定义到多个曲面上。

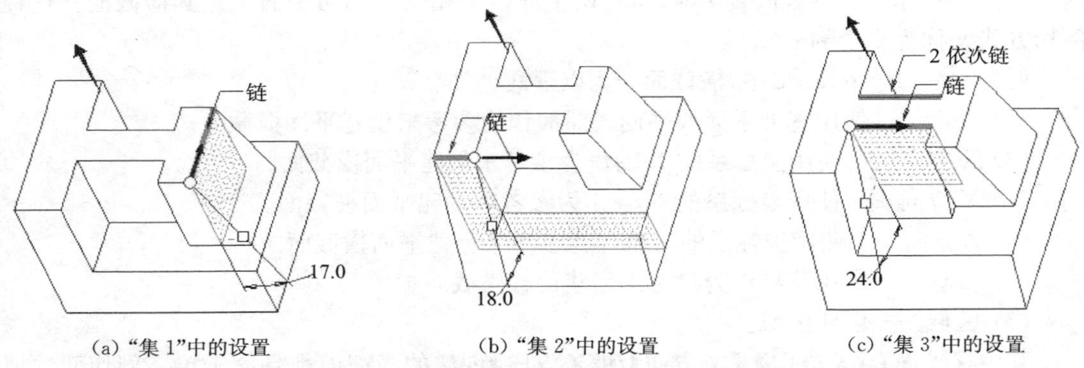

(a)"集 1"中的设置　(b)"集 2"中的设置　(c)"集 3"中的设置

图 4-85　可变拖拉方向拔模中添加引自同一拔模参考曲面上的拔模枢轴

(5) 可变拖拉方向拔模可以应用于实体曲面或曲面面组，但不可以应用到这两种曲面的组合。选定的第一个曲面决定了可对其应用特征的其他曲面的类型。

(6) 要恢复为恒定拔模，可右键单击并选取快捷菜单上的"成为常数"，将删除第一个拔模角以外的所有拔模角。

4.8　横截面的创建和编辑

在机械制图中，为了清楚地表达物体的内部结构和形状，可用假想的剖切面剖开物体，将处在观察者和剖切面之间的部分移去，而将其余部分向投影面投影所得到的图形称为"横截面"，在我国《机械制图国家标准》中称为"剖视图"，简称"剖视"。在本书的叙述中，为了和软件界面中的用语保持一致，我们仍然使用横截面这一名词。

在横截面中，用来剖切被表达物体的假想平面，称为"剖切面"。

假想用剖切面剖开物体，剖切面与物体的接触部分，称为"剖面区域"。

在 Creo Parametric 中，横截面既可以在 3D 环境中创建，也可以在 2D 工程图环境中创建，只是不很方便。本节主要介绍如何在零件造型模块中创建横截面，以备在工程图中进行调用。组件模块或者工程图模块创建横截面的步骤基本相同。

横截面创建完成后，可以用鼠标右键的快捷菜单对其进行各种编辑和修改，例如剖面线的间距和角度等。需要说明的是，在三维环境中定义的剖面线属性可以反映到二维工程图的相应剖视图中。

4.8.1　横截面的种类

按照我国《机械制图国家标准》的规定，在创建零件的横截面时，应该根据零件的结构特点，恰当地选择不同的剖切面。常用剖切面的种类如下。

(1) 单一剖切面：适用于零件的内部结构比较简单，或有较多的内部结构，但它们的轴线在同一平面内的情况，通过一个平面或者基准平面就可以创建。

(2) 几个平行的剖切面：适用于零件中有较多的内部结构形状，而它们的轴线不在同一平面内的情况。这种剖切方式又称为阶梯剖。

(3) 几个相交的剖切面:适用于零件的内部结构形状用一个剖切平面不能表达完全,且这个零件在整体上又具有回转轴时,可用两个或多个相交的剖切平面创建其横截面。这种剖切方式又称为复合剖。

而在 Creo Parametric 中,横截面分为以下几种类型:

(1) 平面——使用基准平面或平面式曲面作为参考来创建平面横截面。

(2) X 方向——使用坐标系的 X 轴作为参考来创建平面横截面。

(3) Y 方向——使用坐标系的 Y 轴作为参考来创建平面横截面。

(4) Z 方向——使用坐标系的 Z 轴作为参考来创建平面横截面。

(5) 偏移——使用草绘作为参考来创建偏移横截面。

(6) 区域——创建区域。

其中,【平面】、【X 方向】、【Y 方向】和【Z 方向】创建的横截面都是属于单一剖切面的情况;【偏移】创建的横截面可以是几个平行的剖切面或者相交的剖切面。【区域】创建的横截面是通过对区域进行定义而创建的三维横截面。下面将从平面横截面、偏移横截面和区域横截面、修改横截面、使用横截面显示修剪的模型等几方面逐一介绍。

4.8.2 创建平面横截面(单一剖切面)

平面横截面通过使用基准平面、平面式曲面或者坐标系的 X/Y/Z 轴作为参考来创建。

1) 通过基准平面创建平面横截面

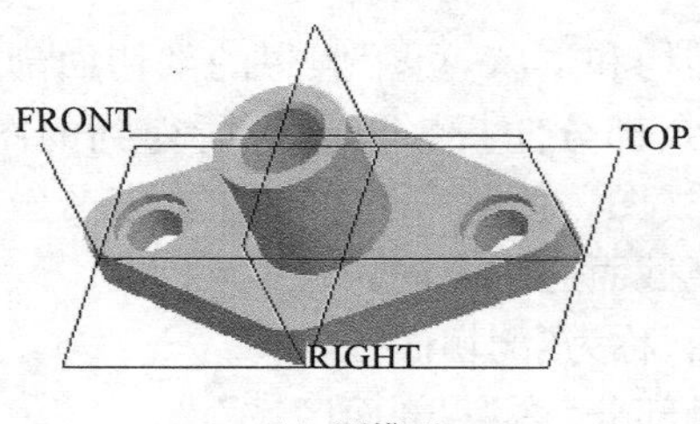

(a) 原模型

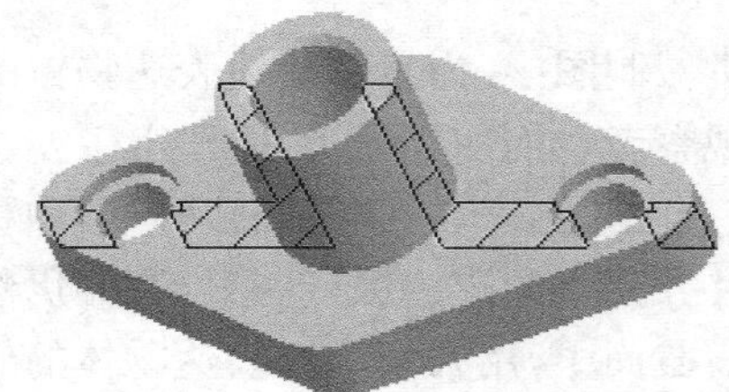

(b) 横截面显示

图 4-86 创建平面横截面

(1) 打开如图 4-86(a)所示的相应文件。

(2) 选择【视图】选项卡→【管理视图】组→【视图管理器】,或者单击【图形】工具栏中的图标,将弹出【视图管理器】对话框。

(3) 在对话框中选择【截面】选项卡中的【新建】菜单,选择以【平面】方式创建横截面,如图 4-87 所示。

(4) 接受 Creo Parametric 中缺省的横截面名称或者输入新的名称,在此输入横截面的名称“A”后按回车键,系统将弹出如图 4-88 所示的【平面横截面】工具操控板。

(5) 在【参考】面板中选择 FRONT 基准面作为剖切平面。

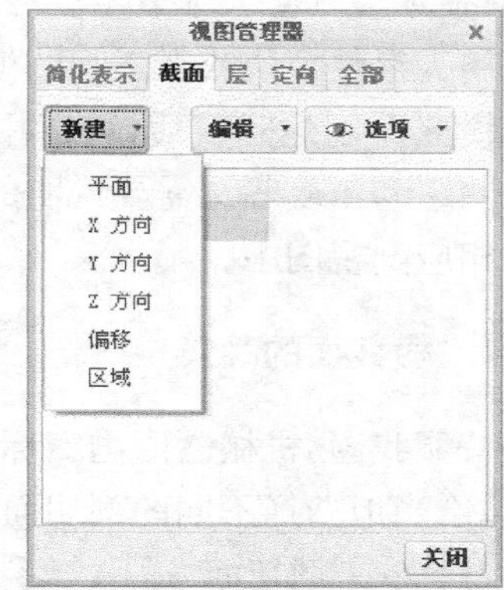

图 4-87 【视图管理器】对话框【截面】选项卡的【新建】菜单

(6) 单击操控板右端的✔按钮完成 A—A 横截面的创建,如图 4-86(b)所示。

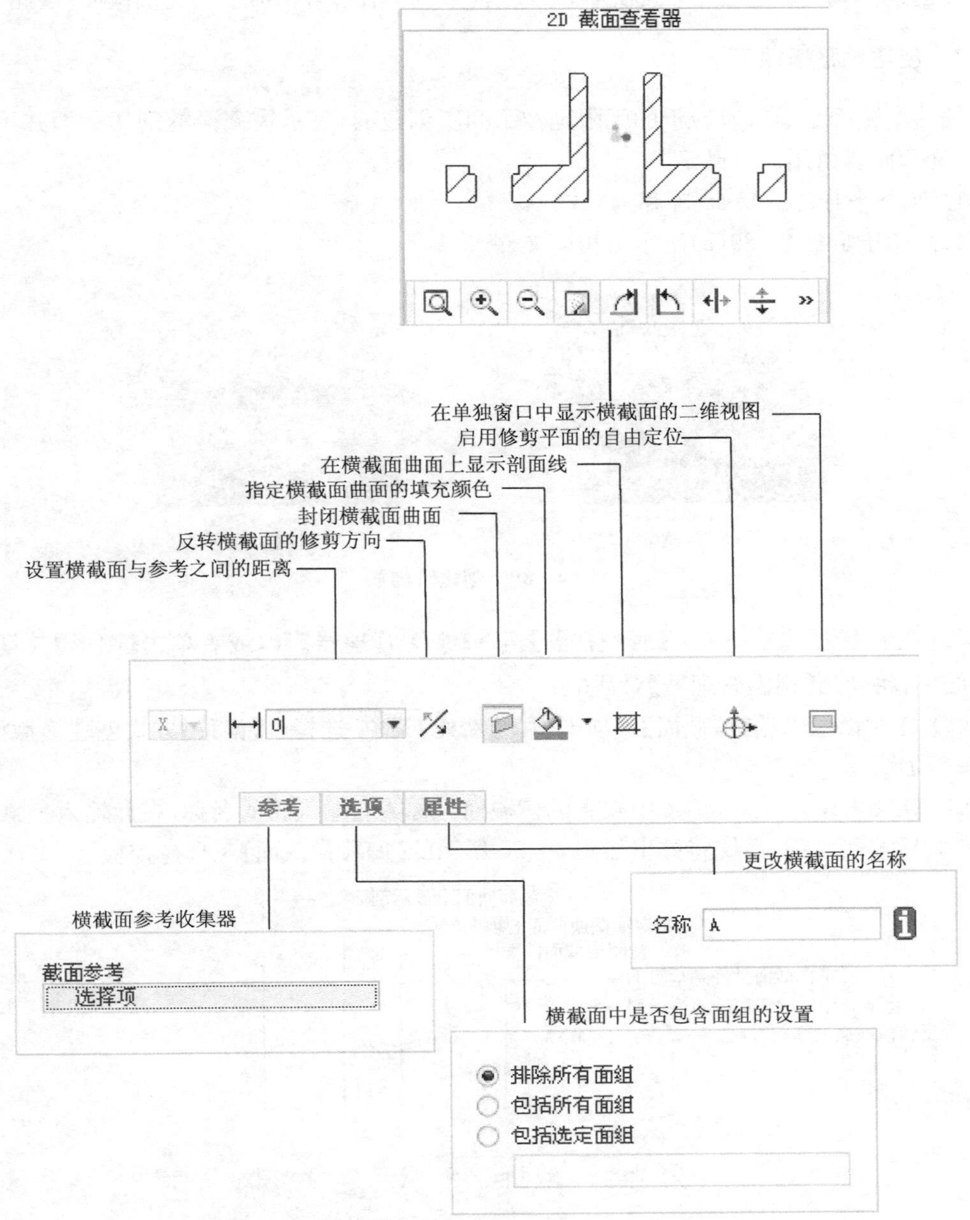

图 4-88　【平面横截面】工具操控板

2) 通过坐标系创建平面横截面

与通过基准平面创建平面横截面的方法相类似,在图 4-87 所示的【视图管理器】对话框中选择【截面】选项卡中的【新建】菜单,选择以【X 方向】、【Y 方向】或【Z 方向】创建横截面,系统也将弹出与图 4-88 相类似的【平面横截面】工具操控板。

默认情况下,参考坐标系是 Creo Parametric 模板中的默认坐标系 PRT_CSYS_DEF,

用户也可以激活【截面参考】收集器选择其他的坐标系作为参考。

在创建横截面的过程中，如果选择【X 方向】，则会在 YZ 平面上创建横截面；依此类推。

4.8.3 创建偏移横截面

偏移横截面是通过有转折的无限延伸平面所创建的，表示横截面的剖切平面并不是简单的平面，而要由用户自己定义。

1) 几个平行的剖切面(阶梯剖)

(1) 打开如图 4－89(a)所示的相应文件。

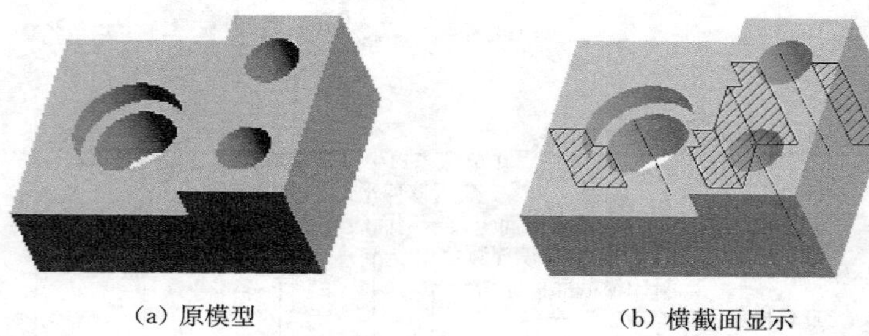

(a) 原模型　　(b) 横截面显示

图 4－89 创建阶梯剖

(2) 选择【视图】选项卡→【管理视图】组→【视图管理器】，或者单击【图形】工具栏中的图标，将弹出【视图管理器】对话框。

(3) 在对话框中选择【截面】选项卡中的【新建】菜单，选择以【偏移】方式创建横截面，如图 4－87 所示。

(4) 接受 Creo Parametric 中缺省的横截面名称或者输入新的名称，在此输入横截面的名称“A”后按回车键，系统将弹出如图 4－90 所示的【偏移横截面】工具操控板。

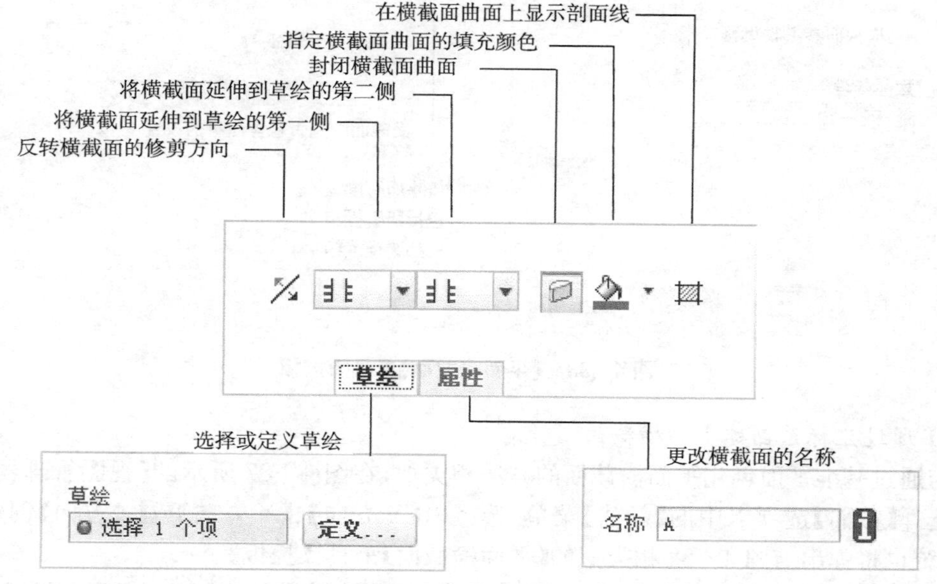

图 4－90 【偏移横截面】工具操控板

(5) 选择【草绘】选项卡中的 定义... 按钮，选择零件右端的上表面作为草绘平面，并接受缺省的查看草绘平面的方向。

(6) 当系统要求"为草绘选取或创建一个水平或垂直的参考"时选择 RIGHT 面，指定其法线方向朝右。

(7) 系统自动转到二维草绘状态，绘制如图 4-91 所示的剖切线路径。

(8) 单击操控板右端的✔按钮完成 A—A 横截面的创建，如图 4-89(b)所示。

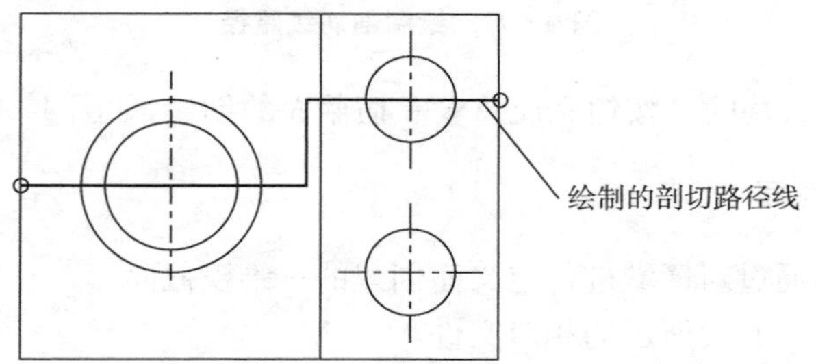

图 4-91　绘制剖切线路径

2) 几个相交的剖切面(旋转剖和复合剖)

旋转剖和复合剖的横截面的定义和阶梯剖相类似。其剖切平面也要由用户自己定义。

(1) 打开如图 4-92(a)所示的相应文件。

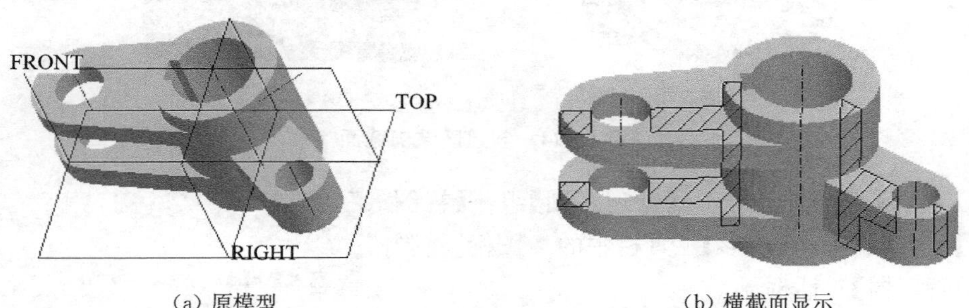

(a) 原模型　　(b) 横截面显示

图 4-92　创建旋转剖

(2) 选择【视图】选项卡→【管理视图】组→【视图管理器】，或者单击【图形】工具栏中的图标，将弹出【视图管理器】对话框。

(3) 在对话框中选择【截面】选项卡中的【新建】菜单，选择以【偏移】方式创建横截面，如图 4-87 所示。

(4) 接受 Creo Parametric 中缺省的横截面名称或者输入新的名称，在此输入横截面的名称"A"后按回车键，系统将弹出如图 4-90 所示的【偏移横截面】工具操控板。

(5) 选择【草绘】选项卡中的 定义... 按钮，选择零件圆柱筒的上表面作为草绘平面，并接受缺省的查看草绘平面的方向。

(6) 当系统要求"为草绘选取或创建一个水平或垂直的参考"时选择 RIGHT 面，指定其法线方向向右。

(7) 系统自动转到二维草绘状态，绘制如图 4-93 所示的剖切线路径。

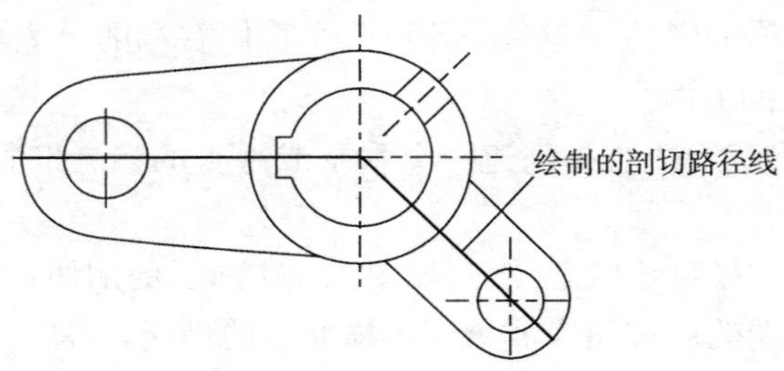

图 4－93　绘制剖切线路径

(8) 单击操控板右端的✔按钮完成 A—A 横截面的创建，如图 4－92(b)所示。

4.8.4　创建区域横截面

区域性横截面是通过对区域进行定义而创建的三维横截面。

(1) 打开如图 4－94(a)所示的相应文件。

(a) 原模型

(b) 横截面显示

图 4－94　创建区域剖截面

(2) 选择【视图】选项卡→【管理视图】组→【视图管理器】，或者单击【图形】工具栏中的图标，将弹出【视图管理器】对话框。

(3) 在对话框中选择【截面】选项卡中的【新建】菜单，选择以【区域】方式创建横截面。

(4) 接受 Creo Parametric 中缺省的横截面名称或者输入新的名称，在此输入横截面的名称“A”后按回车键，系统将弹出如图 4－95 所示的创建区域横截面 A 的【区域】对话框。

(5) 单击对话框中的 ＋ 按钮向区域中添加第一个参考，选择 FRONT 基准面。此时在图形窗口中将出现九个箭头，指定区域的基准侧(即保留侧)为后侧，如图 4－96(a)所示。可以使用参考列表下方的反向按钮来反转箭头方向。

(6) 以“与”的方式添加新参考。单击对话框中的 ＋ 按钮向区域中添加第二个参考，选择 RIGHT

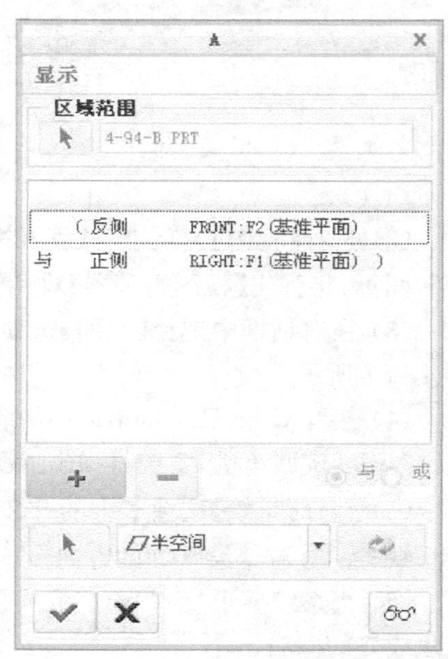

图 4－95　【区域】对话框

基准面。指定区域的基准侧为左侧，如图 4－96(b)所示。

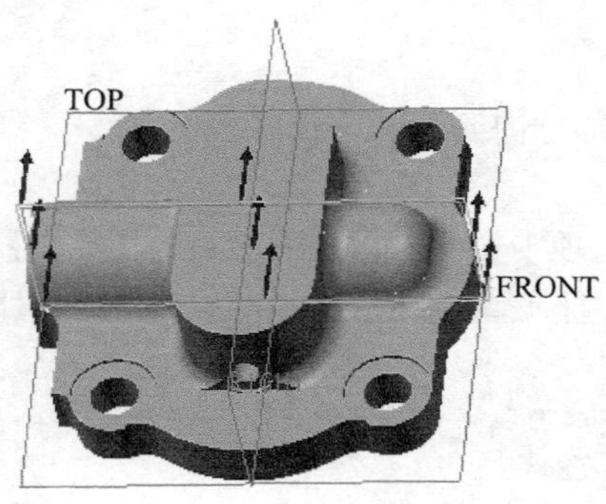

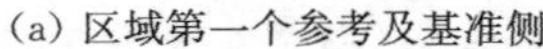

(a) 区域第一个参考及基准侧

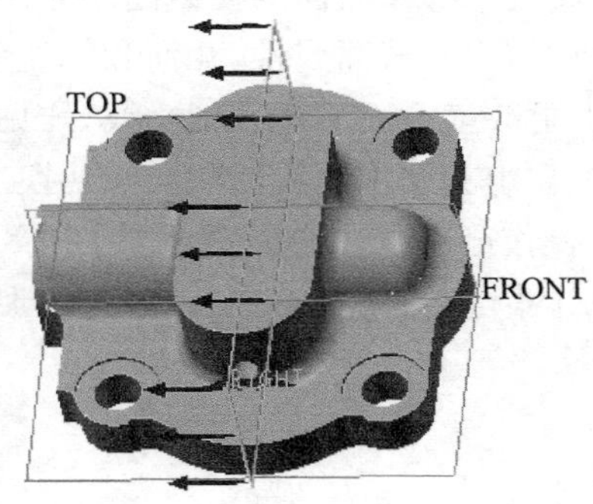

(b) 区域第二个参考及基准侧

图 4－96　指定区域的基准侧

(7) 单击对话框的按钮完成 A—A 区域横截面的创建，如图 4－94(b)所示。

关于区域剖截面，有几点说明如下：

(1) 创建区域横截面对话框中参考之间“与”和“或”的区别分别如图 4－97(a)和 4－97(b)所示。

(a) “与”的结果

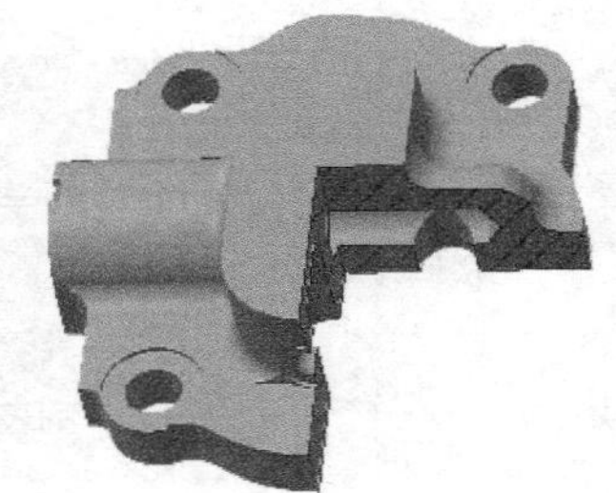

(b) “或”的结果

图 4－97　参考之间“与”和“或”的区别

(2) 可以单击【区域】对话框 + 或 − 按钮添加或删除参考。

(3) 可添加任意数量的平面参考。但如果要对模型进行修剪，最多只可以使用六个平面参考来定义区域。

4.8.5　横截面和剖面线的编辑

1) 有关横截面的操作

在 Creo Parametric 中可以对横截面执行下列操作：

(1) 显示或遮蔽横截面。

(2) 使用横截面显示修剪的模型，详见 4.8.6 节部分。

(3) 重命名横截面。

(4) 从另一个模型中复制横截面。

(5) 添加横截面说明。

(6) 移除横截面。

(7) 包括或从横截面中排除装配成员。

(8) 修改偏移横截面的横截面尺寸。

(9) 重新定义截面属性、几何和标注形式。

(10) 更改横截面颜色和剖面线,详见本节后部分内容。

(11) 在填充和剖面线横截面间切换。

以上操作可以通过【视图管理器】中【X 截面】选项卡中如图 4－98 所示的【编辑】菜单、图 4－99所示的【选项】菜单或者图 4－100 所示的快捷菜单完成,读者可以练习,此处不一一详述。

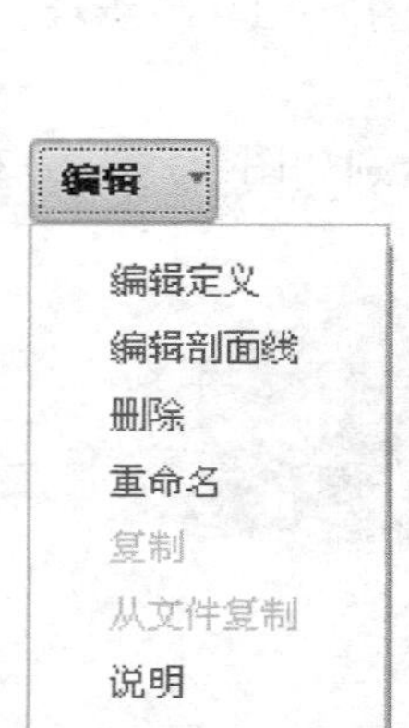

图 4－98 【编辑】菜单

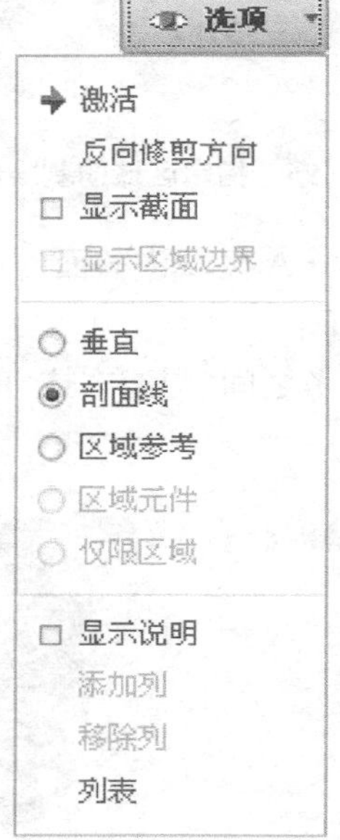

图 4－99 【选项】菜单

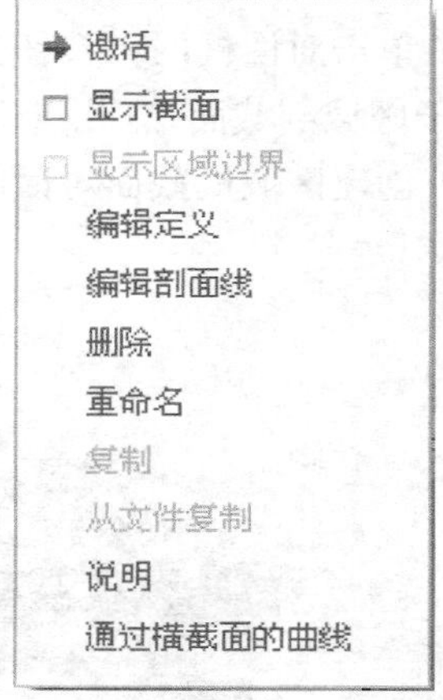

图 4－100 快捷菜单

2) 剖面线的编辑

横截面的修改是通过【视图管理器】中【X 截面】选项卡实现的。在【X 截面】列表中选择一个已有的横截面,选择【编辑】菜单(如图 4－98 所示)或者鼠标右击从弹出的快捷菜单中(如图 4－100 所示)选择【编辑剖面线】选项,系统将弹出如图 4－101 所示的【编辑剖面线】对话框。

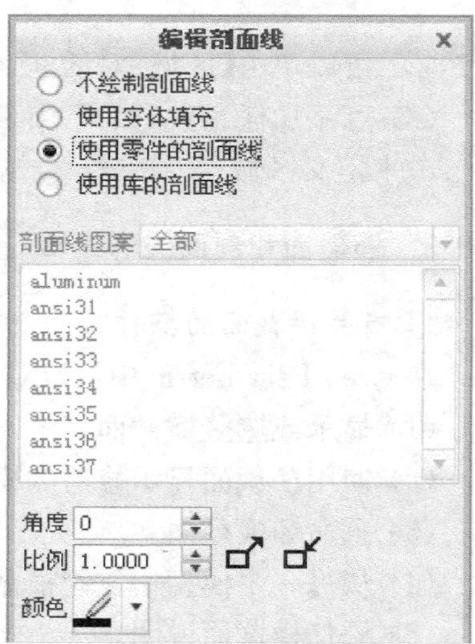

图 4－101 【编辑剖面线】对话框

【编辑剖面线】对话框说明如下:

(1) 不绘制剖面线:移除选定项的剖面线图案。

(2) 使用实体填充:使用实体填充代替选定项的剖面线图案。当选择该选项时,颜色按钮将变为可用,可以从调色板中选择一种颜色进行填充。

(3) 使用零件的剖面线:使用分配给选定项的材料的剖面线图案。按照我国《机械制图国家标准》的规定,金属材料的剖面线一般为 45°的细实线，向左倾斜或向右倾斜都可以；同一个零件各个视图中剖面线的方向、间隔应该保持一致。

(4) 使用库的剖面线：使用选定项的库中的剖面线图案。

(5) 角度：修改剖面线的倾斜角度，可以从已有的角度列表中选择一个角度，也可以输入具体的角度数值。

(6) 比例：输入一个具体的比例数值修改剖面线的填充图案大小，即间距；也可以单击使剖面线间距【加倍】，或者单击使剖面线间距【减半】。

(7) 颜色：修改剖面线的填充颜色。

3) 设置剖面线的默认间距和角度

可以使用【模型】或者【工具】选项卡→【模型意图】组→【参数】命令为新的平面和偏移横截面设置剖面线的默认间距和角度。要添加的模型参数如下：

default_xhatch_angle：一个介于 −360 °到 360 °之间的剖面线的角度数值。

default_xhatch_spacing：一个正的剖面线之间的间距值。

需要注意的是，剖面线的默认间距和角度的设置只影响后面创建的新的横截面，不会影响先前创建的横截面中的剖面线。仍然可以使用"编辑剖面线"更改新创建的横截面中剖面线的角度和间距数值。剖面线的默认间距和角度的设置不影响剖面线的不同材料类型，只影响默认的材料类型。

4.8.6　使用横截面显示修剪的模型

使用横截面显示修剪的模型也是通过【视图管理器】中【X 截面】选项卡实现的。在【X 截面】列表中选择一个已有的横截面，选择【选项】菜单或者鼠标右击从弹出的快捷菜单中选择【激活】选项，系统将使用横截面来显示修剪后的模型，如图 4－102(b)所示。

在如图 4－99 所示的【选项】菜单中选择【反向修剪方向】可以更改模型中发生修剪的一侧，结果如图 4－102(c)所示。

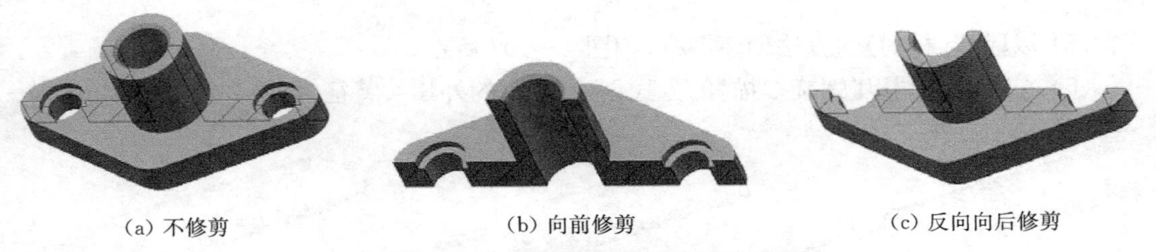

(a) 不修剪　　(b) 向前修剪　　(c) 反向向后修剪

图 4－102　使用横截面显示修剪的模型

4.9　机械零件建模实例分析

零件的构形与建模主要应满足零件的功能要求，同时也要有必要的工艺结构。首先应按照零件各个组成部分所起的作用进行功能性分解，再构建以简单体为模型粗胚的各分解体，最后，利用各分解体之间的相对位置关系，完成零件的建模。但总的建模原则与复杂几何体的建模原则是一致的，只是零件的建模要考虑到零件结构的特殊性，否则其造型过程及实体的构形结构会影响到实体零件模型的稳定性、可修改性，因此针对不同结构的零件建模的方法是不同的，下面给出具体的例子分别进行讨论。

4.9.1 轴类零件举例

1）轴类零件建模分析

在三维的造型软件中提供了许多构建特征的方式，即使构建相同的几何特征也可应用许多不同的方法来创建。例如，要构建一个孔特征，我们可以采用一般的【切除材料】的方式创建，而在【切除材料】方式中，我们还可以使用【拉伸】或者是【旋转】的方法来创建这个孔；在一些大型的三维 CAD 软件中还可以使用一些具有代表性的特征命令以简化构建的步骤。在 Creo Parametric 软件中可以直接使用【孔】命令创建孔的特征，使用【螺旋扫描】的命令来创建诸如螺纹、弹簧等特征；其他一些具有代表性的特征命令还包括倒角、倒圆、抽壳、筋板、拔模斜度等。

2）建模步骤

图 4-103 所示的轴的结构主要是回转体，因此主体件同样为该零件本体。

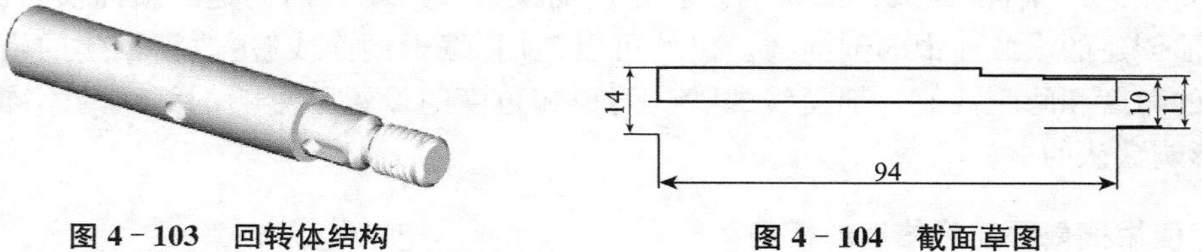

图 4-103　回转体结构　　　图 4-104　截面草图

(1) 以【旋转】的方法创建轴的粗胚模型，其截面草图如图 4-104 所示，构建的旋转特征如图 4-105 所示。

(2) 以【切除材料】或【退刀槽】的方法创建砂轮越程槽和螺纹退刀槽。

(3) 在轴端创建必要的倒角和圆角。

(4) 以【切除材料】或【孔】的方法创建两个直径为 5 的通孔和直径为 2 的销孔，如图 4-106所示。

(5) 以【切除材料】的方法创建键槽，如图 4-107 所示。

(6) 在轴的右端以【螺旋扫描】的方式创建 M10 的外螺纹特征，结果如图 4-103 所示。

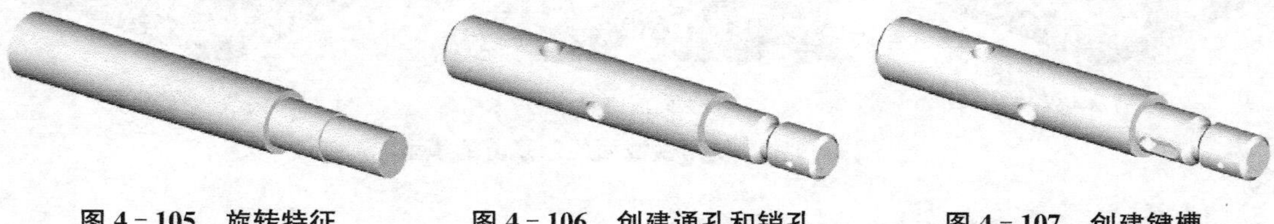

图 4-105　旋转特征　　　图 4-106　创建通孔和销孔　　　图 4-107　创建键槽

4.9.2 叉架类零件举例

1）分拆零件

将图 4-108 所示的零件按各部分的功能分解为五部分，即底板、连接部分、肋板、轴座及凸台。从建模角度可确定底板为主体件，依附件是以形状类似于 1/4 空心圆柱的连接部分、轴座和肋板。

2）建模步骤

（1）以【拉伸】的方法创建底板实体特征，截面轮廓草图如图 4－109 所示，拉伸深度为 12。

（2）以【对称拉伸】的方法创建 1/4 的空心圆柱，截面轮廓草图如图 4－110 所示，拉伸深度为 32，结果如图 4－111 所示。

（3）以【对称拉伸】的方法创建轴座，外径 30，内径 16，长度 48。

（4）在轴座的左部创建凸台，如图 4－112 所示。

（5）以【筋板】的方式创建肋板。

（6）在底板上以【切除材料】的方法开两个槽，如图 4－113 所示。

（7）创建必需的圆角、倒角等其他工艺特征。

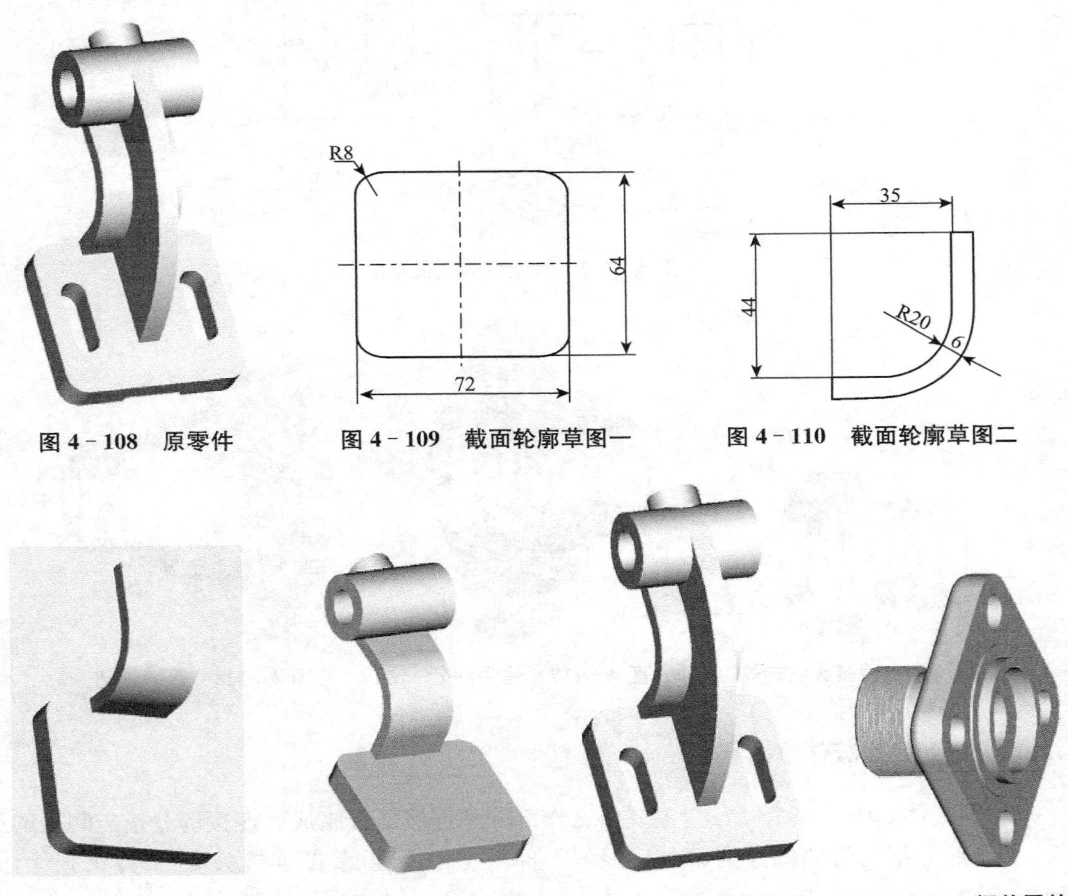

图 4－108　原零件　　图 4－109　截面轮廓草图一　　图 4－110　截面轮廓草图二

图 4－111　【对称拉伸】结果　　图 4－112　创建凸台　　图 4－113　创建肋板　　图 4－114　阀盖零件

4.9.3　盖类零件举例

1）分拆零件

图 4－114 所示的阀盖零件的建模主要分为法兰、管接头和螺纹三部分。其结构主要为回转体，主体件为管接头部分。

2）建模步骤

（1）以【旋转】的方法生成管接头，截面草图如图 4－115 所示，得到的回转体如图 4－116 所示。

（2）以【拉伸】的方法生成法兰部分，如图 4－117 所示。

（3）以【螺旋扫描】的方式生成管螺纹部分的结构，如图 4－118 所示。

（4）创建必需的圆角、倒角等其他的工艺特征。

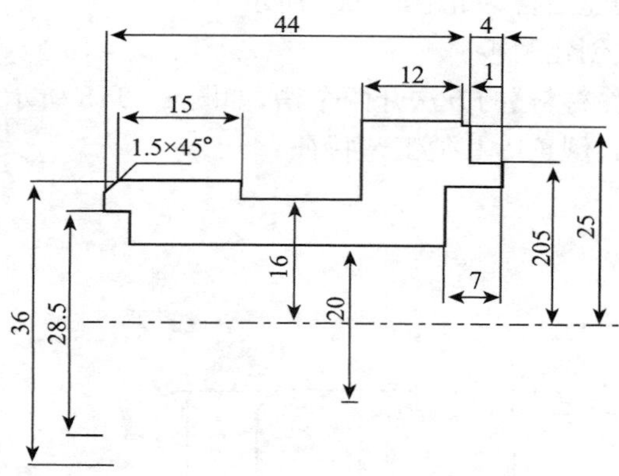

图 4－115　管接头的截面草图

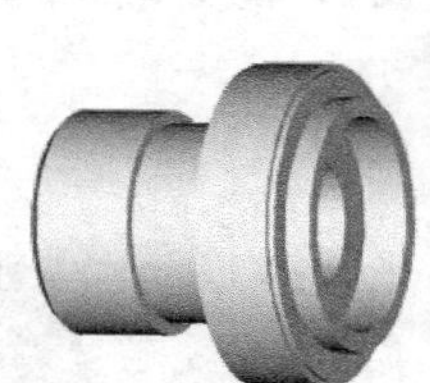

图 4－116　管接头回转体

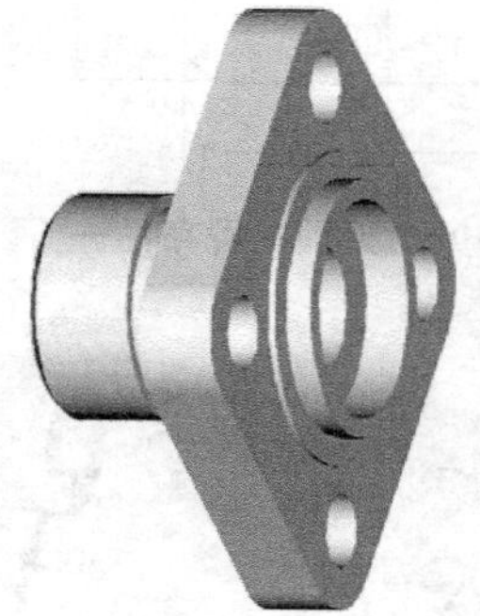

图 4－117　法兰部分

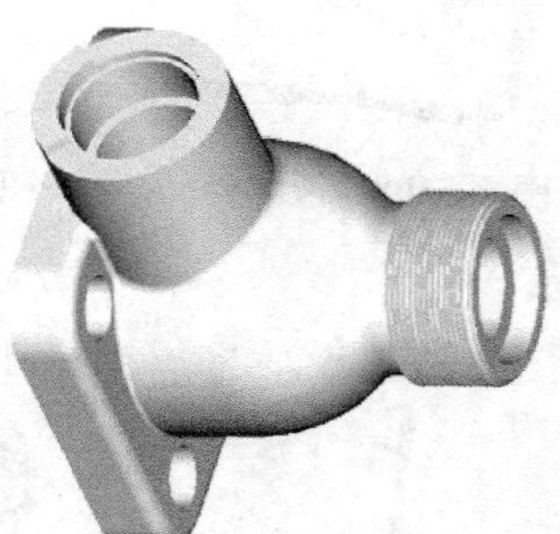

图 4－118　管螺纹部分

4.9.4　球阀阀体零件建模举例

球阀阀体如图 4－118 所示，主要由工作部分和连接部分组成。连接部分指与阀盖的连接，工作部分指与管路的连通部分。根据零件的工作原理、装配连接关系、设计工艺性，其建模步骤如下：

（1）以【旋转】的方法创建阀体的主体，截面草图如图 4－119 所示，构建的旋转特征如图 4－120 所示。

（2）以【拉伸】的方法创建阀体左端与阀盖相连接的法兰部分，如图 4－121 所示。

（3）以【拉伸】的方法创建阀体上方的圆柱部分，并以【切除材料】的方式创建圆孔部分，如图 4－122 所示。

（4）以【拉伸】的方式在阀体的管接头上方创建装配扳手时所需的凸台，如图 4－123

所示。

(5) 在阀体的左端法兰上以【切除材料】的方式创建装配密封圈和调整垫所需的凹口，如图 4－124 所示。

(6) 以【倒圆角】的方式创建必需的圆角结构。

(7) 以【螺旋扫描】的方式在阀体的右端管接头处创建管螺纹特征。结果如图 4－118 所示。

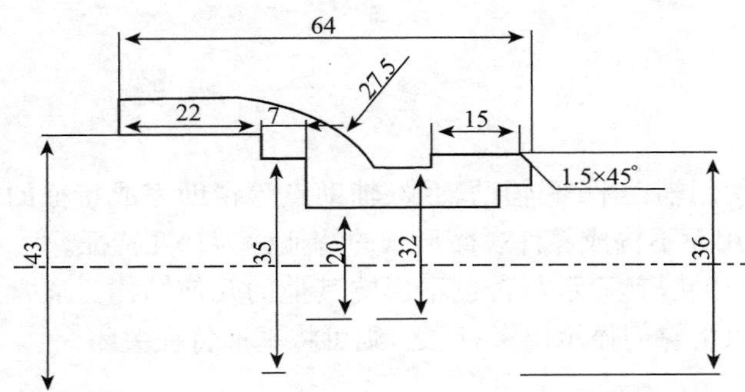

图 4－119　阀体主体的截面草图

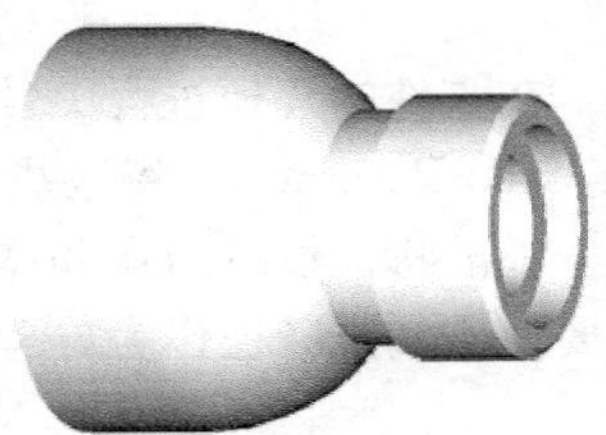

图 4－120　构建的旋转特征

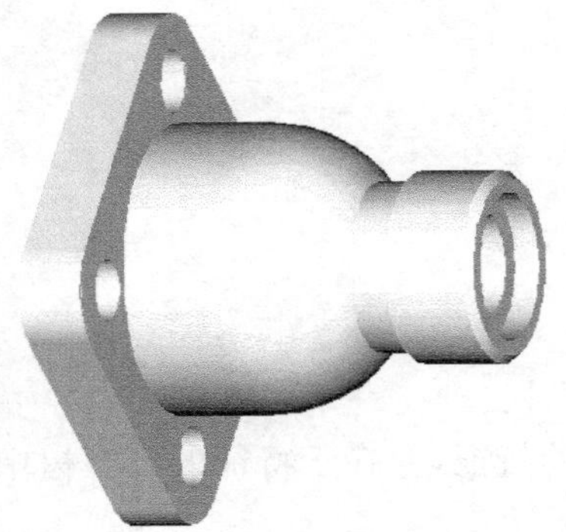

图 4－121　阀体左端与阀盖相连的法兰

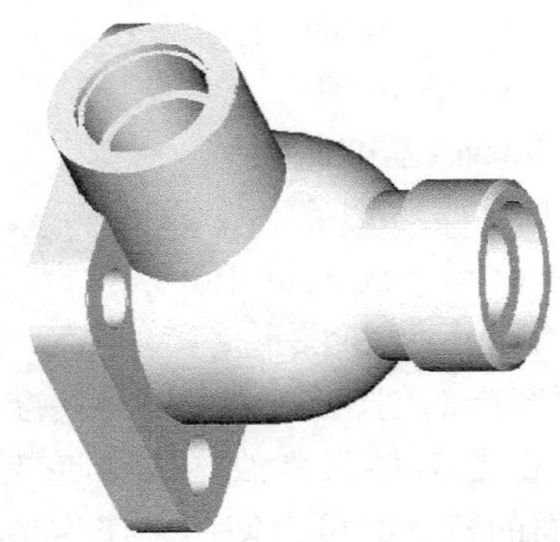

图 4－122　阀体上方的圆柱和圆孔

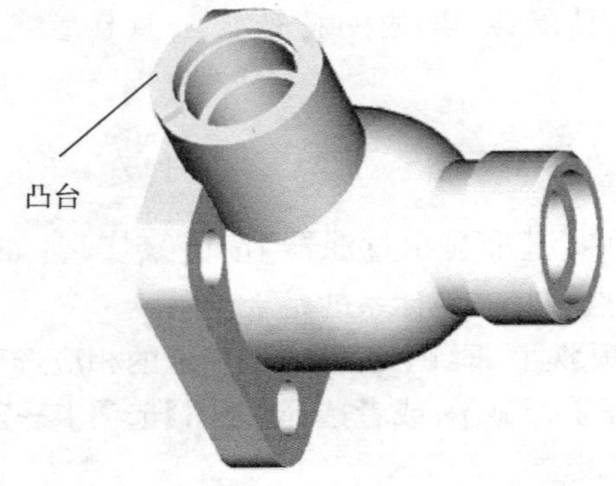

图 4－123　创建凸台

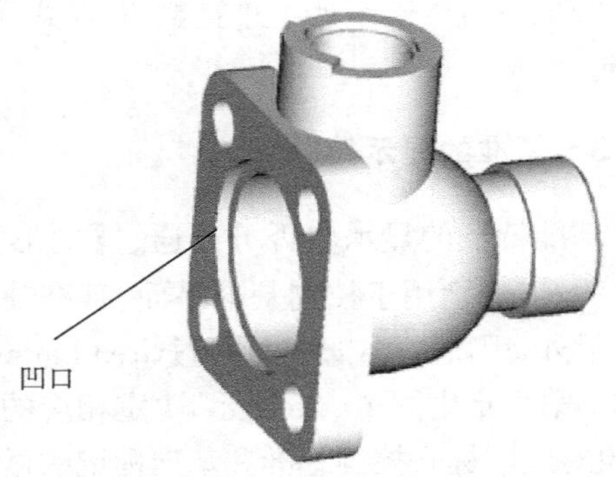

图 4－124　创建凹口

第5章　基准特征的创建

5.1　基准的基本知识

5.1.1　基准的概念和作用

在零件的建模过程中，经常需要使用辅助平面、辅助轴线、辅助点等帮助完成特征的创建，Creo Parametric 将这些起辅助作用而不构成零件表面形状的特征称为基准特征。

基准特征没有质量和体积等物理特性，其显示与否也不影响其他的几何结构。通常当需要使用基准特征作为参考时，就可以将它们显示出来；反之，则可将基准特征关闭。

5.1.2　基准的种类

根据基准的作用不同，可以将基准分为以下几种：

(1) Plane：基准面

(2) Axis：基准轴

(3) Curve：基准曲线

(4) Point：基准点

(5) Coord Sys：基准坐标系

(6) Graph：基准图形

根据基准的创建方式，可以将基准分为以下两种：

(1) 常规基准：又称独立基准，它是一个独立的特征，存在于特征的模型树中。一旦生成，其后面的特征都可以使用它作为参考。

(2) 异步基准：又称嵌入基准，它是在某个特征创建的过程中创建的隶属于该特征的基准特征，附属于某一个特征，在特征的模型树中的常规特征列表中不出现，而显示为常规特征的一个"子节点"并且默认方式下会被自动隐藏，其他的特征无法直接参考该基准。

5.1.3　基准的显示控制方法

基准特征的显示与否可以通过【图形】工具栏中【基准显示过滤器】按钮实现，如图5-1所示，分别用于控制基准平面、基准轴线、基准点和基准坐标系的是否显示。

另外，用户也可以通过设置【Creo Parametric 选项】对话框【图元显示】选项卡的相应选项，如本书第1章中图1-35所示，决定相应的基准特征是否显示；或者选择【视图】选项卡→【显示】组对应图标来控制基准和基准标记的显示与否，如图5-2所示。

5.1.4 基准的命名

基准特征通常都有相应的默认名字，如使用缺省模板进入 Creo Parametric 零件造型模块后有 FRONT、TOP、RIGHT 三个基准平面和一个名为 PRT_CSYS_DEF 的坐标系。以后创建的基准特征中默认的基准平面名称为 DTM1，DTM2，DTM3…；基准轴线为 A_1，A_2，A_3…；基准点为 PNT0，PNT1，PNT2…；基准坐标系为 CS0，CS1，CS2…。系统按照基准的创建顺序，在名称后面依次加上数字表示。

基准特征的名称也可以更改。需要先在模型树中选中要修改名称的基准，然后使用下列方法进行更改：

(1) 用鼠标快速双击基准名称，在出现的文本编辑框中直接修改。

(2) 右击鼠标，从弹出的如图 5－3 所示的快捷菜单中选择【重命名】选项进行更改。

(3) 右击鼠标，从弹出的如图 5－3 所示的快捷菜单中选择【编辑定义】选项，在创建基准的对话框中通过【属性】选项卡进行修改。

(4) 右击鼠标，从弹出的如图 5－3 所示的快捷菜单中选择【属性】选项，在随后弹出的【基准】对话框的【名称】编辑框中进行修改。

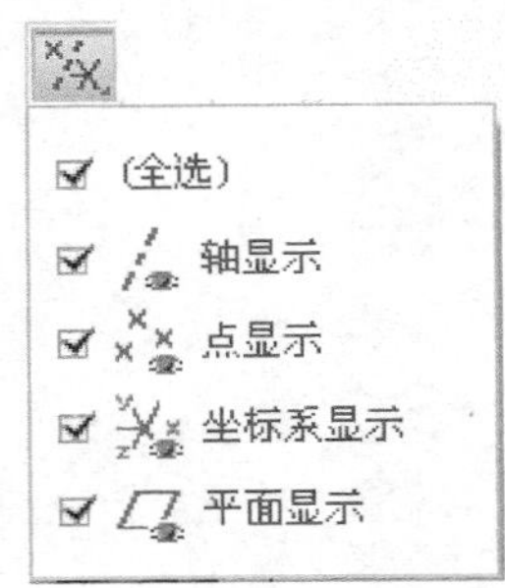

图 5－1 基准显示过滤器

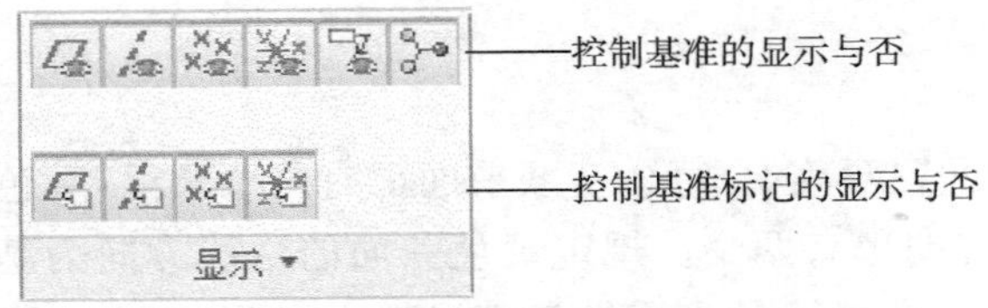

图 5－2 【视图】选项卡【显示】组

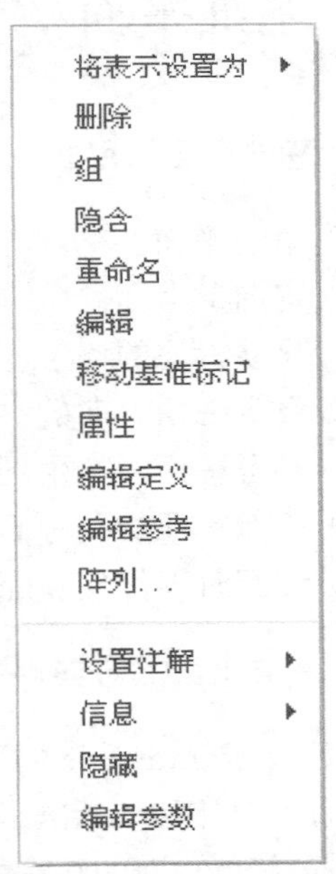

图 5－3 快捷菜单

5.1.5 基准特征的创建步骤

基准特征命令的创建是通过【模型】选项卡→【基准】组命令来完成的，如图 5－4 所示。用户也可以先选择好创建基准的参考，然后再激活命令的方法创建基准特征。

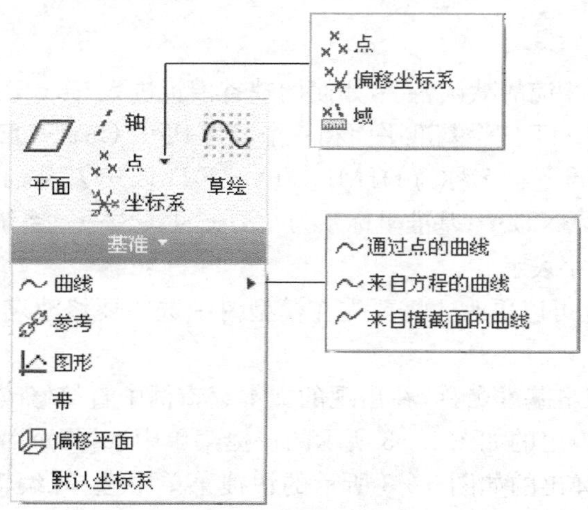

图 5-4 【模型】选项卡【基准】组

5.2 基准平面

5.2.1 基准平面的用途

(1) 草绘平面。
(2) 定向参考面。
(3) 尺寸标注的参考。
(4) 设定视角方向的参考。
(5) 参考平面。产生剖视图的剖切平面。
(6) 镜像特征的参考面。
(7) 装配时零件相互配合的参考平面。

5.2.2 基准平面的方向

在 Creo Parametric 的系统缺省配置颜色中,每个基准平面都有两个侧面:黄色的一面和灰色的一面,因此,基准面的法线方向也有两个。规定黄色一面的法线方向为基准平面的正方向,灰色一面的法线方向为负方向。我们在零件建模过程中,需要指定基准平面的法线方向时,指的是正法线的方向。

对于已有零件的表面,正法线的方向是指由零件内部指向外部的方向。

5.2.3 创建基准平面的步骤

在 Creo Parametric 中,基准面的生成是智能的,即 Creo Parametric 根据用户选择的参考来判定采用何种方法生成基准平面。例如,用户首先选择一个空间点,那么 Creo Parametric 就会认定即将生成的基准平面将通过该空间点;如果用户再次选择一个平面,Creo Parametric 就会过该空间点生成一个与指定的平面相平行的基准平面。

(1) 选择【模型】选项卡→【基准】组→【基准平面】，将激活创建基准平面的命令，Creo Parametric 将弹出如图 5-5(a)所示的【基准平面】对话框。

(2) 在【参考】区中添加参考。如果需要选择多个参考，则必须在选取的时候按下【Ctrl】键。在选取了参考之后，这些参考将出现在对话框的【参考】区的列表中。

(3) 单击某一参考右边的【约束】下拉列表可以改变所选参考的约束条件。

(4) 如果要删除某一参考，右击鼠标，从弹出的快捷菜单中选择【移除】即可。

(5) 在【显示】选项卡中可以改变新建的基准平面的正、负方向，并可以调整基准平面显示的大小。

(6) 在【属性】选项卡中可以修改新建的基准平面的名称。

(7) 单击对话框的 确定 按钮完成基准平面的创建。

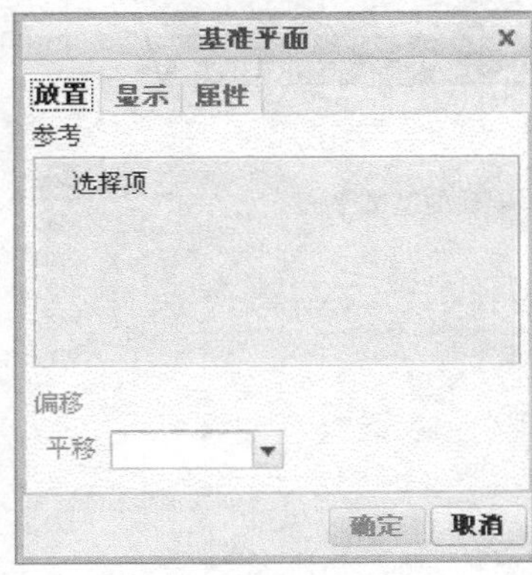

(a)【放置】选项卡

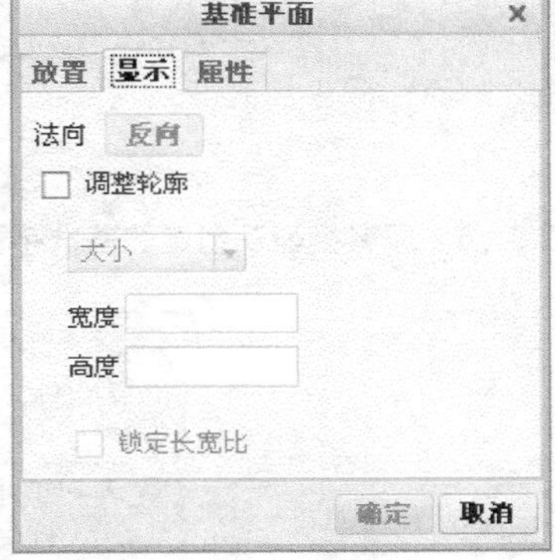

(b)【显示】选项卡

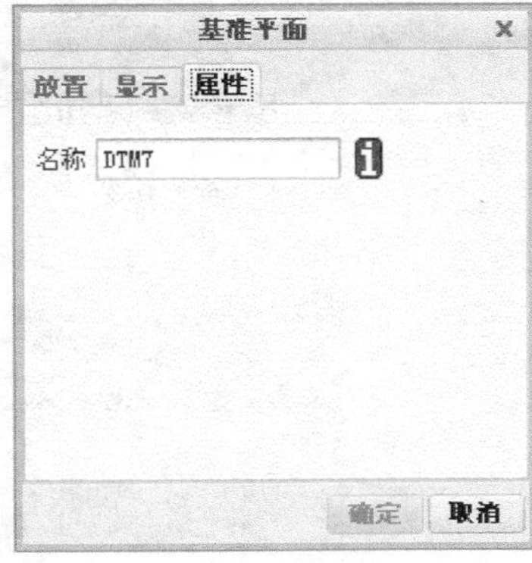

(c)【属性】选项卡

图 5-5　【基准平面】对话框

5.2.4　创建基准平面的约束条件

(1) 通过：新创建的基准平面将通过选取的轴线、边、曲线、基准点、顶点、已经创建或存在的平面或圆锥曲面等。

(2) 垂直：新创建的基准平面将垂直于指定的轴线、边或平面。

(3) 平行：新创建的基准平面将平行于某个平面。该约束条件必须和其他约束条件配合使用。

(4) 偏移：新创建的基准平面将与某个平面或坐标系偏移一定的距离。

(5) 角度：新创建的基准平面将与某个指定的平面成一定的角度。

(6) 相切：新创建的基准平面将与某个圆柱面或圆锥面相切。

(7) 混合截面：新创建的基准平面将通过某混合特征的特征截面。

5.2.5　举例

在如图 5-6(a)所示的模型中创建以下几个基准平面：

(1) DTM1：过轴线 A_2，与前表面平行；

(2) DTM2：垂直于 DTM1，通过最左边的棱边；

(3) DTM3:向左偏移 DTM2,距离为 6;

(4) DTM4:通过左前侧边,与左前侧面成 45°夹角;

(5) DTM5:与大圆柱面相切,并且平行于 RIGHT 面;

(6) DTM6:通过前表面。

结果如图 5-6(b)所示,各个基准面创建过程的对话框如图 5-7(a)～(f)所示。

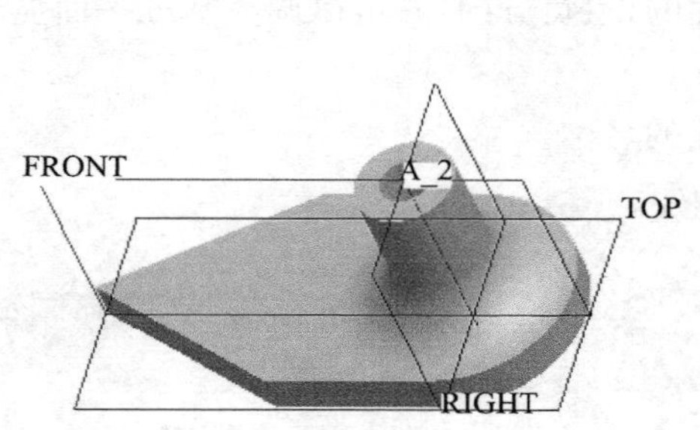

(a) 原有模型

(b) 创建的基准平面

图 5-6　原有模型及创建的基准平面

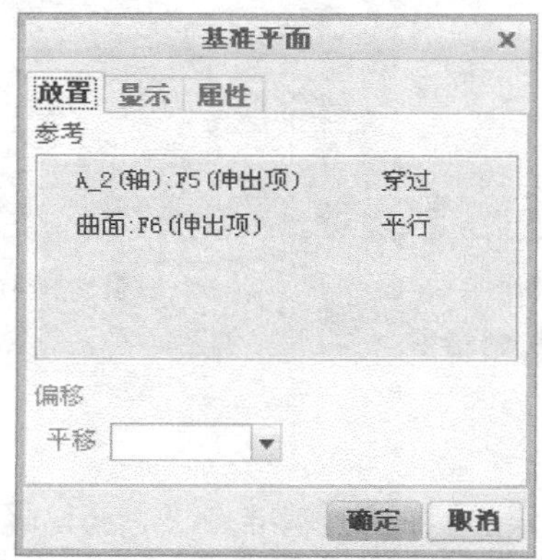

(a) DTM1

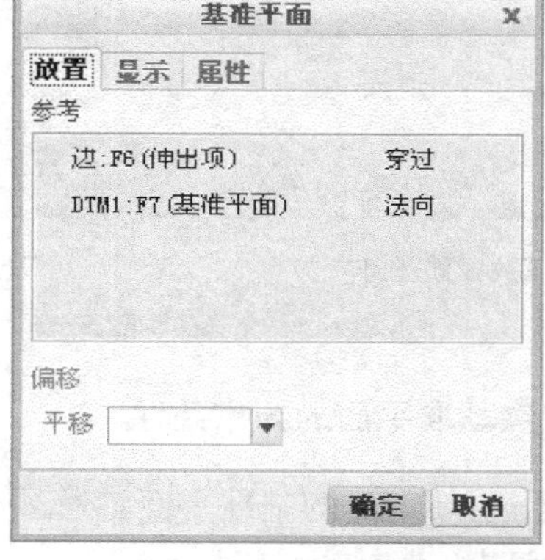

(b) DTM2

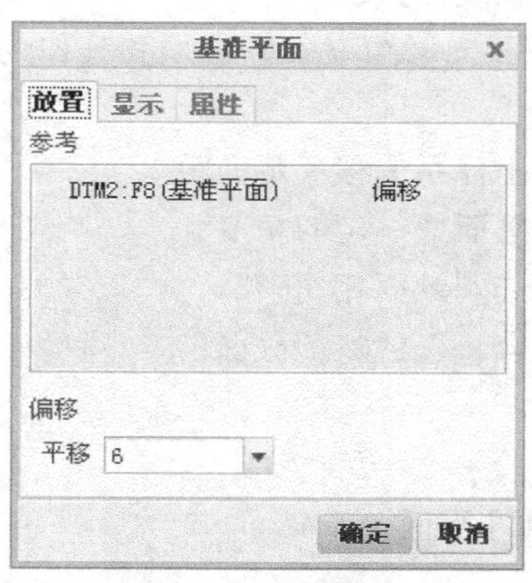

(c) DTM3

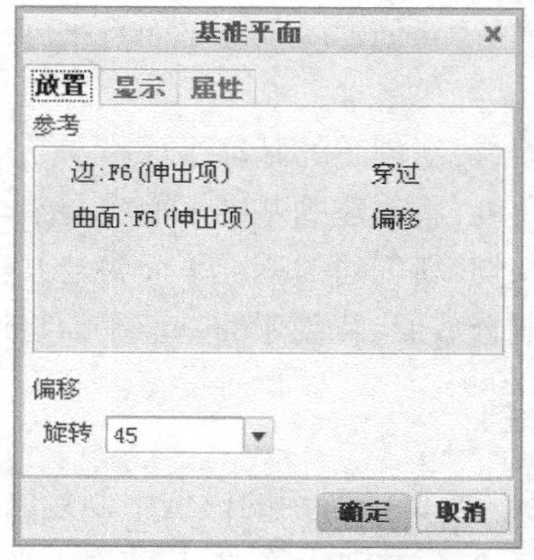

(d) DTM4

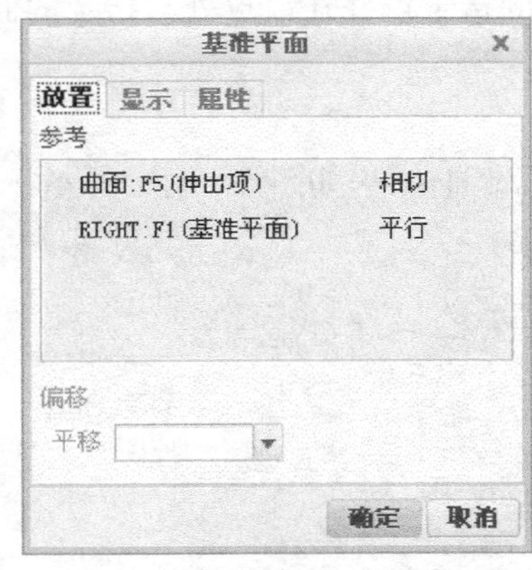

(e) DTM5

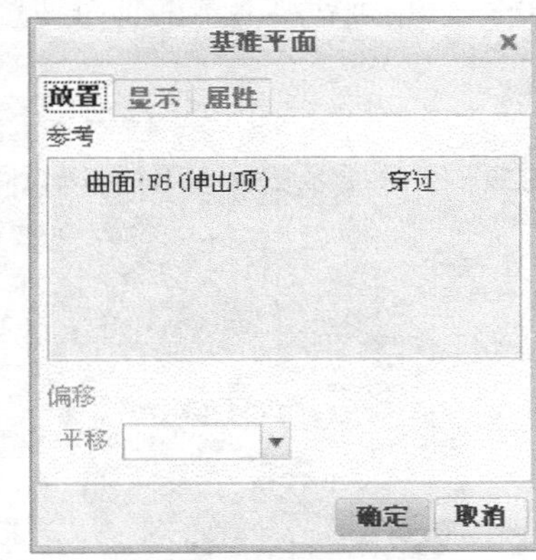

(f) DTM6

图 5-7　创建基准曲面的对话框操作

5.3　基准轴线

5.3.1　基准轴线的用途

(1) 产生旋转特征的中心线,例如圆角特征的中心线。

(2) 作为同轴特征的参考轴。

5.3.2　创建基准轴线的步骤

(1) 选择【模型】选项卡→【基准】组→【基准轴】/,将激活创建轴线的命令,Creo Parametric 将弹出【基准轴】对话框。

(2) 在【参考】区中添加参考。如果需要选择多个参考,必须在选取的同时按下【Ctrl】键。在选取了参考之后,这些参考将出现在对话框的【参考】区的列表中。

(3) 单击某一参考右边的【约束】下拉列表可以改变所选参考的约束条件。

(4) 如果要删除某一参考,右击鼠标,从弹出的快捷菜单中选择【移除】即可。

(5) 在【属性】选项卡中可以修改新建的基准轴线的名称。

(6) 单击对话框的 确定 按钮完成基准轴的创建。

5.3.3　创建基准轴的约束条件

(1) 通过:可以通过指定的边创建基准轴。

(2) 垂直:新创建的基准轴垂直于指定的平面,需要提供定位尺寸。

(3) 平面上的基准点和平面:新创建的基准轴通过平面上的某个点并且与该平面垂直。

(4) 过圆柱面:通过圆柱体的中心线创建基准轴。

(5) 两个平面:以指定的两个平面的交线为基准轴。

(6) 两个点/顶点:通过指定的两个基准点或顶点产生基准轴。

(7) 曲面上某点:新创建的基准轴将通过曲面上的指定点并且在该点处与该曲面垂直。

(8) 曲线相切:新创建的基准轴将通过曲线上的指定点并在该点处与指定的曲线相切。

5.3.4 举例

在如图 5-8(a)所示的模型中创建以下几个基准轴,结果如图 5-8(b)所示。

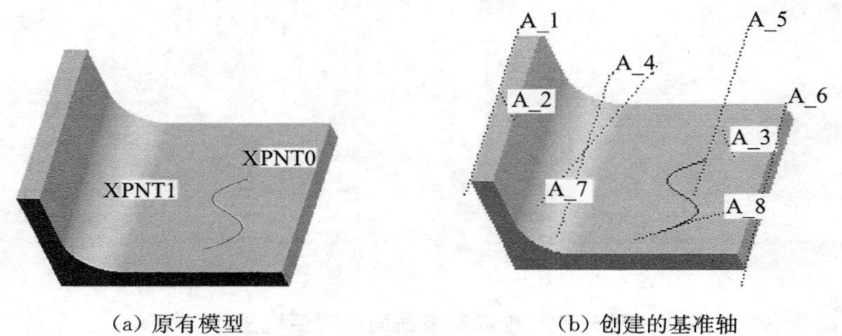

(a) 原有模型　　(b) 创建的基准轴

图 5-8　原有模型及创建的基准轴

(1) A_1:通过零件的左上边棱线;
(2) A_2:垂直于零件的左上表面,距离零件左侧面和前表面的距离分别为 0.5 和 4;
(3) A_3:过零件上表面上一基准点 PNT0,且垂直于该表面;
(4) A_4:通过圆柱面的中心线;
(5) A_5:左上表面和右侧面的交线;
(6) A_6:零件右侧面两个顶点的连线;
(7) A_7:过圆柱面上一基准点 PNT1;
(8) A_8:与指定的曲线在端点处相切。

各个基准轴创建过程的对话框如图 5-9(a)～(h)所示。

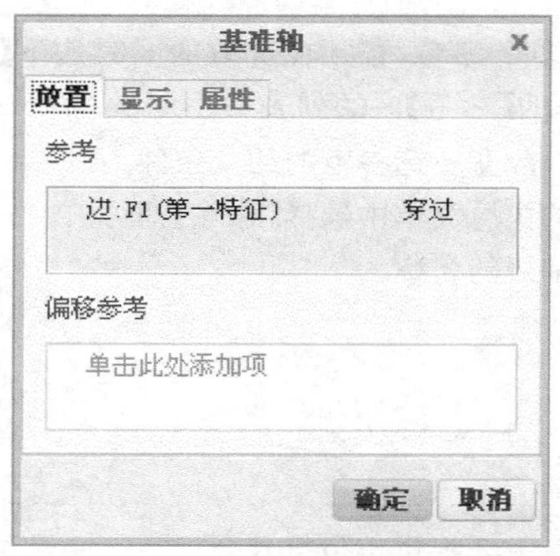

(a) A_1

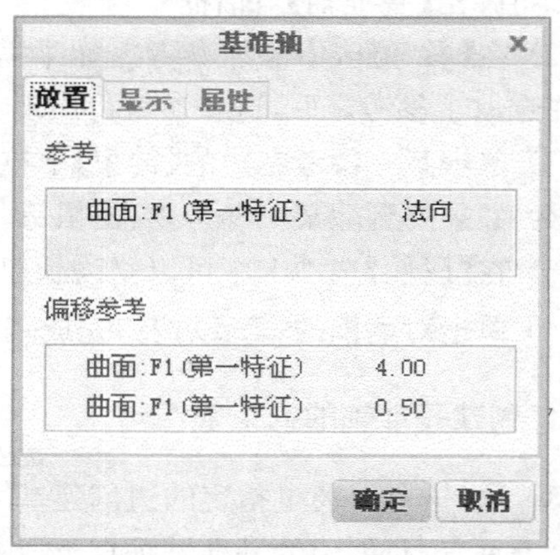

(b) A_2

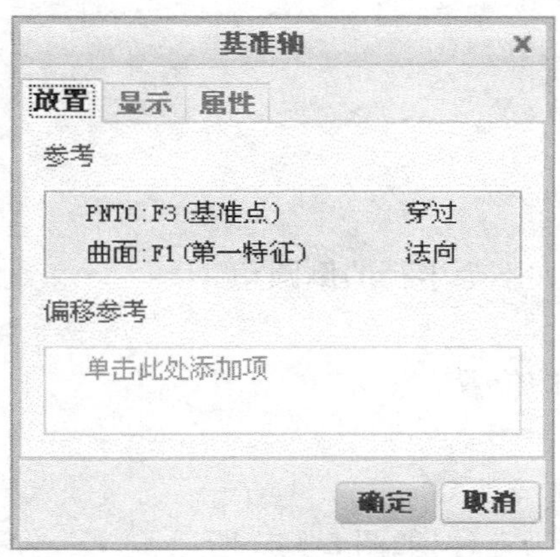

(c) A_3

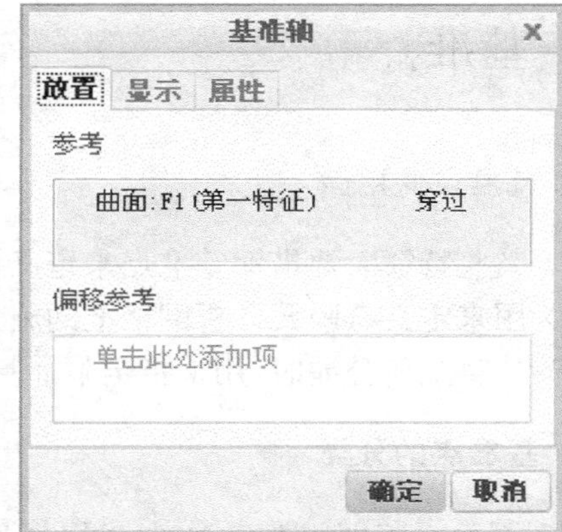

(d) A_4

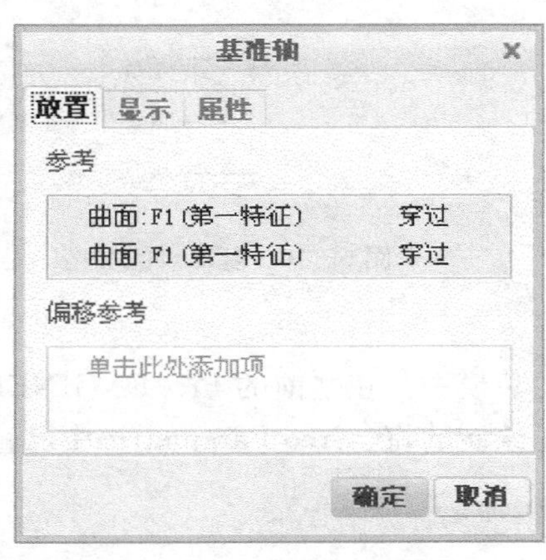

(e) A_5

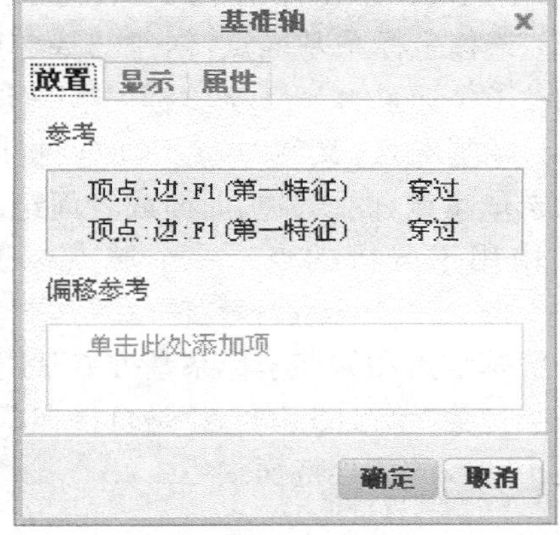

(f) A_6

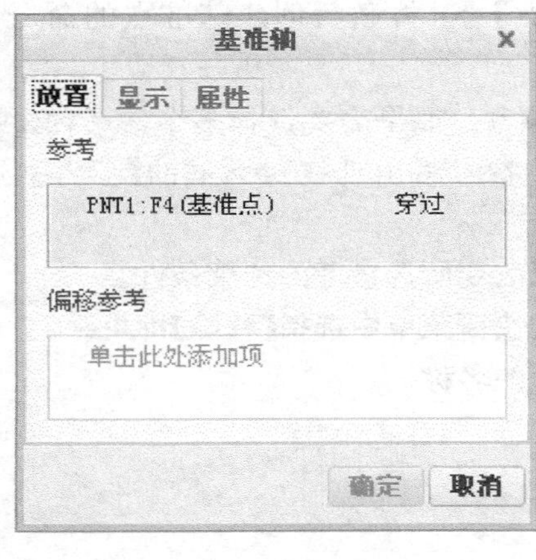

(g) A_7

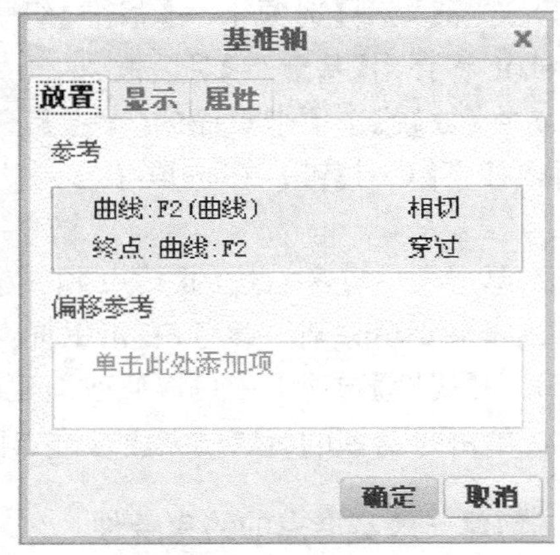

(h) A_8

图 5-9　创建基准轴的对话框操作

5.4 基准点

5.4.1 基准点的用途

(1) 某些特征需要借助基准点来定义参数,例如不等半径的倒圆角。

(2) 用来定义有限元分析网格上的施力点。

(3) 计算几何公差时,用来指定附加基准目标的位置。

5.4.2 基准点的分类

根据基准点的创建方法不同,可以将基准点分为三种,如图 5-10 所示。

(1) 一般基准点:是最常用的基准点创建方法,根据不同的约束条件创建的各种基准点。

(2) 偏移坐标系基准点:创建的基准点相对于指定的参考坐标系的 X、Y、Z 坐标偏移一定的距离。

(3) 域基准点:又称"域点",域点将用来定义一个已选取得域、曲线、边、曲面或者面组。它是行为建模中用于分析的点。一个域点标识一个几何域。

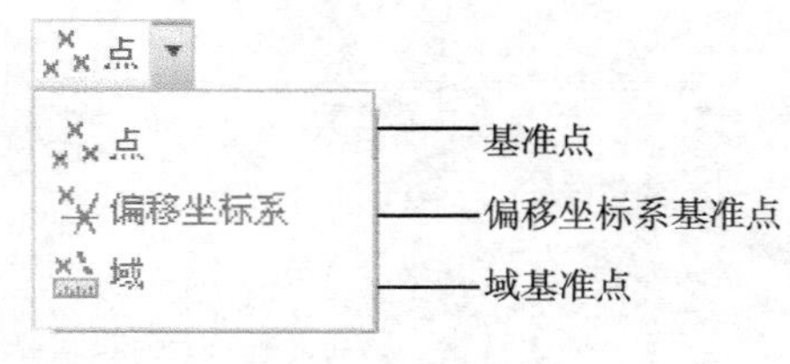

图 5-10 基准点的类型

一般基准点和偏移坐标系基准点常用于常规的建模中。在之前的 Pro/ENGINEER 中还有一类称为"草绘的基准点"是直接在草绘平面上绘制的,在 Creo Parametric 中已直接将其归类于一般的草绘特征。

5.4.3 创建基准点的步骤

(1) 选择【模型】选项卡→【基准】组→【基准点】,将激活创建基准点的命令,Creo Parametric 将弹出【基准点】对话框。

(2) 在【放置】选项卡页面的【参考】区中添加参考。如果需要选择多个参考,必须在选取的时候按下【Ctrl】键。在选取了参考之后,这些参考将出现在对话框的【参考】区的列表中。

(3) 单击某一参考右边的【约束】下拉列表可以改变所选参考的约束条件。

(4) 如果要删除某一参考,右击鼠标,从弹出的快捷菜单中选择【移除】即可。

(5) 在【属性】选项卡中可以修改新建的基准点的名称。

(6) 单击对话框的 确定 完成基准点的创建。

5.4.4 创建一般基准点的约束条件

(1) 在曲面上:在平面或曲面上,需要提供定位尺寸。

(2) 偏距曲面:与(1)类似,但点还需再沿着曲面的法线方向偏移一定的距离。

(3) 曲线和曲面的交点:基准点将位于曲线和曲面的交点上。

(4) 顶点:基准点将位于直线或曲线的端点或者零件的顶点上。

(5) 3 张曲面:基准点为三个曲面的交点。

(6) 中心:基准点为某个圆或圆弧的中心点。

(7) 曲线:在某一条曲线上产生基准点,可以通过长度比率、实际长度的方式来定位点。

(8) 曲线相交:基准点位于曲线和曲线的交点上。

(9) 偏距点:基准点沿某一轴线、直线偏移而产生另一基准点。

5.4.5　举例

在如图 5 - 11(a)所示的模型中创建以下几个基准点:

(1) PNT0: 位于零件的前侧面,与上表面和左侧面的距离分别为 3 和 1;

(2) PNT1: 曲线 1 与右侧面的交点;

(3) PNT2:位于零件的后左上角顶点;

(4) PNT3:偏移坐标系产生的基准点,选择【模型】选项卡→【基准】组→【偏移坐标系基准点】,系统将弹出偏移坐标系的【基准点】对话框,选择参考坐标系为 CS0,基准点的 X,Y,Z 坐标分别为 3,4,3;

(5) PNT4:位于上表面、前侧面和右侧面的交点上;

(6) PNT5:位于上表面圆角弧的中心点上;

(7) PNT6:位于曲线 1 上,定位点的曲线长度比率为 0.7;

(8) PNT7:位于曲线 1 和曲线 2 的交点上。

结果如图 5 - 9(b)所示,各个基准点创建过程的对话框如图 5 - 12(a)～(h)所示。

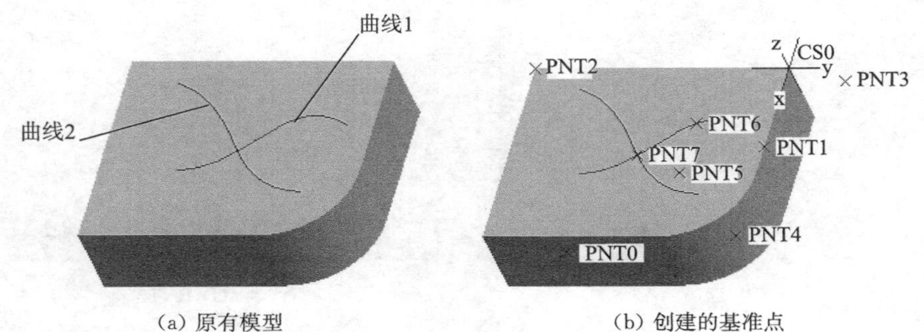

(a) 原有模型　　(b) 创建的基准点

图 5 - 11　原有模型及创建的基准点

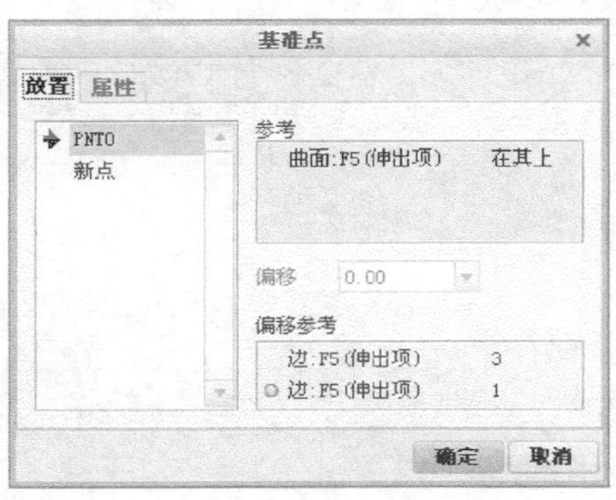

(a) PNT0

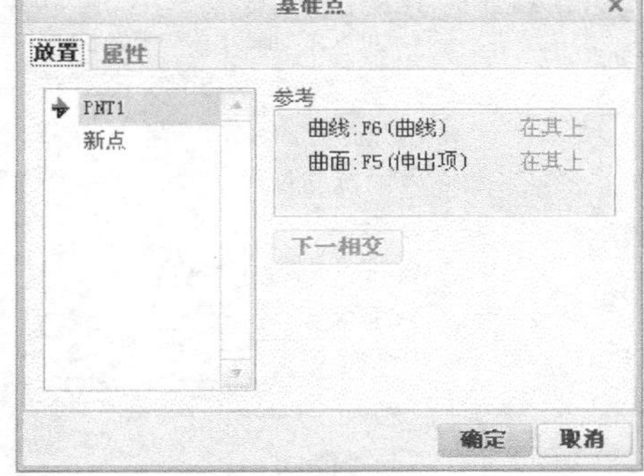

(b) PNT1

(c) PNT2　(d) PNT3

(e) PNT4　(f) PNT5

(g) PNT6　(h) PNT7

图 5-12　创建基准点的对话框操作

5.5　基准曲线

5.5.1　基准曲线的用途

主要用于创建几何的线结构,例如:

(1) 作为扫描特征的轨迹线。

(2) 作为定义曲面特征的边界曲线,辅助曲面特征的创建。

(3) 定义 NC 加工程序的切削路径。

5.5.2　基准曲线的分类

根据基准曲线的创建方法不同,可以将基准曲线分为以下四种形式:

(1) 草绘的基准曲线:可使用与草绘其他特征相同的方法草绘基准曲线。草绘的基准曲线可以由一个或多个草绘段以及一个或多个开放或封闭的环组成,是一条平面曲线。

(2) 一般的基准曲线:是创建基准曲线的一般方法,可以创建三维空间的基准曲线。

(3) 导入的基准曲线:从扩展名为 IBL、IEGS、SET 或 VDA 的文件中读取坐标值来创建基准曲线。这种方式创建的基准曲线可以由一条或多条曲线段组成,且这些曲线段不必相连。

(4) 投影基准曲线和包络基准曲线:将曲线投影到平面或曲面面组上而得到新的曲线的方法。

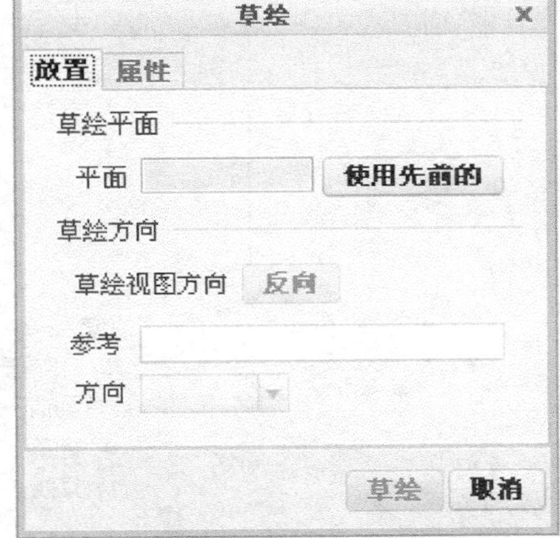

图 5-13　【草绘】对话框

5.5.3　创建草绘的基准曲线的方法

(1) 选择【模型】选项卡→【基准】组→【草绘】,将激活创建草绘曲线的命令,Creo Parametric 将弹出如图 5-13 所示的【草绘】对话框。

(2) 在对话框中指定草绘平面和定向参考面。

(3) Creo Parametric 自动转入到二维草绘环境,要求用户绘制出基准曲线的截面。

(4) 单击✓退出草绘器,完成草绘的基准曲线的创建。

5.5.4　创建基准曲线的一般方法

单击【模型】选项卡→【基准】组菜单→【曲线】,选择如图 5-14 所示【曲线】命令下拉列表中的相应命令选项,Creo Parametric 将根据所选择的不同的创建基准曲线的命令弹出下一步的提示。

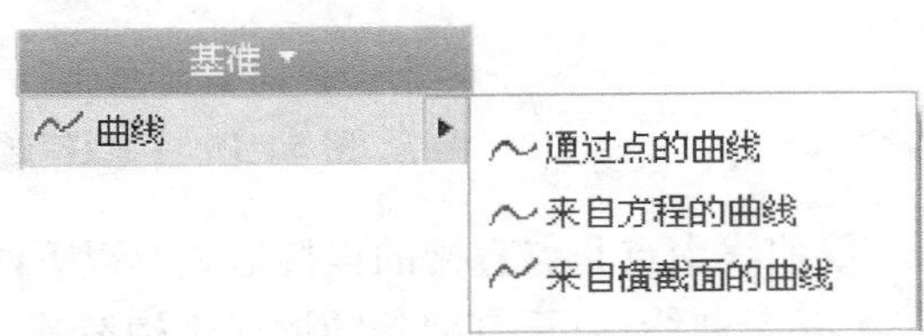

图 5-14　【基准曲线】命令菜单

5.5.5 创建基准曲线的一般方法说明

(1)【通过点的曲线】:创建一条通过指定的基准点、顶点、曲线端点或特征(如一个包含多个点的基准点特征点列)的曲线。系统将弹出【曲线:通过点】工具操控板,如图 5－15 所示。基准曲线可以是样条曲线,也可以是一系列的在转弯处由指定半径光滑圆弧连接的直线段组成的曲线。

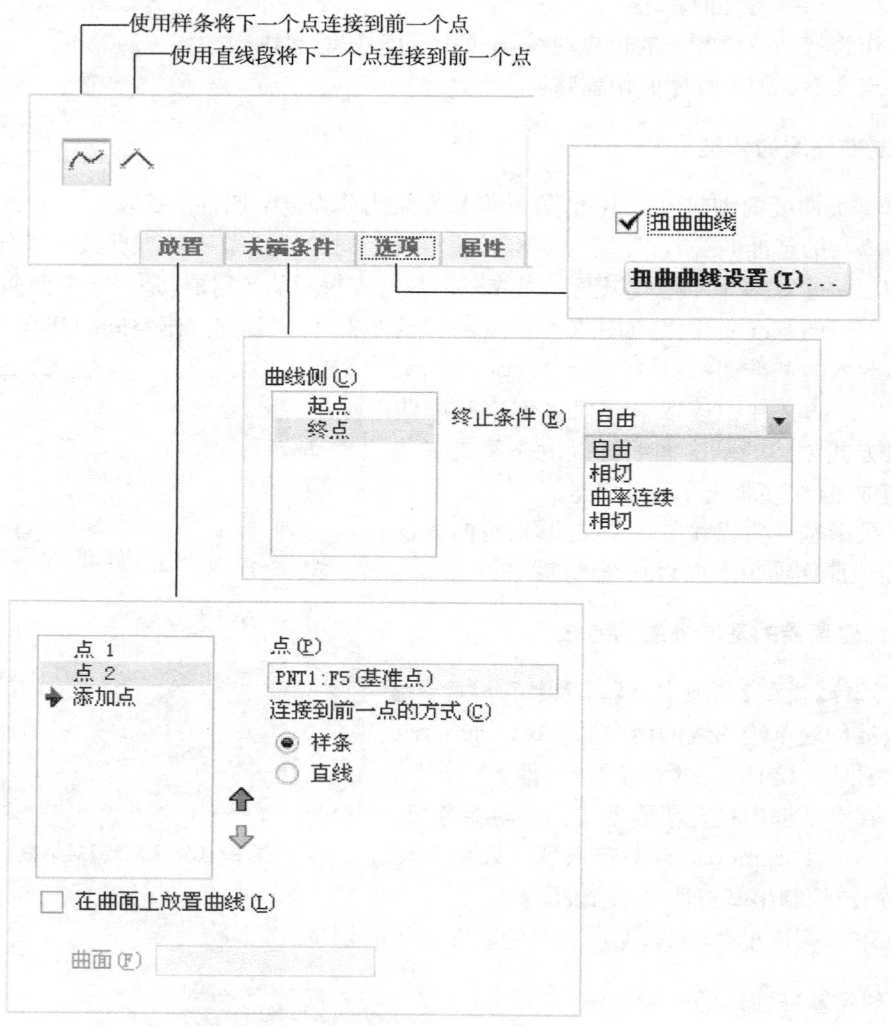

图 5－15 【曲线:通过点】工具操控板

① 曲线中点与点直接的连接形式有以下两种:

- 样条曲线:以三维样条的形式来构造基准曲线。
- 直线:点与点之间以直线段相连,在转折处还可以设置相同或者不同的圆角半径。

② 点的连接方式

- 单个点:一个点一个点地选取曲线将经过的基准点;

● 整个点列：如果基准点是一次建立的多个点，可以用此方法一次选取所有的基准点。需要说明的是，在这种情况下，点的选取顺序和该点列建立时的顺序相同。

③ 在【放置】选项卡中可以通过选中一个点，然后选择↑或者↓按钮调整该点在一系列点中的顺序。

(2)【来自方程的曲线】：输入曲线方程式来创建基准曲线，需要指定参考坐标系。系统将弹出【曲线：从方程】工具操控板，如图 5－16 所示。

(3)【来自横截面的曲线】：将某横截面的边界线转换为基准曲线，即剖切平面与零件轮廓的交线。系统将弹出【来自横截面的曲线】工具操控板，如图 5－17 所示。

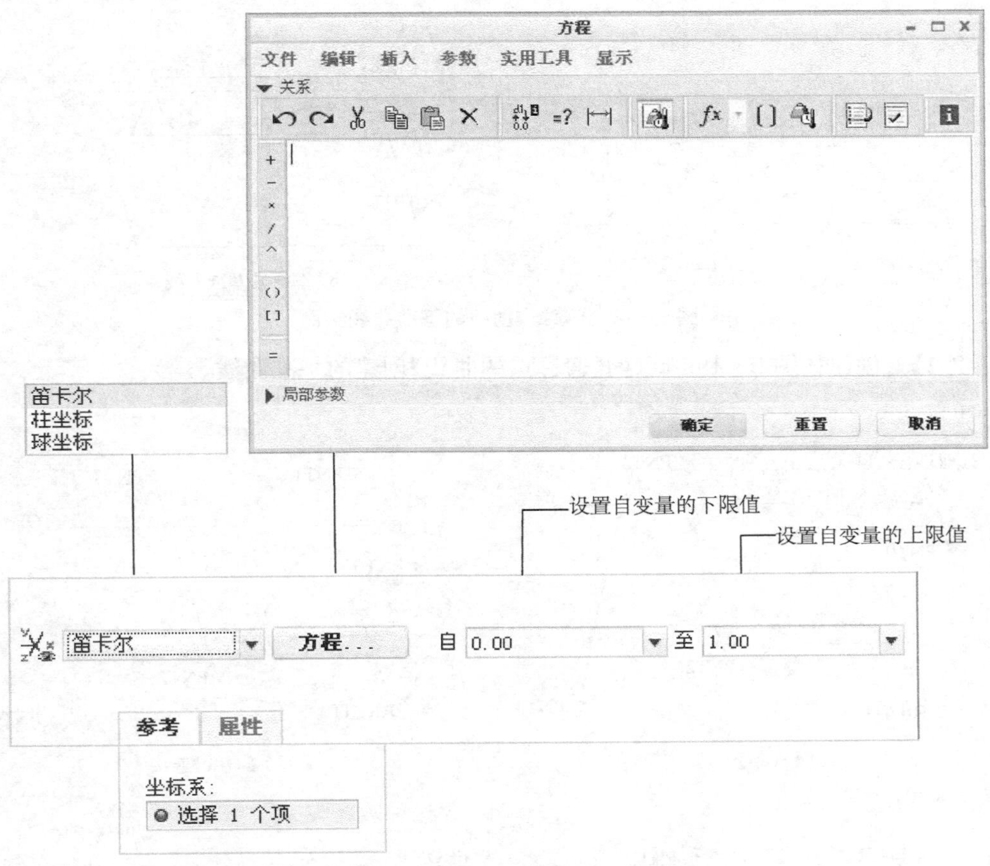

图 5－16　【曲线：从方程】工具操控板

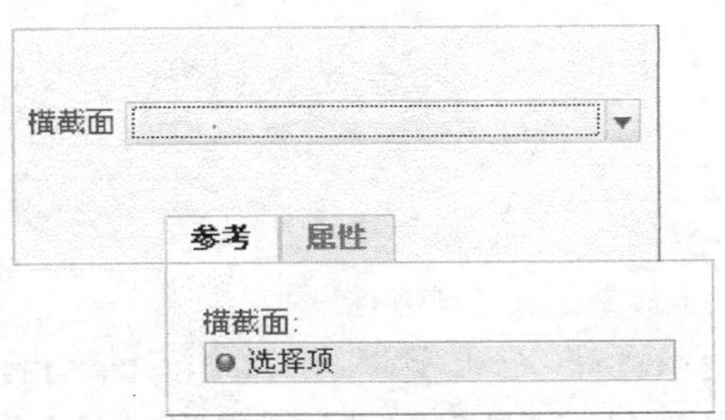

图 5－17　【来自横截面的曲线】工具操控板

5.5.6 创建基准曲线的一般方法举例

【例 1】 创建如图 5-18 所示的草绘的基准曲线。

(1) 选择【模型】选项卡→【基准】组→【草绘】命令。

(2) 在弹出的【草绘】对话框中指定 FRONT 基准面为草绘平面，RIGHT 基准面为定向参考面，方向向右；接受缺省的查看草绘平面的方向。

(3) 使用样条曲线命令绘制如图 5-18(a)所示的二维截面。

(4) 单击草绘器的完成草绘的基准曲线的绘制，得到的基准曲线如图 5-18(b)所示。

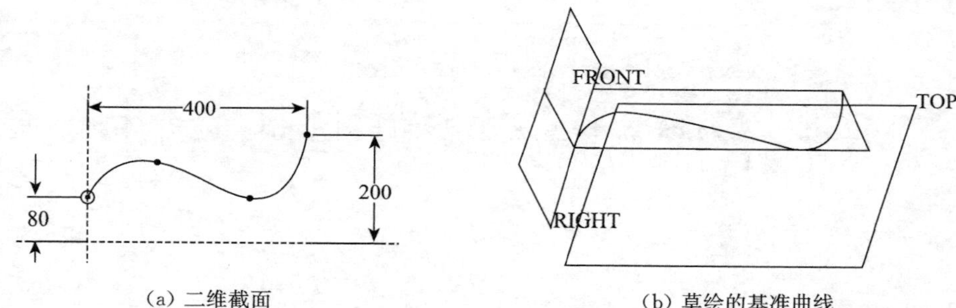

(a) 二维截面　　(b) 草绘的基准曲线

图 5-18 【草绘】创建的基准曲线实例

【例 2】 创建如图 5-19 所示的【通过点的曲线】创建的基准曲线。

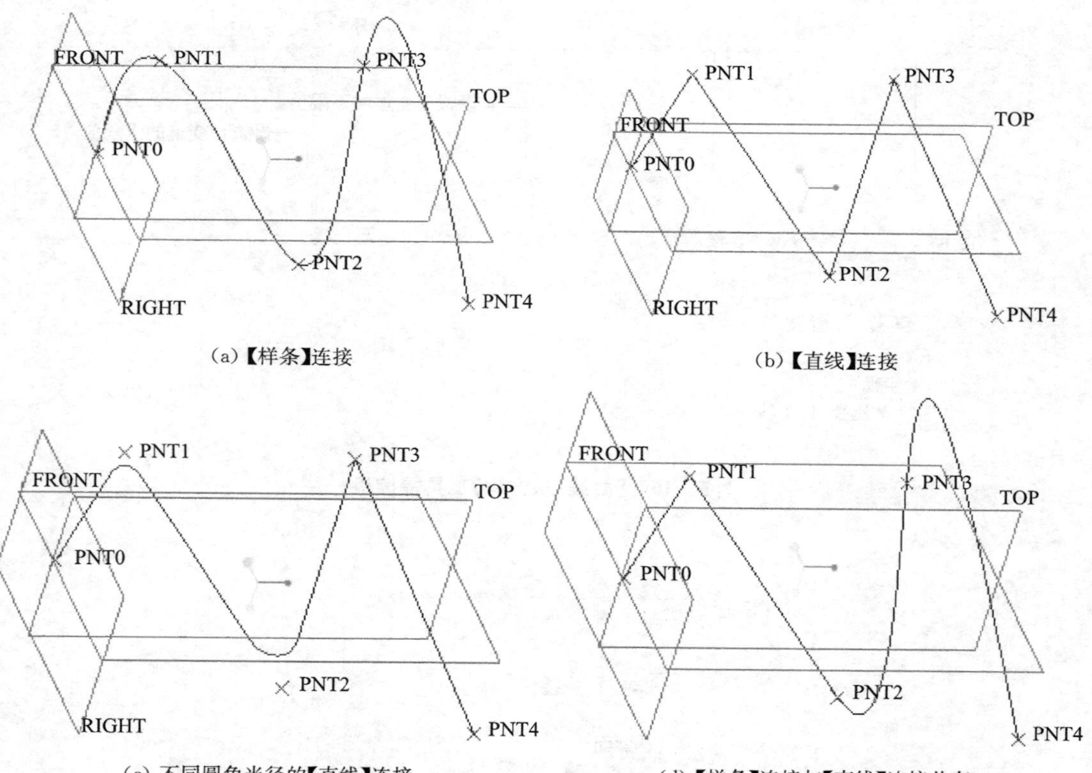

(a)【样条】连接　　(b)【直线】连接

(c) 不同圆角半径的【直线】连接　　(d)【样条】连接与【直线】连接共存

图 5-19 【通过点的曲线】创建的基准曲线实例

(1) 选择【模型】选项卡→【基准】组→【偏移坐标系基准点】，系统将弹出偏移坐标系的【基准点】对话框，选择参考坐标系为系统缺省坐标系 PRT_CSYS_DEF，创建 PNT0～PNT4 共 5 个基准点，如图 5－20 所示。

基准点

放置　属性

参考　PRT_CSYS_DEF:F4(坐标系)

类型　笛卡尔

使用非参数阵列

	名称	X 轴	Y 轴	Z 轴
1	PNT0	0.00	0.00	0.00
2	PNT1	5	5	-5
3	PNT2	14	-8	4
4	PNT3	22	7	-3
5	PNT4	27.00	-10.00	6.00

导入...　更新值...　保存...

确定　取消

图 5－20　【偏移坐标系基准点】对话框

(2) 选择【模型】选项卡→【基准】组下拉菜单→【来自横截面的曲线】，激活【来自横截面的曲线】工具操控板。

(3) 单击 放置 选项卡打开【放置】选项卡，首先选择 PNT0 作为要创建曲线经过的第 1 个点。

(4) 选择 PNT1 作为要创建曲线经过的第 2 个点，指定【连接到前一点的方式】为“样条”形式；用同样的方法选择 PNT2、PNT3 和 PNT4。得到的基准曲线如图 5－19(a)所示，各点之间按照样条曲线的定义进行连接。

(5) 在步骤(4)中，选择 PNT1 作为要创建曲线经过的第 2 个点，指定【连接到前一点的方式】为“直线”形式；同样的方法选择 PNT2、PNT3 和 PNT4。得到的基准曲线如图 5－19(b)所示，各点之间以直线段连接。

(6) 当点与点之间采用直线段连接时，可以设置直线转折处采用相同半径或者不同半径的圆角连接，如图 5－19(c)所示。

(7) 在同一条基准曲线中，可以同时存在样条连接的曲线段和直线连接的曲线段，如图 5－19(d)所示。

【例 3】 使用【导入的基准曲线】创建如图 5－21 所示的基准曲线。

(1) 使用“写字板”或者“记事本”创建一个名“5－21.ibl”的纯文本格式文件，文件的内容如下：

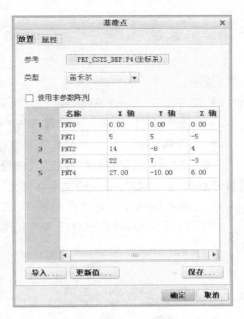

```
Open Arclength
    Begin section ! 1
      Begin curve ! 1
      1    0    0    0
      2    5    5    —5
      3    10   0    0
      4    14   —8   4
      5    18   0    0
      6    22   7    —3
    Begin section ! 2
      Begin curve! 1
      1    0    0    0
```

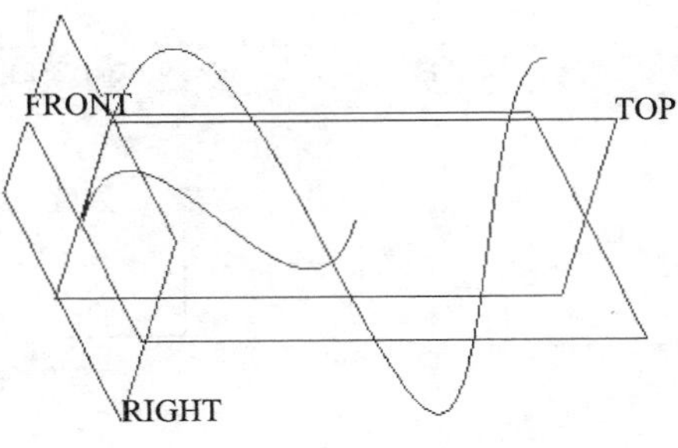

图 5－21　【导入】创建的基准曲线实例

2	4	3	0
3	8	−3	0
4	12	0	0

说明：

- 文件中的“Open Arclength”为保留字，不可缺少；
- 末尾带有“!”的语句为注释语句；
- 文件既可以以纯文本的格式创建，也可以在高级语言编程运行的过程中自动生成。

(2) 选择【模型】选项卡→【获取数据】下拉菜单→【导入】，系统弹出如图 5-22 所示的【打开】对话框，选择要导入的文本格式文件“5-21.ibl”。

(3) 在系统随即同时弹出如图 5-23 所示的【导入】工具操控板选择参考坐标系和图 5-24所示的【文件】对话框对导入的文件进行设置。

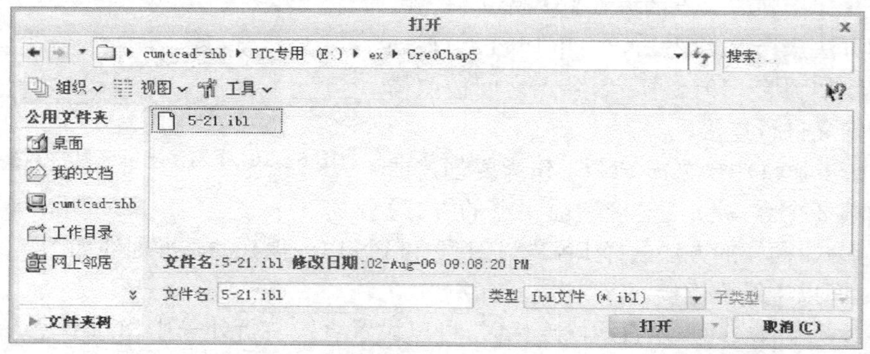

图 5-22 【打开】对话框

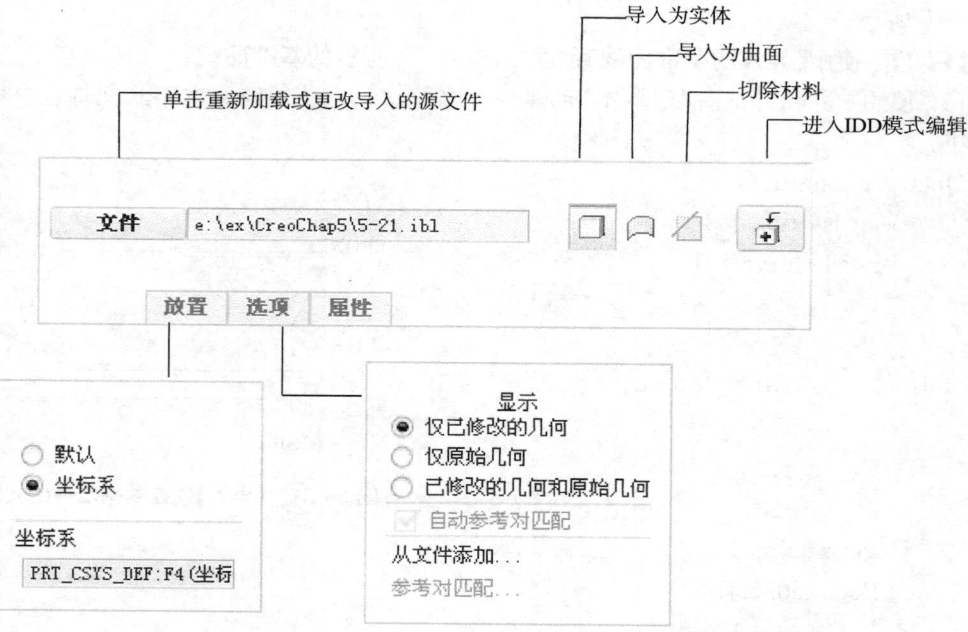

图 5-23 【导入】工具操控板

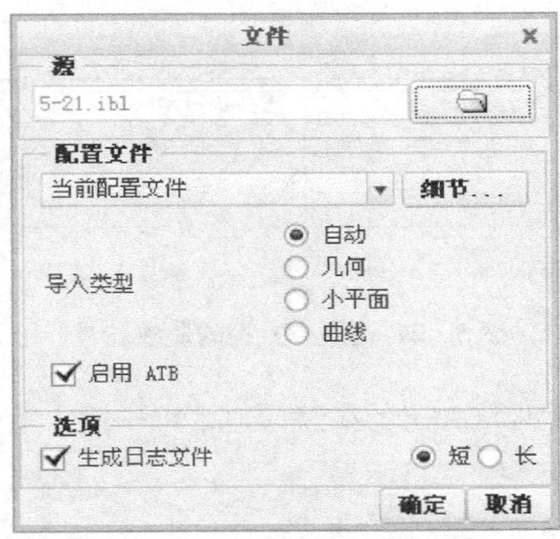

图 5－24　【文件】对话框

(4) 单击【导入】工具操控板完成导入的基准曲线的创建。

【例 4】　创建如图 5－25(b)所示的【来自横截面的曲线】。

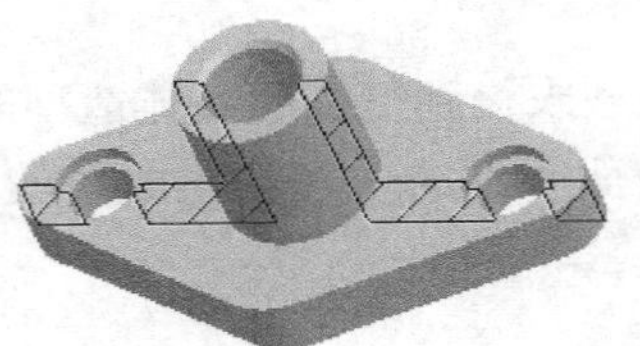

(a) 创建有横截面的模型

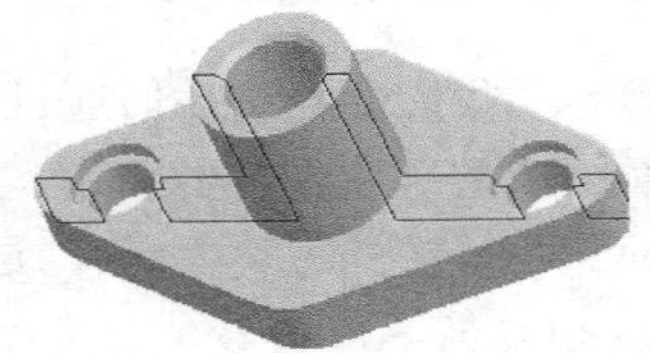

(b) 创建的基准曲线

图 5－25　【来自横截面的曲线】实例

(1) 打开文件“5－25－A.prt”，在该模型中已创建好一个名称为 A 的平面横截面，如图 5－25(a)所示。

(2) 选择【模型】选项卡→【基准】组→【来自横截面的曲线】，激活如图 5－26 所示的【曲线】工具操控板。

(3) 在操控板的【横截面】下拉列表中列出所有可用的平面横截面的名称列表，选取已经创建好的横截面“A”。

(4) 单击工具操控板的，完成使用通过剖切平面 A－A 和模型的边界交线创建的一条基准曲线。

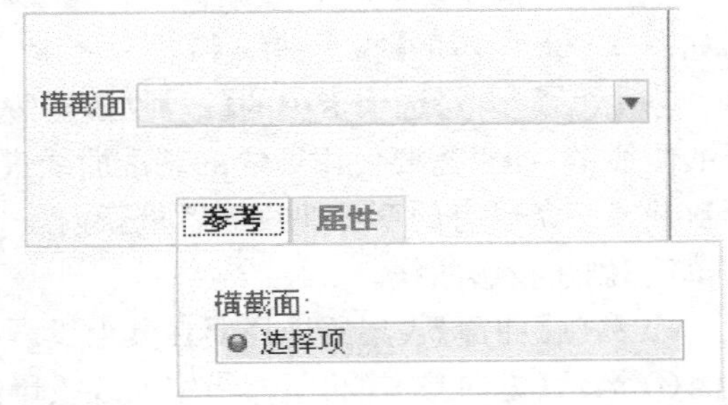

图 5－26　【曲线】工具操控板

【例 5】　创建如图 5－27 所示的【来自方程的曲线】。

(1) 选择【模型】选项卡→【基准】组→【来自方程的曲线】，激活如图 5－16 所示的【曲线:从方程】工具操控板。

(2) 设置坐标系类型为【笛卡尔】坐标。

(3) 在【参考】选项卡中选择创建曲线的参考坐标系为缺省的坐标系 PRT_CSYS_DEF。

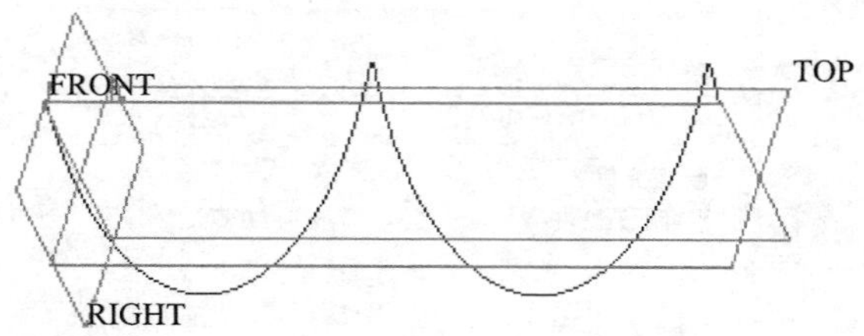

图 5－27 【来自方程的曲线】实例

(4) 单击 方程... 按钮,从弹出的【方程】对话框中键入下列方程:

x＝t＊300

y＝50＊cos(t＊720)

z＝50＊sin(t＊720)

(5) 指定自变量的取值范围为缺省的 0 到 1 之间。

(6) 单击工具操控板的✓,完成基准曲线的创建。

5.5.7 其他的创建基准曲线的方法＊

在后面的第 6 章我们会介绍如何通过曲面造型来得到复杂的实体造型的方法。而曲线的创建对于曲面的造型有着重要的作用。除了前面所说的一些创建曲线的一般方法以外,我们还有其他的一些特殊的方法来创建基准曲线。

1) 投影方法创建的基准曲线

用于将一条或几条曲线投影到平面或曲面面组上而得到新的曲线,新创建的投影曲线长度可能发生了改变,和原有的曲线长度不同。

(1) 操作步骤

① 选择【模型】选项卡→【编辑】组→【投影】,将激活创建投影曲线的命令,系统将弹出如图 5－28 所示的【投影曲线】工具操控板。

② 激活【参考】选项卡中的【链】收集器(系统默认的方式为【投影草绘】),选择要进行投影的曲线链;如果需要使用草绘的基准曲线进行投影,可以在【参考】选项卡中选择【投影草绘】,选择一条已有的草绘曲线或者重新创建一条草绘的基准曲线。还可以选择对【投影修饰草绘】创建投影曲线。

③ 激活【曲面】收集器选择要在其上投影的曲面或者面组。

④ 激活【方向参考】收集器指定曲线投影的方向参考。

⑤ 单击命令操控板中右端的✓,完成投影曲线的创建。

(2) 举例

【例 6】 如图 5－29 的所示模型,曲面上的曲线是原始曲线在曲面上的投影曲线。曲线投影的【方向】类型为“沿方向”,方向参考为 FRONT 基准面,箭头所示方向为曲线的投影方向,具体过程略(曲面的创建参见第 6 章)。

(3) 说明

① 要进行投影处理的曲线可以是平面的曲线,也可以是空间的曲线。

② 一次可以创建一条或几条曲线的投影曲线。

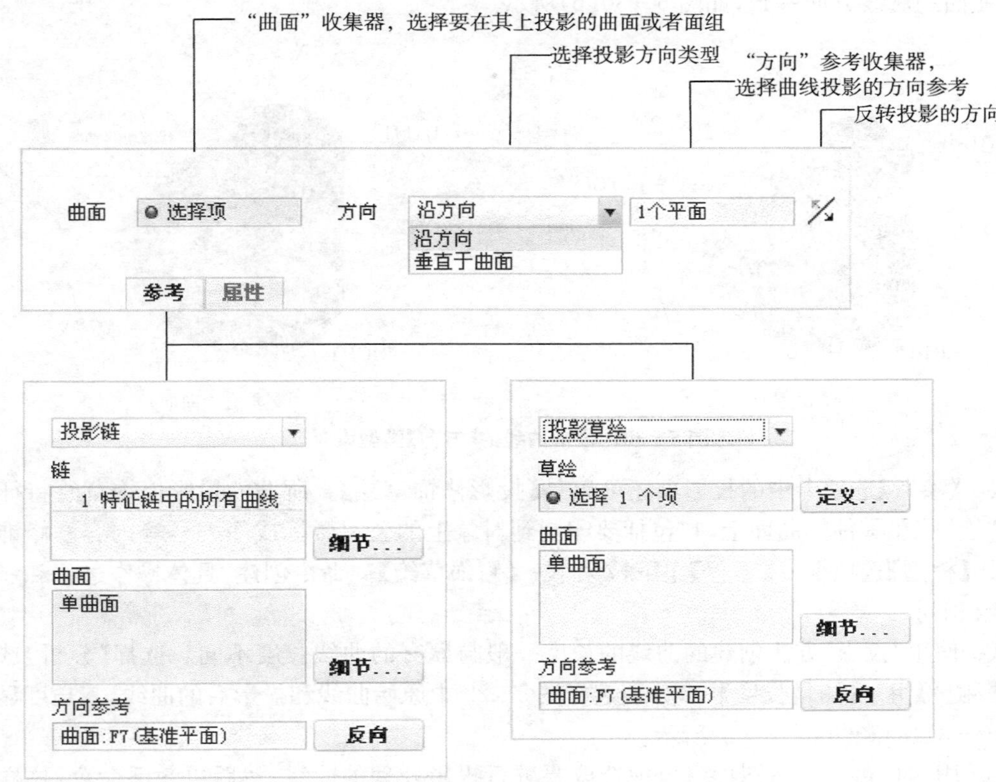

图 5－28 【投影曲线】工具操控板

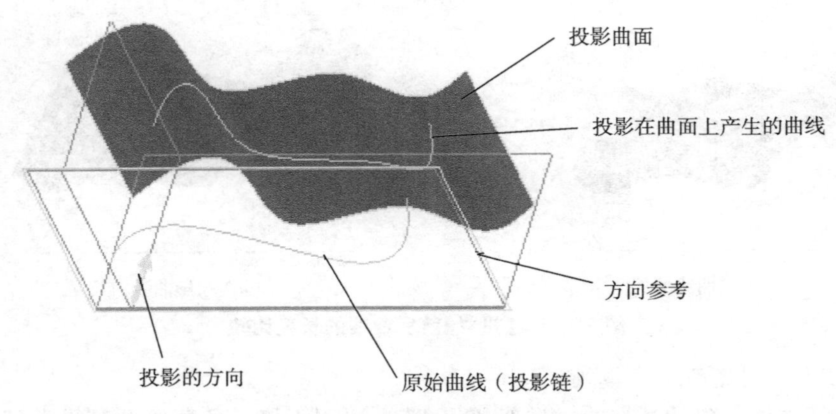

图 5－29 【投影】方法创建的基准曲线

③ 投影曲线的【方向】类型可以设置如下：

● 沿方向：要求指定方向参考为一个平面或者基准面。原始曲线将沿着参考平面的法线方向向曲面或面组上进行投影。如图 5－30(a)所示，创建一草绘的样条曲线在圆锥面上的投影曲线选择投影方向沿着 FRONT 基准面的法线方向。

● 垂直于曲面：不要求指定方向参考。原始曲线上在曲面或面组上的投影方向与过各点的曲面的法线方向一致，如图 5 - 30(b)所示。

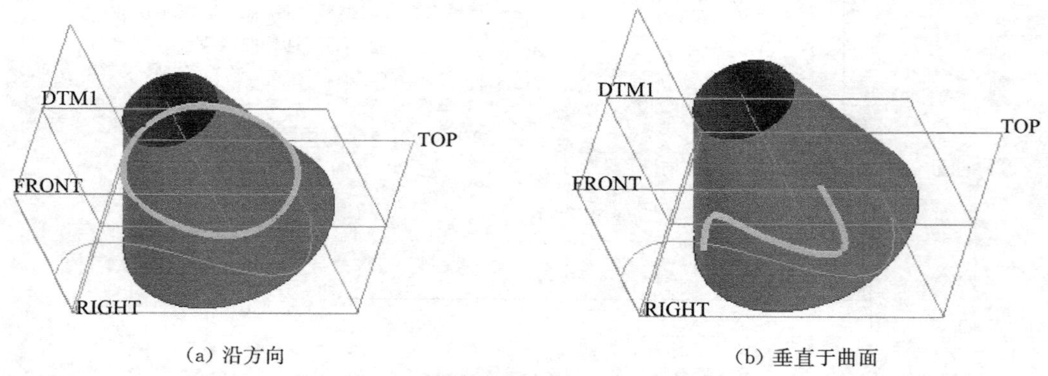

(a) 沿方向　　(b) 垂直于曲面

图 5 - 30　投影曲线的【方向】类型设置

④【参考】选项卡中的投影项还可以是【投影修饰草绘】。所谓的投影修饰草绘特征也将被“绘制”在零件的曲面上，它包括要印制到对象上的公司徽标或序列号等内容。修饰草绘使用【模型】选项卡→【工程】组下拉菜单→【修饰草绘】命令创建，具体操作过程和一般的草绘相同。

⑤ 使用“投影”方法创建的曲线的长度一般与原有的曲线长度不同。选择【分析】选项卡→【测量】组→【测量长度】，分别选择图 5 - 29 中原始曲线和投影后的曲线，其长度显示如图 5 - 31(a)和图 5 - 31(b)所示。

⑥ 用户也可以先在图形窗口中选取要进行投影处理的曲线，然后再激活命令，这样操作更简单。

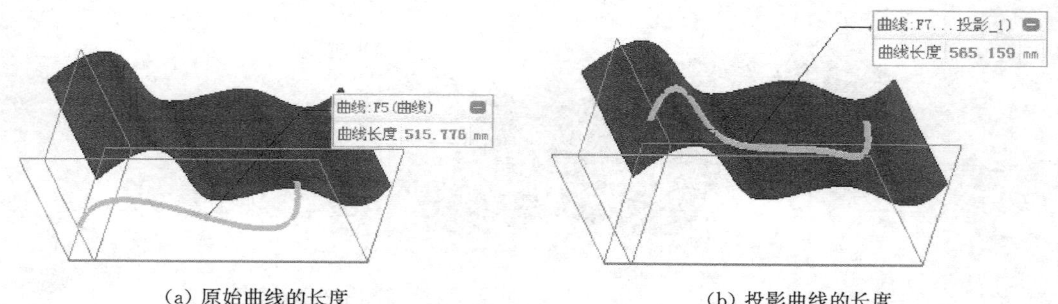

(a) 原始曲线的长度　　(b) 投影曲线的长度

图 5 - 31　【投影】前后曲线的长度比较

2) 包络方法创建的基准曲线

和“投影”方法创建的基准曲线类似，“包络”方法用于将一条草绘的基准曲线投影到平面或曲面面组上而得到新的曲线；但不同的是，新创建的投影曲线的长度和原有的曲线长度是相同的。

(1) 操作步骤

① 选择【模型】选项卡→【编辑】组下拉菜单→【包络】，将激活创建包络曲线的命令，系统将弹出如图 5 - 32 所示的【包络】工具操控板。

② 选择【参考】选项卡中的【草绘】，选择要进行包络的二维曲线；或者单击 定义... 按

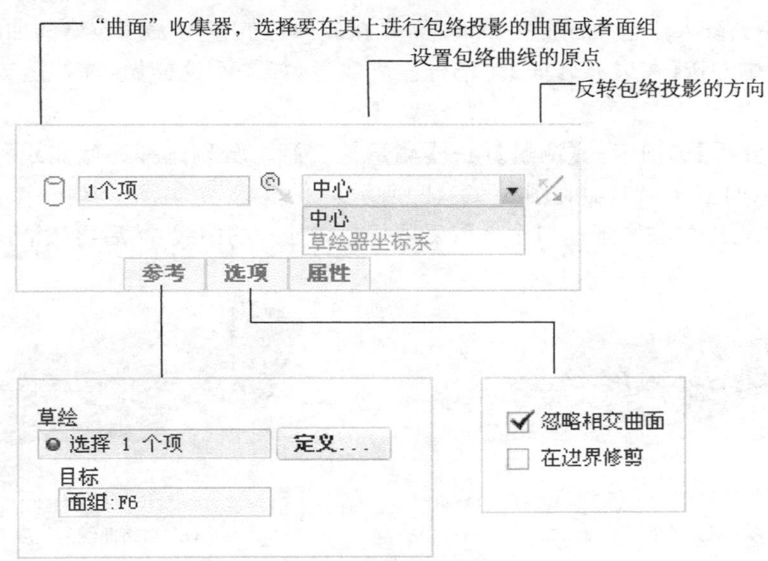

图 5-32　【包络】工具操控板

钮，重新创建一条草绘的基准曲线。

③ 激活【曲面】收集器选择要在其上投影的曲面或者面组。

④ 激活【方向参考】收集器指定曲线投影的方向参考。

⑤ 单击命令操控板中右端的 ✓，完成包络曲线的创建。

(2) 举例

【例 7】　如图 5-33 所示，曲面上的曲线是原始曲线在曲面上的包络曲线，具体过程略(曲面的创建参见第 6 章)。

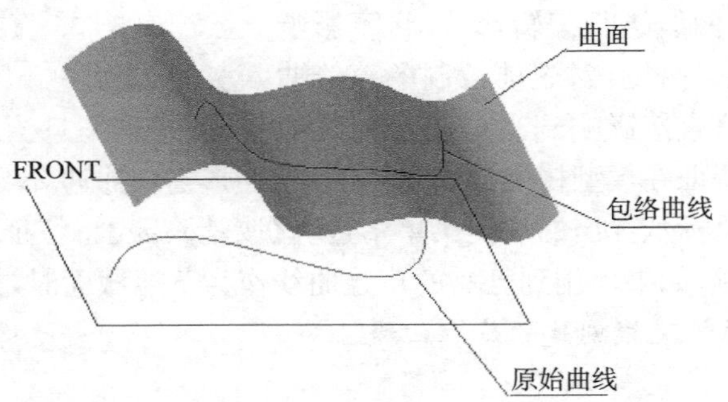

图 5-33　【包络】方法创建的基准曲线

(3) 说明

① 要进行包络处理的曲线只能是草绘的曲线。

② 一次只能创建一条草绘曲线的包络曲线。

③ 包络后的曲线长度与原来的曲线长度相同。为了保证此特性，包络后的曲线要进行缩放，此时必须要设置包络原点，此原点代表曲线缩放的原点。缺省的包络原点是草绘曲线的中心，也可以选择其中的一个参考坐标系作为包络原点。

④ 当原始曲线大于包络曲面范围时，需要在曲面边界修剪无法包络的曲线部分，可在【选项】选项卡中勾选【在边界修剪】复选框。事实上，如果不这样做，往往造成包络曲线的特征生成失败。

⑤ 选择【分析】选项卡→【测量】组→【测量长度】，分别选择原始曲线和投影后的曲线，其长度显示如图 5-34(a)和图 5-34(b)所示。

⑥ 用户也可以先在图形窗口中选取要进行包络处理的曲线，然后再激活命令。

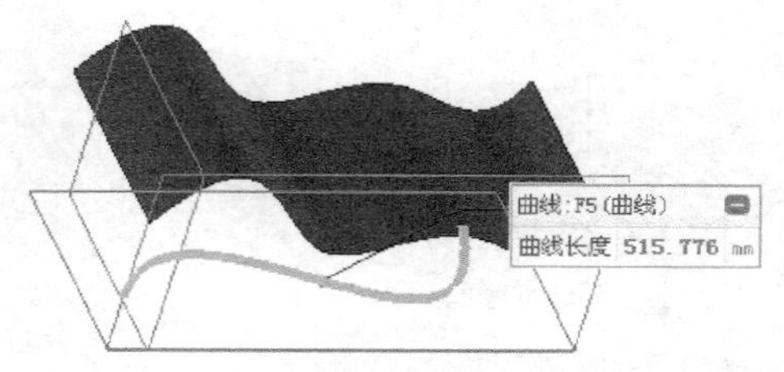

(a) 原始曲线的长度

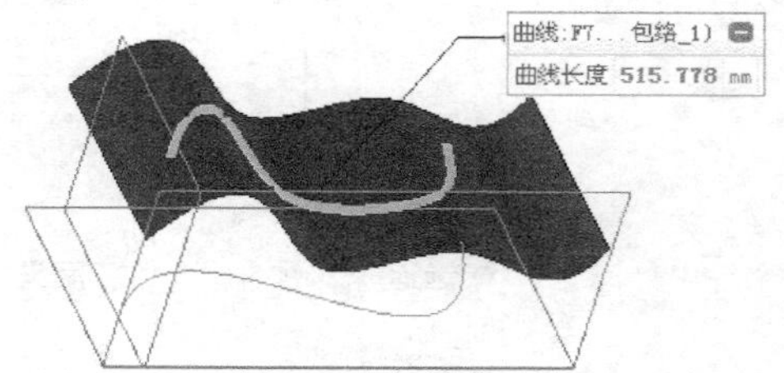

(b) 包络曲线的长度

图 5-34 【包络】前后曲线的长度比较

关于创建【投影】和【包络】曲线的一点重要说明：

在创建投影曲线和包络曲线的过程中，如果所选择的原始曲线是一条已有的二维草绘曲线，在相应的【参考】上滑选项卡中会显示 断开链接 的按钮。单击此按钮，系统将弹出如图 5-35 所示的【断开链接】对话框，表示将断开当前创建的特征与所选择的草绘曲线之间的关联，而是使用草绘曲线的副本创建了一个内部的草绘。在以后的操作过程中如果对先前绘制的草绘曲线进行编辑修改，将不影响当前正在创建的特征。否则，对先前绘制的草绘曲线的编辑修改操作，将直接影响到当前正在创建的特征；并且一旦当前的特征被创建完成后，原始的草绘曲线特征在模型树中会被自动隐藏，图形窗口中也不再显示，可以在模型树中选中该特征，右击鼠标从弹出的快捷菜单中选择【取消隐藏】将特征显示出来。在创建拉伸、旋转等草绘特征时，如果使用到已有的草绘曲线作为草绘截面时，情况相同。

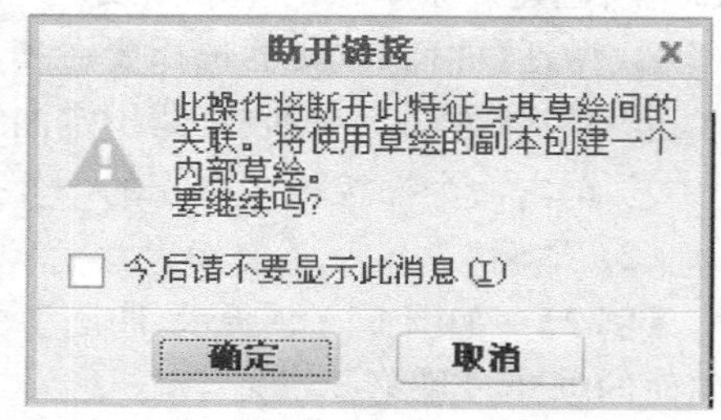

图 5-35 【断开链接】对话框

3) 通过两个曲面的交线创建的基准曲线

(1) 操作步骤

① 首先选择两个相交的曲面。

② 选择【模型】选项卡→【编辑】组→【相交】，Creo Parametric 将这两个相交曲面的交线创建为一条基准曲线。

(2) 举例

【例 8】 如图 5-36 所示，利用两个曲面的交线来创建曲线。

(3) 说明

创建相交曲线的两个曲面可以是两个曲面、一个曲面和一个基准面、一个曲面或基准面和一个实体特征的表面；不可以是两个实体特征的表面。

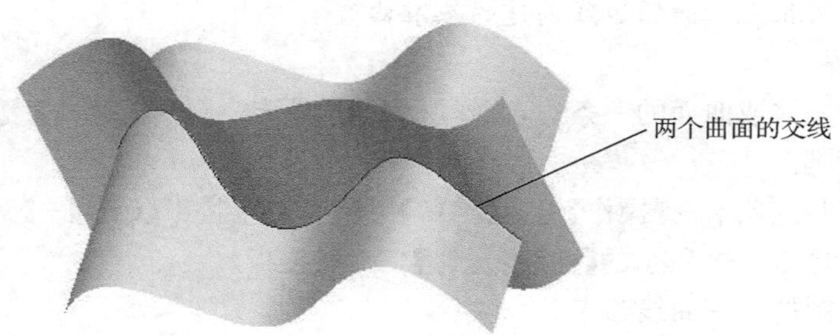

图 5-36　两个曲面的【相交】创建的曲线

4）通过两条草绘曲线相交创建的基准曲线

这种创建基准曲线的实际方法是通过两条草绘曲线沿着与各自草绘平面相垂直的方向拉伸得到的两个空间拉伸曲面的交线。

（1）操作步骤

① 首先选择两条草绘的曲线。

② 选择【模型】选项卡→【编辑】组→【相交】，Creo Parametric 将这两条草绘曲线沿着与各自草绘平面相垂直的方向拉伸得到的两个空间拉伸曲面的交线创建为一条基准曲线。

（2）举例

【例 9】　如图 5-37 所示，利用两条草绘曲线"相交"创建的空间曲线。

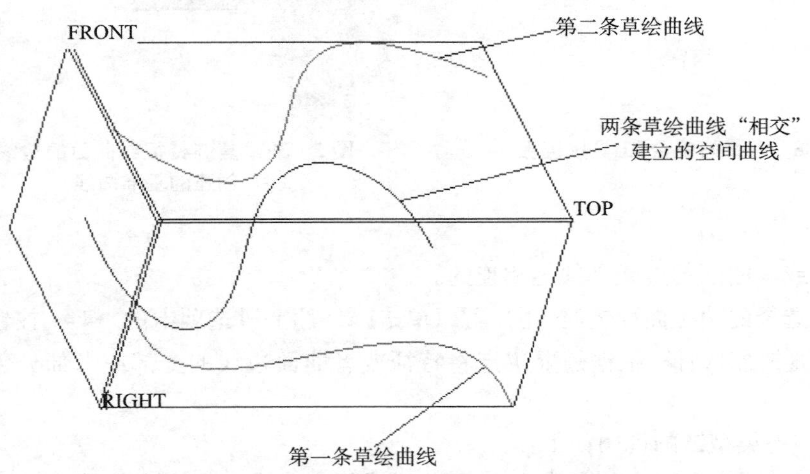

图 5-37　两条草绘曲线的【相交】创建的曲线

（3）说明

① 所选择的两条曲线必须是草绘的基准曲线。

② 该种方法创建的曲线在先前两个草绘曲线的草绘平面上的投影分别就是这两条草绘曲线。如图 5-37 所示，第一条和第二条草绘曲线的创建平面分别是 TOP 和 FRONT 基准平面，最后创建的空间曲线在这两个基准面上的投影分别和这两条草绘曲线重合。

5）通过复制特征或曲面的边线创建的基准曲线

（1）操作步骤

① 首先选中实体或曲面的一条边，选择【模型】选项卡→【操作】组→【复制】或者直接按下【Ctrl】+【C】键。

② 选择【模型】选项卡→【操作】组→【粘贴】或者直接按下【Ctrl】+【V】键，Creo Parametric 将弹出如图 5-38 所示的【曲线：复合】工具操控板。

③ 选择要复制的所有曲线参考。

④ 指定复制的曲线类型。

⑤ 单击操控板中的 ，完成曲线的复制。

（2）举例

【例 10】 如图 5-39 所示，利用两个曲面的交线来创建曲线。过程略。

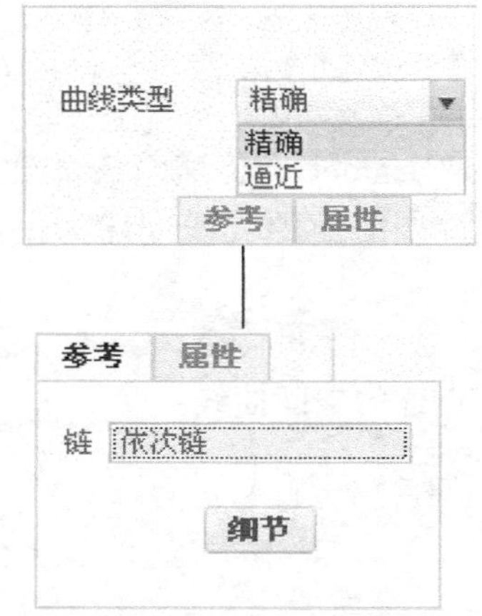

图 5-38 【曲线：复合】工具操控板

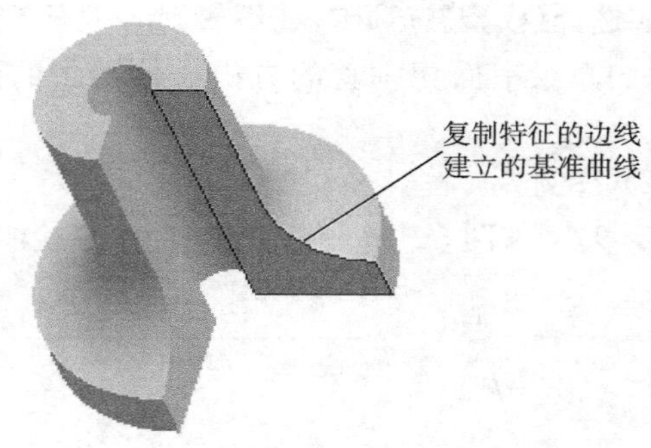

图 5-39 复制特征或曲面的边线创建的基准曲线

（3）说明

① 特征或者曲面的边线必须是相连的。

② 当所选择的边是曲面链时，用户可以单击【参考】上滑选项卡的 细节 按钮打开如图 5-40 所示的【链】对话框，根据需要决定将特征或者曲面边线的全部或者部分创建为基准曲线。

对话框中各类型链的说明如下：

● 标准——即依次链。选择单独的边、曲线或复合曲线组成的链，如果要多选需要在选择的同时按下【Ctrl】键。

● 相切链——和当前选中的边相切的、首尾相连的所有的边都被选中。

● 部分环——使用位于指定的起点和终点之间的部分环。

● 完整环——包含曲线或边的整个环的链。

③【曲线类型】可以设置为“精确”或者“逼近”。

● 精确——创建选定曲线或者边的精确副本。

● 逼近——创建通过单一连续曲率样条逼近于相切曲线链的基准曲线。

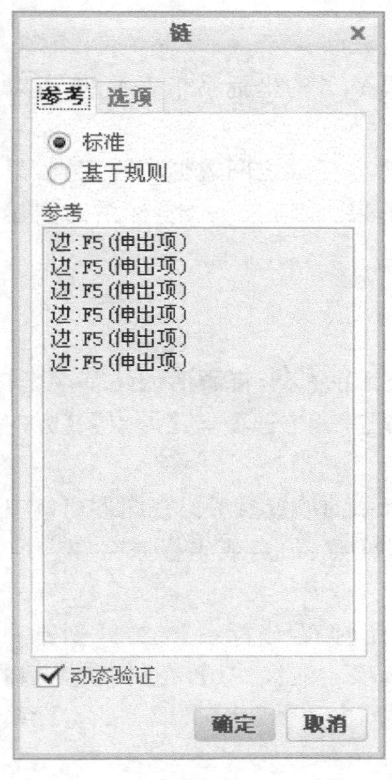

(a) 标准

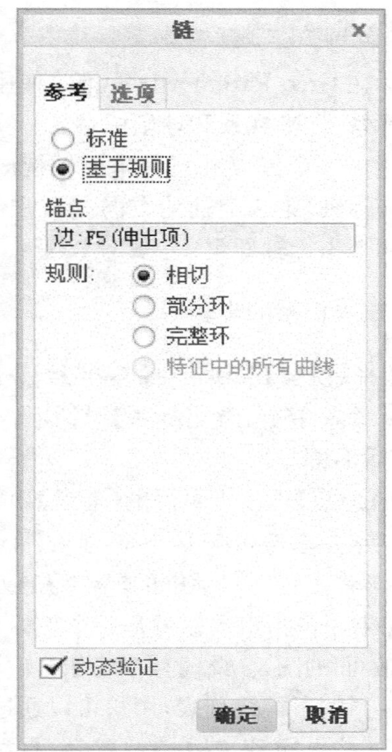

(b) 基于规则

图 5－40 【链】对话框

5.5.8 曲线的编辑修改操作

曲线的编辑修改操作包括曲线的复制、偏移、修剪、镜像、移动等操作和曲面的操作相类似，在本节暂不作介绍，具体请参见 6.3 节的“曲面特征的编辑修改操作”。

5.6 基准坐标系

5.6.1 坐标系的用途

(1) 用于 CAD 数据的转换，如进行 IGES、STEP 等数据格式的输入与输出时都必须设置坐标系统。

(2) 作为加工制造时刀具路径的参考，如果使用 Pro/MANUFACTURE 模块编制 NC 加工程序时必须要有坐标系作参考。

(3) 对零件模型进行物理特征分析的参考，如计算重量时必须有参考坐标系以计算重心的具体坐标数值。

(4) 作为装配时零件互相配合的参考。

5.6.2 坐标系的分类

坐标系在 Creo Parametric 中都是使用带有 X,Y,Z 的坐标系来表示的,可以同时代表笛卡尔坐标系、柱坐标系和球坐标系。

坐标系由一个原点和三个坐标轴构成,而三个坐标轴之间遵循右手定则,只需确定其中的两个坐标轴,第三个轴的方向就被唯一确定下来。因此,一个坐标系的创建只需要确定原点和两个坐标轴即可。

5.6.3 创建坐标系的步骤

(1) 选择【模型】选项卡→【基准】组→【基准坐标系】,将激活创建基准坐标系命令,Creo Parametric 将弹出【坐标系】对话框。该对话框有三个选项卡:【原点】、【方向】、【属性】(参见本节后面部分)。

(2) 在【原点】选项卡页面的【参考】中定义坐标系的放置参考。在图形窗口中选取 3 个放置参考。这些参考可包括平面、边、轴、曲线、基准点、顶点或坐标系。在选取了参考之后,这些参考将出现在对话框的【参考】的列表中。

(3) 如果用户指定的参考是一个坐标系,则采用【偏距坐标系】的方式创建一个新的坐标系(参见后面的图)。此时,【参考】区下方的各选项才能被使用,在【偏移类型】区中提供了多个坐标系的下拉式列表,用户可以通过它提供的方法偏距一个现有的坐标系。其选项有球坐标系、柱坐标系、笛卡尔坐标系、自文件等。

(4) 在【属性】选项卡中可以修改新建的坐标系的名称。

(5) 在【方向】选项卡中,用户可以单击 反向 按钮修改坐标系的坐标轴方向。

(6) 单击对话框的 确定 按钮完成坐标系的创建。

5.6.4 创建坐标系的约束条件

(1) 3 个平面:在 3 个平面的交点处产生坐标系。

(2) 点+2 个轴:需要指定坐标系的原点和两个互相垂直的坐标轴。

(3) 2 个轴:指定互相垂直的两条直线作为坐标系的两个轴,坐标原点为这两个轴的交点。

(4) 平面+2 个轴:1 个平面加 2 个轴,坐标原点为平面与第一轴的交点。

(5) 偏距:从一个坐标系以平移或旋转的方式产生另一坐标系。

(6) 从文件:读入 *.trf 文件以创建坐标系。

5.6.5 说明

(1) 缺省情况下,系统假设坐标系的第一轴方向将平行于第一原始参考。如果该参考为一条直边、曲线或轴,那么坐标系轴将被定向为平行于此参考。如果已选定某一平面,那么坐标系的第一轴方向(缺省为 X 轴)将被定向为垂直于该平面。系统自动将投影与第一方向正交的第二参考确定为第二轴方向(缺省为 Y 轴)。

(2) 修改坐标系的坐标轴方向有以下两种方法：

① 参考选取：通过定义坐标系中的两根轴的方向参考来定向坐标系(参见图 5-43)。

② 所选坐标轴：该选项只有当新坐标系是通过偏距已有坐标系的方法创建起来的才可以使用。通过定义绕作为参考的坐标系的坐标轴的旋转角度来定义新的坐标系(参见图 5-45)。

5.6.6　举例

在图 5-41(a)所示的立体上创建如图 5-41(b)所示的坐标系。

(1) CS0：在零件的左侧面、上表面 1 和背面的交点处产生的坐标系；

(2) CS1：以顶点 1 为坐标原点，边 12 和边 13 作为定向参考创建的坐标系；

(3) CS2：分别以边 14 和边 45 为坐标轴创建的坐标系；

(4) CS3：以坐标系 CS1 为参考产生的偏移坐标系，沿 CS1 的 X 轴方向偏移的距离为—10；

(5) CS4：以坐标系 CS2 为参考产生的偏移坐标系，沿 CS2 的 X 轴方向偏移的距离为—10，并且要求坐标系的 Z 轴垂直于屏幕方向向外。

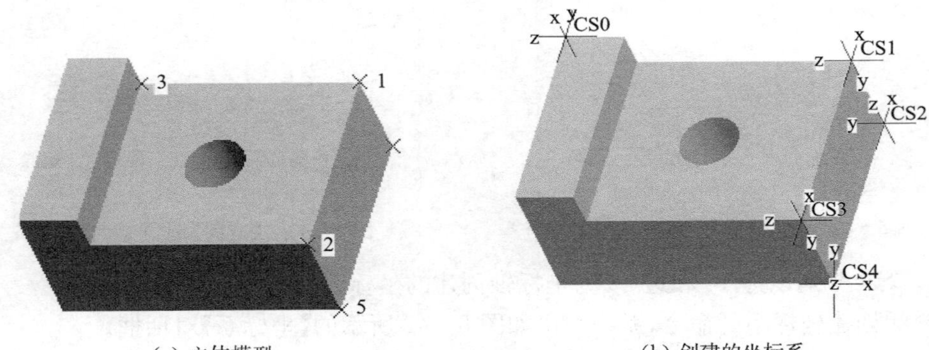

(a) 立体模型　　(b) 创建的坐标系

图 5-41　原有模型及创建的基准坐标系

操作步骤如下：

(1) 打开如图 5-41(a)所示的立体模型。

(2) CS0：在零件的左侧面、上表面 1 和背面的交点处产生的坐标系。

● 激活创建坐标系的命令，系统弹出如图 5-42 所示的【坐标系】对话框。

● 首先选择零件的上表面作为创建坐标系的参考，该参考面的法线方向就是缺省的 X 轴方向。

● 按住【Ctrl】键，再依次选零件的背面和左侧面作为参考，第二个参考平面的法线方向就是缺省的 Y 轴的方向。

● 单击对话框的 确定 按钮完成坐标系的创建。

(3) CS1：以顶点 1 为坐标原点，边 12 和边 13 作为坐标轴创建的坐标系。

● 激活创建坐标系的命令，系统弹出如图 5-42 所示的【坐标系】对话框。

● 首先选择顶点 1 作为创建坐标系的参考，该点是新建坐标系的原点。

● 选择对话框的【方向】选项卡，定向根据为【参考选择】，指定第一个定向参考为边 12，该条边就成为缺省的 X 轴，正方向从 1 点指向 2 点。单击旁边的 反向 按钮，使 X 轴和缺省方向相反，如图 5－43 所示。

● 按住【Ctrl】键，指定第二个定向参考为边 13，该条边就是缺省的 Y 轴，正方向从 1 点指向 3 点。单击【投影】下拉列表框中的“Z”，将该边设置为坐标系的 Z 轴。

● 单击对话框的 确定 按钮完成坐标系的创建。

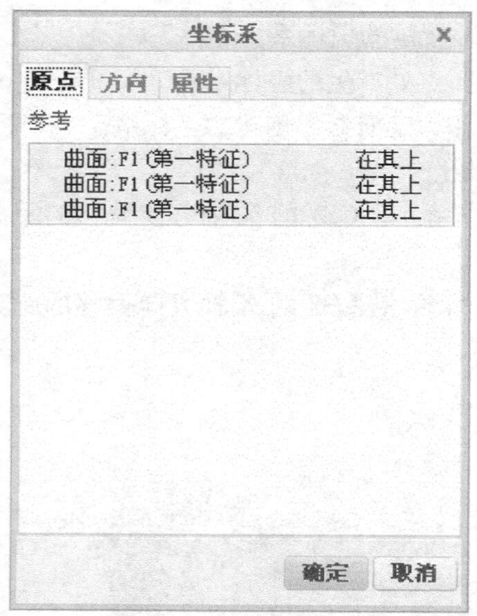

图 5－42 【坐标系】对话框(CS0)

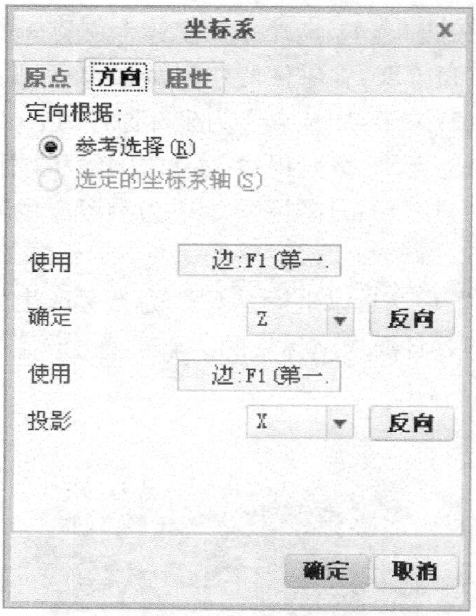

图 5－43 【方向】选项卡 1(CS1)

(4) CS2：分别以边 14 和边 45 为坐标轴创建的坐标系。

● 激活创建坐标系的命令，系统弹出如图 5－42 所示的【坐标系】对话框。

● 首先选择边 14 作为创建坐标系的第一个参考，该条边是坐标系缺省的 X 轴。

● 按住【Ctrl】键，指定边 45 作为创建坐标系的第二个参考，该条边是坐标系缺省的 Y 轴，两条边的交点为坐标系的原点。

● 选择对话框的【方向】选项卡，定向根据为【参考选择】，将坐标系的方向重新定向改为如图 5－41(b)中所示的 CS2 坐标系。

● 单击对话框的 确定 按钮完成坐标系的创建。

(5) CS3：以坐标系 CS1 为参考产生的偏距坐标系，沿 CS1 的 X 轴方向偏移的距离为－10。

● 激活创建坐标系的命令，系统弹出如图 5－42 所示的【坐标系】对话框。

● 选择刚才创建的 CS1 坐标系作为创建坐标系的参考，对话框变为如图 5－44 所示的形式。

● 在【偏移类型】中指定坐标系的类型为【笛卡尔】，输入沿参考坐标系 X 轴方向偏移的数值为－10，如图 5－44 所示。

● 单击对话框 确定 按钮完成坐标系的创建。

(6) CS4：以坐标系 CS2 为参考产生的偏移坐标系，沿 CS2 的 X 轴方向偏移的距离为－10，并且要求坐标系的 Z 轴垂直于屏幕方向向外。

- 激活创建坐标系的命令，系统弹出如图 5－38 所示的【坐标系】对话框。
- 选择刚才创建的 CS2 坐标系作为创建坐标系的参考，对话框变为如图 5－44 所示的形式。
- 在【偏移类型】中指定坐标系的类型为【笛卡尔坐标】，输入沿参考坐标系 X 轴方向偏移的数值为－10。
- 选择对话框的【方向】选项卡，对话框变为图 5－45 所示的形式，选择定向根据为【选定的坐标系轴】，单击按钮 设置 Z 垂直于屏幕 ，使得坐标系的 Z 轴垂直于当前的屏幕方向向外。从图 5－45 也可以看出，将要创建的新坐标系和作为参考的坐标系相比，相当于围绕 X 轴旋转了 41°，围绕 Y 轴旋转了 18°，围绕 Z 轴旋转了－75°。
- 单击对话框的 确定 按钮完成坐标系的创建。

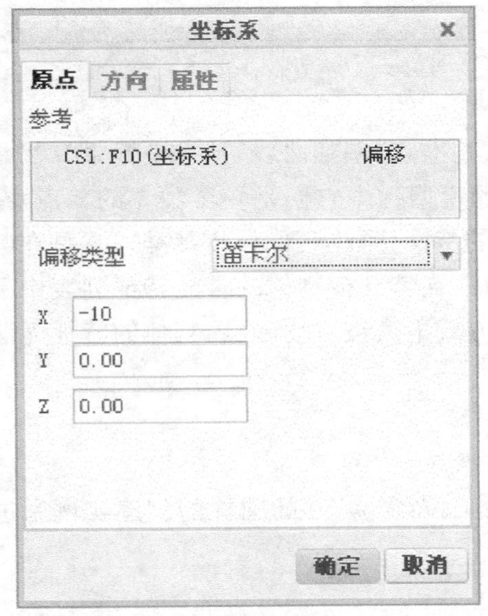

图 5－44　创建【偏移坐标系】(CS3)

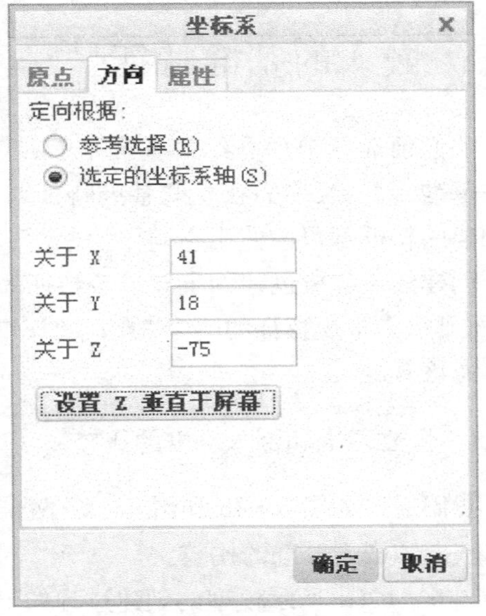

图 5－45　【方向】选项卡 2(CS4)

5.7　基准图形

5.7.1　基准图形的用途

基准图形是用来绘制函数图形的辅助工具，主要是用于补充非标准函数变化的。在造型过程中可以利用基准图形来控制特征的几何外形。

5.7.2　创建基准图形的步骤

(1) 选择【模型】选项卡→【基准】组的【组溢出】按钮 →【基准图形】 命令。
(2) 系统将提示“为 feature 输入一个名字”，在文本编辑框中键入基准图形的名称。

(3) Creo Parametric 自动转入到二维草绘环境。

(4) 选择【草绘】命令组→构造坐标系 命令在图形区域的适当位置绘制一个参考坐标系，然后绘制基准图形。并且必须标注有相对于坐标系的尺寸，以确定基准图形的外形和位置。

(5) 单击 退出草绘器，完成草绘的基准曲线的创建。

5.7.3 说明

(1) 通过 Graph 所绘制的函数一般不能是多值函数，即坐标平面上的每一个 X 值只能有唯一的 Y 值与之对应。

(2) 创建基准图形时必须选择【草绘】→【草绘】命令组→构造坐标系 命令绘制一个参考坐标系。

(3) 基准图形经常在创建可变截面扫描特征中用于控制截面的尺寸参数变化。

5.8 嵌入的基准特征

我们前面几节中介绍的基准平面、基准轴线、基准点、基准曲线、基准坐标系等都是常规的基准特征，又称为独立的基准特征。在特征的模型树中它们是一个独立的节点，在其后创建的特征都可以使用它们作为参考。而嵌入的基准特征(又称异步基准)，它是在某个特征创建的过程中创建的隶属于该特征的基准特征，在特征模型树的常规特征列表中不出现，而显示为常规特征的一个“子节点”；并且默认方式下会被自动隐藏，其他的特征无法直接参考该基准。

5.8.1 独立基准和嵌入基准的比较

我们通过如图 5-46 和图 5-47 两个直径∅100、高度为 50 的圆柱的创建实例来进行独立基准和嵌入基准的比较。

图 5-46(a)所示模型的创建过程如下：

(1) 创建一个新的零件文件“5-46-a”，指定公制单位的模板“mmns_part_solid”(毫米牛顿秒制)，进入零件造型环境。

(2) 选择【模型】选项卡→【基准】组→【基准平面】 激活创建基准平面的命令，在 TOP 基准面上方建立一个与其平行、距离为 40 的基准面 DTM1。

(3) 选择【模型】选项卡→【形状】命令组→【拉伸】 命令，打开【放置】选项卡单击其中的 定义... 按钮创建将要拉伸的二维截面，系统将弹出【草绘】对话框。

(4) 在【草绘】对话框中选取刚创建的 DTM1 作为草绘平面，接受缺省的草绘视图方向，指定 RIGHT 面为定向参考平面，法线方向向右。

(5) 绘制一个直径为 100 的圆，单击【草绘】选项卡中的 图标完成二维截面的绘制并退出草绘器。

(6) 指定拉伸的深度为 50，单击操控板控制区域的 ，完成特征的建立。

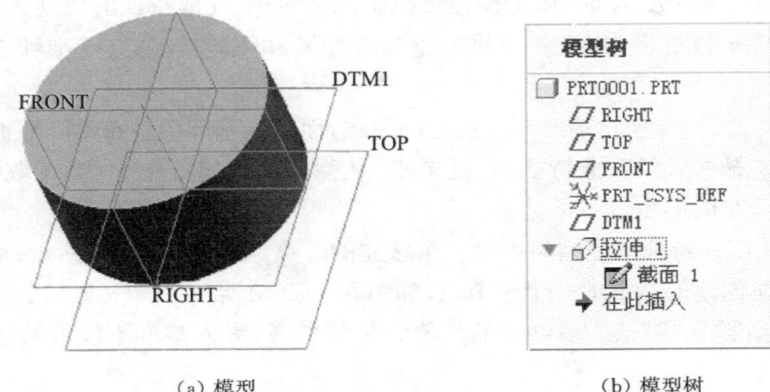

(a) 模型　　(b) 模型树

图 5 - 46　圆柱的创建实例一

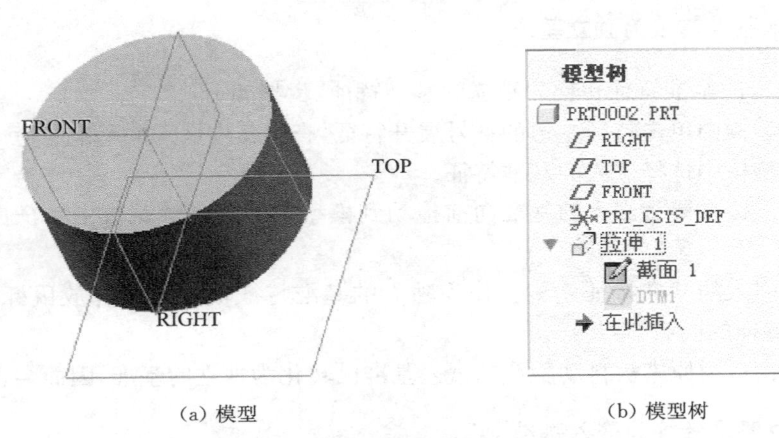

(a) 模型　　(b) 模型树

图 5 - 47　圆柱的创建实例二

图 5 - 47(a)所示模型的创建过程如下：

(1) 创建一个新的零件文件“5 - 47 - a”，指定公制单位的模板“mmns_part_solid”(毫米牛顿秒制)，进入零件造型环境。

(2) 选择【模型】选项卡→【形状】命令组→【拉伸】命令，打开【放置】选项卡单击其中的 定义... 按钮创建将要拉伸的二维截面，系统将弹出【草绘】对话框。

(3) 选择【拉伸】工具操控板最右端【基准】组命令的【基准平面】，如图 5 - 48 所示，在 TOP 基准面上方建立一个与其平行、距离为 40 的基准面 DTM1。(注：这个基准平面 DTM1 是在创建拉伸特征的过程中创建的，是一个嵌入的基准平面)

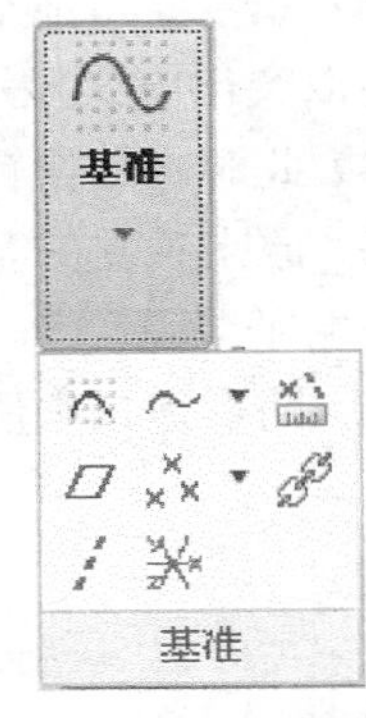

图 5 - 48　工具操控板最右端的【基准】菜单用于创建嵌入基准

(4) 系统自动选取刚创建的 DTM1 作为草绘平面，接受缺省的草绘视图方向，指定 RIGHT 面为定向参考平面，法线方向向右。

(5) 绘制一个直径为 100 的圆，单击【草绘】选项卡中的 ✓ 图标完成二维截面的绘制并退出草绘器。

(6) 指定拉伸的深度为 50，单击操控板控制区域的✓，完成特征的建立。

对照图 5 - 46 和图 5 - 47 中的三维模型和模型树，可以发现独立基准和嵌入基准的下列区别：

(1) 在图形窗口中，独立基准不会被自动隐藏，而嵌入基准会被自动隐藏而不显示。可以在模型树中选择嵌入的基准特征，右键单击，从弹出的快捷菜单中选取【取消隐藏】使得嵌入的基准特征在图形窗口中可见。

(2) 独立基准在特征的模型树中是一个独立的节点，如图 5 - 46(b)所示；嵌入基准在模型树中显示为所创建的特征的一个子节点，如图 5 - 47(b)所示。

(3) 独立基准可以被选为后创建的其他特征的参考；嵌入基准不能够被选为后创建的其他特征的参考。

(4) 需要说明的是，嵌入基准的嵌套深度是不受限制的。

5.8.2 将嵌入基准转换为独立基准

可以将嵌入的基准特征转换为独立的基准特征，步骤如下：

(1) 在模型树中单击特征左边的▶号展开特征，查看其中嵌入的基准参考。

(2) 在模型树中选择嵌入的基准特征。

(3) 按住鼠标左键将嵌入的基准向前拖动到模型树中参考该基准的特征前面，然后释放鼠标左键。

(4) 原来嵌入的基准特征立刻会作为独立的基准特征被放置到释放鼠标左键的位置上，显示为主特征的同级节点。

(5) 图形窗口中原来被自动隐藏的嵌入基准已转化为独立的基准，因而会正常显示。

5.8.3 将独立基准转换为嵌入基准

也可以将独立的基准特征转换为嵌入的基准特征，步骤如下：

(1) 在"模型树"中选择特征参考的独立基准特征。

(2) 按住鼠标左键，将基准特征拖动到参考它的特征内。

(3) 如果要将拖动的基准放置到其中的目标特征对于嵌入有效，则当指针移到它上方时它会以突出方式显示。

(4) 此时释放鼠标左键。

(5) 原来独立的基准特征立刻会作为嵌入的基准特征被放置到目标特征内，显示为目标特征的子节点。

(6) 图形窗口中原来被正常显示的独立嵌入基准已转化为嵌入的基准，因而会被自动隐藏。

第 6 章　曲面特征的创建及其应用

6.1　曲面特征的基本概念

通过前面的学习我们可以知道：对于形状较为规则的机械零件来讲，使用拉伸、旋转、扫描（包括恒定截面扫描和可变截面扫描）、螺旋扫描、混合等实体造型的方法是非常方便而且迅速的。但是对于比较复杂的造型设计而言，仅仅使用拉伸、旋转、扫描或者混合等方法来创建就很困难，不能满足实际需要。在这种情况下，就产生了曲面造型设计。Creo Parametric 2.0 提供了强大而灵活的曲面造型功能。

曲面特征是没有定义厚度的几何特征。曲面特征和我们在前面所介绍的实体造型中的薄板特征是不同的，薄板特征实际上是一种薄板实体，它的壁有一个相对较小的数值，而曲面特征的壁厚为 0，其作用在于创建具有复杂轮廓的几何形状。虽然相同几何形状的曲面特征和薄板特征在屏幕上的显示几乎完全相同，但前者没有体积、质量等物理特性，而后者具备这些特性。

对于具有复杂形状的模型，我们可以采用下列方法进行造型：

(1) 创建多个独立的曲面。

(2) 通过曲面的编辑和修改操作将许多独立的曲面合并为一个完整的、没有间隙的曲面模型；在 Creo Parametric 中，通常将这样一个曲面或几个曲面的组合称为面组(Quilt)。

(3) 将面组转化为实体模型。

6.1.1　曲面的颜色

在 Creo Parametric 缺省的系统颜色配置下当模型以线框的方式显示时，系统以不同的颜色分别表示曲面的边界线、棱线以及曲线的颜色，如图 6-1 所示。现将其含义说明如下：

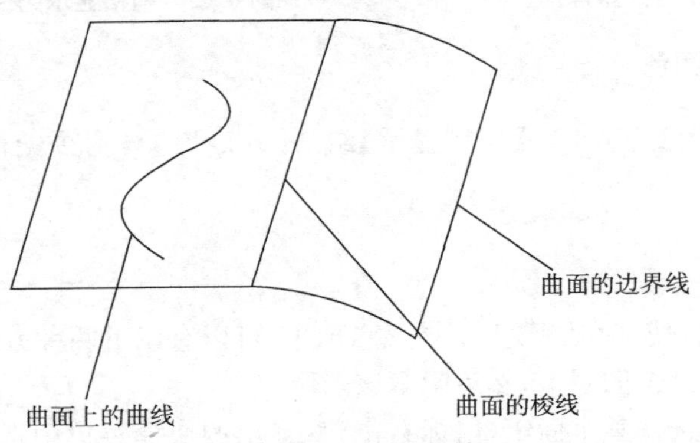

图 6-1　曲面的颜色说明

(1) 棕黄色:代表曲面的边界线,其意义为该暗红色边的一侧属于该曲面特征,另一侧不属于该曲面特征。

(2) 紫色:代表曲面的棱线,其两侧都属于该曲面特征。

(3) 蓝色:曲面上曲线的颜色。

我们在这里强调曲面边界线及棱线的颜色十分重要。因为曲面造型实际上是为实体造型服务的,而一个面组能够转换成实体模型的前提条件就是这个面组本身是封闭的,或者这个面组和模型中已有实体的表面能够形成封闭的面组,不存在缝隙或者破孔。在这种情况下,以线框显示的曲面模型中出现的只有紫色的棱线,而不会有棕黄色的边界线。因而根据曲面面组的颜色显示就可以判断该面组是否封闭。

6.1.2 曲面的显示模式

Creo Parametric 中曲面的显示和模型的显示方式相同,也有六种,即是线框模式、隐藏线模式、消隐模式(无隐藏线)、着色模式、带边着色和带反射着色。除了着色模式以外,其余三种显示方式的结果是相同的。

此外,还可以使指定的曲面以网格的方法来显示,其方法是选择【分析】选项卡→【检查几何】组→【网格化曲面】,Creo Parametric 将弹出如图 6-2 所示的【网格】对话框,要求用户选择要以网格方式显示的曲面,并分别指定第一方向和第二方向的网格间距。图 6-1 模型中曲面的右半部分以网格显示的效果如图 6-3 所示。

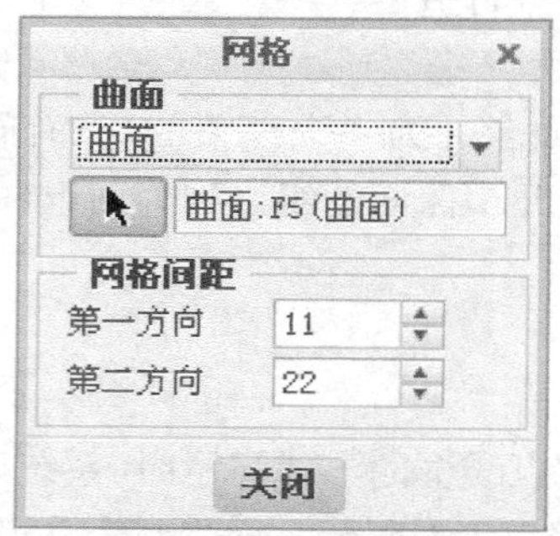

图 6-2 【网格】对话框

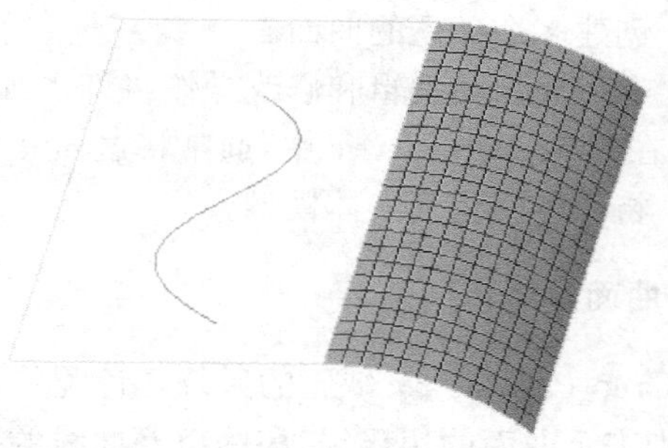

图 6-3 网格显示的曲面效果

6.1.3 给面组分配颜色

也可以通过【视图】选项卡→【模型显示】组→【外观库】命令给面组或面组的不同侧面指定颜色。

6.1.4 面组的隐藏

要隐藏某个面组,使其在屏幕上不被显示出来,可以有以下两种方法:

(1) 将面组放在某个图层上,然后隐藏该图层。

(2) 在模型树中选择某个面组,鼠标右击,从弹出的快捷菜单中选择【隐藏】;或者选择【视图】选项卡→【可见性】组→【隐藏】命令。

6.2　基本曲面特征的创建

可以用与创建基本实体特征相类似的方法来创建基本的曲面特征，这些方法包括拉伸、旋转、恒定截面扫描、可变截面扫描、螺旋扫描、平行混合、旋转混合和扫描混合等。具体的操作步骤与创建拉伸的实体特征基本相同，在此不再详述。

另外可以使用填充工具(Fill)在平面(零件上的平面或者基准平面)上通过绘制曲面的边界线来创建一个平面式的曲面；还可从已有模型的表面复制出新的曲面。

6.2.1　创建拉伸曲面

通过拉伸二维的草绘截面来创建一个曲面特征。

1) 举例

(1) 选择【模型】选项卡→【形状】命令组→【拉伸】。系统会在功能区弹出如图 6－4 所示的【拉伸】工具操控板。

(2) 在操控板中单击曲面类型图标，表示要创建一个拉伸的曲面特征。

(3) 在【放置】面板中选择 定义... 按钮，随即出现【草绘】对话框；在对话框中选择 FRONT 面为草绘平面，接受缺省的草绘视图方向，指定 TOP 面为参考平面，法线方向向上。

(4) 分别以 TOP 面和 RIGHT 面为对称中心，绘制一个长为 200、宽为 80 的长方形截面。

(5) 指定特征的生长方向为对称生长，拉伸深度为 120。

(6) 单击操控板右端的 ✓，完成拉伸曲面的创建，得到如图 6－5(a)所示的曲面模型。

图 6－4　【拉伸】工具操控板

2) 说明

(1) 创建拉伸的曲面特征时草绘截面可以是开放的。

(2) 在创建拉伸的曲面特征过程中，如果草绘的截面是一个封闭的图形，那么【选项】面板中的【封闭端】选项将是可选用的。此时，如果该项没有被选中(即开放两端)，则曲面特征的两个端口都是开放的，如图 6－5(a)所示；否则，所创建的曲面特征的两端将被封闭，如图 6－5(b)所示。

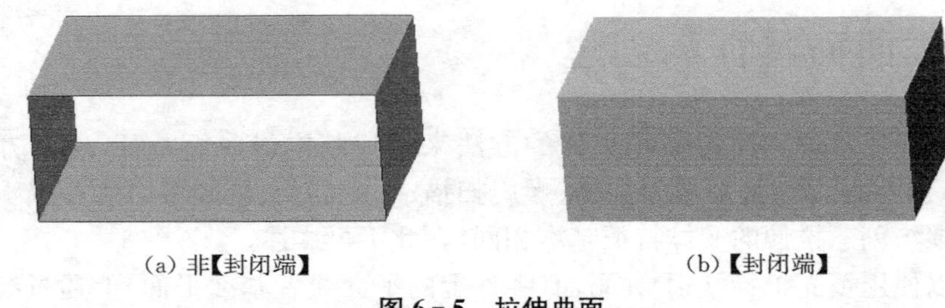

(a) 非【封闭端】　　　　(b)【封闭端】

图 6-5　拉伸曲面

6.2.2　创建旋转曲面

由特征截面围绕中心轴线旋转而成的曲面特征。

1）举例

(1)【模型】选项卡→【形状】命令组→【旋转】，系统将弹出【旋转】工具操控板。

(2) 在操控板中单击曲面类型图标，表示要创建一个旋转的曲面特征。

(3) 在操控板的【放置】面板中选择 定义... 按钮，随即出现【草绘】对话框；在对话框中选择 FRONT 面为草绘平面，接受缺省的草绘视图方向，指定 TOP 面为参考平面，法线方向向上。

(4) 绘制如图 6-6 所示的截面草图。

(5) 指定旋转的角度为 360°。

(6) 单击操控板右端的，完成旋转的曲面特征的创建，如图 6-7 所示。

2）说明

(1) 从表面上看，图 6-7 所创建的旋转的曲面特征同前面第 3 章中图 3-18 所创建的旋转的实体特征几乎是完全一样的，但它们的本质完全不同，一个是曲面特征，另一个是实体特征，这一点从模型树中显示出来的特征标识就可以体现出来。我们还可以通过下面所说的方法加以进一步验证识别。

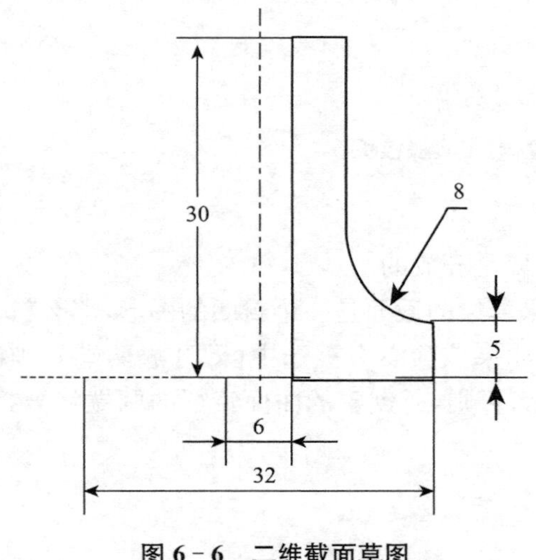

图 6-6　二维截面草图

图 6-7　旋转的曲面特征

● 方法一：用鼠标单击【图形】工具栏→【显示样式】→【线框】图标将模型以线框方式显示，在 Creo Parametric 2.0 的缺省系统颜色配置下，实体模型的边线以绿色显示，而曲面模型的边线或棱线以棕黄色或者紫色显示。

● 方法二：选择菜单【分析】选项卡→【模型报告】组→【质量属性】，将弹出如图 6-8 所示的【质量属性】对话框，使用缺省的坐标系，接受缺省的密度值 7.85，单击该对话框的【计算当前分析以供预览】按钮，对于创建的实体特征，将在对话框中显示出相应的体积、曲面面积、质量、惯性矩等物理特性值；而对于曲面特征，这些物理参数的数值显示为 0，如图 6-9 所示。

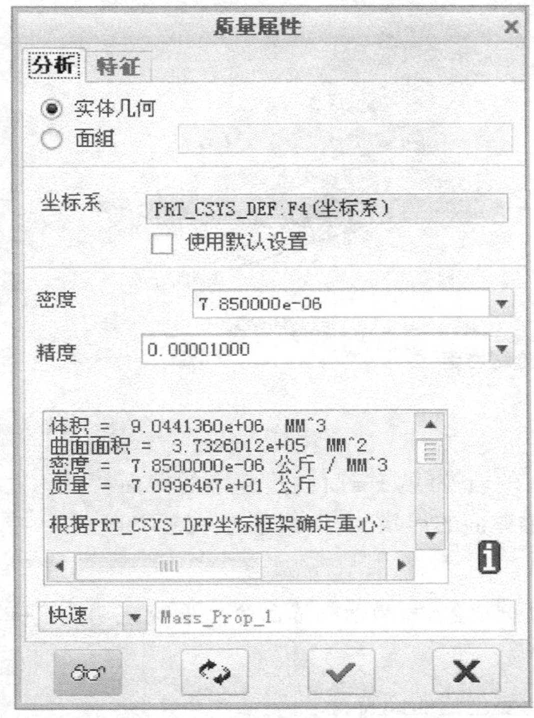

图 6-8 【质量属性】—实体模型

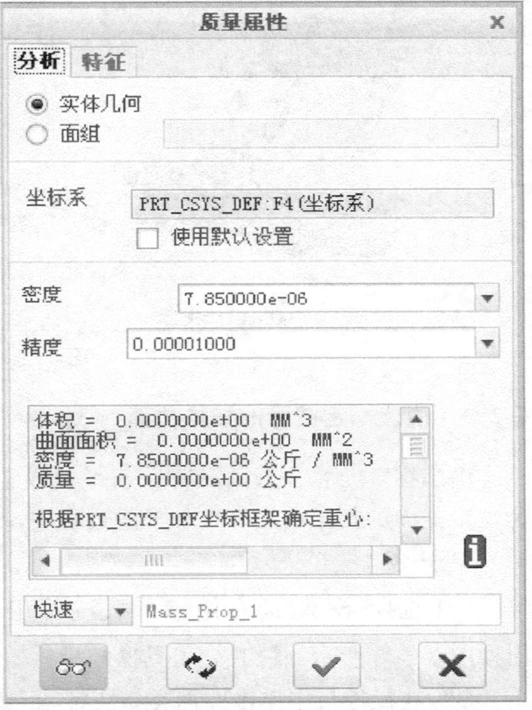

图 6-9 【质量属性】—曲面模型

● 方法三：选择【视图】选项卡→【管理视图】组→【视图管理器】，或者单击【图形】工具栏中的图标，将弹出【视图管理器】对话框。我们前面在 4.8 节“横截面的创建和编辑”中已经介绍过，在此对话框中可以创建并命名横截面，并可以对已经创建的横截面进行删除、重新定义、复制、重命名、删除等管理。创建一个新的单一横截面，名称为 Xsec0001，选择屏幕上的 FRONT 基准面为剖切平面。当所创建的是实体特征时，则剖面上显示正常的剖面线，如图 6-10 所示；否则，如果创建的是曲面特征，剖面上没有剖面线显示，如图 6-11 所示。

(2) 创建旋转的曲面特征时草绘截面可以是开放的。

(3) 当草绘的截面封闭时，【选项】面板中的【封闭端点】选项决定了曲面特征的末端是否封闭，其结果分别如图 6-12(a)和图 6-12(b)所示。

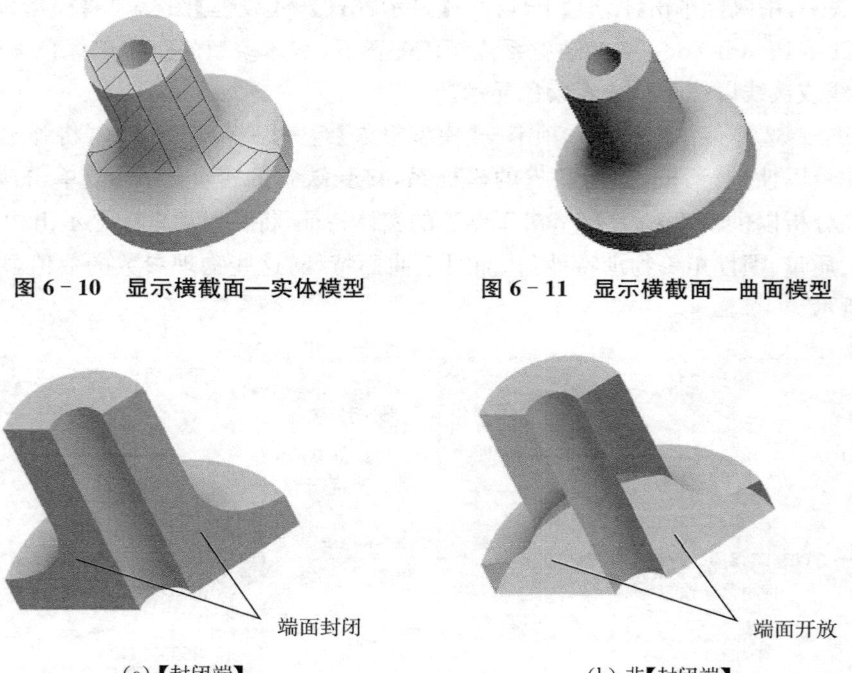

图 6-10　显示横截面—实体模型　　图 6-11　显示横截面—曲面模型

(a)【封闭端】　　(b) 非【封闭端】

图 6-12　旋转曲面

6.2.3　创建恒定截面的扫描曲面

由二维草绘特征截面沿着一条平面或空间的轨迹线扫描而创建起来的曲面特征称之为恒定截面的扫描曲面。在扫描的过程中，扫描截面的形状、大小和方向保持不变。

1）举例

(1) 选择【模型】选项卡→【形状】命令组→【扫描】，激活扫描命令。系统在功能区弹出如图 3-23 所示的【扫描】工具操控板。

(2) 在操控板中单击曲面类型图标，表示要创建曲面特征。

(3) 选择【扫描】工具操控板右端的下拉列表中的绘制扫描轨迹线。指定 FRONT 面为草绘平面，接受缺省的查看草绘平面的方向(由屏幕外部指向内部)，指定 RIGHT 面为定向参考平面，法线方向向右。

(4) 以缺省的 PRT_CSYS_DEF 坐标系原点作为起始点，绘制一样条曲线作为扫描的轨迹线。

(5) 选择操控板中的创建扫描的截面。系统自动切换到草绘器中，在屏幕上会出现两条互相垂直的黄色的中心线，其交点就是刚才绘制的轨迹线的起点位置。以起点为圆心，绘制一个圆作为扫描特征的草绘截面。单击完成二维截面的绘制，退出“草绘器”。

(6) 不勾选【选项】面板中的【封闭端点】选项。

(7) 单击【扫描】工具操控板的按钮，完成恒定截面的扫描曲面特征的创建，如图 6-13 所示。

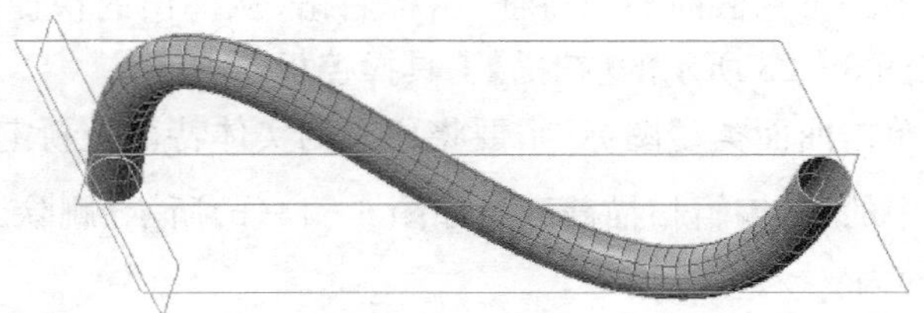

图 6-13　恒定截面的扫描曲面

2）说明

(1) 创建曲面特征时草绘截面可以是开放的。

(2) 当草绘的截面封闭时,【选项】面板中的【封闭端点】选项决定了曲面特征的末端是否封闭。

6.2.4　创建可变截面的扫描曲面

可变截面的扫描曲面是通过一个可以变化的截面沿着轨迹线和辅助轨迹线进行扫描而形成曲面。在可变截面扫描特征的创建过程中,截面的形状、大小和方向都可能随着轨迹线发生相应的变化。

1）举例

为了简单起见,我们不再一一详述创建可变截面的扫描曲面步骤,而是直接利用前面第 3 章中的模型图 3-40(c),将原有的实体特征重新定义为曲面特征。关于特征的重新定义,详见 7.4 节"特征的修改"内容。

(1) 打开随书光盘中文件 3-40(c),如图 6-14(a)所示。

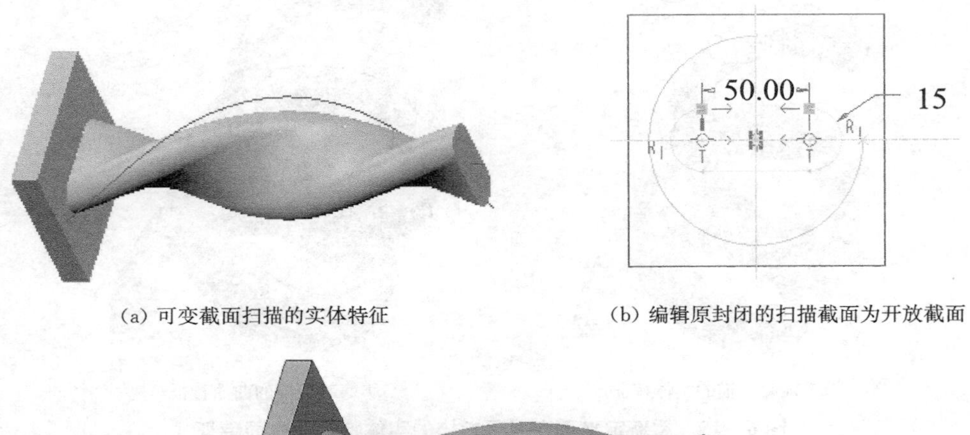

(a) 可变截面扫描的实体特征

(b) 编辑原封闭的扫描截面为开放截面

(c) 可变截面扫描的曲面特征

图 6-14　重新定义可变截面扫描的实体特征为曲面特征

(2) 选择模型树中的可变截面扫描特征，鼠标右击，从弹出的快捷菜单中选择【编辑定义】选项，系统弹出如图 3－23 所示的【扫描】工具操控板。

(3) 在操控板中单击曲面类型图标，要将原有的实体特征重新定义为曲面特征。

(4) 选择操控板中的编辑扫描截面为如图 6－14(b)所示(删除原有草绘上面的直线段，使其成为开放的截面)。

(5) 单击【扫描】工具操控板的按钮，完成可变截面扫描的实体特征到曲面特征的重新定义，结果如图 6－14(c)所示。

2) 说明

(1) 创建曲面特征时草绘截面可以是开放的。

(2) 当草绘的截面封闭时，【选项】面板中的【封闭端点】选项决定了曲面特征的末端是否封闭。

6.2.5 创建螺旋扫描曲面

创建螺旋扫描曲面的目的是使二维草绘截面沿着一条螺旋轨迹线扫描而成曲面特征。

1) 举例

为了简单起见，我们不再一一详述创建螺旋扫描曲面的步骤，而是直接利用前面第 3 章中的模型图 3－55，将原有的实体特征重新定义为曲面特征。关于特征的重新定义，详见 7.4 节"特征的修改"内容。

(1) 打开随书光盘中文件 3－55，如图 6－15(a)所示。

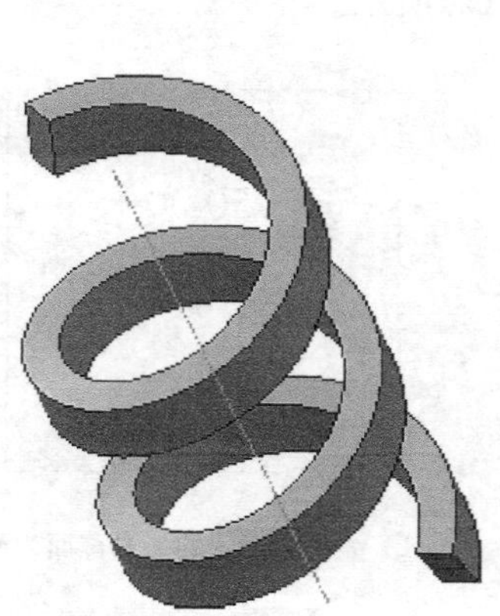

(a) 螺旋扫描的实体特征

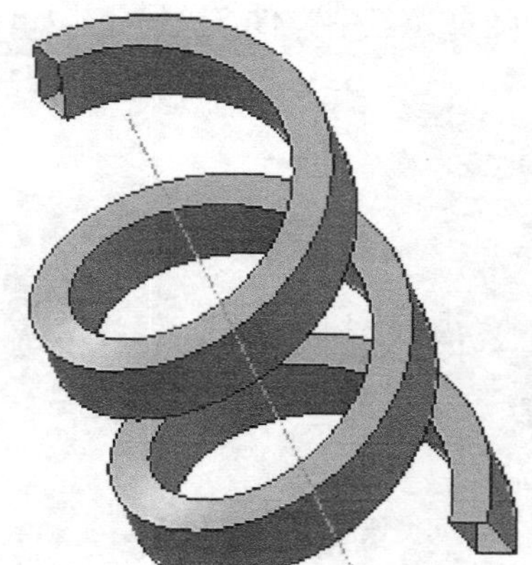

(b) 螺旋扫描的曲面特征

图 6－15　重新定义可变截面扫描的实体特征为曲面特征

(2) 选择模型树中的螺旋扫描特征，鼠标右击，从弹出的快捷菜单中选择【编辑定义】选项，系统弹出如图 3－49 所示的【螺旋扫描】工具操控板。

(3) 在操控板中单击曲面类型图标，要将原有的实体特征重新定义为曲面特征。

(4) 单击【螺旋扫描】工具操控板的按钮，完成螺旋扫描的实体特征到曲面特征的重新定义，结果如图 6－15(b)所示。

2）说明

（1）创建曲面特征时草绘截面可以是开放的。

（2）当草绘的截面封闭时，【选项】面板中的【封闭端点】选项决定了曲面特征的末端是否封闭。

6.2.6　创建平行混合曲面

由两个或多个相互平行的草绘截面通过一定的方式连在一起而生成的曲面特征称为创建平行混合曲面。

1）举例

（1）选择【模型】选项卡→【形状】组下拉菜单→【混合】。系统弹出如图 3－58 所示的【混合】工具操控板。

（2）在操控板中单击曲面类型图标，表示要创建一个旋转的曲面特征。

（3）选择并打开【截面】面板，选择 定义... 进入内部草绘。

（4）指定 TOP 面为草绘平面，接受缺省的特征创建方向（向上），指定 RIGHT 面为定向参考平面，法线方向向右。

（5）系统自动进入二维草绘模式。绘制第一个截面，边长为 10 的正方形，如图 6－16 所示。单击完成第一个截面的绘制，退出“草绘器”。

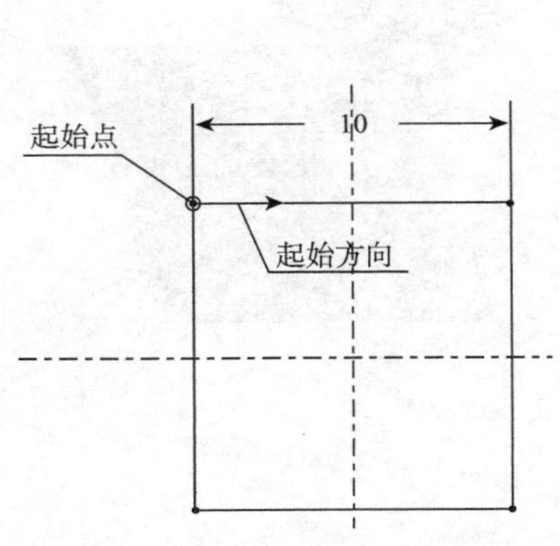

图 6－16　第一个特征截面

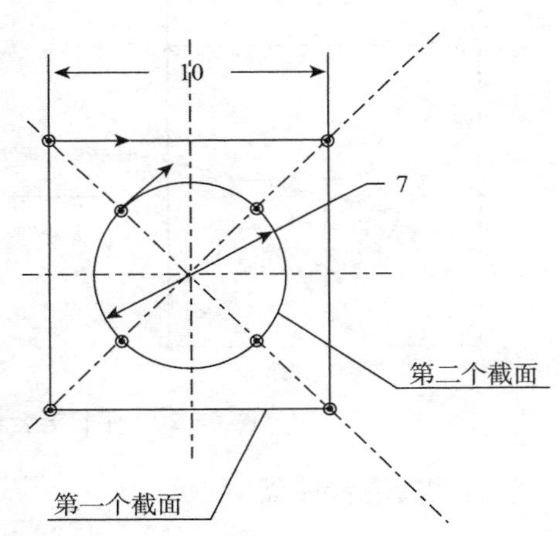

图 6－17　第二个特征截面

（6）在【混合】工具操控板中打开【截面】面板以增加新的混合截面。指定截面 2 偏移自截面 1 的距离为 9，然后绘制第二个截面：一个直径为 7 的圆，如图 6－17 所示。单击完成第二个截面的绘制，退出“草绘器”。

（7）单击操控板右端的，完成平行混合的曲面特征的创建，如图 6－18 所示。

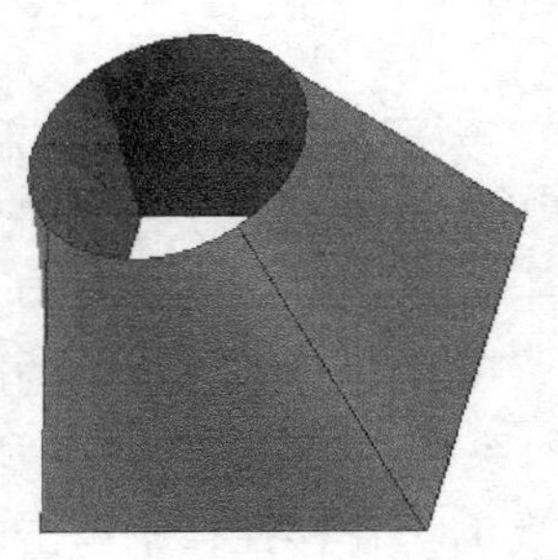

图 6－18　混合的曲面特征

2）说明

（1）创建曲面特征时草绘截面可以是开放的。

(2) 当草绘的截面封闭时,【选项】面板中的【封闭端点】选项决定了曲面特征的末端是否封闭。

(3) 混合的曲面特征属性中【直的】和【光滑】的区别与混合的实体特征相同。

(4) 各个截面起始点和起始方向要一致。如图 6－18 所示的天圆地方曲面,如果起始点和起始方向都不一致,将分别得到如图 6－19 和图 6－20 所示的曲面。从图中可以看出,为了保证各个截面之间对应的起始点和起始方向的一致性,曲面发生了扭转。

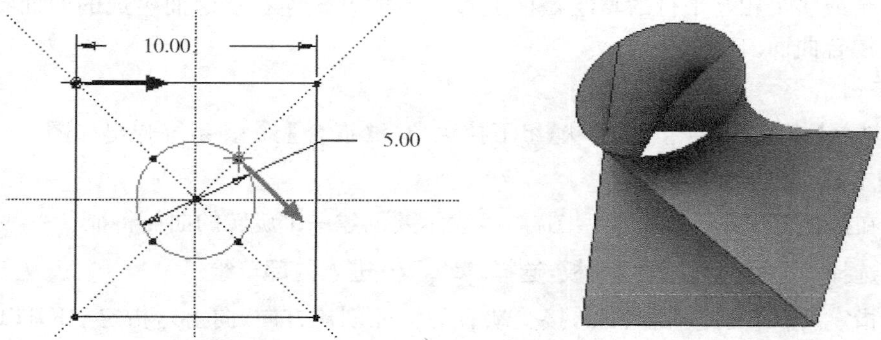

图 6－19　平行混合曲面起始点不对应例一

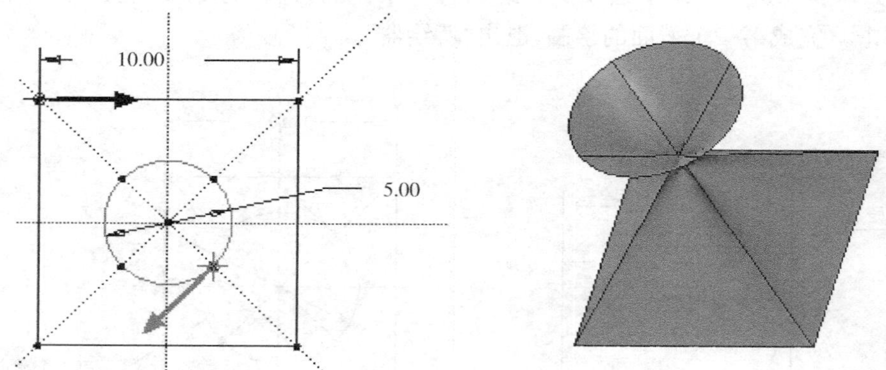

图 6－20　平行混合曲面起始点不对应例二

6.2.7　创建旋转混合曲面

旋转混合曲面特征的所有截面延伸相交于同一条交线,此交线即为旋转混合特征的旋转轴;各个截面可以围绕该旋转轴旋转的角度范围为－120°～120°。

1) 举例

为了简单起见,直接利用前面第 3 章中的模型图 3－76(a),将原有的实体特征重新定义为曲面特征。关于特征的重新定义,详见 7.4 节“特征的修改”内容。

(1) 打开随书光盘中文件 3－76(a),如图 6－21(a)所示。

(2) 选择模型树中的旋转混合特征,鼠标右击,从弹出的快捷菜单中选择【编辑定义】选项,系统弹出如图 3－74 所示的【旋转混合】工具操控板。

(3) 在操控板中单击曲面类型图标,要将原有的实体特征重新定义为曲面特征。

(4) 单击【旋转混合】工具操控板的按钮,完成旋转的实体特征到曲面特征的重新定义,结果如图 6－21(b)所示。

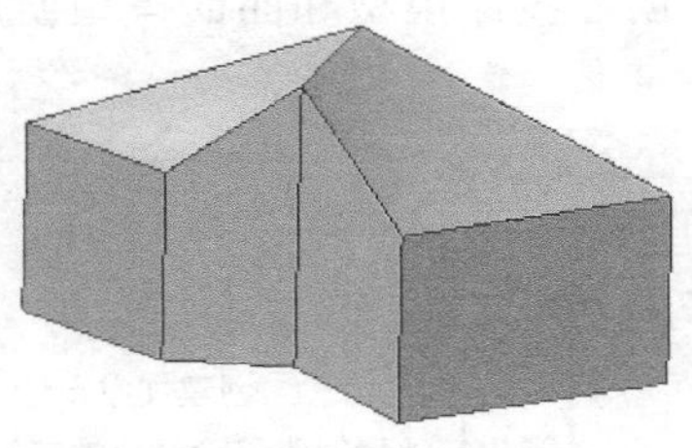
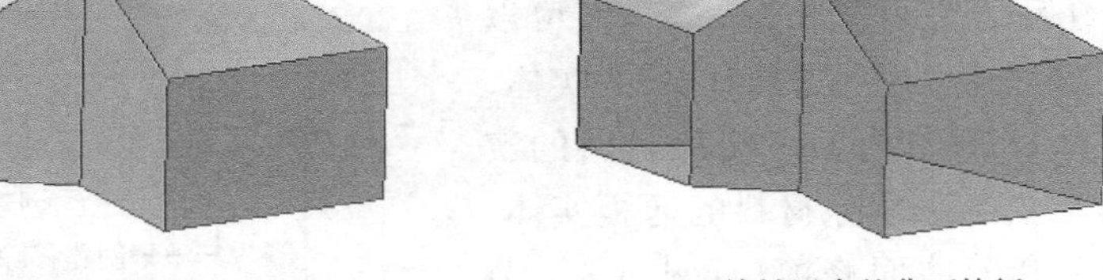

(a) 旋转混合的实体特征　　(b) 旋转混合的曲面特征

图 6－21　重新定义旋转混合的实体特征为曲面特征

2) 说明

(1) 创建曲面特征时草绘截面可以是开放的。

(2) 当草绘的截面封闭时,【选项】面板中的【封闭端点】选项决定了曲面特征的末端是否封闭。

6.2.8　创建扫描混合曲面

扫描混合曲面特征是扫描特征和混合特征两者的组合,由两个或多个草绘截面沿着一条平面或空间的轨迹线扫描而成的曲面特征。

1) 举例

为了简单起见,直接利用前面第 3 章中的模型 3－80,将原有的实体特征重新定义为曲面特征。关于特征的重新定义,详见 7.4 节"特征的修改"内容。

(1) 打开随书光盘中文件 3－80,如图 6－22(a)所示。

(2) 选择模型树中的旋转混合特征,鼠标右击,从弹出的快捷菜单中选择【编辑定义】选项,系统弹出如图 3－77 所示的【扫描混合】工具操控板。

(3) 在操控板中单击曲面类型图标,要将原有的实体特征重新定义为曲面特征。

(4) 单击【扫描混合】工具操控板的按钮,完成旋转的实体特征到曲面特征的重新定义,结果如图 6－22(b)所示。

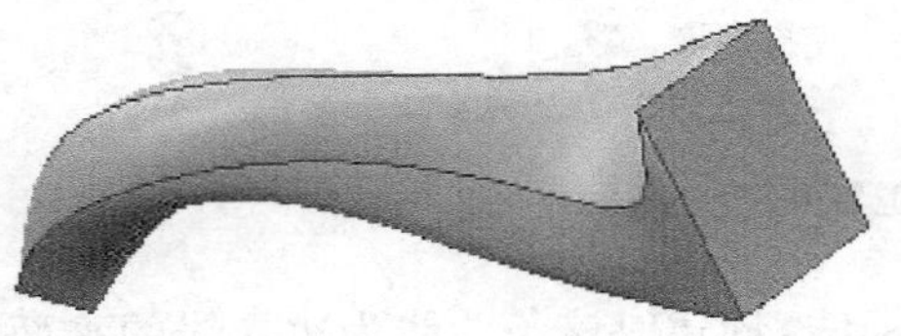

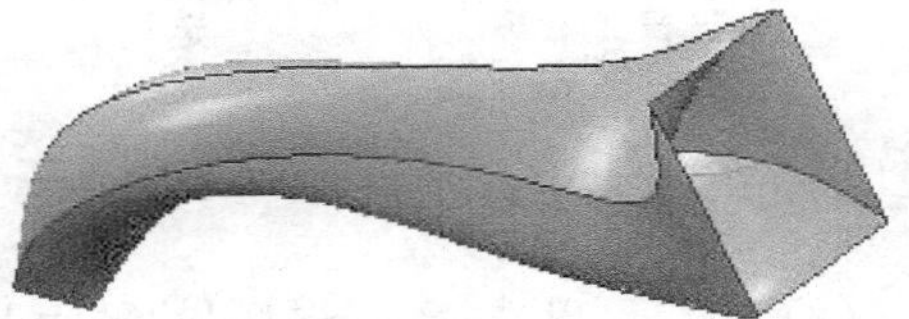

(a) 扫描混合的实体特征　　(b) 扫描混合的曲面特征

图 6－22　重新定义扫描混合的实体特征为曲面特征

2) 说明

(1) 创建曲面特征时草绘截面可以是开放的。

(2) 当草绘的截面封闭时,【选项】面板中的【封闭端点】选项决定了曲面特征的末端是否封闭。

3）关于基本曲面特征的共同说明

大家可能已经注意到，在 Creo Parametric 中，创建实体模型和曲面模型使用的是同一个命令操控板，而且特征的创建方法也很类似。

实际上，在环境许可的情况下，我们可以非常方便地在所有基础特征的加材料的实体、薄板实体（详见 3.10 节内容）、切除材料的实体（详见 3.11 节内容）、切除材料的薄板实体、曲面、曲面修剪和薄曲面修剪（详见 6.3.4 节内容）之间进行转换。方法是在模型树中选中要进行更改的特征的名称，单击鼠标右键，从弹出的快捷菜单中选择【编辑定义】选项，系统将弹出包括如图 6－23 所示图标的特征工具操控板，在操控板中重新指定特征的创建方式为【实体】（图标）或者【曲面】（图标）及其组合，再单击操控板右端的 ✓ 按钮即可完成同一个特征不同创建类型之间的转换。

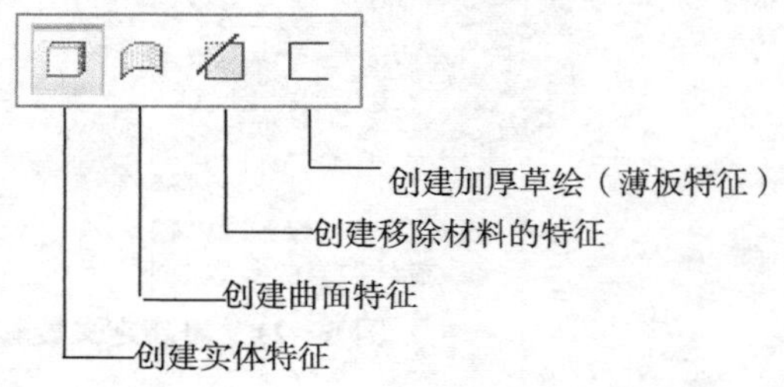

图 6－23　特征操控板

6.2.9　创建平面式曲面——填充特征

填充特征用于创建一个二维的曲面特征，即二维的平面式曲面。需要在基准平面或者零件已有模型的平面上绘制该平面式曲面的边界线，以构成平面式曲面。

1）操作步骤

（1）选择【模型】选项卡→【曲面】组→【填充】，系统会在功能区弹出如图 6－24 所示的【填充】工具操控板。

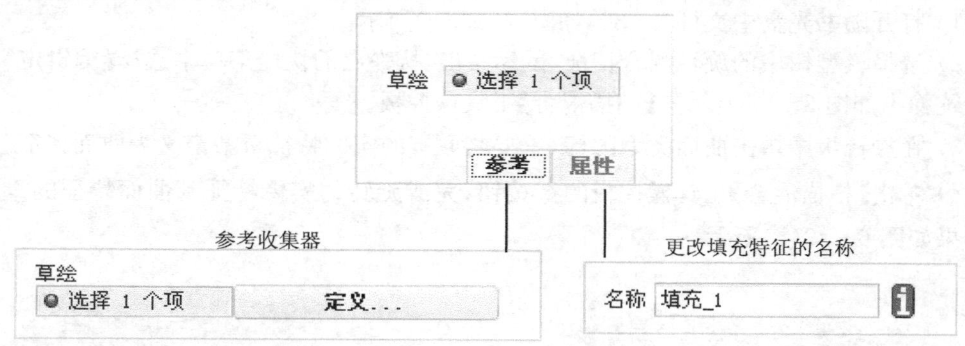

图 6－24　【填充】工具操控板

（2）用户可以选择一条封闭的平面上的基准曲线，创建以该条曲线为边界线的平面；也可以在【参考】面板中选择 定义... 按钮，系统随即弹出【草绘】对话框；在该对话框中分别指定草绘平面和定向参考面完成草绘截面的绘制。

（3）单击操控板右端的 ✓ 按钮完成平面式曲面的创建。

2）说明

（1）草绘截面必须是封闭的，否则会出现“此特征的截面必须闭合”的警告提示。

（2）【填充】平面的创建过程和使用【拉伸】命令创建拉伸曲面的过程是相类似的，但其本质是不同的。前者创建的是一个平面，没有深度参数。如图 6-25 所示的平面式曲面和拉伸式曲面具有相同的特征截面。

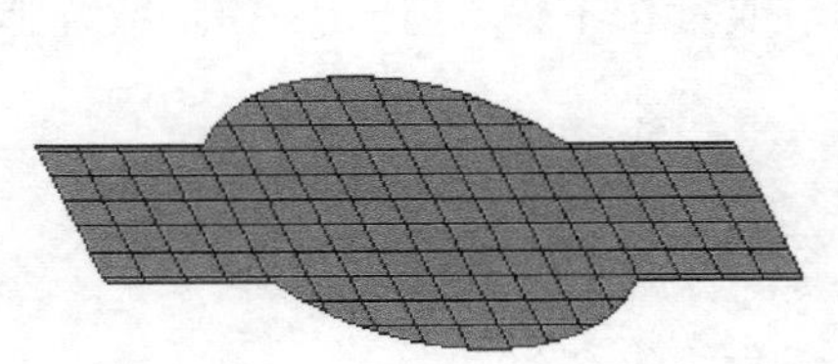

(a) 填充的平面式曲面

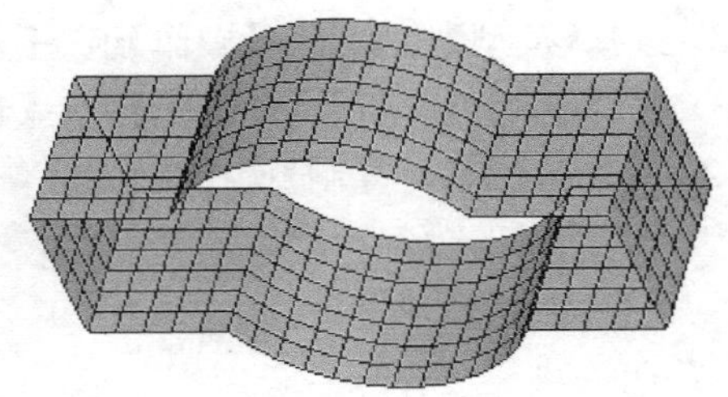

(b) 拉伸式曲面

图 6-25　具有相同特征截面的填充曲面和拉伸曲面比较

3) 举例

创建如图 6-25(a)所示的平面式曲面。

(1) 选择【模型】选项卡→【曲面】组→【填充】，系统会在功能区弹出如图 6-24所示的【填充】工具操控板。

(2) 在【参考】面板中选择 定义... 按钮，在弹出的【草绘】对话框中指定 FRONT 基准面为草绘平面，接受缺省的草绘视图方向，指定 TOP 基准面为定向参考面，法线方向朝上，绘制图 6-26 所示的封闭的特征截面。单击 退出“草绘器”。

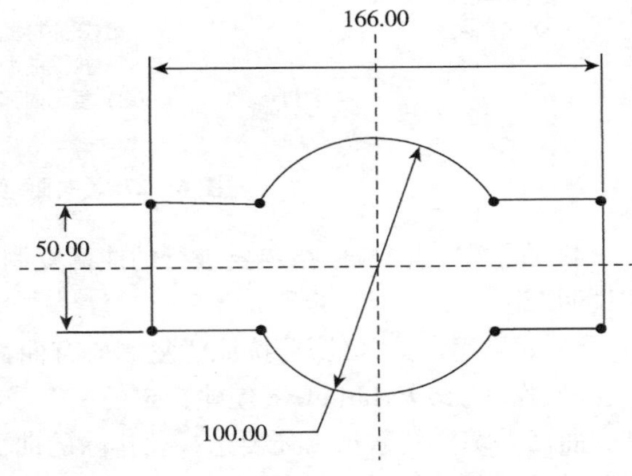

图 6-26　平面式曲面的特征截面

(3) 单击 按钮完成平面式曲面的创建。

6.3　曲面特征的编辑修改操作

创建曲面后，所得到的曲面不一定刚好就是用户所需要的。这就需要用户对所创建的曲面进行必要的编辑和修改操作。

6.3.1　复制曲面(Copy)

在 Creo Parametric 2.0 中，可使用【模型】选项卡中【操作】组中的【复制】、【粘贴】和【选择性粘贴】命令复制和放置特征、几何、曲线和边链。使用此功能，可复制和粘贴两个不同模型之间或者相同零件两个不同版本之间的特征。我们可以用这三个命令创建一个和已有的一个或几个曲面一样的新曲面，或者是创建已有的实体模型表面的复制曲面。此功能对于在已有实体特征之外创建曲面特征是十分有用的，因为实体模型的表面不是曲面，在需要选择曲面时不能够直接选择，必须通过曲面复制的方法将其表面复制以后才能够使用。曲面的复制功能在模具设计模块中对定义分型面十分有用。

1）操作步骤

（1）在图形窗口中，先选取要复制的一个或多个曲面。

（2）选择【模型】选项卡→【操作】组→【复制】，或者按下【Ctrl】+【C】键。

（3）选择【模型】选项卡→【操作】组→【粘贴】，或者按下【Ctrl】+【V】键，系统弹出如图 6-27 所示的【曲面:复制】操控板。

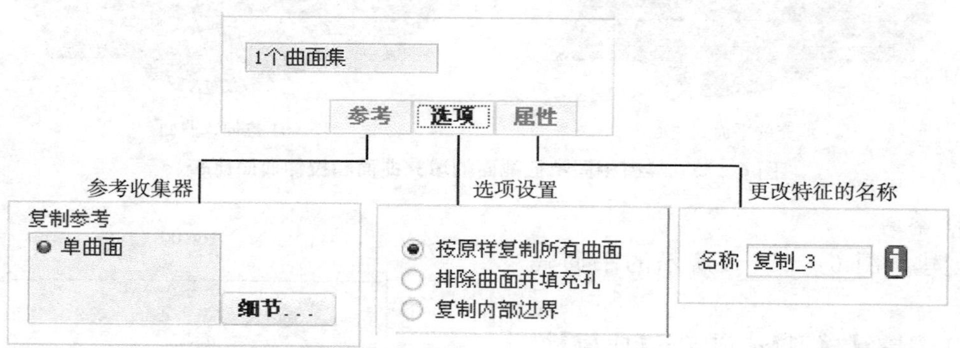

图 6-27 【曲面:复制】操控板

（4）在【选项】面板中指定要进行的曲面复制的方式，共有三种复制方式，具体请见后面的“说明”部分。

（5）如果用户选择的是【按原样复制所有曲面】，则单击操控板右端的即可完成曲面的复制操作，Creo Parametric 创建选定的一个或多个曲面的精确副本。如果用户选择的是【排除曲面并填充孔】，那么还要选择要排除的曲面和要填充的孔；如果用户选择的是【复制内部边界】，还应该选择内部边界。

2）说明

（1）在模型树中，所有复制产生的曲面和曲线都用图标表示。

（2）当模型中只有曲面特征时，不容易一次选择多个曲面（往往只能选择单个曲面或者整个面组），这时可以先只选择单个曲面进行复制；然后在发出粘贴命令后，在【曲面:复制】操控板中选择多个想要复制的曲面就可以了。

（3）如果选择了曲线进行复制，在选择【模型】选项卡→【操作】组→【粘贴】，或者按下【Ctrl】+【V】键发出粘贴命令后，系统弹出如图 6-28 所示的【曲线:复合】操控板，用于创建选定曲线的精确或近似副本。

（4）在复制曲面的过程中可以使用以下的三种选项方式之一进行操作。三种不同的复制方式得到的结果分别如图 6-29～图 6-31 所示。为了便于读者的观察，编者将复制后得到的新曲面进行了平移。

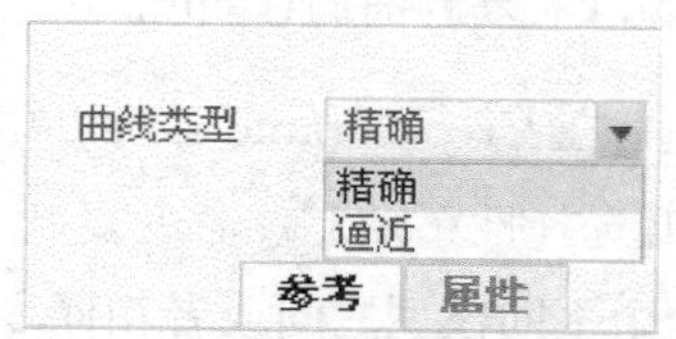

图 6-28 【曲线:复合】操控板

① 按原样复制所有曲面：准确地按照原样复制曲面，原始曲面是什么样子，复制操作后得到的曲面就是什么样子，曲面的大小和形状都不会发生变化，是系统的默认选项。

② 排除曲面并填充孔：如果要复制的曲面内部存在孔，使用该选项复制得到的曲面将

会自动使用填充平面对这些孔进行填充。这一选项在模具设计模块中经常用于填补分型面的破孔。

③ 复制内部边界:仅仅复制用户选择的边界内部的曲面部分。如果仅仅需要原始曲面的一部分,则可选择此选项,注意要作为边界的曲线应该事先创建好。

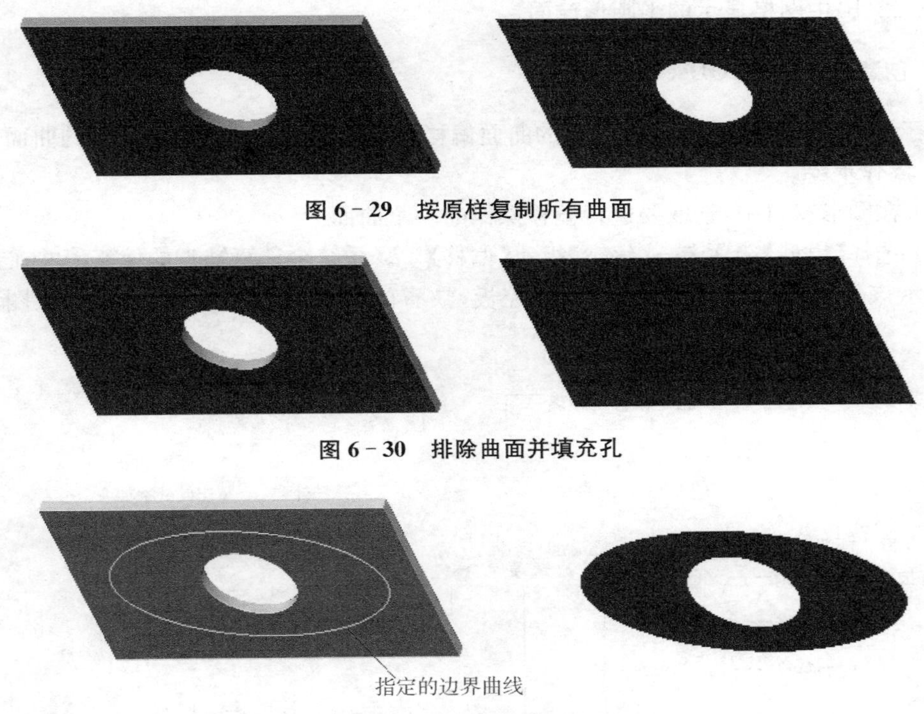

图 6 - 29　按原样复制所有曲面

图 6 - 30　排除曲面并填充孔

图 6 - 31　复制内部边界

3) 举例

创建复制的曲面特征。

(1) 创建如图 6 - 32(b)所示的回转体的曲面模型,其二维截面草图如图 6 - 32(a)所示(注意创建的曲面模型,而不是实体模型)。

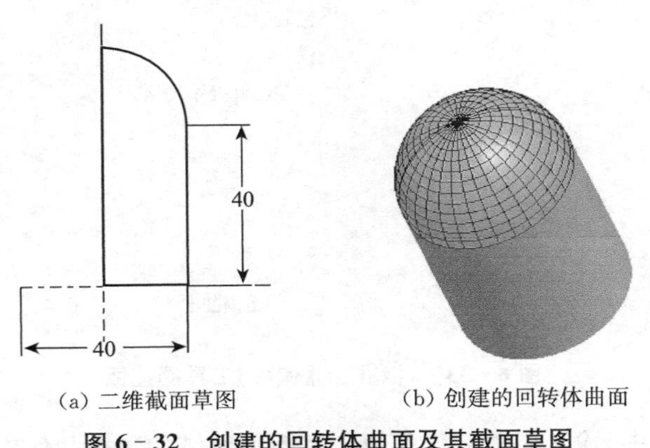

(a) 二维截面草图　　(b) 创建的回转体曲面

图 6 - 32　创建的回转体曲面及其截面草图

(2) 选择模型上部的半圆形球面作为要复制的曲面。

(3) 选择【模型】选项卡→【操作】组→【复制】，或者按下【Ctrl】+【C】键。

(4) 选择【模型】选项卡→【操作】组→【粘贴】，或者按下【Ctrl】+【V】键，系统弹出如图 6－27 所示的【曲面:复制】操控板。

(5) 单击操控板右端的 。Creo Parametric 创建选定的一个或多个曲面的精确副本，如图 6－32(b)中网格显示的半圆形球面。

6.3.2 创建偏移曲面(Offset)

用于从已有实体的表面或者已有的曲面偏移一定距离的方式创建一个新的曲面特征。

1) 操作步骤

(1) 在图形窗口中，选取要进行偏移操作的一个曲面。

(2) 选择【模型】选项卡→【编辑】组→【偏移】。系统会计算缺省的偏移值并在预览几何中显示该值，同时弹出【偏移】工具操控板，缺省的偏移类型是“标准偏移”，如图 6－33 所示。

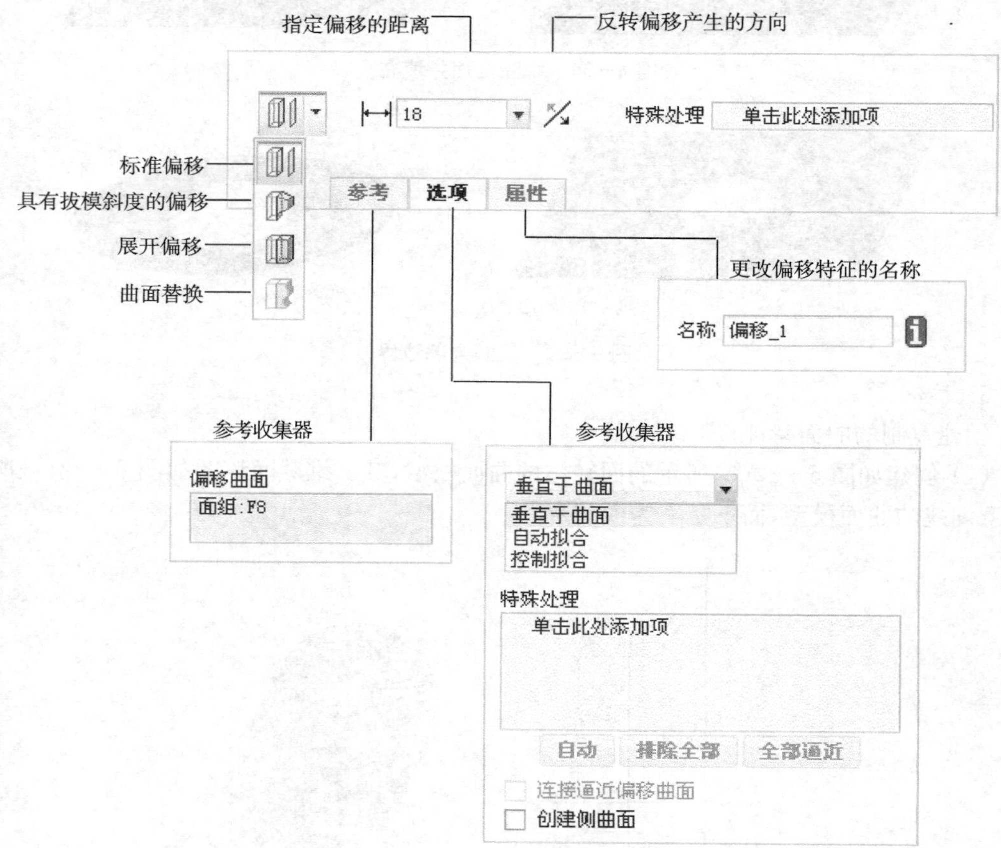

图 6－33 “标准”的【偏移】工具操控板

(3) 在偏移值框中，输入所需的偏移值。在图形区域的预览几何中，偏移曲面平行于参考曲面显示出来。

(4) 通过拖动句柄或双击尺寸并在框中输入新的尺寸来调整偏移距离和方向。

(5) 要反转偏移的方向,可单击操控板中的图标。

(6) 如果要创建带有侧面组的偏移曲面,可勾选【选项】面板中的【创建侧曲面】复选框。

(7) 单击操控板右端的 完成特征的创建。

2) 说明

(1) 在模型树中,已经创建的【偏移】曲面特征分别用下列图标表示:

① ——“标准”的偏移;

② ——“具有拔模斜度”的偏移;

③ ——“展开”的偏移;

④ ——“替换曲面”的偏移。

(2) 关于【选项】面板的说明

① 垂直于曲面:指垂直于所选择的曲面或者面组,即沿着其法线方向进行偏移。

② 自动拟合:指系统自动调整确定坐标系,并沿其轴进行适当的缩放和调整。用户无需另外指定坐标系。

③ 控制拟合:需要用户指定一个坐标系和坐标轴来进行偏移操作。

(3) 【选项】面板中的【创建侧曲面】复选框用于确定在原有的曲面和偏移产生的曲面之间是否创建侧面,如图 6-34 所示。

(4) 偏移类型

① ——标准偏移,偏移单个选定的曲面或者面组。

② ——具有拔模斜度的偏移,使得偏移曲面的侧面带有拔模斜度,需要通过草绘确定侧面的产生范围。

③ ——展开偏移,在封闭面组(或曲面)的选定面之间创建侧面,需要通过草绘确定侧面的产生范围,与“具有拔模斜度”的偏移不同之处在于所创建的侧面不需要有拔模斜度,相当于在“具有拔模斜度”的偏移中设置的拔模角度为 0°。

④ ——曲面替换的偏移,在复杂模型的制作过程中,可以先生成复杂的曲面外形,然后再用这个曲面来“替换”实体的某个表面,具体请参见 6.4.4 节“利用曲面替代实体的表面”内容。

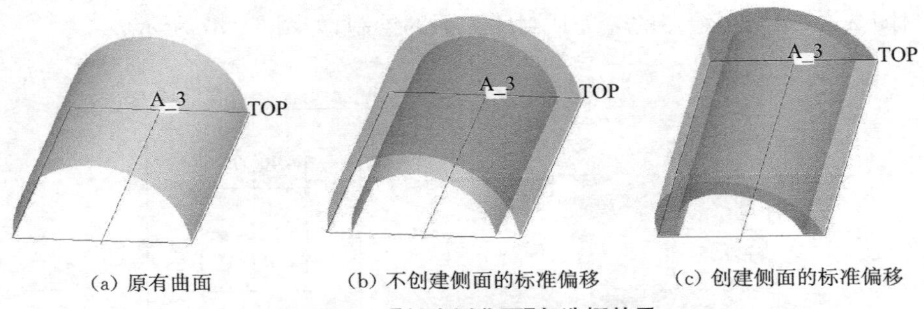

(a) 原有曲面　　(b) 不创建侧面的标准偏移　　(c) 创建侧面的标准偏移

图 6-34 【创建侧曲面】复选框效果

3) 例 1

将图 6-32(b)中通过复制所得到的半圆形曲面向外偏移 5,得到一个新的曲面,如图

6－35中以网格显示的半圆形透明球面。

(1) 选择图 6－32(b)中复制出来的半圆形球面作为要进行偏移操作的曲面；

(2) 选择【模型】选项卡→【编辑】组→【偏移】，系统将弹出如图 6－33 所示的【偏移】工具操控板。

(3) 选择偏移类型为“标准”并且不创建侧曲面。

(4) 在偏移值框中，输入偏移数值为 5。在图形区域中，偏移曲面平行于参考曲面的预览几何显示出来。

(5) 单击操控板右端的 完成所选曲面的偏移(图 6－35)，将该文件以“6－35”的名称保存，以备后面进行【连接】方式的曲面合并调用。

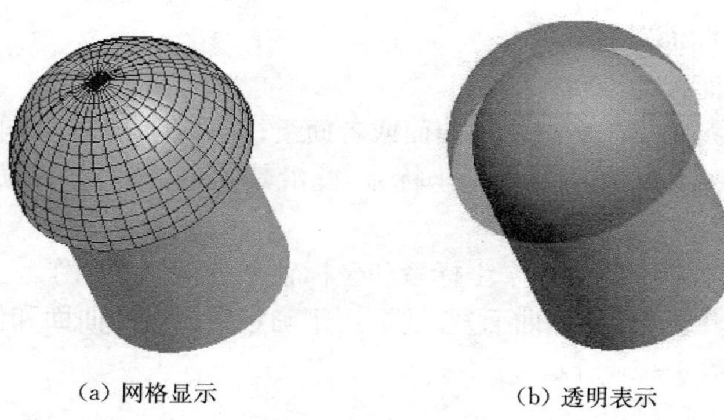

(a) 网格显示　　(b) 透明表示

图 6－35　例 1 图

4) 例 2

创建“具有拔模斜度”的偏移曲面(参见图 6－39)。

(1) 创建如图 6－36 所示的半圆柱曲面，回转直径为∅80，曲面长度 100。选择这个半圆柱表面作为要进行偏移操作的曲面。

(2) 选择【模型】选项卡→【编辑】组→【偏移】，系统将弹出如图 6－33 所示的【偏移】工具操控板。

(3) 在【偏移类型】下拉列表框中选择 准备创建具有拔模斜度的偏移曲面特征。

(4) 选择【参考】面板中【草绘】区域中的 定义... 按钮，指定 TOP 基准面为草绘平面，接受缺省的草绘视图方向，选择 RIGHT 基准面为定向参考面，法线方向向右，绘制一个要偏移的封闭截面，单击草绘器的 完成封闭截面的绘制，如图 6－37 所示。

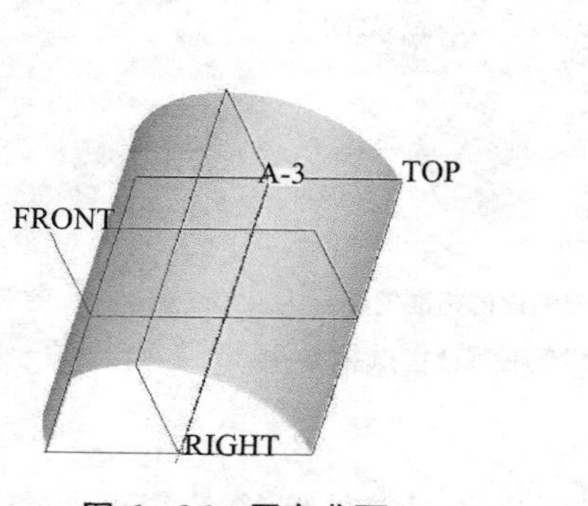

图 6－36　原有曲面

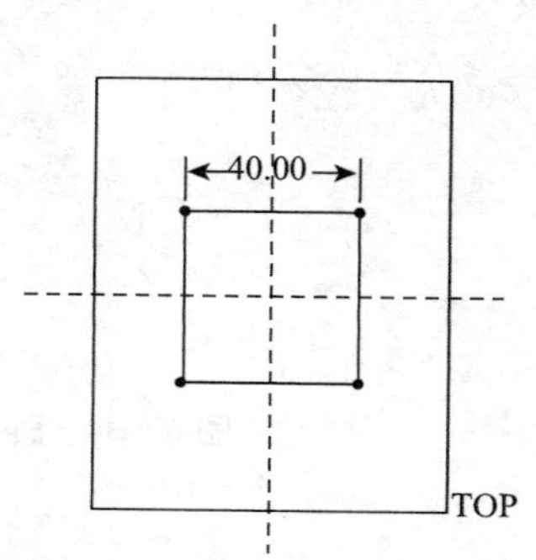

图 6－37　草绘的封闭截面

(5) 在偏移值框中，输入偏移数值为 15。此刻【偏移】操控板如图 6-38 所示。

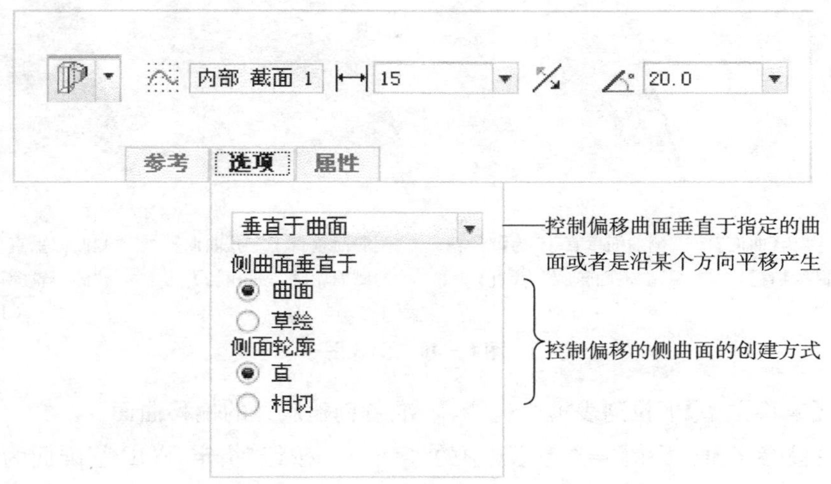

图 6-38　“具有拔模斜度”的【偏移】操控板

(6) 在操控板的【倾斜角度】编辑框中输入侧面的拔模角度为 20，单击操控板右端的 ✓ 完成所选曲面的“具有拔模斜度”的偏移操作，如图 6-39 所示。

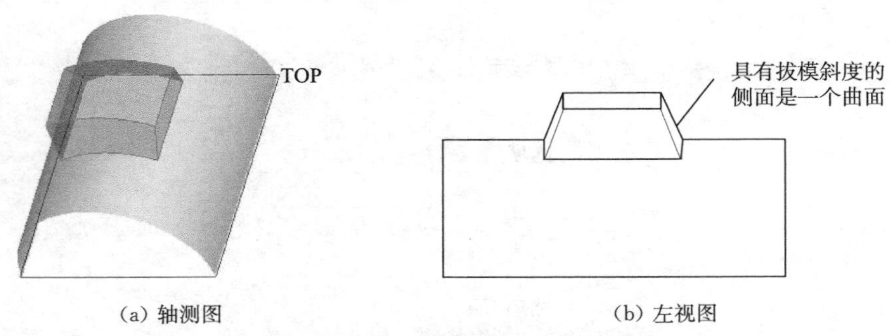

(a) 轴测图　　(b) 左视图

图 6-39　“具有拔模斜度”的偏移曲面

(7) 在本例创建“具有拔模斜度”的偏移曲面的操控板中，【选项】面板上部用于控制偏移曲面的创建方式，可以设置为“垂直于指定的曲面”或者是“沿某个方向平移”。下部分用于控制偏移的侧曲面的创建方式。其中“侧曲面垂直于”可以设置为【曲面】或者【草绘】；“侧面轮廓”可以设置为【直】和【相切】。不同的设置可以得到不同的曲面偏移效果，如图 6-40 所示。读者可以自行设置以查看其中的区别。

5）例 3

创建“展开”的偏移曲面(参见图 6-42)。

(1) 创建如图 6-36 所示的半圆柱曲面，回转直径为∅80，曲面长度 10。选择这个半圆柱表面作为要进行偏移操作的曲面。

(2) 选择【模型】选项卡→【编辑】组→【偏移】，系统将弹出如图 6-33 所示的【偏移】工具操控板。

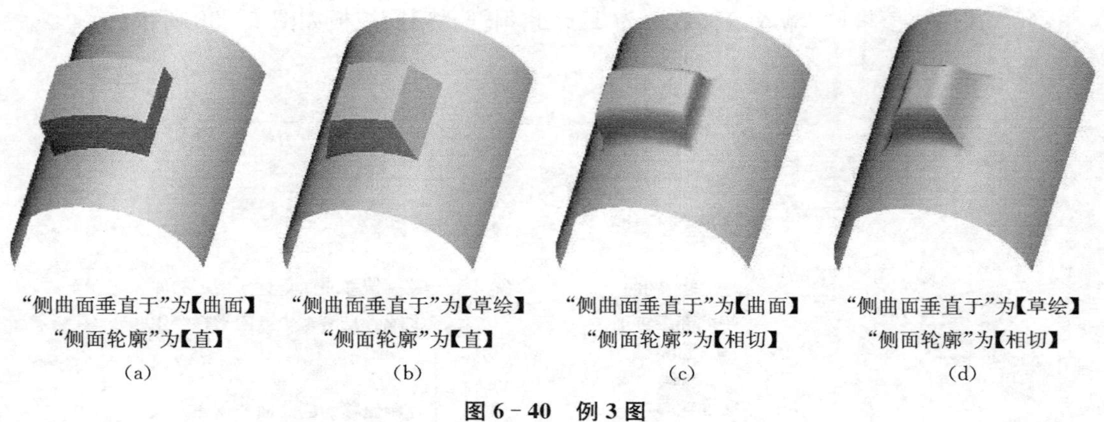

“侧曲面垂直于”为【曲面】 “侧面轮廓”为【直】 (a)　“侧曲面垂直于”为【草绘】 “侧面轮廓”为【直】 (b)　“侧曲面垂直于”为【曲面】 “侧面轮廓”为【相切】 (c)　“侧曲面垂直于”为【草绘】 “侧面轮廓”为【相切】 (d)

图 6-40　例 3 图

(3) 在【偏移类型】下拉列表框中选择 准备创建展开的偏移曲面。

(4) 选择【参考】面板中【草绘】区域中的 定义... 按钮，指定 TOP 基准面为草绘平面，反转缺省的草绘视图方向，选择 RIGHT 基准面为定向参考面，法线方向向右，绘制一个要偏移的封闭截面，单击草绘器的 完成截面的绘制，如图 6-37 所示。

(5) 在偏移值框中，输入偏移数值为 15，此刻【偏移】操控板如图 6-41 所示。

(6) 单击操控板右端的 完成所选曲面的展开偏移，如图 6-42 所示。

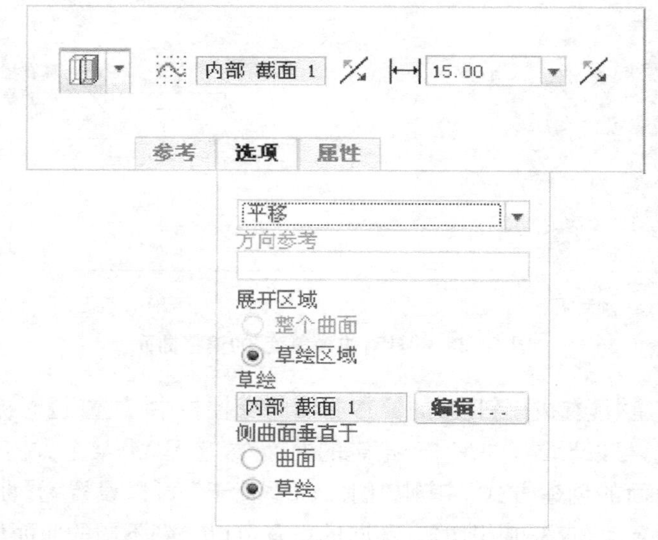

图 6-41　“展开”的【偏移】工具操控板

6) 有关例 2 和例 3 的一点说明

例 2 中“具有拔模斜度”的偏移曲面和例 3 中“展开”的偏移曲面的创建过程基本相同，从轴测图来看(图 6-39(a)和图 6-42(a))，似乎看不出很大的差别。但如果把视角方向改为左视图方向，分别如图 6-39(b)和 6-42(b)所示，就可以明显地看出前者中所创建的偏移曲面的侧面具有拔模角度，而后者没有。并且，在“具有拔模斜度”的偏移曲面中，具有拔模角度的侧面不是一个平面，而是一个曲面；有点类似于旋转型的筋板特征，这一点，从图

6－39(b)中也可以看出来。

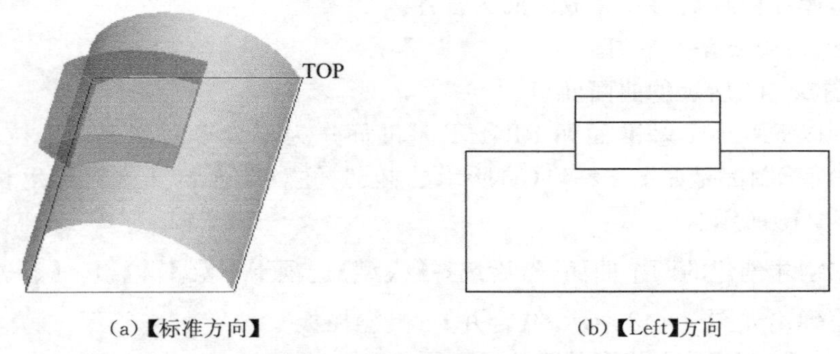

(a)【标准方向】　　(b)【Left】方向

图 6－42　“展开”的偏移曲面

6.3.3　曲面的合并(Merge)

曲面的合并主要用于将两个或多个曲面合并成一个曲面。合并的形式有两种：

(1) 相交(Intersect)：两个曲面或者面组互相以对方作为边界进行修剪，保留一部分并且删除另一部分，重新形成一个新的独立的面组。

(2) 连接(Join)：两个具有公共边界线的曲面或者面组合并连接成为一个新的面组。

1) 操作步骤

(1) 先选择两个曲面或者面组，然后选择【模型】选项卡→【编辑】组→【合并】，Creo Parametric 将弹出如图 6－43 所示的【合并】工具操控板 。

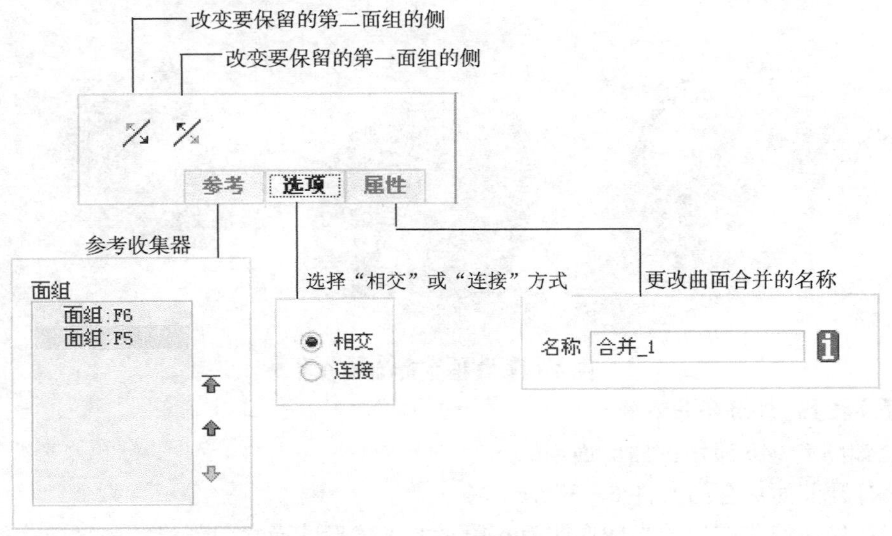

图 6－43　【合并】工具操控板

(2) 在【选项】面板中指定面组合并的方法为【相交】或者【连接】。

(3) 当通过相交合并时，对于每个面组，单击可选择要保留的面组所在的那一侧。

(4) 当通过连接合并时，如果一个面组延伸超出另一个面组，则单击可指定将要保留面组的那一侧。

(5) 单击操控板右端的✓完成曲面的合并。

2)【相交】的曲面合并举例

创建如图 6-44 所示的曲面面组。

(1) 分别以 FRONT 基准面和 RIGHT 基准面作为草绘平面创建两个拉伸的曲面特征,特征的截面草图都是如图 6-44(a)所示的椭圆,注意曲面特征是对称生长的,深度为 70,如图 6-44(b)所示。

(2) 选取刚才创建的两个曲面,然后选择【模型】选项卡→【编辑】组→【合并】,Creo Parametric 将弹出如图 6-43 所示的【合并】工具操控板 。

(3) 选择以【相交】的方式合并面组。

(4) 对于每个面组,单击改变要保留的面组的侧,一共有四种不同的组合方式,其结果分别如图 6-44(c)～图 6-44(f)所示。

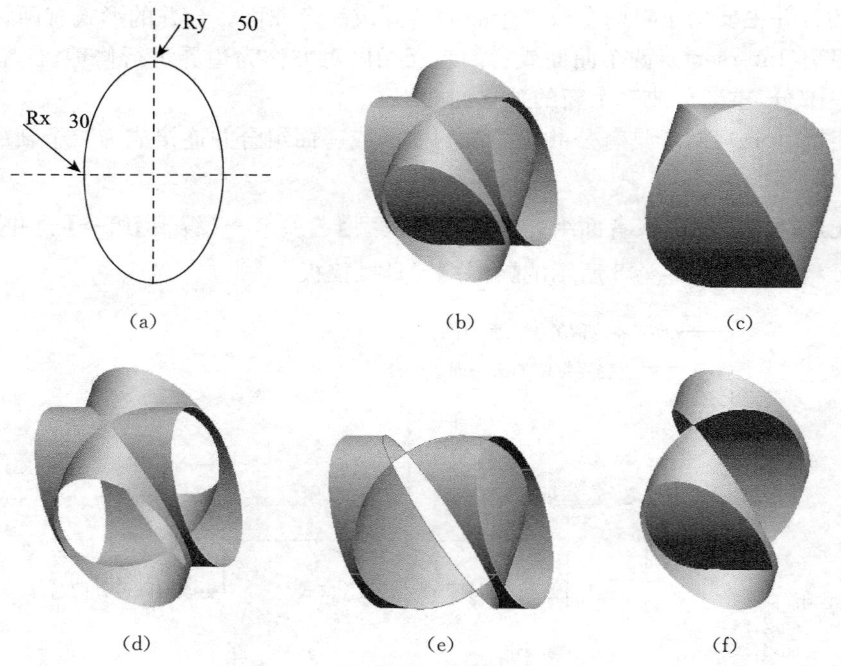

图 6-44 【相交】的曲面合并

3)【连接】的曲面合并举例

创建如图 6-45 所示的曲面面组。

(1) 打开前面保存的文件 6-35.prt。

(2) 首先在偏移产生的半球形曲面和原来的半球形球面之间创建一张平面式曲面。选择【模型】选项卡→【曲面】组→【填充】,系统会弹出如图 6-24 所示的【填充】工具操控板。

(3) 由于没有现成的草绘曲线加以利用,打开【参考】面板,单击 定义... 按钮准备绘制二维的草绘截面。

(4) 在模型中没有现成的过半圆形球面边界线的基准平面可以利用，需要创建临时基准平面。选择操控板右端的下拉列表中的【创建基准平面】命令打开【基准平面】对话框，选择偏移出来的半球形曲面的边界线作为创建基准平面的参考，将过此曲线产生一个临时基准平面，如图 6-45 所示。

(5) 系统随即弹出【草绘】对话框中，并自动将刚才创建的临时基准平面作为草绘平面；将 RIGHT 基准面作为定向参考面，法线方向向右。

(6) 单击对话框中的 草绘 按钮，系统自动转入二维草绘环境。单击【草绘】组中的【偏移】按钮，直接选择图中已有的两个圆作为草绘的截面，如图 6-46 所示，单击【草绘器】的完成截面的绘制。

(7) 单击操控板右端的完成平面式曲面的创建。

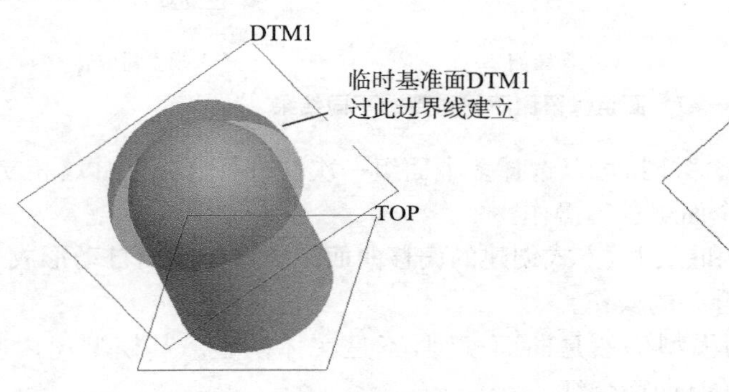

图 6-45　创建曲面面组　　　　图 6-46　草绘截面

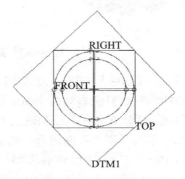

下面我们要将模型中的三个曲面合并在一起。

(8) 先选择刚才创建的环状的平面式曲面和偏移产生的半球形表面，然后选择【模型】选项卡→【编辑】组→【合并】命令，系统弹出如图 6-43 所示的【合并】工具操控板。

(9) 在【选项】面板中指定以【连接】的方式合并所选择的面组。

(10) 选择刚才合并后的面组和前面创建的旋转曲面，然后选择【模型】选项卡→【编辑】组→【合并】命令。在弹出来的【合并】工具操控板的【选项】面板中仍然指定以【连接】的方式合并所选择的面组。

(11) 此时，先前创建的回转曲面已经延伸超出另一个面组，接受缺省的面组保留侧，得到的曲面合并的结果如图 6-47(a) 所示。

(12) 如果单击改变缺省的面组保留侧，得到的曲面合并的结果如图 6-47(b)所示。

4) 说明

(1) 必须先选择两个要合并的面组后，【模型】选项卡→【编辑】组→【合并】命令才显示为可用状态；否则该图标以灰色显示，表示当前环境下不可以使用该命令。

(2) 选取的第一个面组成为缺省主面组。如果要改变第一个和第二个面组的选择顺序，可以打开【参考】收集器，选择其中的一个面组，单击右侧的或改变其顺序即可。

(3) 进行【相交】合并的两个曲面或者面组必须要能够互相以对方作为边界进行修剪分

成独立的两部分；进行【连接】合并的两个曲面或者面组一定要有公共的边界线。

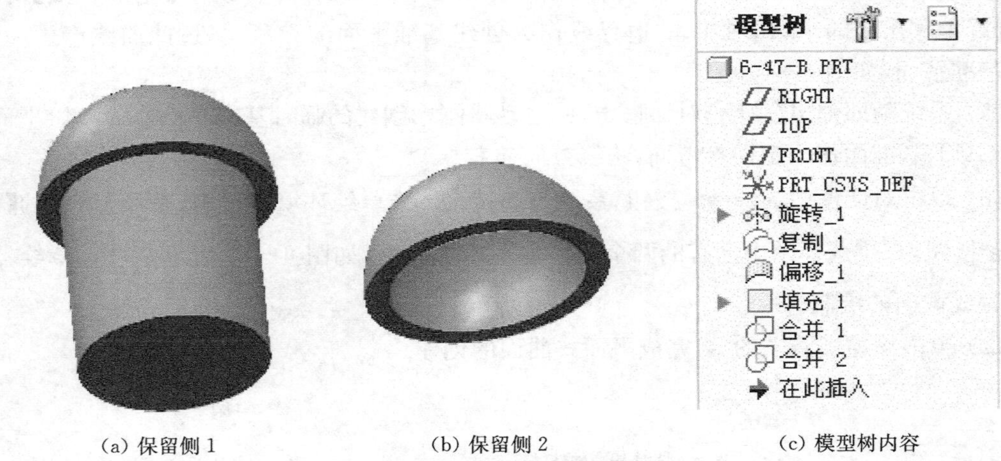

(a) 保留侧 1　　(b) 保留侧 2　　(c) 模型树内容

图 6-47　面组保留侧不同得到的不同结果

(4) 当以【连接】方式进行合并时，可以选择多个面组一次性进行合并；但以【相交】方式进行合并时，一次只能够对两个面组进行操作。

(5) 通过【具有拔模斜度】和【展开】方式创建的偏移曲面和原有的曲面自动形成一个独立的面组，不再需要进行曲面合并的操作。

(6) 图 6-47 中所得到的模型仍然是曲面模型，不是实体模型。其模型树内容如图 6-47(c)所示，最后 2 项显示的是曲面特征。

(7) 如果以"线框"的方式显示图中的模型，可以看出所有的边线都以紫色显示，说明最终合并的曲面已经形成一个独立、完整的曲面面组，不存在破孔和缝隙，这是后面我们将曲面进行实体化的必要条件。

6.3.4　曲面的修剪(Trim)

曲面的修剪就是通过新生成的曲面或者利用已有的曲线、基准平面等切割修剪已经存在的曲面特征。下面将分别予以介绍。

1) 基本形式的曲面修剪

基本形式的曲面修剪类型包括所有创建实体特征的方法：拉伸、旋转、扫描(包括恒定截面扫描和可变截面扫描)、螺旋扫描、混合等。在各命令的工具操控板中选择曲面类型图标和切减类型图标，就可以创建一个曲面并用这个曲面对选定的曲面的某一部分进行修剪。需要说明的是，产生的曲面仅仅用作曲面的修剪对象，而不会出现在模型当中。下面以拉伸特征为例对曲面的修剪过程进行说明。

(1) 打开文件 6-49(a)。

(2) 选择【模型】选项卡→【形状】命令组→【拉伸】，在弹出的【拉伸】工具操控板中选择曲面类型图标和切除材料图标；此时系统弹出的【拉伸】工具操控板如图 6-48 所示。

(3) 先选择要修剪的曲面为模型中已有的半圆柱曲面。

(4) 单击【放置】面板中的草绘区域的 定义... 按钮绘制拉伸特征的二维截面，选择

TOP 基准面为草绘平面，接受系统缺省的草绘视图方向，并选择 RIGHT 基准面作为定向参考面，法线方向向右。

(5) 进入草绘环境后，绘制如图 6－47(b)所示的特征截面，单击草绘器的✓完成截面的绘制。

(6) 在【拉伸】工具操控板中，指定特征的深度类型为【穿透】；指定切削方向如图 6－49(c)所示。

(7) 在操控板中，单击预览图标☑👓可以预览所创建的修剪特征。

(8) 单击操控板右端的✓完成曲面的修剪，结果如图 6－49(d)所示。

图 6－48　【拉伸】的【曲面修剪】操控板

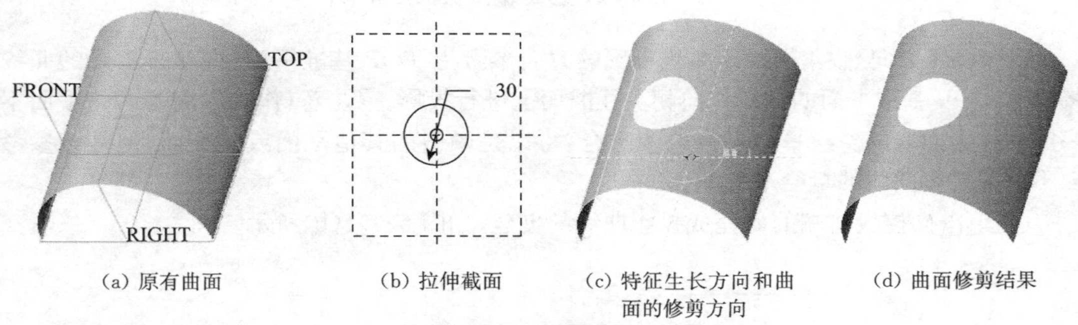

(a) 原有曲面　(b) 拉伸截面　(c) 特征生长方向和曲面的修剪方向　(d) 曲面修剪结果

图 6－49　【拉伸】的【曲面修剪】

2) 用面组或者曲面上的曲线对曲面进行修剪

下面以曲线作为边界对曲面的修剪为例进行说明。

(1) 打开文件 6－49(a)。

(2) 首先在曲面上创建一条投影曲线。

① 选择【模型】选项卡→【编辑】组→【投影】，将激活创建投影曲线的命令，系统将弹出如图 6－50 所示的【投影曲线】工具操控板。

② 在【曲面】收集器中选择模型中已有的半圆柱曲面为草绘曲线要在其上进行投影的曲面。

③ 在【参考】面板中选择【投影草绘】，准备创建一条草绘的基准曲线。还可以选择对【投影修饰草绘】创建投影曲线。单击草绘区域 定义... 图标绘制投影曲线的截面，选择 TOP 基准面为草绘平面，接受系统缺省的草绘视图方向，并选择 RIGHT 基准面作为定向参考面，法线方向向右。

④ 进入二维草绘环境后，使用样条曲线绘制如图 6－51(a)所示的特征截面，单击草绘器的✓完成投影曲线截面的绘制。

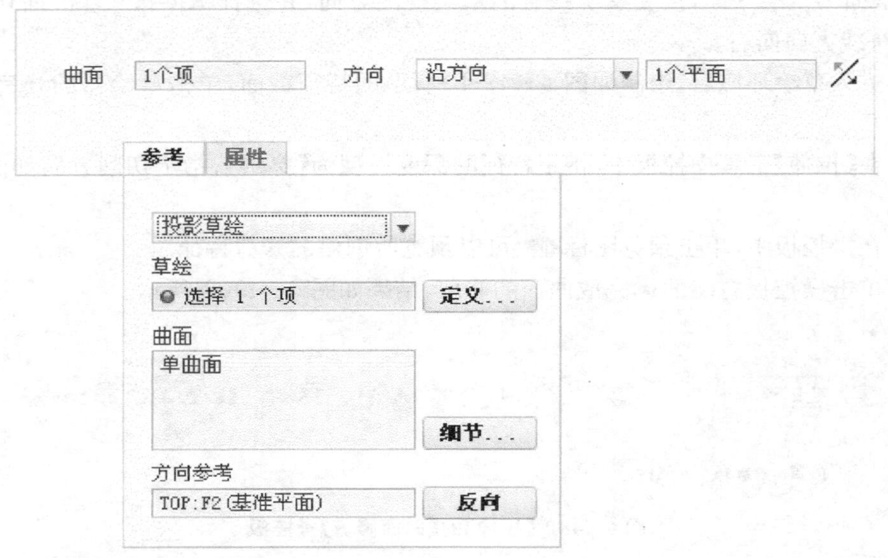

图 6-50 【投影曲线】工具操控板

⑤ 激活【方向】收集器指定曲线投影的方向参考为 TOP 基准平面，即草绘出来的曲线将沿着 TOP 基准平面的法线方向朝上往曲面上进行投影。(注意：作为方向参考的平面不一定和投影曲线的草绘平面平行或者重合，可以是倾斜的其他平面或基准面，但是该参考面不得与投影曲线的草绘平面垂直)

⑥ 单击操控板右端的✓完成投影曲线的创建，如图 6-51(b)所示。

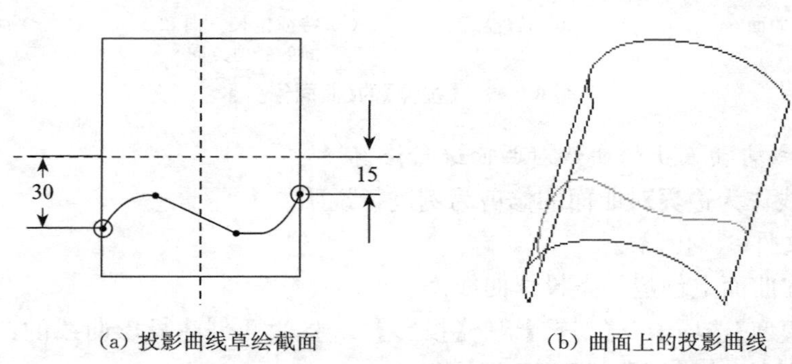

(a) 投影曲线草绘截面　　(b) 曲面上的投影曲线

图 6-51 创建曲面上的投影曲线

(3) 以曲线作为边界对曲面进行修剪。

① 选取要修剪的曲面，然后选择【模型】选项卡→【编辑】组→【修剪】，系统将弹出如图 6-52 所示的【曲面修剪】工具操控板。

②在此操控板中，选择半圆柱面为要被修剪的面组，选择刚才创建的投影曲线为修剪对象。

③ 单击操控板中的可以改变要保留的曲面那一侧的方向。

④ 单击操控板中的✓完成对曲面的修剪，结果如图 6-53 所示。

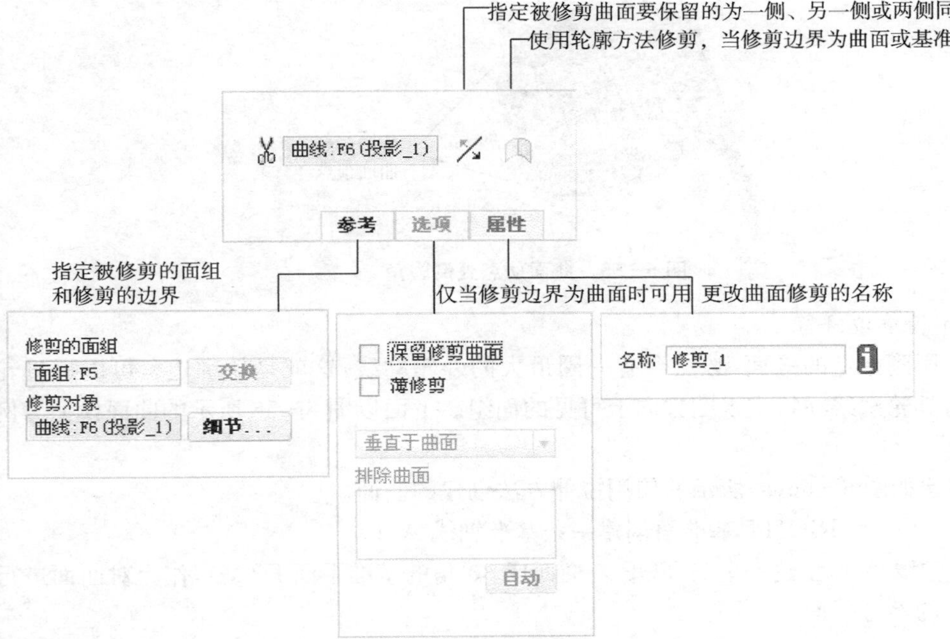

图 6 - 52　【曲面修剪】工具操控板

3）曲面顶点处倒圆角

可以通过创建圆角来修剪面组。下面继续以图 6 - 53 中所示的曲面模型为例进行说明。

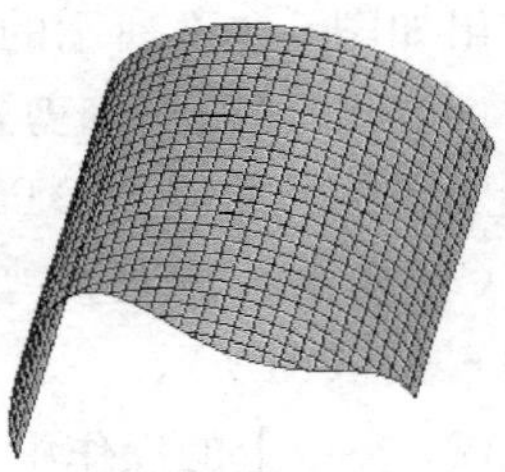

（1）选择【模型】选项卡→【曲面】组溢出按钮▾→【顶点倒圆角】选项，系统将弹出如图6 - 54所示的【顶点倒圆角】工具操控板。

（2）在【参考】面板中指定要倒圆角的曲面顶点，选择曲面的右前顶点和右后顶点。

（3）输入半径为 20，单击操控板中的✓完成对曲面顶点的倒圆角操作，结果如图 6 - 55 所示。

图 6 - 53　利用曲线作为边界对曲面进行修剪的结果

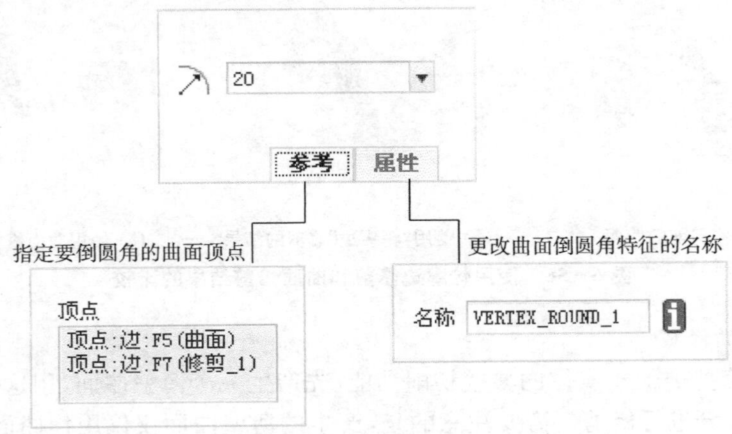

图 6 - 54　【顶点倒圆角】工具操控板

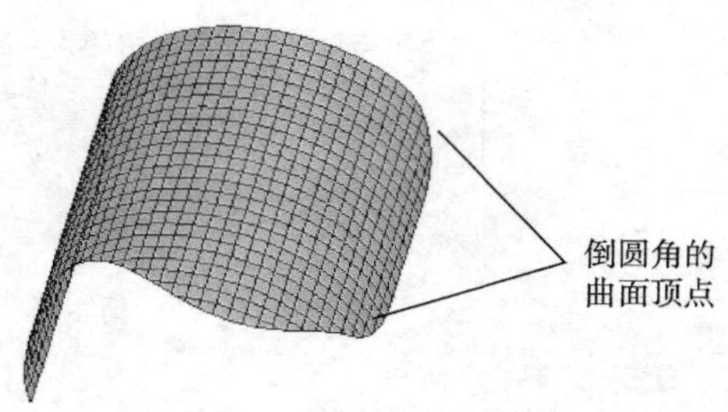

图 6-55　曲面顶点处倒圆角

4）使用轮廓边修剪

曲面投影到指定的平面，必然会有一圈最大的外轮廓线，这就是轮廓边。可以通过轮廓边来修剪其轮廓线在特定视图方向上可见的面组。下面以图 6-56 所示的曲面模型为例进行说明。

(1) 创建如图 6-56(a)所示的使用拉伸方法创建的曲面。

(2) 过 TOP 和 RIGHT 基准面创建一条基准轴线 A_1。

(3) 过轴线 A_1 创建一个与 TOP 基准面成 30°角的基准平面 DTM1，作为对曲面进行轮廓边修剪的参考平面。

(4) 选取先前创建的曲面作为要被修剪的曲面。

(5) 选取要修剪的曲面或曲线，然后选择【模型】选项卡→【编辑】组→【修剪】，系统将弹出如图 6-52 所示的【曲面修剪】工具操控板。选取 DTM1 作为修剪曲面的参考。

(6) 此时【曲面修剪】工具操控板中的【使用轮廓边方法修剪】按钮可用，将其激活。选择要保留的曲面为 DTM1 基准面的上方。

(7) 单击预览修剪的结果，或者单击操控板右端的接受并保存更改，得到的结果如图 6-56(b)所示。

(8) 在以上的操作中，如果不激活【使用轮廓边方法修剪】按钮，直接使用 DTM1 作为曲面修剪的结果如图 6-56(c)所示。从中我们可以看出，前者是以曲面的轮廓边线作为修剪的边界，而后者则是直接使用曲面本身作为修剪的边界。

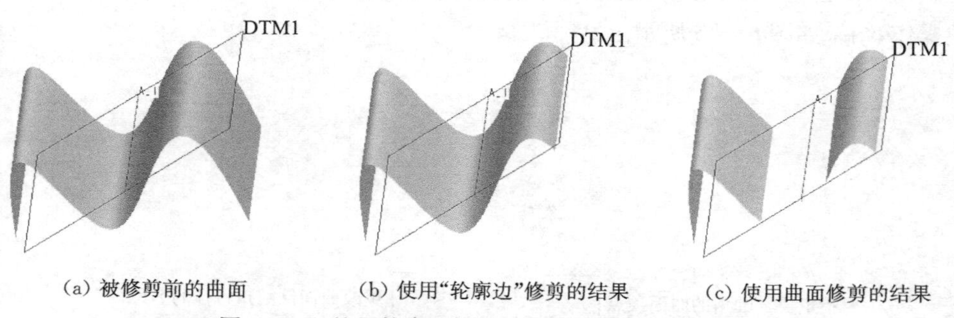

(a) 被修剪前的曲面　(b) 使用“轮廓边”修剪的结果　(c) 使用曲面修剪的结果

图 6-56　使用轮廓边修剪和曲面修剪结果的比较

5）薄曲面的修剪

薄曲面的修剪类似于实体的薄壁切削功能，先产生一个薄壁曲面，用这个曲面对选定的曲面的某一部分进行修剪。需要注意的是，产生的薄壁曲面仅仅用作曲面的修剪对象，而不会出现在模型当中。

对于薄壁曲面，我们只要在相应的命令操控板中同时选择曲面类型图标、切除材料图标和加厚草绘图标，以使用拉伸产生的薄壁曲面进行修剪为例，这时的命令操控板如图 6－57 所示，要求选取要被修剪的曲面面组，其余操作和创建相应的实体特征相同。

图 6－57　使用拉伸命令创建薄曲面修剪时的命令操控板

下面以使用平行混合命令创建的薄壁曲面为例进行说明。

(1) 打开图 6－55 所示的顶点倒圆角后的曲面模型。

(2) 选择【模型】选项卡→【形状】组下拉菜单→【混合】，系统将弹出【混合】工具操控板。

(3) 在操控板中同时选择曲面类型图标、切除材料图标和加厚草绘图标，如图 6－58 所示。

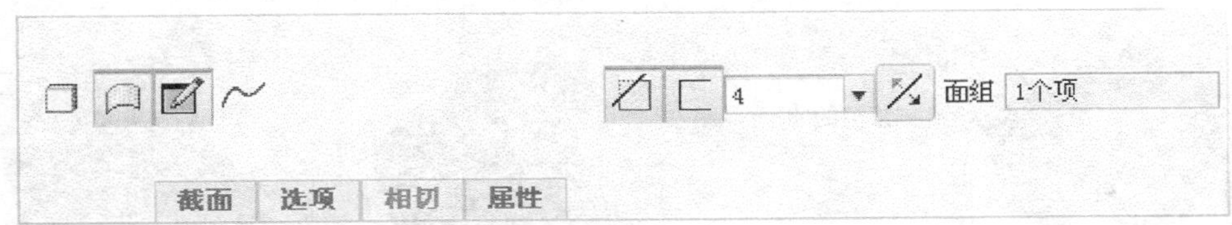

图 6－58　使用平行混合命令创建薄曲面修剪时的命令操控板

(4) 选择模型中顶点倒圆角后的曲面作为被修剪的面组。

(5) 打开【截面】面板，以【草绘截面】的方式创建截面。单击 草绘... 按钮，指定 TOP 基准面为草绘平面，特征创建的方向向上；指定 RIGHT 基准面为定向参考面，法线方向向右。绘制两个矩形的截面，单击草绘器的完成截面的绘制并退出草绘环境；指定两个截面之间的距离为 50。具体过程和创建混合的实体特征相同，此处不再重复。

(6) 指定曲面的厚度值为 4。

(7) 单击操控板右端的完成对于所选曲面进行的平行混合的薄曲面修剪，得到的结果如图 6－59 所示。

6) 关于曲面修剪的说明

(1) 对于曲面或者曲线的修剪属于“对象—操作”类命令，即要求先选择对象，然后相应的命令才会处于可用状态。当用面组或者曲面上的曲线对于曲面进行修剪时，要首先选择一个面组，此时【模型】选项卡→【编辑】组→【修剪】才处于可用状态。但是在【修剪】命令被激活以后，可以在【参考】面板中修改修剪的边界和被修剪的对象。同样，要对曲线进行修剪时，也要在选择一条曲线以后，【修剪】命令才能被激活。

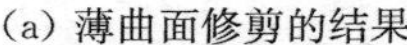
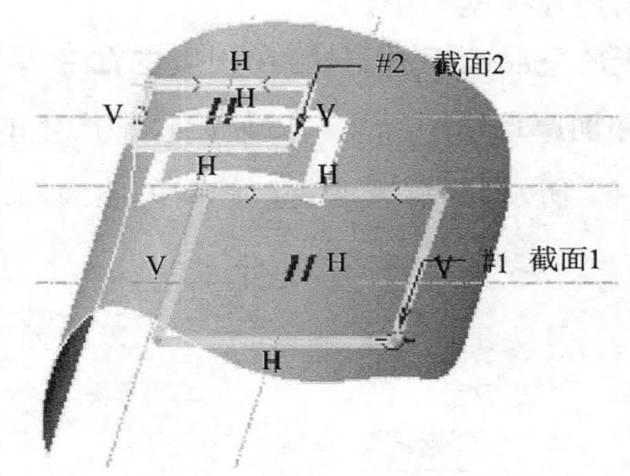

(a) 薄曲面修剪的结果　　(b) 薄曲面修剪的创建过程分析

图 6-59　薄曲面修剪

(2)【曲面修剪】工具操控板中的【参考】面板中的 交换 按钮仅当保留修剪面组的两侧时才可用,用于指定结果面组的哪一侧将保留面组的内部特征 ID 号。

(3)【曲面修剪】工具操控板中的【选项】面板,仅当修剪的边界是曲面面组(不能是实体的表面或者基准平面)时才可用。并且被修剪的曲面要能够被边界曲面完全分割,否则修剪操作无法完成。以图 6-60(a)所示的曲面为例,【选项】面板中是否勾选【保留修剪曲面】的设置结果分别如图 6-60(b)和图 6-60(c)所示。

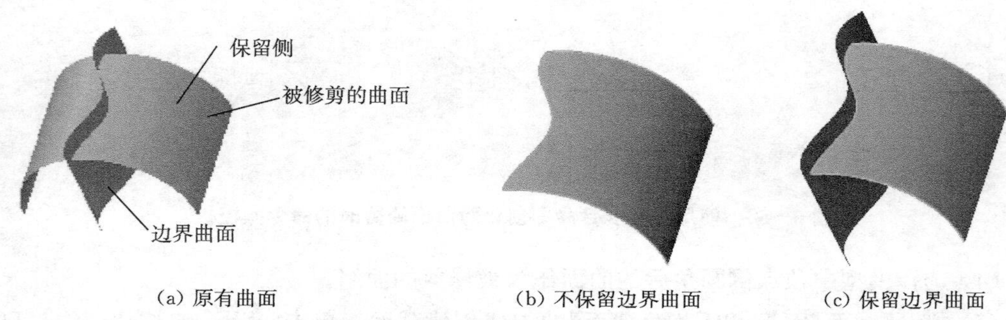

(a) 原有曲面　　(b) 不保留边界曲面　　(c) 保留边界曲面

图 6-60　是否保留边界曲面结果的比较

(4) 在图 6-60 中,【选项】面板中是否勾选【薄修剪】的结果分别如图 6-61(b)和图 6-61(c)所示。此时被修剪曲面的两侧同时被保留,操控板中的⊠用于改变薄修剪的厚度方向。

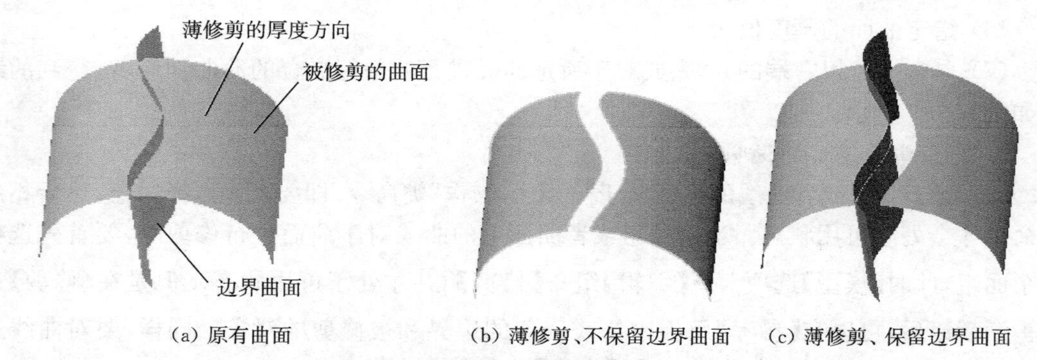

(a) 原有曲面　　(b) 薄修剪、不保留边界曲面　　(c) 薄修剪、保留边界曲面

图 6-61　是否进行薄修剪结果的比较

(5) 如果要对曲线进行修剪，首先选取要被修剪的曲线(激活命令后可以更改)，然后选择【模型】选项卡→【编辑】组→【修剪】，系统将弹出如图 6-62 所示的【曲线修剪】工具操控板，该操控板和【曲面修剪】的操控板形式上略有不同，但操作基本一致。

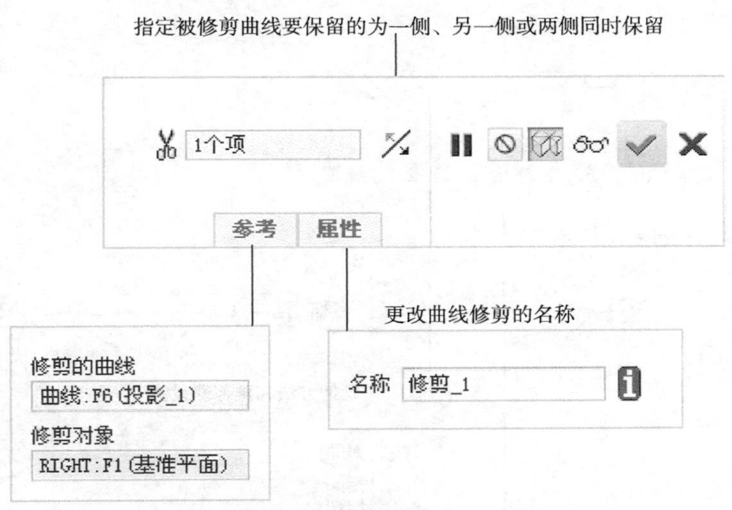

图 6-62　【曲线修剪】工具操控板

6.3.5　曲面的延伸(Extend)

曲面的延伸就是将曲面沿着它的某一条或几条边界向外进行延伸。在执行延伸操作的时候，需要指定延伸的类型、端点延伸距离是否相同以及延伸距离的基准等。

1) 操作步骤

(1) 先选择要延伸的曲面的边或者边链。

(2) 选择【模型】选项卡→【编辑】组→【延伸】，系统将弹出如图 6-63 所示的【延伸】工具操控板。

(3) 在操控板中，指定延伸的类型和距离。

(4) 如果要创建可变延伸，可在【测量】面板中进行设置。

(5) 缺省的延伸距离类型是【垂直于边】，也可以通过【测量】面板中的【距离类型】进行设置。

(6) 单击操控板右端的 ，完成曲面的延伸操作。

2) 说明

(1) 必须先选择要延伸曲面的边或者边链，才能激活延伸命令。

(2) 操控板中延伸的类型有两种，分别说明如下：

① ——沿原始曲面延伸。

② ——至平面，将曲面延伸到一个指定的平面为止，延伸的方向和指定的平面垂直。这种方法在模具模块中创建分型面时经常用到。

(3)【选项】面板中的延伸方式有三种，分别说明如下：

① 相同——创建和原始曲面相同类型的延伸曲面(例如，平面、圆柱、圆锥或样条曲面)。

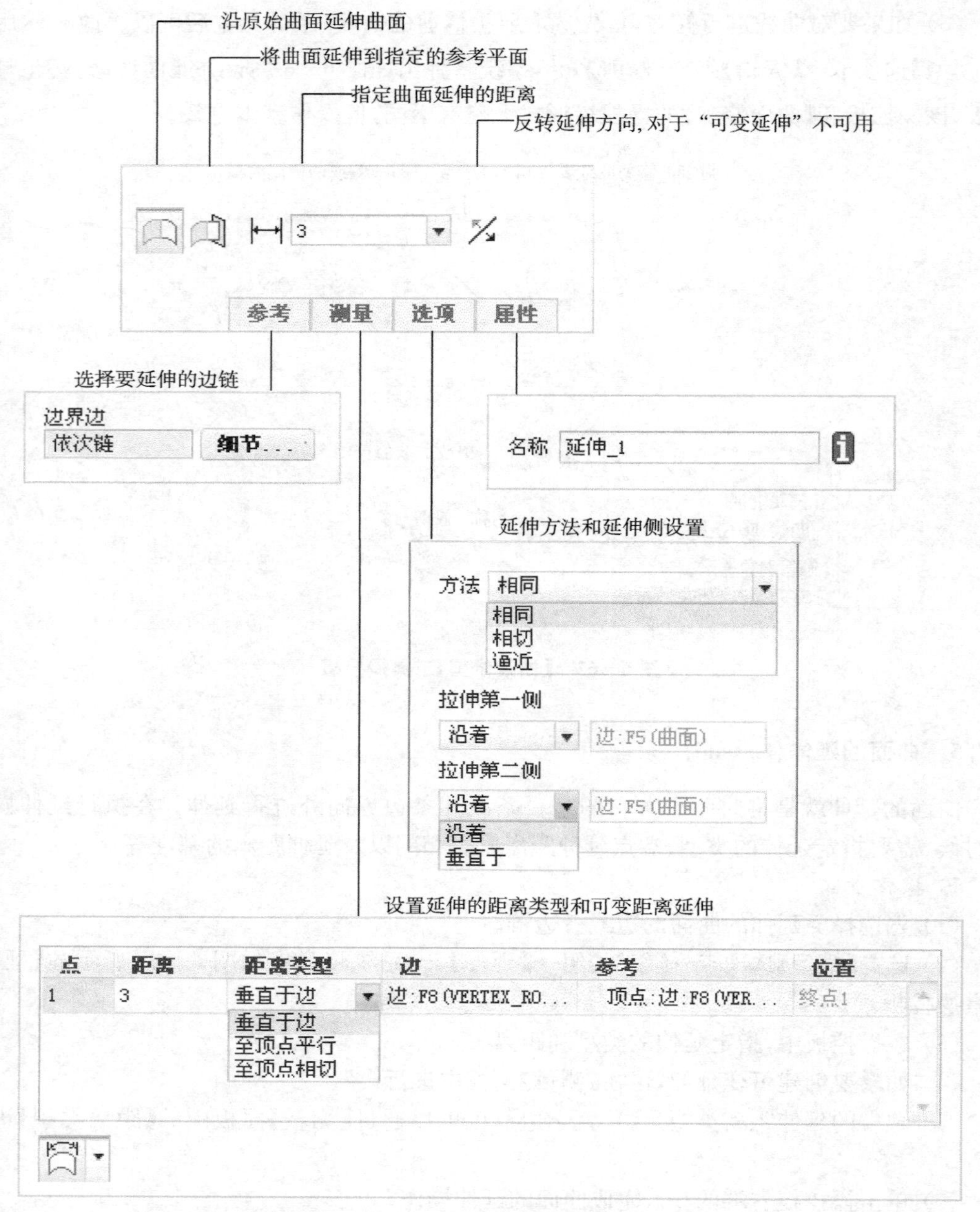

图 6-63 【延伸】工具操控板

② 相切——创建的延伸曲面是和原始曲面相切的直纹曲面。

③ 逼近——以原始曲面和延伸边之间边界混合的形式创建延伸的曲面特征。当需要将曲面延伸到不在一条直边上的顶点时，这种方法很有用。(参见图 6-66)

(4)【量度】面板中的【距离类型】主要用于指定延伸边上两个端点的延伸方向的，其选项有四个：垂直于边、沿边、至顶点平行和至顶点相切，分别说明如下：

① 垂直于边——延伸距离的测量方向与延伸边方向垂直，参见图 6-66 中 PNT0 处的延伸示例。

② 沿边——延伸距离的测量沿着原始曲面的侧边的方向，参见图 6－66 中 PNT1 处的延伸示例。

③ 至顶点平行——在顶点处开始延伸边并平行于边界边。

④ 至顶点相切——在顶点处开始延伸边并与下一单侧边相切。

(5) 可为曲面延伸输入正值或负值，如果输入负值将会使得曲面产生被修剪的效果。

3) 举例

(1) 创建扫描曲面，轨迹线(样条曲线)和截面分别如图 6－64(a)和图 6－64(b)所示，结果如图 6－64(c)所示。

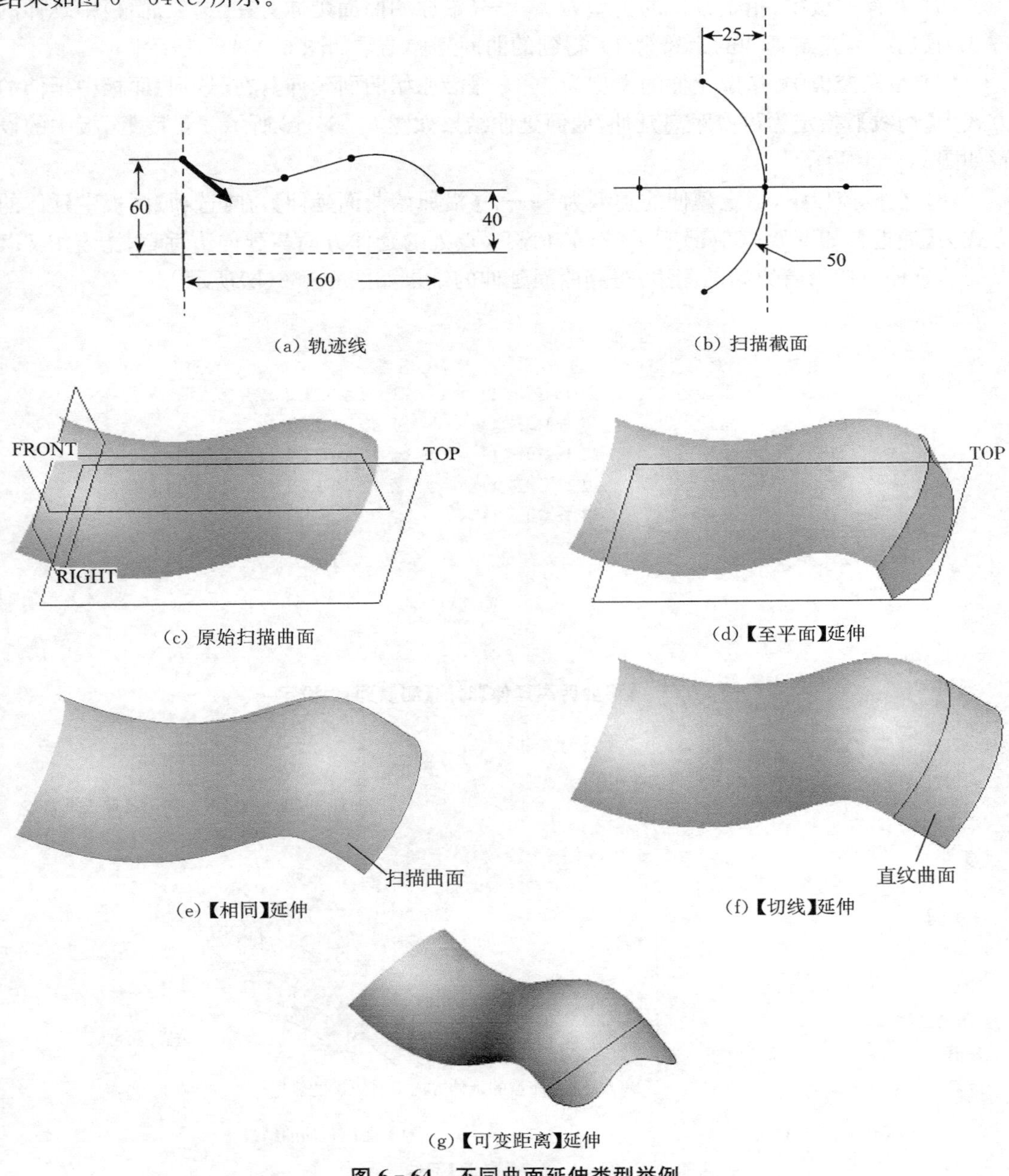

(a) 轨迹线　(b) 扫描截面

(c) 原始扫描曲面　(d)【至平面】延伸

(e)【相同】延伸　(f)【切线】延伸

(g)【可变距离】延伸

图 6－64　不同曲面延伸类型举例

(2) 选择右边界线为曲面要延伸的边。

(3) 选择【模型】选项卡→【编辑】组→【延伸】，打开如图 6 - 63 所示的【延伸】工具操控板。

(4) 在操控板中，指定延伸的类型为——【至平面】，选择 TOP 基准面为曲面延伸所致的平面，得到的曲面延伸结果如图 6 - 64(d)所示。

(5) 在操控板中，指定延伸的类型为——【沿原始曲面延伸】，在【选项】面板中延伸的方式为【相同】，指定延伸的距离为 20，得到的曲面延伸结果如图 6 - 64(e)所示。

(6) 在操控板中，指定延伸的类型为——【沿原始曲面延伸】，在【选项】面板中延伸的方式为【切线】，指定延伸的距离为 30，得到的曲面延伸结果如图 6 - 64(f)所示。

(7) 在操控板中，指定延伸的类型为——【沿原始曲面延伸】，在【选项】面板中延伸的方式为【切线】，指定为可变距离延伸，曲面延伸结果如图 6 - 64(g)所示，【量度】面板中的设置如图 6 - 65 所示。

(8) 在操控板中，指定延伸的类型为——【沿原始曲面延伸】，在【选项】面板中延伸的方式为【逼近】，如图 6 - 66(a)所示；指定 PNT0 点处的延伸方向与延伸边垂直，指定 PNT1 点处的延伸方向沿着原始的侧边，得到曲面延伸的结果如图 6 - 66(b)所示。

点	距离	距离类型	边	参考	位置
1	20	垂直于边	边:F6(扫描_1)	顶点:边:F6(扫...	终点1
2	30	垂直于边	边:F6(扫描_1)	点:边:F6(扫描_1)	0.25
3	15	垂直于边	边:F6(扫描_1)	点:边:F6(扫描_1)	0.5
4	20	垂直于边	边:F6(扫描_1)	点:边:F6(扫描_1)	0.875
5	8	垂直于边	边:F6(扫描_1)	顶点:边:F6(扫...	终点2

图 6 - 65 【可变距离延伸】时的【测量】面板设定

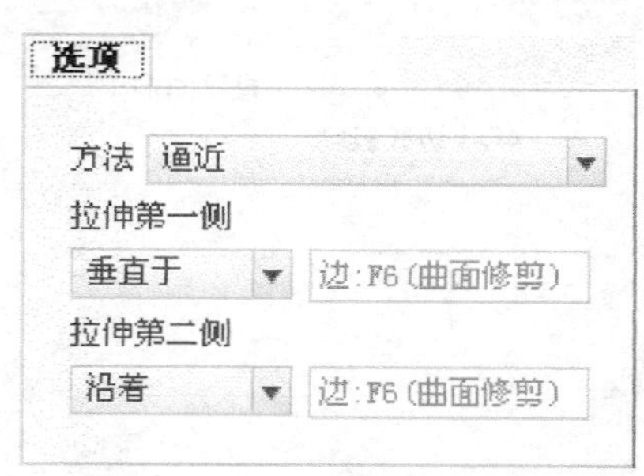

(a)【选项】面板设置

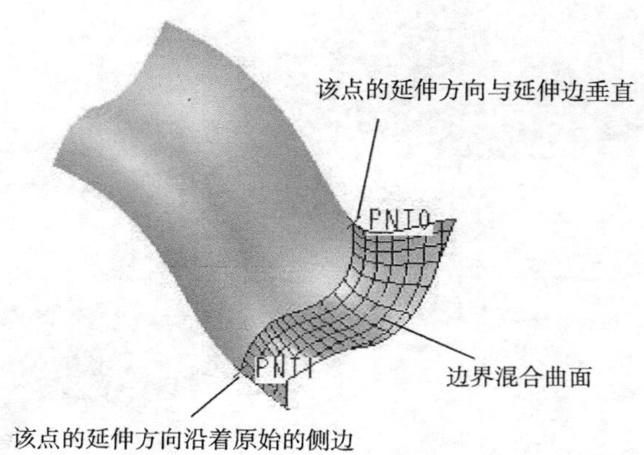

(b) 曲面延伸的结果

图 6 - 66 【逼近】延伸

6.3.6　曲面的移动(【移动几何】Move)

曲面的移动是通过【移动几何】命令完成的。可以进行移动操作的对象包括:基准平面、基准点、基准轴、基准坐标系、基准曲线、面组或曲面。

1) 操作步骤

(1) 首先将图形区域右下角的选择项过滤器设置为“几何”模式。然后在图形中选择要移动的曲面(此时被选中曲面变为加亮显示)。

(2) 选择【模型】选项卡→【操作】组→【复制】，或者按下【Ctrl】+【C】键。

(3) 选择【模型】选项卡→【操作】组→【选择性粘贴】，系统弹出如图 6-67 所示的对于几何的【移动(复制)】工具操控板。

(4) 在操控板中，指定要进行【平移】或者【旋转】操作;并激活相应的方向参考收集器，选择用以定义平移或者旋转方向的平面、边、轴或坐标系参考。

(5) 在【选项】面板中对于是否要复制和隐藏原始几何进行设置。

(6) 如果要在单个移动特征中创建多个平移和旋转变换，在【变换】面板中进行设置。

(7) 单击操控板右端的，完成移动曲面(几何)的操作。

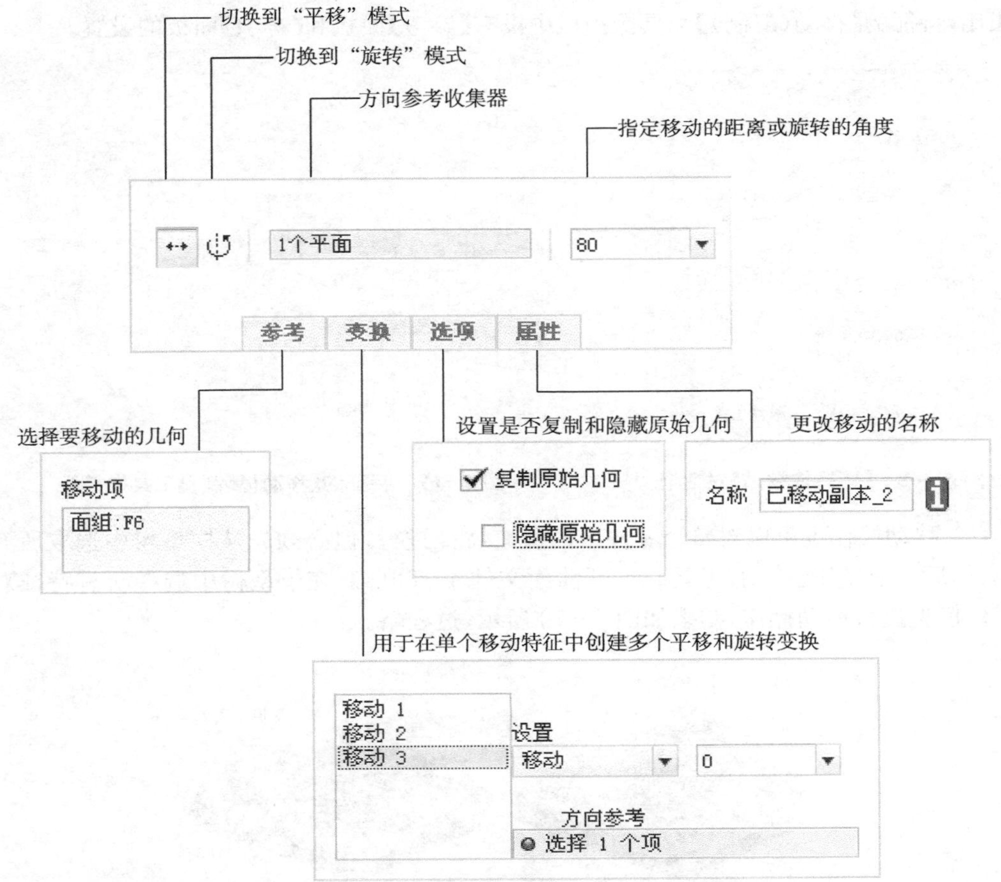

图 6-67　几何的【移动(复制)】工具操控板

2）说明

（1）在 Creo Parametric 中，【移动特征】和【移动几何】命令的操作相类似，但是仍然有所区别。当要对单个的基准平面 、基准点、基准轴、基准坐标系、基准曲线、面组或曲面进行移动操作时，激活的是【移动几何】命令。

（2）在【平移】操作模式下，可以选择的方向参考包括线性曲线、线性边、平面、基准轴、基准平面 、基准坐标系的轴等。如果选择的是线性曲线、轴线和坐标轴，表示沿着它们的线性方向移动；如果选择的是平面，则沿着平面的法线方向移动。

（3）在【旋转】操作模式下，旋转的角度是按照右手定则来确定的，即右手大拇指指向旋转轴的正方向，其余四指的环绕方向为角度的正方向。可以选择的方向参考包括线性曲线、线性边、基准轴和基准坐标系的轴等。

（4）在同一个移动命令中，可以在【变换】面板设置以执行多个【平移】或者【旋转】操作。

（5）当要对特征进行移动操作时，应该使用【移动特征】命令。在模型树中选择要移动的特征，选择【模型】选项卡→【操作】组→【复制】或者按下【Ctrl】+【C】键；然后选择【模型】选项卡→【操作】组→【选择性粘贴】。系统首先弹出如图 6－68 所示的【选择性粘贴】对话框，勾选“对副本应用移动/旋转变换”选项，单击 确定(O) 按钮后，系统才会弹出如图 6－69 所示的对于特征的【移动(复制)】工具操控板。与几何的【移动(复制)】工具操控板相比，特征的【移动(复制)】工具操控板中没有【参考】面板和【选项】面板的设置。

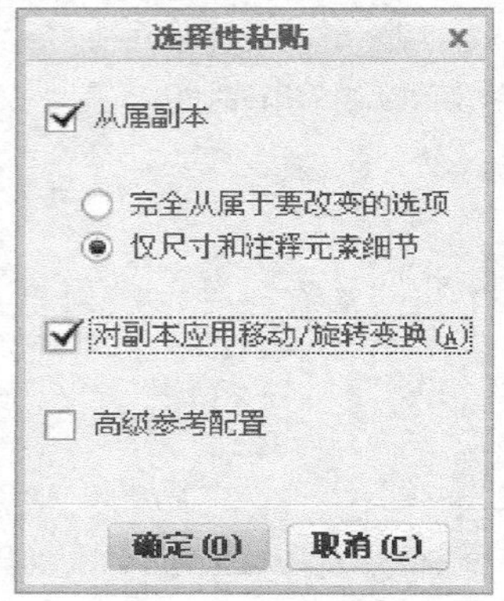

图 6－68 【选择性粘贴】对话框

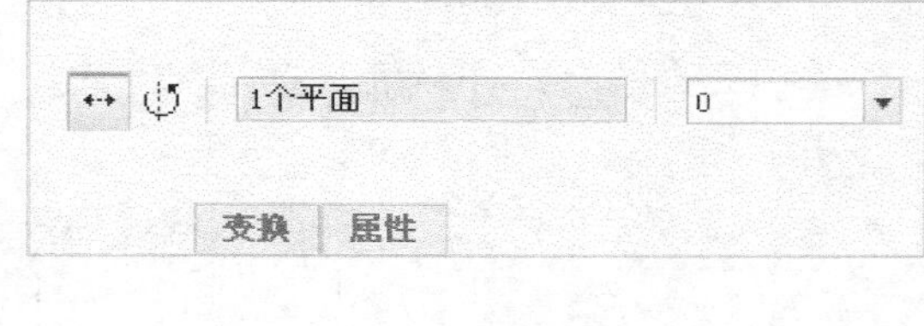

图 6－69 特征的【移动(复制)】工具操控板

（6）移动操作也可以对整个零件中的所有特征进行，但必须先从模型树中选取所有的特征，然后才能使用【移动】工具。打开前面文件 4－86(a)，在模型树中选择所有特征对整个零件模型进行移动操作，结果如图 6－70 所示，过程略。

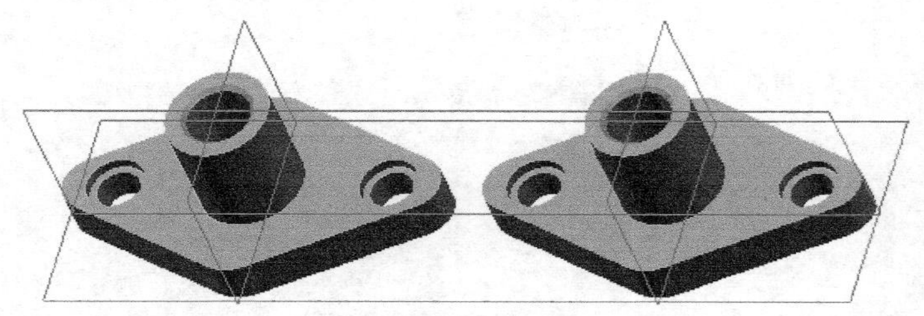

图 6－70 整个模型的【移动(复制)】举例

3）举例

图 6－71 所示为曲面移动和旋转的实例。

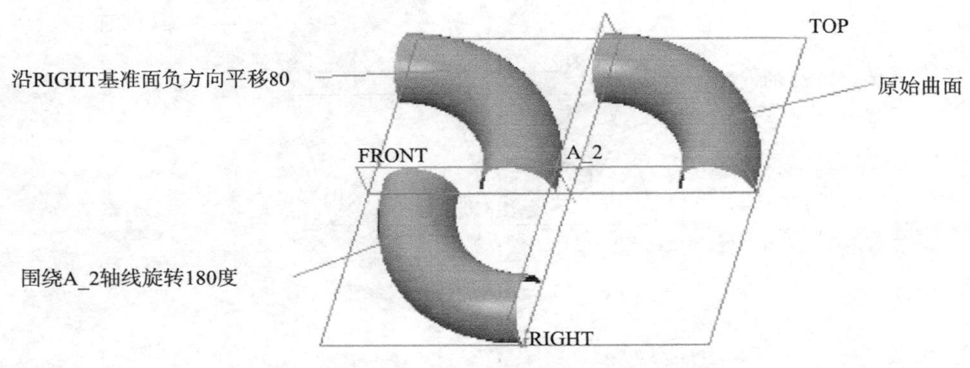

图 6－71　曲面的【移动(复制)】举例

6.3.7　曲面的镜像操作(Mirror)

曲面的镜像是通过【镜像几何】命令完成的。可以进行移动操作的对象包括：基准平面、基准点、基准轴、基准坐标系、基准曲线、面组或曲面及其组合。

1）操作步骤

(1) 将图形区域右下角的选择项过滤器设置为“几何”模式。然后在图形中选择要移动的曲面(此时被选中曲面变为加亮显示)。

(2) 选择【模型】选项卡→【编辑】组→【镜像】，系统将弹出如图 6－72 所示的几何【镜像】工具操控板。

(3) 选择一个镜像参考平面。

(4) 单击操控板中的✓完成镜像特征的创建。如图 6－73 所示为对一个曲面的镜像操作的结果，具体过程略。

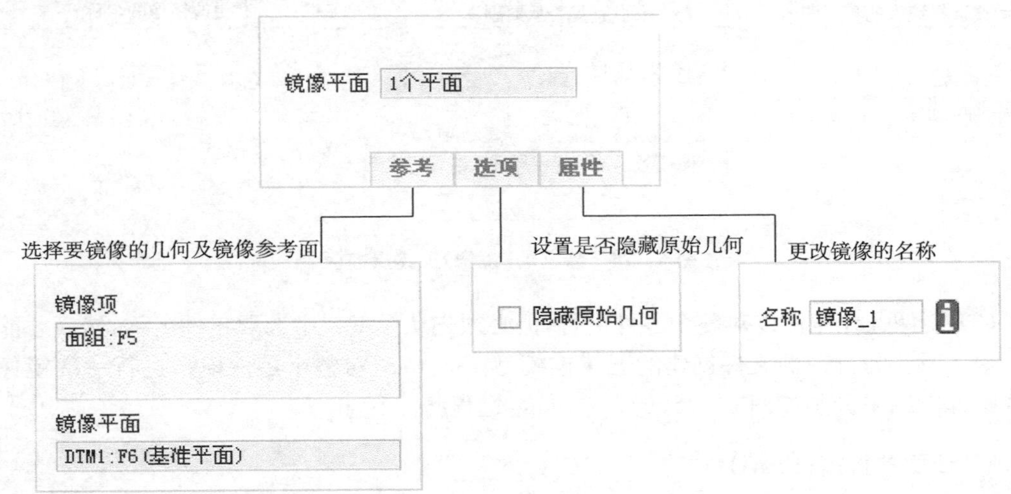

图 6－72　几何的【镜像】工具操控板

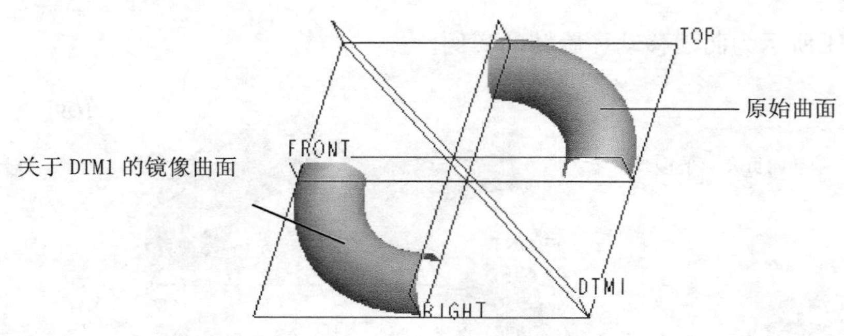

图 6－73　曲面的【镜像】举例

2）说明

（1）在 Creo Parametric 中，【镜像特征】和【镜像几何】命令是不同的操作。当要对基准平面、基准点、基准轴、基准坐标系、基准曲线、面组或曲面进行镜像操作时，应该使用【镜像几何】命令。

（2）当要对于特征进行镜像操作时，应该使用【镜像特征】命令。在模型树中选择要镜像的特征，选择【模型】选项卡【编辑】组→【镜像】。系统弹出如图 6－74 所示的对于特征的【镜像】工具操控板。与几何的【镜像】工具操控板相比，特征的【镜像】工具操控板中增加了【选项】面板的设置。

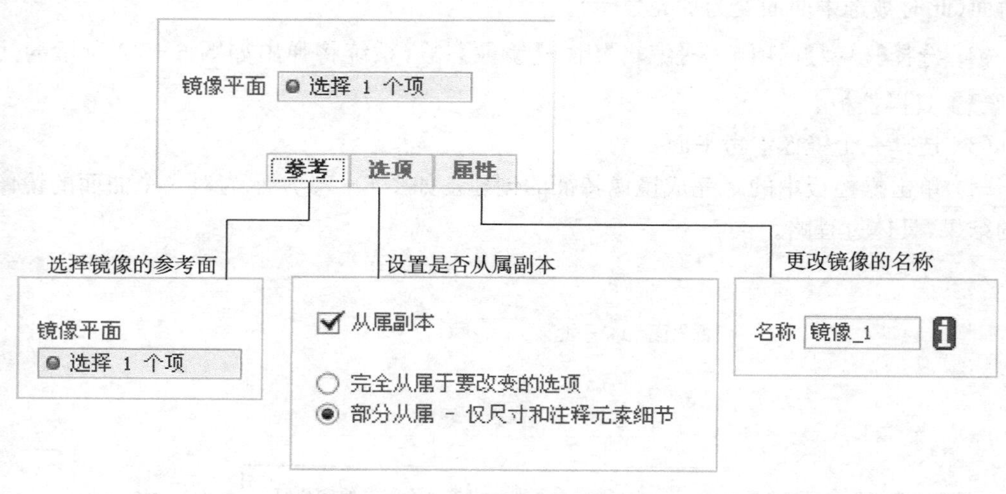

图 6－74　特征的【镜像】工具操控板

（3）镜像操作也可以对整个零件进行，但必须先从模型树中选取零件名称，然后才能调用镜像工具。打开前面文件创建的五棱锥模型图 3－72，对整个零件模型进行一次镜像和四次镜像的结果分别如图 6－75(b)、(c)所示，过程略。

6.3.8　曲面的拔模(Draft)

对于曲面的拔模操作和对于实体特征表面的拔模操作基本相同，在此就不再叙述。

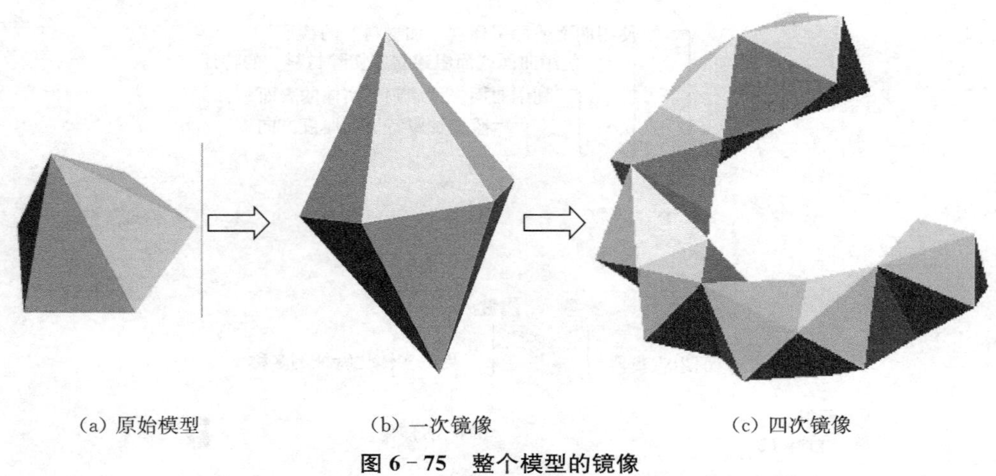

(a) 原始模型　　(b) 一次镜像　　(c) 四次镜像

图 6－75　整个模型的镜像

6.4　将曲面实体化

由于曲面或者面组的操作具有较大的灵活性，在实际的实体造型过程中，经常利用曲面来创建复杂的实体特征。并且由于许多的实体特征非常复杂，也只有利用曲面造型，才能成功地创建。

6.4.1　将独立封闭的曲面转换成实体

Creo Parametric 提供了从复杂曲面特征创建实体模型的十分便利的工具。

1）操作举例

（1）打开前面文件 6－44(c)创建的曲面模型。

（2）首先选择合并后的独立封闭曲面。

（3）选择【模型】选项卡→【编辑】组→【实体化】，系统将弹出如图 6－76 所示的【实体化】工具操控板。

（4）单击操控板右端的 ，完成曲面的实体化操作，结果如图 6－77(b)所示。

2）说明

（1）要转换为实体模型的曲面或面组模型必须是完全封闭的、独立的面组，或者和模型中已经存在的实体表面构成封闭的面组，不得存在间隙或有破孔。

（2）如果通过 FRONT 基准平面创建一个横截面，可以看出两者之间的区别：前者是曲面模型，横截面中没有剖面线显示；后者为实体模型，横截面中有剖面线的显示。当以“线框”的方式显示时，前者模型以紫色的线条显示，表示的是曲面的棱线；而后者则以绿色的线条显示，表示为实体的边界线。

6.4.2　将曲面加厚为薄板实体

可以使用预定的曲面特征或面组几何将薄板材料部分添加到设计中，或从其中切除薄板材料的部分实体。

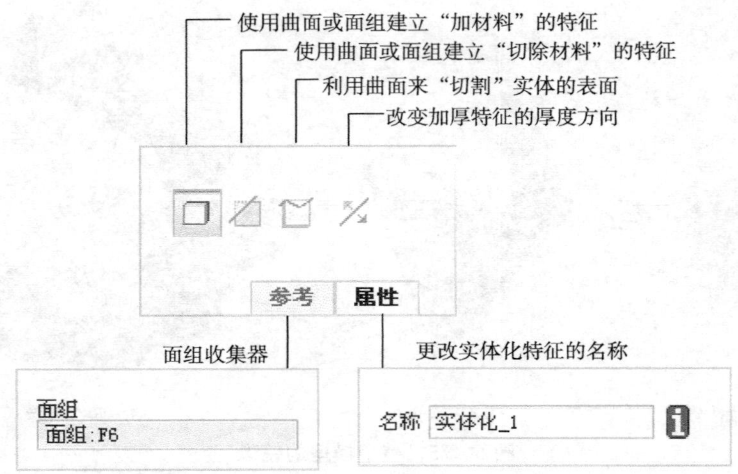

图 6－76 【实体化】工具操控板

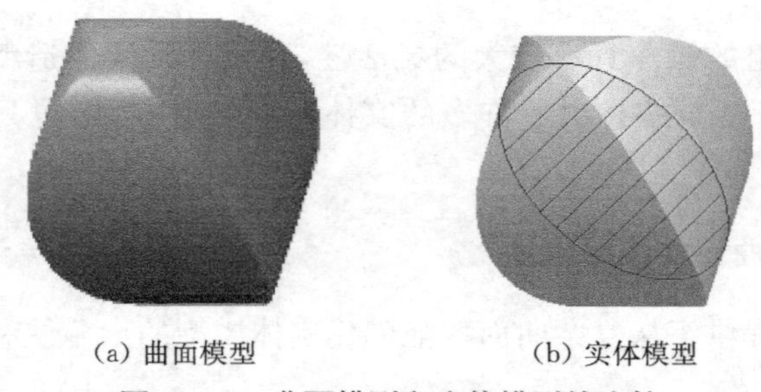

(a) 曲面模型　　(b) 实体模型

图 6－77 曲面模型和实体模型的比较

1）操作举例

(1) 打开前面所创建的图 6－64(f)创建的曲面模型。

(2) 首先选择要加厚的曲面,即要将之转换成薄板实体的曲面。

(3) 选择选择【模型】选项卡→【编辑】组→【加厚】，系统将弹出如图 6－78 所示的曲面【加厚】工具操控板。

(4) 使用缺省的【选项】面板中厚度的生长方式——【垂直于曲面】。

(5) 指定加厚特征的厚度为 5。

(6) 单击操控板右端的，完成曲面的薄板实体化操作,结果如图 6－79(b)所示。

2）说明

(1) 要转换为薄板的曲面模型可以是封闭的,也可以是开放的。

(2) 薄板的生长方向共有三种:反向、正向、两者都,单击在三者之间进行切换。

(3)【控制】面板中薄板的生长方式有三种:垂直于曲面、自动拟合、控制拟合,说明如下:

① 垂直于曲面:是系统的默认方式,沿着曲面的法线方向,即垂直于原始曲面的方向来偏移加厚曲面。

② 自动拟合：偏移和加厚曲面的操作相对于系统自动确定的坐标系进行。

③ 控制拟合：偏移和加厚曲面的操作相对于用户选定的坐标系进行，然后还要将其沿着用户指定的轴向平移。

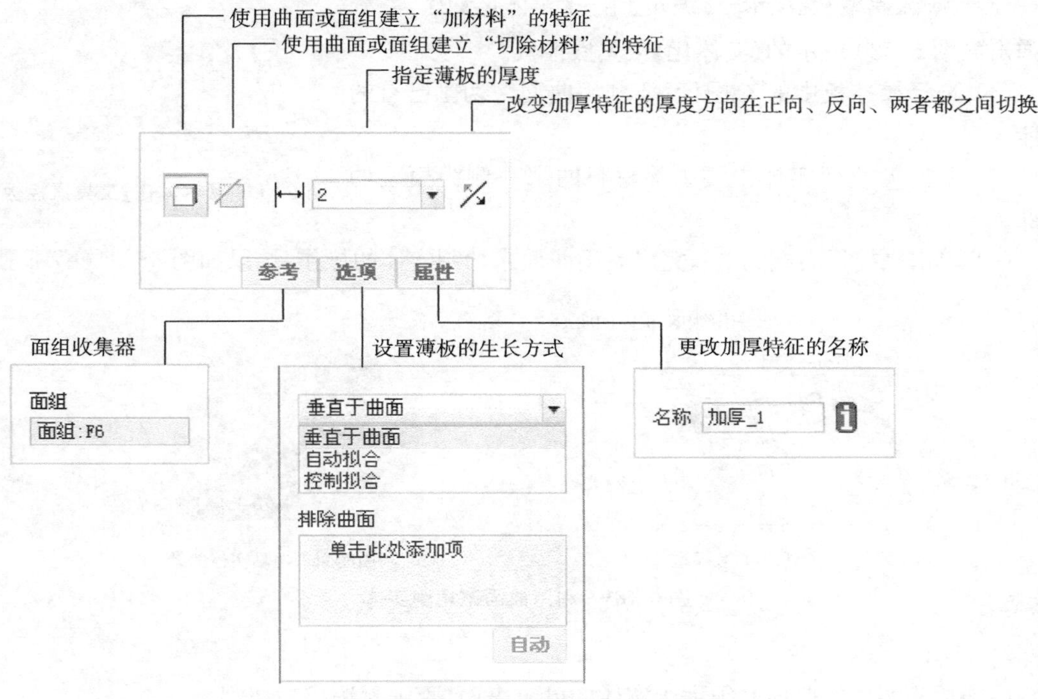

图 6－78　曲面【加厚】工具操控板

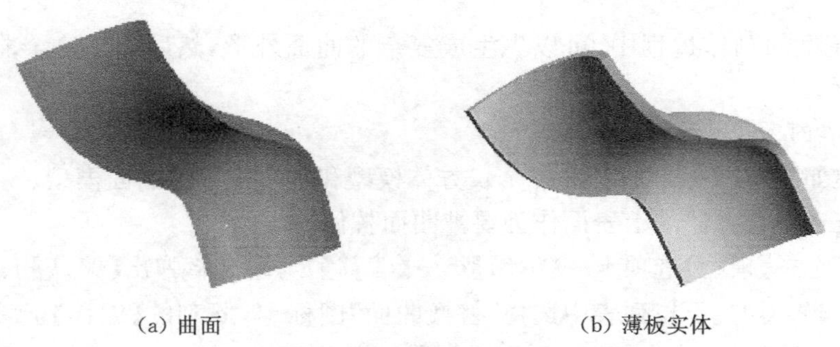

图 6－79　曲面的薄板实体化

6.4.3　利用曲面切割实体

我们利用曲面或者面组既然可以创建“加材料”的实体特征，当然也可以创建“切除材料”的特征。利用曲面对实体进行切割操作时，应该注意曲面的扩展范围不能小于实体，否则不能够切除。

1）操作举例

（1）创建一个长方体模型和一个拉伸的曲面模型，如图 6－81(a)所示。

（2）首先选择模型中的曲面作为要用来切割实体的曲面。

（3）选择【模型】选项卡→【编辑】组→【实体化】，系统将弹出如图 6－80 所示的【实体化】工具操控板。

（4）选择操控板中的图标，要利用曲面来切割已有的实体。

（5）单击改变实体中要去除材料的那一侧为模型的上部。

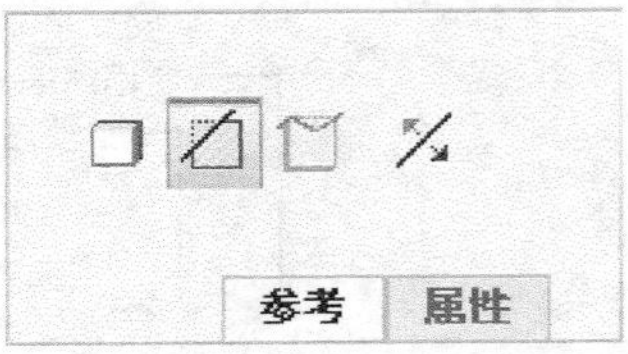

参考 属性

图 6－80 【实体化】工具操控板

（6）单击操控板右端的，完成利用曲面来切割实体的操作，结果如图 6－81(b)所示。

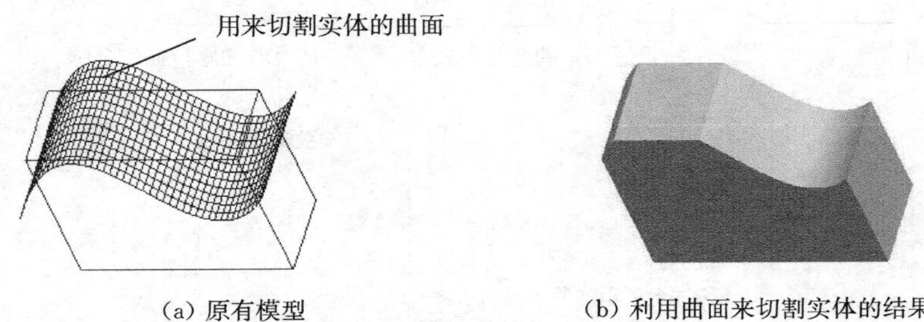

（a）原有模型　　（b）利用曲面来切割实体的结果

图 6－81 利用曲面来切割实体

2）说明

用来切割实体的曲面必须大于实体的已有表面，否则无法成功切割。

6.4.4 利用曲面替代实体的表面

在复杂模型的制作过程中，可以先生成复杂的曲面外形，然后再用这个曲面来替代实体的某个表面。

1）操作举例

（1）创建如图 6－83(a)所示的一个长方体模型和一个拉伸的曲面模型。

（2）首先选择长方体的上表面作为要被曲面替代的表面。

（3）选择选择【模型】选项卡→【编辑】组→【偏移】，系统将弹出【偏移】工具操控板 。

（4）在【偏移类型】下拉列表中选择“替换曲面”图标；此刻的【偏移】工具操控板如图 6－82 所示，选择模型中的曲面作为要替换实体曲面的面组。

（5）单击操控板右端，完成实体表面的曲面替代操作，结果如图 6－83(b)所示。

2）说明

与曲面实体化中的曲面替换实体表面的操作相比，利用曲面偏移操作实现曲面替换实体表面的操作对替换曲面的要求要低很多，曲面实体化中替换曲面的边界必须与实体表面完全重合，而曲面偏移操作中的替换曲面则基本无限制。

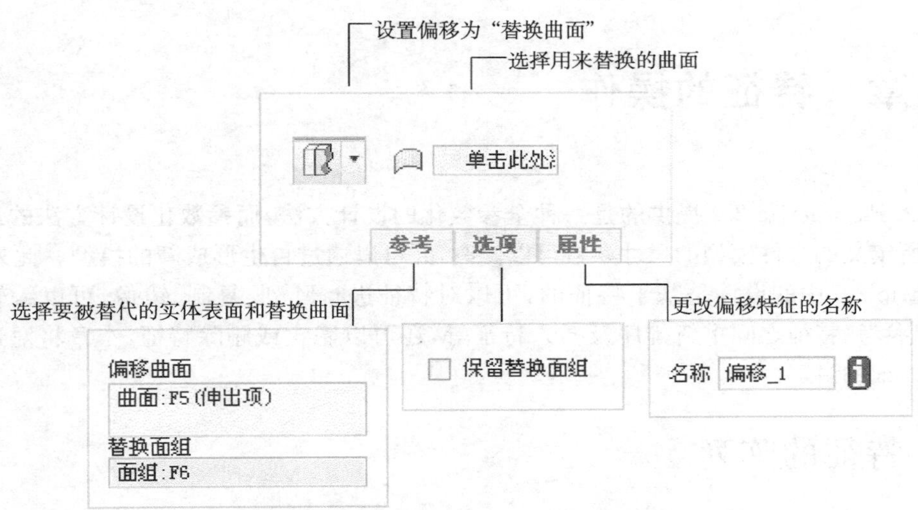

图 6-82　利用曲面来替代实体的表面时的【偏移】工具操控板

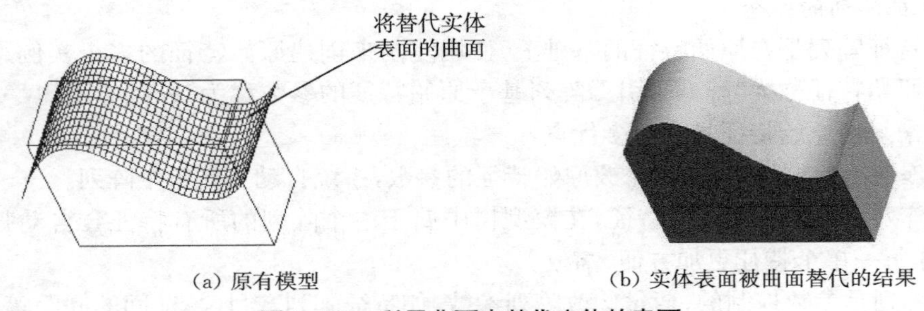

(a) 原有模型　　(b) 实体表面被曲面替代的结果

图 6-83　利用曲面来替代实体的表面

第 7 章 特征的操作

Creo Parametric 2.0 提供的是一种全参数化的设计方法，而参数化设计方法的最大优点就是所定义的零件模型的尺寸参数可以修改，并可以通过再生形成新的模型。此外 Creo Parametric 2.0 中的设计是基于特征的，可以对特征进行阵列、复制、镜像，可以编辑其定义、重定参考、特征之间重新排序及插入特征等，还可以隐含或删除特征，本章将对这些内容进行详细的讲解。

7.1 特征的阵列

7.1.1 概述

1）特征阵列的概念

实体特征阵列是在原始特征的基础上，使用复制来创建原始特征的多个实例。选定用于阵列的原始特征称为“阵列导引”，阵列基于原始特征的参数称为“阵列导引”尺寸。采用阵列方法来复制原始特征具有很多优点：

（1）阵列是参数化的，通过修改原始特征的参数，系统自动更新整个阵列。

（2）阵列表现为一个单一特征，在模型树中属于一个阵列的所有特征会自动归纳为一组，比操作每一单个特征更加方便、高效。

（3）阵列是参数控制的，通过修改阵列参数，如特征阵列数目、特征间的间距等，可修改阵列。

2）访问命令的方法

要访问阵列功能，可先选取所要阵列的特征，然后选择【模型】选项卡→【编辑】组→【阵列】，或在模型树或工作区中选中要阵列的特征右击，然后从快捷菜单中选取【阵列】命令。

3）阵列的再生类型分类

激活阵列命令后，会在 Creo Parametric 2.0 窗口顶部弹出【阵列】工具操控板，单击其中的【选项】选项卡，打开【重新生成选项】下拉列表，会出现阵列原始特征的三种阵列再生选项——【相同】、【可变】和【常规】，如图 7－1 所示。

（1）【相同】阵列

相同阵列得到的所有特征与原始特征尺寸相同，所有特征必须放置在同一平面上，子特征不得与放置平面的边缘相交，子特征之间也不能相交，如图 7－2 所示，模型文件参见“7－2.prt”。在三种选项中相同阵列的限制最多，生成速度也最快。

（2）【可变】阵列

可变阵列得到的特征可以与原始特征尺寸不同，可以将这些特征放置在不同平面上，阵列出的子特征之间不得相交，但可以与放置平面的边缘相交，如图 7－3 所示，模型文件参见“7－3.prt”。

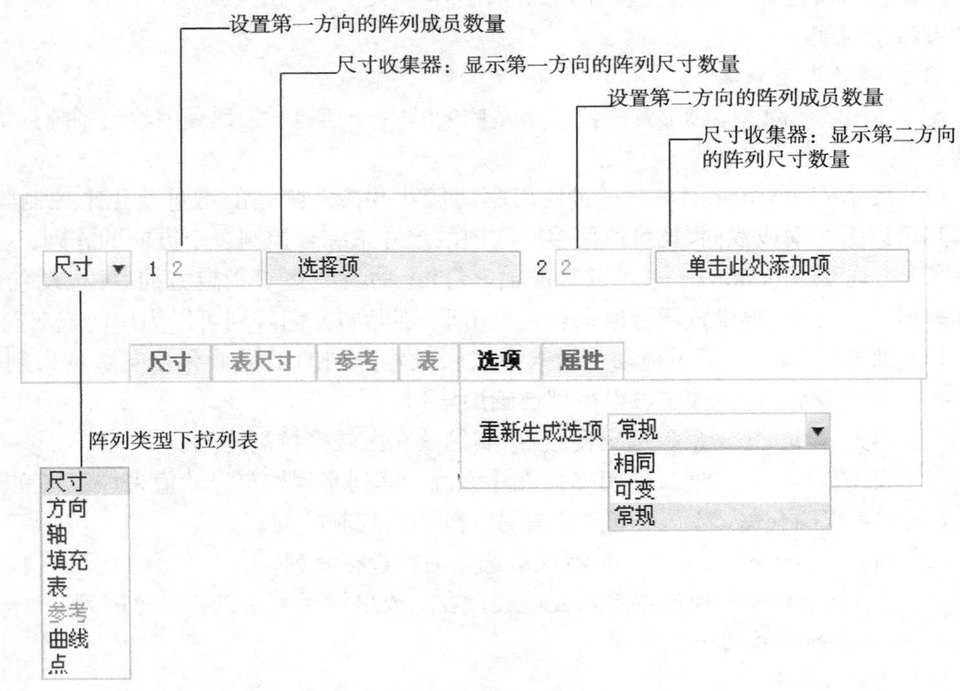

图7-1 【阵列】工具操控板

(3)【常规】阵列

Creo Parametric 2.0 对常规阵列得到的特征不做假设，系统会单独计算每个特征的几何，并分别对每个特征进行求交，因而其再生速度最慢。一般特征阵列得到的特征可以与原始特征尺寸不同，可以将这些特征放置在不同平面上，可以与放置平面的边缘相交，阵列的特征之间也可以相交，如图7-4所示，模型文件参见“7-4.prt”。

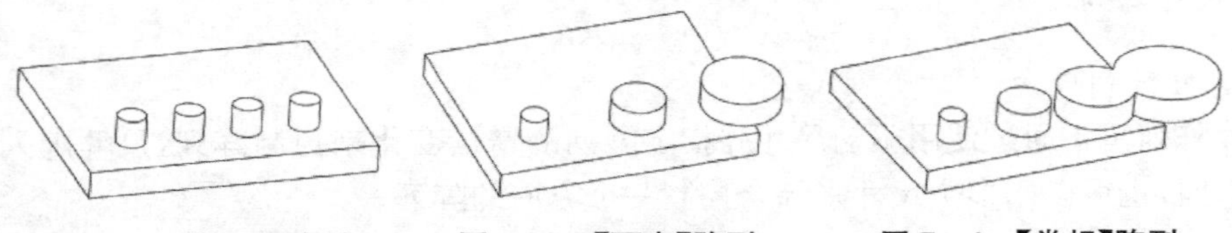

图7-2 【相同】阵列　　图7-3 【可变】阵列　　图7-4 【常规】阵列

表7-1给出了三种阵列再生选项的比较。

表7-1 三种阵列再生选项比较

阵列选项	相同	可变	常规
特征尺寸能否改变	不能	能	能
特征能否与放置平面相交	不能	能	能
特征之间能否相交	不能	不能	能
再生速度	最快	中等	最慢

为了使读者能够更好地理解阵列的应用，本节关于阵列的实例都采用常规阵列方式，除非有特别说明。

4）阵列的类型分类

图 7-1 所示的【阵列】工具操控板最左侧的【阵列类型】下拉列表中给出了阵列的类型，包括：

(1) 尺寸 (Dimension)——通过使用驱动尺寸并指定阵列的增量变化来控制阵列，尺寸阵列可以为单向或双向，也可以用多个方向的尺寸来综合控制一个方向的阵列。

(2) 方向 (Direction)——通过基准轴、零件上的直线边等指定方向，并拖动句柄来设置阵列增长的方向，再设置增量值来创建自由形式阵列，方向阵列可以为单向或双向。

(3) 轴 (Axis)——通过拖动句柄等方式来设置阵列的角增量和径向增量来创建自由形式径向阵列，利用轴方式也可以得到螺旋形阵列。

(4) 填充 (Fill)——根据选定栅格，用实例填充区域来控制阵列。

(5) 表 (Table)——通过使用阵列表并为每一阵列实例指定尺寸值来控制阵列。

(6) 参考 (Reference)——通过参考另一阵列来控制阵列。

(7) 曲线 (Curve Line)——将特征沿选定曲线进行阵列。

(8) 点 (Point)——通过将阵列成员放置在点或坐标系上来创建一个阵列。

5）特征阵列操作的一般步骤

(1) 选取要阵列的父特征。

(2) 执行阵列命令。

(3) 选取特征阵列方式。

(4) 选取尺寸增量方式。

(5) 确定阵列数目。

(6) 完成。

阵列创建方法各不相同，这主要取决于阵列类型，下面将对常用的阵列方式进行介绍。

7.1.2 尺寸阵列

1）尺寸阵列概念

尺寸阵列是指通过使用驱动尺寸并指定阵列的增量变化来控制阵列，尺寸阵列可以为单向或双向，也可以用多个尺寸来综合控制一个方向的阵列。

2）尺寸阵列说明

(1) 通过尺寸阵列可以创建单方向阵列，也可以创建双方向阵列。

(2) 在某个方向的阵列控制中，可以由一个尺寸来进行驱动，也可以由两个或两个以上的尺寸共同进行驱动。

(3) 通过尺寸阵列，可以方便地建立如下两种常见的阵列形式：线性阵列和旋转阵列。对于旋转阵列，必须要有角度尺寸作为驱动，例如孔特征中使用【径向】或【直径】定位方式时则可包含角度尺寸，草绘特征中可以通过包含有角度参考的基准面或基准线等作为草绘的参考。创建一个具有良好的阵列导引尺寸的阵列原始特征，对于成功地创建特征的阵列具有重要作用。

(4) 特征的定形尺寸和定位尺寸均可作为特征阵列的驱动尺寸，定形尺寸控制阵列特征在形状上的变化，而定位尺寸则控制阵列特征的位置分布。

(5) 需删除阵列特征时，可以在模型树中右击阵列特征，在弹出的快捷菜单中选择【删除阵列】或【删除】，如果选择了【删除阵列】，则会将阵列出的特征删除，但保留原始的阵列父特征；如果选择了【删除】项，则阵列出的特征和原始父特征会被一并删除。

(6) 我们可以使用关系来控制各个阵列特征的驱动尺寸值，系统会根据输入的关系式来计算每一个阵列特征的位置及形状。关系式中的系统变量说明如下：

memb_v——指定当前方向中的关系驱动最终尺寸；

memb_i——指定当前方向中的关系驱动增量；

lead_v——leader 值(确定当前方向的尺寸值)；

idx1——第一方向阵列实例索引；

idx2——第二方向阵列实例索引。

需要注意的是，不能在同一关系中同时使用 memb_v 和 memb_i。

3) 尺寸阵列举例

下面我们将通过如下几个实例来说明尺寸阵列的使用方法。

【例1】 通过两个定位尺寸来构建两个方向的线性阵列——由图7-5所示的原始特征及其定位尺寸建立图7-6所示的阵列特征。

(1) 打开图7-5所示的零件——“7-5.prt”。

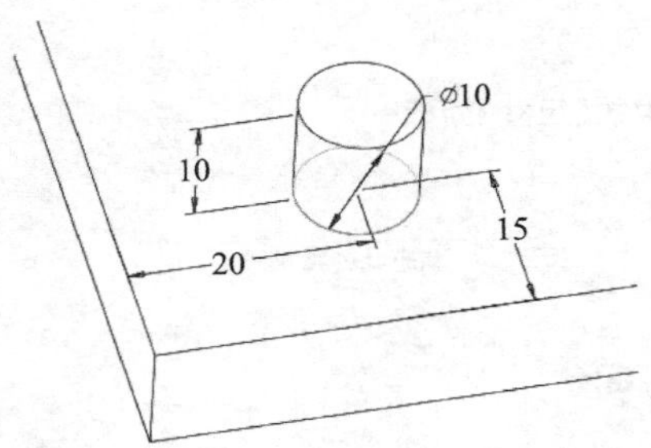

图7-5　原始特征及其控制尺寸

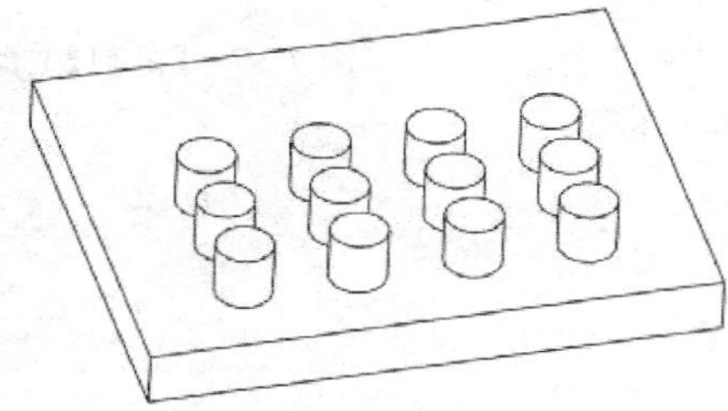
图7-6　阵列结果

(2) 选中上面的圆柱凸台特征，单击【模型】选项卡→【编辑】命令组→【阵列】；或选中圆柱凸台特征右击，从快捷菜单中选取【阵列】命令，系统将弹出如图7-1所示的【阵列】工具操控板，缺省的阵列类型为尺寸阵列。同时在模型上显示出可供选择的阵列方向尺寸，如图7-5所示。

(3) 单击【尺寸】选项卡，弹出相应的【尺寸】面板，如图7-7所示。激活“方向1”收集器并选择尺寸20，可以看到所选尺寸已经列在“方向1”收集器中，【增量】接受其默认值20。

(4) 激活“方向2”收集器，选择尺寸15作为其参考尺寸，增量值为13，如图7-7所示。

(5) 在操控板中分别输入方向1和方向2的阵列成员数量为4和3。

(6) 单击操控板的按钮，得到的阵列结果如图7-6所示。

【例2】 建立两个定位尺寸和一个定形尺寸共同驱动的单方向线性阵列。

(1) 打开图7-5所示的零件——“7-5.prt”。

(2) 选择上面的圆柱凸台特征，激活阵列命令。缺省的阵列类型为尺寸阵列。

(3) 单击【阵列】工具操控板中的【尺寸】选项卡，系统弹出相应面板。激活“方向1”收集器并选择尺寸 20，然后按住【Ctrl】键继续选择尺寸 15 和圆柱的高度尺寸 10，各尺寸参见图 7－5。可以看到所选的三个尺寸均列在“方向 1”收集器中，分别输入三个尺寸的增量 20、13 和 5，如图 7－8 所示。

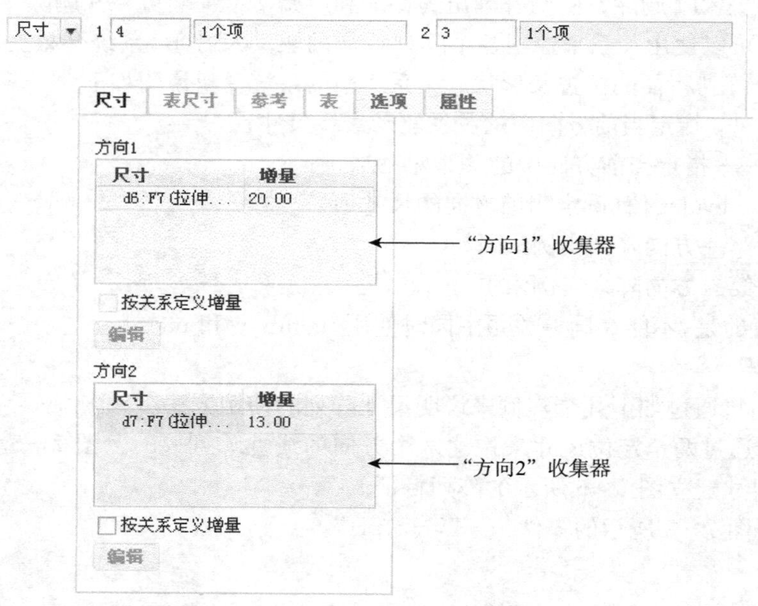

图 7－7 【阵列】工具操控板中的【尺寸】面板一

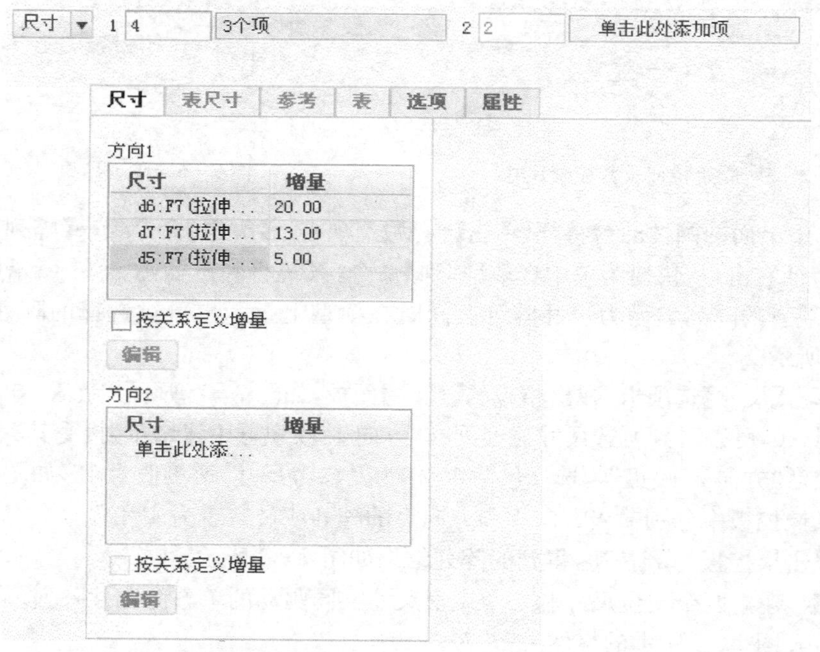

图 7－8 【阵列】工具操控板【尺寸】面板二

(4) 输入方向1的阵列成员数量为4。

(5) 单击操控板的✓按钮,得到的阵列结果如图7-9所示。

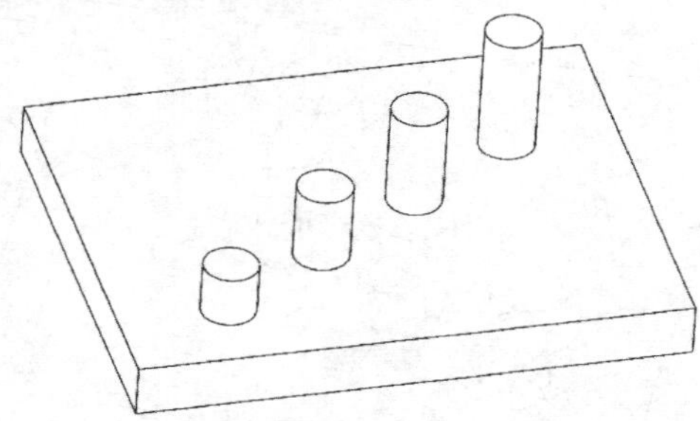

图7-9　特征阵列结果

【例3】　建立双方向的平行四边形阵列,一个方向上由两个定位尺寸和一个定形尺寸共同驱动,另一个方向上则由一个定位尺寸和一个定形尺寸进行驱动。

(1) 打开图7-5所示的零件——“7-5.prt”。

(2) 选择上面的圆柱凸台特征,激活阵列命令,接受默认的【尺寸】阵列类型。

(3) 单击【阵列】工具操控板中的【尺寸】选项卡,弹出相应面板。激活“方向1”收集器并选择尺寸∅10,然后按住【Ctrl】键继续选择尺寸20和尺寸15,各尺寸参见图7-5。可以看到所选的三个尺寸均列在“方向1”收集器中,分别输入三个尺寸的增量-2、20和10,如图7-10所示。

(4) 激活“方向2”收集器,选择尺寸15和∅10作为其参考尺寸,增量值分别为13和3,如图7-10所示。

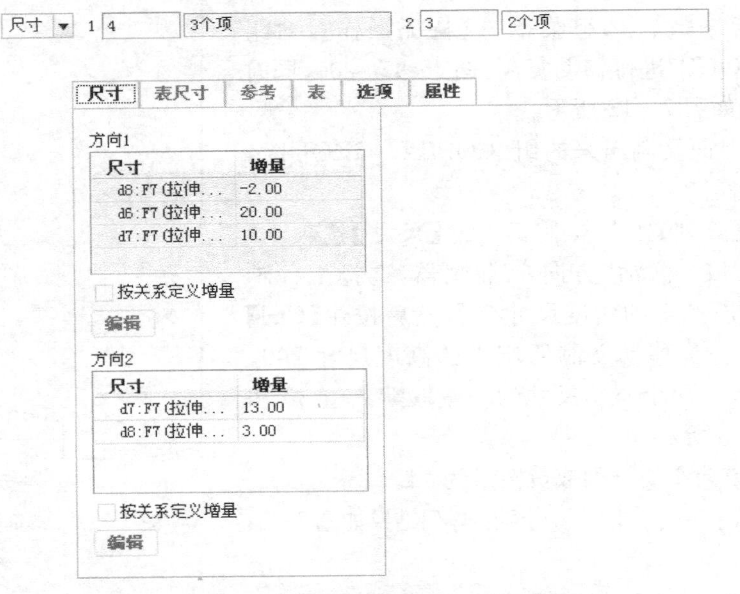

图7-10　【阵列】工具操控板【尺寸】面板三

(5) 分别指定方向1和方向2的阵列成员数量为4和3。

(6) 单击操控板的✓按钮,得到的阵列结果如图 7－11 所示。

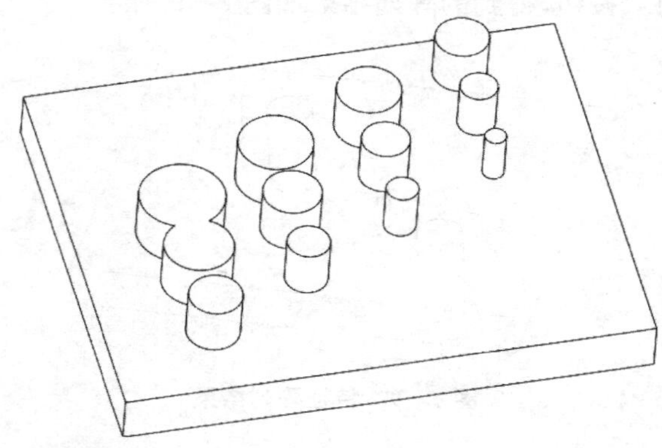

图 7－11　特征阵列结果

【例 4】 螺旋阵列的创建——旋转楼梯。

(1) 打开如图 7－12 所示的零件"7－12.prt"。为了方便、高效地对多个特征进行整体的复制或阵列,经常需要先将这些特征进行成组操作,然后再对组进行复制或阵列。首先在模型树中按住【Ctrl】键并依次点选"旋转 1"、"拉伸 2"、"PNT0"三个特征,然后点击鼠标右键,在弹出菜单中选择【组】命令,建立组——"LOCAL_GROUP"。

(2) 如果原始特征创建时没有提供合适的导引尺寸,可以通过特征的旋转、移动等复制方式来获得我们所需的导引尺寸,然后对复制的特征进行阵列。选择【模型】选项卡→【操作】组菜单→【特征操作】,对组"LOCAL_GROUP"进行移动复制,向上移动 200,同时旋转移动 30°,如图 7－12 所示。

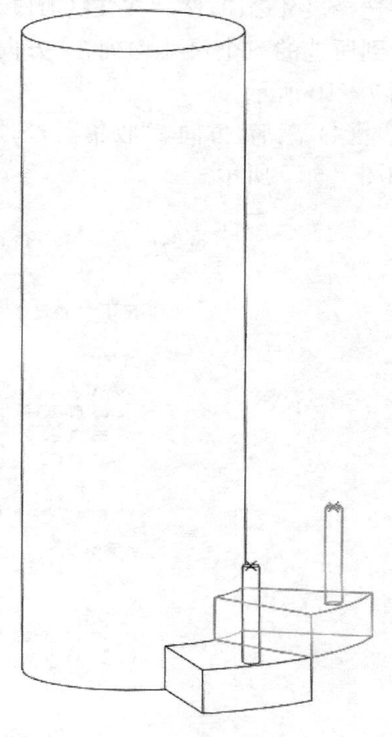

图 7－12　特征控制尺寸

(3) 选中上面复制出来的组"COPIED_GROUP",对其进行阵列操作。

(4) 单击【阵列】工具操控板上的【尺寸】选项卡,弹出【尺寸】面板。激活"方向 1"收集器,选择上一步旋转复制操作所产生的角度尺寸 30°,然后按住【Ctrl】键继续选择上一步移动复制所产生的高度尺寸 200,如图 7－12 所示,两个驱动尺寸的增量取默认值 30 和 200,如图 7－13 所示。

(5) 指定方向 1 的阵列成员数量为 14。

(6) 单击操控板的✓按钮,得到的阵列结果如图 7－14 所示。

(7) 通过模型上的一系列基准点 PNT0、PNT1、PNT2、…、PNT14,采用【样条】方式的管道特征创建楼梯的扶手。注意:Creo Parametric 2.0 默认的【模型】选项卡中并没有提供"管道"特征,单击【文件】下拉菜单中的【选项】,在获得的【Creo Parametric 选项】对话框左侧列表中选择【自定义功能区】，然后在对话框中间的命令区选择【不在功能区中的命令】，即可选择【管道】命令，如图 7－15 所示，最后将其加入到新建选项卡，即可使用该特征。利用旋转特征可以进一步完成扶手两端的球形特征的建立。管道特征、球形特征建立的参数及过程此处予以省略，可以参见结果模型——“7－16.prt”，如图 7－16 所示。

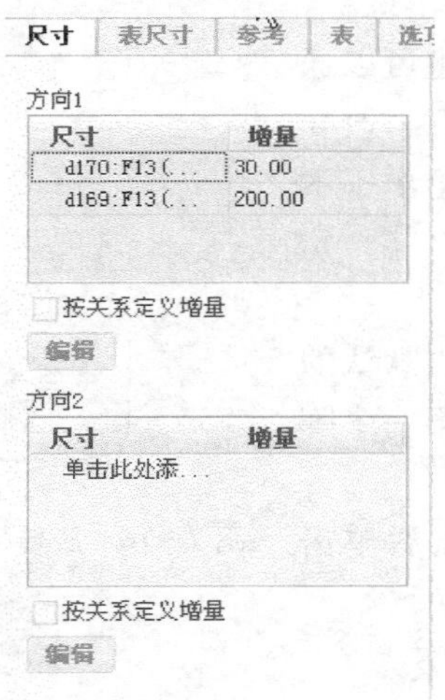

图 7－13　【阵列】工具操控板【尺寸】面板 3

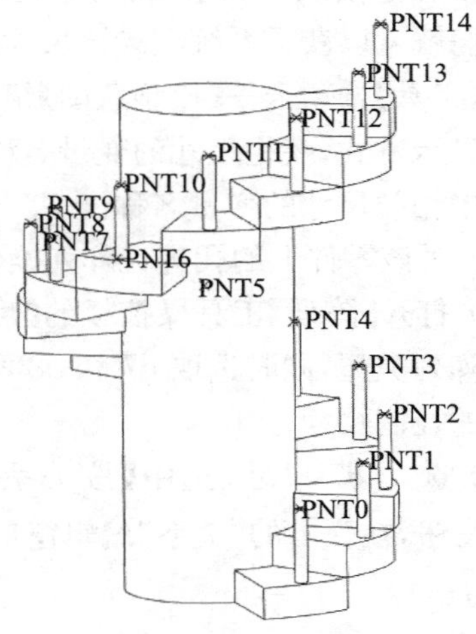

图 7－14　特征阵列结果

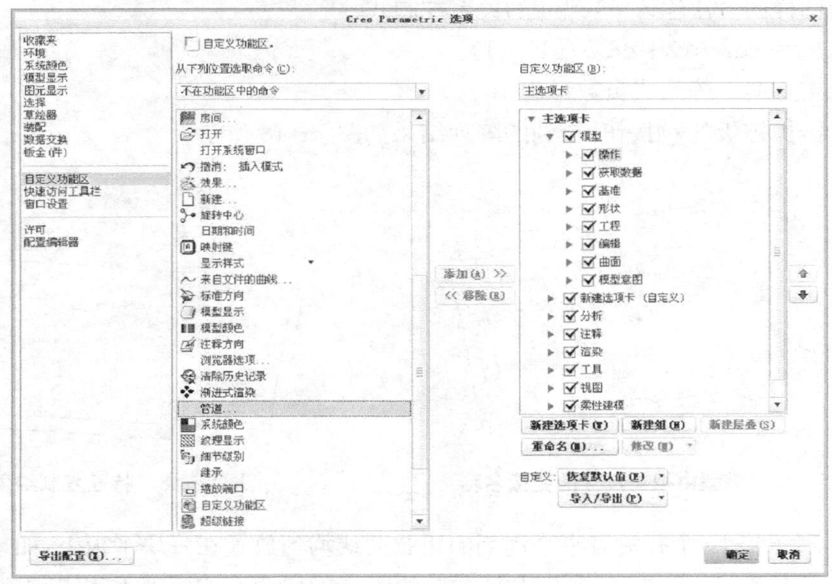

图 7－15　【Creo Parametric 选项】对话框

本例主要说明了原始特征中不包含所需阵列导引尺寸的一种处理方法，即通过特征的复制获得所需的阵列导引尺寸。实际上，要获得本文的旋转楼梯模型，可以不通过特征复制的方法，而直接利用“轴”的阵列方式，同时配合轴线方向的高度尺寸控制，获得同样的结果，该方法更为方便、快捷，读者可自行练习。

【例 5】 利用关系对驱动尺寸值进行控制，建立如图 7-18 所示的沿正弦曲线分布的孔阵列。

(1) 打开图 7-17 所示的零件“7-17.prt”。要在关系中使用相关尺寸参数，必须要首先获得该尺寸的变量名称，将光标停留在想要获取其名称的尺寸上，然后系统弹出球标，从中我们就可以获得系统记录该尺寸的变量名称；也可以通过单击【工具】选项卡→【模型意图】组→【切换符号】，改变尺寸的显示方式，获得尺寸的变量名称。图 7-17 给出了本例模型中相关尺寸的变量名称。

(2) 对该零件上的孔进行阵列操作。

(3) 打开【阵列】工具操控板的【尺寸】面板，接收默认的【尺寸】阵列类型，同时选取 d7 和 d8 两个尺寸作为第一个阵列方向的控制尺寸。

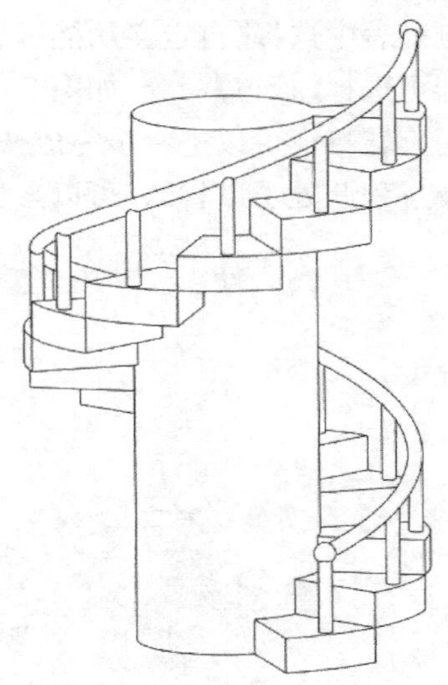

图 7-16 旋转楼梯结果模型

(4) 选择 d7 尺寸，选中【按关系定义增量】，然后单击 编辑 按钮，在弹出的“关系”编辑窗口中输入：

incr=180/(10−1) (7-1)

memb_v = lead_v + 100 * sin(incr * idx1) (7-2)

完成后保存，退出编辑窗口。

(5) 用同样的方法输入 d8 尺寸的关系控制式：

memb_i = (d2−(2 * d8))/(10−1) (7-3)

(6) 指定方向 1 阵列成员数量为 10。

(7) 单击操控板的✓按钮，得到的阵列结果如图 7-18 所示。

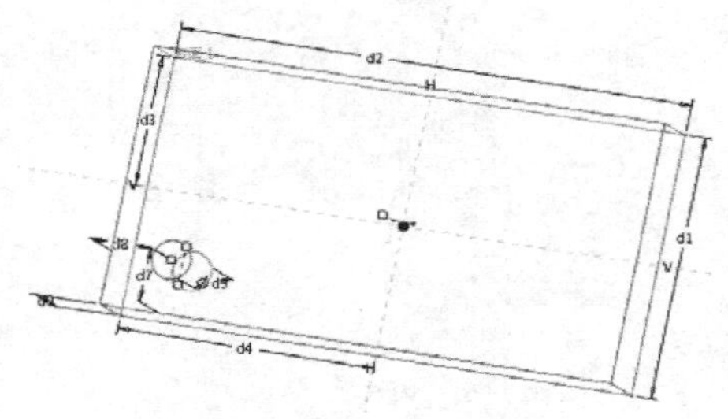

图 7-17 模型中相关尺寸的变量名称

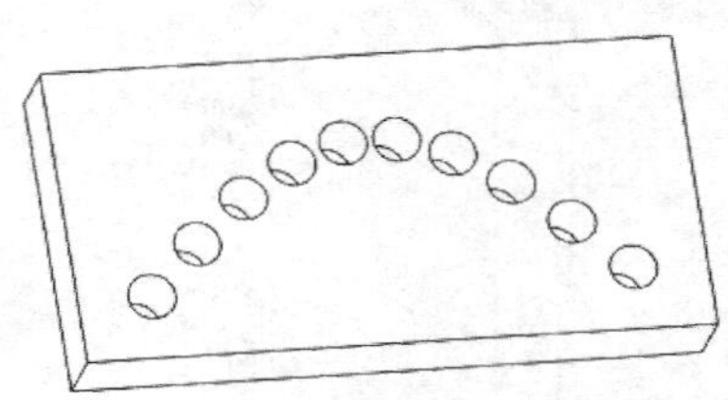

图 7-18 特征复制结果

本例实现了将 10 个孔沿着半个周期的正弦曲线均匀放置在一块平板上，如果我们修改了前面的平板长度，后面的 10 个孔水平方向的距离间隔也会自动地作相应调整。进一步地，如果我们要将任意数量的孔沿着半个周期的正弦曲线均匀放置在这块平板上，只需对前面的阵列特征进行编辑操作，在 Creo Parametric 2.0 中查出表示该阵列数量的参数——“p62”(系统自动生成该变量，此处假设为“p62”)，然后用“p62”替换式 7-1、式 7-3 中的“10”，最后可将阵列数量调整所需数值即可，图 7-19 给出了将阵列数量调整为 25 后的结果，具体可以查看本例的结果模型——“7-19.prt”。

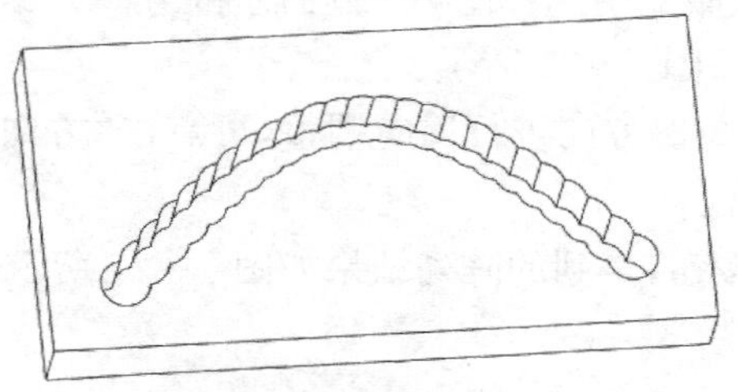

图 7-19　阵列数量调整为 25 后的阵列结果

7.1.3　方向阵列

1）方向阵列概念

通过基准轴、零件上的直线边、平面、坐标轴等参考对象来指定特征阵列的方向，再设置这些方向上的增量值来创建自由形式阵列。

2）方向阵列说明

（1）利用方向阵列也可以创建单向或双向阵列。

（2）要更改阵列成员的创建方向，如将原来向左的阵列改为向右，可向相反方向拖动放置控制滑块，也可单击【阵列】工具操控板中“方向”参考后的 ⁄ 按钮，还可以在工具操控板文本框中键入负增量。

（3）在某个方向上没有合适的驱动尺寸的情况下，可以利用该方向上的边、轴线等快速创建出沿该方向的阵列特征。

3）方向阵列举例

【例 6】　利用方向阵列，由图 7-5 所示的零件模型创建如图 7-22 所示的阵列特征。

（1）打开图 7-5 所示的零件“7-5.prt”。

（2）选择长方体上表面的圆柱凸台进行阵列操作。

（3）在【阵列】工具操控板的【阵列类型】下拉列表中选择【方向】。

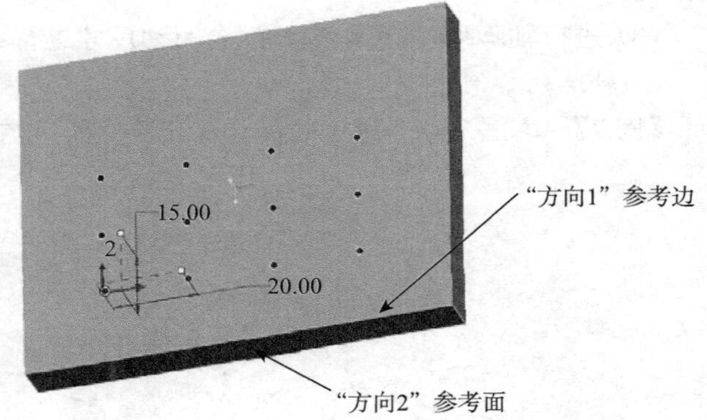

图 7-20　特征阵列的方向参考

（4）在操控板的“方向 1”参考收集器中选择图 7-20 所示的“方向 1”参考边，输入该方向的阵列数目 4，特征之间的间距 20，如图 7-21 所示。

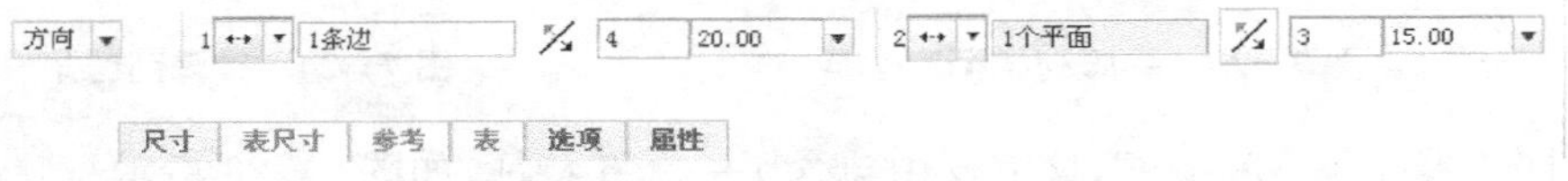

图 7-21　【方向】阵列工具操控板

(5) 在"方向 2"参考收集器中选择图 7-20 所示的方向 2 参考面,输入该方向的阵列数目 3,特征之间的间距 15,如图 7-21 所示。

(6) 如需要,对阵列成员的方向进行反向调整,可点击"方向 1"参考和"方向 2"参考后的 ⁄ 按钮,对阵列进行反向。

(7) 单击操控板的✓按钮,得到的阵列结果如图 7-22 所示。

图 7-22 特征阵列的结果

7.1.4 轴阵列

1) 轴阵列概念

通过围绕一选定轴线并设置阵列的角增量来创建旋转阵列特征,配合径向增量等也可以建立螺旋形阵列。

2) 轴阵列说明

(1) 利用轴阵列可以创建单向或双向阵列。

(2) 在父特征没有合适的角度驱动尺寸的情况下,可以利用该类型的阵列快速建立旋转阵列。

(3) 进行轴阵列时,可以同时配合驱动尺寸进行灵活的特征阵列控制。

3) 轴阵列举例

【例 7】 由图 7-23 所示的模型及其孔特征,建立如图 7-24 所示的阵列特征。

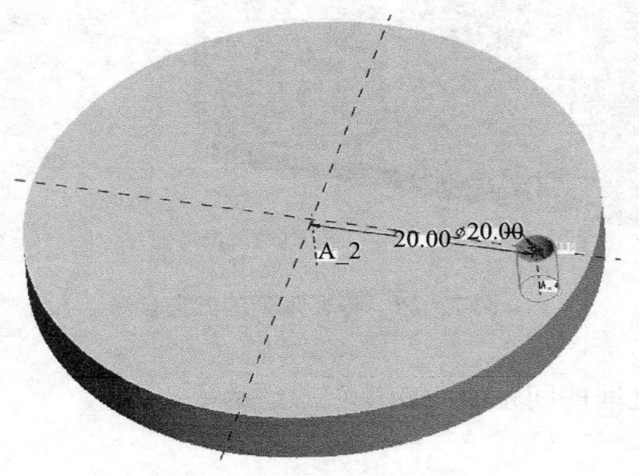

图 7-23 轴阵列模型

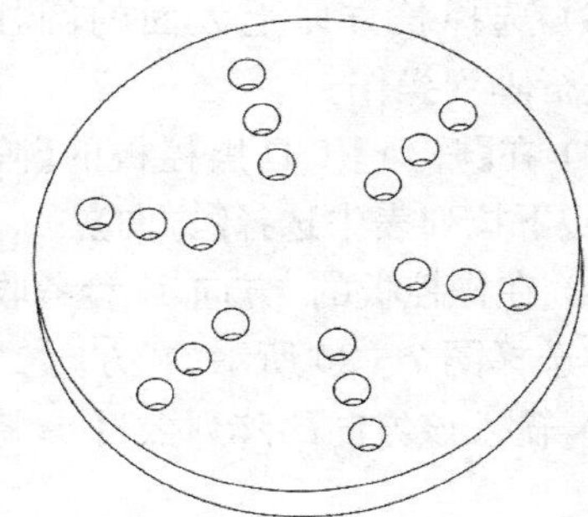

图 7-24 轴阵列结果

(1) 打开零件"7-23.prt",该零件中包含了一个孔特征,如图 7-23 所示。

(2) 选中孔特征,然后激活阵列命令。

(3) 在【阵列】工具操控板的【阵列类型】下拉列表中选择【轴】阵列方式,选取图 7-23

中的“A_2”轴作为创建阵列的轴参考。

(4) 在图 7－25 所示的操控板中指定方向 1 的阵列成员数量为 6，阵列成员之间的角度为 60°。

(5) “方向 2”阵列成员数量默认值为 1，表示只在一个圆周上的阵列特征，如果“方向 2”阵列成员数量设置为大于 1 的某个整数值，则表示对特征在多个圆周上进行阵列，同时需要输入各个圆周之间的径向距离。本例设置第二方向控制阵列数量为 3，径向距离为－30（工具操控板中实际显示仍然为 30，但已经将径向尺寸方向作了相应改变），如图 7－25 所示。

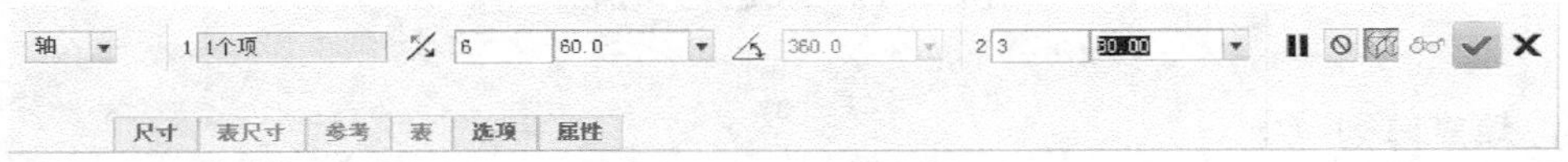

图 7－25　【轴】阵列工具操控板

(6) 单击操控板的✓按钮，得到的阵列结果如图 7－24 所示。

【例 8】　由图 7－23 所示的模型及其孔特征，建立如图 7－27 所示的螺旋阵列特征。

(1) 打开零件模型——“7－23.prt”，该模型中包含了一个孔特征，如图 7－23 所示。

(2) 选中孔特征，然后激活阵列命令。

(3) 在【阵列】工具操控板的【阵列类型】下拉列表中选择【轴】阵列方式，选取图 7－23 中的“A_2”轴作为创建阵列的轴参考。

(4) 在方向 1 中，选择图 7－23 中的尺寸 120 作为阵列的导引尺寸，尺寸增量设置为－5，如图 7－26 所示。

(5) 指定方向 1 的阵列成员数量为 18，阵列成员间的角度为 30°。方向 2 的阵列成员数量取默认值 1。

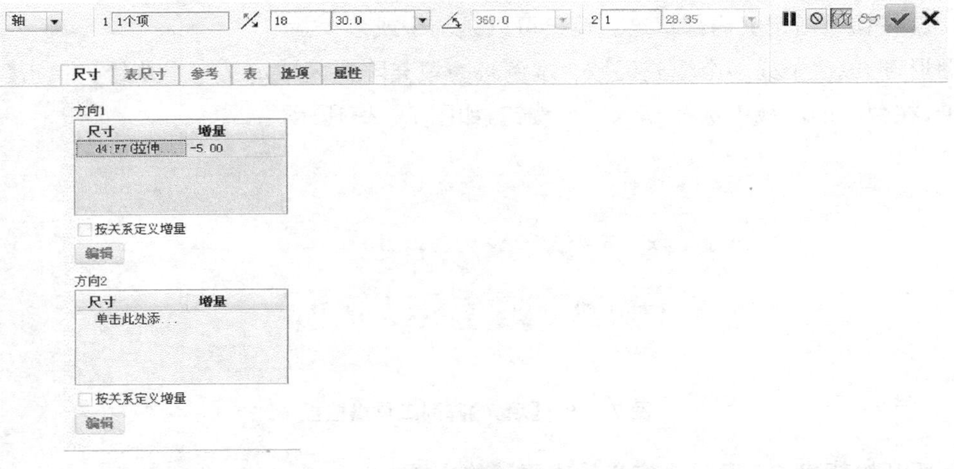

图 7－26　螺旋阵列工具操控板

(6) 单击操控板的✓按钮，得到的阵列结果如图 7－27 所示。

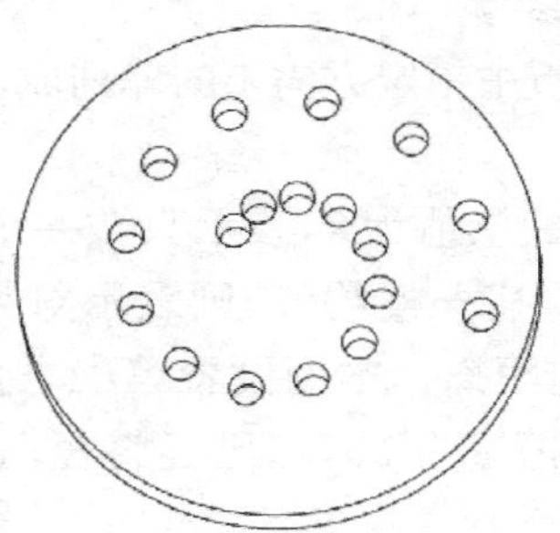

图 7-27　螺旋阵列结果

7.1.5　填充阵列

创建“填充”阵列是以栅格来定位特征实例,实现整个区域的特征实例的填充。可从几个栅格模板中(如正方形、菱形、六边形等)选取一个模板,并指定栅格参数(如阵列成员中心距、圆形和螺旋形栅格的径向间距、阵列成员中心与区域边界间的最小间距以及栅格围绕其原点的旋转角度等),可进行新的草绘或选取已有的草绘来定义填充区域。

【例 9】　建立不同方式的填充阵列。

(1) 打开“7-28.prt”零件,该零件中包含了一个孔特征,如图 7-28 所示。

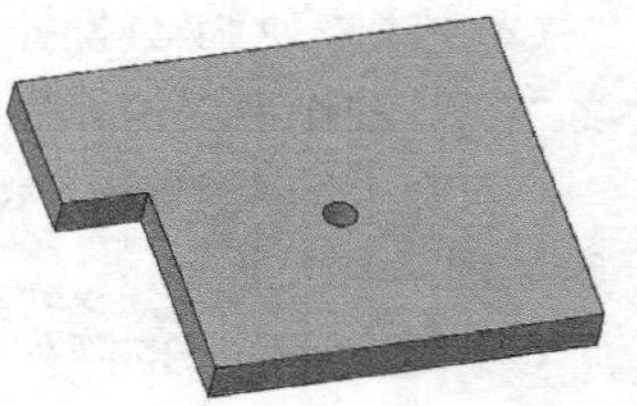

图 7-28　填充阵列模型

(2) 选中孔特征,然后激活阵列命令。

(3) 选择【填充】阵列方式,得到如图 7-29 所示的【填充】阵列工具操控板,在没有指定填充所需的草绘区域前,阵列形状、阵列尺寸等均为灰色,处于不可操作状态。用户可通过 选择 1 个 选择已经存在的草绘,或者选择【参考】面板中的 定义... 按钮重新定义内部草绘。草绘可以是一个或多个封闭的图形,形成一个或多个填充区域。本例将为填充阵列区域定义一个草绘。单击【参考】选项卡,在弹出的面板中选择 定义... 按钮,如图 7-29 所示。

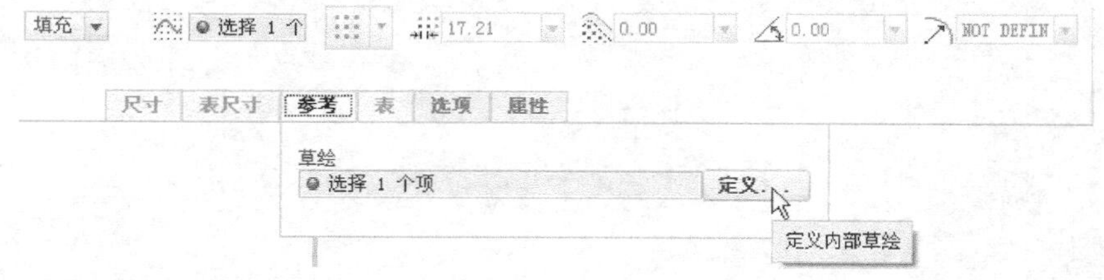

图 7-29　【填充】阵列工具操控板

下面开始新建一个草绘来定义填充区域的边界。

(4) 选择立体的上表平面作为草绘平面,用 □ 按钮来绘制和平板边界重合的草绘截面,如图 7-30 所示,完成后退出草绘。

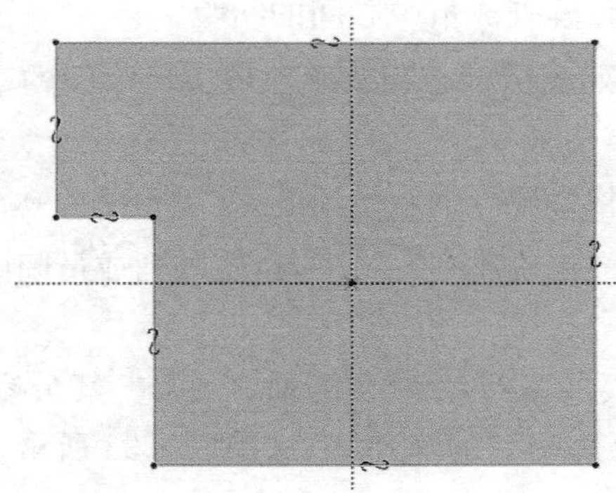

图 7-30　草绘填充区域

(5) 此时，操控板中的栅格模板、栅格参数（距离、角度）等控制项已经被激活，如图 7-31 所示。

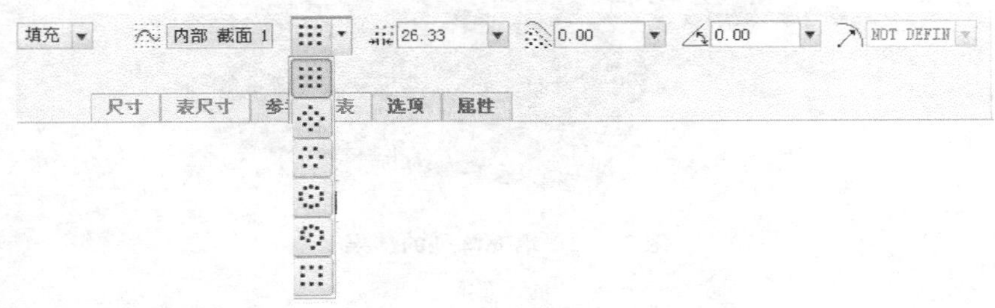

图 7-31　【填充阵列】工具操控板

其中：

① 栅格模板列表中提供了正方形、菱形、六边形、圆、螺旋、草绘曲线等六种栅格模板，用于控制各个阵列成员的分隔方式，如图 7-32 所示。

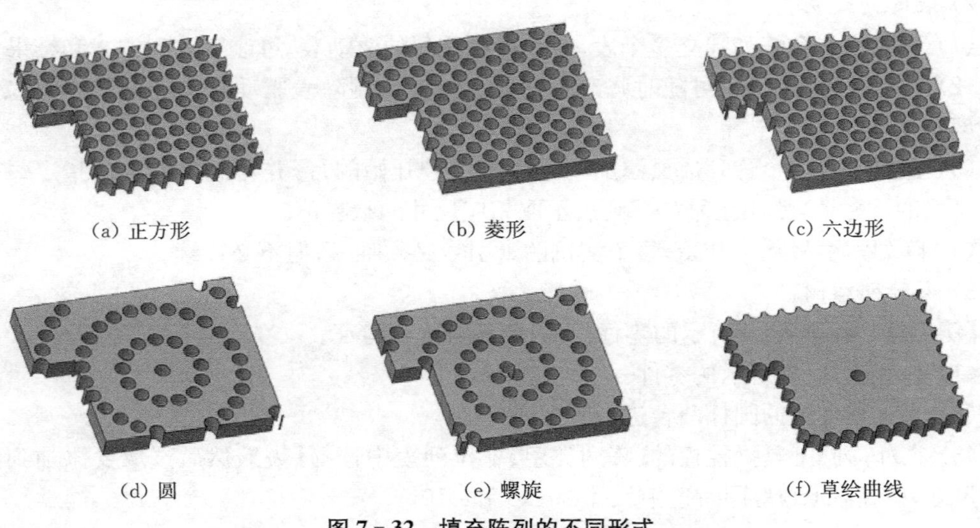

(a) 正方形　(b) 菱形　(c) 六边形

(d) 圆　(e) 螺旋　(f) 草绘曲线

图 7-32　填充阵列的不同形式

② 26.33 :设置各个阵列成员中心间的间距。

③ 0.00 :设置阵列成员中心和草绘区域边界之间的最小距离,负值允许中心位于草绘区域之外。

④ 0.00 :设置栅格绕原点的旋转角度,其缺省值为 0。

⑤ NOT DEFINED :在圆形或螺旋排列方式下,设置阵列成员间中心间的径向间距,其他方式下,该选项无效。

本例中,我们选择栅格模【以菱形分隔各阵列成员】,其余参数用默认值。

(6) 单击操控板的按钮,得到的阵列结果如图 7 - 33 所示。

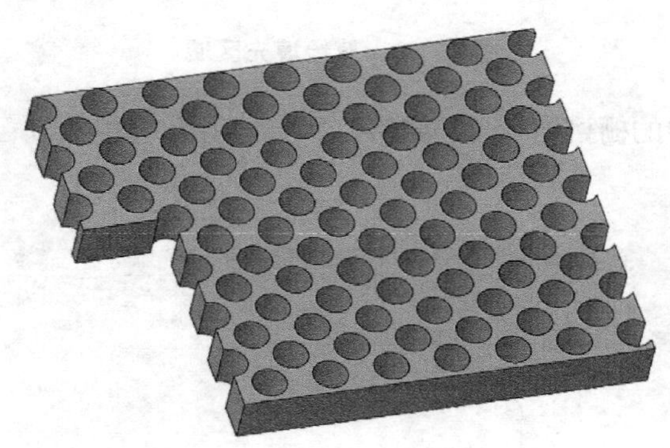

图 7 - 33 填充阵列的结果

7.1.6 表阵列

1) 表阵列概念

通过一个可编辑表,为阵列的每个实例指定唯一的尺寸,可使用表阵列创建特征的不规则阵列。

2) 表阵列说明

(1) 可以为一个阵列建立多个表,通过变换阵列的驱动表,可改变阵列方式和结果。

(2) 在创建阵列之后,可随时修改阵列表。隐含或删除表驱动阵列的同时也将隐含或删除该阵列导引。

(3) 在表中为每个阵列成员添加一个以索引号开始的行,并为此阵列成员指定每一个控制尺寸的尺寸值,使用星号"*"则表示取相应尺寸的缺省值。

(4) 阵列索引号从 1 开始,每个实例的索引号必须唯一,但不必连续。

3) 表阵列举例

【例 10】 由图 7 - 5 所示的零件模型,创建表阵列特征。

(1) 打开图 7 - 5 所示的零件——"7 - 5.prt"。

(2) 对该零件上的圆柱凸台进行阵列操作。

(3) 在【阵列】工具操控板的【阵列类型】下拉列表中选择【表】,然后选取要添加到阵列表的尺寸,按住【Ctrl】键同时选中尺寸 20、15 和∅10。

(4) 单击操控板中的 编辑 按钮,为表添加如图 7 - 34 所示的三行元素,完成后退出表编辑对话框。

(5) 单击操控板的✓按钮,得到的阵列结果如图7-35所示。

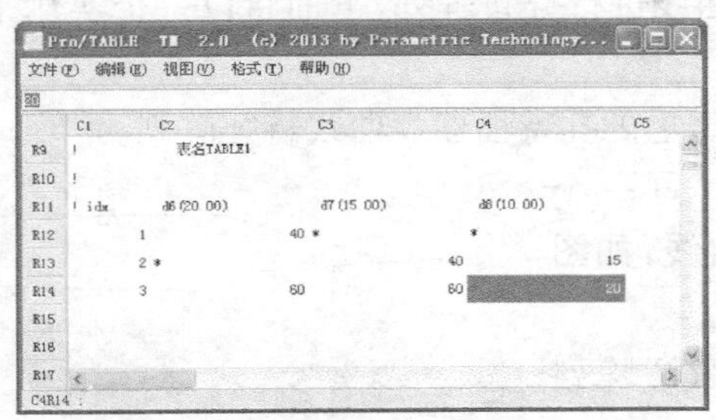

图7-34 阵列表编辑对话框

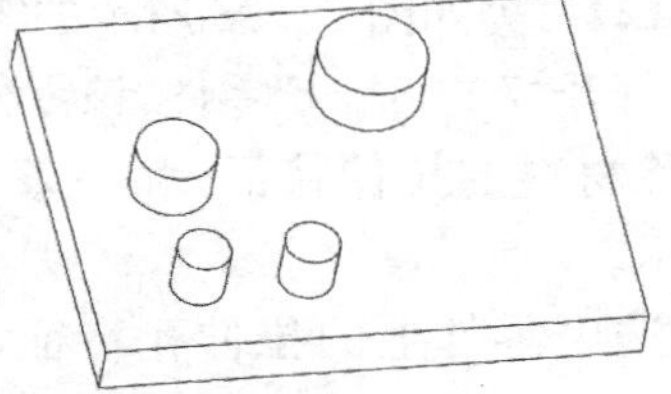

图7-35 表阵列结果

7.1.7 参考阵列

1) 参考阵列概念

参考阵列是利用已经存在的阵列来产生一个新的阵列。

2) 参考阵列说明

(1) 在已有阵列的父特征的基础上继续添加新的特征时,如果希望该新添加的特征运用于前面阵列出的所有特征时,可以使用参考阵列。

(2) 参考阵列的实例号总是与初始阵列相同,因此阵列参数不用于控制参考阵列。

(3) 如果新添加的特征没有在已有阵列的父特征上进行,就不能对该新特征使用参考阵列。

3) 参考阵列举例

【例11】 在图7-36所示的孔特征基础上建立如图7-37所示的参考阵列特征。

(1) 打开"7-36.prt"零件,该零件中包含了一个圆柱体的阵列,在该阵列的父特征圆柱体上添加了一个孔特征,如图7-36所示。

(2) 选中孔特征,然后激活阵列命令。

(3) 系统默认以【参考】方式来进行阵列。直接点击操控板的✓按钮,得到的阵列结果如图7-37所示。

注意: 为了能顺利实现特征的参考阵列,该参考阵列的父特征必须添加到已有阵列的父特征上(阵列特征树下的包含的第一个特征即为该阵列的父特征),否则这些后加入的特征不能正常进行参考阵列。

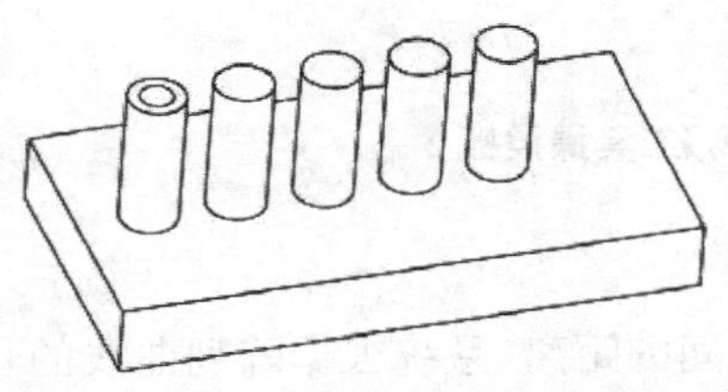

图7-36 参考阵列零件

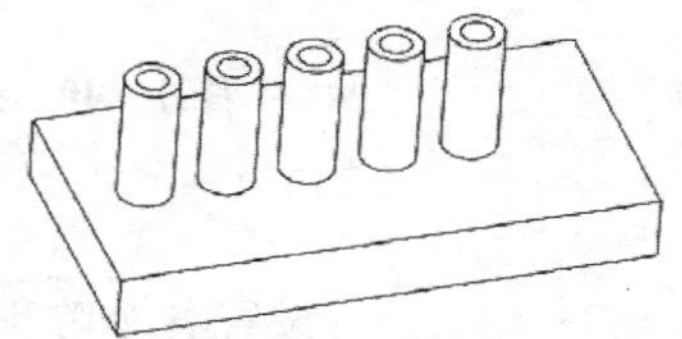

图7-37 参考阵列结果

7.1.8 曲线阵列

曲线阵列方式可以实现将特征沿平面曲线进行分布阵列，下面将以一个实例来简单说明曲线阵列方式的阵列操作。

【例 12】 为如图 7－38 所示的零件模型上的孔特征建立曲线特征阵列。

(1) 打开“7－38.prt”零件，该零件中包含了一个孔(即去除材料的拉伸特征)和一条平面曲线，如图 7－38所示。

(2) 选中零件上的拉伸孔特征，然后激活阵列命令。

(3) 在【阵列】工具操控板的【阵列类型】列表中选择【曲线】阵列方式，得到如图 7－39 所示的【曲线】阵列工具操控板，在没有指定填充所需的草绘区域前，阵列成员间的间距、阵列成员的数目等控制项均为不可操作状态。

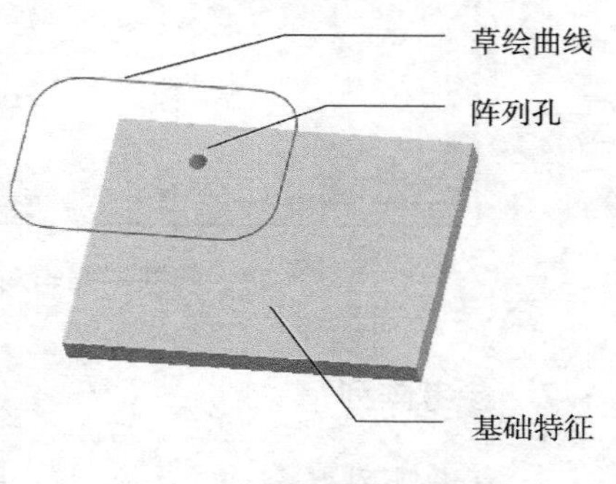

图 7－38 曲线阵列模型

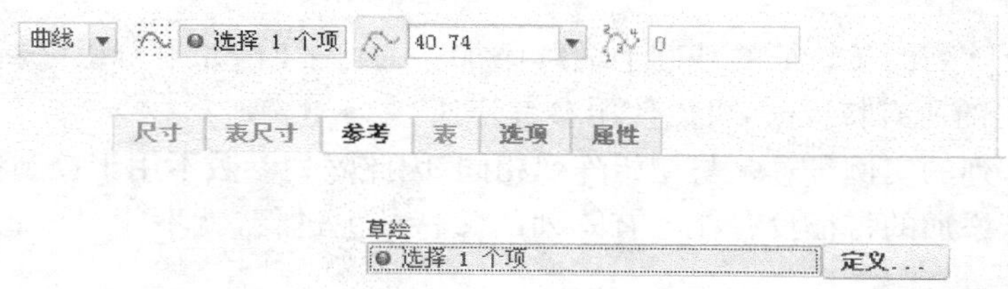

图 7－39 【曲线】阵列工具操控板 1

用户可通过阵列工具操控板中的草绘收集器【选择 1 个】选择已经存在的草绘，或者通过【参考】面板，进行草绘曲线的定义或编辑。

本例将直接选择图 7－38 中的草绘曲线作为阵列的控制曲线。选择已有草绘曲线作为阵列的控制曲线时需要注意的一点是，草绘曲线要在被阵列特征之前进行创建，否则将无法选择到该草绘曲线。

(4) 控制曲线定义完成后的阵列工具操控板如图 7－40 所示。

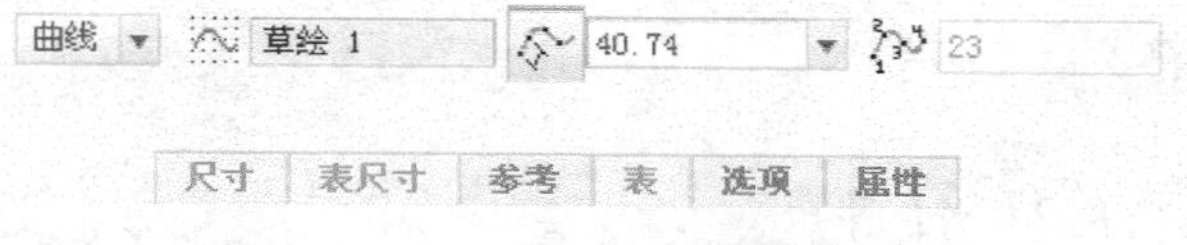

图 7－40 【曲线阵列】工具操控板 2

其中：

① 40.74 ▼：设置各个阵列成员之间的距离，系统根据阵列曲线的长度自动计算出要阵列的特征成员的个数。

② 23 :设置各个阵列成员的数目,系统根据阵列曲线的长度自动计算出各个阵列的特征成员之间的距离,使各个阵列成员特征均匀分布在控制曲线上。

对于某个具体的曲线阵列而言,以上两种方式进行阵列成员数量或阵列成员距离控制时,有且只有一种方式是有效的,用户可以根据其自身需要进行选择。

本例设置阵列成员数目为 24,得到的各个成员特征的分布结果如图 7-41 所示。

曲线阵列的参考曲线不一定要通过父特征的中心,参考曲线甚至可以不在特征的创建平面内。从图 7-41 中我们可以看出:如果要阵列的父特征中心与控制曲线的起点位置不一致,系统会在控制曲线上以箭头表明其起点,Creo Parametric 2.0 系统会自动将控制曲线平移到其起点与父特征的中心重合处,然后将父特征沿平移后的曲线进行分布。

(5) 点击操控板的✓按钮,得到的阵列结果如图 7-42 所示。

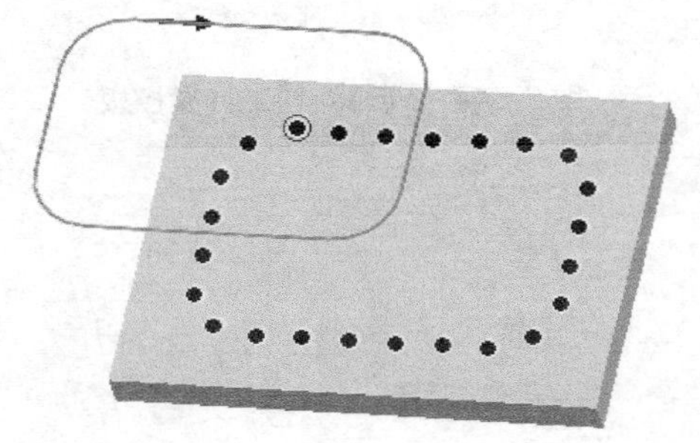

图 7-41　特征分布结果

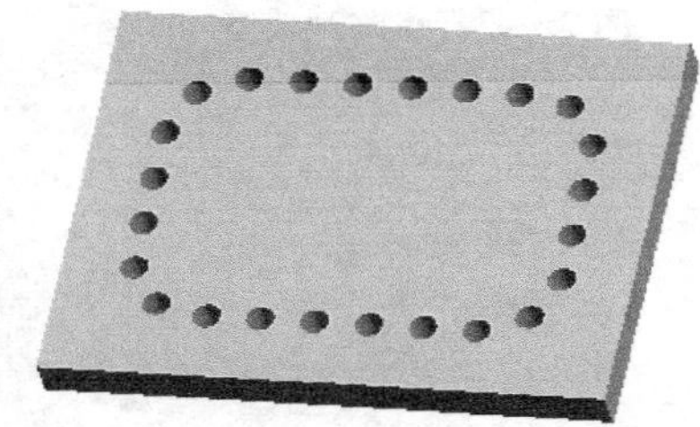

图 7-42　曲线阵列的结果

7.1.9　点阵列

我们可以通过将阵列成员放置在点或坐标系上来创建一个阵列,使用"点"阵列时,应创建或选择以下任何一种类型的参考:

(1) 包含一个或多个几何草绘点或几何草绘坐标系的草绘特征(应确保草绘的图元都是几何图元,构造图元仅仅是草绘辅助,不能被特征阵列所识别)。

(2) 包含一个或多个几何草绘点或几何草绘坐标系的内部草绘。

(3) 基准点特征。

(4) 导入特征(包含一个或多个基准点)。

(5) 分析特征(包含一个或多个基准点)。

完成阵列时,阵列成员会被放置到每个点或坐标系。

下面以选择已有几何草绘点的方式创建特征的点阵列来说明特征点阵列的一般过程。

【例 13】 为如图 7-43 所示的特征创建点阵列。

(1) 打开"7-43.prt"零件,该零件包含了一个底板特征、一个包含曲线和几何点的草绘特征,以及要阵列的长方体特征,如图 7-43 所示。

(2) 选择底板上的长方体特征,选择【模型】选项卡→【编辑】组→【阵列】,在弹出的【阵列】工具操控板中指定【阵列类型】为"点",然后选择包含点和曲线的草绘。

(3) 由于上面选择的阵列草绘中既包含几何点,又包含几何曲线,且几何点位于几何曲线上,因而【阵列】工具操控板【选项】面板中包括【跟随曲线方向】选项,如图 7-44 所示。如果选中该选项，则每个阵列成员将被定向为反映曲线的切向，如图 7-45 所示；否则阵列的成员只是简单地平移复制到每一个几何点，如图 7-46 所示。

(4) 完成点阵列相关设置后，单击工具操控板中的✓按钮，即可看到阵列结果。点阵列完成后，被参考的草绘特征将被自动隐藏。

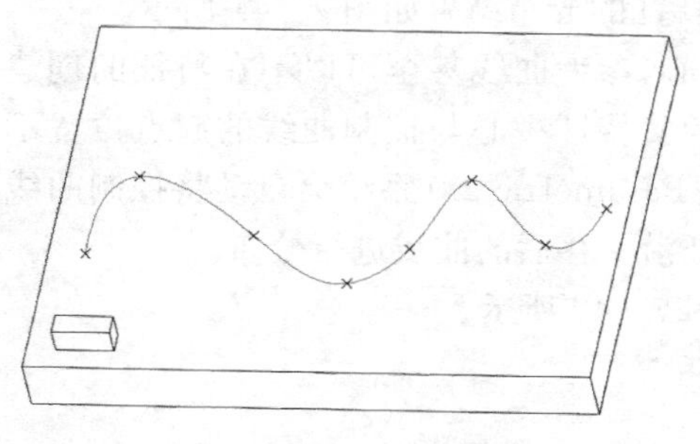

图 7-43　点阵列模型

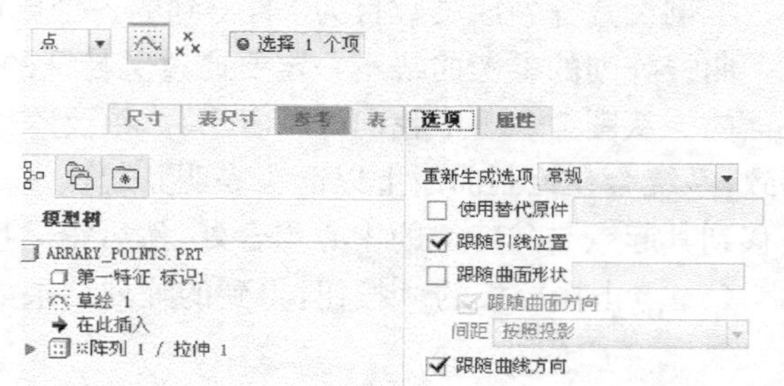

图 7-44　【点】阵列工具操控板

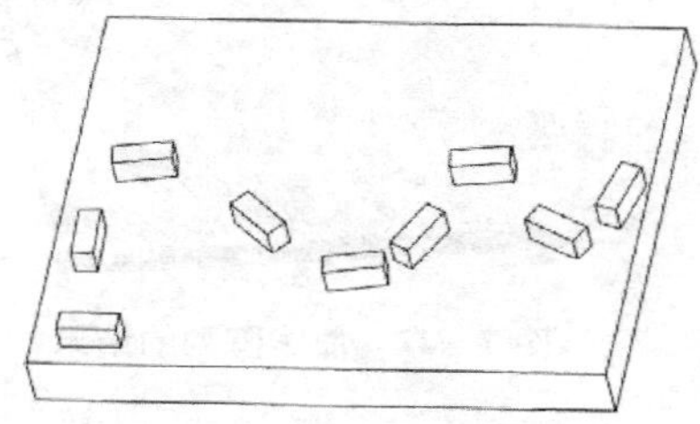

图 7-45　跟随曲线方向

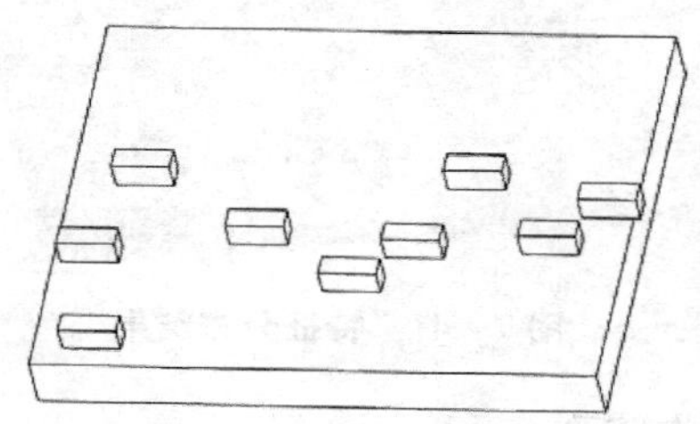

图 7-46　不跟随曲线方向

7.1.10　关于特征阵列的几点补充说明

最后，给出特征阵列的几点补充说明。

(1) 阵列的各个参数定义完成后，系统会同步以黑色圆点的方式指示各个阵列成员所处的位置。使用鼠标单击某个黑色圆点，实心圆点将会变成空心状态，即可在阵列中删除该元素。如果再次点击某个空心圆点，将会在阵列中恢复该阵列元素。

(2) 对于点、曲线和填充阵列，可以将阵列投影到曲面上。如果要将阵列成员投影到曲面上：①确保正在创建或重新定义的阵列为填充、曲线或点阵列；②单击阵列工具操控板【选项】选项卡，选择【跟随曲面形状】复选框；③选择将阵列成员投影到其上的模型曲面；④选择【跟随曲面方向】复选框，可以使相对于曲面的阵列成员方向与相对于曲面的阵列导引方向匹配；⑤选择【间距】选项：【按照投影】、【映射到曲面空间】、【映射到曲面UV空间】。

(3) 在以前版本的 Pro/ENGINEER 软件中，我们也可以对多个零散特征同时阵列，但必须先把这些零散特征组合成一个 Group(组)，且这些零散特征在模型树中必须是连续的。Creo Parametric 2.0 中可以通过几何阵列将多个零散的、不连续的特征同时阵列，选择【模型】选项卡→【编辑】命令组→【阵列】下拉列表→【几何阵列】即可实现对特征的几何阵列，阵列后的每一个元素将作为“复制几何”整体出现。

(4) Creo Parametric 2.0 可以对已有的阵列特征进行再一次的阵列操作,即对阵列进行阵列,从而实现更大量元素的阵列和复制,最后模型树中将会出现阵列的"嵌套",而阵列嵌套的层次只能是一层。

7.2 特征的复制

复制是一种高效制作多个相同特征的方法,它能够将现有特征复制到新位置,从而实现新特征的创建。Creo Parametric 2.0 中主要有两种方式来完成特征的复制,一种是以特征操作的方式来进行,还有一种则类似于大多数 Windows 应用程序,利用剪贴板进行复制,用复制/粘贴的方法完成,下面分别介绍这两种复制方式。

7.2.1 利用"特征操作"菜单实现特征的复制

1) 步骤

(1) 选择【模型】选项卡→【操作】组菜单→【特征操作】,在弹出的【特征】菜单管理器中选择【复制】。

(2) 指定特征的复制方式和父特征的选取方式,并定义其依附关系。

(3) 选取要进行复制的父特征。

(4) 选取要修改的父特征的尺寸,指定复制子特征的参考、移动距离或角度等数值。

第(1)步选择后会弹出如图 7 - 47 所示的【复制特征】菜单管理器。该菜单管理器主要包括三组控制,即复制特征的方式、父特征的选取方式以及子特征与父特征之间的关系控制。

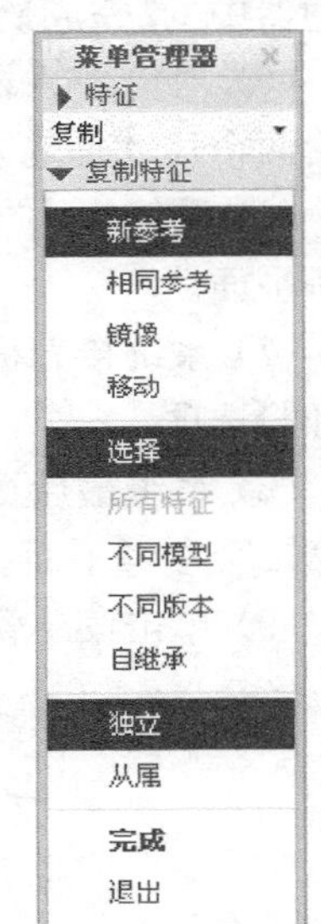

图 7 - 47 【复制特征】菜单管理器

2) 复制特征的方式

(1)【新参考】——指定新的特征参考,对特征创建中的每一参考可以选择相同或指定一个新的参考。子特征的参考与父特征的参考是一一对应的。

(2)【相同参考】——子特征的参考与父特征相同,但尺寸应不同,以避免重叠。

(3)【镜像】——相对于某基准面或某平面产生镜像特征,镜像时必须指定镜像参考面。

(4)【移动】——包括平移和旋转两种方式,即将原特征按照指定的方式进行平移或旋转,以生成新的特征。

3) 父特征的选取方式

(1)【选择】——在当前视图或模型中选取要复制的特征。

(2)【所有特征】——选取当前模型中的所有特征,只有在选取镜像或移动复制方式时,此选项才可用。

(3)【不同模型】——从不同模型中选择要复制的特征,只有选择新参考时,此选项才可用。

(4)【不同版本】——从当前模型的不同版本中选择要复制的特征,当选择新参考或相同参考时,此选项才可用。如当前模型为 XXX.prt.4,需从 XXX.prt.3 中选取要拷贝的特征时，可用此选项。

(5)【自继承】——继承可使设计零件中的几何和特征数据单向且关联地向参考零件中合并。

4) 子特征与父特征之间的关系控制

(1)【独立】——系统为每个复制的特征指定其自身的尺寸，因此可修改它们而不影响原始特征，同样原始特征的修改也不会影响复制出的子特征。

(2)【从属】——子特征的尺寸从属于原始特征，改变原始特征时，复制出的子特征的尺寸也随之改变。

【例 14】 对图 7-48 所示零件模型中的圆柱凸台进行复制。

(1) 打开"7-48.prt"零件，该零件中包含了一个圆柱凸台，如图 7-48 所示。

(2) 选择【模型】选项卡→【操作】组菜单→【特征操作】，在弹出的【特征】菜单管理器中选择【复制】→【新参考】|【选择】|【独立】→【完成】。

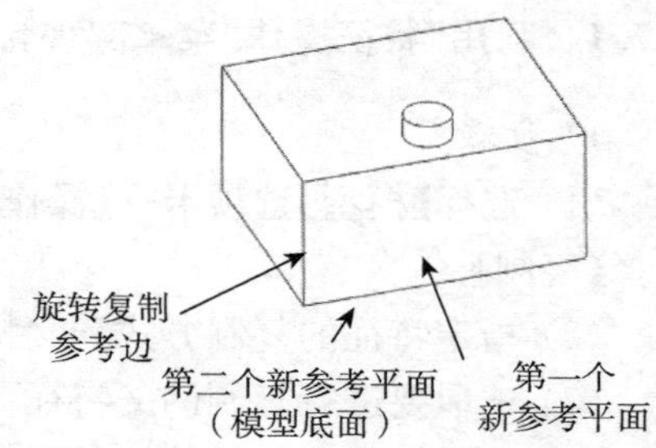

图 7-48 零件模型

(3) 在工作区的模型上或特征树上选取圆柱凸台特征，选择菜单管理器中的【完成】选项。

(4) 弹出【组可变尺寸】菜单管理器，选择要改变的尺寸——第二个尺寸（圆柱的直径）和第三个尺寸（圆柱凸台到边界的距离），如图 7-49 所示，单击菜单管理器中的【完成】选项。

(5) 对应输入刚才选择的要改变尺寸的新值，此处给两个尺寸均输入新值 30。

(6) 系统提示"选择 草绘平面参考对应于突出显示的曲面"，选择图 7-48 中的第一个参考平面。

(7) 系统接着提示"选择 竖直草绘参考对应于突出显示的曲面"，选择菜单管理器中的【相同】选项。

(8) 系统最后提示"选择 截面尺寸标注参考对应于突出显示的曲面"，选择图 7-48 中的第二个参考平面。

(9) 单击菜单管理器中的【完成】，即可完成特征的复制，如图 7-50 所示。

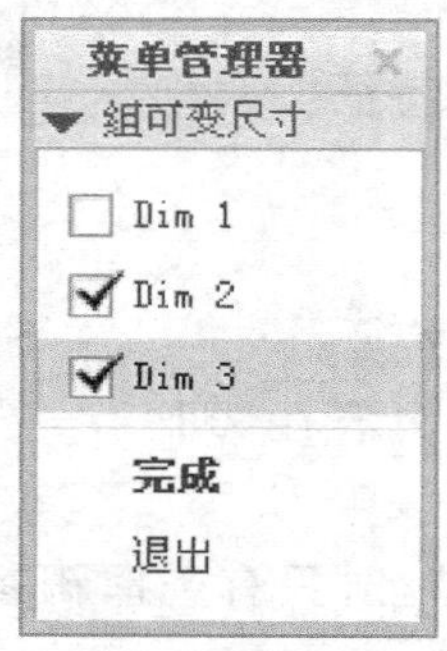

图 7-49 【组可变尺寸】菜单管理器

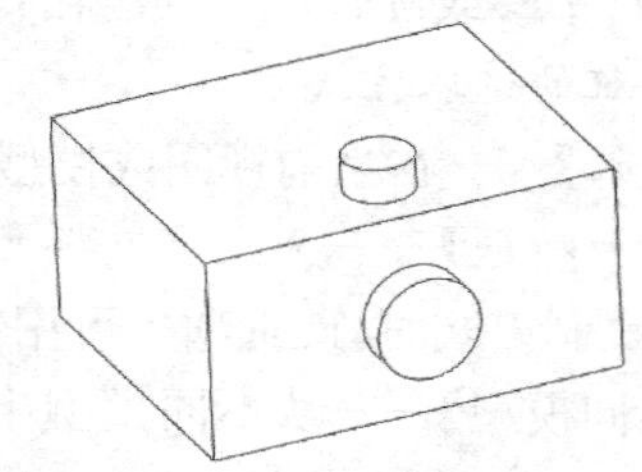

图 7-50 特征复制结果（新参考）

(10) 选择特征复制的操作，在【特征复制】菜单管理器中选择复制方式为【移动】|【选

取】|【独立】,点击【完成】。

(11) 选择初始的圆柱凸台特征。

(12) 在菜单管理器中选择【旋转】→【曲线/边/轴】,如图 7 - 51 所示。

(13) 选择图 7 - 48 中的旋转复制参考边,选择【反向】作为其旋转方向,再单击 确定 ,在系统弹出的旋转角度框中输入角度值 60,回车确认。

(14) 单击【完成移动】,不改变原始特征的尺寸,再单击【完成】,最后在【组元素】对话框中单击 确定 按钮,即可完成特征的复制,如图 7 - 52 所示。

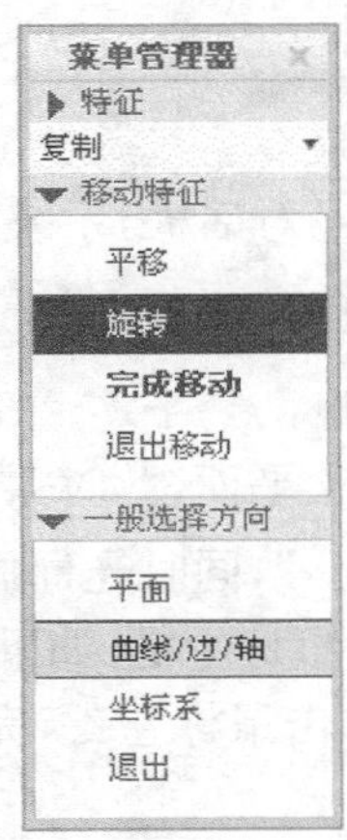

图 7 - 51　【特征复制】菜单管理器(移动方式)

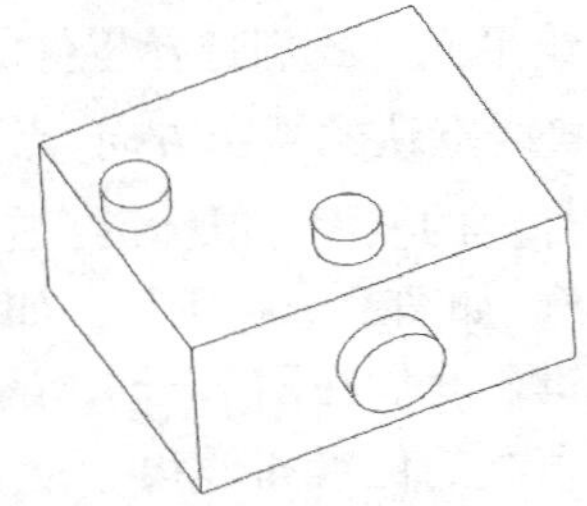
图 7 - 52　特征旋转复制结果

7.2.2　直接利用复制/粘贴的方式完成特征的复制

直接利用复制/粘贴的方式更加快捷方便,复制的一般步骤如下:

(1) 选取要复制的特征。

(2) 单击【模型】选项卡→【操作】组→【复制】,或直接按键盘上的【Ctrl】+【C】键,此时该特征会被复制到剪贴板中。

(3) 单击【模型】选项卡→【操作】组→【粘贴】,或直接按键盘上的【Ctrl】+【V】键,此时打开特征创建工具。

(4) 根据需要编辑要复制的特征的放置设置。

(5) 单击操作工具操控板(如果要复制的项目为基准,则操作控制界面为基准定义对话框)上的✓按钮,完成特征的复制。

【例 15】　在例 14 中图 7 - 52 的基础上继续使用复制/粘贴的方式完成特征的复制。

(1) 在模型树或工作区选择最初的圆柱凸台特征,选中的特征红色高亮显示。

(2) 单击【模型】选项卡→【操作】组→【复制】,或直接按键盘上的【Ctrl】+【C】键,该特征会被复制到剪贴板中。

(3) 单击【模型】选项卡→【操作】组→【粘贴】,或直接按键盘上的【Ctrl】+【V】键,【拉伸】特征工具操控板打开,单击【放置】选项卡,如图 7 - 53 所示。

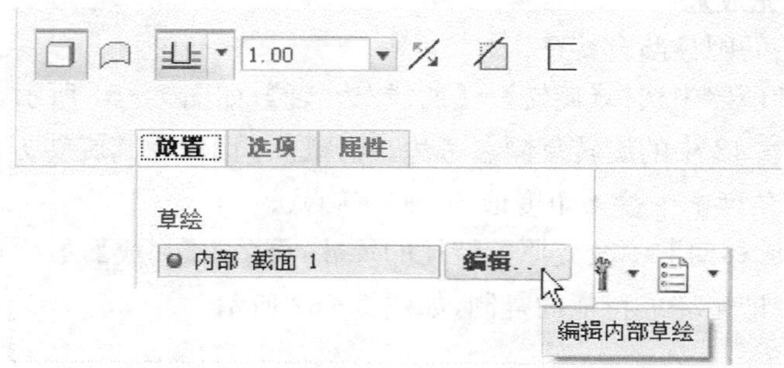

图 7 - 53 【拉伸】特征工具操控板

(4) 单击【放置】面板中的 编辑... 按钮，弹出【草绘】对话框，系统提示"选择一个平面或曲面以定义草绘平面"，此时可以选择【草绘】对话框中的 使用先前的 按钮，也可以指定一个新的草绘平面。我们选择零件的左侧面作为草绘平面。

(5) 接受默认的视图方向，点击 草绘 按钮，进入草绘平面，此时系统提示"用光标拖移或放下零件上的截面（鼠标键：左键＝完成，中键＝中止）"，同时光标周围会显示复制特征的截面轮廓，如图 7 - 54 所示。如果想中止草绘，则单击鼠标中键；如果想要确认草绘，则单击鼠标左键。我们在图 7 - 54 所示的特征复制位置处单击鼠标左键，完成后还可以通过尺寸来编辑草绘的位置和形状。

(6) 单击✓按钮退出草绘，再单击 确定 按钮退出【草绘】对话框。

(7) 单击特征复制工具操控板中的✓按钮，完成特征的创建，如图 7 - 55 所示。

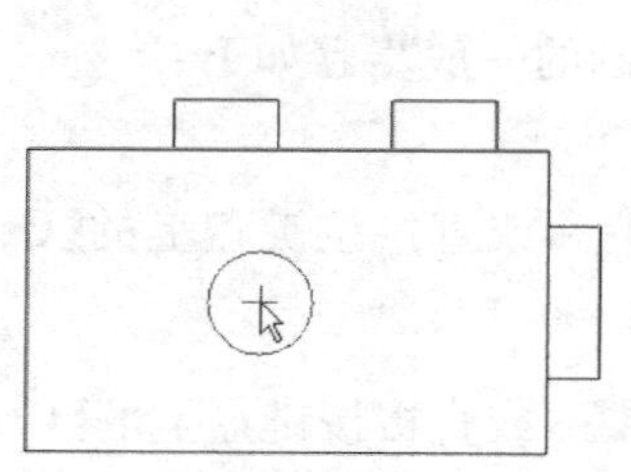

图 7 - 54 草绘特征放置的位置

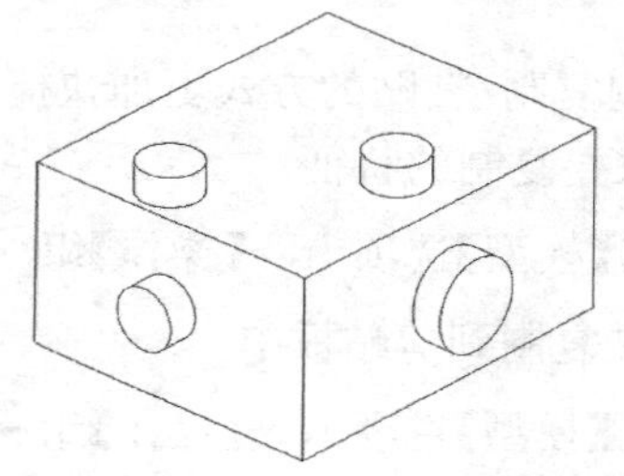

图 7 - 55 特征复制的结果

7.2.3 特征的镜像

前面 7.2.1 小节中给出了利用"特征操作"菜单中的复制功能，选择【镜像】复制方式，实现特征的镜像复制，我们还可以直接通过【模型】选项卡→【编辑】组→【镜像】来实现特征的镜像，具体步骤如下：

(1) 选取要镜像的一个或多个特征（Creo Parametric 2.0 工作区中高亮显示被选的特征）。

(2) 单击【模型】选项卡→【编辑】组→【镜像】，打开【镜像】工具工具操控板。

(3) 选取一个镜像平面。可选择图形窗口中的某个平面或基准面作为镜像平面。

(4) 如果要使镜像特征独立于原始特征，打开【镜像】工具操控板中的【选项】面板，然后不勾选【从属副本】的选择即可，如图 7－56 所示。

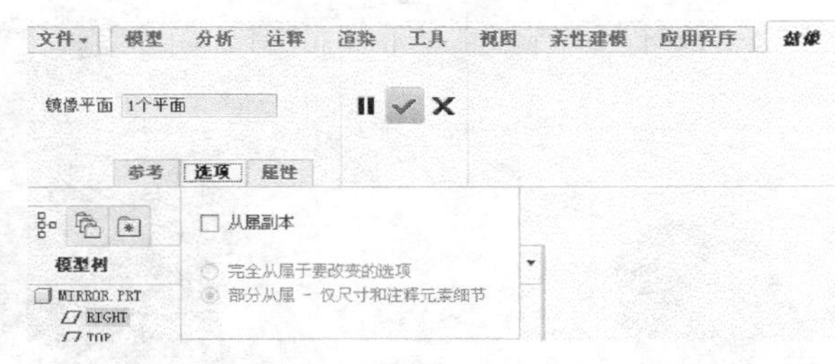

图 7－56　镜像工具操控板

(5) 单击操控板中的 ，接受新"镜像"特征的创建。

【例 16】　建立特征的镜像。

(1) 打开"mirror.prt"零件，该零件中包含了一个凸台，如图 7－57 所示。

(2) 选中凸台特征，单击【模型】选项卡→【编辑】组→【镜像】，打开镜像工具操控板，如图 7－56 所示。

(3) 选择 RIGHT 基准面作为其镜像平面。单击工具操控板中的 按钮，完成特征的镜像。如图 7－58 所示。

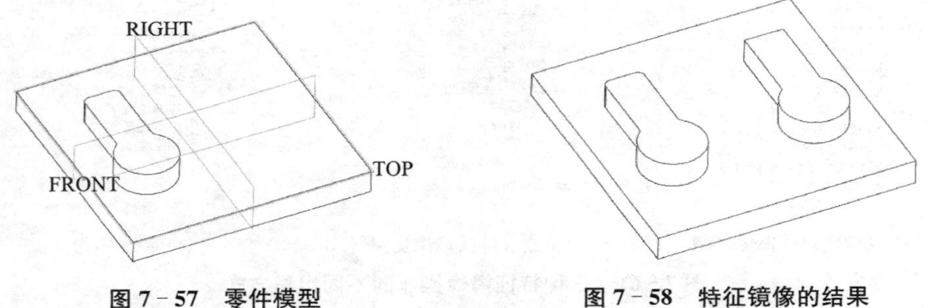

图 7－57　零件模型　　　图 7－58　特征镜像的结果

实际建模时，经常会出现对已有的所有实体特征进行镜像复制操作，这时可以利用"特征操作"菜单中的镜像复制所有特征的功能，它不仅可以提高特征镜像的操作效率，而且可以防止实体模型整体镜像时可能出现的错误。下面以镜像复制图 7－59 所示的零件"7－59.prt"中所有实体特征为例，具体步骤如下：单击【模型】选项卡→【操作】组菜单→【特征操作】，在弹出的【特征】菜单管理器中选择【复制】→【镜像】|【所有特征】|【完成】，然后选择特征的镜像平面 TOP 基准面，即可完成特征的复制，结果如图 7－60 所示。

对当前模型所有实体特征进行镜像复制有三种典型方法，Creo Parametric 2.0 对不同方法中镜像特征的组织是有一定区别的。图 7－61(a)是用特征操作中的镜像复制"所有特征"后的模型树，模型树最后出现了"镜像的合并"特征，模型树中从"DTM1"特征一直到"倒圆角 2"特征，最后均被合并成一个整体；图 7－61(b)是用【特征操作】菜单管理器用选取特征的方法进行镜像复制的结果，镜像复制的特征被加入到一个组特征——"组 COPIED_GROUP"中；图 7－61(c)是用【模型】选项卡→【编辑】组→【镜像】 来实现所有实体特征镜像的结果，所有镜像复制的特征被组织到一个镜像特征中——“镜像 1”。

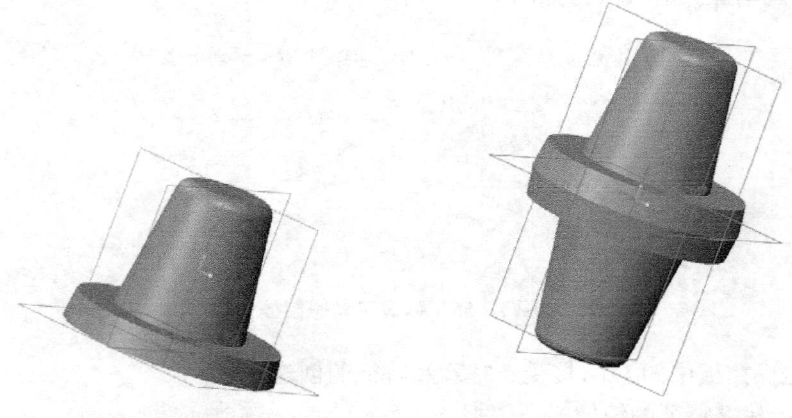

图 7－59　零件模型　　　图 7－60　特征镜像的结果

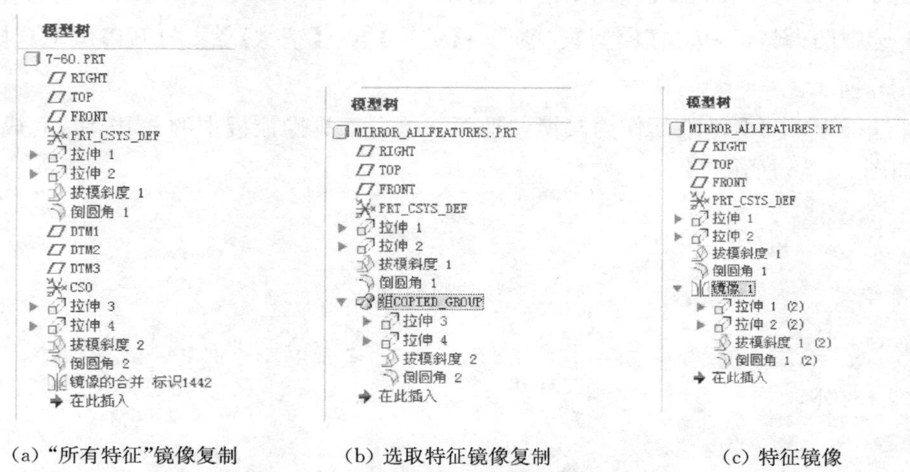

(a)“所有特征”镜像复制　　(b) 选取特征镜像复制　　(c) 特征镜像

图 7－61　三种特征镜像操作的不同组织方式

7.2.4　特征的成组

将一些顺序生成的特征组成一个组后，可将它们作为一个整体进行阵列、复制、删除、隐含、自定义特征等操作。

特征成组的步骤：

(1) 在模型树或工作区中配合【Ctrl】键选中要作为一组特征的多个特征，然后右击。

(2) 在弹出菜单中选择【组】，或点击【模型】选项卡→【操作】组菜单→【组】。

如果要分解组，则可在模型树中选中要分解的组，右击并在弹出的快捷菜单中选择【取消分组】即可。

最后给出关于特征成组的几点说明：

(1) 特征群组中的各个特征必须是顺序生成的特征，否则不能构建特征组。

(2) 一个特征只能包含在一个特征群组中。

7.3　特征的父子关系

本节介绍特征的父子关系和特征信息的查看方法。

7.3.1　父子关系的定义

创建一个新的特征时，通常要参考已有的特征，如选取已有的特征平面作为草绘平面或定向参考平面，选取已有的特征边线作为标注尺寸参考等，这些操作都形成了特征之间的父子关系，新生成的特征称为子特征，被参考的已有特征称为父特征。父子关系是 Creo Parametric 2.0 参数化建模的强大功能之一，在表达、维护设计意图的过程中，父子关系起着重要作用。修改了零件中的某父项特征后，其所有的子项会被自动修改以反映父项特征的变化。父项特征可以没有子项特征，但子项特征必须依赖父项特征的存在而存在。

7.3.2　特征信息的查看

我们可以通过查看特征信息来了解模型中各特征的创建情况。在查看特征的信息之前，可以先查看整个模型的信息，从而了解零件模型中各特征建立的过程以及特征所对应的特征编号等信息。

下面以图 7－62 所示的零件模型为例，该零件为“7－62.prt”。

选择【工具】选项卡→【调查】组→【模型】，或右击模型中某特征，在弹出的快捷菜单中选择【信息】→【模型】命令，则浏览器中将显示图 7－63 所示的【模型信息】窗口，从中可以看到零件模型的名称，从特征列表中可以查看模型中各特征的名称、类型、ID 等信息，还可以查看模型的截面以及长度、质量、时间、温度等属性的单位。

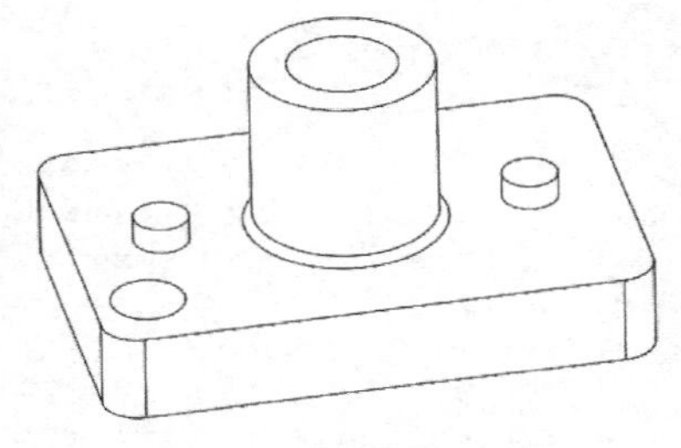

图 7－62　零件模型

选择【工具】选项卡→【调查】组→【特征】，并选取某一个特征，或右击某一个特征，在弹出的快捷菜单中选择【信息】→【特征】命令，可弹出如图 7－64 所示【特征信息】浏览窗口，该窗口显示了此特征的详细信息，如特征编号、内部特征 ID 号、此特征父特征和子特征的详细信息、特征的类型、特征尺寸以及截面数据等。

选择【工具】选项卡→【调查】组→【参考查看器】，并利用参考查看器中的“当前对象”参考收集器，选取要查看参考的特征，或者右击某一个特征，在弹出的快捷菜单中选择【信息】→【参考查看器】命令，将弹出如图 7－65 所示的【参考查看器】对话框，该对话框显示了此特征的父项和子项的详细信息。在【参考查看器】的特征参考关系图中，用户可以直接双击当前特征的某个父特征或子特征，从而查看该父特征或子特征的特征参考信息；用户还可以通过【视图】菜单中的相关菜单项或界面上的按钮，来决定是否只查看当前特征的父特征或只查看当前特征的子特征；用户还可以通过【参考过滤器】面板，对要列出的特征参考进行过滤。限于篇幅，【参考查看器】中的其他操作在此不再详细论述。

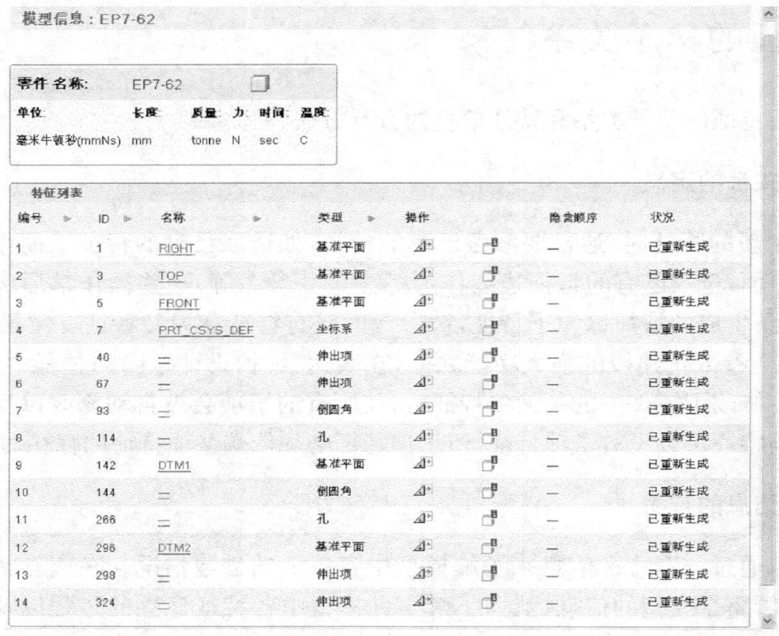

图 7-63 【模型信息】窗口

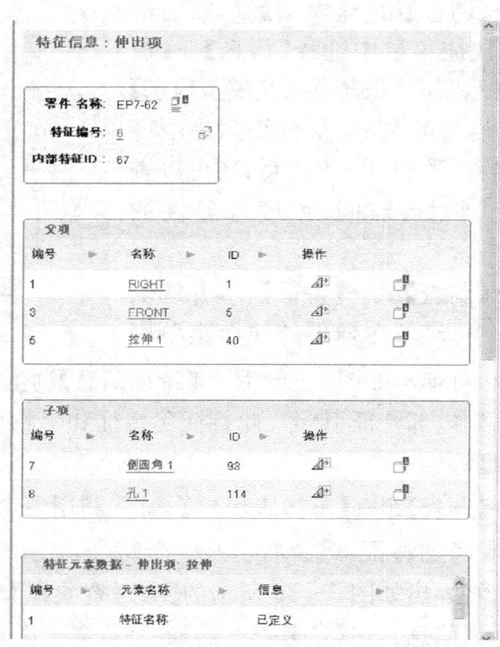

图 7-64 【特征信息】窗口

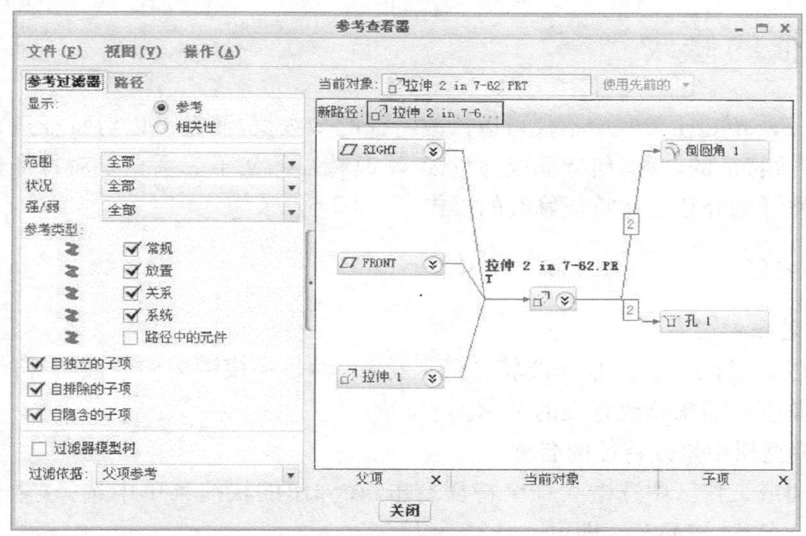

图 7－65　【参考查看器】对话框

7.3.3　父子关系产生的原因

产生父子关系的原因主要有以下几点：

(1) 创建基准特征时的几何参考

在创建特征的过程中，经常需要创建一些基准平面、基准点、基准轴、基准曲线和坐标系等基准特征，而创建这些基准特征时需要利用一些已存在的几何参考作为其约束，这些被参考的几何所属的特征就成了这些基准特征的父特征。

(2) 参考点

创建特征时，经常需要选择某些点作为参考，这些参考点所属的特征就成了该新特征的父特征。

(3) 草图平面和参考平面

创建特征时，经常需要选择一些平面作为草绘平面或参考平面，从而确定绘图草图平面及其方位，这些参考平面所属的特征就成为了该新建特征的父特征。

(4) 特征放置边或参考边

创建特征时，经常需要选择一些边作为尺寸标注参考边或放置边，这些参考边或放置边所属的特征就成为了此新特征的父特征。

(5) 特征放置面或参考面

创建某些特征时，如孔特征，经常需要选择一些面作为参考面或放置面，这些参考面或放置面所属的特征就成为了此新特征的父特征。

(6) 尺寸标注几何参考

创建特征时，经常要进行二维草图的绘制和特征的定位等，而这些操作过程中需选用一些已存在的几何元素或基准特征来定位，这些已存在几何元素所属特征或基准特征便成了该新特征的父特征。

7.4 特征的修改

在 Creo Parametric 2.0 中不仅可以修改特征的参数值，而且可以对特征进行其他方面的操作，如修改特征的名称、使特征成为只读、修改特征的父子关系直至对特征进行重新定义等。本节将详细介绍这些特征修改的操作。

7.4.1 修改特征

1) 修改特征的名称

用户可以通过两种方式来修改特征的名称，一种是在模型树中修改特征的名称，另一种是使用菜单管理器来修改特征的名称。

(1) 在模型树中修改特征的名称

在模型树或工作区中选中某一个特征右击，在弹出的快捷菜单中选择【重命名】选项，输入新的特征名称，按回车键即可。

(2) 使用特征重命名对话框来修改特征的名称

选择【文件】→【准备】→【模型属性】，弹出如图 7－66 所示的【模型属性】对话框，点击对话框【特征和几何】区域下【名称】后面的【更改】选项，弹出图 7－67 所示的【重命名】对话框，通过该对话框，可以批量修改相关特征的名称。如果某些要修改特征名称的特征或几何元素没有出现在该对话框特征列表中，不要关闭该对话框，直接到模型树或模型视图中选取这些特征或几何元素即可。

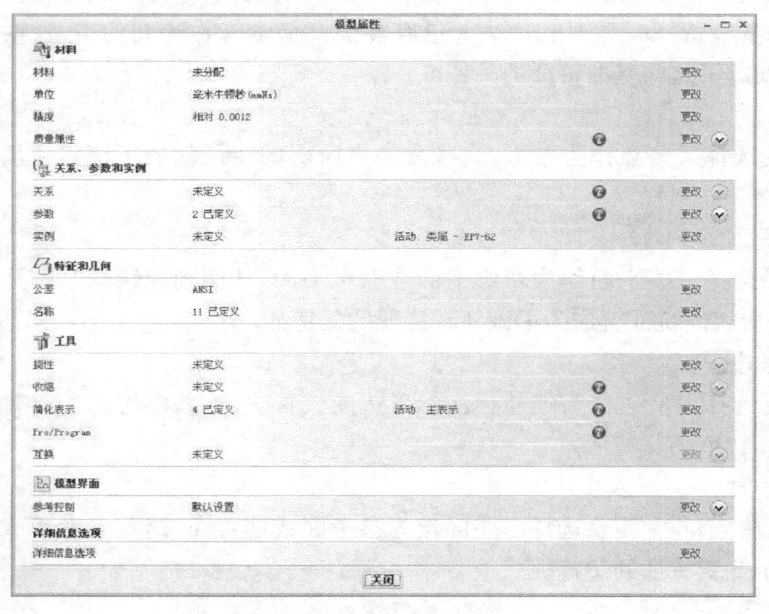

图 7－66 【模型属性】对话框　　**图 7－67 【重命名】对话框**

2) 使特征成为只读

如果要防止某些特征在随后的操作中被修改，可将其设置为只读。当设置某特征为只读时，Creo Parametric 2.0 会使该特征及再生列表中该特征之前的所有特征都变为只读。其操作步骤如下：

(1) 选择【模型】选项卡→【操作】菜单→【只读】，弹出【只读特征】菜单管理器，如图 7-68 所示。

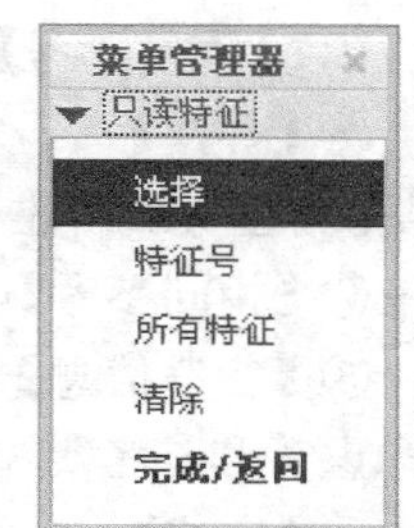

图 7-68　【只读特征】菜单管理器

(2) 选取要成为只读的特征。菜单管理器中有以下几种特征选择方式：

①【选择】——在模型树或工作区中选取某个特征，则该特征及其以前的特征变为只读。

②【特征号】——输入一个特征外部标识符号，使得该特征及其以前的特征变为只读。

③【所有特征】——使所有特征成为只读。

④【清除】——将已经选定为只读的特征取消其只读设置。

(3) 设置完成后，选择菜单管理器中的【完成/返回】选项。

3) 修改特征尺寸

在模型树或工作窗口中选取一个或多个特征后右击，在弹出的快捷菜单中选择【编辑】，所选特征的尺寸便显示在工作窗口中，用鼠标左键双击要修改的尺寸，然后再输入新的尺寸值即可。

选择【模型】选项卡→【操作】组→【重新生成】下拉菜单中的【自动重新生成】，可以切换当前系统自动重新生成的状态。如果系统当前状态为自动重新生成模型，则尺寸修改完毕后，会立即看到模型的更新，否则需要手动更新模型。

手动更新模型时，可以选择【模型】选项卡→【操作】组→【重新生成】或点击窗口顶部工具栏中的重新生成按钮，进行模型的更新，即可看到尺寸修改后的模型结果。用户还可以选择【模型】选项卡→【操作】组→【重新生成】下拉菜单中的【重新生成管理器】，在弹出的【重新生成管理器】对话框中，有选择性地更新模型中被修改过尺寸的特征。

4) 对整个模型进行比例缩放

选择【模型】选项卡→【操作】组下拉菜单→【缩放模型】，在弹出的【输入比例】输入框中输入模型的缩放比例并确认，即可完成对模型整体的成比例缩放。

7.4.2　重定参考

在对某个父特征进行删除、隐含等操作时，其子特征往往会受到影响。重定参考可以为某特征设置新的草绘平面、特征放置面或尺寸标注参考面等，从而改变特征间的父子关系，更方便地进行特征的相关操作。本小节将对重定参考的具体操作做详细说明。

1) 重定参考操作步骤

重定参考的具体操作步骤如下：

(1) 在模型树或工作窗口中选取重定参考特征右击，在弹出的快捷菜单中选择【编辑参考】选项；或在模型树或工作窗口中选取特征后，再单击【模型】选项卡→【操作】组下拉菜单→【编辑参考】菜单项。

(2) 系统弹出【是否滚回模型?】命令提示框，如图 7-69 所示。在该命令提示框中选择

【是】,则将零件暂时返回到创建该特征之前的状态;选择【否】,则不改变当前模型。然后弹出【重定参考】菜单管理器,如图 7 - 70 所示,可接着进行【重定特征路径】等操作。

(3)【重定参考】菜单管理器中包括下列操作选项:

①【替代】——为特征选择替代参考,必要时可选择【产生基准】选项来构建一个新参考。

②【相同参考】——当前参考保持不变。

③【参考信息】——显示加亮参考的有关信息,如参考的标识符和参考类型等。

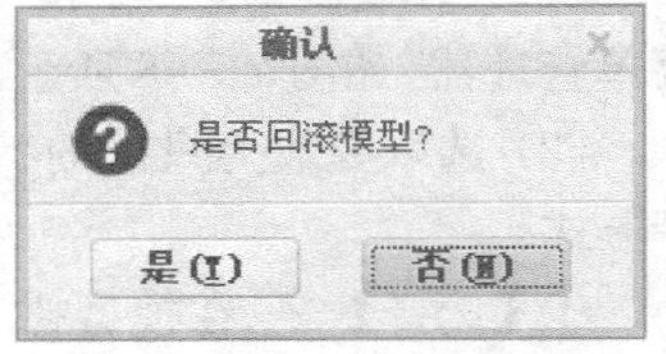

图 7 - 69 【确认】命令提示框

④【完成】——结束重定参考过程。

⑤【退出重定参考】——退出当前特征重定参考过程。注意:即使退出重定参考操作,在特征重定参考过程中创建的基准仍会保留在模型中。

(4) 对想要重定参考或要放置参考的每个对象进行上述操作。

(5) Creo Parametric 2.0 再生特征,如果自动再生成功,则建立新的父子关系,如果再生不成功,则恢复原来的参考。

此外,如果在【重定参考】菜单管理器中选择了【替换参考】选项,将出现如图 7 - 71 所示的【选择类型】菜单管理器:

- 【特征】——表示选择一个特征,然后替换所有参考图元。
- 【单个图元】——表示选择单个参考图元,如一条边、一个顶点或一个平面等。

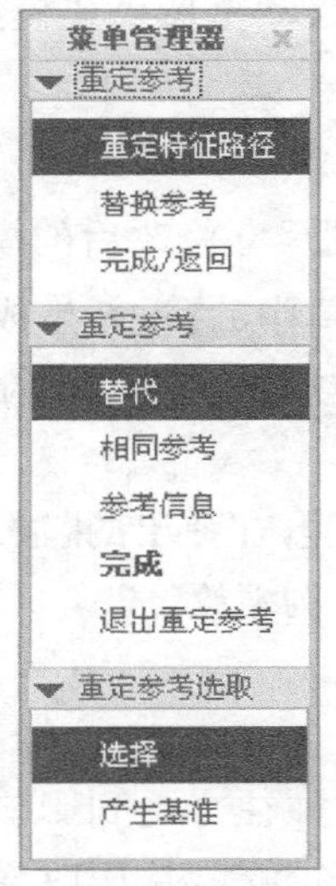

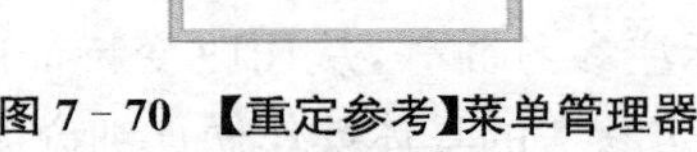
图 7 - 70 【重定参考】菜单管理器

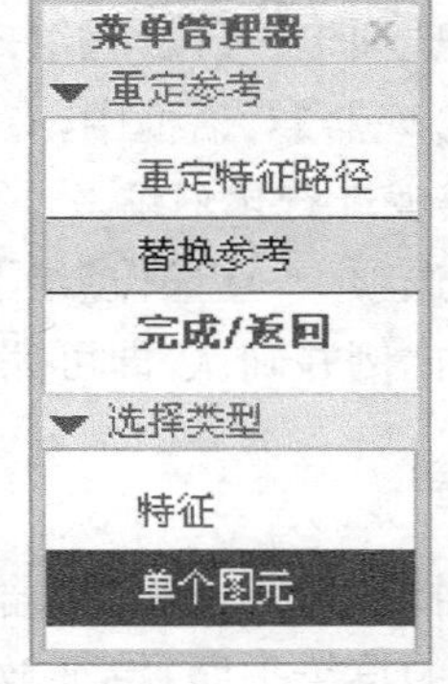

图 7 - 71 【选择类型】菜单管理器

2) 重定参考操作实例

下面通过一个范例来介绍重定参考的操作步骤和方法。

【例 17】 特征的重定参考。

(1) 打开模型文件"7 - 72.prt",如图 7 - 72 所示。

(2) 变更"孔 1"的放置平面,将"孔 1"放置平面由原来的模型最上面(圆柱端面)调整至模型底面。

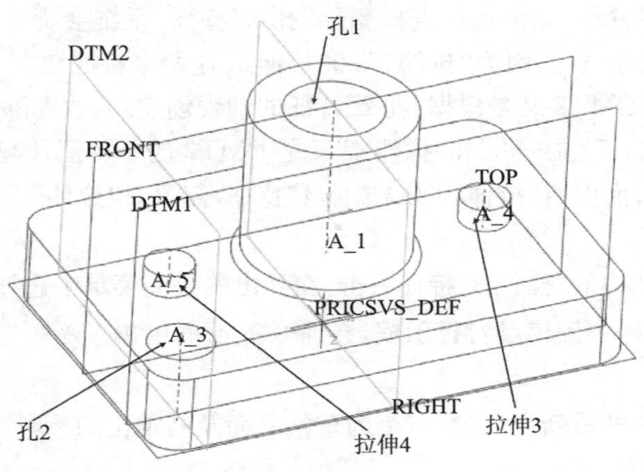

图 7－72　重定参考零件模型

① 选取图 7－73 中的“孔 1”特征右击，在弹出的快捷菜单中选择【编辑参考】选项。

② 系统弹出【是否滚回模型?】提示框，在命令提示框单击 否(N) 按钮，弹出【重定参考】菜单管理器。

③ 此时原来放置“孔 1”的平面高亮显示，同时系统提示“选择替代曲面”，选择模型底面。

④ 此时系统接着提示“选取一个替代轴”，此处不需更改孔的位置，故可以选择【重定参考】菜单中的【相同参考】。

⑤ 系统根据所选参考对模型进行了再生，孔的放置平面发生了变化。如图 7－73 所示。

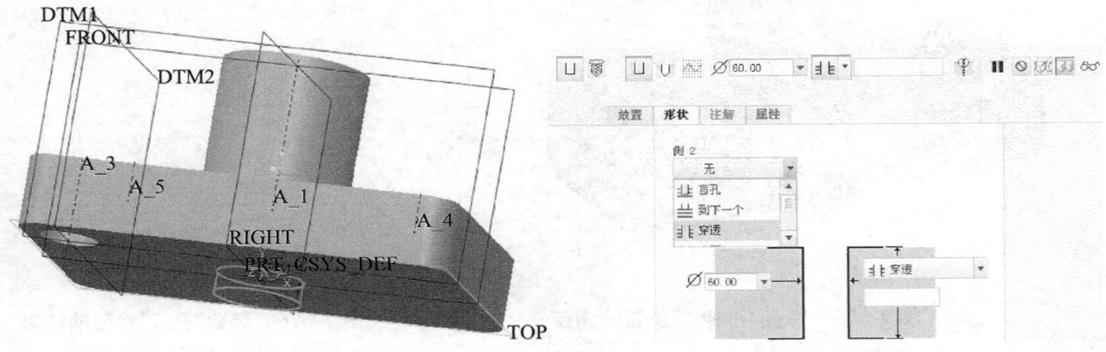

图 7－73　孔的放置平面更改至模型底面　　　图 7－74　【孔】工具操控板

⑥ 由于孔的放置平面的变化，孔的方向也需作相应调整，才能真正在模型上形成孔的特征。下面我们对刚才修改过的孔特征进行重新定义，在模型树上选中刚才的“孔”特征右击，在弹出的快捷菜单中选择【编辑定义】选项。

⑦ 在【孔】工具操控板中，单击【形状】选项，在弹出的面板的【侧 2】下拉列表中选择【穿透】，如图 7－74 所示。

⑧ 单击【孔】工具操控板中的✓按钮，可以看到孔特征已经在模型上重新生成。

(3) 删除“孔 2”特征。如果我们直接删除“孔 2”特征,系统会提示将“拉伸 3”和“拉伸 4”两个特征将一并删除,这是因为“拉伸 3”和“拉伸 4”这两个特征在水平方向上的定位用到了 DMT2 基准面,而 DMT2 又是根据“孔 2”特征的轴线创建的,故删除“孔 2”特征必然要影响到其子特征 DMT2,而“拉伸 3”和“拉伸 4”又是 DMT2 的子特征,因而也要受影响。为了能够删除“孔 2”特征,而保留“拉伸 3”和“拉伸 4”特征,需要对“拉伸 3”和“拉伸 4”特征进行重定参考操作。

① 选取图 7-72 中的“拉伸 3”特征右击,在弹出的快捷菜单中选择【编辑参考】选项。

② 系统弹出【是否滚回模型?】提示框,在命令提示框单击 否(N) 按钮,弹出【重定参考】菜单。

③ 下面进行参考的重新定义,前三个为草绘平面及其定位的参考面,不需更改,故直接按三次【相同参考】即可。

④ 第四个参考为水平方向的尺寸参考,原来为 DMT2,我们现将其修改为 RIGHT 参考平面,故选择 RIGHT 参考平面替代 DMT2。

⑤ 由于选择了不同的尺寸参考平面,我们发现“拉伸 3”特征位置发生了变化。右击“拉伸 3”特征,在弹出的快捷菜单中选择【编辑】,用鼠标左键双击水平方向的定位尺寸“220.00”,然后再输入新的尺寸“100”,如图 7-75 所示。修改完毕后,单击窗口顶部的【快速访问】工具栏中的重新生成模型按钮,进行模型的更新,我们看到“拉伸 3”特征恢复了其初始位置。

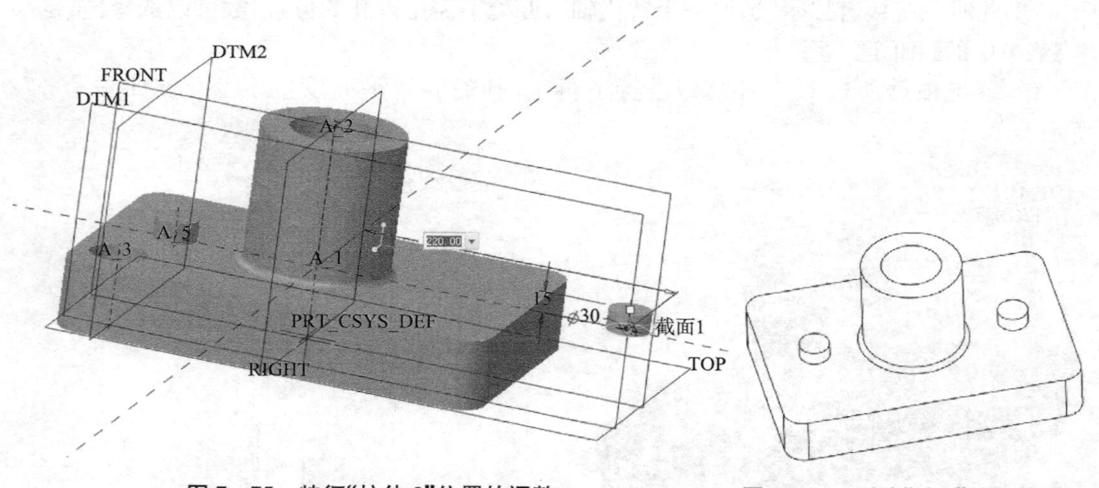

图 7-75　特征“拉伸 3”位置的调整

图 7-76　删除“孔 2”特征的结果

⑥ 用同样的方法修改“拉伸 4”特征。水平方向的尺寸参考由 DTM2 调整至 RIGHT,然后将水平方向的定位尺寸由“20.00”调整为“-100”,单击窗口顶部工具栏中的重新生成模型按钮,对模型进行更新。

⑦ 删除特征“孔 2”,由于脱离了 DTM2 与“拉伸 3”和“拉伸 4”特征之间的父子关系,所以此时“拉伸 3”和“拉伸 4”特征不再受牵连,单击【删除】对话框中 确定 按钮即可,结果如图 7-76 所示。

⑧ 保存文件。

7.4.3　重定义

如果某个特征不符合设计要求，经常需要对该特征进行重新定义。重定义是重新定义特征的创建，包括特征的几何数据、草绘平面、参考平面和二维截面等。本节将介绍重定义的具体操作。

1）重定义操作步骤

重定义的具体操作步骤如下：

（1）在模型树或工作区选取重定义特征右击，在弹出的快捷菜单中选择【编辑定义】；或在模型树或工作窗口中选取特征后，单击【模型】选项卡→【操作】组菜单→【编辑定义】。

（2）此时在系统窗口底部将弹出和特征创建时一样的特征定义操作面板，可以选择相应的选项进行重定义操作。

2）重定义说明

重定义的操作方式会随着所选的特征种类的不同而有所差异，由于重定义的特征定义操作面板和特征创建时一样，故相关操作的说明可以参见本书的特征构造的部分。一般情况下，如果选择拉伸、旋转、扫描、混合等特征时，可以重定义特征的属性、截面、特征创建方向、深度等；如果选择构造特征，如孔、圆角、倒角等，一般可以重定义其参考点、参考边、参考面等；如果选择基准特征则可以重定义基准的位置、方向和参考几何等。

3）重定义操作实例

我们在例 17 中图 7－76 的基础上，继续上执行特征的重定义操作。

【例 18】　将“拉伸 4”特征由凸台重定义为孔。

（1）选取“拉伸 4”特征右击（参见图 7－72），在弹出的快捷菜单中选择【编辑定义】选项。

（2）系统弹出【拉伸】工具操控板，首先单击按钮将原来添加材料方式改为去除材料的方式，然后单击拉伸深度方向控制按钮，使拉伸方向与初始方向相反，最后再单击拉伸深度选项，选择，使孔穿透该零件，如图 7－77 所示。

（3）单击操控板上的按钮，完成特征的重新定义，结果如图 7－78 所示。

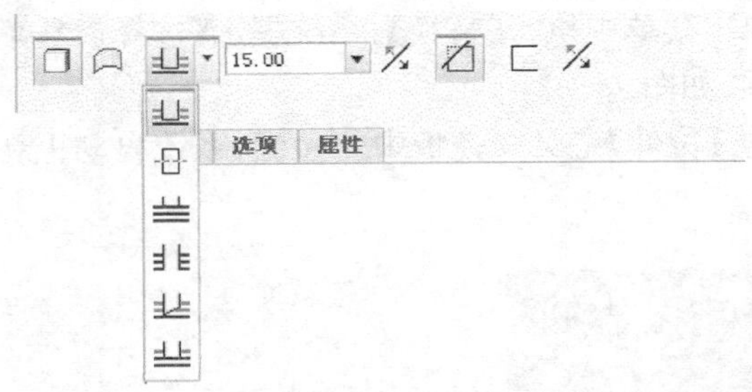

图 7－77　【拉伸】工具操控板

图 7－78　重定义特征“拉伸 4”的结果

【例 19】　使用重新定义操作修改特征的草绘截面。

（1）在图 7－78 所示模型中选取“拉伸 3”特征右击（参见图 7－72），在弹出的快捷菜单中选择【编辑定义】选项。

（2）系统弹出拉伸特征工具操控板，首先点击按钮将原来添加材料方式改为去除材料的方式，然后点击拉伸深度方向控制按钮，使拉伸方向与初始方向相反，再点击拉伸深度选项，使孔穿透该零件。

（3）点击拉伸特征工具操控板上的【放置】面板，然后在面板内点击 编辑... 按钮，进入拉伸特征的【草绘】选项卡，此处将原来的拉伸截面修改为如图 7－79 所示的截面。

（4）草绘截面修改完成后，点击【草绘】选项卡中的按钮，退出草绘；再点击【拉伸】选项卡中的按钮，完成特征的修改，结果如图 7－80 所示。

（5）保存文件。

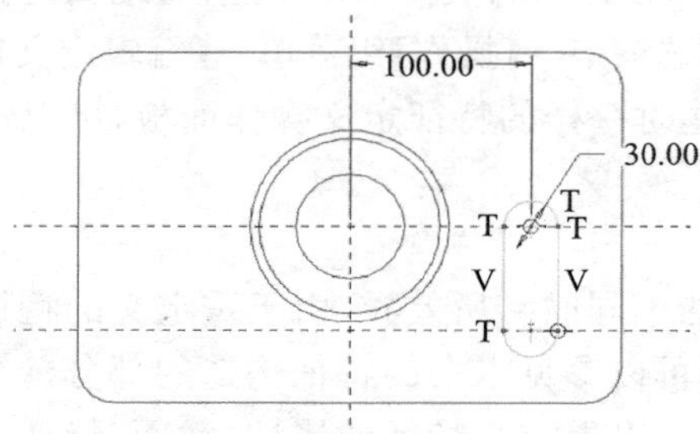

图 7－79　修改“拉伸 1”特征的草绘

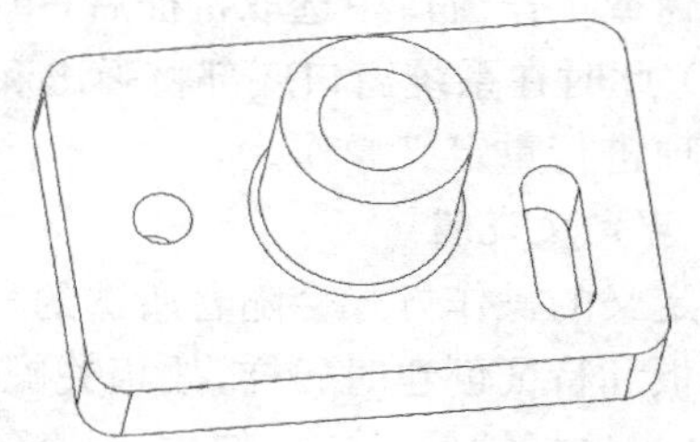

图 7－80　修改特征“拉伸 1”的结果

最后需要说明的是，如果特征重定义中进行草绘截面修改时需要删除旧图元，而此旧图元被后续的相关特征所参考，直接删除该图元将会引起后续相关特征的再生失败。有效解决这一问题的方法是，先绘制新图元，然后选择要替换的旧图元、右击，在弹出菜单中选择【替换】，接着选择前面绘制的新图元，最后再删除旧图元并进行截面的其他修改，最终可以实现后续相关特征的自动生成。用新图元替换旧图元，新图元可以保留旧图元的标识，并能保留与旧图元关联的数据。

【例 20】　截面图元替换实例。

（1）打开图元替换模型“tu7－81.prt”，如图 7－81 所示。

（2）将图中圆锥凸台替换成圆柱形凸台，为了使后续的拔模斜度特征、圆角特征等自动重新生成，需要执行截面图元替换操作。对“拉伸 2”特征进行重定义，编辑其草绘截面，首先绘制直径为 120 的圆，然后右击椭圆，在弹出菜单中执行【替换】，系统提示【选择最新草绘的图元替换老的图元】，接着选择刚绘制的圆，如图 7－82 所示。

（3）点击草绘工具操控板中的，并点击【拉伸】工具操控板中按钮，系统自动重新生成模型，结果如图 7－83 所示。

图 7－81　图元替换模型

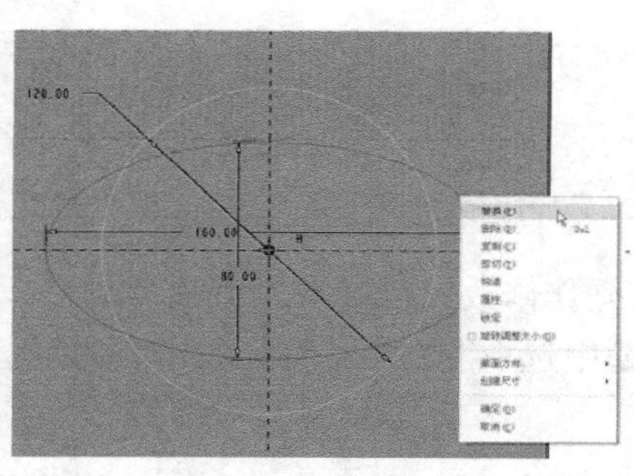

图 7－82　图元替换

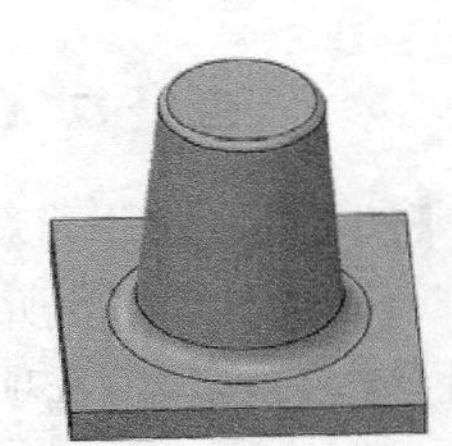

图 7－83　图元替换结果

7.5　特征的插入

特征的插入可以使用户在特征序列的任意位置添加新的特征，而不是系统默认的在基本特征之前或最后特征之后添加特征。本节将对特征插入的具体操作进行介绍。

7.5.1　特征插入操作步骤

特征的插入操作步骤如下：

(1) 选择【模型】选项卡→【操作】组菜单→【特征操作】，在弹出的【特征】菜单管理器中选择【插入模式】，出现如图7-84所示的【插入模式】菜单管理器，选择【激活】选项。

(2) 选择一个插入位置参考特征，将在该参考特征后面插入新特征，同时被选特征之后的所有特征将被自动隐含。

(3) 按常规方法创建一个或多个新特征。

7.5.2　特征插入说明

对特征的插入操作说明如下：

(1) 要取消插入模式，可用下列方式之一：

① 选择【模型】选项卡→【操作】菜单→【恢复】→【恢复全部】菜单命令，恢复激活插入模式时被隐含的特征。

② 从【插入模式】菜单管理器中选择【取消】选项。Creo Parametric 2.0 会弹出如图7-85所示的命令提示框，询问是否恢复激活插入模式时被隐含的特征，接着自动再生该零件。

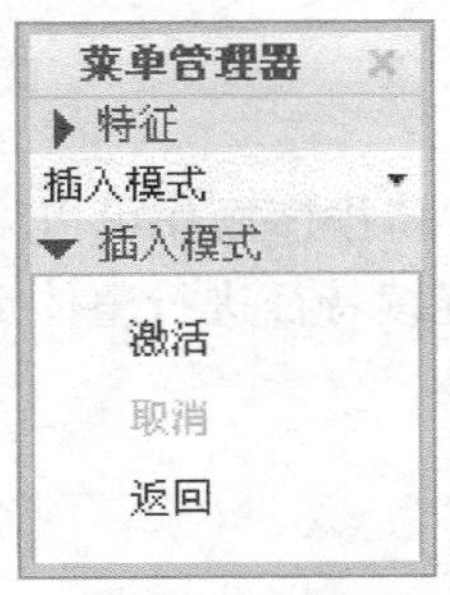

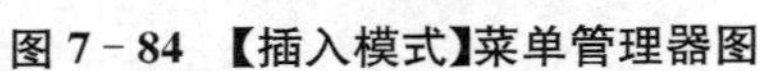
图7-84　【插入模式】菜单管理器图

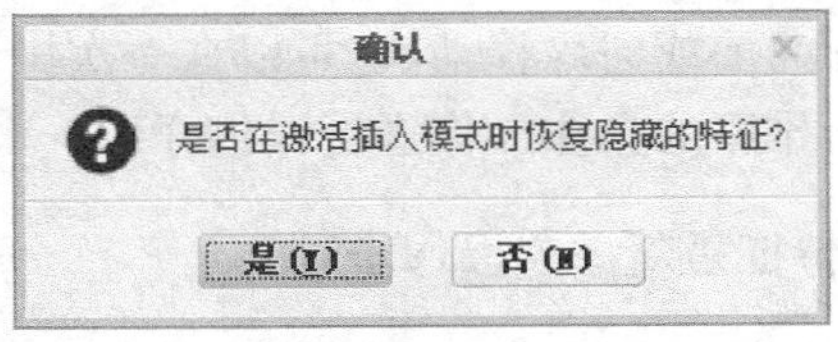

图7-85　提示信息

(2) 随时可以选择【插入模式】菜单管理器中【返回】选项，返回到先前的活动菜单。

(3) 可以直接拖动模型树中的红色的【在此插入】箭头 在此插入 到指定位置，则自动激活插入模式；而将【在此插入】箭头拖到模型树的最后，则取消插入模式。

7.5.3　特征插入操作实例

【例21】　在图7-80所示的模型中插入拔模特征。

(1) 下面将在图7-80所示的模型的基础上继续进行特征的插入操作。单击【模型】选项卡→【操作】组菜单→【特征操作】，在弹出的【特征】菜单管理器中选择【插入模式】，并选择【激活】选项。

(2) 系统提示"选取在其后插入的特征"，我们选择"拉伸 2"特征(在"倒圆角 1"特征之前)，此时系统进入插入模式，相关特征被隐含，如图 7－86 所示。

(3) 选择【模型】选项卡→【工程】组→【拔模】，在【拔模】特征工具操控板中选择圆柱面作为拔模曲面，选择圆柱上端面作为拔模枢轴，调整拖动方向，输入拔模角度为 10°，如图 7－87 所示。

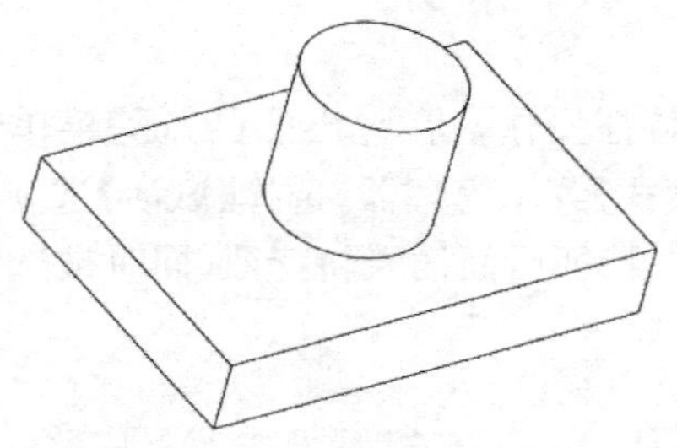

图 7－86　进入特征插入模式

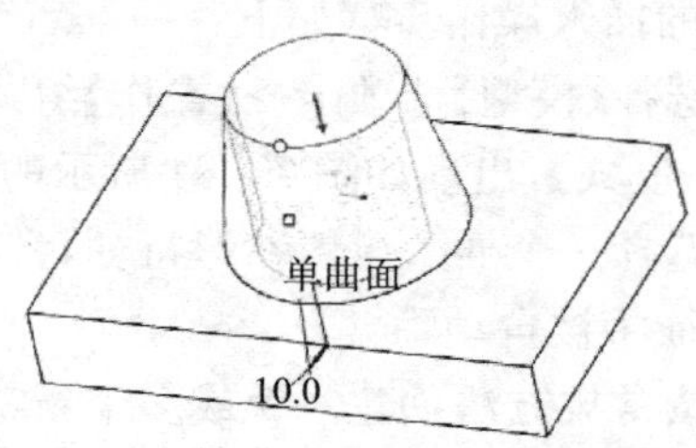

图 7－87　拔模特征的构造

(4) 各项设置完成后，单击【拔模】特征工具操控板中的按钮，完成拔模特征的构造。

(5) 选择【模型】选项卡→【操作】组菜单→【恢复】→【恢复全部】，刚才激活插入模式时被隐含的特征又恢复了显示，需要注意的是，原来圆柱与底板之间的倒圆角特征，现在被自动更新了，如图 7－88 所示。

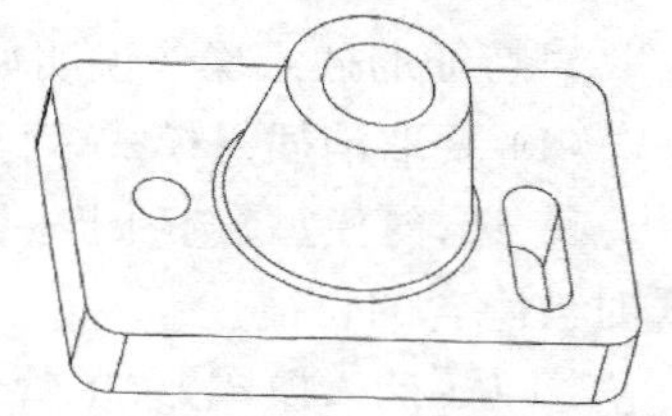

图 7－88　插入拔模特征后的结果

7.6　特征的重新排序

零件模型建立后，有时需要调整特征的创建顺序，重新排序操作可以将某个特征在再生序列中向前或向后移动，也可以在一次操作中对多个连续特征进行整体重新排序。本节将对重新排序的具体操作进行详细介绍。

7.6.1　特征重新排序操作步骤

特征重新排序的具体操作步骤如下：

(1) 选择【模型】选项卡→【操作】组菜单→【特征操作】，在弹出的【特征】菜单管理器中选择【重新排序】，系统将弹出如图 7－89 所示的【选择特征】菜单管理器。

(2) 选择要重新排序的特征。共有三种选取方式：

①【选择】——通过鼠标在模型中选取需要重新排序的特征。

②【层】——通过选择层来选取层中的所有特征。

③【范围】——通过输入起始和终止特征的特征号来指定再生特征的范围。

(3) 选择了要重新排序的特征后，点击【选择特征】菜单管理器中的【完成】，系统会列出所有可能的重新排序的方式供选择参考。同时弹出如图 7－90 所示的【重新排序】菜单管理器，有【之前】和【之后】两个选项：

①【之前】——在所选参考特征之前插入特征。

②【之后】——在所选参考特征之后插入特征。

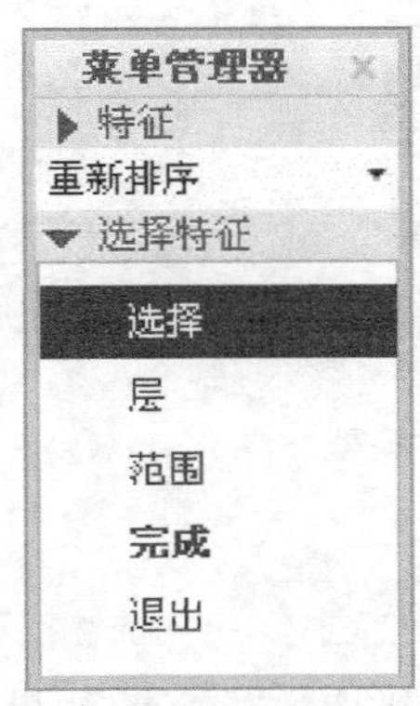

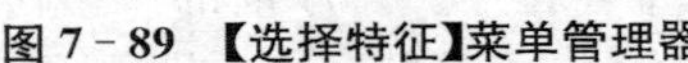
图 7－89　【选择特征】菜单管理器

图 7－90　【重新排序】菜单管理器

(4) 选择【之前】或【之后】，然后选取插入位置参考特征，即可完成特征的重新排序操作。

7.6.2　特征重新排序操作实例

下面通过一个实例来介绍重新排序的操作步骤和方法。

【例 22】　对图 7－91 所示的模型进行相关特征的重新排序。

(1) 打开模型文件“ep7－91.prt”，如图 7－91 所示。

(2) 选择【模型】选项卡→【操作】组菜单→【特征操作】，在弹出的【特征】菜单管理器中选择【重新排序】，系统将弹出如图 7－89 所示的【选择特征】菜单管理器。

(3) 选取特征“孔 1”，在【选择特征】菜单管理器中选择【完成】选项，系统状态栏中给出可以对该孔特征进行重新排序的操作说明，如图 7－92 所示。

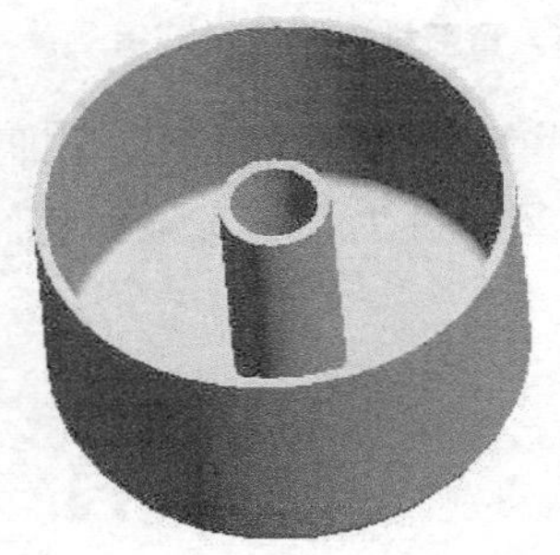
图 7－91　特征排序零件模型

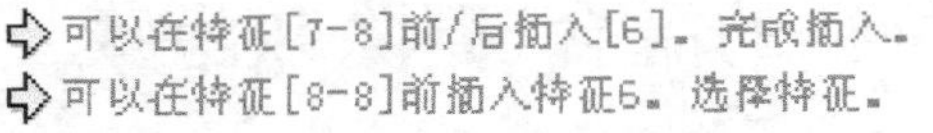

可以在特征[7-8]前/后插入[6]。完成插入。
可以在特征[8-8]前插入特征6。选择特征。

图 7－92　所选特征的插入位置

(4) 在【重新排序】菜单管理器中选择【之后】，然后选择特征 8——“壳 1”，将“孔 1”特征移到最后，重新排序后的零件模型如图 7－93 所示。

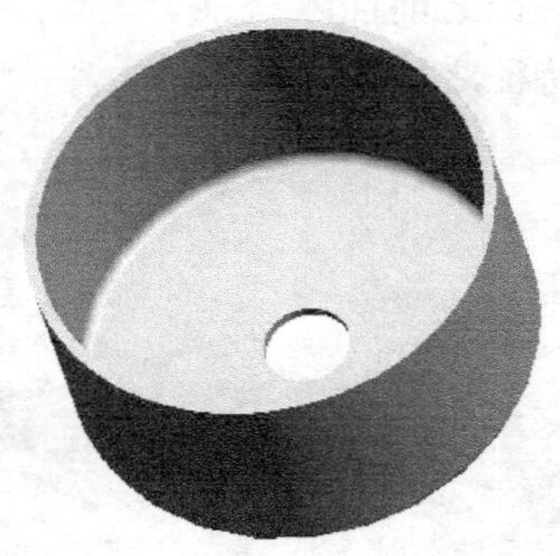

图 7－93　重新排序后的零件模型

7.6.3　特征重新排序说明

(1) 在模型树中直接拖动特征也可进行特征的重新排序。排序前的模型树如图 7－94 所示，用鼠标左键按住“孔 1”特征不放，将其直接拖动到“壳 1”特征之后即可，重新排序后的模型树如图 7－95 所示。

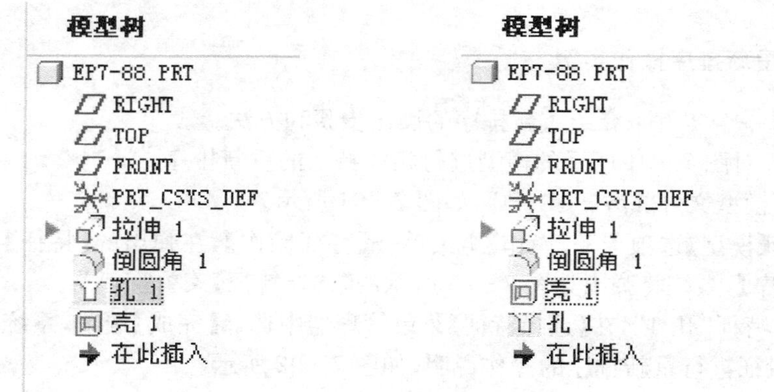

图 7－94　重新排序前的模型树　　图 7－95　重新排序后的模型树

(2) 可以在一次操作中对多个特征重新排序，只要这些特征以连续顺序出现即可。

(3) 具有父子关系的两个特征的顺序不可互调，因为父项再生必须发生在它们的子项再生之后。

7.7　特征的隐含、删除和隐藏

在创建零件模型的过程中，为了提高模型的再生速度、简化模型、方便某些特征的构造等目的，经常需要将某些特征进行隐含。被隐含的特征将不在模型中显示，直到重新恢复这些特征为止。删除特征则是从零件中永久地删除这些特征且不能再恢复。本节将对特征的隐含与恢复、删除、隐藏与取消隐藏等操作等进行介绍。

由于隐含和删除操作过程中的对话框、菜单及操作方法几乎一样，所以本节将以隐含操作为例来进行说明。

7.7.1　特征的隐含与恢复

1) 使用快捷菜单实现特征的隐含

使用快捷菜单进行特征的隐含和删除操作步骤如下：

(1) 在模型树或工作区中选取要隐含的特征右击，在弹出的快捷菜单中选择【隐含】选项。

(2) 选定的特征及其子项在模型树中高亮显示，并出现【隐含】对话框。如果选取的特征没有子项，则出现如图 7－96 所示的对话框；如果选取的特征存在子项，则出现如图 7－97 所示的对话框。

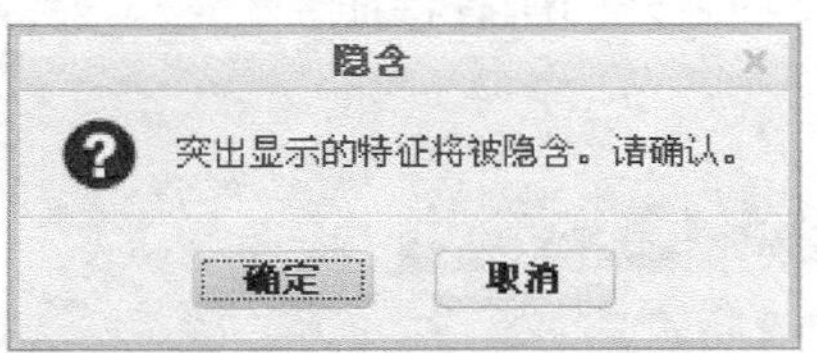

图 7－96　不含子特征的特征【隐含】对话框

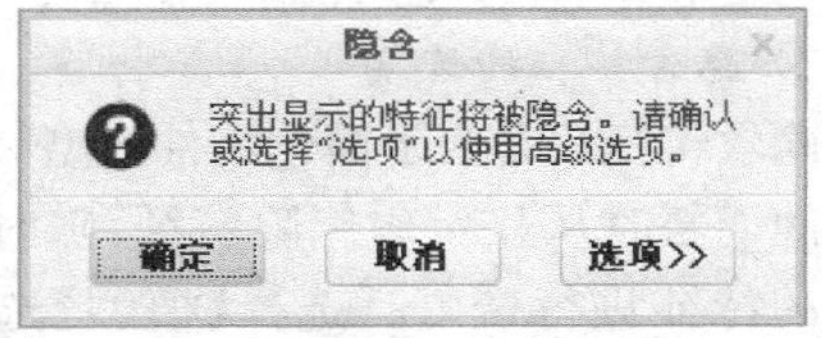

图 7－97　含子特征的特征【隐含】对话框

(3) 单击【隐含】对话框中的 确定 按钮，将隐含所选特征及其子项。当所选特征存在子特征时，也可单击【隐含】对话框中 选项>> 按钮，打开如图 7－98 所示的【子项处理】对话框，通过该对话框，可以对各子特征进行隐含、保留(挂起)或替换参考等操作。

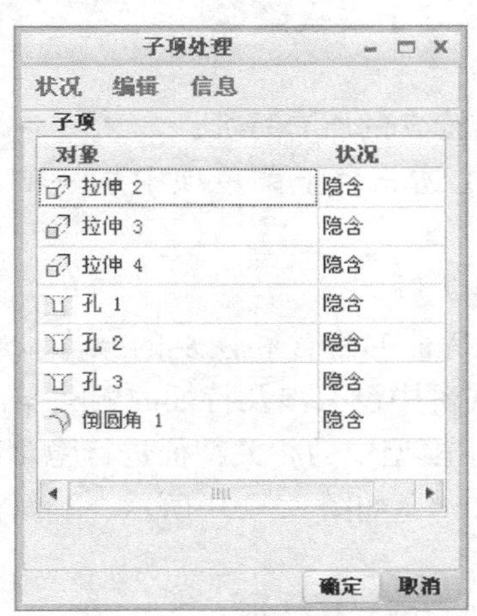

图 7－98　【子项处理】对话框

2) 利用【操作】菜单实现特征的隐含

用【模型】选项卡中的【操作】菜单进行特征的隐含和删除的操作具体步骤如下：

(1) 选择要隐含的特征。

(2)【模型】选项卡→【操作】组菜单→【隐含】，该菜单项存在三个子菜单项，如图 7－99 所示。其中：

①【隐含】——与上面使用快捷菜单实现特征的隐含操作一样。如果该特征不包含子特征，则可直接实现该特征的隐含；如果该特征包含子特征，默认处理方式是隐含选定特征及其所有子项，同时可在图 7－98 所示的【子项处理】对话框对各个子特征进行隐含、保留（挂起）或替换参考等操作。

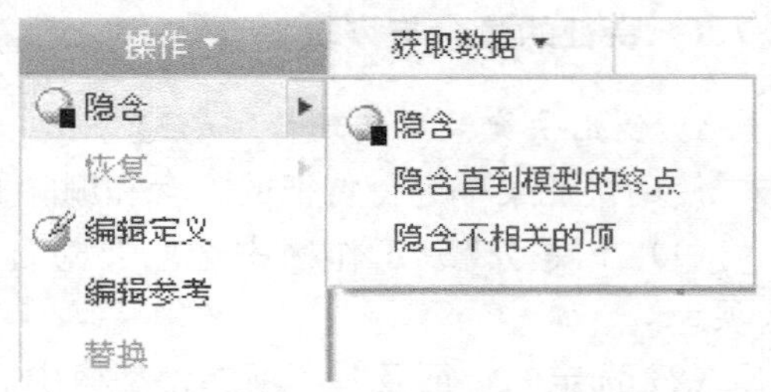

图 7－99 【编辑】→【隐含】菜单项及其子菜单项

②【隐含直到模型的终点】——隐含选定特征和随后的所有特征。

③【隐含不相关的项】——隐含选定特征及其父项之外的所有特征。

3）隐含特征的恢复

隐含特征只是为了简化零件模型和减少再生时间而暂时从显示中删除特征，随时可以对隐含的特征进行恢复。选择【模型】选项卡→【操作】组菜单→【恢复】菜单项，该菜单项下有三个子项，如图 7－100 所示，其中：

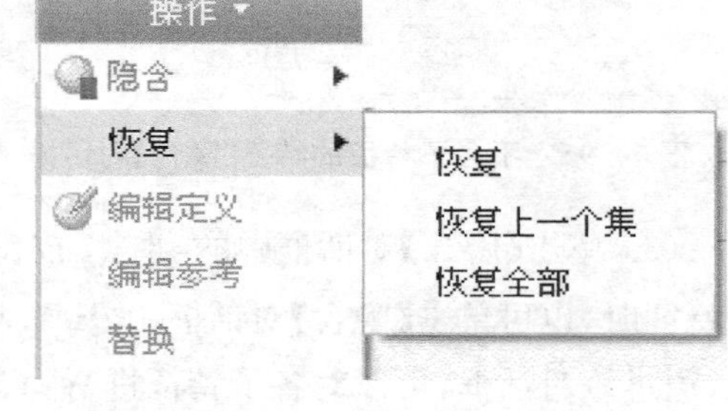

图 7－100 特征的恢复

①【恢复】——恢复所选特征（先选中模型树过滤器中“隐含的对象”，然后在模型树中选择要恢复的特征）。

②【恢复上一个集】——恢复上一次隐含操作所隐含的特征。

③【恢复全部】——恢复被隐含的所有特征。

根据实际情况需要，选定上述三个子菜单项中某一项，即可完成相关被隐含特征的恢复。

4）特征的隐含与恢复操作实例

下面通过一个实例来介绍特征的隐含和恢复的操作步骤和方法。由于特征的删除和特征的隐含操作相似，因而本实例中没有涉及特征的删除操作，读者可自行练习。

【例 23】 对图 7－101 所示模型中的相关特征进行隐含和恢复。

（1）打开模型文件“7－101.prt”，如图 7－101 所示。下面将零件中的一些特征进行隐含，然后再进行恢复操作。

（2）在模型树中选取“拉伸 3”圆柱体特征。

（3）选择【模型】选项卡→【操作】组菜单→【隐含】，在弹出的【隐含】对话框中点击 确定 按钮，完成特征的隐含操作，完成隐含操作后的零件模型显示如图 7－102 所示，显然，所选特征及其所有子项均已被隐含。

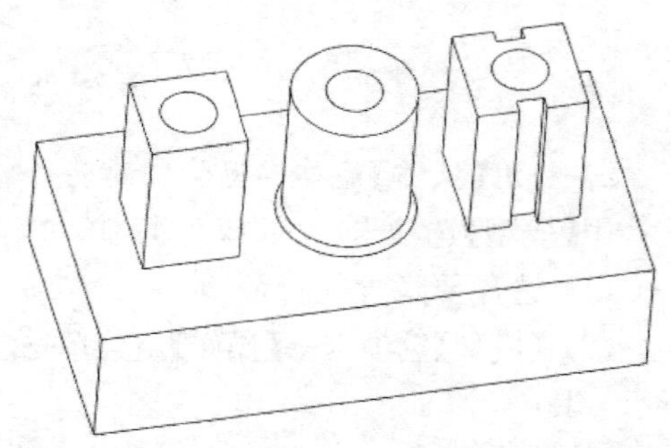

图 7－101 隐含与恢复零件模型

（4）如果第（3）步中，选择【隐含】菜单下的【隐含直到模型的终点】子菜单项，则完成隐含特征后的结果如图 7－103 所示，该特征及其随后的所有特征均已经被隐含。

(5) 如果第(3)步中，选择【隐含】菜单下的【隐含不相关的项目】子菜单项，则完成隐含操作后的零件模型如图 7-104 所示，显然该特征及其父特征以外的特征均已经被隐含。

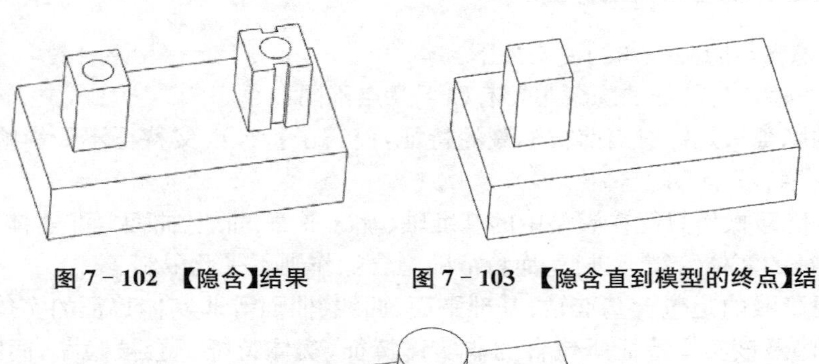

图 7-102　【隐含】结果　　　图 7-103　【隐含直到模型的终点】结果

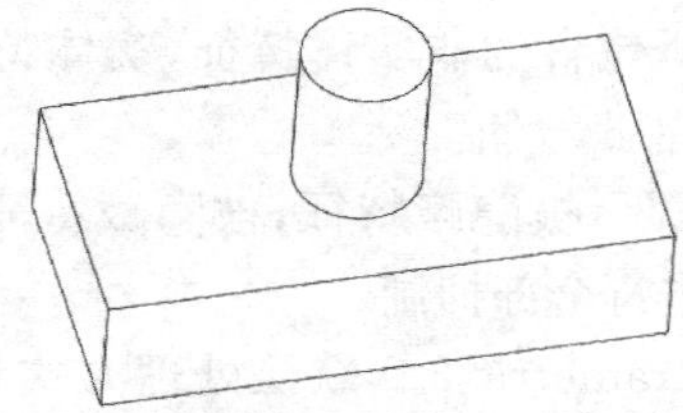

图 7-104　【隐含不相关的项目】结果

(6) 选择【模型】选项卡→【操作】组菜单→【恢复】→【恢复全部】菜单项，即可恢复全部的被隐含的特征。

7.7.2　特征的隐藏与取消隐藏

特征的隐藏就是将基准面、基准轴、基准点、基准坐标系、曲线、曲面等非实体特征暂时隐藏，这相当于"层"树中层的隐藏功能。

对某个特征进行隐藏操作步骤如下，首先在模型树中或工作区中选中要隐藏的特征右击，在弹出菜单中选择【隐藏】即可。

特征隐藏后，被隐藏特征的图标将变为灰色，如图 7-105 中的 RIGHT 基准面、TOP 基准面、FRONT 基准面、拉伸 1 等特征所示。

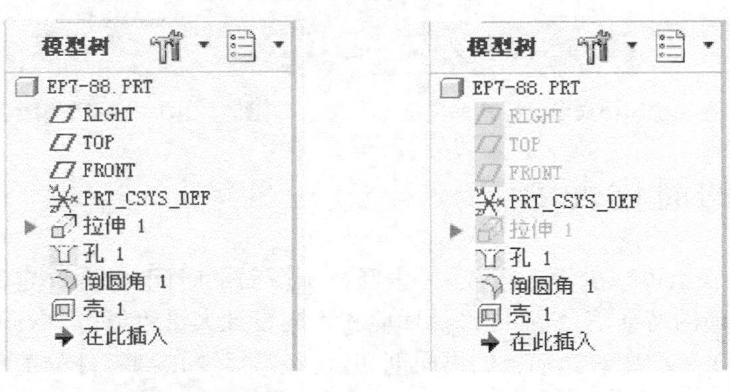

(a) 特征隐藏前的模型树　　　(b) 特征隐藏后的模型树

图 7-105　特征隐藏前后的模型树

要想取消隐藏，只需在模型树中选中要取消隐藏的特征右击，在弹出的快捷菜单中选择【取消隐藏】即可。

7.7.3 关于特征的隐含与隐藏的说明

对特征的隐含与隐藏操作的说明如下：

(1) 特征的隐含与特征的隐藏主要有以下几点不同：

① 特征的隐藏只是针对当前被隐藏的特征，而其子特征或父特征不受影响，而特征的隐含则会将相关特征全部隐含。

② 特征的隐藏操作只能在模型中的基准轴、基准平面、曲线、曲面等非实体特征或包含这些非实体特征的实体特征上进行，而特征的隐含操作则不受此限制。

③ 如果要隐藏的是包含基准轴、基准平面、曲线、曲面等非实体特征的实体特征，则系统只在绘图区隐藏该实体特征所包含的非实体特征，实体特征不会被隐藏，而特征的隐含操作则会将该特征及其包含的特征全部隐含。

④ 特征的隐藏只是暂时不显示被隐藏特征，被隐藏特征仍然参与模型的各种运算，而特征的隐含则会对被隐含特征进行全部抑制。

(2) 特征被隐含后，Creo Parametric 2.0 默认处理方式是将这些隐含的特征在模型树中也进行隐藏，点击模型树窗口中的设置按钮下的【树过滤器】选项，在弹出的【模型树项】对话框中的【显示】区域中选中【隐含的对象】，如图 7－106 所示，可以将隐含的特征在模型树中也显示出来。图 7－107 所示的模型树中给出了“拉伸 2”、“孔 1”等隐含特征在模型树中的显示情况，在被隐含的特征前将会出现特征隐含标志“■”。

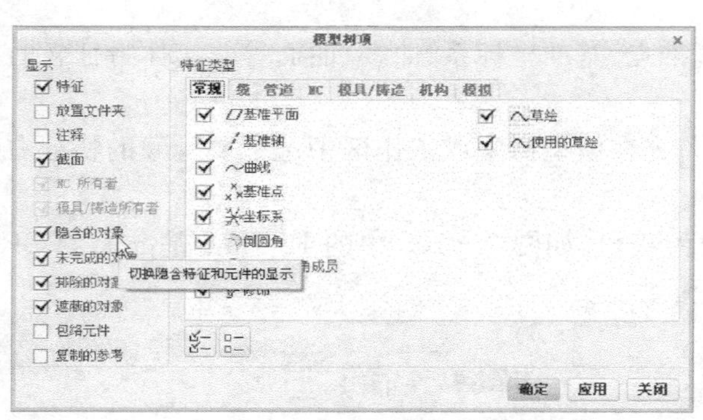

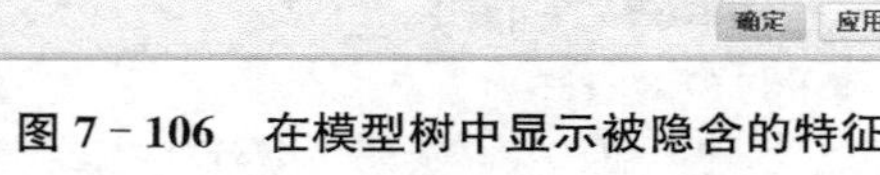

图 7－106 在模型树中显示被隐含的特征

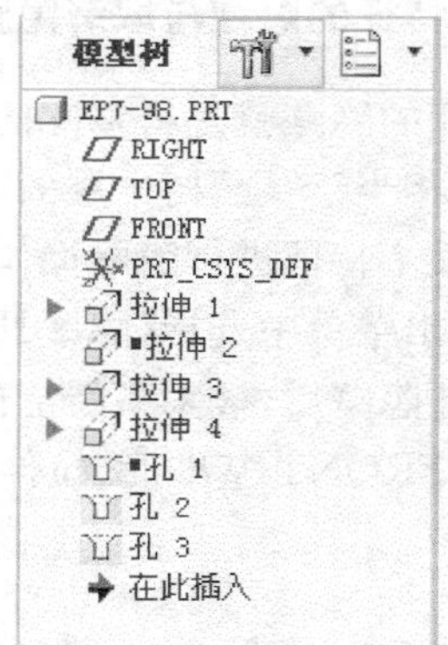

图 7－107 在模型树中显示被隐含的特征

7.8 零件的简化表示

零件的简化表示可减少重新生成、检索和显示所需的时间，并允许定制工作环境使其只包含当前感兴趣的特征信息，不同设计环境和不同设计人员可以分别打开相同零件的不同简化模型。在工程图中表达筋板的纵向剖切，也经常需要用到零件的简化表示来处理规范表达问题。

下面通过实例说明创建零件简化表示的一般方法和过程。

【例 24】　对图 7 - 108 所示的模型创建简化表示。

(1) 打开模型文件“7 - 108.prt”,如图 7 - 108 所示。

(2) 选择【视图】选项卡→【模型显示】组→【管理视图】,在弹出的【视图管理器】对话框的【简化表示】选项卡中,点击 新建 按钮,在【名称】栏中输入简化表示名称“Wujinban”,如图 7 - 109 所示。

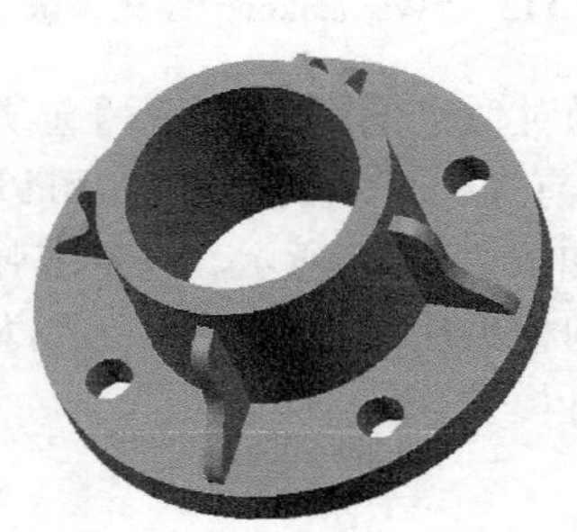

图 7 - 108　零件简化表示原模型

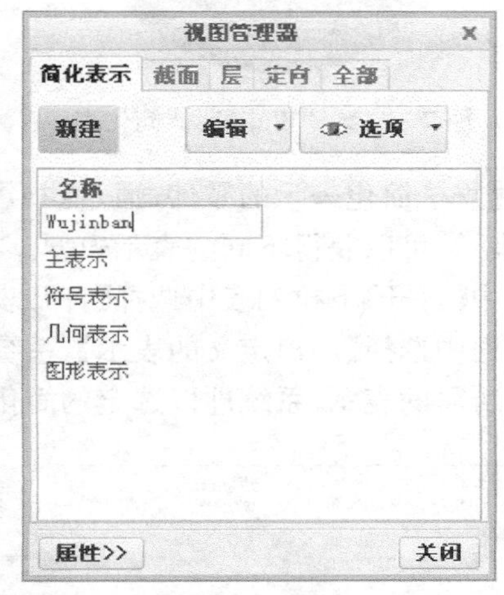

图 7 - 109　【视图管理器】对话框

(3) 输入名称结束后回车,系统弹出【编辑方法】菜单管理器,如图 7 - 110 所示,在其中选择【特征】,随后系统弹出【增加/删除特征】菜单管理器,默认状态为【排除】,在模型树或工作区中选择要排除的筋板特征,点击【增加/删除特征】菜单管理器中的【完成】,如图 7 - 111,再点击【编辑方法】菜单管理器中的【完成/返回】,即可完成“Wujinban”简化表示的创建。对已有简化表示进行编辑时,可以右击简化表示,在弹出的菜单中选择【重新定义】,即可在上述的【编辑方法】菜单管理器中进行编辑定义。所获得的简化表示模型如图 7 - 112 所示。

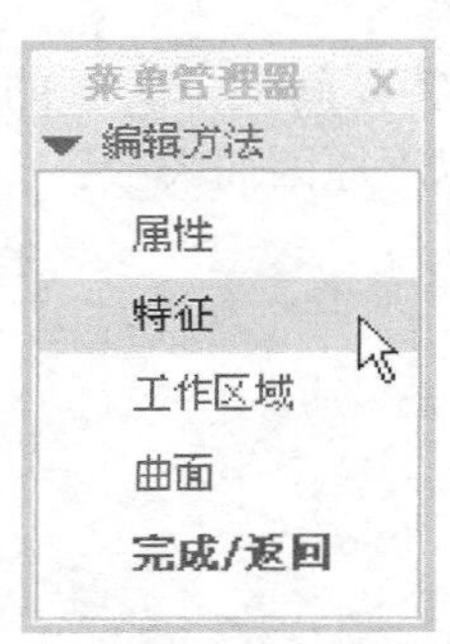

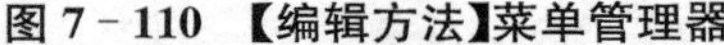

图 7 - 110　【编辑方法】菜单管理器

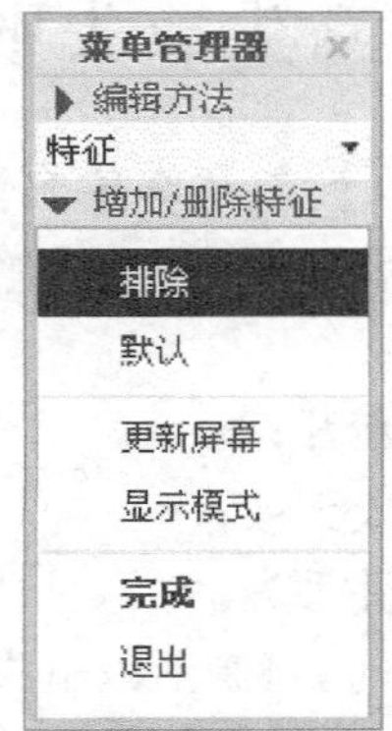

图 7 - 111　【增加/删除特征】菜单管理器

(4) 类似的方法创建简化表示——“Wuxiaokong”,排除底板上的四个小孔,如图 7 - 113 所示。

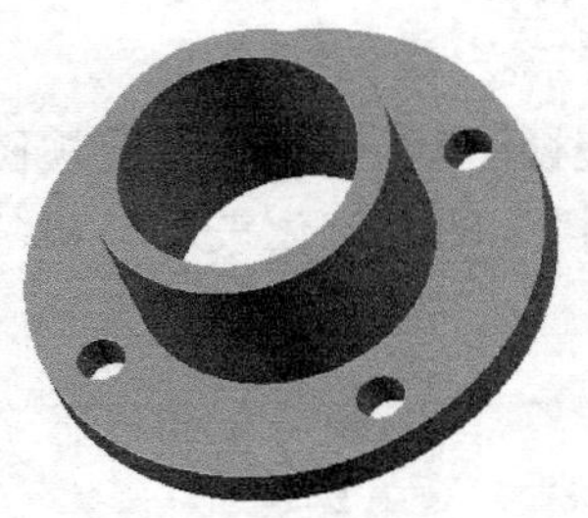

图 7 - 112 “Wujinban”简化表示

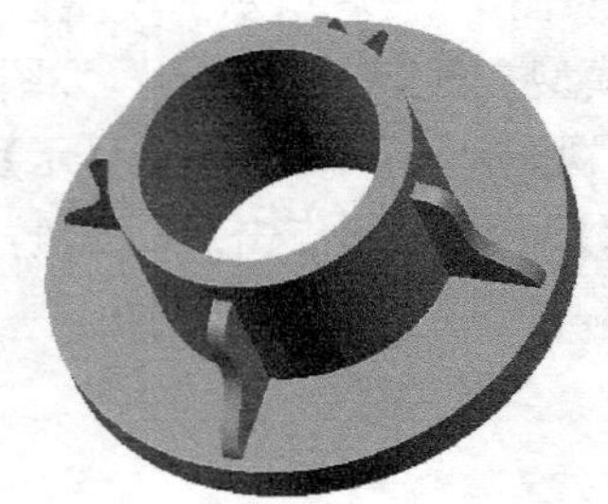

图 7 - 113 “Wuxiaokong”简化表示

对于建立了简化表示的零件，通过【视图管理器】对话框的【简化表示】选项卡，激活不同的简化表示，可以获得不同的表示模型。在打开含有简化表示的模型时，可以在【文件打开】对话框中【打开】下拉列表中选择【打开表示…】，如图 7 - 114 所示。在系统弹出的【打开表示】对话框中选择【用户定义的表示】，系统列出当前模型中可选的简化表示，如图 7 - 115 所示，选择所需的表示，系统即以选定的简化表示打开模型。

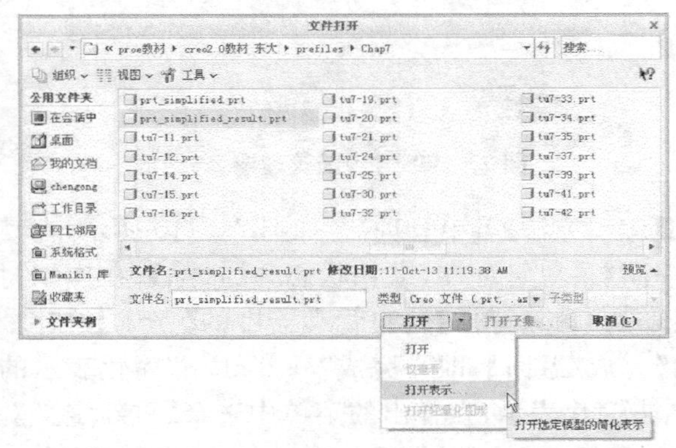

图 7 - 114 【文件打开】对话框

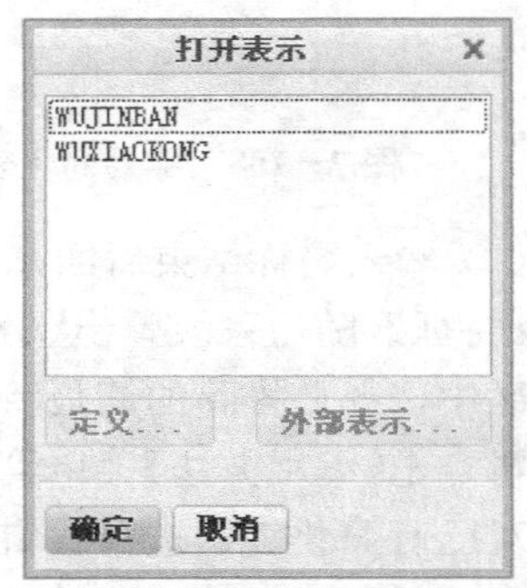

图 7 - 115 【打开表示】对话框

7.9 特征重新生成失败的解决方法

重新生成模型时，系统会按照特征的创建顺序、根据特征间父子关系的层次逐个重新创建模型特征，有时会出现重新失败的情况，主要会因为以下原因而失败：

(1) 不良几何；

(2) 父子关系断开；

(3) 参考丢失或无效；

(4) 装配的元件丢失。

重新生成失败时，将激活以下失败模式之一：

(1) 解决模式(也称为“修复模型”模式)；

(2) 非解决模式。

可以设置 Creo Parametric 选项“regen_failure_handling”来指定一种失败模式，“非解决”模式为默认模式。

如果特征重新生成失败模式为解决模式，特征重新生成失败时，系统会弹出图 7 - 116 所示的【求解特征】菜单管理器。

其中：

(1) 撤销更改：撤消致使重新生成尝试失败的改动，返回到最后成功重新生成的模型。系统显示【确认】菜单，用户可以确认或取消该命令。

(2) 调查：使用调查子菜单调查重新生成失败的原因。

(3) 修复模型：将模型复位到失败前的状态，并选择命令来修复问题。

(4) 快速修复：显示包含以下命令的"快速修复"菜单：

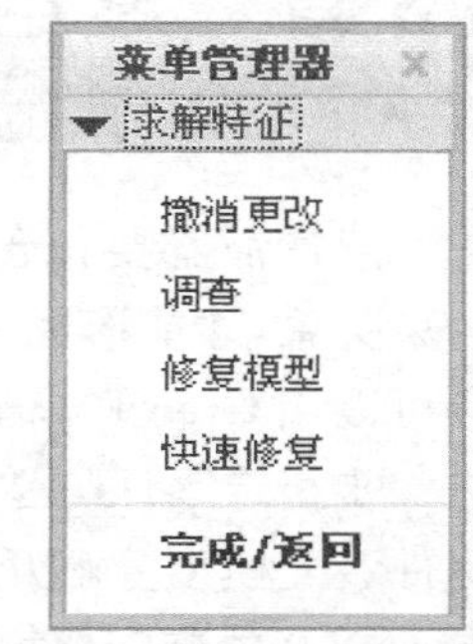

图 7 - 116 【求解特征】菜单管理器

① 重新定义：重新定义失败的特征。

② 重定参考：重定失败特征的参考。

③ 隐含：隐含失败的特征及其子特征。

④ 修剪隐含：隐含失败的特征及其后面所有的特征。

⑤ 删除：删除失败的特征。要管理其子项，请使用"全部删除"、"挂起全部"或"全部重定参考"命令。

成功修复模型之后，模型将重新生成。

如果不想丢掉对零件所作的修改，而欲寻找其他修复失败特征的方法，可以在退出"解决特征"模式前，单击"保存"或"另存为"，然后单击"否"，重新进入"解决特征"模式，尝试其他解决失败的方法。

第 8 章　零组件的装配

一般产品都要包含一个以上的零件或组件，这些零件、组件之间必然要通过一定的装配约束关系，才能形成一个产品完整的整体，这就要涉及装配模型的建立问题。前面我们已经可以用 Creo Parametric 2.0 方便地创建各种零件的三维模型，利用其装配模块我们可以进一步指定零件与零件之间的相互配合关系，将零件装配在一起，同时可以将整个产品或组件装配模型分解开来，以方便查看各组成零件及其装配约束关系。本章将对 Creo Parametric 2.0 的装配模块作较为详细的介绍。

8.1　零组件的装配步骤及装配约束类型

8.1.1　零组件装配的基本概念

零组件装配是产品设计和制造中的一个重要环节，它是指按照一定的约束条件或连接方式，将组成产品的各零件或组件装配成一个满足设计要求的部件或产品的过程。Creo Parametric 2.0 中的装配设计则是指将零件或组件的三维模型通过一定的装配约束关系将它们组合在一起，形成一个整体。通过装配模型，可以生成装配体的分解图，以方便地查看产品或部件中的各零部件的组成情况以及零部件之间的装配约束关系，也可以做装配体内零件、组件间的干涉检查，还可以进行机构的运动仿真分析、装配零件间的布尔运算等。

零组件之间的装配约束关系是零组件装配的关键，该装配约束关系将影响整个装配体的结构和功能。在 Creo Parametric 2.0 中，零组件之间的装配约束关系是产品设计、制造环境中零组件之间的设计关系在虚拟环境中的映射，根据现实环境的装配情况，Creo Parametric 2.0 定义了许多装配约束关系，如距离、平行、重合等。因此，在 Creo Parametric 2.0 中进行零件的装配，必须首先清楚各个零组件之间的相对位置和相互的装配约束关系。定义了零组件之间的装配约束关系后，系统根据这些约束关系，自动调整零组件之间的相互位置，从而形成一个有机整体。

建立装配体时第一个调入的零件或组件我们称其为主体零组件或基础零组件。选择主体零组件一般应满足以下条件：

(1) 该零件或组件是整个装配模型中最为关键的零部件。

(2) 用户在以后的装配设计修改中不会轻易删除该零件或组件。

和前面零件建模时零件内各个特征之间存在父子关系一样，装配过程中的各个零件、组件之间也存在着父子关系。装配过程中，已存在的零件成为父零件，与父零件相互装配的后加入零件为子零件。删除父零件时，与之相关联的所有子零件将一起被删除，子零件则可以单独被删除而不影响其父零件。在定义装配约束的过程中，已经装入的零组件上的几何元素被称为“装配项”，即“装配侧”元素，当前正在装入的零组件上的几何元素被称为“元件项”，即“元件侧”元素。

装配文件不能独立于被装配的零组件而单独存在，因而装配中所用到的零组件必须放在同一个文件夹里，并将该文件夹设置为工作路径；所有相关零组件以及装配的尺寸单位应该一致；装配后的零组件不能随意重新命名或删除，如果要修改装配文件中所包含的零组件的名称，需要在装配模型树中选中要修改名称的零组件右击，在弹出菜单中选择【打开】，然后在打开的零组件窗口中，点击【文件】菜单→【管理文件】→【重命名】，进行零组件的重命名，完成后返回装配文件并保存。

8.1.2　零组件装配的步骤

我们首先以流程图的方式说明利用 Creo Parametric 2.0 进行零组件装配的一般流程，如图 8－1 所示。

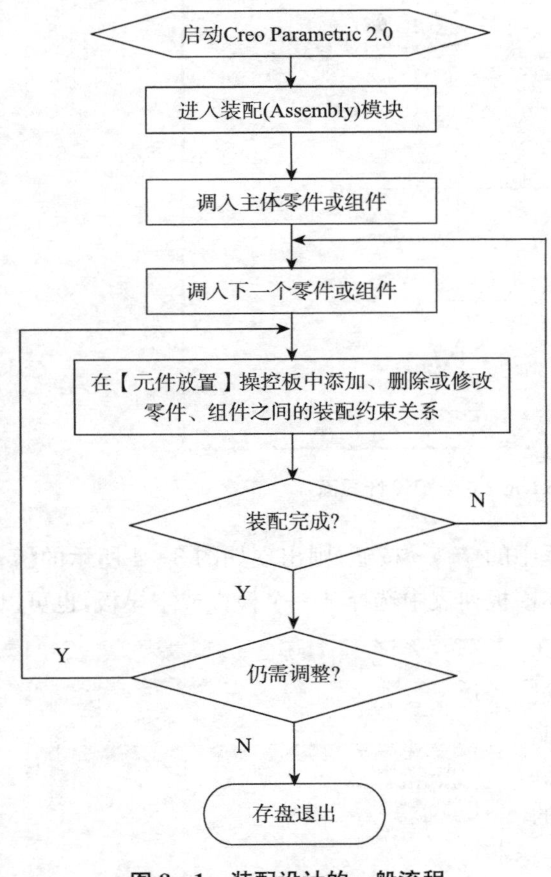

图 8－1　装配设计的一般流程

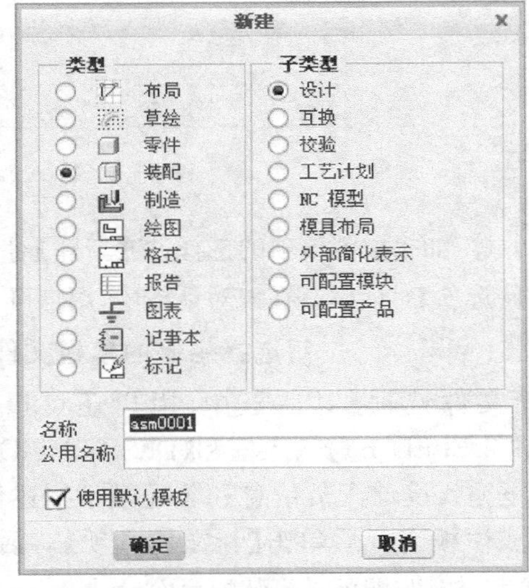

图 8－2　【新建】对话框

接着我们通过一个简单的实例来说明零组件装配操作的一般步骤和装配模块的用户操作界面。在进行装配操作前，应该首先设置当前工作目录为要创建的装配模型的文件存放路径。

（1）点击【文件】菜单→【新建】或 Creo Parametric 2.0【快速访问】工具栏→【新建】按钮，出现【新建】对话框，如图 8－2 所示。在【类型】中选择【装配】，【子类型】选择默认值【设计】。在【名称】中输入要装配的产品或组件名称。

关于【新建】对话框中【使用缺省模板】选项的说明：

① 如果选中了该项，点击【新建】对话框中的 确定 按钮，系统进入装配设计界面，同时自动产生互相垂直的 3 个基准平面 ASM_FRONT、ASM_RIGHT、ASM_TOP 及坐标系 ASM_DEF_CSYS，如图 8－3 所示。如果在组件中创建了这三个正交的基准平面作为第一个特征，就可以相对于这些平面来装配元件，或创建一个新零件作为第一个元件。用基准平面作为第一个特征有以下优点：a. 可以重定义装配的第一个元件的放置约束；b. 可以对第一个元件进行阵列，从而创建灵活的设计；c. 可以将后面的元件重新排列，使之排在第一个元件之前（只要这些元件不是第一个元件的子项）。

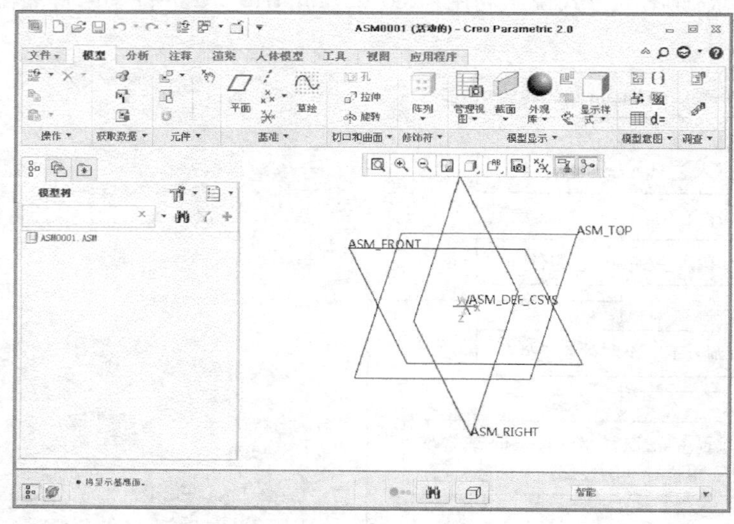

图 8－3　Creo Parametric 2.0 装配设计界面

② 如果取消该项的选择，按【新建】对话框中的 确定 按钮，则出现如图 8－4 所示的【新文件选项】对话框。在该对话框中，用户可以在模板列表中选择某一个模板或空模板，也可以点击 浏览... 按钮选择想要的模板文件。在【新文件选项】对话框中，用户还可以通过【MODELED_BY】输入框和【DESCRIPTION】输入框输入设计人员信息和装配模型描述信息。完成模板选择后单击【新文件选项】对话框的 确定 按钮，即可进入装配界面设计。

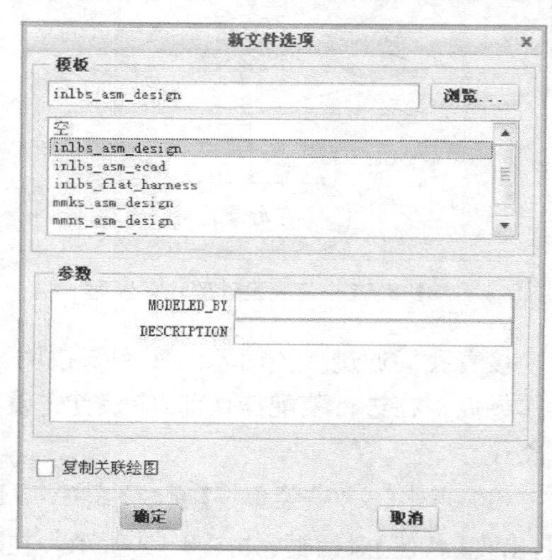

图 8－4　【新文件选项】对话框

③ 通过【文件】菜单→【选项】，在弹出的【Creo Parametric 选项】对话框左侧列表中点击【配置编辑器】，然后在右侧的【选项】列表中设置选项“template_designasm”（如果列表中找不到该选项，可以通过 显示过滤器 按钮对选项过滤进行适当设置），选择 Creo Parametric 2.0 安装目录下的“Creo 2.0\Common Files\M010\

templates”目录中的某个装配模板文件也可完成模板的设置。将“template_designasm”设置为“mmns_asm_design.asm”文件，方能将缺省的装配模板设置为公制单位 mmns。如果已指定默认模板(可以设置配置文件选项 start_model_dir 来指定其位置)，该模板或起始模型将在创建新零件时使用；使用 template_cnfg_asm 配置选项可以设置默认可配置产品模板的位置。将模板用作起始模型时，可包括模型中的临界层、基准特征和视图。

本实例中，我们建立一个名称为“AsmZhoukong”的装配，使用缺省模板，进入 Creo Parametric 2.0 的装配界面。

(2) 下面我们调入第一个装配零件。单击【模型】选项卡→【元件】组→【组装】，弹出【打开】文件对话框，在对话框中选择要装配的零件或组件文件，此处我们选择“yuanpan.prt”零件(本章所涉及的电子档文件，如果没有指定目录，则均位于教材相关电子档的“…\CreoChap8”目录中)，然后单击 打开 按钮，零件被打开后，便会在功能区显示【元件放置】工具操控板，通过该操控板我们就可以添加各种装配约束关系，如图 8－5 所示。

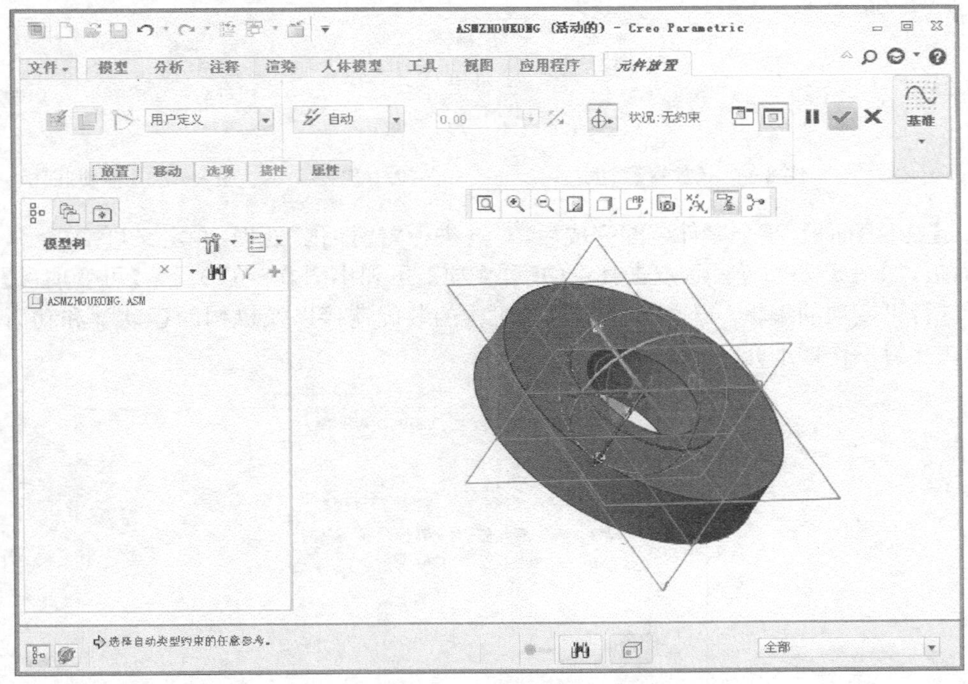

图 8－5　调入的第一个零件及装配定义操控板

下面我们将对【元件放置】操控板的相关部分作简单说明：

①【放置】面板，该面板如图 8－6 所示，主要用于定义或修改当前待装配元件的装配约束。在该面板的左侧用户可以查看、编辑、新建或删除装配约束；在右侧用户则可以对当前装配约束的类型、约束参数、是否启用等进行设置，同时可以查看当前待装配元件的装配约束状态，即无约束、部分约束、完全约束和约束无效等。

②【移动】面板，该面板如图 8－7 所示，主要用于调整待装配元件在装配界面中的位置，以方便装配约束的定义。在【运动类型】下拉列表中，用户可以选择移动的方式，包括定

向模式、平移、旋转、调整等四种方式。移动待装配零件时时，用户还可以选择【在视图平面中相对】或【运动参考】两种移动方式，前一种方式下移动操作是相对于当前视图平面，而后一种方式下，需要用户在移动参考收集器中选择某个基准对象或零组件模型上的某个几何对象作为移动的参考，如果参考对象为直线，则可将待装配零件沿该直线移动或绕该直线旋转，如果参考对象是平面，则用户还可以进一步选择平行于该平面还是垂直于该平面进行移动。

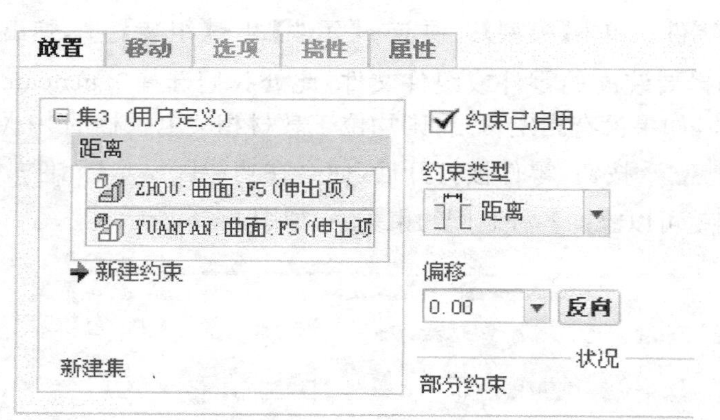

图 8-6 【放置】面板

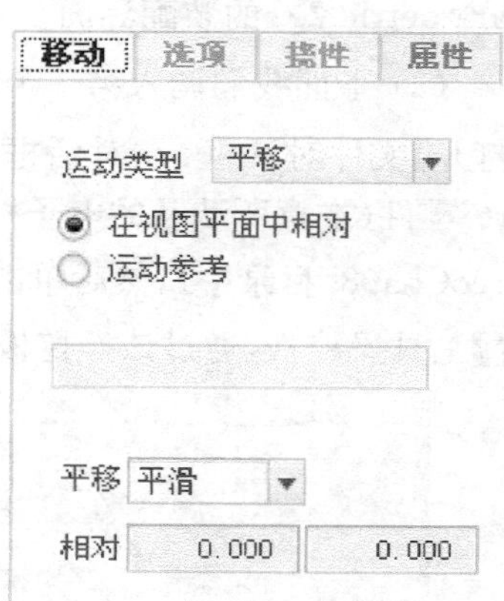

图 8-7 【移动】面板

③【挠性】面板，某个零件装配完成后，对其进行“挠性化”处理，并定义可变项目，可激活该面板，如图 8-8(a)所示，点击其中的【可变项】，可弹出图 8-8(b)所示【可变项目】对话框，可进行可变项的编辑。该面板主要用于机构的装配连接以及机构的运动学和动力学分析中，在此暂不作详细介绍。

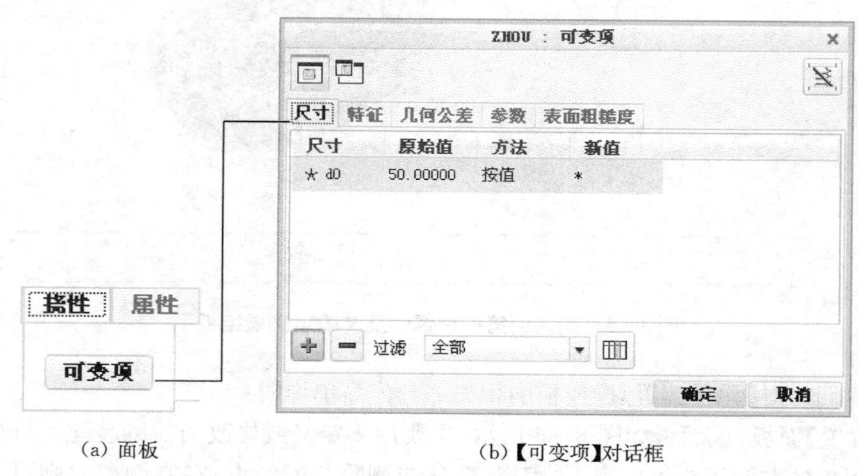

(a) 面板　　(b)【可变项】对话框

图 8-8 【挠性】面板

④【属性】面板如图 8-9 所示，主要用于显示当前待装配零组件的基本属性。点击该面板内的 按钮，用户可以在 Creo Parametric 2.0 的内部浏览器中获得更为详细的属性信息，如图 8-10 所示。

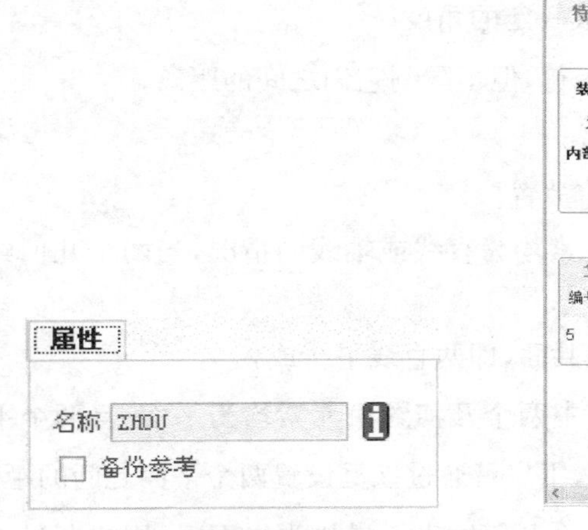

图 8－9　【属性】面板

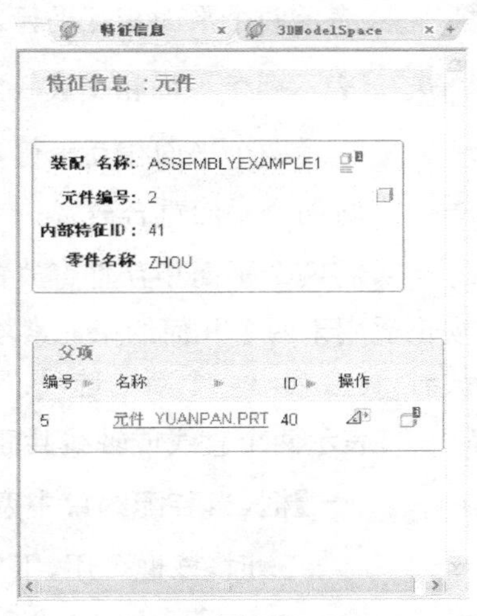

图 8－10　【属性】信息的展开

另外,【元件放置】工具操控板中还包含了一些操作控制项,介绍如下:

①【　】框,包含三个操作按钮,分别用于使用界面放置、手动放置、约束与机构连接之间的转换。

②【用户定义　】框,通过该框用户可以选择定义约束的方式,如图 8－11 所示。对于定义零组件的装配约束操作,用户可以使用默认的【用户定义】方式,而其他方式主要用于机构连接,如刚性、销钉、滑动杆、轴承等,利用这些连接方式,可以在 Creo2.0 Mechanica 模块中进行组件的机构运动学与动力学分析。

③【自动　】框,通过该框用户可以选择装配约束的类型,主要包括 11 种装配约束类型,如图 8－12 所示。

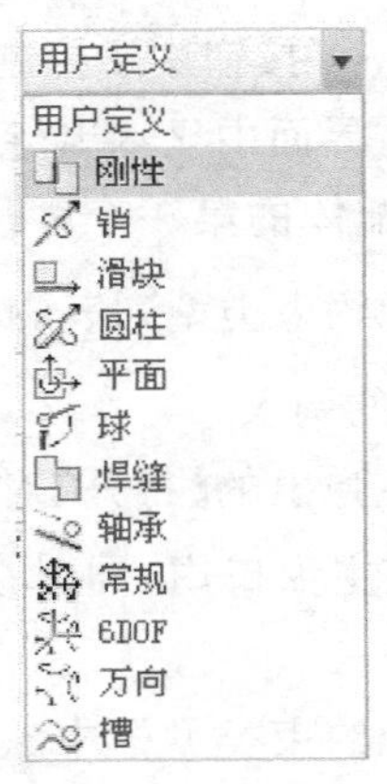

图 8－11　约束定义方式

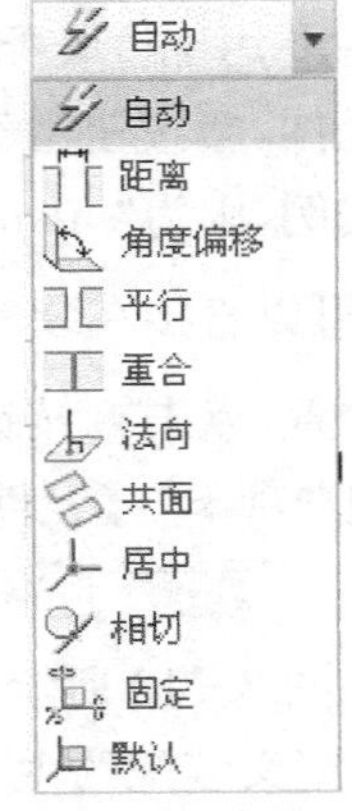

图 8－12　装配约束类型

④【重合　】列表框,当装配约束中两个几何约束元素均为平面时,该选项可用,用于设置两个要匹配或对齐的平面对象之间的相对位置关系,包括下列四种类型:

距离 表示两个平面相互平行，且通过尺寸控制它们之间的距离；

角度偏移 表示两个平面相交成一定的角度；

平行 表示两个平面相互平行，但不限制它们之间的距离；

重合 将两个平面重合放置；

法向 将两个平面相互垂直放置。

以上选项也适用于两个几何约束元素均为直线或轴线的情况，当两个几何约束元素均为直线或轴线时，还会列出一个新的选项：

共面，表示两个直线或轴线共面，即两直线平行或相交。

⑤【0.00】框，当装配约束中两个几何约束元素均为平面，且两个平面对象之间的关系为 距离 时，该框可用，用户可通过该框设置两个平面之间的距离。

⑥ 或 反向 按钮，当装配约束中两个几何约束元素均为平面时，用户通过点击这两个按钮可实现在“匹配”(两个平面外法线方向相反)和“对齐”(两个平面外法线方向相同)两种装配约束方式之间的切换。该按钮的功能与【放置】面板中的【反向】按钮功能一致(如图 8-6 所示)。

⑦ 按钮，用于切换是否在工作区显示当前元件的移动控制器 CoPilot，通过该移动控制器可以非常方便地实现对当前正在装配的元件实现绕 X、Y 或 Z 轴的旋转以及沿 X、Y 或 Z 轴的平移(注意：当前的元件的移动方式受已定义过的装配约束的限制)。拖动 CoPilot 的中心点可以自由拖动元件；拖动箭头可以沿 X、Y 或 Z 轴平移元件；拖动 CoPilot 的旋转弧可以绕 X、Y 或 Z 轴旋转元件；拖动 CoPilot 的平面可以在所选平面内移动元件。CoPilot 连接到元件的默认坐标系。

⑧【状况：部分约束】框，主要显示当前待装配元件的装配状态——没有约束、部分约束、完全约束和约束无效。

⑨【】框，主要用于待装配零组件的显示方式，按钮用于控制是否要在单独的窗口中显示待装配的元件，按钮用于控制是否在装配主界面中显示出待装配零组件。

回到我们装配实例，因为“yuanpan. prt”零件是装配体的第一个零件，不存在零件间的相互约束关系，我们可以直接在装配定义操控板的装配约束类型列表中选择【固定】，将该零件固定于当前位置，点击按钮，完成第一个零件的调入。

(3) 单击【模型】选项卡→【元件】组→【组装】，在弹出的【打开】对话框中选择另一个零件“zhou.prt”，单击 打开 按钮，所选零件出现在主窗口内，同时在功能区弹出【元件放置】工具操控板，如图 8-13 所示。

(4) 在零组件上定义装配约束。零件调入后，装配约束类型框中默认设置了当前装配约束类型为“自动”，用户可直接选择该类型约束的几何对象，一般一个约束包含两个几何对象，这两个几何对象分别位于要定义约束关系的待装配元件和当前已经装配过的装配体上。

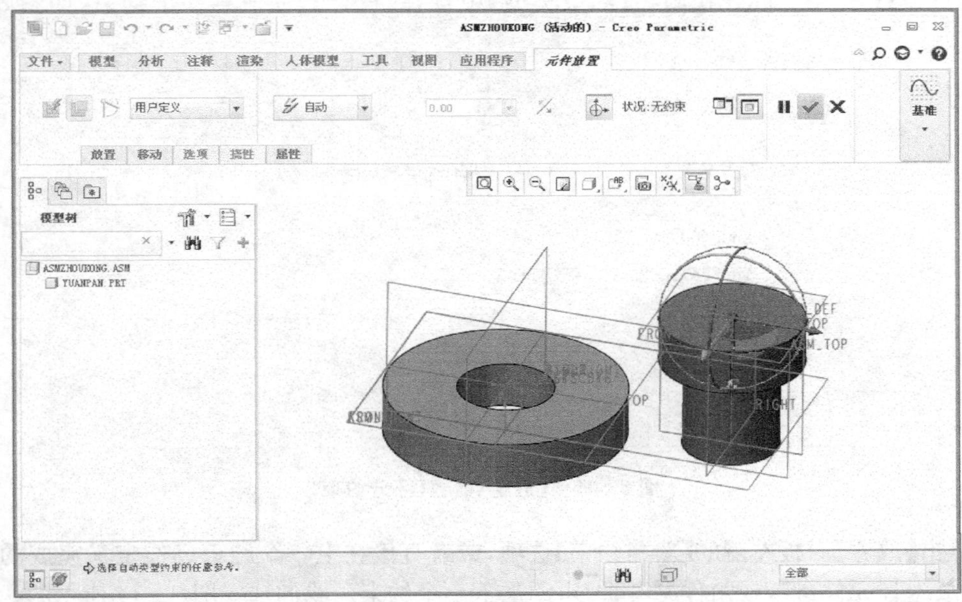

图 8-13　调用另一个零件

我们首先选择图 8-14 所示的两个平面，所选择的对象出现在了【放置】面板中，如图 8-15 所示，面板左侧列出了当前装配约束，同时当前装配约束下面列出了两个装配约束几何对象，分别为元件参考对象和组件参考对象，元件参考对象为待装配零组件上的约束几何对象，而组件参考为当前装配体中的几何对象。如果需要更改已经存在的元件参考对象或组件参考对象，可以先右击要更改的对象，在弹出菜单中选择【移除】，然后再利用参考对象收集器重新选择新的元件参考对象或组件参考对象。

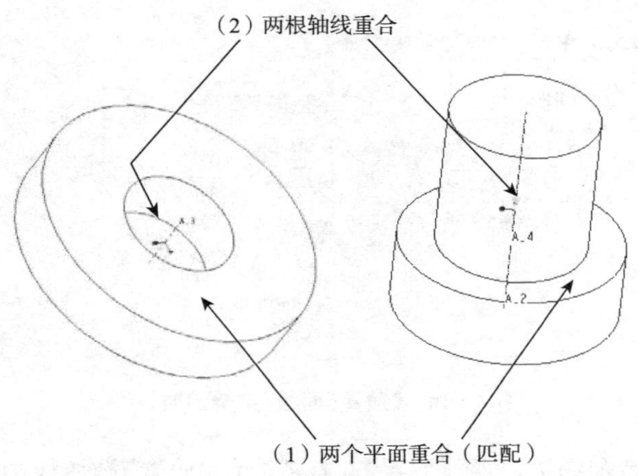

图 8-14　选取装配参考几何

装配约束类型为【自动】时，Creo Parametric 2.0 系统会根据用户所选的元件参考对象和组件参考对象，自动给出相应类型的装配约束，同时将可能存在的其他类型的约束列在

【约束类型】列表中。此处我们在【约束类型】中选择【重合】，完成第一个约束，如图 8－15 所示。

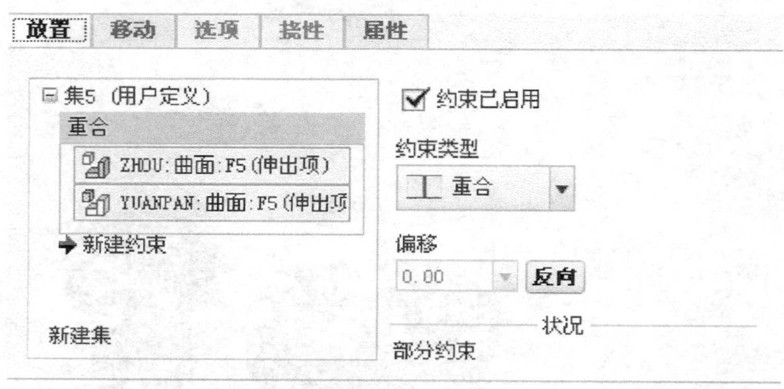

图 8－15 【放置】面板(部分约束)

点击【放置】面板左侧的【新建约束】选项，或者直接在上一个约束已经定义完成的基础上，继续选择元件参考或组件参考，即可添加下一个约束。我们选择图 8－14 所示的两根轴线，约束类型接受默认的【重合】，如图 8－16 所示，此时“zhou.prt”零件的装配约束状态已经显示为“完全约束”。

如果当前元件装配中存在轴、孔回转面重合约束或轴、孔轴线重合约束时，则会出现【允许假设】选项，如图 8－16 所示。如果【允许假设】选项被选中，则无须定义轴孔之间相互旋转的约束，否则，需要进一步定义限制轴孔之间相互旋转的约束。对于本例来说，由于选中了【允许假设】选项，所以不需定义旋转约束，如果去掉【允许假设】的选中状态，则当前元件的装配约束状态仍为“部分约束”，需进一步定义限制轴孔之间相互旋转的约束，当前元件的装配约束状态才能为“完全约束”。

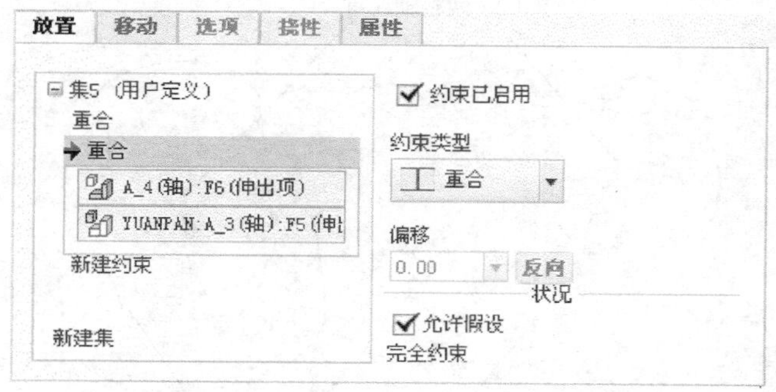

图 8－16 【放置】面板(完全约束)

用户可不断增加装配约束，直至【放置】面板或【元件放置】操控板中显示当前元件的装配约束状态为“完全约束”，再单击装配定义操控板中的 按钮，即可完成零组件的装配。

用户也可以在没有定义约束或者在部分约束的状态下，点击装配定义操控板中的 按钮，完成当前元件的装配。没有被完全约束的元件在装配模型树中，其图标前面将会出现一个“□”标记，如图 8－17 中的“ZHOU.PRT”零件。用户可以通过右击模型树中的某元件，然后在弹出菜单中选择【编辑定义】，可重新打开该元件的装配定义操控板，进行该元件装配约束的添加或修改。

定义约束时，用户也可先在【放置】面板或装配定义操控板中选择适当的装配约束类型，然后再选择相应的装配约束参考几何对象。各种装配约束类型将在下一节中作详细说明。

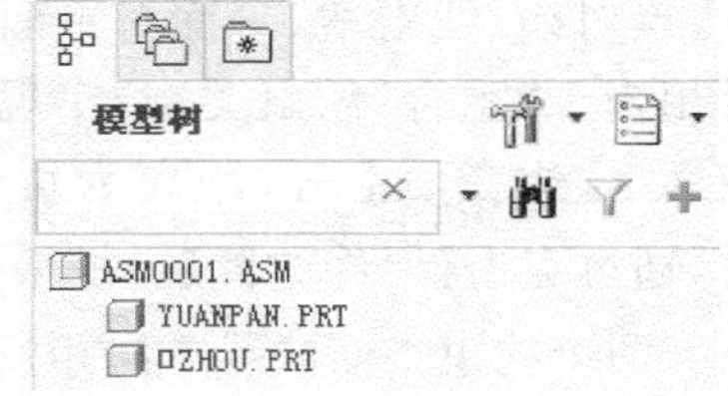

图 8－17　Zhou 零件未被完全约束的模型树

(5) 若需要再进行其他零组件的装配，重复步骤(3)和步骤(4)。

(6) 装配完成后，选择【视图】选项卡→【模型显示】组→【分解图】，可以将装配好的各个零组件根据装配约束关系分解开来，对上面的装配结果(即图 8－18(a)所示的装配模型)进行装配分解的结果如图 8－18(b)所示。若要恢复成原始的未分解开的装配图，则再次点击该【分解图】按钮即可。我们还可以通过点击【视图】选项卡→【模型显示】组→【编辑位置】按钮，来设置各个零件或组件在分解视图中的位置。

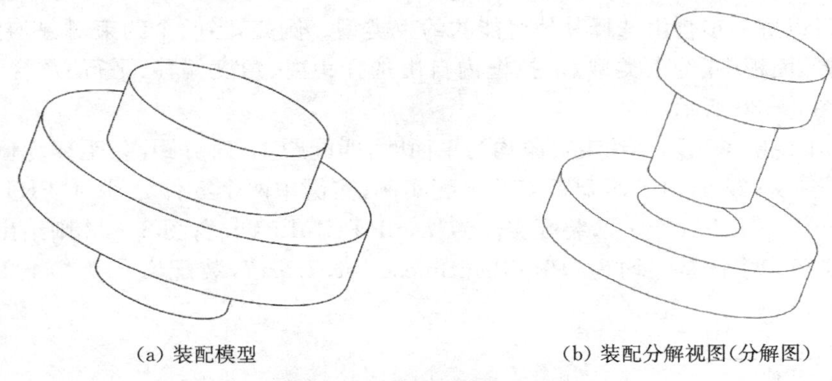

(a) 装配模型　　(b) 装配分解视图(分解图)

图 8－18　零件的装配与分解

8.1.3　装配约束的类型

下面将详细说明如何使用各种装配约束进行零组件的定位，限于篇幅，零组件机构连接的定义、修改及其在 Creo2.0 Mechanica 模块中进行机构运动学与动力学分析等内容在本书中将不做详细介绍，读者可参阅其他相关书籍或 Creo Parametric 2.0 帮助文件。

与 Pro/Engineer Wildfire 相比，Creo Parametric 2.0 的装配约束类型发生了较大变化，去除了原有的匹配、对齐、插入、坐标系、线上点、曲面上的点、曲面上的边等装配约束类型。利用【元件放置】操控板【放置】面板中装配约束类型选择框或装配定义操控板中的装配约束类型选择框可定义各种约束，进行待装配元件的装配定位。Creo Parametric 2.0 中装配约束的类型共有 11 种，即自动、距离、角度偏移、平行、重合、法向、共面、居中、相切、固定、默认，如图 8－12 所示。完整定义一个零件或组件的装配约束，一般需要定义 2～3 个约束才能完成，而利用“固定”或“默认”装配方式进行装配约束时，只需要定义一个约束，即可完成零组件的装配。各种约束类型的详细说明如下：

(1) 距离：约束两个装配元件的点、线、面之间的距离，距离约束的参考可以为点对点、点对线、线对线、平面对平面、平面曲面对平面曲面、点对平面或线对平面。距离为0时相当于“重合”约束类型，实现两个约束几何元素之间重合、共线、共面或点在线上、点在面上、边在面上等；距离为负值时，可以实现距离的反向。当两个约束对象均为平面时，通过点击【元件放置】操控板【放置】面板中的 反向 按钮，可以实现两个平面的“匹配距离”（两个约束平面法线方向相反）和“对齐距离”（两个约束平面法线方向相同）之间的切换，如图8-19所示。

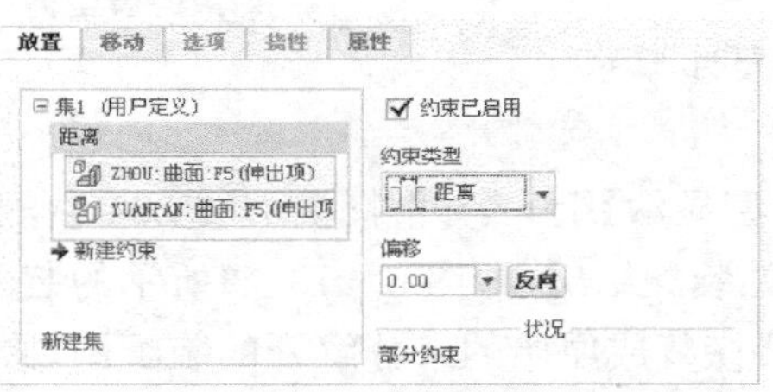

图8-19 反向操作

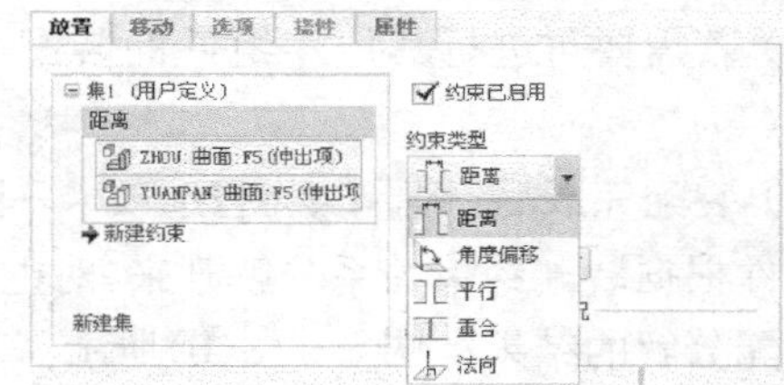

图8-20 约束类型

根据用户选择的两个约束几何对象的类型，Creo Parametric 2.0 会自动分配一种约束类型，用户可以进一步自由选择其他可能的约束类型。例如，当两个约束对象均为平面时，可以在【放置】面板中【约束类型】下拉框内自由选择距离、角度偏移、平行、重合、法向等约束类型，如图8-20所示。

图8-21说明了当两个约束对象均为平面时，匹配距离、对齐距离、距离为负值的几种典型情况。图8-22给出了匹配距离的装配实例，实例中两个零件分别为“PRTPiPei.prt”和“PRTPointlinesurface2.prt”，装配文件为“asmPiPeiJuLi.asm”；图8-23则给出了对齐距离的装配实例，两个零件均为“PRTPointlinesurface2.prt”，装配文件为“asmDuiQiJuLi.asm”。

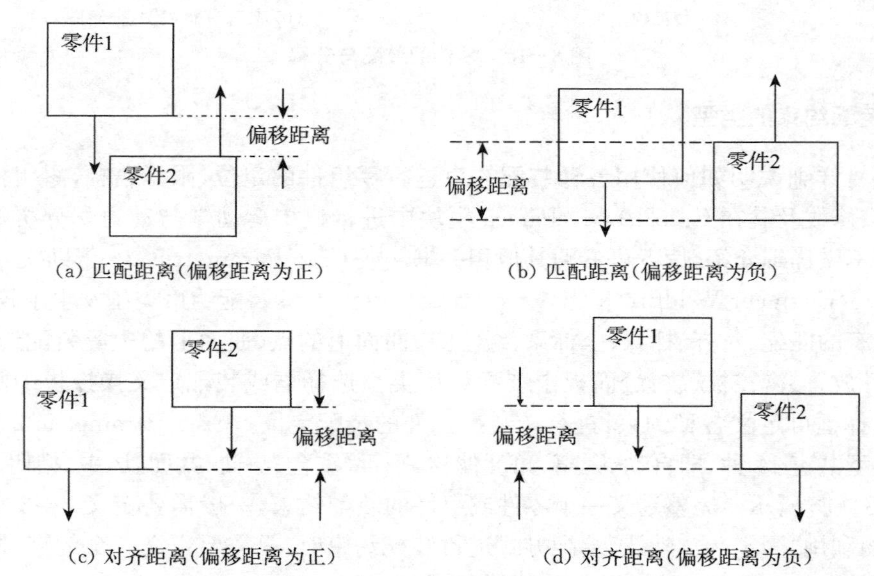

图8-21 两个平面的距离约束

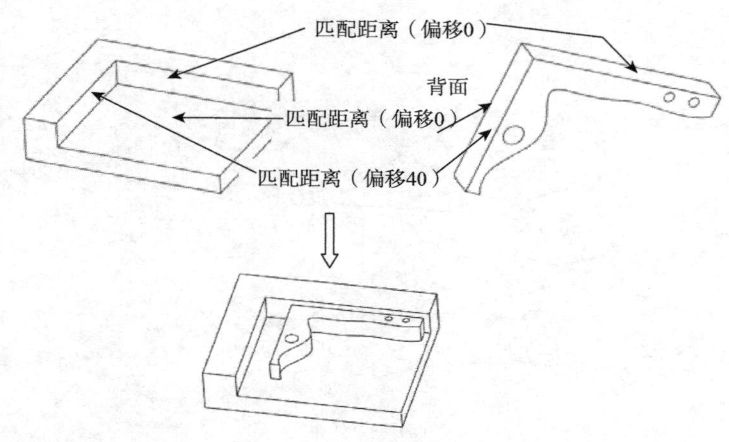

图 8-22　两个平面的匹配距离约束实例

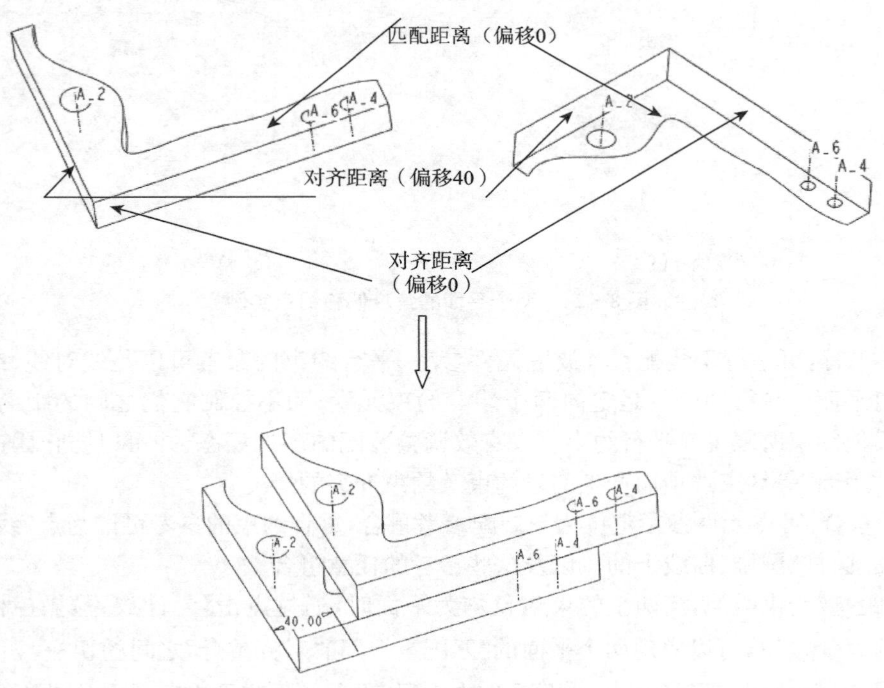

图 8-23　两个平面的对齐距离约束实例

(2) 角度偏移：将选定的元件参考以某一角度定位到选定的装配参考，角度偏移约束的参考可以是线对线（共面的线）、线对平面或平面对平面，图 8-24 给出了角度偏移的一个实例。装配中的两个零件分别为“jiaodu01.prt”和“jiaodu02.prt”，装配文件为“asmjiaodupianyi.asm”。

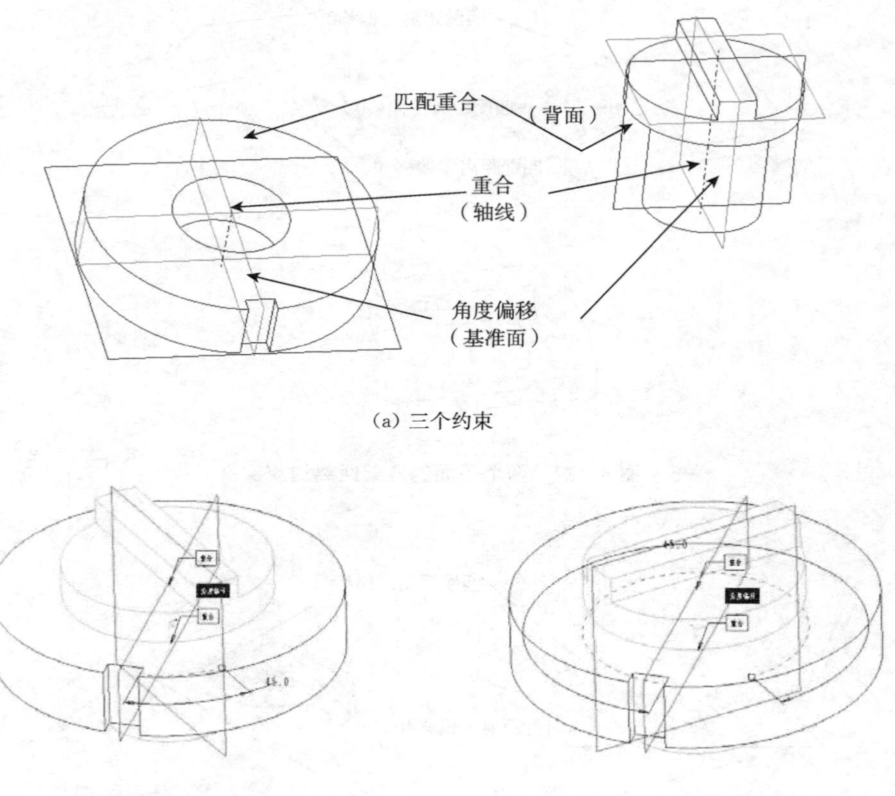

(a) 三个约束

(b) 角度偏移值 45°　　(c) 角度偏移值－45°

图 8－24　两个平面的角度偏移约束实例

(3) 平行：可平行于装配参考放置元件参考，平行约束的参考可以是线对线、线对平面或平面对平面。平行约束只是定向两个装配约束元素，而不控制它们之间的距离，其距离可以由其他约束所限定。平行约束可以有效调整装配的多种姿态，并可以防止因应用其他“重合”、“距离”等约束选项而产生的过约束及约束冲突的情况。

(4) 重合：可将元件参考定位为与装配参考重合，重合约束的参考可以为点、线、平面或平面曲面、圆柱、圆锥、曲线上的点以及这些参考的任意组合。

与“距离”约束类似，当两个约束对象均为平面时，通过点击【元件放置】操控板【放置】面板中的 反向 按钮，可以实现两个平面的“匹配重合”和“对齐重合”之间的切换，如图 8－25 所示。图 8－26 给出了两个匹配平面重合的装配实例，实例中两个零件分别为“PRTPiPei.prt”和“PRTPointlinesurface2.prt”，装配文件为“asmPiPeiChongHe.asm”；图 8－27 给出了两个平面对齐重合的装配实例，实例中两个零件均为“PRTPointlinesurface2.prt”，装配文件为“asmDuiQiChongHe.asm”。

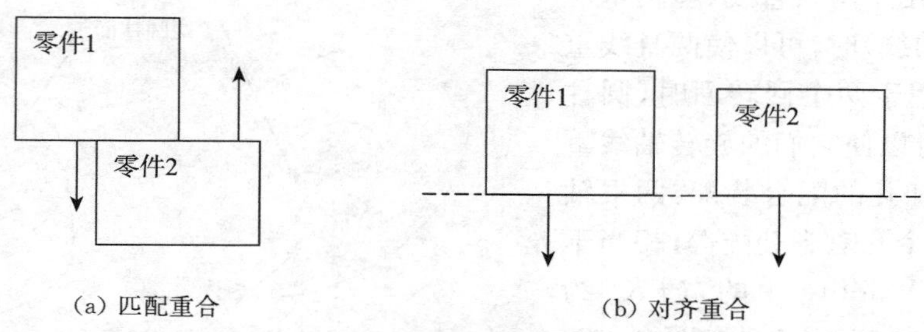

图 8－25　两平面的重合约束

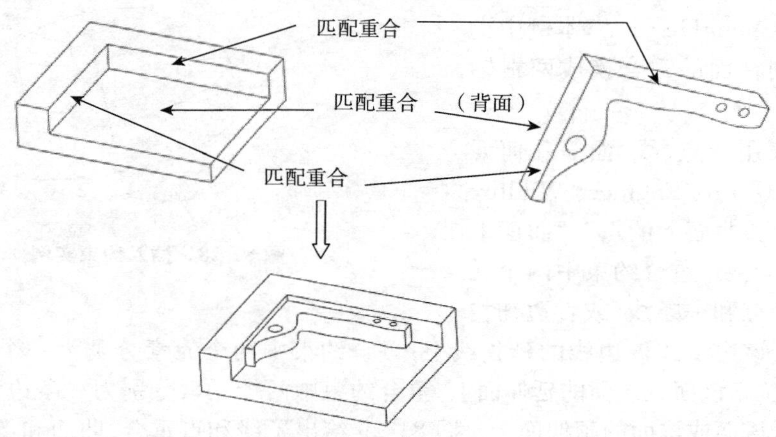

图 8－26　两平面匹配重合约束实例

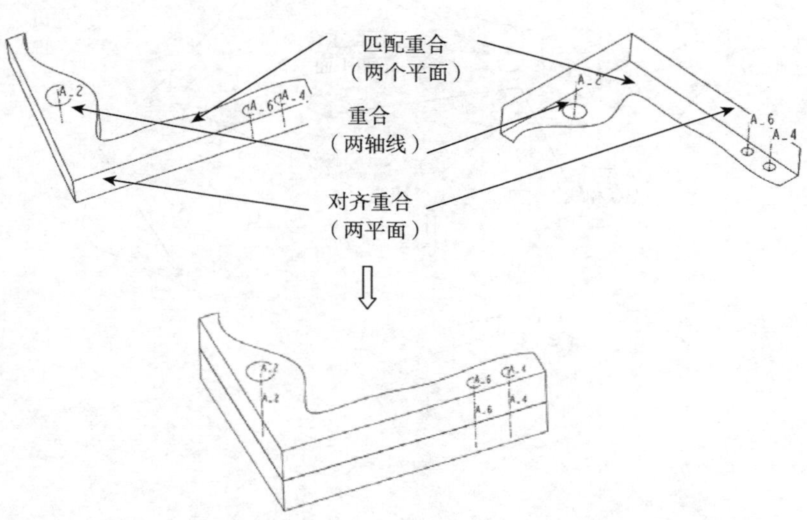

图 8－27　两平面对齐重合约束实例

重合约束用于两条直线(包括基准轴、回转体的轴线)时,可以使两直线重合;重合约束用于两个回转面时(圆柱面、圆锥面),可以使它们的旋转轴线重合,可用于轴和孔的配合装配、两根轴对齐装配或两个孔对齐装配等,相当于Pro/Engineer Wildfire 中的“插入”约束。轴孔配合的装配实例如图 8-28 所示,图中两个零件分别为“YuanPan.prt”和“Zhou.prt”,装配文件为“asmQuMianChongHe.asm”,本例中也可以将两个圆柱面的重合换成两根轴线的重合。

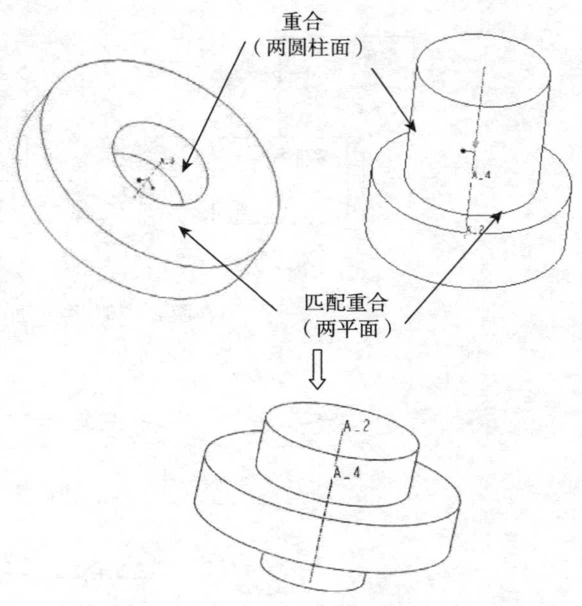

图 8-28 插入约束实例

重合约束用于点、线、面等几何元素时,可以实现 Pro/Engineer Wildfire 中的“线上点”、“曲面上的点”、“曲面上的边”等约束类型。重合约束中两个元素分别为一个点和一条线(或者边)时,表示该点位于该边线或该边线的延长线上;重合约束中两个元素分别为一个点和一个面时,表示该点位于该面或该面的延伸面上;重合约束中两个元素分别为一条边和一个面时,表示该边位于该面或该面的延伸面上。图 8-29 给出了线和点重合、曲面和点重合的装配实例,图中两个零件分别为“PRTPointlinesurface1.prt”和“PRTPointlinesurface2.prt”,装配文件为“AsmDianXianMianChongHe.asm”。

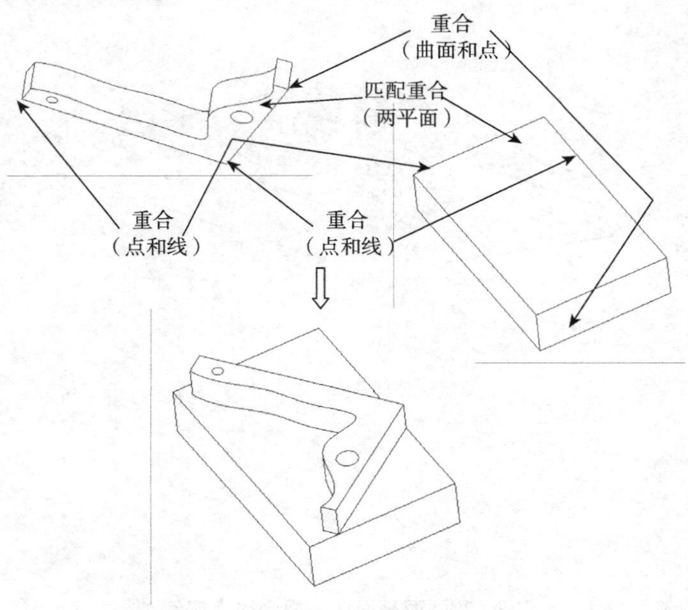

图 8-29 利用点、线、面等几何元素进行装配(1)

图 8－30 给出了边和曲面重合的装配实例，图中两个零件分别为“PRTBianMian1.prt”和“PRTBianMian2.prt”，装配文件为“AsmBianMianChongHe.asm”。

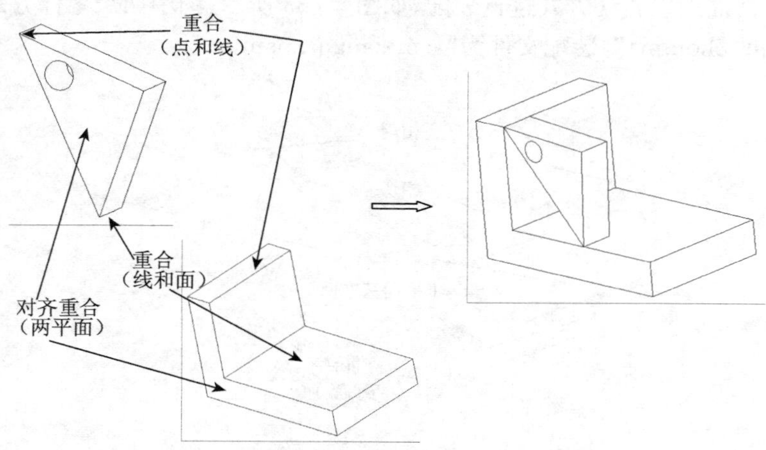

图 8－30　利用点、线、面等几何元素进行装配(2)

为了能够在装配约束中快速、准确地选择到所需的装配约束几何元素，可以利用窗口右下角的装配几何选择过滤器，先在装配几何选择过滤器中选择参与装配的几何元素类型，再在元件和组件上选择装配约束元素，图 8－31 给出了重合约束和法向约束下的装配几何选择过滤器。

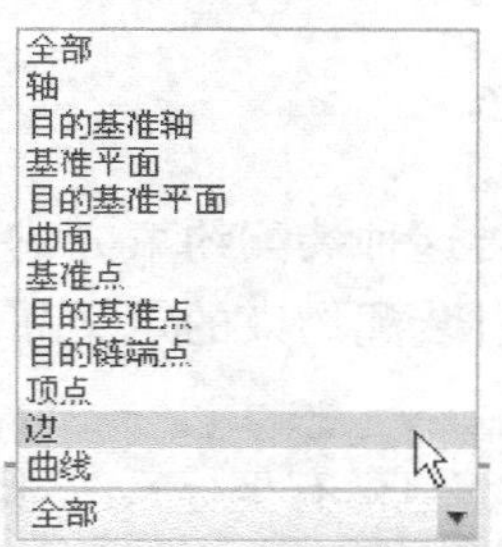

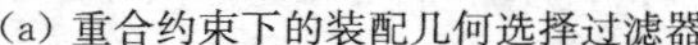
(a) 重合约束下的装配几何选择过滤器

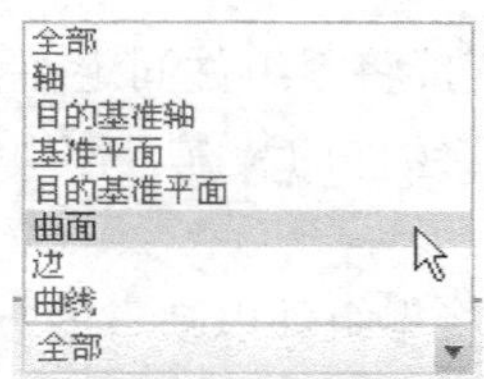

(b) 法向约束下的装配几何选择过滤器

图 8－31　装配几何选择过滤器

(5) 法向：可将元件参考定位为与装配参考垂直，参考可以是线对线(共面的线)、线对平面或平面对平面。

(6) 共面：可将元件边、轴、目的基准轴定位为与类似的装配参考共面，两个参考几何仅可以为线和线。

(7) 居中：利用元件和组件的坐标系进行装配，使元件和组件的坐标系对齐，如图 8－32 所示。利用坐标系进行装配后，元件和组件坐标系原点重合，且元件和组件坐

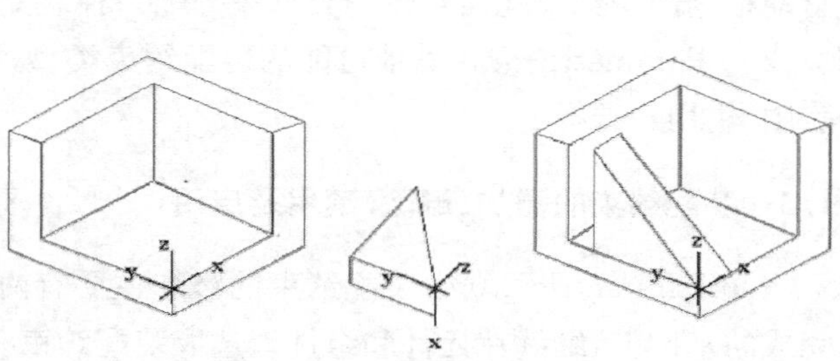

图 8－32　坐标系约束实例

标系的 X、Y、Z 轴分别对应重合。显然，使用这种方式时，只需一个约束即可达到“完全约束”的装配状态。居中的约束参考也可以为圆锥对圆锥、圆环对圆环或球面对球面。

(8) 相切：两曲面以相切方式进行装配，如图 8－33 所示，图中两个零件分别为“PRTBianMian1.prt”和“Zhou.prt”，装配文件为“asmxiangqie.asm”。

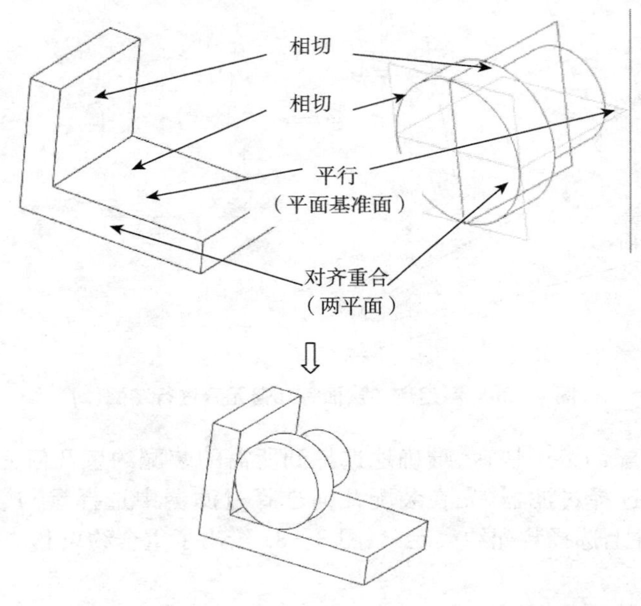

图 8－33　相切约束实例

(9) 固定：直接将零组件固定在当前位置上。显然，这种装配约束方式下，只需一个约束，就可以完成零组件的装配。零组件固定后，仍可通过装配约束的定义和编辑，改变其在装配体中的位置。

(10) 默认：将零组件以缺省的方式进行装配，如果零组件有坐标系统，则以此坐标系来进行装配，如果没有，则 Creo Parametric 2.0 系统将自行判断，并假设一个坐标系统来装配。与“固定”装配约束方式类似，这种装配约束方式也只需一个约束就可以完成零组件的装配。“固定”和“缺省”这两种装配约束方式一般用于装配体第一个零组件的快速装配，即主体零组件的快速装配。

(11) 自动：用户直接在元件和组件上选取装配约束参考几何对象，Creo Parametric 系统自动根据两个约束几何对象的类型来分配一种装配约束，从而快速实现零组件的快速装配。Creo Parametric 会将其他可能的装配约束类型列在装配定义操控板的装配约束类型列表中，供用户选择。

8.1.4　装配约束的添加、删除、禁用及启用

Creo Parametric 2.0 中装配约束的添加主要有两种方法：一种是在上一个约束已经定义完成的基础上，继续在元件和组件上选取装配约束几何对象，由系统自动添加新的约束；另一种则是点击【元件放置】操控板【放置】面板中的【新建约束】选项，如图 8－34 所示。添

加约束一般用于当前元件处于部分约束装配状态，用户可以再增加新的装配约束以达到完全约束状态。

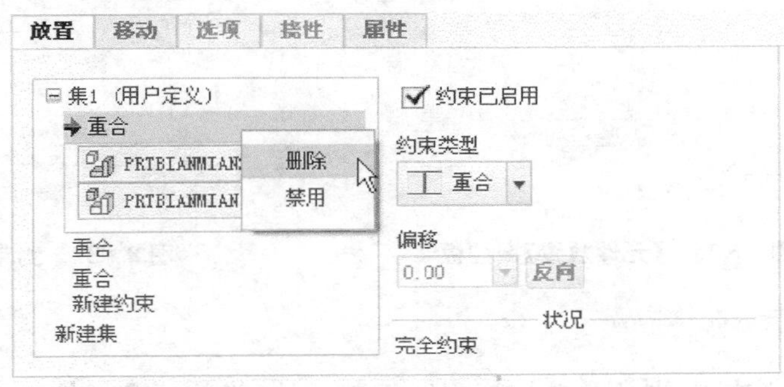

图 8－34　约束的添加与删除

如果要删除装配约束，只需在【元件放置】操控板【放置】面板中选择要删除的约束右击，然后在弹出菜单上选择【删除】即可，如图 8－34 所示。

对某个装配约束内元件或组件上的装配约束几何对象进行修改时，需要先删除已有的约束几何对象，然后再重新选择新的几何对象。删除某约束内的几何对象时，只需在【元件放置】操控板【放置】面板中选中该约束，然后右击该约束下要删除的几何对象，最后在弹出菜单上选择【移除】即可，如图 8－35 所示。

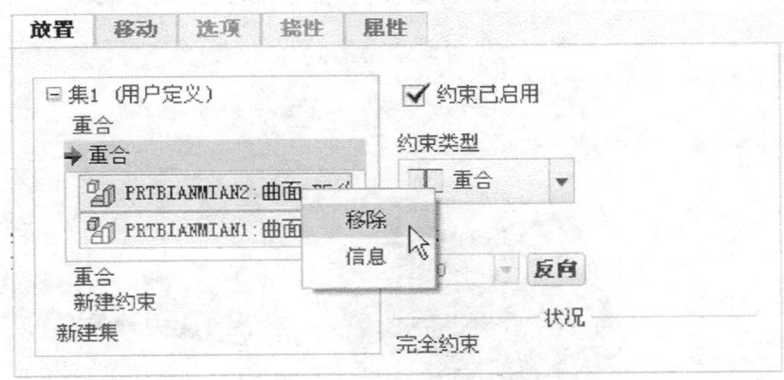

图 8－35　约束几何对象的删除

Creo Parametric 2.0 还可以对当前存在的装配约束进行禁用/启用设置，设置方法是在【元件放置】操控板【放置】面板中选择需设置的约束右击，在弹出菜单上选择【禁用】或【启用】即可，也可以通过点击【元件放置】操控板【放置】面板的【约束已启用】复选框，在禁用和启用两种状态之间进行切换，如图 8－34 所示。约束被禁用后，约束集中该约束将以灰色显示。

另外，对于两个平面之间的距离、重合、平行等约束，可以通过点击【元件放置】操控板【放置】面板中的 反向 按钮或【元件放置】操控板中的⁄ 按钮（如图 8－36），实现装配的反向。如果两个约束几何对象均为平面，则反向操作后，会将装配约束类型在匹配和对齐之间进行切换。将图 8－30 中的对齐重合约束更改方向，其余的约束保持不变，得到的结果如图 8－37所示。

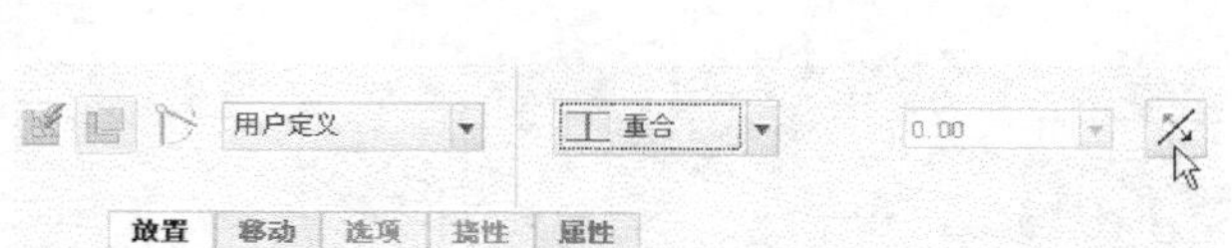

图 8－36 【元件放置】操控板

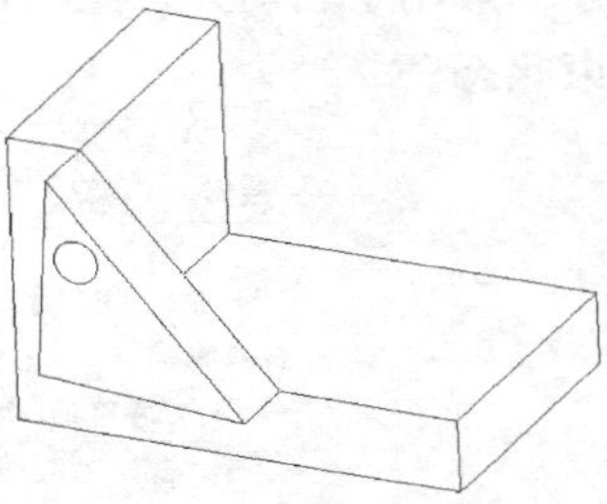

图 8－37 约束方向的设置

8.1.5 元件的显示

【元件放置】操控板中的及按钮用以控制元件（待装配零组件）在装配时的显示方式，按钮实现待装配的零组件是否在单独子窗口中显示的切换，按钮实现待装配的零组件是否在主窗口显示的切换。具体运用时有三种显示方式，这三种方式在装配定义过程中可以随时进行切换，实例如下（本小节所用实例中的两个零件分别为“PRTPointlinesurface1.prt”和“PRTPointlinesurface2.prt”，装配文件为“AsmPointlinesurface.asm”）。

（1）待装配零组件只在单独窗口显示，而不显示在主窗口中，主窗口中只显示已建立的装配，如图 8－38 所示。用这种方式建立装配约束时，由于两个零组件位于不同的窗口，因此无法实时显示出装配的结果。此种方式适用于待装配的零组件尺寸相对于已有组件来说小很多，或待装配的零组件与已有零组件在实时显示装配结果时定义约束不太方便的情况。

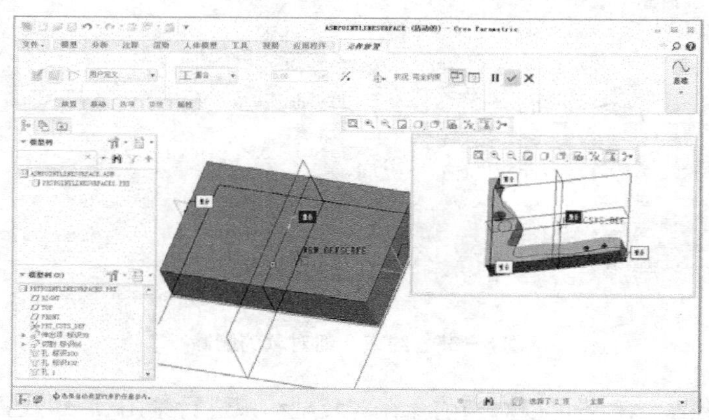

图 8－38 待装配零组件只在单独窗口显示

（2）待装配的零组件只在主窗口显示，而不在独立窗口中显示，该方式为缺省的零组件显示方式，如图 8－39 所示。此方式下进行装配约束设置时，工作区会实时地显示出每一个约束定义后的结果。

（3）待装配零组件既在单独窗口显示，又在主窗口显示，如图 8－40 所示。

最后需要注意的是，元件在单独窗口中显示和在主装配界面中显示这两种方式，在同一时刻至少要有一种处于激活状态。如果一种显示方式已经处于关闭状态，则无法再关闭另一种显示方式。

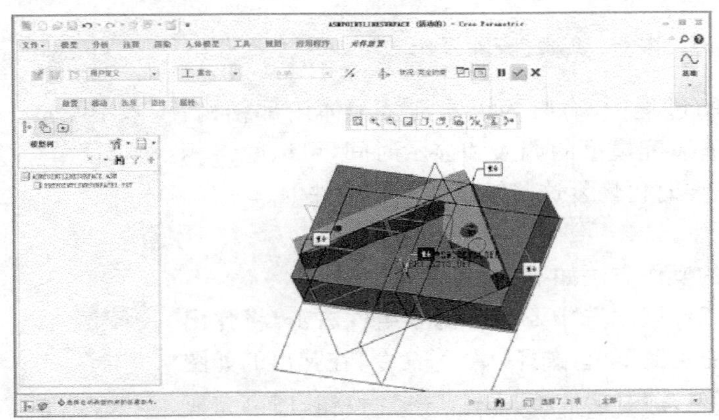

图 8-39　待装配的零组件只在主窗口显示

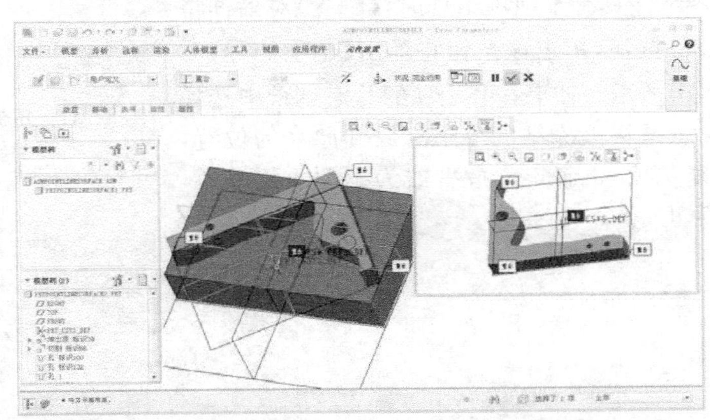

图 8-40　待装配零组件同时在单独窗口和主窗口中显示

8.2　零组件装配的编辑及相关操作

完成零件的装配后，有时需要更新零件之间的装配约束或添加、删除和修改装配约束，有时需要对装配的元件进行复制、阵列，有时需要在零件之间做布尔运算或干涉检查等工作，本章将就装配中的这些常用操作加以介绍。

8.2.1　重定义零组件的装配约束关系

在零件的装配过程中，有时需要更改原装配的设计意图，重新定义零件之间的装配约束关系。在装配模型树上选择要修改装配关系的零组件右击，然后在弹出的快捷菜单中选择【编辑定义】命令，如图 8-41 所示，接着系统在功能区弹出我们前面介绍过的【元件放置】工具操控板，在其中重新定义零件间的装配约束即可，包括删除已有的约束或添加新的约束等操作。由于该部分的操作和前面的装配约束的定义操作完全相同，在此我们不再详细介绍。

8.2.2 元件的隐含、恢复、隐藏、删除及修改

在零件装配的过程中，有时为了看清装配体内部结构、简化装配体或节省装配模型的调入和显示时间，可以隐含相关的零组件，在需要时再恢复这些被隐含的零组件。

1）隐含零组件

隐含零组件的操作方法如下：

在模型树或工作区中选中要隐含的零组件右击，将弹出如图 8-41 所示的快捷菜单，选择【隐含】命令，在弹出的如图 8-42(a)所示的【隐含】对话框中，点击 确定 按钮，即可完成所选零件的隐含。

当要隐含的零组件具有子项零组件时，【隐含】对话框将会出现一个 选项>> 按钮，单击该按钮将弹出【子项处理】对话框，如图 8-42(b)所示。如果在某子项的状态选项中选择了【冻结】，则系统总是将该冻结的零组件放到原来的位置，直到系统通过恢复父项、重新定义放置或为子项重定参考，并对其成功再生为止。

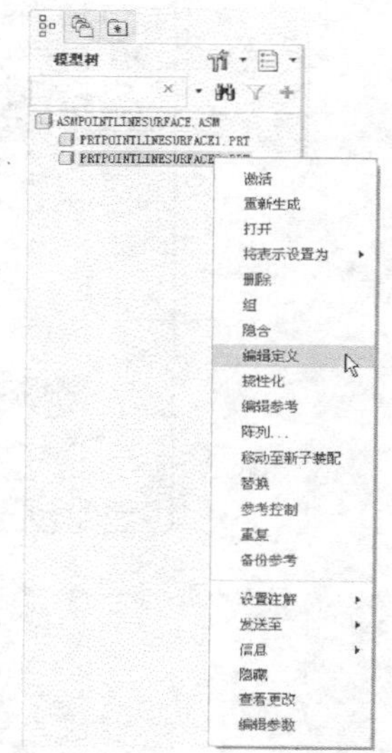

图 8-41 重新定义零件间的装配约束关系

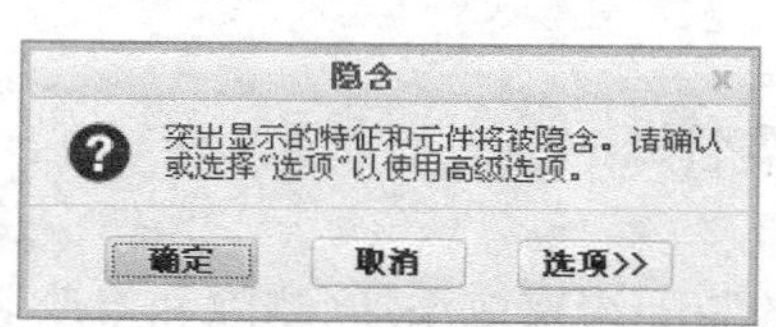

(a)【隐含】对话框

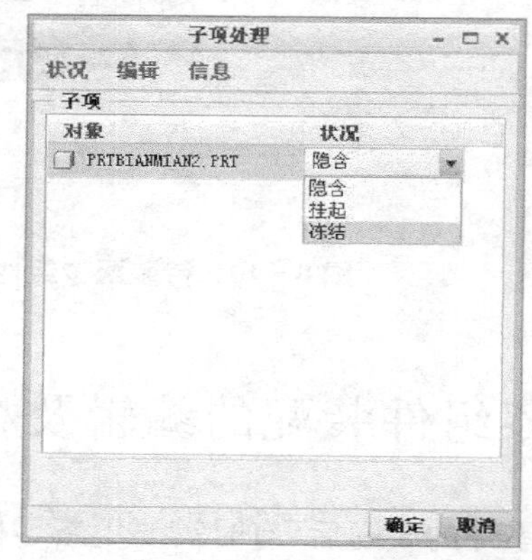

(b)【子项处理】对话框

图 8-42 含子项的元件的隐含

我们还可以先选中要隐含的零组件，然后执行【模型】选项卡→【操作】组菜单→【隐含】菜单项，该菜单项包含三个子菜单项，如图 8-43 所示，在三个子菜单项中选择一项，即可完成对相关零组件的隐含。【隐含】菜单的三个子菜单项的意义分别为：

(1)【隐含】——与上面使用快捷菜单实现特征的隐含操作一样。如果该零组件不包含子项，则可直接隐含；如果该零组件包含子项，默认处理方式是隐含选定零组件及其所有子项，同时可在图8-42(b)所示的【子项处理】对话框对各个子项进行隐含、保留(挂起)或冻结等操作。

(2)【隐含直到模型的终点】——隐含选定零组件和随后的所有零组件。

(3)【隐含不相关的项】——隐含选定零组件及其父项之外的所有零组件。

图 8-43　【编辑】→【隐含】菜单项及其子菜单项

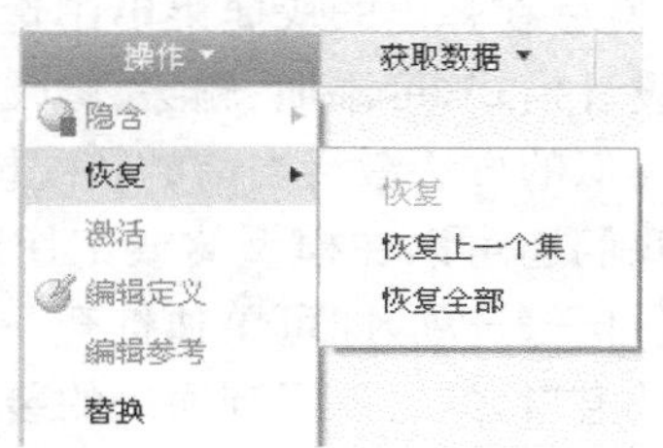

图 8-44　特征的恢复

2）恢复零组件

隐含零组件只是为了简化装配模型和减少再生时间而暂时从显示中删除零组件，我们随时可以对隐含的零组件进行恢复。执行【模型】选项卡→【操作】组菜单→【恢复】菜单项，然后在【恢复】菜单的三个子菜单中选择某一项，即可完成相关元件的恢复，如图 8-44 所示。【恢复】菜单三个子菜单项及其意义如下：

(1)【恢复】——恢复所选特征。

(2)【恢复上一个集】——恢复上一次隐含操作所隐含的零组件。

(3)【恢复全部】——恢复所有被隐含的零组件。

3）隐藏零组件

前面进行零组件的隐含操作时，如果被隐含零组件包含子零组件，则这些子零组件会被一并隐含。为了满足查看内部零组件等要求，经常需要将选定的一些零组件隐藏起来，而不希望其子零组件被一并隐藏，此时我们可以使用零组件的隐藏操作。

零组件的隐藏操作比较简单，首先在装配模型树或工作区中选中要隐藏的零组件，然后右击，在弹出菜单中执行【隐藏】项，即可实现对所选零组件的隐藏，隐藏后的零组件在模型树中灰色显示。需要取消对某个零件的隐藏时，我们只需在模型树中选中被隐藏的零组件，然后右击，在弹出菜单中执行【取消隐藏】即可。

4）删除零组件

删除零组件的操作与隐含零组件的操作类似，不过删除的零组件不能再被恢复。删除零组件的操作方法如下：

在模型树或工作区中选中要删除的零组件右击，弹出如图 8-41 所示的菜单，选择【删除】命令，在弹出的【删除】对话框中，点击 确定 按钮，即可完成对所选零件的删除。

我们还可以先选中要删除的零件，然后执行【模型】选项卡→【操作】组→【删除】✕，【删除】命令包括三个子命令，如图 8-45 所示，选择其中的一项，即可完成对相关零组件的删除。各个子菜单项的意义与上面零组件的隐含操作相同。

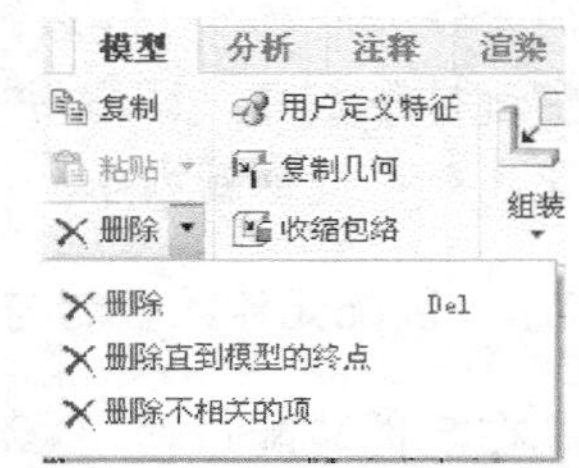

图 8-45　【编辑】→【删除】菜单项及其子菜单项

5）修改零组件

如果要在零组件或子零组件中创建特征或其他模型数据，则应将组件的模型焦点切换到所需修改的零组件，要完成该操作，可以先在模型树或工作区域选择要修改的零组件，然后执行【模型】选项卡→【操作】组菜单→【激活】，或在所选零组件上右击，然后在弹出的快捷菜单中选择【激活】选项。零组件一旦被激活，系统即转到选中零组件设计模式，可添加、删除、修改或重定义特征，或编辑装配约束关系等，修改完成后再按上面类似的方法激活当前的装配模型，即可继续对当前装配模型进行操作。

我们还可以在模型树或工作区选择要修改的零组件，然后右击，在弹出的快捷菜单中选择【打开】选项，即可单独打开一个独立窗口来设计、修改零组件，完成后关闭该零件组件的设计窗口，即可返回到原来的装配模型窗口。

8.2.3 零组件装配的重新排序

调整零组件的装配顺序的操作方法如下：

(1) 执行【模型】选项卡→【元件】组菜单→【元件操作】，系统将弹出【元件】菜单管理器，如图 8-46 所示，从中选择【重新排序】命令。

(2) 选取要重排序的元件，如果要选择多个元件，这些元件必须是连续的。选中的元件以红色高亮显示。

(3) 选择【选择特征】下的【完成】菜单项，弹出【重新排序】菜单，该菜单中存在两个命令，分别为【之前】和【之后】，可根据要求选择其中之一，如图 8-47 所示。同时信息区提示插入零件的位置。

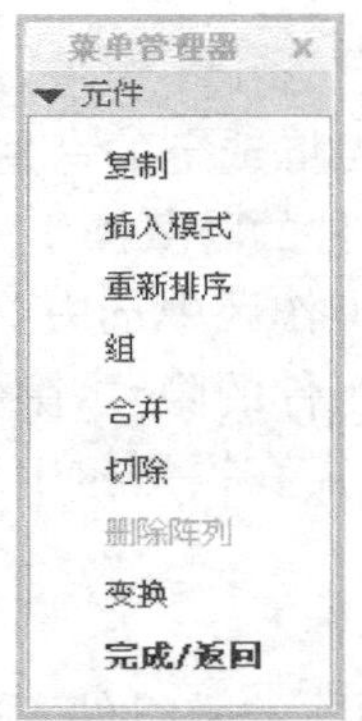

图 8-46 【元件】菜单管理器

图 8-47 【重新排序】菜单管理器

(4) 根据信息区提示选择一个插入位置的参考零件。此时系统自动对零件进行重新排序，在模型树中可以发现重新排序的结果。

注意：系统会自动给出所选元件所有可能的重新排序的方式，图 8-48 是在某实例中选择了要重新排序的元件——特征 11，系统列出了特征 11 所有可能的重新排序方式。另外，并不是所有零组件都能够在装配序列中被重新排序。

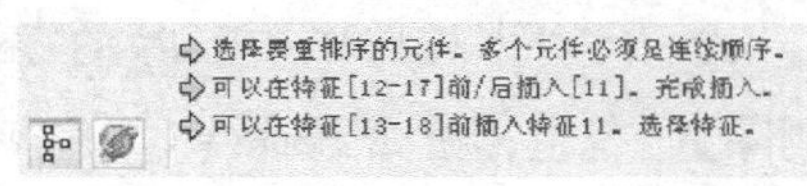

图 8-48 可能的重新排序的方式

8.2.4 装配元件的复制与阵列

在零件装配过程中，经常会碰到同一零件多处出现的情况，此时我们可以利用装配元件的复制或阵列功能，快速完成这些相同零件的复制，而不必多次重新插入零件、定义约束。

1) 装配元件的复制

我们可以通过【复制/粘贴】的方法，一次复制一个被选元件(组)，也可以通过【元件操作】菜单项来实现一次复制一个或多个被选元件(组)。

【例 1】 使用【复制/粘贴】的方法进行元件的复制。

(1) 首先建立一个法兰螺栓装配——“asscopyarray.asm”，两个零件分别为“FaLanPan.prt”和“luoshuan.prt”，添加如图 8-49 所示的两个约束。

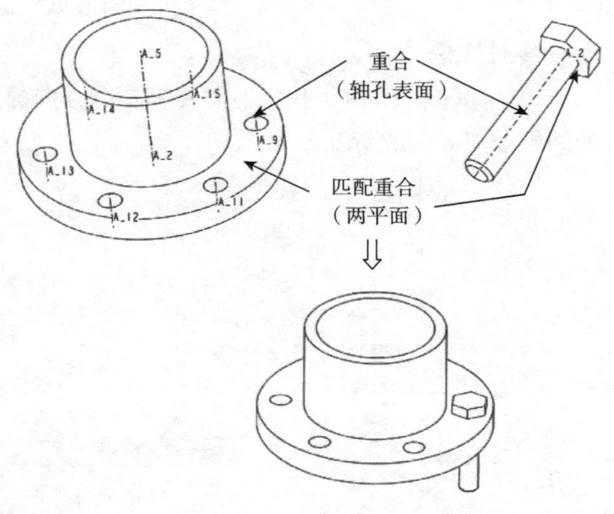

图 8-49　法兰螺栓装配

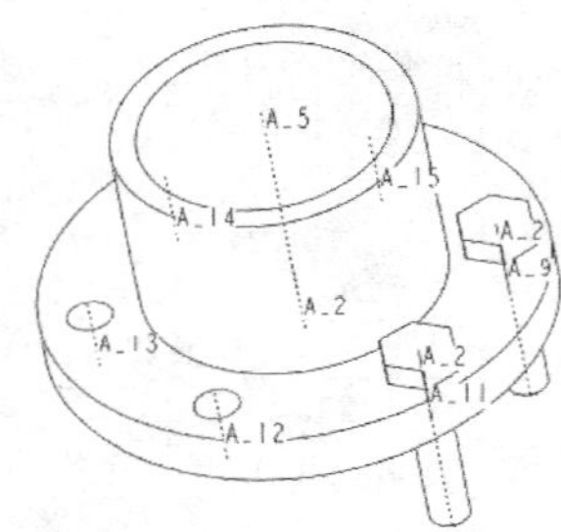

图 8-50　元件的复制结果

(2) 在工作区或模型树中选择刚装入的螺栓零件。选择【模型】选项卡→【操作】组→【复制】，或直接按键盘上的【Ctrl】+【C】键。

(3) 选择【模型】选项卡→【操作】组→【粘贴】，或直接按键盘上的【Ctrl】+【V】键，系统弹出装配定义操控板，同时信息区给出提示“选择自动类型约束的任意参考。”，由于我们要复制的螺栓在同一个装配面上，因此仍然选择图 8-49 所示的法兰盘匹配约束装配面。

(4) 信息区提示选择第二个参考——“选择自动类型约束的任意参考。”，此时我们要安装图 8-49所示的“A-11”孔，选择该孔的表面。

(5) 在装配定义操控板中点击按钮，即可完成该元件的复制，如图 8-50 所示，同时模型树中也多了一个零件。

【例 2】 使用【元件操作】的方式进行元件的复制。

(1) 我们在【例 1】的基础上继续另外一种复制方式——通过【元件】菜单管理器来实现元件的复制，首先删除上面复制出的元件。执行【模型】选项卡→【元件】组菜单→【元件操作】菜单项，在弹出的【元件】菜单管理器中选择【复制】。

(2) 系统提示选择要复制的坐标系。点击系统工具条上的按钮，打开坐标显示，选择法兰盘对应的坐标系，如图 8-51 所示。

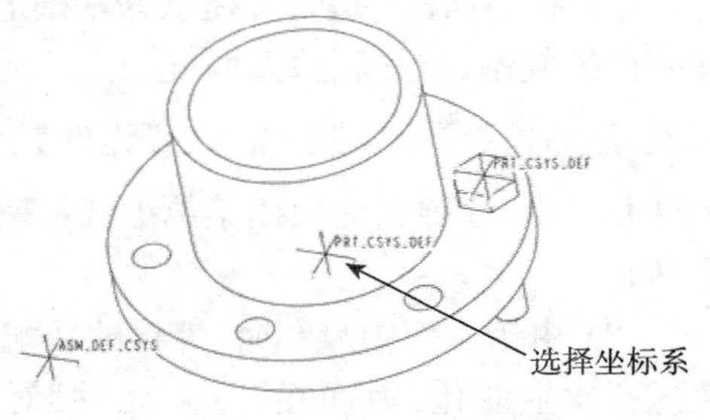

图 8-51　选择坐标系

(3) 选取要复制的元件。在模型树或工作区内选择螺栓，完成后按【选择】对话框内的 确定 按钮，弹出图 8 - 52 所示的元件复制菜单管理器，利用该菜单管理器我们可以完成【平移】复制或【旋转】复制，并且可以同时完成多个方向的复制，每个方向上均可指定要复制的数量，相当于阵列功能。此处我们选择【旋转】，并选择 Y 轴为旋转复制轴。

(4) 此时系统提示"输入 旋转的角度y方向 0.00"，输入 Y 方向的旋转角度 60。

(5) 然后点击【完成移动】，系统提示"输入沿这个复合方向的实例数目:"，输入该方向下的复制数量 6(该数量包括已经存在的那个零件实例)。

(6) 系统此时提示"定义second的复制方向或退出菜单。"，由于我们不需要第二个方向的复制，直接选择【完成】即可。完成复制后的结果如图 8 - 53 所示。

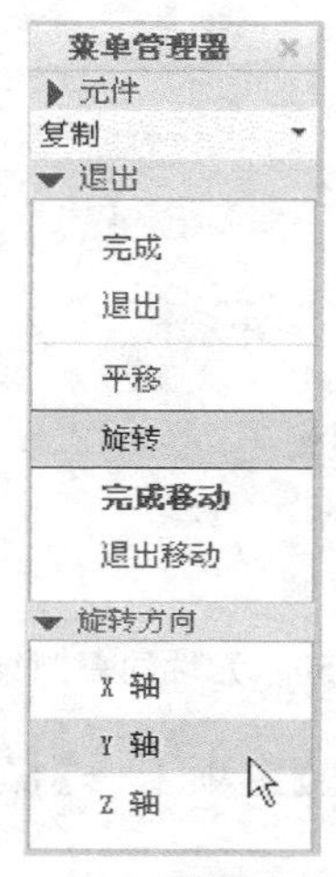

图 8 - 52 【元件】菜单管理器(复制)

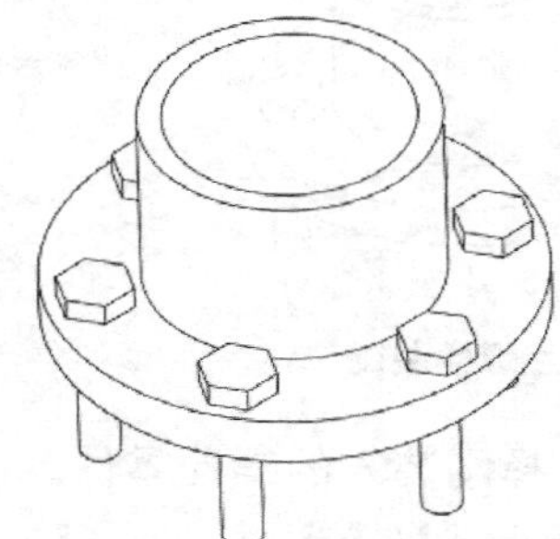

图 8 - 53 复制结果

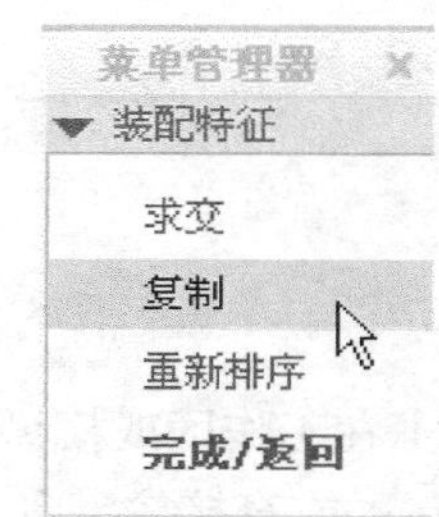

图 8 - 54 【装配特征】菜单管理器

我们还可以通过对装配特征的操作来完成元件的复制，选择【模型】选项卡→【操作】菜单→【特征操作】菜单项，系统将弹出如图 8 - 54 所示的【装配特征】菜单管理器，在该菜单管理器中可以完成元件的复制，该操作与前面特征复制的方式类似，在此不再赘述。

最后，我们还可以使用 Creo Parametric 2.0 的元件重复装配操作，实现装配元件的复制。

【例 3】 使用元件的【重复】装配操作实现图 8 - 53 所示的装配结果。

(1) 我们在【例 1】装配模型的基础上继续另外一种复制方式——【重复】装配操作来实现元件的复制，首先删除上面复制出的元件。在模型树或工作区中选中第一个已经装配的螺栓，然后选择【模型】选项卡→【元件】组→【重复】，或在装配模型树种选择要复制的零组件并右击，在弹出的快捷菜单中选择【重复】命令，将弹出如图 8 - 55 所示的【重复元件】对话框。

(2) 由于本例中复制时，螺栓的装配平面不发生变化，而只是轴孔圆柱面重合约束中的装配孔发生变化，因而在【重复元件】对话框中的【可变装配参考】中选择第二项——【重合】。

(3) 点击【重复元件】对话框中的 添加 按钮，并依次选择法兰盘上需要装配螺栓的各个孔表面，即可完成这些孔内的螺栓装配。

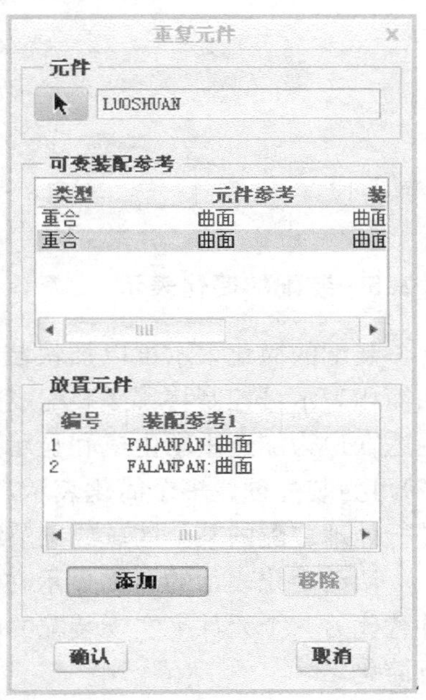

图 8 - 55 【重复元件】对话框

2）装配元件的阵列

通过装配阵列功能，可以快速复制出多个零件。与零件中的特征阵列类似，我们可以通过尺寸、方向、轴、填充、参考等方法来完成元件的阵列。使用驱动尺寸方法进行元件的装配阵列时，需要在装配该元件时定义过偏移距离等尺寸，由于上例中螺栓装配时没有定义任何装配尺寸，故阵列该螺栓零件时尺寸方式为禁用状态。

【例 4】 用参考阵列方法实现螺栓装配阵列。

(1) 我们继续上面的实例，完成装配元件的阵列。首先删除刚才复制出的几个零件，仅保留最初的那个螺栓。在工作区或模型树上选中螺栓零件右击，在弹出的快捷菜单中选择【阵列】。也可以先选择螺栓零件，然后点击【模型】选项卡→【修饰符】组→【阵列】，即可弹出【阵列】工具操控板，如图 8 - 56 所示。

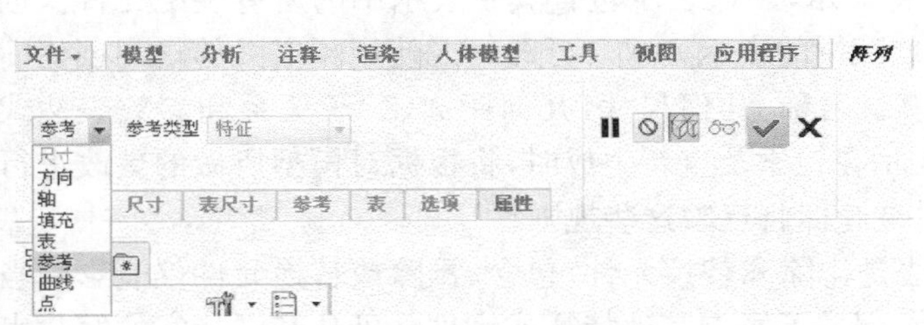

图 8 - 56 【阵列】工具操控板

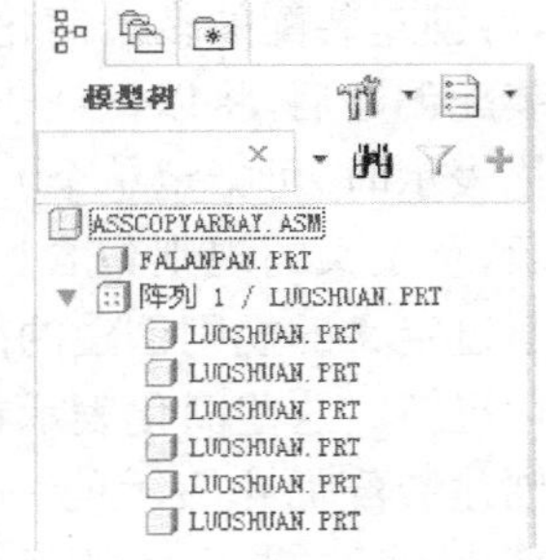

图 8 - 57 装配阵列完成后的模型树

(2) 由于安装螺栓的孔在法兰盘零件上是阵列特征，故 Creo Parametric 2.0 自动给出参考阵列。我们直接单击 ✓ 按钮即可完成整列，所得装配结果和图 8 - 53 相同，但模型树中以阵列形式组织所复制的零件，如图 8 - 57 所示。

【例 5】 用轴阵列的方法来完成螺栓装配阵列。

(1) 首先删除上例中的阵列。在模型树的阵列菜单上右击，在弹出的快捷菜单中选择【删除阵列】(注意：如果选择了【删除】，则连最初的那一个螺栓零件也被删除)。

(2) 选中螺栓零件，执行阵列操作，打开阵列操控板。

(3) 此时不用默认的【参考】阵列，在阵列方式列表中选择【轴】，则操控板如图 8 - 58 所示。选取图 8 - 50 中的 A - 5 轴为阵列参考轴，数量为 6 个，角度输入框中输入 60。

(4) 单击 ✓ 按钮，完成阵列的结果与图 8 - 53 相同。

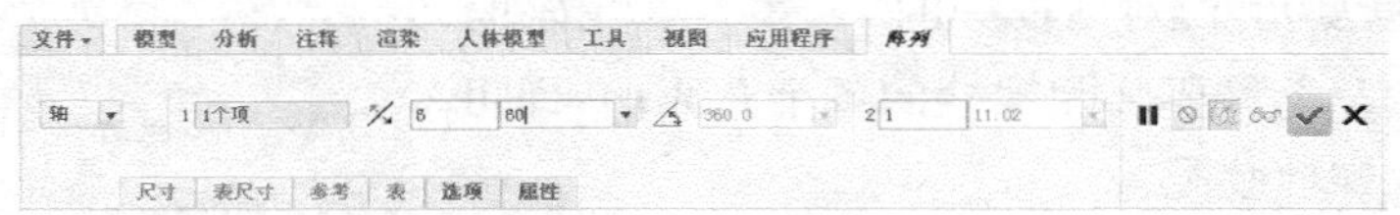

图 8－58　装配元件阵列的“轴”控制方式

8.2.5　装配的简化表示

装配的简化表示可以加快装配的重新生成、检索和显示时间，从而提高工作效率。使用简化表示可控制将哪些装配成员调入会话并对其进行显示，装配表示主要有以下意义或用途：(1)为加速重新生成和显示过程，可将复杂且无关的子装配从装配部分中临时移除；(2)可为装配创建多个简化表示，每个简化表示均可对应于相应设计者或工作组；(3)正在进行处理装配的某个区域或细节级别。

活动简化表示的名称显示在图形窗口中。可通过排除特定表示中的元件或用一个元件替代另一个元件来实现装配的简化，替代能够在仍就包含关键几何的同时对工作环境进行简化。

我们可以在“装配”、“制造”、“零件”和“绘图”模式下，以及装配的“模具设计”、“铸造”与“制造流程计划”中使用简化表示。在“零件”模式下，可简化零件几何以包括或排除单个特征、定义工作区域或复制曲面来创建曲面包络。在“绘图”模式下，添加视图前指定简化表示，可创建装配的多个简化模式下的视图。

装配创建后，将以默认表示进行显示，默认表示包含其主表示中的所有装配元件。创建简化表示时，可指定单个元件在装配中的表示方式。可即时或使用预定义的规则创建简化表示，预定义的规则包含区域、模型名称、几何尺寸、几何距离、父子关系和参数表达式等。通过定义的规则创建的简化表示在检索及重新生成时，将根据对模型所做的更改进行参数化更新。这些简化表示在设计变化时将反映这些规则。

创建装配简化表示的一般方法是排除和替换元件，包含、排除或替换元件仅能影响当前的简化表示。装配的外观会更改，但并不影响其他特征或元件。可从某一特定的简化表示中排除元件或子装配，也可从所包括的子装配中排除选定元件。

要将零件或子装配的简化表示组装到装配，顶级装配也必须为简化表示(非主表示)。对于简化表示的装配，下列功能不可用：重新构建元件、创建“族表”和使用集成；创建切除；删除或隐含替换元件；重新定义排除或替换的元件。

在简化表示中编辑包含元件的子装配的放置定义时，可能需要用到从简化表示中排除的元件的参考。在“编辑定义”操作期间，可使用“检索参考”命令将丢失的元件调入到装配中，丢失的元件在图形窗口中显示，供参考之用。编辑结束后，排除的元件将从图形窗口中消失。

1) 关于简化表示元件编辑器用户界面

在打开的装配中单击【视图】选项卡→【模型显示】组→【管理视图】，【视图管理器】对话框打开，点击【简化表示】选项卡，通过该选项卡可以进行装配简化表示的创建、打开或重定义，随即打开如图 8－59 所示的简化表示“元件编辑器”对话框，使用该对话框可以创建和编辑外部简化表示。

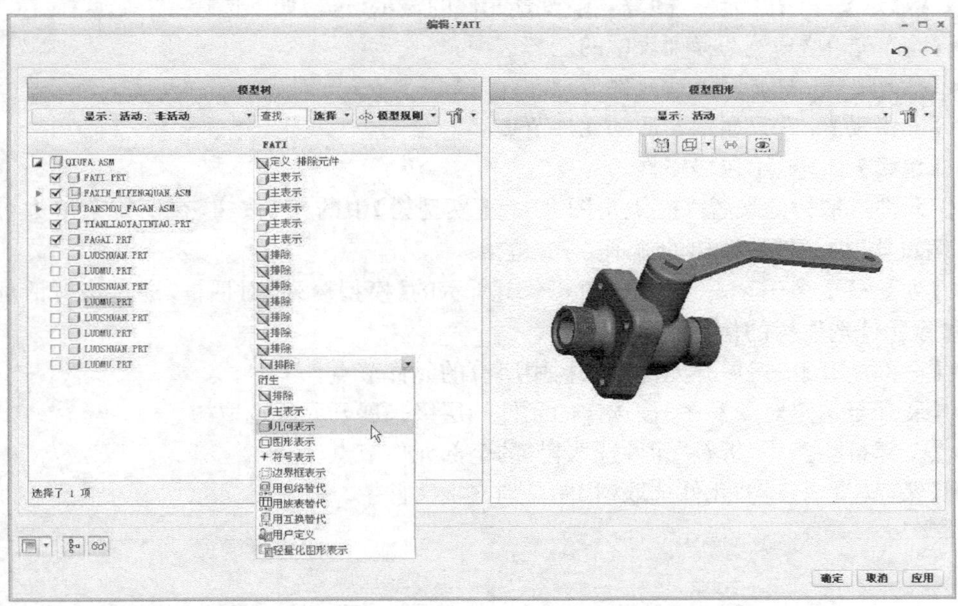

图 8－59　【简化表示元件编辑器】对话框

图 8－59 所示的“简化表示元件编辑器”由以下的用户界面项组成：

(1) 撤消按钮与重做按钮。

(2) 菜单栏命令

① “查找”(Search) 框——在展开的节点中搜索键入名称的元件。

② 【选择】下拉按钮包括以下命令：

●【高级搜索】——打开所示图 8－60【搜索工具】对话框，以便从主窗口中依据设置条件搜索选择元件。

●【在主窗口中选择】——在主窗口直接选择元件。

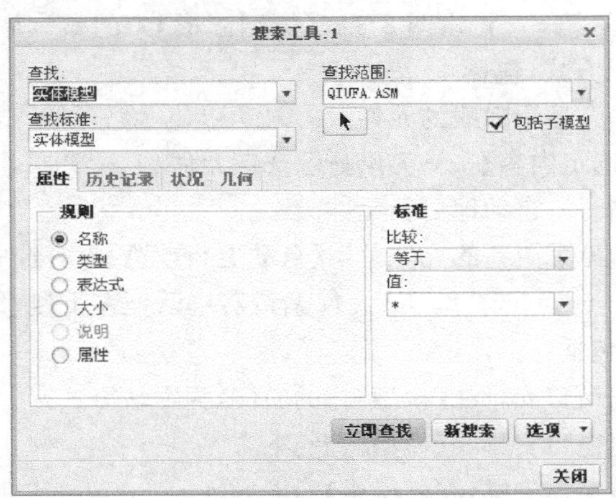

图 8－60　【搜索工具】对话框

③【显示】——在"元件选取器"中设置元件的显示，包括如下选择：

●【全部选中】——选择列表中的全部选项。

●【活动】——只显示活动元件节点。

●【非活动】——只显示非活动元件节点。

●【包络】——显示包络零件。

④ 元件选取树的设置——点击图 8－59【模型树】中的 按钮，在下拉菜单中可设置"元件编辑器"中元件选取树的显示方式，包括：

●【列】→【更多…】——打开如图 8－61 所示的【模型树列】对话框，通过该对话框可添加或移除元件选取树的信息列。

●【全部展开】——展开元件选取树中所有的元件节点。

●【展开至选定对象】——按选定的元件的层级来展开元件选取树。

●【全部折叠】——折叠"元件选取树"的全部元件节点。

●【保存树】——将"元件选取树"保存到文本文件中。

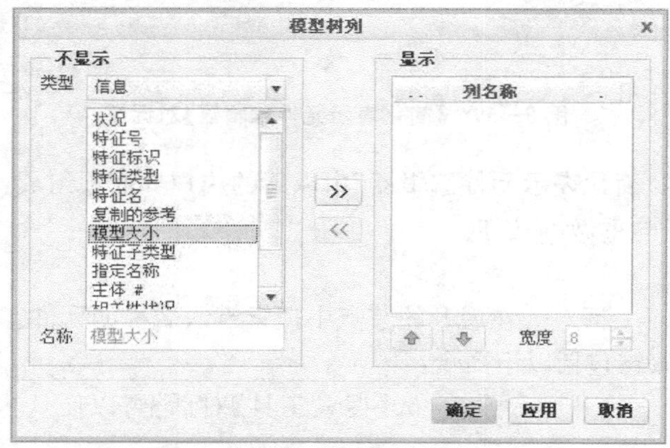

图 8－61 【模型树列】对话框

⑤ 元件显示方式设置——点击图 8－59【模型图形】中的 按钮，设置"元件编辑器"预览窗口内元件的显示方式，包括：

●【显示隐藏项】——显示隐藏的元件。

●【自动突出显示选定内容】——突出显示选定元件。

●【自动更新预览】——自动地更新元件。

●【更新预览】——显示更新的元件。当【自动更新预览】没有选中时，此选项可用。

⑥ 预览窗口设置——点击图 8－59 元件编辑器对话框左下侧 下拉按钮，可以设置元件预览窗口的位置，包括：

● ——元件预览窗口安排在【模型树】的右侧，为默认方式。

● ——元件预览窗口安排在【模型树】的下方。

● ——元件预览窗口安排在【模型树】的上方。

● ——元件预览窗口安排在【模型树】的左侧。

(3) 快捷菜单

在图 8－59 元件编辑器对话框模型树或预览窗口中右击装配或元件，弹出图 8－62 所示的元件设置快捷菜单，包括【将表示设置为】、【替代】、【表示】等选项。

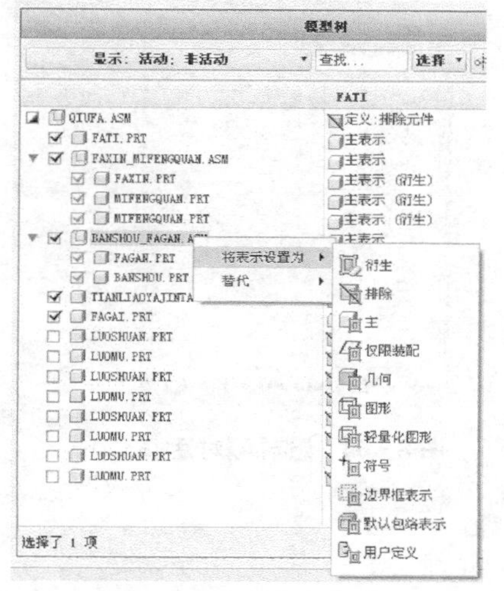

(a) 模型树中的快捷菜单

(b) 预览窗口中的快捷菜单

图 8－62　元件设置快捷菜单

①【将表示设置为】或【表示】——设置元件的表示方式：

- 衍生——从简化表示的评估中衍生状况。
- 排除——排除选定元件。
- 主——将选定元件设置为“主”表示的默认状态。
- 仅限装配——该选项仅用于子装配，隐藏选定元件，同时显示装配特征。
- 几何——将选定元件设置为“几何”表示。
- 图形——将选定元件设置为“图形”表示。
- 轻量化图形——将选定元件设置为“轻量化图形”表示。
- 边界框表示——隐藏选定元件并用边界框来表示它们。
- 符号——将选定元件设置为“符号”表示。
- 默认包络表示——将选定元件设置为默认包络表示。当无默认包络时，系统会提示创建一个。
- 用户定义——从选定元件中激活简化表示。

②【替代】——设置元件的替代方式：

- 包络——将选定元件用默认包络替代。
- 族表——将选定元件用族表内的其他元素替代。
- 互换——用互换装配中的其他元件替代当前元件。

③右击图 8－59 元件编辑器对话框的预览窗口，可以进一步获得图 8－63 所示的快捷菜单：

图 8-63　元件预览窗口快捷菜单

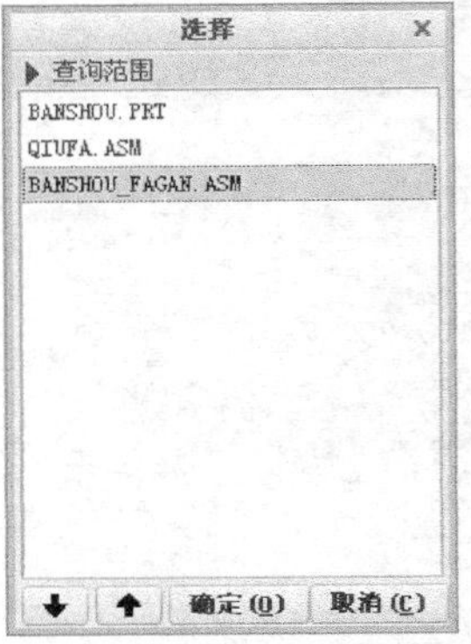

图 8-64　【选择】对话框

- 【着色】——将模型显示为着色方式。
- 【消隐】——显示无隐藏线的模型。
- 【隐藏线】——显示带隐藏线的模型。
- 【线框】——以线框形式显示模型。
- 【重新调整】——重新调整模型视图使其适合窗口。
- 【下一项】——选择与指针最近的元件。
- 【上一个】——选择上一个元件。
- 【从列表中拾取】——打开指针旁边的元件列表,从列表选择对话框中选择一个元件,如图 8-64 所示。

④ 右击模型树的列标题,可以获得“树”列快捷菜单,包括:

- 【分组依据】——根据列中的值对树中的节点进行分组。一次只能分组一列。当排序第二列时,会排序每组下的节点。
- 【取消分组】——将元件返回到原始结构。
- 【列】→【更多】——打开图 8-61 所示的【模型树列】对话框,添加或移除模型树列。

要将模型树以某列的内容进行升序或降序排序列,只需单击该列的列标题即可。

(4) 图形工具栏按钮

图 8-59 元件编辑器对话框元件预览窗口上方中还包含了一组图形工具按钮,可以快速地选择元件:

- ——设置过滤器,从选择项中移除小于或大于指定尺寸的元件。
  - 滑块——移动滑块来过滤过小或过大的元件。单击 (默认) 时,小于此尺寸的所有元件都将被移除。单击 时,大于此尺寸的所有元件都将被移除。
  - ——选择元件以确定从选择项中移除元件的尺寸。
- ——从选择项中移除全部内部元件。
- ——从选择项中移除全部外部元件。
- ——在选定和未选定的元件间反向选择。

● ——将选定的元件设置为主表示，并排除所有其他元件。

2）创建简化表示

创建简化表示的一般过程如下：

（1）在打开的装配中，单击【视图】选项卡→【模型显示】组→【管理视图】，【视图管理器】对话框打开，显示【简化表示】选项卡。

（2）单击 新建 按钮，出现简化表示的默认名，接受该名称或者键入一个新名称，然后按回车键，图 8－59 所示的简化表示元件编辑器对话框随即打开。默认情况下，所有元件的表示状态都由顶级装配的表示状态衍生而来。

（3）选择一个或多个元件，并使用以下方式之一设置它们的简化表示类型：

● 从简化表示元件编辑器对话框的左窗格中右击“元件选取树”中要简化表示的元件，然后从快捷菜单中选取一种“将表示设置为”或“替代”类型。

● 在简化表示元件编辑器对话框的右窗格元件预览窗口中选择要简化的元件右击，从快捷菜单中选取“表示”或者“替代”类型。

● 通过简化表示元件编辑器对话框中的搜索或选择工具，搜索或选择元件，然后设置它们的简化表示。

● 单击“元件选取树”中元件名称前面的复选框，以包括或排除元件。

● 单击“元件选取树”中相应元件的“表示类型”列表，并从列表中选择一种表示类型。

包含在简化表示中的元件会显示在预览窗格中。

（4）单击简化表示元件编辑器对话框的 确定 按钮，新表示将被添加到【视图管理器】对话框中的简化表示列表中，并将被设置为活动表示。

（5）单击【视图管理器】对话框中的 确定 按钮，退出视图管理器。

3）更改简化表示的属性

（1）将要更改的简化表示设置为活动简化表示，其名称显示在图形窗口中。

（2）在“模型树”或图形窗口中选择要更改简化表示的元件，单击【视图】选项卡→【模型显示】组→【管理视图】下拉列表→【将表示设置为】，然后选取下列选项之一：排除、主表示、仅限装配、几何、图形、符号、边界框、默认包络、用户定义。

（3）点击【视图】选项卡→【模型显示】组→【管理视图】，点击【视图管理器】对话框【简化表示】选项卡中的 属性>> 按钮，打开图 8－65 所示的【简化表示】属性页对话框，可对元件的简化表示进行更改。

（4）直接在装配模型树元件的简化表示列表中更改元件的简化表示方式，如图 8－66 所示。

（5）要保存简化表示的更改，点击【视图】选项卡→【模型显示】组→【管理视图】，打开【视图管理器】对话框【简化表示】选项卡，选中要保存的表示右击，然后从快捷菜单中选择【保存】，或单击【编辑】→【保存】，最后单击 关闭 按钮。

4）将简化表示设置为活动状态

（1）在打开的装配中，点击【视图】选项卡→【模型显示】组→【管理视图】，打开【视图管理器】对话框【简化表示】选项卡。

(2) 双击要激活的简化表示，或选择要激活的简化表示右击，从快捷菜单中选择【激活】，或单击【选项】→【激活】。注意：红色箭头指示当前活动的表示。

(3) 单击【视图管理器】对话框 关闭 按钮。

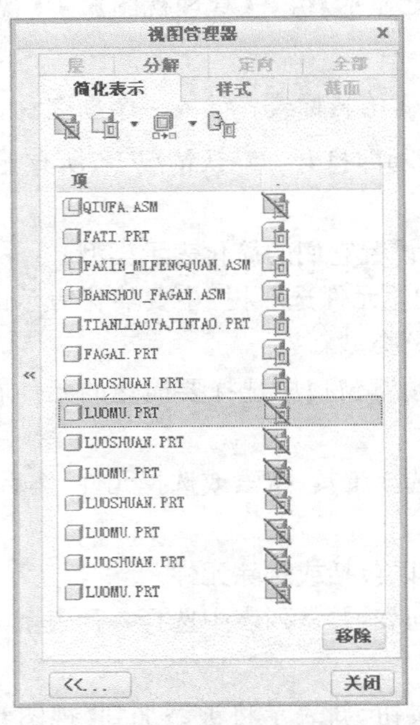

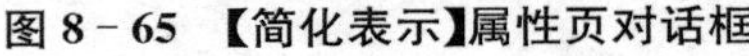

图 8-65 【简化表示】属性页对话框

图 8-66 装配模型树

5) 检索装配的简化表示

(1) 点击 Creo Parametric 2.0 窗口顶部【快速访问工具栏】→【打开】，或单击【文件】菜单→【打开】，【文件打开】对话框打开。

(2) 选择一个装配。

(3) 要打开一个现有的简化表示或图形表示，请单击【打开】旁边的箭头，然后选择一个选项，如图 8-67 所示。

① 【打开表示】——打开图 8-68 所示的【打开表示】对话框，可执行下列操作：

- 从列表中选择表示。
- 单击 定义... 按钮可以为装配定义新的简化表示。

② 【打开轻量化图形】——打开装配的轻量化图形表示。

(4) 要自定义检索，单击图 8-67【文件打开】对话框中的 打开子集... 按钮，打开图 8-69 所示的【检索自定义】对话框，选择要检索的元件，然后单击 确定 按钮。

注意：当某些装配元件不在会话中时，如果保存了简化表示，则系统将无法打开装配文件。

6) 复制简化表示

(1) 在打开的装配中，点击【视图】选项卡→【模型显示】组→【管理视图】，打开【视图管理器】对话框【简化表示】选项卡。

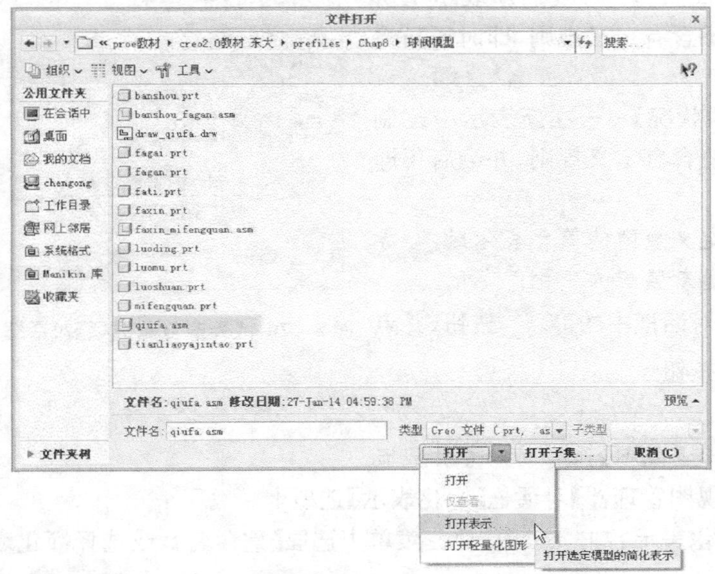

图 8－67　【文件打开】对话框

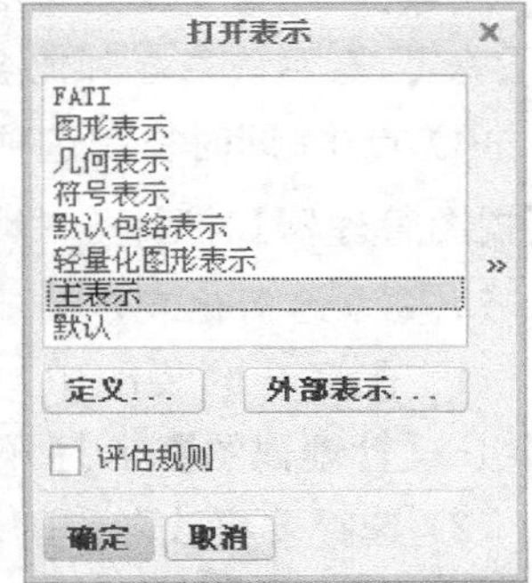

图 8－68　【打开表示】对话框

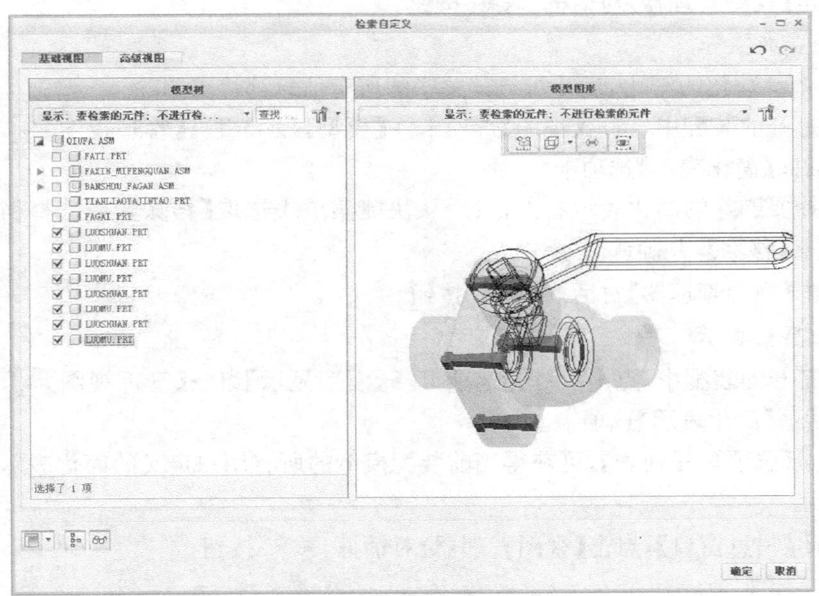

图 8－69　【检索自定义】对话框

(2) 选择要复制的简化表示右击，然后从快捷菜单中选取【复制】，或单击【编辑】→【复制】。

(3) 接受复制简化表示的默认名称，或键入新名称，然后单击表示复制对话框中的 确定 按钮。如果简化表示中包含用户定义的定义规则，则将打开【即时复制选项】对话框，如图 8－70 所示，需要选择以下选项之一：

●【是,复制当前表示的“快照”】——复制新表示中所有元件的当前状况,副本中将不含有定义规则,即时更新将被禁用。

●【否,仅复制最后保存的状况】——在新表示中复制上次保存的元件状况,副本中将含有定义规则,并会启用即时更新。

注意:在绘图中使用带有定义规则的简化表示时,会导致不稳定,表示的内容可能会随着装配的变化而变化。

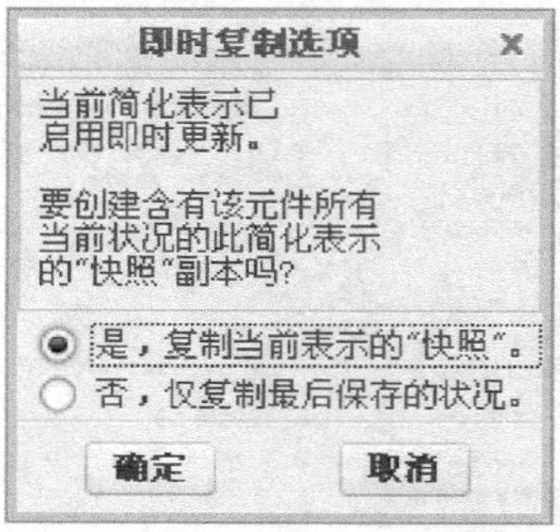

即时复制选项

当前简化表示已
启用即时更新。

要创建含有该元件所有
当前状况的此简化表示
的“快照”副本吗?

是,复制当前表示的“快照”。
否,仅复制最后保存的状况。

确定 取消

图 8-70 【即时复制选项】对话框

(4) 点击【即时复制选项】对话框中的 确定 按钮,并点击【视图管理器】对话框 关闭 按钮。

7) 重命名简化表示

(1) 在打开的装配中,点击【视图】选项卡→【模型显示】组→【管理视图】,打开【视图管理器】对话框【简化表示】选项卡。

(2) 选择要更改名称的简化表示右击,然后从快捷菜单中选取【重命名】,或选择简化表示,再单击【编辑】→【重命名】。

(3) 键入新名称,并按回车键。

(4) 点击【视图管理器】对话框 关闭 按钮。

8) 删除简化表示

删除某个参数化的简化表示时,与其关联的所有信息都将被删除。

(1) 在打开的装配中,点击【视图】选项卡→【模型显示】组→【管理视图】,打开【视图管理器】对话框【简化表示】选项卡。

(2) 选择要删除的简化表示右击,然后从快捷菜单中选取【移除】,或选择简化表示,再单击【编辑】→【移除】,并确认。

(3) 点击【视图管理器】对话框 关闭 按钮。

9) 列出简化表示

(1) 在打开的装配中,点击【视图】选项卡→【模型显示】组→【管理视图】,打开【视图管理器】对话框【简化表示】选项卡。

(2) 单击【选项】→【列表】,可获得当前装配模型的所有用户定义的简化表示的说明,如图 8-71 所示。

(3) 关闭【信息窗口】,点击【视图管理器】对话框 关闭 按钮。

8.2.6 装配元件的封装

封装元件在装配中并不被完全约束。使元件保持封装状态或使其在装配中只受部分约束的原因有两个:向装配添加元件时,可能不知道将元件放置在哪里最好,或者也可能不希望相对于其他元件的几何进行定位。

使用封装是放置元件的临时措施。若要封装元件,请在元件没有完全约束前关闭“元件放置”操控板,或清除“允许假设”复选框,或直接通过装配“封装”操作完成元件的封装。

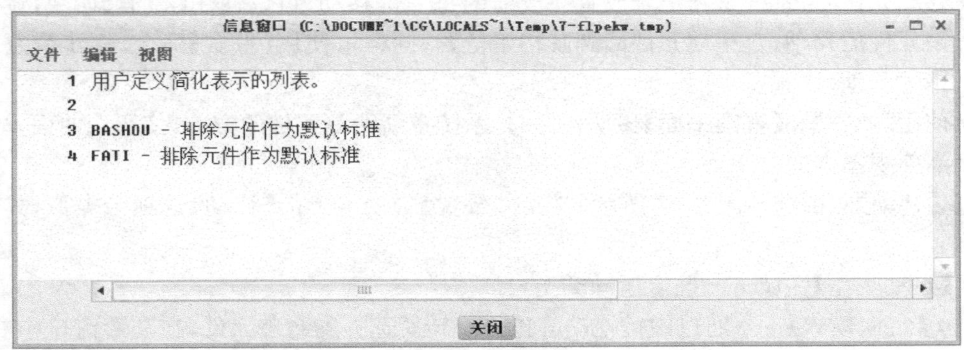

图 8-71　简化表示【信息窗口】

(1) 在装配中添加封装元件

① 在打开的装配中，单击【模型】选项卡→【元件】组→【组装】命令溢出按钮→【封装】，弹出图 8-72 所示的【封装】菜单管理器。

② 在【封装】菜单管理器中选择【添加】，系统进一步弹出图 8-73 所示的【获取模型】菜单管理器，主要包括以下选项：

- 【打开】——打开【文件打开】对话框，选择要封装的元件。
- 【选择模型】——在图形窗口中选择任意元件，并将它的一个新实例以封装方式添加到装配中。
- 【选取最后】——添加组装或封装的最近一个元件。

③【移动】对话框打开，调整封装元件的位置。

④ 单击菜单管理器中的【完成/返回】。

注意：装配的第一个元件不能是封装元件，但是可以封装第一个元件的其他实例。

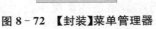

图 8-72　【封装】菜单管理器　　　　图 8-73　【获得模型】菜单管理器

(2) 移动封装元件

① 在打开的装配中，单击【模型】选项卡→【元件】组→【组装】命令溢出按钮→【封装】，弹出图 8-72 所示的【封装】菜单管理器。

② 在【封装】菜单管理器中选择【移动】，弹出图 8-74 所示的【移动】对话框，可平移或旋转用【添加】选项定位的封装元件及不完全约束的元件。

移动元件时，请注意以下事项：

- 将某个元件添加到装配中后，当在【移动】对话框中选取【取消】时，系统不会移除该元件。

- 移动元件时，系统重新记录放置完成前的每一个移动，可以使用【撤消】命令，逐步撤销元件的移动，直至使元件回到其初始位置，同样可使用【重做】命令，逐步恢复被撤销的移动。
- 使用【调整】和【视图平面】移动元件时，系统重新调整元件的方向，使所选曲面垂直于当前视图方向。

③【移动】对话框与图 8－7 所示的【元件放置】选项卡上的【移动】选项卡类似，具有下列选项：

- 【运动类型】区域——确定运动类型：
  - ■【定向模式】——通过中键拖动等操作旋转所选择的封装元件，在图形窗口中右击，可以访问【定向模式】快捷菜单。
  - ■【平移】——通过以下方式移动封装元件：平行于边、轴、平面或视图平面拖动；垂直于平面拖动；或拖动元件直到上面的某个面或轴与另一个面或轴重合为止。
  - ■【旋转】——通过以下方式旋转封装元件：围绕边、轴或视图平面上的点旋转；或旋转元件直到上面的某个面或轴与另一个面或轴对齐为止。
  - ■【调整】——将封装元件与装配上的某个参考图元对齐。
- 【运动参考】区域——选择移动方向参考：
  - ■【视图平面】——使用视图平面作为参考平面（将元件重定位在一个与视图平面平行的平面中）。
  - ■【选取平面】——使用一个平面而不是视图平面作为参考平面（在一个和选择平面平行的平面中将元件重定位）。
  - ■【图元/边】——使用一个轴、直边或基准曲线（在一条和其平行的线上将元件重定位）。
  - ■【平面法向】——使用一个平面作为参考平面，在一条和其垂直的线上将元件重定位。
  - ■【2 点】——使用两个点或顶点（将元件重定位在一条连接这两点的线上）。
  - ■【坐标系】——使用一个坐标系轴（根据坐标系方向重定位元件）。
- 【运动增量】区域，设置移动的大小：
  - ■【平移】——以该值的倍数进行移动，在没有明显增量的情况下自由移动元件，请选取【平滑】。
  - ■【旋转】——以该值的倍数进行旋转，在没有明显增量的情况下自由旋转元件，请选取【平滑】。
- 【位置】区域——输入从起点到新的元件原点的相对距离。
- 【撤消】——撤消上一次运动。
- 【重做】——重做上一次运动。
- 【首选项】——显示图 8－75 所示的【拖动首选项】对话框，主要包括下列选项：
  - ■【动态拖动】——在拖动时将元件捕捉到放置约束（默认）。
  - ■【修改偏距】——在拖动元件时修改偏移尺寸。
  - ■【添加偏移】——给初始创建时没有偏移的“距离”约束添加偏移尺寸。
  - ■【捕捉选项】——设置活动捕捉的公差距离和角度。

■【拖动中心】——选择新的拖动原点。

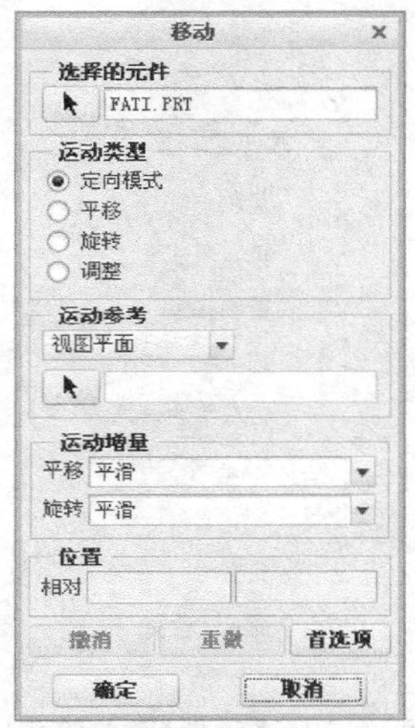

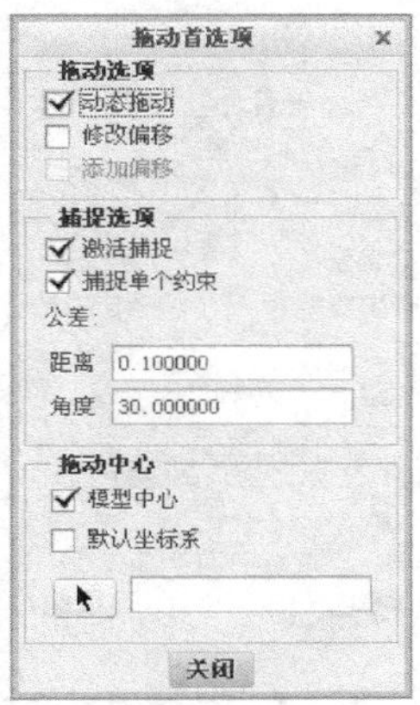

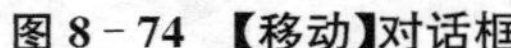
图 8-74　【移动】对话框　　**图 8-75　【拖动首选项】对话框**

(3) 固定封装元件的位置

① 在打开的装配中,单击【模型】选项卡→【元件】组→【组装】命令溢出按钮→【封装】,弹出图 8-72 所示的【封装】菜单管理器。

② 在【封装】菜单管理器中选择【固定位置】。

③ 从"模型树"或图形窗口中选择要放置的封装元件,系统将在封装元件的当前位置处完全约束它。

我们也可直接从"模型树"或图形窗口中选择元件右击,然后从快捷菜单中选取【固定位置】,实现封装原件的固定。

(4) 完成封装元件

封装元件在装配里不是参数化定位的,即更改相邻零件并不驱动它们的位置。当您在装配中使用不同的配置时,这使得封装很有用。但是,能够明确元件位置后,应完成其定位。选择【封装】菜单管理器中的【完成】,然后选择封装元件,【元件放置】选项卡随即打开,对其进行装配约束定义。一旦最终完成了封装元件的定位,就不能再用封装的移动选项来移动它。

8.2.7　零件间的布尔运算

布尔运算主要包括并、交、差三种基本形式,在 Creo Parametric 2.0 中通过装配零件之间相交、合并和切除,我们可以得到符合要求的新零件。

选择【模型】选项卡→【元件】组→【创建】,弹出【元件创建】对话框,如图 8-76 所示,该对话框中的【子类型】选项中的【相交】选项,可用于装配零件间的相交操作。

选择【模型】选项卡→【元件】组菜单→【元件操作】命令,将弹出【元件】菜单管理器,如图 8-77 所示。其中的【合并】和【切除】命令分别用于装配元件间的合并和切除操作。

将两个零件放置到装配中后,使用"相交"操作可以将两个零件共同部分的材料形成一个新零件，使用“合并”可以将一个零件的材料添加到另一个零件中，使用“切除”可以用一个零件的材料去减去另一个零件的材料。

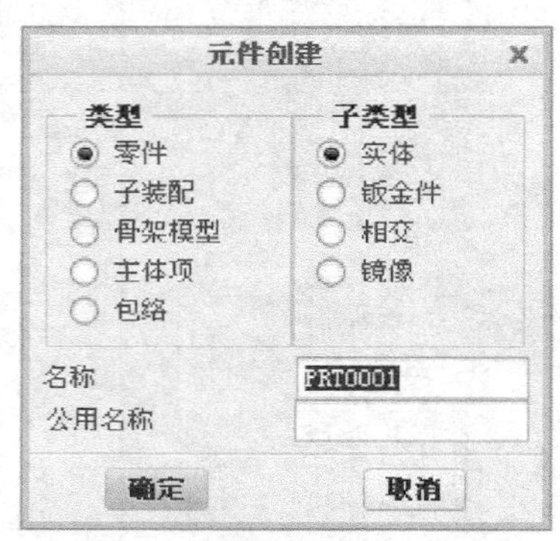

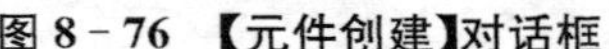
图 8－76 【元件创建】对话框

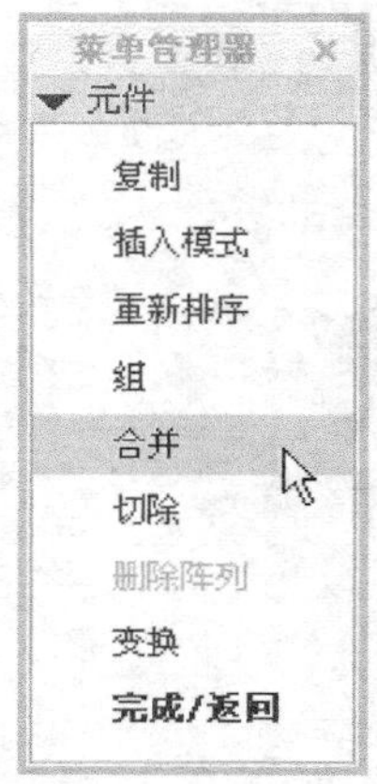

图 8－77 【元件】菜单管理器

1）合并

下面我们通过一个实例来说明装配体内零件之间的合并运算操作。

【例 6】 装配元件之间的合并。

(1) 首先我们打开装配文件“asmbool.asm”，该装配模型包含两个零件——“prtbool1.prt”和“prtbool2.prt”，两个零件及装配结果如图 8－78 所示。

(2) 执行【模型】选项卡→【元件】组菜单→【元件操作】命令，在弹出的【元件】菜单管理器中选择【合并】。

(3) 系统提示“➪选择要对其执行合并处理的零件。”，选择长方体“prtbool2.prt”零件，在【选择】对话框中按 确定 按钮。

(4) 系统提示“➪选择要对其执行合并处理的零件。”，我们选择“prtbool1.prt”零件，在【选择】对话框中按 确定 按钮。

(5) 此时【元件】菜单管理器中弹出图 8－79 所示的【元件合并参考】菜单，选择【参考】|【无基准】|【完成】。

(6) 系统弹出“是否支持特征的关联放置?”【确认】提示框，按下回车键或单击 否(N) 按钮。

(7) 系统接着弹出“是否从装配中分离参考零件 PRTBOOL1?”【确认】提示框，按下回车键或单击 是(Y) 按钮。

(8) 零件成功合并，打开“prtbool2.prt”，我们会发现零件“prtbool1.prt”已经合并进来，形成该零件的一个“合并”特征，合并的结果将和图 8－78(c)所示的装配模型外观一致。

在第(5)步中，我们选择了以【参考】方式来进行合并运算，合并后如果再更改零件“prtbool1.prt”，则“prtbool2.prt”中的合并特征也会随之更新，而如果选择了【复制】方式，则“合并”特征不会随原被合并零件的更新而更新。

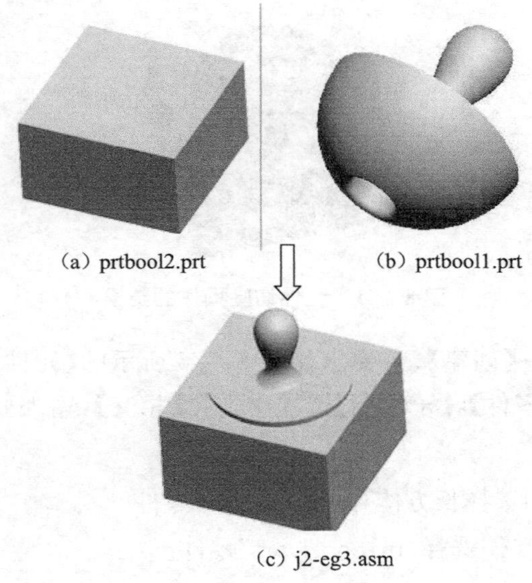

图 8-78　装配实例

图 8-79　元件合并参考

2) 切除

我们继续通过实例来说明元件之间的切除操作。

【例 7】 装配元件之间的切除。

(1) 我们用【例 6】中的装配实例来进行装配元件间切除操作。通过文件关闭、拭除等操作从内存中清除前面的合并操作结果，重新打开图 8-78 所示的装配文件“asmbool.asm”。

(2) 执行【模型】选项卡→【元件】菜单组→【元件操作】菜单命令，在弹出【元件】菜单管理器中选择【切除】。

(3) 系统提示“选择要对其执行合并处理的零件。”，我们选择长方体“prtbool2.prt”零件，在【选择】对话框中按 确定 按钮。

(4) 系统提示“为切出处理选择参考零件。”，我们选择“prtbool1.prt”零件，在【选择】对话框中按【确定】按钮。

(5) 此时弹出图 8-80 所示的【元件切除参考】菜单，选择【参考】|【完成】。

(6) 系统弹出“是否支持特征的关联放置?”【确认】提示框，按下回车键或单击 否(N) 按钮。

元件切除成功，打开“prtbool2.prt”，该中新增了一个“切出”特征，切除后的结果如图 8-81所示。

3) 相交

下面我们将通过实例来说明元件间的相交运算操作。

【例 8】 装配元件之间的相交运算。

(1) 我们仍然用【例 6】中的装配实例来进行装配元件间的相交运算。通过文件关闭、拭除等操作从内存中清除前面的切除操作结果，重新打开装配文件“asmbool.asm”。

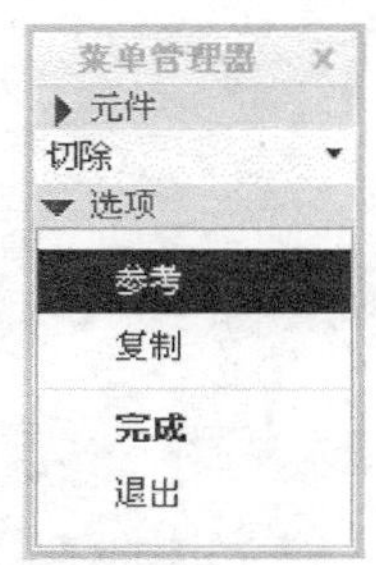

图 8－80　元件切除参考

图 8－81　元件切除操作的结果

(2) 点击【模型】选项卡→【元件】组→【创建】，弹出如图 8－76 所示的【元件创建】对话框，在该对话框的【类型】选项中选择【零件】，【子类型】选项中选择【相交】，输入要创建的零件名称“Intersect”，点击 确定 按钮。

(3) 系统提示“选择第一个零件。”，我们选择长方体“prtbool2.prt”零件。

(4) 系统接着提示“选择零件求交。”，我们选择“prtbool1.prt”零件。

(5) 单击【选择】对话框的 确定 按钮，便完成了“Intersect.prt”零件的创建。如图 8－82 所示。

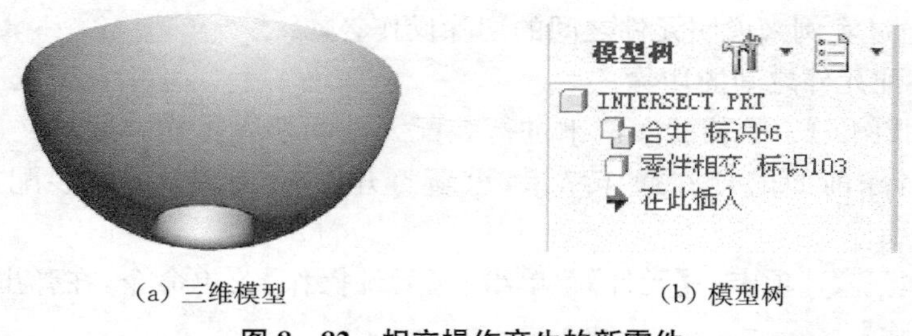

(a) 三维模型　　(b) 模型树

图 8－82　相交操作产生的新零件

8.2.8　装配的干涉检查

我们建立装配模型的一个重要目的之一就是为了检查零件之间是否存在干涉。通过 Creo Parametric 2.0 对装配模型的分析，我们可以很方便地检查模型内部是否存在干涉以及发生干涉部分的体积大小。

在 Creo Parametric 2.0 中，选择【分析】选项卡→【检查几何】组→【全局干涉】及其下拉列表中选择我们需要分析的项目，即可实现装配模型的各种分析，如图 8－83 所示。我们可以进行配合间隙、全局间隙、体积干涉、全局干涉等项目的分析、检查工作。

【例 9】　装配元件间的干涉检查。

(1) 下面我们对【例 6】中的装配实例进行干涉检查。通过文件关闭、拭除等操作从内存中清除前面的布尔操作结果，重新打开装配文件“asmbool.asm”。

(2) 选择【分析】选项卡→【检查几何】组→【全局干涉】，在弹出的【全局干涉】对话框中点击 按钮。前面我们已经知道，这个装配模型的两个零件之间是存在干涉的，故计算完成后，系统会将零件之间存在干涉的部分以红色高亮显示，如图 8－84 所示。同时在

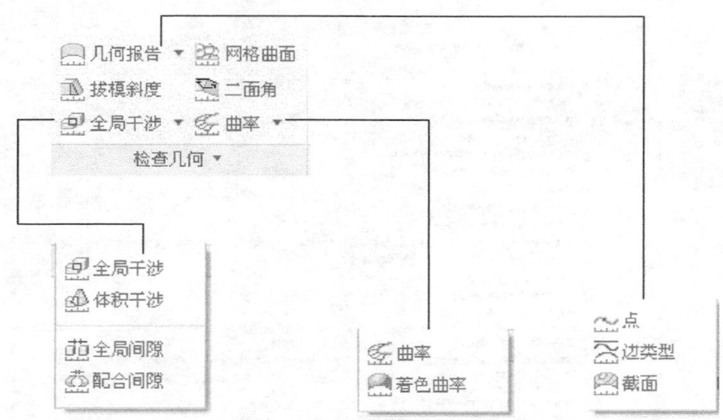

图 8－83　【检查几何】菜命令组

【全局干涉】对话框【分析】选项卡中列出这些干涉，如图 8－85，我们可以很清楚地看到干涉发生在哪两个零件之间，干涉部分的体积等信息。

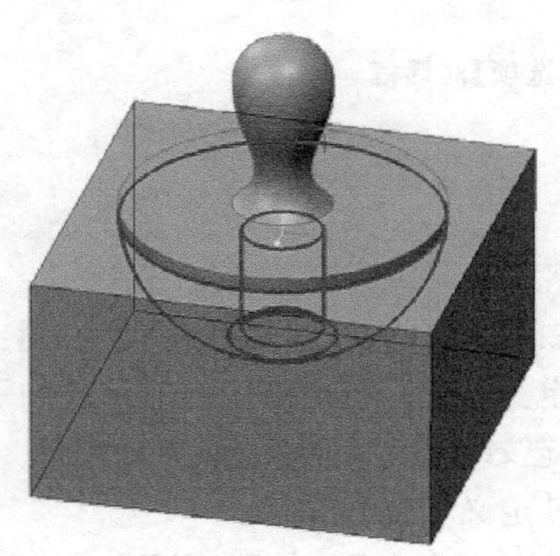

图 8－84　干涉部分以红色高亮显示

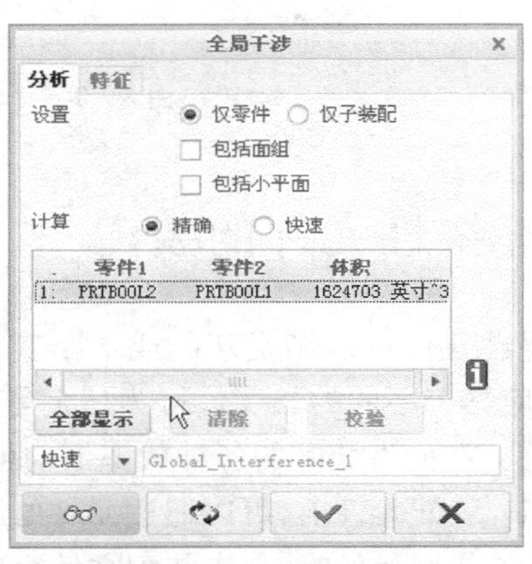

图 8－85　干涉数据统计

8.2.9　装配基本环境的设置

(1) 单击模型树中【设置】选项卡按钮，在弹出的下拉菜单中选择【树过滤器】，然后在【模型树项目】对话框中可以对装配模型树中各个显示项目进行选择过滤。例如在【模型树项目】对话框中选中【隐含的对象】时，则模型树中将显示出被隐含的元件，可以便于我们对那些被隐含的元件进行相关操作。

(2) 通过执行【文件】菜单→【选项】，系统将弹出【Creo Parametric 选项】对话框，在【装配】选项卡中，可以进行外部参考控制、元件检索设置、约束参考重新定义等操作，如图 8－86 所示。在【窗口设置】选项卡中可以设置装配辅助窗口(即待装配零组件单独显示时的窗口)的大小。

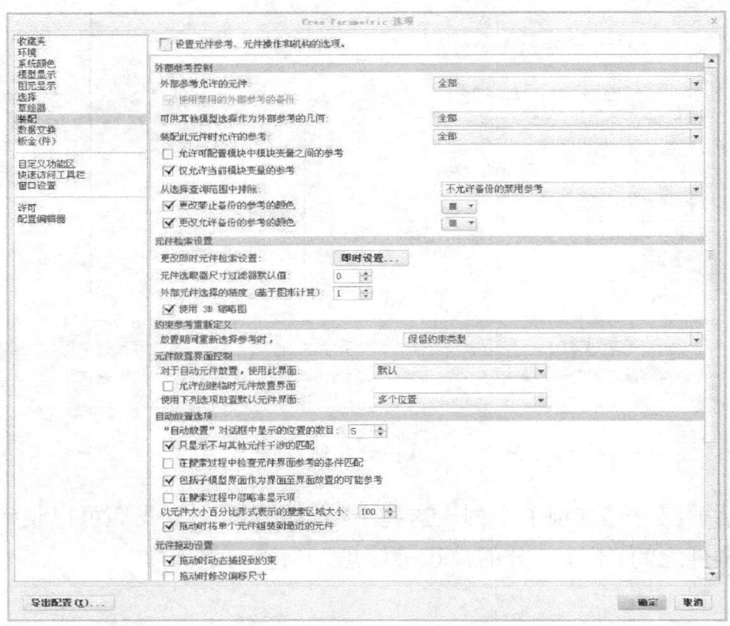

图 8-86 【Creo Parametric 选项】对话框

8.3 挠性元件的装配

挠性元件可以满足新的或不断变化的装配状态的要求,例如,弹簧在产品不同工作状态下,应具有不同的长度。可为任何零件或子装配定义挠性,且可将其用于元件的所有放置实例。在元件装配的各种状态下均可将刚性元件定义为挠性元件:

(1) 装配元件前,可以通过元件的属性修改,将其定义为挠性元件。

(2) 装配元件时,点击装配文件窗口【模型】选项卡→【元件】组→【组装】命令列表下的【挠性】,可将元件作为挠性元件装入。

(3) 装配元件后,可以通过在装配模型树中选择该元件右击,然后在弹出菜单中选择【挠性化】,将元件转换为挠性元件。

要使元件在装配中成为挠性元件,需设置值或定义以下项,从而使该元件成为挠性元件:(1)尺寸、公差和参数;(2)隐含或恢复特征和元件(对于子装配)的状态。

下面通过一个实例来说明挠性元件的定义和安装。

【例 10】 挠性弹簧的定义与安装。

(1) 将 Creo Parametric 当前工作目录设置为“…\CreoChap8\挠性装配”。

(2) 打开文件“SPRING.PRT”,如图 8-87 所示,下面将其预定义为挠性元件。

(3) 单击【文件】菜单→【准备】→【模型属性】,【模型属性】对话框随即打开,单击对话框【工具】组【挠性】行后的【更改】,打开【挠性:准备可变项】对话框,如图 8-88。

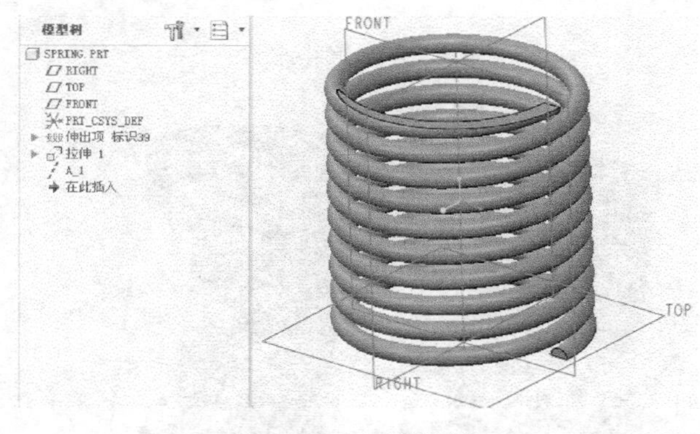

图 8－87　弹簧模型

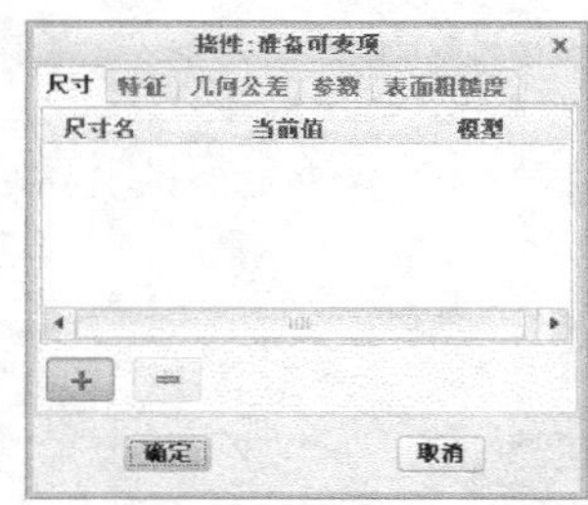

图 8－88　【挠性:准备可变项】对话框

(4) 单击【挠性:准备可变项】对话框底部的 + 按钮,系统提示“请选择尺寸所有者特征”,此处选择螺旋扫描伸出项特征(标识 39),在弹出的【选取截面】菜单管理器中选择“轮廓”,然后点击【完成】,此时螺旋扫描伸出项轮廓截面的尺寸已经列出,如图 8－89 所示。

(5) 选择扫引轨迹线的长度尺寸 70,并点击【选择】提示对话框中的 确定 按钮,尺寸 70 变成挠性尺寸,如图 8－90,点击【挠性:准备可变项】对话框中的 确定 按钮。

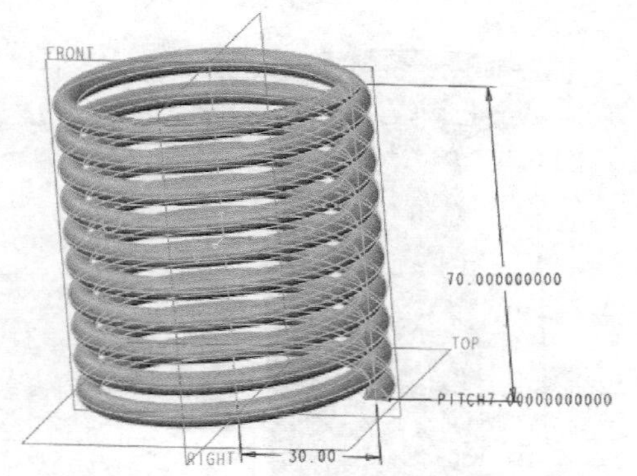

图 8－89　螺旋扫描轮廓截面尺寸

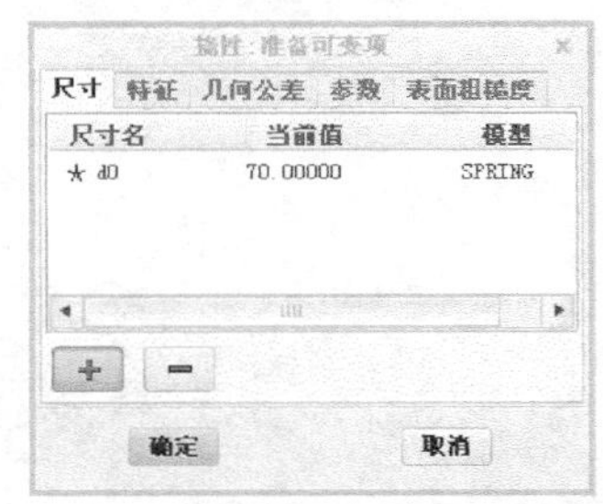

图 8－90　扫引轨迹长度定义为挠性尺寸

(6) 新建装配文件“NaoXing_asm.asm”(模型单位为默认的“英寸磅秒”),以“默认”的装配约束方式装入油缸零件“yougang.prt”,如图 8－91 所示。

(7) 因为活塞和油缸之间存在相对运动,因而将活塞与油缸之间以“滑块”机构连接方式进行装配。装入活塞零件“huosai.prt”,在【元件放置】操控板装配连接约束中选择【滑块】连接方式,分别选择图 8－92 中油缸和活塞中的轴线,然后在【旋转】约束中分别选择活塞零件中的“FRONT”基准面和装配模型中的“ASM_FRONT”基准面(如图 8－92),接着在【平移轴】中分别选择图 8－92 中油缸和活塞的两个端面(连接压缩弹簧的端面),在【当前位置】框中输入“100”,结果如图 8－93 所示。

(8) 装配弹簧零件“spring.prt”,系统弹出图 8－94 所示的提示框,点击 是(Y) 按钮,系统弹出【spring:可变项】对话框,在对话框【尺寸】选项卡【方法】列表中选择【距离】,系统接着弹出【距离】对话框,通过该对话框分别选择活塞和油缸连接压缩弹簧的端面作为距离

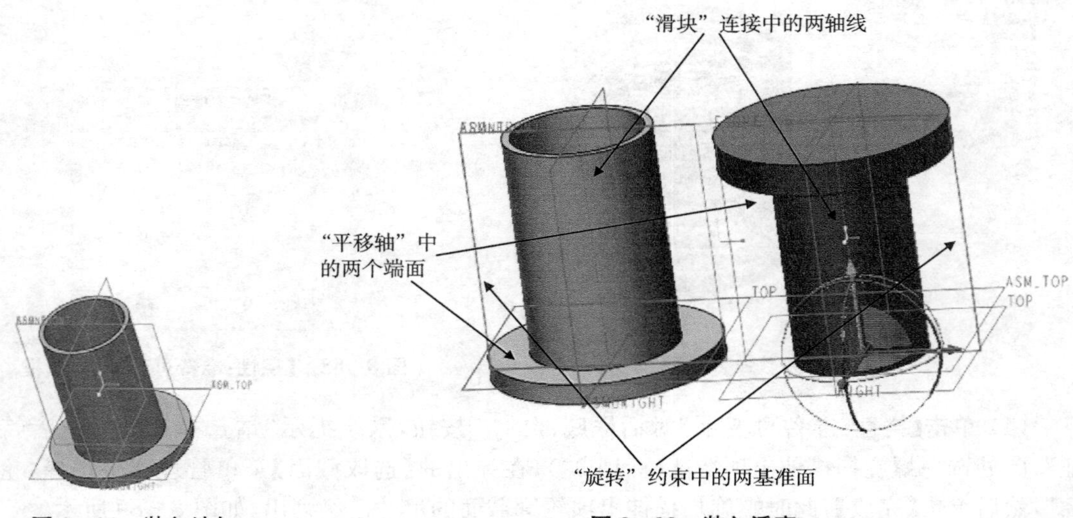

图 8－91　装入油缸　　　　图 8－92　装入活塞

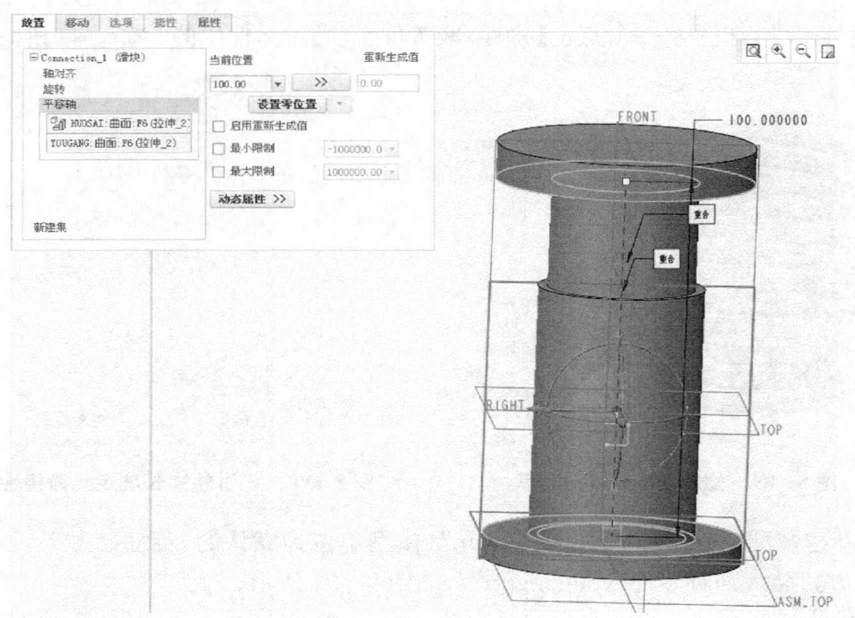

图 8－93　活塞与油缸之间的“滑块”连接

控制的参考，如图 8－95 所示，点击【距离】对话框中的✓按钮，并点击【spring：可变项】对话框中的 确定 按钮，返回装配主界面。

(9) 通过【元件放置】操控板中的装配约束定义，定义弹簧和油缸之间的两个装配约束关系，即轴线重合和端面重合，完成后如图 8－96 所示。

(10) 当我们配合键盘上的【Ctrl】+【Alt】键拖动活塞并重新生成装配文件时，我们可以看到弹簧会随着活塞位置的变化而变化，如图 8－97 所示。保存并关闭装配文件(本例结果相关文件保存于“…\CreoChap8\挠性装配\naoxing_asm_result”中)。

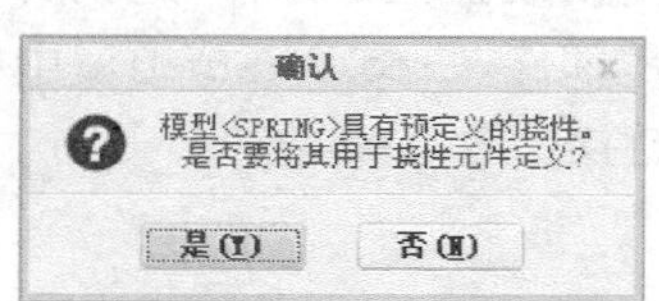

图 8-94　【确认】提示框

图 8-95　定义可变项

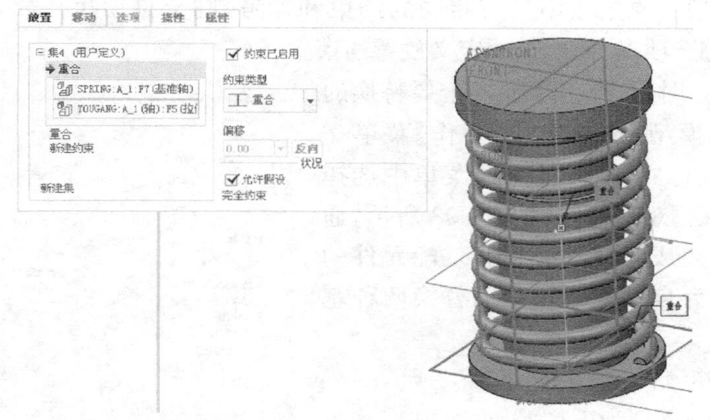

图 8-96　定义装配约束

图 8-97　弹簧自动随着活塞的位置变化而变化

8.4 装配元件的替换

互换性是设计中的一个重要内容，尤其是在产品系列化设计或快速设计等研究领域中，产品设计过程中或者设计完成后，某些零部件需要快速更换成其他零部件，这就要求产品具有可更换性，而不是把原有零部件删除、重新装上新的零部件，Creo Parametric 中的装配元件的替换功能可以帮助我们实现产品中零部件的快速替换。

8.4.1 装配元件替换的方法

当某个装配元件被另一个元件替换后，系统会将新元件置于“模型树”中相同的几何位置。如果替换模型与原始模型具有相同的约束和参考，则会自动执行放置。如果缺少参考，则【元件放置】选项卡打开，必须定义放置约束。

执行替换操作时，选择一个或多个要替换的元件，然后点击【模型】选项卡→【操作】菜单→【替换】，或单击鼠标右键，并从快捷菜单中选择【替换】，打开【替换】对话框，如图 8 - 98 所示，通过该对话框可以完成元件的替换。装配元件的替换方法可以分为自动替换和手动替换两种基本类型。

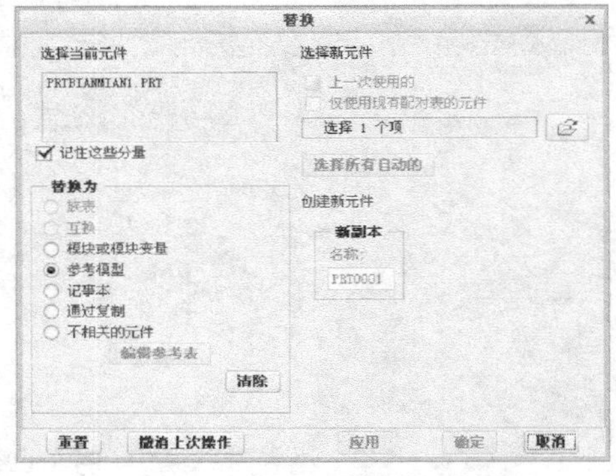

图 8 - 98 【替换】对话框

（1）自动替换元件

只有被替换的模型为下列类型之一时，才可执行元件的自动替换：

① 族表，用族表内的其他零件或部件替换，族表内的所有零部件都是可以互换的。

② 互换，用互换性装配中的其他零件或部件替换。

③ 模块或模块变量，在可配置产品中，选择可配置模块或模块变量，实现替换。

④ 参考模型，用包含外部参考的其他模型替换。

⑤ 记事本，选择一个或多个已由记事本组装的元件进行替换。

⑥ 通过复制，可根据现有的模型创建一个新元件，使用副本来替换元件。

（2）手动定位替换元件

用“不相关的元件”替换已有元件，必须重新手动配置替换元件及任何组装到原始零件上的元件。系统总是尽量自动组装元件，如果无法实现，它会保留尽可能多的约束。使用“不相关的元件”选项用选定的元件手动替换模型，尽管与删除旧元件再组装新元件类似，但使用此方法您可以在相同的重新生成位置自动放置新替换的元件。

用“不相关的元件”替换原有元件时需注意：“族表”实例不能用不相关的元件替换；使用不相关的元件替换元件时，不会突出显示子项，在替换之前，应检查元件的父/子参考；用不相关元件来取代挠性元件时，会锁定可变项，取代元件会失去弹性。

8.4.2　通过族表自动替换元件

族表内的所有零部件都是可以互换的。下面通过一个例子讲解和说明通过族表实现自动替换的一般过程。

【例 11】　通过族表实现元件的自动替换。

(1) 点击 Creo Parametric 2.0 窗口【快速访问】工具栏【打开】按钮，出现【文件打开】对话框，在对话框中选择"…\CreoChap8\装配互换"目录下的"asm_huhuan_ zubiao.asm"文件，然后单击 打开 按钮，打开如图 8 - 99 所示模型。

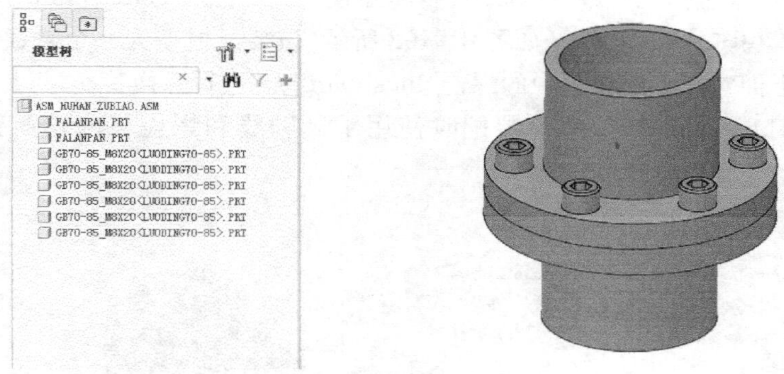

图 8 - 99　族表互换装配模型

(2) 在装配模型树中选中第一个"GB70－85_M8×20"零件，右击在弹出菜单中选择【替换】命令，弹出图 8 - 98 所示的【替换】对话框。

(3) 在【替换】对话框【替换为】按钮列表中选择【族表】，然后点击【选择新元件】下的打开按钮，弹出如图 8 - 100 所示的【族树】对话框。

(4) 在【族树】对话框内选取"GB70－85_M10×40"，点击【族树】对话框的 确定 按钮，然后点击【替换】对话框中的 确定 按钮，螺钉更换完成，如图 8 - 101 所示，本例结果文件保存于"…\CreoChap8\装配互换\asm_huhuan_zubiao_result.asm"文件中。

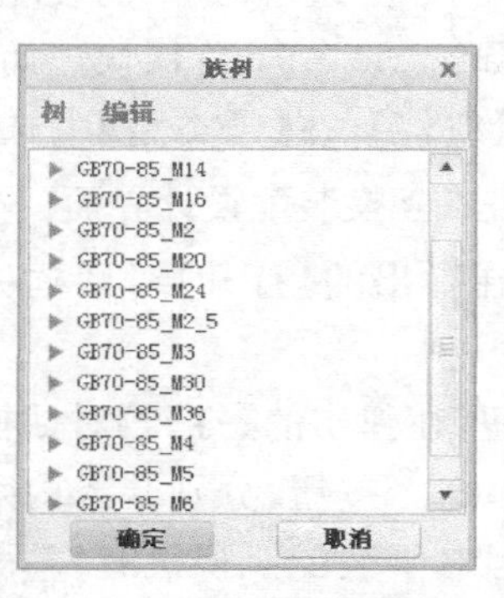

图 8 - 100　【族树】对话框

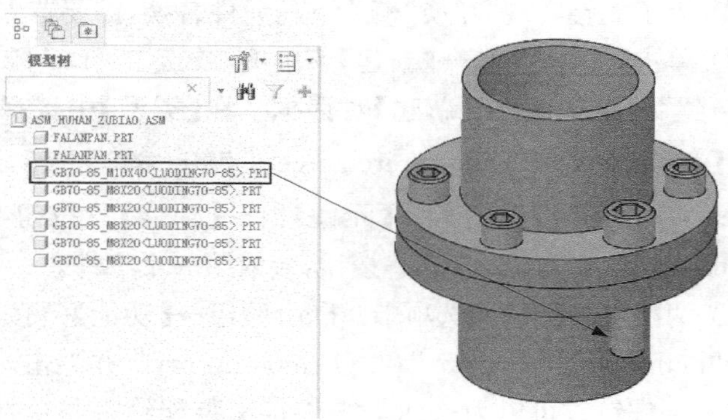

图 8 - 101　族表互换装配模型

8.4.3 通过互换自动替换元件

为了实现互换模式装配互换，必须要以"互换"模式对几个需要相互更换的零部件进行装配约束参考关系定义，然后在"设计"模式下的装配模型中执行相关元件的"替换"命令，选择要更换的元件，系统会根据前面定义的标记，自动进行更换。下面通过一个实例来讲解其操作方法和步骤。

【例 12】 通过互换实现元件的自动替换。

(1) 点击 Creo Parametric 2.0 窗口【快速访问】工具栏"打开"按钮，出现【文件打开】对话框，在对话框中选择"…\CreoChap8\装配互换"目录下的"asm_huhuan_huhuan.asm"文件，然后单击 打开 按钮，打开如图 8-102 所示，该装配模型为一个普通"设计"模式下的装配模型。下面对该装配模型中的螺栓"luoshuan.prt"进行互换替换，将其可以自动替换为内六角头螺钉或一字螺钉，螺栓装配时使用了其轴线和螺栓头内端面作为装配约束元素。

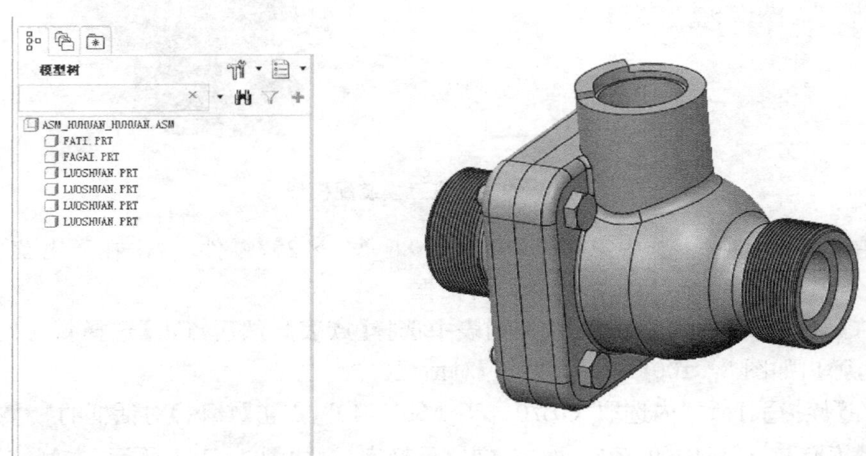

图 8-102 互换替换装配模型

(2) 为了能够实现"互换"模式下的元件替换，需要首先定义"互换"模式下的装配文件。

(3) 单击【文件】菜单→【新建】菜单项，或点击 Creo Parametric 2.0 窗口【快速访问】工具栏"新建"按钮，出现【新建】对话框。在【类型】中选择【组件】，在【子类型】中选择【互换】，在【名称】中输入"asm_interchange"，点击 确定 按钮，进入互换装配设计界面。

(4) 点击【模型】选项卡→【元件】组→【功能】按钮，在弹出的【打开】对话框中选择"luoshuan.prt"，并点击 打开 按钮，装入第一个零件。

(5) 两次点击【模型】选项卡→【元件】组→【功能】按钮，在弹出的【打开】对话框中分别选择"neiliujiaoluoding.prt"和"yiziluoding.prt"，并点击 打开 按钮，分别装入内六脚头螺钉和一字螺钉。可以为这两个零件定义装配约束关系，但对于装配互换没有实际意义，也可以将它们定义为欠约束或无约束。此处只是通过【元件放置】操控板中的【移动】选项卡，将这些零件移动到合适的位置即可，如图 8-103 所示。

(6) 定义约束条件的参考标签。因为被替换的螺栓参与装配约束的分别为其轴线和

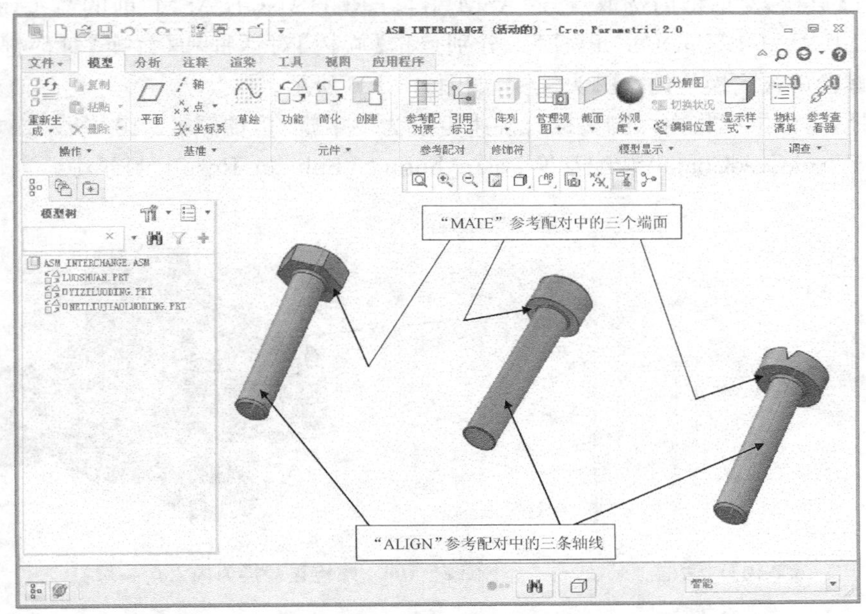

图 8 - 103　“互换”装配

螺栓头内端面，因而在替换时，需要分别建立其与内六脚头螺钉和一字螺钉之间的参考对应关系。点击【模型】选项卡→【参考配对】组→【参考配对表】按钮，弹出【参考配对表】对话框，点击该对话框底部的按钮，新建两组参考配对，分别命名为“ALIGN”和“MATE”，参考配对“ALIGN”中，按住【Ctrl】键选择图 8 - 103 中的三条轴线，参考配对“MATE”中，按住【Ctrl】键选择中图 8 - 103 的三个端面，完成后的【参考配对表】对话框如图 8 - 104 所示。

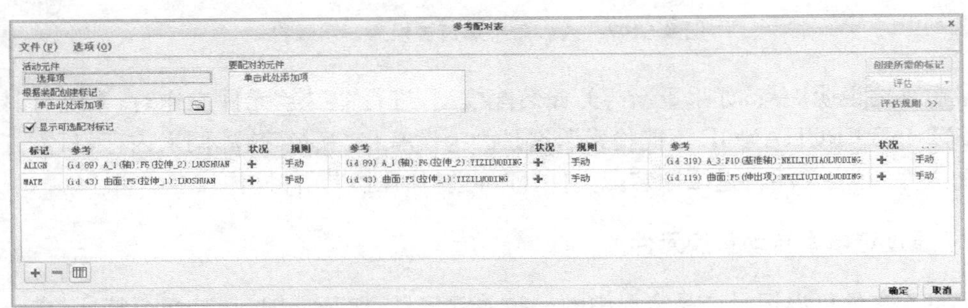

图 8 - 104　【参考配对表】对话框

(7) 保存并关闭“asm_interchange.asm”文件，返回到“asm_huhuan_huhuan.asm”装配窗口。

(8) 在装配模型树中选中第一个“GB70－85_M8×20”零件并右击，在弹出菜单中选择【替换】命令，弹出图 8 - 98 所示的【替换】对话框。在【替换】对话框【替换为】按钮列表中选择【互换】，然后点击【选择新元件】下的打开按钮，弹出如图 8 - 105 所示的【族树】对话框。

(9) 在【族树】对话框内选取点开“ASM_INTERCHANGE.ASM”前的箭头，在列表中选择“NEILIUJIAOLUODING.PRT”。分别点击【族树】对话框和【替换】对话框中的【确定】按钮，螺栓即被更换为内六脚头螺钉，如图 8－106 所示。

类似地，可以继续将内六脚头螺钉快速更换为一字螺钉，如图 8－107 所示。本例结果文件保存于“…\CreoChap8\装配互换\ asm_huhuan_huhuan_Result”目录中。

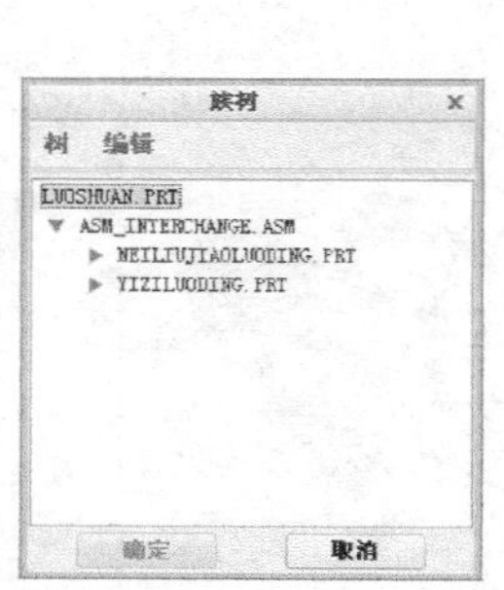

图 8－105 【族树】对话框

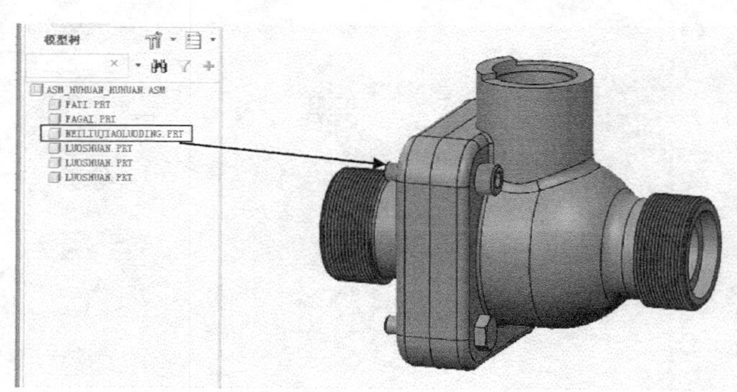

图 8－106 螺栓被替换为内六角头螺钉

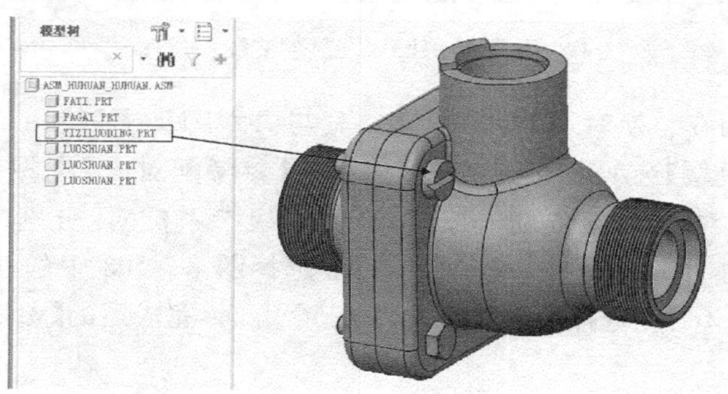

图 8－107 内六角头螺钉被换为一字螺钉

最后需要说明一点，如果重新打开原装配模型，进行“互换”元件操作时，系统有时会提示“ASM_INTERCHANGE 不能检索”，这是因为没有将“互换”装配调入内存，只需打开互换装配文件，然后关闭再返回原装配文件，即可进行“互换”元件操作。

8.4.4 通过记事本自动替换元件

记事本文件可以记录产品全局中的一些关键信息，如基准轴、基准面等特征，在一系列零组件中申明其元素与记事本中对应基准的关系，可以快速实现这些零组件之间的替换。下面通过一个简单实例，说明通过记事本自动替换元件的一般过程。

【例 13】 通过记事本实现元件的自动替换。

(1) 点击 Creo Parametric 2.0 窗口【快速访问】工具栏“打开”按钮，出现【文件打开】对话框，在对话框中选择“…\CreoChap8\装配互换”目录下的“asm_huhuan_jishiben.asm”文件，然后单击 打开 按钮，打开如图 8－108 所示，该装配模型为一个普通“设计”模式下的装配模型。下面对该装配模型中的轴“shaft.prt”进行记事本方法替换，装配轴“shaft.prt”

时使用了其轴线和长度方向对称面 Top 基准面作为装配约束元素。

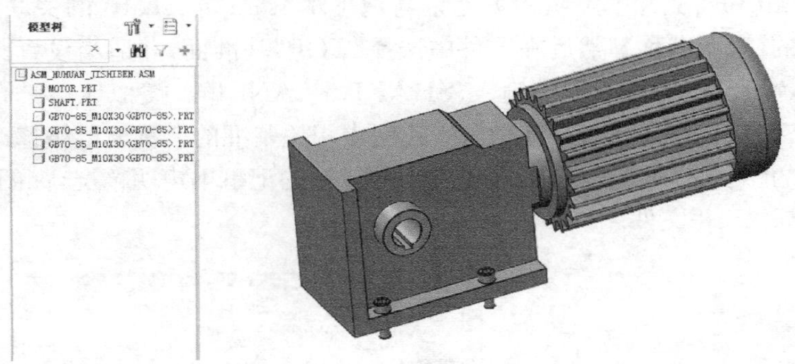

图 8-108　记事本替换装配模型

(2) 单击【文件】菜单→【新建】菜单项，或点击 Creo Parametric 2.0 窗口【快速访问】工具栏"新建"按钮，出现【新建】对话框。在【类型】中选择【记事本】，在【名称】中输入"sample_shaft"(保存文件时会生成"sample_shaft.lay"记事本文件)，点击 确定 按钮，进入记事本设计界面，如图 8-109 所示。

(3) 在记事本中点击【注释】选项卡→【注释】组→【绘制基准】命令溢出按钮中的【绘制基准平面】按钮和【绘制基准轴】按钮，绘制并命名如图 8-109 所示的基准轴"SHAFT_AXIS1"和基准平面"SHAFT_PLANE1"。

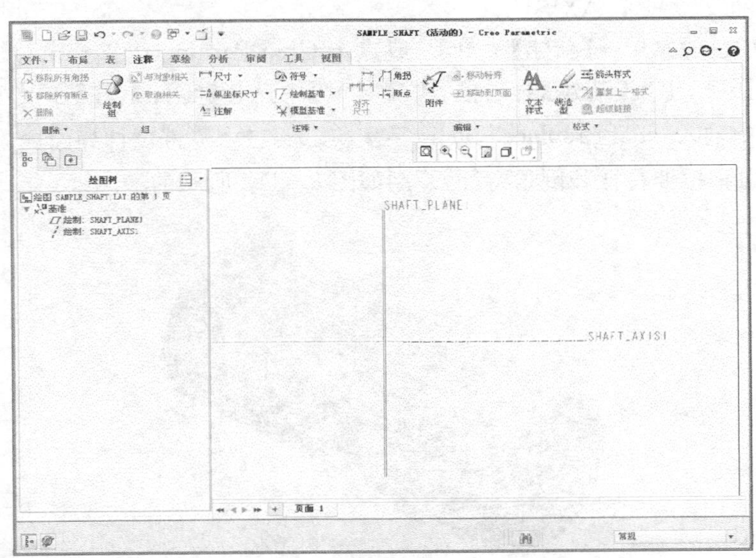

图 8-109　记事本设计界面

(4) 保存记事本文件并关闭。激活装配文件"asm_huhuan_jishiben.asm"，在装配树中右击"shaft.prt"，在弹出菜单中选择【打开】，打开"shaft.prt"文件。

(5) 在"shaft.prt"文件中声明与"sample_shaft.lay"记事本文件之间的关联。执行【文件】菜单→【管理文件】→【声明】，弹出图 8-110 所示的【声明】菜单管理器，选择其中的【声明记事本】，然后选择菜单下方列出记事本“sample_shaft”。

(6) 在“shaft.prt”文件中声明相关元素与记事本“sample_shaft”的关联。选择【声明】菜单管理器中的【声明名称】，然后在零件中选择“TOP”基准面，并适当设置其基准侧方向，在弹出的【输入全局名称】输入框中输入“SHAFT_PLANE1”。类似地，将轴孔装配的轴线声明为“SHAFT_AXIS1”。此时可以看到，模型中相关基准的名称已经被修改，点击【声明】菜单管理器中的【列出声明】选项，可以看到当前模型的记事本声明情况，如图 8-111 所示。保存并关闭“shaft.prt”文件。

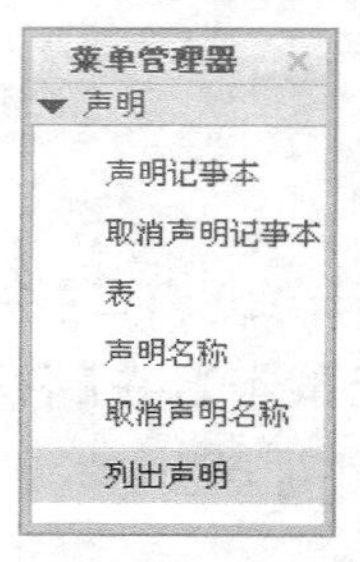

图 8-110 【声明】菜单管理器

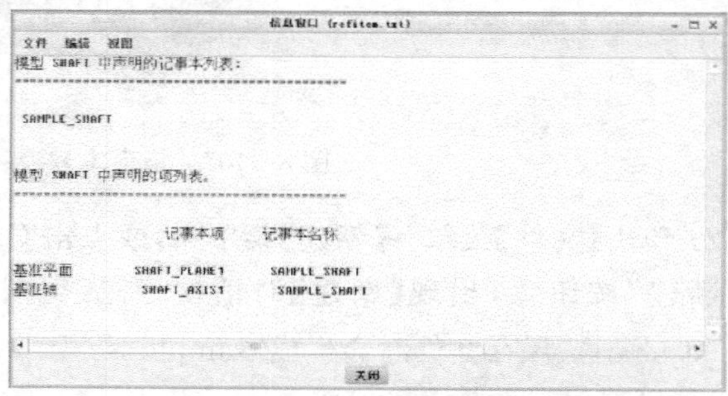

图 8-111 【信息窗口】对话框

(7) 类似地，声明“MOTOR.PRT”零件与记事本“sample_shaft.lay”记事本文件关联，并将轴孔装配的孔基准面“DTM2”声明为全局的“SHAFT_PLANE1”，将轴孔装配的孔轴线声明为全局的“SHAFT_AXIS1”。

(8) 单击【文件】菜单→【新建】菜单项，或点击 Creo Parametric 2.0 窗口【快速访问】工具栏“新建”按钮，出现【新建】对话框。在【类型】中选择【零件】，在【子类型】中选择【实体】，在【名称】中输入“shaft_replace”，点击 确定 按钮，进入零件设计界面。

(9) 运用对称拉伸特征和倒角特征，绘制如图 8-112 所示的轴。

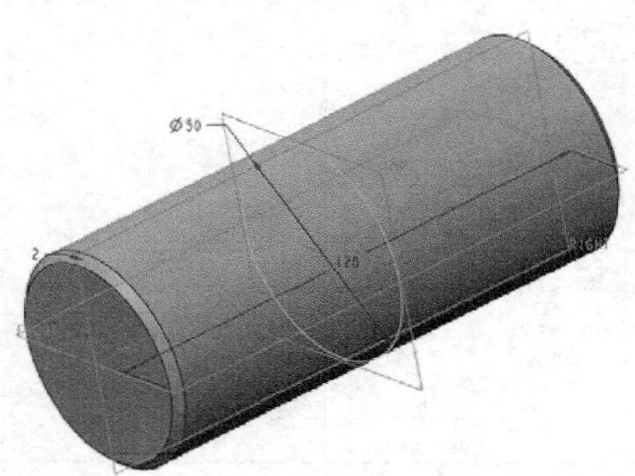

图 8-112 “shaft_replace”零件中的轴

(10) 声明“shaft_replace.prt”零件与记事本“sample_shaft.lay”记事本文件关联，并将轴的“TOP”基准面声明为全局的“SHAFT_PLANE1”，将轴的轴线声明为全局的“SHAFT_AXIS1”。

(11) 保存并关闭“shaft_replace.prt”文件。

(12) 激活“asm_huhuan_jishiben.asm”文件，在模型树中选择“shaft.prt”右击，在弹出菜单中选择【替换】命令，弹出图 8－98 所示的【替换】对话框。在【替换】对话框【替换为】按钮列表中选择【记事本】，然后点击【选择新元件】下的打开按钮，在文件【打开】对话框中选择“shaft_replace.prt”文件，并点击 打开 按钮，最后点击【替换】对话框中的 确定 按钮，轴“shaft.prt”被快速替换为“shaft_replace.prt”，如图 8－113 所示。本例结果文件保存于“…\CreoChap8\装配互换\asm_huhuan_jishiben_Result”目录中。

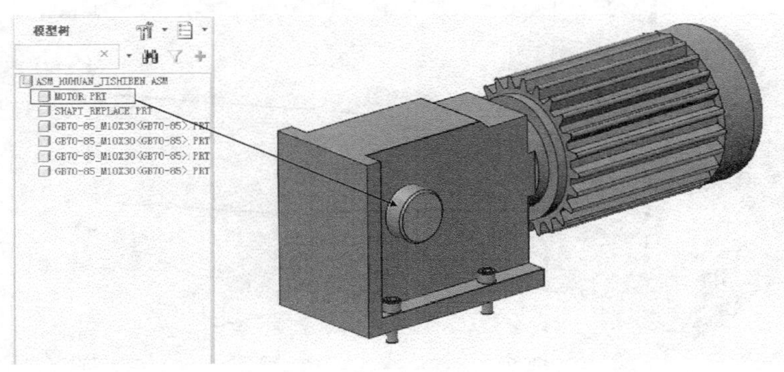

图 8－113　记事本替换元件结果

8.5　球阀装配实例

本节主要通过球阀的装配实例，来加深读者对零件装配操作的过程和方法的理解与掌握。球阀在液体回路中起到启闭和调节流量的作用，球阀的装配约束关系如图 8－114 所示，沿垂直和水平两条装配干线装配，阀体、密封圈、阀芯、阀盖、螺栓、螺母等沿水平装配干线装配，阀体、阀芯、阀杆、填料压紧套、扳手等沿垂直装配干线装配。球阀的工作原理比较简单，当扳手处于图示位置时，阀体、阀盖、阀芯形成一个通路，则阀门全部开启；当扳手顺时针方向旋转一个角度时，扳手带动阀杆旋转，阀杆又进一步带动阀芯转动，阀体、阀盖、阀芯构成的通路截面变小，整个通路流量减小；当扳手顺时针方向旋转 90°时，通路堵死，阀门全部关闭。阀体与扳手之间存在一个限位结构，扳手只能作 90°旋转，两个方向的极限位置就是全部开启和全部闭合的位置。

下面我们开始进行装配。首先我们创建两个组件，分别为阀芯－密封圈组件和扳手－阀杆组件。在进行装配操作前，应该首先设置当前工作目录为要创建的装配文件的存放路径。

【例 14】　球阀的装配。

(1) 设置当前工作目录为“…\CreoChap8\球阀模型”。首先建立阀芯－密封圈组件。单击【文件】菜单→【新建】菜单项，或点击 Creo Parametric 2.0 窗口【快速访问】工具栏“新建”按钮，出现【新建】对话框。在【类型】中选择【组件】，在【名称】中输入“Faxin_Mifengquan”，不使用缺省模板，然后将模板设置为“空”，点击 确定 按钮，进入装配设计界面。

(2) 选择【模型】选项卡→【元件】命令组→【组装】按钮，弹出【打开】文件对话框，在对话框中选择“…\CreoChap8\球阀模型”目录下的“faxin.prt”零件，然后单击 打开 按钮，零

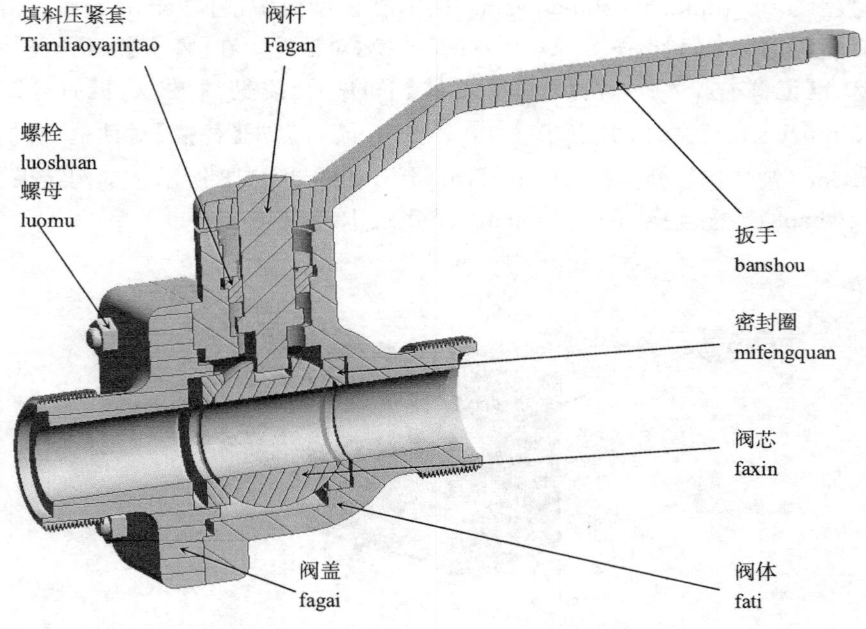

图 8-114　球阀装配图

件被打开后，便会在工作区中显示出来，由于没有使用模板，所以第一个零件就是其他零件的装配参考，不需对其进行装配约束。

(3) 选择【模型】选项卡→【元件】命令组→【组装】按钮，弹出【打开】文件对话框，在对话框中选择"…\CreoChap8\球阀模型"目录下的"mifengquan.prt"零件，然后单击 打开 按钮。

(4) 在【元件放置】操控板中定义如图 8-115(a)所示的两个约束——居中以及两个基准面的平行，结果如图 8-115(b)所示。

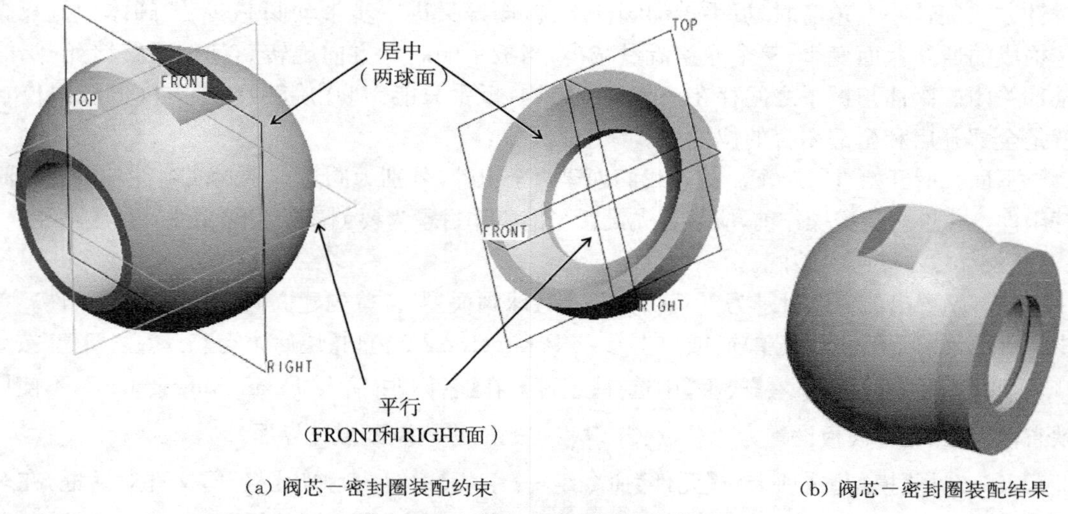

(a) 阀芯一密封圈装配约束　　(b) 阀芯一密封圈装配结果

图 8-115　阀芯一密封圈组件装配

(5) 执行元件复制操作，将密封圈复制到阀芯的另外一侧，结果如图 8-116 所示。完成后保存并关闭当前文件。

(6) 下面建立另一个组件——扳手一阀杆组件。单击【文件】菜单→【新建】菜单项，或点击 Creo Parametric 2.0 窗口【快速访问】工具栏“新建”按钮，出现【新建】对话框。在【类型】中选择【组件】，在【名称】中输入“Banshou_Fagan”，不使用缺省模板，然后将模板设置为“空”，点击 确定 按钮，进入装配设计界面。

图 8-116 复制“密封圈”元件

(7) 选择【模型】选项卡→【元件】命令组→【组装】按钮，弹出【打开】文件对话框，在对话框中选择“…\CreoChap8\球阀模型”目录下的“fagan.prt”零件，然后单击 打开 按钮，零件被打开后，便会在工作区显示出来，由于没有使用模板，所以第一个零件就是其他零件的装配参考，不需对其进行装配约束。

(8) 选择【模型】选项卡→【元件】命令组→【组装】按钮，弹出【打开】文件对话框，在对话框中选择“…\CreoChap8\球阀模型”目录下的“Banshou.prt”零件，然后单击 打开 按钮。

(9) 在【元件放置】操控板中定义如图 8-117(a)所示的三个约束——一个轴线重合约束和两个面—面匹配重合约束，结果如图 8-117(b)所示。完成后保存，关闭当前文件。

(10) 下面建立球阀的总装配。单击【文件】菜单→【新建】菜单项，或点击 Creo Parametric 2.0 窗口顶部【快速访问工具栏】→【新建】，出现【新建】对话框。在【类型】中选择【组件】，在【名称】中输入“QiuFa”，使用缺省模板，点击 确定 按钮，进入装配设计界面。

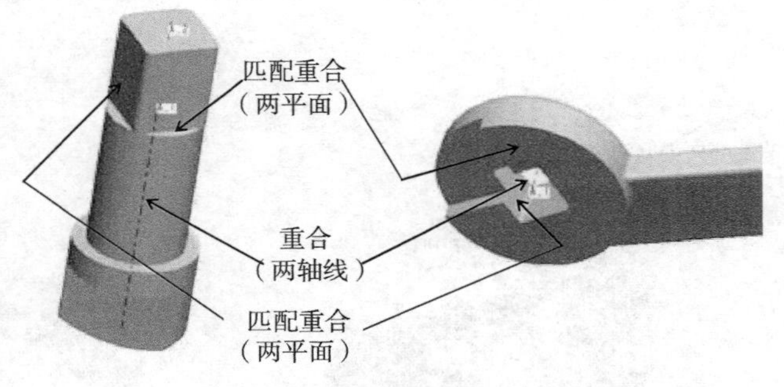

(a) 扳手一阀杆装配约束

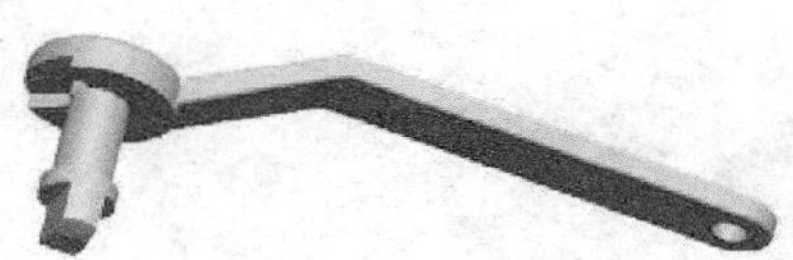

(b) 扳手一阀杆装配结果

图 8-117 扳手一阀杆组件的装配

(11) 选择【模型】选项卡→【元件】命令组→【组装】按钮，弹出【打开】文件对话框，在对话框中选择“…\CreoChap8\球阀模型”目录下的“fati.prt”零件，然后单击 打开 按钮，零件被打开后，便会在工作区中显示出来，在弹出的【元件放置】操控板装配约束类型中选择“默认”，将零件按缺省的方式进行定位，按✓按钮，完成第一个零件的调入。

(12) 下面安装阀芯一密封圈组件。选择【模型】选项卡→【元件】命令组→【组装】按钮，弹出【打开】文件对话框，在对话框中选择“…\CreoChap8\球阀模型”目录下的“faxin_mifengquan.asm”组件，然后单击 打开 按钮。

(13) 在装配定义操控板中定义如图 8－118(a)所示的三个约束，完成后按✓按钮退出，装配结果如图 8－118(b)所示。

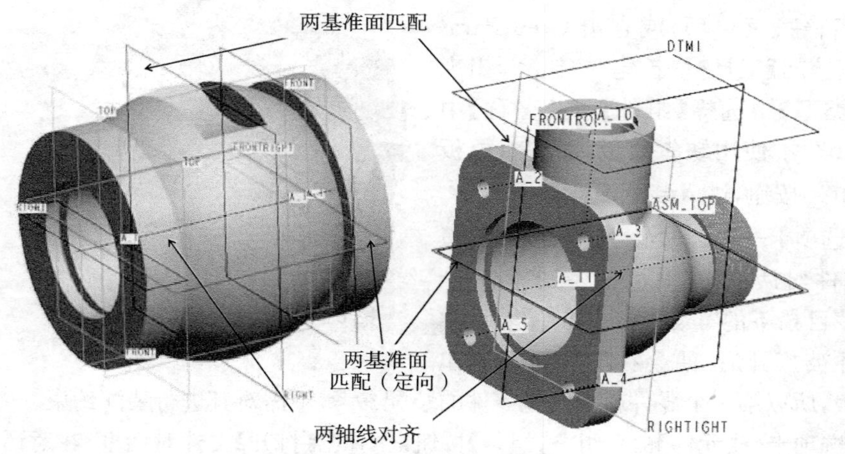

(a) 阀芯一密封圈组件与阀体的装配约束

(b) 阀芯一密封圈组件与阀体的装配结果

图 8－118　阀芯一密封圈组件与阀体的装配

(14) 下面安装扳手一阀杆组件。选择【模型】选项卡→【元件】命令组→【组装】按钮，弹出【打开】文件对话框，在对话框中选择 "…\CreoChap8\球阀模型"目录下的"banshou_fagan.asm"组件，然后单击 打开 按钮。

(15) 在【元件放置】对话框中定义如图 8－119(a)所示的三个约束，完成后按✓按钮退出，装配结果如图 8－119(b)所示。

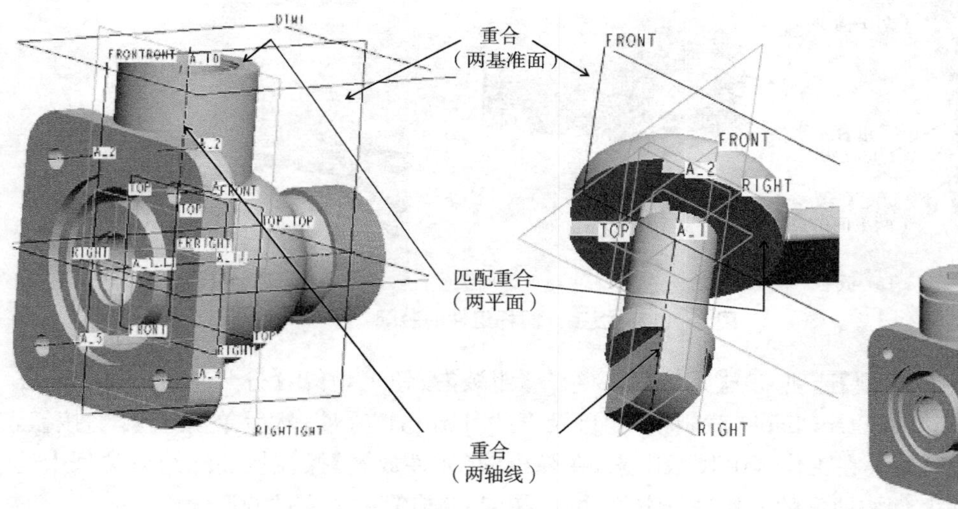

(a) 扳手一阀杆组件与阀体的装配约束

(b) 扳手一阀杆组件与阀体的装配结果

图 8－119　扳手一阀杆组件与阀体的装配

(16) 下面安装填料压紧套。在模型树或工作区选择“banshou_fagan.asm”组件右击，在弹出的快捷菜单中选择【隐含】。在随后弹出的【隐含】对话框中，点击 确定 按钮。选择【模型】选项卡→【元件】命令组→【组装】按钮，弹出【打开】文件对话框，在对话框中选择 “…\CreoChap8\球阀模型”目录下的“tianliaoyajintao.prt”零件，然后单击 打开 按钮。

(17) 在【元件放置】操控板中定义如图 8－120(a)所示的三个约束，完成后按 按钮退出，得到装配结果如图 8－120(b)所示。

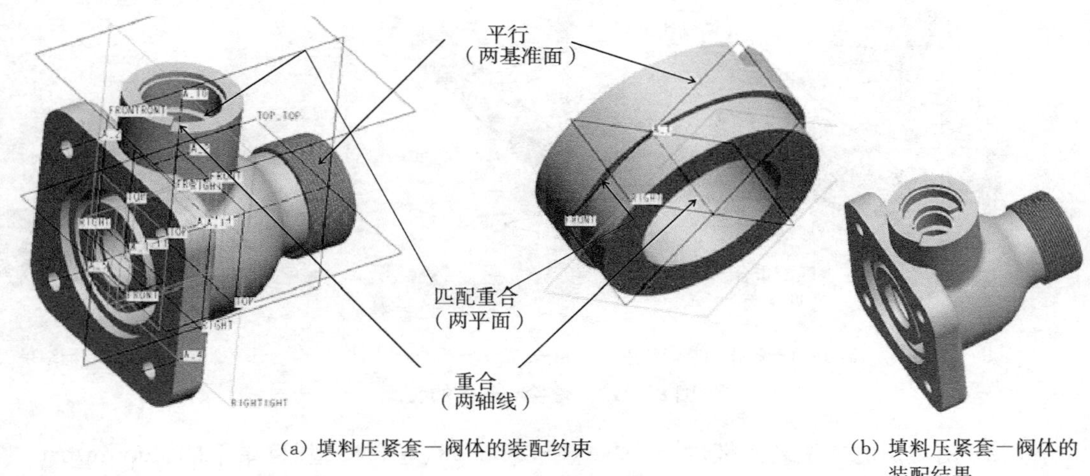

(a) 填料压紧套－阀体的装配约束　　(b) 填料压紧套－阀体的装配结果

图 8－120　填料压紧套－阀体的装配

(18) 下面接着安装阀盖。选择【模型】选项卡→【元件】命令组→【组装】按钮，弹出【打开】文件对话框，在对话框中选择“…\CreoChap8\球阀模型”目录下的“fagai.prt”零件，然后单击 打开 按钮。

(19) 在【元件放置】操控板中定义如图 8－121(a)所示的三个约束，完成后按 按钮退出，装配结果如图 8－121(b)所示。

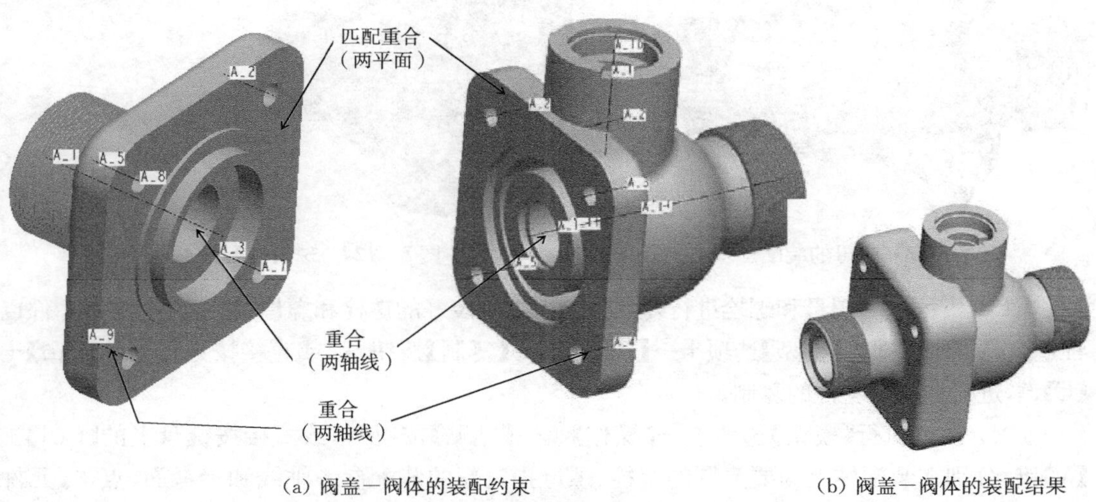

(a) 阀盖－阀体的装配约束　　(b) 阀盖－阀体的装配结果

图 8－121　阀盖－阀体的装配

(20) 下面接着安装螺栓。选择【模型】选项卡→【元件】命令组→【组装】按钮，弹出【打开】文件对话框，在对话框中选择“…\CreoChap8\球阀模型”目录下的“luoshuan.prt”零件，然后单击 打开 按钮。

(21) 在【元件放置】操控板中定义如图 8－122(a)所示的三个约束，完成后按✓按钮退出，装配结果如图 8－122(b)所示。

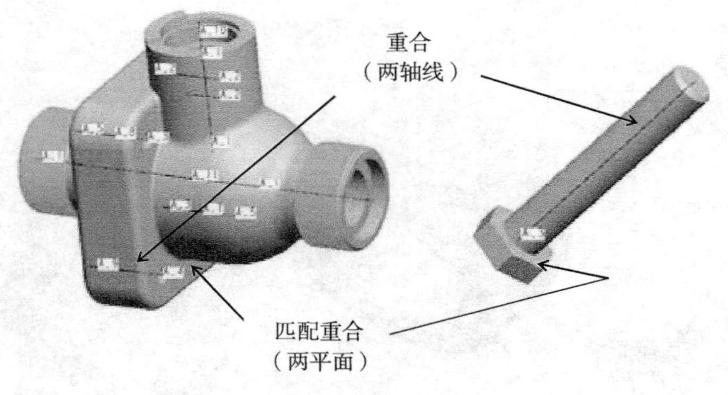

(a) 螺栓—阀体的装配约束　　(b) 螺栓—阀体的装配结果

图 8－122　螺栓—阀体的装配

(22) 用类似的方法装入螺母——“…\CreoChap8\球阀模型”目录下的“luomu.prt”零件，如图 8－123 所示。

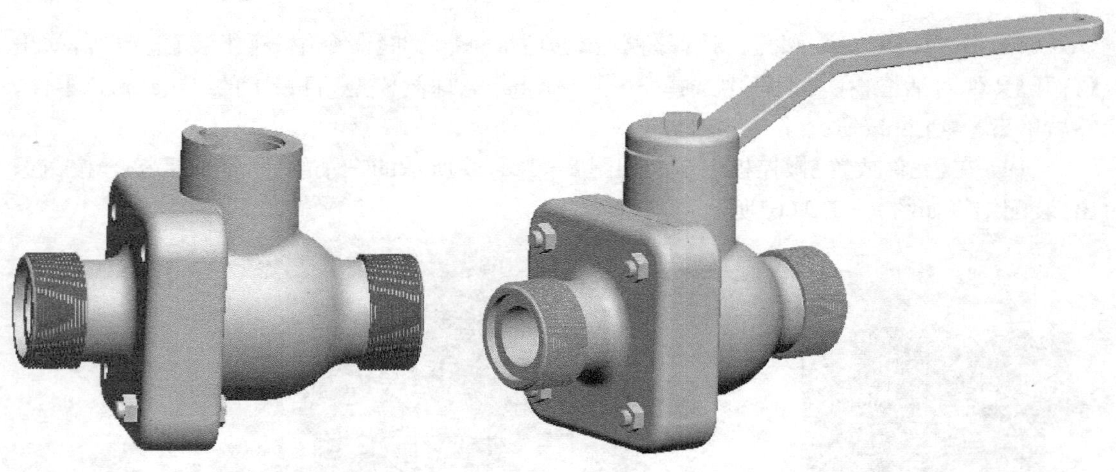

图 8－123　螺母的装配　　**图 8－124　球阀装配结果**

(23) 下面将对螺母和螺栓进行复制。选中刚刚装好的螺栓和螺母，选中后这两个零件以红色高亮显示。执行【模型】选项卡→【操作】组→【复制】按钮，或直接按键盘上的【Ctrl】＋【C】键，进行这两个零件的复制。

(24) 执行执行【模型】选项卡→【操作】组→【粘贴】按钮，或直接按键盘上的【Ctrl】＋【V】键，分别在装配体上为要复制的螺栓、螺母指定新的装配参考轴线和参考面，点击【元件放置】操控板上的✓按钮完成复制。因为要复制的为两个零件，故本过程需执行两遍。另外，复制第二个零件螺母时，由于前面装配螺母时，轴线对齐对象是选择的螺栓轴线，而新的螺栓已经复制出来，故不需为新的螺母指定参考轴线，只需为其指定一个匹配平面即可。

(25) 再进行两次螺栓、螺母的复制，完成阀体、阀盖上共四组螺栓、螺母的装配。读者也可利用本章前面介绍的装配元件的复制和阵列中的相关方法，以矩形阵列或环形阵列的方式完成这四组螺栓装配连接的复制。

(26) 选择的【模型】选项卡→【操作】菜单组→【恢复】→【恢复全部】，将隐含的扳手一阀杆组件恢复。至此装配完成，如图 8－124 所示。

(27) 为了更清楚地看清其内部结构，下面我们创建模型的剖截面，选择【视图】选项卡→【模型显示】命令组→【管理视图】，弹出如图 8－125 所示的【视图管理器】对话框，选择【截面】选项卡，点击【新建】→【平面】，可以新建模型的平面型剖截面。利用装配模型基准面"ASM_FRONT"(球阀上的前后对称的两个基准面)新建两个截面，名称分别为 A 和 B，然后 A 截面用于将模型前面的部分切除掉，B 截面则用于显示剖面线，如图 8－80 所示，剖视的结果如图 8－126 所示(此处也可以仅仅创建一个剖截面，将其激活，并通过"显示截面"快捷菜单项，显示该截面的剖面线)。

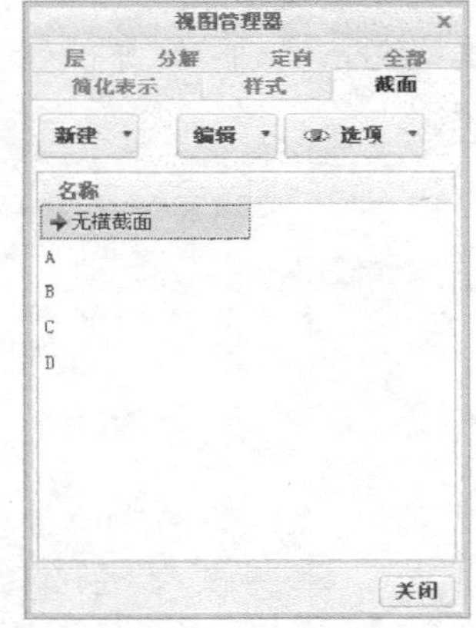

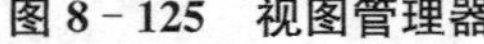

图 8－125　视图管理器

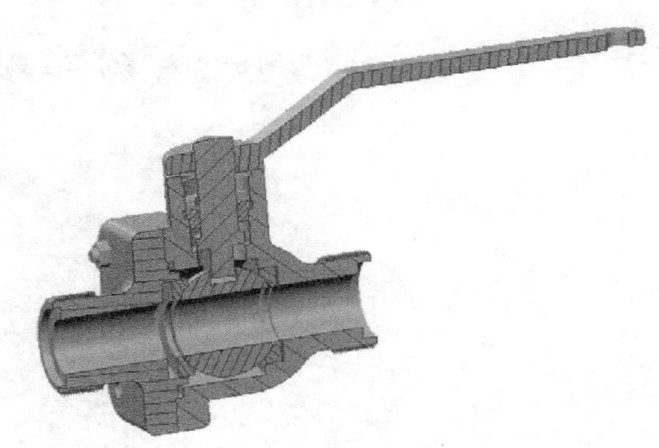

图 8－126　模型剖视

图 8－127 则显示了球阀装配模型被一个【偏移】型剖截面(由两个平面共同组成)剪切后的模型及截面显示。

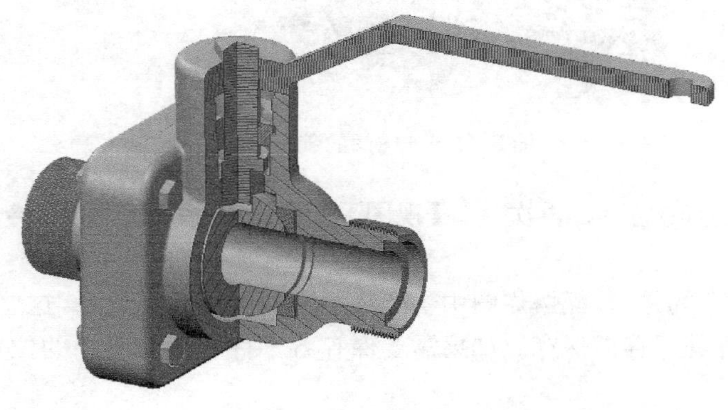

图 8－127　球阀截面图

（28）下面进行装配的爆炸图的编辑。选择【视图】选项卡→【模型显示】命令组→【分解图】，可得系统默认的分解视图。我们一般需要对默认的分解视图进行位置的调整，选择【视图】选项卡→【模型显示】命令组→【管理视图】，在【视图管理器】中选择【分解】选项卡，利用该选项卡可以新建分解或编辑各个分解。点击【分解】选项卡中的【编辑】→【编辑位置】菜单命令，然后弹出【分解工具】操控板，如图 8－128 所示，该对话框可以让爆炸图中各个零组件沿指定的方向移动（包括平移和旋转等）。首先通过移动参考收集器，需要选取零组件上的一根轴线或直线边等作为移动元件的方向参考，然后选择零件并通过移动控制器将其拖动至合适的位置，即可完成该零件沿指定的方向移动。各个零件在一个方向上的移动操作结束后，可以再次点击移动参考收集器，指定新的移动参考，再在新的方向上移动各相关零件。对于本球阀装配来说，主要应根据水平装配线和垂直装配线来进行调整，调整结果如图 8－129 所示，完成后点击【分解工具】操控板中的按钮，返回【视图管理器】对话框，然后关闭该对话框。

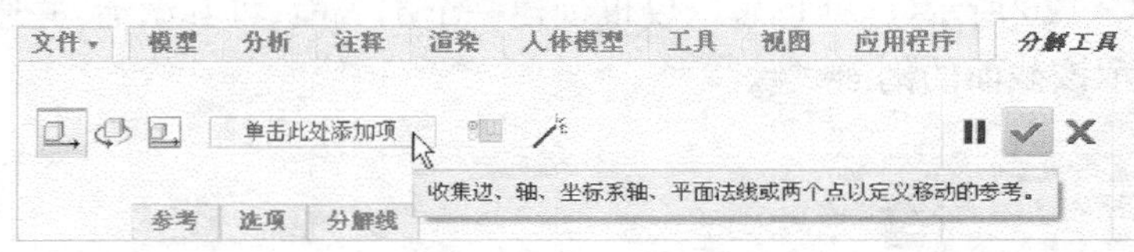

图 8－128　【分解工具】操控板

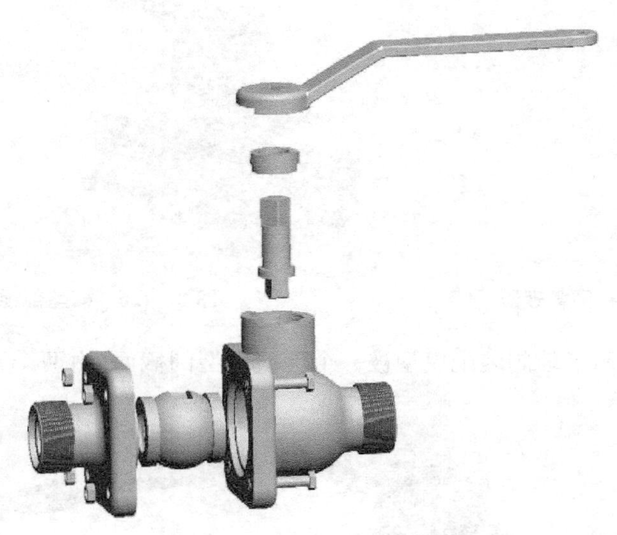

图 8－129　球阀的装配爆炸图

如果要取消爆炸图显示，再次选择【视图】选项卡→【模型显示】命令组→【分解图】即可。

最后，需要注意的是，装配爆炸图中各个零组件位置编辑完成后，这些零组件的位置并不会随着装配文件的保存而保存。如果需要保存各零件在爆炸图中的位置，则需进一步执行如下操作。

(1) 选择【模型】选项卡→【模型显示】命令组→【管理视图】，弹出【视图管理器】对话框，选择【分解】选项，弹出如图 8－130 所示的【视图管理器】对话框，在该对话框中可以新建分解，也可以对已有分解进行编辑(包括【缺省分解】)。

(2) 编辑各个零组件在分解中的位置的方法是，首先在分解列表中选择要编辑的分解，然后点击【分解】选项卡中的【编辑】→【编辑位置】菜单命令，如图 8－131 所示，然后弹出【分解工具】操控板，利用该操控板即可完成各个零组件位置的移动，完成后点击【分解工具】操控板内的✓按钮，退出【分解工具】操控板，返回【视图管理器】，此时未保存分解状态的分解后面将会有"(＋)"符号，选中该分解右击，在弹出菜单中选择【保存】，弹出图 8－132 所示的【保存显示元素】对话框，点击该对话框中的 确定 按钮，即可将未保存的各个零组件分解位置保存起来，最后再保存主体装配文件即可。

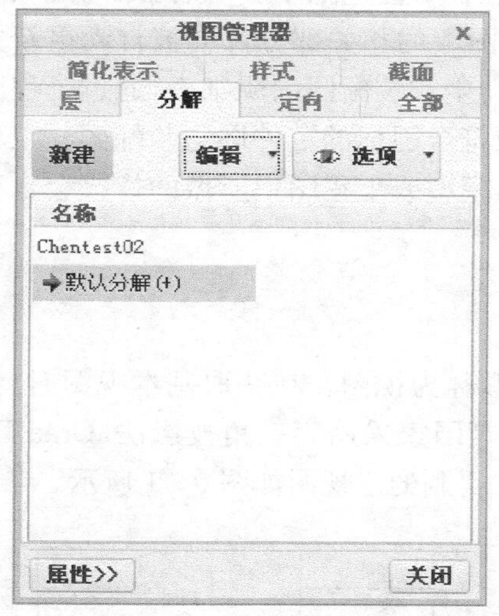

图 8－130　【视图管理器】对话框(分解)

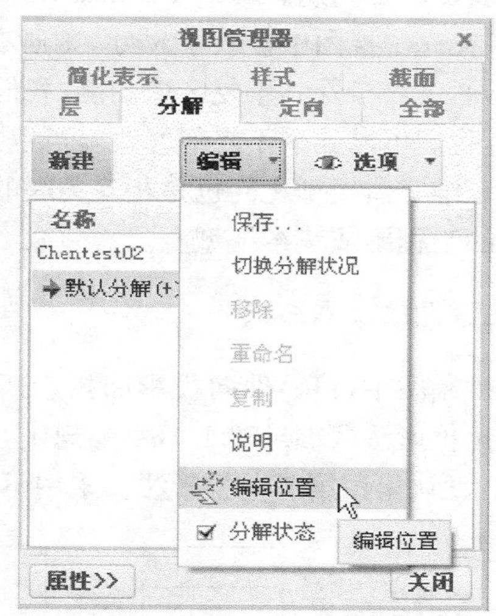

图 8－131　【视图管理器】对话框(编辑分解位置)

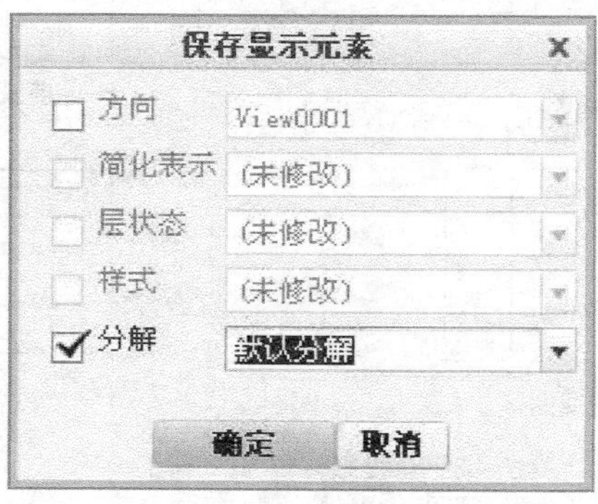

图 8－132　【保存显示元素】对话框

第 9 章　工程图的创建

9.1　工程图模块概述

工程图样是表达和交流技术思想的重要工具，是工程界的语言。Creo Parametric 2.0 拥有强大的工程图生成能力，它允许使用者直接从三维模型生成二维的工程图，大大缩短了产品的设计研发周期。Creo Parametric 2.0 中由三维模型生成的各个视图之间是相互关联的，如果在一个视图中修改了尺寸，则所有其他视图中的相关部分都会被自动更新并且重新生成，通过表格及其重复区域功能，我们可以自动生成装配图的明细表，通过工程图的模板设计，我们可以几乎不需何修改就可以自动生成符合国标的零件图与装配图。工程图与相应的三维实体模型之间也是相互关联的，在三维模型或工程图中所做的修改会自动体现在相应的工程图或三维模型上。

9.1.1　工程图的基本知识

在机械制图中，将零件向投影面投影所得的图形称为视图。在获取基本视图时，我国采用第一角投影法(GB4458.1—84 中规定)，而欧美等国家采用第三角投影法，Creo Parametric 2.0 默认采用第三角投影法。采用不同投影法得到的三视图如图 9－1 所示。

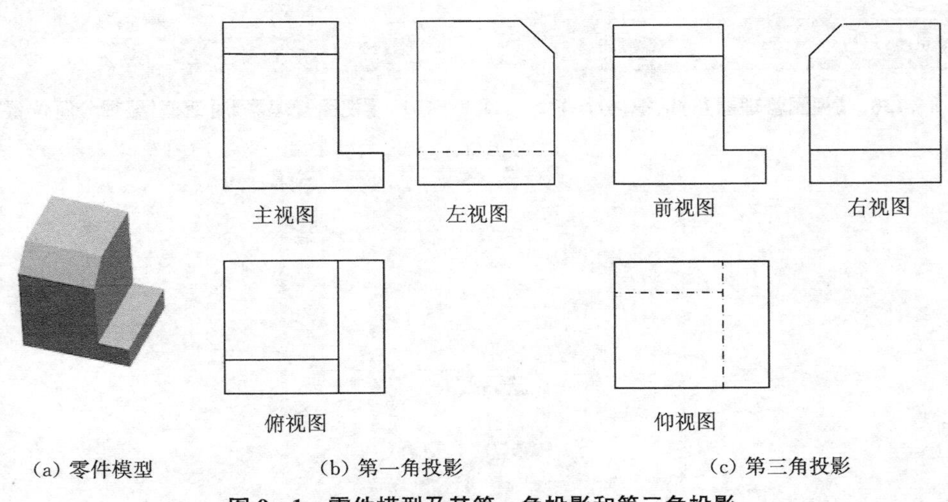

图 9－1　零件模型及其第一角投影和第三角投影

为了符合我国《机械制图国家标准》的相关规定，需要将 Creo Parametric 2.0 默认的第三角投影法改为第一角投影法。进入工程图模块后，执行【文件】菜单→【准备】→【绘图属性】，系统将弹出图 9－2 所示的【模型属性】对话框，点击【详细信息选项】后的【更改】，将弹出【选项】对话框，如图 9－3 所示，完成一个参数的修改后，应点击 添加/更改 按钮以确认参数值的更改。将绘图参数“projection_type”设置为“first_angle”，该参数的设置只对其后加入的视图有效，对于已经加入的视图则不起作用。详细的绘图参数设置方法参见 9.6 节。本章实例中，无特殊说明的情况下均采用第一角投影。

图 9－2　【模型属性】对话框

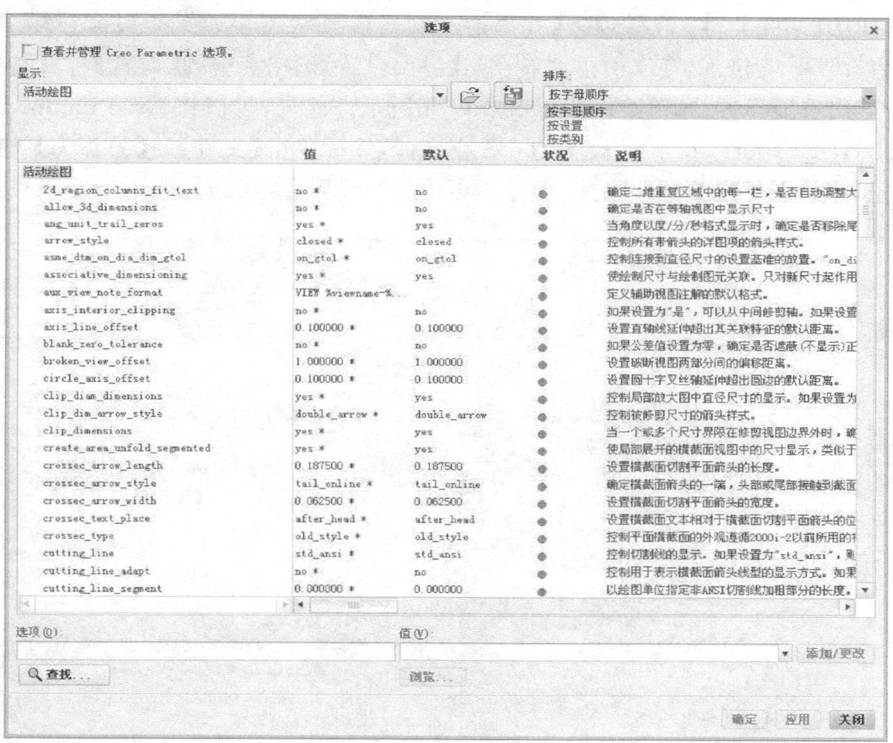

图 9－3　【选项】对话框

按照我国《机械制图国家标准》的规定，在机件的表达中，除了视图以外，还可以采用剖视图表达内部结构，用断面图表达切断面的结构形状，用局部放大图放大画出机件的部分结构，还有简化画法和及其他规定画法。而视图又可分为基本视图、向视图、局部视图、斜视图等。剖视图按剖切平面剖开机件的不同程度，可分为全剖视图、半剖视图和局部剖视图等；按剖切面的位置不同又可分为单一剖切面、几个相交的剖切面、几个平行的剖切面的情况。剖视图中的断面图还可分为移出断面和重合断面等。在 Creo Parametric 2.0 的工程图模块中可以很方便、高效地实现这些图样的表达。

Creo Parametric 工程图文件不能独立于被表达的零组件文件而单独纯在，因而工程图文件必须与其所表达的零组件文件放在同一个文件夹；工程图生成后，其相关的零组件不能随意重新命名或删除，如果要修改工程图文件中所包含的零组件的名称，需要在工程图界面的模型树中选择并右击要修改名称的零组件，在弹出菜单中选择【打开】，然后在打开的零组件窗口中，点击【文件】菜单→【管理文件】→【重命名】，进行零组件的重命名，完成后返回工程图文件并保存即可。

Creo Parametric 2.0 可以非常方便地将其生成的工程图导出为 AutoCAD 等软件能够识别的图形格式，如 dwg 格式、dxf 格式等，从而实现图形资源的共享以及运用其他软件进一步编辑图形等目的。通过点击【文件】菜单→【另存为】→【保存副本】命令，将绘图导出为 DXF、DWG 等格式，如图 9－4 所示。Creo Parametric 2.0 可将绘图数据导出为 AutoCAD 2010 或更早版本的 DXF 和 DWG 格式，默认的导出格式是 AutoCAD 2007 版本。如果使用【文件】→【另存为】→【导出】命令，可将绘图作为发布可交付结果导出为 DXF、DWG、PDF 等格式，导出前可通过点击【导出设置】选项卡中的【设置】、【预览】等按钮进行导出选项设置、预览绘图等，如图 9－5 所示。此外，可以将 Creo Parametric 系统选项“preferred_export_format”设置为 dxf 或 dwg，然后单击【文件】→【另存为】→【快速导出】，直接将绘图导出为这些格式，而用不更改导出设置。

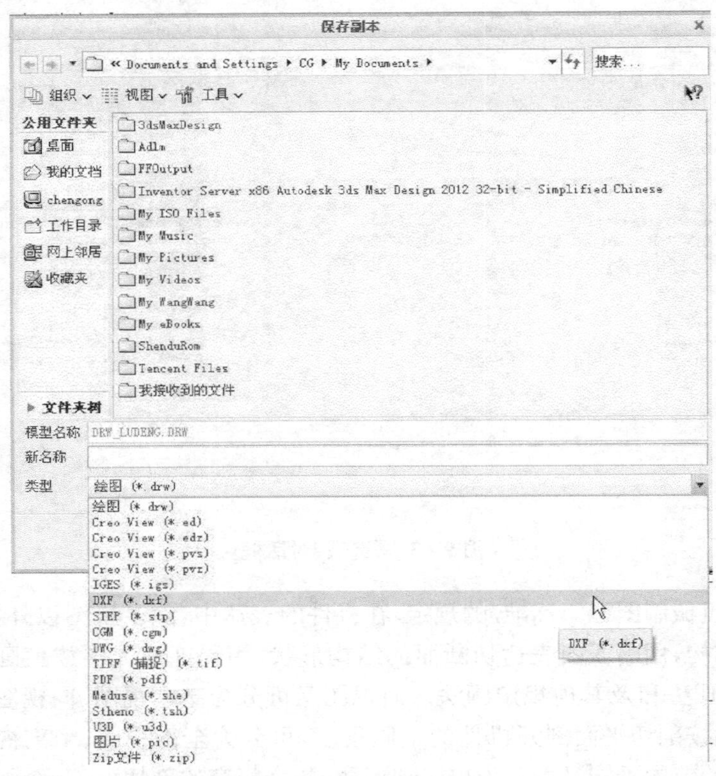

图 9－4 【保存副本】对话框

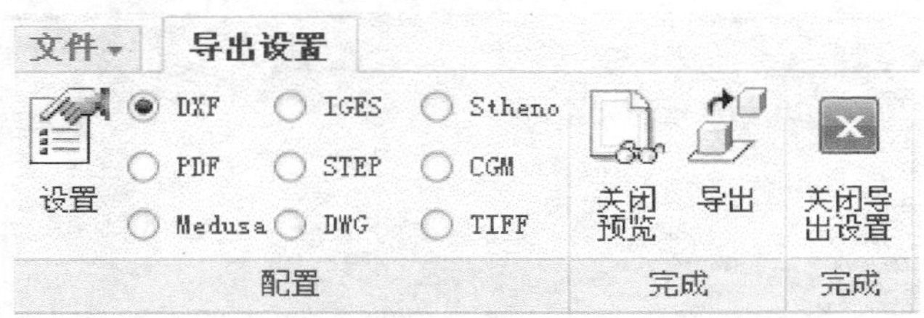

图 9－5　【导出设置】选项卡

同时 Creo Parametric 2.0 也可以非常方便地将其他软件创建的 dwg 格式、dxf 格式等文件资源导入进来，以有效利用现有图形资源，快速生成图框、标题栏、各类表格、文字等。单击【布局】选项卡→【插入】组菜单→【导入绘图/数据】，在图 9－6 所示的【打开】对话框中，可设置导入文件的类型，并选择要插入的文件资源。图 9－7 则显示了导入 DWG 文件的相关设置对话框，可以进行导入空间、导入尺寸、导入点（将 DXF 或 DWG 点图元作为绘图点导入）、颜色、层、线型等导入选项的处理设置。

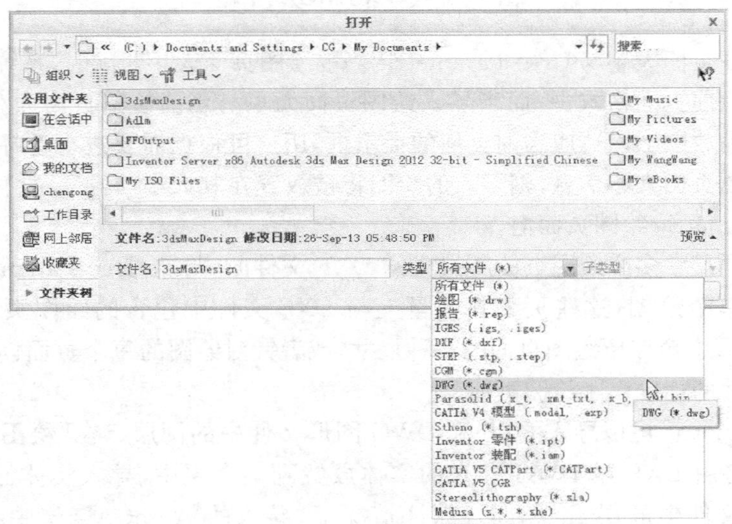

图 9－6　【打开】对话框

导入 DXF 或 DWG 文件时，经常会碰到两个问题，一是导入文件无效，产生此问题的一个很可能的原因是 DXF 或 DWG 文件版本太高，可以将文件转存为低版本即可解决；另一个问题是导入 DXF 或 DWG 文件后，看不到任何图形元素或缺失了很多图形元素，产生此问题的一个很可能原因是当前图形的背景颜色与导入图元的颜色一致，只需调整系统配色方案或修改导入图元的颜色即可解决。

将 DXF 或 DWG 文件导入到 Creo Parametric 时，导入前与绘制图元关联的尺寸在导入后会保留其与同一图元的关联。如果导入前尺寸不是相互关联的，可在导入后将这些非关联尺寸链接到相关绘制图元。对于导入后的几何更改，系统可以重新计算相关尺寸的数值。

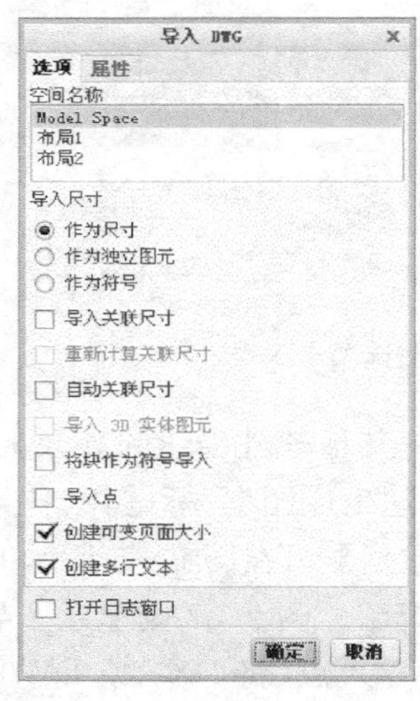

(a)【选项】选项卡

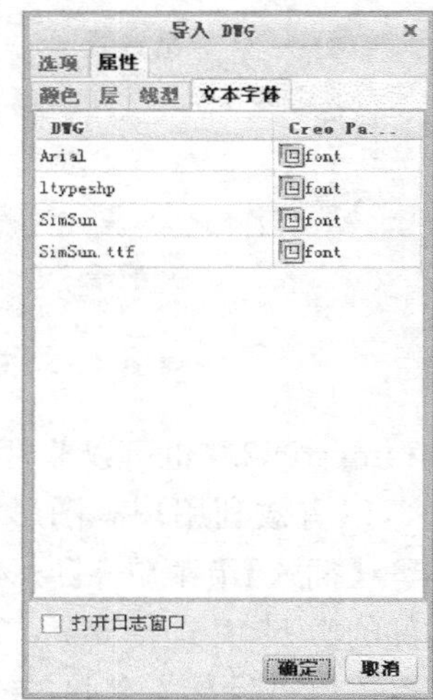

(b)【属性】选项卡

图 9-7 【导入 DWG】对话框

当导入绘图页面大小与 Creo Parametric 当前绘图页面大小匹配时，系统会将导入的绘图对齐放置在当前页面格式中；而当导入绘图页面大小与当前绘图页面大小不同时，则系统会弹出是否缩放图形以适应当前页面的提示框，用户可根据需要进行选择。如果导入的文件不包含绘图页面大小信息，则导入的绘图将被放置在其大小与导入文件轮廓最接近的标准 Creo Parametric 绘图页面上。

当导入不同尺寸多个绘图页面所组成的 DXF 文件时，将在 Creo Parametric 中创建带有多个页面的单个绘图，这些页面在数量上与 DXF 文件中包含的绘图页面数一致。在 Creo Parametric 中会保留绘图页面的各种尺寸，或者针对绘图的每个页面创建最接近其原始绘图页面尺寸的标准大小绘图页面。

Creo Parametric 可以导入 DXF 和 DWG 图形文件中的图层。在“绘图模式”下，Creo Parametric 会将由 DXF 或 DWG 导入的实体放置到某个层中，导入实体的层 ID 与其在 DXF 或 DWG 文件中的层 ID 相同。默认情况下，导入的 AutoCAD 层映射为同名的新 Creo Parametric 层。

9.1.2 工程图设计的一般流程

下面以流程图的方式说明利用 Creo Parametric 2.0 进行工程图设计的一般流程，如图 9-8 所示。

9.1.3 工程图界面介绍

Creo Parametric 2.0 中的工程图的操作界面完全采用了 Windows 风格的设计界面，大大减少了鼠标的移动和点击次数，并增加了一些快捷键的设置，如双击所选视图或图元便可以对视图或图元属性进行编辑。本小节将以一个简单的三视图的创建实例来说明工程图的创建界面及过程。

【例 1】　三视图创建实例。

(1) 启动 Creo Parametric 2.0，设置当前工作目录为“…\CreoChap9”目录。选择【文件】菜单→【新建】，或点击 Creo Parametric 2.0 窗口顶部【快速访问】工具栏内的新建按钮🗋，弹出【新建】对话框，如图 9－9 所示，输入绘图名称“drw_JIBENSHITU”。

(2) 在【类型】栏中选择【绘图】，在【名称】文本框中输入或选择文件名(或使用默认文件名)，单击 确定 按钮，弹出【新制图】对话框，如图 9－10 所示。

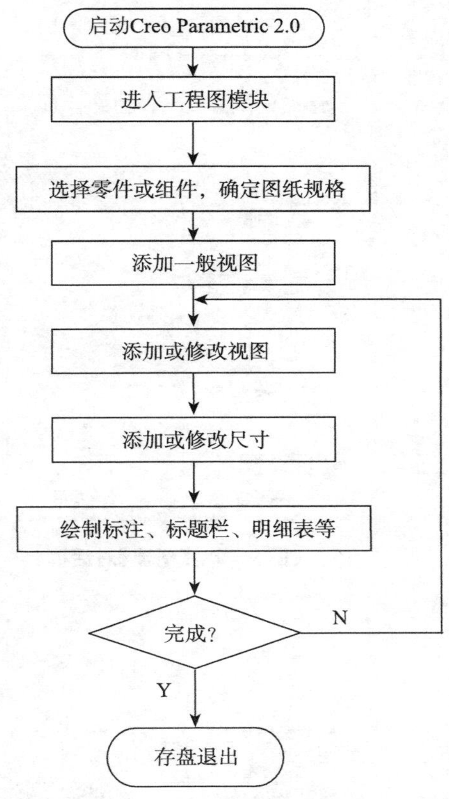

图 9－8　工程图制作基本流程

【新制图】对话框主要用于选取零件模型和指定设计模板等。

【默认模型】选项组用于选取产生投影视图的零件模型。如果已经打开了一个零件或组件的模型，则此处将缺省显示该模型的名称。如果当前没有模型或需要选择其他模型进行工程图制作，则通过单击 浏览... 按钮，选择要绘制工程图的模型文件。

【指定模板】选项组中有三个单选按钮——使用模板、格式为空、空，这三个单选按钮的含义如下：

① 选择【使用模板】时，在【模板】区列出多个模板，每一个模板对应一种幅面的图纸，同时会自动生成某些基本视图、设定绘图比例等。

② 选择【格式为空】时，【新制图】对话框如图 9－11 所示。可以通过执行【格式】框中的🗋按钮来调入系统格式或自定义格式。自定义格式可以通过 Creo Parametric 2.0 中新建一个【格式】文件来建立。

③ 选择【空】时，【新制图】对话框如图 9－12 所示。在该对话框中可以设置图纸的大小、方向，也可以自定义图纸的大小。

本实例选择模型“jibenshitu.prt”(本章所涉及的电子档文件，如果没有特别指定目录，则位于教材相关电子档的“…\CreoChap9”目录中)，如图 9－1(a)所示。指定格式为“空”。图纸设置采用默认值，点击 确定 按钮，进入 Creo Parametric 2.0 绘图模块工作界面，如图 9－13 所示。

(3) 进入工程图环境后，点击【布局】选项卡→【模型视图】组→【常规】，系统提示“➪选择绘图视图的中心点。”，在绘图区的适当位置点击，确定绘制视图的中心点，然后系统弹出【绘图视图】对话框，如图 9－14 所示。

在【类别】选项组中可以进行视图类型、可见区域、比例、截面、视图状态等设置，每一个设置分别对应一个分页对话框，在后续章节内容中将对它们陆续进行介绍。

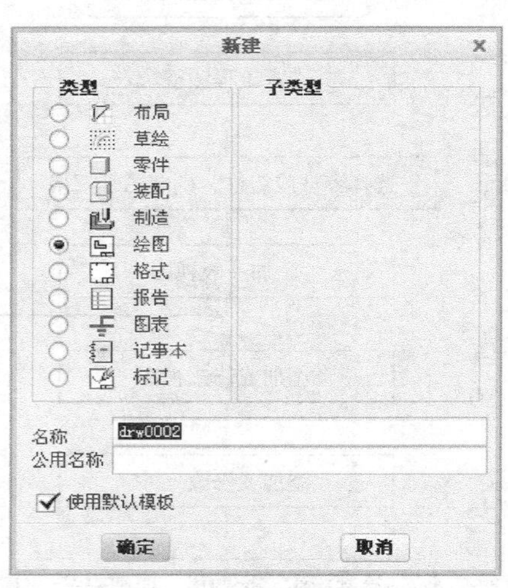

图 9－9 【新建】对话框

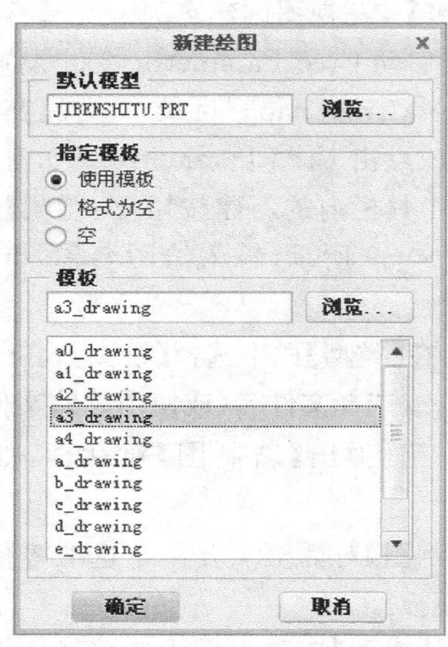

图 9－10 【新制图】

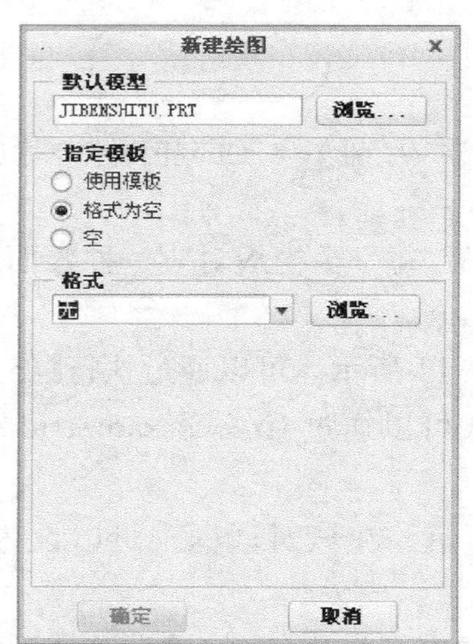

图 9－11 【新制图】对话框(格式为空)

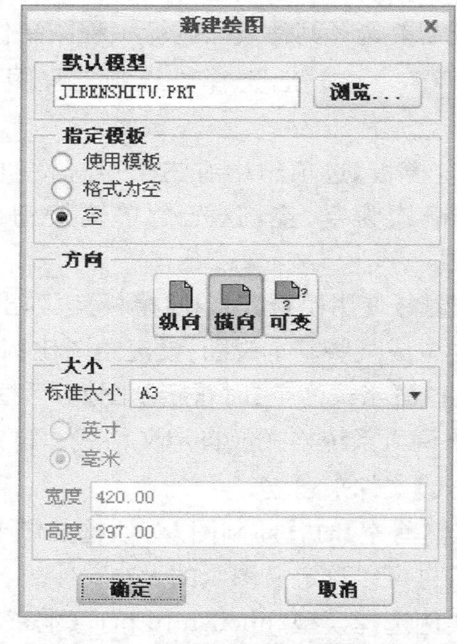

图 9－12 【新制图】对话框(空模板)

【视图类型】区域可用于修改视图名称、视图类型。如果当前工程图视图中还没有常规视图，则不能更改视图类型。

【视图方向】选项组用来定向视图，有以下三种定向视图的方法：

① 选择【查看来自模型的名称】，可使用来自模型的已保存视图定向。

可以从【模型视图名】列表中选取相应的模型视图作为视图方向。

也可以选取所需的【缺省方向】来定义 X 和 Y 方向，列表中有“等轴测”、“斜轴测”和“用户定义”三个选项，选择“用户定义”时，需输入 X 和 Y 角度值。

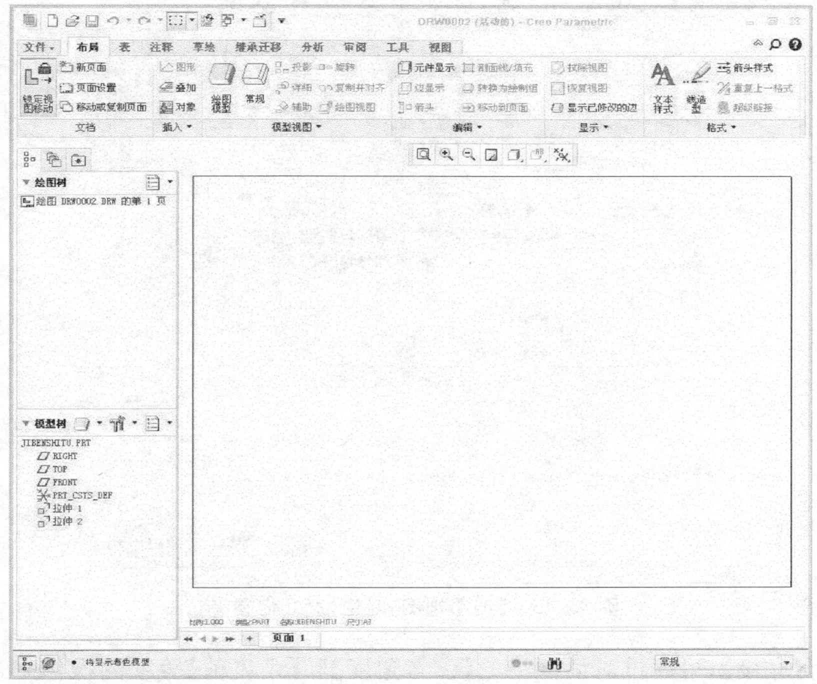

图 9 - 13　Creo Parametric 2.0 绘图模块工作界面

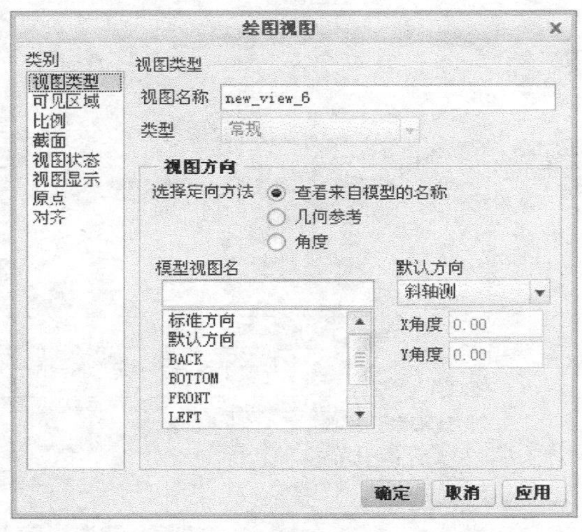

图 9 - 14　【绘图视图】对话框(视图类型)

② 选择【几何参考】,可使用来自绘图中预览模型的几何参考进行定向,如图 9 - 15 所示。

在绘图中预览的模型上选取所需参考来定位视图,包括指定“前面”、“后面”、“顶部”和“底部”等。从参考方向列表中选取另一方向,可更改方向,并且可以通过单击几何参考收集器并在绘图模型上选取参考,可更改选定的参考。

注意:要将视图恢复为其原始方向,请单击 **默认方向** 按钮。

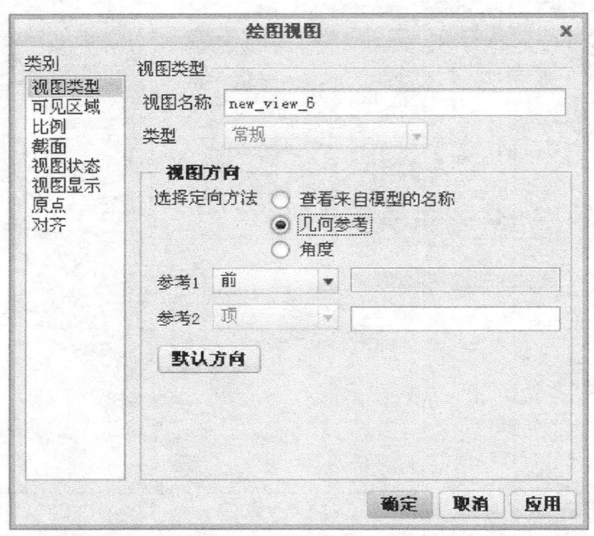

图 9－15 【绘图视图】对话框(几何参考)

③ 选择【角度】,可通过对话框中的【参考角度】和【角度值】等项的操作来进行视图定向,如图 9－16 所示。

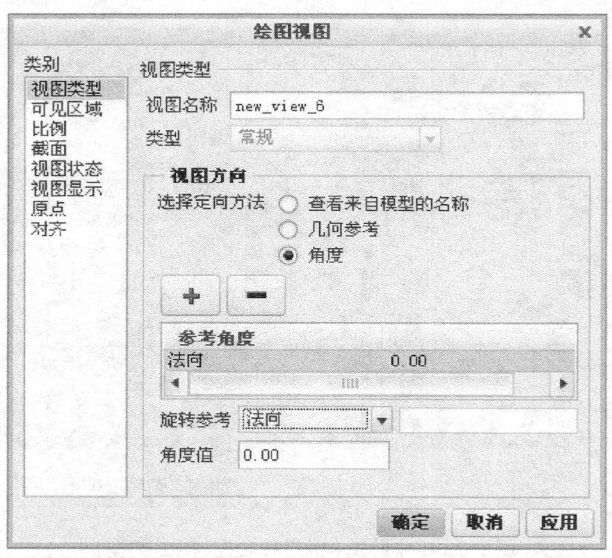

图 9－16 【绘图视图】对话框(角度参考)

【参考角度】表列出用于定向视图的参考。缺省情况下,将新参考添加到列表中并以高亮显示。

【旋转参考】为表中加亮的参考选取定位视图选项:

①【法向】——绕通过视图原点并绕垂直于绘图页面的轴旋转模型。

②【垂直】——绕通过视图原点并绕绘图页面内的竖直轴(Y轴)旋转模型。

③【水平】——绕通过视图原点并绕绘图页面内的水平轴(X轴)旋转模型。

④【边/轴】——绕通过视图原点并绕绘图页面内指定角度的轴旋转模型。需要在预览的绘图视图上选取适当的边或轴线作为参考,来指定旋转轴。选定参考加亮,并列在【参考角度】表中。

最后,在【角度值】输入框中键入要旋转的角度值即可。

如果要创建附加参考,可单击 + 按钮,并重复角度定向过程。如果删除或隐含系统用来定向视图的几何,视图及其所有子项都将恢复为缺省定向。如果删除了几何,则无法恢复原始视图定向,但是,恢复隐含特征将恢复视图的原始方向。

本实例选择第二种定位视图的方式,分别选择其“前面”和“顶面”进行定位,如图 9-17 所示。

完成后点击【绘图视图】对话框中的 确定 按钮,得到如图 9-18 所示的视图,即主视图。

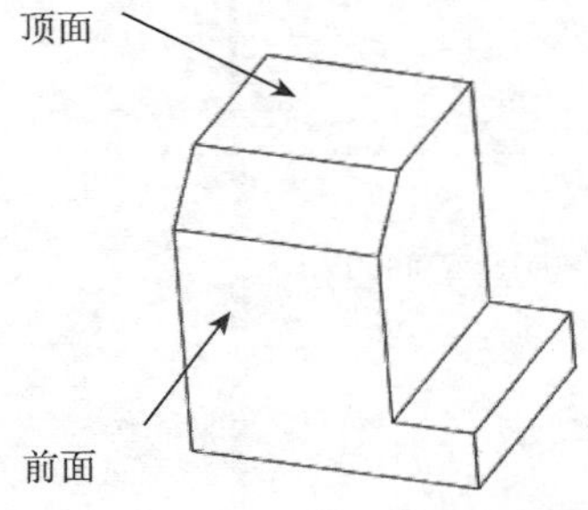

图 9-17 视图定位面

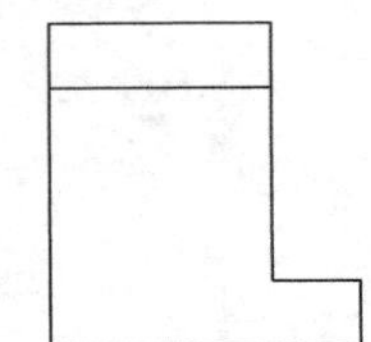

图 9-18 常规视图(主视图)

(4) 建立俯视图。由于已经建立了一个常规视图,此时,【布局】选项卡【模型视图】组中的投影、详细、辅助和旋转等视图生成按钮均由原先的不可用状态变为可用状态,也就是说建立这些视图时,必须要基于一个已经存在的视图来进行。

建立投影视图时,首先需要选取一个投影父视图,如果当前图形中只有一个视图或某个视图处于选择状态,则系统默认以该视图作为投影父视图,创建过程中,用户可以选择其他视图作为父视图。然后需要在父视图的上、下、左、右四个区域中的某个区域指定一个位置来放置视图,投影关系则按照指定的位置自动建立。

点击【布局】选项卡→【模型视图】组→【投影】,由于当前只建立了一个主视图,该主视图被自动选择作为投影父视图,故无需选择投影父视图,在主视图下方适当位置处单击,即可建立俯视图。

(5) 建立左视图。完成俯视图绘制后,系统会自动将刚建立的俯视图作为当前父视图,而左视图是以主视图作为投影的父视图来进行的,所以需要先设定主视图为父视图。在主视图上单击,当前视图周围有一点划线线框包围,如图 9-19 所示。

选择【布局】选项卡→【模型视图】组→【投影】,在主视图右边某一位置单击,即可建立左视图,如图 9-20 所示。这样,就已经完成了零件三视图的绘制。

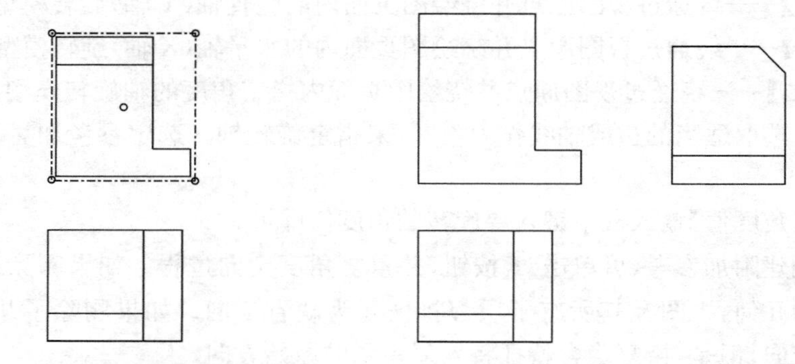

图 9－19　主、俯视图　　　　图 9－20　零件的三视图

(6) 这时,一个零件的三视图基本完成。接下来添加尺寸,点击【注释】选项卡→【注释】组→【显示模型注释】,系统会弹出【显示模型注释】对话框,通过该对话框中可以自动显示尺寸、几何公差、表面粗糙度等注释元素,如图 9－21 所示。

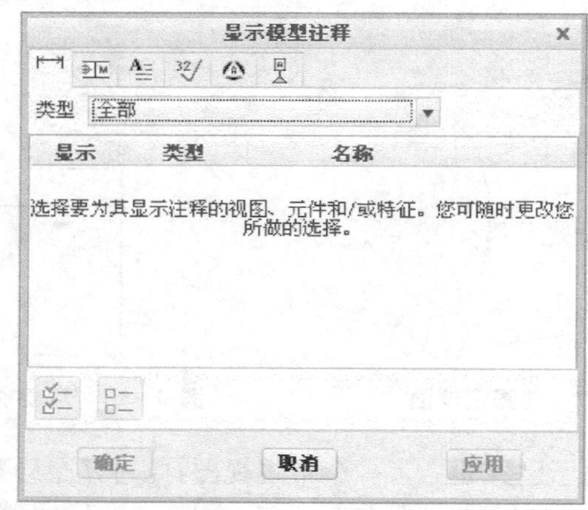

图 9－21　【显示模型注释】对话框

标注视图中的注释元素的一般步骤如下:

① 选择要在绘图中要标注元素所属的视图、元件或特征等。

② 选择【注释】选项卡→【注释】组→【显示模型注释】,【显示模型注释】对话框打开。

③ 单击注释类型选项按钮:——列出模型尺寸;——列出几何公差;——列出注解;——列出表面粗糙度;——列出符号;——列出基准。

④ 从【类型】下的列表中选择注释类型。对于已被选择要显示注释的元件或特征,如果需要,也可以更改选择结果。

⑤ 相关注释元素会显示在注释元素列表中,单击按钮,可选择所有注释元素,单击按钮则可清除所有注释元素的选定。

⑥ 单击 确定 按钮将自动标注选定的注释元素,并关闭【显示模型注释】对话框;单击 取消 按钮将放弃标注注释元素,并关闭【显示模型注释】对话框;单击 应用 按钮,将自动标注选定的注释元素,并继续保留【显示模型注释】对话框。

回到本例中，在【显示模型注释】对话框顶部工具栏中点击【显示模型尺寸】按钮，接着在【类型】中选择【全部】，然后选择要显示尺寸的视图，按【Ctrl】键依次选择主视图和左视图，最后点击【显示模型注释】对话框中的【选择全部】按钮，并按 确定 按钮，即可完成零件尺寸的自动标注，最后对尺寸位置等进行适当调整，可得图 9 - 22 所示的工程图。

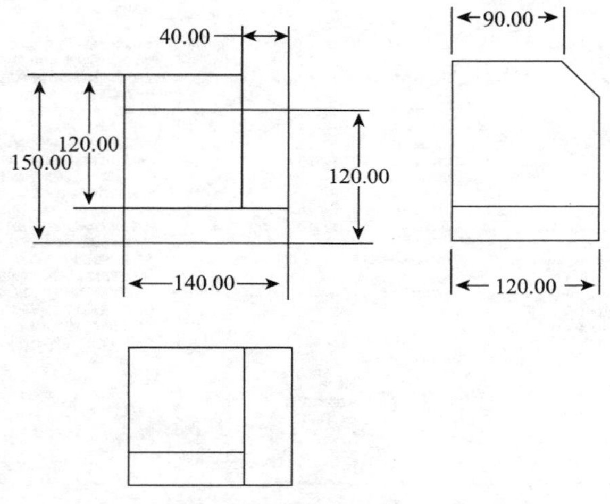

图 9 - 22　通过【显示模型注释】显示尺寸标注

(7) 为了进一步使图形中的尺寸标注符合我国《机械制图国家标准》的要求，按照 9.1.1 小节中介绍的方法，修改如下两个绘图参数：

① witness_line_offset：设置尺寸界线起点与标注尺寸的图形对象之间的距离为"0"。

② default_lindim_text_orientation：设置线性尺寸的默认文本方向为"parallel_to_and_above_leader"，即尺寸文字在尺寸线的上方，方向和尺寸线的方向平行。

设置完成后，窗口顶部【快速访问】工具栏中的【重新生成】按钮，即可看到图形在新参数下的结果。

(8) 图 9 - 22 中的尺寸标注数值均保留了 2 个小数位，这对于整数数值的尺寸不符合我们国家的尺寸标注要求。设置尺寸的小数位数的典型方法：

① 选中相关尺寸标注右击，在弹出菜单中选择"属性"，在弹出的"尺寸属性"对话框中设置小数位数。

② 通过点击【文件】菜单→【选项】，点击【Creo Parametric 选项】对话框左侧的【配置编辑器】，在右侧设置 Creo Parametric 选项"default_dec_places"为 0。

③ 通过【注释】选项卡→【格式】组菜单→【小数位数】菜单项设置尺寸的显示精度。

④ 工程图选项"lead_trail_zeros"控制前导与尾随零的显示，通过点击【文件】菜单→【准备】→【绘图属性】，点击【绘图属性】对话框中【详细信息选项】后的【更改】，弹出绘图【选项】对话框，将"lead_trail_zeros"选项设置为"std_metric"(可以同时控制尺寸公差的显示)，如图 9 - 23 所示。设置完成后，点击窗口顶部【快速访问】工具栏中的【重新生成】按钮，即可看到图形在新参数下的结果。

请注意第②步和第③步中设置"Creo Parametric 选项"和"工程图选项"在设置方法上的区别。

图 9-23　绘图【选项】对话框

(9) 完成后的零件图最终结果如图 9-24 所示，选择【文件】→【保存】菜单，对文件进行保存。

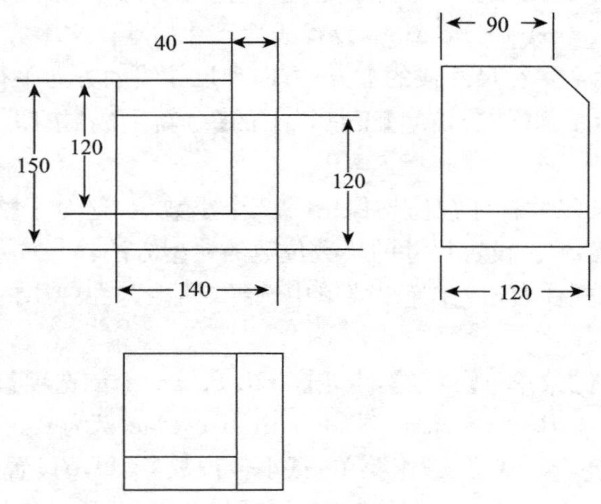

图 9-24　零件图最终结果

这样，一个简单的工程图就创建好了。相信读者对工程图的创建已经有了一个大致的了解，在后面的章节中，我们将进一步介绍工程图的创建和编辑。

接下来，再简单介绍一下工程图界面中的“绘图树”。

(1) 对前面的三个视图分别命名后，可以在绘图窗口的右上角看到图 9-25 所示的绘图树。绘图树表示绘图项的显示状况，以及绘图项与绘图的活动模型之间的关系，是活动绘图中绘图项的结构化列表。

(2) 可选择绘图树中列出的项并使用快捷菜单或工具栏对其进行操作。

(3) 在绘图树中双击某个视图，可以对视图名称进行编辑。

(4) 在“绘图树”中选择绘图项时，项的节点显示为选择状态，该项也会在图形窗口中以选择颜色突出显示。如果选定项在当前页面中不可见，该项会暂时在图形窗口中以选择颜色突出显示，并且在绘图树中取消选择该项时会再次变为不可见状态。

图 9－25　绘图树

(5) 绘图树在“细节”和“格式”模式中可见，但是在“布局”、“报告”、“标记”和“布线图”等模式中不可用。

(6) 默认情况下，在 Creo Parametric 主窗口的导航区域中，“绘图树”显示在“模型树”的上方。“绘图树”和“模型树”都可以展开或折叠。可通过拖动位于这两个树之间的分隔栏，来增大或减小“绘图树”或“模型树”的高度。

(7) “绘图树”表示活动绘图页面的绘图项的层次结构，根据当前绘图页面中视图层次和项种类，绘图项被排列在可折叠组中，绘图树只显示当前活动选项卡包含的绘图项。如果当前图形中包括表、注释、草绘图元等，则激活【表】、【注释】、【草绘】等不同选项卡时，绘图树将分别显示为类似图 9－26 所示的各种情况。

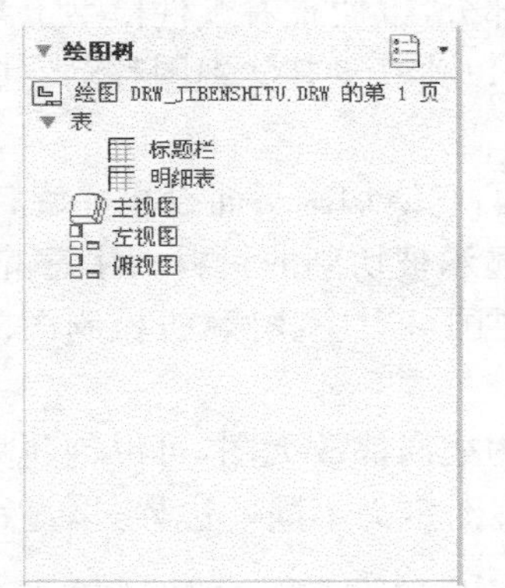

(a)【表】选项卡下的绘图树

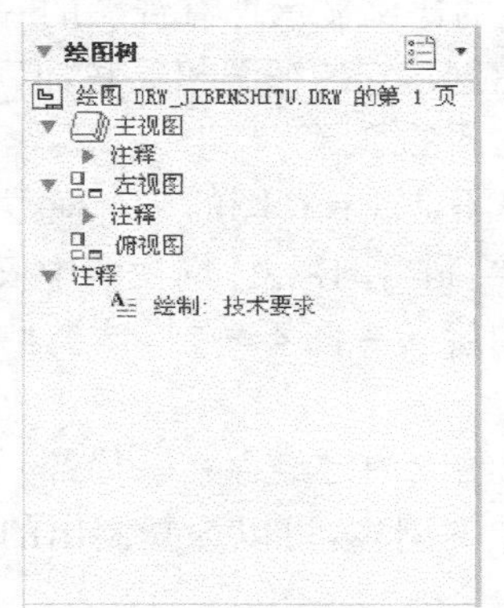

(b)【注释】选项卡下的绘图树

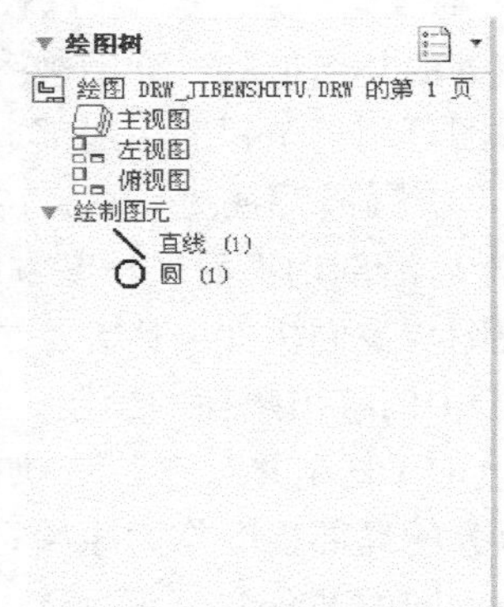

(c)【草绘】选项卡下的绘图树

图 9－26　绘图树的不同状态

最后，简单介绍一下绘图页面。通过点击工程图界面底部【页面】栏中 + 按钮或点击【布局】选项卡→【文档】组→【新建页面】按钮，为当前模型创建具有多个页面的绘图，可以在页面之间移动项，当前绘图的各个页面会列在【页面】栏中—— + 页面 1　页面 2 ，可重命名页面、删除页面、移动或复制页面、选择多个或所有页面、更新页面和更改页面设置，可以单独更改每个页面上的绘图比例。使用 &sheet_number、&sheet_name 和 &total_sheets 参数可分别调用绘图中的页面编号、页面名称和页面总数。通过【布局】选项卡→【文档】组→【页面设置】按钮，可以来查看和更新页面的属性，例如名称、格式、大小和方向等,配合【Ctrl】键可同时选择多个页面并使用“页面设置”一次更新所有选定页面的属性。处理多页面绘图时,可将投影视图切换到其他页面,但它将丢失与父视图的关联,如果将投影视图切换回其父视图的同一页面,该关联随即恢复。

9.1.4 视图的基本类型

视图的基本类型有如下几种:

(1)【常规】视图——在【视图类型】中,它是所有其他类型视图的基础,而且是所有投影类型中唯一不需要父视图的投影类型。如果在创建视图时没有使用模板或者选择空模板时,在工程图中创建的第一个视图只能是【常规】视图,但视图的方向类型可以是【已定义的视图列表】中的任意一个方向。假设要创建的第一个视图是主视图,则需要在【绘图视图】对话框中指定为“主视图”的方向即可。

(2)【投影】视图——该类型视图的创建需要为其指定父视图。在视图创建的开始,通常都选择【常规】视图创建的主视图为父视图,然后创建其他视图,如左视图、俯视图等。

(3)【辅助】视图——与某个斜面或倾斜的基准平面成90°的方向,或沿着某根轴线对另一视图进行投影。辅助视图是非固定角度上的投影,与基本视图的投影不同。如果拾取一条边作为参考,该视图将平行于计算机屏幕显示的这条边的方向;如果拾取一个基准平面,该视图将平行于屏幕显示的基准平面;如果拾取一个基准轴,将沿基准轴的方向显示视图,这对于查看模型上与基本投影面倾斜的孔、凸台等倾斜特征非常方便。该类型视图相当于我国《机械制图国家标准》常用表达方法中的斜视图。

(4)【详图】视图——以较大的比例显示现有视图的一部分,以便查看零件模型上某些细节处的几何形状。详图视图与创建它的视图相关联,但可以独立于其父视图移动。该类型视图可用于工程图中局部放大图的绘制。

(5)【旋转】视图——旋转视图是现有视图的一个横截面,它绕切割平面投影并旋转90度,最后沿剖切平面线长度方向绘制出剖视图,剖视图中仅显示被切割的材料。注意:该类型视图与我们机件表达方法中的旋转视图不一样,该类型视图可对应我国《机械制图国家标准》中的移出断面的绘制。

(6)【复制并对齐】——如果绘图中已经存在一局部视图或局部放大图,可以创建另一个对齐的局部视图作为原始视图的副本,可以为复制出的视图定义不同的边界,以显示模型中不同的部分。

以上是几种视图的基本类型,对这些基本类型视图的一些属性进行设置或修改,可以继续创建其他类型的视图。这些属性可以在视图创建时设置,也可以在视图创建以后再修改。设置或修改视图的界面如图9-16所示的【绘图视图】对话框,通过对话框的【可见区域】中各选项的设置,可以创建全视图、半视图、局部视图、破断视图等;而通过【截面】中各选项的设置,可以建立全剖视图、半剖视图、局部剖视图等。

9.2 视图的创建

在工程图的创建过程中,视图的创建是工程图制作的重要的部分,视图创建的好坏直接影响工程图的质量和可读性。视图的类型可分为【常规】、【投影】、【辅助】、【详图】、【旋转】、【复制并对齐】等，下面将具体介绍各种类型视图的用途与创建技巧。为了符合我国《机械制图国家标准》的有关规定，除采用第一角投影外，本节将结合《机械制图国家标准》中的有关规定和机件的各种表达方法来进行介绍。

9.2.1　创建全视图

在创建前面几种基本视图时，如常规视图、投影视图、辅助视图等，如果没有对【绘图视图】对话框【可见区域】选项中的【视图可见性】进行设置，或将【视图可见性】设置为默认值——【全视图】，则可建立全视图。在前面 9.1.3 节中所创建的三视图，就是三个全视图。【视图可见性】中的其他几个选项分别为半视图、局部视图、破断视图(即断裂视图)，下面将分别进行讲述。

9.2.2　创建半视图

半视图是我国《机械制图国家标准》中对称机件的一种简化表达方法。本节将通过一个实例来说明半视图的创建。

【例 2】　半视图的创建实例。

(1) 打开模型“BanShiTu.prt”，如图 9 - 27 所示。

(2) 新建一个绘图“drw_BanShiTu”，模型选用上面第一步打开的模型，【指定模板】选择【空】，采用第一角投影。选择【布局】选项卡→【模型视图】组→【投影】，选取适当参考来定位视图，创建如图 9 - 28 所示的俯视图。

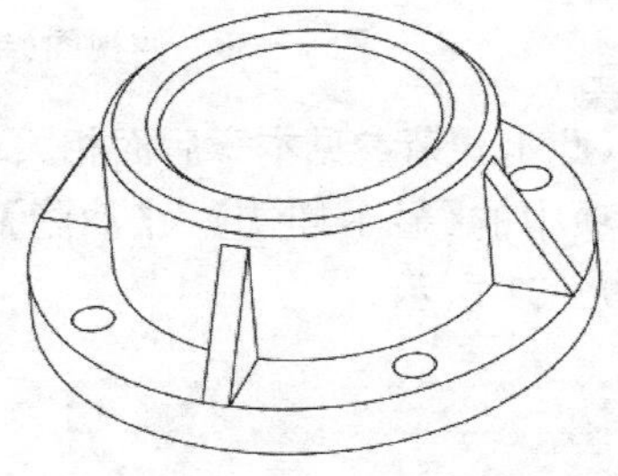

图 9 - 27　零件模型

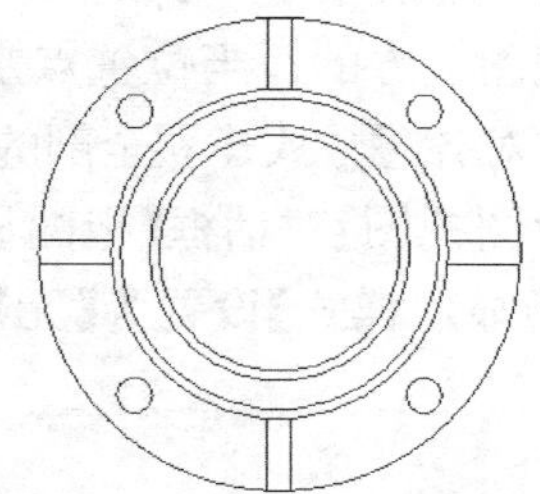

图 9 - 28　俯视图

(3) 将俯视图修改为半视图。为了能够设置半视图分界面，通过点击【视图】选项卡→【显示】组→【平面显示】，或【图形】工具栏→【基准显示过滤器】→【平面显示】，确保基准面处于显示状态。在刚建立的俯视图上双击，激活【绘图视图】对话框，打开【可见区域】选项，在【视图可见性】列表中选择【半视图】。如图 9 - 29 所示。

关于【在 z 方向上修剪视图】：利用该选项，通过在其他相关视图上选择平行于当前视图投影平面的基准面、平面、边等作为修剪参考，可在当前视图上排除参考几何“后面”的所有图形元素，而只显示其“前面”的部分。在装配图表达中，可通过该设置表达“单独零件某向视图”。该功能一般使用不多，读者可自行练习。

(4) 系统此时提示“给半视图的创建选择参考平面”，在俯视图中选择基准面“FRONT”作为参考平面。选择参考平面后，可以通过点击对话框中的按钮，选择视图所要保持的一侧，视图中箭头所指的一侧为要保留的部分，本例中保留俯视图的下侧。

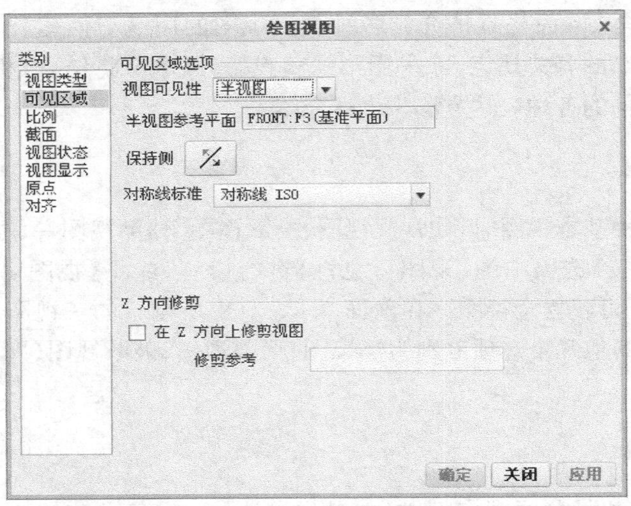

图 9－29 【绘图视图】对话框(可见区域)

(5) 选择【对称线标准】,有【没有直线】、【实线】、【对称线】、【对称线 ISO】、【对称线 ASME】等几个选项,此处选择【对称线 ISO】,该选项符合我国制图标准,从而实现对半视图的标注,如图 9－30 所示。

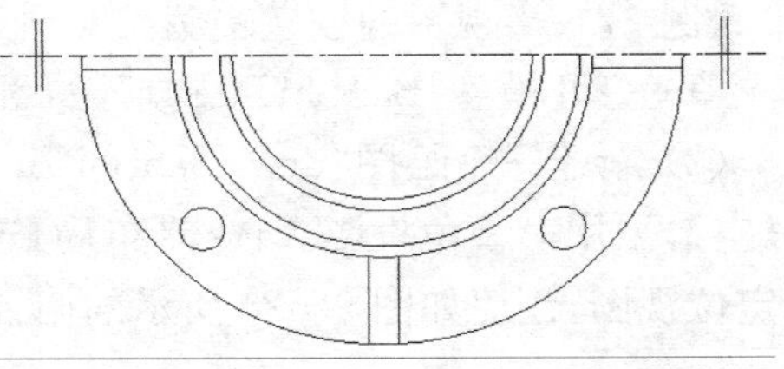

图 9－30 俯视图(半视图)

(6) 选择【布局】选项卡→【模型视图】组→【投影】,在俯视图上方的适当位置点击,建立主视图,并用【全部(对齐)】方式建立全剖的主视图(此步骤请参见本章后面相关章节的内容)。

(7) 设置【绘图视图】对话框【视图显示】选项中的【显示样式】为【消隐】(主视图为隐藏线方式),【相切边显示样式】设置为【无】,如图 9－31 所示。

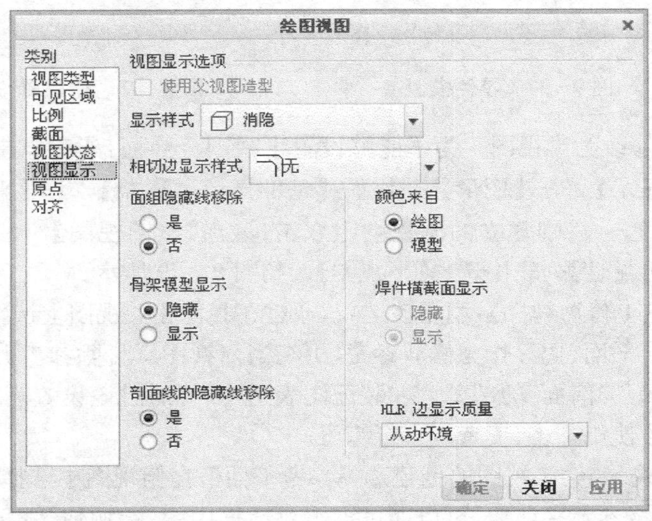

图 9－31 【绘图视图】对话框(视图显示)

(8) 选择【注释】选项卡→【注释】组→【显示模型注释】，在【显示模型注释】对话框中选择【显示模型基准】→【轴】，按住键盘上的【Ctrl】键分别选择三个视图，最后在【显示模型注释】对话框中选中所有的轴线，如图 9－32 所示，点击 确定 按钮，即可完成视图中所有轴线的显示。

(9) 关闭图形中各个基准的显示，可得到图 9－33 所示的零件视图。保存文件。

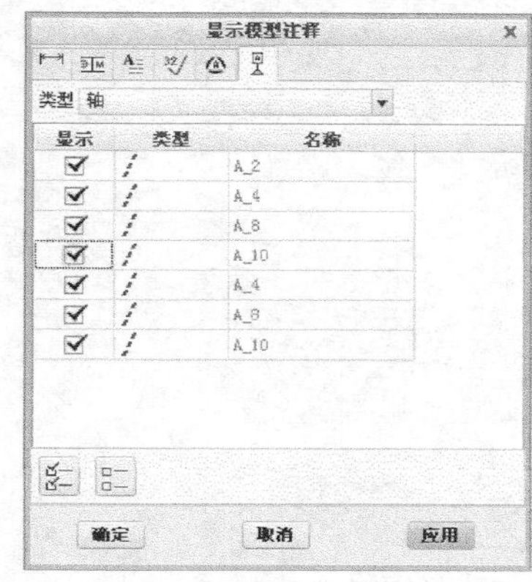

图 9－32　显示模型的轴线

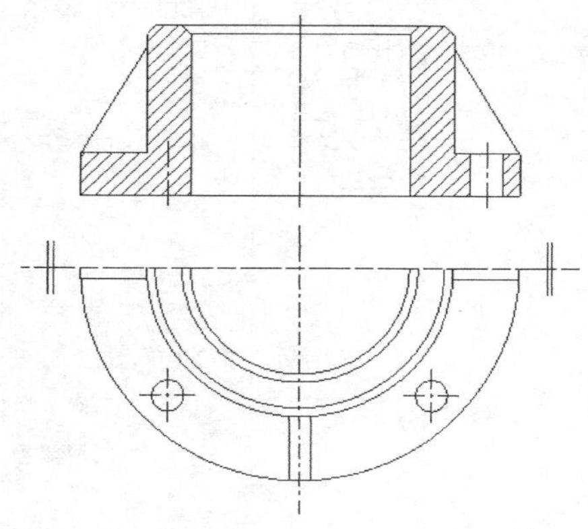

图 9－33　半视图

创建【常规】视图、【辅助】视图等视图的半视图，其步骤与创建投影视图的半视图方法类似，读者可以根据需要来创建。半视图的分割参考平面可以是零件上的某一平面，也可以是基准面，该面不要求必须是零件的对称面，但是必须与要创建的半视图的投影面垂直。

9.2.3　创建破断视图(断裂视图)

破断视图相当于我国《机械制图国家标准》中的断裂视图，主要用于表达较狭长的零件，这类零件如果完整地在一张图纸中显示出来不是很方便，故可以在不影响工程图的可读性的情况下，把零件中形状相同的部分截去，只留下可以表示零件形状的部分。

破断视图只适用于常规视图和投影视图。一旦将视图定义为破断视图，就不能将其更改为其他视图类型。可进行水平、竖直，或同时进行水平和竖直破断，并选择破断的各种图形边界样式。

【例 3】 破断视图的创建实例。

(1) 打开模型“partexample1.prt”，如图 9－34 所示。

(2) 为上面的模型新建一个绘图“drw_shitu”，并建立图 9－35 所示的主视图。

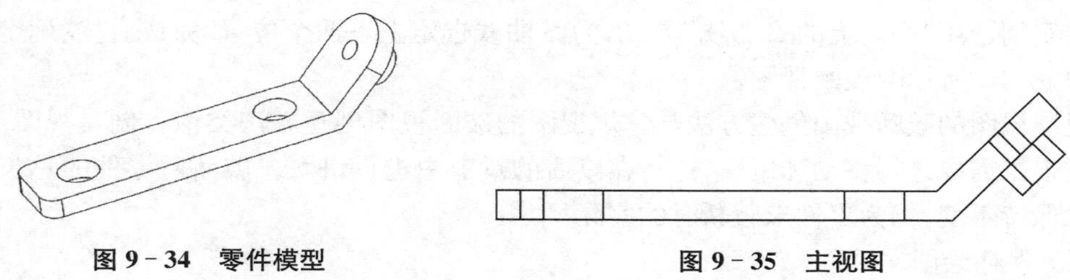

图 9－34　零件模型　　　图 9－35　主视图

(3) 双击上面创建的主视图，打开【绘图视图】对话框，点击【可见区域】选项，在【视图可见性】中选择【破断视图】。点击 + 按钮，构建一个新的破断区域，如图 9－36 所示。构建了破断区域后，还可以点击 − 按钮删除破断区域。

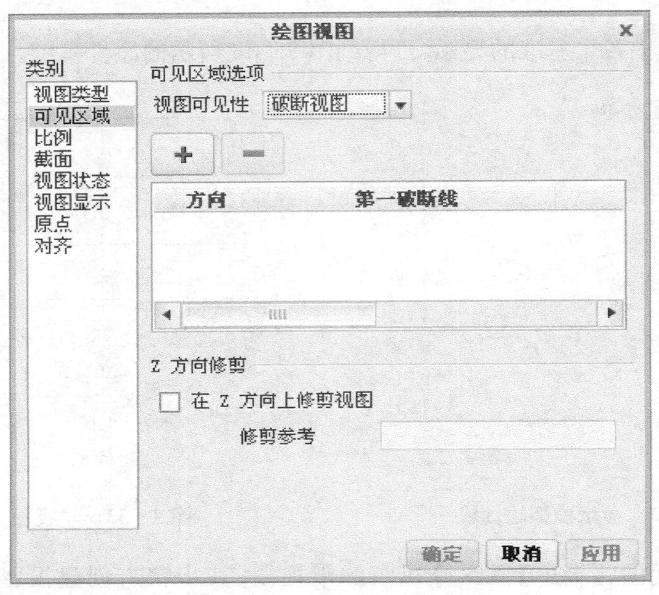

图 9－36 【绘图视图】对话框(破断视图)

(4) 分别定义第一破断线和第二破断线，可通过在图元上点击适当位置来获取两个破断线的位置，如图 9－37 所示，图中两条蓝色的线条表示破断的方向为竖直。

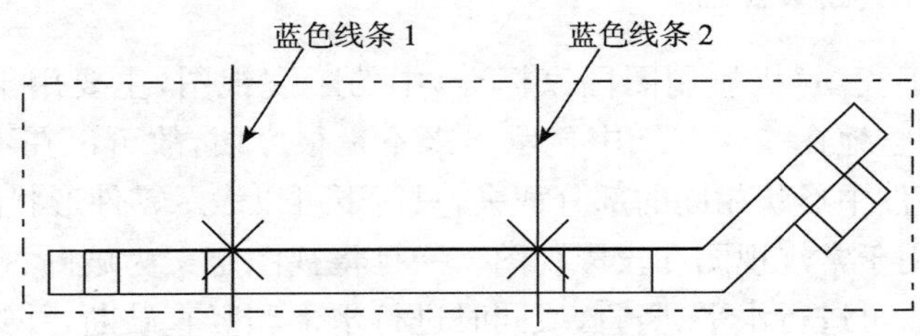

图 9－37 破断线位置

(5) 拖动图 9－36【绘图视图】对话框中的水平滚动条，找到【破断线造型】列，可以选择如下形式的破断线：【直】、【草绘】、【视图轮廓上的 S 曲线】、【几何上的 S 曲线】、【视图轮廓上的心电图形】、【几何上的心电图形】，如图 9－38 所示。

本实例选用“几何上的 S 曲线”方式，为 S 曲线选定上下两个位置，完成后按【确定】，得到如图 9－39 所示的破断视图。

投影视图的破断视图创建方法与常规视图的破断视图创建方法类似。创建视图后，用户可以根据需要进行移动和编辑，这将在以后的章节中进行讲解。破断后零件的总长或总高尺寸保持不变，仍为零件未破断时的实际尺寸。

(6) 保存绘图文件。

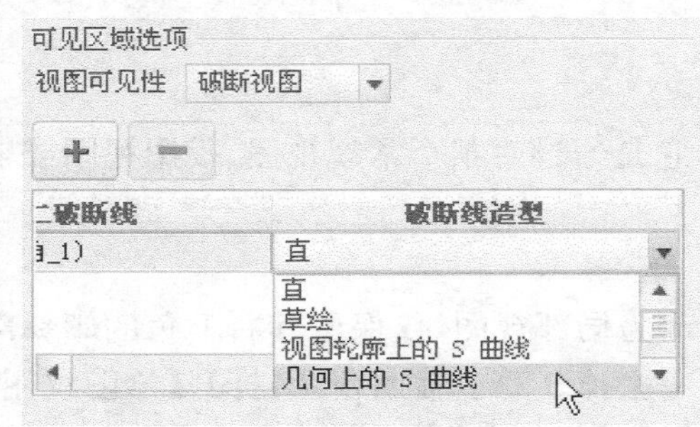

图 9－38　破断线的线体选择

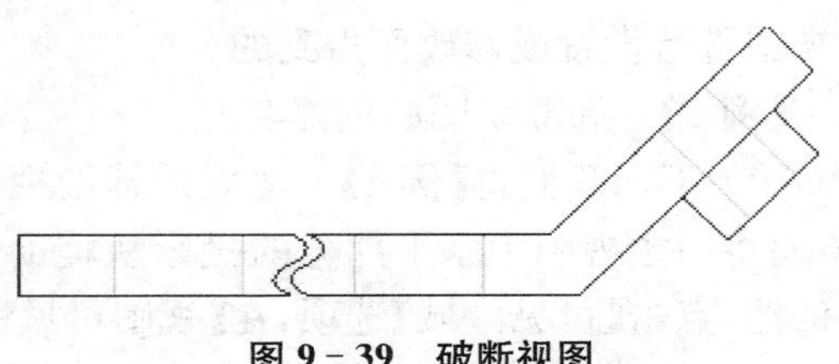

图 9－39　破断视图

9.2.4　创建辅助视图(斜视图)

辅助视图的基本知识在视图的基本类型中已经做过介绍,它相当于我国《机械制图国家标准》中机件常用表达方法中的斜视图。斜视图用于表达零件上的倾斜结构,一般采用局部视图来表达。下面将通过实例来说明辅助视图的创建。

【例 4】　辅助视图的创建实例。

(1) 接着例 3,用辅助视图来表达图 9－40 中的倾斜部分。点击【布局】选项卡→【模型视图】组→【辅助视图】,系统提示"在主视图上选择穿过前侧曲面的轴或作为基准曲面的前侧曲面的基准平面",选择图 9－40 所示的边来确定辅助视图的投影方向,选择该边实际上就定义了辅助视图(斜视图)的投影方向,该边即相当于垂直于当前视图的倾斜投影平面在该视图上的积聚性投影。

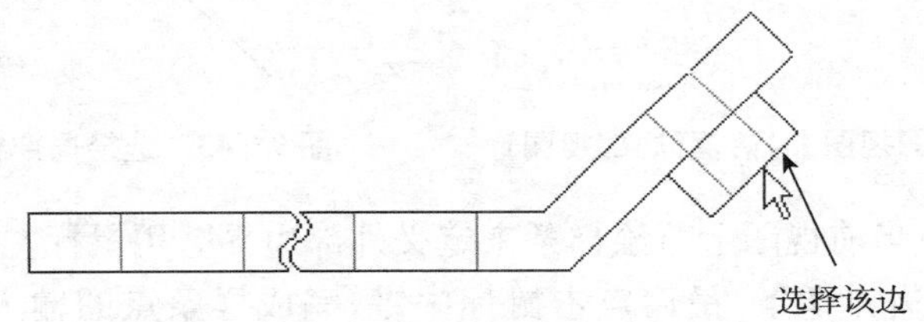

图 9－40　确定辅助视图方向

(2) 系统提示"选取绘制视图的中心点",在主视图左上方选择一个合适的位置来放置视图,结果如图 9－41 所示。

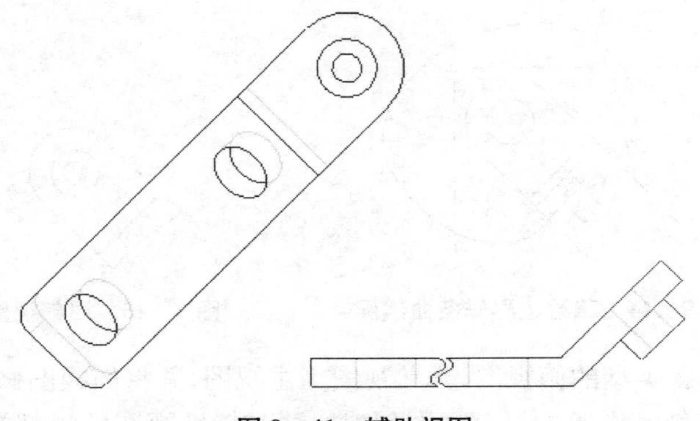

图 9－41　辅助视图

9.2.5 创建局部视图

局部视图是用来显示零件某一部分的视图,它是通过对某个常规视图、投影视图或辅助视图进行设置或修改而得到的。

【例 5】 局部视图的创建实例。

(1) 下面我们将【例 4】中建立的辅助视图修改为局部视图,仅保留其右上角的倾斜部分,而将原主视图中水平部分的投影从辅助视图中去掉。双击辅助视图,打开【绘图视图】对话框,点击【可见区域】选项,在【视图可见性】中选择【局部视图】。如图 9-42 所示。

(2) 系统提示"选取新的参考点。单击'确定'完成",选择图 9-43 所示的点,所选点只要在要保留区域内部即可。

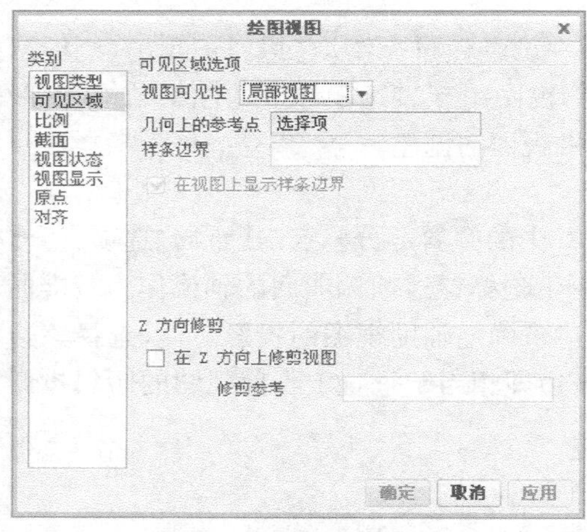

图 9-42 【绘图视图】对话框(局部视图)

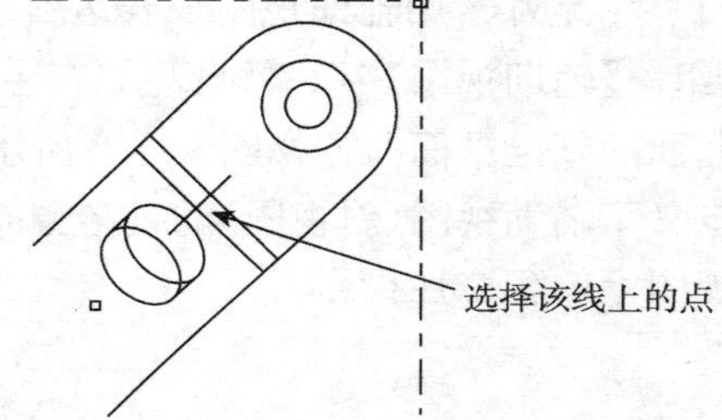

图 9-43 选择局部视图上的参考点

(3) 系统提示"在当前视图上草绘样条来定义外部边界",用鼠标左键点击适当位置,输入一系列的点来定义边界样条,最后点击鼠标中键,完成样条点的输入。在绘制样条曲线时,一定要把中心点包括在样条曲线中,否则局部视图将不会创建。如图 9-44 所示。

如果要在局部视图中显示样条曲线边界,可选中【在视图上显示样条边界】选项。

(4) 将视图中【显示样式】设置为【消隐】,点击 确定 按钮,建立如图 9-45 所示的局部视图。

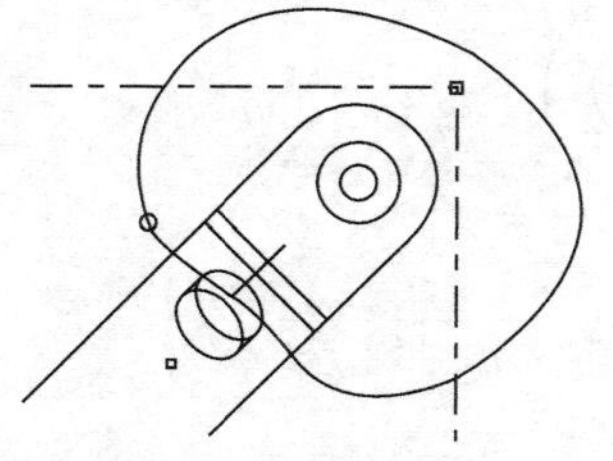

图 9-44 草绘边界样条曲线图

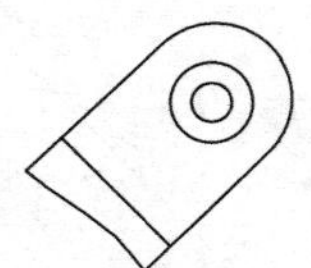

图 9-45 局部视图

(5) 创建一个投影类型的俯视图,其父视图为主视图,并将俯视图修改为局部视图。常规视图、投影视图、旋转视图等的局部视图创建方法与辅助视图的局部视图创建方法类似,读者可自行练习。

(6) 创建一个投影类型的左视图,其父视图为主视图,并将左视图修改为半视图。

(7) 设置各个视图的线型以及相切边的显示方式,并显示出视图中的轴线,可得模型的视图,如图 9－46 所示。

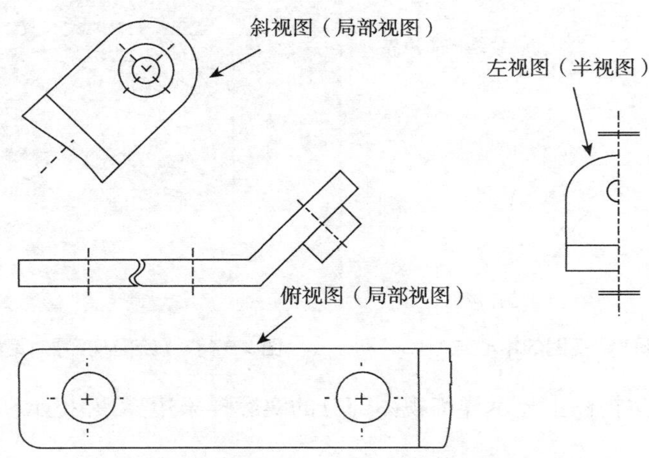

图 9－46　创建局部的俯视图

9.2.6　创建详细视图(局部放大图)

详细视图是用较大的比例显示现有视图的一部分,以便查看几何和尺寸。详细视图相当于我国《机械制图国家标准》规定的机件常用表达方法中的局部放大图。

【例 6】　详细视图的创建实例。

(1) 将图 9－46 中的凸台部分进行放大显示,获取其详细视图。点击【布局】选项卡→【模型视图】组→【详细】,系统提示“在一现有视图上选取要查看细节的中心点”,选取如图 9－47 所示的点。

(2) 系统提示“草绘样条,不相交其他样条,来定义一轮廓线”,用鼠标左键点击适当位置,输入一系列的点来定义边界样条,最后鼠标中键,完成样条曲线点的输入。在绘制样条曲线时,一定要把中心点包括在样条曲线中,否则将不能创建详细视图。

(3) 选取绘制视图的中心点,在图形空白处的适当位置输入视图位置,即可建立详细视图。

(4) 双击上面建立的详细视图,可以打开【绘图视图】对话框。设置对话框中的【比例】选项,可以修改视图比例。在【视图类型】选项内,可以设置【父项视图上的边界类型】,如图 9－48 所示,边界类型有以下选项:

① 圆——在父视图中为详细视图部分绘制圆。

② 椭圆——在父视图中为详细视图部分绘制椭圆与样条边界紧密配合,并提示在椭圆上选取一个视图注释的连接点。

③ 水平/垂直椭圆——绘制具有水平或垂直主轴的椭圆,并提示在椭圆上选取一个视图注释的连接点。

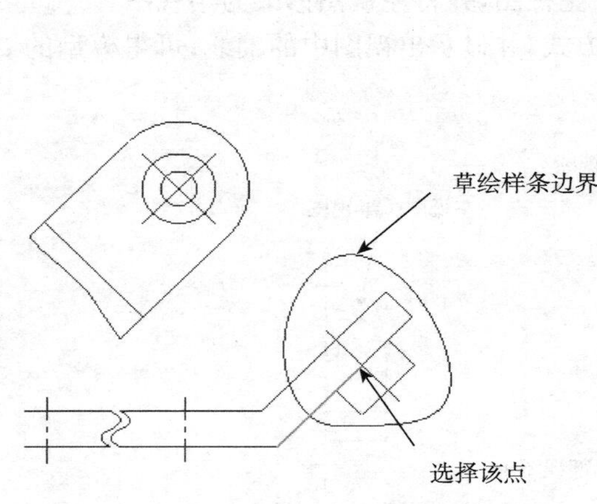

图 9－47　选择详细视图的中心点

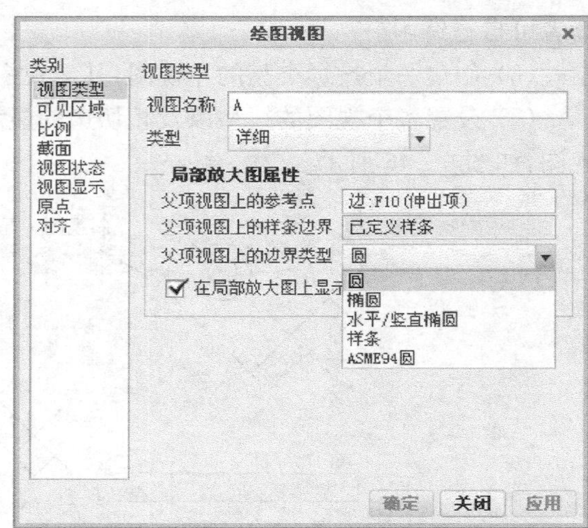

图 9－48　【绘图视图】对话框(详细视图)

④ 样条——在父视图上显示详细视图部分的实际样条边界,并提示在样条上选取一个视图注释的连接点。

⑤ ASME94 圆——在父视图中显示详细视图部分的 ASME 标准的圆,并显示为带有箭头和详细视图名称的圆。

在【视图类型】中,还可以设置【视图名】等,读者可以自行练习。

本例中选择“圆”为父项视图上的边界标注类型,对所得详细视图的线型显示方式等进行设置,最终可得模型的视图如图 9－49 所示。

(5) 保存文件。

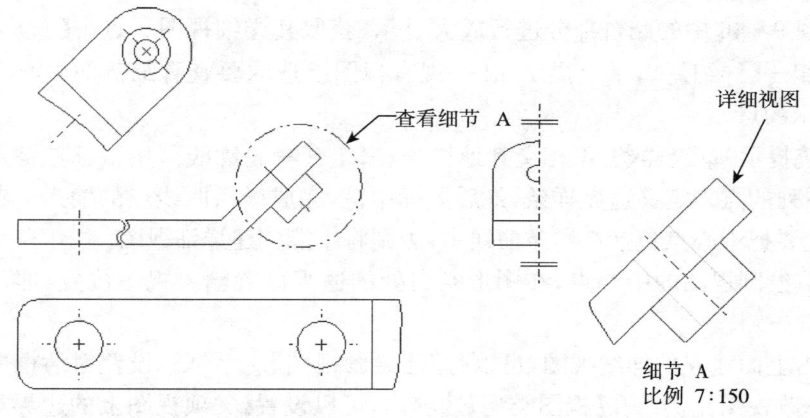

图 9－49　详细视图

9.3　剖视图的创建

为了清楚地表达零件的内部结构和形状,经常采用剖视图。创建剖视图时,需要在【绘图视图】对话框中的【截面】选项卡中指定横截面。在视图中的选择或创建新横截面之前,必须先定向该视图，以确定横截面是否平行于该视图的投影平面。

9.3.1 全剖、半剖与局部剖视图

下面将结合一个剖视图表达实例，说明全剖视图、半剖视图等剖视图的创建过程和方法。创建剖视图的一般步骤如下：

(1) 在视图创建或修改对话框——【绘图视图】对话框中选择【截面】选项。

(2) 选择【2D 横截面】，启用 2D 横截面属性表，点击对话框中的 + 按钮，创建一个新的剖视，如图 9-50 所示。如果模型中不存在 2D 横截面，则需要创建一个新 2D 横截面。创建一个新 2D 横截面的过程与零件中创建横截面的方法类似，在此不再赘述。如果模型中存在 2D 横截面，就可以选取这些现有横截面，也可创建新的横截面，已有横截面按字母顺序列出，有效横截面由【✓】指示，如图中的 A 横截面和 C 横截面；而【✕】表示该横截面不平行于当前视图的投影平面，不能作为当前视图的剖切面，如图中的 B 横截面。

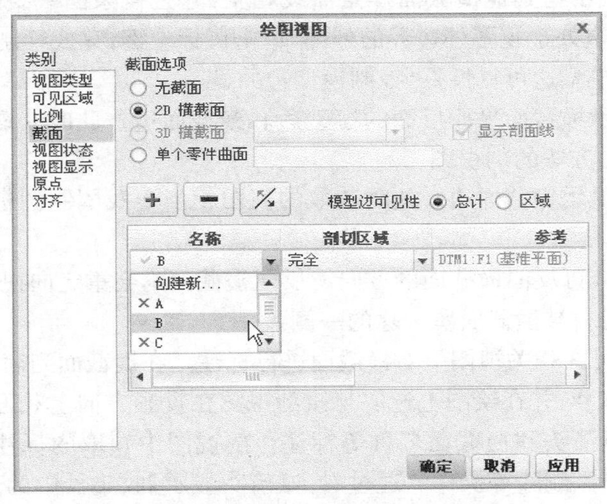

图 9-50 【绘图视图】对话框(截面)

关于【3D 截面】：使用在模型中创建的三维横截面可简化绘图内横截面的显示。可在任何常规、投影或详细视图中显示 3D 横截面，并可显示、修改工程图中这些横截面的横截面线。

关于【单个零件曲面】：通过使用实体表面或基准面组来创建单个零件中某曲面(通常为平面)的视图。单一零件曲面视图用线框显示选定曲面，但将拭除其他任何几何，包括基准、修饰特征和坐标系。

(3)【剖切区域】选项的设置。一旦选取了有效的横截面，可定义剖切区域的显示方式。从【剖切区域】列表中可选取以下样式：

① 完全——将整个视图以横截面的形式显示，即全剖视图。

② 一半——将视图的一半以截面的形式显示，另一半以完整形式显现，即半剖视图。

③ 局部——由用户绘制需要剖切的局部区域，即局部剖视图。

④ 全部(展开)——显示一个展开的区域截面，使截面平行于投影平面。

⑤ 全部(对齐)——围绕某轴线旋转并展开全部的截面。

注意:一个视图中可以定义两个横截面,分别为【完全】和【局部】横截面,但同一视图中至多只能存在一个具有【完全】可见性的横截面。

(4) 如果【剖切区域】设置为【一半】、【局部】或【全部(对齐)】时,必须定义放置参考。在表中单击黄色的参考收集器,然后在视图上选取适当的参考:

① 一半——选取一个基准平面参考,参考需垂直于视图,选择后在表中列出参考名称。

② 局部——选取点参考。确保点参考位于任何其他横截面断点样条的外部,几何名称会在表中列出,并显示在视图上。

③ 全部(对齐)——选取轴参考。偏移横截面的所有切割平面应包含参考轴,该参考轴的名称会在表中列出,并显示在视图上。

(5) 如果选择了【一半】横截面,需单击分隔参考平面的某一侧来定义剖切侧。

如果选择了【局部】横截面,则应围绕要在视图中显示横截面的区域绘制样条曲线。绘制时应确保样条曲线不与其他横截面样条曲线相交,并且样条曲线要封闭,如果存在横截面断点,则它不应完全处于视图外边界的外部,单击鼠标中键,完成绘制。

(6) 通过选取【模型边可见性】可控制模型边的显示。

① 全部——显示横截面平面后面的模型边和横截面边。此时获取的视图相当于我国制图标准中常用表达方法的剖视图。

② 区域——仅显示横截面边。此时获取的视图相当于我国制图标准中常用表达方法的断面图。

(7) 通过单击 可反向横截面的方向。反向横截面不会重定向视图中的模型,它只会更改切割平面模型材料被横截面所去除的一侧。

(8) 如果需要,可在相关视图上对横截面进行标注。在横截面列表中拖动水平滚动条,单击【箭头显示】收集器,并在绘图上选取与该剖视图在投影方向上相互垂直的视图。单击【应用】按钮可以预览箭头和横截面名称等标注。剖视图中获取的标注,包括箭头、横截面名称等,可以进行移动、删除等操作。通过右击【箭头显示】收集器中的选项并选取【移除】,或者在绘图区域中直接删除,可删除箭头等剖视的标注。

(9) 通过单击并重复步骤(2)至(7)可向绘图中添加其他 2D 横截面。

下面将通过实例来说明剖视图的创建过程。

【例 7】 剖视图的创建实例。

(1) 打开模型"partexample2.prt",如图 9-51 所示。该模型中已经用基准面 DTM1、DTM4 和 DTM7 分别建立了三个剖切面(截面),其名称分别为 A、B 和 C。

(2) 新建一个绘图文件"drw_poushi",模型选用上面第一步打开的模型,【指定模板】选择【空】,采用第一角投影。点击【布局】选项卡→【模型视图】组→【常规】,选取适当参考定位视图,创建如图 9-52 所示的主视图。

(3) 创建全剖的左视图。点击【布局】选项卡→【模型视图】组→【投影】,在主视图右边适当位置单击,建立左视图。

(4) 双击左视图,激活【绘图视图】对话框,选择【2D 横截面】,点击 + 按钮,创建一个新的剖视,选择横截面 A。【剖切区域】选项选择【完全】。在横截面列表中拖动水平滚动条,单击【箭头显示】视图收集器,并在绘图上选取主视图为横截面位置及投影方向标注的视图，如图 9－53 所示。

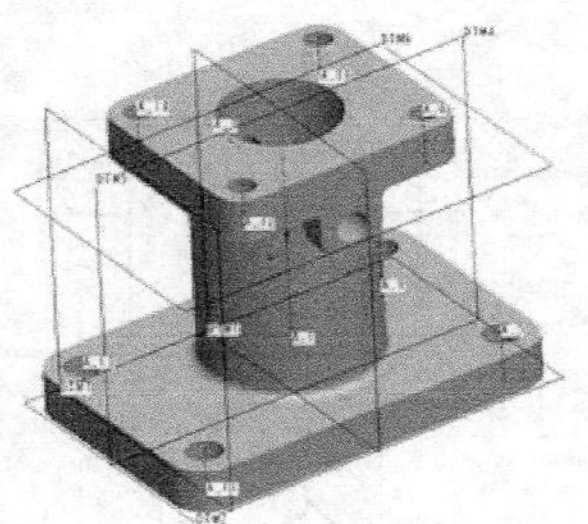

图 9－51　零件模型

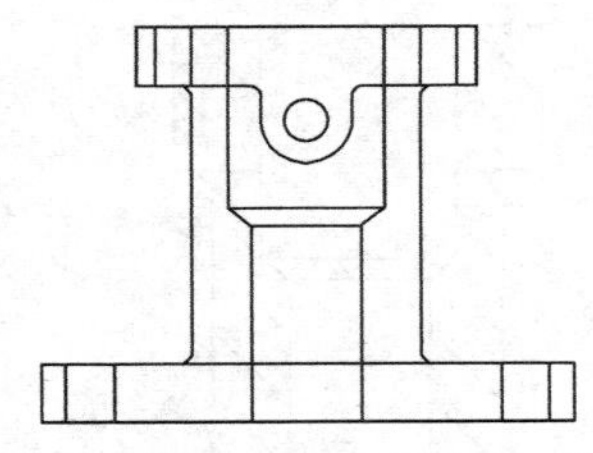

图 9－52　主视图

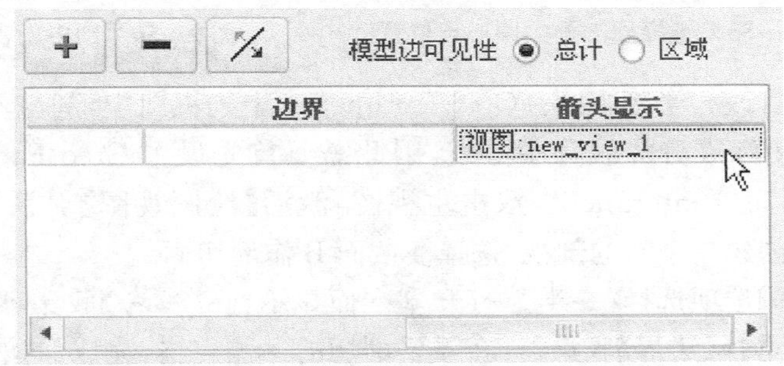

图 9－53　【绘图视图】对话框（截面→箭头显示）

（5）点击 应用 按钮，此时可建立全剖的左视图，如图 9－54 所示。

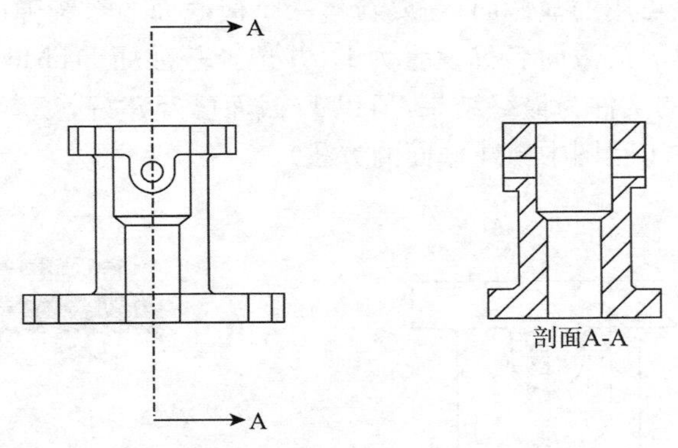

图 9－54　全剖的左视图

（6）在左视图的剖视图中再做一个局部剖视，以表达左视图底板上的孔的结构，这种剖视的方法又称作“剖中剖”。采用这种表达方法时，两个横截面的横截面线应该同方向、同间隔，但要相互错开，并用引出线标注。具体步骤如下：

① 点击【绘图视图】对话框中的 + 按钮（图 9－53 所示），创建一个新的剖视。选择横截面 C 作为其剖切面，【剖切区域】选项选择【局部】。

② 系统提示“选取截面间断的中心点＜C＞”，在左视图右下角底板孔位置处选择一点。如图 9－55 所示。

③ 绘制样条曲线定义局部剖视图的边界，如图 9-55 所示，点击 确定 按钮，得到图 9-56 所示的剖中剖视图。

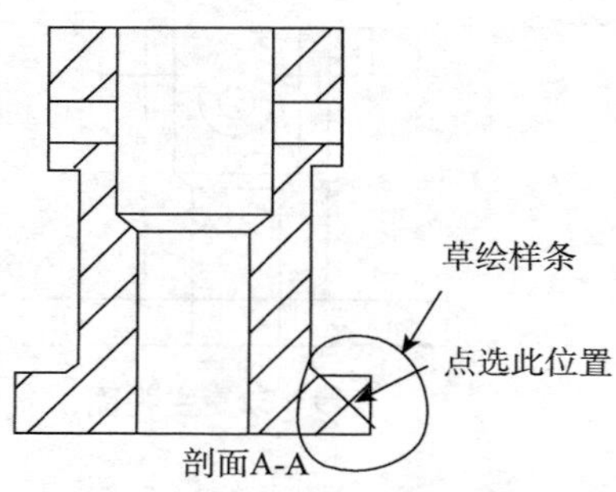

图 9-55 选择局部剖的中心点位置

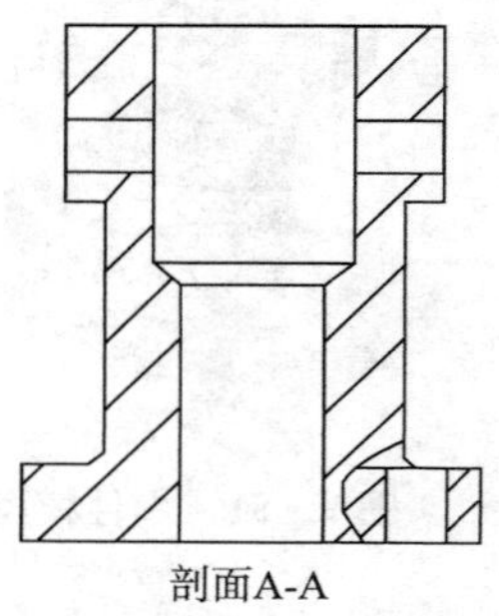

图 9-56 剖中剖视图

(7) 将主视图修改为半剖视图。Creo Parametric 半剖视图中，剖与不剖的分界线默认为实线，而我国制图标准分界线为中心线，因此需要首先设置 Creo Parametric 绘图选项"half_section_line"为"centerline"。双击主视图，激活【绘图视图】对话框，选择【2D 横截面】，点击 + 按钮，创建一个新的剖视，选择横截面 B 作剖切面。

(8)【剖切区域】选项选择【一半】，打开基准面显示，在【参考】收集器中选择 DTM1 作为半剖的分界面。选择【边界】收集器，在需要剖切的一侧点击，完成后按【确定】，可建立如图 9-57 所示的半剖视图。

(9) 最后建立半剖的俯视图，先利用【投影】类型的视图来建立模型的俯视图。

(10) 双击俯视图，激活【绘图视图】对话框，选择【2D 横截面】，点击 + 按钮，创建一个新的剖视，此时无直接可用的横截面，需要新建一个横截面。系统弹出横截面创建菜单，如图 9-58 所示，将创建的横截面名称设置为 D，并选择基准面 DTM6 作为横截面（说明：由于本书所附电子档中的文件为最终结果，所以 D 截面已经建好，读者可以先在零件中将 D 截面删除，然后练习在工程图中新建截面的方法）。

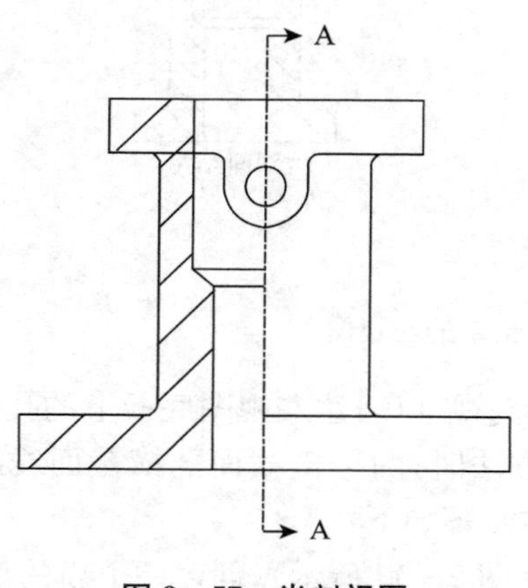

图 9-57 半剖视图

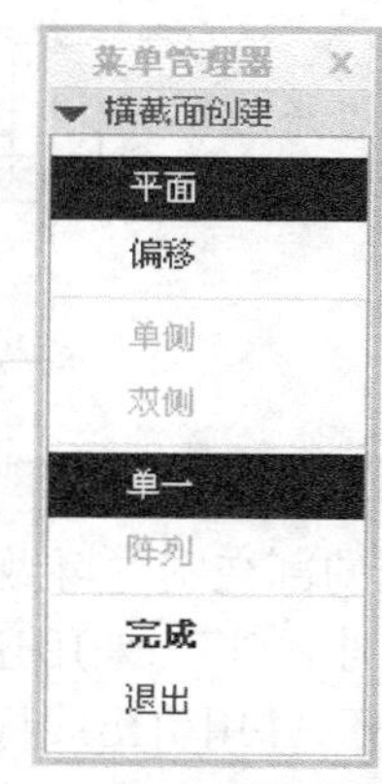

图 9-58 横截面创建

(11)【剖切区域】选项选择【一半】，选择 DTM5 作半剖分界面，选取俯视图前侧作为剖切区域，完成后点击 确定 按钮退出。

(12) 在图形的右下方创建零件的等轴侧图。首先创建一个常规视图,在【绘图视图】对话框【视图类型】选项卡【默认方向】下拉框中选取“等轴侧”,如图 9 - 59 所示,然后通过【视图方向】下的【角度】选项,绕“A_1”轴线将视图旋转 90°,如图 9 - 60 所示,使轴侧图的视图方向与零件图的方向保持一致,最后设置轴侧图的视图比例、视图显示方式等。

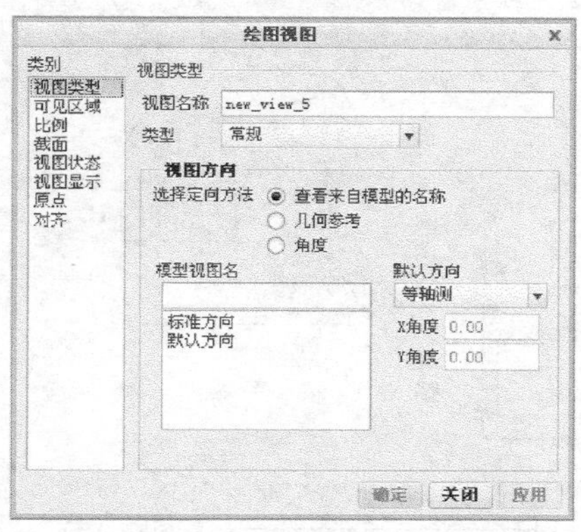

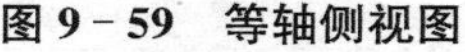
图 9 - 59　等轴侧视图

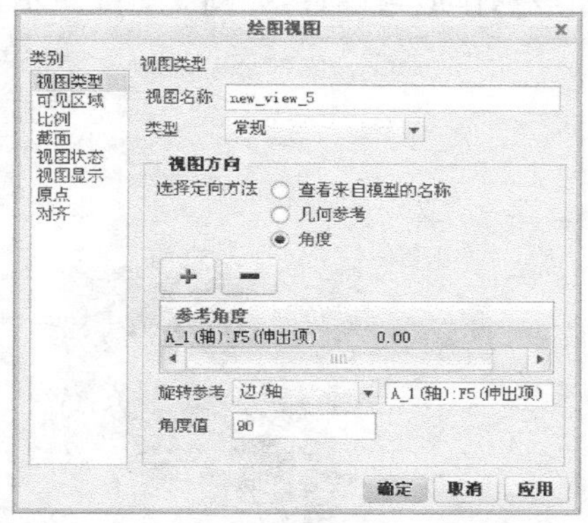

图 9 - 60　调整等轴侧视图的方向

(13) 选择【注释】选项卡→【注释】组→【显示模型注释】,弹出【显示模型注释】对话框,通过该对话框显示视图中相关的轴线,得到如图 9 - 61 所示的零件表达视图,保存文件。

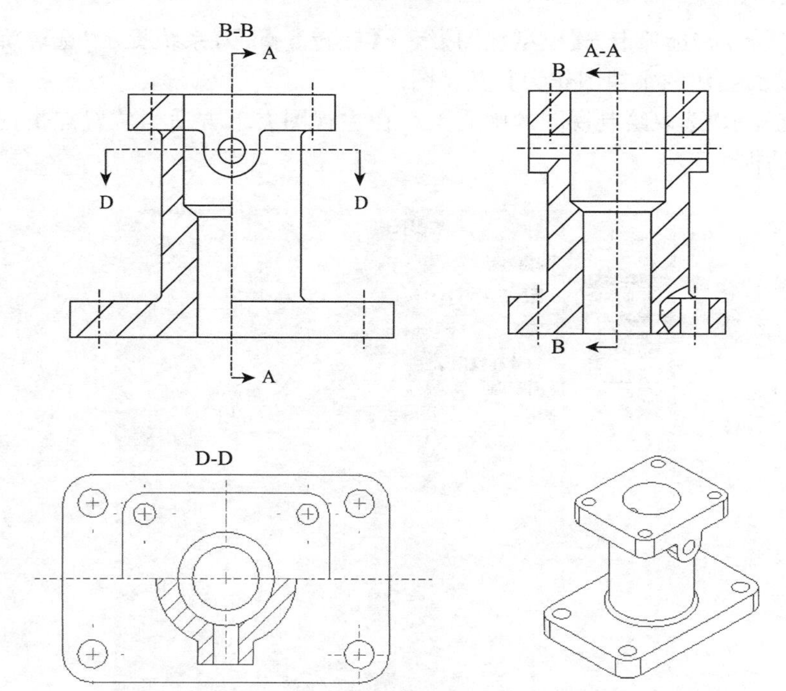

图 9 - 61　零件视图表达结果

9.3.2　创建旋转视图(斜剖视或移出断面)

旋转视图可用于创建剖切面与当前投影面垂直的斜剖视图或者移出断面。

【例 8】 旋转视图创建移出断面实例。

(1) 打开模型"xuanzhuanshitu.prt",如图 9-62 所示,图中指出了用于创建旋转视图的"C"横截面新建绘图文件"drw_xuanzhuanshitu"。

(2) 分别利用模型中"A"横截面和"B"横截面创建局部剖的主视图和全剖的俯视图,并对视图显示作适当设置,如图 9-63 所示。

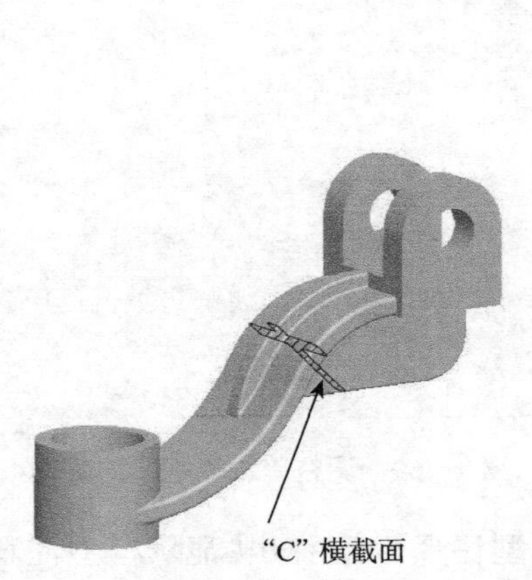

图 9-62 零件模型

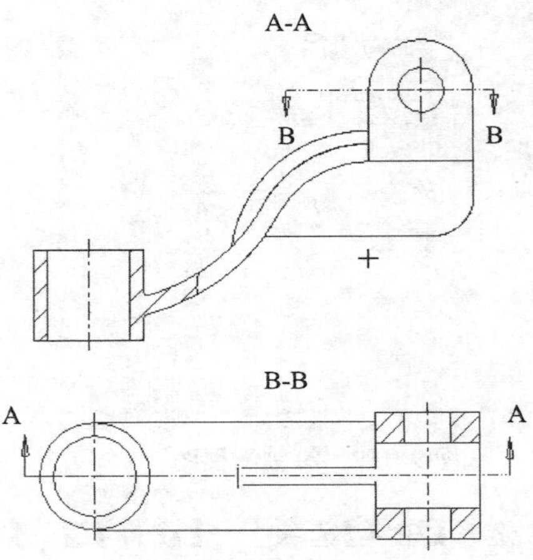

图 9-63 局部剖的主视图和全剖的俯视图

(3) 选择【布局】选项卡→【模型视图】组→【旋转】,系统提示"选取旋转截面的父视图",选择前面创建的主视图作为其父视图。

(4) 系统提示"选取绘制视图的中心点",在主视图右上方适当位置点击,弹出如图 9-64 所示的对话框。

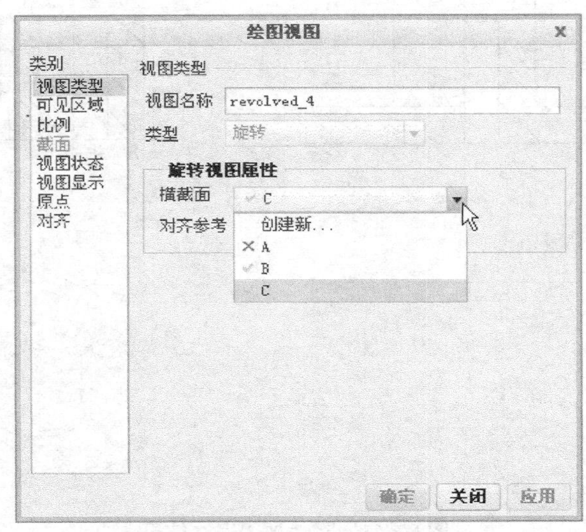

图 9-64 【绘图视图】对话框(旋转视图)

(5) 在【横截面】列表中可以选取已有横截面(剖截面)或创建一个新的横截面,如果绘图中不存在 2D 横截面，则需要创建一个新 2D 横截面。由于本模型中已经创建了用于旋转视图的横截面 C，我们直接选择该横截面。点击 确定 按钮，即可使用旋转视图创建如图 9－65 所示的移出断面。剖切面为投影面垂直面的斜剖视图的创建方法与此类似。

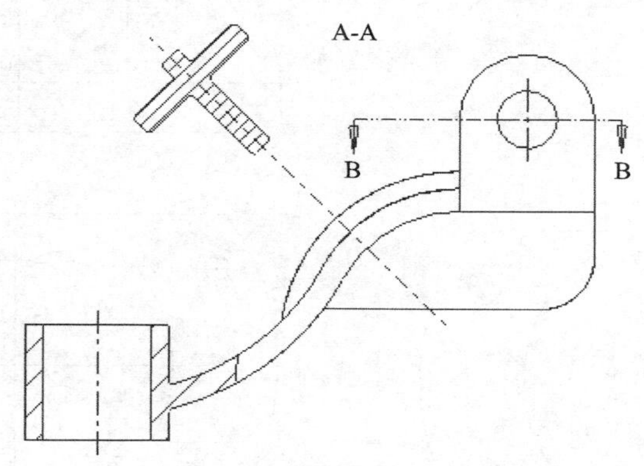

图 9－65　旋转视图

(6) 保存绘图文件。

9.3.3　旋转剖、阶梯剖和剖面展开图

最后，我们再通过几个实例来简单说明旋转剖视图、阶梯剖视图及剖面展开图的绘制，这些剖视图都是由多个剖切面形成的。

旋转剖视图剖切面中可以包含圆柱剖切面，该圆柱剖切面的轴线必须与旋转剖的旋转轴线同轴。各个平面剖切面要通过旋转剖的旋转轴线，如果被剖开的结构为倾斜结构，则先将其旋转至与投影面平行，然后再向投影面上进行投影。这些剖视图中的剖切面(横截面)既可以在模型中创建，也可以在设置视图横截面时创建，创建横截面的类型是【偏移】，具体横截面的创建方法请参考 4.8 节“横截面的创建和编辑”中的相关内容。

【例 9】　旋转剖的创建实例。

(1) 打开模型“xuanzhuanpou3.prt”。

(2) 新建一个绘图文件“drw_xuanzhuanpou3”，建立如图 9－66 所示的俯视图，视图类型为【常规】视图，显示视图中所有的轴线。

(3) 执行【文件】菜单→【准备】→【绘图属性】，得到图 9－2 所示的【模型属性】对话框，点击【详细信息选项】后的【更改】选项，弹出【选项】对话框，如图 9－3 所示，设定绘图参数“show_total_unfold_seam”为“no”，其默认值为“yes”，如该参数设置为“yes”，则在剖视图中显示剖切面之间的交线，而这不符合我国绘图标准，需设置该参数为“no”。

(4) 插入一个【投影】视图类型的主视图。双击该主视图，进入【绘图视图】对话框，选择【2D 横截面】，横截面选择模型中创建好的“A”，横截面 A 为模型中的【偏距】型横截面。【剖切区域】选择【全部(对齐)】，然后选择模型中的“A_2”轴作旋转剖的轴线，最后在【箭头显示】项参考中选择第(2)步中创建的俯视图。

(5) 完成后按 确定 按钮，并通过 Creo Parametric 2.0 系统的【注释】选项卡→【注释】组→【显示模型注释】按钮及【显示模型注释】对话框，显示视图中相关的轴线，可建立如

图 9 - 67 所示的旋转剖视图，保存文件。

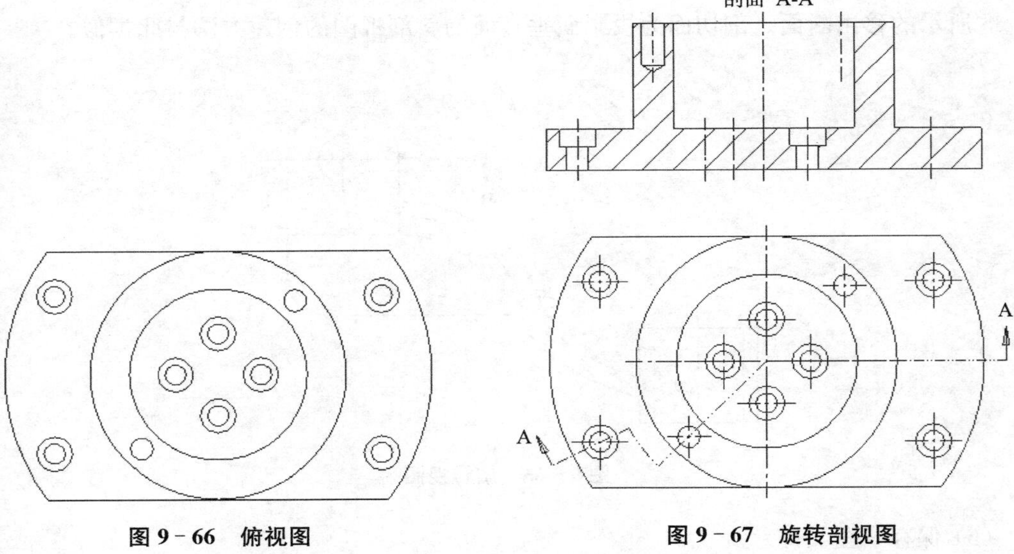

图 9 - 66　俯视图　　　　图 9 - 67　旋转剖视图

【例 10】　阶梯剖视图的创建实例。

(1) 打开模型“jietipou2.prt”。

(2) 新建一个绘图文件“drw_jietipou2”，建立如图 9 - 68 所示的左视图，视图类型为【常规】视图。

(3) 执行【文件】菜单→【准备】→【绘图属性】，得到图 9 - 2 所示的【模型属性】对话框，点击【详细信息选项】后的【更改】选项，弹出【选项】对话框，如图 9 - 3 所示，设定绘图参数“show_total_unfold_seam”为“no”。

(4) 插入一个【投影】视图类型的主视图。双击该主视图，进入【绘图视图】对话框，选择【2D 横截面】，横截面选择模型中创建好的“A”，横截面 A 为模型中的【偏距】型横截面。【剖切区域】选择【完全】，【箭头显示】项参考中选择第(2)步中创建的左视图。

(5) 设置【绘图视图】对话框【视图显示】选项中的【显示样式】为【消隐】，【相切边显示样式】为【无】。

(6) 完成后按 确定 按钮，并通过 Creo Parametric 2.0 系统的【注释】选项卡→【注释组】→【显示模型注释】按钮及【显示模型注释】对话框，显示视图中相关的轴线，可建立如图 9 - 69 所示的阶梯剖视图，保存文件。

【例 11】　剖面展开图常用于多个横截面旋转剖切的展开，下面给出一个剖面展开图实例。

(1) 打开模型“zhankai.prt”。

(2) 新建一个绘图文件“drw_zhaikai”，并建立模型主视图和左视图，其中主视图和俯视图类型均为【常规】视图，通过【绘图视图】对话框中的【视图显示】选项卡，设置【显示样式】为【消隐】，【相切边显示样式】为【无】，并通过 Creo Parametric 2.0 系统的【注释】选项卡→【注释组】→【显示模型注释】按钮及【显示模型注释】对话框，显示视图中相关的轴线，结果如图 9 - 70 所示。

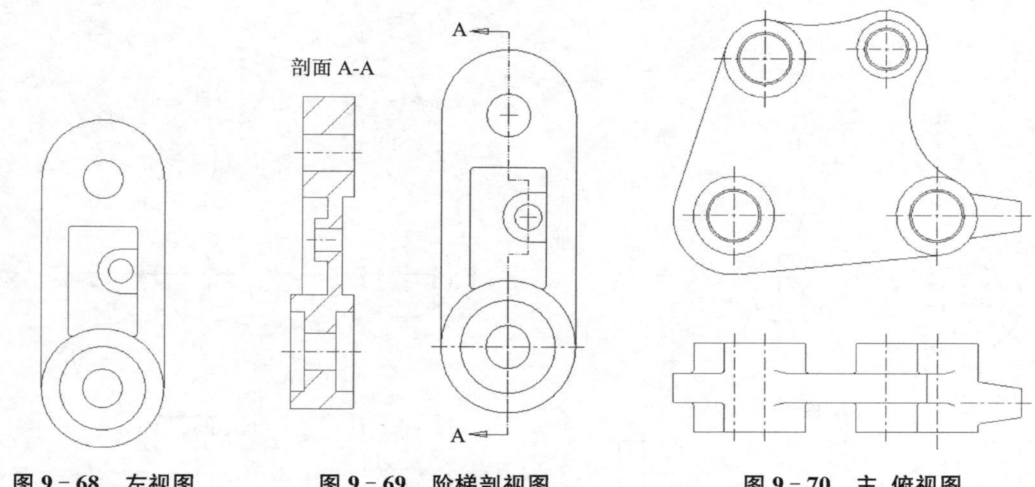

图 9－68　左视图　　图 9－69　阶梯剖视图　　图 9－70　主、俯视图

(3) 下面将俯视图修改为剖面展开图，双击前面建立的主视图，进入【绘图视图】对话框，选择【2D 横截面】，横截面选择模型中创建好的“A”，【剖切区域】选择【全部(展开)】，【箭头显示】项参考中选择第(2)步中创建的主视图。

注意：横截面展开图只能在【常规】视图上进行，而不能在【投影】视图上进行，并且创建横截面展开图的常规视图不能包含投影子视图。【常规】视图转为横截面展开图后，不能再作为投影视图的父视图，并且不能再恢复为【无横截面】视图。另外，与前面的旋转剖不同，横截面展开图不要求所有的剖切面都通过同一条旋转轴线。

(4) 因为两个视图均为“常规”视图，两者之间没有投影关系，但这两个视图之间仍然可以建立一定的“对齐”关系，通过【绘图视图】的【对齐】选项卡，完成视图之间对齐关系的建立，首先双击展开的俯视图，在弹出的【绘图视图】对话框中选择【对齐】选项卡，在【将此视图与其他视图对齐】参考中选择主视图，最后在两个视图中分别选择对齐参考的几何元素，如图 9－71 所示。

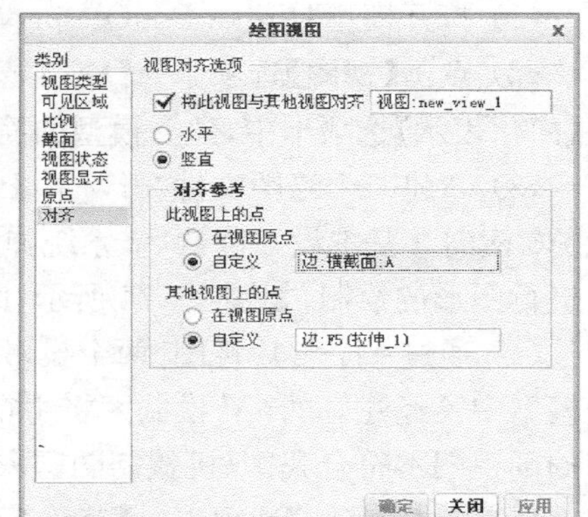

图 9－71　对齐视图

(5) 完成后按 确定 按钮，可建立如图 9－72 所示的剖面展开图。

(6) 保存文件。

图 9－73 给出了利用同样的横截面创建的【剖切区域】为【完全】的全剖俯视图(该视图方案不符合我国国家制图标准)，与图 9－72 相对比，我们可以很容易地看出两者之间的差异。

9.3.4　筋板纵向剖切的剖视图

我国《机械制图国家标准》规定，对于机件的肋(筋板)、轮辐及薄壁等，如按纵向剖切，这些结构均应按不剖来绘制，用粗实线将它与其邻接部分分开。而 Creo Parametric 2.0 不

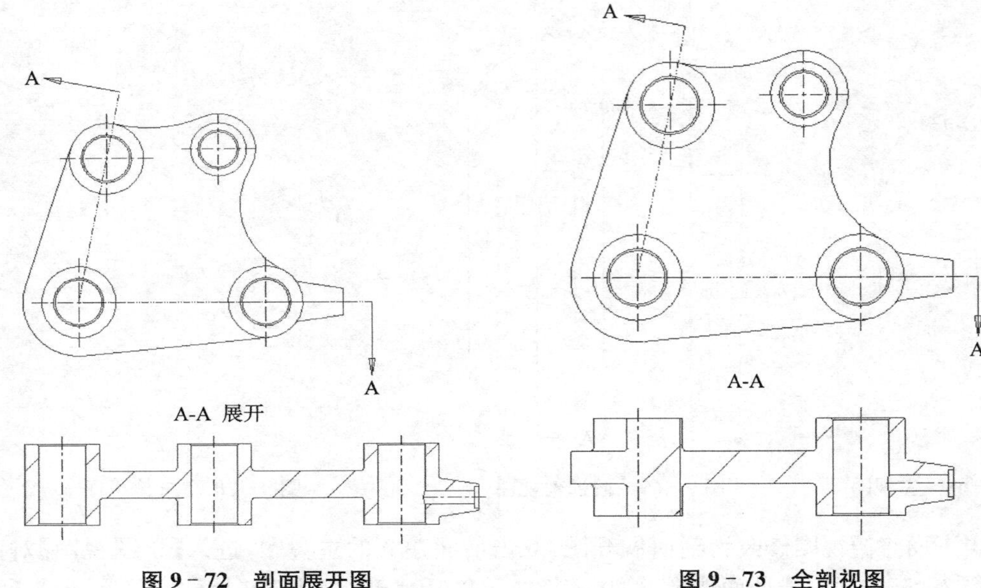

图 9-72　剖面展开图　　　　图 9-73　全剖视图

能自动生成符合要求的筋板纵向剖切表达，解决这个问题的一个基本思路是：建立零件的简化表示，利用零件简化表示模型生成各个基本视图，然后在视图中将筋板相关的图形元素绘制出来，再编辑零件的简化表示，排除筋板特征，最后生成剖视图即可。下例说明了在Creo Parametric 2.0 中筋板等薄壁结构纵向剖切时剖视图表达的典型方法。

【例 12】 筋板纵向剖切剖视图创建实例。

(1) 打开模型“JinBanPouQie.prt”。

(2) 点击【视图】选项卡→【模型显示】组→【管理视图】，在弹出的【视图管理器】对话框【简化表示】选项卡中，建立模型的简化视图——“RepJinBan”。

(3) 新建一个绘图文件“drw_JinBanPouQie.drw”，不要使用缺省模板，格式为“空”，图纸 A3 横向。基本设置确认后，系统弹出绘图模型【打开表示】对话框，提示用哪一个简化表示进行图形的绘制，如图 9-74 所示，此处选择“RepJinBan”，系统进入绘图模块。

(4) 通过一个常规视图、两个投影视图，分别建立模型的主视图、俯视图和左视图，并通过模型中已经建好的“A”横截面将主视图全剖，如图 9-75 所示，显然主视图中筋板纵向剖切的剖视图不符合我国《机械制图国家标准》的规定。

(5) 点击【草绘】选项卡→【草绘】组→【使用边】，按住键盘上的【Ctrl】键，选择图形中与筋板特征相关的 12 条边线，主视图中 2 条边线，左视图中 4 条边线，俯视图中 6 条边线，如图 9-76 所示。

(6) 选中主视图中的两条筋板边线，点击【草绘】选项卡→【组】组→【与视图相关】，然后再选择主视图，完成主视图中的筋板边线与主视图的相关，保证主视图移动时，这两条筋板边线会随之一起移动。类似的，完成另外两个视图中各个筋板边线与相应视图的相关。

(7) 激活“JinBanPouQie.prt”零件窗口，通过【视图管理器】对话框，编辑简化表示——“RepJinBan”，排除左右两个筋板特征，如图 9-77 所示。在视图管理器中保存“RepJinBan”简化表示，并保存零件。

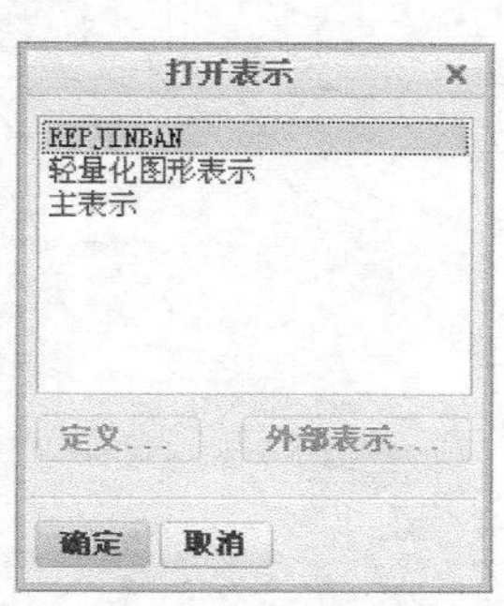

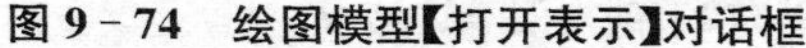

图 9-74　绘图模型【打开表示】对话框

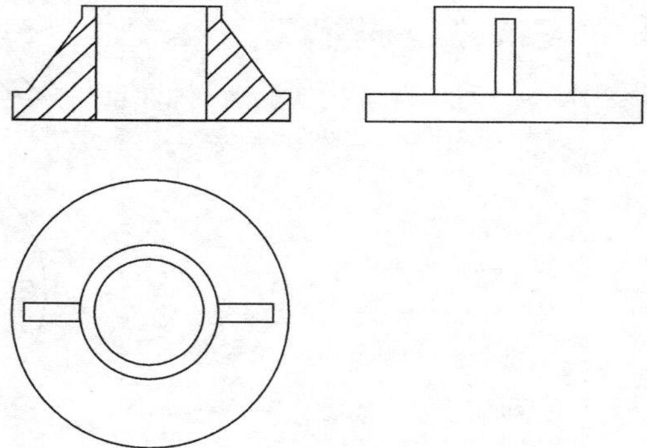

图 9-75　模型的三视图

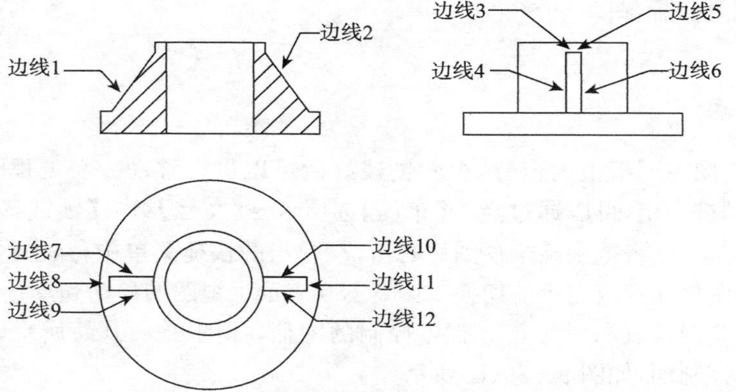

图 9-76　绘制筋板特征相关的边线

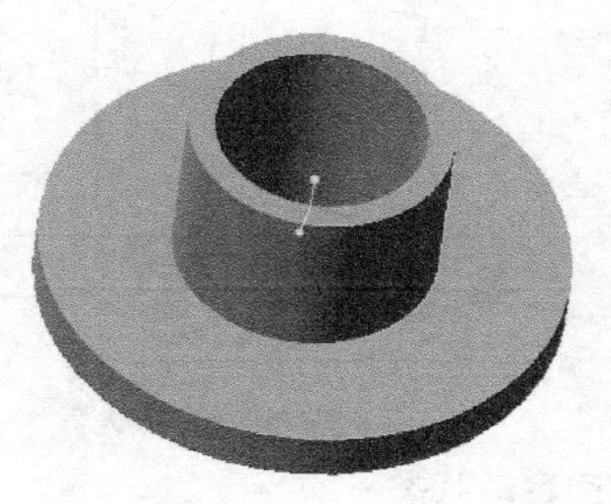

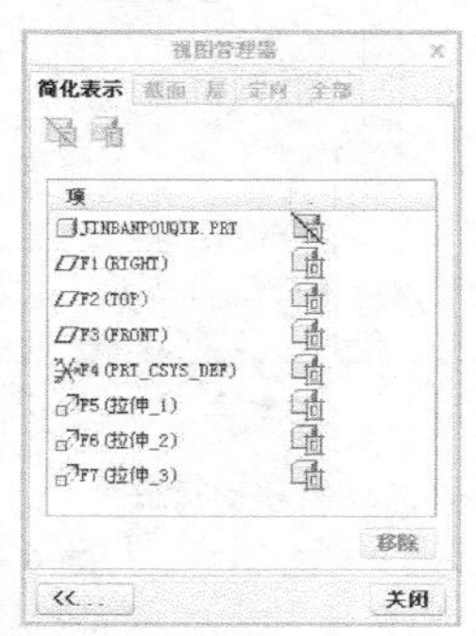

图 9-77　简化表示中排除掉左右筋板特征

(8) 激活绘图文件“drw_JinBanPouQie.drw”，此时筋板剖切的剖视图已经规范表达出来。选择【注释】选项卡→【注释】组→【显示模型注释】，在【显示模型注释】对话框中选择【显示模型基准】→【轴】，按住键盘上的【Ctrl】键分别选择三个视图，最后在【显示模型注释】对话框中选中所有的轴线，如图 9-78 所示，点击 确定 按钮，即可完成视图中所有轴线的显示。图 9-79 给出了剖视图的最终表达结果。

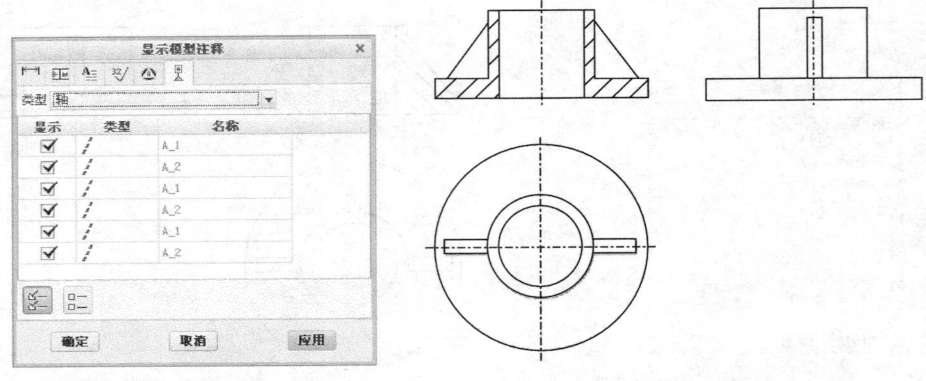

图 9-78　显示模型中的轴线　　　　图 9-79　剖视图表达结果

9.4　视图的编辑

9.4.1　移动视图

为了调整视图在图纸上的位置，视图创建好后可以进行移动。在工程图初始创建时，各个视图的移动被锁定，可以通过点击【布局】选项卡→【文档】组→【锁定移动】，来锁定或解锁视图的移动；或者选中某个视图后右击，在弹出的快捷菜单中，点击【锁定视图移动】菜单项，实现视图移动锁定与否的切换。图 9-80 表示了视图的移动和禁止移动两种状态，视图可移动时，其四角点和中心点上有可控制的图柄，如图 9-80(a)所示，视图不可移动时，则没有任何控制柄，如图 9-80(b)所示。

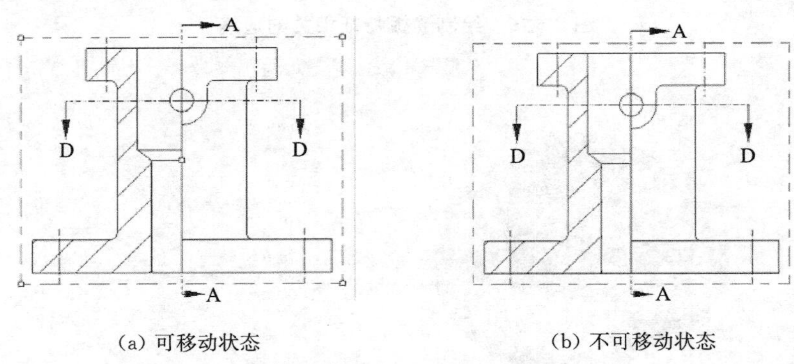

(a) 可移动状态　　　　(b) 不可移动状态

图 9-80　视图移动状态

移动视图的步骤是，先选中要移动的视图，设置视图为可移动状态，然后将鼠标置于要移动的视图上，鼠标形状变为时，可按下鼠标左键直接拖动视图。也可以在视图上右击，弹出如图 9-81 所示的菜单，在弹出的【移动特殊】对话框中输入移动视图的 X 和 Y 的数值，如图 9-82 所示，利用该对话框还可以将某个视图控制点移动到某目标捕捉点。

关于视图移动的几点说明：

(1) 切换视图移动锁定状态操作时，对当前绘图中的所有视图均有效，当前绘图中所有视图(包括选定视图)的移动锁定状态均保持一致。

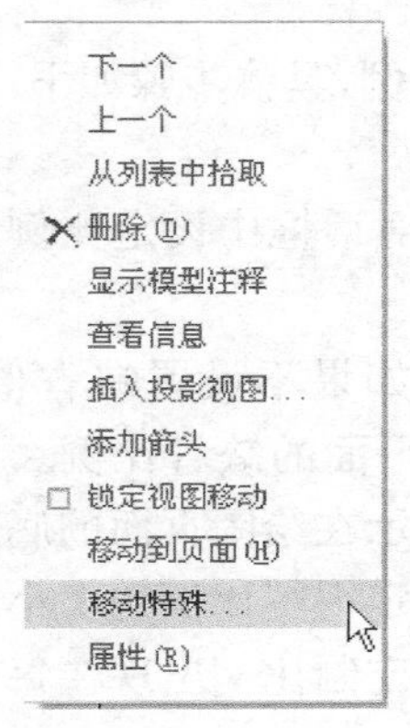

图 9-81　视图快捷菜单

图 9-82　【移动特殊】对话框

(2) 在移动视图时，系统会自动保证视图之间的投影关系。【常规】视图、【详细】视图可以自由移动，与其有投影关系的其他相关视图则会作相应的移动。而投影子视图为了保证与父视图的关系，一般只能沿某一个方向移动。

(3) 如果无意中移动了视图，在移动过程中可按【Esc】键，使视图快速恢复到原始位置。

(4) 移动视图时，即使模型更改，投影视图间的对齐和父/子关系保持不变。

9.4.2　修改视图

在工程图设计过程中，如果对设计的视图不满意，可以对其进行修改，可对视图类型、视图比例、视图名称、重定向、横截面、边界等进行修改。由于修改操作是针对视图设计过程而设定的，其可修改内容与设计内容是对应的。而视图修改对话框就是前面的视图创建过程中多次出现过的【绘图视图】对话框，故不再做详细介绍。

在要修改的视图上双击，或者选中要修改的视图右击，在弹出的快捷菜单中选择【属性】，即可打开【绘图视图】对话框。

(1) 修改边界

① 修改边界是对局部视图或者详细视图的边界进行修改，其操作步骤如下：

② 双击要修改的视图，打开【绘图视图】对话框。

③ 对于局部视图，进入【绘图视图】对话框的【可见区域】选项，在【样条边界】收集器中单击，然后可以重新绘制样条边界。对于详细视图，进入【绘图视图】对话框的【视图类型】选项，然后在【父视图上的样条边界】收集器中单击，最后在其父视图上重新绘制样条边界，绘制样条边界的过程和要求参见视图的创建。

④ 按 确定 或 应用 按钮即可。

(2) 修改视图类型、名称等，操作步骤如下：

① 双击要修改的视图，打开【绘图视图】对话框。

② 在对话框中的【视图类型】选项中可以修改视图的基本类型、视图名称。修改视图类型时，若将常规视图修改为投影视图时，必须继续为其指定投影的父视图；而若将投影视图修改为常规视图，将与原父视图脱离投影关系。

③ 在对话框的【可见区域】和【截面】等选项卡中可以进一步修改视图类型等。

(3) 修改视图的比例

视图比例的修改只适用于【常规】视图和【详细】视图的视图比例，具体步骤如下：

① 双击要修改的视图，打开【绘图视图】对话框。

② 打开对话框中的【比例】选项，如图 9 - 83 所示，可在选项对话框中设定比例。可在绘图中使用下列类型的比例：

- 【页面的默认比例】——根据缺省值确定绘图视图大小。如果不设置缺省值，Creo Parametric 2.0 会根据页面尺寸大小和模型尺寸确定每一页面的缺省比例。该比例适用于未应用定制比例的视图或透视图。绘图页面比例显示在绘图页面的底部。
- 【自定义比例】——使用在【自定义比例】框中键入的数值确定视图比例的大小。修改绘图页面比例时，定制视图不变，因为比例因子是独立的。定制比例出现在每个视图的下方，在注释"比例＜值＞"中显示。
- 【透视图】——使用来自模型空间的观察距离和视图直径(如 mm)的组合来确定视图大小。此比例选项仅适用于常规视图。

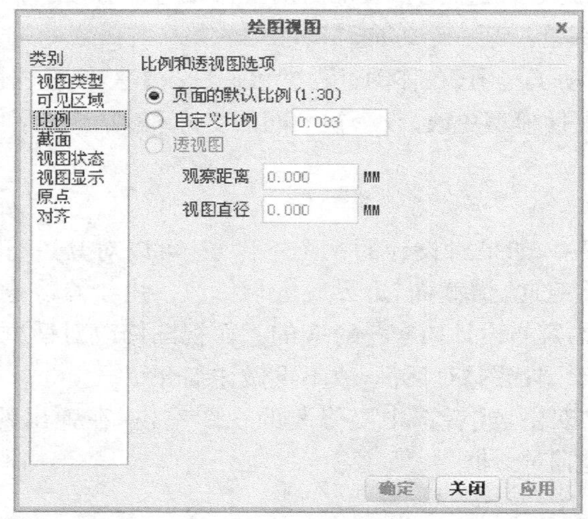

图 9 - 83 【绘图视图】对话框(修改比例)

通过以上设置，即完成了视图比例的修改。修改了某个视图的绘图比例后，所有相关的父/子视图(投影视图、破断视图等)都会相应的更新，以保证投影关系。

(4) 重定向视图

重新定向是指在视图已经根据相关参考定义完成后，想重新对视图进行定向所做的操作，该操作主要用于【常规】视图。具体步骤如下：

① 双击要修改的视图，打开【绘图视图】对话框。

② 在对话框中的【视图类型】选项中的【视图方向】设定栏中进行设定，如该视图存在子视图则弹出如图 9 - 84 所示的确认对话框。具体设定方法参见 9.2 节。

修改视图方向后，相关的子视图投影方向及位置也会发生相应变化，以保持合理的投影关系。

(5) 修改视图显示

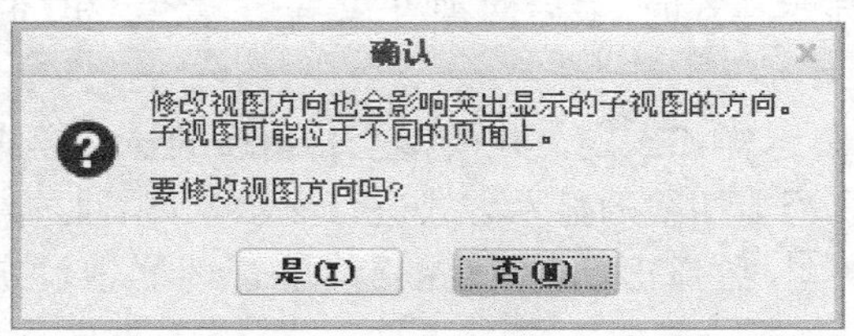

图 9－84　修改视图方向

【绘图视图】中对话框中的【视图显示】选项，主要用来设定视图中各种线、面的显示方式，具体设置步骤如下：

① 双击要修改的视图，打开【绘图视图】对话框。

② 打开对话框中的【视图显示选项】，如图 9－85 所示。

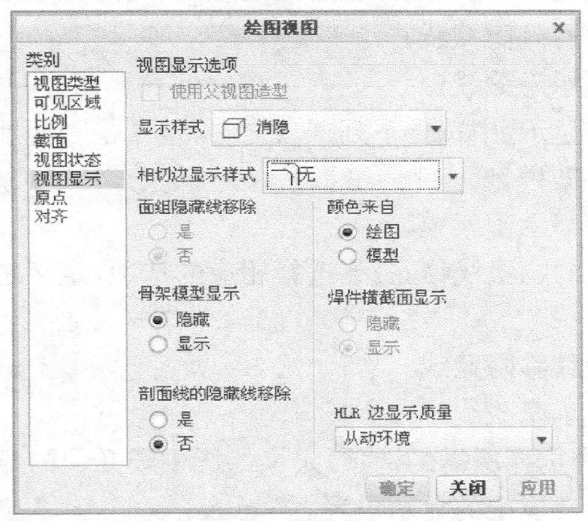

图 9－85　【绘图视图】对话框(视图显示)

③ 通过选取【显示样式】列表中的选项来设定视图及隐藏边(不可见边)的显示方式：

● 从动环境——将当前视图的显示方式与系统的当前显示样式保持一致。可以通过点击【视图】选项卡→【模型显示】组→【显示样式】或【图形工具栏】→【显示样式按钮】，来设定系统的系统当前的显示样式。修改系统显示样式后，将影响所有绘图中显示样式为“从动环境”的视图的显示方式，也影响到所有三维模型的显示方式。

● 线框——以线框形式显示所有边。

● 隐藏——以隐藏线(系统设定为颜色较浅的线，可自行设定)显示不可见边。

● 消隐——视图中不显示隐藏边。

● 着色——以着色的方式显示模型。

● 带边着色——以着色方式显示模型的同时，以黑色线条显示模型的边线、轮廓线等。

机械制图基本都是用线框的方式来显示，而不会用着色的方式显示，因而，从 Creo Parametric 1.0 开始，绘图视图的显示方式均为线框的方式。如果修改系统显示样式为“着色”或“带边着色”方式时，将会将显示样式为“从动环境”的视图的显示方式设置为“线框”的方式。而设置绘图视图的显示样式时，最后两种方式——“着色”和“带边着色”也将自动变成不可选择状态。

④ 通过选取相切边显示样式来定义在模型上相切边的显示样式：

- 默认——使用系统当前切线的显示方式进行显示，可以通过点击【布局】选项卡→【编辑】组→【边显示】，在弹出的【边显示】菜单管理器中设定系统当前切线的显示方式。
- 无——不显示相切边，该选项符合我国制图标准。
- 实线——显示相切边。
- <edge_dimmed>灰色——以灰色显示相切边。
- 中心线——以中心线型显示相切边。
- 双点划线——以虚线显示相切边。

⑤ 通过在【面组隐藏线移除】中选择合适的选项，确定是否移除面组的隐藏线：

- 是——将从视图中移除隐藏线。
- 否——在视图中显示隐藏线。

⑥ 通过在【骨架模型显示】中选择下列选项之一，定义是否显示骨架模型：

- 隐藏——不显示骨架模型。
- 显示——在视图中显示骨架模型。

⑦ 通过在【横截面线的隐藏线移除】下选择相应的选项，定义是否启用或禁用横截面线的隐藏线：

- 是——将从视图中移除隐藏线。
- 否——在视图中显示隐藏线。

⑧ 通过在【缆显示】中选择所需的选项，定义绘图中缆几何的显示方式：

- 默认——使用系统环境中的显示设置。
- 中心线——以中心线型显示缆几何。
- 粗——以粗线型显示缆几何。

⑨ 通过在【颜色来自】下选择下列选项之一，定义绘图查找颜色指定的位置：

- 绘图——绘图颜色由绘图设置决定。
- 模型——绘图颜色由模型设置决定。

注意：处理装配的模型颜色和绘图中分配的绘图颜色始终被所有现存的处理装配颜色取代。

⑩ 通过在【焊件横截面显示】下选择下列选项之一，定义在视图中是否显示焊件横截面：

- 隐藏——在视图中不显示焊件横截面。
- 显示——在视图中显示焊件横截面。

9.4.3 拭除与恢复视图

在工程图模块中，拭除视图与零件模块中的特征隐含的作用类似，可将某些视图暂时隐藏，待需要时再将其恢复，具体操作如下：

(1) 拭除视图的操作如下：

① 点击【布局】选项卡→【显示】组→【拭除视图】。

② 系统提示"选择要拭除的绘图视图。"，在绘图区点击选择要拭除的视图。

③ 根据需要，可以继续选择其他要拭除的视图。

④ 如果在其他视图中存在与当前要拭除视图相关的剖视图的标注、详图的标注等，则系统会提示用户是否连同这些标注一起删除。

拭除视图的实例如图 9－86 所示。

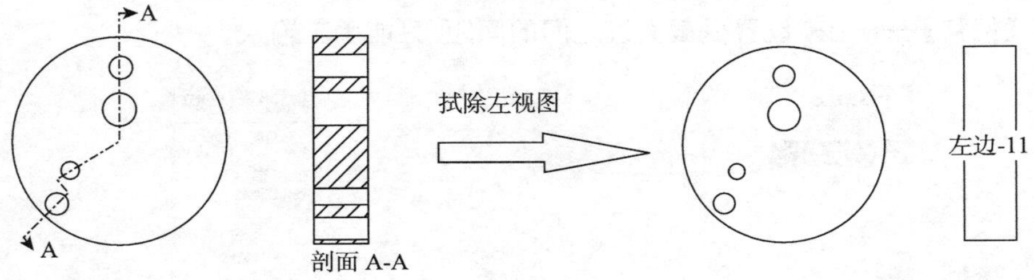

图 9－86　拭除视图

(2) 恢复视图的操作如下：

① 选择【布局】选项卡→【显示】→【恢复视图】。弹出图 9－87 所示的【视图名称】菜单管理器。

② 在【视图名称】菜单管理器中选择要恢复的视图，也可以在绘图区域直接选择被拭除的视图(被拭除的视图显示为一方框和该视图的名称)。如果要恢复所有被拭除的视图，可以在【视图名称】菜单管理器中执行【全选】命令；要取消所有视图的选择，则可执行【取消选取全部】菜单命令。

③ 选择好要恢复的视图后，选择【视图名称】菜单管理器中的【完成选择】，即可完成对所选视图的恢复。

视图被恢复后将以先前的方式重新显示。

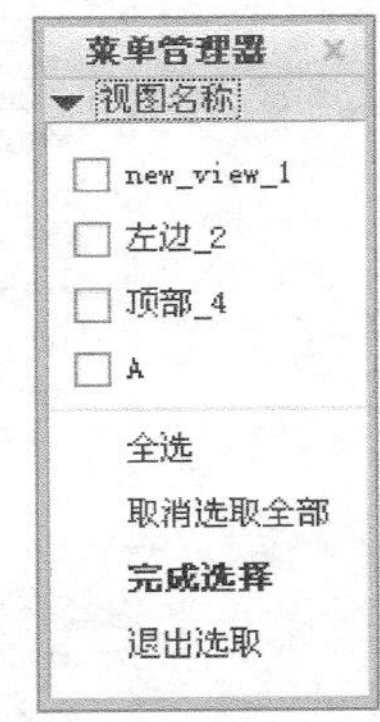

图 9－87　【视图名称】菜单管理器(恢复视图)

9.4.4　删除视图

将已经创建的视图从绘图区域中删除，需要进行以下操作：

(1) 在视图区选中要删除的视图右击。

(2) 在弹出的菜单中选择【删除】，或直接按键盘上的【Del】键。

(3) 在弹出的确认窗口中选择【是】按钮，完成对视图的删除。

注意： 删除视图时，如果该视图存在子视图，则提醒用户会将它们一并删除。视图删除之后不能恢复，所以必须谨慎。

9.4.5　修改横截面上的剖面线

在工程图模块中也可以修改横截面上剖面线的属性，可以通过右击视图中的横截面线，在弹出的快捷菜单中选择【属性】，或直接双击横截面线，可弹出【修改横截面线】菜单管理器，如图 9－88 所示，从中可对横截面线作如下修改：

(1)【间距】——设置修改横截面线的疏密程度。在【修改横截面线】菜单管理器中选择【间距】,然后在【间距】选项中选择、调整横截面线之间的间距,如图 9-89 所示。装配图剖视中,《机械制图国家标准》规定实心的轴、杆等零件纵向剖切时按不剖处理,除了可以用类似 9.3.4 小节中筋板纵向剖切的简化表示处理方法之外,还可以通过增大这些零件上剖面线的间距来达到相同的效果。

(2)【角度】——用来设置横截面线的角度。选择了【角度】后,可以在下拉菜单中选择横截面线的角度或选择【值】,对横截面线角度进行输入。

(3)【偏移】——用来设置横截面线之间的间距,只能手工输入。

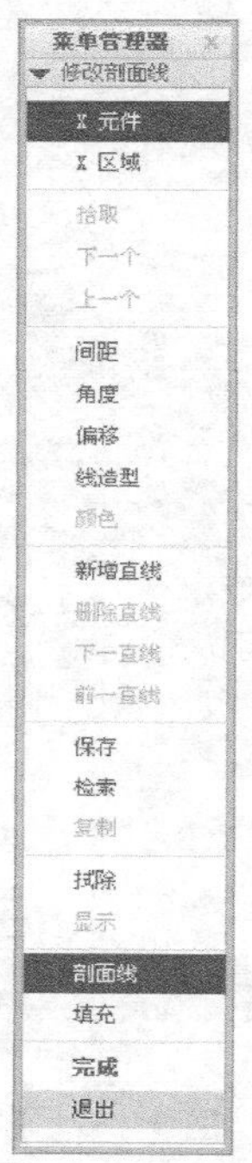

图 9-88 【修改横截面线】菜单管理器

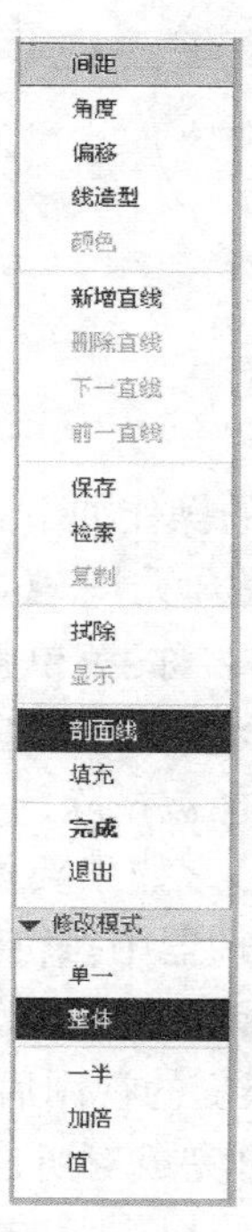

图 9-89 【修改横截面线】菜单管理器(间距)

(4)【线造型】——用来设置横截面线的线条样式。选择了【线造型】后,弹出图 9-90 所示的【修改线造型】对话框,从中可以选择或设置横截面线的线型、宽度、颜色等。

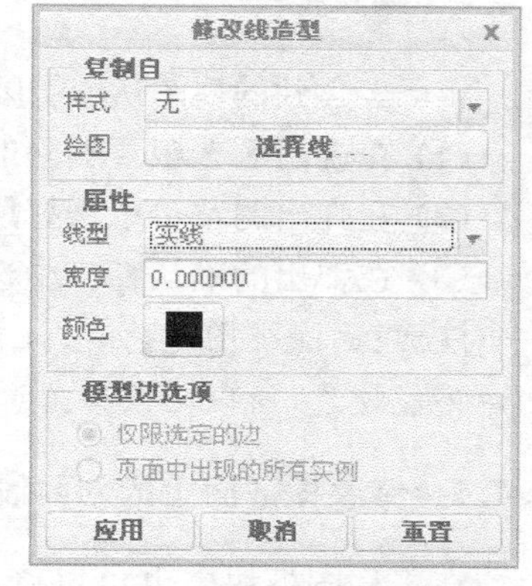

图 9-90 【修改线造型】对话框

(5)【新增直线】——在现有的横截面线的基础上再添加横截面线。用户可以利用它来创建网格线或者其他线型。

(6)【保存】——可将当前的横截面线样式进行保存。

(7)【检索】——设置的横截面线样式,包括填充图案,系统提供的有铝、铜、电气、玻璃、铁等形式的横截面图案。机械零件横截面线填充图案一般为"铁"的表示方式,即一般用相互平行、均匀分布的 45 度斜线的方式。

9.5　工程图的尺寸与注释

工程图中,除了各种视图外,尺寸、注释、公差等也是工程图中必不可少的部分。这些内容可以在视图上直接创建详细项目,也可以在视图上通过零件来创建。本节将介绍如何创建和编辑尺寸、公差、注释等。

9.5.1　标注尺寸

1) 尺寸的显示/拭除

选择【注释】选项卡→【注释】组→【显示模型注释】,系统会弹出【显示模型注释】对话框,通过该对话框中可以自动标注尺寸、几何公差、表面粗糙度等注释元素。

尺寸的显示有两种方法,分别是:

(1) 使用模型树来显示尺寸。使用模型树来显示尺寸是尺寸显示方法中最简便的一种方法,在模型树中,选择要显示尺寸的特征右击,则会弹出快捷菜单,如图 9 - 91 所示,执行【显示模型注释】选项,系统弹出如图 9 - 92 所示的【显示模型注释】对话框,对话框中自动列出与该特征相关的尺寸等信息,同时在工作区相关视图上自动标注出这些尺寸,在对话框中选择需要标注的尺寸,点击 应用 或 确定 按钮即可。

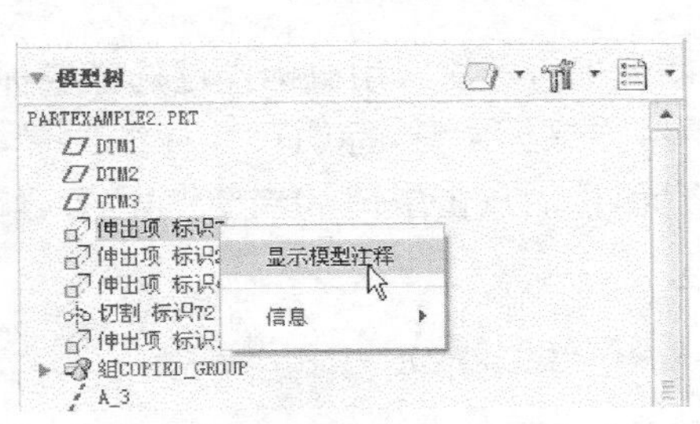

图 9 - 91　通过模型树来显示尺寸

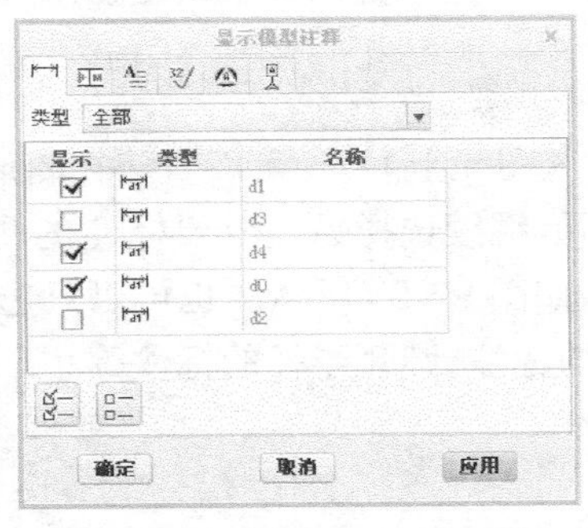

图 9 - 92　【显示模型注释】对话框

(2) 选择【注释】选项卡→【注释】组→【显示模型注释】,系统会弹出【显示模型注释】对话框,通过该对话框中可以自动标注尺寸、几何公差、表面粗糙度等注释元素,该部分操作相对容易,简单实例请参见 9.1.3 小节。

视图中得到尺寸、公差等对象后,可以通过鼠标拖动等方式改变这些对象在视图中的位置,可以在某个尺寸上右击,在弹出的快捷菜单中选择【反向箭头】改变箭头方向;也可以点击【布局】选项卡→【格式】组→【箭头样式】,系统弹出【箭头样式】菜单管理器,如图 9 - 93 所示。利用该菜单管理器中的各菜单项可对箭头样式进行修改,这部分内容较多、较杂,但操作相对简单,易于理解,限于篇幅,在此不再详细介绍,读者可自行练习。

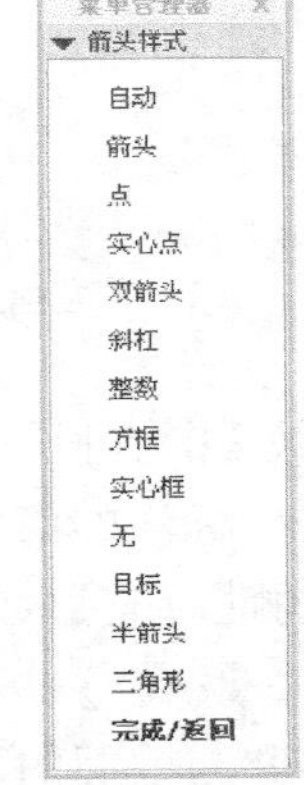

图 9 - 93　【箭头样式】菜单管理器

2）手工标注尺寸

通过【显示模型注释】对话框所标注的尺寸有时并不能完全满足实际的标注需求，这就要求用户手工标注尺寸。要使用手工标注，可以通过单击【注释】选项卡【注释】组中的【尺寸－新参考】及【尺寸－公共参考】、【纵坐标尺寸】及【自动标注纵坐标尺寸】、【参考尺寸－新参考】、【参考尺寸－公共参考】等 6 个按钮来实现。

要标注线性尺寸，可以选择【注释】选项卡→【注释】组→【尺寸－新参考】，弹出【依附类型】菜单管理器，如图 9－94 所示。菜单管理器中各菜单项的含义如下：

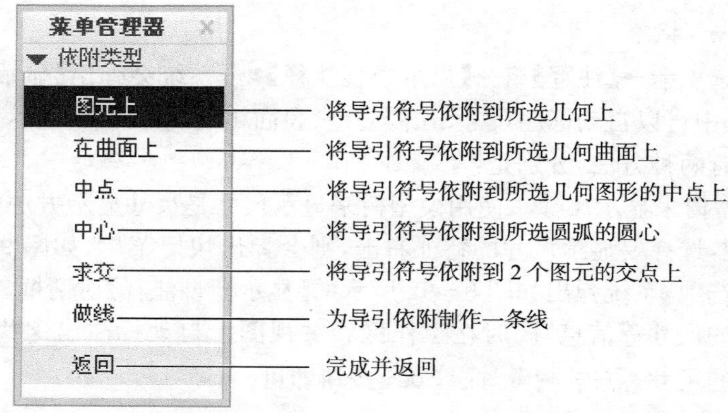

图 9－94 【依附类型】菜单管理器

（1）【图元上】——可以直接在图形中选择图元进行标注。用鼠标左键选择要标注的第一个图元，继续选择另一个要标注的图元，最后单击鼠标中键，标明尺寸标注位置，完成尺寸标注，如图 9－95 所示。也可以只选择一个图元，然后点击中键，指定尺寸位置，如某直线段长度的标注、圆弧半径的标注等。

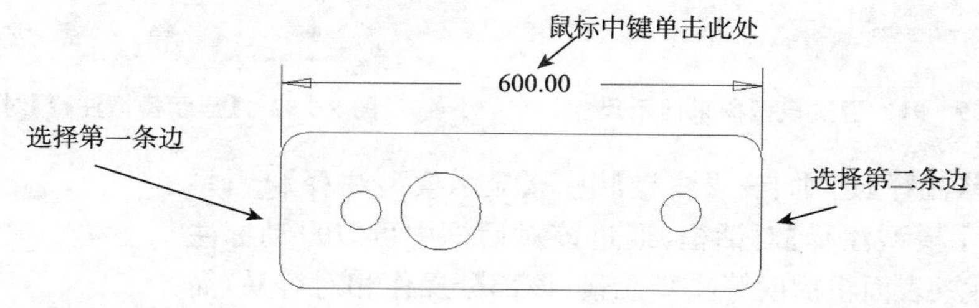

图 9－95 标注尺寸

（2）【中点】——可通过获取图元的中点来进行标注尺寸。单击要标注的第一个图元，再单击要标注的第二个图元，单击鼠标中键选择标注的位置，最后在【尺寸方向】菜单管理器中选择【垂直】，如图 9－96 所示。

（3）【中心】——用于将尺寸附着在图元的中心，如附着在圆、孔、曲线、曲面等。具体的操作步骤与前面的操作类似。

（4）【求交】——将尺寸的标注附着在两个图元的最近交点上，可以是虚焦点。

（5）【做线】——可以通过【2 点】、【水平直线】、【竖直线】3 种方式来创建导引线。

直径尺寸、半径尺寸、角度尺寸等的标注方法与二维草绘截面的标注方法相同，在此不再赘述。下面介绍一下基准方式标注的尺寸。

所谓基准方式标注就是允许用户将一些尺寸根据同一参考来进行标注，操作步骤如下：

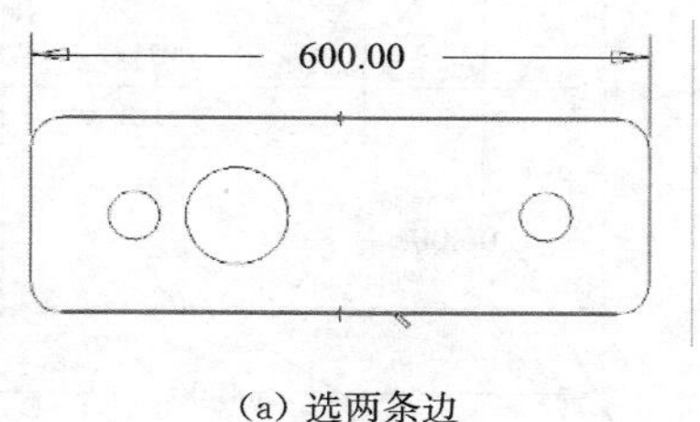

(a) 选两条边

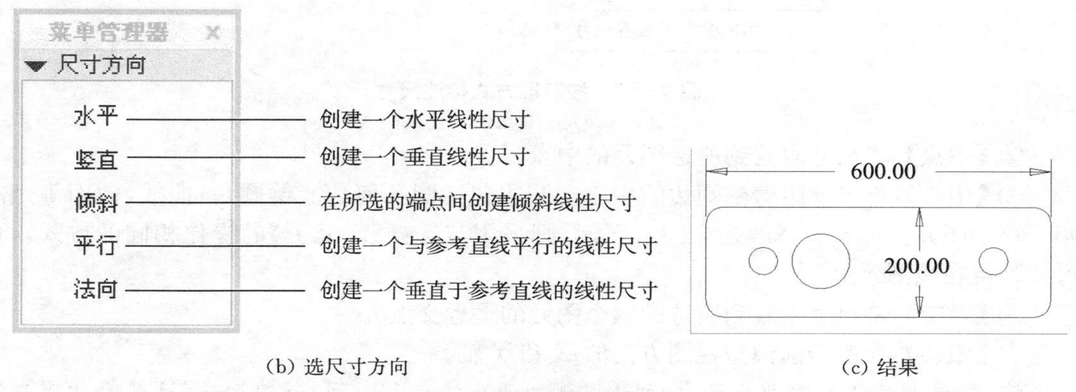

(b) 选尺寸方向　　(c) 结果

图 9-96　利用图元中点进行标注尺寸

(1) 选择【注释】选项卡→【注释】组→【尺寸—公共参考】，弹出【依附类型】菜单管理器，从中选择【图元上】。

(2) 选择第一个图元作为基准边。

(3) 选择第二个图元进行标注。

(4) 点击鼠标中键，选择标注位置。

(5) 分别选择第三、四、五个图元进行标注，并点击鼠标中键，放置尺寸，如图 9-97 所示。

3) 参考尺寸的标注

参考尺寸用于标注模型上相关结构的尺寸参考，其尺寸值由模型上的其他相关尺寸确定。我们不能通过修改参考尺寸值来驱动模型中相关特征的修改。标注了参考尺寸后，会在尺寸数值后出现“参考”字样。用户可添加线性、公共参考或纵坐标格式的参考尺寸。创建参考尺寸的步骤如下：

(1) 选择【注释】选项卡→【注释】组→【参考尺寸—新参考】(其下拉的【参考尺寸—公共参考】的操作方法类似)，弹出【依附类型】菜单管理器。

(2) 使用【依附类型】菜单管理器选择要标注参考尺寸的图元和方式：

①【图元上】：根据创建常规尺寸的规则，将该尺寸附着在图元的拾取点处，可以进行如下类型图元的选择：一条边；一条边和一个点；两个点(顶点)。

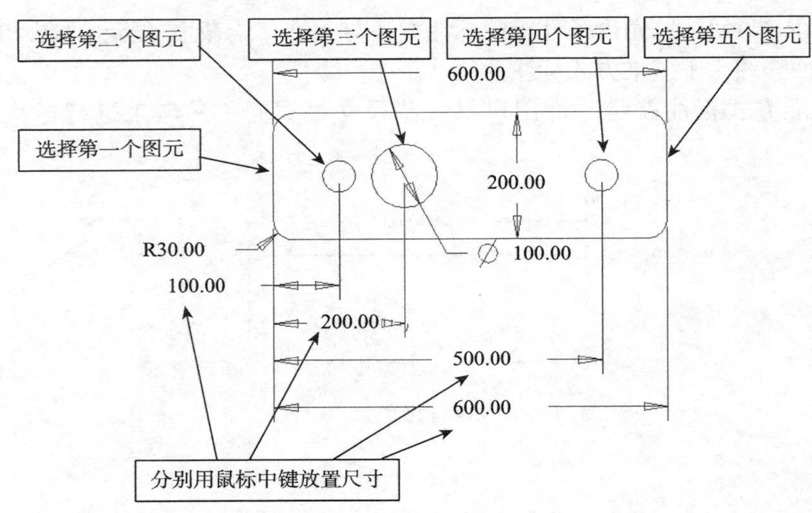

图 9－97　按基准方式标注尺寸

②【中点】:将尺寸附着到所选图元的中点。

③【中心】:将尺寸附着到圆边的中心。圆边包括圆几何(孔、倒圆角、曲线、曲面等)和圆形草绘图元。如果选择的是非圆形图元,则采用与选择【图元上】的操作相同的方式,将尺寸附着在该图元上。

④【求交】:将尺寸附着到所选的两个图元的最近交点处。

⑤【做线】:参考当前模型视图方向的 X 和 Y 轴。

注意:要创建弧长驱动的尺寸,可选取弧的两个端点和中间点,然后选择【弧尺寸类型】→【弧长】。

(3) 单击尺寸的起始和结束参考。如果选取了两个弧或圆,可使用【弧/点类型】菜单以执行以下操作之一:

①【中心】:创建弧、椭圆或圆的中心之间的尺寸。

②【相切】:创建圆边、弧边或椭圆边之间的尺寸,在最靠近选择点的相切点处进行标注。

(4) 点击中键,放置尺寸。此时系统仍然在尺寸标注模式中,可继续创建其他尺寸。

4) 尺寸编辑

尺寸编辑主要包括移动尺寸的位置和修改尺寸的属性。

尺寸的移动有两种方式,一种是在同一个视图内对尺寸进行移动,另一种是在视图间进行移动。第一种移动操作比较简单,只需选中所要移动的尺寸,然后直接按住左键拖动即可。第二种移动则相对复杂,具体操作如下:

(1) 用鼠标选中要移动的尺寸。

(2) 选择【注释】选项卡→【编辑】组→【移动到视图】,或右击尺寸,在弹出菜单中执行相应的操作。

(3) 选择尺寸移动的目标视图。

对尺寸的属性进行编辑操作方法是:选中一个或多个要编辑的尺寸右击,在弹出的快捷菜单中选择【属性】,或者双击某个尺寸,即可打开【尺寸属性】对话框,如图 9－98 所示。

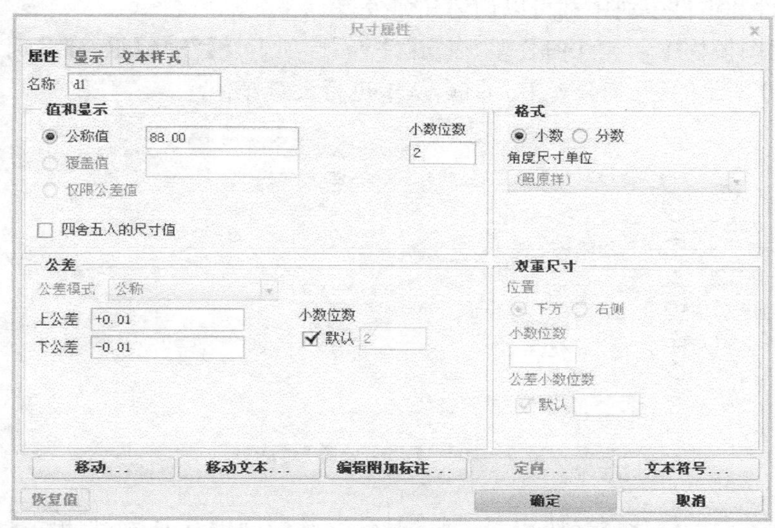

图 9－98　【尺寸属性】对话框

●【属性】选项卡用来编辑尺寸的【值和显示】、【公差】、【格式】、【双重尺寸】等。

●【显示】选项卡用来编辑尺寸文本的前缀、后缀，设置尺寸箭头、尺寸界线的显示方式等。

●【文本样式】选项卡用来编辑尺寸文本的字体、高度、宽度、颜色、下划线、位置、行间距等。

9.5.2　尺寸公差和几何公差

工程图模块中，执行【文件】菜单→【准备】→【绘图属性】，得到图 9－2 所示的【模型属性】对话框，点击【详细信息选项】后的【更改】选项，弹出【选项】对话框，在该对话框中可以设置绘图选项“tol_display”为 yes 或 no，从而控制公差显示的打开与关闭。

设定公差标准的步骤是：

(1) 单击【文件】→【准备】→【绘图属性】。

(2) 点击【公差】后的【更改】选项，系统弹出【公差设置】菜单管理器，如图 9－99。

(3) 单击【公差设置】菜单管理器中的【标准】菜单项。

(4) 在【公差设置】菜单管理器中选择 ISO/DIN 标准或 ANSI 标准，最后点击【完成/返回】菜单项。

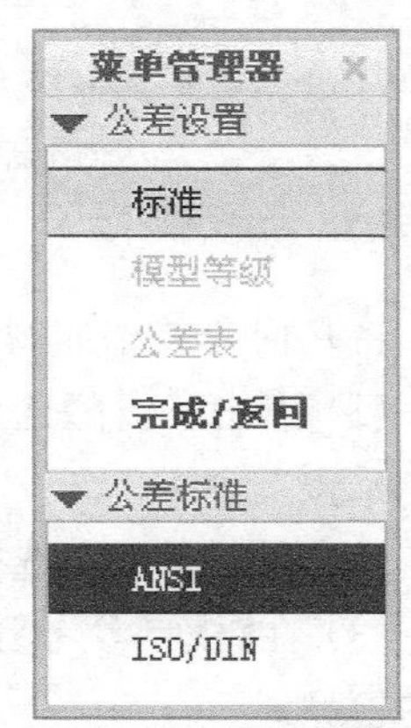

图 9－99　【公差设置】菜单管理器

将公差标准设为 ISO/DIN 后，菜单设置中将出现【模型等级】和【公差表】等选项。

●【模型等级】用来设置加工的精度，有【精加工】、【中】、【粗加工】、【非常粗糙】4 个选项。

●【公差表】用来设置 ISO 公差所采用的公差表。

几何公差用来设定零件上相关线、面的形状误差及这些线、面之间如何相互关联，如何检测零件，以确定其是否合格。在工程图模块、零件和组件模块中都可以创建几何公差。

要在工程图模块中创建几何公差，点击【注释】选项卡→【注释】组→【几何公差】，弹出如图 9－100 所示的【几何公差】对话框，从中进行设置操作。

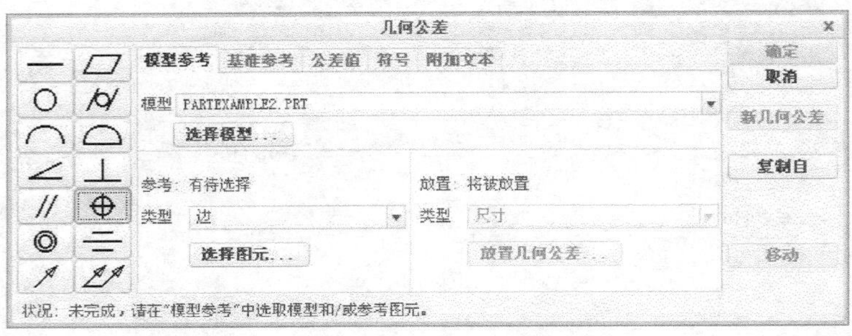

图 9－100 【几何公差】对话框

某些几何公差的标注需要使用参考基准，参考基准的创建方法为：单击【注释】选项卡→【注释】组→【模型基准平面】按钮及其下拉的【模型基准轴】按钮，弹出如图 9－101 所示的【基准】、【轴】对话框。在这个对话框中，用户可以指定参考基准的名称、参考基准的位置、类型和放置方式等。

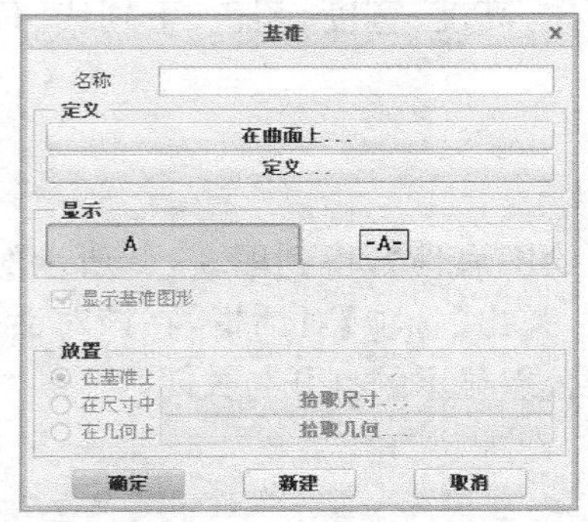

(a) 创建新基准平面对话框

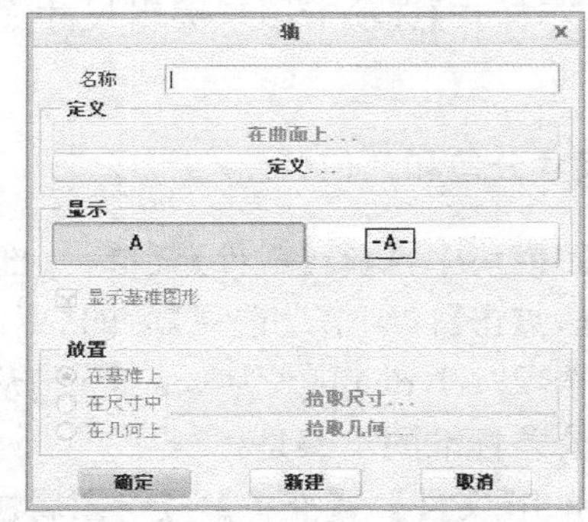

(b) 创建新基准轴对话框

图 9－101 【基准】对话框

将几何公差添加到工程图中的一般步骤是：

(1) 点击【注释】选项卡→【注释】组→【几何公差】，弹出【几何公差】对话框，如图 9－100 所示。

(2) 在对话框中选择要创建的公差类型，如直线度、平面度等。

(3) 在【模型参考】选项卡中选择要进行标注公差的模型，一般默认为当前的工程图所用的模型。

(4) 在【模型参考】选项卡中的【参考】几何收集器中选择参考对象的类型，并点击【选择图元】按钮选择公差的参考图元(要为其定义公差的对象)，在【放置】框中选择公差的放置方式并选择放置公差的参考对象。

(5) 选择【基准参考】选项卡，对需要选择基准参考的公差标注选择参考基准。

(6) 选择【公差值】选项卡，为尺寸设置公差值，同时可注明材料条件。

(7) 选择【符号】选项卡，为公差选择符号，如【直径符号】、【统计公差】、【自由状态】，单击 确定 ，完成几何公差的标注。

一个公差标注的实例如图 9－102 所示。

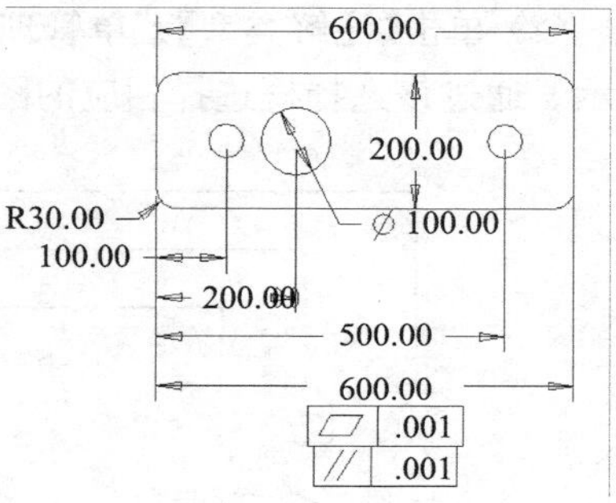

图 9－102　公差标注实例

9.5.3　添加注释

为了更加详细地说明一些信息，需要在视图中添加必要的注释和文本。

1) 制作注解

创建注解的基本步骤如下：

(1) 点击【注释】选项卡→【注释】组→【注解】，弹出如图 9－103 所示【注解类型】菜单管理器，从中选择注解类型、注解内容的输入方法、注解的放置方向、引线的形式、注解文本与所选位置点的关系、注解的样式等。

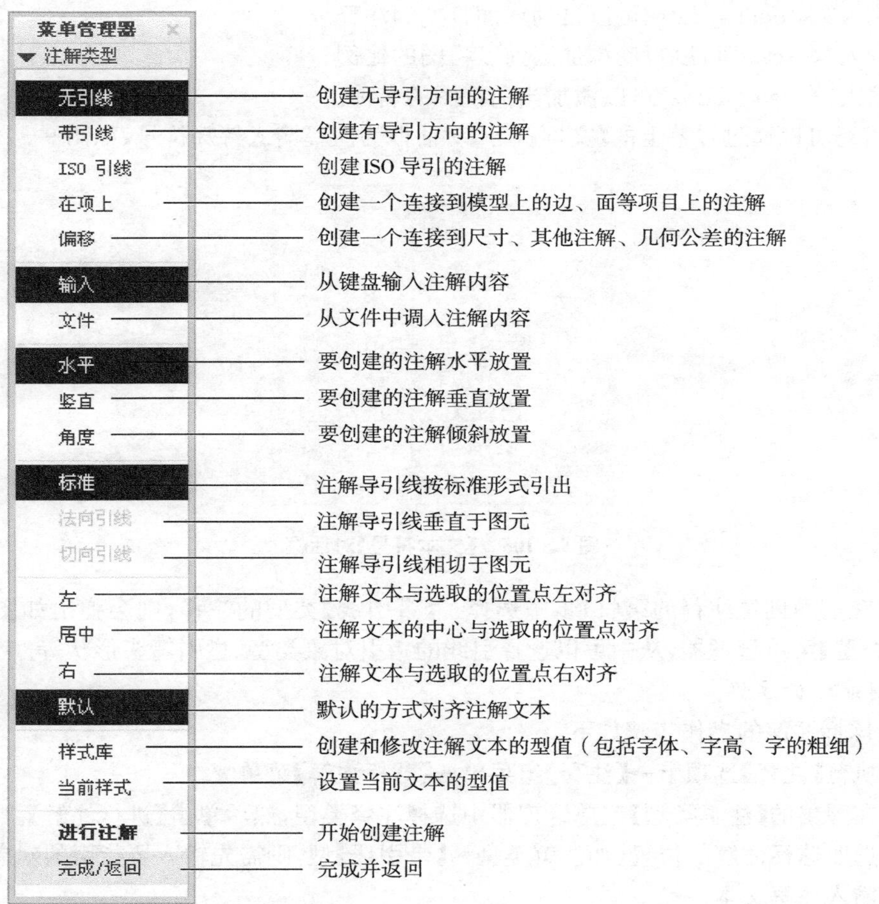

图 9－103　【注释类型】菜单管理器

(2) 单击【注解类型】菜单管理器中的【进行注解】，弹出【获得点】选择框，如图 9－104 所示。通过该选择框选择相应的图元点或输入坐标，可确定注解的位置。

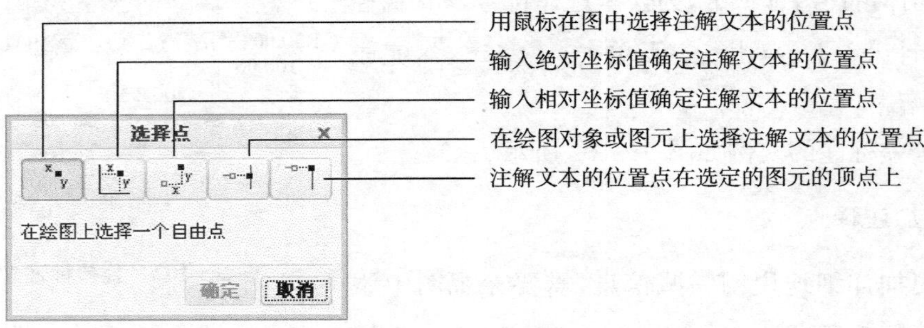
用鼠标在图中选择注解文本的位置点
输入绝对坐标值确定注解文本的位置点
输入相对坐标值确定注解文本的位置点
在绘图对象或图元上选择注解文本的位置点
注解文本的位置点在选定的图元的顶点上
选择点
在绘图上选择一个自由点
确定
取消

图 9－104 【获得点】选择框

(3) 在【输入注解】提示框中输入要添加的注释。完成一行的输入后，按【Enter】键确定，信息栏会变成空白，如果要继续输入，则在空白处输入；如果要结束，只需再按【Enter】键或点击【输入注解】提示框中的✓按钮即可。

一些特殊信息可采用如下方法输入：

① 输入“&todays_date”可以自动增加日期的注释。

② 输入“&scale”可以自动添加当前工程图的比例。

③ 输入“&dwg_name”可以添加当前视图的名称。

另外，还可以通过屏幕上的【文本符号】对话框为注释输入特殊符号，如图 9－105 所示。

文本符号
关闭

图 9－105 【文本符号】对话框

如果在前面创建注释的第(1)步中选择了【带引线】类型的注释，则会弹出如图 9－106 的【依附类型】菜单管理器，从中可以选择引线的指引对象类型、指引箭头形状等。

2) 创建球标注解

创建球标注解的操作步骤如下：

(1) 执行【注释】选项卡→【注释】组菜单→【球标注解】菜单。

(2) 在弹出的【注解类型】菜单管理器中选择注释类型，然后单击【进行注解】。

(3) 选取球标注解的位置(如注解类型为【带引线】型，则需先输入要指引的对象)。

(4) 输入注解文本。

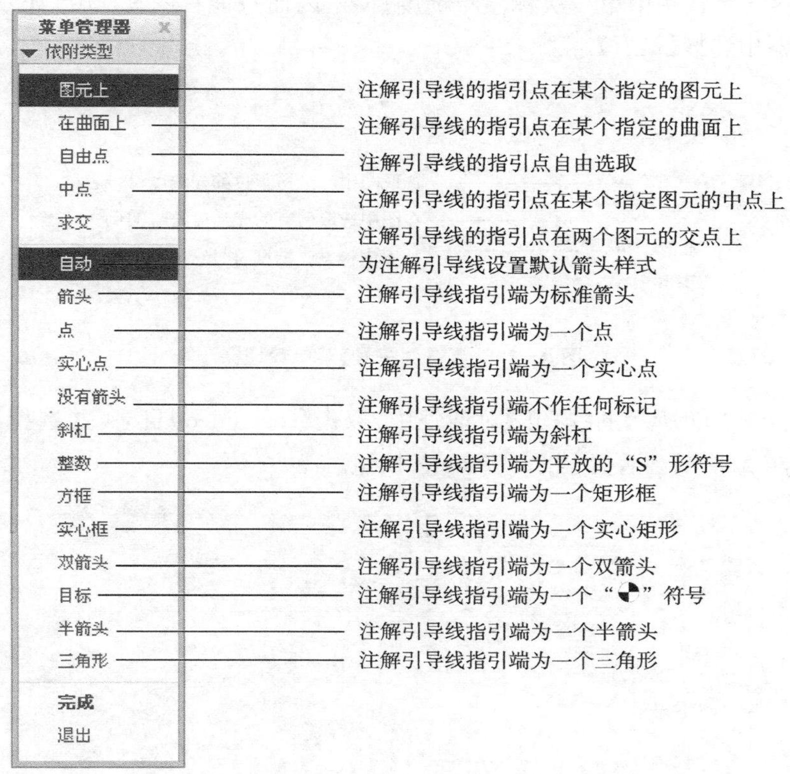

图 9－106　【依附类型】菜单管理器

3）注解的编辑

我们可以对注解进行剪切、复制、粘贴、移动等操作。一般先选中要编辑的注解，然后右击，执行快捷菜单项的【剪切】、【复制】或【粘贴】等操作，也可先选中注解，然后用鼠标直接拖动注释上的相关对象，完成对注释的移动，还可以先选中注释右击，利用弹出菜单对注解进行其他的编辑。

9.5.4　标注表面粗糙度

下面将在 9.3.1 节中创建的剖视图——“drw_poushi.drw”中标注如图 9－107 所示的表面粗糙度，以说明工程图模块中创建表面粗糙度的一般操作过程。

【例 13】　表面粗糙度的标注。

（1）打开“drw_poushi.drw”。

（2）为了获得符合国家标准的粗糙度文字注解方向，在标注图形的第一个粗糙度符号之前需要设置绘图选项“sym_flip_rotated_text”为“yes”。

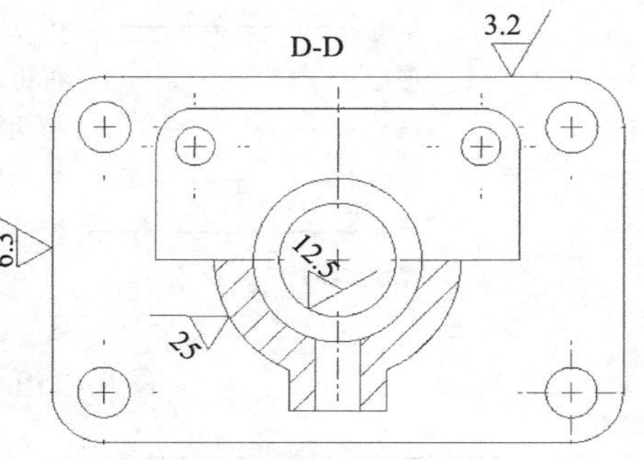

图 9－107　表面粗糙度标注实例

（3）点击【注释】选项卡→【注释】组→【表面

粗糙度】。由于是在图中第一次标注粗糙度符号，因而只能在图 9－108 所示的【得到符号】菜单管理器中选择【检索】。

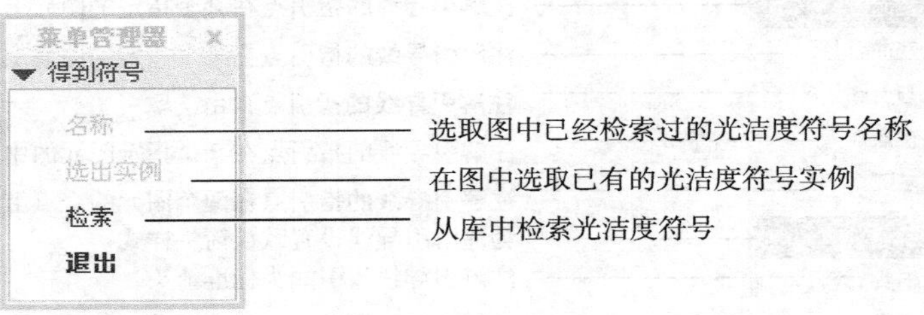

图 9－108　【得到符号】菜单管理器

(4) 在图 9－109 所示的【打开】对话框中，双击【machined】目录，并选择该目录下的【standard1.sym】，单击对话框中的 打开 按钮。

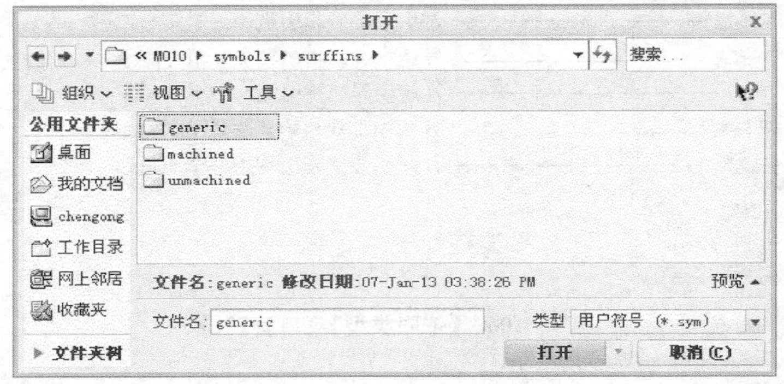

图 9－109　【打开】对话框

(5) 在图 9－110 所示的【实例依附】菜单管理器中选取附着类型，本例中选择【法向】，接着在工程图中选择要标注粗糙度的图元。选取【法向】方式时，如果参考图元为实体上的图元，则系统会自动将粗糙度符号标注在材料的外侧，如果参考图元为交互绘制的草绘图元，则系统会提示用户选择粗糙度符号所在的一侧。

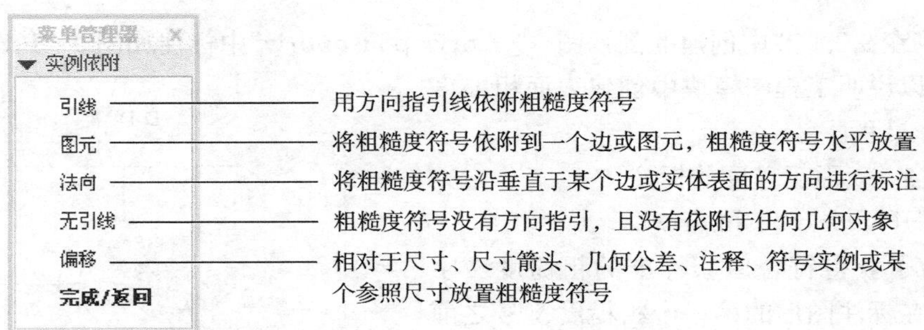

图 9－110　【实例依附】菜单管理器

(6) 系统提示“输入 roughness_height 的值”，输入相应的表面粗糙度值即可完成一个符号的标注。

(7) 循环第(6)步和第(7)步，直至完成所需的表面粗糙度符号的标注，保存文件。

9.6 工程图的表格与二维草绘

9.6.1 工程图中表格的绘制与编辑

工程图中经常需要创建一些表格，表格中可包含一些文本。下面介绍如何创建和编辑工程图中的表格。

1) 表格的常用操作命令

表格的常用操作命令如表 9-1 所示。

表 9-1　表格的常用操作命令

命令按钮	命　令	结　果
	插入表	打开【插入表】对话框以指定行数和列数
	表来自文件	打开【打开】对话框浏览到一个保存的表格
	快速表	显示预定义的表格模板
保存表 ▾	保存表	将表格保存为 Creo Parametric 系统的 .tbl 文件
csv	保存表→另存为 CSV	将表格另存为 .csv 文件
txt	保存表→另存为文本	将表格另存为 .txt 文件
	选择表	选择选定单元格所在的表
	选择列	选择选定单元格所在的列
	选择行	选择选定单元格所在的行
	添加列	向表格中添加一列
	添加行	向表格中添加一行
	合并单元格	合并选定的单元格
	取消合并单元格	将选定的单元格恢复为原始大小
	高度和宽度	调整行和列的高度和宽度
	线显示→遮蔽	隐藏选定的单元格边界线
	线显示→取消遮蔽	显示隐藏的单元格边界线
	线显示→撤消遮蔽所有	自动显示所有隐藏的单元格边界线
	移动特殊	将表格移动到选定点
	旋转	将表格逆时针旋转 90°
	设置旋转原点	定义表格旋转的拐角参考

2）按照行列数插入表

点击【表】选项卡→【表】组→【表】，在弹出的【插入表】工具面板中直接拖动表格所需的行数和列数，图 9-111 显示了要创建一个 9 列 6 行的表格的执行情况，选好后点击，最后在绘图区域再点击选择表格的左上角位置即可，系统会按照默认的表格行高和列宽，创建指定行列数的表格，如图 9-112 所示。

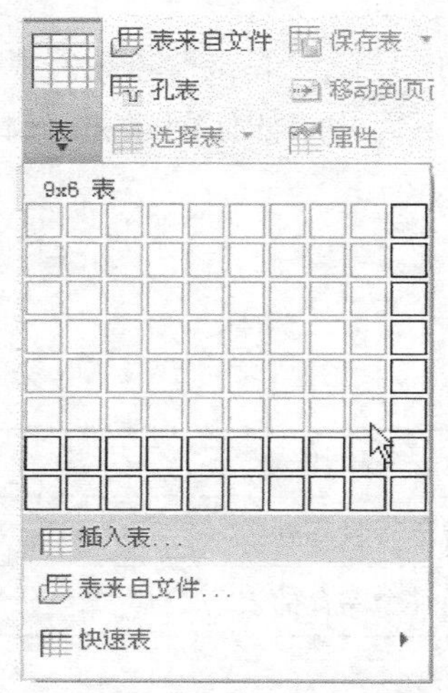

图 9-111　按照行列数插入表

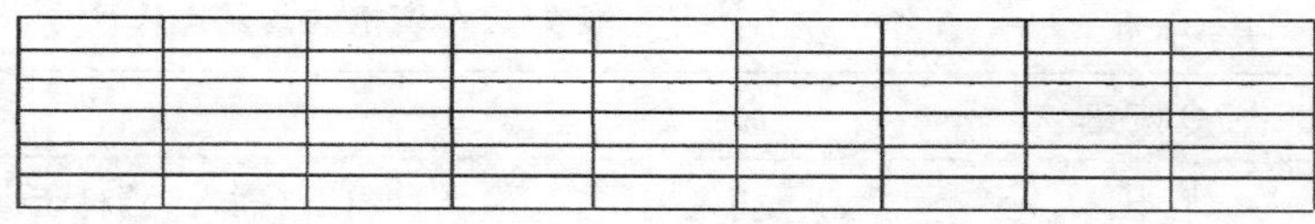

图 9-112　表格实例

3）通过定义表格大小插入表格

插入快速表的操作步骤：

(1) 点击【表】选项卡→【表】菜单→【插入表】，在弹出的【插入表】工具面板中点击【插入表】，【插入表】对话框随即打开，如图 9-113 所示。

(2)【插入表】对话框【方向】区域中各个选项决定了表格相对于插入点的方位，同时决定了自动表格的生长方向；在【表尺寸】区域【列数】和【行数】框中键入表格的列数和行数，或者使用上下箭头更改【列数】和【行数】框中的值。

(3) 选择或勾去【自动高度调节】复选框。

(4) 在【行】和【列】区域使用为布局定义的单位或者根据字符数所设置表格的行高和列宽。

(5) 单击 确定 按钮。

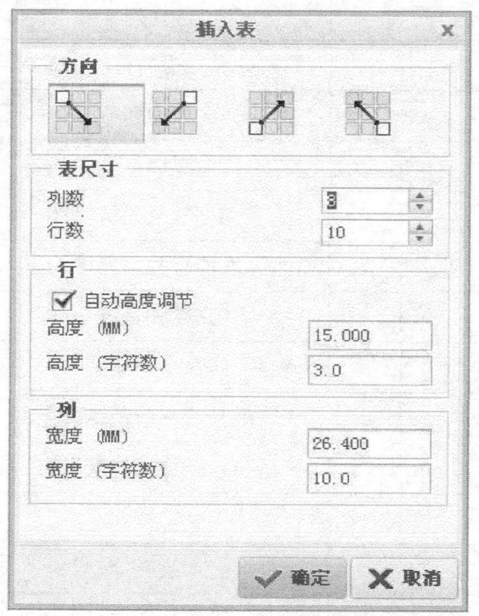

图 9-113　【插入表】对话框

4）插入快速表

插入快速表的操作步骤：

(1) 点击【表】选项卡→【表】组→【快速表】，在弹出的面板中选择表格模板。

(2) 在表格模板库中选择一种表格类型。

指针附近出现一个代表表格的矩形，并且【选择点】对话框将打开。

(3) 单击一个命令放置表格的第一个拐角：

① ——选择设计中的一个自由点。

② ——输入 X 和 Y 轴的绝对坐标值，然后单击 确定 按钮。

③ ——输入 X 和 Y 轴的相对坐标值，然后单击 确定 按钮。

④ ——捕捉到图元上的选定点。

⑤ ——选择一个顶点。

(4) 要访问其他表格模板，点击【表】选项卡→【表】组→【快速表】，在弹出的【插入表】工具面板中点击【快速表】，在弹出的【快速表】下拉列表中选择【更多用户表】或【更多系统表】，在系统文件【打开】对话框中浏览到所需的表格模板，并确认即可。

5) 表格的编辑

对表格可以执行如下操作：

(1) 插入行/列。如果要在表格中插入行或列，点击【表】选项卡→【行和列】组→【添加行】按钮或【添加列】按钮，在表格中某行水平线或某列竖直线处点击，确定插入位置即可。

(2) 合并单元格。如果要合并单元格，可以按住【Ctrl】键，选中要合并的单元格，点击【表】选项卡→【行和列】组→【合并单元格】，完成对单元格的合并。如果要取消单元格的合并，先选择已经合并过的单元格，然后选择【表】选项卡→【行和列】组→【取消合并单元格】即可。

(3) 删除行或列。要删除行或列，首先要选中该行或该列的一个单元格，然后通过点击【表】选项卡→【行和列】组→【选择行】或【选择列】，选中要删除的行或列，再按键盘上的【Delete】键即可。

(4) 移动表格。要移动表格，首先要选中要移动的表格，然后通过表格的移动控制柄拖动表格至所需位置即可。

(5) 保存表格。表格创建好以后，可以给其他的工程图使用，这时可以将表格保存起来。具体操作是：选择要保存的表格，点击【表】选项卡→【表】组→【保存表】按钮，弹出【保存绘图表】对话框，选择要保存表的位置和名称后，对表进行保存(＊.tbl 文件)。

【保存表】按钮还包含了另外两个下拉列表选项——【另存为 CSV】和【另存为文本】，可以分别将表格保存为"逗号分隔值"文件(＊.csv，可用电子表格应用程序或文本编辑器打开，用该格式保存表将忽略表格的行高、列宽等信息)和文本文件(＊.txt)。

(6) 插入表格。要插入已经保存的表格，选择【表】选项卡→【表】组→【表来自文件】按钮，然后选择表文件(＊.tbl 文件或＊.csv 文件)以及表的插入位置即可。

(7) 编辑单元格的高度和宽度。要编辑单元格的高度和宽度需要执行的操作是，选中要编辑的单元格右击，在弹出菜单中选择【高度和宽度】；或选择要编辑的单元格后，执行【表】选项卡→【行和列】组→【高度和宽度】，对单元格的宽度和高度进行编辑。对某个单元格的高度和宽度编辑后，将影响到该单元格所在行的行高和所在列的列宽。

(8) 添加和编辑文字。要在表格中添加文字，可以通过以下操作实现：

① 双击单元格，或在单元格上右击，在弹出的快捷菜单中选择【属性】，弹出如图 9－114

所示的【注解属性】对话框。

② 在文本窗口中输入要编辑的文字。

③ 如需编辑文字的格式，可以通过【文本样式】选项卡来编辑。

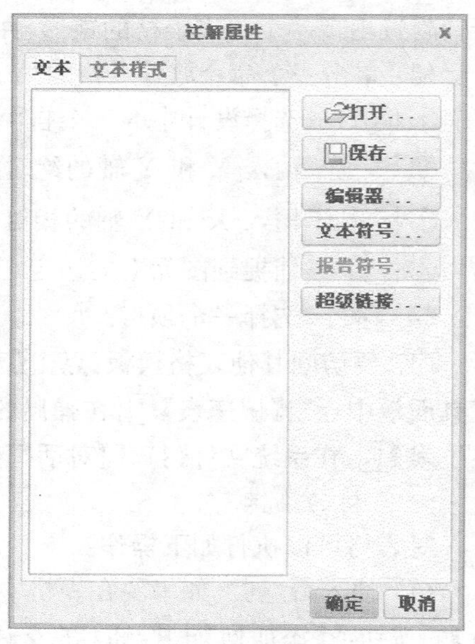

图 9－114 【注解属性】对话框

9.6.2 装配图中零件明细表的自动生成

Creo Parametric 表格有一个强大功能是表格的重复区域，通过该功能可以自动生成装配的明细表、自动提取零件 Family Table 信息并在工程图中自动生成族表。下面将利用的表格重复区域来自动生成装配件的明细表，包括零部件的序号、名称、重量、材料、数量等，同时可在装配视图中自动生成零部件的引线。

【例 14】 生成装配图零部件明细表(本例中相关文档均保存于"…\CreoChap9\装配明细表"目录中)。

1) 建立零件模板

为了能在装配中顺利提取零部件的名称、重量、材料、数量等信息，必须保证所有零件都具有相同的基本属性，如单位、基本参数、参数值等，使用合适的零件模板可以高效、准确地帮助我们建立和管理这些装配明细表中所需的各项基本信息。

(1) 将当前工作目录设置为"…\CreoChap9\装配明细表"。基于系统提供的"mmns_part_solid.prt"模板，新建一个零件文件，零件名称为"startpart.prt"。

(2) 更改系统单位

装配明细表中，零件重量的单位为 kg，因此需要设置模型的系统单位。

① 点击【文件】菜单→【准备】→【模型属性】，在弹出的【模型属性】对话框中，点击【单位】项后面的【更改】，弹出图 9－115 所示的【单位管理器】对话框。

② 点击【单位管理器】对话框中的 新建... 按钮，在【单位制定义】对话框中输入或设置如下信息，【名称】："mmKgS"，【长度】："mm"，【质量】："kg"，【时间】："sec"，【温度】："C"，如图 9－116 所示。点击对话框中的 确定 按钮，返回【单位管理器】对话框。

③ 在【单位管理器】对话框中点击前面建立的"mmKgS"，并点击 →设置... 按钮，在随后弹出的【更改模型单位】对话框中点击 确定 按钮。

④ 点击【单位管理器】对话框 关闭 按钮，将零件的系统单位设置为"mmKgS"。

说明：在"mmKgS"单位系统中，力的单位是毫牛(0.001N)。

(3) 建立模型的基本参数

① 点击【工具】选项卡→【模型意图】组→【参数】〔 〕，系统打开【参数】对话框。

② 模板文件中自带两个参数："Description"和"Modeled_By"，其中"Description"参数将用于零件名称的描述，我们在建立每一个零件时，需要通过该参数设置零件的名称，在后续的装配明细表及标题栏中的"名称"栏也才能获得相应的零件名称信息。

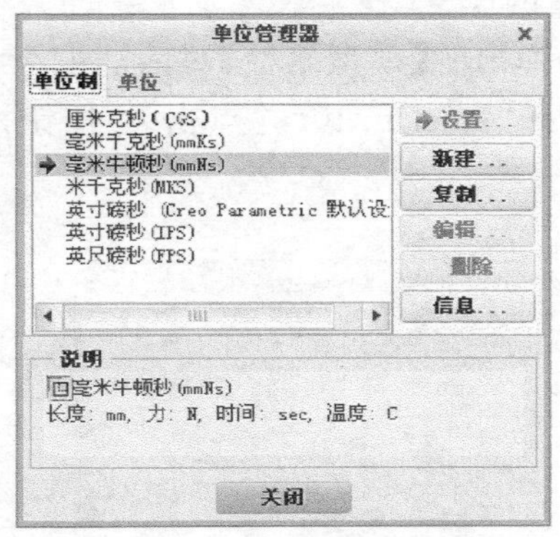

图 9－115　【单位管理器】对话框

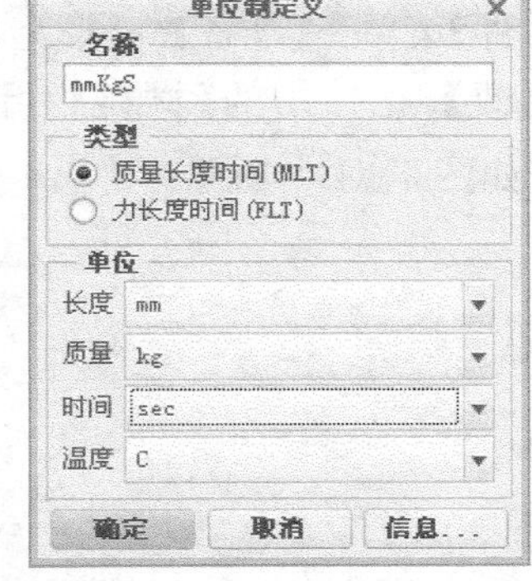

图 9－116　【单位制定义】对话框

③ 通过点击【参数】对话框中的 + 按钮，新增 4 个参数，如表 9－2 所示，完成后的参数如图 9－117 所示。

表 9－2　新增的 4 个参数

名称	Material	Mass	Dwg_No	Note
含义	材料	重量	代号	备注
类型	字符串	实数	字符串	字符串

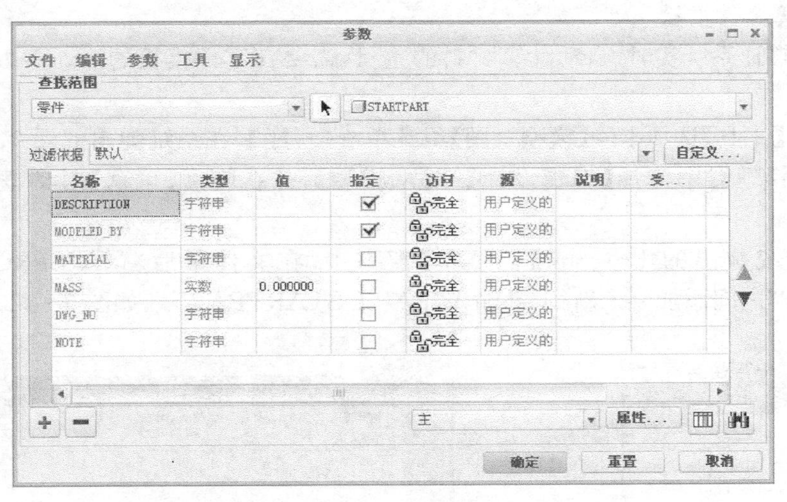

图 9－117　【参数】对话框

(4) 设置零件的材料

因为钢材(steel)是最普通，最常用的零件材料，所以将模板零件定义为钢材，对于不是钢材的零件，可以在具体零件中修改它的材料属性。只有设置了材料的零件，才能根据材料的密度和体积等信息，计算出零件的重量。

在建立零件时，需要输入前面建立的材料参数“Material”，此值可以和零件材料属性有所区别，如材料属性为“钢材(steel)”时，参数“Material”可以为“45 # 钢”、“铸钢”、

“HT150”，因为它们的密度基本一致，不影响重量的计算。

点击【文件】菜单→【准备】→【模型属性】，在弹出的【模型属性】对话框中，点击【材料】项后面的【更改】，在弹出的【材料】对话框中选择“steel. mtl”，并点击 ⏩ 按钮，最后点击 确定 按钮，如图 9－118 所示。

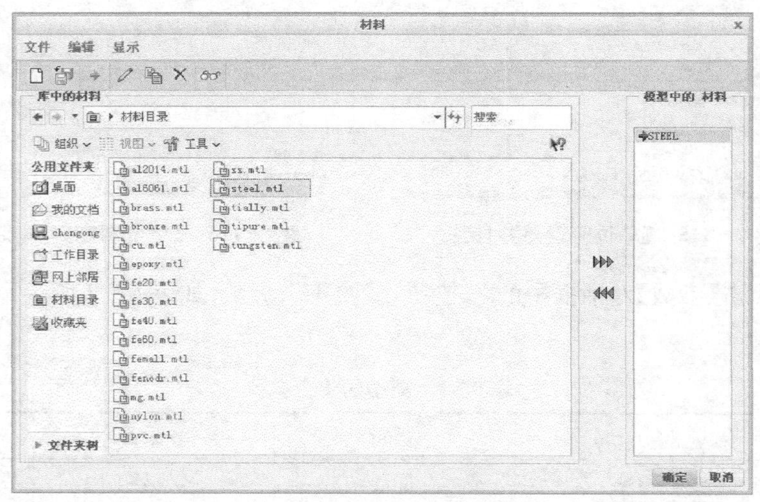

图 9－118 【材料】对话框

(5) 计算零件重量

为了能够让系统实时、自动计算材料的重量，需要在零件模板的 program 中进行相关设置。

① 点击【工具】选项卡→【模型意图】组菜单→【程序】，在系统弹出的图 9－119 所示的【程序】菜单管理器中选择【编辑设计】→【从模型】，并在随后【确认】对话框中点击【是】按钮。

② 在系统弹出的 Program【记事本】窗口中，在文件最后“MASSPROP”和“END MASSPROP”之间添加一个新行，并输入“PART STARTPART”，如图 9－120 所示。

图 9－119 【程序】菜单管理器

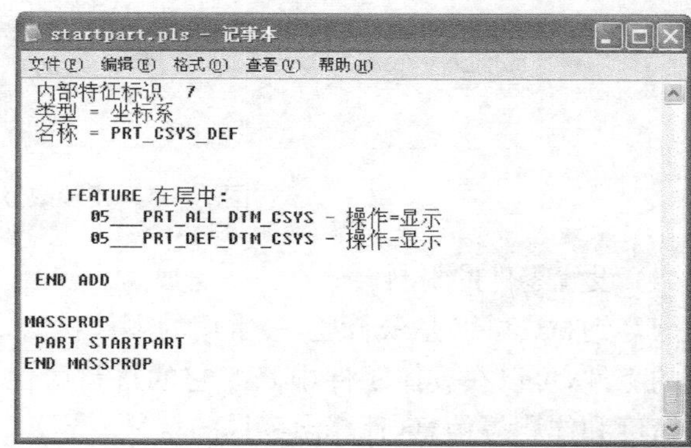

图 9－120 Program【记事本】窗口

说明：只要 PART 后的名称和当前零件的名称一致，零件重新生成时，就可以自动计算当前零件的重量。

③ 分别点击【记事本】中的【文件】→【保存】和【文件】→【退出】，在随后【确认】对话框中点击【是】按钮。

④ 点击【程序】菜单管理器中的【完成/返回】。

(6) 建立参数与零件重量之间的关系。

点击【工具】选项卡→【模型意图】组→【关系】d= 按钮，在系统弹出的图 9 - 121 所示的【关系】窗口中输入“mass = mp_mass ("")”，将零件的重量赋值给参数“mass”，点击 确定 按钮。

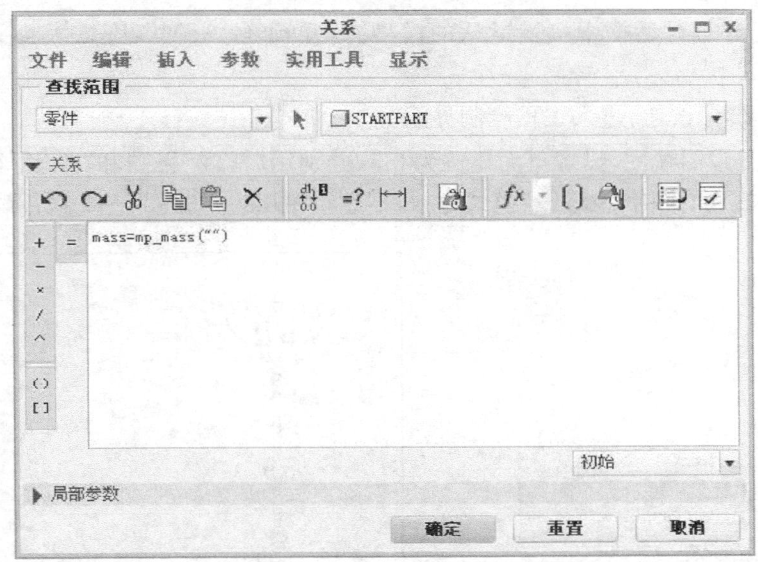

图 9 - 121　【关系】窗口

说明：通过关系获取重量参数 mass 的值时，如果一次重新生成零件或工程图，看不到正确的结果，只需再次重新生成零件或工程图一次即可。

(7) 保存并关闭“startpart.prt”文件，可以将文件保存于“Creo Parametric 2.0 安装目录\Creo2.0\Common Files\M010\templates”目录中。

(8) 点击【文件】菜单→【选项】，在系统弹出的【Creo Parametric 选项】对话框中，点击【配置编辑器】，并找到“template_solidpart”选项，在编辑框中将零件模板设置为刚保存的“startpart.prt”文件。最后将 Creo Parametric 选项设置以“config.pro”为文件名保存于 Creo Parametric 2.0 启动目录或“Creo Parametric 2.0 安装目录\Creo2.0\Common Files\M010\text”目录中。

接下来我们以新的零件模板为基础建立产品的各个零部件。零部件建立后，需要输入 description、material、Dwg_No、Note 等参数值，必要时需要设置零件的材料属性，而零件重新生成后，可以通过参数 mass 获取当前零件的重量信息。

2）建立装配的工程图及视图

（1）将 Creo Parametric 当前工作目录设置为“…\CreoChap9\装配明细表”，该目录中已经包含了以前面所建立的零件模板为基础的各个路灯零部件。

（2）打开装配文件“ludeng.asm”。

（3）新建装配件的工程图（注意工程图的相关环境设置，如 Creo Parametric 选项“drawing_setup_file”可设置为“…\Creo 2.0\Common Files\M010\text\iso.dtl”）。

① 选择【文件】菜单→【新建】，或点击 Creo Parametric 2.0 窗口顶部【快速访问】工具栏内的新建按钮🗋，弹出【新建】对话框。

② 在【新建】对话框【类型】栏中选择【绘图】，在【名称】文本框中输入绘图名称“drw_LuDeng”，不使用缺省模板，单击 确定 按钮，弹出【新制图】对话框。

③ 在【新制图】对话框中接受默认的模型“LUDENG.ASM”，图纸大小为 A3，纵向放置，如图 9－122 所示。

④ 单击 确定 按钮，进入工程绘制界面。

（4）建立工程图视图，设置页面比例为 0.5，分别用“常规”视图和“投影”视图建立装配的主视图和俯视图，采用“隐藏线”模式显示，不显示相切边，如图 9－123 所示。

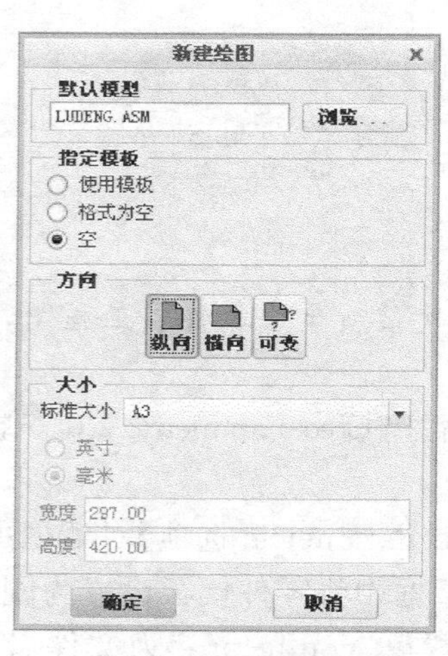

图 9－122 【新建绘图】对话框

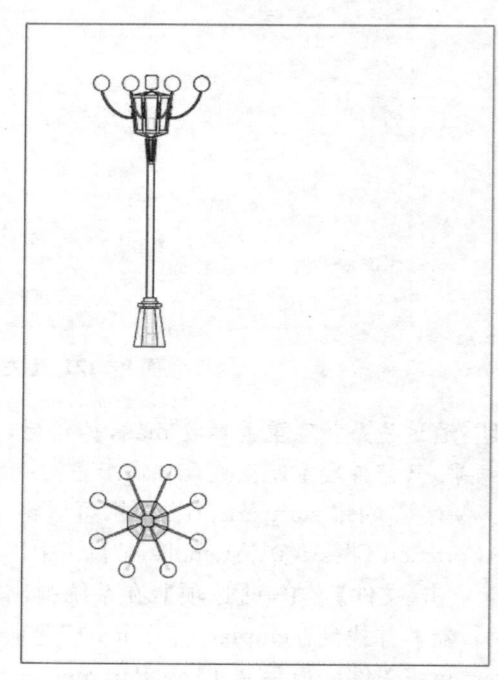

图 9－123 主视图和俯视图

3）导入标题栏

此处，我们将通过导入 AutoCAD 文件，建立装配图的标题栏。

（1）点击【布局】选项卡→【插入】组菜单→【导入绘图/数据】，在文件打开对话框中选择“标题栏.dwg”文件，点击 打开 按钮后，弹出图 9－124 所示的【导入 DWG】对话框，接受默认设置，并点击 确定 按钮。

说明：如果导入 Creo Parametric 中导入 AutoCAD 文件失败，很可能的原因是 dwg 文件版本太高，此时，我们可以通过 AutoCAD 软件将 dwg 文件转存为较低版本，再重新导入。

(2) 系统接着弹出图 9－125 所示的是否缩放图形【确认】提示框，此处我们不缩放图形，点击 否(N) 。

(3) 系统弹出图形插入位置【确认】提示框，此处我们点击 是(Y) ，如图 9－126 所示。

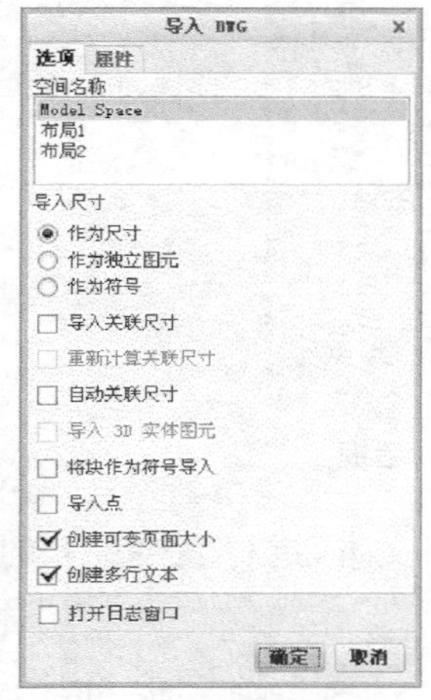

图 9－124 【导入 DWG】对话框

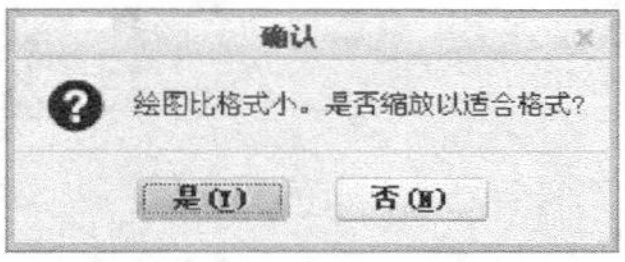

图 9－125 缩放提示框

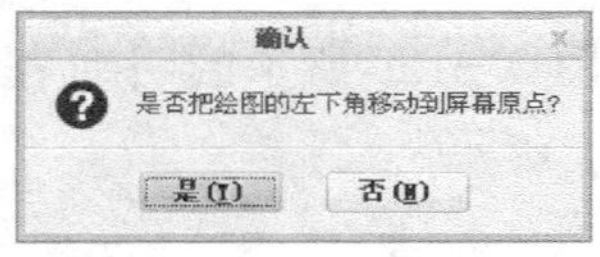

图 9－126 插入位置提示框

(4) 点击【草绘】选项卡→【编辑】组→【平移】按钮，选择上面插入的标题栏，将其移至图纸的右下角，如图 9－127。

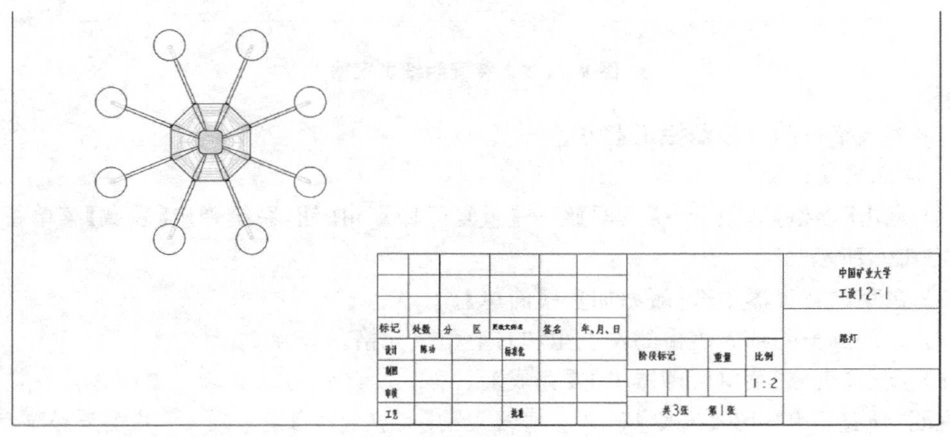

图 9－127 插入标题栏

4) 建立表格

(1) 点击【表】选项卡→【表】菜单→【插入表】，建立一个 8 列 2 行的表格，因为明细表自动生成时，需要向上方生长，故需在【方向】中选择表格向右上方生长，即第三项，表格高度为 7，宽度为 8，如图 9－128 所示。

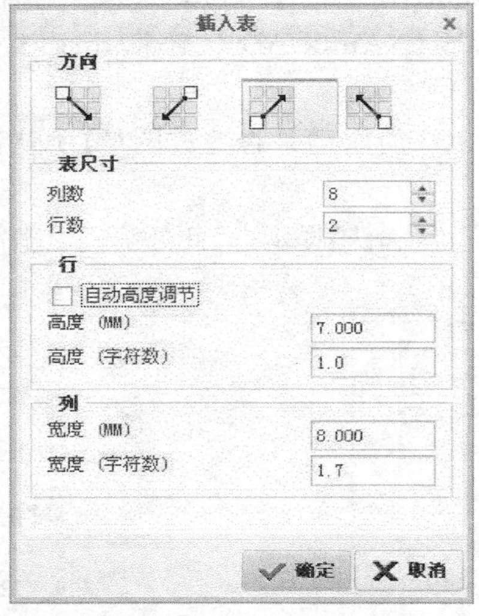

图 9－128 【插入表】对话框

(2) 根据图 9－129 所示的明细表尺寸及单元格文本，进行表格尺寸的调整和文本的输入。

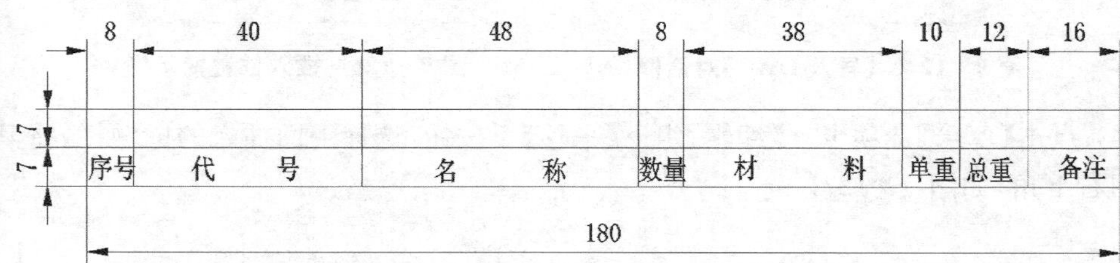

图 9－129 装配明细表表格

(3) 将表格移动至标题栏正上方。

5) 建立重复区域

(1) 点击【表格】选项卡→【数据】组→【重复区域】按钮，系统弹出【表域】菜单管理器，如图 9－130 所示。

(2) 在菜单管理器中选择【添加】→【简单】。

(3) 分别点击明细表表格的左上角和右上角单元格。

(4) 点击【表域】菜单管理器中的【完成】。

说明：通过图 9－130【表域】菜单管理器中的【切换符号】菜单项，可以在是否显示表格中的重复区域之间切换，图 9－131 显示了成功建立表格重复区域后的符号显示，即用一个方框表示出表格中的重复区域。另外通过双击单元格也可以判断是否成功建立了表格的重复区域，有重复区域的单元格双击后会弹出如图 9－132 所示的【报告符号】对话框，而没有重复区域的单元格双击后会弹出图 9－114【注解属性】文本编辑对话框。

6) 给重复区域表格输入符号

(1) 输入“序号”单元格的符号

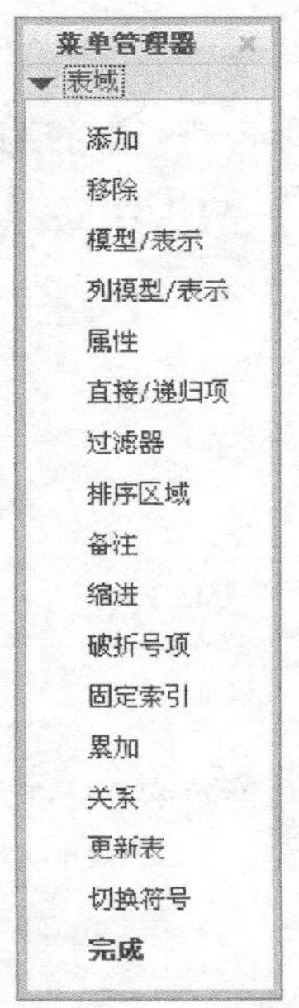

图 9－130　【表域】菜单管理器

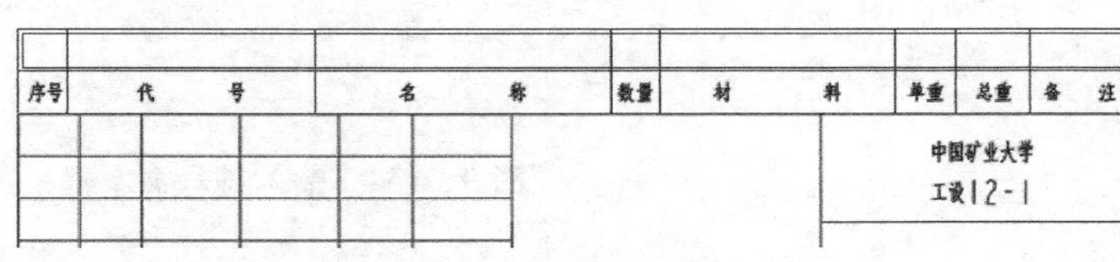

图 9－131　表格中重复区域的符号显示

① 双击重复区域左边起第一个单元格,弹出图 9－132 所示的【报告符号】对话框。

② 在【报告符号】对话框选择中依次选择【rpt…】→【index】。

③ 表格单元格内自动生成符号“rpt.index”,如图 9－133 所示。

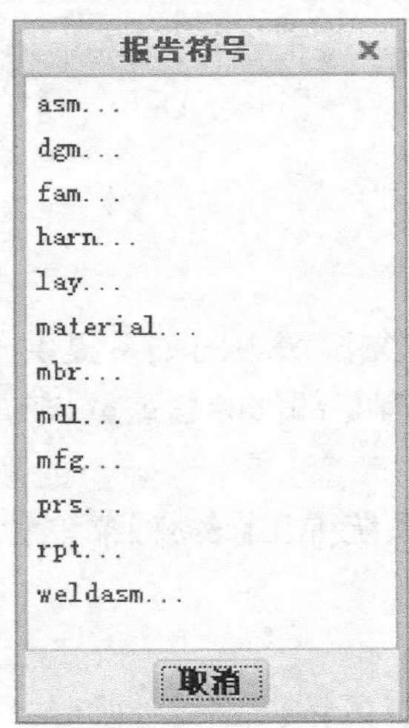

图 9－132　【报告符号】对话框

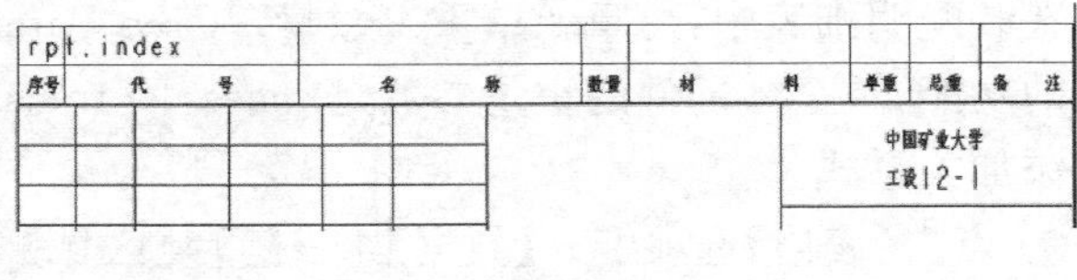

图 9－133　“序号”单元格的符号

(2) 输入“代号”单元格的符号

① 双击重复区域左边起第二个单元格,弹出图 9－132 所示的【报告符号】对话框。

② 在【报告符号】对话框选择中依次选择【asm…】→【mbr…】→【User Defined】。

③ 在系统输入符号文本框中输入“Dwg_No”。

④ 表格单元格内自动生成符号“asm.mbr.Dwg_No”。

(3) 输入“名称”单元格的符号

① 双击重复区域左边起第三个单元格，弹出图 9-132 所示的【报告符号】对话框。

② 在【报告符号】对话框选择中依次选择【asm…】→【mbr…】→【User Defined】。

③ 在系统输入符号文本框中输入“description”，如图 9-134 所示。

④ 表格单元格内自动生成符号“asm.mbr.description”。

图 9-134 输入符号文本框

(4) 输入“数量”单元格的符号

① 双击重复区域左边起第四个单元格，弹出图 9-132 所示的【报告符号】对话框。

② 在【报告符号】对话框选择中依次选择【rpt…】→【qty】。

③ 表格单元格内自动生成符号“rpt.qty”。

(5) 输入“材料”单元格的符号

① 双击重复区域左边起第五个单元格，弹出图 9-132 所示的【报告符号】对话框。

② 在【报告符号】对话框选择中依次选择【asm…】→【mbr…】→【User Defined】。

③ 在系统输入符号文本框中输入“material”。

④ 表格单元格内自动生成符号“asm.mbr.material”。

(6) 输入“单重”单元格的符号

① 双击重复区域左边起第六个单元格，弹出图 9-132 所示的【报告符号】对话框。

② 在【报告符号】对话框选择中依次选择【asm…】→【mbr…】→【User Defined】。

③ 在系统输入符号文本框中输入“mass”。

④ 表格单元格内自动生成符号“asm.mbr.mass”。

(7) 输入“总重”单元格的符号

在装配明细表中：总重＝单重×数量。Creo Parametric 重复区域中的关系提供了计算总重的功能，单个零部件的重量参数是 mass，用 tmass 表示所有零部件的总重量，在重复区域中添加关系式。

① 点击【表格】选项卡→【数据】组→【重复区域】按钮，系统弹出【表域】菜单管理器，如图 9-130 所示。

② 选择【表域】菜单管理器中的【关系】。

③ 选择要增加关系的重复区域，出现图 9-135 所示的重复区域【关系】对话框。

④ 点击【局部参数】，展开【局部参数】区域，点击该区域内的 + 按钮，新增参数“tmass”。

⑤ 输入关系式“tmass＝asm_mbr_mass * rpt_qty”，如图 9-135 所示。

⑥ 点击重复区域【关系】对话框中的 确定 按钮，并点击【表域】菜单管理器中的【完成】。

⑦ 双击重复区域左边起第七个单元格，弹出图 9-132 所示的【报告符号】对话框。

⑧ 在【报告符号】对话框选择中依次选择【rpt…】→【rel…】→【User Defined】。

⑨ 在系统输入符号文本框中输入“tmass”,表格单元格内自动生成符号“rpt.rel.tmass”。

(8) 输入“备注”单元格的符号

① 双击重复区域左边起第八个单元格,弹出图 9－132 所示的【报告符号】对话框。

② 在【报告符号】对话框选择中依次选择【asm…】→【mbr…】→【User Defined】。

③ 在系统输入符号文本框中输入“note”。

④ 表格单元格内自动生成符号“asm.mbr.note”。

填入各个重复区域符号后的表格如图 9－136 所示。

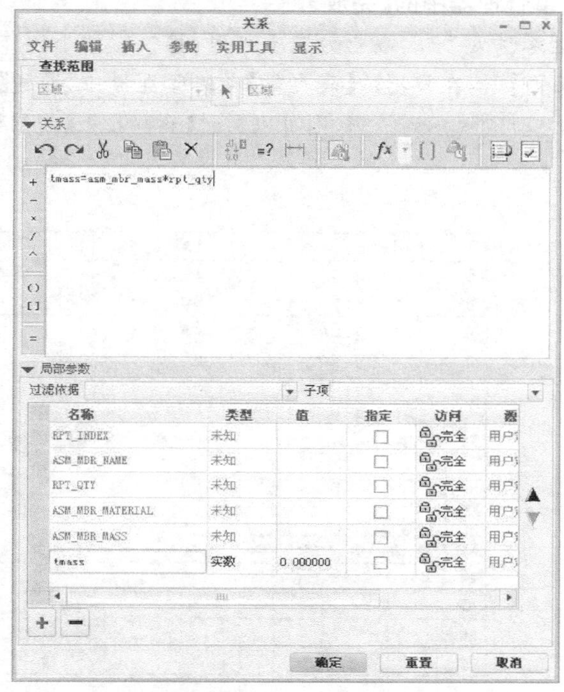

图 9－135　重复区域【关系】对话框

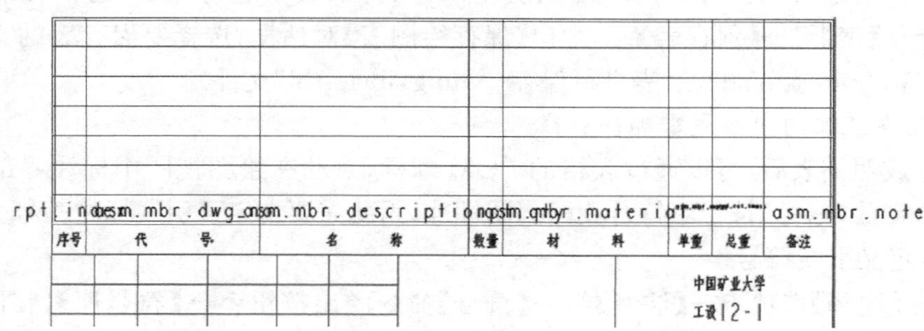

图 9－136　填入各个重复区域符号后的表格

7) 修改重复区域的属性并自动显示装配的明细表

(1) 点击【表格】选项卡→【数据】组→【重复区域】按钮,系统弹出【表域】菜单管理器,如图 9－130 所示。

(2) 单击【表域】菜单管理器中的【属性】,选择前面建立的重复区域。

(3) 点击【区域属性】菜单管理器中的“无多重记录”,重复区域内的相同零部件集中表示,如图 9-137 所示。

(4) 单击【区域属性】菜单管理器中的【完成/返回】,并点击【表域】菜单管理器中的【更新表】,重复区域内自动填入了装配明细表,如图 9-138 所示。更新表格的操作除了可以通过【表域】菜单管理器中的【更新表】菜单项来实现,也可以通过点击【表格】选项卡→【数据】组→【更新表】按钮来完成。

(5) 点击【表域】菜单管理器中的【完成】。

说明:如果明细表因零件太多,需要拆分成多列时,可执行如下操作:选中表格,点击【表】选项卡→【表】菜单→【编页】,在弹出的【表页标】菜单管理器中,通过【设置延伸】、【增加段】等实现表格的多列拆分。而取消多列拆分,则可以通过【删除段】、【清除延伸】等实现。

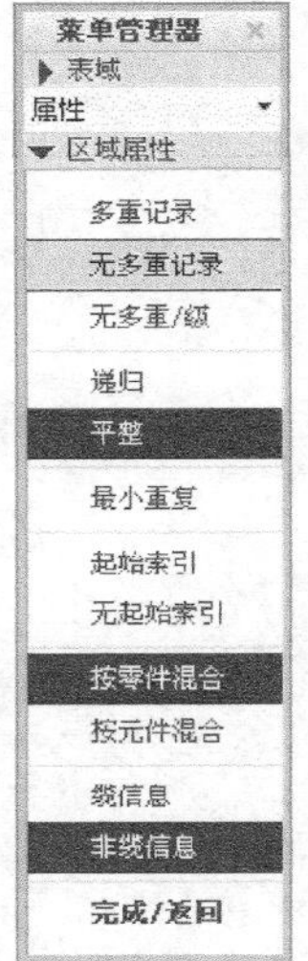

图 9-137 【区域属性】菜单管理器

7	ludeng_06	支架	1	灰铸铁	165.657	165.657	
6	ludeng_05	上盖	1	45#钢	1013.227	1013.227	
5	GB70-85	螺钉	16	45#钢	1.718	27.361	标准件
4	ludeng_04	底座	1	灰铸铁	8244.625	8244.625	
3	ludeng_03	灯座	1	45#钢	[illegible]	[illegible]	
2	ludeng_02	灯杆	1	45#钢	0.122	[illegible]	外协
1	ludeng_01	灯架	8	45#钢	0.035	0.277	
序号	代号	名称	数量	材料	单重	总重	备注

标记	处数	分区	更改文件号	签名	年、月、日		中国矿业大学 工设12-1
设计	陈功		标准化			阶段标记 / 重量 / 比例	路灯
制图						1:2	
审核							
工艺			批准			共3张 第1张	

图 9-138 自动填入重复内容的明细表

为了使该明细表能够为其他装配图所用,可以将该表格进行保存,选择明细表,点击【表】选项卡→【表】组→【保存表】,弹出【保存绘图表】对话框,选择要保存表的文件位置,输入表的名称“mingxibiao”,对表进行保存(“mingxibiao.tbl”文件)。

8) 自动在装配图中生成零部件引线

自动生成明细表后,可以通过表格的 BOM 球标,自动在绘图视图中标注零部件引线,由于系统自带的“球标”符号不符合我国制图标准,因此需要自定义引线标注符号。

(1) 自定义引线符号。

① 点击【注释】选项卡→【注释】组→【符号】命令溢出按钮→【符号库】,在图 9-139 所示的【符号库】菜单器中选择【定义】,在【输入符号名】信息框中输入“guobiaoyinxian”,系统进入符号编辑窗口,同时弹出【符号编辑】菜单管理器,如图 9-140 所示。

② 绘制一条水平线,长度为制图标准中水平引线的长度。

③ 点击菜单【插入】→【注解】,在水平线上方适当位置处以“居中”方式插入注解,注解文本为“\index\”,如图 9-141 所示。

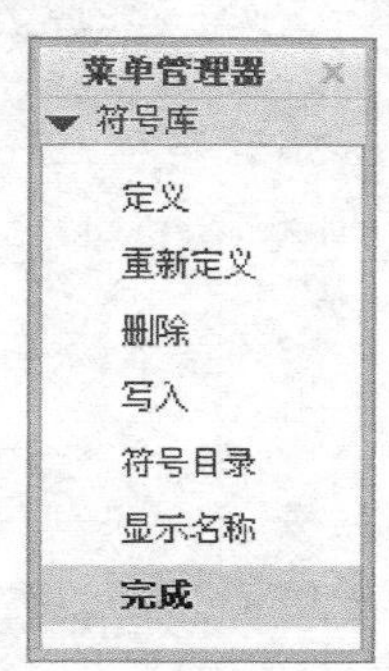

图 9－139　【符号库】菜单管理器

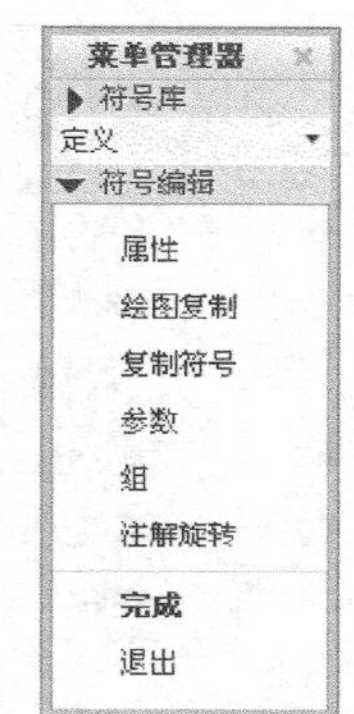

图 9－140　【符号编辑】菜单管理器

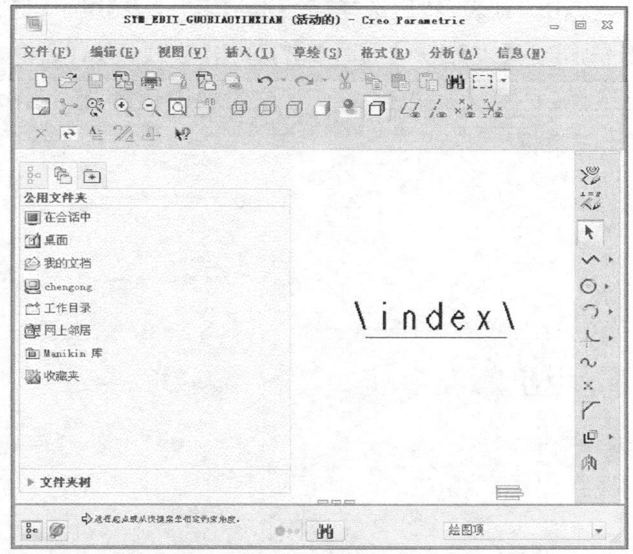

图 9－141　符号编辑窗口

④ 点击【符号编辑】菜单管理器中的【属性】，弹出图 9－142 所示的【符号定义属性】对话框，【自由】拾取图 9－141 中水平线的中点，【左引线】拾取水平线的左端点，【右引线】拾取水平线的右端点，文本选取注解文字“\index\”，点击 确定 按钮，退出【符号定义属性】对话框。

⑤ 点击【符号编辑】菜单管理器中的【完成】，系统返回【符号库】菜单器，通过该菜单管理器中的【写入】菜单项，可以将定义过的符号以“guobiaoyinxian.sym”文件进行保存，以便其他文件使用。

(2) 点击【表】选项卡→【球标】组→【创建球标】命令溢出按钮→【创建球标一全部】，在视图上自动生成了各个零件的球标引线，如图 9－143，其引线标注方式不符合我国国家制图标准。

(3) 修改表格的 BOM 表属性

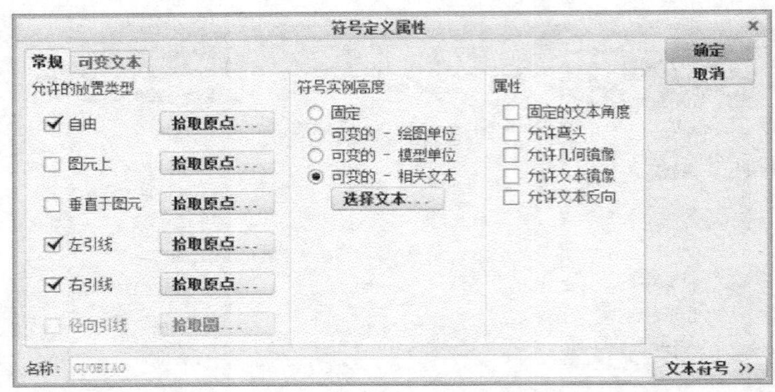

图 9 - 142 【符号定义属性】对话框

选中【表】选项卡，点击明细表，然后选择【表】选项卡→【表】组→【选择表】，以选中整个表格，再点击【表】选项卡→【表】组→【属性】，弹出【表属性】对话框，点击【BOM 球标】选项卡，在【类型】中选择【自定义】，并在符号下拉列表中选择“guobiaoyinxian”，如图 9 - 144，点击 确定 ，退出对话框。

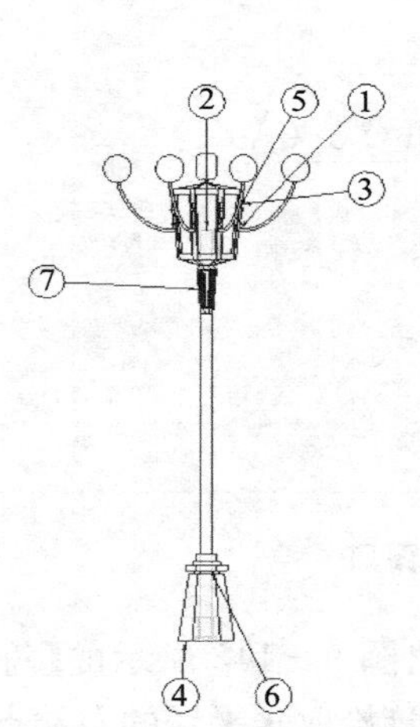

图 9 - 143 系统自动生成的零件球标引线

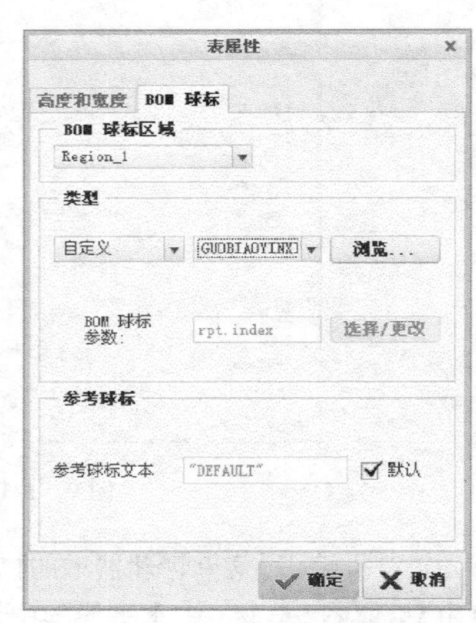

图 9 - 144 【表属性】对话框

此时，引线标注方式已经更新，调整各引线的位置后，得到如图 9 - 145 所示的装配工程图，保存文件。

9.6.3 工程图中的二维草绘

在工程图模块中允许用户自行绘制二维图形，下面将作简要介绍。

1) 草绘环境的设置

在进行二维草绘之前，可以根据需要设置工程图的草绘环境。草绘环境的常用设置如下：

① 设置栅格，单击【草绘】选项卡→【设置】组→【绘制栅格】，弹出【栅格修改】菜单管

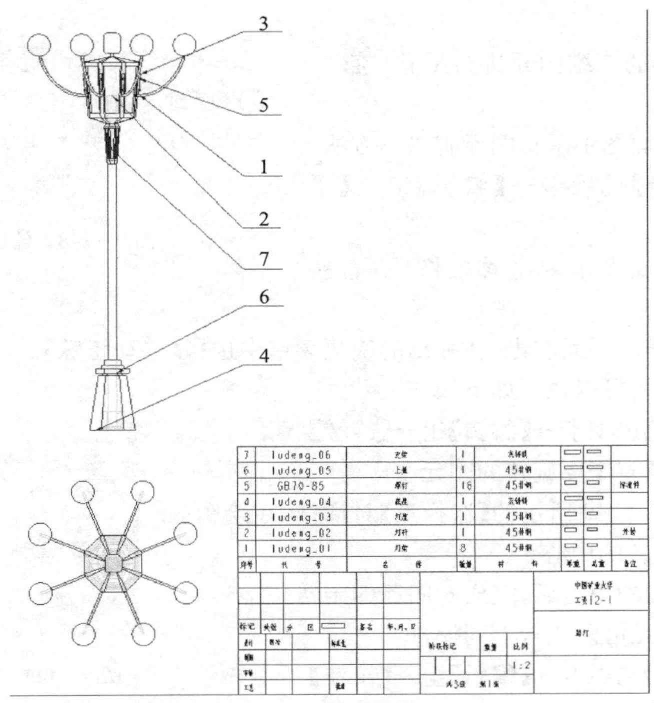

图 9－145　调整引线后的装配图

理器，如图 9－146(a)所示。在【栅格修改】菜单管理器中选择【栅格参数】，弹出如图 9－146(b)所示的【栅格参数】菜单管理器，进行相应的设置后，单击【完成/返回】退出设置。

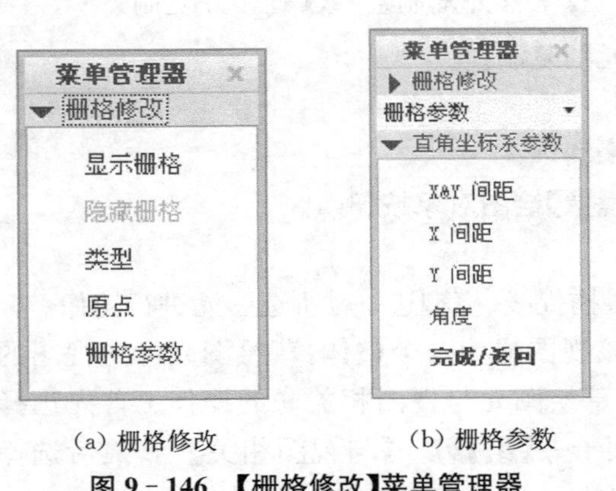

(a) 栅格修改　　(b) 栅格参数

图 9－146　【栅格修改】菜单管理器

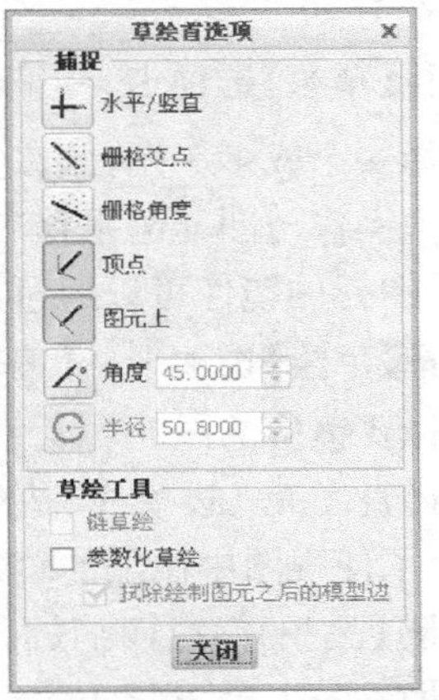

草绘首选项
捕捉
水平/竖直
栅格交点
栅格角度
顶点
图元上
角度 45.0000
半径 50.8000
草绘工具
链草绘
参数化草绘
拭除绘制图元之后的模型边
关闭

图 9－147　【草绘优先选项】对话框

② 设置捕捉，单击【草绘】选项卡→【设置】组→【草绘器首选项】，进入【草绘优先选项】对话框(如图 9－147 所示)，在该对话框中进行相应的选择即可。

2) 图元草绘

用户通过图 9－148 所示的【草绘】选项卡→【草绘】组内的各绘图工具，在绘图区域进行二维图形的绘制，具体绘制方法可参见第二章的相关内容。

3）编辑草绘

可以对所绘制的二维图元进行平移、旋转、延伸等操作。

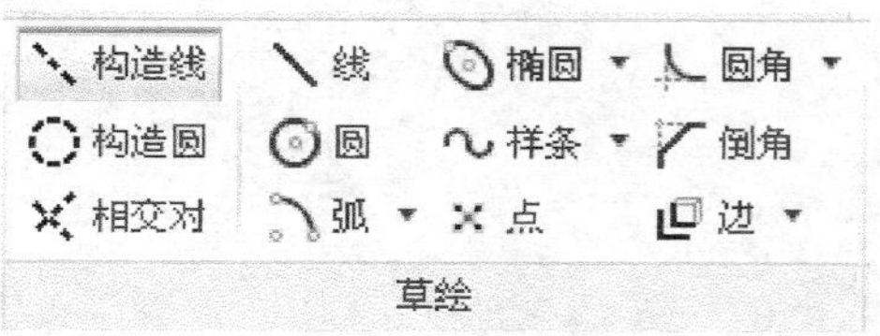

图 9－148　绘图工具

（1）在二维平面图中平移图元有以下方法：

① 点击【草绘】选项卡→【编辑】组→【平移】。

② 选择一个或多个要平移的图元，直接拖动。

③ 选中要平移的图元右击，在弹出的快捷菜单中选择【移动特殊】。

（2）要旋转图元可以执行如下操作：

① 点击【草绘】选项卡→【编辑】组→【旋转】。

② 选择一个或多个要旋转的图元。

③ 弹出如图 9－149 所示的【选择点】对话框，在绘图区域指定一点作为旋转的中心。

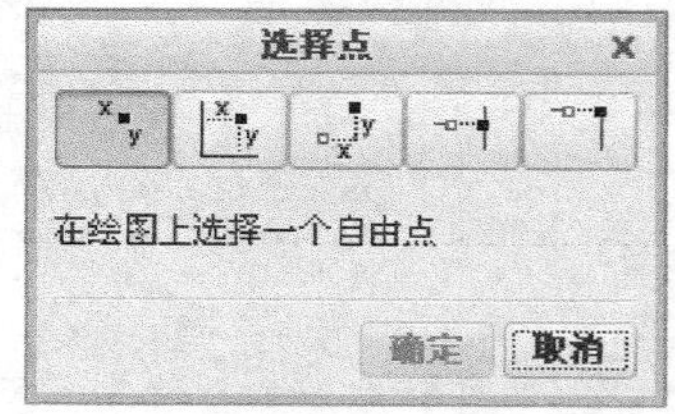

图 9－149　【选择点】对话框

④ 输入要旋转的角度后，完成对图元的旋转。

（3）要拉伸图元可以执行下列操作：

① 点击【草绘】选项卡→【编辑】组→【拉伸】。

② 选择要拉伸的图元。

③ 接下来要执行的步骤与执行平移图元的步骤类似。

（4）除了可以通过右击选定的图元，通过快捷菜单中的相关命令来对图元进行复制以外，在同一张图中还可以通过【平移复制】和【旋转复制】来实现图元的平移阵列或旋转阵列复制，具体步骤如下：

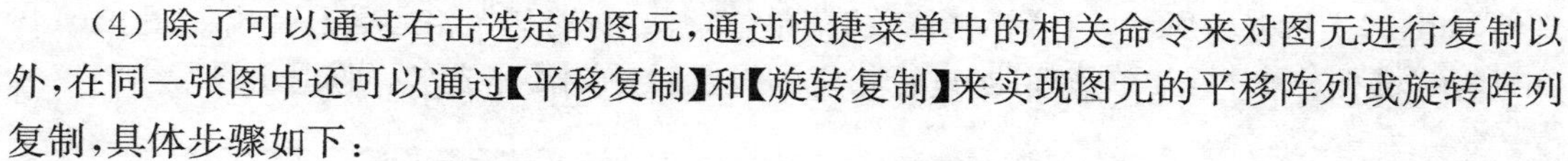

① 执行【草绘】选项卡→【编辑】组菜单→【平移并复制】或【旋转并复制】。

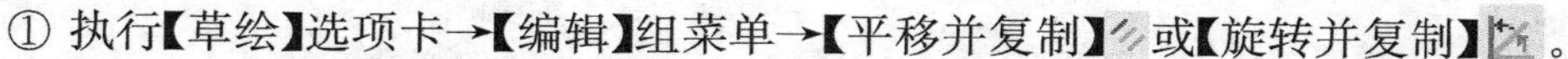

② 选择一个或多个图元，以完成对图元的复制。

③ 其他操作与图元的平移和旋转相同。

（5）对图元的镜像可以通过如下步骤来实现：

① 选择【草绘】选项卡→【编辑】组→【镜像】绘图对象按钮。

② 选择要镜像的图元。

③ 选择直图元（拔模线、基准平面、轴、捕捉线、模型边）对所选图元进行镜像。

（6）为了使视图中添加的草绘图元与该视图成为一个整体，草绘图元能随视图的移动而移动、能随视图的缩放而缩放，可以执行草绘图元与视图相关联的操作。首先选择要与视图相关的草绘图元，然后点击【草绘】选项卡→【组】组→【与视图相关】，最后选择与其相关的视图，即可完成草绘图元与视图的相关。

9.7　绘图模板的应用

工程图模板在工程图格式文件的基础上进一步扩充绘图管理和视图生成等功能，除了具有格式文件定义图纸大小、图纸方向、绘图边框、表格等所有功能特性外，还具有如下主要功能特性:定义视图及视图布局、定义视图的显示模式、定义技术说明及注释、放置工程图符号、创建尺寸对齐线、显示工程图尺寸等。通过工程图模板的定义和使用,可以极大提高绘图效率,减少重复工作。本小节通过一个简单的实例,说明创建和使用工程图模板的一般方法和步骤。

9.7.1　创建工程图模板

下面建立一个 A3 幅面的零件图模板,通过这个实例,我们可以举一反三地建立企业实际应用中所需的各种工程图模板。

【例 15】　创建工程图模板。

(1) 设置 Creo Parametric 选项“drawing_setup_file”为“Creo Parametric 2.0 安装目录\Creo2.0\Common Files\M010\text\ISO.dtl”。

(2) 将当前工作目录设置为“…\CreoChap9”。

(3) 新建绘图文件,名称中输入“A3_PART_DRW_TEMPLATE”,在【新建绘图】对话框中,设置【默认模型】为空白,【指定模板】为“空”,【方向】为横向,【大小】为 A3。

(4) 点击【工具】选项卡→【应用程序】组→【模板】,系统进入模板编辑模式。

(5) 插入绘图边框。模板文件中的图框、标题栏等内容可以通过草绘、表格等进行绘制,也可以插入在其他文件中生成的图框。此处我们插入 AutoCAD 中绘制号的 A3 图框,点击【布局】选项卡→【插入】组→【导入绘图/数据】,在文件打开对话框中选择“A3_Format.dwg”文件,接受插入图形的默认设置,插入后的图形如图 9－150 所示。

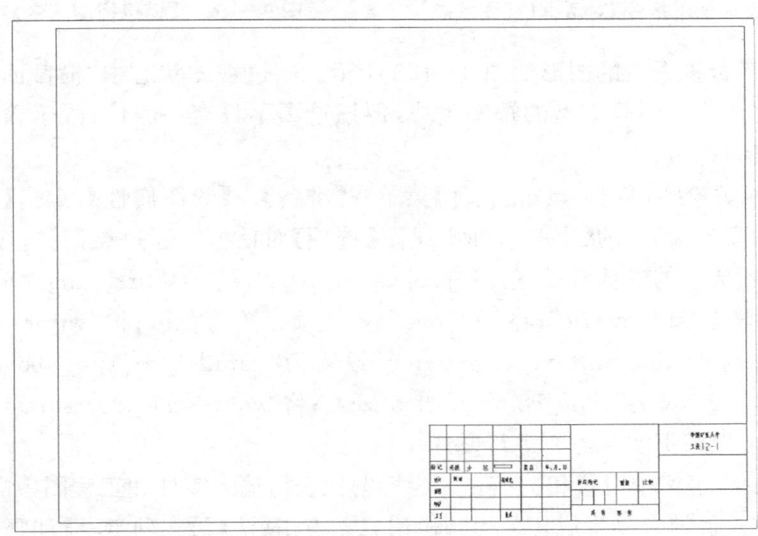

图 9－150　插入图框后的工程图

(6) 生成视图模板。点击【布局】选项卡→【模型视图】组→【模板视图】,弹出图 9－151 所示的【模板视图指令】对话框,点击对话框左侧的【查看选项】下的选项,在对话框右侧【视图值】区域可以进行相关选项的设置,图 9－152 说明了【尺寸】选项的相关设置。依次创建以下四个视图模板:

① 主视图：视图类型为“常规”；视图方向为“FRONT”；模型显示设置为“隐藏线”；“相切边显示”设置为“不显示切线”；显示尺寸，增量间距和初始偏移分别为 7 和 10。

② 俯视图：视图类型为“投影”；投影父视图名称为“主视图”；模型显示设置为“消隐”；“相切边显示”设置为“不显示切线”；显示尺寸，增量间距和初始偏移分别为 7 和 10。

③ 左视图：视图类型为“投影”；投影父视图名称为“主视图”；模型显示设置为“消隐”；“相切边显示”设置为“不显示切线”；显示尺寸，增量间距和初始偏移分别为 7 和 10。

④ 轴测图：视图类型为“常规”；视图方向为“标准方向”；模型显示设置为“消隐”；“相切边显示”设置为“切线实线”；不显示尺寸。

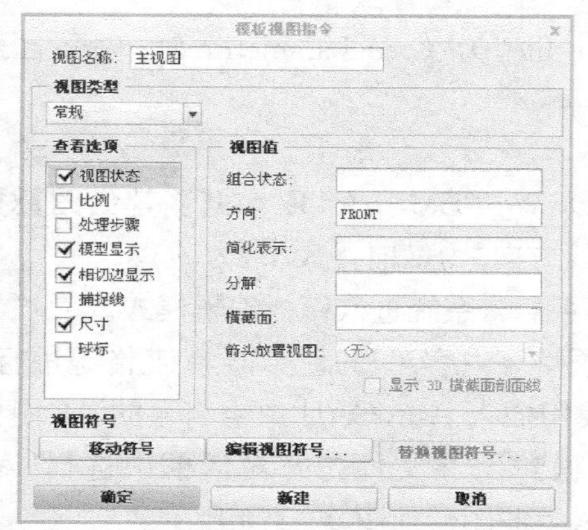

图 9－151 【模板视图指令】对话框(视图状态)

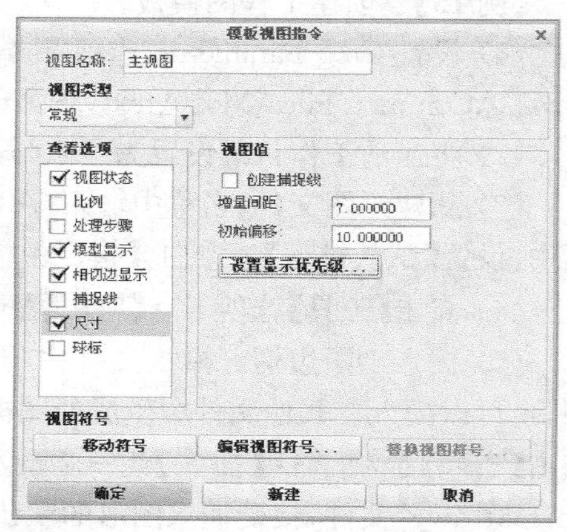

图 9－152 【模板视图指令】对话框(尺寸)

插入四个模板视图后的图形如图 9－153 所示。通过视图状态中“横截面”等选项的设置，可以自动完成剖视图等类型的视图生成，但该选项不具有一般性，限于篇幅，在此不再赘述，读者可自行练习。

(7) 设置相关绘图选项。点击【文件】菜单→【准备】→【绘图属性】，点击【绘图属性】对话框中【详细信息选项】后的【更改】，弹出绘图【选项】对话框。通过绘图【选项】对话框，进行如下关键绘图选项的确认或设置：将“projection_type”设置为“first_angle”；将“lead_trail_zeros”选项设置为“std_metric”；将“tol_display”选项设置为“no”；将“witness_line_offset”设置为 0；将“default_lindim_text_orientation”设置为“parallel_to_and_above_leader”；将“view_scale_format”设为“ratio_colon_normalized”；将“view_scale_denominator”设为 120。其余绘图选项可以根据实际需要进行设置。

(8) 在标题栏表格中设置相关信息。为标题栏表格输入零件和工程图中的相关参数和文本，可以一劳永逸地自动生成相关标题栏信息。点击【注释】选项卡→【注释】组→【注解】A☰，随后弹出【注解类型】菜单管理器，通过该菜单管理器，设置图 9－154 所示的 6 个无引线注解，注解文本样式中“水平”选项设置为“居中”，同时注意各个选项文本的高度设置。6 个无引线注解分别为：零件名称：“&Description”；图号或零件代号：“&Dwg_No”；设计日期：“&todays_date”；材料：“&material”；重量：“&mass”；比例：“&scale”。其他标题栏中的参数可以类似地提取，如果要提取的参数不是零件或工程图的初始参数，可以在零件中建立这些参数并为其赋值即可。

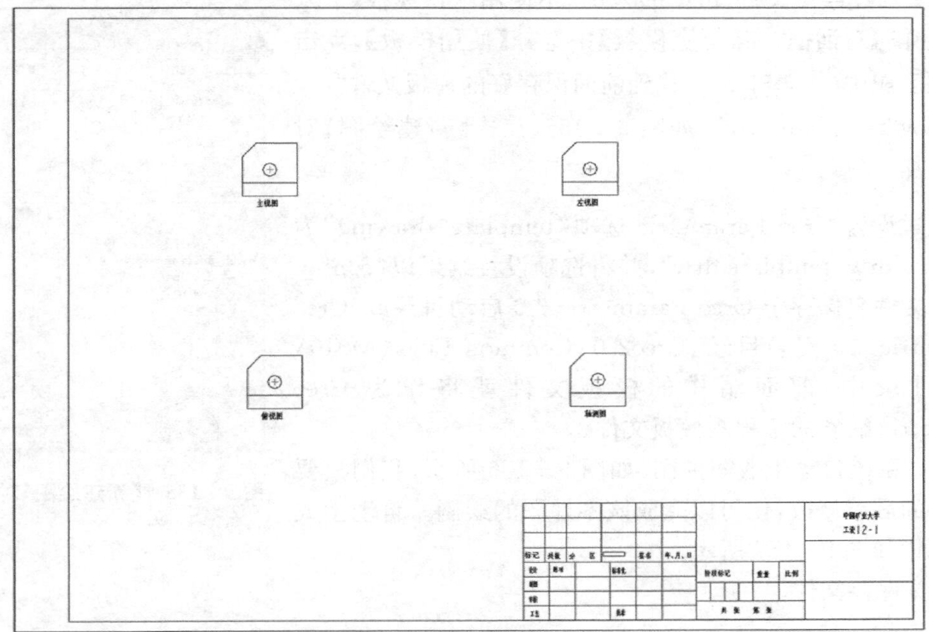

图 9-153 插入四个模板视图

						&Description	中国矿业大学 工设12-1
标记	处数	分 区	更改文件名	签名	年、月、日		&material
设计			标准化		&todays_date*	阶段标记 | 重量 | 比例	
制图						DRAWING SCALE	&Dwg_No
审核							
工艺			批准			共 张 第 张	

图 9-154 输入 6 个参数

完成后，保存绘图模板文件。类似地，可以进行装配图模板设计，装配图中除了视图、标题栏等内容外，还包括明细表等，明细表的自动生成可以直接使用 9.6.2 小节中制作的"mingxibiao.tbl"表文件。

9.7.2 使用工程图模板

【例 16】 使用工程图模板生成工程图。

(1) 打开"…\CreoChap9"目录下的"dizuo.prt"。该零件基于 9.6.2 小节中创建的零件模板"startpart.prt"进行建立，因而包含了工程图自动信息提取所需的 Dwg_No、material、mass 等参数。

(2) 为了在工程图中获得正确的日期显示格式，需要设置 Creo Parametric 选项"todays_date_note_format"(注意：非绘图选项)为"%yyyy 年%m 月%d 日"。

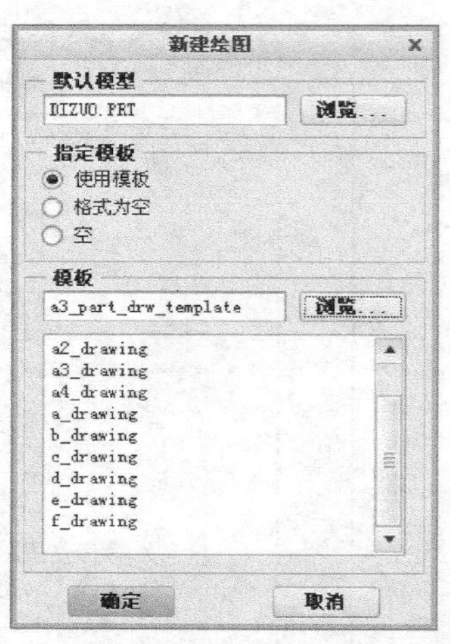

图 9 - 155 【新建绘图】对话框

(3) 新建绘图文件“drw_Dizuo”,不使用默认模板,进入【新建绘图】对话框,在【指定模板】中选择【使用模板】,点击【模板】区域中的 浏览... ,找到前面保存好的模板文件“a3_part_drw_template.drw”,如图 9 - 155,点击【新建绘图】对话框中的 确定 。

通过设置 Creo Parametric 选项“template_drawing”为“a3_part_drw_template.drw”,并将选项设置结果以“config.pro”为文件名保存于 Creo Parametric 2.0 启动目录或“Creo Parametric 2.0 安装目录\Creo2.0\Common Files\M010\text”目录中,前面制作的模板文件就将作为 Creo Parametric 缺省的工程图模板文件。

(4) 系统自动生成零件图,如图 9 - 156 所示,我们只要做少许的后续修改,便可以完成该零件图的绘制。自动生成的标题栏如图 9 - 157 所示。

(5) 保存文件。

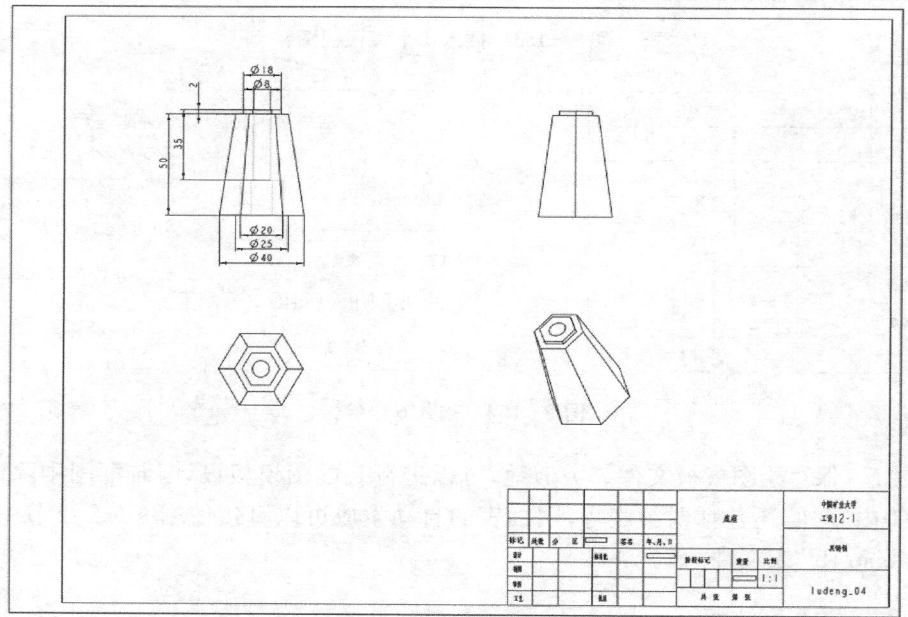

图 9 - 156 基于绘图模板自动生成的零件图

9.8 工程图的打印输出

工程图的打印输出是工程设计中的一个必要环节,在 Creo Parametric 2.0 软件中,无论是在零件(Part)模式、装配(Assembly)模式还是在工程图(Drawing)模式下,都可以选择【文件】菜单→【打印】菜单,进行打印出图。

标记	处数	分　区	更改文件名	签名	年、月、日	底座			中国矿业大学 工设12-1
设计			标准化		2014年2月16日	阶段标记	重量	比例	灰铸铁
制图							8244.625	1:1	
审核									ludeng_04
工艺			批准			共　张　第　张			

图 9－157　基于绘图模板自动生成的标题栏

9.8.1　Creo Parametric 2.0 打印出图的注意事项

Creo Parametric 2.0 的打印出图应注意以下一些事项：

(1) 打印操作前，应该在 Creo Parametric 2.0 的系统配置文件(config.pro)中进行必要的打印选项设置。

(2) 在选用打印机时应注意：

① 在零件(Part)模式、装配(Assembly)模式下，如果模型是线框状态(即当显示方式按钮、或被按下时)，打印出图时，一般选择系统打印机(MS Printer Manager)；如果模型是着色状态(即当显示方式按钮被按下时)，一般不选系统打印机，而是选择【Generic Postscript】打印机或【Generic Color Postscript】打印机。

② 在工程图(drawing)线框模式下，一般选择系统打印机(MS Printer Manager)；如果工程图显示在着色模式下，一般选择【Generic Postscript】打印机或【Generic Color Postscript】打印机。

(3) 隐藏线在屏幕上显示为灰色，打印输出到图纸上时则为虚线。

9.8.2　Creo Parametric 2.0 工程图打印输出步骤

Creo Parametric 2.0 中打印工程图的主要步骤如下：

(1) 打开工程图文件，假设其图纸幅面为 A2。

(2) 选择【文件】菜单→【打印】，弹出图 9－158 所示【打印机配置】对话框。

(3) 单击【打印机配置】对话框【目标】选项卡中【打印机】后的按钮，在弹出菜单中选择打印机类型，如【MS Printer Manager】。

下面对【打印机配置】对话框中的一些其他项目作如下简要说明：

①【页面】选项卡：如果一个模型的工程图存在多个页面，则会在目标选项卡中出现【页面】框，该框可控制打印哪些页面，具体选项有【全部】、【当前】、【范围】。在 Creo Parametric 2.0 中可通过点击【布局】选项卡中的 新页面按钮，或者点击绘图区域底部页面控制区域的按钮，实现新页面的添加；如果要删除某个页面，右击绘图区域底部页面控制区域中的相应页面，在弹出菜单中选择【删除】即可。每一个页面可以表达一张模型的工程图纸。

②【份数】框：用来指定打印的份数，最多可达 99 份。

③【绘图仪命令】框：用来键入操作系统的出图命令(可从系统管理员或工作站的操作系统手册获得相关命令)，或者使用默认的命令。

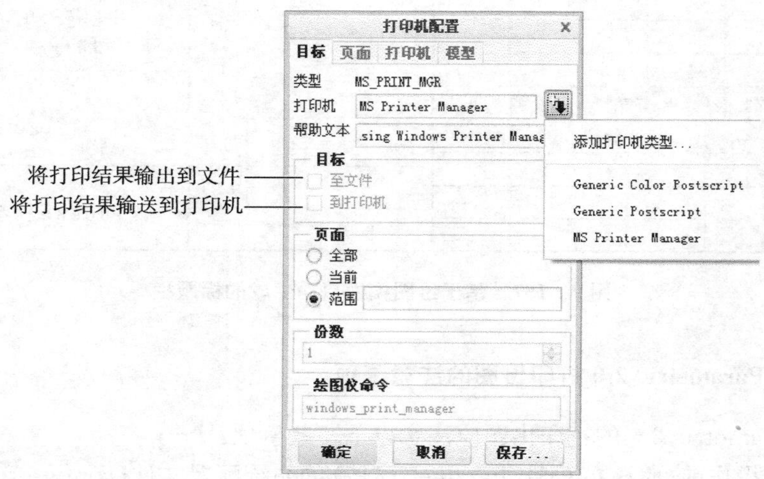

图 9-158 【打印机配置】对话框——【目标】选项卡

(4) 打开【打印机配置】对话框【页面】选项卡，如图 9-159 所示，在该选项卡中可以定义和设置图纸的幅面、偏距值、图纸标签和图纸单位，其中：

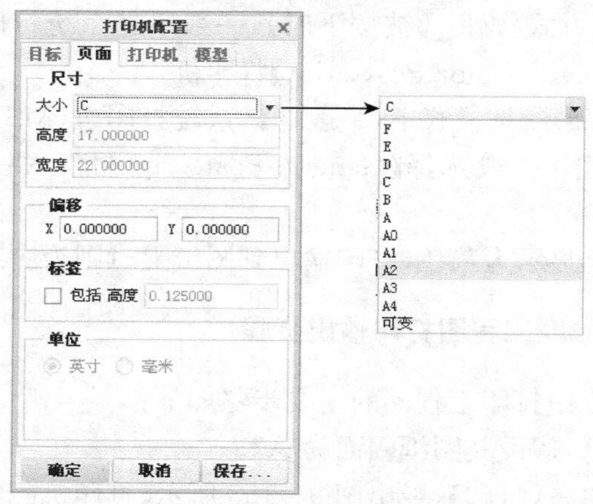

图 9-159 【打印机配置】对话框——【页面】选项卡

①【尺寸】框：用以指定打印纸的大小，用户可选取标准幅面或自定义幅面大小。需要指出的是，用户选择的打印页面的大小可以和图纸的实际幅面不一样，在后面【模型】选项卡中可以进一步选择打印方式或缩放打印处理。

②【偏移】框：用户通过该框可输入基于绘图原点的偏移值，通过偏移值可调整工程图在图纸上的实际打印位置。

③【标签】框：用户可选择是否包括标签、标签的高度等，标签的内容包括：用户名称、图纸名称、日期等。

④【单位】框：用户定义可变的打印幅面时，可通过该框选择不同的长度单位，包括【英寸】和【毫米】。

(5) 打开【打印机配置】对话框【打印机】选项卡，如图 9-160 所示，该选项卡中可以选择笔参数文件、信号交换、旋转图纸等，其中：

①【笔】框：可决定是否使用默认的绘图笔线条文件和绘制的速度。

②【信号交换】框：用于选择绘图仪的初始化类型。

③【页面类型】框：用于指定纸的类型，包括 Sheet(平纸，例如复印纸)和 Roll(卷纸)两种。

④【旋转】框：用于指定图形绘制的旋转角度。

⑤【字体】框：选择打印字体。

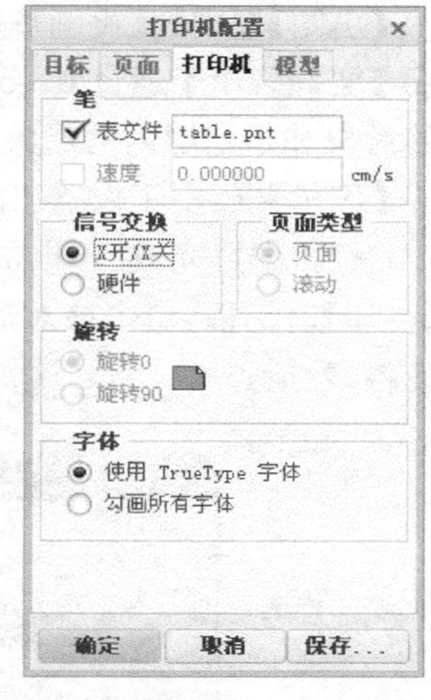

图 9-160　【打印机配置】对话框——【打印机】选项卡

(6) 打开【打印机配置】对话框【模型】选项卡，如图 9-161 所示，在该选项卡中可以定义和设置打印类型、打印比例、打印质量等，其中：

①【出图】框：通过该框中的【出图】下拉列表，可以选择以下出图类型：【全部出图】是指创建整个幅面的出图；【修剪的】是指创建指定区域的出图打印，用于需交互指定绘图区域的边界框；【在缩放的基础上】(系统默认的选项)是指创建经过缩放和修剪的图形，比例和修剪基于当前图形窗口的纸张尺寸和缩放设置；【出图区域】是指将修剪框中的区域移到纸张的左下角，并调整修剪区域，使之与用户定义的比例相匹配，在出图区域内也将缩放和平移屏幕因子考虑在内；【纸张轮廓】(该选项仅在工程图的模式下有效)是指在指定纸张大小的绘图纸上创建特定大小的出图，例如对于尺寸大于 A0 幅面的工程图，如果要在 A4 幅面的纸张上打印，可选用此项；【模型大小】(该选项仅在零件和装配模式下线框打印时有效)是指将出图调整到指定的模型比例，如果输入 0.5，系统将按照 1：2 的比例创建模型的图形。

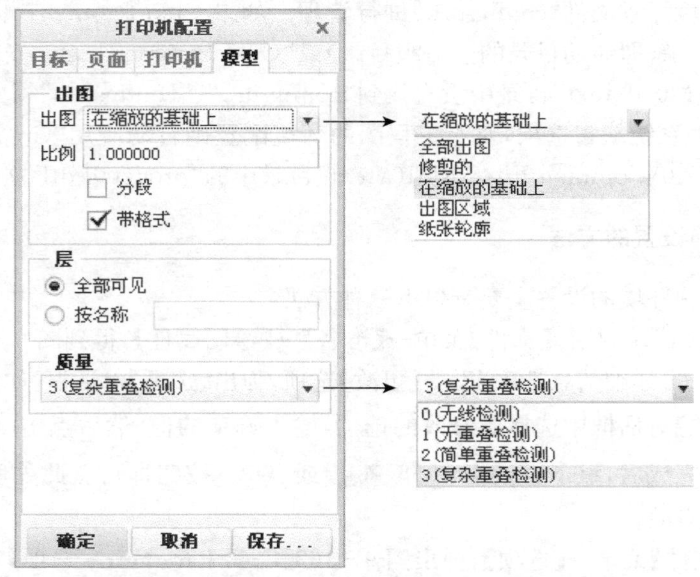

图 9-161　【打印机配置】对话框——【模型】选项卡

②【出图】框中的【比例】输入框中可以输入工程图的打印比例，范围可从 0.01 到 100。

③【层】框：用于通过 Creo Parametric 2.0 中的层来选择打印对象，包括打印所有可见层中的对象和指定层内的对象两种方式。

④【质量】框：用于设置出图时重叠线的检测质量。

(7) 打印配置完成后，点击【打印机配置】对话框中的 确定 按钮，将弹出图 9－162 所示的【打印】对话框，单击该对话框中【名称(N)：】后的下拉箭头，在弹出菜单中选择合适的打印设备，然后点击 确定 按钮，即可进行打印。

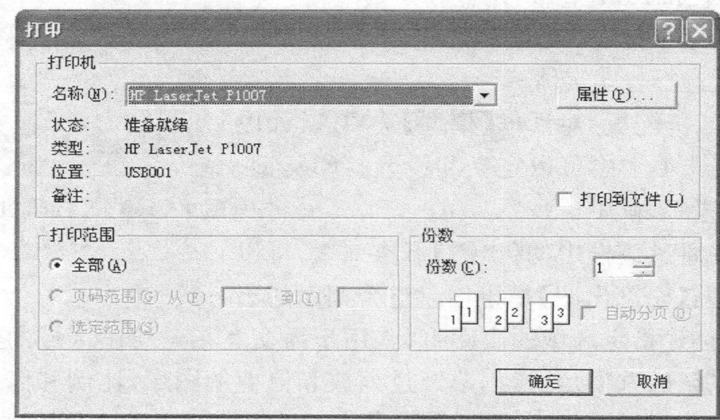

图 9－162 【打印】对话框

9.9 工程图绘图环境的设置

要更好地利用工程图，必须掌握工程图的绘图环境的设置。Creo Parametric 2.0 系统环境的设置由环境配置文件“config.pro”进行管理。如果 Creo Parametric 2.0 启动时在其启动目录、本地目录(即启动目录的上一级目录)或“Creo Parametric 2.0 安装目录\Creo2.0\Common Files\M010\text”目录中没有找到“config.pro”、“config.sup”等文件，Creo Parametric 2.0 则加载系统缺省选项，对于工程图的环境配置则自动应用“Creo Parametric 2.0 安装路径\ Creo 2.0\Common Files\M010\text”目录中的“prodetail.dtl”文件进行设置。

9.9.1 绘图环境设置的方法

对工程图绘制环境的设置主要有以下三种方法：

(1) 进入绘图模块，执行【文件】菜单→【准备】→【绘图属性】，得到图 9－2 所示的【模型属性】对话框，点击【详细信息选项】后的【更改】选项，弹出【选项】对话框，如图 9－3 所示，然后在弹出的【选项】对话框中选择要修改的选项，输入选项的值，然后点击 添加/更改 按钮，所有选项的设置完成后，点击对话框中的 确定 或 应用 按钮即可。此处所做的设置一般只对其后的绘图有效。

(2) 点击【文件】菜单→【选项】，弹出图 9－163【Creo Parametric 选项】对话框，点击【配置编辑器】，找到“drawing_setup_file”选项，在编辑框中输入工程图配置文件及路径，如：

“d:\proefiles\my_config.dtl”，点击 导入/导出 下拉列表中的 将所有选项导出到配置文件 选项，以“config.pro”为文件名将当前设置保存于 Creo Parametric 2.0 启动目录或“Creo Parametric 2.0 安装目录\Creo2.0\Common Files\M010\text”目录或本地目录(即启动目录的上一级目录)中。然后在记事本中编辑刚才指定的工程图配置文件(如“d: \proefiles\my _ config .dtl”文件)，修改、设置相关的绘图选项。Creo Parametric 2.0 重启时，自动应用上面指定的工程图配置文件进行绘图环境的设置。需要注意的是，把“config.pro”配置文件保存在启动目录无关的当前工作目录下是无效的。

(3) 退出 Creo Parametric 2.0，直接编辑“Creo Parametric 2.0 安装目录\Creo2.0\Common Files\M010\text”目录中的“prodetail.dtl”文件，修改、设置相关的绘图选项，然后重启 Creo Parametric 2.0 即可。注意，如果 Creo Parametric 选项“drawing_setup_file”当前值不是“prodetail.dtl”文件，而是其他文件(如“my _ config .dtl”文件)，则应修改“drawing_setup _file”当前值中指定文件的内容来配置工程图绘制环境，修改“prodetail.dtl”文件不再有效。

图 9－163　【Creo Parametric 选项】对话框

9.9.2　配置绘图环境的主要选项

绘图环境配置中有很多选项，其详细内容读者可参考 Creo Parametric 2.0 的帮助文件。本章前面已经介绍过一些选项，如“projection_type”、“show_total_unfold_seam”、“tol_display”等，下面再列出一些常用选项：

(1) Arrow_style，设置箭头式样，包括三个选项：closed、open、filled。控制所有涉及箭头的绘图项目，包括尺寸、注释、3D 注释、几何公差、符号和球标的引线等。

(2) Default_lindim_text_orientation，设置线性尺寸的默认文本方向，包括三个选项：horizontal、parallel_to_and_above_leader、parallel_to_and_below_leader，一般应设置为“parallel_to_and_above_leader”。

(3) Circle_axis_offset，设置圆的十字线超出圆边缘的距离。

(4) Text_thickness，为后面要绘制的文字和现有的文字线条宽度未改变的文字设置文字线条宽度，值在 0 到 0.5 之间，默认值为 0。

(5) Text_width_factor，设置文本宽度和高度的比例，值在 0.25 到 0.8 之间，默认值为 0.8。

(6) Draft_scale，确定绘图比例，默认值为 1.0。

(7) Drawing_units，确定绘图所采用的单位，包括 inch、foot、mm、cm、m。

(8) Text_height，设置文本的缺省高度，包括尺寸标注中文本的缺省高度。

详细的绘图选项说明请参考本书附录以及 Creo Parametric 帮助文档，随书光盘"…\CreoChap9"目录已经包含了一个基本符合我国国家绘图标准的工程图配置文件——"STDDrwSettings.dtl"，读者可以将该文件拷贝至 Creo Parametric 系统相关目录中，并将 Creo Parametric 选项"drawing_setup_file"设置为该文件，必要时可对该文件做进一步设置与修改。

附　录

附录 1　绘图环境设置 config.pro

名称		说明	参考值
绘图环境	spin_center_display	视图中不显示旋转中心符号	no
	bell	关闭键盘提示铃声	no
	menu_translation	同时显示中英文菜单	both
	default_dec_places	尺寸的默认的精度，按小数点后的位数设置	2
	todays_date_note_format	工程图中日期的显示格式	%yyyy 年%m 月%d 日
	Default_abs_accuracy	默认的绝对零件精度	0
工作目录	trail_dir	将轨迹文件保存到指定目录	
	pro_material_dir	零件材料库目录	
	pro_font_dir	直接调用 Windows 系统的中文字体	C:\WINDOWS\Fonts
	pro_editor_command	是否允许使用系统编辑器以外的编辑器编辑表和关系	
	BOM_FORMAT	BOM 格式文件 *.fmt	
	start_model_dir	零件/组件模板目录	
	template_designasm	组件模板文件 *.asm	
	template_solidpart	零件模板文件 *.prt	
	pro_format_dir	工程图格式文件目录	
	template_drawing	工程图模板文件 *.drw	
	drawing_setup_file	缺省的工程图配置文件 *.dtl	
	pro_plot_config_dir	绘图仪配置文件 *.pcf 的目录	
	pen_table_file	打印笔配置文件 *.pnt	

附录 2　工程图常用配置

名称		说明	参考值
文本	text_height	工程图中缺省文本高度	3.5
	text_thickness	缺省文本粗细	0
	text_width_factor	文本的宽度因子	0.7

续表

名称		说明	参考值
视图显示	broken_view_offset	破断视图中破断处偏距	3
	create_area_unfold_segmented	使局部的剖视图的尺寸与全部展开的剖视图中的尺寸显示相似。该选项只对新的视图起作用	Yes
	def_view_text_height	视图中说明文本的缺省高度	3.5
	def_view_text_thickness	视图中说明文本的缺省宽度为 0	0
	detail_circle_line_style	局部放大图的包围圆线型为实线	Solidfont
	detail_view_circle	局部放大图的包围圆的显示方式	On
	half_view_line	半视图中对称线显示方式为 ISO 标准	symmetry_iso
	show_total_unfold_seam	是否显示多个剖切面之间的交线	No
	model_display_for_new_views	创建视图时模型线显示采用环境缺省设置	no_hidden
	projection_type	视图投影方向为我国国标的第一角投影	First_angle
	tan_edge_display_for_new_views	视图中相切边的显示为不显示	NO_disp_tan
	view_scale_denominator	与 view_scale_format 确定视图比例的分母	100
	view_scale_format	视图比例显示方式为比值形式	RATIO_COLON
剖面及箭头	crossec_arrow_length	剖切符号箭头长度	4
	crossec_arrow_style	箭头显示为尾部接触剖面线	Tail_online
	crossec_arrow_width	箭头尾部宽度	1
	crossec_text_place	文本显示在箭头上部	Above_line
	cutting_line	剖切符号连线显示为 ISO 标准	STD_ISO
	cutting_line_segment	剖切符号长度	5
	half_section_line	半剖分界线的显示方式	centerline
	def_xhatch_break_around_text	剖面线沿注释文本环绕	yes
	def_xhatch_break_margin_size	剖面线与注释文本距离	1
	show_quilts_in_total_xsecs	剖视图中不显示曲面几何	no
图元显示	datum_point_shape	基准点显示	Dot
	datum_point_size	基准点大小	1
	hidden_tangent_edges	视图中隐藏相切边的显示	Default
	thread_standard	螺纹孔积聚投影时的显示方式	STD_ISO_IMP

续表

	名称	说明	参考值
尺寸显示	allow_3d_dimensions	轴测图中不显示尺寸	no
	default_angdim_text_orientation	角度尺寸的放置	Parallel_above
	default_tolerance_display_style	控制尺寸公差文本的显示方式	std_iso
	dim_fraction_format	分数尺寸显示方式	STD
	dim_leader_length	外侧显示箭头时超过尺寸界限的距离	5
	dim_text_gap	尺寸文本到尺寸线的距离	1
	ang_unit_trail_zeros	角度以度分秒格式显示时，是否移除尾随零	Yes
	lead_trail_zeros	控制尺寸(包括尺寸公差)前导与尾随零的显示	std_metric
	draft_scale	显示尺寸与实际长度的比例	1
	default_chamf_dim_configuration	倒角尺寸的标注样式	leader
	default_raddim_text_orientation	设置半径尺寸默认的文本方向	parallel _ to _ and _ above_leader
	default_lindim_text_orientation	尺寸文本的显示方向为与尺寸线平行	parallel _ to _ and _ above_leader
	witness_line_delta	尺寸界线超过尺寸线的距离	2
	witness_line_offset	尺寸线与标注对象之间的间距	0
尺寸线	draw_arrow_length	尺寸线上箭头长度	4
	arrow_style	尺寸线上箭头显示方式	Filled
	draw_arrow_width	箭头尾部宽度	1
	leader_extension_font	尺寸延长线的线型	SOLIDFONT
轴线	axis_line_offset	轴超出其实体的距离	5
	circle_axis_offset	圆的十字轴线超出边缘的距离	5
	radial_pattern_axis_circle	径向阵列特征时采用圆形轴线，适用于尺寸驱动的旋转阵列	Yes
公差	gtol_datums	参照基准所遵循的标准	STD_ISO_JIS
	gtol_dim_placement	尺寸公差框显示于尺寸值下方	ON_BOTTOM
	new_iso_set_datums	按 ISO 标准显示基准	Yes

续表

名称		说明	参考值
尺寸公差	blank_zero_tolerance	公差为 0 时不显示公差值	Yes
	display_tol_by_1000	公差显示值是否乘以系数 1000	no
	tol_display	不显示尺寸公差	no
	symmetric_tol_display_standard	控制对称公差的显示形式	std_iso
表与BOM	2d_region_columns_fit_text	不允许自动调整二维重复区域的大小	no
	def_bom_balloons_attachment	球标指引线指向零件的表面	Surface
	def_bom_balloons_snap_lines	沿视图周围创建捕捉线	Yes
	def_bom_balloons_stagger	球标是否交错显示	no
	def_bom_balloons_view_offset	球标到视图边界的缺省距离	10
	def_bom_balloons_edge_att_sym	指引线端点连接到边时显示为实心点	Filled_dot
	def_bom_balloons_surf_att_sym	指引线端点连接到曲面时显示为实心点	Filled_dot
其他	sym_flip_rotated_text	文本随粗糙度符号一起旋转，但需保持文本头部向上、向左	yes
	drawing_units	绘图尺寸单位	mm

附录 3　打印机配置文件 *.pcf

名称	说明	参考值
allow_file_naming	输入出图文件的名称	Yes
button_name	绘图仪配置文件的名称	
delete_after_plotting	不创建用于后续打印的 postscript 文件	no
interface_quality	全面检查所有边为出图收集有相同的笔颜色的线	3
pen_slew	参考产品说明书设置绘图仪笔速	待定
pen_table_file	打印笔配置文件 *. pnt	
plot_access	创建新的出图文件	create
plot_clip	不设定特定出图区域，全部出图	no
plot_drawing_format	采用特定格式出图	Yes
plot_linestyle_scale	点划线线型的比例因子	0.5
plot_names	采用.plt 作为出图扩展名	no
plotter	设置缺省绘图仪名称	如 hp500

附录 4　打印笔配置文件 *.pnt

名称	说明
pen 1 color 0.0 0.0 0.0；thickness 0.04 cm	白色,粗实线出图
pen 2 color 0.0 0.0 0.0；thickness 0.015 cm	黄色,细实线出图
pen 3 color 0.0 0.0 0.0；thickness 0.015 cm	隐藏线,细实线出图
pen 4 color 0.0 0.0 0.0；thickness 0.015 cm	红色,细实线出图
pen 5 color 0.0 0.0 0.0；thickness 0.015 cm	绿色,细实线出图
pen 6 color 0.0 0.0 0.0；thickness 0.015 cm	青色,细实线出图
pen 7 color 0.0 0.0 0.0；thickness 0.015 cm	灰色,细实线出图
pen 8 color 0.0 0.0 0.0；thickness 0.015 cm	蓝色,细实线出图

参 考 文 献

1. 陈功,孙海波.Pro/ENGINEER WildFire 4.0 三维造型及应用[M].南京:东南大学出版社,2008

2. 孙江宏.Pro/ENGINEER Wildfire 3.0 中文版企业应用与工程实践[M].北京:清华大学出版社,2007

3. 钟日铭.Pro/ENGINEER Wildfire 3.0 典型产品造型设计[M].北京:清华大学出版社,2007

4. 老虎工作室.Pro/ENGINEER Wildfire 3.0 中文版模具设计与数控加工[M].北京:人民邮电出版社,2006

5. 张云杰,等.Pro/ENGINEER Wildfire(中文版)零件设计基础篇[M].北京:清华大学出版社,2005